Lexikon der bedeutenden Naturwissenschaftler
2

Lexikon der bedeutenden Naturwissenschaftler

in drei Bänden

Herausgegeben von Dieter Hoffmann, Hubert Laitko
und Staffan Müller-Wille
unter Mitarbeit von Ilse Jahn

Zweiter Band
F bis Mei

ELSEVIER
SPEKTRUM
AKADEMISCHER
VERLAG

Spektrum
AKADEMISCHER VERLAG

Zuschriften und Kritik an:
Elsevier GmbH, Spektrum Akademischer Verlag, Slevogtstraße 3-5, 69126 Heidelberg
Dieter Hoffmann, http://www.mpiwg-berlin.mpg.de/

Bibliografische Information Der Deutschen Bibliothek
Die Deutsche Bibliothek verzeichnet diese Publikation in der Deutschen Nationalbibliografie; detaillierte bibliografische Daten sind im Internet über http://dnb.ddb.de abrufbar.

1. Auflage 2004

Spektrum Akademischer Verlag ist ein Imprint der Elsevier GmbH.

Planung und Lektorat: Andreas Rüdinger / Stefanie Adam
Redaktion: Ulrich Kilian, science & more redaktionsbüro
Herstellung: Detlef Mädje
Satz: Mitterweger & Partner, Plankstadt
Druck und Bindung: LegoPrint S.p.A., Lavis
Umschlaggestaltung: WSP Design, Heidelberg

Printed in Italy
ISBN 3-8274-0401-0

Aktuelle Informationen finden Sie im Internet unter www.elsevier.de

Hinweise für den Benutzer

Die Einträge im Lexikon sind streng alphabetisch geordnet; Umlaute (ä,ö,ü) und Akzente bzw. andere Sonderzeichen werden wie die Grundbuchstaben sortiert, ß wie ss.

Die Biographien haben in der Regel eine einheitliche Struktur: Den Angaben zu den Lebensdaten im Kopf des biographischen Eintrags folgt eine Kurzcharakteristik der Hauptleistung und der Bedeutung des Gelehrten. Es schließt sich ein Überblick zu den wichtigsten Lebensstationen an. Im Hauptteil erfolgt dann eine Beschreibung der wissenschaftlichen Leistung des Gelehrten und ihrer wissenschaftshistorischen Einordnung, ergänzt um weitere Angaben zur Persönlichkeit, die vor allem seine weltanschauliche und gesellschaftliche Position, außerwissenschaftliche Interessen, organisatorische oder andere Leistungen sowie wissenschaftliche Ehrungen betreffen. Jede Biographie schließt mit bibliographischen Hinweisen auf weiterführende Literatur ab, die in Primär- und Sekundärliteratur aufgeteilt sind. Findet man bei der Primärliteratur Werkausgaben oder Originalarbeiten vermerkt, so verweist die Sekundärliteratur in Auswahl auf weiterführende Literatur – Biographien, Monographien und Bibliographien. Dabei erfolgt kein Extraverweis auf biographische Standardwerke wie das *Dictionary of Scientific Biography*, den *Poggendorff* oder die einschlägigen national-biographischen Enzyklopädien wie z.B. die *Neue Deutsche Biographie* oder das britische *Oxford Dictionary of National Biography*. Diese sollte der interessierte Leser zunächst zu Rate ziehen, wenn er weitere biographische Informationen über einen Gelehrten sucht. Ein spezielles Hilfsmittel wird mit einer Literaturliste zur Verfügung gestellt, die die wichtigsten national-biographischen Enzyklopädien, aber auch biographische Handbücher, Biographiensammlungen u.ä.m. zusammenstellt.

Bei Personen, die in der Literatur unter mehreren Namen bekannt sind, finden sich die anderen Namensformen hinter dem Stichwort in Klammern vermerkt (z.B: Lord Kelvin /Thomson, Sir William); die Namensvariante erscheint auch an der entsprechenden Stelle im Alphabet mit einem Verweispfeil auf das Stichwort, unter dem die Biographie abgehandelt ist. Ebenfalls werden Pseudonyme in Klammern nach dem Stichwort angegeben.

Für die Daten gilt der Gregorianische Kalender.

Geographische Namen werden in der Regel in der zeitgenössischen, amtlichen Bezeichnung genannt – in Klammern findet man gegebenenfalls die heutigen Namen mit der zugehörigen staalichen Zuordnung (z.B. Wroclaw/Polen für Breslau oder Kaliningrad/Russland für Königsberg).

Die wissenschaftliche Umschreibung fremder Namen ins Deutsche ist teils nicht einheitlich, teils nicht geläufig. Es wurde daher die in der Allgemeinliteratur heute überwiegend gebräuchliche Form gewählt. Bei C etwa vermisste Namen suche man deshalb bei K, Sch, Tsch oder Z (z.B. Čerenkov/Tscherenkow), bei V nicht geführte unter W, bei D fehlende unter T, und jeweils umgekehrt. Bei arabischen Namen wird eine transliterierte Form unter Beibehaltung der in der Wissenschaft gebräuchlichen Umschrift benutzt. Falls vorhanden, erfolgt bei den arabischen Gelehrten der Eintrag nach der latinisierten Form (z.B. Algorismus, Avempace).

Die im Lexikon verwendeten Abkürzungen und Sonderzeichen erklären sich weitgehend von selbst oder werden im jeweiligen Textzusammenhang erläutert.

Das Buch enthält im letzten Band ein Register aller in den Biographien genannten Personen, wobei diejenigen mit eigenem Beitrag drucktechnisch hervorgehoben sind.

Mitarbeiter des zweiten Bandes

Herausgeber:
Prof. Dr. Dieter Hoffmann
Prof. Dr. Hubert Laitko
Dr. Staffan Müller-Wille

Redaktion:
Dr. Katja Bammel
Dr. Angelika Fallent-Müller
Dr. Ulrich Kilian, science & more redaktionsbüro (Leitung)

Berater:
Konzeption und Beratung für den Bereich Wissenschaft im islamischen Kulturraum:
Prof. Dr. Mohammed Abattouy, Universität M. Ben Abdellah, Fez, Marokko

Autoren:
In eckigen Klammern steht das Autorenkürzel.

Prof. Dr. Mohammed Abattouy, Univ. M. Ben Abdellah, Fez, Marokko [MA]
PD Dr. Hans-Georg Bartel, Berlin [HGB]
Dr. Jutta Berger, Berlin [JB]
Prof. Len Berggren, Department of Mathematics, Simon Fraser University, Burnaby, Kanada [JLB]
Dr. Reinhard Bölling, Inst. für Mathematik, Algebra und Zahlentheorie, Univ. Potsdam [RB2]
Prof. Dr. Urs Boschung, Medizinhistorisches Inst. der Univ. Bern [UB]
Torsten M. Breden, Berlin [TMB]
Prof. Dr. Herbert Breger, Leibniz-Archiv Hannover [HB]
Dr. Ralf Bröer, Inst. für Geschichte der Medizin, Univ. Heidelberg [RB3]
François Charette, Inst. für Geschichte der Naturwissenschaften, J.W.-Goethe Univ. Frankfurt [FC]
Ahmad Dallal, History Department, Stanford University, USA [AD2]
Prof. Dr. Olivier Darrigol, CNRS Paris, Frankreich [OD]
PD Dr. Ute Deichmann, Inst. für Genetik, Köln [UD]
Dr. Wolfgang R. Dick, Potsdam [WRD]
Dr. Sven Dierig, Max-Planck-Inst. für Wissenschaftsgeschichte, Berlin [SD]
Prof. Dr. Günter Dörfel, Dresden [GD]
Dr. Ariane Dröscher, Bologna [AD]
Dr. Michael Eckert, Deutsches Museum, München [ME2]
Jean-Louis Fischer, Senlis [JLF]
Dr. Elke Franke-Heubach, Konstanz [EFH]
Prof. Dr. Christoph Friedrich, Inst. für Geschichte der Pharmazie, Philipps-Univ., Marburg [CF]
PD Dr. Bernhard Fritscher, Zentrum für Wissenschafts- und Technikgeschichte, München [BF2]
Expiracion Garcia Sanchez, Escuela de Estudios Arabes Granada [EGS]
Dr. Dr. Werner E. Gerabek, Inst. für Geschichte der Medizin, Univ. Würzburg [WEG]
Dr. Sybille Gerstengarbe, Deutsche Akademie der Naturforscher Leopoldina, Halle/Saale [SG]
Dr. Wolfgang Girnus, Berlin [WG2]
Luminita Göbbel, Medizinische Fakultät, Univ. Halle [LG]
Dr. Wolfgang Göbel, Kreischa-Lungkwitz [WG]
PD Dr. Christoph Gradmann, Inst. für Geschichte der Medizin Univ. Heidelberg [CG2]
Prof. Dr. Martin Guntau, Rostock [MG]
Prof. Dimitri Gutas, Department of Near Eastem Languages and Civilizations, Yale University, New Haven, USA [DG]
Dr. Susanne Hahn, Wermsdorf [SH2]
Dr. Jürgen Hamel, Archenhold-Sternwarte, Berlin [JH]
Prof. Dr. Dr. h.c. Bernhard Hassenstein, Merzhausen bei Freiburg [BH]
Prof. Dr. Michael Heidelberger, Inst. für Philosophie, Universität Tübingen [MH]
Dr. Jochen Hennig, Helmholtz-Zentrum für Kulturtechnik, Humboldt-Univ. Berlin [JH3]

Dr. habil. Klaus Hentschel, Bern [KH]
Dr. Klaus-Dieter Herbst, Jena [KDH]
Prof. Dr. Dieter B. Herrmann, Archenhold-Sternwarte, Berlin [DBH]
Prof. Dr. Dieter Hoffmann, Max-Planck-Inst. für Wissenschaftsgeschichte, Berlin [DH]
Jan P. Hogendijk, Department of Mathematics, TA Utrecht, Niederlande [JPH]
Prof. Dr. Rolf Holzapfel, Inst. für Mathematik, Humboldt-Univ. Berlin [RH2]
Prof. Dr. Brigitte Hoppe, Ludwig-Maximilians-Univ. München [BH2]
PD Dr. Uwe Hoßfeld, Friedrich-Schiller-Universität Jena [UH]
Prof. Dr. Ekkehard Höxtermann, Inst. für Biologie, Freie Univ. Berlin [EH]
Joachim Illgauds, Leipzig [JI]
Doz. Dr. Ilse Jahn, Berlin [IJ]
Prof. Dr. Fritz Jürß, Berlin [FJ]
PD Dr. Thomas Junker, Frankfurt am Main [TJ]
Abdul Nasser Kaadan, Inst. for the History of Arabic Science, Aleppo University, Syrien [ANK]
Sevtap Kadioglu, Istanbul [SK3]
Dr. Ingrid Kästner, Karl-Sudhoff-Inst. für Geschichte der Medizin und der Naturwissenschaften, Leipzig [IK]
Dr. Horst Kant, Max-Planck-Inst. für Wissenschaftsgeschichte, Berlin [HK]
Dr. Kai Torsten Kanz, Inst. für Medizin- und Wissenschaftsgeschichte, Med. Univ. Lübeck [KTK]
Rita Kass, Berlin [RK2]
Prof. Dr. Dr. habil. Alfred Kirpal, Inst. für Medien- und Kommunikationswissenschaft, TU Ilmenau [AK2]
Bernhard Kleeberg, Max-Planck-Institut für Wissenschaftsgeschichte, Berlin [BK]
Dr. Meltem Kocaman-Akbas, Istanbul [MKA]
Alexej Kojevnikov
Dr. Martina Kölbl-Ebert, Jura-Museum Eichstätt [MKE]
Prof. Dr. Gert König, Ruhr-Univ. Bochum, Inst. für Philosophie, Bochum [GK]
Dr. Hans-Günther Körber, Kleinmachnow [HGK]
Dr. habil. Viktor A. Kritzmann, Deutsches Museum München [VAK]
Dr. Peter Krüger, Berlin [PK]
Prof. Dr. Klaus Krug, Merseburg [KK]
Prof. Dr. Hubert Laitko, Berlin [ML]
Prof. Dr. Wolfgang Lefèvre, Max-Planck-Inst. für Wissenschaftsgeschichte, Berlin [WL]
Celia von Lindern, München [CVL]
Dr. Helmut Lindner, Technische Sammlungen, Dresden [HL3]
Prof. Dr. Rolf Löther, Berlin [RL]
Dr. Richard Lorch, Inst. für Geschichte der Naturwissenschaften, München [RL2]
PD Dr. Cornelia Lüdecke, Schwerpunkt Geschichte der Naturwissenschaften, Mathematik und Technik, Universität Hamburg [CL]
Dr. Klaus Mauersberger, TU Dresden [KM2]
Dr. Mustafa Mawaldi, Aleppo University, Inst. for the History of Arabic Science, Aleppo, Syrien [MM]
Dr. Ferdinand Moog, Bergisch Gladbach [FPM]
Dr. Falk Müller, Martin-Luther-Universität Halle [FM]
Dr. Staffan Müller-Wille, Max-Planck-Inst. für Wissenschaftsgeschichte, Berlin [SMW]
Prof. Dr. Dr. habil. Friedrich Naumann, TU Chemnitz [FN]
Dr. Alfred Neubauer, Berlin [AN]
Prof. Dr. Olaf Neumann, Mathematisches Inst., Friedrich-Schiller-Univ. Jena [ON]
Dr. Manns-Peter Neumann, Berlin [HPN]
Dr. Sebastian Neumeister, Inst. für Romanische Philologie, Berlin [SN2]
Prof. Dr. Alfred Nordmann, Institut für Philosophie, TU Darmstadt [AN2]
Dr. James G. O'Hara, Leibniz-Archiv, Hannover [JGOH]
Prof. Dr. Volker Peckhaus, Kulturwissenschaftliche Fakultät – Philosophie, Univ. Paderborn [VP]
Dr. habil. Gerd Pfrepper, Leipzig [GP]
Dr. Regine Pfrepper, Karl-Sudhoff-Inst. f. Geschichte der Medizin und der Naturwissenschaften Leipzig [RP]
Dr. Herbert Pieper, BBAW/Humboldt Forschungsstelle, Berlin [HP2]
Prof. Dr. Werner Plesse, Werder/Havel [WP]
Dr. Konstantin Pollok, Inst. für Philosophie, Philipps-Univ. Marburg [KP]
Dr. Marcus Popplow, Lehrstuhl Technikgeschichte F1, BTU Cottbus, Cottbus [MP]
PD Dr. Dr. habil. Claus Priesner, Neue Deutsche Biographie, München [CP]

PD Dr. Cay-Rüdiger Prüll, Departement of Philosophy, University of Durham, UK [CRP]
Dr. Helmut Pulte, Inst. für Philosophie, Ruhr-Univ. Bochum [P]
Dr. Gerhard Rammer, Inst. für Wissenschaftsgeschichte, Georg-August-Univ. Göttingen [GR]
Dr. Helmut Rechenberg, Max-Planck-Inst. für Physik, München [HR]
Prof. Dr. Karin Reich, Institut für Gesch. der Naturwiss., Math. u. Tech., Univ. Hamburg [KR]
Dr. Mike Reich, Geowissenschaftliches Zentrum, Abteilung Geobiologie, Univ. Göttingen [MR3]
Doz. Dr. habil. Horst Remane, Martin-Luther-Universität Halle [HR2]
Prof. Dr. M. von Renteln, Math. Inst. I, Univ. Karlsruhe [MR2]
Prof. Dr. Hans-Jörg Rheinberger, Max-Planck-Inst. für Wissenschaftsgeschichte, Berlin [HJR]
Dr. Christa Riedl-Dorn, Naturhistorisches Museum, Wien [CRD]
Martin Ritter, Berlin [MR4]
Prof. Nils Roll-Hansen, Department of Philosophy, University of Oslo, Norwegen [NRH]
Dr. Torsten Rüting, Institut für Gesch. der Naturwiss., Math. und Tech., Universität Hamburg [TR]
Prof. Dr. Nicolaas A. Rupke, Inst. f. Wissenschaftsgeschichte, Univ. Göttingen [NAR]
Pepijn Rutten, Faculteit der Wijsbegeerte, Katholieke Universiteit Nijmegen, Niederlande [PR]
Prof. Dr. Klaus Sander, Inst. f. Biologie I (Zoologie), Univ. Freiburg [KS]
Dr. Hans-Peter Sang, Puchheim [HPS]
Dr. Helga Satzinger, Zentrum für Interdisz. Frauen- und Geschlechterforschung, Techn. Univ. Berlin [HS]
Dr. Michael Schaaf, Finnentrop [MS3]
PD Dr. Georg Schiemann, Philosophisches Seminar, Univ. Tübingen [GS2]
Dr. Arne Schirrmacher, Münchner Zentrum für Wissenschafts- und Technikgeschichte [AS2]
Dr. Karl-Heinz Schlote, Sächsische Akad. der Wiss., Leipzig [KHS]
Martina Schlünder, Universitätsklinikum Charité, Berlin [MS6]
Isolde Schmidt, Rostock [IS2]
Dr. Michael Schmitt, Museum Koenig, Bonn [MS4]
Prof. Dr. Dr. Peter Schneck, Dresden [PS]
Prof. Dr. Peter Schreiber, Inst. für Mathematik, Ernst-Moritz-Arndt-Univ. Greifswald [PS2]
Doz. Dr. habil. Wolfgang Schreier, Leipzig [WS2]
Reinald Schröder, Diepholz [RS]
Dr. Wilfried Schröder, Bremen [WS3]
Dr. Volkmar Schüller, Max-Planck-Inst. für Wissenschaftsgeschichte, Berlin [VS]
Dr. Jörg Schulz, Berlin [JS3]
Dr. Astrid Schürmann, Inst. für Wissenschaftsgeschichte, Technische Univ. Berlin [ASCH]
Prof. Dr. Hans-Werner Schütt, Inst. für Philosophie, Berlin [HWS]
Dr. Oliver Schwarz, Inst. für Physik, Univ. Koblenz-Landau [OS]
Dr. Karl-Heinz Schwarz, Berlin [KHS2]
Prof. Dr. Reinhard Siegmund-Schultze, Hogskolen I Agder, Kristiansand, Norwegen [RSS]
Dr. Frank Stahnisch, Inst. für Geschichte und Ethik der Medizin, Univ. Erlangen-Nürnberg [FS]
PD Dr. Friedrich Steinle, Max-Planck-Inst. für Wissenschaftsgeschichte, Berlin [FST]
Doz. Dr. Brigitte Steyer, Rostock [BS2]
Prof. Dr. Rüdiger Stolz, Jena [RS3]
Dr. Sonja Strbanova, Research Center for History of Sciences and Humanities of the Czech Academy of Sciences and the Charles University, Prag, Tschechische Republik [SS]
Prof. Dr. Margit Szöllösi-Janze, Historisches Seminar, Universität Köln [MSJ]
Prof. Dr. Jürgen Teichmann, Deutsches Museum München [JT]
Dr. sc. Herbert Teichmann, Berlin [HT]
Prof. Dr. Dr. h.c. Günter Tembrock, Humboldt-Univ. zu Berlin, Berlin [GT]
PD Dr. Renate Tobies, Birkenstein [RT]
Prof. Dr. Helmuth Trischler, Deutsches Museum, Forschungsinst. f. Technik- und Wissenschaftsgeschichte, München [HT2]
Prof. Dr. Peter Ullrich, Lehrstuhl für Didaktik der Mathematik, Univ. Augsburg [PU]
Dr. Annette Vogt, Max-Planck-Inst. für Wissenschaftsgeschichte, Berlin [AV2]
Julia Voss, Berlin [JV]
Prof. Dr. Gerhard Wagenitz, Univ. Göttingen, A.-v.-Haller-Inst., Univ. Göttingen [GW]
Prof. Dr. Guido Walz, Mannheim [GW4]
Prof. Dr. Burghard Weiss, Inst. für Medizin- und Wissenschaftsgeschichte, Lübeck [BW]
Dr. Klaus-Peter Wendlandt, Merseburg [KPW]

PD Dr. Karl Heinrich Wiederkehr, Hamburg [KHW]
Dr. Gerhard Wiesenfeldt, Ernst-Haeckel-Haus, Friedrich-Schiller-Univ. Jena [GW2]
Dr. Volker Wissemann, Inst. für Spezielle Botanik, Friedrich-Schiller-Univ. Jena [VW]
Dr. Stefan L. Wolff, Inst. für Geschichte der Naturwissenschaften, Univ. München [SW]
Prof. Dr. Gudrun Wolfschmidt, Univ. Hamburg [GW3]

Fabre, Jean-Henri,
französischer Entomologe,
* 21. 12. 1823 Saint-Léons-de-Lévézou (Aveyne),
† 11. 10. 1915 Sérignan (Vaucluse).

Fabre ist für sein zehnbändiges Insektenwerk bekannt, das sich erstmals auch intensiv mit dem Verhalten der Insekten befasste.

Nach dem Studium am Lehrerseminar von Avignon wirkte Fabre ab 1843 als Primarlehrer in Carpentras, heiratete die Lehrerin Marie Villard und hatte 5 Kinder, deren Unterhalt zunächst seine Hauptsorge war. 1848 erwarb er das Bakkalaureat in Mathematik und Physik an der Universität Toulouse, wurde Physiklehrer am Lyzeum von Ajaccio (Korsika) und Professor am Lyzeum von Avignon. Als Lizentiat promovierte er in Paris mit einer Arbeit über Tausendfüßer. Neben seinen Pflichten als Lehrer betrieb er entomologische Studien, die er auch in populären Vorträgen veröffentlichte, bevor 1871 der erste Band seiner *Souvenirs entomologiques* erschien.

Durch ein Darlehen von John Stuart Mill und den Erwerb eines Hauses in Sérignan (»Harmas«) konnte er sich ab 1870 ausschließlich seinen Insektenbeobachtungen widmen, die in weiteren 9 Bänden der *Souvenirs* ... (1882–1907) ihren Niederschlag fanden. Sie wurden durch seinen flüssigen Erzählstil vor allem in Frankreich weit verbreitet, machten die Insektenwelt weithin bekannt und erregten auch Ch. ↗ Darwins Aufmerksamkeit. Er erhielt u. a. 1866 den Prix Gegner und zahlreiche Ehrungen.

Sein 10-bändiges Werk *Souvenirs* ... enthält neben der subtilen Schilderung vieler Hautflügler- und Käferarten auch die Darstellung seiner Versuchsmethoden sowie zahlreiche autobiografische Mitteilungen. Er führte sowohl Freilandbeobachtungen als auch Laborexperimente durch, nutzte die fotografische Technik zur Wiedergabe seiner Studien und beschrieb minutiös seine Versuchsanordnungen.

Durch die Originalität seiner Fragestellungen und Ergebnisse erweist er sich als ein Pionier der Ethologie, dessen Erkenntnisse über Brutpflege, Orientierungs- und Jagdverhalten auch in die Verhaltensbiologie von K. v. ↗ Frisch und Hanns von Lengerken einflossen. [IJ]

Werk(e):
Souvenirs entomologiques (10 Bde., 1879–1910); Edition définitive illustrée (1951).

Sekundär-Literatur:
Auer, M.: Ich aber erforsche das Leben. Die Lebensgeschichte des Jean-Henri Fabre (1995); Guggenheim, K., Portmann, A.: Jean-Henri Fabre, das offenbare Geheimnis. Aus dem Lebenswerk des Insektenforschers (1977).

Fabricius, David,
deutscher Astronom,
* 19. 3. 1564 Esens (Ostfriesland),
† 17. 5. 1617 Osteel (Ostfriesland; ermordet).

Fabricius war um 1600 einer der sorgfältigsten Himmelsbeobachter. Er entdeckte die Veränderlichkeit des Sterns Mira im Walfisch und beobachtete die Supernova des Jahres 1572, die er, abweichend von der herrschenden Aristotelischen Physik, als Objekt der Himmelsregionen anerkannte. Von Bedeutung ist sein Briefwechsel mit J. ↗ Kepler.

Fabricius besuchte vermutlich die Lateinschule in Norden, studierte Theologie und trat schon 1584 eine Pastorenstelle in Resterhave bei Dorsum an; 1603 wechselte er in den kleinen Ort Osteel. Dort wandte er sich neben seiner beruflichen Tätigkeit der Astronomie und Meteorologie zu, beide durch die Astrologie eng miteinander verbunden.

Fabricius' Beobachtungen bezogen sich auf die Sonnenörter, Mondfinsternisse, Abstände der Planeten zu hellen Sternen, Kometen (1596 und 1607), Meteore, Nordlichter, Haloerscheinungen u. a. Zudem notierte er auch politische und andere Zeitereignisse. Im Jahre 1589 entwarf er eine heute verschollene Karte von Ostfriesland.

Am 13. 8. 1596 entdeckte Fabricius die Veränderlichkeit des Sterns Mira (o Ceti) im Walfisch, wovon er T. ↗ Brahe ausführlich berichtete und sich später darüber mit Kepler austauschte. Anfangs schien es, dass es sich ähnlich dem Stern von 1572 (Tychonische Nova) um ein einmalig sichtbares Objekt handele. Doch im Februar 1609 fand Fabricius den Stern wieder, der sich später als veränderlicher Stern mit einer Periode von 330 Tagen erwies. Ausführlich äußerte sich Fabricius auch über die Supernova 1604. Er betrachtete Kometen und »neue Sterne« nicht als Objekte der Erdatmosphäre, sondern als dauerhafte Sterne, die zwar zeitweise ihres Lichtes beraubt werden, aber dennoch einen bestimmten Lauf am Himmel beschreiben. Damit gehörte er zu den ersten Gelehrten, die diese, der Aristotelischen Physik entgegenstehende Ansicht vertraten.

Fabricius wurde von seinen Zeitgenossen als herausragender Fachmann, insbesondere als sehr sorgfältiger und genauer Beobachter anerkannt. So kam es zu einem ausführlichen und vertrauten Briefwechsel mit Kepler. Erhalten sind 39 Briefe an Kepler und 9 Briefe von Kepler, die teilweise umfangreiche Abhandlungen darstellen. Zur Anerkennung des heliozentrischen Weltsystems konnte sich Fabricius nicht durchringen, wie er auch die Realität der elliptischen Planetenbahnen nicht anerkannte, obwohl er sich über deren mathematische

Aspekte mit Kepler austauschte und diesen durch seine eigenen Rechnungen anspornte.

Der Sohn von Fabricius, Johann Fabricius, wurde einer der Entdecker der Sonnenflecken. Er sah sie erstmals im Dezember 1611, zunächst im Fernrohr, später mit Hilfe einer Camera obscura. An diesen Beobachtungen war teilweise auch der Vater beteiligt. [JH]

Werk(e):
Kurtzer vnd Gründtlicher Bericht, Von Erscheinung vnd Bedeutung deß grossen newen Wunder Sterns (1605); Chronica van etlyken besondern Geschiedenissen, se sik in Ostfriesland un den benachbarden Orden tho getragen (1640).

Sekundär-Literatur:
Olbers, W.: Materialien zu einer Lebensbeschreibung der beiden Astronomen David und Johannes Fabricius, in: Astronomische Nachrichten 31 (1850) Sp. 129–142; Wattenberg, D.: David Fabricius. Der Astronom Ostfrieslands (1964).

Fajans, Kasimir,
polnisch-amerikanischer Physikochemiker,
* 27. 5. 1887 Warschau,
† 18. 5. 1975 Ann Arbor (Michigan, USA).

Fajans ist vor allem bekannt für seine Entdeckung des radioaktiven Verschiebungsgesetzes und seine Mitentdeckung des Elements 91.

Fajans entstammte einer wohlhabenderen polnisch-jüdischen Familie, sein Vater war Handelskaufmann in der Textilindustrie. Nach Abschluss des Realgymnasiums in Warschau studierte er Chemie in Leipzig (1904–1907) und Heidelberg (1907–1909), wo er 1909 bei G. ↗ Bredig mit einer Arbeit über stereochemische Katalyse promovierte. Anschließend ging er für ein Jahr an die ETH Zürich zu R. ↗ Willstätter und 1910–1911 zu E. ↗ Rutherford an die Universität Manchester. 1911 folgte er Bredig als Assistent an die TH Karlsruhe, wo er sich 1913 für Physikalische Chemie habilitierte. Während des Ersten Weltkriegs wurde Fajans als »feindlichem Ausländer« die Lehrberechtigung entzogen, er durfte jedoch weiter im Labor arbeiten. 1917 holte ihn Willstätter als ao. Professor für Physikalische Chemie an die Universität München (ab 1925 o. Professor). Mit Hilfe der Rockefeller Foundation konnte dort ein neues Institut für Physikalische Chemie gebaut werden, und Fajans wurde 1932 sein Direktor. 1935 wurde ihm aufgrund des berüchtigten Gesetzes zur Wiederherstellung des Berufsbeamtentums die Lehrbefugnis entzogen; er emigrierte 1936 in die USA, wo er bis 1957 als Professor für Chemie an der Universität von Ann Arbor wirkte.

K. Fajans

Fajans war verheiratet und hatte zwei Söhne. 1918 erhielt er die deutsche, 1942 die US-amerikanische Staatsbürgerschaft. Er war u. a. Mitglied der Bayerischen (1927) und der Sowjetischen (1924) Akademie der Wissenschaften.

Bei Rutherford befasste sich Fajans mit den radioaktiven Zerfallsreihen, arbeitete mit Walter Makower über Radium C und bestimmte mit H. ↗ Moseley die kurzen Halbwertszeiten von Actinium A und Thorium A. 1912 konnte er die beobachtete Verzweigung der Radiumzerfallsreihen genauer deuten und unter Berücksichtigung elektrochemischer Eigenschaften bald darauf die heute zumeist als Fajans-Soddysche Verschiebungsregeln bezeichneten Zusammenhänge über α- und β-Zerfall ableiten. Darauf aufbauend bestimmte er mit seinem Studenten Oswald Göhring 1913 ein erstes kurzlebiges Isotop des Elements 91 (das vier Jahre später von O. ↗ Hahn und L. ↗ Meitner genauer untersucht und dann Protactinium genannt wurde). Auch befasste er sich mit den Fällungsreaktionen radioaktiver Elemente (u. a. Fajans-Paneth-Hahnsche Fällungsregel).

In den 1920er-Jahren waren Forschungen zur Molekül- und Kristallstruktur sein Arbeitsschwerpunkt, u. a. über die Deformation von Ionen in ihren chemischen Bindungen. Zur theoretischen Erklärung der chemischen Bindungen entwickelte er in den 1940er-Jahren die Quantikel-Theorie, die bis heute jedoch nicht allgemein akzeptiert ist. [HK]

Werk(e):
Die Stellung der Radioelemente im periodischen System, Physikalische Zeitschrift 14 (1913) 4, 136–142; Radioaktivität und die neueste Entwicklung der Lehre von den chemischen Elementen (1919, mehrere Aufl.; auch russ. u. engl.); Physikalisch-chemisches Praktikum (mit J. Wüst, 1929; auch russ. u. engl.).

Sekundär-Literatur:
Lange, E.: Kasimir Fajans zum 70. Geburtstag, Zeitschrift für Elektrochemie 61 (1957) 7, 773–774; Holmen, R. E.: Kasimir Fajans, Bulletin for the History of Chemistry 4 (1989) 15–23, 6 (1990) 7–15; Hurwic, J.: Kasimir Fajans. Lebensbild eines Wissenschaftlers (= BBGNT Berliner Beiträge zur Geschichte der Naturwissenschaften und Technik Bd. 25, 2000).

Famintzin (Famincyn), **Andrej Sergejewitsch,**
russischer Botaniker,
* 17. 6. 1835 Sokol'nikij/Moskau,
† 8. 12. 1918 Petrograd (St. Petersburg).

Famintzin suchte insbesondere mit Arbeiten zur Entwicklung der Pflanzen nach allgemeinen Prinzipien der Lebenserscheinungen und gilt als Begründer der Pflanzenphysiologie in Russland.

Famintzin studierte in St. Petersburg Naturwissenschaften (1853–57). Der Mikrobiologe Lew S. Tschenkowski weckte das besondere Interesse an niederen Pflanzen, die Famintzin dann auch im Ausland (1858–60) bei Gustave Thuret in Antibes am Mittelmeer und A. de ↗ Bary in Freiburg i. Br. bearbeitete. Daneben lernte er neueste Methoden der analytischen bzw. physiologischen Chemie bei R. W. ↗ Bunsen und G. ↗ Kirchhoff in Heidelberg und Lambert von Babo in Freiburg kennen. Wieder in St. Petersburg, lehrte Famintzin am botanischen Kabinett der Universität Anatomie und Physiologie der Pflanzen, zunächst als Magister (1861), Dozent (1863) und Doktor der Botanik (1866), schließlich als außerordentlicher (1867) und ordentlicher (1872) Professor. 1889 verließ er, aus Protest gegen die Einführung eines Polizeiregimes, die Universität und wechselte an die Akademie der Wissenschaften, der er schon als Adjunkt (1878) und außerordentliches Mitglied (1884) verbunden gewesen war. Hier begründete Famintzin 1890 das berühmte Kabinett für Anatomie und Physiologie der Pflanzen, dem er, ab 1891 als ordentliches Akademiemitglied, bis zu seinem Tode vorstand.

Frühe, erfolgreiche Kulturversuche mit isolierten Flechtengonidien (1867 mit Osip W. Baranetzky), die sich als Algenpartner einer zusammengesetzten Lebensform erwiesen, führten über Experimente mit Zoochlorellen, den Farbkörpern niederer Tiere (1889), und mit Plastiden grüner Pflanzen (1893) zu einer neuen Evolutionstheorie (Höherentwicklung durch Symbiogenese, 1907). Einen weiteren Arbeitsschwerpunkt bildeten Untersuchungen der Lichtwirkung auf Pflanzen.

Mit den ersten pflanzenphysiologischen Experimentalkursen (1861), Lehrbüchern (1883, 1887) und Laboratorien in Russland begründete Famintzin in St. Petersburg eine bedeutende Schule der Pflanzenphysiologie und Mikrobiologie, aus der namhafte Forscher wie Alexander F. Batalin, Iwan P. Borodin, Dmitrij I. Iwanowskij, Nikolaj A. Monteverde, Dmitrij N. Neljubow, Kliment A. Timirjazew, M. S. ↗ Tswett oder Sergej N. Winogradskij hervorgingen. [EH]

Werk(e):
Obmen veščestv i prevraščenie energii v rastenijach (1883); Učebnik fiziologii rastenij (1887); Die Symbiose als Mittel der Synthese von Organismen, Biologisches Centralblatt 27 (1907) 353–364.

Sekundär-Literatur:
Kursanow, A. L. u. a. (Hrg.): A. S. Famincyn. Žizn' i naučnaja dejatel'nost' (1981); Senenkova, E. M.: A. S. Famincyn, Botaničeskij žurnal 45 (1960) 309–317.

Michael Faraday

Friedrich Steinle

Faraday, Michael,
englischer Physiker und Chemiker,
22. 9. 1791 London,
25. 8. 1867 London.

Faraday, bisweilen als größter Experimentator des 19. Jahrhunderts bezeichnet, hat die Entwicklung von Elektrizität und Magnetismus im zweiten Drittel des 19. Jahrhunderts geprägt wie kein anderer. Die großtechnische Nutzung der Elektrizität geht auf den von ihm entdeckten Induktionseffekt zurück, die moderne Elektrodynamik auf den von ihm entwickelten Begriff des elektrischen und magnetischen Feldes. Seine Ergebnisse entstanden im Zusammenhang einer über drei Jahrzehnte ausgedehnten und in vieler Hinsicht außergewöhnlichen Forschungsarbeit. Auch als Person war Faraday alles andere als ein typischer Forscher seiner Zeit.

Ein außergewöhnlicher Werdegang

Naturforschung im England des frühen 19. Jahrhunderts war immer noch vornehmlich eine Sache von finanziell unabhängigen »Gentlemen of Science«, die in der Royal Society of London ihre Forschungsergebnisse austauschten. Im Gegensatz zu Frankreich gab es weder das Berufsbild des Naturforschers noch einen typischen Weg zur Forschung. Vor diesem Hintergrund fällt Faradays Weg besonders auf. Als eines von vier Kindern eines zeitweilig arbeitslosen Grobschmieds im Westen Londons – einer expandierenden Industriemetropole – erhielt er nur elementarste Schulbildung und begann im Alter von 13 Jahren, als Zeitungsjunge zum Familieneinkommen beizutragen. Während seiner anschließenden Lehre als Buchbinder trug er seinem frühen Interesse an naturwissenschaftlichen Fragen durch ausgedehnte Lektüre Rechnung, angeregt durch die weit verbreitete Anleitung zum *Improve-*

M. Faraday

ment of the Mind des Geistlichen Isaac Watts. Er schloss sich einer Gruppierung ähnlich gesinnter Jugendlicher an, die naturwissenschaftliche Themen gemeinsam behandelten. Nach Abschluss seiner Lehre unternahm er den wenig Erfolg versprechenden Schritt, bei zwei wissenschaftlichen Institutionen um eine wie auch immer geartete Anstellung nachzufragen: neben der Royal Society auch bei der Royal Institution of London, einer ursprünglich als Volksbildungseinrichtung intendierten privaten Stiftung, die sich zu einem Treffpunkt der oberen Mittelschicht entwickelt hatte und deren Erfolg sich wesentlich auf die didaktische und rhetorische Brillanz des Chemikers H. ↗ Davy gründete. Faraday hatte mit geschenkten Eintrittskarten an Davys Vorlesungen teilgenommen und legte seiner Anfrage die ausgearbeiteten Mitschriften bei. Davy wurde auf Faradays Begabung aufmerksam und stellte ihn ein Jahr später auf eine zufällig frei gewordene Position als Laborassistent ein.

Prägend wurde für Faraday eine eineinhalbjährige Reise durch den europäischen Kontinent (ab Oktober 1813), zu der ihn Davy als Assistent (und als persönlichen Diener, was Faraday bald bereute) mitnahm. Neben der Bekanntschaft mit vielen Forschern auf dem Kontinent, anregender naturwissenschaftlicher Forschung und dem neugierigen Erleben anderer Lebensweisen war die Reise auch durch eine Ernüchterung von Faradays Erwartungen hinsichtlich der vermeintlich höheren moralischen Qualitäten von Naturforschern geprägt. Nach der Rückkehr, wieder als Laborassistent, hatte er nicht nur Davy in seinen vielfältigen Forschungsarbeiten und Vorlesungen zu unterstützen, sondern auch an der Herausgabe eines von der Royal Institution herausgegeben wissenschaftlichen Journals mitzuarbeiten. In intensiver autodidaktischer Arbeit eignete er sich das ganze Gebiet der Chemie an, von theoretischer und praktischer Seite her gleichermaßen. Die Royal Institution bot dazu beste Ressourcen: Neben einer wohl ausgestatteten Bibliothek gab es ein Forschungslabor, das Davy zu einem der besten in ganz Europa entwickelt hatte. Durch die Veröffentlichung kleinerer Aufsätze zu chemischen Themen wurde Faraday in London so weit bekannt, dass ihn zunehmend kommerzielle Nachfragen für chemische Analysen erreichten, die er gerne annahm, nicht zuletzt aus finanziellen Gründen. 1821 wurde er gar als Gutachter zu einem Gerichtsprozess herangezogen.

Das Jahr 1821 brachte wichtige Entwicklungen. Er wurde an der Royal Institution zum Hausmeister und -verwalter ernannt, die dafür bereitgestellte größere Wohnung ermöglichte ihm die Heirat mit Sarah Barnard, und schließlich legte er sein Bekenntnis zur religiösen Sekte der Sandemanier ab, wie Sarah schon zuvor. Die drei Schritte können in ihrer Bedeutung kaum überschätzt werden. Sarah wurde – so Faradays eigene Auskunft – eine tragende Stütze in seinem Leben, und das intensive Gemeindeleben der Sandemanischen Kirche stellte für beide einen wesentlichen Bestandteil des Alltags dar. Wie Faradays Freund, Biograph und Nachfolger an der Royal Institution, John Tyndall, betonte, blieb das für Faraday zeitlebens entscheidend: »I think that a good deal of Faraday's weekday strength and persistency might be referred to his Sunday Exercises. He drinks from a fount which refreshes his soul for the week.«

Nicht von ungefähr ging Faraday gerade in diesem Jahr an ein neues Forschungsfeld: den erst ein Jahr zuvor entdeckten Elektromagnetismus. Die Entdeckung der elektromagnetischen Rotation, die ihm hier gelang, verschaffte ihm erstmals internationale Bekanntheit. In den Folgejahren arbeitete er, stark durch Aufgaben an der Royal Institution in Anspruch genommen, vornehmlich auf dem Gebiet der chemischen Analytik. Seine Entdeckung der Verflüssigung von Gasen (1823) trug wesentlich dazu bei, dass er 1823 zum korrespondierenden Mitglied der Académie des Sciences und 1824 zum Fellow der Royal Society ernannt wurde. 1825 wurde er zum Direktor der Labors der Royal Institution befördert, 1827 erschien die einzige von ihm jemals verfasste Monographie: ein Handbuch für das Arbeiten im chemischen Labor. Im Zuge der zunehmenden Verantwortlichkeiten an der Royal Institution begann er, in großem Umfang öffentliche Vorträge über wissenschaftliche Themen zu halten. Wegen seines pädagogischen Geschicks wurde ihm überdies eine gut dotierte Lehrtätigkeit an der Royal Military Academy in Woolwich bei London angetragen. Mit dem Tode Davys (1829), zu dem sich das Verhältnis zunehmend abgekühlt hatte, entfielen auch die letzten inhaltlichen Vorgaben für Faradays eigene Forschung. 1833 wurde er auf eine Stiftungsprofessur in Chemie (»Fullerian Professor«) an der

Royal Institution berufen. Im Alter von 40 Jahren hatte Faraday eine konsolidierte Stellung innerhalb der wissenschaftlichen Welt erreicht. Wohl bekannt und akzeptiert, stand er im Kontakt mit Forschern innerhalb und außerhalb Großbritanniens; dazu kamen große Erfolge in seiner Lehr- und Vortragstätigkeit. Die finanzielle Knappheit und die existenziellen Sorgen waren endgültig beseitigt: Faraday sollte sein ganzes Leben hindurch an der Royal Institution verbleiben.

Wissenschaftliche Arbeit

In seiner Forschung zeichnete sich Faraday durch außerordentliches experimentelles Geschick, präzises Arbeiten und große Verlässlichkeit der Resultate aus. Das war die Grundlage für seine großen Erfolge in der chemischen Analytik und für seine spektakulären Entdeckungen: 1820 konnte er erstmals Chlorkohlenstoffverbindungen herstellen, 1823 entdeckte er die Verflüssigung des Chlors, 1825 gelang ihm die Entdeckung des Benzols, und in den Jahren 1833–34 wies er die katalytische Wirkung des Platins nach. Diese Erfolge verschafften ihm weite Anerkennung bei den Chemikern. Seine ausgedehnten Untersuchungen zur Optimierung von Stahllegierungen und der optischen Eigenschaften von Glas (Anfang bzw. Ende der 1820er-Jahre) waren für ihn charakteristisch: In beiden Fällen ging es um chemische und physikalische Eigenschaften des Materials gleichermaßen. Faraday, für den diese disziplinäre Unterscheidung (die sich erst in diesen Jahren verfestigte) keine Rolle spielte, hatte hierzu die idealen Voraussetzungen.

Das Forschungsfeld, auf das er sich ab Beginn der 1830er-Jahre fast ausschließlich konzentrierte, war Elektrizität und Magnetismus. Die Elektrizitätsforschung im frühen 19. Jahrhundert war auf zwei Themenbereiche konzentriert: die Effekte der galvanischen Batterie (»Volta-Säule«) einschließlich Elektrochemie und Galvanik einerseits, Präzisionsmessung und systematische Mathematisierung andererseits. Während der erste Themenbereich in ganz Europa behandelt wurde, war der zweite wesentlich auf Paris beschränkt, wo sich um den Mathematiker und Physiker P. S. ↗ Laplace eine Schule der mathematisierenden Physik entwickelt hatte. 1820 rief die Entdeckung einer Wirkung des Galvanismus auf Magnete durch den dänischen Forscher H. C. ↗ Oersted große Aufregung in ganz Europa hervor. Nicht nur war damit ein weiterer Zusammenhang verschiedener Naturkräfte aufgewiesen (was von am deutschen Idealismus orientierten Forschern freudigst begrüßt wurde), sondern der Befund widersetzte sich unmittelbar einer Erfassung in den traditionellen Begriffen von Anziehung und Abstoßung. Diese Newtonschen Begriffe wurden aber allem Nachdenken über Naturvorgänge selbstverständlich zugrunde gelegt, unabhängig von spezielleren theoretischen Vorstellungen. Besonders stark wurde die damit gegebene Herausforderung in Paris empfunden: Dort dienten diese Begriffe – mathematisch präzisiert in Form von rein entfernungsabhängigen Fernkräften – als Grundlage des Programms der Mathematisierung. Der wesentliche Vertreter der Laplaceschen Physik – J. B. ↗ Biot – unternahm zusammen mit seinem damaligen Assistenten F. ↗ Savart Messungen und stellte als Resultat ein Kraftgesetz vor (1820), das bis heute unter seinem Namen bekannt ist. Allerdings musste er dabei die unüberschaubare und rätselhafte räumliche Komplexität der elektromagnetischen Wirkungen weitgehend ignorieren. Sein schärfster Konkurrent A.-M. ↗ Ampère griff hier deutlich weiter aus; dementsprechend hatte das von ihm noch vor Biot vorgestellte Kraftgesetz eine kompliziertere Form. Ampère entdeckte überdies die Wechselwirkung zweier stromdurchflossener Leiter und machte sie zur Grundlage seiner Theorie der »Elektrodynamik«.

1821 erarbeitete sich Faraday, veranlasst durch die Nachfrage eines Freundes, einen umfassenden Überblick zum Elektromagnetismus, den er anonym veröffentlichte. Davon ausgehend untersuchte er die elektromagnetischen Bewegungen in asymmetrischen Konstellationen und entdeckte einen spektakulären Effekt – die erste elektromagnetische Rotationsbewegung. In intensiver Arbeit gelang es ihm überdies, auch die komplexeren Bewegungen auf diesen »einfachen Fall« der Rotation eines Drahtes um einen Magnetpol »zurückzuführen«. Das war eine kühne Behauptung, zumal er sich als Neuling damit in direkten Gegensatz zu etablierten Autoritäten wie Biot und Ampère stellte. Allerdings konnte Faraday wegen anderer Aufgaben das Feld zunächst nicht weiter bearbeiten. Als er 10 Jahre später wieder darauf zurückkam, gelang ihm eine noch spektakulärere Entdeckung: die elektromagnetische Induktion. Namhafte Forscher hatten sich vergeblich um das Auffinden einer solchen »Umkehrung« des Oerstedschen Effektes, d. h. einer Wirkung des Magnetismus auf Elektrizität, bemüht. Der Effekt hatte aber sehr verwirrende Eigenschaften, u. a. das bloß momentane Auftreten des induzierten Stromes. Faraday ließ von seiner Entdeckung monatelang nichts nach außen dringen, sondern arbeitete am Aufstellen einer Gesetzmäßigkeit. Die räumlichen Verhältnisse ließen sich mit den bestehenden Kategorien nicht erfassen. Schließlich griff er zu unorthodoxen Mitteln: Nur wenn die für den Effekt wesentliche Relativbewegung zwischen Magnet und Induktionsdraht auf das System von »magnetischen Kurven« bezogen wurde, wie es durch Eisenfeilspäne dargestellt werden konnte, ließ sich ein allgemeines Induktionsgesetz formulieren: Immer wenn der Draht die magnetischen Kurven »schnitt«, wie es Faraday durch die Darstellung mit einem Messer illustrierte, trat ein Induktionseffekt auf. Faraday gab damit den schon lange bekannten, aber eher als Kuriosität behandelten magnetischen Kurven erstmals eine physikalische Bedeutung als »Ausdruck der Verteilung magnetischer Kraft«. Wie ungewohnt das war, wird daran deutlich, dass der Induktionseffekt als solcher zwar auf weiten Widerhall stieß, die Formulierung des Gesetzes mit Hilfe von magnetischen Kurven aber durchweg Unverständnis hervorrief und nicht ernst genommen wurde.

Ausgehend vom Elektromagnetismus erweiterte Faraday seine Forschungen Schritt für Schritt in die anderen Gebiete der Elektrizität. 1833 untersuchte er, ob es gerechtfertigt war, so unterschiedliche Effekte wie Reibungselektrizität, die Wirkungen der Volta-Säule, tierische Elektrizität, Thermoelektrizität und die neu entdeckten magnetischen Induktionseffekte gleichermaßen als »Elektrizität« zu bezeichnen. Das hatte sich zwar eingebürgert, war aber nie systematisch untersucht worden. Er ging die Frage nicht mit Theorien über mikroskopische Prozesse an, sondern mit breiten experimentellen Untersuchungen: Im Resultat stellte er eine Tabelle über die jeweils auftretenden Wirkungen vor und schloss aus signifikanten Gemeinsamkeiten, dass es sich in allen Bereichen tatsächlich um ein- und dieselbe Naturkraft handelte. In einer weiteren Serie von Experimenten und Messungen (1833–34) befasste er sich mit den Mengenverhältnissen bei der Elektrolyse und erarbeitete die beiden nach ihm benannten Gesetze. Überdies schlug er eine neue Terminologie vor: Ausgehend von der Einsicht, dass die Rede von »Polen« zur irreführenden Erwartung von anziehenden und abstoßenden Kräften Anlass gab, suchte er Ausdrücke, die die experimentelle Situation möglichst genau beschrieben, ohne mit spezifischen Theorien vorbelastet zu sein. Dazu korrespondierte er mit wichtigen Wissenschaftlern und Sprachforschern, u. a. dem Cambridger Philosophen und Naturwissenschaftler William Whewell. Die resultierenden terminologischen Vorschläge – u. a. Elektrode, Anode, Kathode, Ion, Kation und Anion – wurden rasch akzeptiert und sind fester Bestandteil der elektrischen Fachsprache geworden.

Gegen Mitte der 1830er-Jahre ging Faraday an die Elektrostatik. Das war insofern gewagt, als hier die Mathematisierung und Formalisierung (in der Faraday keinerlei Ausbildung besaß) am weitesten fortgeschritten war. Faraday ging vom Phänomen der (elektrostatischen) Induktion aus. Aufgrund zahlreicher Experimente kam er zur Annahme einer »Induktion auf gekrümmten Linien«, die er (fälschlicherweise, wie sich später zeigte) für un-

Wichtige wissenschaftliche Arbeiten Faradays

ab 1816	Chemische Analytik
1818–24	Untersuchung von Stahllegierungen
1820	Erstmalige Darstellung von Kohlenstoff-Chlor-Verbindungen
1821	Überblicksartikel zum Elektromagnetismus
1821	Entdeckung der elektromagnetischen Rotation, Behauptung ihres elementaren Charakters
1823	Verflüssigung von Chlor
1825	Entdeckung und Untersuchung des Benzols
1825–31	Untersuchungen zu hochbrechendem optischem Glas
1827	Veröffentlichung des Laborhandbuches *Chemische Manipulationen…*
1830–31	Untersuchung von Klangfiguren
1831	Entdeckung der elektromagnetischen Induktion
1831–32	Erstmalige Einführung der Kraftliniendarstellung zum Formulieren des Induktionsgesetzes
1832–33	Phänomenologischer Nachweis der Identität der verschiedenen Elektrizitäten: gewöhnlich (= statisch), voltaisch, magnetisch, thermisch, tierisch
1833–34	Untersuchung der katalytischen Wirkung von Platin
1833–34	Gesetze der Elektrolyse (Faradaysche Gesetze); Einführung einer neuen, theorieneutralen Terminologie: Elektrolyse, Elektrode, Anode, Kathode usw.
1834	Theorie der Voltaischen Batterie; Verbesserung der Batterie
1834–35	Untersuchung der Selbstinduktion
1835–38	Elektrostatik; Elektrizitätsleitung in verdünnten Gasen; Einführung der elektrischen Kraftlinien; Faradaykäfig; Begriff des Dielektrikums; Entdeckung der materialspezifischen Dielektrizitätskonstanten, Theorie der dielektrischen Polarisation
1845	Entdeckung des magneto-optischen Effekts (Faraday-Effekt)
1845–50	Klassifikationskriterien für magnetisches Verhalten (Dia- und Paramagnetismus); Untersuchungen zum Diamagnetismus und zur Magneto-Optik
1849	(Erfolglose) Suche nach einer Wechselwirkung zwischen Elektrizität und Schwerkraft
1851–52	Allgemeine Theorie des Magnetismus, formuliert mit Kraftlinien; Realitätsbehauptung für magnetische Kraftlinien
1853	Untersuchungen zu Verzögerungseffekten bei elektrischer Telegrafie über große Distanzen
1856	Untersuchung der optischen Eigenschaften von Blattgold
1857–58	Arbeiten zu elektrischen Beleuchtungssystemen
1858	Untersuchungen zur elektrischen Entladung in verdünnten Gasen

vereinbar mit der traditionellen Fernwirkungstheorie hielt. Stattdessen führte er den Begriff der Induktionslinie (später elektrische Kraftlinie) ein. Seiner Entdeckung einer Abhängigkeit des Induktionseffektes vom zwischenliegenden Material ging er durch aufwändige Messreihen mit dem empfindlichsten Messinstrument der Elektrizität – der Coulombschen Torsionswaage – nach. Als Resultat führte er den Begriff der spezifischen Induktionskapazität (heute relative Dielektrizitätskonstante) ein, die er für einen weiten Bereich von Materialien numerisch angeben konnte. Dabei konstruierte er auch die später als Faradaykäfig bezeichnete Vorrichtung, um innerhalb eines geladenen metallischen Körpers Messungen vornehmen zu können. Nach einer systematischen Untersuchung der verschiedenen Typen von Entladungsvorgängen in Gasen, Flüssigkeiten, Metallen und anderen festen Materialien präsentierte er schließlich eine vereinheitlichende Theorie (1838) von Elektrostatik, Elektrochemie und Elektromagnetismus, bei der der Begriff einer mit Material und Aggregatzustand variierenden Polarisation im Zentrum stand.

Ab 1838 gab es, vermutlich als Folge tief greifender Erschöpfung, einen merklichen Rückgang in Faradays Schaffenskraft. Als er 1845 seine Forschungsarbeit wieder aufnahm, konzentrierte er sich auf den Magnetismus. Wieder gelang ihm eine spektakuläre Entdeckung: der Nachweis einer Wirkung des Magnetismus auf das Licht. Bei dem magneto-optischen Effekt (oft Faraday-Effekt genannt) drehte sich in bestimmten Materialien die Polarisationsebene eines Lichtbündels, wenn starke Magneten in die Nähe gebracht wurden. Die Entdeckung gab ihm Anlass zu einer grundsätzlichen Erforschung des Magnetismus. In ausgedehnten Reihen von Experimenten entdeckte er, dass *alle* Materialien magnetisches Verhalten aufwiesen, das sich in zwei Klassen, Dia- und Paramagnetismus, fassen ließ. Der traditionelle Magnetismus von Eisen, Cobalt und Nickel (Ferromagnetismus genannt) stellte sich nun als ein Spezialfall allgemeinerer Materieeigenschaften dar. 1851 präsentierte Faraday eine allgemeine Theorie des Magnetismus, in der die Fülle seiner experimentellen Resultate kohärent gefasst wurde. Zentraler Begriff war die magnetische Kraftlinie. Diese Linien waren als alle Materie durchziehend vorgestellt; dabei hatten sie die Tendenz, sich senkrecht zu ihrer Richtung gegenseitig aus dem Wege zu gehen, sich zugleich aber in Längsrichtung zu verkürzen. Das Verhalten einzelner Materialien war durch das Maß charakterisiert, in dem sie die magnetischen Kraftlinien in sich hineinzogen oder herausdrängten. Obgleich nicht in mathematische Formeln gefasst, war diese Vorstellung in hohem Maße empirisch gesättigt. Erst jetzt, 20 Jahre nachdem er den Begriff der magnetischen Kurve erstmals verwendet hatte, fand Faraday seine Vorstellungen gefestigt genug, um auch für die physikalische Realität dieser Linien zu argumentieren. Hatte er zuvor wiederholt betont, dass sie nur nützliche Werkzeuge zur Darstellung der Kraftverhältnisse seien, schrieb er ihnen nun physikalische Wirkungen zu: Nicht die in den Magnetpolen lokalisierten Kräfte wirkten auf andere Magnete, sondern die alles erfüllenden Kraftlinien! Faraday sprach hier erstmals von einem Raum und Materie gleichermaßen durchdringenden »Feld«.

Faraday veröffentlichte seine Ergebnisse in einer fortlaufenden Reihe von Aufsätzen im Journal der Royal Society, den *Philosophical Transactions* – zwischen 1832 und 1855 waren es 30 an der Zahl. Sehr dicht geschrieben, enthielten sie detaillierte Beschreibungen von Apparaten und Experimenten und weitgreifende theoretische Überlegungen gleichermaßen, manchmal in unmittelbarem Wechsel. Das machte es den Lesern nicht immer leicht, aber ihre Bedeutung war unübersehbar. J. C. ↗ Poggendorff, der Herausgeber der einflussreichen *Annalen der Physik*, ließ stets sofort nach Erscheinen von Faradays Arbeiten deutsche Übersetzungen drucken. 1839, 1844 und 1855 fasste Faraday die jeweils erschienenen Aufsätze in Buchform zusammen und nahm kleinere Arbeiten hinzu. Diese drei Bände der *Experimental Researches in Electricity* stellen das wichtigste Werk der Elektrizitätsforschung dieser Periode dar.

Faraday und die Elektrodynamik

Mit seinen Arbeiten bestimmte Faraday für Jahrzehnte die Forschungsthemen in Elektrizität und Magnetismus. Allerdings waren die Reaktionen auf seine Arbeiten in charakteristischer Weise zwiespältig. Seine experimentellen Entdeckungen – Rotationseffekt, Induktionseffekt, spezifische Kapazität, magneto-optischer Effekt – wurden stets enthusiastisch begrüßt und rasch akzeptiert, ebenso sein Nachweis der Identität der verschiedenen Elektrizitäten und die Gesetze der Elektrolyse. Ganz anders begegnete man seinen begrifflichen Innovationen, insbesondere dem Begriff der magnetischen und elektrischen Kraftlinien. Häufig war es einfach Schweigen, bisweilen aber auch ausdrückliches Unverständnis und Missfallen. So nannte etwa der Leipziger Physikprofessor W. ↗ Weber, als er 1845 seine Induktionstheorie vorlegte, Faraday nur als Entdecker des Induktionseffektes, ohne seinen begrifflich-theoretischen Ansatz auch nur zu erwähnen – das war ein bewusster Affront gegenüber einer als nicht diskussionswürdig angesehenen Begrifflichkeit.

In den 1840er-Jahren begann sich der mathematisierende Zugang zu Elektrizität und Magnetismus auf breiter Front in ganz Europa durchzusetzen –

mathematische Erfassung wurde geradezu definierendes Merkmal der sich nun als Disziplin herausbildenden Physik. Der Elektromagnetismus bot hier allerdings besondere Schwierigkeiten. Ampères Elektrodynamik, ganz auf den traditionellen Begriff der Anziehung und Abstoßung zwischen punktförmigen Kraftzentren gegründet, behandelte nur die Wechselwirkung von Strömen. Der Elektromagnetismus, insbesondere der Induktionseffekt, der sich technisch sofort als zentral herausgestellt hatte, konnte so nicht erfasst werden. In den 1840er-Jahren griff Weber Ampères Ansatz auf und entwickelte ein erweitertes Kraftgesetz. Allerdings stieß er damit sofort auf grundsätzliche Einwände: H. ↗ Helmholtz, damals noch junger Militärarzt in Potsdam, betonte die Unvereinbarkeit der Weberschen Annahme geschwindigkeitsabhängiger Kräfte mit dem gerade formulierten Energieprinzip. Nicht mit diesen Schwierigkeiten, aber dafür mit sehr begrenzter Leistungsfähigkeit ausgestattet war eine zweite Linie der Mathematisierung, wie sie von F. ↗ Neumann und seiner Schule in Königsberg verfolgt wurde und deren zentrales mathematisches Instrument eine Potenzialfunktion war. In beiden Fällen spielte Faradays Begriff der Kraftlinie keinerlei Rolle – mit traditionellen mathematischen Verfahren ließ er sich nicht fassen.

Das war anders bei dem dritten Weg zur Mathematisierung der Elektrodynamik, der durch den schottischen Physiker J. C. ↗ Maxwell ab den 1860er-Jahren betrieben wurde. Maxwell nahm als einer der ganz wenigen auch Faradays theoretische Ansprüche ernst und erkannte die enorme Leistungskraft der neuen Begrifflichkeit. Er setzte sich ausdrücklich zum Ziel, für Faradays Begriff der Kraftlinie eine mathematische Darstellung zu finden, und bediente sich dazu mechanischer Modellvorstellungen, die er an die qualitativen Anforderungen des Kraftlinienbegriffes anpasste, ohne die Realität der mechanischen Prozesse zu behaupten. Das Resultat – das Maxwellsche System von gekoppelten Integral- oder Differenzialgleichungen – ist bis heute der Kern der elektrodynamischen Feldtheorie. Bemerkenswert genug, stimmte die Maxwellsche Feldtheorie einzigartig gut mit den empirischen Befunden überein, ohne dass er dazu selbst irgendwelche Experimente ausführen musste. Die Faradayschen Begriffe, das betonte Maxwell wiederholt, waren so stark empirisch gesättigt, dass es genügte, ihnen einen möglichst getreuen mathematischen Ausdruck zu geben, um ein ungeheuer weites Feld von Erscheinungen abzudecken. Gegen Ende des Jahrhunderts setzte sich die Feldtheorie, wenn auch modifiziert, gegenüber der Fernwirkungstheorie endgültig durch. Der Feldbegriff, so aufwändig von Faraday erarbeitet, ist seither zentraler und selbstverständlicher Bestandteil der Physik geworden.

Ungewöhnliche Arbeitsweise

Das zentrale Element in Faradays Arbeiten war das Experiment. Sein Labortagebuch, in dem er alle Versuche chronologisch verzeichnete und durchnummerierte, umfasste schließlich an die 20 000 Einträge und war ihm ständiges Arbeitsmittel. Häufig notierte er Querverweise auf Experimente, die er Jahre zuvor durchgeführt hatte; nach und nach legte er thematische Indizes und Überindizes an. Es gibt in der Geschichte der Wissenschaften nicht viele Beispiele für solch einen beweglichen Umgang mit riesigen Datenmengen. Seit Ende der 1820er-Jahre hatte er einen technischen Mitarbeiter, den ehemaligen Sergeanten C. Anderson; davon abgesehen arbeitete er stets allein. Auch in seiner reichen Korrespondenz äußerte er sich nur selten zu unfertigen, ihm unausgereift erscheinenden Überlegungen. Das allmähliche Herausarbeiten seiner Begrifflichkeit ging in einer Art Selbstdialog vonstatten, in dem er sich alle ihm in den Sinn kommenden Einwände vorlegte und in weiteren Experimenten bearbeitete. Dass er keine akademischen Schüler heranbildete, ist vor diesem Hintergrund nicht verwunderlich.

Nicht nur der schiere Umfang der Experimente war ungewöhnlich, sondern auch Faradays begrifflich-theoretischer Umgang damit. Zeitlebens misstraute er vorschnellem Theoretisieren und bestand auf möglichst breiter empirischer Grundlegung. Es ging ihm darum, in breitem Variieren von Versuchsanordnung, Materialien und Prozeduren die Bedingungen ausfindig zu machen, unter denen ein bestimmter Effekt stattfand. Wenn sich zum Formulieren von Regularitäten die bestehenden Begriffe als unzureichend erwiesen, hatte Faraday weniger Scheu als andere, sie in Frage zu stellen und sich auf die Suche nach angemesseneren zu machen. Zentral waren Versuchsanordnungen, die nur noch die unbedingt notwendigen Bedingungen auf-

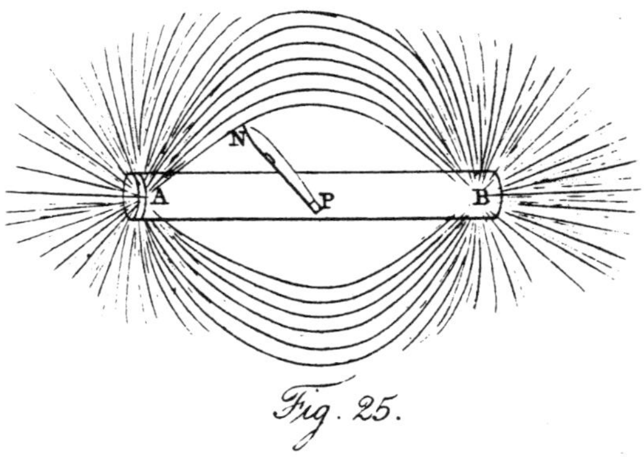

M. Faradays Illustration des Induktiongesetzes: Immer wenn der Draht die magnetischen Kurven »schnitt«, trat ein Induktionseffekt auf

wiesen: Aus diesen »einfachen« oder »elementaren« Fällen ließen sich durch Modifikation und Überlagerung die komplizierten gewissermaßen »ableiten«. Mit einem solchen Erklären durch Einordnen in ein Netzwerk von immer enger verzahnten Naturgesetzen unterschied sich Faraday von einem Erklärungsideal, das auf die hinter den Erscheinungen verborgenen »Hebel und Schrauben« des Naturmechanismus zielte, wie es der junge Helmholtz 1853 ausgedrückt hatte. Keinesfalls lehnte Faraday Überlegungen zu mikroskopischen Prozessen grundsätzlich ab; er wies ihnen aber entschieden einen nachgeordneten Rang in der Forschungsarbeit zu. Auch in einer verfrühten Mathematisierung sah er die Gefahr einer begrifflichen Einengung; Ampères Elektrodynamik bot hier ein markantes Beispiel.

Faradays Forschungsansatz war insbesondere durch die Konsequenz und Ausdauer einzigartig, mit der er ihn über Jahrzehnte hindurch unbeirrbar durchführte, obwohl er in wesentlichen Fragen isoliert war. Hier spielte seine ungewöhnliche persönliche und berufliche Situation eine wichtige Rolle. Seine Existenzgrundlage an der Royal Institution war nicht an seine Forschung, sondern an seine erfolgreiche Öffentlichkeitsarbeit geknüpft – sie bot auch die Grundlage für die dauerhaft exzellente Ausstattung des Labors. Damit konnte er nicht nur seine Themen unabhängig vom Tagesgeschehen wählen, sondern auch Phasen der Nichtanerkennung ohne existenzielle Befürchtungen durchstehen. Hinzu kam seine spezifische Auffassung von der Aufgabe der Wissenschaft und ein besonderes, durch seine religiöse Lebenseinstellung geprägtes Forschungsethos. Weniger handelte es sich dabei um spezifische Inhalte oder Denkvorgaben – für eigentlich theologische Fragen interessierte er sich nie –, sondern um die Grundstimmung, in der er Forschung betrieb, um seine außergewöhnlich hohe Bereitschaft zur Selbstkritik, seine Zurückhaltung bei der Theoriebildung, seine Offenheit für Unerwartetes, kurz: um die von ihm ausdrücklich eingeforderte »Bescheidenheit« bei der Naturforschung.

Es ließe sich wohl vorstellen, dass Effekte wie die elektromagnetische Induktion oder die magnetooptische Wirkung früher oder später auch von anderen entdeckt worden wären; die entsprechenden Fragen lagen gewissermaßen »in der Luft«. Für Faradays Begriffe der Kraftlinie und des Feldes allerdings galt das nicht: Im Gegenteil stieß Faraday hier jahrzehntelang nur auf einhellige Ablehnung.

M. Faraday hält eine Vorlesung für Jugendliche

Den Feldbegriff bildete er in einem einzigartigen Alleingang aus, der sich schon allein durch die Fundierung auf zehntausende von Experimenten von allem anderen in der Wissenschaftsgeschichte abhebt. Es ist sehr unklar, ob jemand mit weniger innerer und äußerer Stabilität, weniger breiter Übersicht über ein gigantisches Feld von Experimenten, weniger Reserviertheit gegenüber vorschneller Verallgemeinerung, weniger Überzeugung von der moralischen, gar religiösen Verpflichtung der Wissenschaft gegenüber der Natur – kurzum jemand anders als Faraday in seiner spezifischen Situation – eine solche Entwicklung hätte leisten können. Nicht von ungefähr betonte Maxwell immer wieder diese Verpflichtung an Faraday. Überdies wandte sich gerade Helmholtz in den 1870er-Jahren von dem Programm der Reduktion auf die »verborgenen Mechanismen« ab und rückte stattdessen eine systematische Phänomenologie – wenn auch mathematisch formuliert – in den Vordergrund. Der entscheidende Auslöser für diese Wendung war Helmholtz' Einsicht in die Tragkraft der Faradayschen, auf eine ganz andere Weise an der Empirie entwickelten Entwürfe. Ohne jemals selbst philosophisch tätig gewesen zu sein, hat Faraday durch seine Arbeit ein bis heute herausforderndes Exempel an eine Philosophie der wissenschaftlichen Methode gestellt.

Öffentliche Person und Privatleben

Wie andere britische Forscher seiner Zeit war Faraday stark an öffentlichen Aufgaben beteiligt – etwa der wissenschaftlichen Beratung der Leuchtturmaufsicht, dem Schutz der Themse und der Konservierung von Gemälden – und hielt solche Arbeiten für eine Ehrenpflicht. Von wissenschaftspolitischer Betätigung dagegen hielt er sich fern; so spielte er etwa bei der Gründung der British Association for the Advancement of Science als Konkurrenz zur erstarrten Royal Society (1831) eher eine Nebenrolle und lehnte die ihm im Alter angetragenen Präsidentschaften der Royal Society und Royal Institution ab. Technische Entwicklungen, die sich aus seinen eigenen Forschungen ergaben, hatte er durchaus im Blick, zog aber die Konzentration auf die Erarbeitung der grundlegenden Naturgesetze vor. Nach der Entdeckung des Induktionseffektes etwa war ihm klar, dass hier eine neue und unvergleichlich stärkere Elektrizitätsquelle lag – ihre technische Ausgestaltung überließ er aber anderen: Schon 1832 stellte der junge Instrumentenbauer Antoine-Hyppolite Pixii in Paris den ersten elektromagnetischen Generator vor. Faradays große Bekanntheit und Beliebtheit hing wesentlich mit seiner ausgedehnten Vortragsarbeit an der Royal Institution zusammen. In den von ihm organisierten wöchentlichen Vorträgen trat er häufig selbst als Vortragender auf, u. a. zur Tunnelbautechnik unter der Themse oder astronomischer Fotografie. Er führte besondere Vortragsreihen für Jugendliche ein, die sehr beliebt wurden – die daraus hervorgegangene *Naturgeschichte einer Kerze* gehört zu seinen meistpublizierten und -übersetzten Werken. Als einer der wenigen Wissenschaftler ist er auf einer Banknote – der britischen 20-£-Note – porträtiert, und zwar, bezeichnend genug, als Vortragender! Zu seiner Zuhörerschaft zählten bisweilen Mitglieder des britischen Königshauses. Mit solcherlei Kontakten, als Mitglied vieler gelehrter Gesellschaften und Empfänger vieler Ehrungen, kann er durchaus als Teil des wissenschaftlichen Establishments der Jahrhundertmitte gelten.

Demgegenüber hob sich allerdings sein privates Leben deutlich ab. Hier war er fast ausschließlich auf den kleinen Kreis der Sandemanischen Sekte beschränkt, die den zu weltlich und hohl erscheinenden Lebensweisen der anglikanischen Staatskirche ein Leben nach dem unmittelbaren Gebot der Bibel entgegensetzen wollte. Die Teilnahme an anglikanischen Gottesdiensten wurde strikt vermieden; das hielt Faraday u. a. davon ab, an Trauerfeiern für bekannte Personen teilzunehmen. In der Gemeinde gab es keine Priester, wichtige Entscheidungen wurden in einem Gremium von Ältesten getroffen, dem auch Faraday zweimal angehörte. Im Gegensatz zur damaligen britischen Gesellschaft spielten Standesunterschiede keine Rolle: Außer der Aristokratie waren alle Bevölkerungskreise vertreten. Das Leben der Faradays war durch solche Bindungen wesentlich geprägt. Faraday nahm Predigt und soziale Aufgaben sehr ernst; um einen Kranken pflegen zu können, ließ er gar eine angekündigte Abendvorlesung ausfallen. Anders als in seiner wissenschaftlichen Arbeit konnte er hier Isolation nicht ertragen: Als er in den 1840er-Jahren bei einem internen Streit zusammen mit anderen vorübergehend aus der Gemeinde ausgeschlossen wurde, brachte ihn das in eine ernste innere Krise. Wie nicht nur John Tyndall bemerkte, spielte die Stabilität dieses religiösen und persönlichen Hintergrunds auch für Faradays wissenschaftliche Arbeit eine zentrale Rolle.

Zur Zeit von Faradays Tod telegrafierte man über den Atlantik und verwendete elektrische Antriebe und Beleuchtungssysteme – die Elektrizität begann erstmals die Lebenswelt massiv zu verändern. In der Physik war die Maxwellsche Elektrodynamik formuliert, die gegen Ende des Jahrhunderts Anlass zur Revision des ganzen Weltbildes durch Einsteins Relativitätstheorie geben sollte. Es gibt in der Wissenschaftsgeschichte nur wenige Gestalten, die zu solch nachhaltigen Veränderungen in unserer Alltagswelt und unserem Weltverständnis den Anstoß gegeben haben wie Faraday. Dabei war es ihm, wie er wiederholt betonte, wesentlich darum zu tun, in richtiger Weise in die »Schule der Natur« zu gehen.

Werk(e):
Experimental Researches in Electricity, 3 Bde. (1839, 1844, 1855, vollständige deutsche Übersetzung: Experimental-Untersuchungen über Elektricität, übers. v. S. Kalischer, 3 Bde. 1889–91, Teilübersetzung in Ostwalds Klassiker der exakten Wissenschaften, Bd. 81, 86, 87, 126, 128, 131, 134, 136, 140); Experimental Researches in Chemistry and Physics (1859); The Correspondence of Michael Faraday (hrg. v. F. A. J. L. James, derzeit 4 Bände (wird fortgesetzt), 1991–1999).

Sekundär-Literatur:
Williams, L. P.: Michael Faraday: A Biography (1965); Cantor, G. N.: Michael Faraday: Sandemanian and Scientist. A study of Science and religion in the nineteenth century (1991); Lemmerich, J.: Michael Faraday, Erforscher der Elektrizität (1991); Steinle, F.: Looking for a »simple case«: Faraday and electromagnetic rotation, History of Science 33 (1995) 179–202.

Faworski (Favorskij), **Alexei Jewgrafowitsch,**
russisch-sowjetischer Chemiker,
* 3. 3. 1860 Pavlovo (Nižnij Novgorod),
† 8. 8. 1945 Leningrad (St. Petersburg).

Faworski gehört zu den Pionieren der organischen Chemie, besonders auf den Gebieten Acetylenchemie, Polymerisation und Isomerisierung.

Nach dem Studium bei A. M. ↗ Butlerow an der St. Petersburger Universität (1878–1882) arbeitete Faworski an dieser Universität (ab 1896 als Professor). Seit 1929 war er Mitglied der Akademie der Wissenschaften der UdSSR und Leiter des akademischen Laboratoriums für organische Synthese sowie ab 1934 des Instituts der organischen Chemie (Direktor bis 1938). 1900–1945 war er gleichzeitig Chefredakteur der bedeutendsten russischen chemischen Zeitschrift.

In seinen Werken entwickelte Faworski von 1884 an die Theorie der chemischen Struktur seines Lehrers Butlerow besonders auf dem Gebiet der Chemie der ungesättigten Verbindungen (hauptsächlich Acetylen und Derivate). Die bedeutendsten Leistungen Faworskis waren Folgende: 1. Entdeckung der Isomerisierung der substituierten Acetylenverbindungen für die Synthese der Acetylen- und Allenverbindungen (einschließlich Dienen; Faworski-Regel ab 1884). Aufgrund dieser Entdeckung wurden durch seine Schüler optimale Synthesen der Monomeren für Kautschuk geschaffen (Isopren: W. N. Ipatjew 1897, Butadien: S. W. Lebedew 1926–1927); 2. Erforschung einer neuen Art der Isomerien: Umlagerung von α-Halogenketonen zu Carbonsäuren (einschließlich Acrylsäuren, ab 1885); 3. Entdeckung der Synthese der tertiären Acetylenalkohole bei der Kondensation der Acetylenderivate mit Ketonen (Faworski-Reaktion, 1900–1905); dieser Acetylenalkohol wurde für die Synthese des Kautschuks benutzt; 4. Entdeckung der Umlagerung von α-Halogenketonen mit Alkoholaten zu Estern (Faworski-Umlagerung, 1913); 5. Synthese des Isoprens aus Acetylen und Aceton (1939).

Die Werke Faworskis schufen die wissenschaftliche Grundlage der industriellen Synthese von Polymeren (besonders des synthetischen Kautschuks). [VAK]

A.J. Faworski

Werk(e):
Zur Frage über isomere Umwandlungen, Ber. Dtsch. Chem. Ges. 40 (1907) 4863–4875; Über die Einwirkung von Phosphorhalogenverbindungen auf Ketone, Bromketone und Ketonalkohole, Journ. prakt. Chem. 88 (1913) 641–698; Ausgewählte Werke (russisch, 1940).

Sekundär-Literatur:
Schostakowski, M. F.: Akademik Alexei Evgrafovič Favorskij (russisch, 1953).

Fechner, Gustav Theodor,
deutscher Physiker, Psychophysiker und Naturphilosoph,
* 19. 4. 1801 Großsärchen (Zarkie Wielkie, Polen),
† 18. 11. 1887 Leipzig

Fechner begründete die Psychophysik und war Wegbereiter der experimentellen Psychologie sowie der Wissenschaftsphilosophie des 19. Jahrhunderts.

Als Sohn eines Pastors studierte Fechner in Leipzig zunächst Medizin und bestand das praktische Doktorexamen. Durch die Lektüre der *Naturphilosophie* von L. ↗ Oken geriet er zeitweise unter den Einfluss der Ideen des Philosophen F. W. J. ↗ Schelling und habilitierte mit einer naturphilosophischen Arbeit. Durch den Physiologen Ernst Heinrich Weber und seine ausgiebigen Übersetzungsarbeiten wissenschaftlicher Werke aus dem Französischen interessierte er sich immer stär-

G.T. Fechner

ker für Experimentalphysik. 1831 erschien eine experimentelle Studie, die dem damals noch wenig beachteten Ohmschen Gesetz zum Durchbruch verhalf. 1834 wurde Fechner ordentlicher Professor der Physik in Leipzig, wo er ein Jahr später das erste physikalische Institut an einer deutschen Universität einrichtete. Neben Arbeiten zur Elektrizitätslehre und zu subjektiven Lichterscheinungen verfasste Fechner unter dem Pseudonym Dr. Mises auch Satiren und Gedichte. 1839 überfiel ihn eine schwere depressive Psychose, die ihn zur Aufgabe seiner akademischen Tätigkeiten zwang. Erst 1843 begann er, ohne seinen Professorentitel aufgegeben zu haben, aber auch ohne in sein Amt zurückzukehren, als (bezahlter) Außenseiter der Universität wieder Vorlesungen über Naturphilosophie, Psychophysik, Ästhetik, Ethik, Anthropologie und das Leib-Seele-Problem zu halten.

1860 erschienen seine zweibändigen *Elemente der Psychophysik*, die entscheidend zum Aufstieg der experimentellen Psychologie im 19. Jahrhundert beigetragen haben. Unter Rückgriff auf eigene Experimente und solche von Weber stellte er das psychophysische Grundgesetz auf, nach dem sich die Größe einer Empfindung proportional zum Logarithmus des Reizes ändert. Dieses Gesetz machte er zur Grundlage einer neuen Wissenschaft, die er als »exacte Lehre von den functionellen oder Abhängigkeitsbeziehungen zwischen Körper und Seele« definierte.

Mit der Psychophysik konzipierte Fechner auch den »Psychophysischen Parallelismus«, der in drei Formen auftritt: als empirische Regel, nach der jedes psychische Ereignis eine physische Basis hat; als Leib-Seele-Theorie, nach der Psychisches und Physisches innere und äußere Aspekte empfindender Wesen darstellen; als Panpsychismus, der eine psychische Seite für alles Physische induktiv begründen will. In der ersten und oft auch in der zweiten Form hat diese nicht reduktive Alternative zum cartesischen Substanzdualismus bis heute einen bedeutenden Einfluss auf Philosophie, Psychologie und Physiologie ausgeübt.

Mit den 1873 erschienenen *Einigen Ideen zur Schöpfungs- und Entwickelungsgeschichte der Organismen* umriss Fechner besonders für den Bereich des Organischen eine Systemtheorie und Theorie der Selbstorganisation. In der Weiterführung der Psychophysik begründete er eine experimentelle Ästhetik, die Sigmund Freud beeinflusste. In der posthum 1897 erschienenen *Kollektivmaßlehre* entwarf er eine mathematische Statistik, die auf einem ontischen Zufallsbegriff beruht. R. v. ↗ Mises entwickelte hieraus seine Häufigkeitstheorie der Wahrscheinlichkeit. Fechners reifstes philosophisches Werk erschien 1879 als *Die Tagesansicht gegenüber der Nachtansicht*. Obwohl Fechners Philosophie in Spekulation mündet, beruht sie doch auf einem antimetaphysischen Kern, dessen Begründung auf viele Zeitgenossen einen bedeutenden Einfluss ausübte. Besonders folgenreich für die Wissenschaftsphilosophie war die große Wirkung auf die Erkenntnislehre des Physikers E. ↗ Mach. [MH]

Werk(e):
Zend-Avesta oder über die Dinge des Himmels und des Jenseits (1851); Über die physikalische und philosophische Atomenlehre (1855, [2]1864); Elemente der Psychophysik (1860, [2]1889); Vorschule der Ästhetik (1876); Die Tagesansicht gegenüber der Nachtansicht (1879).

Sekundär-Literatur:
Heidelberger, M.: Die innere Seite der Natur. Gustav Theodor Fechners wissenschaftlich-philosophische Weltauffassung (1993, engl. Übers. 2003); Gundlach, H.: Entstehung und Gegenstand der Psychophysik (1993).

Fedorow (Fjodorow), **Jewgraf Stepanowitsch,**
russischer Kristallograph und Mineraloge,
* 10. 12. 1853 Orenburg,
† 28. 5. 1919 Petrograd (St. Petersburg).

Fedorow entwickelte unabhängig von Arthur Schoenflies die 230 möglichen Raumgruppen der Kristallgitter, erfand den Universaldrehtisch und das Zweikreis-Goniometer zur Vermessung von Kristallen.

Fedorow trat 1869 in die Petersburger Militäringenieurschule ein, die er 1872 abschloss. Bis 1874 diente er dann als Leutnant in einem Pionierbataillon. 1877 bereiste er Frankreich, Belgien und Deutschland und begann 1880 schließlich ein Studium der Mineralogie und Kristallographie an der Petersburger Bergbauhochschule, das er 1883 beendete. Danach arbeitete er zehn Jahre lang als Sachbearbeiter und Konservator beim Geologischen Komitee in St. Petersburg. 1894 übersiedelte er mit Familie in den Bogoslowsker Bergbaubezirk im Ural, wo er als Leiter der geologischen Erkundungsarbeiten tätig war.

J.S. Fedorow

Im Jahre 1895 wurde Fedorow an das Moskauer Landwirtschaftsinstitut als Professor für Mineralogie, Kristallographie und Geologie berufen. Zehn Jahre lehrte er hier erfolgreich und entwickelte die Universaldrehtischmethode für die Gesteinsdünnschliffmikroskopie, das Zweikreis-Goniometer zur Kristallvermessung. Außerdem schuf er eine Theorie der Kristallstrukturen, auf deren Grundlage es ihm gelang, die 32 Kristallklassen und 230 Raumgruppen der Kristallgitter abzuleiten, und zwar unabhängig von dem deutschen Mathematiker Schoenflies. 1896 wurde er zum korrespondierenden Mitglied der Bayerischen Akademie der Wissenschaften gewählt, 1901 zum Adjunkten der russischen Kaiserlichen Akademie der Wissenschaften. 1905 wurde er Direktor der Petersburger Bergbauhochschule und Leiter des Lehrstuhls für Kristallographie. 1919 wählte man Fedorow zum ordentlichen Mitglied der Akademie der Wissenschaften Sowjetrusslands. [PK]

Werk(e):
Die Grundlagen der Formenlehre (1879, russ.); Die Symmetrie des regulären Systems der Figuren (russ., 1890); Über das Universalgoniometer (1893); Die Universal-Theodolit-Methode in Mineralogie und Kristallographie (1893).

Sekundär-Literatur:
Guntau, M. (Hrg.): Biographien bedeutender Geowissenschaftler der Sowjetunion, in: Schriftenreihe für geologische Wissenschaften H. 14 (1979) 63–77.

Fermat, Pierre de,
französischer Mathematiker und Jurist,
* zw. 13. 1. 1607 und 12. 1. 1608 Beaumont-de-Lomagne bei Toulouse,
† 12. 1. 1665 Castres bei Toulouse.

Fermats Arbeiten zur Infinitesimalmathematik, zur analytischen Geometrie und zur Zahlentheorie sind fundamentale Beiträge zur Mathematikgeschichte.

Pierre de Fermat war der Sohn eines reichen Lederhändlers, Fabrikanten und Grundbesitzers. Er besuchte bis 1623 die Schule der Franziskaner in seinem Heimatort und studierte Jura an der berühmten Universität von Orléans. Wahrscheinlich 1626 legte er in Orléans die Prüfung zum »baccalaureus juris civilis« erfolgreich ab. Seit 1626 war Fermat Anwalt am Parlament von Bordeaux. In Bordeaux begann er seine mathematischen Studien mit der Durcharbeitung der Werke F. ↗ Vietas und antiker Mathematiker. 1631 bestand er die juristische Aufnahmeprüfung vor dem Parlament in Toulouse und konnte sich das Amt eines Parlamentsrats legal kaufen. Damit war der Adelstitel verbunden. 1638 kaufte er ein Amt am obersten Gerichtshof in Toulouse. Fermat sah seine Lebensaufgabe in seiner juristischen Tätigkeit an einem der wichtigsten französischen Gerichtshöfe. Er hat als Rapporteur viele Zivilprozesse vorbereitet und die Urteile entscheidend beeinflusst. Auch in seinem Heimatort wirkte er als juristischer Berater und wurde mehrfach vom König mit der Wahrnehmung der Aufgaben des Gerichtshofes von Toulouse in Castres betraut. In Castres hat er sehr erfolgreich bei der Beilegung von Religionsstreitigkeiten gewirkt. 1654 wurde Fermat Mitglied der obersten Kammer des Parlaments von Toulouse. Er hat hier bis zu seinem Tod nicht als Gelehrter, sondern als praktischer Jurist außerordentlich segensreich und erfolgreich gewirkt.

Eine sichere Datierung der mathematischen Entdeckungen Fermats ist kaum möglich, da er nur wenige Arbeiten veröffentlichte. Abschriften seiner Abhandlungen und der teilweise erhaltene Briefwechsel geben nur unvollkommene Einblicke in seine Tätigkeit.

Schon vor 1629 begann er mit der Berechnung bestimmter »Integrale«, wobei er die Ideen seiner Zeitgenossen mit den Methoden antiker Mathematiker zu vereinigen suchte. Seit 1636 beschäftigt er sich mit der Volumen- und Schwerpunktbestim-

P.d. Fermat

mung von Drehkörpern und berechnete die bis ins Unendliche erstreckte Hyperbelfläche.

1629 hatte er die notwendige Bedingung für das Auftreten von Extremwerten gefunden, 1638 die allgemeine Wendepunktbedingung. Die Präzisierung dieser Arbeiten aus dem Jahr 1643 enthielt den entscheidenden Grenzübergang und die Methode zur Bestimmung der Art des Extremums. Daraus entwickelte er eine Methode der Tangentenbestimmung. Diese Entdeckungen wandte er auf viele Probleme der ebenen Geometrie an und schuf dabei auch wesentliche Grundlagen der geometrischen Optik. Schon 1637 hatte er die auf mechanischen Analogien beruhende Begründung des Brechungsgesetzes durch R. ↗ Descartes abgelehnt. Er entwickelte 1661/62 das Fermatsche Prinzip, wonach die Zeit, die ein Lichtstrahl braucht, um von einem Raumpunkt zum anderen zu gelangen, einen Extremwert – meist ein Minimum – annimmt. Daraus leitete er das Brechungsgesetz ab und behauptete, dass das Licht sich im dichteren Medium langsamer ausbreite als im dünneren. Chr. ↗ Huygens zeigte 1678/79, dass die Fermatschen Behauptungen aus der Wellentheorie des Lichtes folgen, und F. ↗ Arago, A. ↗ Fizeau und J. ↗ Foucault haben sie 1838–1850 auch experimentell bewiesen.

Vor 1636 entstand ein zahlentheoretisches Manuskript, das sich mit den Teilern einer (natürlichen) Zahl befasste. Darin finden sich Sätze über Primzahlen, u. a. der Kleine Fermatsche Satz, über vollkommene und befreundete Zahlen. In daran anschließenden Abhandlungen beschäftigte er sich mit der Zerlegung von Primzahlen in Summen von Quadratzahlen, dann allgemeiner mit der Zerlegung ganzer Zahlen in Summen von Quadraten und ähnlichen, äußerst schwierigen Aufgaben. Die Methoden Fermats zur Lösung solcher Probleme sind nur teilweise bekannt. Leider fand Fermat keine gleichwertigen Diskussionspartner für seine zahlentheoretischen Forschungen. Descartes äußerte sich sogar abfällig über diese, Huygens und B. ↗ Pascal verweigerten sich Fermat als Mitarbeiter. Um 1640 behauptete Fermat in einer im Original verschwundenen Notiz zu einer Ausgabe von Schriften des antiken Mathematikers Diophant beweisen zu können, dass der Große Fermatsche Satz gilt: $a^n + b^n = c^n$ (a, b, c natürliche Zahlen größer 1, $n > 2$) keine Lösung hat. Nach jahrhundertelangen Bemühungen vieler bedeutender Mathematiker gelang erst 1995 Andrew Wiles der Beweis der Vermutung, allerdings unter der Verwendung modernster mathematischer Forschungsergebnisse.

Seit etwa 1629 beschäftigte sich Fermat mit dem geometrischen Werk des ↗ Apollonios und stellte dessen Schriften über »ebene Örter« wieder her. Wohl dadurch angeregt fand er 1636–37 die achsengeometrische Punktbestimmung, also die Grundlage der analytischen Geometrie. Er konnte dadurch die Gleichungen von ebenen Kurven aufstellen und ebene geometrische Probleme rechnerisch behandeln. Aber er gelangte noch nicht dahin, aus der Gleichung einer Kurve deren Eigenschaften herzuleiten. 1643–50 stieß er zu ersten Ansätzen einer analytischen Geometrie des Raumes vor. Es entstanden Skizzen über Oberflächen von Körpern.

Im Jahre 1654 kam es zu einem Briefwechsel Fermats mit Pascal über Fragen der mathematischen Bearbeitung der Glücksspiele. In diesen Briefen entwickelten beide Gelehrte die ersten Ansätze der Wahrscheinlichkeitsrechnung. [JI]

Werk(e):
Varia opera mathematica (1679); Oeuvres de Fermat, 4 Bde., hrg. v. C. Henry und P. Tannery (1894–1912), Supplement hrg. von C. de Waard (1922); Ostwalds Klassiker der exakten Wissenschaften Nr. 208 (erstmals 1923), Nr. 234 (erstmals 1932), Nr. 238 (erstmals 1934).

Sekundär-Literatur:
Itard, J.: Pierre Fermat (1950); Hofmann, J. E.: Pierre Fermat ..., Praxis der Mathematik 7 (1965); Mahoney, M.: The Mathematical Career of Pierre Fermat, 2. Aufl. (1994); Singh, S.: Fermats letzter Satz (1998); Aczel, A. D.: Fermats dunkler Raum (1999); Barner, K.: How old did Fermat become? N.T.M.N.S., 9 (2001) 209–228.

Fermi, Enrico,
italienisch-amerikanischer Physiker,
* 29. 9. 1901 Rom,
† 28. 11. 1954 Chicago.

Fermi leistete wichtige Beiträge zur Quanten-, Kern- und Elementarteilchenphysik; unter seiner Leitung wurde 1942 der erste Kernreaktor realisiert.

Der Sohn eines Eisenbahnangestellten und einer Lehrerin zeigte frühe Begabung für Mathematik und Physik und erhielt ein Stipendium, mit dem er 1918 sein Studium an der Universität Pisa begann, wo er 1922 auf dem Gebiet der Physik pro-

E. Fermi

movierte. Nach Aufenthalten bei M. ↗ Born in Göttingen und P. ↗ Ehrenfest in Leiden wurde er 1924 an die Universität Florenz und 1926 als Professor für theoretische Physik an die Universität Rom berufen (damit wurde der erste theoretische Physiklehrstuhl in Italien geschaffen). Diese erste Schaffensperiode fand ihren Höhepunkt in einer Arbeit zur Quantenstatistik idealer Gase (1926): Fermi zeigte, dass W. ↗ Paulis Ausschließungsprinzip für alle Teilchen mit halbzahligem Eigendrehimpuls (Fermionen) gelten muss. Ein halbes Jahr später begründete P. A. M. ↗ Dirac den allgemeineren quantenmechanischen Zusammenhang, und die allgemeingültige Bedeutung der heute als Fermi-Dirac-Statistik bezeichneten Methode wurde deutlich. In den folgenden Jahren befasste sich Fermi mit der Diracschen Quantenelektrodynamik und legte 1932 eine vereinfachte Darstellung derselben vor.

Ein wichtiges Thema der 1920er-Jahre war die Erklärung des radioaktiven β-Zerfalls. Unter Berücksichtigung der Neutrino-Hypothese (der Vorschlag für die Bezeichnung dieses neutralen Teilchens stammte von Fermi) von Pauli (1931) und des von W. ↗ Heisenberg vorgeschlagenen Kernmodells aus Protonen und Neutronen (1932) gelang es Fermi 1934, auf der Grundlage eines quantenelektrodynamischen Ansatzes die Theorie des β-Zerfalls aufzustellen. Damit begründete er zugleich auch die Theorie der schwachen Wechselwirkung (Fermi-Wechselwirkung).

Mit Orso M. Corbino, dem Institutsdirektor in Rom, begründete Fermi eine Forschungsschule, die auf einem engen Zusammenwirken von Theorie und Experiment beruhte und die in den 1930er-Jahren Rom zu einem internationalen Zentrum der Physik machte. Zu den unmittelbaren Schülern aus jener Zeit zählen u. a. Edoardo Amaldi, Gilberto Bernardini, Marcello Conversi, Ugo Fano, Ettore Majorana, Oreste Piccioni, Bruno Pontecorvo, Giulio Racah, Franco Rasetti, Bruno Rossi, Emilio Segré und Gian Carlo Wick. Die Forschungsaufgabe, der sich Fermi hier ab 1934 stellte, resultierte aus der Entdeckung der künstlichen Radioaktivität, die I. und F. ↗ Joliot-Curie Anfang 1934 bei der Bestrahlung leichter Elemente mit α-Teilchen gelungen war. Fermi vermutete zu Recht, dass sich das 1932 durch J. ↗ Chadwick entdeckte Neutron wegen seiner neutralen Ladung wesentlich besser zur Herbeiführung von Atomumwandlungen eignen müsse als das positiv geladene α-Teilchen. In den folgenden Jahren zeigte die Gruppe, dass sich fast alle Elemente durch Beschießen mit Neutronen in radioaktive Elemente umwandeln lassen. Zudem konnte die hohe Wirksamkeit langsamer Neutronen in diesen Prozessen gezeigt werden. Der beobachtete Umwandlungsmechanismus führte auch zu der Annahme, dass beim Beschießen des Urans, des schwersten natürlich vorkommenden Elementes, so genannte Transurane entstehen müssten (erst die Entdeckung der Kernspaltung Ende 1938 durch O. ↗ Hahn und Fritz Straßmann zeigte, dass dies ein Fehlschluss war; wirkliche Transurane wurden erst 1940 entdeckt). Für seine Arbeiten »zur Erzeugung neuer radioaktiver Substanzen und für die Entdeckung der besonderen Wirkung langsamer Neutronen« erhielt Fermi 1938 den Physik-Nobelpreis.

E. Fermi: Zeichnung von der ersten kontrollierten nuklearen Kettenreaktion am 2. 12. 1942 in Chicago

Die Gelegenheit der Nobelpreisverleihung nutzte Fermi zur Emigration in die USA. Er war seit 1928 mit Laura Capon verheiratet (der Ehe entstammten zwei Kinder), die aus einer jüdischen Familie kam, so dass sich die Familie im faschistischen Italien nicht mehr sicher fühlte. Fermi erhielt eine Professur an der Columbia University in New York.

Kurz nach Fermis Ankunft in New York kam Anfang 1939 auch N. ↗ Bohr zu Besuch dorthin und brachte die Neuigkeit der Entdeckung von Hahn und Straßmann und ihrer theoretischen Deutung durch L. ↗ Meitner und O. R. ↗ Frisch mit (die Publikationen lagen zu diesem Zeitpunkt in den USA noch nicht vor). Die Bedeutung dieser Entdeckung wurde Fermi, wie vielen anderen, sofort klar, und gemeinsam mit Herbert L. Anderson unternahm er erste Versuche zur Erzeugung und Steuerung von Kettenreaktionen mit Neutronen. Sein Ziel war es, auf diese Weise die Atomenergie zu beherrschen. Bald wurden seine Arbeiten in das amerikanische Atombombenprogramm einbezogen und entsprechend unterstützt, und er ging mit seinen Mitarbeitern an das zu diesem Zweck gegründete sog. Metallurgical Laboratory der Universität Chicago. Unter den Tribünen eines Sportstadiums (Stagg Field Stadium der Chicagoer Universität) »schichtete« er aus etwa 50 t Uranoxid, 6 t Uran und 400 t reinstem Graphit den ersten Kernreaktor auf. Am 2. Dezember 1942 wurde der Reaktor kritisch und lieferte eine Energie von 200 Watt. Damit war die Realisierbarkeit und Beherrschbarkeit der Kettenreaktion endgültig bewiesen.

Das amerikanische Atombombenprogramm, im Sommer 1942 zum militärisch geführten und groß angelegten Manhattan-Projekt geworden, trat damit in ein entscheidendes Stadium. Da Fermi noch nicht die amerikanische Staatsbürgerschaft hatte (er erhielt sie im Juli 1944), konnte er keine leitende Stellung im Manhattan-Projekt übernehmen (was ihm durchaus angenehm war, denn er mochte keine wissenschaftsleitenden Positionen), doch war er an der Weiterentwicklung der Kernreaktoren zur Plutoniumerzeugung intensiv beteiligt (Chicago, Hanford). Im Herbst 1944 kam er aber doch nach Los Alamos, wurde nun im Endstadium der Bombenentwicklung (Ltg. J. R. ↗ Oppenheimer) mit der Leitung einer Abteilung für Sonderprobleme betraut (eher im Sinne eines Generalkonsultanten) und war beim sog. Trinity-Test (der ersten Atombombenexplosion vom Typ Plutoniumbombe) am 16. 7. 1945 in der Wüste von New-Mexico bei Alamogordo einbezogen. Fermi gehörte auch dem wissenschaftlichen Ausschuss des sog. Interim-Komitees an, das US-Präsident Truman den Einsatz der Atombombe über Japan empfahl.

1946 kehrte Fermi an die Universität Chicago zurück und wandte sich nun am neu gegründeten Institute for Nuclear Studies (Ltg. Samuel Allison) der Elementarteilchenphysik zu. Hier widmete er sich wieder sowohl theoretischen Fragen wie etwa nach dem Ursprung der kosmischen Strahlung oder der Entwicklung statistischer Methoden zur Beschreibung von Vielteilchenproblemen als auch experimentellen und technischen wie dem Aufbau eines neuen Zyklotrons oder der Wechselwirkung von Mesonen mit Nukleonen. Er sammelte erneut eine Gruppe kreativer jüngerer Leute um sich, denen er seine Anregungen vermitteln konnte, darunter die späteren Nobelpreisträger Owen Chamberlain, Murray Gell-Mann, Tsung Dao Lee und Chen Ning Yang. Fermi galt als inspirierender Lehrer, der Theorie und Experiment stets anschaulich verknüpfte und der Klarheit und Einfachheit der mathematischen Eleganz vorzog. Entsprechend waren auch seine Publikationen angelegt: Sie zielten auf experimentell belegbare Aussagen; philosophisch-methodologischen Diskussionen ging er aus dem Weg.

Fermi war vielfacher Ehrendoktor und Mitglied zahlreicher Akademien; zwischen 1946 und 1950 gehörte er dem General Advisory Committee der Atomenergiekommission der USA an. [HK]

Werk(e):
Collected Papers: Vol. I 1921–1938; Vol. II 1939–1954 (1966/1971); Thermodynamics (1937).

Sekundär-Literatur:
Allison, S. K.: Enrico Fermi, Biographical Memoirs of National Academy of Science 30 (1957) 125–155; Amaldi, E.: Personal Notes on neutron work in Rome in the 30s and postwar European collaboration in high-energy physics, in: History of Twentieth Century Physics, hrg. C. Weiner u. a. (1977) 294–351; Fermi, L.: Mein Mann und das Atom (1956); Segrè, E.: Enrico Fermi – Physicist (1970); Holton, G.: Striking Gold in Science: Fermi's Group and the Recapture of Italy's Place in Physics, Minerva 12 (1974) 2, 159–198; Belloni, L.: A note on Fermi's route to Fermi-Dirac statistics, Scientia 113 (1978) 421–430; Kragh, H.: Enrico Fermi und P. A. M. Dirac, in: Die großen Physiker Bd. II, hrg. K. v. Meyenn (1997) 352–366; Portraits of Fermi, Physics Today 55 (2002) 6, 28–46.

Fernández de Oviedo ↗ Oviedo.

Fersman, Alexander Jewgenjewitsch,
russisch-sowjetischer Mineraloge und Geochemiker,
* 8. 11. 1883 St. Petersburg,
† 20. 5. 1945 Sotschi.

Fersman war einer der Begründer der Geochemie und entwickelte geochemische Methoden der Lagerstättensuche.

Fersman studierte von 1901 bis 1903 an der Universität Odessa Naturwissenschaften, ab 1903 an

A.J. Fersman

der Moskauer Universität Mineralogie bei W. I. ↗ Wernadskij. Nach Abschluss seines Studiums 1907 erweiterte er in Deutschland seine Kenntnisse auf verschiedenen Hochschulen und wurde nach seiner Rückkehr 1909 Assistent an der Mineraliensammlung der Moskauer Universität. 1910 zum Professor für Mineralogie an einer privaten Moskauer Universität für höhere Töchter berufen, hielt er hier 1912 erstmalig Vorlesungen zur Geochemie. Ab 1912 lebte Fersman in St. Petersburg, wo er als Oberkustos am Geologischen Museum der Akademie der Wissenschaften arbeitete. In der Folgezeit nahm er an vielen Expeditionen teil und baute die Sammlung des Museums für Mineralogie und Geochemie aus.

Nach Ausbruch des Ersten Weltkriegs wurde 1915 bei der Akademie der Wissenschaften die Kommission zur Erforschung der natürlichen Produktivkräfte Russlands (KEPS) gegründet, deren Sekretär Fersman wurde. 1919 zum ordentlichen Akademiemitglied gewählt, leitete er das Mineralogische Museum der Akademie der Wissenschaften der UdSSR und arbeitete in vielen staatlichen und wissenschaftlichen Gremien mit. Zahlreiche geochemisch-mineralogische Expeditionen führten ihn in den Ural, nach Mittelasien und auf die Kola-Halbinsel. Er entwickelte die lagerstättenkundliche und geochemische Forschung. Auf der Russischen Naturforscherwoche in Berlin 1927 hielt Fersman wesentliche Vorträge. Von 1930 bis zu seinem unerwarteten Tod 1945 leitete er als Direktor das Moskauer Instituts für Geochemie, Mineralogie und Kristallographie der Akademie der Wissenschaften. 1937 organisierte er den XVII. Internationalen Geologenkongress in Moskau. Während des Zweiten Weltkriegs widmete er sich der Sicherung der Rohstoffbasis der UdSSR. [PK]

Werk(e):
Geochemische Migration der Elemente, Abh. f. praktische Geologie und Bergwirtschaftslehre Halle 18 (1929) und 19 (1930); Pegmatity (1931); Geochimija (4 Bde., 1933–1939).

Sekundär-Literatur:
Krüger, P.: Der Schaffensweg A. E. Fersmans (1983); Perelman, A. I.: Aleksandr Evgenevič Fersman (1983).

Feynman, Richard Phillips,
amerikanischer Physiker,
* 11. 5. 1918 New York,
† 15. 2. 1988 Pasadena (Kalifornien).

Feynman wurde von vielen seiner Zeitgenossen für den brilliantesten und einflussreichsten Physiker der zweiten Hälfte des 20. Jahrhunderts gehalten, nicht nur als Mitschöpfer der renormierten Quantenelektrodynamik, wofür er sich mit J. ↗ Schwinger und Sh. ↗ Tomonaga den Physik-Nobelpreis von 1965 teilte, sondern noch mehr wegen der heuristischen Rolle, die seine spezielle Methode der Feynman-Diagramme (oder Feynman-Graphen) in der Entwicklung der Elementarteilchenforschung nach 1945 spielte. Daneben lieferte er auch wichtige Beiträge, die das sog. Standardmodell vorbereiteten. Schließlich sind ihm neben einer atomistischen Theorie des suprafluiden Heliums grundlegende Überlegungen zum Quantencomputer zu verdanken.

Feynman wurde in Far Rockaway, einem Außenbezirk von New York, als Sohn des in jungen Jahren aus Litauen eingewanderten Geschäftsmanns Arthur Feynman und der deutschstämmigen Lucille Phillips geboren und sollte nach dem Wunsch des Vaters Naturwissenschaftler werden. Bereits in der Schulzeit glänzte er durch mathematische und technische Fähigkeiten, und nach dem Abschluss der lokalen High School begann er 1935 am Massachusetts Institute of Technology (MIT) in Cambridge mit dem Studium der Physik, Mathematik und Chemie, wobei er sich bald auf theoretische Physik bei Philip Morse und John Slater konzentrierte. 1939 ging er an die Universität Princeton, wo er in John Wheeler einen ebenso ausgezeichneten wie inspirierenden Doktorvater fand. Nach der Promotion heiratete er im Juni 1942 die mit ihm seit der Schulzeit befreundete Arline Greenbaum und schloss sich den vielen ausgezeichneten Physikern an, die in Los Alamos unter der wissenschaftlichen Leitung von R. ↗ Oppenheimer am Bau der Atombombe arbeiteten; in der theoretischen Abteilung von Hans Bethe leitete er 1943–45 eine Gruppe für mathematische Probleme. Ende 1945 folgte er Bethes Angebot und ging als Associate Professor an die Cornell University in Ithaca. 1950 wechselte er auf den Lehrstuhl für theoretische Physik am California Institute of Tech-

R.P. Feynman bei einer Vorlesung am CERN 1970

nology in Pasadena. Er blieb dort bis zu seinem Tode. Nach dem Tod seiner Frau (1945) heiratete Feynman noch zweimal, 1952 die Kunsthistorikerin Mary Lou Bell (1956 geschieden) und 1960 die junge Engländerin Gweneth Howard, mit der er die beiden Kinder Carl und Michelle bekam.

Bereits im letzten Jahr seines Studiums am MIT publizierte Feynman zwei wissenschaftliche Arbeiten: die erste eine Notiz zusammen mit Manuel Vallarta über die gleichmäßige Richtungsverteilung der auf die Erde treffenden Intensität kosmischer Strahlung, die andere ein Auszug aus seiner Abschlussarbeit über molekulare Kräfte, in der er einen Satz (Hellmann-Feynman-Theorem) formulierte, der häufig in der Quantenchemie zitiert wird. Den großen Sprung in seiner wissenschaftlichen Laufbahn verdankte er Wheeler in Princeton, der von der Idee ausging, die bisher unüberwindlichen Divergenzprobleme der damaligen (»älteren«) Quantenelektodynamik (QED), nämlich die unendliche Selbstenergie des Elektrons und die ebenfalls unendliche Nullpunktsenergie der Strahlung, könnten durch die einfache Annahme einer Fernwirkung zwischen geladenen Teilchen beseitigt werden. Diese Idee führte zu zwei bemerkenswerten Publikationen über den klassischen Teil des Programms (Feynman und Wheeler 1945, 1949), ließ sich aber nicht quantenmechanisch ausdehnen. Trotzdem veranlasste sie Feynman, sich in seiner Doktorarbeit über das *Prinzip der kleinsten Wirkung in der Quantenmechanik* auf die Teilchenaspekte mikroskopischer Objekte zu konzentrieren. Er ging dabei von einem formalen Hinweis P. ↗ Diracs (1933) aus und beschrieb die infinitesimale (ε) zeitliche Entwicklung der Wellenfunktion mit Hilfe der klassischen Wirkungsfunktion S, die dann in der Phase $\exp[(2\pi i/h)S\varepsilon]$ erscheint; durch viele Wiederholungen des infinitesimalen Schrittes gelangte er zur Übergangsamplitude für ein Teilchen von einem Punkt a nach b, die sich als identisch mit der aus der Schrödinger-Gleichung folgenden erwies, und vermied so die explizite Benutzung der Hamilton-Funktion. Fünf Jahre später bildete dieses Ergebnis den Ausgangspunkt für seinen Einstieg in die Entwicklung der renormierten QED, die die jüngsten experimentellen Ergebnisse von Willis Lamb und Robert Retherford (über eine anomale Aufspaltung der $2^2S_{1/2}$ und $2^2P_{1/2}$ des Wasserstoffs) bzw. von Polycarp Kush und Henry Foley (über das anomale magnetische Moment des Elektrons, beide 1947 publiziert) auslösten; diese standen nämlich im Widerspruch zur früheren QED. Eine Diskussion darüber fand im Juni 1947 auf der Konferenz in Shelter Island bei Long Island statt, wo sich unter der Leitung von Oppenheimer die wichtigsten amerikanischen Experten, von Bethe bis V. ↗ Weisskopf, und der Holländer H. ↗ Kramers – der 1938 eine unendliche Massenrenormierung der Elektronen vorgeschlagen hatte – zu Diskussionen der neuesten physikalischen Probleme trafen. Im Anschluss daran machten sich zunächst Bethe, dann vor allem die jungen Schwinger und Feynman an die Arbeit, eine konsistente quantenelektrodynamische Theorie zu schaffen. Feynman bediente sich der Übergangsamplitude aus seiner Doktorarbeit, die er zunächst in einer Untersuchung (*Space-time approach to relativistic quantum mechanics*, 1948) als eine Summe der Beiträge über alle Wege von a nach b deutete und zum Pfadintegral $K(a,b)$ erweiterte. In der folgenden Abhandlung (*The theory of positrons*, 1949) borgte er sich eine Idee des Schweizers Ernst Stueckelberg (1941), nach der ein Antielektron (Positron), d. h. der negative Energiezustand in Diracs Elekronengleichung von 1928, sich im Raum-Zeit-Diagramm gegenüber einem Elektron (positiver Energiezustand) rückwärts bewegt. Feynman beschrieb dann die Amplituden für Hochenergieprozesse mit Elektronen, Positronen und Lichtquanten durch Kombinationen seiner Pfadintegrale: Z. B. lassen sich die Amplituden $K(a,c)$ und $K(c,b)$ durch Integration über b in die zusammengesetzte Amplitude $K(a,b)$ überführen. Schließlich behandelte er in einer dritten Untersuchung (*Space-time approach to quantum electrodynamics*, 1949) systematisch die QED mit der Methode der Pfadintegrale, die er nun vom Ortsraum in den komplementären Impulsraum umschrieb, wobei er aus ihrer Anwendung auf praktische Fälle die äußerst einfach zu handhabenden Feynman-Regeln ableitete. Dazu zeichnete er für jeden Prozess zunächst den Feynman-Graphen (oder das Feynman-Diagramm), bestehend aus 1. verschieden gekennzeichneten Impulslinien für die fortschreitenden Elektronen, Positronen und anderen geladenen Teilchen sowie für die Photonen, 2. dem Wechselwirkungspunkt (Vertex) für jede Reaktion sowie 3. den Impulslinien der am Vertex gestreuten oder neu erzeugten Teilchen (etwa von Photonen oder Elektron-Positron-Paaren). Die Pfadintegrale für den so vorgegebenen Prozess enthalten dann als Faktoren unter dem Integral die Propagatoren (Fortpflanzungsfunktionen) der Ausgangsteilchen, einen Faktor e pro Vertex sowie die Propagatoren der vom Vertex auslaufenden Teilchen. Feynman hatte nur noch durch die Renormierungen der Elektronenmasse m und der Kopplungskonstanten e zu sorgen, dass die so berechnete Streuamplitude auch endlich blieb. Damit schuf er zwischen 1948 und 1949 eine Form der renormierten QED, die nach Freeman Dyson (1949) der viel komplizierteren feldtheoretischen Formulierung Schwingers gleichwertig war, mit der sich aber viel einfacher rechnen ließ.

Obwohl die Hoffnungen der Physiker, auch andere Theorien der Elementarteilchen, besonders für die Prozesse der sog. schwachen Wechselwirkung (etwa Betazerfälle) oder der starken Wechselwirkung (die u. a. Protonen und Neutronen im Atomkern zusammenhalten), in entsprechend renormierte Theorien mit stets endlichen Ergebnissen zu fassen, sich zunächst nicht erfüllten, hat sich auch dort die Beschreibung der Elementarteilchenprozesse durch Feynman-Graphen wenigstens formal bewährt. Dem Laien vermitteln sie sogar eine gute Veranschaulichung der für ihn so geheimnisvollen Prozesse im Innersten der Materie und bei höchsten Energien, die zudem eine gewisse, natürlich nicht vollständige Ähnlichkeit mit den seit den fünfziger Jahren bekannten Blasenkammerbildern aufweist, die bei Beschleunigerexperimenten beobachtete Teilchenspuren festhalten. (Die Blasenkammerbilder sind nämlich Ortsbilder des Prozesses, während Feynman-Diagramme die quantenmechanisch komplementären Impulsbilder darstellen.) Feynman selbst hat zur Erforschung der Elementarteilchen weitere wichtige Untersuchungen beigetragen: So stellte er im Jahr 1958 zusammen mit Murray Gell-Mann ein neues Gesetz auf, das alle schwachen Wechselwirkungen der Elementarteilchen gut beschrieb, die Vektor-Axialvektor(V-A-)-Theorie (übrigens gleichzeitig auch von George Sudarshan und Robert Marshak publiziert), die einen Markstein auf dem Weg zur späteren mit der QED vereinigten elektroschwachen Theorie setzte. 1969 lieferte er mit dem Partonmodell der Hadronen (d. h. der Teilchen, die an Prozessen mit starker Wechselwirkung teilnehmen können) die Bestätigung deren Zusammensetzung aus den von Gell-Mann und George Zweig 1964 postulierten elementaren Quarks. Die Elektroschwache Theorie und die sog. Quantenchromodynamik (QCD, die Theorie der starken Wechselwirkungen mit den Quarks), welche Anfang der 1970er-Jahre aus den Bemühungen vieler Theoretiker – namentlich Steven Weinberg, Abdus Salam und Sheldon Glashow sowie Gell-Mann und Mitarbeitern – entstanden und sich schließlich als renormierbare Quantenfeldtheorien nach dem Vorbild der QED herausstellten, können ebenfalls durch die Feynman-Graphen und die entsprechenden Pfadintegrale beschrieben werden: Bei der elektroschwachen Theorie übernehmen dann Photonen bzw. schwache $W^{\pm}$- und Z-Bosonen, bei der QCD die Gluonen die Rolle der Photonen in der QED (ihre jeweiligen Propagatoren werden dann besonders im Diagramm gekennzeichnet.)

Feynman benutzte zwischen 1953 und 1955 seine Graphenmethode auch in einem ganz anderen physikalischen Gebiet: Seine quantenmechanische Beschreibung des supraflüssigen Helium-4-Isotops mit Hilfe von Schallquanten (Phononen) und Rotationsquanten (Rotonen) lieferte im Wesentlichen die Ergebnisse der früheren hydrodynamischen Theorie von L. ↗ Landau (1947) auf anschaulich atomistischer Grundlage. Der Veranschaulichung der geheimen Prozesse in der Natur waren auch alle Vorlesungen des großartigen Pädagogen Feynman gewidmet, der stets besonderen Wert auf die Unterrichtung der Studenten und die offene Diskussion mit ihnen legte. Viele der Vorlesungen sind in Buchform einem weiten Leserkreis zugänglich und Bestseller der wissenschaftlichen Literatur geworden. Ins Rampenlicht der amerikanischen und der Weltöffentlichkeit trat Feynman zuletzt als Mitglied einer Präsidentenkommission zur Untersuchung der 1985 erfolgten Explosion der amerikanischen Raumfähre Challenger und des Todes ihrer Besatzung: In einer dramatischen Sitzung vom 11. Februar 1986 demonstrierte der große Theoretiker den technischen Experten der US-Raumfahrtbehörde experimentell seine einfache physikalische Erklärung des Unglücks. [HR]

Werk(e):

Selected Papers of Richard Feynman (2000, hrg. v. L. M. Brown); Quantenelektrodynamik (1961, deutsch 1989); The Theory of Fundamental Processes (1962); Vorlesungen über Physik (3 Bde., 1963–1965, deutsch 1973); mit A. R. Hibbs: Quantum Mechanics and Path Integrals (1964).

Sekundär-Literatur:

Gleick, J.: Richard Feynman – Leben und Werk des genialen Physikers (1993); Mehra, J.: The Beat of a Different Drum – The Life and Science of Feynman (1994); Gribbin, J. u. M.: Richard Feynman – Die Biographie eines Genies (1997, deutsch 2000); Schweber, S. S.: QED and the Men Who Made It (1994).

Ficino, Marsilio,
italienischer Naturphilosoph,
* 19. 10. 1433 Figline,
† 1. 10. 1499 Florenz.

Ficino übersetzte ↗ Platon vom Griechischen ins Lateinische und eröffnete so dem lateinischen Westen erstmals den vollen Zugang zum gesamtplatonischen Oeuvre. Als Naturphilosoph etablierte er eine christlich-neuplatonische Naturmagie, auf deren Basis er eine astromagische Medizin und Diätik entwickelte.

1449–1451 studierte Ficino Philosophie und Medizin in Pisa und Florenz. Als Sohn des Leibarztes Cosimos de Medici stand Ficino in engem Kontakt zur Florentiner Herrscherfamilie der Medici. Auf Geheiß Cosimos lernte Ficino Altgriechisch, um die Werke Platons ins Lateinische zu übersetzen. 1463 schenkte Cosimo Ficino ein Landhaus in Careggi, Sitz der legendären Platonischen Akademie von Florenz, Treffpunkt der seinerzeit berühmtesten Florentiner Literaten und Philosophen. 1464 starb Cosimo; sein Sohn Lorenzo löste Cosimo als Mäzen Ficinos ab. 1484 lernte Ficino ↗ Pico della Mirandola kennen, der ihn zur Übertragung von Platons Werken ermunterte. Im Zuge der Übersetzertätigkeit Ficinos entstanden zahlreiche Kommentare zu Werken Platons und der Neuplatoniker und eigene philosophisch-theologische Werke, so u. a. das Hauptwerk Ficinos, die *Theologia Platonica* (1469–1474). Die von Ficino eingeleitete Renaissance neuplatonischer Kosmologie und Magie fand ihren Niederschlag im medizinischen Hauptwerk Ficinos *De vita libri tres* von 1489. 1499 starb Ficino als einer der wirkmächtigsten Philosophen des 15. Jahrhunderts.

Die astromagische Medizin und Diätik, die Ficino in *De vita libri tres* beschrieb, hatte schlicht die Verlängerung des Lebens zum Ziel. Für Ficino war der Kosmos ein vollkommenes Lebewesen, dessen Glieder sich in ständiger Wechselwirkung befanden. Dabei war der Einfluss der Sterne auf Mensch und Natur maßgeblich. Die Naturmagie sollte die auch stofflich vorfindbare Essenz, die in jeder Pflanze, jedem Mineral oder Stein verborgen ist, herausfiltern und präparieren. Diese Essenzen waren wie der menschliche Organismus astral bestimmt und konnten positiv auf diesen einwirken. Das gleiche galt für Klänge, Farben usw. Ficinos Naturmagie hatte weitreichenden Einfluss auf Pico, della Mirandola ↗ Agrippa von Nettesheim und ↗ Paracelsus. In alternativmedizinischen Kreisen leben die Vorstellungen einer platonischen Medizin noch heute fort. [HPN]

Werk(e):
De vita libri tres (1489), lateinisch-englisch, hrg. v. C. Kaske u. J. Clark (1989).

Sekundär-Literatur:
Marcel, R.: Marsile Ficin (1958).

Ficker, Heinrich von,
österreichischer Meteorologe,
* 22. 11. 1881 München,
† 2. 9. 1957 Wien.

Ficker war ein namhafter Vertreter der österreichischen Meteorologenschule, synoptischer Meteorologe und Klimatologe.

Nach der Matura studierte Ficker in Innsbruck und Wien Geologie, Physik und Meteorologie; Letzterer wandte er sich auf Anregung von Wilhelm Trabert zu. Mit seinen Innsbrucker Föhnstudien wurde er 1906 an der Universität Innsbruck promoviert und arbeitete dann als Assistent an der Zentralanstalt für Meteorologie und Geodynamik in Wien und an der Universität in Innsbruck. 1911 erhielt er eine außerordentliche Professur für Physik der Erde an der Universität in Graz. Bei seinen zahlreichen Ballonfahrten untersuchte er die aerologischen Verhältnisse in den höheren Luftschichten, insbesondere bei der Entstehung des Föhns. Auch erforschte er die Wärme- und Kaltluftwellen in Eurasien und gelangte dabei zu Erkenntnissen, die die Ansichten der norwegischen Meteorologen über die Zyklonenbildung vorwegnahmen.

Im Ersten Weltkrieg geriet Ficker in russische Kriegsgefangenschaft, konnte jedoch auf schwedische Vermittlung hin wie auch andere Hochschullehrer an der Universität in Kasan seine Studien über die Wärmeverhältnisse und über die Klimatologie Innerasiens fortsetzen. Nach dem Krieg übernahm Ficker seine Professsur in Graz wieder und erhielt 1923 in Nachfolge von G. ↗ Hellmann den Ruf als Professor für Meteorologie an der Berliner Universität und als Direktor des Preußischen Meteorologischen Instituts in Berlin. 1934 wurde dieses Institut in den Reichswetterdienst übernommen. Ficker leitete nun nur noch das Universitätsinstitut für Meteorologie in Berlin. An der Berliner Akademie der Wissenschaften, die ihm 1924 zu ihrem Mitglied gewählt hatte, war er einer der beständigen Sekretäre. 1937 kehrte er als Meteorologieprofessor und als Direktor der östereichischen Zentralanstalt, die er bis zu seiner Emeritierung leitete, nach Wien zurück. 1946–1951 war er Präsident und danach bis zu seinem Tode Vizepräsident der Österreichischen Akademie der Wissenschaften. In der Internationalen Meteorologischen Organisation war er 1928–1945 Präsident der Internationalen Klimatologischen Kommission.

Wissenschaftlich trat Ficker mit seinen Studien über die Wechselbeziehungen zwischen Stratosphäre und Troposphäre bei der Bildung von Tiefdruckgebieten und mit Arbeiten über die Passatzirkulation hervor. Von seinen zahlreichen Schülern und Doktoranden sind besonders der theoretische Meteorologe und Hydrodynamiker H. ↗ Ertel und der synoptische Meteorologe Richard Scherhag zu nennen. [HGK]

Werk(e):
Innsbrucker Föhnstudien, Denkschr. Akad. Wiss. Wien, math.-nat. Kl. 78 (1906) 83–163; Kälte- und Wärmewellen in Nordrußland und Asien, Met. Z. 29 (1912) 378–383; Die meteorologischen Verhältnisse der Insel Teneriffa, Abh. Preuß. Akad. Wiss. Physik.-math. Kl. 1931–1934; Wetter u. Wetterentwicklung (1932); Die Passatinversion, Veröff. Met. Inst. Berlin 1 (1936) 4, 1–33; Föhn und Föhnwirkungen (1943, 1948, mit B. de Rudder).

Sekundär-Literatur:
Ertel, H.: Heinrich von Ficker, Naturwiss. 29 (1941) 697–700; Schneider-Carius, K.: Heinrich Ficker, Z. Met. 12 (1958) 101–111; Uhlig, S.: Heinrich von Ficker, Mittl. DMG 1991, H. 3, S. 27/28.

Filchner, Wilhelm,
deutscher Offizier und Tibetforscher,
* 13. 9. 1877 München,
† 7. 5. 1957 Zürich.

Filchners Verdienst liegt in der geodätischen und erdmagnetischen Erforschung Tibets.

Als bayerischer Fähnrich führte Filchner 1900 allein seinen legendären »Ritt über den Pamir« durch. Anschließend bildete er sich 1901–1903 in Vermessungskunde und Geographie an der Technischen Hochschule in München weiter. Die praktische Ausbildung erhielt er an verschiedenen militärischen und zivilen Einrichtungen in Berlin und Potsdam. Seine erste Expedition führte ihn 1903–1905 nach Nordosttibet, wo er den Oberlauf des Huangho erforschte. Für die Ausarbeitung der Ergebnisse gehörte er vier Jahre der Trigonometrischen Abteilung der Preußischen Landesaufnahme an. 1910 wurde er zum Großen Preußischen Generalstab abkommandiert, wo er als Trigonometer und Topograph ausgebildet wurde. Nun wandte er sich den Polargebieten zu und leitete im gleichen Jahr eine Vorexpedition nach Spitzbergen, der 1911–12 die Hauptexpedition in die östliche Weddellsee (Antarktis) folgte. Ihm zu Ehren erhielt die von ihm entdeckte Eisbarriere den Namen Filchnerschelfeis. Während des Ersten Weltkriegs wurde er zunächst in Verdun und später in Norwegen eingesetzt. Nach dem Krieg finanzierte Filchner weitere Expeditionen durch populäre Reisebücher. Ziel der zweiten Tibetexpedition (1926–1928) war eine großflächige erdmagnetische und kartographische Vermessung. Während der dritten Tibetexpedition (1934–1938) vervollständigte er das magnetische Messnetz. Für seine großen Leistungen wurde ihm 1937 in Abwesenheit der Deutsche Nationalpreis für Kunst und Wissenschaft verliehen. Die letzte Expedition führte 1939 zu magnetischen Messungen nach Nepal. 1940 zwang ihn eine schwere Erkrankung, von dort nach Indien zu gehen, wo er in der Nähe von Puna interniert wurde. Erst 1951 kehrte er nach Europa zurück und ließ sich für die letzten Lebensjahre in Zürich nieder. [CL]

Werk(e):
Wissenschaftliche Ergebnisse der Expedition Filchner nach China und Tibet 1903–1905, 3 Kartenwerke und 11 Textbände (1906–1914); Zum sechsten Erdteil (1922); Kumbum Dschamba Ling (1933).

Sekundär-Literatur:
Beck, H.: Wilhelm Filchner – ein bedeutender Asienforscher, in: Große Reisende (1971); Dokumentation über die Antarktisexpedition 1911/12 von Wilhelm Filchner, hrg. G. Kirschmer (1985).

Finlay-Freundlich, Erwin,
deutscher Astronom, Bruder von H. ↗ Freundlich,
* 29. 5. 1885 Biebrich (heute zu Wiesbaden),
† 24. 7. 1964 Wiesbaden.

Die Forschungen Finlay-Freundlichs sind Marksteine in der Verknüpfung von astronomischer bzw. astrophysikalischer Forschung mit der modernen Physik. Sie trugen u. a. zur Akzeptanz und Bestätigung der Einsteinschen Allgemeinen Relativitätstheorie bei.

Finlay-Freundlich war der Sohn eines Kaufmanns und einer aus Schottland stammenden Mutter; sein älterer Bruder war der bekannte Physikochemiker Freundlich. Nach dem Besuch des humanistischen Gymnasiums in Wiesbaden (1903) war er zunächst Volontär auf einer Werft in Stettin und studierte einige Semester Maschinenbau an der Technischen Hochschule in Berlin. 1905 gab er das technische Studium auf und ging nach Göttingen, um Mathematik, Physik und Astronomie zu studieren. Dort promovierte er im Jahre 1910 bei F. ↗ Klein mit einer Arbeit aus der Funktionentheorie. Anschließend wurde er Observator an der Universitätssternwarte in Berlin. Nachdem er im folgenden Jahr in Kontakt zu A. ↗ Einstein gekommen war, erhielt Freundlichs Schaffen eine einschneidende Wende: Von nun an wurde die empirische Begründung der Allgemeinen Relativitätstheorie, die Einstein im Jahre 1915 in Berlin vollendete, zum bestimmenden Gegenstand seiner Forschungen. Zeugnis dafür legen sowohl die vier von ihm geleiteten Sonnenfinsternisexpeditionen (1914, 1922, 1926, 1929), die die Lichtablenkung im Gravitationsfeld nachweisen sollten, als auch die Übernahme der Leitung des so genannten Einstein-Instituts bzw. -Turms am Astrophysikalischen Observatorium

Potsdam ab. Die an den Einstein-Turm geknüpften Hoffnungen, Entscheidendes zur experimentellen Prüfung der Einsteinschen Theorie beizutragen, erfüllten sich allerdings nur teilweise; andere Observatorien liefen ihm auf diesem Gebiet den Rang ab. Dennoch wurden von Freundlich und seinen Mitarbeitern international beachtete Arbeiten zur Sonnenphysik sowie zur Theorie der Sternatmosphären (A. ↗ Unsöld) durchgeführt. Die Errichtung der Nazidiktatur setzte dieser schöpferischen Schaffensperiode Freundlichs ein jähes Ende: Er wurde wegen seiner jüdischen Herkunft entlassen. Im Herbst 1933 emigrierte er in die Türkei, wo er eine neue Universitätssternwarte aufbaute und auch ein türkisches Hochschullehrbuch der Astronomie verfasste. 1936 erhielt er einen Ruf an die Deutsche Universität Prag, doch auch hier war sein Wirken nur von kurzer Dauer – nach dem Münchener Abkommen emigrierte er erneut, diesmal über Holland nach Großbritannien, wo er im schottischen St. Andrews eine neue und diesmal endgültige wissenschaftliche Heimat fand. Hier baute er zum dritten Mal eine moderne astrophysikalische Forschungsstätte auf und beschäftigte sich vor allem mit den Diskrepanzen zwischen den beobachteten und den vorhergesagten Effekten der Relativitätstheorie und entwikkelte für deren Erklärung eine spezielle Theorie, die jedoch umstritten blieb. Nach seiner Emeritierung (1959) kehrte er in seine hessische Heimat zurück, wo er noch eine Honorarprofessur an der Universität Mainz wahrnahm. [DH]

Werk(e):
Die Grundlagen der Einsteinschen Relativitätstheorie (1916); Cosmology (1951); Celestial mechanics (1958).

Sekundär-Literatur:
Hentschel, K.: Der Einstein-Turm. Erwin Finlay-Freundlich und die Relativitätstheorie (1992).

Fischer, Emil Hermann,
deutscher Chemiker,
* 9. 10. 1852 Euskirchen (Rheinland),
† 15. 7. 1919 (Freitod) Berlin.

E.H. Fischer

Fischer zählt zu den bedeutendsten Chemikern des 20. Jahrhunderts. Mit seinen bahnbrechenden Arbeiten zur Strukturaufklärung und Synthese ganzer Gruppen von Naturstoffen wie Zucker, Proteine, Purinkörper und Gerbstoffe entwickelte er nachhaltig die organische Chemie der Naturstoffe. Als herausragender Wissenschaftsorganisator auf dem Gebiet der Chemie setzte er darüber hinaus Maßstäbe für die Entwicklung der Naturwissenschaften insgesamt.

Der Sohn des erfolgreichen Kaufmanns Laurenz Fischer absolvierte die gymnasiale Ausbildung in Wetzlar und Bonn. Das Abitur bestand er als Jahrgangsbester. Von 1871 bis 1874 studierte er Chemie in Bonn und Straßburg. Zu seinen akademischen Lehrern gehörten die bedeutenden Chemiker A. ↗ Kekulé von Stradonitz und A. v. ↗ Baeyer. 1874 wurde er mit einer Arbeit über Fluorescein und verwandte Phthaleinfarbstoffe bei Baeyer promoviert. Als Assistent von Baeyer ging er mit diesem 1875 nach München. Nach erfolgreicher Habilitation im Jahre 1878 wurde er Professor und Abteilungsvorstand der Analytischen Abteilung in Baeyers Münchener Laboratorium. Es folgten Berufungen auf die Ordinariate für Chemie in Erlangen (1882–1885) und Würzburg (1885–1892) sowie als Nachfolger von A. W. ↗ Hofmann nach Berlin (1892–1919).

Mit der in Straßburg entdeckten Verbindung Phenylhydrazin hatte Fischer ein Reagenz gefunden, mit dessen Hilfe sich einzelne Zucker aus sirupösen Gemischen nicht nur identifizieren, sondern auch abtrennen und isolieren ließen. Phenylhydrazin erwies sich auch als brauchbarer Synthesebaustein für die Darstellung von Indolderivaten (Fischersche Indolsynthese, 1883). Mit seiner Hilfe konnte Fischer die Chemie der Zucker zu einer solchen Vollkommenheit entwickeln und ausbauen, dass er dafür und für seine erfolgreichen Arbeiten zur Synthese und Strukturaufklärung der Purine im Jahre 1902 den Nobelpreis für Chemie erhielt. Ab 1899 bearbeitete er mit vergleichbarem Erfolg das Gebiet der Aminosäuren, Polypeptide und Proteine. Er führte neue Synthesemethoden für Aminosäuren und Peptide ein und leistete fundamentale Beiträge zur Strukturaufklärung dieser biologisch bedeutungsvollen Stoffe. 1907 gelang ihm mit der Darstellung eines Octadecapeptids eine damals sensationelle Synthese eines »künstlichen« Peptids. Fischers Vision, die Synthese von natürlichen Peptiden, konnte dagegen erst 1953 durch den amerikanischen Biochemiker Vincent du Vigneaud realisiert werden.

Zwischen 1908 und 1913 befasste sich Fischer mit der Isolierung und Synthese der Gerbstoffe. Ge-

E.H. Fischer mit Studenten in seinem Münchner Labor im Wintersemester 1877/78 (in der vorderen Reihe von links nach rechts: Otto Fischer, Jakob Volhard, Adolf von Baeyer, Emil Fischer)

meinsam mit K. ↗ Freudenberg konnte er mehr als 30 Vertreter untersuchen. Nicht minder erfolgreich waren seine Pionierarbeiten zur Synthese der Nucleoside zahlreicher Purinbasen, die als Bausteine von Desoxyribonucleinsäure (DNS) und Ribonucleinsäure (RNS) in der Natur weit verbreitet sind.

In seiner Berliner Zeit engagierte sich Fischer als herausragender Wissenschaftsorganisator besonders in der Preußischen Akademie der Wissenschaften, der Deutschen Chemischen Gesellschaft und in der Kaiser-Wilhelm-Gesellschaft zur Förderung der Wissenschaften. Während der Zeit des Ersten Weltkriegs fungierte Fischer als Leiter zahlreicher Kommissionen zur Beschaffung und Ersatzbeschaffung von Nahrungs- und Futtermitteln. Nach dem Ende des Krieges beteiligte er sich aktiv am Neuaufbau des wissenschaftlichen Lebens. [HR2]

Werk(e):
Zusammenfassende und thematisch geordnete Edition seiner Zeitschriftenaufsätze als gesammelte Werke: Untersuchungen über Aminosäuren, Polypeptide und Proteine (1899–1906) I (1906); - II (1907–1919), hrg. v. M. Bergmann (1923); Untersuchungen über Kohlenhydrate und Fermente (1884–1908) I (1909); - II (1908–1919), hrg. v. M. Bergmann (1922); Untersuchungen in der Puringruppe (1882–1906), 1907; Untersuchungen über Depside und Gerbstoffe (1908–1919), 1919; Aus meinem Leben, hrg. v. M. Bergmann (1922); Untersuchungen aus verschiedenen Gebieten, Vorträge und Arbeiten allgemeinen Inhalts, hrg. v. M. Bergmann (1924); Untersuchungen über Triphenylmethanfarbstoffe, Hydrazine und Indole, hrg. v. M. Bergmann (1924).

Sekundär-Literatur:
Hoesch, K.: Emil Fischer. Sein Leben und Werk, Berichte der Deutschen Chemischen Gesellschaft 54 (1921), Sonderheft; Remane, H.: Emil Fischer (1984).

Fischer, Hans,
deutscher Chemiker,
* 27. 7. 1881 Hoechst,
† 31. 3. 1945 (Freitod) München.

Fischer gehört zu den bedeutendsten Naturstoffchemikern in der ersten Hälfte des 20. Jahrhunderts und erschloss mit seinen Arbeiten zur Strukturaufklärung der Porphyrine weitgehend die Chemie dieser in der Natur stark verbreiteten Verbindungen.

Als Sohn eines Farbstoffchemikers absolvierte Fischer das Humanistische Gymnasium in Wiesbaden und studierte dann Chemie in Lausanne und Marburg. Nach der Promotion zum Dr. phil. (1904) studierte er in München Medizin (1908 Promotion). Als Assistent von E. ↗ Fischer in Berlin (1908–1911) arbeitete er über die Chemie der Zucker.

H. Fischer

Nach seiner Rückkehr an das chemische Laboratorium der Zweiten Medizinischen Klinik in München begann er seine Forschungen über Gallenfarbstoffe und habilitierte sich 1912 für das Fach Physiologie. 1916 wurde er Professor für Medizinische Chemie in Innsbruck und 1917 in Wien. 1921 wurde er zum Nachfolger von H. ↗Wieland auf den Lehrstuhl für Organische Chemie an der Technischen Hochschule München berufen, wo er seine äußerst erfolgreichen Arbeiten bis zu seinem Tode fortsetzte. Nach der Zerstörung seines Instituts durch einen Bombenangriff setzte er seinem Leben ein Ende.

Fischer fand heraus, dass der Gallenfarbstoff Bilirubin mit seinen vier heterocyclischen Pyrrolringen ein Abbauprodukt des im Hämoglobin enthaltenen Farbstoffs Hämin ist. Die systematische Untersuchung von Pyrrolderivaten, insbesondere der Porphyrine, wurde die Magistrale seines Erfolgsweges. 1926 synthetisierte er mit dem Porphin erstmals die Stammverbindung der Porphyrine. 1929 gelang ihm die Totalsynthese des Hämins als Chelatkomplex des sog. Protoporphyrins IX mit Fe(III). Diese Arbeiten wurden 1930 mit dem Nobelpreis für Chemie ausgezeichnet. Nicht weniger erfolgreich bearbeitete er die Chemie des grünen Blattfarbstoffs der Pflanzen, des Chlorophylls. Diese Forschungen bauten auf Arbeiten von R. ↗Willstätter auf, der dieses magnesiumhaltige Porphyrin zwischen 1905 und 1913 kristallisiert, in zwei Komponenten – Chlorophyll a und b – aufgetrennt und mit dessen Strukturaufklärung begonnen hatte. Fischer klärte 1939 die Struktur des Chlorophylls als Magnesiumkomplex verschiedener Porphyrine vollständig auf und entwickelte Methoden zu dessen Synthese. Letztere konnte er jedoch nicht mehr vollenden. Die Totalsynthese gelang erst im Jahr 1960 dem Amerikaner R. B. ↗Woodward.

Fischer war Ehrendoktor der Harvard University sowie Mitglied und Ehrenmitglied zahlreicher wissenschaftlicher Gesellschaften, darunter Mitglied der Deutschen Akademie der Naturforscher Leopoldina (Ehrenmitglied 1943), der Gesellschaft der Wissenschaften zu Göttingen und der Bayerischen Akademie der Wissenschaften sowie Ehrenmitglied der Sociedad Española de Fisica y Quimica (Madrid), der Rumänischen Chemischen Gesellschaft und der Indischen Akademie der Wissenschaften. [HR2]

Werk(e):
Die Chemie des Pyrrols, 3 Bde. (1934–40, mit Hans Orth).

Sekundär-Literatur:
Treibs, A.: Das Leben und Wirken von Hans Fischer (1971).

Fisher, Sir Ronald Aylmer,
englischer Statistiker und Genetiker,
* 17. 2. 1890 London,
† 29. 7. 1962 Adelaide (Australien).

Fisher arbeitete eine mathematische Selektionstheorie aus, die zu den Grundlagen gehört, auf denen die synthetische Evolutionstheorie in den späten dreißiger Jahren Mendelismus und Darwinismus in Einklang brachte.

Fisher studierte Mathematik und theoretische Physik 1909–1912 in Cambridge. Nach Lehrtätigkeiten und verschiedenen Jobs in der Investitions- und Landwirtschaft trat er 1919 eine Stelle als Statistiker an der landwirtschaftlichen Versuchsstation von Rothamsted an. Seine Aufgabe bestand in der Auswertung von Düngeversuchen in Verbindung mit Wetterdaten. Schon bald etablierte er sich als führender Statistiker, insbesondere mit seinen *Statistical Methods for Research Workers* (1925). Außerdem machte er sich mit Fragestellungen der Genetik und Eugenik vertraut. 1933 wurde er dann in der Nachfolge von Karl Pearsons Galton Professor for Eugenics am University College (London) und wechselte zehn Jahre später auf den Lehrstuhl für Genetik an der University of Cambridge. 1959, nach seiner Emeritierung, arbeitete er weiter für die Commonwealth Scientific and Industrial Research Organization im australischen Adelaide.

Fisher trug vor allem zur beurteilenden Statistik bei, die für das Design und die Auswertung von Experimenten wichtig ist. Er prägte einen statistischen Informationsbegriff, der Information mit der Genauigkeit der Fehlerkurve gleich setzte, und stellte die Varianz- und Signifikanzanalyse auf neue Grundlagen. Auf dem Gebiet der Populationsgenetik sind Fishers Leistungen weniger eindeutig. Er schuf zwar 1930 eine Selektionstheorie, welche die seit 1900 bestehende Diskrepanz zwischen Mendelisten, die von diskreten Merkmalen ausgingen, und Biometrikern, die (mit Ch. ↗Darwin) eine kontinuierliche Variation annahmen, aufhob. Diese Theorie ging von der Grundannahme aus, dass die Rate, mit der die Fitness einer Art wächst, der genetischen Varianz dieser Fitness gleich ist. Nach Fishers eigenem Verständnis war sie jedoch noch nicht mit einer Evolutionstheorie gleichzusetzen. Zu deren Formulierung ab dem Ende der dreißiger Jahre durch T. ↗ Dobzhansky, J. ↗ Huxley, Ernst Mayr und G. G. ↗ Simpson trugen von Seiten der Populationsgenetik neben Fisher auch noch J. B. S. ↗ Haldane (der zeitweise Fishers Kollege am University College war) und Sewall Wright bei. Fisher trat auch für eine positive Eugenik ein (ein gutes Drittel seines Buches von 1930 war diesem Thema gewidmet) und befasste sich in diesem Zusammenhang mit der Blutgruppenforschung. Er selbst hatte acht Kinder (wie schon sein Vater), seine Frau verließ ihn allerdings 1943. [SMW]

Werk(e):
On the Mathematical Foundations of Theoretical Statistics, Philosophical Transactions of the Royal Society 222A (1922); Statistical methods for Research Workers (1925); The Genetical Theory of Natural Selection (1930).

Sekundär-Literatur:
Box, J. Fisher: R. A. Fisher. The Life of a Scientist (1978); Thompson, E. A.: R. A. Fisher's Contributions to genetical Statistics, Biometrics 46/4 (1990).

Fittig, Rudolph,
deutscher Chemiker,
* 6. 12. 1835 Hamburg,
† 19. 11. 1910 Straßburg.

Fittig entdeckte 1863 eine neue Synthese zur Herstellung aromatischer Kohlenwasserstoffe und ermittelte deren Konstitution.

Fittig, Sohn eines Schuldirektors, studierte von 1856 bis 1859 Chemie bei F. ↗ Wöhler an der Universität Göttingen. Danach wurde er Assistent, promovierte 1858 und habilitierte sich 1860 zum Privatdozenten. 1866 wurde er in Göttingen außerordentlicher Professor und 1869 in Tübingen ordentlicher Professor. 1876 wechselte er als Nachfolger von A. v. ↗ Baeyer nach Straßburg, wo er ein neues chemisches Laboratorium errichtete. 1896 erfolgte seine Aufnahme in die Berliner Akademie und von 1895 bis 1896 übte er das Amt des Rektors der Berliner Universität aus. Fittig war Mitherausgeber der *Zeitschrift für Chemie und Pharmazie*, der *Zeitschrift für Chemie* und der *Annalen der Chemie* und wurde 1902 emeritiert.

Fittig hat mit zahlreichen experimentellen Untersuchungen zur Ausformung der klassischen organischen Strukturtheorie des 19. Jahrhunderts beigetragen. Bereits 1860 entdeckte er das Pinacolon. Ab 1862 modifizierte er eine von Charles Adolphe Wurtz um 1855 beschriebene Kohlenwasserstoffsynthese, die Dehalogenierung von Alkylhalogeniden mittels metallischem Natrium (Wurtz-Reaktion). Dabei gelangte Fittig durch Enthalogenierung von Halogenarenen und Halogenalkanen zu neuartigen Alkylarenen sowie zum aromatischen Kohlenwasserstoff Diphenyl. Diese Synthese wird als Wurtz-Fittig-Reaktion bezeichnet. Des Weiteren stellte er 1867 Isophthalsäure sowie 1869 Piperonal her. Danach widmete er sich der Untersuchung der hoch siedenden Bestandteile des Steinkohlenteers. Dabei entdeckte er 1872, unabhängig von C. ↗ Graebe, das Phenanthren sowie 1877 das Fluoranthen, deren Konstitution er durch Abbau ermittelte. Ab 1870 beschäftigte sich Fittig auch

R. Fittig: Das Laboratorium von Wöhler in Göttingen, an dem Fittig zuvor 1856/59 studierte

mit der Untersuchung von Zucker. Dabei stellte er die Summenformeln von Glucose und Fructose auf. Fittig hat darüberhinaus 1873 die chinoide Struktur von Anthrachinon und Benzochinon erkannt sowie umfassend die Chemie ungesättigter Säuren erforscht. Nach 1880 untersuchte Fittig auch die Lactone aus γ-Hydroxycarbonsäuren, wobei er zu neuen Erkenntnissen über die Lactonsäuren sowie über die Dilactone gelangte. [RS3]

Werk(e):
Über die Synthese der Kohlenwasserstoffe der Benzolreihe, Liebigs Ann. Chem. (1864) 303–323.

FitzGerald, George Francis,
irischer Physiker,
* 3. 8. 1851 Dublin,
† 22. 2. 1901 Dublin.

FitzGerald war eine herausragende Persönlichkeit unter den so genannten »Maxwellianern«, die die Maxwellsche elektromagnetische Feldtheorie nach J. C. ↗ Maxwells Tod (1879) weiterentwickelten und damit den Boden für die bahnbrechenden Experimente von H. ↗ Hertz (1887/1888) bereiteten.

FitzGerald, Sohn eines Bischofs der irischen anglikanischen Kirche, studierte und wurde Professor der Physik am ehrwürdigen und traditionsreichen Trinity College in Dublin. Sein Werdegang war eng verbunden mit dieser Universität seiner Heimatstadt, mit der irischen Akademie der Wissenschaften und mit der Royal Dublin Society. Er gelangte zu hohen Ehren: Fellow of Trinity College (1877), Member of the Royal Irish Academy (1878), Professor of Natural and Experimental Philosophy (1881), Secretary of the Royal Dublin Society (1881), Fellow of the Royal Society of London (1883), Royal Society Medal (1899).

In den Jahren1888 und 1889 wiederholte FitzGerald (mit Assistenten) die Karlsruher Experimente von Hertz über die Fortpflanzung der elektromagnetischen Wellen mit endlicher Geschwindigkeit. Er bestätigte und entwickelte diese Untersuchungen weiter, die den Beweis der Gültigkeit der Maxwellschen Theorie lieferten. Es entstand ein reger wissenschaftlicher Briefverkehr mit Hertz. FitzGerald korrespondierte ebenfalls mit O. ↗ Lilienthal im Zusammenhang mit aerodynamischen Untersuchungen und Flugversuchen, welche er mit einem Segelflugzeug auf dem Campus des Trinity College durchführte.

FitzGerald zeichnete sich als Physiker dadurch aus, dass er bedeutende Ideen und Anregungen an jüngere Physiker zur Durchführung weitergab. Heute ist er in erster Linie bekannt für seinen Vorschlag (1892) zur Erklärung des Nullergebnisses des berühmten Michelson-Morley-Experiments (1881). Unabhängig von H. A. ↗ Lorentz schlug FitzGerald die Möglichkeit der Kontraktion eines starren Köpers bei seiner Bewegung durch den Äther vor (1892). Diese »FitzGerald-Lorentz-Contraction-Hypothesis« stellte den Ausgangspunkt der Entwicklung dar, die in den Arbeiten von Lorentz und A. ↗ Einstein in der Formulierung der speziellen Relativitätstheorie gipfelte. [JGOH]

Werk(e):
The Scientific Writings of the Late George Francis FitzGerald (Hrg. J. Larmor, 1902).

Sekundär-Literatur:
Hunt, B. J.: The Maxwellians (1991); O'Hara, J. G., Pricha, W.: Hertz and the Maxwellians (1987).

Fizeau, Armand Hippolyte-Louis,
französischer Physiker,
* 23. 9. 1819 Paris,
† 18. 9. 1896 Chateau de Venteuil (nahe Jouarre).

Der Sohn eines Professors der Medizin studierte zunächst Medizin am Collège Stanislas in Paris, später Physik am Collège de France (bei H.-V. ↗ Regnault) sowie Astronomie (bei F. ↗ Arago) am Pariser Observatorium. 1860 wurde der wohlhabende Privatwissenschaftler ohne formalen Studienabschluss zum Mitglied der physikalischen Sektion der Pariser Académie des Sciences ernannt; 1877 wurde Fizeau deren Vizepräsident und 1878 ihr Präsident. Im gleichen Jahr wurde Fizeau Mitglied des Pariser Bureau des Longitudes. Außer einer 3-jährigen Anstellung als Abschlussprüfer an der École Polytechnique hatte Fizeau nie eine bezahlte Stelle inne.
Zwischen 1840 und 1844 verwendeten Fizeau und L. ↗ Foucault, mit dem er seit seiner Schulzeit befreundet war, unter Anleitung Aragos die neue Technik der Daguerreotypie für fotometrische Un-

A.H. Fizeau

tersuchungen, mit denen sie u. a. die damals noch umstrittene Randverdunkelung der Sonne nachweisen konnten. 1847 untersuchten sie die Interferenz von Wärmestrahlung mit Hilfe sehr feiner Alkoholthermometer mit Durchmessern unter 1 mm und Ablesegenauigkeiten von unter 1/100 °C. Ergebnis dieser Untersuchung war, dass Wärmestrahlen ebenso wie die schon besser untersuchten Lichtstrahlen interferenzfähig waren – ein Schlüsselergebnis für die seit Mitte des 19. Jahrhunderts zunehmend vereinheitlichte Klassifikation beider Strahlungstypen als verschiedene Bereiche eines Spektrums. Auch die Messung der Lichtgeschwindigkeit mit Hilfe der Drehspiegelmethode, die von Arago vorgeschlagen worden war, erfolgte anfangs durch beide Experimentatoren zusammen. Ab 1850 waren beide dann Konkurrenten, wobei Fizeau mit dem Instrumentenbauer Clément Bréguet und Foucault mit Gustave Froment zusammenarbeitete. Auch wenn Letztere einige Wochen schneller waren, gelang 1851 Fizeau die weitaus schwierigere Messung der Lichtgeschwindigkeit in bewegten Medien (Luft und Wasser). Damit ließ sich der von A. J. ↗ Fresnel postulierte Mitführungskoeffizient in bewegten Medien experimentell messen und (1852) eine obere experimentelle Schranke für den hypothetischen Ätherwind geben, den eine um die Sonne bewegte Erde im stationären oder nur partiell mitgeführten Äther erzeugen müsste. Parallel zu diesen Drehspiegelversuchen entwickelte Fizeau 1849 auch die sog. Zahnradmethode.

Der erste klare Hinweis auf eine korrekte Anwendung des Dopplerschen Prinzips in der Optik erfolgte 1848 in einem Vortrag von Fizeau, wodurch es besonders in der französischsprachigen Literatur bis etwa 1900 meist Doppler-Fizeausches Prinzip genannt wurde. In diesem erst 1870 in Gänze veröffentlichten Vortrag demonstrierte Fizeau seinem Publikum durch ein geeignetes Experiment mit Schallwellen die Abhängigkeit der Wellenlänge vom Bewegungszustand des Emitters und ging dann auf die optischen Anwendungsmöglichkeiten des Prinzips insbesondere in der Astronomie ein, in der man Radialgeschwindigkeiten von Sternen durch Messung der Verschiebung von Wellenlängen im Spektrum bestimmen kann.

Nachdem er sich seit seiner Heirat mit Thérèse Valentine 1853 mehrere Jahre nicht mehr mit Experimenten beschäftigt hatte, begann 1860 Fizeaus zweite Phase aktiven Experimentierens, insbesondere zur Anwendung der Interferenz des Lichts für hochpräzise Längenmessungen – ein Ansatz, den später A. A. ↗ Michelson aufgriff und verfeinerte. Für seine Präzisionsexperimente im Bereich der Optik, zur Interferometrie und Elektrizitätstheorie wurde Fizeau mit zahlreichen Preisen ausgezeichnet, u. a. der Rumford-Medaille (1866), und 1875 zum auswärtigen Mitglied der Londoner Royal Society ernannt. [KH]

Sekundär-Literatur:
Cornu, A.: Notice sur l'oeuvre scientifique d'Hippolyte Fizeau, Annuaire publié par le Bureau des Longitudes pour l'an (1898) C1–C40; Picard, E.: Les théories de l'optique et l'oeuvre d'Hippolyte Fizeau (1924); Frercks, J.: Die Zahnradmethode zur Messung der Lichtgeschwindigkeit. Replikation von Fizeaus Experiment, Diplomarbeit Univ. Oldenburg (1996, Zusammenfassung in Centaurus 42 (2000) 249–287); Ders.: Die Forschungspraxis Hippolyte Fizeaus. Eine Charakterisierung ausgehend von der Replikation seines Ätherwindexperiments von 1852 (2001).

Flamsteed, John,
englischer Astronom,
* 19. 8. 1646 Derby,
† 31. 12. 1719 Greenwich.

Flamsteed war der erste Direktor der Sternwarte Greenwich und begründete deren bedeutenden wissenschaftlichen Ruf. Er verbesserte deutlich die Berechnung der Mondbewegung, schuf einen Sternkatalog mit zuvor unerreichbar genauen Sternörtern, der lange als Standardwerk galt, und legte die Grundlagen für den Aufschwung, den die Astronomie im 18. Jahrhundert erlebte.

Flamsteed entstammte einer Unternehmerfamilie, wuchs unter standesgemäßen Bedingungen heran und bereitete sich auf die Universität vor. Eine schwere Rheumaerkrankung vereitelte eine vorbestimmte Laufbahn, und Flamsteed konnte sich auf seinen Wunsch hin der Astronomie widmen. Er berechnete Daten von Sonnenfinsternissen und Ephemeriden des Mondes, sandte sie an die Royal Society und kam so in Verbindung mit deren führenden Vertretern. Zu dieser Zeit entstand am englischen Hof der Plan der Gründung eines astronomischen Observatoriums in Verbindung mit der Lö-

J. Flamsteed

sung des Problems der geographischen Längenbestimmung für die Navigation mit Hilfe der Zeitbestimmung von Sternbedeckungen durch den Mond. Flamsteed wurde in die mit diesen Fragen befasste Kommission aufgenommen und am 4. 3. 1675 als erster »Astronomer Royal« mit der Aufgabe betraut, die Tafeln der Gestirnsbewegung, besonders des Mondes, und die Kenntnis der Örter der Sterne zu verbessern.

Mit Konsequenz arbeitete Flamsteed an beidem. Sofort nach seiner Berufung an das Königliche Observatorium begann er mit den Beobachtungen zu seinem Sternkatalog mit ca. 3 000 Sternen, deren Örter mit zuvor unerreichter Beobachtungsgenauigkeit registriert wurden. Dies gelang, neben der großen Begabung Flamsteeds als Beobachter, mittels der hier erstmalig erfolgten durchgängigen Anwendung des Fernrohrs für Positionsbestimmungen am Himmel. Bis 1689 verzeichnete er mit einem mit Fernrohren versehenen Sextanten etwa 20 000 Beobachtungen; spätere wurden u. a. mit einem Mauerquadranten und einem 140°-Mauerkreis ausgeführt. Intensiv widmete sich Flamsteed der Bestimmung astronomischer Konstanten, wie der Schiefe der Ekliptik, der Sonnenparallaxe, der Refraktion, den geographischen Koordinaten der Sternwarte Greenwich u. a., die für die Bearbeitung der am Instrument gewonnenen Daten erforderlich sind. Der Flamsteedsche *British Catalogue* konnte erst 1725, nach dem Tod des Autors, in dessen dreibändiger *Historia coelestis Britannica* erscheinen. Neben seinem eigenen Katalog wurden darin auch ältere, von ↗ Ptolemäus über den den Durchbruch zu den modernen Katalogen bringenden Hessischen Sternkatalog Christoph Rothmanns bis zum Katalog von J. ↗ Hevelius, abgedruckt. Der zugehörige Sternatlas erschien 1729.

Flamsteed hielt alle gängigen Theorien der Mondbewegung für fehlerhaft, ausgenommen die von Jeremiah Horrox. Es gelang ihm, die Theorie der komplizierten, vielfachen Störungen unterliegenden Bewegung des Mondes in drei Schritten zu verbessern, zuletzt (1703) auf der Grundlage der Newtonschen Gravitationstheorie. In dieser vervollkommneten Form fand sie noch Jahrzehnte später Eingang in die Lehrbücher.

Die Sammlung seiner Beobachtungen, *Historia coelestis Britannica*, enthält ein fundamentales Beobachtungsmaterial nicht nur für die Sterne, sondern ebenso die Örter der Planeten und ihrer scheinbaren Durchmesser aus mehreren Jahrzehnten sowie der Sonne; Flamsteed beobachtete Kometen, darunter den für die Bestimmung der Bahnform dieser Himmelskörper (durch Georg S. Dörffel) wichtigen von 1680/81 sowie den von 1677. Er warf auch die Frage auf, ob nicht ein Komet bei seinem Umlauf um die Sonne nach einer bestimmten Zeit wiederkehren könne (von E. ↗ Halley wurde dies schon bald mit Erfolg aufgegriffen).

Mit Hilfe seiner Arbeiten zur Mondbewegung und seiner genauen Sternpositionen konnte das Problem der Längenbestimmung auf See nach der Konstruktion genauer Uhren nach 1750 gelöst werden. [JH]

Werk(e):
Historia coelestis Britannica (3 Bde., 1725); Atlas coelestis (1729).

Sekundär-Literatur:
Greenwich Observatory: The Royal Observatory at Greenwich and Herstmonceur 1675–1975, Bd. 1 u. 2 (1975).

Fleck, Ludwik,
polnischer Arzt, Bakteriologe und Wissenssoziologe,
* 11. 7. 1896 Lemberg (Lviv, Ukraine),
† 5. 6. 1961 Ness Ziona (Israel).

Fleck gehört mit seinen wissenschaftstheoretischen Schriften zu den Vordenkern der heutigen Wissenschaftsgeschichte und -soziologie.

Nach Abschluss des Medizinstudiums arbeitete Fleck 1920–1941 als Bakteriologe in verschiedenen Laboratorien seiner Heimatstadt Lwów. Mitte der 1920er-Jahre begann Fleck sich intensiv mit wissenschaftstheoretischen Fragen zu beschäftigen. Er veröffentlichte mehrere Artikel und publizierte 1935 sein bekanntestes Werk *Entstehung und Entwicklung einer wissenschaftlichen Tatsache* in einem Schweizer Verlag. Darin entwarf er anhand einer Fallstudie zur Geschichte der Syphilis eine allgemeine Erkenntnistheorie, die er aus der Alltagspraxis von Wissenschaftskollektiven entwickelte und nicht als abstraktes philosophisches Idealkonzept des Erkenntnisprozesses. In seiner Lehre vom Denkstil und Denkkollektiv, die er mit gestalttheoretischen Konzepten verband, betonte Fleck nicht nur den kollektiven Charakter wissenschaftlicher Arbeit, sondern beschrieb auch das soziale, kulturelle und historische Eingebundensein naturwissenschaftlicher Erkenntnis.

Flecks Buch wurde u. a. aufgrund der politischen Lage nicht rezipiert. Er selbst wurde, nach der Besetzung Polens, in die Konzentrationslager Auschwitz und Buchenwald deportiert und gezwungen, an der Entwicklung von Impfstoffen für die SS mitzuarbeiten. Nach Kriegsende war er als Professor für Mikrobiologie in Lublin und Warschau tätig. 1957 emigrierte Fleck gemeinsam mit seiner Frau nach Israel, wo er 1961 starb, ohne seinen Plan verwirklicht zu haben, ein zweites Buch zu erkenntnistheoretischen Fragen zu publizieren. Flecks Wirkungsgeschichte begann erst nach seinem Tod mit der Rezeption von T. ↗ Kuhns bahnbrechendem wissenschaftstheoretischen Buch *The Structure of Scientific Revolutions* (1962), in dessen Vorwort Fleck gewürdigt wurde. Parallel zur wachsenden Bedeutung des Sozialkonstruktivismus erhielt Flecks Theorie für die neuere Wissenschaftsforschung immer mehr Gewicht. [MS6]

Werk(e):
Entwicklung und Entstehung einer wissenschaftlichen Tatsache (1935); Erfahrung und Tatsache. Gesammelte Aufsätze, hrg. v. L. Schäfer und T. Schnelle (1983).

Sekundär-Literatur:
Cohen, R., Schnelle, T.: Cognition and Fact. Materials on Ludwik Fleck (1986).

Fleming, Sir Alexander,

britischer (schottischer) Bakteriologe,
* 6. 8. 1881 Lochfield (Schottland),
† 11. 3. 1955 London.

Auf der Suche nach Mitteln zur Behandlung von infizierten Wunden entdeckte Fleming 1928 das Penicillin.

Fleming schloss sein Studium am Polytechnikum in London nicht ab und arbeitete zunächst in einer Reederei. Später fing er an, Medizin an der St. Mary's Hospital Medical School University of London zu studieren. 1908 beendete er dieses Studium mit einer Goldmedaille und arbeitete anschließend als Assistent in St. Mary, wo er sich unter Leitung Almroth Edward Wrights, eines Vorkämpfers für die Impfung, mit der Vakzine- und Antiseptikaforschung befasste.

1914, nach dem Ausbruch des Ersten Weltkriegs, wurde Fleming zu einer medizinischen Truppeneinheit eingezogen. In den Lazaretten erkannte er, dass es nur sehr wenige verfügbare Mittel zur Behandlung von infizierten Wunden gab; deshalb konzentrierte er sich nach dem Krieg neben seiner medizinischen Praxis auf das Studium antibakterieller Substanzen, die für die Blutzellen und das lebende Gewebe nicht toxisch sind. Ab 1921 war Fleming auch stellvertretender Direktor der Inokulationsabteilung am Royal College of Surgeons, und 1928–1948 wirkte er als Professor für Bakteriologie an seiner Universität.

Seinen ersten Forschungserfolg erzielte Fleming 1922, als er im Speichel und in der Tränenflüssigkeit das Enzym Lysozym, das bestimmte Bakterien auflöst, entdeckte. In den folgenden Jahren konzentrierte sich Fleming vor allem auf das Studium der Staphylokokken, die die Wundeiterung verursachen. 1928 beobachtete er eine merkwürdige Erscheinung: Die Staphylokokkenkulturen wurden zufällig mit einem Schimmel infiziert, in dessen Umgebung das Bakterienwachstum gehemmt wurde. Weitere Versuche zeigten, dass es sich um den Schimmelstamm *Penicillium notatum* handelte, der eine stark wirkende antibakterielle Substanz produziert. Fleming nannte diese Substanz Penicillin; leider blieben die Versuche, die Substanz zu isolieren und zu nutzen, zunächst erfolglos. Erst zu Beginn des Zweiten Weltkriegs knüpften E. B. ↗ Chain und H. W. ↗ Florey mit ihren Mitarbeitern an der Universität in Oxford an Flemings Ergebnisse an; es gelang ihnen, eine ausreichend konzentrierte Penicillinlösung herzustellen, die 1941 erstmals zur Bekämpfung der Staphylokokkeninfektion verwendet werden konnte. Schon zwei Jahre später wurde Penicillin kristallisiert, und in den Vereinigten Staaten und Großbritannien wurde seine Großproduktion gestartet. 1944 wurde das Antibiotikum in so ausreichender Menge hergestellt, dass es während der Normandieinvasion zur Infektionsbekämpfung bei verletzten Soldaten angewandt werden konnte.

Für seine Entdeckungen wurde Fleming 1944 in den Adelsstand erhoben und neben vielen weiteren Auszeichnungen 1945 mit dem Nobelpreis für Physiologie oder Medizin geehrt (zusammen mit Chain und Florey). [SS]

Werk(e):
Penicillin: Its Discovery, Development and Uses in the Field of Medicine and Surgery (1945).

Sekundär-Literatur:
Colebrook, L.: Alexander Fleming, Biogr. Memoirs of Fellows of the Royal Soc. London 2 (1956) 117–127; Macfarlane, G.: Alexander Fleming the Man and the Myth (1984, mit Werkverzeichnis); Maurois, A.: La vie de Sir Alexander Fleming (1959).

A. Flemming

Flemming, Walther,
deutscher Zoologe und Zytologe,
* 21. 4. 1843 Sachsenberg (Mecklenburg),
† 4. 8. 1905 Kiel.

Flemming trug maßgeblich zur Aufklärung des Phasenverlaufs bei der Zellteilung bei.

Der Vater Flemmings, Carl-Friedrich Flemming, war Psychiater und Direktor einer Heilanstalt für psychisch Kranke. 1862 nahm der Sohn ein Medizinstudium auf, das ihn an verschiedene Universitäten in Göttingen, Tübingen, Berlin und zuletzt Rostock führte, wo er 1868 promovierte. Nach einer kurzen Assistenz am Institut für innere Medizin der Universitätsklinik Rostock setzte er seine naturwissenschaftliche Karriere mit histologischen und zytologischen Arbeiten bei Franz Ferdinand Schulze (Rostock), Carl Gottfried Semper (Würzburg) und Wilhelm Friedrich Kühne (Amsterdam) fort. Der Reservedienst im Sanitätskorps im deutsch-französischen Krieg sorgte 1870–71 für eine Unterbrechung der wissenschaftlichen Arbeiten. 1872 habilitierte sich Flemming in Rostock. Zunächst für drei Jahre als außerordentlicher Professor für Histologie und Entwicklungslehre an der Universität in Prag, nahm Flemming 1876 einen Ruf an den Lehrstuhl für Anatomie an der Universität Kiel an, wo er bis zu seiner Emeritierung 1901 blieb.

Flemming ist heute vor allem für seine Arbeiten zur Zellteilung bekannt. Spezielle Färbe- und Fixierungstechniken führten ihn zur Unterscheidung färbbarer Strukturen als »Chromatin«. Damit gelang es ihm auch, den mitotischen Zellteilungsprozess (der Begriff Mitose stammt von ihm) als einen einheitlichen Prozess mit Bildung einer Äquatorialplatte, Auflösung des Mutternukleos in fadenförmige Strukturen (die später so genannten Chromosomen) und ihrer Längs- statt Transversalteilung (wie E. ↗ Strasburger sie behauptet hatte) in mehreren klar abgegrenzten Phasen zu beschreiben. Ab 1879 wandte er sich auch der Teilung von Keimzellen zu und erkannte richtig zwei Teilungen. In Abwandlung des Redischen Prinzips (»Omne vivum ex vivum«) prägte Flemming den Satz »Omnis nucleus e nucleo«: »Jeder Zellkern [entsteht aus] einem Zellkern«. [SMW]

Werk(e):
Beiträge zur Kenntnis der Zelle, Teil 1–3, in: Archiv für mikroskopische Anatomie und Entwicklungsmechanik 16, 18, 20 (1879, 1880, 1881); Zellsubstanz, Kern und Zellteilung (1882).

Sekundär-Literatur:
Peters, G.: Walther Flemming (1843–1905): sein Leben und sein Werk (1967).

W. Flemming

Fljorow (Flerov), **Georgij Nikolajewitsch,**
russisch-sowjetischer Physiker,
* 2. 3. 1913 Rostov am Don,
† 19. 11. 1990 Moskau.

Fljorow war einer der führenden Forscher auf dem Gebiet der Transurane sowie eine der Schlüsselfiguren im sowjetischen Atombombenprogramm.

Nachdem Fljorow seit 1929 in verschiedenen Berufen (u. a. als Elektriker) gearbeitet hatte, studierte er 1933–1938 an der Ingenieur- und Physikfakultät des Polytechnischen Instituts in Leningrad. Ab 1938 war er Mitarbeiter der Arbeitsgruppe Kernphysik unter der Leitung von I. W. ↗ Kurtschatow am Leningrader Physikalisch-Technischen Institut. Ende 1939 entdeckte er gemeinsam mit Konstantin A. Petrschak die spontane Urankernspaltung; da Kurtschatow anfangs einen sog. »Dreckeffekt« befürchtete (eventuelle Beeinflussung der Messungen durch kosmische Strahlung), wiederholten Fljorow/Petrschak die Messungen 1940 in einem Moskauer Metrotunnel. Mit L. I. Rusinow diskutierte er 1940 die Möglichkeit der Kernkettenreaktion.

Nach dem Überfall Hitler-Deutschlands auf die Sowjetunion wurde Fljorow zunächst eingezogen. Frühzeitig hatte er die Bedeutung der Urankernspaltung für den Bau einer Atombombe erkannt, und sein entsprechender Brief (Nov. 1941) an Stalin wurde zum entscheidenden Anstoß zur Aufnahme des sowjetischen Atombombenprogramms, dessen Mitarbeiter Fljorow wurde.

Nachdem die Arbeiten zur Schaffung einer sowjetischen Atombombe weitgehend abgeschlossen waren, wandte sich Fljorow verstärkt der Frage der Transurane zu. Die ersten »echten« Transurane waren 1940 in den USA erzeugt worden, und das Element 94 (Plutonium) hatte für die Atombombenentwicklung eine wichtige Rolle gespielt. Ab 1953

G.N. Fljorow

erarbeitete Fljorow verschiedene Methoden zur Beschleunigung schwerer Ionen und entwickelte physikalisch-chemische Methoden des Schnellnachweises unbekannter Reaktionsprodukte. 1960 wurde Fljorow Direktor des Laboratoriums für Kernreaktionen im Vereinigten Kernforschungsinstitut in Dubna. Seit 1958 synthetisierte er mit seinen Mitarbeitern zahlreiche Isotope von Transuranen der Ordnungszahlen 102–107. In den 1970er- und 1980er-Jahren befasste er sich intensiv mit der Möglichkeit der Synthese superschwerer Elemente (oberhalb der Ordnungszahl 114).

Fljorow hatte 1943 den Doktortitel ohne Promotion bekommen. 1953 wurde er korrespondierendes und 1968 ordentliches Mitglied der Sowjetischen Akademie der Wissenschaften. [HK]

Werk(e):
Spontannoe delenie urana (mit K. A. Petrschak), Shurnal eksper. i teoret. fiziki 10 (1940) 9–10, 1013–1017.

Sekundär-Literatur:
Zeldowitsch, Y. B. et al: G. N. Fljorow (zum 70. Geburtstag). Uspechi fizitscheskich nauk 139 (1983) 3, 553–554.

Florey, Sir Howard Walter,
britischer Pathologe und Chemiker,
* 24. 9. 1898 Adelaide (Australien),
† 21. 2. 1968 Oxford.

Florey erarbeitete Methoden zur Reinigung, Isolierung und Herstellung von Penicillin, erforschte dessen Heilwirkung und erhielt dafür 1945, zusammen mit E. B. ↗ Chain und A. ↗ Fleming, den Nobelpreis für Physiologie oder Medizin.

Florey studierte bis 1921 Medizin an der Universität Adelaide. Danach ging er nach Oxford, wo er 1924 den ersten akademischen Grad erwarb. 1925 wechselte er nach Cambridge, hielt sich dann für ein Jahr als Rockefeller-Stipendiat in den USA auf und kehrte 1926 nach Cambridge zurück, wo er 1927 promovierte und spezielle Pathologie unterrichtete. 1931 erhielt er einen Lehrauftrag für Pathologie an der Universität Sheffield, 1935 wurde er in Oxford Professor für Pathologie. Im Rahmen einer 1938 in Oxford gegründeten interdisziplinären Arbeitsgruppe begannen seine Arbeiten über antibakterielle Substanzen. Während des Zweiten Weltkriegs war Florey für die Armee als Berater tätig und nahm 1944 Gastprofessuren in Australien und Neuseeland wahr. Im gleichen Jahr wurde er in den Adelsstand erhoben und erhielt 1945 den Nobelpreis. Nach dem Zweiten Weltkrieg lehrte Florey in Oxford, wurde 1960 Präsident der Royal Society und leitete ab 1962 das Queens College in Oxford. 1965 wurde er als Baron Florey of Adelaide in den Erbadel aufgenommen. Florey war Mitglied zahlreicher wissenschaftlicher Akademien und Gesellschaften und Ehrendoktor von 17 Universitäten.

Ausgangspunkt für Floreys Forschungen bildeten seine Untersuchungen über das bakterizide Enzym Lysozym, das 1921 von Fleming entdeckt worden war. Florey stieß dabei auf Flemings Arbeiten über Penicillin (1928) sowie auf die von ihm aufgezeigten Möglichkeiten zur Wundbehandlung. Zusammen mit Chain und der 1938 gegründeten Oxford-Gruppe unternahm Florey den Versuch, aus einer Fraktion des Schimmelpilzes *Penicillium notatum* den Wirkstoff Penicillin zu isolieren, was ihm 1939 auch gelang. Es folgten die Aufklärung der Eigenschaften und der Heilwirkung des Penicillins sowie das Erarbeiten von Methoden zur Reinigung, Isolierung und Herstellung im großen Stil. In Zusammenarbeit mit den USA gelang ab 1943 die fabrikmäßige Produktion von Reinpenicillin, so dass dieser Wirkstoff noch im Zweiten Weltkrieg zur Anwendung kommen konnte. [RS3]

Werk(e):
Antibiotics (1949).

H.W. Florey

Fock (Fok), **Wladimir Aleksandrowitsch,**
russisch-sowjetischer Physiker,
* 22. 12. 1898 St. Petersburg,
† 27. 12. 1974 Leningrad.

Fock galt als einer der führenden Theoretiker auf dem Gebiet der quantenmechanischen Mehrteilchenprobleme sowie von Raum, Zeit und Gravitation.

Fock war Sohn eines Forstwissenschaftlers und begann 1916, Physik und Mathematik an der Petrograder Universität zu studieren, wurde jedoch schon sehr bald zum Kriegsdienst eingezogen. Ab 1919 setzte er sein Studium fort und arbeitete zugleich am Staatlichen Optischen Institut in Petrograd (unter der Leitung von Dimitrij S. Roshdestwenskij). 1927/28 weilte er zu Studienaufenthalten in Göttingen und Paris. Fock war 1924–1936 Mitarbeiter am Leningrader Physikalisch-Technischen Institut (unter Leitung von A. F. ↗ Ioffe) und zugleich 1928–1941 am Staatlichen Optischen Institut. 1924–1974 lehrte er an der Leningrader Universität (seit 1932 als Professor) und am Leningrader Polytechnischen Institut. Seit 1933 wirkte er in Moskau – zunächst am Lebedew-Institut für Physik und ab 1954 am Institut für Physikalische Probleme der Sowjetischen Akademie der Wissenschaften. 1932 war er zum korrespondierenden und 1939 zum ordentlichen Mitglied der Akademie der Wissenschaften der UdSSR gewählt worden.

Fock gehörte zu den wenigen sowjetischen Physikern, die schon früh zur Entwicklung der Quantenmechanik beitrugen. Bereits 1926 gelang ihm eine Verallgemeinerung der Schrödinger-Gleichung auf das Magnetfeld und die relativistische Beschreibung eines geladenen Teilchens im elektromagnetischen Feld (Klein-Gordon-Fock-Gleichung). Mit M. ↗ Born konnte er 1928 die Gültigkeit des Adiabatenprinzips in der Quantenmechanik nachweisen.

W.A. Fock

Durch die Einführung des Fock-Raumes gelang ihm 1930 eine mathematisch konsistente Behandlung der Feldquantelung, und er konnte einen Zusammenhang zwischen Quantenfeldtheorie und Quantenmechanik des n-Teilchen-Problems herstellen. Die Hartree-Fock-Methode als quantenmechanisches Näherungsverfahren zur Bestimmung der Wellenfunktion von n-Teilchen-Systemen findet heute breite Anwendung.

1932 gelang Fock die kovariante Formulierung der Dirac-Gleichung. Mittels Gruppentheorie bearbeitete er die geometrische Theorie des Wasserstoffatoms. Hervorzuheben sind auch seine Arbeiten zur Allgemeinen Relativitätstheorie.

Fock schrieb das erste sowjetische Lehrbuch zur Quantenmechanik (1931). Im Rahmen seines ausgeprägten Interesses für philosophische Fragen der Quantenphysik und Relativitätstheorie wandte er sich gegen vulgärmarxistische Interpretationen. [HK]

Werk(e):
Načala kvantovoj mechaniki (1932; 2. Aufl. 1976; engl. 1978); Theorie von Raum, Zeit und Gravitation (russ. 1955, engl. 1959, dtsch. 1960).

Sekundär-Literatur:
Smirnowa, V. I.: W. A. Fock. Materialy k biobibliografii, Seria fiziki, vyp.7 (1956); Weselow, M. G., Kapiza, P. L., Leontowitsch, M. A.: W. A. Fock, Uspechi fizičeskich nauk 117 (1975) 2, S. 375–376; Zawialow, O.I., Malokostow, A. M.: V. A. Fock and N. N. Bogoliubov and their role in establishing modern quantum field theory, Theoretical and Mathematical Physics 120 (1999)3, S. 1133–1144.

Foerster, Wilhelm Julius,
deutscher Astronom,
* 16. 12. 1832 Grünberg (Schlesien),
† 18. 1. 1921 Bornim, Potsdam.

Foerster war viele Jahre lang Direktor der Berliner Sternwarte. Seine Leistungen liegen vor allem in der Wissenschaftsorganisation der Geowissenschaften, der Physik, der Metrologie sowie der Populärwissenschaft. Er betätigte sich führend in der Friedensbewegung.

Foerster entstammte der Familie eines wohlhabenden Tuchfabrikanten, die ihm viele kulturelle Anregungen gab. Entgegen der ursprünglichen Absicht, einen musikalischen Beruf zu ergreifen, entschied sich Foerster nach dem Abitur in Breslau für ein Studium der Mathematik und Physik in Berlin. 1852 wechselte er nach Bonn, wo er bei F. W. ↗ Argelander seine Ausbildung zum praktischen Astronomen erhielt. 1854 promovierte er mit einer Dissertation über die Polhöhe von Bonn. Nach dem obligaten Militärjahr erhielt er 1855 in Berlin die Stelle des 2. Assistenten an der Sternwarte. Bis 1865 widmete er seine Arbeit vornehmlich den kleinen Planeten; mit Otto Lesser entdeckte er 1860 den Kleinplaneten (62) Erato.

Seit 1858 an der Berliner Universität habilitiert, wurde er 1863 zum ao. Professor ernannt und übernahm nach J. F. ↗ Enckes Rücktritt im gleichen Jahr die vorübergehende Leitung der Sternwarte. Nach Enckes Tod erfolgte die Abtrennung der Sternwarte von der Berliner Akademie der Wissenschaften; Foerster wurde Direktor der Sternwarte und A. ↗ Auwers Astronom der Akademie. Foerster war damit der erste Leiter der Sternwarte, der nicht in die Akademie aufgenommen wurde, was u. a. auf seine populärwissenschaftlichen Vorträge nach dem Beispiel A. v. ↗ Humboldts zurückgeführt wird. Bei der Herausgabe und Neugestaltung des Berliner Astronomischen Jahrbuches unterstützte ihn Friedrich Tietjen, der ab 1874 dafür ein Recheninstitut in der Sternwarte führte; 1897 wurde das Astronomische Recheninstitut unter Foersters Mitwirkung selbständig.

Foerster war am Zustandekommen der Pariser Meterkonvention von 1875 beteiligt. Er wurde Direktor der Normal-Eichungskommission in Berlin und übernahm 1891 den Vorsitz der Internationalen Maß- und Gewichtskommission. Nach der Gründung des von ihm initiierten Astrophysikalischen Observatoriums Potsdam 1874 gehörte Foerster mit G. ↗ Kirchhoff und Auwers zum vorübergehenden Leitungsdirektorium. Seine Aktivitäten führten auch zur Einrichtung eines Lehrstuhls für Astrophysik an der Berliner Universität, dessen erster Inhaber Julius Scheiner wurde.

Foersters Mitarbeiter Karl Friedrich Küstner gelang 1884/85 der Nachweis der systematischen Schwankungen der Erdachse (»Polhöhenschwankung«). Zu deren Untersuchung entwickelte Foerster ein Forschungsprogramm, woraus 1899 der Internationale Breitendienst hervorging.

Foerster war maßgeblich an der Gründung weiterer Organisationen und Einrichtungen beteiligt: Physikalisch-Technische Reichsanstalt, Zeitdienst, Internationale Zentralstelle für astronomische Telegramme, Astronomische Gesellschaft, Vereinigung von Freunden der Astronomie und kosmischen Physik, Vereinigung der Chronometrie, Berliner Gesellschaft Urania, Berliner Schillertheater u. a. m. Seine humanistische Weltanschauung führte zu politischen Aktivitäten, darunter der Mitbegründung des Vereins zur Abwehr des Antisemitismus, der Deutschen Gesellschaft für ethische Kultur und der Deutschen Friedensgesellschaft. 1914 unterzeichnete er mit A. ↗ Einstein und Georg Nicolai den *Aufruf an die Europäer*.

Nach seinem Rücktritt von der Leitung der Sternwarte 1903 hielt Foerster weiterhin Vorlesungen und war schriftstellerisch tätig. Sein Sohn Karl erlangte Berühmtheit als Pflanzenzüchter und Schriftsteller, der Sohn Friedrich Wilhelm, bekannter Reformpädagoge und antimilitaristischer politischer Autor, musste Deutschland verlassen. [WRD]

Werk(e):
Sammlung wissenschaftlicher Vorträge/Sammlung von Vorträgen und Abhandlungen, 4 Bde. (1876–1896); Die Erforschung des Weltalls (1905); Lebenserinnerungen und Lebenshoffnungen (1911).

Sekundär-Literatur:
Iven, M. (Hrg.): 3 × Foerster (1995); Tiemann, K.-H.: Wilhelm Julius Foerster (1990).

Fontana, Gasparo Ferdinando Felice,
italienischer Physiologe,
* 15. 4. 1730 Pomarolo,
† 10. 3. 1805 Florenz.

Fontana war der bedeutendste italienische Physiologe seiner Zeit und wirkte als Erneuerer der anatomisch-experimentellen Studien.

Nach seinem Studium in Parma und Padua untersuchte Fontana zusammen mit Leopoldo Caldani in Bologna Fragen zur Irritabilität und Sensibilität der Tiere, wie sie kurz zuvor von A. v. ↗ Haller aufgeworfen worden waren. 1765 erhielt er einen Lehrstuhl für Logik und dann für Physik in Pisa. Im folgenden Jahr beauftragte ihn Großherzog Pietro Leopold der Toskana mit der Direktion des höfischen physikalischen Laboratoriums und dem Aufbau des Imperial Regio Museo di fisica e scienze naturali in Florenz. Die engen Beziehungen zum Großherzog kehrten sich in den letzten Jahren in offene Sympathie für die Französische Revolution um.

Sein internationales Ansehen begründete Fontana mit seinen Arbeiten zur Hallerschen Theorie der Irritabilität, die er entscheidend ausbaute. In diesem Zusammenhang stehen seine Arbeiten zur Muskelkontraktion, für deren Veröffentlichung sich Haller einsetzte, zur Reizleitung, zur Wirkung von Schlangengift und zur Physiologie der Regenbogenhaut. Einen Namen machte sich Fontana außerdem als hervorragender Mikroskopiker und origineller Experimentator. Er beschrieb u. a. erstmals Axone mit Myelinscheide und Endoneurium, das Axoplasma, das Osmoseverhalten der roten Blutkörperchen, den Zellkern, die Nucleoli und den Fontana-Kanal des Auges. Einen regen Briefwechsel zu Fragen der Fortpflanzung und zur Cytoplasmaströmung pflegte er mit Ch. ↗ Bonnet und L. ↗ Spallanzani. Außerdem beschäftigte er sich mit den chemischen Theorien J. ↗ Priestleys und A. L. ↗ Lavoisiers, der Parasitologie und der Toxikologie. Als Leiter des Florentiner Museums modernisierte er die Instrumentensammlung und gründete eine spezialisierte Bibliothek, die Sternwarte und das berühmte anatomische Wachsfigurenkabinett. Sein Traum, die Accademia del Cimento wiederzubeleben und ein Forschungszentrum zu schaffen, verwirklichte sich jedoch nicht. [AD]

Werk(e):
Mémoires sur les parties sensibles et irritables du corps animal (1756–1760, deutsche Übersetzung hrg. v. E. B. G. Hebenstreit 1785); Dei moti dell'iride (1765); De irritabilitatis legibus (1767); Traité sur le vénin de la vipère (1781, deutsche Übersetzung 1787, englische Übersetzung 1787 und 1795).

Sekundär-Literatur:
Knoefel, P. K.: Felice Fontana, life and works (1984).

Forest, Lee de,
amerikanischer Hochfrequenztechniker,
* 26. 8. 1873 Council Bluffs (Iowa),
† 30. 6. 1961 Hollywood (Kalifornien).

Forest gehört zu den führenden Hochfrequenztechnikern und Rundfunkpionieren in der ersten Hälfte des 20. Jahrhunderts.

Nach dem Studium an der Yale University promovierte Forest 1898 mit einer Arbeit zum Ausbreitungsverhalten der Hertzschen Wellen. Mit Beginn seiner Tätigkeit bei der Western Electric Company in Chicago befasste er sich mit der Entwicklung von Bauteilen für die entstehende Funktechnik. Eines seiner ersten Patente – im Laufe seines Lebens waren es über 300 – war ein elektrolytischer Detektor zur Verbesserung der Gleichrichtung von Hochfrequenzsignalen.

Seine bedeutendste Erfindung gelang ihm 1906 mit der Röhrentriode, die er unter der Bezeichnung »Device for amplifying feeble electrical currents« zum Patent anmeldete. Vorausgegangen waren Experimente zur Erhöhung des Stromflusses zwischen zwei Elektroden mittels thermischer Ionisation (Flammenleitung). Später (1913) ordnete Forest innerhalb einer Röhrendiode eine weitere Elektrode an, mit der es möglich wurde, den von der Katode zur Anode fließenden Strom zu steuern. Er nannte diese Anordnung Audion, ebenso führte er die Bezeichnung Audionschaltung ein. Genau genommen ging es ihm zunächst nicht um eine Verstärkerwirkung, sondern er wollte durch den Einbau einer dritten Elektrode die Empfindlichkeit der Röhrendiode für den Hochfrequenzempfang erhöhen. Mit dieser Erfindung befand er sich in Konkurrenz zu Robert von Lieben, der bereits zu Beginn des Jahres 1906 sein »Kathodenstrahlrelais« zum Patent angemeldet hatte. Es folgte ein langer Patentstreit zwischen der Firma Telefunken und Forest, der 1918 in Deutschland zugunsten der Priorität Liebens entschieden wurde.

1910 gelang Forest in New York die erste drahtlose Musikübertragung. Wegen der von ihm 1913 erfundenen Rückkopplungsschaltung war er wiederum in ergebnislose Patentstreite mit den amerikanischen Hochfrequenztechnikern H. E. ↗ Armstrong und I. ↗ Langmuir sowie mit dem österreichischen Physiker A. ↗ Meißner verwickelt. Weitere Forschungen Forests sind mit wichtigen Entwicklungen auf dem Gebiet des Lichttonverfahrens, der Bildtelegrafie, des Telefonfernverkehrs und des Fernsehens verknüpft. Er selbst bezeichnete sich in seiner Autobiographie als »Vater des Rundfunks«. [AK2]

Werk(e):
Father of Radio (1950).

Sekundär-Literatur:
Hylander, C. J: Amerikanische Erfinder (1947) 155–166; Pitsch, H.: 50 Jahre Verstärkerröhre mit Glühkathode, ETZ-B (1956) 217–219.

Forster, Georg,
deutscher Naturforscher, Sohn von Johann Reinhold Forster,
* 27. 11. 1754 Nassenhuben bei Danzig,
† 10. 1. 1794 Paris.

Forster veröffentlichte Teile der naturhistorischen Forschungsergebnisse von J. ↗ Cooks zweiter Weltumseglung (1772–75) mit seinem Vater und beeinflusste A. v. ↗ Humboldt in seinen Reiseplänen.

Forster verlebte seine Kindheit im Pfarrhaus Nassenhuben (bei Danzig), wo er von seinem Vater Johann Reinhold Forster in alten Sprachen und Naturgeschichte unterrichtet wurde. Zwischen 1765 und 1770 bereiste er mit ihm das Wolgagebiet bis Saratow und nach St. Petersburg, bis die Familie, seine Mutter Elisabeth geb. Nicolai und sechs Geschwister, 1770 nach London übersiedelte. Dort arbeitete er als Assistent des Vaters und trug durch Übersetzungen zum Lebensunterhalt bei. 1772 bis 1775 nahm er an Cooks zweiter Weltumseglung teil und blieb eng mit dem Schicksal seines Vaters verbunden. Um eine Anstellung für ihn zu suchen, bereiste er 1778 Deutschland, wurde in Göttingen aufgrund seiner Reiseberichte (1777) zum Magister und in Kassel zum Professor für Naturgeschichte am Carolineum ernannt sowie Mitglied einer Freimaurerloge. Ab 1879 erhielt er wichtige Anregungen durch die Dessau-Wörlitzer Bildungsreformen am Hofe des Fürsten Leopold Friedrich Franz von Anhalt-Dessau, der einen Teil der ethnographischen Sammlungen ankaufte. Besonders die Begegnung mit dem Pädagogen Joachim Heinrich Campe prägten seine Beziehung zur Aufklärungsphilosophie.

Als Lehrer für Geographie und deutsche Sprache am Kadettenkorps in Kassel (1779–1784) und ab 1780 als Aufseher über das Naturalienkabinett am Carolineum gab er naturhistorische Aufsätze heraus, die seinen Ruf verbreiteten. 1784 wurde er an die Universität Wilna berufen. Nach seiner Rückkehr wurde er 1788 von der Universität Halle (Saale) mit Thesen zu seiner Schrift *De plantis esculentis insularum oceanis australis* zum Dr. med. promoviert und zum Bibliothekar der Universitätsbibliothek Mainz ernannt. Er heiratete Therese Heyne, Tochter des Göttinger Altphilologen Ch. G. Heyne, des Lehrers der Gebrüder Humboldt.

Mit diesen wurde Forster 1790 bekannt, und A. von Humboldt begleitete Forster 1790 rheinabwärts bis Holland und England. Diese Reise wurde entscheidend für Humboldts wissenschaftliche Konzeptionen, die bei beiden gleichermaßen kosmopolitisch waren. Ein Besuch in Paris konfrontierte sie mit den Auswirkungen der französischen Revolution, die Forsters weiteres Handeln bestimmten. Er beteiligte sich an der bürgerlichen Revolution in Mainz (1792), wurde Mitglied des Deutschen Jacobinerclubs und ging als Deputierter des rheinisch-deutschen Nationalkonvents 1793 nach Paris. Eine Krankheit führte ein halbes Jahr später zu seinem frühen Tod. Seine Witwe Therese, später in zweiter Ehe Th. Huber, edierte seine hinterlassene Korrespondenz und philosophische Schriften (1829). Seine hervorragenden Zeichnungen von Cooks Reise wurden sukzessive mit den wertvollen Sammlungen an europäische Fürstenhöfe verkauft und erst nach 1967 wiederentdeckt. [IJ]

Werk(e):

Ansichten vom Niederrhein (1791–1793); Observations made in the course of a voyage round the world (1777); Kleine Schriften, 3. Teile (1789–1793); Georg Forsters Briefwechsel und sämtliche Schriften (9 Bde. 1829–1843, hrg. von T. Huber und G. Gervinus); Georg Forsters Werke (ab 1958, bearb. von G. Steiner et al.).

Sekundär-Literatur:

Steiner, G. und Baege, L.: Vögel der Südsee. 23 Gouachen und Aquarelle nach Zeichnungen Georg Forsters (1971); Steiner, G.: Georg Forster (1977).

Forster, Johann Reinhold,
Naturforscher und Theologe, Vater von Georg Forster,
* 22. 10. 1729 Dirschau (Westpreußen),
† 9. 12. 1798 Halle/Saale.

Forster gewann seine Weltgeltung als Naturhistoriker durch Teilnahme an der zweiten Weltumseglung von J. ↗ Cook (1772/75) und durch seine großen naturhistorischen und ethnographischen Sammlungen und Reiseberichte.

J.R. Forster

Forster wollte von Jugend an Naturforscher werden, studierte aber auf Wunsch des Vaters 1748–1751 an der Universität Halle/Saale Theologie, um alte Sprachen zu lernen. 1753 übernahm er eine Pfarrstelle in Nassenhuben (bei Danzig) und heiratete Elisabeth Nicolai, die 7 Kinder gebar. Den ältesten Sohn Georg unterwies er frühzeitig in der Kenntnis der Pflanzen- und Tierwelt. Im Auftrag der Zarin Katharina II. führte er 1765 zusammen mit Georg eine Forschungsreise durch die Wolgagebiete durch, die er botanisch und zoologisch erkundete. Er erhielt aber in St. Petersburg keine angemessene Entschädigung dafür und kehrte nach Nassenhuben zurück, wo seine Pfarrstelle neu besetzt war. Auf der Suche nach einer neuen Existenz reiste er nach England, die Heimat seiner Vorfahren, und erreichte im Oktober 1766 London. Hier veröffentlichte er 1767 seine Forschungsergebnisse aus Russland mit Benutzung von C. v. ↗ Linnés Nomenklaturregeln und festigte durch Übersetzungen französischer, deutscher und schwedischer Reisebeschreibungen ins Englische (u. a. von der Weltreise von Bougainville 1766–1769) seinen Ruf als Naturhistoriker, so dass er Mitglied der Royal Society London wurde. Die Anerkennung ermöglichte seine Berufung an die angesehene Dissenters Academy in Warrington. Hier lehrte er eine progressive »Naturgeschichte«, die er physikotheologisch motivierte.

Sein ausgezeichneter Ruf als Naturforscher führte zu dem Angebot, an der zweiten Weltumseglung von Cook teilzunehmen. In Begleitung des Sohnes Georg und ab Kapstadt auch des Linné-Schülers Anders Sparrman erkundete man von 1772 bis 1775 Neu-Seeland, Tahiti, die Tonga-Inseln und die Inseln des Südpazifiks bis zum Feuerland.

Kaum zurückgekehrt, wurde die erste Veröffentlichung (1776) über die Pflanzen nach Linnés Methode vorgelegt, und er und sein Sohn wurden 1776 Mitglieder der Deutschen Akademie der Naturforscher Leopoldina und der Gesellschaft Naturforschender Freunde zu Berlin. Aber Zerwürfnisse mit der englischen Admiralität über seinen Reisebericht brachten Forster um den vereinbarten Lohn, stürzten ihn in Schulden und beraubten ihn wertvoller Sammlungen, die er verkaufen musste. Während er in England gefangen war, erreichte Georg in Deutschland 1779 eine Professur für Naturgeschichte an der Universität Halle (Saale), die sein Vater von 1780 bis zum Lebensende wahrnahm, ohne seine Reiseergebnisse publizieren zu können; deren vollständige Auswertung wurde durch den Verkauf der Belegsammlungen verhindert. Das sorgfältig geführte Sammeltagebuch wurde erst 1844 aus dem in der Staatsbibliothek Berlin bewahrten Nachlass veröffentlicht und beeinflusste die Weiterentwicklung der Naturgeschichte nicht mehr. Die Manuskripte weisen ihn – ebenso wie die Vorlesungen aus den Jahren 1765–1767 – als genialen und exakten Naturforscher aus. [IJ]

Werk(e):
Specimen historiae naturalis Volgensis, Phil. Transact. London 57 (1767); Characteres generum plantarum (1776); Enchiridion Historiae naturali ... (1788); Observations made during a voyage round the world, hrg. N. Thomas, H. Guest, M. Dettelbach (1996).

Sekundär-Literatur:
Hoare, M.: The Tactless Philosopher. Johann Reinhold Forster 1729–1798 (1975).

Foucault, Jean Bernard Léon,
französischer Physiker,
* 18. 9. 1819 Paris,
† 11. 2. 1868 Paris.

Foucault bestimmte mit der Spiegelmethode die Lichtgeschwindigkeit und wies mit Hilfe eines Pendels die Erdrotation nach. Außerdem perfektionierte er das Spiegelteleskop und erfand das Gyroskop.

J.B.L. Foucault

Léon Foucault war Sohn eines Buchhändlers und Verlegers. Da die Familie sehr wohlhabend war, konnte sie ihrem Sohn eine Privatschule bezahlen. Er studierte zunächst Medizin, wandte sich aber bald verstärkt anderen naturwissenschaftlichen Themen zu. Foucault arbeitete als Journalist beim *Journal des Débats* und schrieb über die neuesten wissenschaftlichen Erkenntnisse seiner Zeit.

Zwischen 1844 und 1846 veröffentlichte Foucault Lehrtexte für die Schule über Geometrie, Arithmetik und Chemie, danach ausschließlich wissenschaftliche Arbeiten. Seit 1855 war er am Observatorium in Paris als Physiker angestellt, 1862 wurde er Mitglied des Bureau des Longitudes.

Bei seinen Versuchen zur Messung der Lichtgeschwindigkeit orientierte sich Foucault an einem Experiment von F. ↗ Arago. Dabei lenkte ein schnell rotierender Spiegel einen Lichtstrahl, der zwischen ihm und einem hohen Spiegel hin und her lief, um einen bestimmten Winkel ab. Daraus berechnete Foucault die Lichtgeschwindigkeit. Die Versuchsanordnung von Foucault ergab einen Wert von 298 000 km/s – eine Genauigkeit, die bis dahin noch nicht erreicht worden war.

In weiterführenden Versuchen studierte Foucault die Lichtgeschwindigkeit in einem Medium wie beispielsweise Wasser. 1853 konnte er zeigen, dass die Geschwindigkeit des Lichts in einem ruhenden Medium geringer ist als im Vakuum. Dies war zugleich eine erneute Bestätigung der Wellentheorie des Lichtes.

Neben zahlreichen Verbesserungen von astronomischen Instrumenten, insbesondere den Spiegelteleskopen, war Foucault zusammen mit A. ↗ Fizeau, mit dem er bis 1850 eng zusammengearbeitet hatte, auch ein Pionier der astronomischen Fotografie. 1845 stellten beide die erste Daguerreotypie der Sonne her.

Seit Anfang der 1850er-Jahre war Foucault darum bemüht, die Erdrotation in einem Demonstrationsexperiment zu zeigen. In seinem Haus baute er ein freies Pendel mit einem 5 kg schweren Gewicht an einem Stahldraht von 2 m Länge und konnte zeigen, dass die Schwingungen dieses Pendels nicht in einer Ebene stattfanden, sondern vielmehr die Form einer Rosette hatten. Das Experiment wurde von ihm in der Pariser Sternwarte und auch im Pantheon wiederholt. Hier hatte das Pendel eine Länge von 67 m und der Pendelkörper ein Gewicht von 28 kg.

Foucault entwickelte auch ein Verfahren zur Qualitätsprüfung von Objektivlinsen und Parabolspiegeln (Foucaultsches Schneideverfahren) und machte sich um die Herstellungsmethode großer Hohlspiegel verdient. Darüber hinaus erfand er um 1852 das Gyroskop und entwickelte einen Vorläufer des Kreiselkompasses; ebenfalls geht auf ihn die Konstruktion der ersten elektrischen Bogenlampe zurück.

Die Fülle seiner Verdienste machte ihn weltberühmt und trug ihm zahlreiche Ehrungen ein. Neben seiner Mitgliedschaft in der Pariser Académie des Sciences (1865) gehörte er auch den Akademien in London, Berlin und St. Petersburg an. [HPS]

Werk(e):
Recueil de travaux scientifiques, 2 Bde. (1878).

Sekundär-Literatur:
Tobin, W.: Léon Foucault, in: Spektrum der Wissenschaft 10 (1999) 78–86.

Fourcroy, Antoine-François Comte de,
französischer Chemiker und Arzt,
* 15. 6. 1755 Paris,
† 16. 12. 1809 Paris.

Fourcroy erarbeitete den chemischen Teil der großen französischen Encyclopédie und hatte wesentlichen Anteil an der Entwicklung einer modernen chemischen Fachsprache.

Fourcroy entstammte einer verarmten adeligen Familie. Er begeisterte sich für Musik und Theater und musste seinen Lebensunterhalt als Kopist verdienen. Ein Freund seines Vaters ermöglichte ihm in Paris ein Studium der Medizin, das er 1780 abschloss. Bereits während seines Studiums interessierte er sich für die Chemie und wurde schon als Student mit Vorlesungen und Übungen auf diesem Gebiet betraut. 1783 wurde Fourcroy Professor für Chemie an der École Royale Veterinaire in Alfort. 1784 trat er die Nachfolge von P. J. ↗ Macquer als Professor für Chemie am Jardin du Roi an. Ein Jahr später (1785) wurde Fourcroy in die französische Akademie aufgenommen. In den folgenden Jahren war Fourcroy vorwiegend im höheren Staatsdienst tätig, ab 1792 als Mitglied des Nationalkonvents, im Komitee des öffentlichen Unterrichts, als Mitglied des Wohlfahrtsausschusses sowie 1795 im Rat der Alten. Ab 1798 übte Fourcroy sein chemisches Lehramt wieder aus und übernahm die Erarbeitung des chemischen Teils der großen französischen Encyclopédie. 1801 übertrug ihm Napoleon die Leitung des öffentlichen Unterrichts und von 1802 bis 1804 wirkte Fourcroy als Staatsratsmitglied auf diesem Gebiet. 1809 ernannte ihn Napoleon zum Reichsgrafen. Noch am gleichen Tag ist Fourcroy im Kreise seiner Familie verstorben.

Das wissenschaftliche Hauptverdienst Fourcroys besteht in der Mitarbeit und Verbreitung des um 1789 von A. L. ↗ Lavoisier entwickelten antiphlogistischen Systems der Chemie und der damit verbundenen Ausarbeitung einer neuen chemischen Nomenklatur (1787). Fourcroy gehörte 1789 auch zu den Mitbegründern der Zeitschrift *Annales de Chimie*. Zusammen mit seinem Mitarbeiter Nicolas L. Vauquelin entstanden eine Reihe bedeutender Experimentalarbeiten, die z. B. 1797 in der Herstellung von Ether aus Alkohol oder in der Untersuchung der unlöslichen Rückstände von Platinsand, die an die Entdeckung der Elemente Osmium und Iridium heranführten, kulminierten und auch organische Themen zum Inhalt hatten. [RS3]

A.F. de Fourcroy

Werk(e):
Leçons élémentaires d'histoire naturelle et de chimie (1782); Tableaux synoptiques de Chimie (1799); Système de connaissances chimiques (1801).

Sekundär-Literatur:
Bugge, G.: Das Buch der großen Chemiker (1929) 356.

Fourier, Jean Baptiste Joseph,
französischer Mathematiker,
* 21. 3. 1768 Auxerre (Champagne),
† 16. 5. 1830 Paris.

Fourier ist Begründer der Theorie der Fourier-Reihen und der mathematischen Physik.

Schon in der Lateinschule seines Geburtsortes zeigte sich Fouriers außerordentliche Begabung, und durch Fürsprache des lokalen Bischofs wurde er als Kadett in die königliche Militärschule von Auxerre aufgenommen. Hier war Mathematik, insbesondere für zukünftige Artilleristen, ein wichtiges Lehrfach. Das Standardlehrbuch in den französischen Artillerieschulen war zu jener Zeit das 6-bändige Werk von Étienne Bézout *Cours complet de mathematiques à l'usage de marine et de l'artillerie* (1780), welches Fourier vollständig durcharbeitete.

Seinem Wunsch, nach Besuch der Kadettenanstalt Artillerieoffizier zu werden, musste er entsagen, da solche Berufe nur dem Adel offen standen. Enttäuscht über diese Wendung, trat er im Jahr 1787 als Novize in die Benediktinerabtei von St. Be-

J.B.J. Fourier

noit-sur-Loire ein, immer noch unschlüssig, ob dieser Weg der richtige sei. Diesen Überlegungen wurde er enthoben, als 1789 mit dem Sturm auf die Bastille die französische Revolution ausbrach, die auch sein Leben veränderte. Er wurde zunächst Lehrer an seiner alten Schule in Auxerre, schloss sich jedoch den revolutionären Strömungen in Paris immer mehr an und wurde Professor für Analysis an der neu gegründeten École Normale und kurzzeitig später an der École Polytechnique als Nachfolger von J. ↗ Lagrange.

Im Jahre 1798 nahm Fourier am Feldzug Napoleons nach Ägypten teil und wurde dort Sekretär des neu gegründeten »Institut d'Égypte«. Hier blieb ihm genügend Zeit für seine mathematischen Forschungen, insbesondere über die numerische Auflösung von algebraischen Gleichungen, d. h. die numerische Eingrenzung der Lage und Anzahl der Wurzeln algebraischer Gleichungen (Satz von Budan-Fourier). Nach der Rückkehr aus Ägypten ernannte ihn Napoleon zum Präfekten des Departementes Isère mit Sitz in Grenoble. Neben seinen administrativen Verpflichtungen forschte er auf einem neuen Gebiet der mathematischen Physik, der Verteilung der Wärme in einem festen Körper, z. B. in einem Metallstück, worüber er eine preisgekrönte Schrift verfasste.

Nach dem Ende der napoleonischen Herrschaft kehrte er 1815 nach Paris zurück und lebte ab 1817 als Mitglied (und ab 1822 als Sekretär) der Pariser Akademie der Wissenschaften ganz seinen mathematischen Forschungen, gekrönt durch sein Hauptwerk *Théorie analytique de la chaleur* (1822), das später von A. ↗ Sommerfeld als »die Bibel der mathematischen Physiker des 19. Jahrhunderts« bezeichnet wurde. Dort findet man auch die heute seinen Namen tragenden Fourier-Reihen und das Fourier-Integral für die Entwicklung einer »beliebigen« (periodischen und nicht-periodischen) Funktion in eine trigonometrische Reihe.

Die von der Theorie der Fourier-Reihen ausgehende Fourier-Analysis ist auch heute noch ein bedeutendes mathematisches Forschungsgebiet und war historisch der entscheidende Ausgangspunkt für die Entstehung der Cantorschen Mengenlehre. [MR2]

Werk(e):
Théorie analytique de la chaleur (1822, deutsche Übersetzung von Weinstein 1884); Analyse des équations déterminées (1831, hrg. von Navier 1831, deutsche Übersetzung von Loewy 1902).

Sekundär-Literatur:
Grattan-Guinness, I.: Joseph Fourier 1768–1830 (1972); Herivel, J.: Joseph Fourier – The Man and the Physicist (1975).

Fowler, Ralph Howard,
englischer Physiker,
* 17. 1. 1889 Roydon (Essex),
† 28. 7. 1944 Cambridge.

Fowler gehört zu den wichtigen Forschern, die zwischen 1920 und 1935 beim Übergang zur modernen Atomtheorie und ihren Anwendungen mitwirkten. Seine kurze Notiz von 1926 eröffnete neue Wege in der Astrophysik. In England erzog er seinerzeit fast alle späteren Theoretiker auf diesem Gebiet, darunter P. ↗ Dirac und S. ↗ Chandrasekhar.

Seine Ausbildung erhielt Fowler in Winchester (1902–1908) und am Trinity College in Cambridge (1908–1915), wo er 1914 ein Fellowship gewann. Nach Kriegsausbruch rückte er zur Marine ein und wurde in der Gallipoli-Expedition schwer verwundet; dann leistete er Dienste in der Heimat, u. a. mit E. A. ↗ Milne in der »Anti-Aircraft«-Abteilung unter Vivian Hill. Nachdem er mit Auszeichnungen 1919 entlassen wurde, trat er eine Dozentur für mathematische Physik am Trinity College an. 1921 heiratete er Eileen, die Tochter von E. ↗ Rutherford, der 1919 nach Cambridge als Leiter des Cavendish Laboratory gekommen war. Erst 1932 erhielt Fowler schließlich einen Lehrstuhl mit der Plummer-Professur; 1938 folgte er W. L. ↗ Bragg als Direktor des National Physical Laboratory, musste aber krankheitshalber bald zurücktreten.

Die wissenschaftliche Hauptleistung Fowlers lag auf dem Gebiet der statistischen Mechanik, wo er mit Charles Galton Darwin 1922 eine neue Methode entwickelte, die statistischen Verteilungsfunktionen von Systemen mit Hilfe der mathematischen Funktionentheorie auszurechnen, welche vor allem auch in der Quantentheorie angewendet werden kann (Darwin-Fowler-Methode). 1926 erklärte Fowler die Eigenschaften bestimmer Sterne, der sog. Weißen Zwerge, durch die Entartungserscheinungen eines quantenmechanischen Gases mit Fermi-Statistik. Schließlich beschäftigte er sich vor allem mit weiteren Anwendungen der Quantenstatistik und der Ionisationstheorie auf Materie bei höchsten Temperaturen und Drucken. Fowler und seine Mitarbeiter hielten engste Verbindungen zum Institut Rutherfords; sie halfen bei der theoretischen Vorbereitung der Experimente und der Beschreibung der erzielten Ergebnisse. Seine Schüler, von Dirac bis N. ↗ Mott, schickte er zur weiteren Ausbildung an die europäischen Zentren der Atomtheorie, vor allem aber zu N. ↗ Bohr nach Kopenhagen. [HR]

Werk(e):
Statistical Mechanics: The Theory of the Properties of Matter in Equilibrium (1929).

Sekundär-Literatur:
Milne, E. A.: Ralph Howard Fowler (1889–1944), in: Obituary notices of Fellows of the Royal Society of London 5 (1945–1948) 61–78, bes. 75–78 (Werkverzeichnis).

Franck, James,
deutsch-amerikanischer Physiker,
* 26. 8. 1882 Hamburg,
† 21. 5. 1964 Göttingen.

Franck leistete wichtige Beiträge zur Herausbildung der Quantenphysik; in seinen späteren Arbeiten zur Fotosynthese verband er physikalische mit chemischen und biologischen Fragestellungen.

Als Sohn einer alteingesessenen Hamburger Bankiersfamilie jüdischer Abstammung begann Franck 1901 in Heidelberg ein Jura- und Ökonomiestudium. Sein Interesse galt jedoch der Naturwissenschaft, und eine Begegnung mit dem dort gerade für ein Semester studierenden M. ↗ Born veranlasste ihn, ein Physikstudium aufzunehmen. Dazu ging er 1902 nach Berlin zu E. ↗ Warburg und M. ↗ Planck. Warburg empfahl seinem Studenten das Studium der Spitzenentladung (Gasentladungsphysik) als Promotionsthema. Franck verallgemeinerte die Fragestellung und promovierte 1906 *Über die Beweglichkeit der Ladungsträger der Spitzenentladung*.

J. Franck

Nach einer kurzen Assistenzzeit in Frankfurt am Main wurde Franck 1906 Assistent am Berliner Universitätsinstitut, nun unter dem Direktorat von H. ↗ Rubens. Gemeinsam mit R. ↗ Pohl arbeitete er über die Geschwindigkeit der Röntgenstrahlen, mit Wilhelm Westphal über Gasionen und mit Robert W. Wood über Fluoreszenz. 1911 habilitierte sich Franck und widmete sich nun mit G. ↗ Hertz weiteren Fragen der Gasentladungsphysik. J. ↗ Townsend hatte eine Theorie des elektrischen Durchschlags aufgestellt (mit einer Hypothese über den Energieaustausch bei der Ionisierung eines Atoms durch Zusammenstoß mit Elektronen), an deren Richtigkeit Franck berechtigte Zweifel hegte. Die berühmten Elektronenstoßversuche (Messung der Ionisationspotenziale in Quecksilberdampf) von Franck und Hertz führten 1913 zu der Erkenntnis, dass Stöße unterhalb einer bestimmten Schwellenenergie elastisch sind. Bei Erreichen der Schwellenenergie wird der Stoß unelastisch und Licht entsprechender Frequenz wird abgestrahlt. Die Energieübertragung erfolgt nur in ganzen Vielfachen der Schwellenenergie. Wohl erkannten Franck und Hertz hierin den Zusammenhang mit Plancks Quantentheorie, doch dass diese Ergebnisse zugleich eine glänzende Bestätigung des 1913 von N. ↗ Bohr aufgestellten Atommodells waren, wurde ihnen erst bewusst, nachdem Bohr 1915 selbst einen entsprechenden Hinweis gegeben hatte. 1926 erhielten Franck und Hertz gemeinsam den Nobelpreis für Physik für ihre Arbeiten zur »Entdeckung der Gesetze, die bei der Einwirkung eines Elektrons auf ein Atom herrschen«.

Mit Beginn des Ersten Weltkriegs wurde Franck zum Militärdienst eingezogen, nach schwerer Ruhrerkrankung aber von der Front abgezogen und für die Entwicklung von Gaskampfstoffen unter F. ↗ Haber im Berliner Kaiser-Wilhelm-Institut für Physikalische Chemie und Elektrochemie verpflichtet. 1916 wurde er zum Professor ernannt und 1919 zum Wissenschaftlichen Mitglied der Kaiser-Wilhelm-Gesellschaft. Als Born 1920 als Professor für Theoretische Physik nach Göttingen berufen wurde, setzte er die Berufung von Franck auf einen Experimentalphysiklehrstuhl (1921) durch. Unter dem Triumvirat Born/Franck/Pohl wurde Göttingen in den 1920er-Jahren ein Zentrum der Quantenphysik. Francks tiefes theoretisches Verständnis experimenteller Vorgänge und seine Fähigkeit, physikalische Sachverhalte rein gefühlsmäßig zu beurteilen, führten zu fruchtbaren Diskussionen mit den Theoretikern. Hauptarbeitsbereich in Göttingen war das Studium der Zusammenstöße von Atomen, der Abgabe von Anregungsenergien, Bildung und Dissoziation von Molekülen. Born und Franck führten 1925 das Konzept der Quasimoleküle ein. Die Bestimmung der Dissoziationsenergie von Molekülen durch Franck und die wellenmechanische Formulierung des Ergebnisses durch Borns Schüler Edward U. Condon führten zu dem heute als Franck-Condon-Prinzip bekannten Satz, der für das Verständnis der Molekülspektren von Bedeutung ist. Zu Francks Schülern in Göttingen zählten u. a. P. M. ↗ Blackett, W. ↗ Grotrian, G. ↗ Herzberg und H. ↗ Sponer.

Aus Protest gegen die Machtergreifung der Nationalsozialisten und insbesondere gegen das sog. Gesetz zur Wiederherstellung des Berufsbeamtentums legte Franck am 17. April 1933 seine Göttinger Professur nieder. Im Sommer 1933 entschloss er sich zur Emigration und übernahm zunächst für das Wintersemester 1933/34 eine Gastprofessur in Baltimore (USA). 1934/35 war er bei Bohr in Kopenhagen, dann 1935–1938 als Professor für Physik wieder in Baltimore. 1938–1949 wirkte er als Professor für Physikalische Chemie an der Universität Chicago (und nach der Emeritierung noch bis 1956 als Forschungsgruppenleiter). 1941 wurde Franck US-amerikanischer Staatsbürger.

Nach seiner Emigration arbeitete Franck vor allem über Fotosynthese. Mit Wood und anderen unternahm er entsprechende experimentelle Arbeiten und mit K. F. Herzfeld entwickelte er nach 1935 aufgrund einer ersten schematischen Modellvorstellung eine quantitative kinetische Theorie. Seine Ergebnisse waren nicht unumstritten, vor allem ergab sich eine scharfe Kontroverse mit O. ↗ Warburg. Weitere Beiträge folgten zur Exzitonentheorie und zum fotografischen Prozess.

Im Rahmen des amerikanischen Atombombenprogramms leitete Franck die Chemische Abteilung des Metallurgischen Laboratoriums (so der Tarnname der Forschungsstelle im Manhattan-Projekt) an der Universität Chicago; unter seiner Leitung wurden u. a. chemische Trennverfahren für Plutonium entwickelt. Als gegen Ende des Zweiten Weltkriegs bei vielen Wissenschaftlern die Zweifel an der Notwendigkeit des Einsatzes der Atombombe wuchsen, initiierten Franck und sieben seiner ebenfalls am Manhattan-Projekt beteiligten Kollegen den »Franck«-Report vom Juni 1945. Ihr mutiger Schritt blieb leider ohne Erfolg. Dennoch trug der Franck-Report dazu bei, vielen Naturwissenschaftlern ihre Verantwortung bewusst zu machen.

Franck war zweimal verheiratet, ab 1907 mit der schwedischen Pianistin Ingrid Josefson, mit der er auch zwei Töchter hatte, und nach deren Tod ab 1946 mit seiner früheren Schülerin H. ↗ Sponer. Unter seinen zahlreichen Auszeichnungen seien die Max-Planck-Medaille (1951), die Rumford-Medaille (1955) sowie die Mitgliedschaften in der Akademie der Wissenschaften zu Berlin (1929–1942/1946–1951), der Deutschen Akademie der Naturforscher Leopoldina (1958) und der Royal Society (1964) hervorgehoben. [HK]

Werk(e):
Anregung von Quantensprüngen durch Stöße (1926, mit P. Jordan); A critical survey of the physical background of photosynthesis, Ann. Rev. Plant Physiol. 2 (1951) 53–86; Franck, J., Hertz, G.: Die Elektronenstoßversuche (= Dokumente der Naturwissenschaft, Abt. Physik, Bd. 9), hrg. A. Hermann (1967).

Sekundär-Literatur:
Kuhn, H. G.: James Franck, in: Biographical Memoirs of Fellows of the Royal Society 11 (1965) 53–74; Born, M., Westphal, W. H.: James Franck, Physikalische Blätter 20 (1964) 324–334; Lemmerich, J.: Der Luxus des Gewissens. Max Born, James Franck – Physiker in ihrer Zeit (1982, = Ausstellungskatalog 17; Staatsbibliothek Preußischer Kulturbesitz).

Frank, Ilja Michailowitsch,
russisch-sowjetischer Physiker, Bruder des Biophysikers Gleb M. Frank,
* 23. 10. 1908 St. Petersburg,
† 22. 6. 1990 Moskau.

Frank zählt zu den Mitentdeckern des Tscherenkow-Effekts und zu den Pionieren der Kernphysik in der Sowjetunion.

Frank besuchte die Schule in Jalta und danach in Simferopol, wo sein Vater, der Mathematiker Michail L. Frank, Professor an der Taurischen Universität war, und studierte von 1926 bis 1930 an der Moskauer Universität Physik und Mathematik. Dort waren seine Lehrer L. I. ↗ Mandelstam, Sergei I. Wawilow und I. J. ↗ Tamm; Letzterer war ein Freund der Familie Frank seit der gemeinsamen Zeit an der Universität Simferopol. Prägend für

I.M. Frank

Frank wurde die Zusammenarbeit mit Wawilow, als dessen Schüler er sich bezeichnete. Bereits 1931 erschien ihre erste gemeinsame Publikation über Auslöschungsvorgänge in fluoreszierenden Flüssigkeiten. Seit 1930 arbeitete Frank im Leningrader Staatlichen Optischen Institut über fotochemische Prozesse und promovierte dort 1935 über Elementarprozesse bei der optischen Dissoziation. Bereits 1934 kehrte er aber nach Moskau an das Lebedew-Institut für Physik der Akademie der Wissenschaften zurück, dessen Direktor seit 1932 Wawilow war. Dort begann er auf dem sich stürmisch entwickelnden Gebiet der Kernphysik zu arbeiten. Sein Interesse galt sofort den Experimenten von P. A. ↗ Tscherenkow, einem Aspiranten von Wawilow, der beim Durchgang von Gammastrahlung durch reine Flüssigkeiten eine besondere sichtbare Strahlung beobachtete, die später als »Tscherenkow-Strahlung« bezeichnet wurde. Frank gelang es gemeinsam mit Tamm, diese Strahlung als einen spezifischen Effekt bei der Ausbreitung von hochenergetischen Elektronen, die sich mit einer größeren Geschwindigkeit als die Phasengeschwindigkeit des Lichts in dem flüssigen Medium bewegen, auf Basis der klassischen Elektrodynamik theoretisch zu interpretieren. Dabei waren ihm seine speziellen Kenntnisse in der physikalischen Optik von besonderem Nutzen. Die Entdeckung führte später zur Entwicklung von Detektoren, die in der Kernphysik zum Nachweis und zur Messung der Geschwindigkeit von Elementarteilchen sehr erfolgreich eingesetzt wurden. Für diese Leistung wurde Frank 1946 mit Tamm, Tscherenkow und Wawilow mit dem sowjetischen Staatspreis 1. Klasse ausgezeichnet; 1958 erhielten Tamm und Tscherenkow gemeinsam mit Frank den Nobelpreis für Physik.

1934 und 1935 führte er bei Elbrus-Expeditionen Untersuchungen der kosmischen Strahlung durch und studierte in den Jahren 1937–1940 die Bildung von Elektron-Positron-Paaren bei der Wechselwirkung von Gammaquanten mit Krypton, Stickstoff und Xenon. Die Arbeit zur Tscherenkow-Strahlung regte ihn zu einer Serie von theoretischen Untersuchungen über sich in brechenden Medien bewegende Lichtquellen an; veröffentlicht wurden Arbeiten zum Doppler-Effekt in brechenden Medien (1942) und über die beim Phasenübergang eines sich gleichförmig bewegenden Elektrons entstehende Strahlung (1946). 1944 zum Professor für Kernphysik an der Moskauer Universität berufen, begann er nach Kriegsende mit Arbeiten zur Reaktorphysik. Teilweise in enger Zusammenarbeit mit I. W. ↗ Kurtschatow studierte er das Verhalten von Neutronen in heterogenen Uran-Graphit-Reaktoren, Kernreaktionen sehr leichter Kerne und Kernreaktionen mit schnellen Neutronen. Neutronenphysik blieb sein Hauptarbeitsgebiet, nachdem er 1957 zum Direktor des Laboratoriums für Neutronenphysik des VIK Dubna berufen wurde, wo 1960 unter seiner Leitung der erste Impulsreaktor für schnelle Neutronen, IBR-1, entstand. 1968 wurde Frank in die sowjetische Akademie gewählt. [RP]

Werk(e):
Ilja Michailowitsch Frank (1979, =Materialy k biobibliografii, serija fisiki); Islutschenie Wawilowa-Tscherenkowa. Woprosy (Voprosy) teorii (1988).

Sekundär-Literatur:
Frank, I. M.: Otryfki wospominanij (vospominanij) rasnych (raznych) let, in: Beleljubskij, F. B. (Hrg.): Wospominanija (Vospominanija) o I. E. Tamme (1981) 236–256; Frenkel, W. J. (Hrg.): Fisiki o sebje (1990) 424–429.

Frankland, Sir Edward,

englischer Chemiker,
* 18. 1. 1825 Churchtown bei Lancaster,
† 9. 8. 1899 Goola (Norwegen).

Frankland war ein Pionier der Organometallchemie und spielte in England eine führende Rolle in der Wasser- und Abwasserüberwachung.

Frankland ging 1846 nach einer Drogistenlehre zum Chemiestudium nach London an das Museum of Practical Geology zu Lyonel Playfair. Hier schloss er Freundschaft mit dessen Assistenten H. ↗ Kolbe, dem er 1847 nach Deutschland folgte. An die Promotion 1849 bei R. ↗ Bunsen in Marburg schloss sich ein kurzer Aufenthalt bei J. ↗ Liebig in Gießen an. 1850 zurück in London, wurde er 1851 auf den neu geschaffenen Lehrstuhl für Chemie am Owen's College in Manchester berufen, wechselte aber 1857 wieder nach London als Vorstand der chemischen Abteilung der medizinischen Schule im St. Bartholomew's Hospital. 1861 trat er die Nachfolge M. ↗ Faradays an der Royal Institution of Great Britain und 1865 die A. W. ↗ Hofmanns am Royal College of Chemistry an.

E. Frankland

Seine ersten Untersuchungen 1848–49, gemeinsam mit Kolbe, zeigten die Verseifbarkeit der Nitrile zu Carbonsäuren und waren für Letztere präparativ wie auch zum theoretischen Verständnis von Bedeutung. Bei Versuchen, durch Halogenabtrennung aus Alkylhalogeniden mit Zink Alkylradikale zu erzeugen, stieß er 1849 am Beispiel des Zinkdiethyls erstmals auf eine echte metallorganische Verbindung. In der Folge stellte er analoge Verbindungen mit anderen Alkylresten oder von anderen Elementen wie Zinn, Quecksilber oder Bor her, untersuchte ihre Eigenschaften und erschloss so einen neuen Zweig der Chemie. Die hohe Reaktivität erlaubte ein enorm breites Anwendungsfeld dieser Verbindungen in der Synthese. Insbesondere die zinkorganischen Verbindungen erlangten präparativ eine herausragende Bedeutung bis zur Einführung der Grignardverbindungen ein halbes Jahrhundert später. Die frühen Arbeiten an Metallorganylen führten Frankland auch zum Konzept der Sättigungskapazität, an das spätere Wertigkeits- und Valenz-Begriffe anknüpften.

Mit gleicher Sorgfalt widmete er sich praktisch-technischen Fragen wie der Gasbeleuchtung und ganz besonders der Trinkwasseruntersuchung sowie der Überwachung industrieller und städtischer Abwässer. Die Kontrolle der Londoner Wasserversorgung erforderte jahrzehntelang Franklands monatliche Berichtlegung. Als Mitglied einer königlichen »Commission on the Pollution of Rivers and Domestic Water Supply« verfasste er weiterhin sieben ausführliche Jahresberichte. Er war mehrfacher Ehrendoktor, Träger hoher Auszeichnungen und Mitglied einer Reihe von Akademien. [HT]

Werk(e):
Experimental Researches in pure, applied and physical Chemistry (1877).

Sekundär-Literatur:
Wislicenus, J.: Sir Edward Frankland, Berichte der Deutschen chemischen Gesellschaft 33 (1900) 3847–3874.

Franklin, Benjamin,
amerikanischer Staatsmann, Schriftsteller und Naturwissenschaftler,
* 17. 1. 1706 Boston,
† 17. 4. 1790 Philadelphia.

Franklin trug zum Verständnis der Elektrizität bei und spielte eine weichenstellende Rolle bei der Institutionalisierung der amerikanischen Wissenschaft.

B. Franklin

Franklins Wahlspruch, dass in dieser Welt nichts gewiss sei, außer dem Tod und den Steuern, kennzeichnet seine fundamentale wissenschaftliche Neugier und seine Skepsis gegenüber vermeintlich gesichertem Wissen. Aus der Grundposition der zentralen Bedeutung von Wissen für die Herausbildung einer aufgeklärt-freiheitlichen Gesellschaft heraus entwickelte sich der gelehrte Buchdrucker zu einem vielseitig wirkenden Wissenschaftler von Weltgeltung. Als erster Amerikaner konnte er sich in der europäischen république des lettres – und in der Tat war der Brief die ihm gemäße Ausdrucksform – hohe internationale Anerkennung verschaffen. Franklin steht für den Beginn der Integration der neuen Welt in die Kommunikation der Gelehrten. Im Konkreten erstreckt sich Franklins Bedeutung als Wissenschaftler auf vier Dimensionen: erstens auf seinen Beitrag zum Verständnis der Elektrizität als physikalisches Phänomen; zweitens auf die Wechselbeziehung zwischen wissenschaftlicher Theoriebildung und technischer Nutzanwendung; drittens auf seine weichenstellende Rolle für die Institutionalisierung amerikanischer Wissenschaft; viertens auf die Verknüpfung von wissenschaftlicher und politischer Lebenswelt.

Franklin verkörpert den amerikanischen Autodidakten, dem nicht dank Abstammung und Bildung, sondern auf der Basis seiner individuellen Fähigkeiten sowohl in der Politik als auch in der Wissenschaft eine glänzende Karriere gelang. Als fünfzehntes von siebzehn Kindern eines Seifensieders und Kerzenmachers in Boston geboren, konnte er nur gerade zwei Jahre eine Schule besuchen. Nach einer Lehre als Buchdrucker bei einem seiner älteren Brüder, während der er seinen Wissensdurst durch die Lektüre zahlloser Bücher zu stillen versuchte, ließ er sich in Philadelphia nieder und baute mit Unterstützung des Gouverneurs eine rasch florierende Buchdruckerei auf. Zum Erfolgsträger seines Unternehmens wurde der Almanach *Poor Richard*, der ab 1733 in eine Auflage von mehr als 10 000 Exemplaren erschien.

Bereits mit 42 Jahren war Franklin wohlhabend genug, um sich aus dem aktiven Geschäftsleben zurückzuziehen und sich ganz dem »Lesen, Studieren, Experimentieren« widmen zu können, wie er 1748

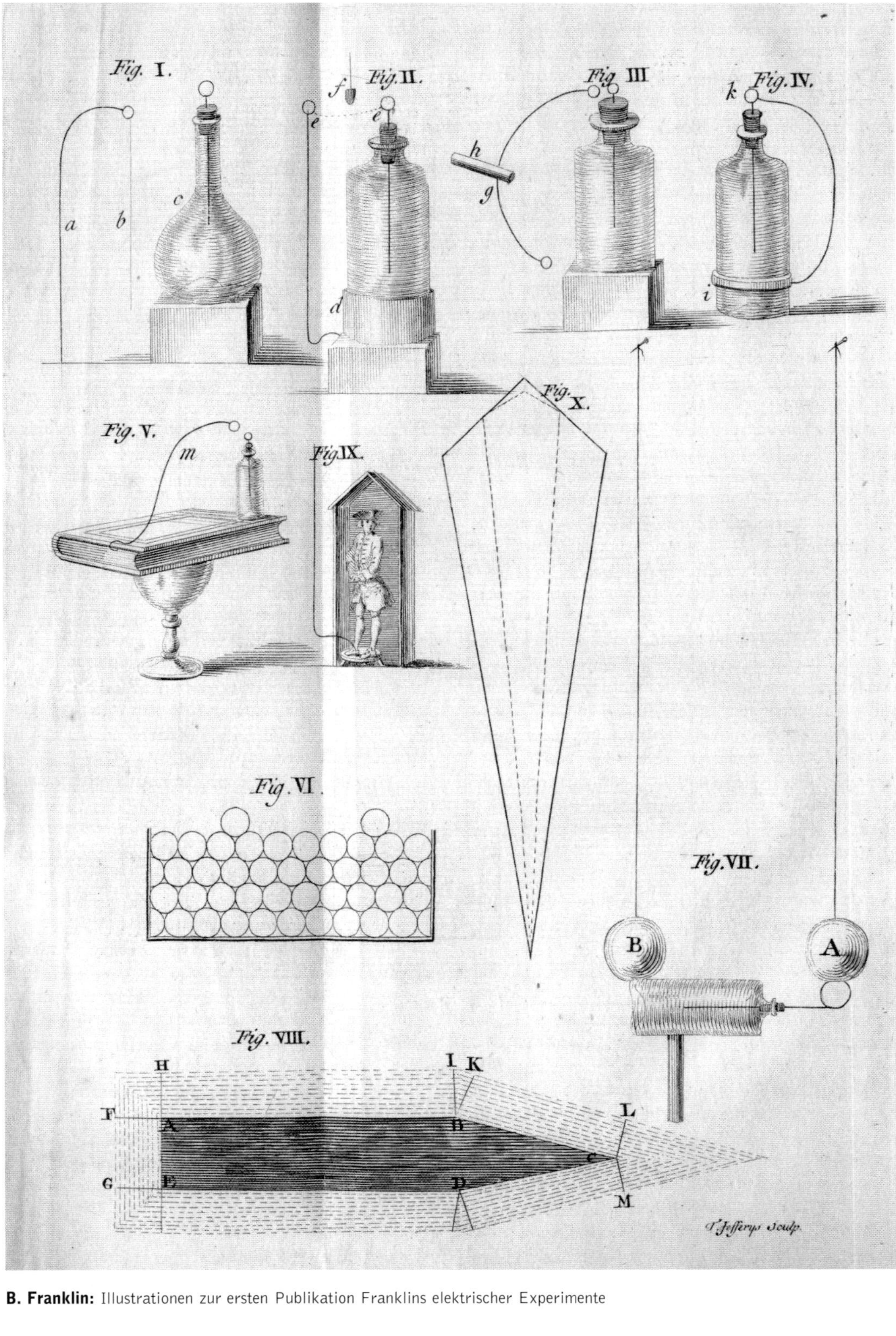

B. Franklin: Illustrationen zur ersten Publikation Franklins elektrischer Experimente

an einen Freund schrieb. Drei Jahre später – allerdings war er schon 1745 nach der Lektüre einer Schrift A. v. ↗ Hallers auf das Thema Elektrizität aufmerksam geworden – erschienen seine an den Londoner Geschäftsmann und Mitglied der Royal Society, Peter Collinson, gerichteten *Briefe von der Elektrizität*, die seinen Ruf als ingeniöser Experimentator und kreativer Erfinder begründeten. Sein instruktiver Pendelversuch führte ihn zur Hypothese der Differenzierung in »elektrisch positiv« und »elektrisch negativ« – die Bezeichnungen »plus« (+) und »minus« (−) gehen ebenso auf Franklin zurück wie die Begriffe Batterie, Elektriker, Leiter und Nichtleiter oder Elektrischer Schlag und Stromstoß. Von außerordentlich praktischer Bedeutung war die Entdeckung des Phänomens der Spitzenwirkung, die ihn zur Erfindung des Blitzableiters führte. Mit seinem berühmten Schilderhäuschenexperiment, das d'Alibard 1752 in Marly vor dem französischen Königshof vorführte, und kurz darauf eigenhändig mit seinem Drachenexperiment bewies er auf ebenso elegante wie eindrucksvolle Weise die Vermutung, dass Blitze elektrische Ladungen sind. Ein Jahr später ehrte ihn die Royal Society mit ihrer höchsten Auszeichnung, der Copley Medal, und krönte damit die buchstäbliche Blitzkarriere ihres mittlerweile in Europa wie Nordamerika gleichermaßen bekannten Mitglieds.

In den Experimenten zur Elektrizität zeigte sich das für Franklins gesamte Forschungstätigkeit charakterisierende Oszillieren zwischen Theorie und Empirie, Hypothese und Experiment. Den aufklärerischen Grundgedanken, dass jede Wissenschaft letztlich »den Menschen zum Nutzen gereichen« sollte, formulierte er später in seiner als intellektuelles Vermächtnis geltenden *Autobiographie*. Im Zentrum seiner wissenschaftlichen Methode stand das Experiment, und als gelernter Handwerker verfügte er über das nötige Geschick, um seine innovativen Experimente nicht nur konzipieren, sondern auch selbst bauen zu können. Eine geschickte und glückliche Hand bewies er auch bei seinen zahlreichen Erfindungen, angefangen vom verbesserten Feuerofen mit Rauchabzug (Franklin stove) über das bifokale Brillenglas und den Schaukelstuhl bis hin zum flexiblen Metallkatheder. Vor allem aber in seinen Forschungen zur Elektrizität wurde er zu einem der Wegbereiter einer neuen, auf das Experiment gestützten Epistemologie, welche die Dichotomie der scheinbaren Künstlichkeit des Instrumentengebrauchs und der scheinbar unverstellten Beobachtung der Naturphänomene überwand.

Franklins grenzenlose Neugier ließ ihn nicht nur in der Elektrizitätslehre reüssieren, die er recht eigentlich erst zu einer diskursiv und methodisch gefestigten Disziplin machte. Vor allem während seiner insgesamt acht Atlantiküberquerungen beschrieb er zahlreiche weitere Naturphänomene, darunter erstmals die Konvektion der Luft, und ließ die erste Karte des Golfstroms zeichnen. Auch auf dem Gebiet der Medizin publizierte er zu einer Fülle von Themen: über die Physiologie des Schlafes und über Bleivergiftungen ebenso wie über Säuglingssterblichkeit und über die medizinische Ausbildung. Aus der schmerzlichen Erfahrung, einen Sohn an der Pockenkrankheit verloren zu haben, wurde er nach anfänglicher Ablehnung schließlich zum Verfechter der Vorbeugung durch Impfung, eine Position, die er 1759 in einer Veröffentlichung durch statistische Erhebungen untermauerte. Seine medizinischen Experimente mit elektrischen Schocks führten ihn zu der Überzeugung, dass Elektrotherapien allenfalls durch den Glauben der Patienten an die heilende Wirkung von Nutzen seien, und diese Position vertrat er auch als Mitglied der Pariser Königlichen Kommission zur Untersuchung des Mesmerismus: Sein Fazit war, dass die menschliche Einbildungskraft viel vermöge, der Magnetismus aber nichts.

Als traditionsbildender und identitätsstiftender »Erinnerungsort« amerikanischer Identität symbolisiert Franklin den Aufstieg der US-Wissenschaft zur Weltgeltung. Traditionsbildend wirkte insbesondere auch die Gründung der American Philosophical Society, die 1774 auf seinen Vorschlag hin aus der Taufe gehoben wurde. Franklin fungierte als ihr erster Sekretär und schrieb sein Leitbild der »nützlichen Wissenschaft« in ihren Statuten fest. Das in seiner Wahlheimat Philadelphia ansässige Franklin Institute transportiert dieses Leitbild unter anderem mit den von ihm verliehenen Preisen bis heute weiter. Als Frederick Seitz, Präsident der National Academy of Sciences, 1965 mit der Franklin Medal deren höchste Auszeichnung verliehen bekam, lieferte er eine weitere Lesart des Franklinschen Erbes: Er kritisierte die zunehmende Fragmentierung der amerikanischen Wissenschaft entlang disziplinärer Interessen und die »Balkanisierung« der Forschung und erinnerte einmal mehr an Franklin als denjenigen, der in seinem Bemühen um Einheit (unity) in Politik und Wissenschaft das moderne Amerika recht eigentlich erst begründet habe.

Mehr noch als durch seine wissenschaftlichen Leistungen ist Franklin als Staatsmann bekannt geworden, der den Plan für die Union der Kolonien verfasste, gemeinsam mit Thomas Jefferson und John Adams die Unabhängigkeitserklärung konzipierte, im Zweiten Kontinentalkongress als elder statesman wirkte und als amerikanischer Gesandter in Paris den Vertrag mit Frankreich aushandelte. Politik und Wissenschaft als Handlungsfelder waren bei Franklin freilich eng miteinander verknüpft. Nicht nur basierten seine Erfolge als Außenpolitiker zu einem Gutteil auf seiner internationalen Reputation als Wissenschaftler; auch seine Handlungsmaximen waren in Politik und Wissenschaft eng aufeinander bezogen: Bereits in seiner ersten Publikation aus dem Jahr 1725 *A dissertation on liberty and necessity, pleasure and pain* konstruierte er eine Polarität von Willensfreiheit und Zwangsläufigkeit, Freunde und Leid, die er später analog für die Unterscheidung von positiver und negativer Elektrizität nutzte. In Franklins Ideenwelt vereinte Politik und Wissenschaft das Streben nach der Freiheit des Gedankens und der Nützlichkeit für die Gesellschaft. [HT2]

Werk(e):
The papers of Benjamin Franklin, hrg. v. L. W. Labaree, 37 Bde. (1959–2002); Briefe von der Elektrizität (1758, übersetzt und mit Anmerkungen versehen von C. Wilcke 1983); The Life of Benjamin Franklin. Autobiography (...), dt. u.d.T. Autobiographie, mit einem Nachwort von K. Harprecht ([2]1997).

Sekundär-Literatur:
Clark, R. W.: Benjamin Franklin. A Biography (1983); Campbell, J.: Recovering Benjamin Franklin. An exploration of a life of science and service (1999).

Franklin, Rosalind Elsie,
britische Physikochemikerin und Molekularbiologin,
* 25. 7. 1920 London,
† 16. 4. 1958 London.

Franklin war eine führende Expertin auf dem Gebiet der Röntgenstrukturanalyse kristalliner Substanzen. Ihre Arbeiten trugen maßgeblich zur Entdeckung der Doppelhelix-Struktur der DNS bei.

Franklin wuchs in einer britisch-jüdischen Bankiers-Familie auf und erhielt eine exzellente Schulbildung an der St. Paul's Girl School in London. Frühzeitig an Chemie und Physik interessiert, begann sie 1938 ein Chemie-Studium am Newnham College (Women College) in Cambridge, das sie 1941 abschloss. 1942 meldete sie sich angesichts des Zweiten Weltkriegs freiwillig bei der British Coal Utilisation Research Association und arbeitete als Physiko-Chemikerin an der Analyse von Brennstoffen, insbesondere Kohle. 1945 promovierte sie an der Cambridge University.

In Cambridge befreundete sich Franklin mit der emigrierten französischen Wissenschaftlerin Adrienne Weill, die für sie eine Stelle am Laboratoire Central des Services Chimique de l'État in Paris fand. Unter Leitung des Kristallographen Jacques Méring begann sie ab 1947, sich die Technik der Röntgenstrahlanalyse anzueignen und auf die Untersuchung von Kohlenstoffen anzuwenden. 1951 erhielt sie ein dreijähriges Forschungsstipendium für das King's College in London und arbeitete dort am biophysikalischen Laboratorium unter Sir John T. Randall. Der Kontrast zum Laboratorium in Paris war groß, wissenschaftlich und in den persönlichen Beziehungen, so dass sie nach nur zwei Jahren an das Birkbeck College zum Laboratorium für Kristallographie unter J. D. ↗ Bernal wechselte. Von 1951 bis zu ihrem frühen Tod wandte sie die Röntgenstrahlanalyse auf biologische Objekte an, von 1951 bis 1953 auf die DNA, ab 1953 auch auf das Tabakmosaikvirus. Sie leitete eine kleine Forschergruppe, der bedeutende Ergebnisse gelangen, die jedoch erst posthum die volle Anerkennung fanden. Franklins Mitarbeiter und Ko-Autor in den letzten Jahren, Aaron Klug, erhielt 1982 den Nobelpreis in Chemie. 1956 erkrankte Franklin an Krebs, nur zwei Jahre später erlag sie der Krankheit.

Die ausgezeichneten Fähigkeiten von Franklin, mittels der Röntgenstrukturanalyse die molekulare Struktur biologischer Substanzen zu untersuchen, halfen den späteren Nobelpreisträgern Francis H. C. Crick, James D. Watson und Maurice H. F. Wilkins, 1953 das Modell der DNS-Doppelhelix zu entwerfen. Unglücklicherweise führte das Verhalten der drei Forscher bei der Nobelpreisverleihung 1962 dazu, dass Franklin seither oft nur als betrogene Wissenschaftlerin portraitiert wurde, ohne dass ihre anderen Leistungen hervorgehoben wurden. [AV2]

Werk(e):
mit Gosling, R. G.: Molecular configuration in sodium thymonucleate, Nature 171 (1953); Evidence for two-chain helix in crystalline structure of sodium desoxyribonucleate, Nature 172 (1953).

Sekundär-Literatur:
Sayre, A: Rosalind Franklin and DNA (1975); Maddox, B.: The Dark Lady of DNA (2002).

Fraunhofer, Joseph von,
deutscher Optiker und Physiker,
* 6. 3. 1787 Straubing,
† 7. 6. 1826 München.

Fraunhofer entdeckte die dunklen Linien im Sonnenspektrum und entwickelte die Linsenteleskope durch seine Forschungsarbeiten weiter.

Fraunhofer wurde als elftes Kind des Glasermeisters Franz Xaver Fraunhofer geboren. Beide Eltern starben sehr früh, so dass Fraunhofer zu einer Lehre nach München geschickt wurde. Ein spektakulärer Unfall erweckte die Aufmerksamkeit des bedeutenden Wirtschaftsfachmanns und Politikers Joseph von Utzschneider, der Fraunhofers hohe Intelligenz erkannte und ihm eine schulische Ausbildung ermöglichte; anschließend stellte er ihn in seiner Fabrik zur Herstellung hochwertiger optischer Geräte in Benediktbeuren ein. Fraunho-

J. von Fraunhofer
(Foto: Deutsches Museum München, Bildstelle)

fer stieg in kurzer Zeit in die Leitung des Betriebes auf; seit 1809 war er Leiter der optischen Abteilung. 1817 wählte ihn die Bayerische Akademie zu ihrem Mitglied, und 1823 wurde er Professor und Konservator des Physikalischen Kabinetts.

Fraunhofers große Erfolge waren nur möglich, weil er Grundlagenforschung betrieb. Dafür stand ihm in einem Waschhaus des Klosters Benediktbeuren eine Glashütte zur Verfügung. Ausgehend von praktischen Problemen führte er wissenschaftliche Versuche durch und wendete die Ergebnisse wieder in der Praxis an. Sehr deutlich erkennt man diese Arbeitsweise anhand seiner berühmten Arbeit über das Brechungsvermögen von Glas. Eines der größten Probleme bei der Herstellung von Linsenteleskopen waren die sog. Linsenfehler. Verschiedene Farben, aus denen das weiße Licht zusammengesetzt ist, werden beim Durchgang durch eine Sammellinse verschieden stark gebrochen. Man beobachtet deshalb Farbsäume an den Rändern eines beobachteten Objektes, und das Bild hat einen Schleier, der eine Unschärfe und eine Kontrastminderung hervorruft. Linsen, die diesen Fehler nicht mehr oder nur noch wenig aufweisen, bezeichnet man als achromatische Linsen.

Um achromatische Objektive genau berechnen zu können, ist es notwendig, das Brechungsvermögen der verwendeten Glassorte für die verschiedenen Farben präzise zu kennen. Da man sich Linsen aus vielen kleinen Prismen zusammengesetzt vorstellen kann, führte Fraunhofer seine Versuche mit Glasprismen durch. Fällt Licht durch ein Prisma, so wird es in ein kontinuierliches Spektrum aufgespalten. Als Fraunhofer auf diese Weise Sonnenlicht untersuchte, fand er viele starke und schwache vertikale dunkle Linien im Spektrum, die später nach ihm benannt wurden (unabhängig von W. H. ↗ Wollaston).

Fraunhofer versuchte diese Entdeckung sofort in der Produktion von Linsen einzusetzen – u. a. bei der Definition monochromatischer Strahlung und der Messung von Brechzahlen. Er erfand im Rahmen dieser Untersuchungen auch das Strichgitter (mit 300 in Glas geritzten Strichen pro mm) und entwikkelte eine neue Untersuchungsmethode zur Beugung paralleler Lichtstrahlen (Fraunhofersche Beugung). Die Erfolge in den folgenden Jahren waren enorm. Nirgendwo in Europa wurden so hochwertige optische Geräte hergestellt wie in Benediktbeuren, und das wiederum schlug sich im wirtschaftlichen Erfolg des Unternehmens nieder. Durch seine Arbeiten erlangte Fraunhofer großen Ruhm in ganz Europa. Er wurde mit Ehrungen überhäuft, und viele berühmte Wissenschaftler seiner Zeit korrespondierten mit ihm oder besuchten ihn in Benediktbeuren.

Der jahrelange sorglose Umgang mit Chemikalien, die zur Glasherstellung notwendig waren, wie z. B. Bleioxid, führte dazu, dass Fraunhofer 1825 schwer erkrankte und im Jahr darauf im Alter von nur 39 Jahren an Tuberkulose starb. [HPS]

Werk(e):
Joseph von Fraunhofers gesammelte Schriften, hrg. v. E. Lommel (1888).

Sekundär-Literatur:
Roth, G. D.: Joseph von Fraunhofer. Handwerker, Forscher, Akademiemitglied (1976); Sang, H.-P.: Joseph von Fraunhofer. Forscher, Erfinder, Unternehmer (1987).

Fréchet, Mauric René,
französischer Mathematiker,
* 2. 9. 1878 Maligny (Bourgogne),
† 4. 6. 1973 Paris.

Fréchet hat mit seiner Theorie des metrischen Raums (1906) das erste Kapitel der modernen abstrakten Funktionalanalysis geschrieben. In den 1930er-Jahren lieferte er Beiträge zur Wahrscheinlichkeitstheorie, insbesondere zu Momentenproblemen und Markowschen Ketten.

Bereits am Lycée Buffon in Paris wurde sein Mathematiklehrer J. ↗ Hadamard auf Fréchet aufmerksam und empfahl ihm ein Studium an der École Normale Supérieure (1900). Dort promovierte Fréchet 1906 wiederum unter Hadamard, der ihm die Schöpfung eines »neuen Kapitels der Mengenlehre« vorgeschlagen hatte. Nach Professuren in Rennes und Poitiers und einem Einsatz im Ersten Weltkrieg ging Fréchet an die aus politischen Gründen stark geförderte Universität von Strasbourg. Diese verließ er 1929, als er an das neu gegründete Pariser Institut Henri Poincaré berufen wurde, um É. ↗ Borel bei der Lehre und Forschung in der Wahrscheinlichkeitstheorie zu unterstützen. Von 1941 bis zu seiner Emeritierung 1949

M.R. Fréchet

hatte Fréchet den Lehrstuhl für Wahrscheinlichkeitsrechnung und mathematische Physik an der Pariser Sorbonne inne, 1951 wurde er Mitglied der französischen Wissenschaftsakademie.

Fréchets abstrakte, axiomatische Theorie des metrischen Raums von 1906 (der Name stammt erst von F. ↗ Hausdorff 1914) verwendete nicht nur G. ↗ Cantors Mengenlehre, sondern auch italienische Arbeiten von V. ↗ Volterra und Cesare Arzelà über verallgemeinerte, aber noch konkrete unendlichdimensionale »Räume« von Kurven und deren Abbildungen. Fréchets Dissertation, die auch Begriffe wie »separabel« und »kompakt« in den neuen abstrakten Räumen definierte, wurde bahnbrechend für die moderne abstrakte Analysis.

Fréchet betrachtete auch verallgemeinerte Funktionen, so genannte Funktionale, in abstrakten Räumen und leistete Vorarbeiten (1915) für eine allgemeine Integrationstheorie (Percy John Daniell). Im Vergleich dazu waren Fréchets Arbeiten über allgemeine Punktmengentopologie der 1920er- sowie seine wahrscheinlichkeitstheoretischen Arbeiten der 1930er-Jahre weniger einflussreich.

Fréchet hatte nicht zuletzt wegen guter englischer Sprachkenntnisse viele internationale Verbindungen. Er propagierte Esperanto auch als Wissenschaftssprache und veröffentlichte mehrere mathematische Artikel darin. In den 1930er-Jahren unterstützte er aus Deutschland nach Frankreich emigrierte Mathematiker wie E. J. ↗ Gumbel und Wolfgang Döblin. Mit Besuchen in Ost- und Westberlin 1954 setzte er sich für eine Normalisierung der Wissenschaftsbeziehungen im Kalten Krieg ein. [RSS]

Werk(e):

Sur quelques points du calcul fonctionnel, Rendiconti Circolo Matematico Palermo 22 (1906) 1–74.

Sekundär-Literatur:

Taylor, A. E.: A Study of Maurice Fréchet, Archive for History of Exact Sciences 27 (1982) 233–295; 34 (1985) 279–380; 37 (1987) 25–76.

Frege, Friedrich Ludwig Gottlob,
deutscher Mathematiker und Logiker,
* 8. 11. 1848 Wismar,
† 26. 7. 1925 Bad Kleinen.

Frege gehört zu den Mitbegründern der modernen mathematischen Logik und der analytischen Philosophie.

Frege studierte von 1869 bis 1871 in Jena Mathematik, Physik und Philosophie und ging dann nach Göttingen, wo er 1873 mit der Abhandlung *Über eine geometrische Darstellung der imaginären Gebilde in der Ebene* promovierte. Ab 1874 lehrte er in Jena Mathematik. Er habilitierte sich mit der Arbeit *Rechnungsmethoden, die sich auf eine Erweiterung des Größenbegriffs gründen* und wurde Privatdozent. 1879 wurde er zum ao. Professor, 1896 zum Honorarprofessor ernannt. Auf allen diesen Stufen wirkte sich die Förderung von E. ↗ Abbe aus – u. a. wurde seine Honorarprofessur mit Mitteln der Carl-Zeiss-Stiftung finanziert. 1917 ließ sich Frege aus Gesundheitsgründen beurlauben und im folgenden Jahr wurde er emeritiert.

Frege legte in seiner ersten Monographie *Begriffsschrift* (1879) erstmals einen strengen Logikkalkül vor, der von präzisen Ausdrucksbestimmungen und Deduktionsregeln ausgehend die klassische Quantorenlogik in axiomatisierter Form aufbaute. Die von ihm verwendete zweidimensionale klammerfreie Notation stellt zwar die logische Struktur übersichtlich dar, setzte sich aber nicht durch und behinderte sogar die Rezeption.

Schon in der *Begriffsschrift* war das logizistische Programm angelegt, mit dem Frege die Rückführung der Grundbegriffe der Arithmetik und Analysis auf rein logische Grundbegriffe und Grundsätze anstrebte. In seinen *Grundlagen der Arithmetik* (1884) schlug er zu diesem Zweck die »rein logische« Defi-

F.L.G. Frege

nition des Anzahlbegriffs als Gleichmächtigkeit von Begriffsumfängen unter Anwendung des erstmals systematisch dargestellten Abstraktionsverfahrens vor.

Mit der Feststellung des Kontextprinzips, wonach »nach der Bedeutung der Wörter« stets »im Satzzusammenhang, nicht in ihrer Vereinzelung« zu fragen ist (*Grundlagen*, X), und der in kleinen Schriften eingeführten Wertverlaufsemantik, der Unterscheidung zwischen Sinn und Bedeutung und der darauf aufbauenden allgemeinen Semantik sprachlicher Ausdrücke, wurde er zum Mitbegründer der analytischen Philosophie.

In seinem eigentlichen Hauptwerk, den *Grundgesetzen der Arithmetik* (2 Bde., 1893/1903), vervollkommnete Frege die axiomatische Behandlung der klassischen Quantorenlogik mit Identität, integrierte auch die Mengenlehre als deren Bestandteil und versuchte zudem, das logizistische Programm durch Anwendung auf die Theorie der reellen Zahlen zu erfüllen. Er brach die Darstellung ab, als ihn 1902 die Mitteilung B. ↗ Russells erreichte, dass sich im System der Grundgesetze ein inhärenter Widerspruch (»Zermelo-Russellsche Antinomie«) ableiten ließ. Die Lösung bzw. Vermeidung dieser Antinomie wurde zum wesentlichen Antrieb für die sich an Frege anschließende mathematisch-logische Forschung.

Frege wirkte kaum durch seine wenigen direkten Schüler (wohl mit Ausnahme von R. ↗ Carnap), sondern über seine Schriften und Briefe vor allem über Russell und L. ↗ Wittgenstein. [VP]

Werk(e):
Begriffsschrift (1879); Grundlagen der Arithmetik (1884, krit. Ausgabe 1986); Grundgesetze der Arithmetik (2 Bde., 1893, 1903); Wissenschaftlicher Briefwechsel (1976); Nachgelassene Schriften (1983).

Sekundär-Literatur:
Kreiser, L.: Gottlob Frege (2001).

Frenkel, Jakow Iljitsch,
russisch-sowjetischer Physiker,
* 10. 2. 1894 Rostow am Don,
† 23. 1. 1952 Leningrad.

Frenkel war einer der Pioniere der sowjetischen Physik und leistete wichtige Beiträge zur Quantentheorie des Festkörpers sowie zur Kernphysik.

J.I. Frenkel

Nach einem durch Revolutionswirren immer wieder unterbrochenen Studium an der Universität von St. Petersburg ging Frenkel 1918 an die Universität der Krim. Drei Jahre später kam er auf Einladung von A. F. ↗ Ioffe an das Röntgen-Institut in Petrograd (St. Petersburg), das spätere Physikalisch-Technische Institut (Ioffe-Institut), wo er bis zu seinem Tod die theoretische Abteilung leitete. Von 1925 bis 1926 bereiste er Westeuropa, wobei er sich besonders in den physikalischen Forschungszentren Hamburg und Göttingen aufhielt. 1930 ging er für ein Jahr als Gastdozent an die Universität von Minnesota.

Zusammen mit Ioffe erarbeitete er 1931 eine Theorie der Gleichrichtung am Kontakt Metall-Halbleiter. Schon 1930 hatte Frenkel das quantenmechanische Konzept des Tunnelmechanismus beim Elektronenübergang durch eine Potenzialbarriere (Gleichrichtereffekt) erfolgreich auf einen Metall-Metall-Kontakt angewendet. Während seines USA-Aufenthaltes beschäftigte er sich auch mit der Absorption von Licht in Kristallen und entwickelte dabei die Exzitonentheorie. Hierbei handelt es sich um Teilchen, die sich im Gitter von Halbleitern oder Isolatoren bewegen und dabei zwar Energie, aber keine Ladung transportieren. Frenkel verbesserte die Theorie der Resonanzverbreiterung von Spektrallinien und entdeckte die Ursache für die Bildung von Elementarbezirken beim Ferromagnetismus. Er war der Erste, der darauf hinwies, dass man die Emission bzw. den Einfang von Neutronen wie das Verdampfen bzw. Kondensieren eines Atomkerns beschreiben kann. Unabhängig von N. ↗ Bohr und John Wheeler in den USA erarbeitete Frenkel 1939 die Theorie der Kernspaltung.

Als Mitglied der »Leningrader Schule« von Ioffe galt Frenkel in den 1930er- und 1940er-Jahren neben L. ↗ Landau, J. ↗ Zeldowitsch und W. ↗ Fock als einer der führenden sowjetischen theoretischen Physiker. Nur wenige Wissenschaftler in der Sowjetunion besaßen in den 1920er- und 1930er-Jahren so weitreichende wissenschaftliche Beziehungen zu Wissenschaftlern im Ausland wie Frenkel, der 1932–38 Redakteur der deutschsprachigen *Physikalischen Zeitschrift der Sowjetunion* war. [MS3]

Werk(e):
Electro-capillary theory of the splitting of heavy elements by slow neutrons, Journal of Physics 1 (1939) 125–136.

Sekundär-Literatur:
Frenkel, V. Y.: Yakov Il'ich Frenkel – his work, life and letters (1996); Tuchkjewitsch, V. M. (Hrg.): Ya. I. Frenkel: Reminiscences, Letters and Documents (1986).

Fresenius, Carl Remigius,
deutscher Chemiker und Pharmazeut, Vater von Heinrich Fresenius,
* 28. 12. 1818 Frankfurt am Main,
† 11. 6. 1897 Wiesbaden.

Fresenius und sein Sohn Heinrich gehören zu den bedeutendsten Vertretern der analytischen Chemie in der zweiten Hälfte des 19. Jahrhunderts. Fresenius sen. gründete 1848 ein analytisch-chemisches Laboratorium, das noch heute in der Welt führend Aufträge für Wissenschaft, Medizin, Wirtschaft und Politik ausführt.

Carl Fresenius begann als Sohn eines Notars in Frankfurt am Main eine Apothekerlehre. Zugleich führte er chemische Experimente in einem eigenen Laboratorium durch und besuchte naturwissenschaftliche Vorlesungen an der Universität Frankfurt. Ab 1840 studierte er an der Universität in Bonn, danach bei J. v. ↗ Liebig an die Universität Gießen, wo zur gleichen Zeit auch Henry Bence-Jones, A. W. von ↗ Hofmann, James Sheridan Muspratt, John Lawrence Smith, Adolph Strecker und Charles Wurtz studierten. 1842 promovierte Fresenius, habilitierte sich im Jahr darauf und wurde Privatdozent und Assistent von Liebig. 1845 wurde er als Professor für Chemie, Physik und Technologie an das Herzoglich-Nassauische Landwirtschafts-Institut zu Hof Geisberg (bei Wiesbaden) berufen. Weil er dort kein Labor vorfand, kaufte er ein Haus und richtete 1848 nach dem Gießener Vorbild ein Laboratorium mit angeschlossener Ausbildungsabteilung ein. Er war nicht nur ein exzellenter Chemiker, sondern auch ein begehrter Lehrer, der zahlreiche Schüler unterrichtete, darunter Wilhelm Carl Heraeus, Emanuel August Merck, Wilhelm Kalle, Matthias Eugen Oskar Liebreich sowie auch seine eigenen Söhne, Heinrich und Theodor Wilhelm, die, wie später auch sein Enkel Remigius Ludwig, das Chemische Laboratorium in Wiesbaden weiterführten. Emil Erlenmeier war dort erster Assistent. Fresenius bildete in seinem Institut Chemiker, später speziell Agrikultur- und Lebensmittelchemiker sowie von 1862 bis 1877 auch Pharmazeuten aus. Ab 1908 wurden die ersten Ausbildungslehrgänge für Frauen auf diesem Gebiet eingerichtet. Heute ist aus dem Institut die staatlich anerkannte, private Europa Fachhochschule Fresenius geworden.

Das Laboratorium wurde unter seiner Führung zu einem Unternehmen für chemische, biologische und physikalische Analytik und beratende Dienstleistungen entwickelt. In der nun über 150-jährigen Unternehmensgeschichte wurden dort international anerkannte analytische Methoden ausgearbeitet und Grundlagenarbeit in der Mineral- und Heilwasseranalytik geleistet.

Bereits in Gießen hatte Liebig die hervorragenden Fähigkeiten von Fresenius auf dem Gebiet der chemischen Analytik erkannt. Dieser untersuchte dort den Einsatz von Kaliumcyanid in der chemischen Analyse und beschäftigte sich mit der Trennung und dem Nachweis von Arsen und Antimon. In seinem Wiesbadener Labor erarbeitete er u. a. Methoden zur Gehaltsbestimmung in Mineralwässern, Soda und Metalllegierungen, die er zur Untersuchung der Mineralien des Landes Nassau einsetzte. Fresenius stützte sich dabei auf die Arbeiten von H. ↗ Rose, dessen Handbuch der analytischen Chemie aus dem Jahre 1829 den Analysengang für die damals bekannten Elemente enthielt, aber an Systematik zu wünschen übrig ließ. Unter Berücksichtigung des seit Roses Buch erfolgten Erkenntniszuwachses, insbesondere auf elektrochemischem Gebiet, verfasste Fresenius 1841 eine *Anleitung zur qualitativen chemischen Analyse oder systematische Verfahren zur Auffindung der in der Pharmazie, den Künsten und Gewerben häufiger vorkommenden Körper für Anfänger*, in der er den klassischen systematischen Gang der qualitativen Analyse für anorganische Verbindungen entwickelte. Er wählte die wichtigsten Elemente aus, teilte sie nach ihren charakteristischen Reaktionen in Klassen ein und brachte dadurch Ordnung in die Fülle der analytischen Daten. Bis 1895 erlebte das Werk sechzehn Auflagen. Fresenius aktualisierte und verbesserte es von Auflage zu Auflage und nahm später auch Analysemethoden für die sich stürmisch entwickelnde organische Chemie auf. Es wurde in acht Sprachen übersetzt.

1845 folgte sein Buch *Anleitung zur quantitativen chemischen Analyse*. Seit 1862 gab Fresenius die *Zeitschrift für analytische Chemie* heraus, die erste Zeitschrift für eine Teildisziplin der Chemie.

Heinrich Fresenius absolvierte das Gymnasium in Wiesbaden, studierte 1866–1868 im Unterrichtslaboratorium seines Vaters, 1868/69 an der Universität Berlin und ab 1869 an der Universität Leipzig bei A. W. H. ↗ Kolbe Chemie. Er promovierte 1871 in Leipzig über Corallin und war hier bis zum Herbst 1872 Assistent bei Kolbe. 1872 kam er als Dozent an das Fresenius-Laboratorium zurück. 1881 übernahm er die Leitung des agrochemischen Versuchslabors, das bis dahin vom Verein nassauischer Land-

und Forstwirte betrieben und nun auf seine Anregung dem Fresenius-Laboratorium angegliedert worden war. Als sein Vater 1897 starb, übernahm er gemeinsam mit seinem Bruder Wilhelm und dem Schwager Ernst Hintz die Leitung des Laboratoriums. Ab 1872 arbeitete er auch aktiv an der *Zeitschrift für analytische Chemie* mit und wurde 1882 Mitherausgeber und erster Redakteur. 1920 trat er von seinen Ämtern zurück.

H. Fresenius widmete sich wie sein Vater in Lehre und Forschung vor allem der analytischen Chemie, insbesondere für die Agrochemie. Auch er untersuchte zahlreiche Mineralquellen des In- und Auslands und machte damit eine Spezialität des Fresenius-Laboratoriums zur Tradition, für die das Institut noch heute bekannt ist. In seinem Labor wurden elektrolytische Bestimmungsmethoden für Nickel und Cobalt aus ammoniakalischen Lösungen entwickelt. Er fand für Rubidium den mikrochemischen Nachweis als Perchlorat. Die von ihm ausgearbeiteten Methoden zur Arsenbestimmung in Erzen, zum Nachweis von Metallen in Fetten und Ölen und die so genannte 30-Minuten-Wasseranalyse waren insbesondere für die chemische Technologie von Bedeutung.

1961 stiftete die Gesellschaft Deutscher Chemiker zur Erinnerung an C. R. Fresenius den Fresenius-Preis für besondere Verdienste um die wissenschaftliche Entwicklung und Förderung der analytischen Chemie. [WG2]

Werk(e):
Anleitung zur qualitativen chemischen Analyse (1841); Anleitung zur quantitativen chemischen Analyse (1845).

Sekundär-Literatur:
Fresenius, H.: Zur Erinnerung an Remigius Fresenius (1898); Fresenius, H.: Geschichte des chemischen Laboratoriums zu Wiesbaden während der zweiten 25 Jahre seines Bestehens (1898); Czapski, A.: Heinrich Fresenius, Zeitschrift für angewandte Chemie 33 (1920) I, 81.

Fresenius, Heinrich,
deutscher Chemiker, Sohn von Carl Remigius Fresenius,
* 14. 11. 1847 Wiesbaden,
† 14. 2. 1920 Wiesbaden,
↗ Fresenius, Carl Remigius.

Fresnel, Augustin Jean,
französischer Ingenieur und Physiker,
* 10. 5. 1788 Broglie,
† 14. 7. 1827 Ville d'Avray bei Paris.

Fresnel verhalf der Wellentheorie des Lichts zum Durchbruch. Er wies experimentell die Wellennatur des Lichts nach. Versuche zur Polarisation des Lichts brachten ihn zu der Erkenntnis, dass Licht aus Transversalwellen besteht. Weiterhin entdeckte er die elliptische und die zirkulare Polarisation. Für die Intensität bei Reflexion und Brechung stellte er die Fresnelschen Gleichungen auf.

Fresnel wuchs in Broglie bei Bernay in der Normandie auf und war der Sohn eines erfolgreichen Architekten und Militärbaumeisters. Dieser hatte 1785 bei Ausbesserungsarbeiten am Schloss des Marschall de Broglie die Tochter des Aufsehers, Augustine Mérimée, kennen gelernt und sie noch im gleichen Jahr geheiratet. Ein weiterer Auftrag führte ihn in den Hafen von Cherbourg, wo er den Bau des Forts Querqueville leiten und beaufsichtigen sollte. Die Revolution von 1794 zwang ihn jedoch, dieses Vorhaben zu unterbrechen. Er zog mit seiner Familie aufs Land, in das Dorf Mathieu bei Caen im Calvados, wo Fresnel die meiste Zeit seiner Jugend verlebte. Augustin wurde vom strengen Jansenismus seiner Eltern geprägt, die ihm eine elementare Schulausbildung zu Hause boten. Mit 12 Jahren besuchte er die École Centrale in Caen. Dem jungen Augustin fiel das Lernen schwer – so lernte er nur mühsam lesen. Dagegen setzte sich seine mathematische Begabung früh durch, so dass er bereits mit 15 Jahren Student der École Polytechnique in Paris werden konnte.

Diese Schule war 1794 als »Zentralschule für öffentliche Arbeit« gegründet worden, doch entwickelte sie sich sehr schnell zur militärisch organisierten Ausbildungsstätte der französischen Inge-

A.J. Fresnel

nieurelite. Im Mittelpunkt der Ausbildung stand die Geometrie. In der Physik war die Optik ein Schwerpunktfach. Das gut ausgestattete Labor der Schule ermöglichte Fresnel manche Anregung. Auch für seine späteren Experimente wurde hier eine gute Grundlage gelegt. Der intensive mathematische Unterricht schuf die Basis für die theoretische Auswertung seiner optischen Experimente.
Im Anschluss an die École Polytechnique besuchte Fresnel ab 1806 die École des Ponts et Chaussées und erwarb dort den Ingenieurgrad. Als Wege- und Wasserbaufachmann trat der 20-jährige Fresnel in den Staatsdienst ein. Die folgenden acht Jahre verbrachte er auf verschiedenen Baustellen in der Provinz. Er sanierte Landstraßen, Brücken und Deiche. Neben seiner alltäglichen Arbeit fand Fresnel noch genügend Zeit, um über wissenschaftliche Probleme nachzudenken und erste Untersuchungen zu Beugungserscheinungen anzustellen. Dies bezeugt beispielsweise ein Brief Fresnels an seinen Bruder Léonor, in dem er um die Übersendung eines Aufsatzes von J. B. ↗ Biot über die Polarisation des Lichts bat.

Als Napoleon I. im Jahr 1815 nach Paris zurückkehrte, verlor Fresnel sein Amt und wurde unter Polizeiaufsicht gestellt, da er ein Anhänger der Bourbonen war und Napoleons Rückkehr als einen Angriff auf die menschliche Zivilisation ansah. Er zog sich nach Mathieu in das Haus seiner Mutter zurück, wo er seine optischen Forschungen fortsetzte. Dazu hatte ihn auch F. ↗ Arago ermuntert, mit dem er auf dem Weg nach Mathieu in Paris zusammengetroffen war. Nach der Niederlage Napoleons in der Schlacht von Waterloo und dessen endgültiger Verbannung nahm Fresnel seinen Dienst in der Straßenbauverwaltung wieder auf.

Fast alle wissenschaftlichen Arbeiten Fresnels hatten das Ziel, die Wellennatur des Lichts zu demonstrieren. Zu den zentralen wissenschaftlichen Problemen der Zeit gehörte die Frage, was Licht eigentlich ist. Der holländische Physiker Chr. ↗ Huygens hatte bereits im 17. Jahrhundert eine Wellentheorie entwickelt, die sich auf Vorläufer stützen konnte. Allerdings gelang es erst Huygens, auf der Grundlage seiner Theorie Reflexion, Brechung und Doppelbrechung zu erklären. Der Hauptgegner von Huygens war I. ↗ Newton. Während dieser noch 1675 in einer Abhandlung über das Licht für eine Verknüpfung von Wellentheorie und Korpuskulartheorie eintrat, lehnte er dann seit den 1680er-Jahren die Wellentheorie konsequent ab. Nach Newtons Vorstellung sollte Licht aus kleinen Körpern bestehen, die vom leuchtenden Körper ausgesandt werden und sich in ihrer Größe unterscheiden sollten. Der Farbe Rot wurden die größten und Violett die kleinsten Teilchen zugeordnet. Die Brechung an der Grenzfläche zwischen zwei Medien erklärte Newton dadurch, dass die roten Teilchen von dem dichteren Medium mehr angezogen werden als die violetten.

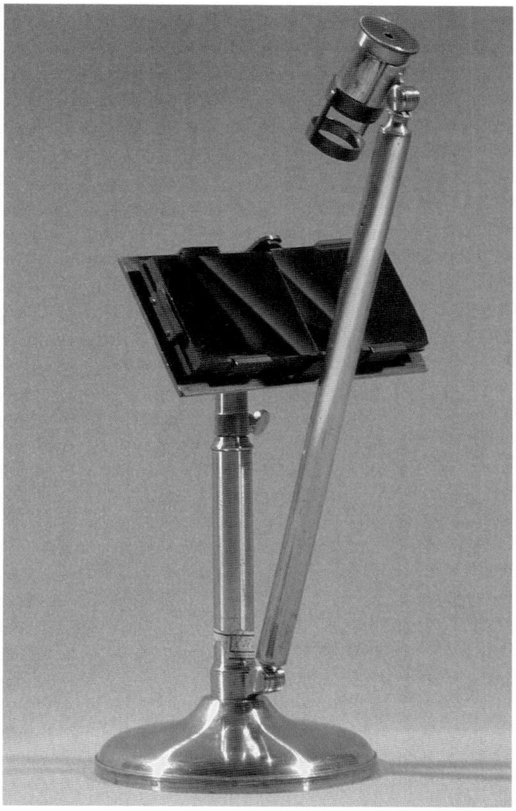

A.J. Fresnel: Interferenzapparat nach Fresnel, 1830 (Foto: Universität Innsbruck)

Die damaligen Mitglieder der Académie des Sciences waren in ihrer Mehrzahl Anhänger der Newtonschen Korpuskulartheorie; die Autorität Newtons wirkte weit in das 19. Jahrhundert hinein. Nachdem u. a. durch Fresnels der Akademie 1815 vorgelegte Arbeit *La diffraction de la lumière* Bedenken gegenüber der Korpuskulartheorie aufgekommen waren, stellte die Akademie im Jahre 1818 die Frage der Beugung in den Mittelpunkt eines Wettbewerbs – nicht zuletzt, um die Zweifel an Newtons Theorie auszuräumen. Fresnel beteiligte sich an diesem Wettbewerb mit der Arbeit *Mémoire sur la diffraction de la lumière, couronné par l'Académie des Sciences*.

Fresnels u. a. dort beschriebenen Experimente unterschieden sich zunächst vor allem durch die verwendete Lichtquelle. Das Licht wurde durch eine Blende geführt und mit Hilfe einer Sammellinse in einem Punkt fokussiert; der Abstand zwischen beugendem Körper und Lichtpunkt wurde variiert. Bei seinen Versuchen stellte er fest, dass ein Auffangschirm zur Beobachtung der Beugungsstreifen nicht notwendig war. Er betrachtete sie deshalb mit einer Lupe und einem besonderen Mikrometer. Das monochromatische Licht wurde nicht wie sonst üblich mittels eines Prismas erzeugt, sondern Fresnel verwandte einen dunkelroten Filter, der nur für Licht eines kleinen Wellenlängenbereichs durchlässig war. Fresnel ging zunächst von der Gültigkeit der Korpuskulartheorie aus. Danach könnten die Beugungsstreifen nur durch periodische nach der Entfernung wechselnde Abstoßungskräfte erklärt werden. Eine Formel, die er mit diesen Überlegungen aufstellte, stimmte aber mit den beobachteten Ergebnissen nicht überein. Deshalb wagte er die Hypothese, dass die Beugungserscheinungen durch gegenseitige Auslöschung und Verstärkung der Lichtstrahlen zustande kamen, wobei er seinen bekannten Spiegelversuch erwähnte. Bei diesem Versuch wird das von einer Lichtquelle ausgehende Licht an zwei zueinander geneigten Spiegeln so reflektiert, dass sich die nun scheinbar von zwei Lichtquellen ausgehenden Strahlenbündel überlagern und Interferenzen bilden können.

In seiner ersten Arbeit stand er noch auf dem Standpunkt, dass die äußeren Beugungsstreifen durch Interferenzen geradlinig durchgehenden Lichts mit dem am Rande des Körpers zurückgeworfenen, die inneren Beugungsstreifen im Schatten durch Interferenz der an beiden Rändern zurückgeworfenen Strahlen entstehen. Arago machte ihn auf ähnliche Überlegungen des englischen Physikers Th. ↗ Young aufmerksam. Allerdings zeigten auch die Fresnelschen Formeln noch keine hundertprozentige Übereinstimmung mit den Messergebnissen. Nach weiteren intensiven Forschungen entwickelte Fresnel schließlich das später als das Huygens-Fresnelsche Prinzip bezeichnete Modell. Danach sendet jeder Punkt einer Wellenfläche zur gleichen Zeit Wellen, so genannte Elementarwellen, in den Raum aus. Die äußere Einhüllende dieser Elementarwellen ist dann nach Huygens die tatsächlich beobachtete Welle. Fresnel erkannte, dass man den Schwingungszustand eines Punktes im Wellenfeld als Überlagerung sämtlicher Elementarwellen in diesem Punkt betrachten konnte. Fresnel verknüpfte hier die Huygenssche Theorie mit dem Youngschen Interferenzprinzip, das er in seinem Spiegelversuch überprüft hatte. Diese neue Annahme Fresnels führte auf die richtige Deutung der Beugung und ergab auch eine Übereinstimmung von Theorie und Anwendungen. Fresnel erkannte als Theoretiker, dass für eine genaue Behandlung der Theorie die Einführung von Integralen notwendig war.

Durch eine Versuchsanordnung mit einem Spalt konnte er seine Theorie bestätigen. Auch führte er mit diesem Versuch Wellenlängenmessungen durch, die allerdings nicht so präzise waren wie die späteren Experimente J. ↗ Fraunhofers.

Zu den Mitgliedern des Preisausschusses der Académie des Sciences gehörte auch D. ↗ Poisson, der den Fresnelschen Ergebnissen sehr skeptisch gegenüberstand und folgende Überlegung anstellte: Setzt man einen schattengebenden Körper mit kleinem kreisförmigen Querschnitt einem engen senkrecht auffallenden Bündel von Lichtstrahlen aus, so müsste die Mitte des geometrischen Schattens genauso hell sein, als wenn gar kein Hindernis vorhanden wäre. Entsprechende Experimente bestätigten Poissons Gedankenexperiment und damit auch die Fresnelsche Theorie.

Fresnel beschäftigte sich auch intensiv mit dem polarisierten Licht. Bereits Huygens hatte bei der Doppelbrechung die Aufspaltung des unpolarisierten Lichts in zwei polarisierte Strahlen beobachtet. Gemeinsam mit Arago fand Fresnel im Jahre 1816, dass zwei senkrecht zueinander polarisierte Lichtwellen nicht interferieren. Fresnel kannte die Youngsche Hypothese transversaler Lichtschwingungen und nahm diese auf, um auf dieser Grundlage eine dynamische Theorie der Entstehungsweise des Lichts zu entwickeln. Für Fresnel ist natürliches, unpolarisiertes Licht eine rasche Folge von Transversalwellen mit zugeordneten Schwingungsebenen. Polarisation führt nicht zur Bildung von Transversalwellen. Sie ist vielmehr das Ergebnis der Selektion einer bestimmten Schwingungsebene. Da in Flüssigkeiten nur longitudinale Schwingungen möglich sind, müsste der Äther als Träger der Lichtschwingungen die Eigenschaften eines festen Körpers haben. In mehreren Arbeiten erklärte er die bekannten, auf Polarisation zurückzuführenden optischen Erscheinungen. So leitete er 1821 die Fresnel-Formel zur Berechnung der Spiegelung und Brechung von parallel und senkrecht zur Einfallsebene polarisiertem Licht ab.

Auf dem Gebiet der angewandten Optik entwarf Fresnel einen Linsentyp für Sammellinsen mit großem Öffnungsverhältnis, den man auch als Fresnel-Linse bezeichnet. Sie wird zur Erzeugung paralleler Lichtstrahlen in Leuchttürmen und Scheinwerfern verwendet. Weiterhin entdeckte er 1825 den Radiometereffekt.

Die wissenschaftlichen Arbeiten von Fresnel waren zu seinen Lebzeiten nur einer kleinen Gruppe von Wissenschaftlern bekannt; einige seiner Artikel wurden sogar erst lange nach seinem Tod veröffentlicht. Dennoch wurden ihm schon zu Lebzeiten hohe Ehrungen zuteil – so wählte ihn 1823 die Académie des Sciences in Paris und 1825 die Londoner Royal Society zum Mitglied. Gerade 39-jährig starb Fresnel an den Folgen einer Tuberkulosekrankheit. [HPS]

Werk(e):
Oeuvres complètes, 3 Bde. (1866–70).

Sekundär-Literatur:
Roditschew, W. I., Frankfurt, U. I. (Hrg.): Die Schöpfer der physikalischen Optik (1977) 223–283; Kipnis, N.: History of the principle of interference of light (1991); Silliman, R. H.: Augustin Fresnel and the Establishment of the Wave Theory of Light (1968); Bountry, G. A.: Augustin Fresnel, His time and work (1949); Buchwald, J. Z.: The rise of the wave theory of light (1989).

Freudenberg, Karl Johann,
deutscher Chemiker,
* 29. 1. 1886 Weinheim,
† 3. 4. 1983 Heidelberg.

Freudenberg wirkte bahnbrechend in der Polysaccharidchemie und erkannte am Beispiel der Cellulose erstmalig die richtige Struktur eines makromolekularen Naturstoffs.

Nach Besuch des Realgymnasiums Weinheim und des Goethe-Gymnasiums in Frankfurt a. M. ging Freudenberg 1904 zum Chemiestudium nach Bonn (1905 unterbrochen durch einjährigen Militärdienst) und 1907 nach Berlin. 1908 begann er bei E. ↗ Fischer seine Doktorarbeit, wurde 1910 promoviert und blieb dort zunächst als Assistent und wissenschaftlicher Mitarbeiter. 1914 wechselte er nach Kiel als Assistent von Carl Dietrich Harries und habilitierte sich noch vor seiner Kriegsteilnahme 1914–18. Als Privatdozent und außerordentlicher Professor wirkte er je ein Jahr an den Universitäten München (ab 1920) und Freiburg (1921), bevor er 1922 zum ordentlichen Professor und Direktor des Chemischen Instituts an die TH Karlsruhe berufen wurde. 1926–56 leitete er das Chemische Institut der Universität Heidelberg, wo er nach dem Krieg den Wiederaufbau und ab 1951 die Errichtung eines Institutsneubaus organisierte; 1949 fungierte er auch als Rektor der Universität. Seit 1938 war er zugleich Leiter des Forschungsinstituts des Holzes und der Polysaccharide Heidelberg. 1931 folgte er einer Einladung zu Vorlesungen und Vorträgen an einer Reihe Universitäten der USA.

K.J. Freudenberg
(Foto: Gesellschaft deutscher Chemiker)

Freudenbergs Forschungen galten vorwiegend makromolekularen Naturstoffen und Biopolymeren, die sowohl nach ihrem Vorkommen in der Natur als auch ihrer praktischen Nutzung mengenmäßig den Hauptanteil stellen. Bereits während seiner Promotionsarbeit bei Fischer begann er mit Untersuchungen an Gerbstoffen und Catechinen. Ebenfalls an seinen Lehrer Fischer lehnen sich Untersuchungen an Monosaccharidderivaten an. Nach der Synthese von Di- und Trisacchariden widmete er sich den großen Arbeitsgebieten der beiden wichtigsten Polysaccharide, der Cellulose und Stärke. Er klärte auch den Abbau Letzterer zu Oligosacchariden vom Cyclodextrintyp auf, die Fremdmoleküle in ihren Hohlraum aufnehmen und so Einschlussverbindungen wie die Iodstärke bilden. Für die zum Verständnis der Kohlenhydratchemie notwendigen stereochemischen Voraussetzungen leistete er wesentliche Beiträge. Noch nach seiner Emeritierung 1956 führte er im Institut Lignin- und stereochemische Arbeiten fort.

Freudenberg war mehrfacher Ehrendoktor, Inhaber hoher Auszeichnungen und Ehrenmitglied der Deutschen Akademie der Naturforscher Leopoldina sowie einer Reihe weiterer in- und ausländischer wissenschaftlicher Gesellschaften. [HT]

Werk(e):
Die Chemie der natürlichen Gerbstoffe (1920); Tannin, Cellulose, Lignin (1933); Stereochemie (1933).

Sekundär-Literatur:
Friedrich Cramer, Heidelberger Jahrbücher XXVIII (1984) 57–72.

Freundlich, Herbert Max Finlay,
deutsch-amerikanischer Chemiker, Bruder von Erwin Finlay-Freundlich,
* 28. 1. 1880 Berlin,
† 30. 3. 1941 Minneapolis (USA).

Freundlich gehörte zu den bedeutendsten Kolloidchemikern in der ersten Hälfte des 20. Jahrhunderts.

Freundlich studierte von 1898 bis 1903 Chemie und physikalische Chemie an den Universitäten München und Leipzig. 1903 promovierte er in Leipzig bei W. ↗ Ostwald, 1906 habilitierte er an der Universität Leipzig, und 1911 wurde er ao. Prof. für physikalische Chemie und anorganische Technologie an der TH Braunschweig. F. ↗ Haber holte ihn 1916 an das Kaiser-Wilhelm-Institut für Physikalische Chemie und Elektrochemie nach Berlin-Dahlem, wo Freundlich bis 1933 sehr erfolgreich tätig war, ab 1919 als Abteilungsleiter und Wissenschaftliches Mitglied sowie stellvertretender Direktor. Daneben lehrte er ab 1923 als Honorarprofessor an der Berliner Universität und von 1930 bis 1933 an der TH Berlin-Charlottenburg. Wegen des NS-Regimes verlor er im Frühjahr 1933 seine Anstellung und emigrierte sofort nach Großbritannien, wo er am University College London lehrte. 1938 emigrierte er von hier weiter in die USA und wurde Professor für Kolloidchemie an der University of Minnesota.

Freundlich war zweimal verheiratet und hatte einen Sohn und zwei Töchter.

Freundlichs Forschungsgebiete betrafen die Kapillar- und später die Kolloidchemie. Hierzu verfasste er mehrere Lehrbücher. Außerdem beschäftigte er sich mit Forschungen zu den chemischen Grundlagen der Physiologie, zur Kinetik, vor allem der Reaktionskinetik, sowie zu biochemischen Problemen. Nach seinen Experimenten zur Adsorption wurde die Freundlichsche isotherme Gleichung benannt.

Für seine herausragenden Leistungen wurde er 1939 Fellow of the Royal Society. [AV2]

Werk(e):
Kapillarchemie und Physiologie (1907); Kapillarchemie (1909, engl. 1926); Grundzüge der Kolloidlehre (1924); Fortschritte der Kolloidchemie (1926, engl. 1926).

Sekundär-Literatur:
Reitstötter, J., Kolloid-Z. 139 (1954) 1–11 (Bibliographie); Zocher, H.: Z. für Elektrochemie 59 (1955) 1–4.

Friedel, Charles,
französischer Mineraloge und Chemiker,
* 12. 3. 1832 Strasbourg,
† 20. 4. 1899 Montauban.

Friedel erwarb sich große Verdienste bei der Grundlegung der modernen organischen Chemie, insbesondere durch die Synthese von Schlüsselverbindungen, die zur Bestätigung theoretischer Voraussagen dienen konnten.

Friedel, Sohn eines Bankiers, begann 1850 ein Studium der Naturwissenschaften an der Universität Strasbourg, das er auf väterlichen Wunsch abbrach, jedoch bereits 1852 an der Pariser Sorbonne wieder aufnahm. Von 1856 bis 1870 war Friedel als Konservator in der Mineralsammlung der École des Mines tätig. In dieser Zeit bekam er auch Gelegenheit, im Labor des bedeutenden Chemikers Charles A. Wurtz zu arbeiten. Mit ihm nahm er am Chemikerkongress in Karlsruhe vom 3. bis 5. 9. 1860 teil.

C. Friedel

Bei Wurtz arbeitete er über Ketone, deren Konstitution er durch verschiedene Umsetzungen ermittelte. Ihm gelang 1862 die Synthese des i-Propanols, eines sekundären Alkohols, aus dem Keton Aceton. Es war der erste synthetisch dargestellte sekundäre Alkohol; bis dahin gab es ihn nur als »theoretisch« vorstellbare Verbindung (Konstitutionsbeweis!). Die Zusammenfassung dieser Arbeiten reichte er als Dissertation ein, mit der er 1869 promoviert wurde.

Zwischen 1863 und 1870 konnte Friedel zeigen, dass Silicium die Atommasse 28 besitzt, vierwertig und dem Kohlenstoff analog ist. Letzteres bewies er durch Umsetzungen von $SiCl_4$ mit Estern zu organischen Siliciumverbindungen, zu denen später auch noch sauerstofffreie kamen. 1871 erhielt Friedel eine Dozentur, wenig später eine ao. Professur an der École Normale. In diesen Jahren (1871–1873) gelang Friedel, vom i-Propanol ausgehend, zusammen mit de Silva die erste Glycerinsynthese. Glycerin war durch die Verseifung von Fetten zugänglich, aber seine Konstitution durch Synthese noch nicht aufgeklärt worden. 1876 wurde Friedel zum Professor für Mineralogie, 1884 zum Professor für organische Chemie an der Sorbonne ernannt.

1877 entdeckte er beim Arbeiten mit organischen Chlorverbindungen, die nach ihm und dem Amerikaner James M. Crafts, Professor am und später Präsident des MIT, benannte Friedel-Crafts-Reaktion. Bei diesem Verfahren dienen wasserfreie Chloride, z. B. von Aluminium, Zink und Eisen(III), als Katalysatoren.

1894 konnte die von Friedel geleitete Kommission in Genf eine moderne, rationelle Nomenklatur organischer Verbindungen vorlegen, nachdem bereits 1892 die erste Genfer Nomenklaturkonferenz den Weg frei gemacht hatte. [WG]

Werk(e):
Cours de chimie organique 1, 2 (1887); Cours de minéralogie (1893).

Sekundär-Literatur:
Bataille, X. und Bram, G.: La découverte de la réaction de Friedel et Crafts, in: C. R. Acad. Sci. Paris, Série IIc (1998) 293–296.

Friedmann, Alexander Alexandrowitsch,
russisch-sowjetischer Physiker und Mathematiker,
* 17. 6. 1888 St. Petersburg,
† 16. 9. 1925 Leningrad.

Friedmann ist der Schöpfer eines nicht stationären, expandierenden kosmologischen Modells, das dem heutigen Standardmodell der Kosmologie zugrunde liegt.

Friedmann entstammte einer angesehenen Petersburger Künstlerfamilie und war in jeder Hinsicht ein mustergültiger Schüler, publizierte bereits als Gymnasiast in den *Mathematischen Annalen* und schloss das Gymnasium mit Auszeichnung ab. Zwischen 1906 und 1910 studierte er u. a. bei Wladimir A. Steklow an der Petersburger Universität Mathematik. Anschließend blieb er zunächst an der Universität, bis er 1913 an das Aerologische Observatorium Pawlowsk wechselte. 1914 weilte er zu einem Studienaufenthalt in Leipzig bei W. ↗ Bjerknes. Während des Ersten Weltkrieges diente er in einer meteorologischen Einheit. In den Wirren der nachrevolutionären Jahre und des Bürgerkriegs leitete er ein Flugzeugwerk in Moskau und war Physikprofessor in Perm. Anfang der 1920er-Jahre kehrte er in seine Heimatstadt zurück, um dort an der Universität und ab 1925 als Direktor des Pawlowsker Observatoriums seine akademische Karriere fortzusetzen. Kurz nach seinem dortigen Amtsantritt starb er an Typhus.

Nach seiner Rückkehr nach Petersburg und angeregt durch eine Vortragsreihe zur Relativitätstheorie, begann sich Friedmann für A. ↗ Einsteins Allgemeine Relativitätstheorie zu interessieren. In zwei fundamentalen Arbeiten, die 1922 und 1924 in der *Zeitschrift für Physik* publiziert wurden, wies er auf die zeitabhängigen Lösungen der Einsteinschen Feldgleichungen der Gravitation hin, die Universen beschreiben, in denen sich Raumkrümmung und Materieverteilung zeitlich ändern. Das sich daraus ergebende Modell eines nicht stationären, expandierenden Kosmos begründete eine neue Denkweise in der Kosmologie. Allerdings fand sie erst Ausgang der 1920er-Jahre mit der Rezeption und Weiterentwicklung durch den belgischen Physiker und Jesuitenpater G. ↗ Lemaître sowie durch die Beobachtung der »Nebelflucht« durch den amerikanischen Astronomen E. ↗ Hubble allgemeine Anerkennung. Trotz der zentralen Bedeutung seiner Arbeiten in der Wirkungsgeschichte der Allgemeinen Relativitätstheorie blieb Friedmann als »Relativist« ein Außenseiter. Diese Stellung ist nicht nur dadurch dokumentiert, dass er erst posthum (1931) mit der höchsten Wissenschaftsauszeichnung seines Heimatlandes, dem Lenin-Preis, geehrt wurde, sondern auch in seinem wissenschaftlichen Werk, das eigentlich dem Studium des »Luft-Ozeans« gewidmet war. Die von ihm durchgeführten aero- und hydrodynamischen Studien und insbesondere seine theoretischen Arbeiten über vertikale Strömungen und Turbulenzen in der Atmosphäre weisen ihn als Pionier der Turbulenztheorie und Mitbegründer der dynamischen Meteorologie aus. Dabei hatte er nicht allein von seinen vorzüglichen mathematischen Fähigkeiten profitiert, sondern unternahm zudem für seine meteorologischen Forschungen zahlreiche Luftschiff- und Ballonfahrten, wobei er im Sommer 1925 mit 7 400 m Steighöhe einen sowjetischen Rekord aufstellte. [DH]

A.A. Friedmann

Werk(e):
Gesammelte Schriften (1966, russisch); Die Welt als Raum und Zeit (Ostwalds Klassiker Bd. 287, 2000).

Sekundär-Literatur:
Soviet Uspekhi 6 (1964) Heft 4 (mit Beiträgen u. a. von V. A. Fok und J. B. Zeldovich).

Friedrich, Walter,
deutscher Physiker,
* 25. 12. 1883 Salbke bei Magdeburg,
† 16. 10. 1968 Berlin.

Friedrich zählt zu den Mitentdeckern der Röntgenstrahlinterferenzen und war zugleich einer der Pioniere der medizinischen Biophysik.

Friedrich wuchs in Aschersleben auf und besuchte dort das Gymnasium, das er erst 22-jährig abschloss. Obwohl auch naturwissenschaftlich interessiert, begann er zunächst in Genf mit einem Musikstudium. Allerdings wechselte er bereits nach dem ersten Semester Studienfach und Ort und ging nach München, wo er 1911 bei W. C. ↗ Röntgen sein Physikstudium mit der Promotion abschloss. Anschließend wurde er dort Assistent von A. ↗ Sommerfeld. 1914 wechselte er als Leiter eines röntgenologischen Forschungsinstituts an die Universitätsklinik Freiburg. Fortan waren seine Forschungsinteressen auf die Röntgenologie und medizinische Biophysik ausgerichtet, was 1922 zur Berufung auf den neu gegründeten Lehrstuhl für medizinische Physik der Berliner Universität führte. In den letzten Kriegsjahren wurde sein Institut aus Berlin ausgelagert, doch kehrte er 1947 an seine einstige Wirkungsstätte zurück und übernahm zugleich den Aufbau und die Leitung des Akademieinstituts für Biologie und Medizin in Berlin-Buch. In dieser Funktion, aber auch als Rektor der Berliner Universität (1949–51) und Präsident der Deutschen Akademie der Wissenschaften (1951–56) machte er sich um den Wiederaufbau der wissenschaftlichen Forschung in der DDR und speziell in Berlin (Ost) verdient; als Mitglied der Volkskammer und Präsident des Friedensrates war er in dieser Zeit auch politisch aktiv.

Als M. v. ↗ Laue im Frühjahr 1912 die Idee entwickelte, zu prüfen, ob nicht ein Kristall für Röntgenstrahlen dasselbe darstellt wie ein Beugungsgitter für gewöhnliches Licht, war es Friedrich, der zusammen mit Paul Knipping den Versuchsaufbau entwickelte und die entsprechenden Experimente durchführte. Nach Monaten intensiver Arbeit gelang es ihnen, die ersten Aufnahmen von Röntgenstrahlinterferenzen zu präsentieren. Sie waren der erste zweifelsfreie Nachweis der Wellennatur der Röntgenstrahlung und eröffneten eine neue Ära der Atomistik; zugleich bildeten sie die Grundlage für die Röntgenstrukturanalyse. Zu diesem sich stürmisch entwickelnden Fachgebiet hat Friedrich keine weiteren Beiträge mehr geleistet, vielmehr widmete er sich den physikalischen und biologischen Grundlagen der Strahlentherapie. Seine Untersuchungen über die Wirkung ionisierender Strahlung – von der Röntgen- und Radiumstrahlung bis hin zum ultravioletten Licht – auf biologische Organismen und speziell den Menschen machten ihn neben F. ↗ Dessauer zu einem der maßgeblichen Pioniere der Biophysik in Deutschland. Nach dem Krieg hat Friedrich seine Forschungen auch auf die Erforschung und Bekämpfung von Geschwulstkrankheiten ausgedehnt. [DH]

Werk(e):

Die Interferenz der Röntgenstrahlen (1912–1919, mit P. Knipping, M. v. Laue, F. Tank, Ostwalds Klassiker Nr. 209, 1923).

Sekundär-Literatur:

W. Friedrich – Leben und Wirken. Herausgegeben vom Friedensrat der DDR (1963); Schierhorn, E.: W. Friedrich (1983).

Friedrich II. von Hohenstaufen,
Erfahrungswissenschaftler, deutscher Kaiser und Wissenschaftsförderer,
* 26. 12. 1194 Jesi,
† 13. 12. 1250 Castel Fiorentino.

Kaiser Friedrich II. von Hohenstaufen war nicht nur einer der bedeutendsten Herrscher des europäischen Mittelalters (1198 König von Sizilien, 1215 Deutscher König, 1220 Kaiser des Hl. Römischen Reiches deutscher Nation) und die zentrale politische Figur seiner Zeit, sondern auch ein Denker und Forscher von höchstem intellektuellen und wissenschaftlichen Niveau. Besondere Verdienste erwarb er sich durch die Reform der Verwaltung und der Erziehung im Königreich Sizilien und darüber hinaus, insbesondere durch die Gründung der Universität Neapel (1224).

Von Jugend auf mehrsprachig, war Friedrich am technischen, naturwissenschaftlichen und philosophischen Wissen seiner Zeit in allen seinen Ausprägungen interessiert und bemühte sich auch persönlich um dessen Erweiterung. Das lebenslange Forschen und Fragen, mit dem sich Friedrich in die Wissenschaftsgeschichte eingeschrieben hat, darin Alfons dem Weisen von Kastilien und León vergleichbar, galt einer Natur, die als Harmonie und Entsprechung von Makrokosmos und Mikrokosmos Abbildung der göttlichen Weltordung ist. Aufgabe des Herrscher ist es, eine dieser Weltharmonie entsprechende Staatsordnung zu verwirklichen und zu garantieren. Er versammelte hochrangige Gelehrte aus ganz Europa und dem Orient an seinem Hof, diskutierte mit ihnen, verschickte Fragenkataloge und gab zahlreiche Übersetzungen wissenschaftlicher Texte aus dem Griechischen und Arabischen ins Lateinische und Hebräische in Auftrag, darunter mehrere Werke von ↗ Aristoteles und ↗ Averroes, u. a. des letzten Vorwort zur *Physik* des Aristoteles, aber auch die Übersetzungen arabischer Traktate zur Astronomie und Astrologie, zur Medizin und zur Falkenjagd.

Unter den Gelehrten ist insbesondere der berühmteste Mathematiker der Zeit, Leonardo Fibonacci da Pisa, zu nennen, mit dem Friedrich 1226 in Pisa zusammentraf und den er zur Neubearbeitung seines *Liber Abaci* veranlasste. Dem schottischen Wissenschaftler und Astronomen Michael Scotus, den er an seinen Hof gezogen hatte, legte er Fragen zur Kosmologie vor, in denen er das zeitgenössische Weltbild bis an die Grenzen der Ketzerei auslotete, denn – so Papst Gregor IX. in einer Enzyklika – »dieser König der Pestilenz hat nach seinen eigenen Worten erklärt, der Mensch solle nichts glauben, was nicht durch die Natur und die Vernunft bewiesen werden könne«. Theodor von Antiochien ist der Verfasser mehrerer medizinischer Traktate, Pietro da Eboli der eines Buches zur Balneologie (Badekunde), Giordano Ruffo der eines solchen zur Pferdeheilkunde. Friedrich selbst ist als Verfasser eines umfangreichen Werkes über die Falkenjagd eingegangen (*De arte venandi cum avibus*, 1258–1266), in dem er die naturwissenschaftlichen Vorstellungen von Aristoteles und die Angaben der ornithologischen Fachliteratur Europas und des Orients mit der eigenen Erfahrung verband und in methodologisch vorbildlicher Weise kritisch auswertete. Hier und nach dem Zeugnis mehrerer Anekdoten erweist sich Friedrich als ein früher Vertreter der experimentellen Vorgehensweise, so z. B., wenn er das Verhalten der Jagdvögel testet oder Kinder ohne Sprache aufziehen lässt, um der Ursprache – Hebräisch, Griechisch, Arabisch oder Lateinisch? – auf die Spur zu kommen. [SN2]

Werk(e):
Über die Kunst, mit Vögeln zu jagen (2. Aufl. 2001).

Sekundär-Literatur:
Tronzo, W. (Hrg.): Intellectual Life at the Court of Frederik II. Hohenstaufen (1995); van Eickels, K., u. Brüsch, T.: Kaiser Friedrich II. Leben und Persönlichkeit, in: Quellen des Mittelalters (2000).

Fries, Elias Magnus,
schwedischer Botaniker,
* 15. 8. 1794 Femsjö,
† 8. 2. 1878 Uppsala.

Fries gilt als Pionier der Systematischen Mykologie.

Als Schüler des Mitbegründers der Algenforschung Carl Adolf Agardh und des Botanikers Anders Johann Retzius begann Fries 1811 sein Studium an der Universität in Lund, das er 1814 mit der Promotion abschloss. Noch im selben Jahr wirkte er dort als Privatdozent, ab 1819 als Adjunkt der Botanik und ab 1824 als Titularprofessor der Botanik. Nachdem er sechs Jahre als Demonstrator für Botanik tätig gewesen war, wechselte er 1834 an die Universität Uppsala als Professor der Praktischen Ökonomie. 1851 wurde er zum Professor für Systematische Botanik und zum Direktor des Botanischen Gartens und Herbars ernannt.

In den Jahren 1839 und 1853–1854 bekleidete er auch das Amt des Rectors der Universität. Obwohl er 1859 in den Ruhestand trat, widmete er sich noch bis zu seinem Lebensende intensiv den Pilzstudien.

Fries wird oft als »Vater der Mykologie« bezeichnet und gilt neben Christian H. Persoon und A. de ↗ Bary als Pionier der Mykologie. Das erste auch anwendbare System der Pilze geht auf ihn zurück. Das dreibändige Werk *Systema mycologicum* (1821–1829) bildete lange Zeit die wichtigste Grundlage für die Nomenklatur der Pilze. Ungefähr 5 000 Arten werden hier detailliert beschrieben und systematisch eingeordnet. Er suchte nach einem »natürlichen System« für die gesamten Pilze. Abgesehen von einem Besuch 1828 in Norddeutschland und Berlin verließ Fries niemals Skandinavien. Trotzdem gelangte umfangreiches Material zur wissenschaftlichen Untersuchung aus aller Welt zu ihm. Auch ein grundlegendes Werk zur Lichenologie, *Lichenographia Europaea Reformata* (1831), verfasste er. Von verschiedenen Künstlern ließ er über 1 600 Pilzabbildungen malen. Um die Mykologie populär zu machen, verfasste er Bücher über Pilze mit zahlreichen Illustrationen in Schwedisch.

Unter den Nachkommen von Fries finden sich etliche bekannte und angesehene Botaniker, wie etwa sein Sohn Thore M. Fries (Lichenologe), Thore C. E. Fries, Magnus Fries und Robert E. Fries. [CRD]

Werk(e):
Elenchus Fungorum (1828); Icones selectae Hymenomycetum (1867–84); Hymenomycetes Europaei (1874).

Frisch, Karl Ritter von,
österreichischer Zoologe und Verhaltensbiologe,
* 20. 11. 1886 Wien,
† 12. 6. 1982 München.

Von Frisch gehörte zu den Mitbegründern der Verhaltensphysiologie und entwickelte Kriterien und Methoden für eine Dressur zur Analyse von Sinnesleistungen. Für die Entzifferung der »Bienensprache« erhielt er 1973 zusammen mit K. ↗ Lorenz und N. ↗ Tinbergen den Nobelpreis.

Unter von Frischs Vorfahren sowohl väterlicher- als auch mütterlicherseits finden sich viele herausragende Gelehrte, vor allem Mediziner. Der Vater, Universitätsprofessor Anton Ritter von Frisch, praktizierte als Chirurg und Urologe. Seine kluge und feinsinnige Mutter Marie war eine geborene Exner. Sie hatte vier Brüder, unter denen der Physiologe Sigmund Exner eine besonders enge Beziehung zu von Frisch entwickelte. Karl war das jüngste Kind von vier Söhnen. Ein von den Eltern erworbenes altes Mühlhaus in Brunnwinkl am Wolfgangsee ist bis heute Familientreffpunkt und diente von Frisch bis ins hohe Alter als Arbeitsstätte für seine Bienenversuche. Nach drei Jahren Privatunterricht zu Hause besuchte er das Schottengymnasium in Wien. Kindheit und Jugend waren durch sein außergewöhnliches Interesse an Tieren geprägt. Briefe, frühe Publikationen und das im Heimatmuseum St. Gilgen ausgestellte »Brunnwinkler Museum« zeugen davon. Beeindruckend waren seine besondere Gabe zur Beobachtung der lebenden Natur sowie die Fähigkeit, aus gewonnenen Ergebnissen zugrunde liegende Gesetzmäßigkeiten abzuleiten. Dabei scheute er aufwändige Apparaturen und mathematisch-physikalische Methoden.

1905 begann von Frisch in Wien Medizin zu studieren, wechselte nach fünf Semestern zum Zoologiestudium nach München und kehrte 1909 nach Wien zurück. Dort wurde Hans Przibram sein Doktorvater, bei dem er 1910 mit einer sinnesphysiologischen Arbeit an Fischen promovierte. Danach arbeitete er als Assistent wiederum in München bei R. ↗ Hertwig. Schon 1912 habilitierte er sich dort mit dem Thema *Über farbige Anpassung bei Fischen*. Im gleichen Jahr wandte er sich zum ersten Mal den Bienen als Versuchstieren zu. Ebenfalls zum ersten Mal entwickelte er in seiner Habilitationsschrift eine Futterdressur, die zur bestimmenden Methode, auch für seine Bienenversuche, wurde. In diesen Jahren griff von Frisch in den wissenschaftlichen Streit über eine angeblich totale Farbenblindheit von Fischen ein. Zwischen 1911 und 1914 gelang ihm der Nachweis eines Farbensinns zunächst bei Fischen und dann bei Bienen.

Während des Ersten Weltkrieges arbeitete von Frisch bei seinem Bruder im »Rudolfinerhaus« bei Wien. Dort lernte er Margarethe Mohr, Tochter eines Wiener Verlagsbuchhändlers, kennen, die er 1917 heiratete. Sie hatten drei Töchter (Johanna, Maria, Helene) und dem Sohn Otto. Nach Beendigung des Krieges kehrte von Frisch nach München zurück und wurde 1919 zum außerordentlichen Professor berufen. Kurz danach erschien sein erstes Werk über die Sprache der Bienen, eine wissenschaftlich begründete und anschaulich geschriebene Zusammenfassung der Ergebnisse seiner bisherigen Studien zum Verhalten der Bienen. Sie enthält auch Beobachtungen zu den Rundtänzen auf der Wabe von heimkehrenden Sammlerinnen. Ein wichtiger Lebensabschnitt begann, als von Frisch 1921 sein erstes Ordinariat in Rostock erhielt. Da er dort keine Bienenversuche machen konnte, arbeitete er an Fischen. Mit der Methode der Differenzdressur (Verwendung von Futter- und Straftönen) gelang ihm der Nachweis ihres Hörvermögens, dessen Vorhandensein in der wissenschaftlichen Literatur bezweifelt wurde. Berühmt geworden ist die Schrift *Ein Zwergwels, der kommt, wenn man ihm pfeift*, die in Auswertung dieser Versuche entstand.

Von Rostock ging von Frisch 1923 nach Breslau und 1925 wieder nach München. Auch wenn er in der Zeit des Nationalsozialismus wiederholt Konflikte mit der Macht auszutragen hatte, der weitere Forschungsbetrieb 1944 in München unmöglich wurde und er zwischenzeitlich eine Berufung nach Graz annahm, erzielten von Frisch und seine Schüler in diesen Jahren bis zu seiner Emeritierung 1958 die entscheidenden Ergebnisse über das Informationssystem der Bienen. So konnten die schon früher beobachteten Rundtänze heimkehrender Bienen auf der Wabe als Hinweis auf eine nahe gelegene Futterquelle gedeutet werden. Dabei wurde entdeckt, dass die Schwänzeltänze als Informationsquelle für Richtung und Entfernung des Futterplatzes vom Stock dienten, wobei die Entfernung durch die Schnelligkeit des Tanzes angezeigt wird. Außerdem ließen sich die Einflüsse von Schwerkraft und Magnetfeld auf die Informationsübermittlung, die Fähigkeit der Bienen, sich an auffallenden Landmarken zu orientieren, sowie die Existenz von »Dialekten« in der Bienensprache nachweisen. Besonders spektakulär war die Aufdeckung der Sonnenkompass- und Polarisationsmusterorientierung der Bienen.

Bis zu seinem Tod im 96. Lebensjahr blieb von Frisch aktiv und geistig rege. [BS2]

Werk(e):
Aus dem Leben der Bienen (1927); Zehn kleine Hausgenossen (1940); Erinnerungen eines Biologen (1957); Tanzsprache und Orientierung der Bienen (1965); Tiere als Baumeister (1974); vollständiges Schriftenverzeichnis in: J. Comp. Physiol. 147 (1982) 417–422.

Sekundär-Literatur:
Wenzel, M.: Und voll der Rätsel bleibt die Welt (1986); Autrum, H.: 100 Jahre Biologie – Zum 100. Geburtstag von Karl von Frisch, Naturwiss. Rdsch. 40 (1987) H.11; Steyer, B.: Die Darstellung tierischer Verhaltensmuster bei Karl von Frisch (1999); Steyer, B.: Karl von Frisch (2001).

Frisch, Otto Robert,

österreichisch-britischer Physiker,
* 1. 10. 1904 Wien,
† 22. 9. 1979 Cambridge.

Frisch wurde vor allem bekannt durch seine – gemeinsam mit L. ↗ Meitner vorgenommene – theoretische Erklärung der von O. ↗ Hahn und Fritz Straßmann entdeckten Atomkernspaltung.

Frisch wuchs in einer jüdischen, weltlich orientierten Familie auf; sein Vater war Jurist und arbeitete in der Druckindustrie, seine Mutter, eine ältere Schwester L. ↗ Meitners, war musisch gebildet. 1922–1926 studierte er in Wien Physik und promovierte dort bei Karl Przibram (1926). Anschließend arbeitete er ein Jahr in einer Gerätebaufirma, dann 1927–1930 an der Physikalisch-Technischen Reichsanstalt in Berlin und 1930–1933 an der Universität Hamburg bei O. ↗ Stern, der ihn mit der Molekularstrahlmethode vertraut machte.

Nach der nationalsozialistischen Machtübernahme verließ er Deutschland. Er fand zunächst eine Arbeitsmöglichkeit bei P. ↗ Blackett in London,

O.R. Frisch

wo er sich der Kernphysik zuwandte und einen speziellen Typ der Nebelkammer entwickelte. 1934–1939 war er bei N. ↗ Bohr in Kopenhagen als Experimentalphysiker beschäftigt; vor allem in Zusammenarbeit mit Hans v. Halban und Georg Placzek entstanden mehrere Arbeiten zur Neutronenphysik und künstlichen Radioaktivität. Die Weihnachtstage 1938 verbrachte er mit seiner Tante L. Meitner (die inzwischen aus Deutschland hatte emigrieren müssen) in Südschweden; hier erfuhren sie aus einem Brief Hahns von der Entdeckung der Urankernspaltung und lieferten dafür die physikalisch-theoretische Erklärung, die am 11. 2. 1939 in der *Nature* erschien.

Im Sommer 1939 fand Frisch eine Stelle in Birmingham bei Mark Oliphant und ging im darauffolgenden Jahr zu J. ↗ Chadwick nach Liverpool. Gemeinsam mit R. ↗ Peierls fand er, dass das seltene Isotop U235 tatsächlich ein geeignetes Material für eine explosive Energiefreisetzung – also eine Bombe – sein könnte. Beider Bericht führte zur Gründung des sog. MAUD-Komitees und initiierte das britische Atombombenprogramm. 1943 wurden diese britischen Aktivitäten in das amerikanische Manhattan-Programm integriert; um weiter daran mitarbeiten zu können, wurde Frisch 1943 britischer Staatsbürger. Bis 1945 war er in Los Alamos tätig und vor allem mit der genauen experimentellen Bestimmung der kritischen Massen für die Uran- und die Plutoniumbombe befasst.

1946–47 leitete Frisch die Abteilung Kernphysik im britischen Kernforschungszentrum Harwell und bekleidete anschließend bis zu seiner Emeritierung 1972 eine Professur am Trinity College in Cambridge. 1948 wurde er Mitglied der Royal Society. Nach dem Kriege publizierte er auch zahlreiche populärwissenschaftliche Artikel und Bücher.

Frisch heiratete 1951 die Graphikerin Ursula Blau, mit der er zwei Kinder hatte. Er war überdies ein begabter Pianist und Geiger. [HK]

Werk(e):
Disintegration of Uranium by Neutrons: a New Type of Nuclear Reaction, Nature 143 (1939) 3615, 239–240 (mit L. Meitner); Physical Evidence for the Division of Heavy Nuclei under Neutron Bombardment, Nature 143 (1939) 3616, 276; Woran ich mich erinnere (Autobiographie, 1981).

Sekundär-Literatur:
Peierls, R.: Otto Robert Frisch, in: Biographical Memoirs of Fellows of the Royal Society 29 (1981) 283–306.

Fritz, Hermann,
deutscher Geophysiker,
* 3. 9. 1830 Bingen,
† 16. 8. 1893 Zürich.

Fritz gehört zu den Pionieren der Polarlichtforschung und entdeckte den parallelen Gang der Solaraktivität und der Polarlichter und schuf das System der Isochasmen.

Nach dem Studium an der Technischen Hochschule Darmstadt war Fritz ab 1859 Hilfslehrer für technisches Zeichnen am Eidgenössischen Polytechnikum in Zürich. 1872 wurde er Titular-Professor und hielt Vorlesungen über allgemeine Maschinenlehre. Er befasste sich insbesondere mit der solar-terrestrischen Physik. Als Ergebnis dieser Studien stellte er einen umfangreichen Katalog aller beobachteten Polarlichter zusammen (1873), der die Grundlage für weitere statistische Untersuchungen bildete. 1862 konnte Fritz nachweisen, dass eine enge, quantitative Beziehung zwischen der Polarlichthäufigkeit und der Zahl der Sonnenflecken besteht. 1865 konnte er diese Parallelität noch schärfer herausarbeiten. Wichtige Resultate gelangen Fritz auch bezüglich der geographischen Verbreitung der Polarlichter. Er führte den Begriff »Isochasmen« ein für die Ortskurven aller Punkte der Erdoberfläche, für welche das Auftreten eines Polarlichts gleich häufig zu erwarten ist. 1874 veröffentlichte er eine Karte, die die geographische Verbreitung des Polarlichtes auf der Nordhalbkugel zeigt, 1881 außerdem ausführliche Tabellen, die die mittlere Häufigkeit von Polarlichtern für ausgewählte Orte der Nordhalbkugel enthalten. Von großer Bedeutung war Fritz' Monografie *Das Polarlicht* (1881), die das Wissen der Zeit zusammenfasste. Darin gibt er einen umfassenden Überblick zu allen Fragen des Polarlichtes nebst Hinweisen zur »Höhe des Polarlichtes«. [WS3]

Werk(e):
Verzeichnis beobachteter Polarlichter (1873); Das Polarlicht (1881).

Sekundär-Literatur:
Schröder, W.: Das Phänomen des Polarlichts (1984).

Frumkin, Alexander Naumowitsch,
russisch-sowjetischer Physikochemiker,
* 12. 10. 1895 Kischinjow,
† 27. 5. 1976 Tula.

Alexander Frumkin gehört zu den Begründern der modernen Elektrochemie.

Nach Schulabschluss in Odessa studierte Frumkin Chemie von 1912 bis 1914 in Straßburg und danach bei Volkmer Kohlschütter in Bern. Das Studium beendete er 1915 in Odessa als Externer und promovierte dort 1919 über Elektrokapillarität und Elektrodenpotenziale. 1920–1922 unterrichtete er an der Arbeiterfakultät in Odessa, doch zog es ihn nach Moskau, wo er 1922 auf Einladung von A. N. ↗ Bach in das spätere Karpow-Institut für Physikalische Chemie eintrat. Aufgrund wissenschaftlicher Leistungen bereits 1923 zum Professor ernannt, leitete er dort ab 1924 die Abteilung für Oberflächenerscheinungen. 1924 reiste er zu Vorträgen nach Göttingen und zu P. ↗ Ehrenfest nach Leiden. Nach einer Gastprofessur an der Universität von Wisconsin (1928/29) lehrte er 1930–1946 als Professor für Elektrochemie an der Moskauer Universität. Zugleich war er in der sowjetischen Akademie, die ihn 1932 zum Mitglied wählte, im Institut für Physikalische Chemie tätig, 1945–1949 als Direktor und 1946–1958 als Leiter der Abteilung Elektrochemie sowie ab 1958 als Direktor des Instituts für Elektrochemie, das heute seinen Namen trägt.

Mitte der 1920er-Jahre erschienen Frumkins klassische Arbeiten zur Adsorption (Frumkin-Isotherme) und zu theoretischen Aspekten der Elektrochemie. 1928 führte er den Begriff des Nullpotenzials ein, wies nach, dass die elektromotorische Kraft eines galvanischen Elements von den Potenzialsprüngen an den Phasengrenzen Metall/Lösung und Metall/Metall bestimmt wird, und konnte damit die Vorstellungen von A. ↗ Volta und W. ↗ Nernst in einem Modell vereinigen. In den 1930er-Jahren setzte er sich mit der Theorie der Wasserstoffüberspannung von M. ↗ Volmer auseinander und begann mit Untersuchungen zum Einfluss der Struktur der elektrischen Doppelschicht und der Adsorption auf die Kinetik von Elektrodenprozessen, speziell zu Mechanismus und Kinetik des Ladungsdurchgangs durch die Phasengrenze Elektrode/Lösung. Er beschäftigte sich mit dem Mechanismus zahlreicher Elektrodenreaktionen, z. B. der Reduktion von Sauerstoff und Anionen, und regte Arbeiten zur Elektrokatalyse und Elektrosynthese von organischen Verbindungen an.

A.N. Frumkin

Frumkin war vielfacher Ehrendoktor, Träger internationaler Auszeichnungen und Mitglied zahlreicher ausländischer Akademien, u. a. der Leopoldina und der Berliner Akademie (1956). [RP]

Werk(e):
Die Adsorption von organischen Verbindungen an der Trennungsfläche Metall/Elektrolytlösung und ihre Einwirkung auf elektrochemische Vorgänge, in: Nova acta Leopoldina. N. F., Nr. 132 (1957); Potenzialy nulewogo sarjada (1979).

Sekundär-Literatur:
Stradyn, J. P. (Hrg.): Aleksandr Naumowitsch Frumkin – otscherki, wospominanija, materialy (1989).

Fuchs, Johann Nepomuk,
deutscher Chemiker und Mineraloge,
* 15. 5. 1774 Mattenzell (Bayern),
† 5. 3. 1856 München.

Fuchs erkannte unabhängig von J. J. ↗ Berzelius die Bedeutung der chemischen Zusammensetzung für die systematische Ordnung der Mineralien und erbrachte 1815 erste Erkenntnisse über die Isomorphie der Kristalle.

Der Sohn eines Landwirts studierte zunächst Philosophie an der Universität Ingolstadt, dann Pharmazie in Wien und promovierte schließlich in Heidelberg. Danach unternahm Fuchs Studienreisen nach Freiberg (Sachsen), Berlin und Paris und lehrte anschließend über Chemie und Mineralogie. 1807 wurde Fuchs an der Universität Landshut Professor für Naturwissenschaften, Chemie, Mineralogie, Botanik und Pharmazie. Ab 1825 wirkte er als Konservator der mineralogischen Sammlung Bayerns in München und ab 1826 als Professor für Mineralogie an der Münchner Universität.

Die Untersuchungen von Fuchs betrafen vorrangig das Grenzgebiet zwischen Chemie und Mineralogie. Unabhängig von Berzelius erkannte er dabei die Bedeutung der chemischen Zusammensetzung für die systematische Ordnung der Mineralien und entwickelte in diesem Zusammenhang auch neue analytische und präparative Methoden. So beherrschte Fuchs meisterhaft die Lötrohrtechnik, mit deren Hilfe er zahlreiche Stoffe analysierte. 1815 gelangte er zu der Erkenntnis, dass bestimmte Bestandteile in Mineralien verändert und ausgetauscht werden können, ohne dass sich die Kristallform ändert. Damit kam Fuchs dem Gedanken der Isomorphie nahe, der 1818 von E. ↗ Mitscherlich geprägt und auf chemische Ähnlichkeiten zurückgeführt wurde. 1815 analysierte Fuchs ein unbekanntes Kalk-Tonerde-Silikat, das er zu Ehren von Gehlen als »Gehlenit« bezeichnete. Zur Kennzeichnung fester Körper, bei denen im Unterschied zu den Kristallen die Einzelbausteine nicht regelmäßig angeordnet sind, führte Fuchs den Begriff amorph ein. Des Weiteren prägte er für ein glasartig erstarrtes Gemisch verschiedener Natrium- und Kaliumsilikate den Begriff Wasserglas, das er selbst herstellte. Fuchs untersuchte auch Porzellanerde, Kalkstein, Ton, Mörtel und Zement. Daneben hatte er in Bayern Anteil an der Entwicklung der Zuckerherstellung aus Rüben. Zu Ehren von Fuchs wurde ein Mineral aus der Gruppe der Glimmer als »Fuchsit« benannt. [RS3]

Werk(e):
Handbuch der Naturgeschichte (1842); Gesammelte Schriften (1856).

Fuchs, Klaus,
deutscher Physiker,
* 29. 12. 1911 Rüsselsheim,
† 28. 1. 1988 Berlin.

Fuchs hat im Rahmen des Manhattan-Projekts wichtige Beiträge zur Entwicklung der Atombombe geleistet und durch seinen Ende der 1940er-Jahre aufgedeckten Verrat von Atomgeheimnissen an die Sowjetunion internationales Aufsehen erregt.

Fuchs wuchs in einem protestantischen, aber auch von sozialistischen Idealen geprägten Elternhaus auf – sein Vater war der Theologe Emil Fuchs. Nach dem Abitur in Eisenach begann er zunächst in Leipzig und ab 1931 in Kiel Mathematik und Physik zu studieren. Die Machtübertragung an die Nationalsozialisten zwang ihn, der seit seiner Gymnasialzeit zunächst für die SPD, dann für die KPD politisch aktiv gewesen war, zunächst in die Illegalität und dann zur Emigration. Über Paris emigrierte er im Sommer 1933 nach England, wo er 1937 bei N. ↗ Mott in Bristol sein Studium abschließen konnte; anschließend ging er zu M. ↗ Born nach Edinburgh. 1941 wurde er Mitarbeiter des britischen Atombombenprojektes unter R. ↗ Peierls; als solcher wirkte er von 1943 bis 1946 im amerikanischen Forschungszentrum in Los Alamos. 1946 wurde er Abteilungsleiter im britischen Atomforschungszentrum Harwell. Ende 1949 erfolgte seine Enttarnung als Spion, der wichtige Informationen über den Bau der amerikanischen Atombombe an die Sowjetunion verraten hatte. Nach seiner Begnadigung im Jahre 1959 siedelte er in die DDR über, wo er stellvertretender Direktor des Kernforschungszentrums Rossendorf bei Dresden wurde und einflussreiche wissenschaftsleitende und politische Funktionen bekleidet hat – u. a. war er ab 1967 Mitglied des Zentralkomitees der SED.

Fuchs machte bereits zu Beginn seiner wissenschaftlichen Karriere auf sein außergewöhnliches physikalisches Talent aufmerksam – die Fuchs-Sondheimer-Gleichung, erstmals 1938 von Fuchs publiziert, ist für die Beschreibung der elektronischen Vorgänge in dünnen Schichten von zentraler Bedeutung und gehört damit zu den wissenschaftlichen Grundlagen der modernen Mikroelektronik. Im Rahmen des amerikanischen Atombombenprojekts beschäftigte sich Fuchs als Mitglied der Theoriegruppe um Hans Bethe vor allem mit Fragen der Isotopentrennung; aber er lieferte auch, wie ein gemeinsames Patent mit J. v. ↗ Neumann aus dem Jahre 1946 dokumentiert, wichtige Ideen für den Zündmechanismus der Wasserstoffbombe. In der DDR beschäftigte sich Fuchs mit Fragen der Reaktorphysik, wobei er zu den Verfechtern der Brütertechnik zählte; seine Forschungen betrafen zudem die Früherkennung von Reaktorstörungen mittels elektronischer Mittel (Rauschanalyse) und allgemeine Fragen der Entwicklung von Kernenergetik und Mikroelektronik. [DH]

Sekundär-Literatur:
Williams, R. Ch. : Klaus Fuchs – Atom Spy (1987); Moss, N.: Klaus Fuchs. The Man Who Stole the Bomb (1987).

Fuchs, Leonhart,
deutscher Mediziner und Botaniker,
* 17. 1. 1501 Wemding (Bayern),
† 10. 5. 1566 Tübingen.

Fuchs beteiligte sich in Schrift und Wort an der Erneuerung der Medizin im Geist des Humanismus, indem er mittelalterliche Lehren in Rückgriff auf die antiken Heilverfahren von ↗ Hippokrates und ↗ Galen verwarf.

Fuchs war der Sohn von Johannes Fuchs, Ratsherr und zeitweiliger Bürgermeister in Wemding, und Anna Fuchs, geb. Dentener. Er besuchte Schulen in Heilbronn und Erfurt, an dessen Universität er sich im Herbst 1515 immatrikulierte. Nachdem er den Grad eines Baccalaureus artium 1517 erreicht hatte, eröffnete er in Wemding eine Privatschule. 1519 setzte er sein Studium der klassischen Sprachen an der Universität Ingolstadt fort – unter andern bei dem dort 1519–1521 lehrenden Humanisten Johannes Reuchlin – und schloss es 1521 als Magister artium ab. Anschließend studierte er dort Medizin bis zur Promotion 1524. Nachdem er zwei Jahre eine ärztliche Praxis in München betrieben hatte, wurde er 1526 als Professor der Medizin an die Universität Ingolstadt berufen. Inzwischen zum Luthertum übergetreten, nahm Fuchs 1528 eine Leibarztstelle beim Markgrafen von Brandenburg in Ansbach an, der die Errichtung einer protestantischen Universität plante. Nachdem dieser Plan gescheitert war, kehrte Fuchs 1533 nach Ingolstadt zurück. Hier musste er aus Glaubensgründen seine Lehrtätigkeit noch in demselben Jahr aufgeben. Nach erneutem Aufenthalt in Ansbach folgte er 1535 einem vermutlich durch Philipp Melanchthon vermittelten Ruf an die Universität Tübingen, wo er u. a. mit dem Humanisten Joachim Camerarius d. Ä. zusammenarbeitete und als Professor der Medizin bis zu seinem Tod wirkte. Fuchs beteiligte sich dort an einer Universitätsreform und an der Erneuerung des medizinischen Unterrichts, in den er auch empirische Kenntnisse in der Anatomie und Pflanzenkunde einzubringen suchte. Einen ehrenvollen Ruf des Herzogs Cosimo I. de' Medici, dem in Pisa neu errichteten Botanischen Garten vorzustehen, lehnte er 1544 ab.

Fuchs bearbeitete Teile einer Ausgabe von Werken Galens (1538, 1541) und veröffentlichte unter Benutzung der Schriften der klassischen griechischen Mediziner bis ins 17. Jahrhundert hinein verwendete medizinische Lehrbücher. Als einer der Ersten widmete er sich den Augenkrankheiten (1538, 1539) und verbreitete die neue Anatomie des Andreas Vesal in einer Bearbeitung. Bei seinen seit seiner Studienzeit in Ingolstadt betriebenen selbständigen Pflanzenforschungen trug er ungefähr 1500 größtenteils in Aquarellen dargestellte Pflanzen zusammen. Ungefähr zwei Drittel davon waren einheimische und wild wachsende Arten. Sein in Übersetzungen und Bearbeitungen weit verbreitetes Kräuterbuch enthielt in der lateinischen Fassung von 1542 zahlreiche Pflanzenholzschnitte. In den zugehörigen Beschreibungen bemühte sich Fuchs, die hauptsächlichen Organe und Lebensphasen der Pflanzen wiederzugeben. Seine sorgfältig geordneten Texte enthielten jedoch viele Zitate antiker Autoren (↗ Theophrastos, Dioskurides und ↗ Plinius), in den deutschen Beschreibungen zusätzlich aus dem Kräuterbuch von H. ↗ Bock (1539). Nur einzelne Arten aus verwandten Gattungen stellte er in kleinen Gruppen zusammen, während er die Pflanzen insgesamt alphabetisch nach den aus Dioskurides entnommenen, nicht immer zutreffenden griechischen Namen anordnete. Die damals noch nicht botanisch genau definierten lateinischen morphologischen Termini wie *bacca*, *calix*, *caudex*, *spica* und *stamina* erläuterte Fuchs in einer eigenen Liste. [BH2]

Werk(e):
New Kreüterbuch [...] (1543, Nachdrucke 1938, 1964, 1983); De humani corporis fabrica ex Galeni et Andreae Vesalii libris concinnata (1551); Opera omnia [nur medizinische Schriften], Tom. 1–3 (1566/67).

Sekundär-Literatur:
Stübler, E.: Leonhart Fuchs, Leben und Werk, Münchener Beiträge zur Geschichte und Literatur der Naturwissenschaften und Medizin H. 13/14 (1928); Sprague, T. A., Nelmes, E.: The Herbal of Leonhart Fuchs, Botanical Journal of the Linnean Society of London 48 (1931) 545–642; Baumann, B. (Hrg.): Die Kräuterbuchhandschrift des Leonhart Fuchs (2001); Brinkhus, G., Pachnicke, C. (Hrg.): Leonhart Fuchs, Tübinger Kataloge, 59 (2001).

Fuhlrott, Johann Carl,

deutscher Gymnasialprofessor für Naturgeschichte,
* 31. 12. 1803 Leinefelde,
† 17. 10. 1877 Elberfeld.

Fuhlrott erkannte die 1856 im Neandertal bei Düsseldorf gefundenen Skelettreste als die eines fossilen Menschen. Dieser erste Beleg für die Evolution des Menschen wurde später namensgebend für den mittelpleistozänen Hominidentyp *Homo sapiens neanderthalensis*.

Fuhlrotts wissenschafttliche Entwicklung begann mit dem Studium der Naturwissenschaften 1825–1828 in Bonn (u. a. Zoologie und Paläontologie bei G. A. ↗ Goldfuß, Botanik bei C. G. ↗ Nees v. Esenbeck). 1830 nahm Fuhlrott eine Lehrtätigkeit am Realgymnasium Elberfeld auf; die Promotion folgte 1835 in Tübingen. Fuhlrott war Mitbegründer des Naturhistorischen Vereins der preußischen Rheinlande und Westfalens sowie Gutachter für Regierungsbehörden zu klimatologischen, geologischen und ökologischen Themen.

Aus diesem Lebensweg erwuchsen Fuhlrotts wissenschaftliche Fähigkeit und die sachliche Möglichkeit für das Erkennen und die Erstbeschreibung der 1856 in einem Kalksteinbruch des Neandertales freigelegten Knochen (je zwei Oberarm- und Oberschenkelknochen, Schlüsselbein, Elle, Speiche, Schädeldach, Beckenteile). Fuhlrott deutete sie als Skelettteile eines fossilen Menschen aus dem Pleistozän. Diese Erklärung stieß zunächst weitgehend auf Ablehnung. R. ↗ Virchow vermutete z. B. Reste eines rezenten pathologischen Menschen. Die Anerkennung kam erst, nachdem 1877 in der Höhle von Spy (Belgien) abermals Skelettteile eines fossilen Menschen mit den morphologischen Merkmalen des Neanderthalers gefunden worden waren.

Mit der richtigen und unbeirrt verteidigten Einschätzung des Neandertalfundes legte Fuhlrott einen Grundstein für die Erforschung der Humanevolution und für die Paläanthropologie. [WP]

Werk(e):
Menschliche Überreste aus einer Felsengrotte des Düsselthales, in: Verhdl. d. Naturhist. Vereins d. preuß. Rheinlande u. Westfalens 16 (1859) 131–153; Der fossile Mensch aus dem Neanderthal und sein Verhältnis zum Alter des Menschengeschlechts (1861).

Sekundär-Literatur:
Schaaffhausen, H.: Der Neanderthaler Fund (1888); Schott, L.: Fuhlrott und die Entdeckungsgeschichte des Neandertalers, in: Biol. Rundschau 16 (1978) 302–312.

Fukui, Kenichi,
japanischer Physikochemiker,
* 4. 10. 1918 Nara,
† 9. 1. 1998 Kyoto.

Fukui hat herausragende Beiträge zur Theorie organisch chemischer Reaktionen erbracht.

Fukui war der älteste von drei Söhnen eines Auslandskaufmanns und Fabrikbesitzers. Obwohl zunächst die Chemie nicht zu seinen Lieblingsfächern zählte, nahm er auf Wunsch des Vaters am Department für Industrielle Chemie der Kyoto Imperial University ein Studium auf, wo er 1941 promovierte. Nach mehrjähriger Forschungstätigkeit in einem Brennstofflaboratorium der japanischen Armee wurde Fukui 1943 Dozent, 1945 Assistant Professor und 1951 Professor für theoretische Chemie an der Kyoto University. Obwohl anfänglich vorwiegend mit experimentellen Arbeiten beschäftigt, gründete Fukui Anfang der 1950er-Jahre eine theoretische Arbeitsgruppe, in der seine bahnbrechenden Arbeiten zur Theorie organisch-chemischer Reaktionen entstanden sind. 1981 erhielt er dafür den Nobelpreis für Chemie. 1982 wurde Fukui an der Kyoto University emeritiert. Er fungierte aber bis 1988 weiter als Präsident des Instituts für Technologie und ab 1988 als Direktor des Instituts für Allgemeine Chemie. Fukui amtierte von 1983 bis 1984 als Präsident der Chemical Society of Japan. Er gehörte zahlreichen wissenschaftlichen Akademien und Gesellschaften an und erhielt hohe Preise und Auszeichnungen.

K. Fukui

Fukui hat in der organischen Chemie sowohl auf experimentellem wie auf theoretischem Gebiet herausragende Leistungen erbracht. So entstanden zwischen 1944 und 1972 137 Publikationen, zumeist in japanischen Fachzeitschriften publiziert, die Fukuis Experimentalarbeiten auf dem Gebiet der Reaktions- und Katalysetechnik sowie der Kinetik enthielten. Um 1950 setzten seine fundamentalen Arbeiten auf theoretischem Gebiet ein, die letztendlich 30 Jahre später zum Nobelpreis geführt haben. Ausgangspunkt war die Entdeckung einer Beziehung zwischen Elektronendichte und chemischer Reaktivität in aromatischen Kohlenwasserstoffen. Angeregt durch Arbeiten von Mulliken über die Charge-Transfer-Übergänge in Donor-Akzeptor-Komplexen gab Fukui eine theoretische Begründung für diese Entdeckung, die in die Grenzorbitaltheorie (FO-Methode, abgeleitet vom engl. frontier orbital: Grenzorbital) mündete. Danach konnten bei aromatischen Kohlenwasserstoffen die reaktiven Stellen durch Stellen hoher Dichte in der energiereichsten besetzten Bahn mathematisch erfasst und beschrieben werden. Auf diese Weise wurde es möglich, mit Hilfe von Orbitalberechnungen Aussagen über den Ablauf von chemischen Reaktionen abzuleiten, eine Methode, die von Fukui in den folgenden Jahren weiter ausdifferenziert worden ist. 1970 entwickelte Fukui des Weiteren eine Methode zur mathematischen Bestimmung des Weges einer chemischen Reaktion, mit deren Hilfe die Veränderung der geometrischen Form der Reaktanten ermittelt werden konnte. Schließlich gelang es ihm in den 80er-Jahren, auch die Grenzorbitale von zwei miteinander reagierenden Molekülen zu formulieren und somit eine chemische Reaktion mathematisch zu erfassen. Die theoretischen Ergebnisse Fukuis sind in mehr als 200 Publikationen eingeflossen. [RS3]

Werk(e):
Theory of Orientation and Stereoselection (1970).

Funk, Casimir,
polnisch-amerikanischer Biochemiker,
* 23. 2. 1884 Warschau,
† 20. 11. 1967 Albany (New York, USA).

Funk prägte 1912 die Bezeichnung Vitamin (»vitale Amine«) für das Thiamin (Aneurin, Vitamin B_1) und lieferte zahlreiche Beiträge zur Behandlung und Verhütung von Avitaminosen.

Funk, Sohn eines Dermatologen, besuchte in Warschau das Gymnasium, studierte 1900 in Genf und 1901 in Bern Botanik, Zoologie, vergleichende Anatomie und Chemie und promovierte 1904 in Bern. Er wechselte an das Pasteur-Institut Paris und ging 1906 nach Berlin zu E. ↗ Fischer. 1910 wurde Funk Mitarbeiter am Lister Institute in London, wo er sich 1912 habilitierte. 1915 siedelte er nach New York über, wurde 1920 amerikanischer Staatsbürger und erhielt 1921 eine biochemische Abteilung an der Columbia University in New York. 1923 kehrte er nach Polen zurück und leitete bis 1927 die biochemische Abteilung des staatlichen Hygieneinstituts. Danach ging er nach Frankreich, wo er bei Paris in einem pharmazeutischen Forschungsinstitut tätig war. Nach Ausbruch des Zweiten Weltkriegs kehrte er endgültig nach New York zurück, war zunächst am City College, ab 1944 in einem medizinischen Privatlabor und ab 1946 als Mitarbeiter der US Vitamin Corporation tätig. Er gründete die Funk Foundation for Medical Research, als deren Präsident er ab 1952 wirkte.

Funk gilt als einer der Begründer der Lehre von den Vitaminen. Er baute auf C. ↗ Eijkmans Untersuchungen über die Ursachen der durch einseitige Ernährung mit poliertem (geschältem) Reis hervorgerufenen Beriberi-Krankheit auf und isolierte 1911 aus Reisschalen ein Gegenmittel, das Pyrimidinderivat Thiamin (Aneurin, Vitamin B_1). Des Weiteren isolierte er Nicotinsäure, welche die Mangelkrankheit Pellagra verhindert. Funk vermutete, dass diese Stoffe Amine sind, und schlug 1912 den Namen »vitale Amine« vor, der 1920 in Vitamine umgeändert wurde. Funk postulierte in Anlehnung an F. ↗ Hopkins, dass Beriberi, Skorbut, Rachitis und Pellagra durch Vitaminmangel hervorgerufen werden, und nannte diese Krankheiten Avitaminosen. Er untersuchte die Bedeutung der Vitamine für den Kohlenhydratstoffwechsel, für das Wachstum der Tiere und für die Resistenz gegen Mikroben, synthetisierte das 3,4-Dihydroxyphenylalanin (Dopa), stellte das erste Vitaminpräparat Oscodal her, arbeitete über Hormone und isolierte 1929 aus Urin in unreiner Form das männliche Sexualhormon Androsteron. [RS3]

Werk(e):
Die Aetiologie der Avitaminosen mit besonderer Berücksichtigung der physiologischen Bedeutung der Vitamine (1914); The Vitamins (1922); L'Histoire de la découverte des vitamines (1924).

Gabor, Dennis,
englischer Physiker ungarischer Herkunft,
* 5. 6. 1900 Budapest,
† 9. 2. 1979 London.

Gabor ist der Erfinder der Holografie, wofür er 1971 den Nobelpreis erhielt.

Gabor wurde in Budapest als ältester Sohn eines Minendirektors geboren. Er wuchs mit zwei jüngeren Brüdern in einem reichen jüdischen Elternhaus auf. Seine Mutter, Adrienne Kálmán, war Schauspielerin gewesen. Die Familie konvertierte im Jahre 1918 zum lutherischen Glauben. Schon früh entdeckte Gabor seine Liebe zur Physik, so begann er ein Lehrbuch durchzuarbeiten, um sich die Wartezeit bis zum Beginn des Studiums zu verkürzen. Hierbei stieß er auf die Theorie des Mikroskops von E. ↗ Abbe und G. ↗ Lippmanns Verfahren der Farbfotografie. Beides faszinierte ihn und sollte noch 30 Jahre später eine große Rolle bei seiner Arbeit spielen.

Da es für Physiker in Ungarn damals kaum Berufsmöglichkeiten gab, schrieb er sich 1918 in Budapest für Ingenieurwesen ein, ging aber nach drei Jahren an die Technische Hochschule in Berlin, wo er Elektrotechnik studierte und 1927 promoviert wurde. In seiner Doktorarbeit hatte er sich mit Oszillographen beschäftigt und zu diesem Zweck auch eine erste magnetische Elektronenlinse gebaut – ohne die Möglichkeit zu erkennen, hieraus ein Elektronenmikroskop zu entwickeln, wie es wenig später E. ↗ Ruska und seinen Mitarbeitern gelang.

Seine erste Anstellung fand er bei der Siemens & Halske AG, wo er sich mit der Hochdruckquecksilberdampflampe beschäftigte. 1933 verließ er Deutschland, um über Ungarn schließlich nach England zu gelangen. Hier fand er eine Anstellung bei der Firma British Thomson-Houston Co. In dieser Zeit veröffentlichte er ein Buch über Kommunikationstheorie und entwickelte 1947 die Idee für die spätere Holografie.

Eigentlich wollte er das Elektronenmikroskop so weit verbessern, dass man einzelne Atome sehen könnte. Dies sollte über die Rekonstruktion der Wellenfront geschehen, wie er es nannte. Denn bei einer Fotografie entstehen immer Informationsverluste. Es wird nur die Intensität des Lichtes abgebildet, die Information über die Phase geht verloren. Da die Phase Auskunft gibt, wie lange die Lichtwelle jeweils seit der Reflektion durch das Objekt zurückgelegt hat, d. h. wie groß der Abstand ist, ist dies auch der Grund dafür, dass aus dreidimensionalen Objekten zweidimensionale Fotos werden.

Gabor, der 1949 am Imperial College of Science & Technology angestellt wurde, wo er später eine

Professur erhielt, entwickelte nun die Idee, dass man Informationen über die Phase erhalten kann, wenn man zwei Lichtstrahlen miteinander interferiert, die ursprünglich dieselbe Phase hatten, also kohärent waren. Den einen Lichtstrahl richtete er auf das Objekt, von dem es reflektiert wurde, der andere diente als Referenzstrahl, um so die Phasenverschiebung durch das Objekt feststellen zu können. Das Interferenzmuster dieser beiden Strahlen sollte nun auf einer Fotoplatte gespeichert werden. Bestrahlte man diese mit einem entsprechenden Lichtstrahl, so entsteht für das Auge ein dreidimensionales Bild, das sogar von verschiedenen Seiten betrachtet werden kann. Anfangs gab es Schwierigkeiten, seine Theorie zu realisieren, aber mit dem Laser stand ab 1960 eine Lichtquelle zur Verfügung, die absolut kohärentes Licht liefert, so dass die Holografie – was soviel wie das ganze Bild bedeutet – verwirklicht werden konnte.

Gabor, der 1967 in den Ruhestand ging, widmete sich später vor allem Fragen der Zukunft der industriellen Gesellschaft und war ein Gründungsmitglied des Club of Rome. In seinen letzten Lebensjahren verlor er durch einen Schlaganfall die Fähigkeit zu lesen und zu schreiben. [RS]

Gaede, Wolfgang,
deutscher Physiker und Vakuumtechniker,
* 25. 5. 1878 Lehe/Bremerhaven,
† 24. 6. 1945 München.

Gaede hat mit seinen Pumpenkonstruktionen die moderne Hochvakuumphysik und -technik begründet.

Gaede war der Sohn eines preußischen Offiziers. Nach dem Studium der Mathematik und Naturwissenschaften promovierte er 1901 bei Franz Himstedt an der Universität Freiburg mit Untersuchungen zur *Änderung der spezifischen Wärme der Metalle*; danach war er bis 1907 Assistent Himstedts, habilitierte sich im Jahre 1909 und wurde 1913 zum außerordentlichen Professor ernannt. Nach dem Ersten Weltkrieg, in dem er mit militärtechnischen Forschungen beschäftigt war, wurde er 1919 zum ordentlichen Professor an die TH Karlsruhe berufen. Im Spätsommer 1933 geriet er in das Schussfeld nationalsozialistischer Verleumdungen und Denunziationen, die im Frühjahr 1934 zu seiner Entlassung aus dem Hochschuldienst führten. In einem Privatlabor konnte er jedoch – bei weitgehender gesellschaftlicher Isolierung – seine vakuumtechnischen Forschungen fortsetzen. Mängel in der medizinischen Versorgung der Nachkriegszeit führten im Sommer 1945 zu seinem frühen Tod.

Bei Untersuchungen elektrischer Erscheinungen an Metalloberflächen hatte Gaede nicht nur die Polarisation des Voltaeffektes entdeckt, sondern war dabei auch auf das Gebiet der Vakuumtechnik geführt worden, denn keine der damals üblichen Pumpen konnte ihm ein für seine Forschungen nötiges Vakuum garantieren. Die von ihm 1905 konstruierte rotierende Quecksilberluftpumpe (Gaede-Pumpe) erfüllte sowohl seine diesbezüglichen Wünsche, wie sie durch ihre hohe Leistungsfähigkeit und bequeme Handhabbarkeit die Vakuumerzeugung nicht mehr zu einer kostspieligen sowie zeit- und arbeitsaufwendigen Tätigkeit machte. Aus den sich hieran anschließenden Untersuchungen der Physik des Hochvakuums entwickelte Gaedes physikalisches und erfinderisches Genie neue Pumpprinzipien auf gaskinetischer Grundlage, die implizit bereits in seiner Habilitationsschrift (1909) dargelegt sind. Zwischen 1909 und 1915 entwickelte er die so genannte Molekularpumpe und 1915 die Diffusionspumpe. Damit erschloss er der naturwissenschaftlichen und technischen Forschung, vor allem aber der Glühlampen- und Röhrenindustrie, den Bereich des Hoch- und Ultrahochvakuums; zugleich eröffnete er einer Reihe von Spezialgebieten – von der Elektronik über Atomphysik bis hin zur Elektronenmikroskopie – die notwendigen Voraussetzungen für ihre Entwicklung. Die von den Gaedeschen Luftpumpen erzeugten Vakua waren teilweise so gering, dass ihr Nachweis zum Problem wurde und die Vakuummesstechnik dadurch ebenfalls entscheidende Impulse erhielt, wobei auch hier Gaede mit seinen Vakuummetern den Anfang machte. Gaedes neuartige Pumpprinzipien – zu denen auch die Gasballastpumpe aus dem Jahre 1935 gehört – bildeten die Grundlage für den nach Gaedes Tod einsetzenden Übergang zur Ultrahochvakuumphysik und -technik. [DH]

Werk(e):
Die Entwicklung der Tiefdrucktechnik, Ztschrft VDI 79(1935)795–799.

Sekundär-Literatur:
Gaede, H.: Wolfgang Gaede (1954); Vakuumtechnik 12 (1963) 8; Brachner, A. (Hrsgb.): Geschichte der Vakuum-Pumpen (2002).

Gahn, Johann Gottlieb,
schwedischer Chemiker und Mineraloge,
* 19. 8. 1745 Voxna (Hälsingland),
† 8. 12. 1818 Stockholm.

Gahn galt als hervorragender Analytiker. Er entwickelte um 1870, zusammen mit Scheele, ein kostengünstiges Verfahren zur Herstellung von Phosphor aus Knochenasche und stellte 1774 Mangan aus Braunstein her.

Gahn, Sohn eines Industriellen, studierte von 1762 bis 1770 Chemie bei T. O. ↗ Bergman an der Universität Uppsala. Hier wirkte er ab 1767 auch als Assistent. Danach war Gahn als Bergwerksingenieur und Bergwerksassessor in Falun tätig.

Geprägt von seinem Lehrer Bergman, der zu den bedeutendsten Analytikern des 18. Jahrhunderts zählte, hat sich Gahn besondere Verdienste um die Entwicklung der Lötrohrkunde erworben. Seine analytischen Arbeiten betrafen auch die Anwendung der Phosphorsalz- und Kobaltperle sowie des Platindrahtes. 1770 lernte Gahn in Uppsala den Apotheker C. W. ↗ Scheele kennen. Dieser beeindruckte sowohl Gahn als auch dessen Lehrer Bergman durch sein umfangreiches chemisches Wissen. Aus dieser Begegnung entwickelte sich eine fruchtbare Zusammenarbeit, die zu bemerkenswerten Ergebnissen geführt hat. So erkannten Gahn und Scheele um 1770, dass in Knochen Phosphor in Form von Calciumphosphat enthalten ist. Beide Naturforscher entwickelten daraus eine Methode zur Herstellung von Phosphor aus Knochenasche, indem sie den Knochen durch Behandlung mit Salpeter- und Schwefelsäure den Phosphor entzogen. 1774 gelang Gahn in Zusammenarbeit mit Scheele und Bergman eine weitere Entdeckung. Durch Reduktion von Braunstein (Mangandioxid) mittels Holzkohlepulver erhielt Gahn das mit Kohlenstoff verunreinigte neue Element Mangan. Obwohl Gahn diesen Befund nicht publiziert hat, geht aus Briefen von Scheele die Entdeckung des zunächst als »Manganesium« bezeichneten und 1808 von M. H. ↗ Klaproth umbenannten Elements Mangan eindeutig hervor. 1774 wies Gahn bei der Untersuchung des Minerals Schwerspat (Bariumsulfat) auch die sog. Baryterde (Bariumoxid) nach. Elementares Barium wurde allerdings erst 1808 von H. ↗ Davy erhalten. Des Weiteren hat sich Gahn bei seinen bergwerks- und hüttentechnischen Arbeiten mit der Verbesserung von Schmelzverfahren im Kupferbergwerk von Falun sowie mit der Gewinnung von Eisen- und Kupfervitriol aus Grubenwasser beschäftigt, wozu er spezielle Aufbereitungsanlagen und Gradierwerke errichten ließ. Zu Ehren von Gahn erhielt ein Zinkspinell ($ZnAl_2O_4$) den Mineralnamen »Gahnit«. [RS3]

Galen (Klaudios Galenos) **von Pergamon,**
Arzt und Autor,
* 129 n. Chr. in Pergamon,
† nach 210 vielleicht daselbst.

Galen von Pergamon darf als einer der eifrigsten, aber auch streitbarsten Autoren und Ärzte des Altertums gelten. Die Lehren des ↗ Hippokrates bzw. das, was er dafür hielt, hat er mit glühendem Eifer verfochten. Sein ungemein reiches Nachwirken in der praktischen Medizin reicht bis ins 19. Jahrhundert, als durch das Aufblühen der modernen Naturwissenschaften sich auch die Heilkunst grundlegend wandelte.

Über das Leben des Galen sind wir im Gegensatz zu vielen anderen Ärzten des Altertums recht gut informiert. Dies ist hauptsächlich auf seine Neigung zu – allerdings oft hemmungsloser – Selbstdarstellung zurückzuführen: Er bedachte die Nachwelt mit reichhaltigen autobiographischen Notizen und hat vielleicht als erster eine Bibliographie seiner eigenen Schriften erstellt, die einen Überblick über ein immenses literarisches Schaffen gewährt. Wenn auch manches verloren gegangen ist, so ist Galen doch mutmaßlich der antike Autor, von dem am meisten – freilich in verschiedenen Sprachen (u. a. Griechisch, Lateinisch, Hebräisch, Syrisch, Arabisch) – überliefert vorliegt.

Galen stammte aus einer angesehenen Familie im kleinasiatischen Pergamon; sein Vater Nikon war ein gelehrter Baumeister. Der junge Galen studierte zunächst Philosophie, bevor er sich mit 16 Jahren der Medizin zuwandte. Ein Grund mag gewesen sein, dass Pergamon Stätte eines bekannten Asklepiosheiligtums und damit Ziel vieler Kranker war. Galen behauptete freilich, seinem Vater sei im Traum geboten worden, den Sohn Arzt werden zu lassen. Zur Abrundung seiner Studien an zahlreichen Orten konnte er sich sogar einen Aufenthalt im ägyptischen Alexandrien, vielleicht dem bedeutendsten zeitgenössischen Zentrum der Gelehrsamkeit, leisten. Nach Abschluss seiner Studien wirkte er zunächst als Gladiatorenarzt in Pergamon, wohl auch zum Sammeln praktischer Erfahrungen in Traumatologie und Chirurgie; manche Schriften empfahlen etwa einem jungen Arzt in diesem Sinne die Teilnahme an einem Feldzug. Von 162 bis 166 währte sein erster Romaufenthalt. Galen stand bald im Ruf einer beachtlichen medizinischen Kapazität, tat sich durch Publikationen hervor und fand in dem hohen Beamten Flavius Boethius einen wissenschaftlich interessierten Förderer. Allerdings schlug er in seinen Schriften einen rechthaberischen, nicht selten sogar rabulistischen und bösartigen Ton an. Manche Gelehrte vermuten daher, dass nicht, wie er vorgab, der Ausbruch einer Seuche in Rom ihn 166 zur fluchtartigen Abreise nach Pergamon veranlasste. Vielmehr ist denkbar, dass er vor der Rache seiner empörten Kollegen fliehen musste. Manche der von ihm als komplette Scharlatane oder gefährliche Narren apostrophierten Ärzte waren schließlich einflussreiche und machtvolle Persönlichkeiten. Doch bald wurde er vom »Philosophenkaiser« Marcus Aurelius selbst als Leibarzt nach Italien zurückberufen. Lange stand er dann am Kaiserhof in Gunst, wobei er seine

Stellung nicht zuletzt zu zahllosen Publikationen nutzte und eifrig an seinem Nachruhm arbeitete. In der scharfzüngigen Darstellungsweise ist er sich stets treu geblieben. Seine letzten Jahre mag er wieder in Pergamon verbracht haben.

Trotz des oft gehässigen Tonfalls sind Galens Hinterlassenschaften für den Altertumskundler eine unschätzbare medizinhistorische und philologische Fundgrube. Da Galen gern mit seiner alle literarischen Sujets umfassenden Belesenheit glänzt, hat er zahllose Fragmente aus sonst verlorenen Schriften anderer Autoren überliefert. Manches verlorene Werk kann sogar in seinem Aufbau rekonstruiert werden, wenn sich der Pergamener in aller Breite und beinahe Satz für Satz mit ihm auseinandersetzt. Wohl nicht zuletzt durch seine gekonnte, aber oft brachiale Argumentation hat er einen ungemein hohen Bekanntheitsgrad erstritten und ein einzigartiges Nachleben gehabt. Seine Schriften wurden in Byzanz gepflegt, anderenorts u. a. ins Syrische und Arabische übersetzt und fanden auf verschiedenen Wegen Eingang ins lateinische Mittelalter, das sie nahezu völlig beherrschten. Bis ins 19. Jahrhundert war der von Galen verfochtene Hippokratismus bzw. das, was er dafür hielt, eine feste Größe in der praktischen Medizin, die erst durch die fundamentale Wandlung der Heilkunst infolge des Aufkommens der modernen Naturwissenschaften an Bedeutung verlor.

Medizinisch gab sich Galen als entschiedener Verfechter der Lehren des Hippokrates. Bei näherem Hinsehen erweist er sich aber als Eklektiker, der bei vielen Ärzteschulen, etwa den Pneumatikern und Empirikern, Anleihen machte bzw. deren Therapien mit hippokratischem Gedankengut verknüpfte und immer wieder bemerkenswerte eigene Ideen entwickelte. Seine humoralpathologische Grundeinstellung ist aber in den Behandlungsweisen, die vielfach recht »hippokratisch« sind, unverkennbar. Gar nicht so selten nähert er sich andererseits den Empfehlungen der von ihm attackierten Ärzte, etwa der Methodiker, an, erklärt dann jedoch wortgewandt, dass nur er allein auch wirklich wisse, warum man so handeln müsse, während seinen Widersachern nur Zufallstreffer gelängen. In seinen zahllosen Schriften werden alle Bereiche der Medizin angesprochen, doch lassen sich bestimmte Interessenschwerpunkte ausmachen: Für unverzichtbar hielt er profunde anatomische Kenntnisse. Doch muss man sich bei der Vielzahl seiner diesbezüglichen Werke vergegenwärtigen, dass er mutmaßlich nie eine menschliche Leiche seziert hat, es sei denn, dass sich während seiner Zeit als Gladiatorenarzt heimlich hierzu Gelegenheit ergeben hätte. Um so eifriger hat er Schweine, Ziegen, Schafe, Affen und andere Tiere seziert, wodurch sich die »galenischen Irrtümer« in seine Schriften einschlichen, die erst Andreas Vesalius im 16. Jahrhundert ausräumte. Durch Vivisektionen von Tieren erlangte Galen Einblick in mancherlei physiologische Abläufe. Ausführlich und nach verschiedenen Aspekten strukturiert sind seine pharmakologischen Ratschläge und umfangreichen Rezeptsammlungen, für deren Erstellung er zahlreiche entsprechende Werke früherer Autoren zu Rate zog. Außerdem hat er verschiedene grundsätzliche Werke und Einführungen in die Heilkunst verfasst. Immer wieder wird dabei deutlich, dass ihm für einen Arzt eine über das unmittelbare Fachwissen hinausreichende Bildung unverzichtbar erschien. [FPM]

Werk(e):
Kühn, C. G.: Claudii Galeni opera omnia, 20 Bde. (1821–1833); Zahlreiche Einzelschriften sind im Corpus Medicorum Graecorum (CMG) ediert.

Sekundär-Literatur:
Ballester, L. G.: Galeno en la sociedad y en la ciencia de su tiempo (c. 130 – c. 200 d. de C.) (1972); Ilberg, J.: Über die Schriftstellerei des Klaudios Galenos (1974).

Galileo Galilei

Jürgen Hamel

Galilei, Galileo,
italienischer Physiker und Astronom,
* 15. 2. 1564 Pisa,
† 8. 1. 1642 Florenz.

Galilei schuf in Auseinandersetzung mit den Lehren des ↗ Aristoteles wesentliche Grundlagen der klassischen Physik, besonders die Bewegungslehre. Er war einer der ersten, die das Fernrohr zur Untersuchung von Himmelserscheinungen nutzten und denen Entdeckungen gelangen, die die aristotelische Physik in Frage stellten. Galileis vehementes Eintreten für die copernicanische Lehre führte zu seiner Verurteilung, zum Verbot eines seiner Werke und zur Forderung von Korrekturen im Hauptwerk von N. ↗ Copernicus durch die Inquisition.

Die aristotelische Physik auf dem Prüfstand

Als Galilei 1564 in Pisa geboren wurde, war etwa 20 Jahre zuvor der Grundstein für eine tiefgreifende Umwälzung des ganzen Weltbildes gelegt worden. Noch fast unbemerkt in seinen Konsequenzen hatte Copernicus ein Weltsystem entworfen, das schwere

Verstöße sowohl gegen die aristotelische Physik als auch die anerkannte Lesart der Heiligen Schrift und, mindestens ebenso schlimm, gegen jeglichen Augenschein der Naturbetrachtung enthielt.

Für fast 2000 Jahren war die Physik des Aristoteles, ein großartiges, in sich geschlossenes, empirisch stets bestätigtes Lehrgebäude, als Grundlage für alle Bereiche der Naturforschung anerkannt gewesen. Bedeutenden christlichen Denkern war es nach manchen Widersprüchen gelungen, es mit der offiziellen Theologie in Einklang zu bringen. Die aristotelische Physik bot lange Zeit einen bewährten Rahmen der Naturerklärung, wozu nicht zuletzt das geozentrische Weltsystem gehörte. Dem gegenüber führte das heliozentrische Weltsystem zu tiefen Widersprüchen mit dieser Physik. Copernicus nahm die Erde aus der Weltmitte, setzte die Sonne dorthin und ließ die Erde um sich selbst und wie alle anderen Planeten um die Sonne kreisen. Damit war der Weltmittelpunkt nicht länger der natürliche Ort aller schweren Körper; es sollte doch, wie jedermann täglich sehen konnte, die Erde, aus den schweren Elementen bestehend, ruhen, nicht die Sonne. Was war dann mit der Erde als dem nach Aristoteles alleinigen Zentrum aller Kreisbewegungen (sichtbar am täglichen Auf- und Untergang aller Gestirne)? Und was war mit dem nach dem Sündenfall Adams befleckten Menschen, für den Gott die Wunder der Schöpfung hat geschehen lassen; was mit der Erde, wo Gott seinen eingeborenen Sohn hat den erlösungsverheißenden Opfertod für die Sünden der Menschen sterben und auferstehen lassen? Dies alles sollte, nicht seiner Bedeutung gemäß in der Weltmitte, sondern auf einem Planeten unter vielen anderen geschehen sein, der durch nichts ausgezeichnet war. In den ersten Lebensjahren Galileis waren diese Konsequenzen nur zum geringsten Maße erkannt.

Um 1600 war die aristotelische Physik bei weitem nicht mehr so unangefochten wie noch ein Vierteljahrhundert zuvor. Durch das copernicanische Weltsystem war sie theoretisch angegriffen. Durch praktische Himmelsbeobachtungen, besonders der Kometen von 1577, 1596 und 1607 und der neuen Sterne von 1572 und 1604, erfolgte ein tiefer Angriff auf die Lehre der Unveränderlichkeit der Gestirnssphären, damit auf einen Grundpfeiler der Physik des Aristoteles.

Galilei begann 1581 ein Studium in Pisa, schloss dieses jedoch nicht ab, sondern verließ zunächst den strengen universitären Bildungskanon, trieb private Studien und scheint sich praktischen Dingen zugewandt zu haben. Als deren Ergebnis entstanden einige kleinere Arbeiten: die Konstruktion einer hydrostatischen Waage (*La Bilancetta*, in italienischer Sprache 1586), zwei Vorlesungen über Gestalt, Lage und Größe von Dantes Hölle (1588,

G. Galilei

ebenfalls in italienischer Sprache), eine im Wesentlichen aristotelisch geprägte Schrift über die Bewegung (*De motu*), Traktate zur Fortifikationslehre und zur Mechanik (1593), die Konstruktion des Proportionalzirkels und ein *Traktat über die Himmelskugel oder Kosmographie*. All dies steht noch auf dem Boden der geozentrischen Lehre bzw. der Physik des Aristoteles. Allerdings hatte sich Galilei zu dieser Zeit auch schon mit Copernicus beschäftigt, wie aus einem Brief an J. ↗ Kepler vom 4. August 1597 hervorgeht. Dennoch scheint diese Beschäftigung zu jener Zeit noch nicht sehr tiefgehend gewesen zu sein.

Galileis Interesse galt vorrangig der Mechanik, zu der er umfangreiche Studien trieb. Viele der ihn damals beschäftigenden Fragen waren eng mit den Belangen der Praxis des zivilen und militärischen Ingenieurwesens (Festungsbau, Artillerie) verbunden, und es dürfte sicher sein, dass Galilei engen Kontakt zu gebildeten Handwerksmeistern und Ingenieuren hatte. Von ihnen kannte er zahlreiche Probleme und studierte ihre Fachsprache, was ihn dann dazu befähigte, wichtige Arbeiten in italienischer Sprache zu verfassen und sich damit direkt an die Praktiker zu wenden.

Um 1608/09 reiften Galileis Studien zur Ableitung der Fallgesetze, er arbeitete über die Bewegungslehre, die Statik fester Körper und Gesetzmäßigkeiten schwimmender Körper.

Das Fernrohr – Schlüssel zu einer neuen Weltsicht

Seine Forschungen wurden unterbrochen, als er 1609 Kenntnis von dem kurz zuvor in Holland erfundenen Fernrohr erhielt, von dem sich rasch eine mehr oder weniger deutliche Kunde im ganzen gelehrten Europa verbreitete. Am Hofe in Den Haag war das Fernrohr im September 1608 bekannt gewesen; in Paris sollen Fernrohre erstmals im April 1609 erschienen sein, im Mai desselben Jahres waren sie in Brüssel und Mailand bekannt.

Der Überlieferung nach erhielt Galilei im Sommer 1609 eine unsichere Beschreibung des neuen Fernrohrs und baute danach selbst ein solches, das er am 20. August 1609 auf dem Turm von San Marco öffentlich vorführte. Die Qualität der ersten Instrumente war recht mangelhaft. Das Blickfeld war sehr klein, das Glas mehr oder weniger mit Blasen und Schlieren durchsetzt. Dies trug dazu bei, dass der militärische Nutzen zwar recht schnell eingesehen wurde (die Sichtbarmachung ferner Gebäude, Schiffe und Personen), man aber bei der astronomischen Anwendung, wo es um feinste Details ging, vielfach sehr skeptisch blieb. Dies besonders dort, wo man aus theoretischen Gründen ohnehin den Beobachtungen ablehnend oder wenigstens skeptisch gegenüberstand. Dennoch gelangen mehreren Astronomen in einer recht kurzen Zeitspanne wichtige Entdeckungen: die Lichtphasen der Venus, die (ersten) vier Monde des Jupiters, Berge und Täler auf dem Mond, die Auflösbarkeit der Milchstraße in Sterne, die Sonnenflecke, des Saturnringes (dessen Natur erst später erkannt wurde).

Diese Entdeckungen gelangen nicht nur Galilei. Es war wohl nur eine Frage der Zeit, wann einzelne Gelehrte das Fernrohr in die Hand bekamen und auf den Himmel richteten. An den Beobachtungen waren von Herbst 1609 bis Ende 1610 neben Galilei Johann Baptist Cysat, Johannes Fabricius, Thomas Harriot, Simon Marius, Ch. ↗ Scheiner u. a. beteiligt. Galilei selbst widmete sich diesen neuen Phänomenen nur kurze Zeit. Er war durch seinen scharfen Geist und die Parteinahme für Copernicus rasch in der Lage, die Bedeutung des Geschauten zu erfassen. Andere Gelehrte, wie Scheiner, brauchten dafür länger, doch sie blieben teils jahrzehntelang bei diesen Themen, korrigierten ihre anfänglichen Irrtümer und wurden zu den besten Kennern der neuen Himmelserscheinungen. So verfolgte Scheiner jahrelang die Sonnenflecke und gab exakte Beschreibungen ihrer Erscheinung sowie Regeln ihres Entstehens und ihrer Bewegung. Und während die Darstellung der Mondoberfläche von Galilei nur eine qualitative Skizze darstellt, gelang Harriot und Scheiner wenig später eine erste wirkliche Darstellung der Mondformationen.

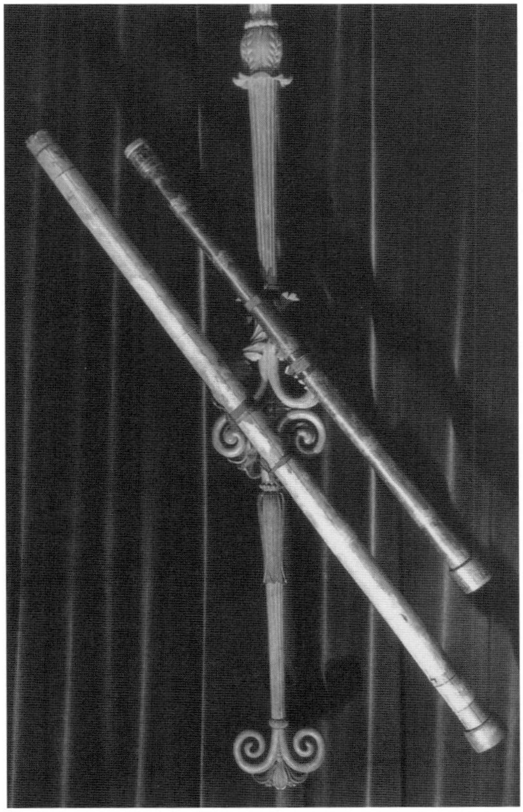

G. Galileis Fernrohr
(Foto: Deutsches Museum München, Bildstelle)

Leider entfachte Galilei, indem er die Priorität an mehreren dieser Entdeckungen beanspruchte, hart geführte, kleinliche Streitereien gegen seine Fachkollegen, die für einige von ihnen sehr unangenehme Folgen hatten, am Ende aber auch gegen Galilei selbst zurückschlugen, weil er einflussreiche Gelehrte, wie Scheiner, gegen sich eingenommen hatte.

Galilei machte sich sofort nach seinen ersten Beobachtungen an die Niederschrift eines Berichtes, des *Sidereus Nuncius* (Sternenbotschaft, 1610). Er beschreibt darin seine Entdeckungen der Jupitermonde, der Mondberge und der Sterne in der Milchstraße. Dieses kleine Buch erregte ungewöhnliches Interesse – einerseits wegen der Entdeckung solch vollkommen neuer und überraschender Phänomene am Himmel, andererseits wegen der damit verbundenen Konsequenzen für die aristotelische Physik.

Diese Entdeckungen hatten zunächst nichts mit einem Beweis für die copernicanische Lehre zu tun. Die Entdeckungen des Jupitermondsystems, der Mondformationen und der Sonnenflecke besaßen in dieser Hinsicht keine unmittelbare Beweiskraft.

Es wurden jedoch einige, teils theologisch gefärbte Prinzipien der ohnehin schon angeschlagenen aristotelischen Physik vorgetragen. Somit besaßen diese Entdeckungen für die Anhänger des Copernicus, besonders für Galilei, eine große Überzeugungskraft, da sie vorhandene Zweifel an der Richtigkeit der aristotelischen Physik stärkten.

Zu ihnen gehört die grundsätzliche Aussage, nur die Erde könne als in der Weltmitte stehend das Zentrum von Kreisbewegungen sein. Hingegen zeigten die vier Jupitermonde unbestreitbar, dass es in diesem Fall eine doppelte Bewegung gibt, zum einen die Kreisbewegung der Monde um den Jupiter, zweitens mit diesen zusammen die Bewegung des Jupiter, wobei es gleich ist, ob sich dieser um die Erde oder die Sonne bewege.

Der Mond, als zur kosmischen Region gehörig, müsse eine ideal ebene Oberfläche haben. Mit der Entdeckung der durch ein Fernrohr erdähnlich erscheinenden Mondoberfläche wurde der Mond ein Stück Erde und umgekehrt die Erde ein Stück Himmel, womit der grundsätzliche Unterschied zwischen Himmel und Erde, ein fundamentales Element der aristotelischen Physik, in Frage gestellt wurde. Brecht brachte dies in seinem *Leben des Galilei* auf die einprägsame Formel: »Was du siehst, ist, daß es keinen Unterschied zwischen Himmel und Erde gibt ... Die Menschheit trägt in ihr Journal ein: Himmel abgeschafft.« Erwähnt sei noch, dass Galilei als erster die Möglichkeit erkannte, aus den Schattenlängen einzelner Mondkrater deren Höhe zu bestimmen.

Gravierendere Konsequenzen hatte auch die Entdeckung des konkreten Ablaufs der Lichtphasen der Venus weniger ihre Entdeckung schlechthin, da dies unmittelbar aus der Tatsache folgt, dass die dunklen Planeten von der Sonne beleuchtet werden. Jedoch ist der Phasenverlauf im geo- und heliozentrischen sowie im System von T. ↗ Brahe voneinander verschieden. Im Ersteren befindet sich die Venus stets zwischen Sonne und Erde, weshalb die Venus niemals voll erleuchtet sichtbar ist. Anders verhält es sich im heliozentrischen System, in dem die Venus alle Lichtphasen durchlaufen kann. Wie Galilei angab, hatte er die Venus seit Anfang Oktober 1610, zunächst als fast ganz erleuchtete Scheibe, beobachtet. Anfang 1611 zeigte sich immer deutlicher die Sichelgestalt des Planeten, ein Verlauf, wie er nur mit dem System des Copernicus vereinbar ist. Allerdings hatte Galilei die Brisanz dieser Beobachtung nicht erkannt, obwohl dies ein erster, direkter Hinweis auf die Wahrheit des copernicanischen Systems gewesen wäre.

Die Bedeutung der Sonnenflecke für den Streit um das wahre Weltsystem liegt zunächst darin, dass der Gedanke der Unveränderlichkeit im Bereich über dem Mond angegriffen wurde. Denn schon die ersten Beobachter, besonders Harriot, stellten fest, dass die Flecke keine konstanten Erscheinungen sind, sondern ihre Gestalt und gegenseitige Lage verändern, sie entstehen und vergehen. Dies läuft in der christlich geformten aristotelischen Physik darauf hinaus, dass der Sonne eine besondere Stellung in der Welt zukam, sie sogar gelegentlich in allegorischem Sinne mit Christus gleichgesetzt wurde. Daraus ergab sich die gedankliche Selbstverständlichkeit, dass ihr Licht, ihr Feuer rein sein sollte, keiner Nahrung bedarf und in ihrer Stärke unveränderlich sei. Vor diesem Hintergrund ist zu verstehen, warum die Sonnenflecken weltanschauliche Kontroversen verursachten. Die Entdeckung der Sonnenflecke hatte zwar keinen direkten Bezug zum Streit um Copernicus, doch wurde einem weiteren Element der kirchlich sanktionierten Naturphilosophie der Boden entzogen und stärkte die Vermutung, noch weitere Sätze der aristotelischen Physik könnten sich als falsch erweisen – gemeinsam mit den durch die anderen Fernrohrbeobachtungen gesäten Zweifeln wurde der Boden für die Akzeptanz tiefergehender Wandlungen bereitet.

Zu Beginn des 17. Jahrhunderts ging man durch die Forschungen Keplers und die ersten Fernrohrbeobachtungen konsequent daran, die heliozentrische Lehre nicht länger als mathematische Hypothese zu betrachten. Der nun erfolgende Angriff auf das alte Weltbild war so grundsätzlich und die weltanschaulichen Folgen so klar, dass der gegen Galilei angestrengte Inquisitionsprozess mit der Verurteilung des Gelehrten endete und sein Werk sowie das des Copernicus auf den Index der verbotenen Bücher gesetzt wurde: bis es »verbessert« sei. Doch es muss angemerkt werden, dass es für die copernicanische Lehre bis dato keinen definitiven Beweis gab. Aus diesem Grunde erschien den im alten Denken verhafteten Gelehrten verständlicherweise die heliozentrische Lehre als vage Vermutung, gegen anerkannte Bibelinterpretationen, die aristotelische Physik und die alltägliche Erfahrung verstoßend. Erschwerend kam hinzu, dass Galilei gegen den fast uneingeschränkt anerkannten Charakter der Astronomie als einer mathematischen Wissenschaft ohne Wahrheitsanspruch verstieß.

Der Konflikt: Kirche und Astronomie

Die offizielle kirchliche Kritik am heliozentrischen System begann am 5. März 1616 im Zusammenhang mit dem Galilei-Prozess mit dem »Dekret der Hl. Kongregation«. Das gänzliche Verbot als »ketzerisch« mit allen schweren Folgen für Besitz und Verbreitung des Werkes wurde gegen Copernicus nicht ausgesprochen, sondern es wurde nach »Verbesserung« zugelassen. Ein völliges Verbot des Werkes hätte sich kaum durchsetzen lassen. Schließlich war es Paul III. gewidmet, hatte durch Einbeziehung der »Prutenischen Tafeln« in die Kalenderreform 1582 im Auftrag Papst Gregors XIII. Verwendung gefunden und stand überhaupt in der Gelehrtenwelt in hohem Ansehen.

Was mit der Verbesserung gemeint ist, wurde von der Indexkongregation am 15. Mai 1620 festgestellt. Die wenigen monierten Stellen des Werkes beziehen sich auf die Behauptung der wirklichen Erdbewegung. Gefordert wird die Korrektur der heliozentrischen Lehre in dem Sinne, dass sie lediglich als mathematische Hypothese erscheint.

Während zwischen geozentrischem Weltsystem und weltanschaulichen Forderungen der Theologie bis ins 16. Jahrhundert hinein Übereinstimmung bestand, tat sich mit dem heliozentrischen Weltbild ein Riss zwischen Astronomie und Theologie auf, der nicht mehr zu schließen war, sondern zu einer Wandlung im theologischen Menschenbild führte. Ganz selbstverständlich liegt der Bibel die geozentrische Sicht in Form eines religiösen Anthropozentrismus zugrunde. Die gesamte Schöpfung ist nur in der Projektion auf den Menschen verstehbar.

Galilei wurde während des gegen ihn geführten Inquisitionsprozesses mit Problemen der Bibelinterpretation konfrontiert und nahm dazu erstmals in einem Brief an Benedetto Castelli vom 21. Dezember 1613 Stellung. Für ihn als gläubigen Menschen sei eine Grundlage des Denkens, dass die Gebote der Heiligen Schrift von unanfechtbarer und unverletzlicher Wahrhaftigkeit sind, fügt aber hinzu, »wenngleich auch die Schrift nicht irren kann, so könne nichtsdestoweniger einer ihrer Erklärer und Ausleger manches Mal auf mancherlei Weise irren«. Als wichtigste Quelle dieser Irrtümer versteht er, wenn man sich stets an die bloße Bedeutung der Worte halten wolle. Es gäbe, meint Galilei, in der Bibel zahlreiche Sätze, »die der bloßen Bedeutung der Worte nach von der Wahrheit abzuweichen scheinen, aber auf diese Weise gefaßt wurden, um sich dem Unvermögen der Menge anzubequemen«. Deshalb müssten die Bibelausleger den »wahren Sinngehalt herausstellen und die besonderen Gründe dafür aufzeigen, weshalb er in solchen Worten ausgesprochen worden ist«. Aus diesen Überlegungen leitete Galilei die Überzeugung ab, dass der Bibel »in den Disputen über die Natur der letzte Platz vorbehalten sein sollte«. Denn während in der Bibel wahre Dinge in einer Form vorgestellt werden, die »dem Verständnis der Menge« zugänglich sein solle und deswegen scheinbar Widersprüche in sich schließen kann, ist »die Natur unerbittlich und unwandelbar und unbekümmert darum ..., ob ihre verborgenen Gründe und Wirkungsweisen dem Fassungsvermögen der Menschen erklärlich sind oder nicht«. Mit hin dürften Erkenntnisse der Wissenschaften »keinesfalls in Zweifel gezogen werden ... durch Stellen der Schrift, die scheinbar einen anderen Sinn haben, weil nicht jeder Ausspruch der Schrift an so strenge Regeln gebunden ist wie jede Wirkung der Natur.«

Im Prozess gegen Galilei ging es nicht nur um die Interpretation einer Bibelstelle, sondern die Autorität der Bibel, wie man sie auffasste, stand auf dem Spiel, mit ihr ein ganzes Menschenbild. In dem auf der aristotelischen Kosmologie entworfenen Weltbild ruht die Erde mit dem Menschen »unten« in der Weltmitte. Das gesamte Welttheater läuft für den Menschen ab, zu dessen Nutzen die Gestirne und die gesamte Natur geschaffen wurde. Der Himmel, das reine Lichtreich der Gestirne und schließlich das Reich der Seligen befindet sich »oben«. Dieser Weltbau spiegelt eine sittliche Weltordnung wider, in der sich die Seligen durch Gottesnähe auszeichnen, dagegen die erlösungsbedürftige Welt des Menschen, das Reich der Trübsal, von Geburt und Tod, der Vergänglichkeit, eine maximale Gottesferne aufweist, den kosmischen Harmonien entrückt. Andererseits war diese Gottesferne mit der Auszeichnung der Zentralstellung in der Welt verbunden. Der Mensch konnte sich eingeschachtelt, behütet durch die von den Astronomen ersonnenen Sphären fühlen, das sorgende Auge Gottes als Verheißung künftiger Erlösungsmöglichkeit auf sich gerichtet wissend.

Die Kunst des Dialogs

Galilei verfasste zu seinen astronomischen Forschungen keine systematische Darstellung, kein Handbuch der neuen Astronomie, und es darf wohl gesagt werden, dass eine solche systematische Abhandlung seinem Wesen fremd war und er sicherlich auch spürte, dass die Argumente, die er für seine Parteinahme für Copernicus fand, doch keine positiven Beweise waren. Seine Darstellungsform war der Dialog. Darin konnte er seiner scharfen Sprache freien Lauf lassen, die Argumente der Aristoteliker auseinander nehmen und seine Untersuchungen dagegenhalten – freilich dabei auch geschickt Lücken der Argumentation durch Rhetorik verdeckend.

Zwei große Dialoge nehmen in Galileis Werk eine herausragende Stellung ein: Der *Dialog über die beiden hauptsächlichen Weltsysteme, das ptolemäische und das copernicanische* (*Dialogo*, 1632) sowie *Unterredungen und mathematische Demonstrationen über zwei neue Wissenszweige, die Mechanik und die Fallgesetze betreffend* (*Discorsi*, 1638).

Galileis *Unterredungen* sind eines der herausragenden Dokumente der Physikgeschichte, bemerkenswerter Weise verfasst in italienischer Sprache, damit sich das Verständnis dieses Werkes auch dem gebildeten Handwerker und Ingenieur erschließt. Denn es geht hier durchaus um Fragen, die über ein abstraktes Forschungsinteresse hinausgingen. Sie sind in sechs Tage gegliedert, an denen die Disputanten Salviati, Sagredo und Simplicio (also die selben Teilnehmer des *Dialogs*) die Probleme erörtern. Darin sind die Funktionen klar verteilt: Salviati vertritt die Lehren Galileis, der selbst »unser Akademiker« genannt wird, Sagredo, ein gelehrter venezianischer Edelmann, viele Jahre vertrauter Freund Galileis, übernimmt vielfach mit seinen Fragen und ersten Skizzen von Problemen die Rolle des Moderators. Eine undankbare Stellung hat hingegen Simplicio, der Vertreter aristotelischer Lehren, intelligent, belesen, bemüht, aber von seinen beiden Kontrahenten, besonders Salviati, vielfach mit Ironie behandelt und vor allem mit den Fakten der von ihm dargebotenen Erläuterungen konfrontiert und Stück für Stück wissenschaftlich demontiert.

Darstellungsmittel sind Untersuchungen der aristotelischen Physik, Berichte über tatsächliche Experimente, »Tafelbilder« und die gemeinsame Ausführung und Analyse von Gedankenexperimenten. Die *Unterredungen* sind weniger polemisch gehalten als der *Dialog* über die beiden Weltsysteme, Galilei findet hier eine klarere Darstellung strengerer wissenschaftlicher Sachlichkeit. Mag dies einerseits mit dem Alter des Autors zu tun haben, so doch auch mit dem Gegenstand. Denn während sich Galilei im *Dialog* auf ein unsicheres Gebiet voller theologischer Streitpunkte begibt, für das er Beweise präsentieren will, hat er bei den Untersuchungen einen sicheren Boden. Das Buch ist das Produkt jahrelanger Forschungen – unter allerdings persönlich außerordentlich schweren Bedingungen entstanden. Galilei stand in Arcetri unter Hausarrest der Inquisition, in seiner Bewegungsfreiheit vollkommen behindert, besonders seine immer mehr zunehmende Erblindung belastete ihn und der Tod seiner geliebten Tochter drückte ihn nieder. Dennoch brachte er die Kraft auf, ein Werk zu verfassen, das der Physik neue Wege wies, ein wirkliches wissenschaftliches Vermächtnis.

Die erste Gliederung des Werkes lief auf vier Tage hinaus und in dieser Form erschien es auch zunächst. Erst später fügte Galilei einen 5. und 6. Tag hinzu, die beide sowohl dem Umfang, als auch der formalen Gestaltung nach einen unfertigen Eindruck machen und beide eher als Anhänge oder Nachträge zu den ersten vier Tagen zu sehen sind.

An den ersten beiden Tagen werden Probleme der Statik und der Festigkeitslehre sowie Anfänge der Pendelbewegung behandelt. Hier geht es um die Erkenntnis, dass im Vakuum alle Körper gleich schnell fallen (natürlich als Gedankenexperiment, verbunden mit der Betrachtung der Bewegung von Kugeln aus Gold, Blei, Holz in Quecksilber, Wasser und Luft), sowie hinsichtlich des Pendels um die Erkenntnis der Schwingungszeit eines Pendels proportional der Quadratwurzel der Länge und unabhängig von der Masse der Pendellinse. Die Untersuchung des Sinkens von Körpern in viskosen Flüssigkeiten ist dabei für Galilei ebenso wie die der Pendelbewegung und der Bewegung auf einer schiefen Ebene, die er beide als verwandt mit der Fallbewegung erkennt, ein methodisch geschicktes Mittel zur Untersuchung der sehr schnell verlaufenden Fallbewegung. Galilei abstrahierte bei der Untersuchung des freien Falls vom umgebenden Medium und ließ im Gegensatz zu Aristoteles das Vakuum wenigstens als Denkmöglichkeit zu, ohne sich mit diesem Problem näher zu beschäftigen. Am 2. Tag geht es sehr ausführlich um die Hebelgesetze und damit insgesamt die Lehre der Statik.

Am 3. und 4. Tag behandeln die Gelehrten die gleichförmige Bewegung, die Galilei hier klar definiert und einen Ansatz für das Geschwindigkeit-Zeit-Gesetz entwickelt. Leider entsprach Galileis Methode der Zeitmessung mit einer Auslauf-Wasseruhr nicht den Möglichkeiten der Zeit. Ferner geht es um die Analyse der Wurfbewegung mit Hilfe der Kegelschnitte, was für die Ballistik und damit das Militärwesen von großer Bedeutung war. Im Original sind in diesem Teil zahlreiche Passagen in der Gelehrtensprache Latein verfasst.

Mit den *Unterredungen* wird Galilei zwar nicht der erste Experimentalwissenschaftler der Physikgeschichte, auch nicht der erste, der sich wieder auf das Buch der Natur besonnen hat, aber der in seiner Zeit konsequenteste Vertreter dieser Art des Forschens, der zudem das Studium der Bewegung durchgängig einer mathematischen Durcharbeitung unterwarf und somit eine neue Bewegungslehre schuf, die die alte, lange bewährte des Aristoteles überwand. Damit eröffnete Galilei die Wege zu einer Wissenschaft der Dynamik ebenso wie zur Erforschung der Bewegung kosmischer Körper, die dann im Werk I. ↗ Newtons für lange Zeit eine Grundlage wissenschaftlichen Forschens darstellte.

Werk(e):
Le Opere di Galileo Galilei. Edizione Nazionale, hrg. v. A. Favaro, 20 Bde. (1890–1909); Galilei Galilei. Schriften. Briefe. Dokumente, 2 Bde., hrg. v. A. Mudry (1987); Unterredungen und mathematische Demonstrationen über zwei neue Wissenszweige, die Mechanik und die Fallgesetze betreffend, hrsg. v. J. Hamel, Ostwalds Klassiker der exakten Wissenschaften, 11 (2004).

Sekundär-Literatur:
Drake, St.: Galileo at work: his scientic biography (1987); Fölsing, A.: Galileo Galilei. Prozeß ohne Ende. Eine Biographie (1989); Wohlwill, F.: Galilei und sein Kampf für die copernicanische Lehre, 2 Bde. (1909; 1993); Reston, J.: Galileo Galilei (1999); Montesinos, J. (Ed.): Largo cacapo di filosofare (2001); Renn, J. (Ed.): Galileo in Context (2002).

Galle, Johann Gottfried,
deutscher Astronom,
* 9. 6. 1812 (Radis b. Gräfenhainichen),
† 10. 7. 1910 (Potsdam).

Galle ist der Entdecker des Planeten Neptun.

Galle wurde in der Familie eines Teerschwelers geboren, besuchte die Dorfschule in Radis, dabei durch den Pastor in alten Sprachen unterwiesen, darauf das Gymnasium in Wittenberg. 1830 nahm er in Berlin das Studium der Mathematik und Naturwissenschaften auf und erlangte für diese Fächer die Lehrbefähigung. Er absolvierte seine Probezeit an Gymnasien in Guben und Berlin, trat jedoch 1835 in die neu geschaffene Berliner Sternwarte ein.

An der vor allem auf Betreiben A. v. ↗ Humboldts geschaffenen neuen Berliner Sternwarte war Galle bis 1851 tätig. Neben astronomischen Beobachtungen widmete er sich auch meteorologischen und magnetischen Messreihen, berechnete für das *Berliner Astronomische Jahrbuch* die Örter von Planeten und entdeckte mehrere Kometen. 1845 promovierte er mit einer Arbeit über die Messung der Lichtgeschwindigkeit durch O. ↗ Römer.

Galles Name ist heute besonders mit der Entdeckung des Planeten Neptun verbunden, die ihm am 23. 9. 1846 gelang. Die Entdeckung ist durch ihre speziellen Umstände von besonderer Bedeutung. Sie erfolgte auf der Grundlage der Berechnung des vermutlichen Ortes eines neuen Planeten durch U. ↗ Leverrier, die dieser aus Störungen der Bewegung des Planeten Uranus vornahm. Galle verglich den hypothetischen Ort des Planeten mit einem Blatt der damals in Bearbeitung befindlichen *Berliner Akademischen Sternkarten*, wobei der als Hilfsassistent tätige Heinrich L. d'Arrest ein wichtige Rolle als Mitentdecker spielte; während Galle am Fernrohr die Beobachtung übernahm, verglich d'Arrest die von diesem mitgeteilten Sternpositionen sofort mit einem neuen Blatt der Sternkarten, wobei er einen darauf nicht verzeichneten Himmelskörper feststellte, der sich nach Kontrollbeobachtungen als der gesuchte Planet erwies.

1847 stellte Galle einen viel benutzten Katalog der bis dahin berechneten Bahnen von Kometen zusammen, der 1893/94 in erweiterter Form erschien.

Im Jahre 1851 erhielt Galle den Ruf als Direktor der Sternwarte Breslau und wurde 1856 zur Professor für Astronomie berufen. Da die baulichen und instrumentellen Voraussetzungen dort sehr schlecht waren, widmete er sich vor allem theoretischen Arbeiten. So untersuchte er mit Erfolg den Zusammenhang zwischen Kometen und Meteorströmen und führte meteorologische und geodätische Messreihen durch. Zudem versuchte er mit Erfolg, aus der Beobachtung von Planetoiden den Abstand zwischen Erde und Sonne zu berechnen, beobachtete Sonnen- und Mondfinsternisse, Nordlichter u. a. [JH]

Sekundär-Literatur:
Wattenberg, D.: Johann Gottfried Galle (1963); Hamel, J.: Bessels Projekt der Berliner Akademischen Sternkarten, in: Die Sterne 65 (1989) 11–19; Hamel, J.: Die Entdeckung des Planeten Neptun an Enckes 55. Geburtstag, in: Die Sterne 68 (1992) 161–174.

Galois, Evariste,
französischer Mathematiker,
* 25. 10. 1811 Bourg-la Reine (bei Paris),
† 31. 5. 1832 Paris.

Galois hat mit grundlegenden Arbeiten zur Auflösungstheorie algebraischer Gleichungen entscheidend zum methodischen Wandel in der Algebra, der durch die Hinwendung zum strukturellen Denken gekennzeichnet ist, beigetragen.

Galois wurde als zweites Kind von Nicolas-Gabriel und Nathalie-Théodore Galois geboren. Sein Vater war Direktor einer Internatsschule in Bourg-la-Reine und ab 1815 Bürgermeister des Ortes. Seine Mutter stammte aus einer Juristenfamilie und hatte eine gute klassische Ausbildung erhalten, die sie befähigte, ihre Kinder zunächst selbst zu unterrichten. Mit 12 Jahren kam Galois in das bekannte Lyzeum Louis-le-Grand, das speziell in den klassischen Sprachen einen sehr guten Ruf hatte. Als potentielle Ausbildungsstätte des Nachwuchses für den höheren Staatsdienst wurde das Lyzeum streng im Sinne der königstreuen Kräfte geleitet und jede anders gerichtete Meinung unterdrückt. Galois, der ganz im republikanischen Geiste erzogen worden war, kam mehrfach mit diesen Bedingungen in Konflikt. Der Besuch des Lyzeums brachte für ihn jedoch auch die Entdeckung seines mathematischen Talents durch den Mathematiklehrer Louis Paul Richard, der ihn zum Studium der klassischen Werke von C. F. ↗ Gauß, A.-M. ↗ Legendre und J. L.↗ Lagrange anregte. Neben der Teilnahme am politischen Geschehen wurde die Mathematik Galois' große Leidenschaft. Noch als Schüler publizierte er eine erste Arbeit über Kettenbrüche.

Bei der Aufnahmeprüfung zur École Polytechnique fiel Galois jedoch zweimal durch, u. a. weil er sich weigerte, die einfachen Fragen der Prüfer im Detail zu beantworten. Er musste sich daher damit begnügen, im Herbst 1829 an der aus der École Normale hervorgegangenen École Préparatoire ein Lehrerstudium aufzunehmen. Nur wenige Wochen zuvor, am 2. Juli, hatte sich sein Vater infolge einer

E. Galois: Portrait gezeichnet von seinem Bruder Alfred

politischen Intrige das Leben genommen. Als Student schloss sich Galois 1830 der republikanischen Bewegung an und wurde, nachdem er in einem Zeitungsartikel den Schuldirektor für dessen Haltung zur Julirevolution kritisiert hatte, von der Schule verwiesen. Danach war Galois vorrangig politisch tätig und wurde Mitglied der Nationalgarde. Sein politisches Engagement führte zweimal zur Verhaftung, das zweite Mal war er vom Juli 1831 bis zum April 1832 inhaftiert.

Zwischendurch und vor allem im Gefängnis setzte er seine mathematischen Studien fort. Er überarbeitete ein früheres Manuskript und bemühte sich um die Zusammenfassung und verbesserte Darstellung seiner Resultate. Da Galois in den Herleitungen bzw. Beweisen viele seiner neuartigen Ideen nur skizzierte, waren seine Arbeiten für seine Zeitgenossen schwer verständlich. Dies war auch ein Grund, warum seine Arbeiten mehrfach von der Pariser Akademie abgelehnt wurden.

Der Gegenstand der Galoisschen Forschungen war die Auflösung der allgemeinen Gleichungen n-ten Grades. Die Frage, ob auch für Gleichungen von höherem als vierten Grades die Lösung in Radikalen angegeben werden kann, beschäftigte die Mathematiker, seit um 1540 Ludovico Ferrari zusammen mit G. ↗ Cardano die entsprechende Lösung für die Gleichung 4. Grades angegeben hatte. Angeregt durch die Arbeiten N. H. ↗ Abels, der u. a. die Auflösbarkeit der allgemeinen Gleichung n-ten Grades in Radikalen negativ entschieden hatte, nahm Galois das Problem in Angriff, zu bestimmen, für welche Gleichungen eine solche Auflösung möglich war. Er knüpfte an die Resultate von Lagrange, Gauß und A. ↗ Cauchy an und ordnete jeder algebraischen Gleichung eindeutig eine Gruppe von Permutationen zu. Galois erkannte, wie man aus der Struktur dieser Gruppe, die später nach ihm benannt wurde, Aussagen über die Lösbarkeit der Gleichung ableiten konnte und wie sich die Beziehungen zwischen dieser Gruppe und dem Koeffizientenkörper der Gleichung bei einer Erweiterung desselben verändern. Das letztere Resultat bildete den Hauptsatz der von Galois aufgebauten Theorie. Im Rahmen dieser Theorie konnte er z. B. die Bedingung für die Wurzeln der Gleichung angeben, unter deren eine irreduzible Gleichung vom Primzahlgrad auflösbar war. Eine weitere Anwendung seiner Theorie bildeten die Modulargleichungen elliptischer Funktionen. Seine in dem Brief an Auguste Chevalier nur grob skizzierten neuen Erkenntnisse über elliptische Funktionen und Abelsche Integrale wurden historisch nicht wirksam. Die Untersuchung von Funktionenkongruenzen führte Galois zu Betrachtungen über endliche Körper, von denen er wichtige Eigenschaften aufdeckte. Endliche Körper werden heute auch als Galois-Felder bezeichnet.

Mit seinen grundlegenden Resultaten zur Auflösungstheorie algebraischer Gleichungen stand Galois am Beginn einer methodischen Wende in der Algebra, in deren Verlauf das Studium algebraischer Strukturen und die Aufklärung der gegenseitigen Beziehungen immer mehr in den Mittelpunkt des Interesses rückte.

Nach seiner Entlassung aus dem Gefängnis ließ sich Galois, enttäuscht über eine unglückliche Liebe und die politische Situation völlig verkennend, unter nicht mehr genau nachvollziehbaren Umständen in ein Duell verwickeln. Am Abend vor diesem für ihn aussichtslosen Ereignis fasste er in einem Brief an seinen Freund Chevalier die wichtigsten Ergebnisse und Ideen seiner Theorie zusammen. Gauß und Jacobi sollten dann über die Bedeutung seiner Arbeit urteilen. Galois verstarb an den in dem Duell erlittenen Verletzungen. Seine genialen Ideen wurden aber erst ab 1846 allmählich für die Entwicklung der Mathematik wirksam, als J. ↗ Liouville die damals bekannten Teile des Nachlasses von Galois publizierte. Im Nachlass fanden sich neben Manuskripten und Fragmenten zu mathematischen Problemen auch Notizen allgemeinerer Charakters zur Entwicklung der Mathematik und der Wissenschaften. Trotz des skizzenhaften Charakters in der Darstellung bezeugten sie, dass Galois nicht nur in den mathematischen Forschungen einen bemerkenswerten Weitblick besaß. [KHS]

Werk(e):

Lettre à Auguste Chevalier. Revue encyclopédique 55 (1832), 568–576; Écrits et mémoires mathématiques d'Evariste Galois, hrg. v. Bourgne, R. und J.-P. Azra (1962); Oeuvres mathématiques d'Evariste Galois, hrg. v. Liouville, J., Journal de mathématique pures et appliquées 11(1846), 381–448.

Sekundär-Literatur:

Toti Rigatelli, L.: Evariste Galois: 1811–1832 (1996, übersetzt aus d. Ital. von J. Denton, Schriftenreihe: Vita mathematica Bd.11).

Galton, Sir Francis,
britischer Arzt, Eugeniker, Erfinder und Schriftsteller,
* 16. 2. 1822 Sparkbrook (heute zu Birmingham),
† 17. 1. 1911 Haslemere (Surrey).

Galton gilt als Mitbegründer der Vererbungsforschung, obwohl er sich später zunehmend von den Anschauungen der modernen klassischen Genetik distanzierte.

Galton wuchs als jüngstes von neun Kindern in einer Quäkerfamilie auf, seine Mutter war eine Tochter von E. ↗ Darwin und Galton der Vetter von Ch. ↗ Darwin. Nach dem Schulbesuch, u. a. von 1830–32 in Boulogne (Frankreich), unternahm er mehrere Europareisen, bevor er von 1839–43 am King's College (London) und Trinity College (Cambridge) Medizin studierte. Ohne Studienabschluss bereiste er schließlich 1845 Ägypten, von 1850–52 unerforschte Gebiete Südwest-Afrikas und führte hier ethnologische sowie anthropologische Beobachtungen durch. 1853 heiratete Galton und war bis zu seinem Tod als Privatgelehrter tätig. 1860 wurde er Mitglied der Royal Society.

Galton war als Privatgelehrter außerordentlich produktiv: 16 Bücher und mehr als 200 Artikel stammen aus seiner Feder. Am bedeutendsten waren seine Forschungen auf dem Gebiet der Vererbungslehre. So wurde er nach eigenen Versuchen an Kaninchen ein Gegner der »Pangenesis-Hypothese« seines Vetters Ch. Darwin, versuchte ferner, durch Familienanalyse die Vererbung von Begabung nachzuweisen und bemühte sich, statistisch verlässliche Methoden und Merkmalsanalysen in die Anthropologie einzuführen. Er gründete das biometrische »Galton-Laboratory« in London und lieferte mit der »Galton-Regel« (Merkmalsausprägungen aller Individuen einer Art schwanken um einen Mittelwert) die Grundlage für spätere biomathematische Sätze (z. B. das Hardy-Weinberg-Gesetz). Galton gilt auch als Begründer der »Zwillingsforschung«, nach deren Methode Merkmalsunterschiede bei eineiigen Zwillingen vor allem auf den Einfluss der Umwelt zurückzuführen sind (1875). Zudem prägte er den Begriff »Eugenik« (1869) und trat für eine Erhöhung der Kinderzahl bei »Begabten« ein. Die Einführung der Daktyloskopie in die Kriminalistik geht auch auf ihn zurück. Als Erfinder und Hobby-Meteorologe machte er sich mit dem »Galton-Brett« und der »Galton-Pfeife« einen Namen. Karl Pearson wurde später der Nachfolger von Galton in dessen Labor. [UH]

F. Galton

Werk(e):
Hereditary Talent and Character, Macmillans Magazine 12 (1865); Hereditary Genius, its Laws and Consequences (1869); The History of Twins (1875); Inquiries into Human Faculty and its Development (1883); Natural Inheritance (1889).

Sekundär-Literatur:
The Life, Letters and Labours of Francis Galton, 4 Bde. (1914–1930); Gilham, N. W.: A life of Sir Francis Galton: from African exploration to the birth of eugenics (2001).

Galvani, Luigi,
italienischer Physiologe und Physiker,
* 9. 9. 1737 Bologna,
† 4. 12. 1798 Bologna.

Galvanis Hauptleistung ist die Entdeckung der elektrochemischen Elektrizitätserzeugung. Darauf beruht A. Voltas Erfindung des Galvanischen Elements.

Galvani stammt aus einer Bologneser Patrizierfamilie. Obwohl zur Theologie neigend, studierte er in Bologna Medizin und wurde 1759 in Medizin und Philosophie graduiert. In seinen ersten Berufsjahren führte er eine medizinische und chirurgische Praxis, forschte auf dem Gebiet der Anatomie und hielt Vorlesungen über Medizin. 1766 wählte ihn der Senat von Bologna zum Demonstrator am Anatomischen Museum. 1775 wurde Galvani Adjunkt für Anatomie an der Bologneser Universität und 1782 zum Professor für Geburtshilfe ernannt. 1790 starb seine Frau, die Tochter seines anatomischen Lehrers, die ihm bei seinen Untersuchungen geholfen hatte. Später wurde Bologna von französischen Truppen besetzt, und Galvani verweigerte den Treueeid auf die von Napoleon gegründete zisalpinische Republik. Er wurde aller seiner Ämter und Würden enthoben, fand zwar Aufnahme bei seinem Bruder, starb aber verarmt vor seiner angestrebten Rehabilitation.

Galvanis erste Arbeiten um 1760 befassten sich mit anatomischen Problemen, unter anderem mit

L. Galvani

der Struktur, Funktion und den Krankheiten der Knochen. Ferner untersuchte er in der vergleichenden Anatomie die Nieren und Ohren von Vögeln. In den 1770er-Jahren traten physiologische Studien, speziell über Muskeln und Nerven, in den Vordergrund. Angeregt durch Forschungen anderer Mediziner, wandte er sich um 1780 dem Problem der elektrischen Nervenreizung zu. Daraus entwickelte er eine Versuchsserie über die Reizung präparierter Frösche durch Elektrizität, die er erst 1791 zusammenfassend in seinem Werk *De viribus electricitatis in motu musculari commentarius* (Abhandlungen über die Kräfte der Elektrizität bei der Muskelbewegung) publizierte.

Anfangs beobachtete er, dass bei Funkenentladung einer Elektrisiermaschine oder Leidener Flasche ein entfernt liegender Froschschenkel erregt wurde, wenn dessen Nerven mit einem Leiter verbunden waren. Im Freien registrierte er bei Gewittern, aber auch bei ruhigem Wetter, das Zucken von Froschschenkeln, wenn deren Nerven mit Metalldrähten bzw. Metallgittern verknüpft waren.

Besondere Bedeutung erlangten die Experimente, bei denen ohne Funkenentladung ein isoliert liegender Froschschenkel durch einen Bogen aus einem Metall, später aus zwei verschiedenen Metallen, von der Fußsohle des Frosches zum Muskelnerv zum Zucken angeregt wurde. Galvani deutete die Reizwirkung zunächst aus dem Kontakt der Metalle mit einer Feuchtigkeit, entwickelte dann aber eine nach seiner Meinung zutreffendere Erklärung: Er betrachtete den Froschschenkel als Leidener Flasche, in der eine Ladungstrennung stattfindet, die dann über den Metallbogen entladen würde. Damit verlegte er die Elektrizitätsquelle in den Froschschenkel und glaubte, die »tierische Elektrizität« gefunden zu haben. In der Folgezeit setzte sich jedoch A. ↗ Voltas Ansicht über die »Kontaktelektrizität« durch, aus der die Erfindung des Galvanischen Elements (elektrochemisches Element) hervorging. Dennoch gelang es Galvani bei letzten Versuchen mit Fischen und auch mit Froschschenkeln (ohne Verwendung von Metallen), Zuckungen hervorzurufen. Er hatte so erste Hinweise auf die Existenz eines bioelektrischen Potentials gefunden, das im 19. Jahrhundert insbesondere von E. ↗ Du Bois-Reymond erforscht wurde. [WS2]

Werk(e):
De viribus electricitatis in motu musculari commentarius (1791), Abhandlungen über die Kräfte der Elektrizität bei der Muskelbewegung, Ostwalds Klassiker Nr. 52 (1864);

Sekundär-Literatur:
Dibner, B.: Galvani-Volta (1952); Züllig, S.: Luigi Galvani, der Entdecker der Bioelektrizität (1971); Fraunberger, E.: Vom Frosch zum Dynamo (1965).

Gamow, George,
russisch-amerikanischer Physiker,
* 4. 3. 1904 Odessa,
† 20. 8. 1968 Boulder (Colorado).

Gamow gehört zu den Pionieren der Kernphysik und Kosmologie.

Der Sohn eines Lehrers, dessen Begabung früh auffiel, studierte ab 1922 Physik an der Novorossisker Universität in Odessa, wechselte aber nach einem Jahr an die Universität Leningrad. Hier beeinflusste ihn vor allem der Mathematiker A. ↗ Friedman, der ihn an kosmologische Fragen und die allgemeine Relativitätstheorie heranführte und den Gamow später als seinen Lehrer bezeichnete. Das Studium beendete er 1925, blieb aber als Aspirant am Lehrstuhl für theoretische Physik, sein Interesse galt der Quantenmechanik und der Atomphysik. Mit den Studienfreunden Dmitri D. Iwanenko und L. D. ↗ Landau publizierte er zwischen 1926 und 1928 erste Arbeiten, seine Diplomarbeit behandelte ein quantentheoretisches Problem.

Im Sommer 1928 reiste er zu einem Studienaufenthalt bei M. ↗ Born nach Göttingen, wo er in wenigen Wochen seine berühmte Arbeit über die quantenmechanische Theorie des α-Zerfalls schrieb, die ihn wegen der fundamentalen Bedeutung des Tunneleffekts für die Kernphysik über Nacht bekannt machte. Anschließend war er bei N. ↗ Bohr in Kopenhagen und bei E. ↗ Rutherford in Cambridge, wo die Gruppe von John D. Cockcroft und E. ↗ Walton bei der Vorbereitung von Experimenten zur Bestrahlung von leichten Elementen mit Protonen an Diskussionen mit Gamow zum Tunneleffekt besonders interessiert war. Mit P. ↗ Ehrenfest in Leiden diskutierte er im Januar 1929 erste Ideen zum Tröpfchenmodell des Kerns. Nach kurzem Aufenthalt in Leningrad reiste er im Herbst 1929 als Rok-

G. Gamow

kefeller-Stipendiat erneut nach England und Dänemark. 1931 wurde er zum Professor der Leningrader Universität berufen, 1932 wählte ihn die Sowjetische Akademie der Wissenschaften zum korrespondierenden Mitglied.

Nach seiner Teilnahme am XIII. Solvay-Kongress in Brüssel Ende Oktober 1933 kehrte er nicht nach Leningrad zurück, sondern reiste über Paris, Cambridge und Kopenhagen schließlich in die USA, wo er als Professor für theoretische Physik von 1934–1956 an der George Washington University in Washington D. C. und von 1956 bis zu seinem Tod an der Universität von Colorado in Boulder wirkte. In Washington begann 1935 die fruchtbare Zusammenarbeit mit dem ebenfalls aus Europa emigrierten E. ↗ Teller. Gemeinsam veröffentlichten sie wichtige Beiträge zur Theorie des β-Zerfalls (1936) sowie mit einem erweiterten Modell des Proton-Proton-Zyklus zur Energieerzeugung in Sternen (1938).

Während des Zweiten Weltkriegs forschte Gamow für die US-Marine über Detonationswellen konventioneller Sprengstoffe und wurde 1948 von Teller zur Mitarbeit an der amerikanischen Wasserstoffbombe eingeladen, wo er mit Hans A. Bethe eng zusammenarbeitete.

Seit 1946, insbesondere in den 1950er-Jahren, wandte er sich der Kosmologie zu, betrachtete vor allem die Synthese der chemischen Elemente und die kosmische Strahlung. In seiner Theorie vom heißen Urknall, für den er den Begriff »Big Bang« prägte, postulierte er die Existenz einer kosmischen Untergrundstrahlung, die 1965 von Arnold A. Penzias und Robert W. Wilson entdeckt wurde und als Bestätigung seiner Theorie gelten kann. Die kosmologischen Arbeiten von Gamow initiierten zahlreiche Untersuchungen von Theoretikern sowie Kern- und Astrophysikern, die mit neuen experimentellen Daten, insbesondere aus der Elementarteilchenphysik, die Aussagen der Theorie verfeinerten. Als die Struktur der DNS entdeckt wurde, entwickelte Gamow 1954 einen allgemeinen Formalismus für den genetischen Code.

Bekannt geworden ist er auch als Autor populärwissenschaftlicher Bücher, wofür ihn die UNESCO 1956 mit dem Kalinga-Preis ausgezeichnet hat.

[RP]

Werk(e):
Atomnoje Jadro i radioaktivnost' (1930); zusammen mit Critchfield, C. L.: Theory of Atomic Nucleus and Nuclear Energy Sources (1951); My world line. An informal autobiography (1970).

Sekundär-Literatur:
Reines, F. (Hrsg.): Cosmology, Fusion and Other Matters: Georg Gamov Memorial Volume (1972); Frenkel', V. Ja.: Georgii (Georgij) Gamow (Gamov): linija schisni (žizni) 1904–1933; Tschernin (Černin), A. D.: Gamow (Gamov) v Amerike: 1934–1968. Uspechi fizičeskich nauk, tom 164, Nr. 8, str. 845–878 (1994); Harper, E.: George Gamow: Scientific Amateur and Polymath. Physics in Perspective 3 (2001) 335–371.

Gärtner, Karl Friedrich,
deutscher Physiologe und Botaniker,
* 1. 4. 1772 Calw (Württemberg),
† 1. 9. 1850 Calw.

Mit seinen Bastardisierungsversuchen an einer Vielzahl von Pflanzenarten versuchte Gärtner, die Lehre von der Sexualität der Pflanzen zu bestätigen.

Gärtner erhielt seinen ersten botanischen Unterricht von seinem Vater Joseph, der nach einer botanischen Professur in St. Petersburg (1768-1770) in die Heimatstadt Calw zurückgekehrt war. Nach zweijähriger Apothekerlehre begann Gärtner Medizin zu studieren, zunächst an der Hohen Karlsschule in Stuttgart bei C. F. ↗ Kielmeyer, dann an den Universitäten Jena (1794) und Göttingen (1795). 1796 promovierte Gärtner in Tübingen mit einer Dissertation *über die Natur des Urins*, die er bereits in Jena unter Christoph Wilhelm Hufeland begonnen hatte. Danach ließ auch er sich in Calw als Arzt nieder, unternahm 1802 aber noch einmal eine Studienreise nach Frankreich, England und Holland, auf der er mit A.-L. de ↗ Jussieu und J. ↗ Banks in Berührung kam.

In Calw setzte Gärtner zunächst seine physiologisch-chemischen Untersuchungen fort und gab aus dem Nachlass des Vaters einen Supplementband zu dessen Werk über die *Früchte und Samen der Pflanzen* (1805–1807) heraus. 1819 begann er mit seinen Hybridisierungsversuchen. Die Berliner Akademie hatte eine Preisfrage »Gibt es eine Bastardbefruchtung im Pflanzenreiche« veröffentlicht, nachdem die Sexualität der Pflanzen von Franz Joseph Schelver und August Wilhelm Henschel trotz der Experimente R. J. ↗ Camerarius', C. v. ↗ Linnés und J. G. ↗ Koelreuters in Zweifel gezogen worden war. Erst 1838, nach Tausenden von Einzelversuchen an Hunderten von Arten, veröffentlichte Gärtner seine Ergebnisse, mittlerweile als Antwort auf eine ähnliche Preisfrage der Niederländischen Akademie der Wissenschaften von Haarlem. Mehr als zehn Jahre sollte es dann noch dauern, bis auch eine deutschsprachige Veröffentlichung vorlag (1844 und 1849 in zwei Bänden). Die Bedeutung dieses Werkes liegt vor allem in dem biologischen Gesichtspunkt, unter dem Gärtner (im Unterschied zu Koelreuter) das Problem der Bastardzeugung betrachtete. Im Erscheinen immer gleicher »Bastardformen« sah Gärtner den gesetzmäßigen Zusammenhang der Art und inspirierte damit insbesondere G. J. ↗ Mendel zu seinen Kreuzungsversuchen mit Erbsen. [SMW]

Werk(e):
Versuche und Beobachtungen über die Befruchtungsorgane der vollkommeneren Gewächse (1844); Versuche und Beobachtungen über die Bastarderzeugung im Pflanzenreiche (1849).

Sekundär-Literatur:
Olby, R.: Origins of Mendelism, 2. Aufl. (1985).

P. Gassendi: Stich von Claude Mellan

Gassendi, eigentlich **Gassend, Pierre,**
französischer Physiker und Philosoph,
* 22. 1. 1592 in Champtercier (bei Digne),
† 24. 10. 1655 in Paris.

Mit seiner Rezeption und Interpretation des antiken Atomismus beeinflusste Gassendi das naturwissenschaftliche Denken der frühen Neuzeit.

Bereits 1613 war er Rhetoriklehrer in Digne, wurde 1614 Doktor der Theologie in Avignon, erhielt 1616 die Priesterweihe und wurde 1617 Professor der Philosophie in Aix-en-Provence, wo er ursprünglich einen orthodoxen Aristotelismus vertrat. Die von ihm mit Interesse verfolgten Entdeckungen von G. ↗ Galilei und J. ↗ Kepler entfremdeten ihn der damaligen Scholastik, sodass er 1623 sein Lehramt aufgab und nach Digne zurückkehrte. Nachdem er für ein Kanonikat nach Grenoble gegangen war, veröffentlichte er dort 1624 seine scharfsinnige Kritik (*Exercitationes paradoxicae*) der Aristotelischen Schulphilosophie, deren zweiten Band (*In dialectam Aristoteleorum*) er zurückhielt, sodass dieser erst posthum 1658 erschien. Bei seinen Aufenthalten 1624 und 1628 in Paris traf er Marin Mersenne, auf dessen Drängen hin er seine mathematischen und theologischen Studien zugunsten der Beschäftigung mit der Physik und Philosophie aufgab. In seiner *Epistolica exercitatio* von 1630 verteidigte er seinen Freund Mersenne gegen Robert Fludd. 1629–1630 bereist er Flandern und Holland, wo er Isaac Beekman kennen lernte. Seit seiner Rückkehr 1632 nach Digne, wo er 1634 Dompropst wurde, was ihm seine Unabhängigkeit sicherte, beschäftigte er sich intensiv mit den Schriften von ↗ Lukrez, Sextus Empiricus und Epikur von Samos. Auf Wunsch von Mersenne verfasste er 1641 gegen R. ↗ Descartes seine *Objectiones quintae*, auf Descartes' Antwort erwidert er 1644 mit seiner *Disquisitio metaphysica .... adversus R. Cartesii metaphysicam*. Seit 1645 war er Professor für Mathematik am Collège Royal de France (heute Collège de France) in Paris, aber wegen eines Lungenleidens musste er dieses Lehramt bereits 1648 aufgeben und ging des Klimas wegen nach Südfrankreich, wo er fast zwei Jahre in Toulon war. Nachdem er 1647 *De vita, moribus et doctrina Epicuri libri octo* veröffentlicht hatte, folgten 1649 seine *Animadversiones in X. librum Diog. Laer.* und im selben Jahr 1649 auch noch das bedeutendere *Syntagma philosophiae Epicuri*. Als er 1653 wieder nach Paris zurückkehrte, begann er nicht wieder zu lehren, sondern schrieb die dritte Version seines großen *Syntagma philosophicum* (veröffentlicht posthum 1658 in seinen *Opera omnia*).

Gassendis Ziel war es, den antiken Atomismus, die damalige mechanistische Physik bzw. Philosophie und den christlichen Glauben in Einklang zu bringen. Die Grundprinzipien seiner Naturlehre sind der leere Raum und das materielle körperliche Sein. Die Materie kann zwar mathematisch unbegrenzt geteilt werden, aber der Teilung der Materie sind durch die letzten unteilbaren Teile, die Atome, physikalische Grenzen gesetzt. Die Zahl der Atome ist unübersehbar (nicht unendlich) groß, sie sind absolut fest und undurchdringlich, ferner schreibt er ihnen eine »Schwere« zu, einen inneren in alle Ewigkeit fortwirkenden Bewegungsantrieb. Die Dinge entstehen, vergehen und verändern sich, indem sich die durch den leeren Raum voneinander getrennten Atome verbinden bzw. trennen. Gassendis Erkenntnistheorie ist ein gemäßigter Skeptizismus. Die Realität der Dinge wird nicht bezweifelt und die Quellen der Erkenntnis sind für ihn die Sinne und der Verstand, wobei aber der Verstand über die Phänomene hinauszuführen vermag. Nur durch eine erste intelligente Ursache, nämlich Gott, können seiner Meinung nach die Phänomene der Schönheit, Harmonie und Ordnung der Welt erklärt werden. Als erster formulierte Gassendi für die Physik das wissenschaftliche Programm, die makrophysikalischen Eigenschaften der Materie auf die Eigenschaften der Atome zurückzuführen. Seine naturwissenschaftichen Leistungen reichen von der Astronomie (Beobachtung eines Merkurdurchgangs) über Mechanik (Trägheit, Superposition von Bewegungen, Fallgesetz, Bestimmung der Schallgeschwindigkeit zusammen mit Mersenne) bis zur Hydrostatik (Unterscheidung von Druck und Gewicht, Bestätigung der Existenz des Vakuums mit Hilfe des Barometers). Auch wenn seine Philosophie weitgehend als eklektizistisch (vorwiegend an Epikur angelehnt) bewertet wird, so hat er doch durch die Wiederbelebung antiker Atomvorstellungen und den Versuch, die Materieeigenschaften auf die Eigenschaften der Atome zurückzuführen, die Physik der Neuzeit entscheidend beeinflusst. [VS]

Werk(e):
Exercitationes paradoxicae (1624); In dialectam Aristoteleorum (1658, posthum); Epistolica exercitatio (1630); Objectiones quintae (1641); Disquisitio metaphysica .... adversus R. Cartesii metaphysicam (1644); De vita, moribus et doctrina Epicuri libri octo (1647); Animadversiones in X. librum Diog. Laer. (1649); Syntagma philosophiae Epicuri (1649); Syntagma philosophicum, in: Opera omnia (1658, posthum).

Gattermann, Friedrich August Ludwig,
deutscher Chemiker,
* 20. 4. 1860 Goslar,
† 20. 6. 1920 Freiburg i. Br.

Gattermann hat mit der Darstellung aromatischer Aldehyde und Carbonsäuren wichtige Beiträge zur organischen Synthesechemie erbracht.

Gattermann, Sohn eines Bäckers, nahm 1880 in Leipzig ein Studium der Chemie auf. 1881 wechselte er zu R. ↗ Bunsen an die Universität Heidelberg, 1882 zu C. T. ↗ Liebermann an die Technische Hochschule Berlin und 1883 an die Universität Göttingen. Hier wurde er 1885 promoviert, arbeitete dann als Vorlesungsassistent bei V. ↗ Meyer und habilitierte sich 1888 zum Privatdozenten. Er wurde 1889 in Heidelberg außerordentlicher Professor und 1900 an der Universität Freiburg ordentlicher Professor sowie Leiter des chemischen Laboratoriums. Daneben war er ab 1888 auch als Berater für die Farbenfabriken Bayer in Elberfeld tätig.

Schwerpunkt der experimentellen Arbeit Gattermanns war die modifizierte Anwendung der von C. ↗ Friedel und James Mason Crafts um 1877 entwickelten Methode zur Acylierung benzoider Verbindungen (Friedel-Crafts-Reaktion). Bereits 1886 gelang Gattermann die Darstellung aromatischer Carbonsäuren mit Hilfe von Harnstoffchloriden. Durch Anwendung dieses Syntheseprinzips auf Phenolether kam Gattermann zwischen 1889 und 1892 zu aromatischen Hydroxyketonen. 1897 entwickelte Gattermann, zusammen mit J. A. Koch, die Methode weiter, indem er Arene mittels Kohlenstoffmonoxid und Chlorwasserstoff in Gegenwart von Aluminiumchlorid und Kupfer(I)-chlorid formylierte. Dabei erhielt er Arylaldehyde, die er zu Naturstoffen (z. B. Daphnetin und Aesculetin) umsetzte. Dieses Verfahren wird »Gattermann-Koch-Reaktion« genannt. 1898 arbeitete Gattermann einen weiteren Syntheseweg für Arylaldehyde aus, indem er Arene mit wasserfreiem Cyanwasserstoff und Chlorwasserstoff in Gegenwart von Aluminiumchlorid reagieren ließ (»Gattermann-Reaktion«). 1903 entdeckte Gattermann durch Arylformylierung wiederum eine Aldehydsynthese, als er aromatische Halogenkohlenwasserstoffe mit Ameisensäureestern umsetzte.

Gattermann hat daneben eine Vielzahl weiterer Experimentalarbeiten vorgelegt. 1888 glückte ihm die Reindarstellung von Chlorstickstoff (NCl_3) und 1892 gelangte er durch Umsetzung von Senfölen mit aromatischen Kohlenwasserstoffen zu Carbonsäurethioaniliden. Um die gleiche Zeit (1889–1894) entwickelte er auch für Bor- und Siliciumderivate einfache Darstellungsmethoden und entdeckte 1893 eine Synthese für das Thionaphthen. Gattermann befasste sich auch mit der Chemie des Anthracens und führte systematische Untersuchungen über Diazo-, Azo- und Azoxyverbindungen durch. Er untersuchte z. B. 1888 in Zusammenarbeit mit den Farbenfabriken Bayer die Umlagerung des Diazoaminobenzols und ermittelte 1891 die Struktur des Anthrachinonfarbstoffs »Alizarinbordeaux«. Weitere Arbeiten betrafen die elektrolytische Reduktion aromatischer Nitroverbindungen (1893–1896), die Verbesserung der von Traugott Sandmeyer 1884 entdeckten Diazoaustauschreaktion durch Verwendung von fein verteiltem Kupfer (Gattermann-Kupfer) sowie die Synthese von Pyridin (Gattermann-Skita-Pyridinsynthese, 1916). Gattermann hat den Bombenofen sowie das Azotometer in die Laborpraxis eingeführt. Mit seinem Buch *Die Praxis des organischen Chemikers* gelang es Gattermann, das Studium der organischen Chemie nachhaltig zu fördern. [RS3]

Werk(e):
Die Praxis des organischen Chemikers (1894).

Carl Friedrich Gauß

Karin Reich

Gauß, Carl Friedrich,
deutscher Mathematiker, Astronom, Geodät und Physiker,
* 30. 4. 1777 Braunschweig,
† 23. 2. 1855 Göttingen.

Carl Friedrich Gauß ging als »Mathematicorum Princeps« in die Geschichte ein und in der Tat gehört er zu den bedeutendsten Mathematikern der Weltgeschichte. Seine Arbeiten betreffen aber nicht nur fast alle Gebiete der zeitgenössischen Mathematik, sondern er hatte sich auch sehr erfolgreich der Astronomie, Geodäsie und Physik gewidmet.

Kindheit und Jugend in Braunschweig

Gauß wurde als Kind einfacher, nicht begüterter Eltern in Braunschweig geboren. Braunschweig war damals Residenzstadt und verfügte demzufolge über ein Schloss sowie ein Theater. Auch fanden dort regelmäßig Messen statt. Es war eine lebhafte Stadt mit einem reichen kulturellen Angebot. Gauß wurde erst mit sieben Jahren eingeschult, er besuchte von 1784–1788 Jahre die Catharinen-Volksschule. Dort ereignete sich die von Gauß wohl bekannteste Geschichte: Der Lehrer stellte die Aufgabe, die Zahlen von 1 bis 100 aufzusummieren: »Die Aufgabe war indess kaum ausgesprochen als Gauss die Tafel auf den Tisch wirft: »Ligget se«.« Gauß hatte das Ergebnis 5050 dadurch so schnell erhalten, dass er sich überlegt hatte, dass $1 + 99 = 100$, $2 + 98 = 100$, ... $49 + 51 = 100$, also das Ergebnis $= 49 \cdot 100 + 100 + 50$ ist.

Nach dem Besuch des Gymnasiums 1788–1792 wechselte Gauß an das Collegium Carolinum, er hatte das Glück, in dem Braunschweigischen Herzog Carl Wilhelm Ferdinand einen Mäzen zu haben, der ihm bis zu seinem Tode im Jahre 1806 die nötige finanzielle Unterstützung zukommen ließ.

Studium in Göttingen

Dank der herzoglichen Unterstützung konnte Gauß 1795 an der Universität Göttingen ein Studium aufnehmen. Dort hörte Gauß zwar bei berühmten Lehrern Vorlesungen, z. B. Mathematikvorlesungen bei Abraham Gotthelf Kästner, Astronomievorlesungen bei Carl Felix Seyffer und Physikvorlesungen bei G. Chr. ↗ Lichtenberg, aber viel wichtiger als die Lehrer waren für ihn die Bücher, die er an der Göttinger Universitätsbibliothek ausleihen konnte; nunmehr hatte er erstmals in großem Umfange Zugang zur Fachliteratur; im Grunde genommen war Gauß Autodidakt.

Am 29. März 1796 entdeckte er im Alter von 18 Jahren die zahlentheoretische Grundlage dafür, dass das regelmäßige 17-Eck mit Zirkel und Lineal konstruierbar ist. Während Kästners Reaktion nur Kälte und Unverständnis zeigte, sorgte Gauß' väterlicher Freund E. A. W. v. ↗ Zimmermann für eine erste Publikation dieses Ergebnisses im *Intelligenzblatt der allgemeinen Litteraturzeitung*.

Was die Mathematik anbelangt, so lernte Gauß vor allem aus den Werken von L. ↗ Euler und von den französischen Mathematikern J. L. ↗ Lagrange, P. S. ↗ Laplace und A.-M. ↗ Legendre. Deutsche Mathematiker waren nicht darunter, deren Niveau war einfach nicht vergleichbar.

1798 vollendete Gauß seine Dissertation *Demonstratio nova theorematis, omnem functionem algebraicam rationalem integram unius variabilis in factores reales primi vel secundi gradus resolvi posse* (Neuer Beweis des Satzes, dass jede algebraische, rationale, ganze Funktion einer Veränderlichen in reelle Faktoren des ersten oder zweiten Grades zerlegt werden kann). Auf Wunsch des Herzogs reichte

C.F. Gauß

Gauß diese an der damaligen Landesuniversität, nämlich in Helmstedt, ein; das war ein Glücksfall, denn der dortige Mathematiker, Johann Friedrich Pfaff, war einer der wenigen im ganzen deutschen Sprachraum, der in der Lage war, Gauß' Arbeit richtig einzuschätzen. Sein Gutachten glich einem Elogium, während Kästner in seiner Besprechung in den *Göttingischen Gelehrten Anzeigen* nur Bemerkungen machen konnte, die sein mathematisches Unverständnis offenbarten.

Wieder in Braunschweig

Nach der Promotion kehrte Gauß wieder nach Braunschweig zurück, er konnte sich der weiteren Unterstützung des Herzogs sicher sein und verbrachte dort nunmehr äußerst fruchtbare Jahre.

Das Jahr 1801 war in wissenschaftlicher Hinsicht Gauß' Schicksalsjahr. Er konnte sein der Zahlentheorie gewidmetes Werk *Disquisitiones arithmeticae* (Arithmetische Untersuchungen) veröffentlichen und hatte sich damit in der Welt der Mathematiker als Größe ersten Ranges eingeführt. Positive Resonanz kam, wie nicht anders zu erwarten, vor allem aus Frankreich. Doch auch in Russland hatte man sein großartiges mathematisches Werk wahrgenommen. So wurde am 21. Juni 1801 in der Petersburger Akademie Gauß' bis heute nicht in deutscher Sprache veröffentlichter vier Seiten umfassender Artikel *Übersicht der Gründe der Constructibilität des Siebenzehneckes* vorgestellt.

Als Mathematiker wird man nur unter Mathematikern bekannt; das galt damals in gleichem Maße wie auch heute. Dass Gauß' Name dennoch in aller Munde kam, ist dessen astronomischen Untersuchungen aus dem Jahre 1801 zu verdanken. Der italienische Astronom G. ↗ Piazzi hatte am 1. 1. 1801 einen kleinen, bislang noch unbekannten Himmelskörper beobachten können, der jedoch bereits eineinhalb Monate später den Blicken wieder entschwand. Allerortens bemühten sich nunmehr die Astronomen, durch Bahnberechnungen den neuen Himmelskörper wieder aufzuspüren. Vergebens. Erst die neuartigen Bahnberechnungen von Gauß ermöglichten es, dass die Ceres, so wurde der neue Himmelskörper alsbald getauft, am 7. Dezember in Gotha von F. X. v. ↗ Zach und am 31. Dezember vom Bremer Astronomen Wilhelm Olbers wieder aufgefunden werden konnte.

Ein neuer Himmelskörper, das war es, was einen Wissenschaftler damals in die Schlagzeilen brachte. Dazu kam noch, dass die Astronomie damals unter den Naturwissenschaften die Spitzenstellung innehatte. Sie war die teuerste und am häufigsten etablierte Naturwissenschaft in der damaligen Zeit.

Anders als in der Mathematik gab es im deutschen Sprachraum zu Beginn des 19. Jahrhunderts durchaus erstklassige Astronomen, wie Zach, Olbers, J. E. ↗ Bode (Berlin), später folgten noch H. Chr. ↗ Schumacher (Kopenhagen und Altona) sowie F. W. ↗ Bessel (Königsberg) und J. F. ↗ Encke (Berlin).

Eine erste Anerkennung für Gauß von Seiten einer Akademie kam aus St. Petersburg, am 31. 1. 1802 wurde er korrespondierendes Mitglied der dortigen Akademie der Wissenschaften. So ist es nicht verwunderlich, dass Gauß 1802 auch einen ersten Ruf ebendorthin erhielt. Aus Rücksicht auf seinen Herzog lehnte er jedoch ab. Bereits im November 1802 wählte ihn auch die Göttinger Akademie zu ihrem Mitglied; 1804 folgten die Mitgliedschaften in der Pariser Akademie und der Royal Society.

Die fruchtbare Zeit in Braunschweig fand mit dem Tod des Braunschweiger Herzogs ein jähes Ende. Gauß nahm nunmehr das Angebot der Universität Göttingen an und wurde dort Professor für Astronomie und Direktor der dortigen Sternwarte. Diese Stelle hatte er bis zu seinem Lebensende inne.

Universität Göttingen, Gauß als Hochschullehrer

Die Universität Göttingen zählte zu den größten und bedeutendsten Universitäten im deutschen Sprachraum. Im Jahre 1805/6 waren 637 Studenten eingeschrieben, davon 141 an der Philosophischen Fakultät. Während es 1809/10 nur 453 Studenten waren, stieg die Zahl im Jahre 1823 auf ein Maximum von 1 547 Studenten. Als Gauß nach Göttingen kam, hatte die Philosophische Fakultät

15 ordentliche Professoren, im Jahre 1855 waren es 25. Gauß' Vorlesungen waren von 2 bis 14 Hörern besucht.

Vom Wintersemester 1807/8 an hielt Gauß regelmäßig Vorlesungen, vor allem in Astronomie. Seine Vorlesungsthemen standen stets in Einklang mit seinen jeweiligen Forschungsarbeiten und korrelierten in besonderem Maße mit seinen wissenschaftlichen Aktivitäten.

Es wurde und wird immer wieder berichtet, dass Gauß nicht gerne unterrichtete. Das bedeutet aber nicht, dass er ein schlechter Lehrer gewesen wäre. Er hatte vor allem zahlreiche Astronomen herangezogen, die die Zukunft der Astronomie ganz wesentlich beeinflussten. Gauß' Konzept war dabei, den Studenten selbst zu erledigende Aufgaben zu übertragen; die Ergebnisse wurden anschließend veröffentlicht; dort lobte Gauß die Begabung und den Beitrag des Studenten mit vielen großen Worten.

Obwohl Gauß fast nur astronomische Vorlesungen hielt, betreute er doch auch eine ganze Reihe von Physikern, Ingenieuren und vor allem Mathematikern. Gauß' Kollege in der Mathematik war damals Friedrich Bernhard Thibaut. Thibaut hatte ein besonderes Talent, spannende und entsprechend vielgerühmte Vorlesungen zu halten, sodass gelegentlich mehr als die Hälfte der gesamten Studenten der Universität Göttingen in Thibauts Mathematikvorlesungen saß.

Ab 1829 gehörte Gauß der sog. Honoren-Fakultät an, die über Promotionen und Habilitationen entschied. Gauß setzte durch, dass Promotionen in Zukunft nicht ohne eine »Inaugural- Dissertation« erfolgen konnten, vorher hatte man des Öfteren oder sogar meistens darauf verzichtet. Für Gauß stand die Würdigkeit des Kandidaten an erster Stelle. Auch setzte er sich dafür ein, dass Dissertationen nicht nur auf Latein, sondern auch auf Deutsch oder Englisch geschrieben werden könnten, ja selbst für die mündliche Disputation sah er Latein nicht als unverzichtbar an. Gauß nahm dreimal das Amt des Dekans wahr, nämlich 1833/4, 1841/2 und 1845/6.

Politische Ereignisse

Es gab vor allem zwei Vorkommnisse, die besondere Bedeutung in Gauß' Leben hatten:

Die Familie Gauß war im Herbst 1807 kaum nach Göttingen übersiedelt, als die Franzosen die Stadt besetzten: Jeder der Professoren wurde verpflichtet, erhebliche Sonderzahlungen zu leisten. Gauß hatte gar keine Chance, die festgesetzte Summe aufzubringen. In seiner Verzweiflung wandte er sich nun an seine französischen Kollegen Lagrange und Laplace. Beide sorgten für die Entrichtung der geforderten Summe, sodass auch noch Gauß' Göttinger Kollege Ludwig Harding davon profitieren konnte.

1837 war Gauß 60 Jahre alt, er hatte den Protest der sieben Göttinger Professoren nicht unterschrieben; dennoch wurde er schwer getroffen. Sechs der sieben Professoren gehörten der Philosophischen Fakultät an, darunter waren auch W. ↗ Weber, sein engster Mitarbeiter, sowie sein Schwiegersohn Heinrich Ewald. Alle sieben Professoren mussten früher oder später Göttingen verlassen. Der Verlust von Weber war für Gauß ein Schlag, von dem er sich nie ganz erholte.

Für eine besondere Anteilnahme an der Revolution von 1848 war Gauß bereits zu alt. Es gab jedoch Diskussionen über die Universitätsverfassung; entgegen der Meinung von Gauß wurde die sog. Honoren-Fakultät dadurch erweitert, dass in Zukunft alle ordentlichen Professoren aufgenommen wurden.

Briefpartner und Freunde

Gauß unterhielt einen umfangreichen Briefwechsel, insgesamt sind ungefähr 7 000 Briefe von und an Gauß erhalten, wovon etwa 4 000 veröffentlicht sind. Unter den vielen Briefpartnern befanden sich eine ganze Reihe von engen Freunden.

Ein besonders inniges Verhältnis verband Gauß mit seinem alten Studienfreund Wolfgang (Farkas) Bolyai; dieser war der einzige, mit dem sich Gauß duzte. Nachdem Olbers am 31. 12. 1801 die Ceres wieder aufgefunden hatte, wagte es Gauß, sich dem fast um zwanzig Jahre älteren Olbers, der in der Wissenschaft einen hervorragenden Platz innehatte, brieflich zu nähern. Daraus erwuchs eine lebenslange Freundschaft, Gauß teilte mit Olbers Freud und Leid, Olbers verstand es stets, Gauß zu trösten, wenn das Schicksal wieder einmal allzu hart zugeschlagen hatte. Durch Olbers lernte Gauß auch Bessel kennen. Als dieser 1809 nach Königsberg berufen wurde, ermöglichte ihm das von Gauß an der Universität Göttingen erwirkte Doktordiplom die Anerkennung der Königsberger Kollegen. Schumacher und Ludwig Christian Gerling gehörten zu den ersten Studenten von Gauß, mit beiden verband ihn eine lebenslange Freundschaft.

A. v. ↗ Humboldt war schon während seines Aufenthaltes in Paris auf Gauß aufmerksam gemacht worden. Als Humboldt 1827 nach Berlin zurückkehrte, richtete er 1828 dort die Tagung der Gesellschaft deutscher Naturforscher und Ärzte aus und lud dazu Gauß persönlich ein, um ihn kennen zu lernen.

Wissenschaftliche Beiträge

Mathematik. Gauß lieferte zu ungewöhnlich vielen mathematischen Disziplinen Beiträge. Der Fundamentalsatz der Algebra war ein Thema, dem sich im 18. Jahrhunderts eine ganze Reihe der hervorragendsten Mathematiker gewidmet hatte. Einen ersten, fast lückenlosen Beweis aber konnte erst Gauß 1799 liefern. Hier veröffentlichte er auch erste, grundlegende Gedanken über komplexe Zahlen; das »Bürgerrecht« verschaffte er diesen allerdings erst in einer Arbeit von 1832, in der er auch die Bezeichnung komplexe Zahlen für die Größen $a + bi$ einführte.

Am meisten am Herzen lag Gauß zweifelsohne die Zahlentheorie. Für ihn war »die Mathematik die Königin der Wissenschaften und die Arithmetik die Königin der Mathematik«, so berichtete Sartorius. Gauß bewunderte sehr, dass sich Ergebnisse einer Teildisziplin oft mit großem Erfolg auch in einer anderen Teildisziplin anwenden ließen. So löste er mittels zahlentheoretischer Überlegungen das geometrische Problem der Konstruierbarkeit des regelmäßigen Siebzehnecks mit Zirkel und Lineal. Dieses Ergebnis erregte im In- und Ausland allergrößtes Aufsehen. Oder, Gauß wandte seine Modultheorie in der Chronologie an; er stellte einen klar durchschaubaren Kalkül auf, der es gestattete, das Osterdatum anzugeben.

Schon in seiner Studienzeit hatten Gauß die Grundlagen der Geometrie bewegt; oft tauschte er seine diesbezüglichen Gedanken mit seinem Studienfreund W. Bolyai aus. Mit der nichteuklidischen Geometrie beschäftigte er sich sein ganzes Leben lang; dennoch veröffentlichte er hierzu nichts: er scheute das Geschrei der Böoter, d. h. derjenigen, die den Kern des Problems nicht richtig verstanden. Ob Gauß allerdings während seiner Vermessungstätigkeit das große Dreieck Brocken, Hohen Hagen, Inselsberg in der Absicht vermessen hatte, um der Wahrheit der Geometrie auf den Grund zu gehen, ist nicht schlüssig, auch wenn dies Sartorius so berichtete. Erste Publikationen zur nichteuklidischen Geometrie stammten von J. ↗ Bolyai, dem Sohn von W. Bolyai, und N. I. ↗ Lobatschewskij. Gauß hatte dafür Sorge getragen, dass Lobatschewskij 1842 Mitglied der Göttinger Akadmie der Wissenschaften wurde.

Ferner gelang es Gauß, seine wohl 1795 entwickelte, aber erst 1809 veröffentlichte Methode der kleinsten Quadrate mit Hilfe der Wahrscheinlichkeitsrechnung abzuleiten; seine diesbezüglichen Ergebnisse publizierte er 1821, 1823 und 1826. Hier entwickelte er das Fehlerverteilungsgesetz, das später nach ihm benannt wurde.

In fortgeschrittenem Alter beschäftigte sich Gauß auch mit Statistik und versicherungsmathematischen Fragen; so verwaltete er z. B. die Witwenkasse der Universität.

Wie sein großer französischer Zeitgenosse A. L. ↗ Cauchy, so legte auch Gauß auf Strenge in der mathematischen Beweisführung besonderen Wert. Es war für Gauß sehr wichtig, dass seine Beweise über jeden Zweifel erhaben waren, er duldete keine Nachlässigkeiten.

Was Gauß' Stil in seinen mathematischen Arbeiten anbelangte, so war dieser eher nüchtern, Gauß verzichtete auf alles schmückende Beiwerk. Es war sein Streben, seinen Untersuchungen die Form vollendeter Kunstwerke zu geben, wie Sartorius zu berichten wusste. Er ruhte nicht, bevor eine zu veröffentlichende Arbeit nicht eine vollendete Form erhalten hatte. Man dürfe einem guten Bauwerke, pflegte er zu sagen, nach seiner Vollendung das Gerüst nicht mehr ansehen.

Astronomie. Gauß' Interesse für Astronomie wurde zunächst dadurch gedämpft, dass ihm in Braunschweig keine Sternwarte zur Verfügung stand. Durch den Erfolg bei der Wiederauffindung der Ceres beflügelt, beschäftigte er sich nunmehr auch intensiv mit der Bestimmung der Planetenbahnen. Einen ersten Höhepunkt bildet seine *Theoria motus corporum coelestium* (Theorie der Bewegung der Himmelskörper), Laplaces *Mécanique céleste* (Bd. 1–4, 1799–1805) war dafür sein großes Vorbild. Gauß behandelte hier nur Planetenbahnen; er plante zwar auch einen Band über Kometenbahnen, doch konnte er diesen Plan nicht verwirklichen.

Er hatte seine *Theoria motus* ursprünglich in deutscher Sprache verfasst, war aber vom Verleger Perthes dazu überredet worden, sein Manuskript ins Lateinische zu übersetzen.

Das wichtigste Detail in diesem Werk steht in 1. Teil, 3. Abschnitt. Dort geht es um die Bahnelemente, die aus den ersten genäherten Bestimmungsstücken zu ermitteln sind. Dieses Problem galt als das schwierigste in der Planetentheorie, führte es doch auf eine transzendente Gleichung. Gauß gelang es mittels einer Kettenbruchentwicklung, zu einer Lösung zu gelangen. Den Beweis für diese Entwicklung konnte er erst in einer späteren Arbeit 1812 nachliefern; in dieser behandelte er den noch allgemeineren Fall der hypergeometrischen Reihe. Deren Untersuchung führte ihn schließlich zur Einführung einer besonderen Funktion, heute heißt sie Gammafunktion, für deren »Bürgerrecht« innerhalb der Analysis er Sorge tragen wollte.

In seiner *Theoria motus* erwähnte Gauß auch die Methode der kleinsten Quadrate, was zu einem Prioritätsstreit mit Legendre führte. Gauß' Werk *Theoria motus* erntete nur größte Anerkennung, es wurde, ungewöhnlich für diese Zeit, sowohl im Inland als auch im Ausland mehrfach und oftmals sehr ausführlich besprochen.

Gauß hatte sich sein Leben lang nicht nur mit theoretischer Astronomie, sondern auch mit praktischen Beobachtungen beschäftigt. In Göttingen stand ihm zunächst die alte Mayersche Sternwarte zur Verfügung, 1816 war der Neubau fertig, den es heute noch gibt. Nicht unerwähnt bleiben soll, was Gauß nicht versuchte: Es gibt keinen Planetoiden oder Kometen, den er als erster entdeckt, d. h. beobachtet hätte. Sicherlich ist ihm das Geschäft einer Erstbeobachtung zu zeitverschwenderisch gewesen. Dennoch machte er zahlreiche Beobachtungen »seiner« Planetoiden und unzählige Kometenbeobachtungen. Zu Gauß' Lebzeiten wurden zwischen 1801 und 1807 vier und zwischen 1845 und seinem Tode weitere 29 Planetoiden entdeckt.

Geodäsie. Das Vermessungswesen erlebte bereits in der zweiten Hälfte des 18. Jahrhunderts eine Blütezeit, die sich bis weit ins 19. Jahrhundert fortsetzte. Ursache waren die vielen Kriege, vor allem die Auseinandersetzungen mit Napoleon. In Frankreich gab es schon seit 1688 das »Dépôt de la Guerre«, eine dem Militär unterstehende Einrichtung, in der man alle für das Militärwesen wichtigen Daten, Karten, Beiträge usw. systematisch sammelte; dem »Dépôt de la Guerre« angeschlossen waren die »Ingenieurs geographes«, die Vermessungsingenieure, die allesamt dem Militär angehörten.

Das 1795 ins Leben gerufene »Bureau des longitudes« dagegen, dessen Vorbild das 1714 in England eingerichtete »Board of Longitude« gewesen war, war eine zivile Einrichtung, die ausschließlich von Wissenschaftlern getragen wurde. Ein Ziel war, genauere Auskünfte über die Form der Erde zu erhalten. Im deutschen Sprachraum gab es dagegen keinerlei zentrale Einrichtungen, lediglich in Bayern versuchte man durch die Gründung eines »Topographischen Bureaus« im Jahre 1801 eine vergleichbare Institution zu schaffen.

Schon als Student hatte Gauß großes Interesse an der Geodäsie. Es kam ihm 1820 sicher nicht ungelegen, als ihm der neue König Georg IV. im Jahre 1820 den Auftrag erteilte, das Königreich Hannover zu vermessen. Es war dies ein ziviler Auftrag, Gauß unterstanden lediglich einige Soldaten, die ihm bei der Arbeit im Gelände behilflich sein sollten.

In demselben Jahr 1820 erfand Gauß ein wichtiges Instrument, den Heliotrop. Mit diesem Gerät machte man sich umgelenkte Sonnenstrahlen zu Nutze, mit deren Hilfe man erstmalig auch Strecken von mehr als 100 km überwinden konnte. Erst diese Erfindung ermöglichte die Vermessung des bereits erwähnten Dreiecks Brocken, Hohen Hagen und Inselsberg. Bereits 1821 wurde die der gesamten Vermessung zugrundegelegte Basis vermessen; diese, fast 6 km lang, befand sich bei Braak, ca. 10 km östlich von Hamburg. Die Vermessungen, die ansonsten nur auf Triangulationen, d. h. Winkelmessungen, beruhten, zogen sich insgesamt bis 1844 hin, wobei Gauß nur bis 1825 selbst an den Unternehmungen im Gelände beteiligt war. Doch die erzielte Datenmenge musste auch bearbeitet werden, diese Arbeit leistete Gauß ganz alleine. Er schätzte später, dass er mehr als eine Million von Daten ausgewertet habe.

Zwar gab es zu Gauß' Zeiten durchaus schon funktionsfähige Rechenmaschinen, doch diese waren für geodätische und astronomische Berechnungen nicht zu gebrauchen. Diese wurden ganz und gar mit Hilfe von Logarithmentafeln durchgeführt. Gauß selbst besaß nicht nur eine, sondern eine ganze Reihe von Tafeln. Ja, er selbst berechnete spezielle Tafeln und besprach mannigfach Tafeln anderer Autoren. Für Gauß gehörten Logarithmentafeln, wie er selbst sagte, »zum täglichen Arbeitsgerät«.

Doch nicht nur die Geodäsie profitierte von Gauß' Engagement, sondern auch die Mathematik. In engem Zusammenhang mit dem Vermessungswesen standen Gauß' Untersuchungen über die konforme Abbildung, er selbst hatte 1843 das Fachwort »conform« eingeführt. Auch für seine differentialgeometrischen Untersuchungen war seine Vermessungstätigkeit der Ausgangspunkt. In seinem 1828 erschienenen Werk *Disquisitiones generales circa superficies curvas* (Allgemeine Untersuchungen über krumme Flächen) führte er ein absolutes Krümmungsmaß ein sowie einen Flächenbegriff, der nur vom Linienelement Gebrauch machte. Gauß wies in besonderem Maße darauf hin, dass man allein in der deutschen Sprache einen Unterschied zwischen einer Fläche und einer Oberfläche machen könne; während diese ein nur zweidimensionales, biegbares Gebilde (Mannigfaltigkeit) ist, macht jene auch von dem sie umgebenden dreidimensionalen Raum Gebrauch.

Ein erstes großartiges Ergebnis von Gauß' Vermessungstätigkeit war der sog. *Papen-Atlas*, der 1832–1847 erschien. Er bestand neben Spezialkarten aus 66 Karten im Maßstab 1 : 100 000. Das Neue daran war, dass es sich um einen topographischen Atlas handelte, der auf der Grundlage einer sorgfältigen Triangulation beruhte.

Als weiteres Ergebnis ist das sog. *Coordinatenverzeichnis* zu nennen, in dem 2 578 aufs Genaueste vermessene Positionen verzeichnet sind; die Angaben erfolgten im noch nicht offiziell eingeführten Dezimalsystem, Nullpunkt war die Göttinger Sternwarte, genauer gesagt die Mitte des Reichenbachschen Meridian-Kreises; den genauen Punkt kann man auch heute noch in der Gauß-Sternwarte bewundern.

Physik. Sowohl die Elektrizitätslehre als auch der Magnetismus standen zu Beginn des 19. Jahrhunderts im Rampenlicht der Physiker, so interessierte sich auch Gauß schon früh für diese Themen. Dazu kamen noch so spannende Erkenntnisse wie:

1820 entdeckte Chr. ↗ Oersted den Elektromagnetismus, 1827 stellte G. S. ↗ Ohm das nach ihm benannte Gesetz der galvanischen Kette auf, 1828 veröffentlichte George Green eine entscheidende Arbeit über Potentialtheorie und 1831 entdeckte M. ↗ Faraday die Induktion.

Durch die Vermittlung von Humboldt hatte Gauß 1828 bei einem Besuch der Tagung der Gesellschaft deutscher Naturforscher und Ärzte in Berlin Weber kennen und schätzen gelernt. Sicher hatte Humboldt bereits damals die Gelegenheit wahrgenommen und Gauß und Weber auf die aktuellen Probleme des Erdmagnetismus hingewiesen.

Als im Jahre 1831 an der Universität Göttingen die vakante Physikprofessur wieder besetzt werden sollte, setzte sich Gauß vehement und erfolgreich für die Berufung Webers ein. Bereits am 15. Dezember 1832 konnte Gauß der Göttinger Akademie die erste reife Frucht dieser Zusammenarbeit vorstellen, nämlich seine Arbeit *Intensitas vis magneticae terrestris ad mensuram absolutam revocata* (Die Intensität der erdmagnetischen Kraft auf absolutes Maass zurückgeführt); die gedruckte Version erschien erst 1841, davor aber waren schon Übersetzungen ins Deutsche, Französische und Italienische veröffentlicht worden. Die Zahl der Übersetzungen macht klar, welche Bedeutung man dieser Arbeit beimaß. Es ging hier nicht nur um eine Theorie für die Tatsache, dass die Intensität des Erdmagnetismus dem Quadrate der Schwingungsdauer einer und derselben Nadel verkehrt, oder dem Quadrate der Anzahl der Schwingungen in gegebener Zeit direkt proportional ist, sondern auch um geeignete Versuchsanordnungen, für die erst neue Apparate entwickelt worden waren. In Anlehnung an die Zurückführung der magnetischen Maße auf absolute Maßeinheiten wollte Gauß in analoger Weise dies auch für die elektrischen Maße tun. Aber diese Arbeit »Zurückführung der Wechselwirkung zwischen galvanischen Strömen und Magnetismus auf absolute Maße« vollendete er nicht.

In demselben Jahr 1832 wurde der Bau eines Magnetischen Observatoriums in Göttingen beschlossen, der im November 1833 abgeschlossen war. Nunmehr war die Grundlage dafür geschaffen, Messungen des Erdmagnetismus durchzuführen, und es kam zur Gründung des Göttingischen »Magnetischen Vereins«. Es wurden neue Instrumente entwickelt sowie eine Neustrukturierung der Beobachtungstermine vorgenommen. Vor allem dem Organisationstalent Humboldts war es zu verdanken, dass sich alsbald weitere Beobachtungsorte den Göttinger Versuchen anschlossen, es wurde schließlich ein internationales Netz von 53 Beobachtungsstationen aufgebaut. Die gemessenen Daten wurden samt theoretischen Abhandlungen in den *Resultaten aus den Beobachtungen des Magnetischen Vereins* veröffentlicht, deren erster Band 1836 (1838) erschien, der sechste und leider letzte kam 1841 (1843) heraus. Durch den Weggang von Weber, der den Protest der Göttinger Sieben unterschrieben hatte, brach das Unternehmen zusammen. Es war dies das erste internationale Unternehmen in der Geschichte!

Doch nicht nur der Erdmagnetismus beflügelte die Zusammenarbeit von Gauß und Weber. Im Jahre 1833 konnte eine Telegraphiereinrichtung auf elektromagnetischer Basis vorgestellt werden, zu Ostern wurde das erste »Telegramm« verschickt. Es war dies die erste Einrichtung dieser Art.

1840 schließlich veröffentlichte Gauß seine Überlegungen zur Potentialtheorie. Eine ähnliche Theorie hatte Green 1828 vorgestellt, dessen Arbeit aber Gauß nicht bekannt war. Sowohl Green wie auch Gauß führten voneinander unabhängig das Wort »Potential« ein. Gauß stellte nun eine exakte Theorie des Körper- und Flächenpotentials vor und bewies sowohl die Existenz als auch die Eindeutigkeit des ersten Randwertproblems der Potentialtheorie. Er führte dafür Kugelfunktionen ein, ebenfalls eine begriffliche Neuschöpfung.

Gauß ist zwar vor allem als Mathematiker in die Geschichte eingegangen, aber er widmete sich auch vielen anderen Gebieten, und dies mit großem Erfolg. Das Bemerkenswerte an Gauß ist, dass er, egal womit er sich beschäftigte, stets auch auf tiefliegende mathematische Probleme stieß, die dahinter steckten.

F. ↗ Klein charakterisierte Gauß zurecht mit folgenden Worten: »Wenn wir uns nun fragen, worin eigentlich das Ungewöhnliche, Einzigartige dieser Geisteskraft liegt, so muss die Antwort lauten: Es ist die Verbindung der größten Einzelleistung in dem ergriffenen Gebiet mit größter Vielseitigkeit; es ist das vollkommene Gleichgewicht zwischen mathematischer Erfindungskraft, Strenge der Durchführung und praktischem Sinn für die Anwendung bis zur sorgfältig ausgeführten Beobachtung und Messung einschließlich; und endlich, es ist die Darbietung des großen selbstgeschaffenen Reichtums in der vollendetsten Form.«

Werk(e):

Werke. 1. Aufl. Bd. 1–7 (1863–1874), 2. Aufl., Bd.1–12 (1876–1929), Nachdruck (1973); Ergänzungsreihe I–V, Briefwechsel Gauß mit Bessel, Bolyai, Gerling, Olbers und Schumacher (1975, 1987).

Sekundär-Literatur:

Sartorius von Waltershausen, W.: Gauss zum Gedächtniss (1856, Nachdruck 1965 und öfter); Dunnington, W.: Carl Friedrich Gauss: Titan of Science (1955); Mitteilungen der Gauß-Gesellschaft, Bd. 1 (1963 und folgende). Bühler, K., Walter: Gauss. Eine biographische Studie (1981, gibt es auch in englischer und russischer Übersetzung); Merzbach, U. C.: Carl Friedrich Gauss: A Bibliography (1984); Reich, K.: Im Umfeld der »Theoria motus«: Gauß' Briefwechsel mit

Perthes, Laplace, Delambre und Legendre. Abhandlungen der Akademie der Wissenschaften in Göttingen, math.-phys.Klasse (3) 48 (2001); Folkerts, M.: Auf dem Weg zu »Gauß- online«: Eine Datenbank der Gauß-Briefe. Mitteilungen der Gauß-Gesellschaft 39 (2002); Folkerts, M.: Carl Friedrich Gauß' Aktivitäten an der Universität Göttingen. Nachrichten der Akademie der Wissenschaften zu Göttingen, II. Math.-phys. Klasse Nr. 2 (2002).

Gay-Lussac, Joseph Louis,

französischer Chemiker und Physiker,
* 6. 12. 1778 Saint-Léonard-de-Noblat (bei Limoges),
† 9. 5. 1850 Paris.

Die größten Verdienste von Gay-Lussac liegen in der Entdeckung der physikalischen und chemischen Gesetzmäßigkeiten von Gasen.

Joseph Louis Gay wurde als ältestes von fünf Kindern des Rechtsanwalts Antoine Gay und Leonarde Bourigner geboren. Der Vater hatte zur Unterscheidung von anderen Familien gleichen Namens in der Region den Namen ihres Gutes an den Nachnamen angefügt, was sein Sohn beibehielt. Die Revolution zerstörte die komfortable Lebenssituation der Familie, da der Vater 1793 verhaftet und erst nach dem Sturz von Robespierre wieder auf freien Fuß gesetzt wurde. Mit Schaffung der École Polytechnique eröffnete sich für den hochbegabten Jungen aber eine große Chance. Er bestand die Aufnahmeprüfung und begann sein Studium im Jahre 1797, das er im Jahre 1800 abschloss. Es folgte ein Ingenieurstudium an der École des Ponts et des Chaussees, das er aber bereits 1801 abbrach, denn der berühmte Chemiker C.-L. ↗ Berthollet war auf ihn aufmerksam geworden und nahm ihn als Assistenten in sein Laboratorium in Arcueil in der Nähe von Paris auf, wo eine Gruppe junger Wissenschaftler unter der Leitung von Berthollet und P.-S. ↗ Laplace zusammenarbeitete. Beide standen unter dem persönlichen Schutz von Napoleon.

1808 heiratet er Geneviève Rojot, mit der er fünf Kinder hatte.

J.L. Gay-Lussac: Zeichnung von Ambroise Tardieu (1788-1841)

1806 wurde er zum Mitglied der Académie des Sciences ernannt. 1809 wurde er Professor an der École Polytechnique, wie bereits 1808 an der Sorbonne. 1832 gab er diese Stelle auf, um an das Muséum National d'Histoire Naturelle zu gehen. In den 30er-Jahren war er Mitglied des Parlamentes, wurde 1839 vom König geadelt und erhielt einen Sitz im Oberhaus.

Im Jahre 1802 hatte er mit Unterstützung von Berthollet und Laplace seine Untersuchung der Ausdehnung von Gasen begonnen. Dabei stellte er fest, dass sich alle Gase zwischen 0 °C und 100 °C bei Erhitzung um 1° um 1/267 ausdehnen (der heutige Wert lautet 1/273). Dies wird heute zumeist als Gay-Lussacsches Gesetz bezeichnet. Über die vorangegangenen Versuche von Jacques Alexandre Charles war ihm nichts bekannt.

Zusammen mit J.-B. ↗ Biot unternahm er 1804 einen Aufstieg mit einem Wasserstoffballon, um die Zusammensetzung der Luft in großer Höhe und die Veränderung des Erdmagnetfeldes während des Aufstieges zu untersuchen. Bis zu einer Höhe von 4 000 Metern konnten sie keine Unterschiede gegenüber der Erdoberfläche feststellen. Bei einem zweiten Aufstieg, den er allein unternahm, erreichte er eine Höhe von über 7 000 Metern, ein Rekord, der erst ein halbes Jahrhundert später übertroffen wurde.

Zusammen mit dem deutschen Naturforscher A. v. ↗ Humboldt fand er heraus, dass sich Wasserstoff und Sauerstoff im Verhältnis von nahezu 2 zu 1 zu Wasser verbinden. Im Anschluss an ihre Untersuchungen reisten beide zusammen im Jahre 1805 durch Europa mit dem Ziel, die Stärke und Richtung des Erdmagnetfeldes an verschiedenen Punkten zu messen. Sie kamen zu dem Ergebnis, dass die horizontale Komponente des Magnetfeldes von Berlin nach Neapel zunahm, während die Gesamtstärke abnahm. Eine Veränderung des Magnetfeldes im Laufe von Tag und Nacht oder innerhalb mehrerer Monate konnten sie dagegen nicht feststellen.

1807 untersuchte Gay-Lussac den Zusammenhang zwischen spezifischer Wärme und der Ausdehnung von Gasen. Es war bekannt, dass Gase sich bei Ausdehnung abkühlen und sich erwärmen, wenn sie zusammengedrückt werden. Er ließ nun aber ein Gas von einer Flasche in eine andere strömen, die er vorher evakuiert hatte. Dabei stellte er zu seinem Erstaunen fest, dass die Temperatur des Gases unverändert blieb. Diese Versuche führte J. P. ↗ Joule, ohne von seinem Vorgänger zu wissen, fast 40 Jahre später erneut aus, um hiermit die Energieerhaltung zu beweisen.

Im Jahre 1808 konnte er durch die Auswertung fremder und die Durchführung eigener Untersuchungen die schon mit Humboldt für Wasser gefundene Tatsache verallgemeinern, »daß die gasförmigen Körper sich untereinander nach sehr einfachen Verhältnissen verbinden«, und zwar in ganz- oder halbzahligen. Während J. ↗ Dalton, dessen chemische Atomtheorie damit untermauert wurde, diese Ergebnisse ablehnte, regten sie A. ↗ Avogadro zur Formulierung des nach ihm benannten Gesetzes an.

Angeregt von H. ↗ Davys Versuchen mit der Voltaschen Säule, führte er mit seinem langjährigen Kollegen Louis J. Thenard, mit dem er 1808 gemeinsam das Element Bor kurz vor Davy entdeckt hatte, auf Geheiß Napoleons eben diese Versuche durch. Sie kamen dabei zu wesentlich genaueren Ergebnissen bezüglich der Eigenschaften und Verbindungen von Natrium und Kalium. Auch die Entdeckung und Untersuchung von Iod geschah in Konkurrenz mit dem englischen Chemiker.

Gay-Lussac machte sich außerdem um die Entwicklung verschiedener maßanalytischer Bestimmungsverfahren verdient, so z. B. der Chlorimetrie (1824), der Alkalimetrie (1828) und der Argentometrie (1832).

Er widmete sich aber auch technischen Fragen. So untersuchte er die technische Verwertung von Steinkohlengas und führte 1835 den Gay-Lussac-Turm bei der Schwefelsäurefabrikation ein, der die Ausbeute wesentlich verbesserte. Nach ihm ist das Mineral Gaylussit mit der chemischen Zusammensetzung $CaNa_2(CO_3)_2 \cdot 5\,H_2O$ benannt.

Obwohl er keine Schule bildete, lernte z. B. J. v. ↗ Liebig, den er auf Empfehlung Humboldts einstellte, die systematische chemische Analyse bei ihm in Paris.

Explosionen, die sich während seiner Versuche ereigneten, verletzten ihn mehrfach schwer. Die letzte trug zu einer langen und schmerzhaften Krankheit bei, der er schließlich erlag. [RS]

Sekundär-Literatur:

Crosland, M.: Gay-Lussac, Scientist and Bourgeois (1978).

Geber, eigentlich **Abū Muḥammad Ǧābir ibn Aflaḥ al-Ishbīlī,**
spanisch-arabischer Astronom,
* um 1100 Sevilla,
† um 1160.

Geber trug mit seinem Werk *Verbesserung des Almagest* zur Verbreitung der sphärischen Geometrie im Westen bei.

Aus einer Bemerkung in ↗ Maimonides' Werk *Führer der Verwirrten*, in der der Autor von seiner Bekanntschaft mit Gebers Sohn berichtet, können wir schließen, dass Geber selbst in der ersten Hälfte des 12. Jahrhunderts gelebt hat. Sein Name »al-Ishbīlī« weist auf seine Herkunft »von Sevilla« hin. Die bedeutendste Leistung des Astronomen Geber besteht in seinem Werk *Iṣlāḥ almaǧastī*, der *Verbesserung des Almagest* von ↗ Ptolemäus. Dort wird der Satz von Menelaos an allen Stellen durch die so genannte »Regel der vier Quantitäten« und die von ihr abgeleitete sphärische Trigonometrie ersetzt. Die Grundlagen dieser sphärischen Trigonometrie stammen jedoch nicht von Geber, sondern wurden bereits um 1000 n. Chr. von Abū 'l-Wafā°, ↗ Mansûr Nasr ibn Iraq und anderen arabischen Gelehrten entwickelt.

In der Einleitung zu Buch I unterzieht Geber Ptolemäus' Werk einer radikalen Kritik. Einer seiner Einwände betrifft die von Ptolemäus angenommene Stellung von Venus und Merkur unterhalb der Sonne. Nach einer Diskussion der Parallaxe bestreitet Geber Ptolemäus' Begründung und weist den beiden Planeten einen Platz oberhalb der Sonne zu. Gebers Kritik an der Ptolemäischen Planetenastronomie scheint nicht wesentlich von seinen astronomischen Vorgängern abhängig zu sein.

Nach einem Zeugnis von ibn al-Qifti (1. Hälfte des 13. Jahrhunderts) wurde der *Iṣlāḥ* von Maimonides und seinem Schüler Joseph b. Yehuda (ca. 1185) überarbeitet und verbessert. Gekürzt wurde der

Geber

Text schließlich von Quṭb ad-Dīn al-Shīrāzī (13. Jahrhundert). Gerhard von Cremona übersetzte ihn ins Lateinische; Moses ibn Tibbon (1274) und sein Neffe Jakob b. Makhir fertigten hebräische Übersetzungen an. Im Druck erschien Gerhard von Cremonas Übersetzung erstmalig 1534 zusammen mit P. ↗ Apians *Instrumentum primi mobilis*. Sie sollte sich im Westen als sehr einflussreich erweisen. Auch ↗ Regiomontanus benutzte sie als eine der Grundlagen von *De triangulis* (1533). [RL2]

Werk(e):
Gebri filii Affl'a Hispalensis, de astronomia libri IX (1534).

Sekundär-Literatur:
Lorch, R.: Arabic Mathematical Sciences: Instruments, Texts, Transmission (1995); Samsó, J.: Ibn al-Haytham and Jābir b. Aflah's criticism of Ptolemy's determination of the parameters of Mercury, Suhayl 2 (2001).

Gegenbaur, Carl,

deutscher vergleichender Anatom, Morphologe und Zoologe,
* 21. 8. 1826 Würzburg,
† 14. 6. 1903 in Heidelberg.

Von den großen Naturforschern, welche durch ihre Werke dem 19. Jahrhundert und der Geschichte der Naturwissenschaften ihr charakteristisches Gepräge gaben, ragt Gegenbaur, »der anerkannte Meister auf dem Gebiete der vergleichenden Anatomie der Wirbelthiere, der Führer der morphologischen Schule, welche sich in Deutschland unter seinem Einfluss gebildet hatte«, heraus (Hertwig 1903).

Gegenbaur studierte ab 1845 in seiner Heimatstadt Medizin, vollendete 1847 zunächst das biennium philosophicum und wurde 1851 zum Dr. med. promoviert. Nach einem 18-monatigen Forschungsaufenthalt in Messina wurde er 1854 mit der Arbeit *Zur Lehre vom Generationswechsel und der Fortpflanzung bei Medusen und Polypen* habilitiert und Privatdozent in Anatomie und Physiologie in Würzburg. 1855 wurde Gegenbaur Extraordinarius für Zoologie in Jena an der Medizinischen Fakultät und erhielt hier drei Jahre später (1858) den Lehrstuhl für Zoologie und vergleichende Anatomie. Von 1855 bis 1861 war er hier ebenso als Direktor des Zoologischen Museums tätig, 1862 holte er E. ↗ Haeckel nach Jena. Im Jahre 1873 folgte Gegenbaur einem Ruf auf den Lehrstuhl für Anatomie in Heidelberg. Hier begründete er u. a. 1875 die *Morphologischen Jahrbücher*.

Gegenbaur hat zu allen Zeiten seines Lebens mehr auf die methodische, zielbewusste Forschung als auf die einzelne Entdeckung Gewicht gelegt. Hierzu sollte ihm die vergleichende Methode dienen, die bereits G. ↗ Cuvier, J. ↗ Müller u. a. vor ihm mit großem Erfolg angewendet hatten. Durch kritischen Vergleich der gefundenen Tatsachen wollte er die beschreibende Anatomie zu einer erklärenden Wissenschaft erheben, welche er im Gegensatz zur Physiologie mit Vorliebe als Morphologie bezeichnet hat. Gegenbaur hat im Laufe seines Lebens eine Reihe von bemerkenswerten Monographien vorgelegt, die als Musterleistung einer kritischen, auf umfangreichem Tatsachenmaterial beruhenden vergleichend-anatomischen Untersuchungsweise angesehen werden können. Insbesondere ab 1861 folgte eine große Zahl an hervorragenden Publikationen, die der Entwicklungsgeschichte, der Histologie und Histogenese, der Kopfentwicklung sowie der vergleichenden Anatomie der Wirbeltiere gewidmet waren. Als die bedeutendste Arbeit ragt die 1872 erschienene über *Das Kopfskelet der Selachier* heraus, die einen wichtigen Mosaikstein für das Verständnis über die Genese des Kopfskeletts der Wirbeltiere darstellt. Gegenbaur war aber nicht nur ein erfolgreicher Forscher, sondern auch ein von seinen Zuhörern geschätzter Lehrer. Aus diesen Bestrebungen, auch den anatomischen Unterricht zu verbessern, entstand 1883 sein *Lehrbuch der Anatomie des Menschen*. [UH]

Werk(e):
Grundzüge der vergleichenden Anatomie (1859; 2. erw. Aufl. 1870); Das Kopfskelet der Selachier. Ein Beitrag zur Erkenntnis der Genese des Kopfskeletes der Wirbelthiere (1872); Grundriss der vergleichenden Anatomie (1874); Lehrbuch der Anatomie des Menschen (1883); Vergleichende Anatomie der Wirbelthiere mit Berücksichtigung der Wirbellosen, 2 Bde. (1898–1901).

Sekundär-Literatur:
Hoßfeld, U., Olsson, L. und Breidbach, O. (Hrsg.): Carl Gegenbaur and Evolutionary Morphology. Theory in Biosciences (Special Issue), Heft 2/3, Bd. 122 (2003).

Geiger, Hans,

deutscher Physiker,
* 30. 9. 1882 Neustadt an der Weinstraße,
† 24. 9. 1945 Potsdam.

Geiger gehört zu den Wegbereitern der modernen Atom- und Kernphysik. Das zentrale Thema seines Schaffens war der Teilchennachweis, wozu er eine Vielzahl von Methoden und Geräten entwickelte. Das Geiger-Müller-Zählrohr ist noch heute ein für Physik, Technik und Medizin gleichermaßen unentbehrliches Hilfsmittel.

Geiger wuchs in Erlangen auf, wo der Vater Wilhelm Geiger seit 1890 Professor für Byzantinistik war. In Erlangen studierte Geiger auch Physik und promovierte 1906 bei Eilhard Wiedemann mit einer

Arbeit aus der Gasentladungsphysik. Anschließend ging er auf Empfehlung seines Lehrers nach Manchester, wo er eigentlich nur einige Monate bleiben wollte. Es wurden daraus mehr als sechs Jahre, in denen er unter der Anleitung von E. ↗ Rutherford zu einem international anerkannten Physiker reifte. Im Jahre 1912 ging er nach Berlin, um an der Physikalisch-Technischen Reichsanstalt (PTR) das Laboratorium für Radioaktivität aufzubauen und für mehr als ein Jahrzehnt – unterbrochen durch den Kriegsdienst im Ersten Weltkrieg – zu leiten. 1925 erhielt er einen Ruf nach Kiel, 1928 wechselte er nach Tübingen und 1935 kehrte er als Direktor des Physikinstituts der TH Charlottenburg nach Berlin zurück. Geigers letzte Lebensjahre waren von einer schweren rheumatischen Erkrankung und den Wirren der Kriegs- und Nachkriegszeit überschattet. So musste er wegen der Potsdamer Konferenz sein Babelsberger Haus räumen und in einer Dachkammer sein Leben beschließen.

Im Zentrum von Geigers wissenschaftlichem Schaffen stand die Entwicklung von elektrischen Methoden und Geräten zum Nachweis und der Zählung atomarer Teilchen sowie deren Einsatz für atom- und kernphysikalische Untersuchungen. Den Anfang machte im Jahre 1908 die Erfindung des so genannten Rutherford-Geigerschen-Zählers, einer Ionisationskammer, die das Ionisationsvermögen der Alphateilchen zum Nachweis der Teilchen nutzte. Obwohl damit erstmals eine elektrische Zählung von Alphateilchen möglich war, blieben die Anwendungsmöglichkeiten des neuen Zählers recht beschränkt, und er konnte vor allem nicht die etablierte Szintillationsmethode verdrängen. Andere Erfolge dieser Schaffensperiode waren der Nachweis des statistischen Charakters des radioaktiven Zerfalls (1908), die Entdeckung des Geigerschen Reichweitegesetzes (1910) und der Geiger-Nutallschen Regel (1911) für Alphastrahlen. Besondere Bedeutung erlangten aber vor allem die gemeinsam mit Ernest Marsden 1909 durchgeführten Experimente über die Streuung von Alphateilchen in dünnen Metallfolien, die zur Aufstellung des Rutherfordschen Atommodells führten. In diesem Zusammenhang gelang beiden auch im Sommer 1912 die experimentelle Bestätigung der Rutherfordschen Streuformel.

Während der ersten Jahre in Berlin war Geiger vor allem mit metrologischen Routinearbeiten und damit zusammenhängenden Messungen zur Bestimmung des Radiumstandards beschäftigt. Daneben gelang ihm im Jahre 1913 mit der Erfindung des Spitzenzählers die Weiterentwicklung der Ionisationskammer und die Etablierung einer Teilchenzählmethode, die mit ihrer hohen Empfindlichkeit auch den Nachweis von Elektronen gestattet und in der Folgezeit die kernphysikalische Nachweistechnik bestimmte. Mit dem neuen Zähler konnte z. B. J. ↗ Chadwick, der als Postdoc zu Geiger nach Berlin gekommen war, das kontinuierliche Beta-Spektrum nachweisen, und nach dem Weltkrieg entwickelten Geiger und W. ↗ Bothe die Koinzidenzmethode, die zwei Spitzenzähler zum Nachweis der Simultanität von Ereignissen miteinander koppelt. Mit der Koinzidenzmethode konnten Geiger und Bothe 1925 die strenge Gültigkeit des Energieprinzips für den atomaren Einzelprozess am Beispiel des Compton-Effektes nachweisen und damit klärend in Diskussionen um die Grundlagen der Quantenmechanik eingreifen.

H. Geiger

Auf der Grundlage einer Zufallsbeobachtung seines Doktoranden Walther Müller wurde in Kiel das Geiger-Müller-Zählrohr entwickelt, das »eine große Fläche mit der Empfindlichkeit des Spitzenzählers« vereint. Damit musste man sich nicht mehr auf das Auszählen eng begrenzter Strahlenbündel beschränken; auch führte die Koppelung mit mechanischen und elektronischen Aufzeichnungsmethoden zu einer bedeutenden Erweiterung des Anwendungsfelds. Dennoch war die Anwendung des Zählers zunächst auf rein wissenschaftliche Probleme beschränkt, erst im Zuge der Nutzung der Atomenergie nach dem Zweiten Weltkrieg erlangte er als »Geiger-Zähler« seine außerordentliche Popularität.

Geiger hat sich noch selbst um die Anwendung des Geiger-Müller-Zählrohrs in der atom- und kernphysikalischen Grundlagenforschung verdient gemacht. Seine letzte Schaffensperiode stand ganz im Zeichen solcher Bemühungen und galt insbesondere der experimentellen Erforschung der Natur der kosmischen Höhenstrahlung. Doch war Geiger nicht nur ein Forscher von Rang, sondern auch ein begnadeter und faszinierender Lehrer, dessen Vorlesungen zur Legende wurden. Weiterhin hat er sich große Verdienste um das physikalische Schrifttum seiner Zeit erworben – u. a. war er gemeinsam mit Karl Scheel der Herausgeber des *Handbuchs der Physik*, und nach dessem Tod übernahm er 1936 die Redaktion der *Zeitschrift für Physik*. [DH]

Werk(e):
mit W. Bothe: Über das Wesen des Comptoneffektes, ein experimenteller Beitrag zur Theorie der Strahlung, Zeitschrift für Physik 32 (1925); mit W. Müller: Das Elektronenzählrohr, Physikalische Zeitschrift 29 (1929); Die kosmische Ultrastrahlung als Forschungsproblem, Preußische Akademie der Wissenschaften, Vorträge und Schriften, Heft 3 (1940); Experimentierkunst und Entdeckerfreude. Festgabe der Stadt Neustadt zum 100. Geburtstag des Atomphysikers Hans Geiger (1982); Elektrische Zählmethoden zum Nachweis atomarer Teilchen, Ostwalds Klassiker (2004).

Sekundär-Literatur:
Bothe, W.: Die Geigerschen Zählmethoden, Die Naturwissenschaften 30 (1942); Laue, M. v.: Nachruf auf H. Geiger, in: Jahrbuch der Deutschen Akademie der Wissenschaften (1950, mit Schriftenverzeichnis); Trenn, Th.: The Geiger-Müller Counter of 1928. Annals of Science 43 (1986); Rheingans, F. G.: Hans Geiger und die elektrischen Zählmethoden 1908 bis 1928 (1988); Swinne, E.: Hans Geiger. Spuren aus einem Leben für die Physik (1988); Abele, J.: Wachhund des Atomzeitalters – Geigerzähler in der Geschichte des Strahlenschutzes (2002).

Geiringer (auch Pollaczek-Geiringer, Geiringer-von Mises), **Hilda,**
deutsch-österreichisch-amerikanische Mathematikerin,
* 28. 9. 1893 Wien,
† 22. 3. 1973 Santa Monica (California, USA).

Geiringer war neben E. ↗ Noether die einzige Privatdozentin für Mathematik an einer Universität in der Weimarer Republik. Sie forschte insbesondere zur Wahrscheinlichkeitsrechnung und mathematischen Statistik, zu Anwendungen in der Technik und Biologie.

Geboren in einer deutsch-jüdischen Kaufmannsfamilie, erhielt sie eine exzellente Schulbildung, bestand 1913 das Abitur mit Auszeichnung und studierte bis zur Promotion 1917 an der Wiener Universität Mathematik und Physik. Im Winter 1918/19 bekam sie in Berlin eine Anstellung am Referatejournal »Jahrbuch über die Fortschritte der Mathematik« unter Leon Lichtenstein. 1920 kehrte sie nach Wien zurück und arbeitete als Lehrerin. Im April 1921 wurde sie Assistentin am neuen Institut für angewandte Mathematik an der Berliner Universität unter R. v. ↗ Mises; in dieser Stelle blieb sie bis zu ihrer Vertreibung 1933.

1922 heiratete Hilda Geiringer den Mathematiker Dr. Felix Pollaczek, und Tochter Magda wurde geboren. Die Ehe wurde später geschieden, aber bis in die 40er-Jahre publizierte sie unter dem Namen Pollaczek-Geiringer.

In der Emigration arbeitete sie 1933/34 in Brüssel, 1934 folgte sie von Mises an die Universität Istanbul, wo sie eine Professur für angewandte Mathematik erhielt. 1939 emigrierten beide in die USA; am 5. November 1944 heirateten sie. Sie unterrichtete zunächst am Bryn Mawr College, später erhielt sie eine Mathematikprofessur am Wheaton College in Norton/Mass. und wurde 1945 USA-Staatsbürgerin.

Begonnen hatte Hilda Geiringer mit Fragen der Analysis, ihre Dissertation bei Wilhelm Wirtinger behandelte trigonometrische Doppelreihen; in den 20er-Jahren veröffentlichte sie Arbeiten zur Geometrie und zur Theorie der Differentialgleichungen. Ab Mitte der 20er-Jahre publizierte sie Untersuchungen zur Wahrscheinlichkeitstheorie. Mit Mises verfasste sie 1929 den Aufsatz *Praktische Verfahren der Gleichungsauflösung* in der *Zeitschrift für angewandte Mathematik und Mechanik*. Nach der Habilitation (1927) wandte sie sich Problemen der Korrelationsmodelle zu. Seit den 30er-Jahren publizierte sie zu speziellen Aspekten der Wahrscheinlichkeitstheorie und mathematischen Statistik, darunter zu mehrdimensionalen Verteilungen in der Statistik sowie Anwendungen statistischer Gesetze in der Biologie. [AV2]

Sekundär-Literatur:
Richards, J. L.: Hilda Geiringer von Mises (1893–1973), in: Grinstein, L. S. und Campbell, P. J. (Ed.): Women of Mathematics. A Biobibliographic Sourcebook (1987) 41–46; Binder, Chr.: Hilda Geiringer: ihre ersten Jahre in Amerika, in: Festschrift für Hans Wussing zu seinem 65. Geburtstag, hrsg. von Demidov, S. S., Folkerts, M., Rowe, D. E. und Scriba, Chr. J. (1992) 27–35; Binder, Chr.: Beiträge zu einer Biographie von Hilda Geiringer, in: Mitteilungen der GAMM (1995) Nr. 4, S. 61–72; Siegmund-Schultze, R.: Hilda Geiringer-von Mises....in: Historia mathematica, 20 (1993) 364–381; Vogt, A.: Hilda Pollaczek-Geiringer (1893–1973) – erste Privatdozentin für Mathematik an der Berliner Universität, in: VITA ACTIVA in: »Dialektik«, Heft 3 (1994) 157–162; Vogt, A.: Die erste Privatdozentin für angewandte Mathematik in Berlin – Hilda Pollaczek-Geiringer, in: Berlinische Monatsschrift, Heft 12 (1998) 40–45.

Geitel, Hans Friedrich Karl,
deutscher Physiker,
* 16. 7. 1855 Braunschweig,
† 15. 8. 1923 Wolfenbüttel.

Geitel gehört zu den Pionieren der Elektrophysik und Radioaktivitätsforschung.

Geitel studierte gemeinsam mit seinem Freund J. ↗ Elster 1875–1878 Physik in Heidelberg und Berlin und lehrte ab 1879 am Gymnasium in Wolfenbüttel, wohin Elster 1881 nachkam. In den folgenden Jahrzehnten leistete er – überwiegend

H.F.K. Geitel

gemeinsam mit Elster – wesentliche Beiträge zur Erforschung der atmosphärischen Elektrizität, der Stromleitung in Gasen und im Vakuum, der Lichtelektrizität und der Radioaktivität. Er repräsentierte neben O. ↗ Hahn 1910 die deutschen Naturwissenschaftler in der Internationalen Radium Standard Kommission in Paris. Nach Elsters Tod 1920 las Geitel als Honorarprofessor an der TH Braunschweig über atmosphärische Elektrizität. [GD]

Werk(e):
Die Proportionalität von Photostrom und Beleuchtung an sehr dünnen Kaliumschichten, Annalen der Physik u. Chemie, 4. Folge 67 (1922). (Weitere Publikationen gemeinsam mit J. Elster.)

Sekundär-Literatur:
Fricke, R. G. A.: J. Elster & H. Geitel – Jugendfreunde, Gymnasiallehrer, Wissenschaftler aus Passion (1992).

Geißler, Heinrich Johann Wilhelm,
deutscher Glastechniker,
* 26. 5. 1814 Igelshieb (heute zu Neuhaus a. Rwg.),
† 24. 1. 1879 Bonn.

Geißler war der berühmteste Glastechniker seiner Zeit und Pionier der frühen Vakuum- und Gasentladungsphysik.

Geißler wurde nach langer Wanderschaft – belegt ist ein mehrjähriger Aufenthalt in den Niederlanden – um 1850 als Instrumentenmacher in Bonn sesshaft. Er perfektionierte die Metall-Glas-Verschmelzung, entwickelte dauerhaft vakuumfest eingeschliffene Hähne (»Geißlersche Hähne«) und konstruierte seit 1857 unter deren Verwendung die erste Quecksilber-Vakuumpumpe (»Geißlerscher Aspirator«), mit der man dem Torricellischen Vakuum (E. ↗ Torricelli) nahe kam. Aus der Zusammenarbeit mit J. ↗ Plücker und J. W. ↗ Hittorf gingen neben thermometrischen Apparaturen insbesondere Spektralröhren und andere Entladungsgefäße (»Geißlersche Röhren«) hervor. Ein auf der Naturforscherversammlung in Hamburg 1876 vorgestelltes Experiment, mit welchem er schon drei Jahre vor W. ↗ Crookes den mit einer Gasentladung verbundenen Massetransport zeigen und damit auf eine für die spätere Beschreibung des Elektrons wesentliche Eigenschaft der Kathodenstrahlen hinweisen konnte, wurde wenig beachtet und ist heute weitgehend vergessen. Mit weiteren eigenständigen Entwicklungen u. a. zur Dampfdruck- und Dichtemesstechnik, zur chemischen Analytik, zur Wägetechnik und insbesondere zur Thermometrie beeinflusste er den wissenschaftlichen Instrumentenbau seiner Zeit. 1868 verlieh ihm die Universität Bonn die Ehrendoktorwürde. Geißlers Leistung wirkte weit über die Landesgrenzen hinaus. Belegt ist seine auf persönlicher Bekanntschaft beruhende Zusammenarbeit mit Crookes in London und D. ↗ Mendelejew in St. Petersburg. Seine Schüler waren an Pionierleistungen des ausgehenden 19. Jahrhunderts (Fotozellen, Röntgenröhren, Elektronenstrahlröhren) beteiligt. [GD]

Werk(e):
Studien über Thermometrie und verwandte Gegenstände von Plücker und Geißler (Mitgetheilt von Plücker), Poggendorffs Annalen d. Physik u. Chemie 86 (1852) 238–279; (zus. mit H. Vogelsang): Ueber die Natur der Flüssigkeitseinschlüsse in gewissen Mineralien, Poggendorffs Annalen 137 (1869) 56–75.

Sekundär-Literatur:
Eichhorn, K.: Heinrich Geißler (1814–1879), Jahrbuch des Hennebergisch-Fränkischen Geschichtsvereins 10 (1995) 207–233.

Geoffroy Saint-Hilaire, Étienne, Vater von Isidor Geoffroy Saint-Hilaire,
französischer Zoologe und Anatom,
* 15. 4. 1772 Étampes,
† 19. 6. 1841 Paris.

Geoffroy Saint-Hilaire ist neben J.-B. ↗ Lamarck und G. ↗ Cuvier derjenige Zoologe und Anatom, der Anfang des 19. Jahrhunderts die theoretische Debatte über die Biowissenschaften am meisten geprägt hat. Er gab der Forschung auf dem Gebiet der vergleichenden Anatomie eine neue Richtung, die von der Einheit des Organisationsplans aller Lebewesen ausging und sich auf Grundgesetze stützte, die auf die Gesamtheit des Lebenden angewandt werden konnten.

Étienne Geoffroys Vater, Gérard Geoffroy, war Justizbeamter in Étampes. Jedem seiner fünf Söhne, von denen Geoffroy der dritte war, hatte

É. Geoffroy St.-Hilaire

er zur Unterscheidung einen Beinamen gegeben. Etienne Geoffroys Bekanntheit als Wissenschaftler machte auch seinen Beinamen St. Hilaire berühmt, der schließlich Bestandteil seines Familiennamens wurde. Zwei seiner Brüder, Étienne François und Claude-Joseph, sollten Chemiker und Mitglieder der Académie des Sciences werden.

Étienne Geoffroy Saint-Hilaire studierte in Paris am Collège de Navarre (1788), wo er dem Physiker Mathurin Brisson begegnete; dabei entdeckte er sein wissenschaftliches Interesse an der experimentellen Physik (Elektrizität). Er studierte dann am Collège du Cardinal Lemoine weiter (1790), wo er Schüler und Freund des Kristallographen Abt R.-J. ↗ Haüy wurde. Dieser beeinflusste mit seinen Forschungen zur Kristallographie wesentlich sein Denken. Geoffroy Saint-Hilaire vervollständigte seine Kenntnisse weiter und hörte Vorlesungen im Jardin du Roi, besonders zur Mineralogie. Im März 1793 wurde er im Cabinet d'histoire naturelle des Jardin national des plantes als »zweiter Wärter und zweiter Vorführer« angestellt; Leiter des Cabinet war Louis J. M. Daubenton, ehemaliger Mitarbeiter G. ↗ Buffons und Mitverfasser der *Histoire naturelle générale et particulière* (1749–1767; Ergänzungsbände 1774–1789). Am 10. Juni desselben Jahres (1793) wurde der Jardin des Plantes vom Nationalkonvent in ein naturgeschichtliches Museum umgewandelt; es entstanden zwölf Lehrstühle, darunter der Lehrstuhl für Zoologie (Wirbeltiere), den der einundzwanzigjährige Geoffroy Saint-Hilaire bekam.

Während der junge Geoffroy sein neues Amt versah und 1795 den Besuch Cuviers in dem Museum miterlebte, bereitete sich ein Ereignis vor, das für sein wissenschaftliches Denken bedeutsam wurde: Er nahm an Napoleons Ägypten-Expedition teil, die nach geheimen Vorbereitungen am 19. Mai 1798 von Toulon aus aufbrach. In Ägypten hatte Geoffroy Saint-Hilaire, der erst im September 1801 nach Frankreich und im Januar 1802 nach Paris zurückkehrte, die Aufgabe, die dortige Welt der Säugetiere und Vögel zu erforschen und zu beschreiben. Allerdings neigte er mehr zum physiologischen Experiment und zur Theorie als zur Feldforschung und dem Aufspüren von Tieren. In Alexandria machte er vor seiner Rückfahrt nach Frankreich Beobachtungen und Experimente zur tierischen Elektrizität an Zitterrochen und Wels.

Etwas mehr als ein Jahr war seit dem Aufbruch der Expedition vergangen, als Napoleon am Abend des 17. August 1799, dem Vorabend seiner Rückkehr nach Frankreich, in Kairo sein Bedauern darüber aussprach, kein I. ↗ Newton gewesen zu sein. Der Mathematiker G. ↗ Monge antwortete ihm darauf mit den Worten seines Kollegen J.-L. ↗ Lagrange: »Niemand wird je Newtons Ruhm erreichen; es war nur eine Welt zu entdecken.« Darauf erwiderte Napoleon, dass sich Newton nicht für das »System der Affinitätsgesetze zwischen den Molekülen« interessiert habe, das heißt für die »Welt der Details«, wie Napoleon sie bezeichnete. Geoffroy Saint-Hilaire war bei dem Gespräch zugegen, und Napoleons Worte charakterisieren gut den späteren Ausgangspunkt seiner Überlegungen zu einem universellen Gesetz, das die Mechanismen alles Lebenden erklären sollte und das er ab 1835 formulierte.

In der Zwischenzeit entwickelte Geoffroy seine Wissenschaft und seine Modelle, auf denen er am Ende seine große Idee aufbauen sollte. Bereits in Ägypten, in Kairo, machte er Versuche und arbeitete an der Frage, wie die unterschiedlichen Geschlechter entstehen: Er äußerte die Vorstellung, dass im Embryo beide Geschlechtsstrukturen, die männliche wie die weibliche, vorhanden sind und dass äußere Einflüsse (Nahrung, Umgebung) dazu führen, dass sich schließlich ein Geschlecht auf Kosten des anderen ausbildet. Zwittertiere und Tiere mit getrennten Geschlechtern haben den gleichen Organisationsplan. Der Vorstellung von der Einheit des Organisationsplans gehörte schon seit 1796 sein Hauptinteresse. Doch machte der Systematiker und Naturforscher in Ägypten eine große Entdeckung: Er fand den *Polypterus bichir*, einen im Nil lebenden Fisch, von dem Cuvier später sagen sollte, dass allein seine Entdeckung »die Reise nach Ägypten wert gewesen wäre«. Der *Polypterus* wurde ein Teil von Geoffroy Saint-Hilaires Überlegungen zur Einheit des Organisationsplans bei den Lebewesen. So zögerte er nicht, nachdem er betont hatte, dass die »Flossen dieses Fischs den Gliedmaßen der Säugetiere« entsprechen, zur Bezeichnung der »Knochen«, aus denen die Brustflossen entspringen, die Wörter »humerus« (Oberarm), »radius« (Speiche) und »cubitus« (Elle) zu verwenden.

Dies ist eines der Hauptprinzipien seiner *Philosophie anatomique* (1818), die auf der Theorie von den

»Analogien« beruht. Geoffroy Saint-Hilaires Analogien entsprechen den »Homologien«, wie sie 1847 der Anatom R. ↗ Owen definieren sollte, und meinen anatomische Strukturen, die aus den gleichen Partien des Embryos entstanden sind: Zum Beispiel sind der menschliche Arm, der Vorderfuß des Pferdes und der Flügel der Fledermaus homologe Organe (bei Geoffroy Saint-Hilaire: analoge Organe). Die Theorie von den »Analogien« impliziert, dass alle Tiere, bei denen das Rückenmark von Knochen umschlossen ist, nach dem gleichen Modell aufgebaut sind. Diese Theorie funktioniert mit Hilfe des »Prinzips der Verknüpfungen (principe de connexions)«, welches besagt, dass das einzige, was bei den Arten als allgemein gültig betrachtet werden kann, durch »die Position, die Beziehungen und die Abhängigkeiten der verschiedenen Teile voneinander« gegeben ist. In diesem Prinzip der Verknüpfungen, das auf Geoffroy Saint-Hilaire zurückgeht, liegen die analytische Neuheit und der Fortschritt der anatomischen Kenntnisse, mit denen die Einheit alles Lebenden bewiesen werden sollte: Das Prinzip sei unveränderlich, und der Anatom vertrete die Überzeugung, dass »ein Organ eher verändert wird, verkümmert oder ganz verschwindet, als dass es von einem Ort an einen anderen versetzt wird«. Daher dürfe der Anatom nicht mehr zögern und müsse es »wagen«, den Menschen mit dem Wiederkäuer oder dem Fisch zu vergleichen, ohne dabei über Zwischenstufen zu gehen.

In seiner *Philosphie anatomique* von 1818 versuchte Geoffroy Saint-Hilaire zu beweisen, »dass kein Teil des Knochengerüsts der Fische ohne Entsprechung zu einem analogen Teil bei den anderen Wirbeltieren« sei, und er zeigte seine Forschungen an den »Analogien« zwischen den Knochen der Kiemendeckel bei den Fischen und den Innenohrknochen der Vögel, Reptilien und Säugetiere. Ein weiteres Prinzip, das er bei Untersuchungen verkümmerter Organe entdeckte, war das Gesetz des »Gleichgewichts der Organe«: Entwickelt sich in einem Organismus ein Organ besonders stark, so geschieht es auf Kosten eines anderen Organs, das im Gegenzug schwindet. So sei etwa beim Strauß der Flügel geschrumpft, während die Beine sich stärker entwickelt hätten. Der Wunsch, alles auf eine Einheit zurückzuführen, brachte Geoffroy Saint-Hilaire in den zwanziger Jahren des 19. Jahrhunderts dazu, eine Idee zu entwickeln, die bereits von anderen Forschern, etwa dem Entomologen Pierre-André Latreille, formuliert worden war: und zwar die Vorstellung, dass Wirbellose (Gliedertiere) im Innern ihres Rückgrats leben und auf dem Rükken laufen. Insekten und Krebstiere seien »Wirbeltiere«, deren Weichteile sich im Innern des Skeletts befinden, und anders als bei den Wirbeltieren befinde sich ihr zentrales Nervensystem im Bauchraum.

Diese anatomische Geometrie, ja Topologie, mit der die Einheit des Organisationsplans bei Wirbeltieren und Wirbellosen bewiesen werden sollte, führte in den Jahren 1830 bis 1832 zu dem berühmten Akademiestreit zwischen Cuvier, der gegen das Konzept der Planeinheit war, und Geoffroy Saint-Hilaire. An dem Streit beteiligte sich auch J. W. ↗ Goethe. Bei den Forschungen, die auf die Einheit der organischen Welt abzielten, konnte jedoch eines störend wirken: missgebildete Organismen (»Monster«). Solche »Monster« betrachtete man als Wesen, die sich am Rand der Natur befanden. Geoffroy Saint-Hilaire sah es als seine Aufgabe, sie in seinen Plan einzubauen. Er wählte die Missbildungen des menschlichen Schädels als Thema (1821) und bewies, dass die Anatomie der »Monster« den gleichen Gesetzen folgt wie die der normalen Organismen: Eine Missbildung entsteht, wenn im Lauf der embryonalen Entwicklung ein Organ sich nicht mehr weiterentwickelt. Die Missbildung ist also lediglich die vergrößerte Abbildung des embryonalen Stadiums dieses Organs und die Anatomie der »Monster« entspricht so den Kriterien, nach denen alles Lebende aufgebaut ist. Diese Arbeiten sollte später sein Sohn I. ↗ Geoffroy Saint-Hilaire weiterführen.

Wenn das System der Vielheit in der Einheit funktionieren sollte, musste Geoffroy Saint-Hilaire auch gedanklich daran arbeiten, die Epigenese gegen das Dogma von der Präexistenz der Keime und ihrer Verschachtelung ineinander zu beweisen. Im Rahmen der Epigenese kann der Embryo auf Umwelteinflüsse reagieren und seine Anatomie verändern – er kann eine Anatomie aufbauen, mit der er sich den neuen Bedingungen anpasst; im Rahmen der Präexistenz bleibt der Keim unveränderlich, da er gänzlich vorgeformt und fest aufgebaut ist; durch negative Umwelteinflüsse kann er nur zerstört werden. Geoffroy Saint-Hilaire bewies zusammen mit dem befreundeten Antoine E. R. Serres die Richtigkeit der Epigenese, und zwar auf der Grundlage von Beobachtungen und Versuchen an Hühnereiern (1820; 1826).

Einen wichtigen Schritt zur Festigung seiner Ideen vom Aufbau alles Lebenden stellten seine Untersuchungen über Reptilfossilien dar (1825; 1831): Die Anatomie der Fossilien passe, wie auch die Anatomie der missgebildeten Organismen, in die Einheit des Organisationsplans, und so entstehe ein Ganzes, das erklärt und verstanden werden müsse.

In den Jahren 1835 bis 1839 nahm Geoffroy Saint-Hilaire die theoretischen Gedanken wieder auf, die bereits in Ägypten entstanden waren, und der »Napoleon-Effekt« zeigte sich wieder; er widmete sich nun der Veröffentlichung seiner Sichtweisen und verblüffte mit ihnen die wissenschaftliche Welt. Vor allem mit zwei Werken brachte er seine

Arbeit als Theoretiker zum Abschluss: *Études progressives d'un naturaliste pendant les années 1834 et 1835* (1835) und *Philosophie de la nature, 1er argument (fille bicorps de Prunay), 2e argument (optique de Newton)*, eine Sammlung von sechs Artikeln, die 1839 in den *Comptes rendus de l'Académie des Sciences* erschienen waren. In dieser zweiten Schaffensphase reduzierte er nun alle lebenden und unbelebten Strukturen auf »Moleküle« und alle Entwicklungsvorgänge auf das Gesetz der »ähnlichen Einheit« (1826), das er später »Gesetz der Affinität von Gleich und Gleich« (1835) nannte. Diese Gesetze übertrugen lediglich Newtons Gesetz von der Anziehungskraft und die Affinitätsgesetze der Chemie auf den Bereich des Lebenden. Letztendlich bestehen danach Lebewesen wie Mineralien aus unsterblichen Molekülen, und aus diesen Molekülen – hier kam Buffons Theorie der organischen Moleküle zur Anwendung – setzen sich die Organismen zusammen wie die Kristalle nach den Newtonschen Gesetzen. So haben Physik und Chemie für Geoffroy Saint-Hilaire Wege zur Erklärung der Einheit der Systeme eröffnet. [JLF]

Werk(e):
Philosophie anatomique, Des organes respiratoires sous le rapport de la détermination et de l'identité de leurs pièces osseuses (1818); Philosophie anatomique, Des Monstruosités humaines (1822); Principes de philosophie zoologique, discutés en mars 1830 au sein de l'Académie royale des Sciences (1830); Recherche sur les grands Sauriens trouvés à l'état fossile (1831); Notions synthétiques, historiques et physiologiques de philosophie naturelle(1838).

Sekundär-Literatur:
Geoffroy Saint-Hilaire, I.: Vie, Travaux, et Doctrine scientifique d'Étienne Geoffroy Saint-Hilaire (1847); Fischer, J.-L.: L'anatomie transcendante et le concept de »récapitulation« chez Étienne Geoffroy Saint-Hilaire, in: Histoire du concept de récapitulation, Ontogenèse et Phylogenèse en biologie, hrsg. von P. Mengal (1993) 55–68; Fischer, J.-L.: Les manuscrits égyptiens d'Étienne Geoffroy Saint-Hilaire, in: L'expédition d'Égypte une entreprise des Lumières, 1798–1801, actes du colloque ... 8–10 juin 1998, hrsg. von P. Bret, Institut de France, Académie des Sciences, TEC und DOC (1999) 244–259; Gould, S. J.: Geoffroy and the homeobox, in: The American Naturalist, Bd. 11 (1985) 12–23; Guyader, H. Le: Geoffroy Saint-Hilaire, un naturaliste visionnaire (1998).

Geoffroy Saint-Hilaire, Isidore, Sohn von Étienne Geoffroy Saint-Hilaire,
französischer Arzt und Zoologe,
* 16. 12. 1805 Paris,
† 10. 11. 1861 Paris.

Geoffroy Saint-Hilaire hat die Geschichte der Biowissenschaften vor allem durch seine Arbeiten auf dem Gebiet der Zoologie geprägt, in denen er den von G. ↗ Cuvier vertretenen Fixismus, das Dogma von der Unveränderlichkeit der Arten, entgegentrat.

Geoffroy Saint-Hilaire studierte Medizin und promovierte 1829 über Fehlbildungen bei Mensch und Tier. 1830 wurde er im Pariser Nationalmuseum für Naturgeschichte stellvertretender Professor auf dem Lehrstuhl für Zoologie (Säugetiere und Vögel), den sein Vater seit 1794 innehatte; 1841 wurde er dort Professor.

Der Name Isidore Geoffroy Saint-Hilaire bleibt vor allem verbunden mit seinen Arbeiten über Fehlbildungen. Er verlieh als erster der »pathologischen Zoologie« den Status einer Wissenschaft und bewies im Gefolge seines Vaters E. ↗ Geoffroy Saint-Hilaire, dass Fehlbildungen einer anatomischen Ordnung entsprechen, die man rational einteilen kann. So unterschied er die »Doppelmonster«, die heute als siamesische Zwillinge bekannt sind. Die Einteilung und Benennung der »Monster« wurde zur Grundlage der Teratologie, wie er 1830 diese neue Wissenschaft nannte. Er erläuterte seine Forschungen über Fehlbildungen und Anomalien in einer großen Abhandlung über Teratologie, die zwischen 1832 und 1836 veröffentlicht wurde und noch heute ein klassisches Werk dieser Fachrichtung ist.

Geoffroy Saint-Hilaires zweites Interessengebiet war die Akklimatisierung exotischer Pflanzen und Tiere an das europäische Klima. Hier sah er die Möglichkeit, Theorie und Praxis zu verbinden, indem man neue Tier- oder Pflanzenarten, die dem Menschen nützlich waren, akklimatisierte und domestizierte und zugleich verallgemeinernde Schlussfolgerungen aus den Ergebnissen zog, die durch den Willen des Menschen in der Erschaffung neuer Tier- und Pflanzenarten erzielt wurden. So sah er seinen »begrenzten« Transformismus durch seine Forschungen in der Teratologie und der Akklimatisierung und Domestizierung bestätigt. Auf dem Gebiet der Anthropologie vertrat er die Idee von einem »Reich der Menschen«. [JLF]

Werk(e):
Histoire générale et particulière des Anomalies de l'organisation chez l'Homme et les Animaux ... oder Traité de Tératologie, 3 Bde. (1832–1836); Histoire naturelle générale des Règnes organiques, 3 Bde. (1854–1862).

Sekundär-Literatur:
Tort, P.: La logique des déviants: Isidore Geoffroy Saint Hilaire et la classification des monstres, in: Revue des Sciences Humaines 188 (1982); Laurent, G.: Geoffroy Saint-Hilaire, Isidore, in: Dictionnaire du Darwinisme et de l évolution, hrsg. von P. Tort (1996).

Gerhard, Carl Abraham,
deutscher Mineraloge und Bergbeamter,
* 26. 2. 1738 Lerchenbronn (bei Liegnitz, Schlesien),
† 9. 3. 1821 Berlin.

Gerhard gründete 1770 die Bergakademie in Berlin und war einer der Pioniere der Mineralchemie.

Nach dem Studium der Medizin in Frankfurt an der Oder wirkte Gerhard ab 1763 als praktischer Arzt in Berlin. Bereits 1760 hatte er mit einer Abhandlung über das Mineral Granat in Schlesien und Böhmen auch zum Doktor der Philosophie promoviert und widmete sich seither vorwiegend physikalischen und mineralogischen Studien. 1768 wurde er zum Preußischen Bergrat an Stelle des ein Jahr zuvor verstorbenen J. G. ↗ Lehmann ernannt und erhielt den Auftrag, die nutzbaren Gesteine Schlesiens zu untersuchen.

Mit Blick auf die kurz zuvor (1766) gegründete Bergakademie in Freiberg in Sachsen erhielt er von Friedrich II. den Auftrag, eine ähnliche Ausbildungsstätte in Berlin zu schaffen. Schon 1770 begann dort die Ausbildung mit Vorlesungen in Physik, Chemie, Mathematik, Mineralogie und Metallurgie, wobei Gerhard die beiden letzteren Fächer selbst übernahm. 1774 erhielt die Bergakademie ein eigenes Labor, in dem Gerhard ausgiebige mineralchemische Versuche anstellte. Ein Jahr später schlug er die Einrichtung einer Mineraliensammlung vor, deren Grundstock seine eigene Sammlung bildete. 1789 übernahm Dietrich L. G. Karsten die Vorlesungen Gerhards.

Gerhard veröffentlichte eine Reihe von Schriften zur Mineralogie und Mineralchemie, welche sich durch eine Fülle genauer und systematischer Beobachtungen zum Verhalten der Mineralien im Feuer auszeichneten. Hinsichtlich der Systematik und der Genese der Mineralien schloss er sich weitgehend dem schwedischen Mineralogen Johan G. Wallerius an. Sein Einfluss blieb allerdings deutlich hinter dem seines Freiberger Kollegen A. G. ↗ Werner zurück. Gerhards Sohn Johann Carl Ludewig war ebenfalls Bergbeamter und wurde 1810 (als Nachfolger seines Vaters) mit der Leitung des gesamten Preußischen Berg-, Hütten- und Salinenwesens betraut. [BF2]

Werk(e):
Beobachtungen und Mutmaßungen über den Granit und über Gneis (1779); Versuch einer Geschichte des Mineralreichs, 2 Bde. (1781/1782).

Sekundär-Literatur:
Daber, R.: Das Leben des Carl Abraham Gerhard. Geohistorische Blätter 1 (1998); Eberhardt, F.: Begründer der Berliner Bergakademie. Carl Abraham Gerhard (1738-1821). Berlinische Monatsschrift (1997) Heft 3.

Gerhardt, Charles Frédéric,
französischer Chemiker,
* 21. 8. 1816 Straßburg,
† 19. 8. 1856 Straßburg.

Gerhardt stellte gemeinsam mit seinem Freund A. ↗ Laurent die Unitaritätstheorie (1848) auf und begründete 1853 die neuere Typentheorie, führte 1843 den Begriff der homologen Reihen ein, entdeckte 1852 die wasserfreien Monocarbonsäuren (Anhydride) und präzisierte die Begriffe Molekül, Atom und Atomäquivalent sowie einige Atomgewichte (1842). Bereits 1846 stellte Gerhardt fest, dass die »organischen Körper« nur den Kohlenstoff gemeinsam haben.

Gerhardt, Sohn eines Bleiweißfabrikanten, erhielt seine Ausbildung am Polytechnikum in Karlsruhe (ab 1831) und ab 1833 an der Handelsschule in Leipzig, wo er Chemie bei O. L. Erdmann hörte. In den Jahren 1834–1838 arbeitete er mit Unterbrechungen in der Fabrik seines Vaters, leistete Militärdienst und wurde schließlich von letzterem freigestellt. Ab 1836 studierte er bei J. v. ↗ Liebig in Gießen und wurde 1838 Vorlesungsassistent bei J. B. ↗ Dumas an der Sorbonne in Paris, wo er 1841 promovierte. Von der Universität Montpellier war er 1841 mit der Wahrnehmung einer Professur betraut und 1844 zum Ordinarius berufen worden, der er bis 1848 blieb. Ihn zog es nach Paris zu Laurent, den er 1844 kennen gelernt hatte. Seitdem verband beide eine Freundschaft und enge Zusammenarbeit. Mit ihm eröffnete er 1848 ein privates Unterrichtslabo-

C.F. Gerhardt

ratorium in Paris und war schließlich Professor an der Universität Straßburg (1855/56).

Von besonderer Bedeutung sind Gerhardts theoretische Arbeiten: Von L. R. A. ↗ Avogadros Hypothese ausgehend, nach welcher gleiche Raumteile verschiedener Gase bei gleicher Temperatur und unter demselben Druck die gleiche Anzahl von Molekülen enthalten, bestimmte er die Atomgewichte gasförmiger oder leicht flüchtiger Körper aus deren Molekulargewichten. Indem er sich – wie Laurent – auf Analogien stützte, kam er dazu, die bisher gebräuchlichen Atomgewichte für Sauerstoff (8), Schwefel (16), Kohlenstoff (6) zu verdoppeln und nachzuweisen, dass die Moleküle des Wasserstoffs, Sauerstoffs und anderer Elemente aus zwei Atomen bestehen. Dafür wurden beide Chemiker von J. J. ↗ Berzelius und Liebig scharf angegriffen.

Durch die Anwendung empirischer oder unitarischer Formeln – im Gegensatz zu den bisher gebräuchlichen dualistischen – konnte jede aus mehr als zwei Elementen bestehende Verbindung als ein chemisches Ganzes betrachtet werden (Unitaritätstheorie). 1839 veröffentlichte Gerhardt seine Ansichten über den Vorgang des Austausches eines Elements durch eine Atomgruppe. Danach sind selbst einfachste chemische Vorgänge als Doppelzersetzungen aufzufassen wie die Bildung von Salzsäure aus Chlor und Wasserstoff, wobei jedes Molekül sich in zwei Teile spaltet und diese Reste sich erst dann verbinden. Er machte einen Unterschied zwischen dem Radikal Wasserstoff ($H\cdot$) und dem Gas Wasserstoff (H_2), zwischen dem Radikal Chlor ($Cl\cdot$) und dem Gas Chlor (Cl_2).

Seine Auffassungen führten durch Verschmelzung der älteren Theorien zur neuen Typentheorie. Nach seinem Typensystem lassen sich die organischen Verbindungen von bekannter Konstitution auf die vier Typen des Wasserstoffs, Chlorwasserstoffs, Wassers und Ammoniaks beziehen. Zum ersten Typus gehören die Kohlenwasserstoffe, Aldehyde und Ketone, zum zweiten auch die Bromide und Iodide, zum dritten die Alkohole, Äther und einbasischen Säuren und deren Schwefelanaloga, zum vierten Verbindungen des Phosphors und Arsens. A. ↗ Kekulé fügte später Gerhardts Typen noch den Typus Sumpfgas (Methan, CH_4) hinzu. [WG]

Gerlach, Walther,
deutscher Physiker,
* 1. 8. 1889 Biebrich am Rhein,
† 10. 8. 1979 München.

Gerlach zählt zu den herausragenden Experimentalphysikern der ersten Hälfte des 20. Jahrhunderts.

Nach seinem Studium in Tübingen (1908–1912) war Gerlach Privatdozent in Tübingen und in Göttingen, bevor er über eine kurze Industrietätigkeit (1919) Stationen in Frankfurt a. M. (1920) und nochmals Tübingen (1924) Nachfolger von W. ↗ Wien in München wurde und dort von 1929 bis 1957 wirkte. Von 1943 bis 1945 war Gerlach Leiter der Fachsparte Physik im Reichsforschungsrat und administrativer Leiter des Uranprojektes. Deswegen wurde er von Juli 1945 bis Januar 1946 in Farm Hall (England) zusammen mit anderen deutschen Kernphysikern von den Alliierten interniert.

Nach dem Zweiten Weltkrieg war Gerlach maßgeblich am Wiederaufbau der Physik und wissenschaftlicher Institutionen, u. a. der Notgemeinschaft der Deutschen Wissenschaft (ab 1951 Deutsche Forschungsgemeinschaft), beteiligt und befürwortete eine länderbezogene Wissenschaftspolitik. Sein Einsatz für die friedliche Nutzung der Atomenergie gipfelte in der Unterzeichnung der so genannten Göttinger Erklärung 1957. Durch eine umfangreiche publizistische Tätigkeit sowie mit Radio- und Fernsehsendungen hat er zur Popularisierung der naturwissenschaftlichen Kenntnisse beigetragen. Gerlachs wissenschaftliche Hauptarbeitsgebiete lagen auf dem Gebiet der Spektroskopie, des Magnetismus und der Metallphysik. 1916 bestimmte Gerlach durch Präzisionsmessungen den Wert der Boltzmann-Konstanten und 1921 gelang ihm zusammen mit O. ↗ Stern die experimentelle Prüfung der Richtungsquantelung (Stern-Gerlach-Versuch). [CVL]

Werk(e):
Nachlass im Archiv des Deutschen Museums, München; mit O. Stern: Der experimentelle Nachweis der Richtungsquantelung im Magnetfeld, in: Zeitschrift für Physik 9 (1922) 349–352; Das magnetische Moment des Silberatoms, ebd., S. 353–355; Die Sprache der Planeten (1962).

Sekundär-Literatur:
Füßl, W.: Der wissenschaftliche Nachlaß von Walther Gerlach, 2 Bde. (1998); Heinrich, R., Bachmann, H.-R.: Walther Gerlach. Physiker – Lehrer – Organisator (1989); Hoffmann, D.: Operation Epsilon. Die Farm-Hall-Protokolle oder Die Angst der Alliierten vor der deutschen Atombombe (1993).

Germain, Sophie (Pseudonym: Le Blanc, Antoine-Auguste),
französische Mathematikerin,
* 1. 4. 1776 Paris,
† 27. 6. 1831 Paris.

Germain leistete Beiträge zur Zahlentheorie, zur mathematischen Elastizitätstheorie und zur Differentialgeometrie; sie schrieb zwei philosophische Werke und war die erste bedeutende französische Mathematikerin.

Als mittlere von drei Töchtern von Ambroise-François Germain und Marie-Madeleine Gruguelu geboren – der Vater gehörte zum liberalen Bildungsbürgertum –, blieb sie zeit ihres Lebens vom Elternhaus finanziell abhängig, da sie nicht heiratete und keine gesellschaftliche Stellung mit Einkommen erlangte. Sie erwarb ihre Bildung autodidaktisch, eignete sich mathematikhistorische und mathematische Schriften an. Obgleich die 1894 gegründete École Polytechnique Frauen nicht zuließ, verschaffte sie sich Zugang. Unter männlichem Pseudonym sandte sie Kommentare zu J. L. ↗ Lagranges Vorlesungen, deren Mitschriften sie sich besorgt hatte. Diese Kommentare erregten die Aufmerksamkeit Lagranges, so dass sie eingeladen wurde und weitere Kontakte knüpfen konnte.
Ihr erstes Forschungsfeld, die Zahlentheorie, wurde durch das Studium von A.-M. ↗ Legendres *Théorie des Nombres* (1798) und von C. F. ↗ Gauß' *Disquisitiones Arithmeticae* (1801) geprägt. Sie gehörte zu den wenigen Zeitgenossen, die Gauß' neuen Zugang zur Zahlentheorie verstanden hatten, und konnte eigene Ergebnisse darauf aufbauen, verallgemeinerte und bewies Sätze. 1804 nahm sie unter Pseudonym eine Korrespondenz mit Gauß auf, der ihre Arbeiten hoch schätzte und durch sie auch zu neuen Resultaten angeregt wurde. Germains bedeutendstes zahlentheoretisches Ergebnis knüpfte an die Fermatsche (P. ↗ Fermat) Vermutung an. Germain zeigte, dass es für alle Primzahlen $2 < n < 100$ keine ganzzahligen Lösungen der Gleichung $x^n + y^n + z^n$ gibt, wenn keine der drei Zahlen x, y, z durch n teilbar ist. Zu einer Zeit, als der Fermatsche Satz erst für den Fall $n = 4$ (Fermat) und $n = 3$ (L. ↗ Euler) bewiesen war, war dies ein offensichtlicher Fortschritt. Sie benutzte für ihren Beweis einen Satz, der heute als Sophie-Germain-Theorem bekannt ist. Daran knüpfte Legendre an, der Germains Ergebnisse in seinen Arbeiten (1827, 1830) bekannt machte. Der US-amerikanische Mathematiker L. A. Dickson verallgemeinerte 1908 ihr Theorem auf alle Primzahlen $< 1\,700$.

Nachdem der deutsche Physiker E. F. ↗ Chladni 1808 seine Experimente über die Schwingungsfiguren elastischer Platten in der Pariser Akademie der Wissenschaften demonstriert hatte, setzte die Akademie 1909 einen Preis für eine mathematische Theorie der Flächenschwingungen aus, dessen Ausschreibung mehrfach verlängert wurde. Es ging darum, Gleichungen zu finden, welche die verschiedenen Gestalten beschreiben, die eine schwingende Fläche annehmen kann. Nachdem sich Germain die Theorie der linearen Elastizitätstheorie (Theorie der schwingenden Saite und des Balkens) angeeignet hatte, entwickelte sie eine Hypothese (1811), aus der Lagrange die Plattengleichung erstmals deduzieren konnte. Germain entwickelte

S. Germain: Statue, aufgestellt im Hof eines nach ihr benannten Gymnasiums in Paris

ihre Lösungsansätze weiter in einer zweiten Preisschrift (1913), die eine »ehrenhafte Erwähnung« erfuhr, und in einer dritten Preisschrift (1816), wofür sie den Preis gewann. Sie generalisierte ihre Hypothese für elastische Schalen, ergänzte eine geometrische Herleitung ihrer Annahmen und publizierte 1821 ihre Ergebnisse auf eigene Kosten. Ihre Ausführungen zur Flächentheorie enthalten eine bemerkenswerte Explikation des Begriffs der mittleren Flächenkrümmung, die sie nach Erscheinen der maßgeblichen Arbeit von Gauß (1827) noch einmal gesondert ausarbeitete.

Von ihren philosophischen Werken sei die Schrift *État des sciences et des lettres* hervorgehoben, die von A. ↗ Comte gepriesen wurde. Germain vertrat ein Denken der Einheit von Natur- und Geisteswissenschaften hinsichtlich ihrer Motivation, Methodologie und ihrer kulturellen Bedeutung.

Nach zweijähriger Krankheit starb sie 1831 an Brustkrebs und konnte die von Gauß initiierte Ehrendoktorwürde der Göttinger Universität nicht mehr annehmen. [RT]

Werk(e):
Remarques sur la nature, les bornes et l'étendue de la question des surfaces élastiques et équation générale de ces surfaces (1826); Mémoire sur la courbure des surfaces (1830), Œuvres philosophiques des Sophie Germain (1879); Mémoire sur l'emploi de l'épaisseur dans la théorie des surfaces élastiques (1880).

Sekundär-Literatur:
Klens, U.: Mathematikerinnen im 18. Jahrhundert: Maria Gaetana Agnesi, Gabrielle-Emilie DuChâtelet, Sophie Germain. Fallstudien zur Wechselwirkung von Wissenschaft und Philosophie im Zeitalter der Aufklärung (1994); Dalmédico, A. D.: Méchanique et théorie des surfaces: les travaux de Sophie Germain. Historia Mathematica, 14 (1987) H. 4, S. 347–365.

Gersonides, Leo de Balneolis (lateinisch), Levi ben Gersho (hebräisch), Ralbag (rabbinisch),
* 1288,
† 1344 Südfrankreich.

Gersonides ist der vielseitigste Denker des jüdischen Mittelalters und verfasste grundlegende Arbeiten zur Philosophie, Mathematik, Astronomie und biblischen Exegese.

Über Gersonides' Leben ist nur sehr wenig bekannt. Er lebte in Orange und reiste gelegentlich nach Avignon, wo sein Bruder Salomon als Arzt bei Papst Clemens VI. arbeitete. Gersonides' Hauptwerk hat den Titel *Die Kämpfe Gottes* (hebr. Milchamot Adonai), worin er im Wesentlichen die aristotelischen Ansätze des ↗ Averroes und ↗ Maimonides aufnahm, kritisierte und weiterführte. Der erste Teil des fünften Buches der *Kämpfe Gottes* ist ein geschlossener, sehr umfangreicher Traktat über die Astronomie. Obwohl Gersonides hier an ↗ Ptolemäus' *Almagest* anschloss, untersuchte er zusätzliche Planeten. Daneben entwickelte er auch neue Instrumente zur Sternenbeobachtung (Jacob-Stab). Anerkennung brachte Gersonides seine Voraussage der Kunjunktion von Saturn, Jupiter und Mars im Jahre 1345. Gersonides verband seine Berechnung mit den Voraussagen verschiedener unangenehmer Konsequenzen, die später als Pest-Prognose interpretiert wurden. Von seinen mathematischen Werken sind ein Buch zur Arithmetik (*Ma'aseh Hoshev*) und zwei weitere Bücher zur Geometrie überliefert. Ein Traktat zur Trigonometrie ist hingegen verloren. [MR4]

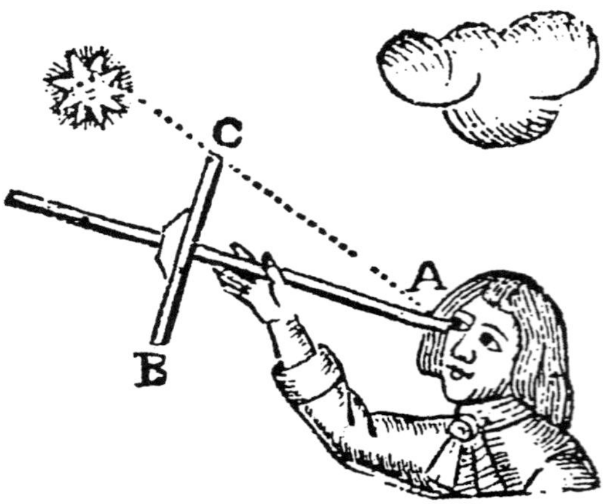

Gersonides: Illustration eines Jacob-Stabs

Werk(e):
The Wars of the Lord, translated with an introduction and notes by Seymour Feldman (1984ff); The Astronomy of Levi ben Gerson. A critical edition of chapter 1–20 with translation and commentary by B. R. Goldstein (1985); Levi ben Gerson's Prognostication for the Conjunction of 1345, edited by B. Goldstein (hebr.) and D. Pingree (lat.), in: Transactions of the American Philosophical Society 80 (1990).

Sekundär-Literatur:
Freudenthal, G. (Hrsg.): Gersonides. A Fourteenth Century Philosopher-Scientist (1992).

Gerstner, Franz Joseph von (František Josef), böhmischer Mathematiker, Physiker, Technikwissenschaftler,
* 23. 2. 1756 Komotau (Chomutov),
† 25. 7. 1832 Mladejov bei Gitschin (Jičín).

Als Gründer des Prager Polytechnikums und Schöpfer der ersten schienengebundenen Verkehrsverbindung auf dem europäischen Kontinent zählt Gerstner zu den Pionieren der modernen Technikwissenschaften im frühen 19. Jahrhundert.

Gerstner stammte aus einer Handwerkerfamilie und zeigte schon während seiner Jugend ein ungewöhnliches Interesse an den verschiedensten in seiner Heimatstadt betriebenen Gewerben. Er besuchte gleichzeitig mit großem Erfolg das von den Jesuiten gegründete Gymnasium in Komotau und begann 1772 das Studium in Prag, wo er u. a. mathematische Vorlesungen bei Stanislav Wydra und Jan Tesánek, astronomische bei Josef Stepling hörte und 1779 ein Ingenieurstudium an der Polytechnischen Abteilung der Universität abschloss. 1781 begann er in Wien ein Medizinstudium, arbeitete jedoch gleichzeitig als Gehilfe an der Wiener Sternwarte und wandte sich unter dem Einfluss des Sternwartendirektors Maximilian Hell bald ganz den Naturwissenschaften zu. 1784 trat er als Adjunkt in die Prager Sternwarte ein. Ab 1788 vertrat er den erkrankten Mathematikprofessor Tesánek an der Universität und wurde in dessen Nachfolge 1789 zum Professor für höhere Mathematik berufen. Seine Vorlesungen über Mechanik, Hydraulik, Bauwesen und andere Themen im Grenzgebiet zwischen angewandter Mathematik und Technik hatten großen Zustrom von Studenten (70 bis 80). Zu seinen Hörern gehörte 1796 auch B. ↗ Bolzano, der 1837 eine Biographie Gerstners schrieb. Gerstners Projekt, die bereits 1707 gegründete ständische Prager Ingenieurschule in ein ordentliches Polytechnikum mit einer größeren Zahl von spezialisierten Professuren umzuwandeln, wurde nach mehreren Anläufen 1803 vom Kaiser in Wien genehmigt. Gerstner wurde 1806 erster Direktor dieses Polytechnikums, der heutigen Prager Technischen Universität. 1831–34 erschien sein *Handbuch der Mechanik*, das damals dem höchsten Stand dieses Gebietes entsprach. Gerstner verband in idealer Weise technische Begabung mit didaktischen und organisatorischen Fähigkeiten. Seine Schüler überlieferten die von ihm immer wieder betonte Ansicht, es sei wichtiger, der vorhandenen Mathematik neue Anwendungen zu erschließen, als die reine Mathematik weiter zu entwickeln. Neben seiner Lehrtätigkeit verfasste er zahlreiche Gutachten und Projekte zur Förderung der einheimischen Wirtschaft und Industrie, u. a. Projekte für Hütten- und Walzwerke sowie für Verkehrsbauten. Schon 1807 untersuchte er die Möglichkeit eines Moldau-Donau-Kanals. Da sich dies als unwirtschaftlich erwies, konzipierte er die erste (noch von Pferden gezogene) Schienenbahn auf dem europäischen Kontinent (Budweis–Linz) und konstruierte dafür die ersten eisernen Eisenbahnwaggons. Das Projekt wurde von seinem Sohn Franz Anton vollendet und ging 1828 in Betrieb. Franz Anton Gerstner erbaute auch die erste russische Eisenbahn (Petersburg–Zarskoje Selo, 27 km, 1837 eingeweiht). [PS2]

Werk(e):
Handbuch der Mechanik, 3 Bde. (1831–34); Geschichte der Einrichtung und Lehrplan der technischen Lehranstalt Prag (1806).

Sekundär-Literatur:
Bolzano, B.: Leben F. J. Ritters von Gerstner (1837); Jílek, F.: K. dílu F. J. Gerstnera, SNTM (Mitteilungen des Nationalen Technikmuseums) 3 (1957).

Gessner, Conrad,
Universalgelehrter, Naturforscher, Enzyklopädist
* 16. oder 26. 3. 1516 Zürich,
† 13. 12. 1565 Zürich.

Gessner wird als »Vater der Bibliographie« und »neuzeitlicher Plinius« bezeichnet.

Gessner wurde als Sohn eines Kürschners geboren. Wegen der bescheidenen Verhältnisse war die Familie nicht in der Lage, die zahlreichen Geschwister allein aufzuziehen, und Conrad kam zu seinem Onkel Hans Frick, der ihn auch zur Schule schickte. Dieser weckte in seinem Neffen frühzeitig das Interesse an Botanik. Um 1524 wechselte Gessner von der Deutschen Schule in die Lateinschule am Großmünster. Um 1529 trat er in die Großmünsterschule ein. Der Rektor des Gymnasiums und Lehrer für griechische und lateinische Sprachen Johann Ammann erkannte die Begabung Gessners und ließ ihn drei Jahre bei sich wohnen. Wegen seiner finanziellen Notlage schrieb der 14-Jährige an Huldrych Zwingli, zu dessen getreuen Anhängern seine Familie zählte, und ersuchte um ein Stipendium. Zwingli entsprach 1531 dieser Bitte. Im gleichen Jahr fiel sowohl Zwingli wie der Vater Gessners in einer Schlacht für die Sache der Reformation. Über Vermittlung von Myconius kam Gessner als Famulus zu dem Theologen und Führer der Reformationsbewegung im Elsaß Wolfgang Capito nach Straßburg, wo er seine Hebräisch-Studien fortsetzte. Nach seiner Rückkehr 1532 nach Zürich erhielt er ein Reisestipendium nach Frankreich. An den Universitäten Bourges, Paris – das er wegen heftiger Glaubenskämpfe vorzeitig verlassen musste –, Straßburg und Basel studierte er 1533 bis 1534 alte Sprachen. Heimlich verehelichte er sich 1535 mit Barbara Singysen. Bereits ein Jahr darauf wurde ihm ein weiteres Stipen-

C. Gessner

dium für ein Medizinstudium an der Universität Basel gewährt, daneben arbeitete er für den Verleger J. Walder und als Professor für griechische Sprachen an der Akademie Lausanne (1537–1540). Er begann zu botanisieren und unternahm Exkursionen in die Alpen Savoyens. Um sich in Anatomie auszubilden, besuchte er 1540 die Universität in Montpellier, wo er die Naturforscher P. ↗ Belon und G. ↗ Rondelet kennen lernte. Ein Jahr später erwarb er den Doktortitel der Medizin in Basel. Er eröffnete eine ärztliche Praxis in Zürich und unterrichtete daneben Physik und Ethik am Collegium Carolinum.

Zur Aufbesserung seiner pekuniären Situation dienten ihm Publikationen vor allem für den Verleger Froschauer, mit dem er auch zur Frankfurter Messe reiste. Ziel Gessners war es, die Natur der Schweizer Alpen zu erforschen, mit einer Exkursion in die Berge von Glarus machte er den Anfang. Wegen Gessners religiöser Überzeugung war sein Aufenthalt beim Grafen J. J. Fugger in Augsburg 1545 als Philologe nur von kurzer Dauer. 1553 wurde er zum Poliater (Unterstadtarzt) und 1554 zum Achiater (Oberstadtarzt) in Zürich ernannt. Ab 1558 bekleidete er daneben bis zu seinem Tod auch noch das Amt eines Kanonikus mit dem Auftrag, Physik an der Stiftsschule vorzutragen.

Gessners Bezeichnung als »Vater der Bibliographie« weist auf seine *Bibliographia universalis* (1545) hin, in der er alle Autoren in lateinischer, griechischer und hebräischer Sprache von den Anfängen bis zu seiner Zeit mit ihren Werken besprach. Auch seine eigenen Schriften erwähnte er in seiner Autobiographie. Zu seinen Lebzeiten veröffentlichte er 63 Werke zu Botanik, Zoologie, Medizin und Pharmakologie, daneben klassische Philologie, Linguistik und Theologie. 12 weitere Arbeiten erschienen posthum und etwa 10 Manuskripte, die Gessner in der Bibliographia erwähnte, wurden nie gedruckt. Seine Schrift *Mithridates, sive de differentiis linguarum ... observationes* (1555) gilt bis heute als Pionierleistung der Linguistik.

Gessner wollte ein umfassendes enzyklopädisches Nachschlagewerk sowohl zur Tier- als auch zur Pflanzenwelt schaffen, was ihm den Namen »Plinius« eintrug. Er verband seine Studien der antiken und mittelalterlichen Autoren mit unmittelbaren Beobachtungen der Natur und ging über die ausnahmslose philologisch-historische Bearbeitung alter Autoren, wie sie viele seiner Zeitgenossen betrieben, hinaus. Obwohl zeitlebens sein besonderes Interesse der Pflanzenwelt galt, bearbeitete er zuerst die *Historiae animalium*. Wie er selbst schrieb, existierten über Pflanzen bereits andere grundlegende Werke, auch wenn er neue Beobachtungen hinzuzufügen hätte. Er stellte eigene Forschungen an, wie etwa die Beobachtung an Tieren und Pflanzen in der freien Natur, die Beschreibung nach zugesandten Präparaten und anatomische Untersuchungen mittels Sezierens und Experimenten. Dabei unternahm er sowohl Tier- wie Selbstversuche. Aus ihm zugesandten Samen zog er Pflanzen in seinen Garten. Der Wert eines Gartens für die botanische Wissenschaft war ihm bewusst, und er regte auch die Gründung eines botanischen Gartens in Zürich an.

Als erster hat er auf die Höhenstufen der Vegetation im Hochgebirge hingewiesen, von denen er den Jahreszeiten entsprechend vier unterschiedliche Regionen beschrieb. Gessner studierte als einer der ersten Autoren nach der Antike die Pflanzen um ihrer selbst willen. Er nahm morphologische Analysen durch Zerteilen auch unscheinbarer Organe wie etwa unterirdischer Teile, Blüten und Früchte von Pflanzen vor. Sein botanisches Werk wurde in Bruchstücken erst im 18. Jahrhundert und 20. Jahrhundert veröffentlicht.

1559 wurde er in Würdigung seiner Verdienste vom Kaiser Ferdinand I. auf dem Reichstag zu Augsburg in Audienz empfangen. 1564 erhielt er den kaiserlichen Wappenbrief, der ihm und seinen Onkel Andreas Gessner, dem Ahnherrn des Dichters Salomon Gessner, ein Familienwappen verlieh. [CRD]

Werk(e):
Bibliotheca Universalis (1545); Historiae animalium I-V (1551-1587); Historia Plantarum, 8 Bde. Faksimileausgabe aus dem bot. Nachlass von C. Gessner, H. Zoller, M. Steinmann, K. Schmid (1972–1980).

Sekundär-Literatur:
Wellisch, H. H.: Conrad Gessner: A Bio-Bibliography (1984); Riedl-Dorn, Ch.: Wissenschaft und Fabelwesen. Ein kritischer Versuch über Conrad Gessner und Ulisse Aldrovandi (1989); Braun, L.: Conrad Gessner (1990).

Giauque, William Francis,
amerikanischer Chemiker,
* 12. 5. 1895 Niagara Falls (Kanada),
† 28. 3. 1982 Berkeley (USA).

Giauque leistete fundamentale Beiträge zur Thermodynamik. Er bewies die Gültigkeit des dritten Hauptsatzes und erfand die Methode der adiabatischen Entmagnetisierung.

Der aus bescheidenen Verhältnissen stammende Wissenschaftler wollte ursprünglich Ingenieur werden, entschied sich aber aus finanziellen Gründen für ein Chemiestudium an der University of California. 1922 erfolgte die Promotion. Noch im selben Jahr erhielt er einen Lehrauftrag und arbeitete ab 1927 als Professor für Chemie in Berkeley.

Bereits Giauques Doktorarbeit galt seinem späteren Hauptarbeitsgebiet, dem dritten Hauptsatz der

Thermodynamik. Er bewies die Gültigkeit der von G. N. ↗ Lewis und seinem Doktorvater George Ernest Gibson 1920 vorgelegten Fassung des dritten Hauptsatzes, wonach die Entropie eines vollkommen geordneten Kristalls am absoluten Nullpunkt Null beträgt. Mit Hilfe der Messung von Wärmekapazitäten zweier Glycerin-Modifikationen bei tiefen Temperaturen zeigte er, dass die beiden Modifikationen am absoluten Nullpunkt (−273,14 °C = 0 K) unterschiedliche Entropien aufweisen mussten. Die damit möglich gewordene Bestimmung absoluter Entropiewerte erlaubt Prognosen darüber, ob eine bestimmte chemische Reaktion möglich ist oder nicht.

Giauques wichtigste Leistung bestand in der Erfindung der Methode der adiabatischen Entmagnetisierung zum Erreichen extrem tiefer Temperaturen (Nobelpreis 1949). Wird eine stark abgekühlte Probe einer paramagnetischen Verbindung wie Gadoliniumsulfat unter isothermen Bedingungen einem Magnetfeld ausgesetzt und anschließend unter adiabatischen Bedingungen entmagnetisiert, werden Temperaturen erreicht, die dem absoluten Nullpunkt sehr nahe kommen. 1933 gelang ihm die erste erfolgreiche Durchführung einer adiabatischen Entmagnetisierung.

Seine Entdeckung der Isotope O^{17} und O^{18} des Sauerstoffs, der bis dahin als Reinelement gegolten hatte, im Jahre 1929 hatte längerfristig Konsequenzen für die Atommassenskala, die zu diesem Zeitpunkt auf dem Sauerstoff als Standardelement mit einer definierten Atommasse von 16,0000 aufbaute. 1961 führte die International Commission of Atomic Weight aufgrund der Isotopie des Sauerstoffs das C^{12}-Isotop mit der definierten Atommasse von 12,0000 als neuen Standard ein. [JB]

Werk(e):

Some Consequences of Low Temperature Research in Chemical Thermodynamics, in: Nobel Lectures: Chemistry 1942–1962 (1964); The Scientific Papers of William F. Giauque: Low Temperature Chemical and Magneto Thermodynamics, I, 1923–1949 (1969).

Sekundär-Literatur:

Stranges, A. N., Giauque, W. F.: An Adventure in Low-Temperature Research, in: Journal of Chemical Education 67 (1990) 187–193.

Gibbs, Josiah Willard,
amerikanischer Mathematiker und Physiker,
* 11. 2.1839 New Haven (Conn.),
† 28. 4. 1903 New Haven.

Gibbs begründete die theoretische Thermodynamik und leistete maßgebliche Beiträge zur Entwicklung der Vektoranalysis.

J.W. Gibbs

Gibbs war der Sohn eines bekannten Philologen der Yale-Universität in New Haven. Dort schloss er 1863 ebenfalls sein Studium mit einer Dissertation über das Stirnradgetriebe ab, eine der ersten Ph. D. in Amerika. Anschließend wirkte er an der Yale School als Dozent. Von 1866 bis 1869 bereiste er Europa und studierte am Collège de France in Paris sowie an den Universitäten Berlin und Heidelberg, wo er u. a. bei G. ↗ Magnus, G. R. ↗ Kirchhoff und H. ↗ Helmholtz Vorlesungen besuchte, die neben einem intensiven Literaturstudium seinen wissenschaftlichen Horizont maßgeblich prägen sollten.

Nach der Rückkehr in seine Heimatstadt verließ er die USA nie wieder und auch zu inneramerikanischen Reisen brach er höchst selten auf. Er blieb Junggeselle und lebte in seinem Elternhaus zusammen mit den Familien seiner Schwestern Anna, Julia, die ihn auch schon nach Europa begleitet hatten.

1871 wurde er zum Professor für mathematische Physik in Yale berufen, allerdings ohne Bezahlung. Erst als er einen Ruf an die Johns-Hopkins-Universität in Baltimore ablehnte, wurde seine Stelle etatisiert. In New Haven lehrte und forschte er bis zu seinem Tod. Trotz seines Einzelgängertums pflegte er einen umfangreichen Briefwechsel mit zahlreichen Gelehrten in aller Welt.

Im Jahre 1873 publizierte Gibbs seine erste thermodynamische Arbeit. Darin wurden der erste und der zweite Hauptsatz in der fundamentalen Gleichung $dU = TdS - PdV$ zusammengefasst und somit gezeigt, dass die gesamte Thermodynamik mit den fünf Grundgrößen Energie (E), Druck (P), Volumen (V), Temperatur (T) und Entropie (S) erklärt werden kann. Insbesondere wies aber Gibbs in seiner Arbeit auf die zentrale Rolle des Entropiebegriffs für alle physikalischen und chemischen Prozesse hin. Den Entropie-Begriff hatte bereits R. ↗ Clausius ein Jahrzehnt zuvor eingeführt, doch war er bislang kaum rezipiert bzw. häufig missinterpretiert worden. Daneben plädierte er in seiner Arbeit für die Einführung anderer als der üblichen Volumen-Druck-Diagramme und schlug eine dreidimensionale Darstellung (mit den Achsen Entropie, Energie und Volumen) vor, mit der sich sehr viel allgemeiner die thermodynamischen Beziehungen herleiten ließen und insbesondere die Koexistenz verschiedener Phasen homogener Stoffe und die Stabilität solcher Zustände bei gegebenen Temperaturen und Drücken verstehen ließ. Hiervon ausgehend entwickelte Gibbs ein regelrechtes Forschungsprogramm zur Untersuchung der thermodynamischen Grundgesetze chemischer Gleichgewichtszustände. Dabei führte er das chemische bzw. Gibbssche Potential als neue Zustandsgröße ein, das im Falle eines chemischen Gleichgewichts für alle Stoffkomponenten in der gesamten Masse konstant sein muss. Weiterhin stellte er die (Gibbssche) Phasenregel auf, die den Zusammenhang zwischen der Anzahl der Freiheitsgrade für eine unabhängige Änderung der thermodynamischen Parameter, wie z. B. Druck oder Temperatur, den miteinander koexistierenden Phasen und den unabhängigen chemischen Komponenten herstellte und die für die spätere Entwicklung der physikalischen Chemie von zentraler Bedeutung war. Die herausragende Stellung von Gibbs in der Thermodynamik machen nicht zuletzt die zahlreichen nach ihn benannten Begriffe deutlich – von der schon erwähnten Gibbsschen Phasenregel oder dem Gibbsschen Diagramm bis zur Gibbsschen Energie (freie Enthalpie), der Gibbsschen Wärmefunktion (Enthalpie) oder der Gibbs-Helmholtz-Gleichung.

Seit den späten 1880er-Jahren beschäftigte sich Gibbs mit der kinetischen Gastheorie. Anknüpfend an die Arbeiten von J. C. ↗ Maxwell und L. ↗ Boltzmann entwickelte Gibbs streng deduktiv die Thermodynamik unabhängig von konkreten mikrophysikalischen Annahmen und allein auf der Grundlage wahrscheinlichkeitstheoretischer Überlegungen. Hierzu führte er einen $6N$-dimensionalen Phasenraum ein und definierte den von Maxwell eingeführten Begriff des statistischen Ensembles neu – im Gegensatz zu Maxwell wurden nicht mehr einzelne Systeme von Massepunkten oder Teilchen betrachtet, sondern nur die Gesamtheiten solcher Systeme, die sich nicht strukturell, sondern nur hinsichtlich ihrer Orts- und Impulskoordinaten unterscheiden sollten. Auf der Grundlage dieser Verallgemeinerungen konnte Gibbs alle Größen bzw. Gleichungen der phänomenologischen Thermodynamik herleiten. Hiermit hatte Gibbs die Grundlagen der thermodynamischen Statistik gelegt, deren Fruchtbarkeit sich auch im Rahmen der Quantenmechanik und anderer Entwicklungen der modernen Physik zeigte.

Zwischen seinen frühen Arbeiten zur Thermodynamik und den fundamentalen Beiträgen zur statistischen Mechanik befasste sich Gibbs mit der Maxwellschen Elektrodynamik, wobei er in diesem Zusammenhang die von Maxwell verwandte Quaternionenschreibweise mit der Geometrie von H. G. ↗ Graßmann verknüpfte und zur Vektoranalysis weiterentwickelte. Obwohl diese in der modernen theoretischen Physik breite Anwendung findet, konnte sie sich zunächst nur schwer durchsetzen. Dies trifft im Übrigen für die Rezeption der Gibbsschen Arbeiten generell zu. Verantwortlich hierfür war nicht nur die generelle Schwierigkeit der Gibbsschen Texte und die Tatsache, dass sie zunächst nur in abgelegenen amerikanischen Zeitschriften publiziert wurden; vor allem wurde ihre Verbreitung auf dem europäischen Kontinent dadurch gehemmt, dass Physiker wie Helmholtz oder M. ↗ Planck ganz ähnliche Untersuchungen, insbesondere zur chemischen Thermodynamik, durchgeführt hatten. [RS, DH]

Werk(e):

The scientific Papers of J. Willard Gibbs (2 Bde. 1906; 1951); Vector Analysis Founded upon the Lectures of J. W. Gibbs, hrsg. von E. B. Wilson (1901); The early work of W. Gibbs in Applied Science, hrsg. von L. P. Wheeler et al. (1974).

Sekundär-Literatur:

Wheeler, L. P.: J. W. Gibbs (1951; mit Bibliographie und Katalog der wiss. Korrespondenz); Seeger, R. J.: J. Willard Gibbs. American mathematical Physicist par Excellence (1974); Klein, M. J.: The Physics of J. W. Gibbs in his Time, in: Proceedings of the Gibbs Symposium (Edts. D. G. Caldi, G. D. Mostow, 1990).

Gilbert, William,

englischer Arzt und Naturforscher,
* 24. 5. 1544 Colchester (Essex),
† 10. 12. 1603 London.

Gilbert zählt zu den frühen Pionieren der Elektrizitätslehre und begründete die Lehre vom Erdmagnetismus.

Der Vater von William war Jerome Gilbert, königlicher Richter in Colchester, die Mutter war eine geborene Elizabeth Coggeshall. Das Ehepaar hatte fünf Kinder, der Älteste davon war William. Nach dem Tode seiner ersten Ehefrau heiratete Jerome Gilbert noch zweimal, sodass William Gilbert auch Stiefgeschwister hatte. Im Alter von 14 Jahren wurde William Gilbert im Mai 1558 im St. Johns College in Cambridge immatrikuliert. Er verbrachte über ein Jahrzehnt an diesem College und legte hier die Examina für den Bachelor of Arts (1561), den Master of Arts (1564) und für den Doktor der Medizin (1569) ab. Er wurde Senior Fellow des St. Johns College. Von seinen Studienreisen nach Italien,

Frankreich und den Niederlanden Anfang der 1570er-Jahre existieren keine schriftlichen Quellen. Um 1575 zog Gilbert nach London, wo er bald einen guten Ruf als praktischer Arzt erlangte. 1581 wurde er Mitglied des Royal College of Physicians. Er übte in dieser Ärztegesellschaft verschiedene Wahlfunktionen aus und wurde 1600 ihr Präsident und 1601 Leibarzt der englischen Königin Elisabeth I., die ihm eine Leibrente für seine Forschungen aussetzte. Ihr Nachfolger, König Jakob I. (James I.), Sohn der Maria Stuart, übernahm Gilbert als Leibarzt und erneuerte auch seine Rente, doch verstarb er schon Ende 1603, vermutlich an der Pest.

Gilbert, der unverheiratet geblieben war, vermachte seinen wissenschaftlichen Nachlass und seine Bibliothek sowie seine Instrumente der Londoner Ärztegesellschaft. Sie wurden jedoch beim großen Brand in London 1666 vernichtet. In den Naturwissenschaften wurde Gilbert durch seine Studien über Magnetismus und die Reibungselektrizität berühmt. In seinem Werk *De Magnete* – Über den Magneten, die magnetischen Körper und den großen Magneten Erde, eine neue Naturlehre durch zahlreiche Beweisgründe und Versuche klar gemacht, wie der Titel vollständig lautet – veröffent-

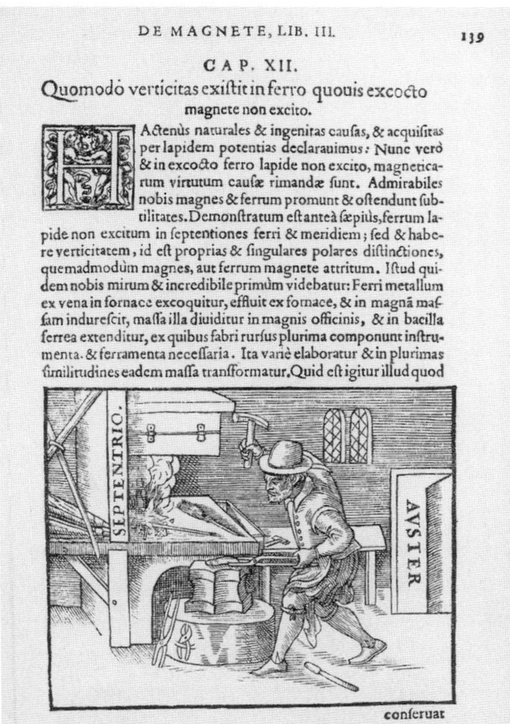
DE MAGNETE, LIB. III. 139

CAP. XII.

Quomodò verticitas exiſtit in ferro quouis excocto magnete non excito.

HActenùs naturales & ingenitas cauſas, & acquiſitas per lapidem potentias declarauimus: Nunc verò & in excocto ferro lapide non excito, magneticarum virtutum cauſæ rimandæ ſunt. Admirabiles nobis magnes & ferrum promunt & oſtendunt ſubtilitates. Demonſtratum eſt anteà ſæpiùs, ferrum lapide non excitum in ſeptentiones ferri & meridiem; ſed & habere verticitatem, id eſt proprias & ſingulares polares diſtinctiones, quemadmodùm magnes, aut ferrum magnete attritum. Iſtud quidem nobis mirum & incredibile primùm videbatur: Ferri metallum ex vena in fornace excoquitur, effluit ex fornace, & in magnā maſſam indureſcit, maſſa illa diuiditur in magnis officinis, & in bacilla ferrea extenditur, ex quibus fabri rurſus plurima componunt inſtrumenta. & ferramenta neceſſaria. Ita variè elaboratur & in plurimas ſimilitudines eadem maſſa tranſformatur. Quid eſt igitur illud quod

conſeruat

W. Gilbert: Beweis der Wiedergewinnung des Magnetismus (Holzschnitt aus *De Magnete;* Foto: Deutsches Museum München, Bildstelle)

W. Gilbert (Foto: Deutsches Museum München, Bildstelle)

lichte er 1600 seine Forschungen, die von den Gelehrten seiner Zeit wie J. ↗ Kepler und G. ↗ Galilei begeistert aufgenommen wurden. In dem Werk *De Magnete*, gegliedert in sechs Bücher mit diversen Kapiteln,werden zunächst die Geschichte des Magnetkompasses, die magnetischen Körper und die Magnetisierung sowie die erdmagnetischen Elemente, die magnetische Deklination und magnetische Inklination, am Beispiel eines kugelförmigen Magneten, einer so genannten terrella, behandelt. Gilbert beschrieb die kugelförmige Erde als einen großen Magneten mit den beiden Polen und den magnetischen Meridianen. Mit dieser Darstellung ging er über die bisherigen mittelalterlichen Vorstellungen hinaus, die den Ursprung des Magnetismus in den Himmelspolen wähnten. Diese Erkenntnis von Gilbert über den Magnetismus der Erde war ein bedeutender Fortschritt. Auch über die Elektrizität gelangte er zu neuen Ansichten. Im 2. Buch, 2. Kapitel von *De Magnete* untersuchte er die Reibungselektrizität und führte den Begriff »elektrisch« ein. Auch erkannte er als Erster den Unterschied zwischen elektrischer und magnetischer Anziehung, obwohl das damals noch nicht beachtet wurde. Nach dem Tode von Gilbert erschien 1651 in Amsterdam die Schrift *De Mundo*, die sein Stiefbruder William Gilbert of Milford herausgegeben hatte. In ihr wurden Gilberts Ansichten über kosmologische und meteorologische Phänomene erweitert, die er im 6. Buch seines Werkes *De Magnete* zuerst dargestellt hatte. Die Schrift *De Mundo* erreichte allerdings nicht die Bedeutung wie Gilberts *De Magnete*. [HGK]

Werk(e):

De Magnete, magneticisque corporis, et de magno magnete tellure; physiologia nova, plurimis & argumentis, & experimentis demonstrata (1600, engl. Übers. von P. F. Mottley 1893, Nachdruck 1958); De Mundo nostra sublunari philosophia nova (1651).

Sekundär-Literatur:

Balmer, H.: Beiträge zur Geschichte der Erkenntnis des Erdmagnetismus (1956) 149–163, 362–402; Boehm, E.:

William Gilbert begründet die Lehre vom Erdmagnetismus (1914).

Glauber, Johann Rudolf,
Alchemist und Chemiker,
* 1604 Karlstadt/Main (Unterfranken),
† 10. 3. 1670 Amsterdam.

Glauber arbeitete in der Übergangsperiode von der Alchemie zur neuzeitlichen Chemie als ein vielseitiger Experimentator und früher, nationalökonomisch denkender chemischer Unternehmer, der neue Geräte entwickelte und zahlreiche organische und anorganische Verbindungen darstellte, darunter das nach ihm benannte Glaubersalz.

Er wurde als Sohn des Barbiers Rudolf Glauber und dessen Ehefrau Gertraud Gossenberger geboren. 1641 heiratete Glauber in Amsterdam Helene Cornelis aus Flensburg, mit der er acht Kinder hatte. Glauber war katholischen Glaubens, lehnte aber engstirnige Auslegungen ab.

Glauber besuchte die Lateinschule in Karlstadt, verließ diese aber ohne Abschluss. Er studierte nicht, erwarb sich jedoch chemiatrische Kenntnisse in (al)chemisch-pharmazeutischen Laboratorien in Paris, Basel, Salzburg und Wien. Seit 1635 arbeitete Glauber als Hofapotheker in Gießen, begab sich jedoch 1639 oder 1640 nach Amsterdam, wo er bis 1650 verblieben zu sein scheint. Danach war er einige Jahre in Wertheim und Kitzingen in Weinkellereien tätig, wo er sich mit Methoden zur Weinherstellung bzw. -verbesserung mit chemischen Mitteln befasste. Einem gewissen Sperling verkaufte er eine Lizenz für eine von ihm entwickelte Weinbereitungsmethode für die Länder Dänemark, Norwegen und Schweden. Eine ähnliche Geschäftsverbindung mit Fahrner, einem Verwalter im Dienst des Domstifts Speyer, in den Jahren 1652/53 führte zu bitteren Auseinandersetzungen und bewog Glauber 1654 zum Verlassen Kitzingens. Nach einer Reise durch verschiedene deutsche Städte ließ er sich 1656 endgültig in Amsterdam nieder, wo er bis zu seinem Tod blieb. Nach einem Unfall war Glauber seit 1667 ans Bett gefesselt, litt aber schon in den Jahren zuvor zunehmend unter schlechter Gesundheit. Glauber war ein eigenwilliger Mensch, der sich nicht gerne unterordnete, und lebte die meiste Zeit seines Lebens von den Einkünften aus dem Verkauf von ihm hergestellter Arzneien, Chemikalien und Verfahren, die er in seinen Büchern bekannt machte. Man kann ihn mit einigem Recht als den ersten chemischen Unternehmer betrachten. In seinem nationalökonomisch ausgerichteten Werk *Teutschlands Wohlfahrt* (6 Tle., 1656–60) machte er Vorschläge, wie das deutsche Volk seine natürlichen Reichtümer besser nutzen und autark werden könne. Er beschrieb die Herstellung von Wein- und Bierkonzentraten, die lagerfähig und kostengünstig zu transportieren waren. Nach seinem Unfall musste er seine Laborgehilfen, von denen er zeitweise bis zu sechs beschäftigte, nach und nach entlassen und auch die Laboreinrichtung sowie seine Bücher verkaufen. Er starb einsam, arm und verbittert.

Glauber war in seinem Denken sowohl Alchemist als auch Chemiker und Technologe. Sein berühmtes Werk *Furni novi philosophici oder Beschreibung einer neu erfundenen Destillierkunst* (1648) ist in einer für die Zeit ganz ungewöhnlich klaren und präzisen Diktion abgefasst und enthält detaillierte Angaben zur Konstruktion und Verwendung von ihm selbst entwickelter Laboröfen, die erstmals auch die Destillation hochsiedender Substanzen bzw. die Pyrolyse von Festkörpern und die Isolierung der dabei entstehenden flüchtigen Substanzen erlaubten. Ihm gelang die Herstellung reiner Mineralsäuren in konzentrierter Form und die Darstellung der entsprechenden Metallsalze, von denen das

J.R. Glauber

»Glaubersalz« (Natriumsulfat, von ihm selbst als Sal mirabile Glauberi, Glaubersches Wundersalz, bezeichnet) besonders bekannt wurde und noch heute als Abführmittel verwendet wird. Er war vermutlich der Erste, der Steinkohle verschwelte und dabei Benzol und Phenol erhielt. Von ihm stammt die wohl erste gedruckte Vorschrift zur Darstellung von Holzessig, den er richtig als unreine Essigsäure erkannte, durch trockene Destillation von Holz. Er extrahierte etherische Öle aus Pflanzen und erhielt bei der thermischen Zerlegung von Fetten Acrolein. Aus Kaliumcarbonat und Quarz erzeugte er durch Zusammenschmelzen Wasserglas. Glauber kannte die Bestandteile des Salmiaks (Ammoniak und Salzsäure) und das Kaliumchlorat, wusste aus Braunstein und Salzsäure Chlorgas zu bereiten und erkannte dessen Fähigkeit, Metalle anzugreifen. Er entdeckte das Ammoniumnitrat (Ammonsalpeter) und das Kaliumpikrat. Seine diversen Laborprodukte nutzte Glauber vorwiegend als Medikamente im Sinne der Lehren des P. T. ↗ Paracelsus und bezeichnete die Kunst ihrer Bereitung wie dieser als »Spagyrik«.

Glauber glaubte an die Existenz metalltransmutierender Substanzen, wobei er zwischen dem universal wirkenden »Stein der Weisen« und »Partikularen« unterschied, die nur bestimmte Metalle veredeln konnten bzw. nicht zum Gold, sondern nur zum Silber führten. Er räumte ein, den »echten Stein« nicht zu kennen, betrachtete aber die Metallsalze als Partikulare. Er verstand alle Salze als Varietäten eines »allgemeinen« Salzes, dessen Grundform das Kochsalz darstellt (das Glaubersalz war seiner Meinung nach Kochsalz in seiner höchsten Reinheitsform). Die Strahlen der Sonne (und in geringerem Maße auch der Gestirne) enthielten nach Glauber einen »Luftsalpeter«, der nicht nur das Wachstum von Tieren und Pflanzen, sondern auch von Metallen bewirkte (eine im 17. Jahrhundert verbreitete Lehre, die auf Michael Sendivogius zurückgeht). In alchemischer Manier unterschied Glauber daneben drei weitere Arten von Salpeter, nämlich den rohen (Kaliumnitrat), den Salpetergeist (Salpetersäure) und den »fixen« Salpeter (Kaliumcarbonat), der beim Erhitzen des rohen Salpeters mit Holzkohle als Rückstand verblieb. Der »Salpeter« Glaubers hatte für ihn die Eigenschaft eines »Alkahest«, eines universalen Lösungsmittels, das nicht nur Metalle, sondern auch Steine (z. B. Quarz) auflösen konnte. Er vertrat die Lehre des Paracelsus von den drei »Prinzipien« Sal, Sulphur und Mercurius und hielt die Farbveränderungen bei chemischen Umsetzungen für wesentliche Zeichen der Transmutation, was ihn zu Versuchen mit durch Metallsalze gefärbten Gläsern veranlasste. Dabei entdeckte Glauber 1648 den Goldpurpur (kolloidal verteiltes Gold), der zu Unrecht als »Cassiusscher Goldpurpur« benannt wurde und mit dem J. ↗ Kunckel sein berühmtes Goldrubinglas verfertigte. [CP]

Werk(e):
Opus minerale oder vieler künstlichen und nützlichen Metallischen Arbeitten Beschreibung (1651); Pharmacopoea spagyrica oder wie man aus den Vegetabilien, Animalien und Mineralien [...] kräfftige und durchdringende Artzneyen zurichten und bereiten soll (1654, drei Anhänge ersch. 1667/68); Tractatus de natura Salium oder ausführliche Beschreibung deren bekannten Salien (1658, darin Beschreibung des Glaubersalzes); Glauberus concentratus oder Laboratorium Glauberianum (1668); Glauberus concentratus oder Kern der Glauberischen Schriften (1745).

Sekundär-Literatur:
Kurt F. Gugel, Johann Rudolph Glauber, Leben und Werk (1955).

Gleditsch, Johann Gottlieb,
deutscher Naturforscher,
* 5. 2. 1714 Leipzig,
† 5. 10. 1786 Berlin.

Gleditsch war in der Hauptsache Botaniker, wirkte aber über das engere Fach hinaus sehr anregend für die Forst- und Landwirtschaft, die Imkerei und andere Gebiete.

Gleditsch studierte in Leipzig zunächst Philosophie und Mathematik, dann Medizin, bald mit Schwerpunkt Botanik, vor allem bei Johann E. Hebenstreit. 1732 erhielt er den philosophischen Doktorgrad. Er setzte seine Studien in Berlin am Collegium medico-chirurgicum fort. Nach der Promotion zum Dr. med. in Frankfurt a. O. (1742) hielt er dort Vorlesungen. 1744 wurde er zum Mitglied der Königlich Preußischen Akademie der Wissenschaften berufen, gleichzeitig wurde er Direktor des Botanischen Gartens, später auch Professor der Botanik am Collegium medico-chirurgicum und 1770 noch Lehrer an der Forstlehranstalt in Berlin. Gleditsch wurde 1744 Mitglied der Leopoldina und gehörte zu den Gründungsmitgliedern der Gesellschaft Naturforschender Freunde zu Berlin (1773).

Das System der Pflanzen von Gleditsch, das als erstes Einteilungsprinzip die Stellung der Staubblätter und als zweites ihre Zahl benutzte, hat nicht viele Anhänger gefunden. In einer besonderen Schrift (1740) verteidigte er C. ↗ Linnés Lehre von der Sexualität der Pflanzen gegen die Angriffe von Johann G. Siegesbeck. Als »Experimentum Berolinense« bekannt wurde die erfolgreiche Bestäubung einer weiblichen Palmenpflanze des Berliner Botanischen Gartens mit dem Pollen einer männlichen aus Leipzig.

Außerordentlich vielseitig war Gleditsch in der angewandten Botanik tätig. Zu den vielen Problemen, denen er sich widmete, gehört die Befestigung der damals in der Mark Brandenburg häufigen Flugsandflächen, die Förderung des Anbaues der Robinie und anderer ausländischer Gehölze und die Bekämpfung der Heuschreckenplage. Staatlich gefördert waren seine Bemühungen um den verstärkten Anbau der Kartoffel und um einheimische Nutzpflanzen wie den Hopfen und den Kümmel. Alle diese Arbeiten beruhen auf eigenen Beobachtungen und Erfahrungen. Weitere Arbeiten betreffen die Imkerei, Arzneimittelkunde, die Mykologie und Pflanzenphysiologie. [GW]

Werk(e):
Vermischte physikalisch-botanisch-ökonomische Abhandlungen, 3 Bde. (1765–67); Vermischte botanische Abhandlungen, 4 Bde. (1789–90).

Sekundär-Literatur:
Natho, G.: Johann Gottlieb Gleditsch (1714–1786), Gleditschia 1 (1973) 7–15; Krausch, H.-D.: Das Wirken von Johann Gottlieb Gleditsch auf dem Gebiete der Landeskultur, Gleditschia 5 (1977) 5–35.

Gmelin, Leopold,
deutscher Chemiker und Physiologie,
* 2. 8. 1788 Göttingen,
† 13. 4. 1853 Heidelberg.

Gmelin gilt als Mitbegründer der physiologischen Chemie. Er erforschte den Verdauungsvorgang, wies Cholesterin, Taurin, Pankreatin, Cholin und Hämatin nach, führte die Bezeichnungen Ester und Ketone in die organische Chemie ein und fasste in einem enzyklopädischen *Handbuch der theoretischen Chemie* das chemische Wissen seiner Zeit systematisch zusammen.

Gmelin entstammte einer weit verzweigten Gelehrtenfamilie. Der Großvater war Professor für Botanik und Chemie und der Vater, Johann Friedrich Gmelin, gehörte als Botaniker, Mediziner und Chemiker zu den vielseitigsten Naturforschern des 18. Jahrhunderts. Der Neffe des Vaters, Johann Georg Gmelin, war ebenfalls Mediziner und Chemiker und verfasste 1751/52 die erste moderne wissenschaftliche Reisebeschreibung Nordasiens. Dessen Neffe, der Botaniker Samuel Gottlieb Gmelin, hat von 1768 bis 1793 eine viel beachtete naturwissenschaftliche Reise durch Russland unternommen.

L. Gmelin besuchte von 1799 bis 1804 in Göttingen das Gymnasium. Danach ging er nach Tübingen, wo er in einer zum Familienbesitz gehörenden Apotheke tätig war und an der Universität Vorlesungen über Medizin, Chemie und Pharmazie hörte. Nach seiner Rückkehr nach Göttingen setzte er dort sein Studium fort, promovierte 1812 zum Dr. med. und trat dann eine einjährige Studienreise

L. Gmelin

nach Italien an, wo er sich insbesondere mit mineralogischen und geologischen Untersuchungen beschäftigte. 1813 habilitierte sich Gmelin in Heidelberg zum Privatdozenten und wurde 1814 außerordentlicher Professor für Medizin, Pharmazie und Chemie. Es folgte ein Studienaufenthalt in Paris, wo er im Laboratorium von Nicolas L. Vauquelin arbeitete und bei J. L. ↗ Gay-Lussac und Louis J. Thenard Vorlesungen hörte. 1817 wurde Gmelin an der Universität Heidelberg ordentlicher Professor für Chemie und Direktor des Chemischen Institutes. Diesen Lehrstuhl hatte er bis zu seiner Emeritierung 1851 inne.

Hauptarbeitsgebiet von Gmelin war die Erforschung des Verdauungsvorgangs. Zusammen mit Friedrich Tiedemann führte er zahlreiche chemische und mikroskopische Untersuchungen durch, wies Cholesterin, Taurin, Pankreatin, Cholin sowie Hämatin nach, entwickelte 1826 den »Gmelin-Test« zum Nachweis von Gallenfarbstoff (Bilirubin) in Harn und Serum und fand Kaliumrhodanid im Speichel. Seine Ergebnisse fasste er 1826 in dem zweibändigen Werk *Die Verdauung nach Versuchen* zusammen und wurde damit zum Mitbegründer der physiologischen Chemie. Des Weiteren entdeckte er 1822, zusammen mit F. ↗ Wöhler, das rote Blutlaugensalz (Gmelinsches Salz) und führte 1848 für Verbindungen von Alkoholen mit Säuren die Bezeichnung Ester und für alle dem Aceton ähnlichen Stoffe den Gattungsnamen Ketone ein. Den Höhepunkt seines Lebenswerkes bildete das *Handbuch der theoretischen Chemie*, in dem er das gesamte chemische Wissen seiner Zeit systematisch erfasste. Gmelin betreute das dreibändige Werk bis zur 5. Auflage (1853) selbst. Noch heute wird dieses Werk als »Gmelins Handbuch der anorganischen Chemie« weitergeführt. [RS3]

Werk(e):
Handbuch der theoretischen Chemie, 3 Bde. (1817–1819).

Sekundär-Literatur:
Pietsch, E., Beyer, E.: Leopold Gmelin – der Mensch, sein Werk und seine Zeit, in: Ber. Dtsch. Chem. Ges. 72 (1939) 5A.

Gödel, Kurt Friedrich,
österreichischer Mathematiker und Logiker,
* 28. 4. 1906 Brno (Tschechien),
† 14. 1. 1978 Princeton (New Jersey, USA).

Gödel legte mit seinen Unentscheidbarkeitssätzen die Grenzen der Beweisbarkeit wahrer mathematischer Sätze offen und revolutionierte damit unser Verständnis von Logik und Mathematik. Der Computerpionier J. v. ↗ Neumann bezeichnete Gödel daher als den größten Logiker nach Aristoteles.

Gödel wurde als Sohn des Tuchfabrikdirektors Rudolf Gödel und seiner Ehefrau Marianne, geb. Handschuh, im mährischen Teil der österreich-ungarischen Monarchie geboren. 1924 nahm er das Studium der Physik, Mathematik und Philosophie an der Universität Wien auf. Sein wichtigster Lehrer war Hans Hahn, der ihn auch an Fragen der mathematischen Grundlagenforschung heranführte und 1926 in den Kreis um M. ↗ Schlick, aus dem der Wiener Kreis hervorging, vermittelte. 1929 reichte Gödel seine Dissertation *Über die Vollständigkeit des Logikkalküls* ein, mit der er 1930 promoviert wurde. Er habilitierte sich 1932 mit der Arbeit *Über formal unentscheidbare Sätze der Principia Mathematica und verwandter Systeme. I* (1931). In jener Zeit löste sich Gödel wieder vom Wiener Kreis, blieb aber Karl Menger eng verbunden, an dessen Mathematischem Kolloquium er sich intensiv beteiligte. Zwischen 1933 und 1938 lehrte Gödel als Privatdozent an der Universität Wien, mehrfach unterbrochen von Aufenthalten am Institute for Advanced Study in Princeton und im Frühjahr 1939 an der University of Notre Dame. 1938 heiratete er Adele Nimbursky, geb. Porkert.

Nach Ausbruch des Krieges betrieb Gödel die vorher nicht ernsthaft erwogene Ausreise in die USA mit größerem Nachdruck. Versehen mit einer deutschen Ausreiseerlaubnis und US-Einwanderungsvisa verließen Gödel und seine Frau im Januar 1940 Wien. Mit der transsibirischen Eisenbahn fuhren sie nach Yokohama und gelangten von dort aus über San Francisco nach Princeton, wo Gödel am Institute for Advanced Study als ordentliches Mitglied aufgenommen und 1946 zum ständigen Mitglied ernannt wurde. 1948 erhielten Gödel und seine Frau die US-amerikanische Staatsbürgerschaft. Am Institute for Advanced Study pflegte Gödel eine enge Freundschaft mit dem Nationalökonomen Oskar Morgenstern und mit dem Physiker A. ↗ Einstein. 1951 war Gödel zusammen mit J. ↗ Schwinger erster Träger des Einstein-Preises. Dieser Auszeichnung sollten weitere hohe akademische Ehren folgen.

Von den dreißiger Jahren an war Gödel gesundheitlich sehr anfällig, zudem litt er unter psychischen Problemen. Nachdem er 1977 emeritiert worden war, starb er im folgenden Jahr nach längerer Krankheit an »Unternährung und Entkräftung aufgrund einer Persönlichkeitsstörung«, wie im Totenschein vermerkt ist.

In seiner Dissertation behandelte Gödel die sich mit der von Alfred North Whitehead und B. ↗ Russell in den *Principia Mathematica* (3 Bde., 1910–13) vorgelegten Axiomatisierung der klassischen Quantorenlogik 1. Stufe ergebende Frage, ob das zugrundegelegte System von Axiomen und Schlussfolgerungen vollständig sei, ob also tatsächlich alle korrekten Formeln dieser Logik in einer endlichen Anzahl von rein logischen Folgerungsschritten abgeleitet werden können. In der veröffentlichten Fassung bewies Gödel den Vollständigkeitssatz durch Ableitung aus dem Kompaktheitssatz, wonach eine abzählbare Menge von Sätzen erster Stufe genau dann erfüllbar ist, wenn jede endliche Teilmenge erfüllbar ist. Dieser Satz wurde zu einem zentralen Theorem der Modelltheorie. Mit diesen Ergebnissen schuf Gödel eine wichtige Voraussetzung für die Nutzung logischer Kalküle im Rahmen der

K.F. Gödel: Hochzeitsfoto mit Adele, Wien 1938

von D. ↗ Hilbert geforderten axiomatischen Grundlegung der Mathematik.

Mit dem Vollständigkeitsbeweis war der Weg zu den Themen der Habilitationsschrift geebnet, die als der vielleicht bedeutsamste Aufsatz der mathematischen Logik gilt (Solomon Feferman). Denn es war nun nur noch ein kleiner Schritt zu fragen, ob denn auch die Arithmetik, wie sie sich aus dem System der *Principia Mathematica* von Whitehead und Russell ableiten lässt, vollständig sei. Gödel beantwortete diese Frage negativ und stürzte damit die für das Hilbertsche Grundlegungsprogramm zentrale Forderung eines finiten Widerspruchsfreiheitsbeweises für die Axiome der Analysis in ihrer ursprünglichen Form. Gödel gelang die Konstruktion eines Satzes G, dessen Korrektheit bezüglich eines Axiomensystems S inhaltlich gezeigt werden kann und der von sich selbst aussagt, dass er in S nicht beweisbar ist. Gödels erster Unvollständigkeitssatz besagt nun, dass, wenn S widerspruchsfrei ist, G tatsächlich in S nicht beweisbar ist, und wenn S T-widerspruchsfrei ist, dann auch die Negation von G, also $\overline{G}$, nicht beweisbar ist. In seinem zweiten Unvollständigkeitssatz zeigte Gödel zudem, dass, wenn S widerspruchsfrei ist, nicht einmal der Satz W, der die Widerspruchsfreiheit von S ausdrückt, innerhalb von S bewiesen werden kann. Der von Hilbert geforderte Widerspruchsfreiheitsbeweis muss also stets stärkere Beweismittel einsetzen als die im Axiomensystem formalisierten. Die in Gödels Beweis verwendeten Verfahren, insbesondere die Arithmetisierung der Metamathematik (Gödelisierung) führten auf eine Vielzahl weiterer Unmöglichkeitsbeweise.

K.F. Gödel und A. Einstein 1954

Gödels weitere Arbeiten betrafen wichtige Probleme der Logik und der Grundlagenforschung. Hervorzuheben sind seine Vorschläge zur Einbettung der klassischen in die intuitionistische Arithmetik und der intuitionistischen in die klassische Logik. Von Bedeutung sind seine mengentheoretischen Ergebnisse zur Unabhängigkeit des umstrittenen Auswahlaxioms und der verallgemeinerten Kontinuumshypothese. In seinen späteren Jahren beschäftigte er sich intensiv mit Fragen der Philosophie der Mathematik, insbesondere mit der philosophischen Bedeutung seiner Unvollständigkeitssätze. Er vertrat dabei einen platonistischen Begriffsrealismus. Gödel betrieb zudem Forschungen zu Relativitätstheorie und Kosmologie. Er bewies z. B. die Möglichkeit von Zeitreisen in die Vergangenheit mittels rotierender Universen. [VP]

Werk(e):
Collected Works (5 Bde., 1986–2003).

Sekundär-Literatur:
Dawson, J. jr.: Kurt Gödel: Leben und Werk (1999); Köhler, E. u. a. (Hrsg.): Kurt Gödel. Wahrheit & Beweisbarkeit (2 Bde., 2002).

Goeppert-Mayer, Maria Gertrud,
deutsch-amerikanische Physikerin,
* 28. 6. 1906 Kattowitz (Polen),
† 20. 2. 1972 San Diego (Kalifornien).

Das von Goeppert-Mayer entwickelten Schalenmodell der Atomkerne ist für das Verständnis von Kerneigenschaften fundamental.

Als Tochter eines Pädiatrie-Professors, der aus einer traditionsreichen Professorenfamilie stammte, wuchs Goeppert-Mayer in Göttingen auf, wohin die Familie 1910 gezogen war. Nach dem Besuch des Frauengymnasiums begann sie 1924 zunächst Mathematik zu studieren, verbrachte ein Semester an der Universität Cambridge in England, wandte sich dann aber der Physik zu. Bei M. ↗ Born lernte sie die Quantenmechanik kennen und promovierte 1930 bei ihm über den doppelten Photon-Prozess, einen Effekt, der dreißig Jahre später im Laser Anwendung fand. Nach ihrer Heirat mit

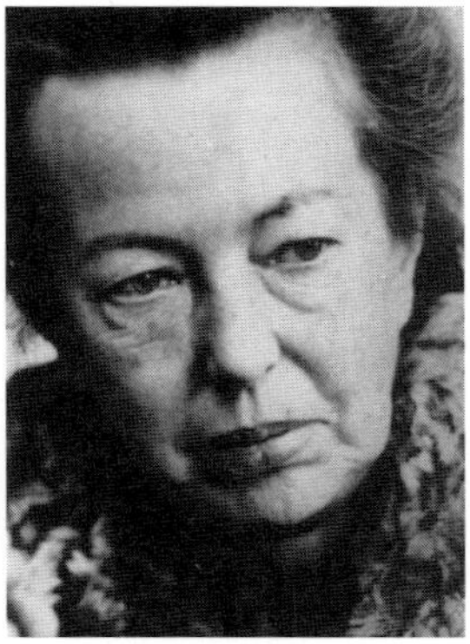

M.G. Goeppert-Mayer

dem amerikanischen Chemiker Joseph Mayer ging sie 1930 nach Baltimore, wo ihr Mann eine Professur bekam. Trotzdem sie zu den wenigen Wissenschaftlern in den USA gehörte, die die neue Quantenmechanik beherrschten, gewährte ihr die Universität nur eine Hilfsstelle. 1939 folgte sie ihrem Mann an die Columbia-Universität in New York, wo sie wiederum keine bezahlte Stelle bekam, jedoch die Forschungseinrichtungen benutzen durfte. Ihre erste Anstellung erhielt sie 1941 am Sarah Lawrence College in New York. 1943 holte sie Harold Urey in eine Arbeitsgruppe des amerikanischen Manhattan-Projektes, wo sie sich mit der fotochemischen Isotopentrennung und den chemischen Eigenschaften von Uranverbindungen beschäftigte. Nach dem Krieg ging sie an die Universität von Chicago, wo sie u. a. eng mit E. ↗ Teller und E. ↗ Fermi zusammenarbeitete. Trotz ihrer bedeutenden wissenschaftlichen Beiträge erhielt sie erst 1960, nach 30-jähriger wissenschaftlicher Tätigkeit, an der Universität von Kalifornien in San Diego ihre erste ordentliche Professur für Physik. Dort blieb sie bis zu ihrem Tod im Jahre 1972.

Nach dem Zweiten Weltkrieg arbeitete sie zusammen mit Teller an einer »Little-Bang«-Theorie des Universums, um die Element- und Isotopenhäufigkeiten im Universum zu erklären. Diese Überlegungen führte sie zur Untersuchung der Stabilität von Atomkernen. Nachdem Experimente anzudeuten schienen, dass sich auch dem Atomkern Bahnquantenzahlen und Energieniveaus zuschreiben ließen, veröffentlichte sie 1949 ihre theoretischen Untersuchungen zur Stabilität von so genannten »magischen Kernen«. Hierbei handelt es sich um Atomkerne, deren Summe an Protonen und Neutronen 2, 8, 20, 50, 82 oder 126 beträgt und die energetisch begünstigt und mithin besonders stabil sind. Einer Anregung von Fermi folgend hatte sie entdeckt, dass die Spin-Bahn-Kopplung für das Verhalten der Atomkerne von entscheidender Bedeutung war. In Analogie zu den Elektronenschalen der Atomhülle entwickelte sie mit Hilfe gruppentheoretischer Methoden ein neues Klassifikationsschema für Atomkerne auf der Grundlage eines Schalenmodells. Sie interpretierte dabei das »Periodensystem der Atomkerne« im Rahmen des Ein-Nukleon-Modells. Hierin werden die Atomkerne als schalenartige Schichten von Protonen und Neutronen beschrieben, wobei sich die stabilen »magischen Kerne« dadurch auszeichnen, dass bei ihnen die äußerste nukleare Schale gefüllt ist, ähnlich wie das Auftreten von Edelgasen im chemischen System der Elemente den Abschluss von besonders stabilen Elektronenschalen signalisiert. Das Schalenmodell, obwohl selbst nicht einwandfrei ableitbar, erlaubt die Erklärung der Periodizität bestimmter Kerneigenschaften und gibt darüber hinaus ein qualitatives Verständnis der Kernenergien und der Quadrupole.

Unabhängig von ihr waren O. ↗ Haxel, H. ↗ Jensen und H. ↗ Suess zum gleichen Ergebnis gekommen. Zusammen mit Jensen baute sie in der Folge das Schalenmodell weiter aus. 1955 erschien ihr gemeinsames Buch *Elementary Theory of Nuclear Shell Structure*. Für ihr Schalenmodell des Atomkerns wurde ihr 1963 zusammen mit Jensen der Nobelpreis für Physik verliehen. Damit war sie die zweite Frau nach Marie ↗ Curie, die mit dem Physiknobelpreis ausgezeichnet wurde. [MS3]

Werk(e):
Statistical Mechanics (1940); zusammen mit Jensen, H.: Elementary Theory of Nuclear Shell Structure (1955).

Sekundär-Literatur:
Johnson, K.: Maria Goeppert-Mayer and the Development of the Nuclear Shell Model (1986).

Johann Wolfgang von Goethe

Hans-Georg Bartel

Goethe, Johann Wolfgang von,
deutscher Dichter, Schriftsteller, Zeichner, Staatsmann, Philosoph und Naturforscher,
* 28. 8. 1749 Frankfurt am Main,
† 22. 3. 1832 Weimar.

Goethes naturwissenschaftliche Studien betreffen die Mineralogie, Geologie, Botanik, Zoologie, Anatomie, Meteorologie, Chemie, Physik, den Bergbau und die Farbenlehre. Sie bilden mit seinem künstlerischen Schaffen eine sich gegenseitig bedingende und befruchtende Einheit. Die Forschungen auf den genannten Gebieten hatten das übergeordnete Ziel, Entwicklungsgesetze und Gesetzeszusammenhänge in der Natur zu erkennen. Goethe gilt als Begründer der Farbenpsychologie und kann hinsichtlich der Physiologie und der vergleichenden Morphologie als Wissenschaften zu deren Begründern gerechnet werden.

Goethes Wege zur Naturwissenschaft

Den ersten Unterricht erhielt Goethe durch seinen Vater, den Juristen und kaiserlichen Rat Johann Caspar Goethe, und durch Hauslehrer. Auf ihre Weise war auch seine Mutter Katharina Elisabeth Goethe, eine Patriziertochter, an seiner Erziehung beteiligt.

J.W. von Goethe von J.J. Schmeller (1791)

Auf Wunsch des Vaters begann Goethe 1765 ein Jurastudium in Leipzig, das er aus gesundheitlichen Gründen 1768 abbrechen musste. Er konnte es 1770 in Straßburg fortsetzen und 1771 mit der Promotion zum Lizentiaten der Rechte beenden. Hatte er sich in Leipzig mit Alchemie befasst, so hörte er in Straßburg Vorlesungen über Chemie und Medizin und nahm an anatomischen Kursen teil. Von 1771 bis 1775 war er als Jurist in seiner Geburtsstadt und in Wetzlar tätig. Zugleich war er zu einem Dichter von höchstem Ruf aufgestiegen, was den Herzog Carl August von Sachsen-Weimar-Eisenach veranlasste, Goethe nach Weimar einzuladen. Bereits 1776 trat Goethe in den Staatsdienst des Herzogtums ein. Bis 1786 leitete er die Bergwerks-, Kriegs- und Wegebaukommission sowie die Kammergeschäfte und die Ilmenauer Steuerkommission. »Drängte die Politik das poetische Schaffen in den Hintergrund, so lenkte sie den Dichter um so zwingender auf die Naturwissenschaften. Die praktischen Aufgaben, die mit der Instandsetzung des Bergbaus verbunden waren, der Streit um die Verbesserung der Landwirtschaft und die Pflege der großen Forsten riefen das Interesse Goethes für die allgemeinen und theoretischen Grundlagen dieser Gebiete wach. Bergbaukunde und Geologie, Botanik und Zoologie traten fast gleichzeitig in seinen Gesichtskreis.« (H. Holtzhauer) So galten die drei Reisen in den Harz neben anderem mineralogischen und geologischen Studien. Bei seinem Aufenthalt in Italien 1776 bis 1788 vertiefte Goethe seine künstlerischen und naturwissenschaftlichen Ansichten. Die Periode von 1788 bis 1805 ist diejenige der eigentlichen Weimarer Klassik, in welche ab 1794 Goethes auf engen Beziehungen basierende Zusammenarbeit mit Friedrich Schiller fiel, die neben den literarischen auch naturwissenschaftliche Aspekte besaß. Nach der Wiederkehr aus Italien gehörten Kunst und Wissenschaft ebenfalls zum politischen Wirken Goethes, das 1815 mit der Übertragung der »Oberaufsicht über die unmittelbaren Anstalten für Wissenschaft und Kunst in Weimar und Jena« als Staatsminister seinen äußeren Höhepunkt erreichte. Die so gegebenen engen Beziehungen zur Jenaer Universität, seine Reisen sowie die persönlichen und brieflichen Kontakte zu vielen namhaften Naturforschern gaben Goethe Anlass, Gelegenheit und Möglichkeit zur Durchführung vielfältiger naturwissenschaftlicher Forschungen und der Niederlegung ihrer Ergebnisse in Publikationen, die einen bedeutenden Umfang in seinem Gesamtwerk einnehmen.

Mineralogische und geologische Studien

Goethes mineralogische und geologische Studien sind wesentlich durch die Bemühungen um die Neubelebung des Ilmenauer Kupferschiefer-Bergbaus initiiert worden. Die notwendigen Grundlagen erlernte Goethe vornehmlich aus Werken Johann E. I. Walchs, J. G. ↗ Lehmanns und Friedrich W. H. von Trebras. Der Letztere konnte auch für den Ilmenauer Bergbau gewonnen werden und war seitdem freundschaftlich mit Goethe verbunden. Praktische Erfahrungen sammelte der Dichter, indem er auf seinen Wanderungen und Reisen »an die Felsen klopfte«, Zeichnungen von Gebirgsformationen anfertigte oder herstellen ließ und eine eigene Stein- und Mineraliensammlung anlegte, die zuletzt etwa 18 000 Exemplare umfasst. Sein Interesse galt in erster Linie der Entstehungs- und Naturgeschichte der Erdoberfläche und zugänglichen Erdkruste. Diesen seinen kosmogonischen Gedanken fand er im Hauptwerk G. de ↗ Buffons bestätigt. Durch die geologischen Studien gelangte Goethe zu der Ansicht, dass sich die Gesteine in einer mit dem Granit beginnenden Folge gebildet hatten, womit er im Wesentlichen mit dem »Neptunisten« A. G. ↗ Werner übereinstimmte. Später sah er sich durch die Auffassungen der »Plutonisten« und insbesondere durch A. v. ↗ Humboldt veranlasst, seine ursprüngliche Meinung zu bedenken, ohne sie aber aufzugeben. Die Bildung großer Gesteinskörper versuchte Goethe als Kristallisationsprozess zu verstehen, womit ihm zugleich eine Annahme über die Bildung von Gängen gelang.

Metamorphose und Morphologie

Die Beziehungen zu Forstleuten und Botanikern, aber auch die Beschäftigung mit seinem Garten an der Ilm erregten Goethes Interesse am Studium der Botanik. Er erwarb sich insbesondere Kenntnisse aus den Werken C. v. ↗ Linnés und legte sich, unterstützt von dem Jenaer Botaniker August G. C. Batsch, ein Herbarium an, das der Linnéschen Einteilung der Pflanzen in 24 Klassen folgte. Dieses System und die metaphysische Methode Linnés wurden zum Ausgangspunkt seiner lebenslangen botanischen Forschungen, die der Entwicklung von Niederen zum Höheren durch Umgestaltung gewidmet waren, wozu ihm Metamorphose und Morphologie als Leitgedanken dienten. Der Gedankenaustausch mit J. G. ↗ Herder zur Naturlehre in den Jahren 1784/85 ließ in Goethe die Idee reifen, die Entwicklung bis zu einem anfänglichen Urtyp zurückzuverfolgen, um auf diese Weise das Fortschreiten »der ganzen Schöpfung« zu erkennen. Prägend für diese Gedanken und dieses Programm war das Erlebnis der überreichen Vegetation Italiens. Seine »Urgestalten« fand er ebenfalls durch Buffons »prototype« bestätigt. In einer »Urpflanze« sah Goethe die nur ideell erfassbare elementare Pflanze, aus der alle weiteren ableitbar seien, wobei sie dieses Urbild noch in sich tragen, und im Blatt das Grundorgan, aus welchem sich sowohl der Formenreichtum der Pflanzenorgane als auch die Pflanzendiversität verstehen lassen. Seine Auffassung von der sechsstufigen Entwicklung vom Keimblatt bis zum Samen veröffentlichte Goethe 1790 im *Versuch die Metamorphose der Pflanzen zu erklären*, womit er der verbreiteten Präformationslehre entgegentrat. In den *Vorarbeiten zu einer Physiologie der Pflanzen* von 1793 erklärte Goethe die Ursache für die Metamorphose durch das Wirken des polaren Gegensatzpaares von Modifikations- und Konstitutionsfähigkeit. In der Mitte der 1790er-Jahre fasste Goethe den Plan, auf der Grundlage der Pflanzenmetamorphose eine neue Wissenschaft zu entwerfen, die Morphologie, die er 1807 mit »Gestaltenlehre ist Verwandlungslehre. Die Metamorphose ist der Schlüssel zu allen Zeichen der Natur.« definierte. Basierend auf beobachtendem und experimentellem Forschen, gelang es Goethe in den letzten zehn Jahren seines Lebens, genetische Zusammenhänge zu erkennen, die über das Konzept der Urpflanze hinausgingen.

Der Zwischenkieferknochen

Goethes Interesse an Medizin und Anatomie geht bereits auf seine Studienzeit zurück. Als er 1774 Beiträge zu Tierköpfen für Johann C. Lavaters *Physiognomische Fragmente* anfertigte, war ihm die Wichtigkeit des Knochenbaus für die Gestalt

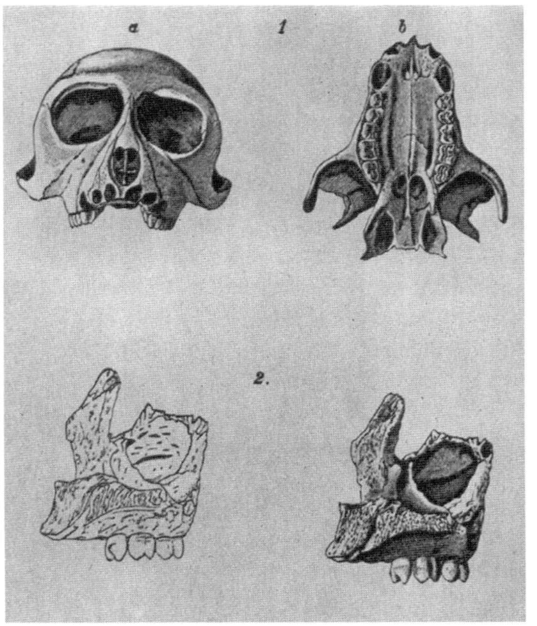

J.W. von Goethe: Nachweis des Zwischenkieferknochens beim Menschen, Kupferstich nach Zeichnungen Goethes

und die Eigenschaften des Tieres aufgefallen. Verbunden mit dem Jenaer Professor der Anatomie Justus C. Loder, griff Goethe in Weimar seine anatomischen Forschungen wieder auf. »Ich habe gefunden – weder Gold noch Silber, aber was mir eine unsägliche Freude macht – das os intermaxillare am Menschen!«, schrieb Goethe 1784 an Herder. Die weltanschaulichen Diskussionen mit dem Letzteren hatten Goethe zur Suche nach dem Zwischenkieferknochen am Menschen angeregt. Das scheinbare Nichtvorhandensein beim Menschen galt als Beweis für dessen Abgrenzung vom Tierreich, in dem er belegbar ist. Obwohl Goethes Entdeckung die Verwandtschaft von Tier und Mensch nachwies, traf dieser Schluss auch auf Ablehnung, etwa durch führende Anatomen wie Pieter Camper, Samuel T. Sömmering und J. F. ↗ Blumenbach. Wie das Blatt die von ihm gefundene Urform der Pflanzenmetamorphose darstellt, so fand Goethe für die höheren Tierarten in den Wirbelknochen eben jene Form der Schädelknochen. Diese Wirbelhypothese wurde unter anderem von L. ↗ Oken bestätigt und diente Goethe als Ausgangspunkt für die Herausbildung der wissenschaftlichen Methode in der von ihm geforderten vergleichenden Anatomie, die er der bisher nur empirischen, zergliedernden entgegensetzte.

Farbenlehre

Während seiner ersten italienischen Reise hatte Goethe bei den engen Kontakten mit Künstlern das Fehlen einer Theorie der Farben bemerkt und daraufhin eingesehen, »daß man den Farben, als physischen Erscheinungen, erst von der Seite der Natur beikommen müsse, wenn man mit Absicht auf die Kunst etwas über sie gewinnen wolle.« Versuche mit Prismen (1790) sollten ihm die Farbentstehung gemäß den Vorstellungen I. ↗ Newtons verdeutlichen. Da Goethe im Gegensatz zu den Experimenten Newtons durch das Prisma auf eine helle Wand schaute, erhielt er statt des erwarteten Spektrums nur farbige Randschatten, ein Umstand, mit dem seine später scharf werdende Polemik gegen Newton ihren Anfang nahm. In den *Beiträgen zur Optik* teilte Goethe 1791/92 seine Erkenntnisse zur Farbentstehung mit, die er durch zahlreiche Versuche erhalten hatte. Breiten Raum nehmen in Goethes Forschungen diejenigen zu den farbigen Schatten ein, die er ausführlich mit G. C. ↗ Lichtenberg brieflich diskutierte, ohne dass er dessen Anerkennung fand, und die ihn zur Erkenntnis der physiologischen, vom Auge gesetzmäßig hervorgebrachten Farberscheinungen führte, die zuvor als zufällig angenommen worden waren. Goethe wies das Entstehen der physiologischen Farben als Sukzessiv- und Simultanfarben nach. Hinsichtlich der Wechselwirkung des im Zentrum seiner Betrachtungen stehenden Auges mit der Umwelt teilte er die Farben nach der Art und Weise ihrer Erscheinung in physiologische, physische und chemische ein. Einen gewissen Mittelpunkt in Goethes Farbtheorie stellt sein sechsteiliger Farbkreis dar, den er im Gedankenaustausch mit Schiller entwickelt hatte, mit Polarität und »Steigerung« (quantitativer Änderung) erklärte und welcher der Demonstration der Farbenharmonie diente. Entsprechend Goethes holistischer Weltauffassung war für ihn das Licht eine nicht teilbare Einheit. Farbe sah er aus dem polaren Gegensatz von Licht und Finsternis, welche die »Trübe« verbindet, entstehen und gelangte so zum »Urphänomen« als Ansatzpunkt für das Farbentstehen. Goethes naturwissenschaftliches Hauptwerk *Zur Farbenlehre* erschien 1810 und ist in einen »Didaktischen«, einen »Polemischen« und einen »Historischen Teil« gegliedert. Der erstere enthält die eigentliche Farbenlehre, der zweite die auf Goethes Irrtum beruhende Polemik gegen Newton. Als T. J. ↗ Seebeck 1813 die entropischen Farben entdeckte, wandte sich Goethe auch diesen forschend zu.

Physik, Chemie, Meteorologie

Die von ihm als »Triebräder« bezeichneten Phänomene »Polarität« und »Steigerung«, deren Beziehungen zum Leben und die Berührungspunkte mit der Farbenlehre veranlassten Goethe zur theoretischen und experimentellen Beschäftigung mit Physik und Chemie. Auch auf diesen Gebieten pflegte er einen intensiven Gedankenaustausch mit Naturwissenschaftlern des Jenaer Kreises wie J. W. ↗ Ritter, J. F. A. ↗ Göttling, J. W. ↗ Döbereiner, aber auch in befruchtender Wechselbeziehung auf internationaler Ebene. Für die Letztere seien stellvertretend J. J. ↗ Berzelius, Ferdinand F. Runge, E. ↗ Mitscherlich, Ludwig W. Gilbert, E. F. ↗ Chladni und H. C. ↗ Oerstedt genannt. Die Entdeckung des Letzteren, die Einheitlichkeit von Elektrizität und Magnetismus betreffend, war für Goethes Vorstellung über die Natur von besonderer Wichtigkeit. In praktischer Hinsicht berührten ihn die Zucker-, Leuchtgas- und Stahlgewinnung etc. So beteiligte er sich an den Arbeiten zur Ausnutzung der Berkaer Schwefelquellen zu Heilzwecken und zur Installation einer Gasbeleuchtung für Jena. Goethe sah in der Chemie eine Wissenschaft, der es möglich sein würde, die Natur der organischen Substanzen und der Lebensvorgänge zu erklären. Sein Roman mit dem chemischen Begriff *Die Wahlverwandtschaften* verdeutlicht seine Verinnerlichung von Wissenschaft und Kunst.

Schon 1784 hatte Goethe gehofft, das Wettergeschehen zu verstehen. Als er 1815 mit dem Werk Luke Howards zur Wolkenbildung und -klassifikation bekannt wurde, beobachtete er regelmäßig die Atmosphäre und unternahm Untersuchungen zur Wolkenbildung und deren Zusammenhang mit dem Luftdruck. Goethe verband diese Forschungen mit der ihm übertragenen Aufgabe, in Sachsen-Weimar-Eisenach meteorologische Institutionen einzurichten, wodurch er zur Herausbildung der deutschen Wetterforschung beitrug.

Goethes erfolgreiche Bemühungen in den Naturwissenschaften sind unter anderem geehrt worden durch Ernennung zum Mitglied der Lepoldinischen (1818), Petersburger (1826), und Polnischen (1830) Akademie der Wissenschaften, mit den Ehrenpromotionen an der Jenaer Universität 1825 (Dr. phil. und Dr. med.) und nicht zuletzt durch die Benennung des Nadeleisenerzes (α-FeOOH) als Goethit durch Johann G. Lenz (1806) und einer brasilianischen Malvazeengattung als *Goethea cauliflora* durch C. G. ↗ Nees von Esenbeck und Carl Friedrich Ph. v. Martius (1817).

Werk(e):
Goethes Werke, hrsg. im Auftrage der Großherzogin Sophie von Sachsen (Weimarer Ausgabe), II. Abteilung: Goethes naturwissenschaftliche Schriften, Bd. 1–13 (1890–1904); Die Schriften zur Naturwissenschaft. Vollständige mit Erläuterungen versehene Ausgabe, hrsg. im Auftrage der Deutschen Akademie der Naturforscher (Leopoldina) zu Halle, begründet von K. L. Wolf und W. Troll, hrsg. v. D. Kuhn (1947ff.).

Sekundär-Literatur:
Friedenthal, R.: Goethe – Sein Leben und seine Zeit (1963); Holtzhauer, H.: Goethe-Museum – Werk, Leben und Zeit Goethes in Dokumenten (1969); Boyle, N.: Goethe – Der Dichter in seiner Zeit (1995, 1999); Gebhardt, M.: Goethe als Physiker (1932); Noé-Rumberg, D.-M.: Naturgesetze als Dichtungsprinzipien (1993).

Goldfuß, Georg August,
deutscher Zoologe und Paläontologe,
* 18. 4. 1782 Thurnau (Oberfranken),
† 2. 10. 1848 Bonn-Poppelsdorf.

Goldfuß gehört zu den deutschen Naturhistorikern, die in den ersten Jahrzehnten des 19. Jahrhunderts besonders daran interessiert waren, die Phänomene der Mannigfaltigkeit und der abgestuften Ähnlichkeit bei den organischen Formen zu verstehen.

Bereits als Kind hatte Goldfuß starke naturwissenschaftliche Interessen und begann im Jahre 1800 zunächst ein Studium der Medizin am Collegium medico-chirurgicum in Berlin (bei C. L. ↗ Willdenow). Im Sommer 1804 wechselte er nach Erlangen, um hier den medizinischen Doktorgrad zu erwerben und um seine naturgeschichtlichen Studien fortzusetzen. In Erlangen war Goldfuß an der Einrichtung des naturkundlichen Museums der Universität beteiligt. Nach der Habilitation in Zoologie und einer kurzen Tätigkeit als Hauslehrer hielt er vom Sommersemester 1810 an Vorlesungen in Naturgeschichte, Zoologie und Geographie in Erlangen. Nach dem Tod von Eugen J. C. Esper und Johann C. D. Schreber übertrug man 1811 Goldfuß den akademischen Unterricht, eine ordentliche Berufung blieb ihm aber verwehrt. Diese erfolgte schließlich 1818 als Professor für Zoologie und Mineralogie an die Universität Bonn. Auf seinen Vorschlag hin wurde das Schloß Clemensruhe in Poppelsdorf für die naturwissenschaftlichen Institute zur Verfügung gestellt. 1816 wurde er gleichzeitig mit C. ↗ Nees von Esenbeck zum Adjunkten bestellt.

Neben größeren Werken zur Zoologie beschäftigte sich Goldfuß unter dem Einfluss der romanti-

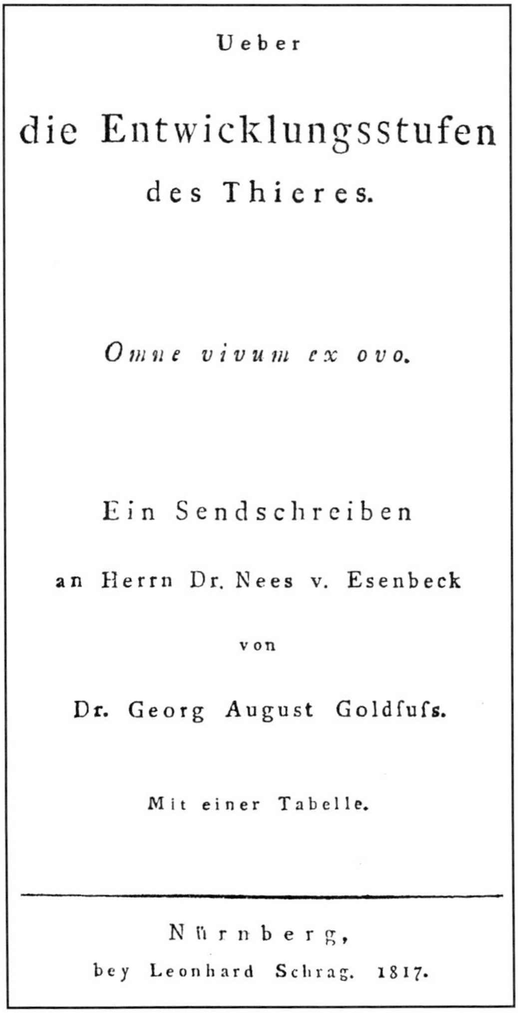
Ueber

die Entwicklungsstufen

des Thieres.

Omne vivum ex ovo.

Ein Sendschreiben

an Herrn Dr. Nees v. Esenbeck

von

Dr. Georg August Goldfufs.

Mit einer Tabelle.

Nürnberg,
bey Leonhard Schrag. 1817.

G.A. Goldfuß: Titelblatt seines Werkes *Ueber die Entwicklungsstufen des Thieres*

schen Naturphilosophie mit den Entwicklungsstufen des Tierreiches (1817). Als wichtigstes seiner paläontologischen Werke gelten die *Petrefacta Germaniae*, die er zusammen mit Graf Georg zu Münster herausgab. Die nicht vollendete Sammlung sollte alle fossilen Wirbellosen Deutschlands erfassen. 1818 führt er den Begriff »Protozoa« ein, wozu er aber neben den Einzellern auch Polypen, Bryozoen und Rotatorien zählte. Seine Verdienste als Forscher liegen des Weiteren in detaillierten Beschreibungen fossiler Höhlentiere, die frühzeitig das Interesse von G. ↗ Cuvier erregten. [UH]

Werk(e):
Ueber die Entwicklungsstufen des Thieres. Omne vivum ex vivo (1817, Repr. 1979); Handbuch der Zoologie (1820); Grundriß der Zoologie (1826, 1824); Petrefacta Germaniae (1826–1835, 1842, 1844).

Sekundär-Literatur:
Langer, W.: Georg August Goldfuß. Ein biographischer Beitrag. Bonner Geschichtsblätter 23 (1969) 229–243.

Goldschmidt, Richard Benedikt,
deutsch-amerikanischer Biologe,
* 12. 4. 1878 Frankfurt am Main,
† 24. 4. 1958 Berkeley, USA.

Goldschmidt war ein führender Vertreter der zoologischen Vererbungsforschung und provozierte mit seinen Ansätzen in Genetik und Evolutionstheorie heftige Kontroversen.

Goldschmidt entstammte einer seit Jahrhunderten in Frankfurt ansässigen jüdischen Familie. Er studierte ab 1896 Medizin in Heidelberg bei O. ↗ Bütschli, C. ↗ Gegenbaur und Wilhelm Kühne und wechselte 1898 nach München in die Zoologie zu Richard Hertwig. Von 1914 bis 1936 leitete er eine Abteilung am Kaiser-Wilhelm-Institut für Biologie in Berlin-Dahlem. Er unternahm mehrjährige Forschungsreisen nach Japan. Während des Ersten Weltkriegs blieb er unfreiwillig in den USA. Nahezu alle Angehörigen seines Berliner Forschungsinstituts, darunter Wissenschaftlerinnen mit eigenständigen Arbeiten, sahen sich 1933 zur Emigration gezwungen. Er selbst ging nach seiner Entlassung 1936 an die University of Berkeley in den USA und wurde Professor am Department für Zoologie.

Goldschmidt erarbeitete zwischen 1910 und seiner Emigration eine »physiologische Genetik«, wonach Gene keine korpuskularen Einheiten, sondern nach Quantität und Zeitpunkt definiert wirkende Enzyme waren. Durch Kreuzung geographischer Varietäten von *Lymantria dispar* (Schwammspinner) konnte er ein Kontinuum intersexueller Formen erzeugen und schloss daraus, dass das Geschlecht, wie weitgehend alle erblichen Merkmale, von quantitativen Verhältnissen physiologisch-genetischer Faktoren abhängt. Anfang der 1930er-Jahre wechselte Goldschmidt zu *Drosophila* als Modellorganismus und deutete in der Folge die Chromosomen als hierarchisch geordnete genetische Einheiten, wonach es Kontrolleinheiten für ganze Körperregionen wie Insektenbeine gab. Zeitgenössisch vorwiegend ignoriert, sind diese Befunde heute im Kontext der Homöoboxen der Entwicklungsgenetik anerkannt. Auf Basis seiner genetischen Konzepte entwickelte Goldschmidt als Alternative zur »Modernen Synthese« eine Theorie der Evolution, wonach nicht die nahezu unmerklichen »Mikromutationen«, sondern große Mutationen, »hopeful monsters«, Ausgangspunkte für die Entwicklung sein sollten. [HS]

Werk(e):
Einführung in die Vererbungswissenschaft (1911, 5. Aufl. 1928); Die sexuellen Zwischenstufen (1931); The Material Basis of Evolution (1940); Theoretical Genetics (1955, dt. 1961).

Sekundär-Literatur:
In and Out of the Ivory Tower (Autobiographie, 1960); Piternick, L. K.: Richard Goldschmidt. Controversial Geneticist and Creative Biologist (1980); Dietrich, M.: From Gene to Genetic Hierarchy: Richard Goldschmidt and the Problem of the Gene, in: The Concept of the Gene in Development and Evolution, hrsg. von Beurton, P. u. a. (2000).

Goldschmidt, Victor Moritz,
norwegischer Geochemiker und Petrologe,
* 27. 1. 1888 Zürich,
† 20. 3. 1947 Oslo.

Goldschmidt war der einflussreichste Geochemiker des 20. Jahrhunderts. Er konnte als erster Prozesse der Gesteinsmetamorphose durchgehend thermodynamisch erklären. 1911 formulierte er die »Mineralogische Phasenregel«. In seinem Osloer Institut wurden in den 20er-Jahren die detailliertesten Bestimmungen von Kristallstrukturen mittels Röntgenstrahlinterferenzen bezie-

V.M. Goldschmidt

hungsweise der Röntgenspektroskopie durchgeführt. Seine Erkenntnisse zum Zusammenhang zwischen Ionengröße, Atombau und Elementenaustausch in Mineralien bildeten die Grundlagen für die Erklärung der geochemischen Verteilung der Elemente in der Erdkruste. Sein (posthum veröffentlichtes) Werk *Geochemistry* ist bis heute ein Standardwerk geblieben. Er war mehrfach für den Nobelpreis vorgeschlagen, hat ihn jedoch nie erhalten.

Als Sohn des Chemikers Heinrich Jacob Goldschmidt, der mit J. H. ↗ van't Hoff in Amsterdam gearbeitet hatte und 1901 den Lehrstuhl für Chemie in Oslo übernahm, wurde Goldschmidt die neue physikalische Chemie »in die Wiege gelegt«. Er studierte in Oslo Mineralogie und Chemie, vor allem bei dem Mineralogen und Petrographen Waldemar Christopher Brøgger, der grundlegende Arbeiten zur Petrographie des Kristianiagebietes durchgeführt hatte. Weitere wichtige Lehrer Goldschmidts waren der Wiener Petrograph Friedrich Becke und der Münchener Mineraloge und Kristallograph P. ↗ Groth.

1911 erschien Goldschmidts Dissertation über *Die Kontaktmetamorphose im Kristianiagebiet* (1911), in der er der Petrologie neue Wege erschloss, indem er die Gibbssche Phasenregel auf die Bildung metamorpher Gesteine anwendete. Goldschmidt untersuchte Hornfelsgesteine im Oslogebiet, die sich durch Kontaktmetamorphose im Umkreis einer Syenitintrusion aus mergeligen Tonschiefern und Kalksteinen gebildet hatten. Dabei zeigte sich eine gesetzmäßige Veränderung des Mineralbestandes, welche genau mit den Forderungen der Phasenregel übereinstimmte. Daraufhin formulierte er die »Mineralogische Phasenregel«: $p \leq k$. Sie besagt, dass die Anzahl der festen Mineralphasen (p), die gleichzeitig nebeneinander stabil existieren können, gleich oder kleiner ist der Anzahl der in den Mineralien enthaltenen Einzelkomponenten (k). Ein Jahr später berechnete er die Gleichgewichtskurve einer der wichtigsten Metamorphosereaktionen, der Umwandlung von Calcit und Quarz zu Wollastonit und Kohlendioxid: $CaCO_3 + SiO_2 \leftrightarrow CaSiO_3 + CO_2$. Die Kurve schied zwei unterschiedliche Temperatur/Druck-Bereiche und so zugleich zwei unterschiedliche Tiefenzonen des Erdinneren beziehungsweise der Metamorphose.

1912 wurde Goldschmidt Hochschuldozent an der Universität Oslo, zwei Jahre später, mit 26 Jahren, Professor für Mineralogie und zugleich Direktor des Mineralogischen Instituts. Zahlreiche Exkursionen in die kaledonischen Gebirge des südlichen Norwegens führten ihn auf grundsätzliche Fragen der Umwandlungsreaktionen regionalmetamorpher Gesteine. Seine Beobachtungen publizierte er zwischen 1912 und 1921 in fünf Abhandlungen unter dem Titel *Geologisch-petrographische Studien im Hochgebirge des südlichen Norwegens*. Bei diesen Arbeiten versuchte Goldschmidt auch ‚Indexmineralien' festzulegen, das heißt bestimmte Mineralien (etwa Chlorit, Biotit und Granat), die charakteristisch für unterschiedliche Grade der Metamorphose beziehungsweise für bestimmte Temperatur/Druck-Bereiche sind, wie dies 1893 bereits der englische Geologe George Barrow getan hatte. Das Konzept der »metamorphen Fazies«, das heißt der Unterscheidung unterschiedlicher Temperatur/Druck-Bereiche der Metamorphose nach charakteristischen Mineralvergesellschaftungen, entwickelte aber erst der finnische Petrologe Pentti Eskola (in seiner endgültige Fassung 1919/1920 als Mitarbeiter Goldschmidts in Oslo). 1922 legte Goldschmidt, basierend auf den experimentellen Resultaten Norman Levi Bowens in Washington sowie eigenen Beobachtungen, die Entwicklungsstufen dar, nach denen sich aus einem basaltisch-gabbroiden Magma durch fraktionierte Kristallisation eine silikatreiche Schmelze bildet.

In den frühen 20er-Jahren trat in Goldschmidts Forschungsprogramm ein Wandel ein: Petrologische Arbeiten sind nicht mehr entstanden, und er beschäftigte sich jetzt allein mit Kristallstrukturbestimmungen und den Gesetzen der geochemischen Verteilung der Elemente in der Erdkruste. 1908 veröffentlichte der amerikanische Geochemiker F. W. ↗ Clarke sein Standardwerk *The data of geochemistry*, eine umfassende Kompilation aller bekannten Daten über den chemischen Aufbau der Erdkruste einschließlich der Gewässer und der Atmosphäre. Goldschmidt wollte die Gesetze klären, nach welchen die Haupt- und Spurenelemente in den Mineralien und Gesteinen angereichert sind. Bereits 1922/1923 entwarf er ein Modell des chemischen Aufbaus des Erdinneren. Basierend auf Erfahrungen an Meteoritengesteinen sowie auf metallurgischen Beobachtungen bei der Kupferverhüttung, unterschied Goldschmidt siderophile, chalkophile, lithophile und atmophile Elemente. Die siderophilen, zu denen etwa Eisen, Nickel, Gold und Germanium gehören, reicherten sich im metallischen Kern der Erde an, die lithophilen (vor allem Silicium, Magnesium, Calcium, Aluminium und die Alkalien) in der äußeren Erdkruste. Die chalkophilen Elemente (von griechisch chalkos = Erz, Kupfer) wie Blei und Kupfer verbänden sich mit Vorliebe mit Schwefel. Und die atmophilen Elemente (die Edelgase, Stickstoff, Sauerstoff, Wasserstoff und Kohlenstoff) fänden sich (unter gewöhnlichen Druck- und Temperaturbedingungen) gasförmig in der Atmosphäre.

Das neue Forschungsprogramm war durch zwei Voraussetzungen möglich geworden. Die eine war die Entdeckung der Interferenz von Röntgenstrahlen an Kristallgittern durch M. v. ↗ Laue im Jahr 1912 (beziehungsweise die darauf basierende Röntgenspektroskopie). Goldschmidt war die Bedeutung dieser Entdeckung sofort bewusst, und er bemühte sich seit 1914 um eine entsprechende instrumentelle Ausstattung seines Instituts. Eine zweite Voraussetzung war die im Jahr 1917 – mit Blick auf einen möglichen Eintritt Norwegens in den Ersten Weltkrieg – ins Leben gerufene norwegische »Rohstoffkommission«. Goldschmidt, der schon zuvor erfolgreich technische Probleme gelöst hatte – etwa die Gewinnung von Aluminium aus Plagioklasgesteinen – wurde zum Leiter der Rohstoffkommission ernannt. Damit verbunden war die Leitung eines eigenen Laboratoriums, das mit entsprechenden Mitteln ausgestattet war. Goldschmidts Laboratorium gehörte so in den 20er-Jahren zu den international führenden Institutionen bei der Bestimmung von Kristallstrukturen mittels Röntgenstrahlen.

Zwischen 1922 und 1926 wurden in Oslo etwa 200 Verbindungen (meist Oxide der Seltenen Erden und verwandter Elemente) untersucht. Die Bedeutung der Ionengröße der Elemente für ihre Vergesellschaftung in Mineralien wurde zuerst bei den Oxiden der Seltenen Erden gefunden. Goldschmidt erkannte, dass das Auftreten der Lanthaniden in den Seltene-Erden-Mineralien Folge einer Isotopenfraktionierung war und dass Elemente mit geraden Ordnungszahlen reichlicher vorhanden waren als solche mit ungeraden. Vor allem aber zeigten die Lanthaniden eine auffällige gesetzmäßige Abnahme der Ionengröße beziehungsweise der Gitterdimensionen mit zunehmender Ordnungszahl, also vom Lanthan zum Lutetium. Für dieses Phänomen, welches dadurch bedingt ist, dass eine zunehmende Anzahl von Elektronen in den niedrigeren Schalen von dem positiv geladenen Atomkern angezogen wird, schlug Goldschmidt den Begriff Lanthanidenkontraktion vor. Mit ihr waren die starken chemischen Ähnlichkeiten einzelner Elementenpaare wie die von Zirconium und dem 1922 neu entdeckten Hafnium erklärbar.

1929 erhielt Goldschmidt den Ruf auf den Lehrstuhl für Mineralogie und Petrologie der Universität Göttingen. Hier untersuchte er mit seinen Mitarbeitern vor allem das geochemische Verhalten von Spurenelementen (Bor, Scandium, Gallium, Germanium, Arsen und Selen). Sie konnten unter anderem zeigen, dass sich Scandium geochemisch anders verhält als die Seltenen Erden und dass Gallium und Germanium zu Aluminium und Silicium in Beziehung stehen: Durch gleiche Ladung und einen ähnlichen Ionenradius können beide Elemente in Aluminium- beziehungsweise Siliciumverbindungen an die Stelle der jeweiligen Hauptelemente treten. Eine der wesentlichsten Erkenntnisse war der relative Mangel von Lithium, Beryllium und Bor in terrestrischen Körpern, was als Erbe des Inneren von stellaren Körpern zu interpretieren ist, wo diese Elemente als Brennstoff nuklearer Prozesse dienen.

Weiter versuchte Goldschmidt in Göttingen, ähnlich wie er dies 1922/1923 bezüglich der chemischen Zusammensetzung des Erdinneren getan hatte, Hauptbestandteile der chemischen Zusammensetzung der oberen Erdkruste zu bestimmen. So berechnete er die Masse der Kalkgesteine in der Erdkruste oder die Menge an Natrium, die den Ozeanen zugeführt wurde. Seine Resultate waren hierbei allerdings wenig genau, da er die (in seiner Zeit noch wenig beachtete) große Menge der metamorphen Gesteine nicht berücksichtigte.

Die fruchtbare Göttinger Periode dauerte nur wenige Jahre. Der aufkommende nationalsozialistische Terror zwang den Juden Goldschmidt bereits 1935 zur Rückkehr nach Oslo. In der kleineren Umgebung konnte er sich nur mehr schwer zurechtfinden. 1937 veröffentlichte er einen letzten Teil seiner *Geochemischen Verteilungsgesetze der Elemente*, des zu dieser Zeit umfassendsten und detailliertesten Beitrags zur Geochemie der Spurenelemente.

Nach der Besetzung Norwegens durch Deutschland im Jahr 1940 wurde Goldschmidt zweimal interniert, 1942 gelang ihm die Flucht nach England. Obgleich ihm hier noch Arbeitsmöglichkeiten geboten wurden, hatte er doch zunehmend unter gesundheitlichen Problemen zu leiden. Als kranker Mann kehrte er 1946 ein zweites mal nach Oslo zurück, wo er ein dreiviertel Jahr später starb.

In einer vergleichsweise kurzen, nur knapp dreißig Jahre dauernden Schaffenszeit prägte Goldschmidt die modernen Geowissenschaften wie kaum ein anderer Gelehrter des 20. Jahrhunderts. Die Liste seiner Schüler und Mitarbeiter – unter ihnen Lars Thomassen, Tom Fredrik Barth, William Houlder Zachariasen, Reinhold Mannkopff und Wolf von Engelhardt – liest sich wie ein »Who is Who« der Geochemie und Petrologie des 20. Jahrhunderts. Und auch dort, wo seine Arbeiten heute nur mehr bedingte Gültigkeit haben mögen, bleiben sie allein wegen ihrer präzisen und logischen Argumentation lesenswert. [BF2]

Werk(e):
Die Kontaktmetamorphose im Kristianiagebiet (1911); Geologisch-petrographische Studien im Hochgebirge des südlichen Norwegens, I–V (1912–1921); Der Stoffwechsel der Erde (1922); Stammestypen der Eruptivgesteine (1922); Geochemische Verteilungsgesetze der Elemente, I–IX (1923–1937); Drei Vorträge über Geochemie. Geologiska Föreningens i Stockholm Förhandlingar 56 (1934); Geochemistry, posthum hrsg. von A. Muir (1954).

Sekundär-Literatur:
Mason, B.: Victor Moritz Goldschmidt: Father of modern geochemistry, Geochemical Society, Special publication, 4 (1992); Wedepohl, K. H.: The Importance of the pionee-

ring work by V. M. Goldschmidt for modern geochemistry. Naturwissenschaften 83 (1996); Fritscher, B.: Metamorphism and thermodynamics: the formative years, in: The earth inside and out: Some major contributions to geology in the twentieth century, hrsg. von D. Oldroyd, Geological Society London, Special Publication, 192 (2002); Wedepohl, K. H.: Viktor Moritz Goldschmidt: Geochemie und Entwicklung der experimentellen Geowissenschaften, in: Die Wissenschaften in der Akademie, hrsg. von R. Smend und H.-H. Voigt, Abhandlungen der Akademie der Wissenschaften in Göttingen: Mathematisch-Physikalische Klasse, 3. Folge, 51 (2002).

Goldstein, Eugen,
deutscher Physiker,
* 5. 9. 1850 Gleiwitz (Gliwice, Polen),
† 25. 12. 1930 Berlin.

Goldstein zählt zu den Pionieren der Gasentladungsphysik und ist der Entdecker der Kanalstrahlen.

Goldstein wurde im oberschlesischen Gleiwitz geboren. Als Frühwaise wuchs er bei Verwandten in Ratibor auf, wo er auch das Gymnasium absolvierte. Nachdem er zunächst in Breslau ein Medizinstudium aufgenommen hatte, studierte er ab 1870 in Berlin Physik, wo H. v. ↗ Helmholtz sein Lehrer und Mentor wurde. Nach der Promotion im Jahre 1879 wurde er Mitarbeiter der Berliner Sternwarte und blieb dort bis zu seiner Pensionierung. Dies allerdings bei relativ bescheidenen Forschungsmöglichkeiten, denn bis zu seinem 50. Lebensjahr konnte er kein eigenes Laboratorium nutzen. Immer wieder nahm er so das Gastrecht in Instituten seines Lehrers Helmholtz in Anspruch. Dass ihm trotz aller wissenschaftlichen Verdienste eine akademische Karriere verwehrt blieb, ist weniger der eigenwilligen Persönlichkeit Goldsteins geschuldet, sondern vielmehr spiegeln sich darin jene Probleme, mit denen sich ein jüdischer Gelehrter in Deutschland an der Wende vom 19. zum 20. Jahrhundert auseinanderzusetzen hatte. Erst sein letztes Lebensjahrzehnt brachte in dieser Hinsicht eine gewisse Wende, denn 1919 ehrte ihn die Deutsche Physikalische Gesellschaft mit der Ehrenmitgliedschaft – nachdem bereits Royal Society (1903) und Pariser Akademie (1908) den Gelehrten mit hohen Auszeichnungen bedacht hatten.

Goldstein ist in die Geschichte der Physik durch eine Reihe grundlegender Entdeckungen eingegangen, die der modernen Physik den Weg ebnen halfen. An erster Stelle ist die Entdeckung der Kanalstrahlen im Jahre 1886 zu nennen. Mit diesen Ionenstrahlen standen erstmals Atom- bzw. Massestrahlen für physikalische Experimente zur Verfügung, welche in der Frühgeschichte von Atom- und Kernphysik eine wichtige Rolle als Ionenquellen spielten. An diesen Entwicklungen war Goldstein nicht mehr direkt beteiligt. Sein gesamtes wissenschaftliches Wirken konzentrierte sich vielmehr auf die Erforschung der Kathodenstrahlen. Bereits in seiner Promotionsschrift hatte er deren elektrostatische Ablenkbarkeit entdeckt und auch der Name selbst geht auf ihn zurück. Darüber hinaus stellen seine Untersuchungen wichtige Vorleistungen für die Entdeckung des Elektrons dar. Neben diesen Marksteinen moderner Physikentwicklung – zu denen auch die Entdeckung der Funkenspektren gehört – verdient ebenfalls Erwähnung, dass er im Jahre 1899 das Physikkabinett der Berliner »Urania« aufbaute und dabei die Idee automatisierter physikalischer Demonstrationsversuche entwickelte – eine Idee, die heute in allen Wissenschaftsmuseen Eingang gefunden hat. [DH]

Werk(e):
Canalstrahlen. Ostwalds-Klassiker Bd. 231 (1930).

Sekundär-Literatur:
Eugen Goldstein. Sonderheft zur Feier seines Siebzigsten Geburtstages. Die Naturwissenschaften 8 (1920) Nr. 36; O. Singer: Eugen Goldstein und die Physik an der Berliner Sternwarte, in: Sternzeiten, Berlin 1977, Bd. 2.

Golgi, Camillo,
italienischer Pathologe, Histologe und Neurologe,
* 7. 7. 1843 Corteno Golgi,
† 21. 1. 1926 Pavia.

Golgi revolutionierte mit der nach ihm benannten Methode die Nervenhistologie, entdeckte den Golgi-Apparat und trug zur Malariaforschung bei.

Als Student wurde Golgi von Giulio Bizzozero und Cesare Lombroso in die Paveser Tradition der Mikroskopie und der Neurologie eingeführt. Nach dem Studium fand er zunächst keine angemessene Stellung an der Universität und nahm eine Stellung als Arzt an den Pie case degli incurabili im nahegelegenen Ort Abbiategrasso an. Durch seine Publikationen in Italien bekannt geworden, wurde Golgi 1876 nach Siena und noch im selben Jahr nach Pavia berufen, wo er bis zu seinem Lebensende Histologie und Allgemeine Pathologie unterrichtete und eine einflussreiche Schule gründete. Zu seinen zahlreichen Schülern gehören unter anderem Battista Grassi, Adelchi Negri und Emilio Veratti. Politisch war Golgi als Mitglied des italienischen Bildungsrates, als Präsident des nationalen Gesundheitsrates, als Paveser Gemeinderat und als Rektor tätig.

Während seines Aufenthaltes in Abbiategrasso entwickelte Golgi 1873 die so genannte Schwarz- oder Golgireaktion (reazione nera), die erstmals einzelne Nervenzellen und die dazugehörigen Fortsätze in ihrer Gesamtheit sichtbar machte. Es folgten grundlegende Beschreibungen der Nervenhistologie, die erst Jahre später, dank der Mithilfe Albert von Koellikers, in vollem Umfang gewürdigt wurden. 1906 erhielt er dafür, gemeinsam mit seinem Intimfeind S. ↗ Ramón y Cajal, den Nobelpreis, doch war seine Theorie der Kontinuität der Nervenfortsätze zunehmender Kritik von Seiten der Anhänger der Neuronendoktrin ausgesetzt. Mit Varianten der Schwarzfärbung entdeckte er außerdem die Golgi-Mazzonischen Körperchen, nervöse Endkörperchen im Sehnen-Muskel-Apparat, und 1898 den später nach ihm benannten Golgi-Apparat. Daneben beschäftigte sich Golgi mit der Malariaforschung, verdeutlichte den Unterschied zwischen der *Malaria terziana* und der *Malaria quartana* und klärte die Verbindung zwischen den einzelnen Fieberanfällen und dem Reproduktionszyklus des Plasmodiums auf. [AD]

Werk(e):
Sulla fine anatomia degli organi centrali del sistema nervoso, Reggio Emilia 1885 (deutsche Übersetzung 1894), Opera omnia, BD. I–III (1903), BD. IV (1929).

Sekundär-Literatur:
Mazzarello, P.: The hidden structure: a scientific biography of Camillo Golgi (1999).

Göppert, Heinrich Robert,
deutscher Botaniker und Paläobotaniker,
* 25. 7. 1800 Sprottau (Niederschlesien),
† 18. 5. 1884 Breslau.

Göppert war ein Begründer der Paläobotanik in Deutschland. Seine Untersuchungen an fossilen Pflanzen des Karbons stützten sich auf mikroskopische und experimentelle Methoden und dem Vergleich mit rezenten Pflanzen.

Der Familientradition folgend sollte Göppert die von seinem Großvater begründete Bergapotheke in Neiße übernehmen. Er verließ das Gymnasium deshalb vorzeitig und begann eine mehrjährige Apothekerlehre. 1821 begann er an der Universität Breslau Medizin zu studieren. Wegen seiner Zugehörigkeit zu einer Burschenschaft wurde er von der Hochschule verwiesen, konnte aber sein Studium in Berlin fortsetzen. 1825 wurde er bei Heinrich Friedrich Link mit einer pflanzenphysiologischen Arbeit promoviert. 1826 kehrte Göppert nach Breslau zurück und ließ sich als praktischer Arzt nieder. Bereits im folgenden Jahr habilitierte er sich an der Universität Breslau und wurde Konservator am botanischen Garten. 1831 wurde er zum ao., 1839 zum o. Professor an der medizinischen Fakultät ernannt. 1852 übernahm Göppert als Nachfolger von C. G. ↗ Nees von Esenbeck den Lehrstuhl für Botanik an der philosophischen Fakultät und die Direktion des botanischen Gartens.

Göppert hat sich in seiner fast sechs Jahrzehnte währenden aktiven Zeit als Naturforscher fast ausschließlich mit botanischen Themen beschäftigt. Sowohl in seiner Doktorarbeit als auch in der Habilitationsschrift befasste er sich mit der physiologischen Wirkung verschiedener Gifte bei Pflanzen. Göppert bevorzugte empirisch-experimentelle Methoden und vermied Spekulationen im Sinne der Naturphilosophie. Die größte wissenschaftliche Bedeutung hatten Göpperts Arbeiten über fossile Pflanzen. In seinen großen Monographien bemühte er sich immer auch um den Vergleich mit rezenten Formen. Anatomische und mikroskopische Beobachtungen an fossilen Pflanzen ergänzte Göppert durch experimentelle Analysen. Seine paläobotanischen Untersuchungen des schlesischen Karbons ermöglichten ein differenziertes Bild der Stratigraphie dieses Erdzeitalters. In den 1860er-Jahren setzte er sich kritisch mit der Evolutionstheorie auseinander. [TJ]

Werk(e):
Die fossilen Farrnkräuter, Nova Acta Acad. Leopoldina nat. cur. 17 Suppl. (1836); Monographie der fossilen Coniferen, mit Berücksichtigung der lebenden (1850); Die Darwinsche Transmutationslehre mit Beziehung auf die fossilen Pflanzen, in: Jahres-Bericht der Schlesischen Gesellschaft für vaterländische Cultur 42 (1865).

Sekundär-Literatur:
Conwentz, H. W.: Heinrich Robert Göppert, sein Leben und Wirken, in: Schriften der naturforschenden Gesellschaft in Danzig N. F. 6,2 (1885).

Gothan, Walther,
deutscher Geologe und Paläobotaniker,
* 26. 8. 1879 Woldegk (Mecklenburg),
† 30. 12. 1954 Berlin (West).

Gothan erforschte fossile Pflanzen und Vegetationen des Kohlenzeitalters und beeinflusste nachhaltig die Entwicklung von Stratigraphie und Kohlenpetrographie.

Gothan studierte Geologie und Bergbau an den Bergakademien in Clausthal und Berlin und Botanik an der Universität Berlin. Seit 1903 Assistent bei Henri Potonié an der Preußischen Geologischen Landesanstalt Berlin, wurde Gothan daselbst 1913 Kustos der paläobotanischen Sammlung, 1919 Titularprofessor, 1929 Landesgeologe und 1938 Abteilungsdirektor. Daneben blieb er der Bergakademie, die 1916 der TH Berlin angegliedert wurde, als Privatdozent und außerordentlicher Professor für Paläobotanik, aber auch der Universität als Honorarprofessor verbunden. 1946 erhielt Gothan eine Professur für Paläobotanik an der Universität Berlin. 1951 begründete er die Arbeitsstelle für Paläobotanik und Kohlenkunde der Deutschen Akademie der Wissenschaften zu Berlin.

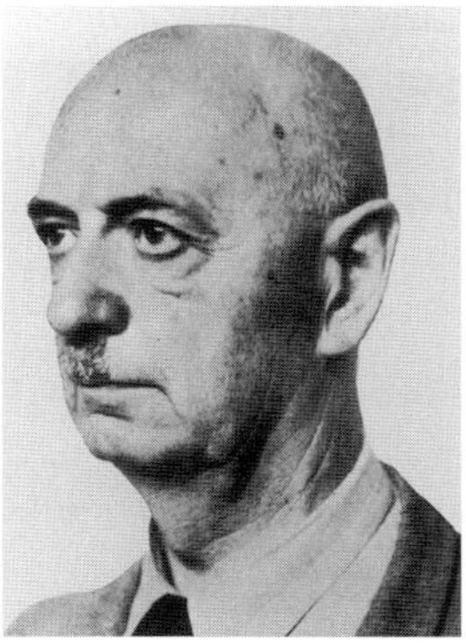

W. Gothan

Gothan führte in vielem die Arbeiten seines Lehrers Potonié weiter. Bereits in der Dissertation hatte er sich fossilen Koniferenhölzern zugewandt. Besondere Beachtung fanden dann die farnlaubigen Pflanzen des oberschlesischen Steinkohlenbeckens. Dabei entdeckte Gothan 1913 in den älteren Schichten des Oberkarbons einen »Florensprung«. Es folgten Untersuchungen aller deutschen Kohlenreviere. Die Kenntnis der fossilen Pflanzen, ihrer Morphologie, Systematik und Verbreitung, war von großer stratigraphischer Bedeutung und ermöglichte eine floristische Gliederung erdgeschichtlicher Formationen, insbesondere des Karbons und Perms, wie auch den Vergleich der großen europäischen Steinkohlenbecken, die Gothan bereiste. Er hatte großen Anteil an einer einheitlichen Nomenklatur der Steinkohlenschichten. Gothan befasste sich schließlich auch mit der Tertiärflora und der Bildung und Klassifikation der Braunkohle. In der Nachfolge Potoniés begründete er in Berlin eine bedeutende Schule der Paläobotanik und Kohlengeologie von internationalem Rang. [EK]

Werk(e):
Die oberschlesische Steinkohlenflora (1913); Die Steinkohlenflora der westlichen paralischen Carbonreviere Deutschlands (1929–53).

Sekundär-Literatur:
Remy, W., Remy, R.: Walther Gothan zum Gedächtnis. Die Berliner Schule der Paläobotanik. Argumenta Palaeobotanica 7 (1986).

Göttling, Johann Friedrich August,

deutscher Apotheker und Professor der Chemie,
* 5. 6. 1753 Derenburg, bei Halberstadt,
† 1. 9. 1809 Jena.

Göttling zählt zu den aus dem Apothekerberuf hervorgegangenen Universitätslehrern der Chemie, Pharmazie und Technologie und war zugleich naturwissenschaftlicher Berater J. W. v. ↗ Goethes.

Göttling, Sohn eines Predigers, begann 1769 seine pharmazeutische Ausbildung bei J. Ch. ↗ Wiegleb in Langensalza. 1774 erhielt er eine Stelle als Gehilfe in der Weimarer Hofapotheke bei Wilhelm Heinrich Bucholz, wo er, von seinem Prinzipal unterstützt, seine chemischen Studien fortsetzte. 1778 erschien sein erstes Buch, die *Einleitung in die pharmaceutische Chemie für Lernende*. Ein Jahr später begründete er mit dem *Almanach oder Taschenbuch für Scheidekünstler und Apotheker* die erste pharmazeutische Fachzeitschrift in deutscher Sprache. Ein vom Weimarer Herzog Carl August gewährtes Stipendium ermöglichte ihm ein Studium in Göttingen sowie Reisen nach Holland und England. 1788 kehrte Göttling nach Weimar zurück und avancierte, nachdem er 1789 an der Universität Jena promoviert worden war, zunächst zum Professor der Philosophie. J. W. ↗ Goethe richtete ihm in Jena ein Laboratorium ein, und Göttling las Chemie, Technologie und Experimentalpharmazie. 1794 eröffnete er nach dem Vorbild seines Lehrers Wiegleb ein Privatinstitut zur Ausbildung von Apothekern. 1799 wurde Göttling ordentlicher Honorarprofessor. 1809 schließlich zum Ordinarius berufen, verstarb er aber noch im gleichen Jahr.

Göttling verbesserte den Weigelschen Kühler und stellte wohl als erster in Thüringen Rübenzucker her. Daneben beschäftigte er sich mit verschiedenen Gasarten, mit Arsen-, Phosphor-, Schwefel- und Stickstoffverbindungen sowie mit ätherischen Ölen, Ether und Harzen. 1789 setzte sich Göttling mit den Schriften A. L. ↗ Lavoisiers auseinander und stellte dessen Antiphlogistontheorie in seinem *Almanach* vor. 1794 leugnete er die Existenz des Phlogistons, vertrat jedoch die Ansicht, dass Lavoisiers Lehre nicht alle Phänomene erklären könne.

Im Auftrage Goethes untersuchte Göttling Salze und Mineralwässer. Der von Göttling postulierte Lichtstoff fand Goethes besonderes Interesse, vor allem in Bezug auf dessen Studien zur Optik. In Goethes Roman *Die Wahlverwandtschaften* – der Titel ist der chemischen Terminologie jener Zeit entlehnt – finden sich Gedanken, die Goethe Göttlings *Chemischem Probir-Cabinett* und dessen *Handbuch der theoretischen und praktischen Chemie* entnommen haben soll. [CF]

Werk(e):
Vollständiges chemisches Probir-Cabinett (1790); Beytrag zur Berichtigung der antiphlogistischen Chemie (1794–1798); Handbuch der theoretischen und praktischen Chemie, 3 Bde. (1798–1800).

Sekundär-Literatur:
Aigner, W.: Die Beiträge des Apothekers Johann Friedrich Göttling (1755–1809) zur Entwicklung der Pharmazie und Sauerstoffchemie, Dissertation München 1985; Stolz, R.: Überzeugter Praktiker und streitbarer Theoretiker: Johann Friedrich August Goettling, in: Geschichte der Phar-

mazie 43 (1991) H. 4, S. 55–57; Friedrich, Ch.: J. F. A. Göttling und die Pharmazie, in: Haeckeliana. Abhandlungen zur Wissenschaftsgeschichte 2 (1993) 63–72.

Goudsmit, Samuel Abraham,
holländisch-amerikanischer Physiker,
* 11. 7. 1902 Den Haag,
† 4. 2. 1978 Reno (Nevada).

Goudsmit war Mitbegründer der Spinhypothese.

Goudsmit studierte Physik an den Universitäten Leiden und Amsterdam und ging nach seiner Promotion 1927 in die USA, wo er an der University of Michigan seine erste Anstellung fand. Im Zweiten Weltkrieg schloss er sich dem Strahlungslabor des Massachusetts Institute of Technology (MIT) an. Goudsmit, dessen Eltern 1943 in Auschwitz umgebracht wurden, war von 1944–46 wissenschaftlicher Leiter der ALSOS-Mission, einer amerikanischen Spezialeinheit zur Aufspürung und Sicherstellung der am deutschen »Uranverein« beteiligten Wissenschaftler und ihrer Forschungsmaterialien. Von 1946–48 lehrte er als Physikprofessor an der Northwestern University in Illinois und anschließend (bis 1970) am Brookhaven National Laboratory. In seinen letzten drei Lebensjahren war er Gastprofessor an der University of Nevada in Reno.

Im Jahre 1925 entdeckte Goudsmit zusammen mit seinem Landsmann G. ↗ Uhlenbeck, dass das bis dahin als Punktladung angesehene Elektron einen Eigendrehimpuls besitzt. W. ↗ Pauli bezeichnete diese neue intrinsische Teilcheneigenschaft später als Spin. 1928 konnte P. A. M. ↗ Dirac zeigen, dass sich der Spin direkt aus der relativistischen Schrödinger-Gleichung (Dirac-Gleichung) herleiten lässt. Zusammen mit Ernst Back untersuchte er 1926/27 erstmals den Kernspin und den dazugehörigen Zeeman-Effekt. Er entwickelte eine Theorie zur Hyperfeinstruktur von Spektrallinien und maß in den Jahren 1931–33 mit Hilfe der Spektroskopie erstmals magnetische Kernmomente. Er lieferte Beiträge zur Theorie komplexer Atome und zur Theorie der Vielfachstreuung von Elektronen und entwickelte im Jahre 1948 das magnetische Flugzeitmassenspektrometer. Sein 1947 erschienenes Buch *Alsos*, in dem er den im Zweiten Weltkrieg am deutschen Uranforschungsprojekt beteiligten Wissenschaftlern um W. ↗ Heisenberg moralisches und wissenschaftliches Versagen vorwarf, löste er eine bis heute anhaltende Debatte aus.

Goudsmit war von 1951–62 Mitherausgeber der *Physical Review* und von 1951–74 Direktor der Amerikanischen Physikalischen Gesellschaft. 1958 begründete er die *Physical Review Letters*. 1964 verlieh ihm die Deutsche Physikalische Gesellschaft die Max-Planck-Medaille. [MS3]

Werk(e):
zus. mit L. Pauling: The Structure of Line Spectra (1930); zus. mit R. Bacher: Atomic Energy States (1932); Alsos (1947).

Graaf, Regnier (Reinier) **de,**
niederländischer Arzt, Physiologe und Embryologe,
* 30. 7. 1641 Schoonhoven,
† 17. 8. 1673 Delft.

Graaf ist einer der Mitbegründer der modernen Ernährungs- und Fortpflanzungsphysiologie. Er entdeckte die nach ihm benannten Graafschen Follikel.

Graaf wurde in der Familie eines Architekten geboren, der sich auch als Erfinder von hydraulischen Maschinen hervorgetan hatte. Er begann seine Medizinstudien zunächst im nahen Utrecht bei Ysbrand van Diemenbroeck, ging dann nach Leiden zu Jan van Horne und François de le Boë und setzte sie in Paris und Angers fort. Hier promovierte er 1665 mit einer Dissertation über die Funktion des Pankreassaftes. 1666 kehrte er wieder nach den Niederlanden zurück, wo er in Delft in der ärztlichen Praxis tätig war. Erst 38-jährig verstarb er dort an der Pest.

Im wissenschaftlichen Werk von Graaf wirkt der Einfluss seines Lehrers de le Boë fort. Dieser hatte gelehrt, anatomische Kenntnisse mit Fragen nach der Funktion der Organe zu verbinden und dabei experimentelle Methoden anzuwenden. So beruhte Graafs erste Publikation *De natura succi pancreatici* auf tierexperimentellen Arbeiten, die durch das Anlegen einer künstlichen Fistel zur Gewinnung des Pankreassaftes bei Hunden möglich waren. Auch gelangte er mit verbesserten anatomischen Injektionstechniken zu neuen Erkenntnissen in der Gefäßanatomie und der frühen Embryonalentwicklung. Nach den verdauungsphysiologischen Arbeiten führten ihn embryologische Studien auf das Gebiet der Anatomie und Physiologie des Urogenitalsystems. Einer Monographie über die männlichen Zeugungsorgane (1668) folgte 1672 eine Abhandlung über die weiblichen Fortpflanzungsorgane. Darin stellte Graaf erstmals auch die verschiedenen Stadien der Eifollikel dar (heute als Graafsche Follikel bezeichnet). Allerdings nahm er an, damit die Eizelle selbst entdeckt zu haben, was erst 1827 K. E. v. ↗ Baer gelang. Somit war auch der Prioritätsstreit mit J. ↗ Swammerdam um diese Entdeckung gegenstandslos geworden. Aber alle sonstigen Folgerungen, die sich für Graaf aus seiner Beobachtung der Follikel ergaben, trafen zu: Auch der Ursprung des menschlichen Lebens ist ein (befruchtetes) Ei. Der Satz des Florentiner Arztes F. ↗ Redi »omne vivum ex ovo« war bestätigt (1668). [PS]

Werk(e):
De mulierum organis generationi inservientibus (1672); Opera omnia (1677).

Sekundär-Literatur:
Catchpole, H. R.: Regnier de Graaf, 1641–1673, Bull. Hist. Med. (Baltimore) 8 (1940) 1261–1300.

Graebe, Carl James Peter,
deutscher Chemiker,
* 24. 2. 1841 Frankfurt am Main,
† 19. 1. 1927 Frankfurt am Main.

Graebe lieferte wichtige Beiträge zur frühen Aromatenchemie und schuf zusammen mit C. ↗ Liebermann den ersten synthetischen Pflanzenfarbstoff.

Nach dem Besuch der höheren Gewerbeschule in Frankfurt begann Graebe ein Maschinenbau-Studium am Polytechnikum Karlsruhe, wechselte aber 1860 nach Heidelberg zur Chemie und promovierte hier 1862 bei R. ↗ Bunsen. Nach kurzer organisch-chemischer Tätigkeit bei H. ↗ Kolbe in Marburg wurde er Bunsens Vorlesungsassistent, was ihn befähigte, später bei den eigenen Vorlesungen die Versuche selbst auszuführen. 1864 in der chemischen Fabrik Höchst aufgenommene Arbeiten über Anilinfarben musste er im gleichen Jahr gesundheitsbedingt abbrechen. 1865 entstand im Laboratorium von E. ↗ Erlenmeyer in Heidelberg Graebes erste organisch-chemische Publikation. Im Herbst ging er nach Berlin zu A. ↗ Baeyer an die Gewerbeakademie. Von 1870 bis 1875 war er Ordinarius für Chemie an der Universität Königsberg. Nach einer Anstellung an der Polytechnischen Schule Zürich wurde er 1878 an die Universität Genf berufen, wo er bis zur Emeritierung 1906 lehrte und forschte.

Graebe hatte als Mitarbeiter Kolbes noch die Denkweisen der Typentheorie kennen gelernt und dann bei Baeyer die neuen Ideen der Strukturtheorie und das Aromatenring-Konzept adaptiert. Seine Bekanntschaft mit A. ↗ Kekulé von Stradonitz begann mit dessen Besuchen in Berlin 1866 und 1869. Die Voraussetzungen waren somit günstig, aktiv in die Entwicklung der jungen Aromatenchemie einzugreifen. Graebe erkannte das Anellierungsprinzip kondensierter Aromaten und bestätigte z. B. Erlenmeyers bicyclische Formulierung des Naphthalins. Für die Position von Ring-Substituenten prägte er die Termini ortho, meta und para. Wesentliche Verdienste hat er um die Struktur der Chinone als Oxidationsprodukte von Aromaten. Weltruhm erlangte Graebe durch die zusammen mit Baeyers jüngerem Mitarbeiter Liebermann unternommenen Arbeiten zum Alizarin. 1868 wiesen beide nach, dass durch Reduktion dieses Krapp-Farbstoffs nicht wie angenommen Naphthalin, sondern Anthracen als Grundkörper entsteht. An die Strukturaufklärung knüpften sich bereits erste richtige Struktur-Farbe-Betrachtungen. Aus Anthracen gelang 1869 auch die Synthese des Farbstoffs. Die anfängliche Methode der Anthrachinon- bzw. Anthracen-Bromierung wurde in Zusammenarbeit mit Heinrich Caro von der BASF bald durch die kostengünstigere über die Sulfonierung abgelöst. Ab 1870 vertrieb die BASF synthetisches Alizarin; 1878 war der Krapp-Anbau bereits um über 98 % zurückgegangen. Durch aktive Mitwirkung sowohl in der Fabrikation als auch bei Patentverhandlungen im In- und Ausland hatte Graebe daran entscheidenden Anteil. Parallel zur Farbstoffproduktion nahm auch die chemische Zulieferindustrie wie Teerverarbeitung und Schwefelsäurefabrikation einen starken Aufschwung.

Mit ca. 200 Publikationen förderte Graebe weiterhin die Strukturaufklärung und Synthese vor allem von Aromaten, Heterocyclen und Farbstoffen, z. B. des Alizarinblau (mit Heinrich von Brunck, BASF).

Graebe war 1907 Präsident der Deutschen Chemischen Gesellschaft und wurde 1909 Ehrenmitglied des Vereins Deutscher Chemiker. Er war mehrfacher Ehrendoktor, korrespondierendes Mitglied der Preußischen und der Bayerischen Akademie der Wissenschaften und Inhaber der Perkin-, Berthelot- und Lavoisier-Medaille. [HT]

Werk(e):
Geschichte der organischen Chemie (1920).

Sekundär-Literatur:
R. Willstätter: C. J. P. G. Jahrb. d. Bayer. Ak. d. Wiss. 1930, S. 25–26.

Grashof, Franz,
deutscher Technikwissenschaftler,
* 11. 7. 1826 Düsseldorf,
† 26. 10. 1893 Karlsruhe.

Grashof gehört als Wissenschaftler, Hochschullehrer und Wissenschaftsorganisator zu den herausragenden Vertretern der Ingenieurwissenschaften im 19. Jahrhundert.

Grashof wuchs in einer Lehrerfamilie auf. Sein Bildungsweg bis 1844 – Gymnasium, praktische Übungen in einer Schlosserwerkstatt, ergänzt durch Privatunterricht in Mathematik – war bereits auf ein späteres technisches Studium ausgerichtet. Zur engeren Vorbereitung zählte schließlich der Besuch der Gewerbeschule in Hagen sowie der unterdessen gegründeten Realschule in seiner Heimatstadt.

Danach nahm er am Berliner Gewerbeinstitut ein Studium im Hüttenfach auf und setzte es nach einer mehrjährigen Unterbrechung in den Fächern Mathematik, Physik und Maschinenbau fort. Wegen seiner herausragenden Leistungen erhielt er 1854

F. Grashof

eine Lehrerstelle für Mathematik und Mechanik. Seit 1855 war er zudem im Nebenamt Direktor des Kgl. Eichungsamtes. Dem Verein Deutscher Ingenieure (VDI), an dessen Gründung 1856 er maßgeblich beteiligt war, stand er 34 Jahre lang als Direktor vor und prägte ihn wie kein anderer.

1863 wurde Grashof als Nachfolger F. ↗ Redtenbachers an das Polytechnikum Karlsruhe berufen. Dort entfaltete er sein Talent für theoretische Fragen der Maschinenlehre zu anerkannten wissenschaftlichen Leistungen. Ein 1882 erlittener Schlaganfall zwang ihn, seine beruflichen Tätigkeiten erheblich zu reduzieren und 1891 gänzlich einzustellen.

Grashofs Schaffen fällt in eine Phase methodischer Auseinandersetzungen innerhalb der Ingenieurwissenschaften, die von einer standespolitischen Bewegung flankiert wurde. Die gesellschaftliche Anerkennung des Ingenieurberufes, vom VDI und anderen Organisationen lautstark eingefordert, ging einher mit der theoretischen Konsolidierung der technikwissenschaftlichen Disziplinen. Grashof knüpfte in Karlsruhe an Redtenbachers hohen Anspruch an die Wissenschaftlichkeit des Maschinenfaches in Forschung und Lehre an, wobei das theoretische Niveau und der Abstraktionsgrad seiner Darlegungen nicht selten das Fassungsvermögen seiner Hörer überforderte. Anschauliche Experimente waren Grashofs Sache nicht. Als Wissenschaftspolitiker erwarb sich Grashof bei der Reorganisation seiner Bildungsanstalt (mit dem neuen Organisationsstatut 1865 wurde das Karlsruher Polytechnikum de facto in den Rang einer Hochschule erhoben) große Verdienste. Hier gelang es ihm, die Richtlinien der Hochschulpolitik des VDI beispielgebend umzusetzen. Dieser Ingenieurverein wurde unter Grashofs Ägide zum Ausdruck der Interessen einer jungen Technikergeneration und deren Identifikation mit den technischen und wirtschaftlichen Errungenschaften ihrer Zeit. Als Direktor des VDI war Grashof eine Integrationsfigur. Das enorme Arbeitspensum – er hatte zugleich die Geschäftsführung, die Redaktion der Zeitschrift und die Verwaltung des Archivs inne – war nur durch eiserne Disziplin und hervorragendes Organisationstalent zu meistern.

Grashof war Mitglied der Kaiserlichen Normaleichungskommission und des Kuratoriums der Physikalisch-Technischen Reichsanstalt. Die Universität Rostock ernannte ihn zu ihrem Ehrendoktor, in zahlreichen wissenschaftlichen Vereinen war er Ehrenmitglied. Der VDI gibt seit 1894 für besondere Verdienste um die Technik die Grashof-Denkmünze heraus. [KM2]

Werk(e):
Theorie der Elastizität und Festigkeit mit Bezug auf ihre Anwendung in der Technik (1878); Theoretische Maschinenlehre (1875-1890).

Sekundär-Literatur:
Ludwig, K.-H., König, W. (Hrsg.): Technik, Ingenieure und Gesellschaft. Geschichte des VDI 1856–1981 (1981).

Graßmann, Hermann Günther,
Mathematiker, Physiker und Philologe,
* 15. 4. 1809 Stettin,
† 26. 9. 1877 Stettin.

Graßmann begründete die Vektor- und Tensorrechnung und leistete Beiträge zur Theorie der Farbenmischung sowie zur Phonetik.

Graßmann entstammte einer Lehrerfamilie und besuchte bis 1827 das Gymnasium seiner Heimatstadt. Anschließend studierte er bis 1830 in Berlin das Lehramt für Theologie, klassische Sprachen und Literatur. Erst nach seiner Rückkehr nach Stettin begann er, sich im Selbststudium intensiv mit Mathematik und Physik zu beschäftigen. Sein Lehrerexamen 1831 in Berlin verlief wenig erfolgreich. Er erhielt nur die Lehrbefähigung für die unteren

H.G. Graßmann

Klassen. Nach kurzer Lehrtätigkeit in Stettin bekam er 1834 eine Anstellung an der Berliner Gewerbeschule, wo er erstmals auch Mathematik unterrichtete, 1835 an der Otto-Schule (Bürgerschule) in Stettin, und erst 1840 erhielt er die volle Lehrbefähigung für die Fächer Mathematik, Physik, Deutsch, Latein und Religion. Nach zwei gescheiterten Versuchen, eine Professur an der Universität Greifswald zu erhalten, verbrachte Graßmann den Rest seines Lebens als Lehrer in Stettin (1847 Oberlehrer an der Friedrich-Wilhelm-Schule, 1852 als Nachfolger seines Vaters Professor am Marienstift-Gymnasium). Ehrungen zu Lebzeiten wurden ihm hauptsächlich für seine Verdienste um die Physik und vor allem um die Sprachwissenschaft zuteil. Sein mathematisches Hauptwerk, die *lineale Ausdehnungslehre* (1844, zweite, stark veränderte Fassung 1862) fand erst gegen Ende seines Lebens einige Anerkennung. Darin wurde das Konzept des n-dimensionalen Raumes und der linearen Geometrie in diesen Räumen in großer Allgemeinheit, aber einer dem damaligen Stil widersprechenden weitgehend formelfreien Sprache entwickelt. Während Graßmann in der ersten Ausgabe der Ausdehnungslehre ein Konzept verfolgte, das man aus heutiger Sicht mit den Stichworten »affiner Vektorraum, äußere Algebra, Tensorkalkül« umreißen könnte, und dabei den in der Physik damals bereits eingeführten Ausdruck »Vektor«, weil mit der Vorstellung einer Länge behaftet, bewusst vermied, benutzte er 1862 auch das» innere Produkt« und daraus abgeleitete metrische Begriffe. Hier legte er, ohne sich dessen voll bewusst zu sein, auch die Grundlagen für die »lineare Analysis« und die moderne »Differentialgeometrie«. Erfolgreicher war Graßmann zu Lebzeiten mit der Preisschrift *Geometrische Analyse*, die 1847 von der Jablonowskyschen Gesellschaft zu Leipzig ausgezeichnet und veröffentlicht wurde, vor allem aber mit seinen Arbeiten zur Phonetik (nach Graßmann benanntes Aspiratengesetz) und vergleichenden Sprachwissenschaft, den *Deutschen Pflanzennamen* (1870), dem sechsbändigen *Wörterbuch zum Rig-Veda* (1873–75) und der kommentierten *Rig-Veda-Übersetzung* (1876/77). Diese Werke brachten ihm den Ehrendoktor der Universität Tübingen (1876) und Mitgliedschaften u. a. in der Leopoldina, der Göttinger Akademie und der American Oriental Society.

Graßmanns weitgespannte Interessen umfassten auch die Farbenlehre (1853) sowie die Physik des Sprechens und Singens (1854). Er verfasste mehrere Lehrbücher für höhere Schulen, war tief religiös und von einem konservativen Standpunkt politisch aktiv. Zusammen mit seinem Bruder Robert Graßmann, einem wissenschaftlichen Mitstreiter während vieler Jahre, gründete er 1848 die *Deutsche Wochenschrift für Staat, Kirche und Volksleben*, später umgewandelt in die täglich erscheinende *Norddeutsche Zeitung*. [PS2]

Werk(e):
Mathematische und physikalische Werke, hrsg. von Engel, F. und Study, E., 6 Teile (1894–1911).

Sekundär-Literatur:
Zaddach: Grassmanns Algebra in der Geometrie (1994); Schreiber, P. (Hrsg.): H. Graßmann, Werk und Wirkung (1995); Schubring, G. (Hrsg.) in: Visionary Mathematician, Scientist and Neohumanist Scholar (1996).

Gregor von Nyssa (Gregorios aus Nyssa),
griechischer Kirchenvater,
* um 334 Caesarea (Kayseri, Türkei),
† nach 394.

Gregor ist anerkannter Kirchenpolitiker, bedeutender Theologe und einer der tiefsten Denker des 4. Jahrhunderts. Auf Gregors Anthropologie und auf zahlreiche Aspekte seiner Schöpfungstheologie wird bis heute immer wieder Bezug genommen. Sein Werk bildet eine einzigartige Synthese aus antiker Philosophie und christlichem Denken.

Gregors Lebenslauf und Denken sind geprägt durch die Herkunft aus einer einflussreichen christlichen Familie. Vor allem der ältere Bruder Basilius, sein Erzieher und Lehrer, vermittelte ihm umfangreiche rhetorische Kenntnisse und eine klassische griechische Bildung. Durch dessen Einfluss wurde Gregor um 371 zum Bischof von Nyssa ernannt. Nach Basilius' Tod (um 378/379) setzte Gregor das kirchenpolitische Wirken des Bruders fort und knüpfte in seinen Schriften theologisch an Basilius an, vertieft dessen Ansatz aber philosophisch-spekulativ.

Gregors großes naturphilosophisches Interesse zeigt sich besonders an den beiden Texten zu Genesis 1, die er als Ergänzung zu Basilius' Hexaemeron-Homilien verstand. In der *Apologia in Hexaemeron* interpretiert Gregor den biblischen Schöpfungsbericht als Erzählung, in der Moses »über die Naturlehren philosophiert«. Gott erschafft die Welt in einem einzigen Moment, der die Schöpfung in der Totalität ihrer zeitlichen und räumlichen Ausdehnung umfasst. Dabei wird die Materie aus dem rein Intelligiblen hervorgebracht, indem Gott ihre Eigenschaften gedanklich verbindet. Aus diesem universalen Urkeim entfaltet sich im zeitlichen Nacheinander die Natur in notwendiger, folgerichtiger, d. h. vernünftiger Ordnung. Gregor sieht die Natur als einen durch die göttliche Vernunft strukturierten »Kreislauf der Grundstoffe ineinander unausgesetzt und ungehindert, da nichts an diesen verzehrt wird und nichts vermehrt wird, sondern alles für immer in den ursprünglichen Maßen verbleibt«. Dies führt er insbesondere am Beispiel des Wassers vor, er entwickelt geradezu eine theologisierte Hydrologie. In *De hominis opificio* deutet Gregor den Genesis-Text über die Erschaffung des Menschen nach dem Bild Gottes im Sinne einer Anthropologie: Der Mensch, physiologisch gegenüber den Tieren ein Mängelwesen, kompensiert dieses Defizit durch den aufrechten Gang, seine geschickten Hände und die Befähigung des Mundes als Sprachorgan. Damit weiß der Mensch sich nicht nur die Natur nutzbar zu machen, sondern das Sprachvermögen ist Ausdruck seiner zur Vernunft fähigen Seele, auf der seine Gottebenbildlichkeit beruht. Die gesamte menschliche Physiologie spiegelt die Ausrichtung der Seele auf Gott wider. [RK2]

Werk(e):
Gregorii Nysseni Opera, hrsg. von W. Jaeger u. a. (1952ff); Über das Sechstagewerk, übers. von F. X. Risch (1999). Über die Ausstattung des Menschen, übers. von H. Hayd (1874).

Sekundär-Literatur:
Altenburger, M., Mann, F.: Bibliographie zu Gregor von Nyssa (1988).

Grignard, Victor François Auguste,
französischer organischer Synthesechemiker,
* 6. 5. 1871 Cherbourg,
† 13. 12. 1935 Lyon.

Grignard ist der Entdecker der nach ihm benannten Grignard-Reaktion, einer außerordentlich vielseitig in der organischen Synthesechemie anwendbaren Reaktion.

Grignards Vater, Théophile Henri Grignard, war Vorarbeiter bei der Herstellung von Segeln in einem Marinearsenal. V. Grignard besuchte von 1883–87 lokale Schulen in Cherbourg, ab 1889 die École Normale Spéciale in Cluny, die der Ausbildung von Lehrern diente. Als diese Schule 1891 geschlossen wurde, wechselte Grignard an die Universität von Lyon. 1894 erwarb er das Lizentiat der mathematischen Wissenschaften.

Im Dezember 1894 (mehr zufällig, nach Überredung durch einen seiner Studienkollegen) wandte er sich der organischen Chemie zu und übernahm die Aufgaben eines »préparateur« in dem Laboratorium für allgemeine Chemie der Faculté des Sciences der Universität in Lyon. Seine akademischen Lehrer waren Louis Bouveault und Philippe Barbier. Hier erwarb er den Grad »Lizentiat der physikalischen Wissenschaften«. 1898 wurde er Praktikumsleiter und veröffentlichte (mit Barbier) seine erste wissenschaftliche Arbeit.

1898 beauftragte ihn Barbier, die bereits begonnenen, aber zunächst wenig erfolgreichen Versuche mit organischen Magnesiumverbindungen als Rea-

V.F.A. Grignard

genzien der organischen Synthese fortzusetzen. Grignard machte die entscheidende Entdeckung, dass sich diese Verbindungen sehr leicht herstellen und anwenden lassen, wenn man wasserfreien Diethylether als Lösungsmittel verwendet. Er begann eine intensive Untersuchung der präparativen Verwendbarkeit dieser »Grignard-Verbindungen«. 1901 erschien seine brillante Dissertation *Sur les combinaisons organomagnésiennes mixtes et leur applications à des synthèses*. Schon in dieser Arbeit wird die außerordentliche Anwendungsbreite der Grignard-Reaktion gezeigt, es werden 29 neue, nach dieser Methode synthetisierte Verbindungen aufgeführt. Im Sommer 1901 wurde Grignard zum »Docteur des Sciences de Lyons« promoviert. 1910 wurde er Professor für organische Chemie in Nancy.

1912 wurde ihm (je zur Hälfte mit Paul Sabatier) der Nobelpreis für Chemie verliehen. Die Grignard-Reaktion bewährte sich in zahlreichen Laboratorien der organischen Synthesechemie. Bereits in seinem Nobelvortrag konnte Grignard auf etwa 700 Anwendungsfälle hinweisen, 1926 waren es bereits 1 800, 1935 schon 6 000.

Es muss jedoch betont werden, dass trotz der enormen Anwendungsbreite der Bildungsmechanismus der Grignard-Verbindungen nicht endgültig geklärt ist und auch heute noch in der Fachliteratur kontrovers diskutiert wird.

1919 wurde Grignard als Nachfolger von Barbier Professor für allgemeine Chemie in Lyon und 1929 Dekan der Faculté des Sciences in Lyon. Er verfasste etwa 170 wissenschaftliche Publikationen. Gegen Ende seines Lebens arbeitete er an einem großen Übersichtsbuch *Traité de Chimie Organique*, von dem zwei Bände zu seinen Lebzeiten erschienen. 1937 wurde das Werk von seinen Schülern Jean Cologne und Roger Grignard (seinem Sohn) vollendet und unter dem Titel *Précis de Chimie Organique* veröffentlicht.

Neben dem Nobelpreis hat Grignard zahlreiche weitere akademische Ehrungen erhalten. [KHS2]

Werk(e):
Traité de Chimie Organique (2 Bände).

Sekundär-Literatur:
James, L. K. (Hrsg.): Nobel Laureates in Chemistry 1901–1902, American Chemical Society and the Chemical Heritage Foundation, Second Printing (1995), S.83; Walborsky, H. M., Chemie in unserer Zeit, 108 (1991), S. 25.

Grisebach, August Heinrich Rudolf,
deutscher Botaniker,
* 14. 4. 1814 Hannover,
† 9. 5. 1879 Göttingen.

Grisebach war bedeutend als botanischer Systematiker und als Pflanzengeograph, der die erste ökologisch begründete Gesamtschau der Vegetation der Erde schuf.

Der Vater von Grisebach war ein hoher Justizbeamter (General-Auditeur). Frühe Anregungen zur Beschäftigung mit der Botanik kamen von seinem Onkel Georg F. Meyer. Schon als Schüler begann Grisebach mit dem Aufbau seines Herbariums, das für ihn ein wichtiges Forschungsmittel blieb. Er studierte Medizin und Naturwissenschaften in Göttingen und Berlin, wo er mit einer botanischen Arbeit den Dr. med. erwarb. Die Anregung zur Pflanzengeographie kamen in Berlin durch Franz J. Meyen und A. v. ↗ Humboldt. Nach der Rückkehr nach Göttingen wurde er hier 1837 Privatdozent, 1841 ao. Professor, 1847 o. Professor an der Medizinischen Fakultät, bzw. ab 1876 (nach dem Tode von Friedrich G. Bartling) an der Philosophischen Fakultät und dann gleichzeitig auch Direktor des Botanischen Gartens. Verschiedene Rufe an andere Universitäten (u. a. Berlin) hatte er abgelehnt. Neben kleineren Reisen führte er 1839 eine wichtige Forschungsreise durch, die von Nordostanatolien durch Thrazien und Mazedonien bis Albanien führte.

Grisebach begann mit monographischen Studien über die Enziangewächse (*Gentianaceae*) und hat auch später verschiedene Pflanzengruppen bearbeitet. Seine Reise von 1839 hatte eine intensive Bearbeitung der noch kaum bekannten Flora des damals türkischen Nordgriechenlands zur Folge. Später konzentrierten sich seine Arbeiten auf die Flora der Westindischen Inseln sowie von Mittel- und Südamerika. Aus diesen Gebieten erhielt er zahlreiche Sammlungen zur Bearbeitung zugesandt. Seine *Flora of the British West Indian Islands*, mit der ihn Joseph D. Hooker beauftragt hatte, war die erste in einer Reihe von Kolonialfloren. Diese eigenen Arbeiten und eine intensive Auswertung der pflanzengeographischen Literatur, über die er Fortschrittsberichte verfasste, waren wichtiges Material für sein Hauptwerk über die Vegetation der Erde, das erstmals einen ökologisch (klimatisch) begründeten Überblick über die Verteilung der Pflanzenformationen auf der Erde gab. Die Begriffe Geobotanik und (pflanzengeographische) Formation wurden von Grisebach eingeführt.

Sein Herbar ist ein äußerst wertvoller Teil der Sammlungen des Albrecht-von-Haller-Instituts in Göttingen. 1844 wurde Grisebach Mitglied der Leopoldina, ab 1852 ord. Mitglied der Göttinger Gesellschaft der Wissenschaften (1877/78 Direktor), 1861 auswärtiges Mitglied der Bayerischen Akademie der Wissenschaften, 1874 korrespondierendes Mitglied der Akademie der Wissenschaften zu Berlin. [GW]

Werk(e):
Genera et Species Gentianearum (1838); Spicilegium Florae rumelicae et bithynicae (1843–44); Flora of the British West Indian Islands (1859-64); Die Vegetation der Erde (1872; 2.Aufl. 1884).

Sekundär-Literatur:
E. Grisebach in A. Grisebach, Gesammelte Abhandlungen und kleinere Schriften zur Pflanzengeographie, S. 603–628 (1880); Wagenitz, G. und Ellenberg, H.: in Georgia Augusta 32 (1980) 5–20.

Grosseteste, Robert,
englischer Gelehrter,
* um 1168 Suffolk,
† 9. 10. 1253 Buckden (Buckinghamshire).

Grosseteste war in der 1. Hälfte des 13. Jahrhunderts einer der bedeutendsten Gelehrten. Er besaß ausgebreitete Kenntnisse gleichermaßen der Theologie, der Philosophie sowie auf dem Gebiet der Naturwissenschaften, der Jurisprudenz und der Medizin.

Grosseteste entstammte einer mittellosen Familie und legte durch seine Studien in Oxford und Paris den Grund zu einer gleichermaßen erfolgreichen kirchlichen wie universitären Karriere. Er war Kanzler der Universität Oxford. Seine Vorlesungen umfassten die sieben freien Künste und die

Theologie. Im Jahre 1235 ging er nach Lincoln, wo er bei den dortigen Franziskanern wesentlichen Einfluss auf das Studium der Bibel, aber auch der Sprachen, Mathematik und Naturkunde nahm. Im Jahre 1253 wurde Grosseteste Bischof von Lincoln (1253).

Grosseteste hatte tiefe Kenntnisse der Werke von ↗ Aristoteles, ↗ Ptolemäus sowie einiger islamischer Gelehrter und verfasste auf dieser Grundlage eigene Schriften, die von selbstständigem Durchdringen der von ihm behandelten Themen zeugen. Aristoteles' *Zweite Analytik*, dessen *Physik*, die *Nikomachische Ethik* und die *Schrift über den Himmel* übersetzte er aus dem Griechischen ins Lateinische bzw. verfasste dazu vielbeachtete Kommentare. Der Mathematik maß er in der Naturphilosophie eine große Bedeutung zu.

In enger Verbindung mit dem Neuplatonismus war für Grosseteste das Licht die fundamentale körperliche Substanz. Gott schuf den Makrokosmos mit Hilfe des Lichtes, das Licht ist das Mittel der Verbindung zwischen Seele und Körper sowie zwischen Mensch und Makrokosmos. So wie es mit Hilfe des Lichtes eine Beziehung zwischen den stofflichen Körpern gibt, erleuchtet das göttliche Licht die Seele mit der Wahrheit. Dies sind Prinzipien, von denen sowohl seine Theologie, als auch seine Kosmologie beeinflusst sind.

Grosseteste verfasste zahlreiche Schriften zu verschiedenen Gebieten der Freien Künste und zur Naturforschung, zur Musik, zum Schall, zum Licht, über die Elemente, über Ebbe und Flut, die Kometen, die Farben, die Sonnenstrahlung u. a. Um 1215–1230 entstand sein Elementarbuch zur sphärischen Astronomie, *De sphaera*, das wegen seiner strengen didaktischen Durcharbeitung eine sehr große Verbreitung fand. [JH]

Werk(e):
Die philosophischen Werke, hrsg. von L. Bauer (1912); Carmen de mundo et partibus, hrsg. von A. Bergmann (1991).

Sekundär-Literatur:
L. Baur: Die philosophischen Werke des Robert Grosseteste, Bischofs von Lincoln. (1912); L. Baur: Die Philosophie des Robert Grosseteste, Bischofs von Lincoln. Münster (1917).

Groth, Paul Heinrich von,
deutscher Mineraloge und Kristallograph,
* 23. 6. 1843 Magdeburg,
† 2. 12. 1927 München.

Groth war der führende deutschsprachige Mineraloge und Kristallograph in der Zeit des Deutschen Kaiserreichs. Er begründete die Zeitschrift für Kristallographie.

Nach dem Studium der Bergbaukunde an der Bergakademie Freiberg (1862–1864) studierte Groth ab 1865 in Berlin Kristallographie und Mineralogie bei G. ↗ Magnus und Gustav Rose. 1872 wurde er, mit 29 Jahren, als Professor für Mineralogie an die neu gegründete Universität Straßburg berufen, wo er ein mustergültiges mineralogisches Laboratorium einrichtete. In Straßburg gründete Groth auch 1877 die bis heute bedeutsame *Zeitschrift für Kristallographie und Mineralogie*. 1883 wurde er der Nachfolger Franz von Kobells auf dem Lehrstuhl für Mineralogie und Kristallographie an der Universität München und zugleich Direktor der Bayerischen Mineralogischen Staatssammlung.

Groths wissenschaftliches Interesse galt von Beginn an der Frage nach den Zusammenhängen zwischen der Kristallform und der chemischen Zusammensetzung der Mineralien in der Nachfolge der Arbeiten von E. ↗ Mitscherlich. 1870 hatte er die »Morphotropie« entdeckt, worunter er die gesetzmäßige Änderung der Kristallform chemischer Verbindungen bei geringfügiger Änderung der chemischen Zusammensetzung verstand. 1876 erschien seine *Physikalische Krystallographie*, ein über Jahrzehnte bedeutsames Lehrbuch der Kristallographie. Sein Hauptwerk, die fünfbändige *Chemische Krystallographie* (1906–19), enthält die chemischen und kristallographischen Daten von über 7 000 Verbindungen. Groth vertrat stets die Raumgitterhypothese der Kristalle, die 1912 durch M. v. ↗ Laue eindrucksvoll bestätigt wurde. Eine yttriumhaltige Varietät des Titanits heißt nach ihm »Grothit«. In seinen letzten Lebensjahren verfasste er eine *Entwicklungsgeschichte der mineralogischen Wissenschaften* (1926). [BF2]

Werk(e):
Physikalische Kristallographie und Einleitung in die kristallographische Kenntnis der wichtigeren Substanzen (1876); Chemische Kristallographie, 5 Bde. (1906–1919).

Sekundär-Literatur:
Fritscher, B.: Paul Groth, Mineraloge: Aspekte einer Wissenschaftlerkarriere im Deutschen Kaiserreich. Sudhoffs Archiv 82 (1998); Steinmetz, H., Weber, L.: P. v. Groth. Der Gründer der »Zeitschrift für Kristallographie«. Zeitschrift für Kristallographie 100 (1938).

Grotrian, Walter,
deutscher Astrophysiker,
* 21. 4. 1890 Aachen,
† 3. 3. 1954 Potsdam.

Grotrian zählte zu den führenden Astrophysikern seiner Zeit, insbesondere wegen seiner Arbeiten zur Sonnenphysik (Untersuchung der Sonnenkorona) und seiner spektroskopischen Forschungen, die maßgeblich die Durchsetzung der Bohrschen Theorie vorantrieben.

Grotrian war der Sohn des Aachener Elektrotechnikers Otto Grotrian. Nach dem Besuch des Gymnasiums studierte er zunächst in Aachen und später in Göttingen Physik. In Göttingen promovierte er bei W. ↗ Voigt mit einer Arbeit über den Gleichstromlichtbogen und nach der Rückkehr aus dem Krieg profilierte er sich dort unter dem Einfluss von J. ↗ Franck zu einem der führenden Spektroskopiker seiner Zeit. 1921 habilitierte er sich mit Untersuchungen zum Elektronenstoß. Im Jahre 1922 wechselte er an das Astrophysikalische Observatorium in Potsdam, wo er als Observator, Hauptobservator (ab 1932) bzw. Direktor (ab 1951) bis zu seinem Tode wirkte. Daneben lehrte er als Privatdozent und a. o. Professor (ab 1928) für Astrophysik an der Berliner Universität, die ihm 1951 den Lehrstuhl für Astrophysik übertrug. Während des Krieges war Grotrian als Major der Wehrmacht Leiter einer Spezialeinheit für Hochfrequenztechnik und Ionosphärenforschung. Im Jahre 1951 wählte ihn die Deutsche Akademie der Wissenschaften zu Berlin zu ihrem Mitglied und zwei Jahre zuvor verlieh ihm die DDR einen der ersten Nationalpreise.

Grotrian gehörte zur ersten Physikergeneration, die bereits während ihres Studiums mit den Grundlagen der Quantentheorie bekannt wurde und die durch die Anwendung dieser Theorie auf die Deutung der Spektren die allgemeine Anerkennung der Bohrschen Atomtheorie maßgeblich beförderte. In Potsdam vollzog Grotrian zudem den Übergang vom reinen Spektroskopiker zum Astrophysiker, für den die genaue Kenntnis der Spektren ebenso wichtig ist wie für den Physiker. Insbesondere ging es Grotrian um die Identifizierung jener Spektrallinien, die allein in kosmischen Lichtquellen auftreten. Mit Untersuchungen über die Spektren der Gasnebel, Novae und der Sonnenkorona erschloss er dieses Gebiet systematisch. Darüber hinaus profilierte sich Grotrian zu einem anerkannten Sonnenphysiker, dessen Forschungen sich auf die Theorie der Sonnenflecken, insbesondere der Magnetfelder in Sonnenflecken und der Struktur der Sonnengranulation konzentrierten. [DH]

Werk(e):
Gesetzmäßigkeiten in den Serienspektren (1936); Zur Frage der Deutung der Linien im Spektrum der Sonnenkorona (1939).

Sekundär-Literatur:
H. Kienle: Nachruf auf W. Grotrian. Jahrbuch der Deutschen Akademie der Wissenschaften (1954).

Grotthus, Theodor Freiherr von (Grotthuß, Grothuß, eigentlich Christian Johann Dietrich Freiherr von Grotthus),
deutsch-russischer Naturforscher,
* 20. 1. 1785 Leipzig,
† 26. 3. 1822 (Freitod) Gut Geddutz (Litauen).

Grotthus gilt als Mitbegründer der Elektrochemie und Fotochemie. Er entwickelte 1805 eine erste Theorie der elektrolytischen Dissoziation.

Christian Johann Dietrich von Grotthus, Sohn adliger Eltern, der sich später den Vornamen Theodor gegeben hat, erhielt zunächst Privatunterricht, bevor er 1803 an der Universität Leipzig ein Studium aufnahm. Dieses setzte er bis 1808 in Paris, Neapel und Rom fort. In Italien entstand auch seine wichtigste Arbeit *Mémoire sur la décomposition de l'eau et des corps ...*, in der er die erste Theorie der elektrolytischen Dissoziation darlegte. Nach Abschluss seiner Auslandsreisen zog sich Grotthus als Privatgelehrter nach Litauen auf sein Gut in Geddutz zurück. Hier führte er ein zurückgezogenes Leben, das er im Alter von 37 Jahren durch Freitod beendet hat.

Grotthus hat sich, auf der Grundlage der von A. ↗ Volta um 1800 erbrachten Erkenntnisse über die Wirkung der galvanischen Elektrizität und mit Hilfe der von ihm konstruierten ersten Spannungsquelle (Voltasche Säule), insbesondere mit den bei der Elektrolyse von Wasser ablaufenden Vorgängen beschäftigt. Dabei kam Grotthus zu dem Schluss, dass durch den elektrischen Strom die Wasserstoffteilchen positiv und die Sauerstoffteilchen negativ aufgeladen werden. Deshalb werden die Teilchen, je nach ihrer Ladung, vom positiven Pol angezogen bzw. abgestoßen, was zu einem Ladungstransport führt. Mit Hilfe seiner Vorstellung vom kurzzeitigen Zerfall der Wassermoleküle in positive und negative Teilchen vermochte Grotthus als erster, die Stromleitung in Elektrolyten zu erklären und eine frühe Theorie der elektrolytischen Dissoziation zu entwikkeln. Grotthus führte ab 1808 auch Untersuchungen über Lichtabsorption, Phosphoreszenz und Farberscheinungen durch. Dabei entdeckte er um 1818, unabhängig von John William Draper, das fotochemische Gesetz (Grotthus-Draper-Gesetz), wonach nur solche Wellenlängenbereiche des Lichts fotochemisch wirksam sind, die von der jeweiligen Substanz absorbiert werden. Um 1817 hat Grotthus des Weiteren die Rhodanid-Reaktion zur analytischen Bestimmung von Eisen und Kobalt entdeckt. [RS3]

Werk(e):
Mémoire sur la décomposition de l'eau et des corps ... (1805), Abhandlungen über Elektrizität und Licht (Ostwalds Klassiker, Bd. 152 (1906).

Sekundär-Literatur:
O. Clemen, Archiv f. Gesch. d. Naturwiss. 7 (1916) 377–389.

Gubkin, Iwan Michailowitsch,
russischer Geologe,
* 22. 9. 1871 Pozdnjakow (Gouv. Wladimir, Russland),
† 21. 4. 1939 Moskau.

Gubkin war der bedeutendste russische Erdölgeologe in der ersten Hälfte des 20. Jahrhunderts und Mitbegründer der Erdölgeologie als wissenschaftlicher Disziplin.

Zunächst besuchte Gubkin das Lehrerseminar in Murom (Gouv. Wladimir), arbeitete ab 1890 als Lehrer und studierte1895–98 an der St. Petersburger Pädagogischen Hochschule, um anschließend in St. Petersburg wieder als Lehrer tätig zu sein. 1903 begann er dort das Studium der Geologie an der Bergakademie und war ab 1910 als Bergingenieur Mitarbeiter im Staatlichen Geologischen Komitee. Nach der Revolution wurde Gubkin Direktor des Geologischen Dienstes und leitete die Erkundung der Kursker Magnetanomalie mit den hochwertigen Eisenerzvorkommen. Ab 1920 war er Professor für Erdölgeologie an der Bergakademie in Moskau und 1930–39 an der Moskauer Erdölhochschule, der er gleichzeitig als Rektor vorstand.

Gubkin war ein Vertreter der organogenen Kohlenwasserstoffgenese, wonach die diagenetische Veränderung von Sedimenten mit dispers verteilten pflanzlichen und tierischen Substanzen unter Luftabschluss zur Bildung von Erdöl- und Erdgas führte, und sich auf diese Weise auch die Bildung entsprechender Lagerstätten ergab. Auf dieser Basis erarbeitete Gubkin praktikable Höffigkeitsprognosen für Vorkommen von Kohlenwasserstoffen in geotektonischen Großeinheiten, wie für die osteuropäische alte und westsibirische junge Tafel sowie für mehrere Regionen in Ostsibirien, die sich alle als zutreffend erwiesen. Auch der Schlammvulkanismus war für ihn ein Anzeichen für Vorkommen von Kohlenwasserstoffen. Insgesamt gewann Gubkin bleibende Erkenntnisse zur Genese von Kohlenwasserstofflagerstätten, ihrer Verteilung, der Höffigkeitsbewertung wahrscheinlicher Erdölprovinzen sowie zur Such- und Erkundungsmethodik von Erdöl- und Erdgaslagerstätten. Die Leistungen von Gubkin wurden durch viele Auszeichnungen gewürdigt; in Russland sind mehrere Städte und Dörfer nach ihm benannt. [MG]

I.M. Gubkin

Werk(e):
Utschenie o nefti (Die Lehre vom Erdöl), (1932), 1937, 1975; Mirovye neftjanye mestorotschdenija (Die Erdöllagerstätten der Welt), (1934); Ausgewählte Werke. 2 Bde. (russ.), (1950–53).

Sekundär-Literatur:
Bakirow, A. A., Pätz H., Rjabuchin, G. E.: Iwan Michailowitsch Gubkin – Der Begründer der sowjetischen Erdölgeologie, Z. angew. Geol. 17 (1971) 8, 323–328; Pätz, H.: I. M. Gubkin (1871–1939), Schriftenr. Geolog. Wiss. 14 (1979) 125–132.

Guericke, Otto von
deutscher Physiker,
* 30. 11. 1602 Magdeburg,
† 31. 5. 1686 Hamburg.

Guericke wurde mit der Erfindung der Vakuumluftpumpe der Begründer der Vakuumtechnik. Er gilt weiterhin als einer der Wegbereiter der Wettervorhersage. Mit Hilfe einer Schwefelkugel konstruierte er eine der ersten Elektrisiermaschinen.

Otto von Guericke wuchs als Sohn einer bedeutenden Patrizierfamilie in Magdeburg auf. Nach dem Schulbesuch studierte er in Jena und Leiden Jura, da er auf Wunsch seiner Eltern als Politiker in den Dienst seiner Heimatstadt treten sollte.

Neben seinem Jurastudium belegte Guericke vor allem in Holland Vorlesungen über mathematische Wissenschaften und Festungsbau. Nach seiner Rückkehr nach Magdeburg wurde er 1626 Ratsherr. Nach der Zerstörung Magdeburgs 1629 im Zuge des Dreißigjährigen Krieges arbeitete Guericke ab 1630 zusätzlich als Bauherr beim Wiederaufbau der Brücken und Befestigungsanlagen. Da die Stadt aufgrund ihrer strategischen Bedeutung als eine der wichtigsten Festungen an der Mittelelbe galt, kam dieser Aufgabe Guerickes besondere Bedeutung zu.

Mit der Zerstörung der Stadt Magdeburg verlor die bedeutendste mitteldeutsche Stadt auch viele ihrer Privilegien. Durch diplomatische Missionen versuchte der Rat der Stadt die verloren gegangene

O. von Guericke

politische und wirtschaftliche Vormachtstellung im Deutschen Reich zurückzuerhalten. Otto von Guericke wurde ab 1642 zum wichtigsten außenpolitischen Repräsentanten der Stadt Magdeburg bei den Verhandlungen von Münster und Osnabrück (1643/49). Auch auf dem Exekutionstag von Nürnberg 1649 und dem Reichstag von Regensburg 1653/54 vertrat er als Diplomat seine Heimatstadt. Wenngleich es ihm nicht gelang, die Reichsfreiheit von Magdeburg wieder zu erringen, so sicherte er der Stadt doch wesentliche Privilegien.

Neben seiner politischen Tätigkeit interessierte sich Guericke seit seinem Studium für naturwissenschaftliche Probleme. Auf seinen ausgedehnten Reisen führte er an den verschiedenen Höfen nicht nur seine Versuche vor, sondern erfuhr auch viele Neuigkeiten über Versuche und Theorien anderer Naturwissenschaftler. So hörte er 1646 in Osnabrück erstmals von den physikalischen Vorstellungen von R. ↗ Descartes und in Regensburg von den Versuchen E. ↗ Torricellis, der das Vakuumproblem von einer anderen Seite als Guericke anging.

Als überzeugter Anhänger der Copernicanischen Lehre waren für Guericke drei Fragen der Ausgangspunkt für seine Experimente: 1. Was ist Raum und gibt es einen leeren Raum? 2. Wie können die verschiedenen Planeten auf einander wirken und wie werden sie bewegt? 3. Ist der Raum und damit die Zahl der Planeten endlich oder unendlich? Descartes hatte behauptet, dass es keinen leeren Raum gäbe. Um dies zu widerlegen, ersann Guericke nach seiner Rückkehr aus Osnabrück eine Versuchsanordnung, die die Existenz eines Vakuums zeigen sollte. Er baute eine einfache Feuerspritze zu einer Saugpumpe um. Damit saugte er aus einem möglichst gut abgedichteten und mit Wasser gefüllten Bierfass das Wasser heraus. Pfeifende Geräusche zeigten an, dass Luft in das Fass eindrang. Auch ein zweiter, verbesserter Versuch löste das Dichtigkeitsproblem nicht. Guericke ließ sich eine Kupferkugel konstruieren und saugte die Luft aus dieser Kugel heraus. Der zweite Versuch mit dieser Vorrichtung gelang. Damit hatte Guericke die Pumpfähigkeit der Luft entdeckt. Weitere Experimente zeigten, dass die Luft sich gleichmäßig über den von ihr eingenommenen Raum verteilt und verdünnt. Diese Entdeckung zog für Guericke weitere Erkenntnisse nach sich. So ersann er Versuchsvorrichtungen, die die Abnahme des Luftdruckes mit der Höhe zeigten, er untersuchte die Wägbarkeit von Luft und vieles mehr.

Guericke führte seine Versuche aber nicht nur in seinem Labor durch, wie dies viele andere Naturwissenschaftler seiner Zeit machten. Er wollte seine Experimente einer breiten Öffentlichkeit demonstrieren, um so möglichst viele Menschen von seinen Erkenntnissen zu überzeugen. Bereits beim Reichstag von Regensburg demonstrierte er einem breiten Publikum einige seiner Luftdruckversuche. Seinen berühmten Versuch mit den sog. »Magdeburger Halbkugeln« dachte er sich erst 1656 aus. Dabei wurden zwei Halbkugeln zusammengepresst und die Luft wurde herausgesaugt. Auf beiden Seiten der Kugel wurden 12 Pferde eingespannt. Es gelang den Tieren nicht, die Kugel auseinander zu reißen. Damit war die große Kraft, die der Luftdruck auf die Kugelhälften ausübte, demonstriert. Der Versuch mit Pferden wurde erstmals 1657 ausgeführt und 1663 am Hof des Großen Kurfürsten vor einem größeren Kreis wiederholt.

All diese Versuche waren aber nur ein Teilaspekt auf der Suche Guerickes nach einem neuen Weltbild auf der Basis des Copernicanischen Systems. Nach dem Vorbild von W. ↗ Gilbert baute Guericke sich eine Kugel aus Mineralien mit einem hohen Schwefelanteil, um die Erde, wie er dachte, als kleines Modell darzustellen. Kosmische Kräfte meinte er damit demonstrieren zu können. Heute wissen wir, dass die Phänomene, die er zeigte, auf der Reibungselektrizität beruhen und nicht auf der Gravitation. Guericke hatte damit die erste Elektrisiermaschine entwickelt, ohne es zu wissen.

Mit seinen Kenntnissen aus seinen Luftdruckversuchen baute Guericke ein mit Wasser gefülltes zwei Meter langes verschlossenes Barometer, mit dem er 1660 versuchte, das Wetter vorherzusagen. Mit diesem Barometer beobachtete er den schwankenden Luftdruck, maß mit verschiedenen Thermometern die Veränderung der Lufttemperatur und schloss damit auf die Wetterlage. Das Barometer bekam den Namen »Magdeburger Wettermännchen«.

Neben seiner politischen Tätigkeit als Gesandter war Guericke von 1646 bis 1676 einer der vier Bürgermeister von Magdeburg. Im Jahre 1681 legte er alle seine Ämter nieder und zog sich nach Hamburg zurück, wo er auch starb. [HPS]

Werk(e):
Neue (sog.) Magdeburger Versuche über den leeren Raum. Nebst Briefen, Urkunden und anderen Zeugnissen seiner Lebens- und Schaffensgeschichte, hrsg. von H. Schimank.

Sekundär-Literatur:
Krafft, F.: Otto von Guericke (1978); Wiss. Zeitschrift der TH Magdeburg 30 (1986) 1/2; Schneider, D.: Otto von Guericke, ein Leben für die alte Stadt Magdeburg (1995); Monumenta Guerickiana Heft 9/10 (2002), 11/12 (2003).

Guettard, Jean-Étienne,
französischer Mineraloge und Botaniker,
* 22. 9. 1715 Étampes,
† 6. 1. 1786 Paris.

Guettard schuf die erste geologische Karte von Frankreich und entdeckte die erloschenen Vulkane der Auvergne.

Erste naturkundliche Kenntnisse erwarb sich Guettard bei seinem Großvater, einen Amateurbotaniker in Étampes. Während des Studiums der Medizin in Paris wurde er mit R.-A. de ↗ Réaumur bekannt, der ihm 1741 die Betreuung seiner naturhistorischen Sammlung übertrug. Frühe botanische Studien führten ihn auf die Frage nach der Beziehung zwischen der Pflanzenverteilung und dem Gesteinsuntergrund. 1746 legte er der Académie Royale des Sciences eine mineralogische Karte von Frankreich vor, in welcher das Vorkommen bestimmter Gesteine mit chemischen Symbolen verzeichnet war, freilich ohne auf deren stratigraphische Beziehungen einzugehen.

1747 wurde Guettard »médecin botaniste« am Hof des Herzogs von Orléans und konnte jetzt frei seinen wissenschaftlichen Forschungen nachgehen. Auf Reisen in Frankreich, in die Niederlande, nach Italien, in die Schweiz und nach Polen entstanden weitere Entwürfe mineralogischer Karten. 1751 entdeckte er bei Volvic die erloschenen Vulkane der Auvergne. Seiner Entdeckung folgte die Auffindung vieler weiterer ehemaliger Vulkangebiete in Europa, etwa in Hessen durch Rudolf Erich Raspe und in Böhmen durch I. v. ↗ Born. 1766 erhielten Guettard und der Chemiker A.-L. ↗ Lavoisier den königlichen Auftrag, eine geologische Karte von Frankreich zu erstellen. Bis 1777 stellten sie 32 Teilkarten weitgehend fertig, die 1780 von Antoine-Grimoald Monnet als *Atlas et description minéraloques de la France* veröffentlicht wurden. [BF2]

Werk(e):
Mémoire et carte minéralogique sur la nature et la situation des terreins qui traversent la France et l'Angleterre, in: Mémoires de l'Académie royale des sciences pour l'année 1746 (1751); Mémoire sur quelques montagnes de la France qui ont été des Volcans, in: Mémoires de l'Académie royale des sciences pour l'année 1752 (1756).

Sekundär-Literatur:
Ellenberger, F.: Précisions nouvelles sur la découverte des volcans de France: Guettard, ses prédécesseurs, ses émules clermontois. Histoire et Natur, Nr. 12–13 (1978); Rappaport, R.: The geological atlas of Guettard, Lavoisier and Monnet: Conflicting views of the nature of geology, in: Toward a history of geology, hrsg. von C. J. Schneer (1969).

Guldberg, Cato Maximilian,
norwegischer Mathematiker und Chemiker,
* 11. 8. 1836 Christiania (heute Oslo),
† 14. 1. 1902 Christiania.

Guldberg entwickelte 1864 bis 1867, zusammen mit seinem Schwager P. ↗ Waage, das Massenwirkungsgesetz.

Maximilian Guldberg, Sohn eines Buchhändlers und Druckereibesitzers, studierte von 1854 bis 1859 Mathematik und Naturwissenschaften an der Universität Christiania. Ab 1860 unterrichtete er Mathematik an der Königlichen Militärakademie. 1861 unternahm er eine Studienreise nach Frankreich, Deutschland und in die Schweiz und lehrte danach angewandte Mathematik und fortgeschrittene Mechanik am Königlichen Militär-College. Ab 1867 war er auch an der Universität Christiania tätig und wurde dort 1869 Professor für angewandte

C.M. Guldberg mit Peter Waage.

Mathematik. 1877 erhielt er das Ehrendoktorat der Universität Uppsala. Guldberg gab von 1863 bis 1873 die *Polyteknisk Tidsskrift* heraus und fungierte als Vorsitzender der Gesellschaft der Wissenschaften von Christiania.

Guldberg und Waage gelangten bei ihren thermodynamischen Untersuchungen über die chemische Affinität von Aggregatzuständen und Lösungen bereits in ihrer ersten Arbeit von 1864 zu grundlegenden Aussagen über die Gleichgewichtslage und die Gleichgewichtsbedingungen chemischer Reaktionen in Anhängigkeit von Masse, Volumen und Temperatur. 1867 postulierten sie, dass die »chemische Kraft«, d. h. die Geschwindigkeit einer chemischen Reaktion, proportional der »aktiven Masse«, d. h. der Zahl der Moleküle in der Volumeneinheit und damit der chemischen Wirkung eines Stoffes ist. Allerdings blieben beide Arbeiten nahezu unbeachtet, da sie in norwegisch verfasst worden waren und erst 1867 ins Französische bzw. 1879 ins Deutsche übersetzt wurden. Dadurch konnte dieser neuartige theoretische Ansatz, unabhängig von Guldberg und Waage, auch von P. ↗ Berthelot, J. ↗ van't Hoff und W. ↗ Ostwald aufgegriffen bzw. weiterentwickelt werden. Sich auch auf diese Ergebnisse stützend, formulierten Guldberg und Waage 1879 das »Gesetz der Massenaktion« auf der Grundlage der Reaktionsgeschwindigkeiten, das 1884 von S. ↗ Arrhenius und van't Hoff weiterentwickelt worden ist. Dennoch bleibt es das Verdienst von Guldberg und Waage, als erste die Konzentrationen der Reaktionspartner im Zustand des chemischen Gleichgewichts erfasst und in Gestalt des Massenwirkungsgesetzes (»Guldberg-Waage-Gesetz«) in eine mathematische Form gebracht zu haben. Damit hatten sie zugleich eine Theorie der Reaktionsgeschwindigkeit entwickelt und das chemische Gleichgewicht nicht mehr nur als ein statisches, sondern als ein dynamisches erfasst. Weitere Arbeiten von Guldberg beschäftigten sich mit der molekularkinetischen Beschreibung von Aggregatzuständen (1869), mit der Thermodynamik heterogener Systeme (1870), den thermodynamischen Parametern von Lösungen (1870–1875), mit Dissoziationsvorgängen (1872) sowie mit dem Zusammenhang zwischen Siedepunkt und kritischer Temperatur (Guldberg-Regel, 1890). [RS3]

Werk(e):
Studien über die Affinität I (norweg.), in: Forhandlinger i Videnskabs-Selskabet i Christiania (1864) 35; Untersuchungen über die chemischen Affinitäten (frz.), ebenda (1867) 74; Über die chemische Affinität (norweg.), ebenda (1879) 1; Über die chemische Affinität, in: J. prakt. Chem. 19 (1879) 69.

Gumbel, Emil Julius,
deutsch-amerikanischer Mathematiker und Statistiker,
* 18. 7. 1891 München,
† 10. 9. 1966 New York.

Gumbel gehört zu den Begründern der Statistik der Extremal-Werte.

Geboren in einer deutsch-jüdischen Familie in München, studierte Gumbel von 1910 bis 1914 Mathematik und Sozialwissenschaften an der Universität München und promovierte hier 1914 mit einer Arbeit zur Bevölkerungsstatistik. Kurzzeitig sich der Kaiserlichen Armee zur Verfügung stellend, erfolgte 1915 die Ausmusterung, er wurde Pazifist. Von 1915 bis 1921 arbeitete er u. a. in den Flugzeugwerken in Berlin-Adlershof und nach 1918 als Lehrer an der Gewerkschaftsschule. Von 1923 bis 1932 lehrte Gumbel Mathematik und Statistik an der Universität Heidelberg, zuerst als Privatdozent, von 1930 bis 1932 als ao. Professor.

Von Winter 1925 bis April 1926 bereitete Gumbel als Gast am Moskauer Marx-Engels-Institut die Mathematischen Manuskripte von Karl Marx für den Druck vor; obwohl er im Winter 1930 die Korrekturfahnen las, erschien das Werk erst 1968 und unter Verschweigen seiner Leistungen und seines Namens.

Wegen seiner politischen und publizistischen Aktivitäten gegen Mord, NS-Willkür und geheime Rüstungen musste sich Gumbel mehrfach juristisch gegen Verleumdungen durchsetzen. An der Heidelberger Universität fanden deshalb zwei Disziplinarverfahren (Mai 1925 und Juli 1932) gegen ihn statt; das zweite endete mit dem Sieg der NS-Studenten. Die Reglementierung Gumbels rettete ihm das Leben, denn am 30. Januar 1933 war er außer Landes. Er stand im Sommer 1933 mit 32 anderen auf der ersten so genannten »Ausbürgerungsliste« der Nazis.

Im Exil lehrte er 1932/33 am Institute Henri Poincaré in Paris, von 1933–1939/40 an der Universität Lyon. Außerdem publizierte er in Exil-Zeitungen und -Zeitschriften. Nach dem Überfall auf Frankreich gelang ihm die Flucht nach Marseille und von hier in die USA. In New York arbeitete er zuerst an der New School for Social Research, dann am Brooklyn College und später an der Columbia University.

Von der Universität Heidelberg nicht zurückberufen, weilte Gumbel in den 50er-Jahren mehrmals als Gastprofessor, von 1953 bis 1956 und 1959 jeweils ein Semester, an der Freien Universität in Berlin.

Gumbels Arbeiten zur mathematischen Statistik widmeten sich anfangs klassischen Problemen der

Bevölkerungsstatistik, später der Kriminal- und Sozialstatistik, ehe er anfing, die kleinsten und größten Werte statistischer Verteilungen zu untersuchen. In Lyon begann er, seine Theorie der extremsten Werte zu entwickeln, und testete sie an Daten zur Überschwemmung von Flüssen, darunter der Rhône und Soave. Die von ihm begonnenen Untersuchungen zur Vorhersage von Fluss-Überschwemmungen gewannen in den 1990er-Jahren wachsende Bedeutung, und mehrere Begriffe sind seither nach ihm benannt – »Gumbel-Verteilung« bzw. »G. distribution«, »G. theorem«, »G. law« und »G. law of extreme events«.

Gumbel gehörte zu den wenigen Wissenschaftlern, die sich politisch betätigten, z. B. seit ihrer Gründung 1918 in der »Deutschen Liga für Menschenrechte«, und schon vor 1933 aktiv gegen die NS-Diktatur schrieben und kämpften. Er veröffentlichte (1924, 1929, 1932 und 1938) mehrere Bücher gegen die Nazis. [AV2]

Werk(e):
Freie Wissenschaft (1938); Statistics of Extremes (1958, russ. 1965).

Sekundär-Literatur:
Jansen, Chr.: E. J. Gumbel. Portrait eines Zivilisten (1991); Vogt, A. (Hrsg.): Emil Julius Gumbel. Auf der Suche nach Wahrheit (1991); Brenner, A.: Emil Julius Gumbel. Weimar German Pacifist and Professor (2001).

Günther, Klaus Alfred,
deutscher Zoologe,
* 7. 10. 1907 Cottbus,
† 1. 10. 1975 Berlin.

Mit seiner Definition der »ökologischen Nische« leistete der Taxonom Günther einen wichtigen Beitrag zur modernen Evolutionstheorie.

Günther besuchte das humanistische Gymnasium in Cottbus und studierte in München und Berlin Biologie, Paläontologie, Geographie, Chemie und Numismatik. 1931 promovierte er bei Carl Zimmer mit einer Dissertation über Mundwerkzeuge von Crustaceen. Nach drei Jahren Volontärzeit am Zoologischen Museum Berlin trat er 1934 eine Stelle als Leiter der entomologischen Abteilung des Museums für Tierkunde, Rassenkunde und Völkerkunde in Dresden an. Von 1942 bis 1946 leitete er zusätzlich kommissarisch das staatliche Münzkabinett Dresden. Nach dem Krieg arbeitete er ehrenamtlich am Zoologischen Museum Berlin, wo er in dem Ornithologen E. ↗ Stresemann einen Förderer fand, durch dessen Vermittlung er 1948 am Institut für Genetik der Humboldt-Universität Berlin bei Hans Nachtsheim eine Assistentenstelle erhielt. 1949 wechselte er zusammen mit Nachtsheim an die neu gegründete Freie Universität in West-Berlin. 1955 wurde er zum außerordentlichen, 1960 zum ordentlichen Professor ernannt. Zusammen mit Werner Ulrich leitete er bis 1970 das Zoologische Institut der Freien Universität.

Günther publizierte überwiegend taxonomische Arbeiten, darunter über Teilgruppen der Heuschrecken, Gespenstschrecken und Rüsselkäfer, sowie ein originelles, auch unter künstlerischen Aspekten bemerkenswertes Buch über *Die Wunderwelt der Tiefsee* (1950). Günther trug wesentlich zur Verbreitung der synthetischen Theorie der Evolution und der phylogenetischen Systematik W. ↗ Hennigs bei, mit dem ihn eine intensive Freundschaft verband. Er hatte erheblichen Anteil in der Auseinandersetzung mit Ernst Mayr um den Wert einer konsequent phylogenetischen Klassifikation. Sein bedeutendster eigener Beitrag zur Evolutionsbiologie ist eine Definition der »ökologischen Nische« als ein System von Wechselwirkungen zwischen Organismus und Umwelt (1950). [MS4]

Werk(e):
Ökologische und funktionelle Anmerkungen zur Frage des Nahrungserwerbs bei Tiefseefischen mit einem Exkurs über die ökologischen Zonen und Nischen, in: Moderne Biologie. Festschrift zum 60. Geburtstag von Hans Nachtsheim, hrsg. von Grüneberg, H. und Ulrich, W.(1950); Systematik und Stammesgeschichte der Tiere, Fortschr. Zool. N. F. 10 (1956), Fortschr. Zool. N. F. 14 (1962); zus. mit Deckert, K.: Wunderwelt der Tiefsee (1950).

Sekundär-Literatur:
Schmitt, M.: Klaus Günthers Bedeutung für die Phylogenetische Systematik, Sitzungsberichte der Gesellschaft Naturforschender Freunde zu Berlin N. F. 35 (1996) 13–25; Sudhaus, W.: Die Bedeutung von Klaus Günther für die Evolutionsbiologie, Sitzungsberichte der Gesellschaft Naturforschender Freunde zu Berlin N. F. (1996) 27–55.

Gutenberg, Johannes, eigentlich Gensfleisch zur Laden zum Gutenberg,
Erfinder der Buchdruckerkunst,
* zwischen 1397 und 1400 Mainz,
† 3. 2. 1468 Mainz.

Gutenberg, Sohn eines Mainzer Kaufmanns, hielt sich viele Jahre in Straßburg auf. In dieser Zeit muss er mannigfache handwerkliche Kenntnisse und Fertigkeiten erworben haben, auch wenn er als Patriziersohn kaum eine zünftige Lehre gemacht haben dürfte. Er war gebildet ohne Dünkel gegenüber dem Handwerk, aber auch ohne die Scheuklappen der Zünfte. So war er allem Neuen aufgeschlossen und selber erfinderisch. Er verfügte über ein gewisses Kapital, das aber für seine umfangreichen Unternehmungen nicht ausreichte,

J. Gutenberg: Kupferstich von J. Tevet, Paris 1584

weshalb er andere daran beteiligte oder sich Geld lieh. Damit war er einer der ersten Erfinder-Unternehmer.

Als Gutenberg das Drucken mit beweglichen Einzellettern erfand, beherrschte man diese Fertigkeit in China und Korea schon seit einigen Jahrhunderten. Es ist unbekannt, ob Gutenberg von seinen asiatischen Vorläufern gewusst hat.
Spätestens seit 1448 hielt er sich wieder in seiner Geburtsstadt auf, wo er eine Druckerei betrieb. Das älteste datierte europäische Druckerzeugnis stammt vom 22. Oktober 1454. Es handelt sich um einen Ablassbrief, der den Kampf des zyprischen Königs gegen die Türken finanzieren sollte. Vor diesem Zeitpunkt waren auch schon andere kleinere Schriften von Gutenberg gedruckt worden.

Soweit bekannt, druckte er von Anfang an mit metallenen Einzellettern, die er mit Hilfe eines Handgießinstrumentes in beliebiger Zahl herstellen konnte, mittels einer Handpresse, die den dort üblichen Weinpressen nachempfunden gewesen sein dürfte. Die für den Guss nötige Negativform – die Matrize – erhielt er, indem er eine in Stahl geschnittene Urform in weiches Metall – wohl Messing – prägte.

Gutenberg, der ungefähr ab 1450 das neue Verfahren beherrschte, wollte zeigen, dass der Druck der handschriftlichen Kopie qualitativ mindestens ebenbürtig sei. Dies sollte der Druck der zweiundvierzigzeiligen Bibel beweisen, eines der frühesten und gleichzeitig schönsten mit Einzellettern gedruckten Bücher Europas. Um den enormen Kapitalbedarf zu decken, lieh er sich erhebliche Summen von Johann Fust.

Mit diesem Geld mietete der Erfinder nach 1449 neue, größere Räumlichkeiten, ließ sich mehrere neue Pressen bauen, stellte etwa zwanzig Mitarbeiter ein – davon allein sechs Setzer –, ließ Schriften schneiden und gießen.

Fust erhielt während des Druckes der Bibeln keinerlei Zahlungen, weshalb er einen Prozess gegen seinen Schuldner anstrengte. Die Prozessakten wurden bis heute nicht gefunden, nur die Mitschrift eines Notars von einem Verhandlungstag im November 1455 gibt uns Kunde von Gutenbergs Existenzkampf, den er vermutlich verlor. Jedenfalls verfügte Fust wenig später über die Druckerei. Wahrscheinlich nahm man dem Erfinder auch die fast fertig gedruckten Bibeln, denn andernfalls hätte er mit dem Erlös sämtliche Forderungen seines Gläubigers zurückzahlen können. Tatsächlich aber war er im Jahre 1458 zahlungsunfähig.

Nachdem die hervorragend ausgestattete Bibeldruckerei an Fust gefallen war, setzte dieser seinen Adoptivsohn, Peter Schöffer, als Leiter ein, der noch von Gutenberg in die Geheimnisse der schwarzen Kunst eingeweiht worden war und das Werk seines Lehrers meisterlich fortführte. Gutenberg aber gab nicht auf. Er nahm einen neuerlichen Kredit beim Sekretär der Stadt Mainz auf und druckte vermutlich ein weiteres umfangreiches Werk: das Catholicon, eine Art lateinisches Konversationslexikon.

Die Eroberung von Mainz im Jahre 1462, die Gutenberg und seine Mitarbeiter ins Exil zwang, beförderte die Verbreitung der neuen Technik ganz erheblich. Gutenberg blieb zwar in der Nähe, aber seine Gesellen zogen in alle Welt. So waren bis zum Jahre 1500 in über zweihundertfünfzig Städten Europas schätzungsweise dreißigtausend verschiedene Buchtitel verlegt worden. Daraus ergibt sich innerhalb von nur fünfzig Jahren eine Gesamtzahl von drei bis acht Millionen gedruckten Büchern.

Gutenbergs Verbannung muss bald aufgehoben worden sein, denn der neue Erzbischof ernannte ihn im Jahre 1465 wegen seiner Verdienste zu seinem Hofmann. Er erhielt Kleidung, Essen und Wohnung, sein Auskommen war damit gesichert. Wahrscheinlich wohnte er wieder in Mainz, wo er auch starb. [RS]

Sekundär-Literatur:
Ruppel, A.: Johannes Gutenberg. Sein Leben und sein Werk (1967), 3. Aufl.; Widmann, H. (Hrsg.): Der gegenwärtige Stand der Gutenberg-Forschung (1972); Presser, H.: Johannes Gutenberg (1979); Kapr, A.: Johannes Gutenberg. Persönlichkeit und Leistung (1986); Giesecke, M.: Der Buchdruck in der frühen Neuzeit. Eine historische Fallstudie über die Durchsetzung neuer Informations- und Kommunikationstechnologien (1994).

Guthnick, Paul,
deutscher Astrophysiker,
* 12. 1. 1879 Hitdorf (heute zu Monheim),
† 6. 9. 1947 Berlin.

Guthnick war einer der Pioniere der lichtelektrischen Fotometrie in der Astronomie.

Als Sohn eines Weinhändlers im Rheinland geboren, studierte Guthnick in Bonn Mathematik und Naturwissenschaften, insbesondere Astronomie bei Karl Friedrich Küstner und Friedrich Deichmüller. Mit der Dissertation *Neue Untersuchungen über den veränderlichen Stern o Ceti (Mira)* (1901) fand Guthnick sein Spezialgebiet – das Studium der in ihrer Helligkeit veränderlichen Sterne. Nach kurzer Tätigkeit als Lehrer in Köln ging er als Assistent zu A. ↗ Auwers nach Berlin. Im April 1903 wechselte er an die Sternwarte des Kammerherrn Friedrich G. von Bülow nach Bothkamp bei Kiel. Dort beschäftigte er sich vor allem mit den Helligkeitsschwankungen der Jupiter- und Saturnmonde. 1906 kehrte er nach Berlin als Observator der Sternwarte zurück.

In den Jahren 1912–13 führte Guthnick erstmalig die kurz zuvor von J. ↗ Elster und H. ↗ Geitel entwickelte Fotozelle in die Astrofotometrie ein. Damit ergab sich eine Steigerung der Genauigkeit von Sternhelligkeiten um etwa eine Zehnerpotenz und die Möglichkeit, kleinste Helligkeitsschwankungen bei Sternen festzustellen, was der Sternphysik wertvolles neues Beobachtungsmaterial verschaffte.

Im Jahre 1913 erfolgte der Umzug der Berliner Sternwarte nach Babelsberg, zwischen Berlin und Potsdam gelegen (heute zu Potsdam gehörig). Ab 1916 lehrte Guthnick als ao. Professor an der Universität in Berlin. Als Nachfolger von H. ↗ Struve erhielt er 1921 das Ordinariat für Astronomie und das Direktorat der Sternwarte in Babelsberg. Mit der Inbetriebnahme des 122-cm-Reflektors von Zeiss im Jahre 1923, astrophysikalischen Zusatzapparaten und verbesserten Laboratoriumseinrichtungen entwickelte sich die Sternwarte Babelsberg unter Guthnicks Leitung zu einer weltweit anerkannten Forschungsstätte, die sich neben den klassischen Beobachtungen nun verstärkt der Astrophysik zuwandte. Unter Beteiligung der Sternwarten Bamberg und Sonneberg führte Guthnick die fotografische Überwachung des Himmels ein.

Die letzten Lebensjahre Guthnicks waren überschattet von den Auswirkungen des Zweiten Weltkriegs. Er durfte nicht mehr an der Sternwarte wirken, deren größte Instrumente als Reparationsleistungen in die UdSSR verbracht wurden.

Guthnick war aktives Mitglieder der Berliner Akademie der Wissenschaften und der Astronomischen Gesellschaft. Er veröffentlichte zahlreiche Aufsätze, vor allem in der Zeitschrift *Astronomische Nachrichten*, den Sitzungsberichten der Berliner Akademie und den Publikationen der Berliner bzw. Babelsberger Sternwarte. [WRD]

Sekundär-Literatur:

Dick, W. R., Zenkert, A.: Der Popularisator und der Forscher: Die Freundschaft von Bruno H. Bürgel und Paul Guthnick, in: Seid nicht ‚gerecht', sondern gütig! (1996), 58–79.

Guttenberg, Hermann Anton Franz Josef,
Ritter von,
österreichischer Botaniker,
* 13. 1. 1881 Triest,
† 8. 6. 1969 Rostock.

Guttenberg war einer der letzten Universalbotaniker. Er publizierte Arbeiten aus den Gebieten der Cytologie, physiologischen Anatomie, Embryologie, Histogenese, Blütenbiologie, Ökologie, der Reiz- und Bewegungsphysiologie sowie der Wuchs- und Wirkstoffforschung. Auch seine Neigung zur Floristik war bemerkenswert. Darüber hinaus war er ein Spezialist der Alpenflora.

Nach dem Studium der Naturwissenschaften in Graz und Wien habilitierte sich Guttenberg in Leipzig und wirkte am Pflanzenphysiologischen Institut in Berlin-Dahlem. Vier berühmte Botaniker waren seine Lehrer: R. v. ↗ Wettstein, Julius von Wiesner, W. ↗ Pfeffer und G. ↗ Haberlandt.

1923 folgte Guttenberg einem Ruf an die Universität Rostock. Hier leitete er das Botanische Institut, widmete sich der Anlage des neuen Botanischen Gartens mit einem einzigartigen Alpinum und übte bis ins hohe Alter in erstaunlicher geisti-

H.A.F.J. Guttenberg

ger Frische und Vitalität seine Hochschullehrertätigkeit aus. Eine Studienreise 1928/29 nach Ceylon, Java und Sumatra bestimmte wesentlich seine Forschungsrichtung und seine Untersuchungsobjekte. Er arbeitete in wissenschaftlichen und gesellschaftlichen Gremien und erhielt zahlreiche Ehrungen. Die politischen Wirrnisse seiner Lebenszeit verhinderten Berufungen an andere Universitäten und führten dazu, dass der gebürtige Österreicher Wahl-Mecklenburger blieb.

Guttenberg schrieb über 130 Artikel und mehrere Bände von *Linsbauers Handbuch der Pflanzenanatomie*. Hervorzuheben sind seine 22-jährige Autorschaft des Kapitels *Wachstum und Bewegung* in den *Fortschritten der Botanik*. In seinem Lebenswerk sind drei Hauptlinien erkennbar. Die erste wies histologische und morphologische Arbeiten auf. Eine zweite Entwicklungslinie verlief durch das Gebiet der Ökologie. Die dritte begann mit den Tropismen und erreichte den Höhepunkt in der Wuchsstoffforschung.

Außergewöhnlich waren Guttenbergs Charme, seine Fröhlichkeit und sein Sinn für das Schöne im Leben. [BS2]

Werk(e):
Grundzüge der Histogenese höherer Pflanzen, 3 Bde. (1960,1961,1966); Pflanzenanatomie (1966); Lehrbuch der Allgemeinen Botanik, 6 Aufl. (1951–1963).

Sekundär-Literatur:
Steyer, B.: Der Beitrag des Rostocker Botanikers Hermann von Guttenberg zur Biologie, Rostocker Wissenschaftshistorische Manuskripte 13 (1986).

Guyton de Morveau, Louis Bernárd,
Baron (seit 1811),
französischer Chemiker und Jurist,
* 4. 1. 1737 Dijon,
† 2. 1. 1816 Paris.

Guyton de Morveau hat 1787, zusammen mit A. ↗ Lavoisier, C. L. ↗ Berthollet und A. F. ↗ Fourcroy, eine neue chemische Nomenklatur ausgearbeitet.

L.B. Guyton de Morveau

Guyton de Morveau, Sohn eines Rechtsanwaltes, absolvierte in Dijon und Paris ein Jurastudium. Danach war er von 1756 bis 1782 in Dijon als Staatsanwalt tätig. Er eignete sich in dieser Zeit autodidaktisch chemische Kenntnisse an und trat mit chemischen Vorträgen und Vorlesungen hervor. 1778 gründete er eine Salpetermanufaktur, wandte sich ab 1782 ganz der Chemie zu und war 1783 maßgeblich an der Errichtung der ersten französischen Sodafabrik beteiligt. Er bekannte sich 1789 zur Französischen Revolution, wurde 1791 Mitglied der Nationalversammlung und wechselte nach Paris. Hier übernahm er 1794 eine Professur für Chemie an der École Polytechnique, der er 1798/99 und von 1800 bis 1804 vorstand. Zusätzlich wirkte er 1799 als Generaladministrator der Münze in Paris sowie als Bergwerksadministrator.

Guyton de Morveau gehörte gemeinsam mit Fourcroy und Berthollet zu den engsten Verbündeten Lavoisiers und zu den eifrigsten Verfechtern der von Lavoisier um 1785 ausgearbeiteten Sauerstofftheorie der Verbrennung, welche die Phlogistontheorie von G. E. ↗ Stahl ablöste und zu einer grundlegenden Umwälzung im chemischen Theorien- und Begriffssystem führte. Guyton de Morveau gab dazu einen wichtigen Anstoß, als er 1772 nachwies, dass verrostetes Metall im Gegensatz zu den bisherigen phlogistischen Auffassungen schwerer war als das reine Metall. Lavoisier erklärte diesen Befund mit der Bindung von Luft, d. h. von Sauerstoff, an das Metall und baute diesen Ansatz zu seiner Sauerstofftheorie der Verbrennung aus. Guyton de Morveau bekannte sich unverzüglich zu dieser Theorie. 1787 arbeitete er auf dieser Grundlage, zusammen mit Lavoisier, Berthollet und Fourcroy, in dem Werk *Méthode de nomenclature chimique* eine neue chemische Nomenklatur aus. Darin wurden die bislang gebräuchlichen phlogistischen Trivialnamen verworfen, die neuen Namen aus den in Verbindungen enthaltenen Elementen abgeleitet und auf der Existenz des Sauerstoffs beruhende rationelle Bezeichnungen eingeführt. So stand z. B. für »dephlogistisierte« Luft Sauerstoff, für »brennbare Luft« Wasserstoff, für »fixe Luft« Kohlensäure oder für »Metall-Kalke« die Metalloxide. Damit existierte erstmals in der Chemie ein geschlossenes und experimentell nachvollziehbares System, mit dessen Hilfe chemische Reaktionen eindeutig beschrieben werden konnten und das die Grundlage für die Entwicklung einer einheitlichen chemischen Fachsprache bildete. Zur Durchsetzung der neuen Chemie und ihrer Nomenklatur wurde 1789 eine Zeitschrift, die *Annales de Chimie*, gegründet, zu deren Herausgebern auch Guyton de Morveau gehörte. Guyton de Morveau hat sich des Weiteren mit dem Einsatz von Steinkohle anstelle

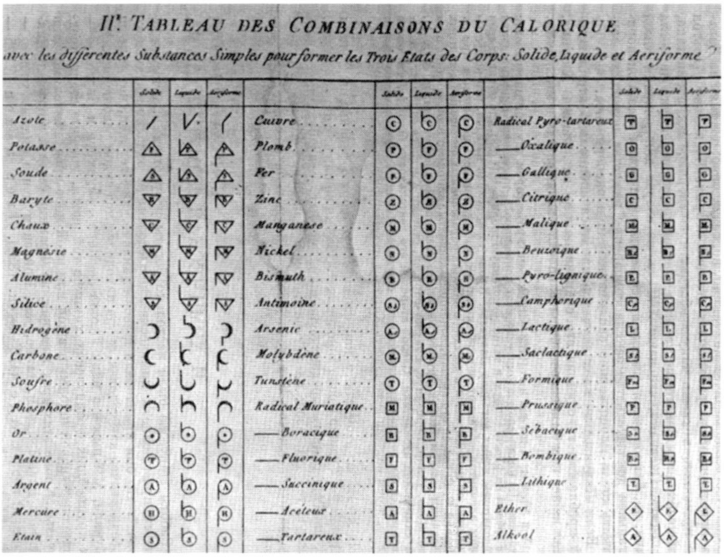

L.B. Guyton de Morveau: Die neue chemische Nomenklatur von 1787

von Holzkohle in Hochöfen beschäftigt (1679). Er entwickelte für die Herstellung von Salpeter und Schießpulver vereinfachte Produktionsmethoden (1794), verflüssigte Ammoniak mit Hilfe einer aus Calciumchlorid und Eis bestehenden Kältemischung (1798) und experimentierte auch mit Bariumsalzen, Eisen sowie mit Diamanten. [RS3]

Werk(e):
Digressions académiques ou Essais sur quelques sujets de Physique de Chimie et d'histoire naturelle (1772); Eléments de chimie théoretique et pratique (1777); Méthodique de chimie (1786).

Haarmann, Erich Otto,
deutscher Geologe, Tektoniker und Wirtschaftsgeologe,
* 14. 6. 1882 Osnabrück,
† 17. 4. 1945 Bonn.

Haarmann wurde durch die von ihm entwickelte Oszillationstheorie in der Tektonik um 1930 international bekannt.

Haarmann absolvierte das Realgymnasium Osnabrück von 1888 bis 1901, war bis 1902 Praktikant auf westfälischen Gruben und studierte von 1902 bis 1903 Naturwissenschaften an der Universität München. Gleichzeitig hörte er Vorlesungen an der Technischen Hochschule München. Mitte 1903 übersiedelte er nach Berlin, wo er an der Friedrich-Wilhelms-Universität und an der Bergakademie Berlin seine Studien fortsetzte. Neben juristischen und ökonomischen Fragen beschäftigte er sich intensiv mit Geologie und Bergbau. An der Bergakademie Berlin legte er 1905 sein erstes Staatsexamen ab und erwarb dadurch den Rang eines Bergreferendars. Von 1905 bis 1907 studierte er im Geologisch-Paläontologischen Institut der Berliner Universität bei Wilhelm von Branca, der auch sein Doktorvater war; sein tektonisches Dissertations-Thema stellte ihm H. ↗ Stille. Haarmann promovierte 1908 zum Dr. phil. und war von 1908 bis 1910 Mitarbeiter der Bergakademie Berlin. Von 1910 bis 1912 arbeitete er als Geologe einer Bohrgesellschaft in Mexiko. 1912 kehrte er nach Berlin zurück, habilitierte sich 1915 an der Berliner Universität und wurde zum Privatdozenten ernannt. Während des Ersten Weltkrieges war er Kriegsgeologe.

Nach Kriegsende wurde er 1922 zum außerordentlichen Professor für Wirtschaftsgeologie an der Berliner Universität berufen. Seit 1920 war er viel auf Reisen (Alpen, Mexiko, Spanien, Skandinavien, Frankreich, Italien, Großbritannien) und wirkte als international gesuchter Gutachter. Spezialgebiete waren Tektonik, Lagerstättenkunde, Bergbau, Wirtschaftsgeologie und Geschichte der Geologie. 1921 erläuterte er erstmals seine »Oszillationstheorie«, über die er 1930 ein viel diskutiertes Buch veröffentlichte. Seine Hypothese widersprach den tektonischen Vorstellungen Stilles. Seit 1902 sammelte er zielstrebig geologiebezogene Handschriften, Karten, Bücher und Bilder, die er zum 1. Deutschen Geologenarchiv zusammenstellte. Sein Haus in Berlin-Schöneberg und seine wertvollen Sammlungen wurden 1943 durch britische Bomber völlig zerstört. Er übersiedelte nach Kempenich/Eifel und starb an den Folgen von Kriegshandlungen wenige Tage vor Kriegsende in einer Bonner Klinik. [PK]

Werk(e):
Die Oszillationstheorie (1930); Um das geologische Weltbild. Malleo et mente (1935); Lose Blätter aus der Geschichte der Geologie (1942).

Sekundär-Literatur:
Carlé, W., Beyrich-von Koenen-Stille, W.: Ein geistiger Stammbaum wegweisender Geologen, Geol. Jahrbuch Reihe A, 108 (1988) 442–464.

Habas al-Hasib, Ahmad ibn Abdallah al-Marwazi,
islamischer Astronom,
lebte im 9. Jahrhundert.

Habas al-Hasib beschrieb im 9. Jahrhundert wichtige astronomische Instrumente und Verfahren.

Habas lebte und wirkte in Bagdad und Samarra, dem Sitz der Regierung von Kalif Mu tasim. Seine Beobachtungen aus den Jahren 825 und 864 wurden von ↗ Ibn Yūnus zitiert. Habas ist nur durch seine Werke bekannt: Außer einem *Zij* (astronomischen Handbuch) schrieb er auch kleinere Traktate über das melonenförmige Astrolab (dieses Instrument basierte nicht auf der stereographischen Projektion), über eine Universalscheibe, über den Himmelsglobus (den man zu demselben Zweck benutzte wie das Astrolab), über das sphärische Astrolab, über die Armillarsphäre (der Traktat ähnelt einem entspeehenden Werk von ↗ al-Kindi) und über Größe und Abstände der Planeten. Andere Schriften, z. B. ein Traktat über den Zeitpunkt des ersten Sichtbarwerdens des Neumondes, sind nur aus Zitaten bekannt. In seiner Astronomie kombinierte Habas griechische und indische Methoden. Oft beschrieb er ein Verfahren ohne Beweis. Einige seiner Verfahren wurden von späteren Wissenschaftlern, z. B. Abu 'l-Wafa, ↗ Mansûr Abu Nasr ibn Iraq und ↗ al-Biruni, mit Beweisen versehen. In seinen Traktaten über das melonenförmige Astrolab und die Universalscheibe präsentierte Habas eine (oft komplizierte) graphische Lösung für ein Problem und danach ein darauf fußendes trigonometrisches Verfahren. [RL2]

Sekundär-Literatur:
Lorch, R., und Kunitzsch, P.: Habash al-Hasib's Book on the Sphere and its Use, Zeitschrift für Geschichte der Arabisch-Islamischen Wissenschaften 2 (1985) 68–98; Langermann, Y. T.: The Book of Bodies and Distances of Habash al-Hasib, Centaurus 28 (1985) 108–128; Debarnot, M.-Th.: The Zij of Habash: A Survey of MS Istanbul Yeni Cami 784/2, in: From Deferent to Equant: a Volume of Studies in the History of Science in the Ancient and Medieval Near East in Honor of E. S. Kennedy (Annals of the New York Academy of Sciences 500 (1987) 237–52); Kennedy, E. S., Kunitzsch, P., und Lorch, R.: The Melon-Shaped Astrolabe in Arabic Astronomy (1999); Charette, F., und Schmidl, P. G.: A Universal Plate for Timekeeping by the Stars by Habash al-Hasib: Text, Translation and Preliminary Commentary, Suhayl 2 (2001) 107–159.

Fritz Haber

Margit Szöllösi-Janze

Haber, Fritz,
deutscher Physikochemiker,
* 9. 12. 1868 Breslau,
† 29. 1. 1934 Basel.

»Leben« bzw. »Vernichtung« durch Wissenschaft stecken das breite Spektrum ab, innerhalb dessen Fritz Haber bis heute kontrovers, aber mit anhaltender Intensität diskutiert wird. Heben die einen die segensreiche Forschungstätigkeit des Wissenschaftlers hervor, dessen Ammoniaksynthese zur Grundlage der Kunstdüngerproduktion wurde und damit die Ernährungsgrundlage der wachsenden Weltbevölkerung zu sichern half, sehen andere in ihm den Erfinder des Gaskriegs, der im Ersten Weltkrieg die erste Massenvernichtungswaffe der Weltgeschichte entwickelte. Wie kaum ein anderer Wissenschaftler vereinigt Haber in seiner Person das lebenserhaltende und das destruktive Potenzial moderner Naturwissenschaft. Wie kaum ein anderer führt er vor, dass ein Wissenschaftler seine große Bedeutung nicht nur durch seine Tätigkeit als Forscher, sondern auch als Wissenschaftsorganisator erhalten kann, d. h. Haber verkörpert auch die politische, gesellschaftliche und kulturelle Dimension von Wissenschaft. Seine Biografie gewinnt eine zusätzliche Reichweite, wenn man sie von ihrem Ende her betrachtet, verlor er doch nacheinander alles, was ihm wichtig gewesen war: seine Gesundheit, seine Frau und Familie, sein Vermögen, seine Mitarbeiter und sein Institut, schließlich sein deutsches Vaterland, dem er seine Forschung und sein Leben gewidmet hatte. Als Jude erlebte er, wie nach der Machtübernahme der Nationalsozialisten sein Lebenswerk demontiert wurde, ja er war gezwungen, selbst noch Hand anzulegen. In seinen letzten Lebensmonaten irrte er als Heimatloser krank durch Europa. An Habers Biografie werden mithin auch die Abgründe der deutschen Geschichte in der ersten Hälfte des 20. Jahrhunderts deutlich.

Auf Umwegen in die Wissenschaft

Wie die meisten seiner späteren Kollegen unter den deutschen Professoren stammte auch Haber aus einer bürgerlichen Familie. Der Sohn eines wohlhabenden jüdischen Farbenhändlers in Breslau besuchte das humanistische Gymnasium. Nach dem Abitur 1886 setzte er gegen den Widerstand des Vaters sein gewünschtes Studienfach Chemie durch und studierte, unterbrochen durch den Militärdienst als Einjährig-Freiwilliger, an den Universitäten Berlin und Heidelberg, abschließend an der TH Berlin-Charlottenburg. Da die Technischen Hochschulen damals noch kein Promotionsrecht besaßen, legte er am 29. Mai 1891 seine Doktorprüfung an der Berliner Universität mit der überaus mäßigen Gesamtnote »cum laude« ab.

In engem Zusammenhang mit der deutschen chemischen Industrie war die chemische Wissenschaft seiner Zeit bestimmt von der organischen Chemie, doch konnte sich Haber nie für dieses »unverdauliche und ideenarme Gekoch« begeistern. Er verbrachte drei Jahre erfolglos damit, eine industrielle, eine kaufmännische und eine wissenschaftliche Berufstätigkeit auszuprobieren. Weniger das Interesse an der Chemie als persönliche Freundschaft führte ihn im Winter 1892 nach Jena zurück an die Universität, doch waren sein Engagement wie seine Leistungen nach wie vor durchschnittlich. Erst der Wechsel als Assistent an das chemisch-technische Institut der Technischen Hochschule in Karlsruhe im Frühjahr 1894 leitete den Beginn seiner akademischen Karriere ein.

»... die 17 besten Arbeitsjahre meines Lebens«

Gefördert durch Carl Engler und Hans Bunte, entfaltete Haber, dem gerade die technische Herangehensweise an die Chemie lag, eine außerordentliche Produktivität, u. a. in der Brennstoffchemie und Feuerungstechnik, der Färberei und Druckerei sowie der Chemie der Faserstoffe. Nach der Habilitation im März 1896 erschloss er sich als Autodidakt die junge Disziplin der physikalischen Chemie. Als Einstieg wählte er erneut die technische Seite: zunächst die technische Elektrochemie, danach die Thermodynamik chemisch-technischer Gasreaktionen sowie die Gasanalyse. 1898 referierte Haber erstmals vor der Deutschen Elektrochemischen Gesellschaft (ab 1902: Deutsche Bunsen-Gesellschaft für angewandte physikalische Chemie) und betrat damit als Außenseiter die Bühne der von W. ↗ Ostwald und seinem Schüler W. ↗ Nernst dominierten Fachöffentlichkeit. Noch im selben Jahr wurde er in Karlsruhe zum außerordentlichen Professor ernannt. Nachdem Haber sich u. a. durch eine mehrmonatige Informationsreise in die USA 1902 zusätzliches wissenschaftliches Renommee erworben hatte, wurde er im Oktober 1906 zum Ordinarius am neuen physikalisch-chemischen Institut in Karlsruhe berufen.

F. Haber (Zeichnung von Emil Orlik, 1927)

Die Ammoniaksynthese

Seit der Jahrhundertwende wurde wegen der baldigen Erschöpfung der chilenischen Salpetervorkommen ein dramatischer Stickstoffnotstand vorhergesagt. Es schlug die Stunde der Chemiker, die es sich weltweit zur Aufgabe machten, die absehbare Krise von Landwirtschaft, Explosivstoff- und Farbenindustrie mit den Mitteln ihrer Wissenschaft zu lösen. Zahlreiche Verfahren, so z. B. die Erzeugung von Stickoxiden im elektrischen Lichtbogen oder die indirekte Darstellung von Ammoniak über die Aufspaltung von Stickstoffmetallen, führten in die Sackgasse mangelnder ökonomischer Rentabilität. Die eleganteste Lösung, nämlich die direkte Darstellung des Ammoniaks aus seinen Elementen Stickstoff und Wasserstoff ($N_2 + 3\,H_2 \leftrightarrow 2\,NH_3$), galt technisch als völlig aussichtslos.

Haber beschäftigte sich seit 1904 mit der Berechnung des Ammoniakgleichgewichts bei verschiedenen Temperaturen und Normaldruck. Seine Ergebnisse wurden auf der Hauptversammlung der Bunsen-Gesellschaft im Mai 1907 von Nernst kritisiert, der zur Überprüfung seines Wärmetheorems auch experimentelle Versuchsreihen unter erhöhtem Druck angestellt hatte. Haber experimentierte nun ebenfalls mit Hochdruck und suchte nach Katalysatoren, um die Reaktionstemperaturen zu senken. Parallel dazu entwickelte er Ansätze für ein aussichtsreiches Verfahren mit dem elektrischen Lichtbogen. Zur Fortsetzung seiner Forschungen bedurfte er nun teurer Apparate, die er aus dem Budget der TH nicht mehr begleichen konnte.

Im nahen Ludwigshafen fand Haber einen Kooperationspartner in der BASF, die in zukunftsträchtige Bereiche diversifizieren wollte, jedoch auf dem Stickstoffsektor in die Sackgasse geraten war. Die Firma setzte auf das Lichtbogenverfahren, dessen großtechnische Umsetzung allerdings nach kurzem scheiterte, während die Ammoniakforschungen, deren finanzielle Unterstützung Haber nur gegen Widerstände hatte durchsetzen können, zum Erfolg führten. Gemeinsam mit seinem Mitarbeiter Robert Le Rossignol und seinem Mechaniker Friedrich Kirchenbauer konstruierte er eine patentfähige Apparatur. Im sog. »Hochdruckzirkulationsverfahren« wird das Ammoniak, nachdem die Reaktionsgase den erhitzten Katalysator passiert haben, unter Hochdruck aus dem entstandenen Gasgemisch abgeschieden, die Abwärme in einem Kreislauf zurückgeführt und für die Erhitzung des komprimierten Ausgangsgasgemisches genutzt. Durch einen neuen Katalysator konnte die Reaktionstemperatur weiter gesenkt und die Ammoniakausbeute erhöht werden. Bei dem berühmten Demonstrationsversuch vom 2. Juli 1909 tropfte vor den Augen der BASF-Vertreter flüssiges Ammoniak mehrere Stunden lang störungsfrei aus der Versuchsapparatur. Die großtechnische Umsetzung des Verfahrens lag danach in den Händen von C. ↗ Bosch. Die BASF eröffnete Anfang September 1913 in Oppau ihr erstes Ammoniakwerk. Sie beschritt damit den technologischen Entwicklungspfad der katalytischen Hochdrucksynthese.

Als Wissenschaftler litt Haber darunter, dass er seine Erfindung nicht sofort veröffentlichen durfte und von ihrer großtechnischen Umsetzung praktisch ausgeschlossen war. Der Berechnung seines Anteils aus der Großproduktion lag nicht, wie üblich, ein ausgehandelter Prozentsatz, sondern ein Festbetrag in Höhe von 1,5 Pfennig pro Kilo hergestellten Ammoniaks zugrunde. Damit antizipierte Haber das Sinken der anfänglich hohen Herstellungskosten und sicherte sich einen relativ wachsenden Gewinnanteil. Dieser kluge Schachzug verkehrte sich nach dem Ersten Weltkrieg durch die Inflation in sein Gegenteil.

Das Kaiser-Wilhelm-Institut für Physikalische Chemie und Elektrochemie

Die Gründung der Kaiser-Wilhelm-Gesellschaft zur Förderung der Wissenschaften (KWG; heute: Max-Planck-Gesellschaft) ging auf das Zusammenwirken mehrerer, zunächst voneinander unabhängiger Initiativen zurück. Seit 1905 setzten sich führende Wissenschaftler, die chemische Großindustrie und das preußische Kultusministerium dafür ein, ein modernes außeruniversitäres Forschungsinstitut zu errichten, bis Wilhelm II. die Bemühungen aufgriff. Haber kam erst ins Gespräch, als der jüdische Bankier Leopold Koppel zusagte, Bau und Betrieb eines separaten Instituts für physikalische Chemie zu stiften, dies aber davon abhängig machte, dass Haber die Direktion übernahm. Koppel hatte als Finanzier der Deutschen Gasglühlicht AG (Auergesellschaft) ein Vermögen gemacht und versuchte, Haber, Berater der Firma seit 1908, weiter in das Unternehmen einzubinden. Als dieser nach einigem Zögern die Leitung des KWI für physikalische Chemie und Elektrochemie in Berlin-Dahlem am 1. Oktober 1911 übernahm, war er allerdings wie ein Universitätsprofessor in der Wahl seiner Forschungsthemen völlig frei.

Der Erste Weltkrieg: Salpeter, Ammoniak und giftige Gase

Haber stellte sich und sein Institut von Anfang an bedingungslos in den Dienst der deutschen Kriegführung. Ab September 1914 spielte er eine kaum zu überschätzende Rolle für die Salpeterversorgung Deutschlands, die durch die englische Blockade vom natürlichen Nachschub abgeschnitten war. Der Stellungskrieg implizierte eine immense Steigerung des Munitionsverbrauchs und damit die Massenproduktion der erforderlichen Grundstoffe. Mehrere Verfahren zur Herstellung synthetischer Salpetersäure, so auch eines der BASF, waren großtechnisch nicht erprobt. Im Wettlauf verschiedener Unternehmen um den staatlichen Zuschlag gab Bosch, beraten von Haber, sein riskantes »Salpeterversprechen« ab und erhielt neben anderen Firmen den Auftrag, eine Großanlage zu errichten. Sie nahm bereits im Mai 1915 die Massenproduktion von Natronsalpeter auf. Auf Habers Vermittlung hin übernahmen die Farbenfabriken in Leverkusen und die Agfa in Berlin das BASF-Verfahren und errichteten ebenfalls Salpeter-Großanlagen. Als Ausgangsstoff beharrten sie auf synthetischem Ammoniak nach Haber-Bosch, das sich im Kampf um die günstigen staatlichen Darlehen gegen konkurrierende Verfahren und Firmen (basierend auf Zechenammoniak bzw. Kalkstickstoff) mit Habers erneuter Hilfe durchsetzte. Das Ammoniakwerk der BASF in Leuna, das im April 1917 nur zwölf Monate nach Vertragsabschluss die Massenproduktion aufnahm, war Ausdruck einer nach Umfang, Organisation und Standort völlig neu strukturierten Stickstoffindustrie.

Parallel zu den Verhandlungen um die industrielle Massenproduktion von Kriegschemikalien engagierte sich Haber für die chemische Kriegführung. Als »Vater des Gaskriegs« entwickelte er die Idee, die erstarrten Fronten durch das Abblasen giftigen Chlorgases in die feindlichen Stellungen wieder in Bewegung zu bringen und damit den Krieg schneller zu beenden. Dazu mussten Tausende von Stahlflaschen in den vordersten Frontgräben installiert und Naturwissenschaftler als sog. »Frontbeobachter« eingesetzt werden. Spätere Nobelpreisträger wie O. ↗ Hahn und J. ↗ Franck arbeiteten hier mit Haber zusammen. Der erste deutsche Gasangriff fand am 22. April 1915 bei Ypern statt und setzte bei allen Kriegsparteien eine endlose Spirale der Entwicklung immer neuer Kampfstoffe in Gang. Der Gaskrieg brachte keine militärische Entscheidung, löste jedoch bereits in den 1920er-Jahren eine heftige völkerrechtliche und ethische Kontroverse aus.

Habers Institut mutierte im Weltkrieg mit Billigung der KWG zum militärischen Forschungszentrum, an dem rund 150 Wissenschaftler verschiedener Disziplinen an der Entwicklung und Erprobung neuer Kampfstoffe und funktionstüchtiger Gasmasken arbeiteten. Chemiker, Physiker, Pharmakologen, Veterinärmediziner und Biologen kooperierten eng mit Technikern und Ingenieuren. In engem Kontakt mit Staat, Militär und chemischer Industrie realisierte Haber hier einen neuartigen Organisationstyp von Forschung, die »Großforschung«, und nahm Züge des amerikanischen Atombombenprojekts im Zweiten Weltkrieg vorweg. Um auch im Frieden die Zusammenarbeit zwischen Wissenschaft und Militär zu sichern, engagierte er sich ferner für die Errichtung einer Kaiser-Wilhelm-Stiftung für kriegstechnische Wissenschaft und eines separaten »Gasinstituts« für Kampfstoffforschungen im Rahmen der KWG. Beide Projekte scheiterten infolge der Niederlage Deutschlands. Im Bewusstsein der prinzipiellen Konvertierbarkeit der militärischen wie zivilen Nutzung moderner Naturwissenschaft betrieb Haber schließlich die Institutionalisierung der chemischen Schädlingsbekämpfung. Aus dieser zivilen Variante des Gaskriegs entstand nach Kriegsende aus gemeinwirtschaftlichen Anfängen die Deutsche Gesellschaft für Schädlingsbekämpfung. Ihr noch unter Habers Ägide entwickeltes Blausäureprodukt Zyklon B diente später im Holocaust wieder der millionenfachen Vernichtung von Menschen.

Habers Privatleben

Seit seiner Karlsruher Zeit äußerte sich die Kehrseite des wissenschaftlichen Erfolgs für Haber in diffusen Krankheitssymptomen wie Gallen- und Magenattacken, nervöser Reizbarkeit und permanenten Erschöpfungszuständen. Als typischer Neurastheniker reiste er manchmal sogar mehrmals jährlich zu Kur- und Sanatoriumsaufenthalten. Seine 1901 geschlossene Ehe mit der Chemikerin Clara Immerwahr, die im Vorjahr als erste Frau an der Universität Breslau promovierte, dann aber ihre wissenschaftliche Tätigkeit aufgegeben hatte, war trotz äußeren Fortbestehens nach kurzem gescheitert. Unbefriedigt von ihrem Dasein als Professorengattin, zerbrach Clara an der Dominanz ihres Mannes. Sie erschoss sich in der Nacht vom 1. auf den 2. Mai 1915 mit der Dienstwaffe ihres Mannes. Ob sie damit das Fanal einer »weiblichen«, lebenserhaltenden Wissenschaft als Gegenbild zur »männlichen« Vernichtungswissenschaft Habers setzen wollte, ist aus den Quellen nicht zuverlässig zu belegen. Vielmehr zeichnen sich weitere schwerwiegende Selbstmordmotive ab. Zwei Jahre später heiratete Haber die robustere, fast zwanzig Jahre jüngere Sekretärin Charlotte Nathan, doch wurde die Ehe 1927 geschieden.

F. Haber: Versuchsapparatur zur Gewinnung von Ammoniak im Kreisprozess, 1908 (Foto: Deutsches Museum München, Bildstelle)

Kriegsverbrecher, Nobelpreisträger, Goldsucher – die Weimarer Jahre

Haber setzte nach dem Krieg seine Rolle als Vermittlungsinstanz im Schnittbereich zwischen Staat, Militär, Wirtschaft und Wissenschaft fort, zunächst im Reichsamt für wirtschaftliche Demobilmachung, dann in der Technischen Nothilfe (heute Technisches Hilfswerk). Von August bis Oktober 1919 flüchtete er in die Schweiz, um nicht als Kriegsverbrecher an die Alliierten ausgeliefert zu werden. Im November 1919 wurde ihm für die Ammoniaksynthese der Nobelpreis 1918 zugesprochen, was heftige internationale Proteste auslöste. Die Verleihung des Preises in diesem Jahr nur an deutsche Wissenschaftler, neben Haber an die Physiker M. ↗ Planck und J. ↗ Stark, wurde umgekehrt in Deutschland als Genugtuung empfunden.

Die systematische Kooperation zwischen Wissenschaft und Militär unter den Bedingungen des Versailler Vertrags fortzuführen, war oberstes Ziel von Habers vielfältigen Bemühungen, u. a. um die Umgründung des preußischen Militärversuchsamts in die Chemisch-Technische Reichsanstalt (April 1920) oder die Angliederung der toxikologischen Abteilung seines KWI an die Biologische Reichsanstalt (Mai 1920), wo neben Arbeiten zur chemischen Schädlingsbekämpfung auch getarnte, von der Reichswehr finanzierte Kampfstoffforschungen durchgeführt wurden. Schließlich spielte er eine Vermittlerrolle bei der geheimen Aufrüstung der Reichswehr in der Sowjetunion, wo sein ehemaliger Mitarbeiter Hugo Stoltzenberg eine Giftgasfabrik errichtete, aber Bankrott machte, als ihn die Militärs infolge der Locarnopolitik Gustav Stresemanns fallen ließen. Haber war jedoch einer der wenigen Wissenschaftler, der ein positives Verhältnis zur demokratischen Republik entwickeln sollte. Ohne Berührungsängste gegenüber der Sozialdemokratie, stand er der linksliberalen Deutschen Demokratischen Partei nahe, die ihm im Mai 1928 sogar ein sicheres Reichstagsmandat anbot.

Seit 1920 verfolgte Haber ein heute fantastisch anmutendes geheimes Forschungsgroßprojekt. Um die von den Alliierten auf 132 Milliarden Goldmark festgesetzte Reparationssumme zu begleichen, wollte er das im Meerwasser gelöste Gold großtechnisch gewinnen. Nach damaligem Kenntnisstand hatte Meerwasser einen Goldgehalt von 6 Milligramm pro Tonne, woraus Haber errechnete, dass die Ozeane einen praktisch unerschöpflichen Goldvorrat von 8 Milliarden Tonnen bargen. Gemeinsam mit 14 Mitarbeitern der geheimen Abteilung M des KWI machte er sich unter dem Tarnnamen »Seejod« an die jahrelangen Arbeiten. Industrielle Kooperationspartner waren die Metallgesellschaft und die Deutsche Gold- und Silber-Scheideanstalt, die sich künftigen ökonomischen Nutzen versprachen.

Auf dem Höhepunkt des Ruhrkampfes und der Inflation überquerte Haber 1923 gemeinsam mit vier Mitarbeitern auf zwei umgerüsteten Dampfschiffen der Hamburg-Amerika-Linie zuerst den Nord- und danach den Südatlantik. Die Messergebnisse waren vernichtend, so dass die kostspieligen Schiffspassagen eingestellt wurden. Heimlich beschaffte Schöpfproben aus den Weltmeeren bestätigten die schlimmsten Befürchtungen, doch gab Haber seine Bemühungen erst 1926 resigniert auf. Er musste öffentlich eingestehen, dass sich der ohnehin stark schwankende Goldgehalt des Meerwassers nicht einmal auf den tausendsten Teil der ursprünglich angenommenen Konzentration belief, eine ökonomisch rentable Gewinnung also völlig illusorisch war. Der langfristige wissenschaftliche Gewinn des Projekts lag in der enormen Verfeinerung der analytischen Messverfahren.

Haber und die Förderung der Forschung

Die Inflation stürzte vor allem die auf Stiftungsvermögen beruhenden Forschungseinrichtungen in den Ruin. Haber betrieb deshalb gemeinsam mit dem KWG-Präsidenten Adolf von Harnack erfolgreich die überwiegend öffentliche Finanzierung seines Instituts wie auch der KWG. Nicht zuletzt wandte er sich an das Reich – ein Schritt hin zur »Verreichlichung« der grundsätzlich den Ländern vorbehaltenen Wissenschafts- und Kulturpolitik.

Mit Friedrich Schmidt-Ott, dem letzten preußischen Kultusminister der Kaiserzeit, betrieb Haber mit beträchtlichem politischen Geschick die Errichtung der Notgemeinschaft der Deutschen Wissenschaft (heute: Deutsche Forschungsgemeinschaft, DFG), die offiziell am 30. Oktober 1920 gegründet und im Wesentlichen aus dem Etat des Reichsinnenministeriums finanziert wurde. Ziel war, die an den Folgen von Krieg und Inflation leidende Wissenschaft durch zusätzliche Mittel zu fördern. Habers ursprüngliche Idee, die Notgemeinschaft zu gleichen Teilen aus öffentlichen wie aus industriellen Fördermitteln zu finanzieren, scheiterte am Widerstand der Industrie. Sie konnte sich nicht mit dem Konzept einer Selbstverwaltungskörperschaft anfreunden, genauso wenig wie Schmidt-Ott, gegen dessen Widerstand Haber jedoch das Prinzip der Wahl der Fachausschussmitglieder durch die Wissenschaftler durchsetzte. Habers zukunftsweisende Idee einer wissenschaftlichen Strukturpolitik, nämlich innovationsträchtige Forschungsschwerpunkte zu setzen, realisierte sich ab 1925 in den »Gemeinschaftsaufgaben« – Vorläufer der heutigen Schwerpunktprogramme und Sonderforschungsbereiche der DFG.

Auf bilateraler Ebene machte sich Haber um die Aufnahme wissenschaftlicher Beziehungen mit der Siegermacht Japan verdient, für deren ökonomisches wie politisch-militärisches Potenzial er ein erstaunliches Gespür bewies. Erste Kontakte zwischen dem Chemieindustriellen Hajime Hoshi und dem Japanausschuss der Notgemeinschaft unter Habers Vorsitz verdichteten sich nach der spektakulären Japanreise des KWI-Direktors 1924. Auf seine Bemühungen gingen u. a. ein Kooperationsabkommen zwischen Mitsubishi und der Metallgesellschaft sowie die Gründung des Berliner Japan-Instituts und seines deutschen Gegenstücks in Tokio 1926/27 zurück.

Bei der Wiedereingliederung Deutschlands, das von länderübergreifenden Einrichtungen wie dem Internationalen Forschungsrat, den wichtigen Zentralbüros für Standardisierungsfragen und den internationalen Fachverbänden der einzelnen Disziplinen ausgeschlossen war, in die internationalen Wissenschaftsbeziehungen arbeitete Haber eng mit dem Auswärtigen Amt zusammen. Er nutzte dabei seine Auslandskontakte mit niederländischen Chemikern und dem französischen Mathematiker und zeitweiligen Kriegsminister Paul Painlevé. Die Hardliner im Ausland waren fast weniger das Problem als lautstarke rechtskonservative Gelehrtenkreise im Inland, die dem Boykott der deutschen Wissenschaft mit einem Gegenboykott antworteten. Besonders das Kartell der deutschen Akademien der Wissenschaften zeige eine »fatale Neigung«, so Haber, »mit der Macht des Wortes gegen die Vernunft der Thatsachen aufzutreten«. Im Juni 1926 strich der Internationale Forschungsrat den Ausschlussparagraphen und kam durch innere Reformen den deutschen Vorstellungen entgegen. Dadurch entfiel auch seine Sperrfunktion, die eine Mitgliedschaft in den internationalen Fachunionen der einzelnen Disziplinen an die Zugehörigkeit zur Dachorganisation band. Haber konnte ferner die sich verstärkenden Emanzipationsbestrebungen der Fachunionen nutzen. Er reiste an der Spitze des eigens zu diesem Zweck gegründeten Verbands Deutscher Chemischer Vereine Ende Juni 1929 nach Scheveningen. Die mühsam ausgehandelten sog. Scheveninger Beschlüsse, die später von den anderen Fachunionen übernommen wurden, führten Deutschland Anfang 1930 in die Internationale Chemie-Union; Haber wurde Vizepräsident.

Das Jahr 1933

Die Weltwirtschaftskrise brachte den an Angina pectoris leidenden Haber durch den Verfall seines Aktienvermögens an den Rand des Ruins. Nach Hitlers Ernennung zum Reichskanzler wurde er gezwungen, seine jüdischen Mitarbeiter zu entlassen, noch bevor die KWG offiziell die im Gesetz »zur Wiederherstellung des Berufsbeamtentums« (7. 4. 1933) vorgeschriebenen Maßnahmen zur Entlassung »nicht arischer« Beschäftigter umsetzte. An Habers Institut wurde ein Paradebeispiel nationalsozialistischer Personalpolitik exerziert. Eine Rolle spielten der verhältnismäßig hohe Anteil jüdischer Wissenschaftler, der politische Eifer einiger Ministerialbeamter sowie die von der Reichswehr betriebene Umwandlung des KWI in ein Forschungsinstitut für chemische Kampfstoffe. Haber, als langjähriger Beamter und ehemaliger Frontkämpfer vom Gesetz ausgenommen, führte die Anweisungen aus, bat jedoch um seine Versetzung in den Ruhestand zum 30. September. Dem Institut wurde ein seit langem mit geheimen Gasforschungen befasster Direktor aufoktroyiert, der nun auch das verbliebene Personal entließ und das renommierte KWI vollständig demontierte.

Habers letzte Lebensmonate waren geprägt von der Erfahrung des Heimatlosen. Chaim Weizmann, der spätere erste Staatspräsident Israels, drängte ihn, nach Palästina zu kommen. Die Universität Cambridge sprach ebenfalls eine Einladung aus, doch konnte der ruinierte Nobelpreisträger die Reichsfluchtsteuer nicht aufbringen und daher nicht emigrieren. Schwerkrank und mehrfach denunziert verließ er Anfang August Berlin, um an einer Tagung in Spanien teilzunehmen. Er irrte danach ruhelos durch Europa, bevor er am 29. Januar 1934 in Basel an einem Herzschlag starb.

Werk(e):
Grundriß der technischen Elektrochemie auf theoretischer Grundlage (1898); Thermodynamik technischer Gasreaktionen. Sieben Vorlesungen (1905); mit R. Le Rossignol: Über die technische Darstellung von Ammoniak aus den Elementen, Z. Elektrochem. 19 (1913) 53–72; Untersuchungen über Ammoniak. Sieben Mitteilungen, Z. Elektrochem. 20 (1914) 597–604, 21 (1915), 89–106, 128–130, 191–206, 206–228, 228–241, 241–245; Fünf Vorträge aus den Jahren 1920–1923 (1924); Aus Leben und Beruf. Aufsätze, Reden, Vorträge (1927).

Sekundär-Literatur:
von Leitner, G.: Der Fall Clara Immerwahr. Leben für eine humane Wissenschaft (1994); Stoltzenberg, D.: Fritz Haber. Chemiker, Nobelpreisträger, Deutscher, Jude (1994/1998); Szöllösi-Janze, M.: Fritz Haber 1864–1934. Eine Biographie (1998); Hahn, R.: Gold aus dem Meer. Die Forschungen des Nobelpreisträgers Fritz Haber in den Jahren 1922–1927 (1999).

Haberlandt, Gottlieb,

deutsch-österreichischer Botaniker,
* 28. 11. 1854 Ungarisch-Altenburg (Mosonmagyaróvár),
† 30. 1. 1945 Berlin.

Haberlandt war der führende Pflanzenanatom seiner Zeit, der durch eine physiologische Neugliederung der Gewebe höherer Pflanzen die allgemeine Botanik reformierte.

Unter dem Einfluss des Vaters Friedrich Haberlandt, der in Ungarisch-Altenburg und Wien Pflanzenbau lehrte, nahm der junge Haberlandt 1873 in Wien ein Studium der Botanik auf. Nach der Promotion mit einer chemischen Arbeit zur Blattfärbung (1876) bei dem Pflanzenphysiologen Julius Wiesner wurde er Assistent seines Vaters, um schließlich 1877/78 bei S. ↗ Schwendener in Tübingen zu arbeiten. Mit einer Schrift zur Entwicklungsgeschichte des mechanischen Gewebesystems der Pflanzen habilitierte er sich 1879 in Wien. 1880 wurde Haberlandt »Supplierender Professor« der Botanik an der TH Graz und folgte daselbst 1888 Hubert Leitgeb auf dem Lehrstuhl für Botanik. 1891/92 weilte er im Botanischen Garten von Buitenzorg (heute Bogor) auf Java. 1910 übernahm er in der Nachfolge seines Lehrers Schwendener den Lehrstuhl für allgemeine Botanik der Universität Berlin. Haberlandt wurde 1923 emeritiert.

Schwendener hatte 1874 den Bau des pflanzlichen Stützsystems mit dessen Funktion erklärt und damit das Programm einer physiologischen Pflanzenanatomie begründet, das vor allem sein bedeutendster Schüler Haberlandt, gegen den Widerstand konservativer Histologen, systematisch und zielstrebig verwirklichte. Nach einer kurzen Zeit der Prüfung und Entwicklung des Systems physiologischer Gewebe (1877–84) wies Haberlandt zwi-

G. Haberlandt

schen 1880 und 1900, insbesondere an betriebsphysiologischen Geweben, die untrennbare Einheit von Bau und Leistung beispielhaft nach. 1882 nahm er die noch heute gültige, anatomisch-physiologische Gewebeeinteilung vor. Die neue, anatomisch-physiologische Sicht wirkte sich dann nicht minder anregend auf reizphysiologische (1900–1913) und entwicklungsphysiologische (1913–1923) Fragestellungen aus. Hatte Haberlandt ursprünglich gefragt, wie Struktur und Funktion zusammenhängen, so untersuchte er nun, welche Faktoren die Entstehung zweckmäßiger Strukturen bewirken. Unter einer Vielzahl von Entdeckungen fanden der zweckmäßige Bau des Assimilationssystems (1881), die geotropische Wirkung von Statolithen (1900), das Fortleben isolierter und kultivierter Pflanzenzellen (1902) und die Existenz zellteilungsanregender Pflanzenstoffe (1913) besondere Beachtung. Haberlandt ließ sich dabei von den Fortschritten benachbarter Disziplinen leiten. Für ihn bildeten Analogien »die« Quelle der Inspiration. Der physiologisch vorteilhafte Bau der Gewebe wurde als eine Folge stammesgeschichtlicher Anpassungen gedeutet, womit sich Haberlandt zu Ch. ↗ Darwins Evolutionstheorie bekannte. Sein Grundriss der *Physiologischen Pflanzenanatomie* (1884) wurde mit sechs Auflagen (bis 1924) und einer englischen Übersetzung (1914) zum erfolgreichsten Lehrbuch der Pflanzenanatomie. [EH]

Werk(e):
Entwickelungsgeschichte des mechanischen Gewebesystems der Pflanzen (1879); Physiologische Pflanzenanatomie. 6 Auflagen (1884–1924); Culturversuche mit isolierten Pflanzenzellen, Sitzungsberichte d. Math.-Naturwiss. Classe d. Kais. Akad. d. Wiss. Wien 111.I (1902) 69–91; Erinnerungen, Bekenntnisse und Betrachtungen (1933).

Sekundär-Literatur:
Höxtermann, E.: »Das Wetter wird vermutlich schön …« – Eine Erinnerung an Gottlieb Haberlandt (1854–1945) im 50. Todesjahr. Biologisches Zentralblatt 115 (1996) 214–240.

Hadamard, Jacques Salomon,
französischer Mathematiker,
* 8. 12. 1865 Versailles,
† 17. 10. 1963 Paris.

Hadamard hat Bedeutendes zur Analysis beigetragen und auch auf Gebiete wie analytische Zahlentheorie und Topologie eingewirkt.

Nach seinem Studium an der École Normale Supérieure unterrichtete Hadamard von 1890 bis 1893 am Lycée Buffon in Paris; 1892 erhielt er den Grad des »Docteur ès Sciences«. Bis 1909 wirkte er an den Universitäten in Bordeaux und Paris. Danach war er Profesor am Collège de France; 1912 und 1920 kamen Professuren an der École Polytechnique bzw. der École Centrale des Arts et Manufactures hinzu. Aus allen diesen drei Stellungen ging er 1937 in den Ruhestand.

In seinem Werk beschäftigte sich Hadamard zunächst mit analytischen Funktionen einer komplexen Veränderlichen. So enthält seine *Thése* aus dem Jahre 1892 einen expliziten Ausdruck für den Konvergenzradius einer Potenzreihe, der heute als »Formel von Cauchy-Hadamard« bezeichnet wird. In einer im gleichen Jahr verfassten Arbeit untersuchte Hadamard auch das Wachstumsverhalten analytischer Funktionen. Auf seinen Resultaten aufbauend und unabhängig von Charles de la Vallée-Poussin gelang es Hadamard 1896, eine von B. ↗ Riemann skizzierte Idee zu einem vollständigen Beweis des schon von C. F. ↗ Gauß vermuteten Satzes auszubauen, dass sich die Anzahl der Primzahlen unterhalb einer gegebenen Zahl asymptotisch so verhält wie der Quotient aus jener Zahl und deren natürlichem Logarithmus. In den nächsten Jahren wandte sich Hadamard der reellen Analysis zu. Er arbeitete über Differentialgeometrie und dynamische Systeme, nichtlineare und partielle Differentialgleichungen und entwickelte in diesem Zu-

J.S. Hadamard

sammenhang den Begriff des gutgestellten Anfangswert- bzw. Randwertproblems. Seine Arbeiten nahmen engen Bezug zur Physik, etwa zur Elastizitätslehre, geometrischen Optik oder Hydrodynamik.

Hadamards 1910 erschienenes Buch über Variationsrechnung war zugleich grundlegend für die Funktionalanalysis. Außerordentlich einflussreich waren auch seine 1922 veröffentlichten Vorlesungen über das Cauchy-Problem für lineare partielle Differentialgleichungen. Hadamard erhielt 1892 den Grand Prix des Sciences Mathématiques, 1896 den Prix Bordin und 1898 den Prix Poncelet. Er war Ehrendoktor zahlreicher Universitäten und Mitglied namhafter Akademien, so der Académie des Sciences in Paris und der Royal Society. [PU]

Werk(e):
Oeuvres de Jacques Hadamard, 4 Bde. (1968).

Sekundär-Literatur:
Lévy, P., Mandelbrojt, S., Malgrange, B., Malliavin, P.: La vie et l'oeuvre de Jacques Hadamard (1967); Maz'ya, V., Shaposhnilkova, T.: Jacques Hadamard, A Universal Mathematician (1998).

Haeckel, Ernst Heinrich Philipp August,
deutscher Zoologe und Naturphilosoph,
* 16. 2.1834 Potsdam,
† 9. 8. 1919 Jena.

Haeckel popularisierte die Darwinsche Evolutionstheorie im »Monismus« als »wissenschaftlicher Weltanschauung«.

Haeckel interessierte sich schon früh für die Verbindung wissenschaftlicher Einzelergebnisse und romantischer Betrachtung des Naturganzen, die ihm u. a. in Werken von M. J. ↗ Schleiden und A. v. ↗ Humboldt nahe gebracht wurde. Während seines Medizinstudiums (u. a. bei R. ↗ Virchow) von 1852–1858 in Berlin, Würzburg und Wien, das er mit einer Promotion zum Dr. med. 1857 abschloss, wandte sich Haeckel, angeregt durch seine Lehrer Albert Koelliker und J. P. ↗ Müller, der Morphologie und Taxonomie der Meeresfauna zu, die seitdem im Zentrum seiner Forschungen stand. Auf eine Studienreise nach Italien 1859/60 (Beschreibung 144 neuer Radiolarienarten) folgten zahlreiche Forschungsreisen u. a. in den Mittelmeerraum, nach Indien und Indonesien.

E.H.P.A. Haeckel

1862 zum außerordentlichen Professor für vergleichende Anatomie in Jena ernannt, trat Haeckel bereits 1863 öffentlich für die Darwinsche Evolutionstheorie ein, hob die Rolle der Selektionstheorie als kausaler Erklärung der Abstammung der Arten hervor und betonte deren Gültigkeit auch für die Abstammung des Menschen. Damit bezog er schon vor Ch. ↗ Darwin offen Position gegen eine Sonderstellung des Menschen in der Natur. 1865 wurde Haeckel als Ordinarius auf den neu begründeten Lehrstuhl für Zoologie in Jena berufen. Dort wurde er Direktor des zoologischen Museums und forcierte den Ausbau des zoologischen Instituts, das die Zoologie als eine selbständige naturwissenschaftliche Disziplin zu etablieren half.

Seine ordentliche Professur für Zoologie in Jena (bis 1909) leitete Haeckel mit seinem 1866 erschienenen Hauptwerk *Die Generelle Morphologie der Organismen* ein. Darin forderte er eine Neuordnung der zoologischen Morphologie und Systematik auf Basis der Evolutionstheorie, deren Konzeption Haeckel auf Darwin, J. W. v. ↗ Goethe und J.-B. ↗ Lamarck zurückführte: In seinem hier erstmals vorgestellten »Monismus« verbinden sich Selektionstheorie, idealistische Morphologie und die Theorie der Vererbung erworbener Eigenschaften in einer Einheitsphilosophie von Natur, Wissenschaft und Weltanschauung. Entscheidend für die wissenschaftliche Begründung der Einheit der Natur war die unter dem Begriff der »Ökologie« neu eingeführte Idee der Interaktion der Organismen mit ihrer Umwelt sowie die Annahme fließender Übergänge zwischen anorganischer und organischer Materie sowie zwischen Tier und Mensch. Zur Erklärung dieser Übergänge verwies Haeckel in Anlehnung an ältere Formulierungen der Rekapitulationstheorie (u. a. J. F. ↗ Meckel, K. E. v. ↗ Baer) auf Parallelen in der ontogenetischen und phylogenetischen Evolution der Organismen, die er im *Biogenetischen Grundgesetz* formulierte: Die Individualentwicklung rekapituliert die Stammesentwicklung. Das so verklammerte natürliche System aller Organismen verdeutlichte Haeckel grafisch mit Hilfe von Stammbäumen, die seine Idee einer notwendigen Vervollkommnung der Natur bildlich untermauerten. Zwar nicht mehr als Geschöpf Gottes, jedoch als am weitesten fortgeschrittener Organismus konnte auch der Mensch in die progressive Evolution eingepasst werden, was Haeckel in der *Natürli-*

E.H.P.A. Haeckel: Kunstformen der Natur: Scheibenquallen

chen Schöpfungsgeschichte (1868) und der *Anthropogenie* (1874) unternahm.

1872 stellte Heckel die *Gastrea*-Theorie zur Grundorganisation des Metazoenkörpers auf, 1875 formulierte er die »Perigenesis«-Theorie der Vererbung, nach der sich Umwelteinflüsse in kleinsten »Lebensteilchen« des Protoplasmas (*Plastidule*) niederschlagen. Auch als sich mit A. ↗ Weismanns Trennung von Soma und Keimbahn in den 1880er-Jahren allmählich ein neues Verständnis anbahnte, hielt Haeckel an dieser lamarckistischen Deutung der Vererbung fest.

Mögliche politische und soziale Implikationen des Monismus entfaltete Haeckel vor allem ab 1878, um dem Vorwurf seines Lehrers Virchow entgegenzutreten, der der Darwinschen Theorie Nähe zum Sozialismus attestiert hatte. Haeckel identifizierte nun das Recht des Stärkeren als »aristokratischen« Kern der Abstammungslehre und legte damit einen Grundstein für später weiter ausgearbeitete eugenische Überlegungen.

1899 erschienen *Die Welträtsel*, als Bestseller Ausgangspunkt des weit reichenden Einflusses des Monismus. Institutionalisiert mit der Gründung des Monistenbundes 1906, fanden vor allem die ästhetischen, rassentheoretischen und eugenischen Ideen Haeckels Eingang in die weltanschauliche Gemengelage der Jahrhundertwende. Seine polemische Verurteilung des Klerikalismus wie auch seine strikte Ablehnung der christlichen Gottesvorstellung führten immer wieder zu scharfen Auseinandersetzungen um den Darwinismus. Haeckels Monismus erwies sich jedoch durchaus nicht als materialistisch oder atheistisch: Prachtvolle Darstellungen der symmetrischen Formen kleinster Meerestiere (*Kunstformen der Natur*, 1904), die auf seine Auswertung der »Challenger«-Tiefsee-Expedition 1872–1876 zurückgingen (Beschreibung 3 702 neuer Arten), unterstrichen seine Suche nach dem »Wahren, Guten und Schönen«, das er in der Natur selbst wiederzufinden meinte. Harmonie und Ordnung der Natur korrespondierten mit dem Selbstverständnis des Monismus als pantheistischer Naturphilosophie, der in Haeckels letzten Schriften zusehends auch vitalistische und idealistische Züge trug. [BK]

Werk(e):
Die Generelle Morphologie der Organismen. Allgemeine Grundzüge der organischen Formen-Wissenschaft, mechanisch begründet durch die von Charles Darwin reformierte Deszendenz-Theorie, 2 Bde. (1866); Die Welträtsel. Gemeinverständliche Studien über Monistische Philosophie (1899); Gemeinverständliche Werke, hrsg. v. Heinrich Schmidt, 6 Bde. (1924).

Sekundär-Literatur:
Krauße, E.: Ernst Haeckel (1987); Aescht, E. u. a. (Hrsg.): Welträtsel und Lebenswunder. Ernst Haeckel – Werk, Wirkung, Folgen (1998).

Hahn, Otto,
deutscher Chemiker,
* 8. 3. 1879 Frankfurt am Main,
† 28. 7. 1968 Göttingen.

Hahn war einer der Pioniere der Radiochemie und gilt als Begründer der Angewandten Radiochemie. Er fand verschiedene natürliche Radioelemente, darunter mit L. ↗ Meitner (1917) das Protactinium. Mit Fritz Straßmann (1938) entdeckte er die Urankernspaltung.

Hahn war der jüngste Sohn eines aus einer Weinbauernfamilie stammenden Glasers aus dem »gehobenen Handwerkerstand« Frankfurts. Er besuchte dort die Klinger-Oberrealschule und nahm anschließend ein Chemiestudium in Marburg bei Ernst Carl Theodor Zincke auf (mit Spezialisierung auf Organische Chemie); 1898 studierte er zwei Semester in München bei A. v. ↗ Baeyer. 1901 promovierte er in Marburg *Über Bromderivate des Isoeugenols* mit magna cum laude. Nach seinem Militärjahr wurde Hahn 1902 Vorlesungsassistent bei Zincke. Um für die beabsichtigte Industriechemikertätigkeit Sprachkenntnisse zu erwerben,

O. Hahn

ging er 1904 an das University College in London zu W. ↗ Ramsay.

In Ramsays Labor wurde Hahn mit der Radioaktivität vertraut und konnte bereits 1905 eine bisher unbekannte radioaktive Substanz nachweisen, das Radiothorium ($^{228}_{90}$Th). Ramsay empfahl ihm daraufhin, die beabsichtigte Industrietätigkeit mit der eines Forschers zu vertauschen, erwirkte ihm einen künftigen Arbeitsplatz bei E. ↗ Fischer am Chemischen Institut der Berliner Universität und zuvor noch einen Studienaufenthalt zur Vertiefung seiner Kenntnisse zur Radioaktivität bei E. ↗ Rutherford in Montreal. Dort entdeckte Hahn u. a. die Radioelemente Thorium C′ ($^{212}_{84}$Po) und Radioactinium ($^{227}_{90}$Th).

Im Herbst 1906 nahm Hahn seine Tätigkeit in Berlin auf. Hier beschäftigte sich noch niemand mit Radioaktivität, und ihm wurde als Labor eine ungenutzte Holzwerkstatt im Erdgeschoss des Instituts zugewiesen. Im Juni 1907 habilitierte er sich; im gleichen Jahre fand er die Radioelemente Mesothorium I ($^{228}_{88}$Ra) und Mesothorium II ($^{228}_{89}$Ac), das bald in vielen Anwendungsbereichen als Ersatz für das teurere Radium dienen konnte. Aufgrund seiner an der Grenze zwischen Physik und Chemie angesiedelten Arbeiten fand Hahn damals eher Anschluss bei den Physikern als bei den Chemikern, und dort lernte er auch Meitner kennen, die im Herbst 1907 seine Mitarbeiterin wurde.

Als gemeinsame Arbeitsaufgabe wählten Hahn und Meitner vergleichende Versuche über die Absorption der β-Strahlen der Radioelemente. 1908 fanden sie das Actinium C″ ($^{207}_{81}$Tl). 1909 entdeckten sie den radioaktiven Rückstoß bei der α-Umwandlung und unter Nutzung dieser Methode u .a. das Thorium C″ ($^{207}_{81}$Tl). Mit von Baeyer entwickelte Hahn das β-Strahlen-Spektrometer, Meitner untersuchte 1911 gemeinsam mit J. ↗ Franck die Beweglichkeit der Rückstoßatome.

1910 wurde Hahn der Professorentitel verliehen; im gleichen Jahr war er auch Mitglied der neu gegründeten Internationalen Radium-Standard-Kommission geworden. 1912 wurde ihm die Leitung der kleinen Abteilung für radioaktive Forschung am neu gegründeten Kaiser-Wilhelm-Institut (KWI) für Chemie in Berlin-Dahlem übertragen. Meitner blieb weiterhin seine Mitarbeiterin; zunächst allerdings nur als unbezahlter Gast. – Seit 1913 war Hahn mit Edith Junghans verheiratet; sie hatten einen Sohn.

Am Ersten Weltkrieg nahm Hahn in der von F. ↗ Haber geleiteten Spezialtruppe für Gaskampf teil. Meitner, zunächst ebenfalls im Kriegseinsatz als Krankenschwester, nahm 1916 die gemeinsamen Versuche am KWI wieder auf, an denen Hahn in dieser Zeit nur sporadisch mitwirken konnte. 1917 gelang auf diese Weise die Auffindung des Protactiniums (Element 91) als Muttersubstanz des Actiniums.

1918 fand eine gewisse Strukturierung der radioaktiven Forschungsabteilung in eine radiochemische (der Hahn vorstand) und eine radiophysikalische (der Meitner vorstand) statt, die 1924 auch organisatorisch manifestiert wurde. Hahn wurde 1924 zweiter und 1928 erster Direktor des KWI für Chemie. Hahns Hauptarbeitsgebiet wurden nun die Nuklide am Anfang der Uranium-Radium-Zerfallsreihe. Wichtigstes Ergebnis war 1921 der Nachweis der Kernisomerie (bei sonst gleicher Ordnungs- und Massenzahl unterscheiden sich radioaktive Kerne in ihren radioaktiven Eigenschaften). Nahezu alle natürlichen Radioelemente waren jetzt bekannt. In den zwanziger Jahren widmete sich Hahn deshalb vor allem der angewandten Radiochemie. Die Besonderheit der Radiochemie ist das chemische Arbeiten mit strahlenden Substanzen, die meist nur in minimalen Mengen vorliegen; man arbeitet mit Lösungen, aus denen Niederschläge ausgefällt werden. Die Messung der Stärke der Strahlung des Niederschlags und der verbleibenden Lösung hilft dann bei der Identifizierung weiter; Hahn war ein Meister in diesen analytischen Methoden. Insbesondere entwickelte er die »Emaniermethode« – ein Verfahren zum Studium von Struktur- und Oberflächenzuständen fester Körper mittels des radioaktiven Edelgases Radon. Außerdem begründete er die Rubidium-Strontium- Methode zur geologischen Altersbestimmung (1927).

Die Entdeckung des Neutrons durch J. ↗ Chadwick (1932), der künstlichen Radioaktivität durch F. ↗ Joliot-Curie und I. ↗ Joliot-Curie (1934) sowie die vermeintliche Entdeckung der Transurane durch E. ↗ Fermi (1934) veranlassten Hahn und Meitner, ihre Zusammenarbeit wieder zu verstärken und sich diesen »Transuranen« zuzuwenden. Für die notwendigen chemischen Analysen wurde Straßmann hinzugezogen, der seit 1929 Assistent bei Hahn war. Zwischen 1934 und 1938 entstanden aus dieser Arbeitsgruppe 15 Publikationen über Fragen der künstlichen Umwandlung des Urans durch Neutronen, wobei auf der Grundlage der Hypothese von Fermi Transurane als Umwandlungsprodukte erwartet wurden. Bei diesen Kernumwandlungen entstanden u. a. radioaktive Produkte, die sich nur mit Barium separieren ließen; aufgrund der damals bestehenden Einordnung der Elemente in das Periodische System wurden deshalb Radiumisotope vermutet. Dass ebensogut Barium entstanden sein könnte, lag damals außerhalb jeder sinnvollen Annahme. Chemische Analysen zeigten Ende 1938 jedoch eindeutig, dass Barium entstanden war, folglich eine Spaltung des Urankerns vorliegen musste. Noch bevor Hahn und Straßmann dieses Ergebnis publizierten, teilten sie es Meitner mit, die im Sommer 1938 aus Deutschland hatte emigrieren müssen, und gemeinsam mit ihrem Neffen O. R. ↗ Frisch konnte diese die physikalische Begründung dafür liefern.

Am physikalischen Problem der Energiegewinnung auf der Basis der Atomkernspaltung war Hahn relativ wenig interessiert, doch befasste er sich mit seinen Mitarbeitern weiterhin mit der Untersuchung der Spaltprodukte. Auf diese Weise war er durchaus am deutschen Uranprojekt während des Zweiten Weltkrieges beteiligt und gewissermaßen als »Seniorwissenschaftler« auch weitgehend über die Projektentwicklung informiert, ohne allerdings die mögliche Realisierung einer Bombe im Blick zu haben. Nach der Ausbombung im Februar 1944 wurde das KWI für Chemie von Berlin nach Tailfingen in Süddeutschland verlagert. Mit den führenden deutschen Kernphysikern wurde Hahn nach dem Zweiten Weltkrieg (im 2. Halbjahr 1945) von den Alliierten in England interniert. Dort erfuhr er von den amerikanischen Atombombenabwürfen über japanischen Städten. Tief erschüttert und sich seiner Verantwortung als Entdecker der Kernspaltung durchaus bewusst, trat er nun in seinen letzten Lebensjahrzehnten aktiv gegen den Missbrauch der Atomenergie auf. So wurde er zum Initiator der »Mainauer Erklärung« der Nobelpreisträger von 1955 und Mitinitiator des »Göttinger Appells« von 18 führenden (west-)deutschen Atomforschern gegen die Atombewaffnung der Bundeswehr von 1957. Sein Aufsatz *Cobalt 60* von 1955 war ein wichtiger Beitrag zur Aufklärung der Menschheit über die Gefahren, aber auch den möglichen Nutzen der Atomenergie.

Anfang 1946 nach Göttingen zurückgekehrt, wurde Hahn zum Präsidenten der Kaiser-Wilhelm-Gesellschaft gewählt, die er 1948 in die Max-Planck-Gesellschaft überführte und der er bis 1960 vorstand. In dieser Funktion widmete er seine ganze Kraft dem Wiederaufbau der Forschung in (West-)Deutschland.

Für die Entdeckung der Kernspaltung wurde Hahn 1945 der Nobelpreis für Chemie des Jahres 1944 zugesprochen (entgegengenommen 1946). – Hahn war u. a. Mitglied der Berliner Akademie der Wissenschaften (OM 1924), der Leopoldina in Halle (OM 1926), der Bayerischen (KM 1937) und der Schwedischen (AM 1943) Akademie der Wissenschaften. Unter den zahlreichen Ehrungen seien neben mehreren Ehrendoktoraten und Ehrenmitgliedschaften noch genannt: Max-Planck-Medaille der Deutschen Physikalischen Gesellschaft (1949, mit Meitner), Mitglied der Friedensklasse des »Ordens Pour le Mérite« für Wissenschaft und Künste (1952); Enrico-Fermi-Preis (1966; gemeinsam mit Meitner und Straßmann); Ehrenbürger der Städte Frankfurt a. M. und Göttingen (1959) sowie Berlin (1968). – Die Gesellschaft Deutscher Chemiker und die Deutsche Physikalische Gesellschaft stifteten 1953 gemeinsam den Otto-Hahn-Preis; die Stadt Frankfurt am Main vergibt ebenfalls einen Otto-Hahn-Preis. [HK]

Werk(e):
Über ein neues, die Emanation des Thoriums gebendes radioaktives Element, in: Jahrb. d. Radioaktivität u. Elektronik 2 (1905) 233–266; mit L. Meitner: Die Muttersubstanz des Actiniums, ein neues radioaktives Element von langer Lebensdauer, Physikalische Zeitschrift 19 (1918) 208–218; Applied Radiochemistry (1936); Über den Nachweis und das Verhalten der bei der Bestrahlung des Urans mittels Neutronen entstehenden Erdalkalimetalle. Die Naturwissenschaften 27 (1939) 11–15; Cobalt 60 – Gefahr oder Segen für die Menschheit? (1955); Vom Radiothor zur Uranspaltung (1962); Mein Leben (1968).

Sekundär-Literatur:
Hahn, D. (Hrsg.): Otto Hahn – Begründer des Atomzeitalters (1979); Gerlach, W. und Hahn, D.: Otto Hahn. Ein Forscherleben unserer Zeit (1984); Hoffmann, K.: Otto Hahn – Schuld und Verantwortung. Konflikte eines Wissenschaftlers (1993); Kant, H.: Vom KWI für Chemie zum KWI für Radioaktivität: Die Abteilung(en) Hahn/Meitner am Kaiser-Wilhelm-Institut für Chemie, in: Dahlemer Archivgespräche Heft 8 (2002) 57–92.

Hakki Erzurumi, Ibrahim,
türkischer Philosoph und Gelehrter,
* 1703 Erzurum,
† 1780 Tillo.

Hakkis Werk *Marifetname* ist eines der ersten Werke, das dem ottomanischen Leser die heliozentrische Weltsicht nahezubringen versucht.

Im Alter von neun Jahren übersiedelte Hakki nach Tillo (Südost-Türkei) und wurde dort Schüler von Ismail Fakirullah. Im Jahre 1720 kehrte er nach Erzurum zurück, um dort seine Ausbildung fortzusetzen und Arabisch und Persisch zu lernen. Im Jahre 1728 ging er erneut nach Tillo, wo er sich dem Sufismus verschrieb. Im Jahre 1747 zog Hakki nach Istanbul und arbeitete unter seinem Gönner Sultan Mahmud I. in der Palastbibliothek. Während dieser Zeit in Istanbul erwachte sein Interesse für das heliozentische Weltbild. Während eines zweiten Aufenthalts dort im Jahre 1755 weitete er seine Studien aus und vollendete im Anschluss daran in Erzurum sein weithin bekanntes Werk *Marifetname* (Das Buch der Erleuchtung, 1757).

Hakki hat sich in seinen – meist in türkischer Sprache, einige auch auf Persisch und Arabisch verfassten – Werken noch verschiedenen anderen Themenbereichen gewidmet: Medizin, Anatomie, Physiologie, Physiognomie, Arithmetik, Geometrie, Trigonometrie, Philosophie und Ethik. Die meisten seiner Prosa-Werke, darunter auch *Marifetname*, enthalten auch Verse.Einen Großteil seiner Kenntnisse verdankt Hakkı den Werken von ↗ Avicenna (*Kanun fi't-Tıbb*). Die in Türkisch verfassten Werke *Marifetname* und *Divan* (1857) wurden veröffentlicht, seine anderen Werke blieben Manuskripte.

Marifetname fand in der ottomanischen und islamischen Welt ab dem 18. Jahrhundert weite Verbreitung. Dieses enzyklopädische Werk erläutert die geozentrische Theorie und die Entstehung des Kosmos nach religiöser Auffassung unter der Überschrift »Islamische Astronomie«. Im ersten Teil aber wird, mit vielen Illustrationen und Erläuterungen zu den verschiedenen Einwänden, die sonnenzentrierte Sicht des Kosmos wissenschaftlich dargelegt. [SK3]

Sekundär-Literatur:

Onal, Sami: 190. Olüm Yıldönümünde Erzurumlu Ibrahim Hakki (1703-1780), Türk Kültürü, Bd.VIII, 95 (1970); Revnakoglu, Cemaleddin Server: Erzurumlu İbrahim Hakkı ve Marifetnamesi (1961).

Haldane, John Burdon Sanderson,
britischer Genetiker und Mathematiker,
* 5. 11. 1892 Oxford,
† 1. 12. 1964 Bhubaneswar (Indien).

J.B.S. Haldane

Haldane gehört zu den bedeutendsten Biologen und Genetikern des 20. Jahrhunderts.

Haldane erhielt 1911 aufgrund seiner mathematischen Begabung ein Stipendium für das New College (Oxford) und schloss 1912 mit dem »First Class Honor« ab, anschließend studierte er zwei Jahre Griechisch und Latein. Im Ersten Weltkrieg diente er als Soldat und wurde 1918 Fellow des New College. Hier zunächst an physiologischen Fragestellungen arbeitend, wechselte er 1923 das Fachgebiet und wurde Dozent für Biochemie in Cambridge, zwischen 1927 und 1936 folgten dann genetische Studien am John Innes Horticultural Institute, von 1930–32 war er Professor für Physiologie an der Royal Institution in Cambridge, ab 1933 Professor für Genetik, später für Biometrie am University College London. Nach 1945 wandelte sich seine politische Einstellung; so war Haldane aktiv an der Lyssenko-Debatte beteiligt, in deren Ergebnis er 1950 die kommunistische Parteimitgliedschaft aufkündigte. 1957 emigrierte er mit Ehefrau nach Indien und wurde Mitarbeiter der »Genetics and Biometry Research Unit« in Kalkutta, ab 1962 Leiter des Laboratory of Genetics in Bhubaneswar.

Haldanes Werk umfasst 23 Bücher, über 430 wissenschaftliche Artikel, mehrere Science-Fiction-Romane sowie 345 Beiträge für den *Daily Worker*. Er publizierte bedeutende Arbeiten auf den Gebieten der (Populations-)Genetik und der Biometrie, wobei sein Ziel in der Vereinigung von Ch. ↗ Darwins Evolutionstheorien mit der Mendelschen Genetik (G. J. ↗ Mendel) bestand. Im Gegensatz zu R. A. ↗ Fisher und Sewall Wright entwickelte er kein System zur Evolution, sondern diskutierte vielmehr die Ursachen der Evolution aus dem Blickwinkel der natürlichen Selektion. Damit trug er zur Ausformulierung der »Synthetischen Theorie der Evolution« bei. Haldane leistete neben J. ↗ Huxley und John Tyndall einen theoretischen Beitrag zur Frage nach der Entstehung des Lebens (1929). Studien zur Verhaltensforschung und zur Eugenik (1938) runden seine Interessengebiete ab. [UH]

Werk(e):

Mathematical Theory of Natural and Artificial Selection (1924); The Origin of Life (1929); Causes of Evolution (1932); Heredity and Politics (1938).

Sekundär-Literatur:
Clark, R.: J. B. S. – The life and work of J. B. S. Haldane (1968); Müller-Graf, Chr.: John Burdon Sanderson Haldane (1892–1964), in: Darwin & Co., hrsg. von Jahn, I. und Schmitt, M. (2001) 110–127.

Hale, George Ellery,
amerikanischer Astronom,
* 29. 6. 1868 Chicago (Illinois),
† 21. 2. 1938 Pasadena (Californien).

Hale wurde bekannt durch seine Messung von Magnetfeldern in Sonnenflecken und der Sonne allgemein. Er entwickelte den Sonnenturm zur spektrographischen Untersuchung der Sonne (1904/08) sowie den Spektroheliographen (1889) und das Spektrohelioskop (1924/26) zur fotografischen bzw. visuellen Untersuchung der Chromosphäre.

Hale studierte von 1886 bis 1890 Mathematik, Physik und Chemie am MIT in Cambridge/Mass. Sein Vater richtete ihm 1891 eine Privatsternwarte in Chicago ein, das Kenwood Observatory, das für astrophysikalische Forschungen mit einem 12''-Refraktor – dazu mit Spektroskop und Rowland- Gitter – ausgestattet war. 1892 wurde er unbezahlter »Associate Professor of Astral Physics«, 1895 bezahlter Professor an der neu gegründeten Universität Chicago – der erste Professor für Astrophysik. Zwischen 1905 und 1923 wirkte er als Direktor des Mt.-Wilson-Observatoriums.

Als Sonnenphysiker trieb er entscheidend die Gründung von Observatorien mit ausgezeichneter instrumenteller Ausstattung durch private Stiftungsmittel voran. Damit entstanden die wichtigsten amerikanischen Sternwarten: Yerkes, Mount Wilson und Mount Palomar Observatory. Um sich Anregungen für den Bau eines Observatoriums für die Universität zu holen, machte Hale 1893 eine Europareise und lernte die führenden Astrophysiker persönlich kennen. Er hörte vom Optiker Alvan Graham Clark 1892, dass eine 40-inch-Linse verfügbar sei, und überzeugte den reichen Chicagoer Industriellen Charles Tyson Yerkes, das 1-m-Teleskop zu sponsern. Mit seiner Hilfe wurde 1897 das Yerkes-Observatorium bei Williams Bay, Wisconsin, gebaut.

Mit dem 1-m-Teleskop war der Rumford-Spektroheliograph verbunden, der gute Fotos von der Chromosphäre mit ihren Calciumwolken lieferte. Um größere Bilder zu erhalten, schlug Hale ein horizontales Sonnenteleskop von 175 Fuß Länge vor, das 1902 fertiggestellte Rumford-Teleskop, das jedoch durch einen Brand schwer beschädigt wurde; eine erneute Spende ermöglichte 1903 die Einrichtung des Snow-Teleskops.

Als einflussreiches Vorstandsmitglied der Carnegie-Stiftung für den Bereich Astronomie suchte Hale 1903 einen geeigneten Beobachtungsplatz für ein neues Observatorium – dieser wurde auf dem Mount Wilson bei Pasadena gefunden. Als erstes modernes Sonnenobservatorium der Welt wurde es mit einem 60''-Spiegelteleskop und seinen beiden Turmteleskopen zum Vorbild für andere Sonnenobservatorien im 20. Jahrhundert.

Die Sonnentürme waren in Verbindung mit dem von Hale erfundenen Spektroheliographen eine wichtige messtechnische Innovation. Mit Hilfe von zwei Spiegeln (Coelostaten) wird das Licht der Sonne in den Turm gelenkt, in dessen Keller sich der Spektrograph befindet. Hale fand, dass Sonnenflecken starke Magnetfelder haben, die einige 1 000-mal stärker als das Erdmagnetfeld sind. Ihre Feldstärke beträgt bis 3 000 Gauß, d. h. über das 5 000-fache des Erdmagnetfeldes. Für diese Magnetfeldbestimmungen wurde der Zeeman-Effekt, d. h. die Aufspaltung der Spektrallinien im Magnetfeld, genutzt. Je stärker das Magnetfeld, desto größer ist die Aufspaltung: Zum Beispiel entspricht einer Aufspaltung bestimmter Spektrallinien von 0,2 Å ein Magnetfeld von 4 000 Gauß.

Im »Magnetogramm« der Sonne lassen sich Magnetfelder nördlicher Polarität und südlicher Polarität unterscheiden. Hale erkannte (1924), dass sich das Magnetfeld alle 11 Jahre umpolt und damit der magnetische Sonnenfleckenzyklus (Hale-Zyklus) 22 Jahre beträgt.

Hale war von 1905 bis 1923 Direktor des Forschungsinstituts Mt. Wilson. Mit weiteren Spenden gelang ihm – nach der Errichtung des 1,5-m-Spiegelteleskops (60-inch) 1907/08 – dann 1917 der Bau des 2,5-m-Hooker-Reflektors (100-inch), des damals größten Teleskops der Welt. Hale stellte die beiden bedeutenden Astrophysiker H. ↗ Shapley und E. P. ↗ Hubble gleich nach ihrer Doktorarbeit an und förderte auch die Forschung auf dem Gebiet der galaktischen und extragalaktischen Astronomie.

G.E. Hale: Der Komet Hale-Bopp

Als nächsten und letzten Schritt plante er mit Geldmitteln der Rockefeller-Stiftung einen 5-m-Spiegel (200-inch) für das Carnegie Institute of Technology, der allerdings erst 1948 unter dem Namen »Hale-Teleskop« auf Mount Palomar fertiggestellt wurde.

Als international führende Persönlichkeit in der Sonnenphysik trieb Hale deren Professionalisierung entscheidend voran, u. a. durch die Verbesserung der Organisationsstrukturen in der Sonnen- und Astrophysik (Gründung der International Solar Union, ISU 1904) sowie mit der Gründung von Fachzeitschriften (*Astrophysical Journal: an International Review of Spectroscopy and Astronomical Physics*, 1896). Als Wissenschaftsorganisator gründete er 1898 zudem die American Astronomical (and Astrophysical) Society, und auch die Gründung des California Institute of Technology und seine Profilierung zu einer amerikanischen Eliteuniversität geht maßgeblich auf ihn zurück. [GW3]

Werk(e):
Solar Research at the Yerkes Observatory, Astrophysical Journal 16 (1902); The Solar Observatory of the Carnegie Institution of Washington, Contributions from the Mount Wilson Solar Observatory No. 2 (1905); Co-operation in solar research, Astrophysical Journal 20 (1904).

Sekundär-Literatur:
Wright, H., Warnow, J. H., Weiner, C. (Hrsg.): The Legacy of George Ellery Hale: Evolution of Astronomy and Scientific Institutions, in Pictures and Documents (1972); Osterbrock, D. E.: Pauper and Prince. Ritchey, Hale, and Big American Telescopes (1993); Wright, H.: Explorer of the Universe: A Biography of George Ellery Hale (1966, 1994).

Hales, Stephen,
englischer Chemiker und Physiologe,
* 17. 9. 1677 Bekesbourne (England),
† 4. 1. 1761 Teddington (England).

Hales gilt als Begründer der experimentellen Pflanzenphysiologie und machte wichtige Experimente zur Funktionsweise des Blutkreislaufs und zur Chemie der Luft.

Nach der Ausbildung am Christ College in Cambridge wurde Hales Hilfspfarrer in der kleinen Gemeinde Teddington. Hales, der keine formale naturwissenschaftliche Ausbildung hatte, aber Vorlesungen bei den Physikern William Whiston und Roger Cotes sowie dem Chemiker John Francis Vigani gehört und sich mit der Botanik J. ↗ Rays befasst hatte, machte seine erste wissenschaftliche Veröffentlichung mit fünfzig Jahren. 1727 erschienen seine *Vegetable Staticks*, in denen er Experimente beschrieb, die er 1719–1724 in den königlichen Gärten von Hampton Court ausgeführt hatte. Beigefügt war dem Buch ein Anhang mit dem Titel *Specimen of an Attempt to Analyze the Air*. Das Buch erhielt seine Imprimatur von I. ↗ Newton, dem damaligen Präsidenten der Royal Society, in die Hales 1718 aufgenommen worden war. G. L. L. de ↗ Buffon übersetzte es ins Französische. 1733 folgten die *Statical Essays* in zwei Bänden, die neben den *Vegetable Staticks* noch die *Haemastaticks* enthielten, die von analogen Tierexperimenten berichteten.

Hales' Bedeutung liegt vor allem darin, eine experimentelle und messende Methode für die Lebenswissenschaften fruchtbar gemacht zu haben, die sich an der Newtonschen Physik orientierte. Indem er beispielsweise einen Baum verletzte, an die verletzte Stelle ein Glasrohr anbrachte, und maß, bis zu welchem Punkt der austretende Saft anstieg, gelang es ihm, die Kraft zu bestimmen, mit der Wasser und Säfte in den Gefäßen von Pflanzen aufsteigen. Er selbst nannte diesen Ansatz »the statical way« und wandte ihn auch in seinen chemischen Versuchen an. Mit dem Nachweis, dass bei Verbrennungsprozessen ein gewisser Anteil Luft in den verbrannten Körper übergeht, legte er eine der Grundlagen für die chemische Revolution J. ↗ Priestleys und A. L. ↗ Lavoisiers am Ende des 18. Jahrhunderts. [SMW]

Werk(e):
Vegetable Staticks: Or an Account of Some Statical on the Sap in vegetables ... Also, a Specimen of an Attempt to Analyze the Air (1727); Statickal Essays (1733).

Sekundär-Literatur:
Allan, D. G. C., Schofield, R. E.: Stephen Hales: Scientist and Philanthropist (1980); Chohen, I. B.: Stephen Hales, Scientific American 234 (1976); James, P. J.: Stephen Hales Statical Way, History and Philosophy of the Life Sciences 7 (1985).

Halifezade, Çýnarî Ýsmail Efendi b. Mustafa,
türkischer Astronom,
* um 1790.

Halifezade stellte Berechnungen von Sonnenuhren an und übersetzte wichtige astronomische Texte aus dem Westen.

Ismail Halifezade lebte und arbeitete in Istanbul. Sein Beiname war Çinarî, weil er im Stadtteil Çinar von Istanbul lebte. Dieser Beiname ist von der Amtsbezeichnung seines Vaters Mustafa Efendi abgeleitet, der »halife (Stellvertreter)« des Zahlmeisters des Militärlagers von Sumnu (in Bulgarien) war. Halifezade arbeitet in demselben Amt wie sein Vater und wurde zum »bashalife (Chefstellvertreter)« befördert. Halifezade ist in der Geschichte der osmanischen Astronomie bekannt für seine Berechnungen von Sonnenuhren sowie für seine Übersetzungen und Neuabfassungen von Werken zur Astronomie und Mathematik. Die Sonnenuhr der Hekimoglu Ali Pasha Moschee (Istanbul) wurde von ihm konstruiert. 1767 wurde Ismail Halifezade an die Laleli Moschee in Istanbul berufen und zwar als »muwaqqit«, d. h. Verantwortlicher für die Gebetszeiten. Dort wirkte er fast 20 Jahre. Der osmanische Sultan Mustafa III., der ein Liebhaber der Astrologie war, beauftragte Halifezade, die astronomischen Werke von Alexis-Claude Clairaut zu übersetzen. Die 1767 vollendete Übersetzung ist bekannt als *Rasad-i Kamer* oder *Terceme-i Zîc-i Clairaut*

Daneben übersetzte er 1772 auch J. ↗ Cassinis *Tables astronomiques du soleil, de la lune, des planètes, des étoiles fixes et des satellites de Jupiter et de Saturne* (1740). Diese Übersetzung, die als *Cassini Zîj* bekannt ist, ist aus zwei Gründen bedeutsam. Zum einen führte sie Logarithmentafeln in das Osmanische Reich ein. Zum anderen war sie sehr einflussreich im Hinblick auf die osmanische wissenschaftliche Tradition der Zeitregulierung: von der Zeit Sultan Selim III. an wurden die Kalender nach den Cassinitafeln berechnet. Halifezade fertigte außerdem zahlreiche weitere Übersetzungen und Texte über Themen der Astronomie, Astrologie und Mathematik an. [MKA]

Werk(e):
Rasad-i Kamer oder Terceme-i Zîc-i Clairaut, Handschrift 244 der Bibliothek des Kandilli Observatoriums Istanbul; Cassini, Handschrift Hazine 451 der Bibliothek des Topkapi Palastmuseums Istanbul.

Sekundär-Literatur:
Ihsanoglu, E.: Introduction of western science to the Ottoman world: A case study of modern astronomy (1660–1860), Transfer of Modern Science and Technology to the Muslim World (1992); Osmanli Astronomi Literatürü Tarihi (History of Ottoman Astronomical Literature) Bd. II (1997); Osmanli Matematik Literatürü Tarihi (History of Ottoman Mathematical Literature) Bd. I, prepared by E. Ihsanoglu, E. Sesen et al. (1999).

Hall, Edwin Herbert,
amerikanischer Physiker,
* 7. 11. 1855 Great Falls (Maine),
† 20. 11. 1938 Cambridge (Mass.).

Edwin Hall entdeckte 1879 den nach ihm benannten Effekt.

Dass geladene Teilchen in einem Magnetfeld abgelenkt werden, war bereits bekannt, als der junge amerikanische Physiker mit seiner Doktorarbeit begann. Er wollte nun auf Anregung seines Lehrers H. ↗ Rowland an der Johns Hopkins Universität in Baltimore der Frage nachgehen, ob dies auch für fließenden Strom in einem Leiter gilt. J. C. ↗ Maxwell hatte dies verneint.

Tatsächlich fand Hall in einem Leiter aus Gold, dass durch ein Magnetfeld eine elektrische Spannung senkrecht zum Stromfluss und zum magnetischen Feld erzeugt wird. Den einfachen Schluss, dass sich also der Strom in einem Leiter genauso verhält wie frei bewegliche Ladungen, verwarf er wieder, da in anderen Materialien die Spannung die entgegengesetzte Richtung hatte. Später erkannte man, dass dies daran lag, dass es sich einmal um negative Ladungen und im anderen Fall um positive Ladungen handelte.

Hall, der nach seiner Promotion im Sommer 1881 im Labor von H. v. ↗ Helmholtz in Berlin den von ihm entdeckten Effekt näher untersuchte, ging anschließend an die Harvard-Universität, die ihn 1895 zum Professor ernannte. Hier blieb er mit seiner Frau Caroline Eliza Bottum, die er 1892 geheiratet und mit der er zwei Kinder hatte, bis zu seiner Emeritierung im Jahre 1921. 1911 wurde er in die amerikanische Akademie der Wissenschaften gewählt. Neben seinen Forschungen über die galvanomagnetischen Effekte – zusätzlich zu dem nach ihm benannten Effekt, wurden anschließend noch weitere Wirkungen des Magnetfeldes auf einen stromdurchflossenen Leiter entdeckt –, denen er sich sein ganzes Leben lang widmete, forschte er auch über Thermoelektrizität. [RS]

Werk(e):
A dual theory of conduction in metals (1938).

Sekundär-Literatur:
Bridgman, P. W.: Biographical Mem. Nation. Acad. Sci. USA 21 (1939) 73–94 (mit Schriftenverzeichnis).

Haller, Albrecht von,
schweizerischer Arzt, Dichter, Anatom, Physiologe, Botaniker, Bibliograph,
* 16. 10. 1708 Bern,
† 12. 12. 1777 Bern.

Haller war einer der bedeutendsten und vielseitigsten medizinisch-biologischen Forscher und Gelehrten des 18. Jahrhunderts.

Als Sohn eines Juristen studierte Haller 1723–1727 in Tübingen und Leiden Medizin. Nach Aufenthalten in London, Paris und Basel praktizierte er 1729–1736 in Bern als Arzt und betätigte sich als Anatom und Botaniker. Als Dichter schilderte er die Alpen und stellte – lange vor Jean-Jacques Rousseau – das naturnahe Leben ihrer Bewohner den verdorbenen Sitten der Städter gegenüber.

Als Professor der Anatomie, Botanik und Chirurgie trug Haller 1736–1753 maßgeblich zum Aufschwung der jungen Universität Göttingen bei. Er richtete das anatomische Institut und den botanischen Garten ein und machte sich mit intensiver

A. von Haller

Forschungs- und Publikationstätigkeit einen Namen. Als Wissenschaftler stützte er sich auf vielfach wiederholte Beobachtungen und Experimente und ständigen Nachrichtenaustausch, u. a. mittels ausgedehnter Korrespondenz. Als Anatom unterschied er erstmals bei den Arterien des menschlichen Körpers zwischen typischem Verlauf und dessen Spielarten. In der Physiologie wies er aufgrund zahlreicher Tierversuche die Sensibilität ausschließlich den Nerven, die Irritabilität (Reizbarkeit als Kontraktionsfähigkeit) den Muskeln zu. Einer materialistischen Interpretation dieser viel diskutierten Befunde trat er energisch entgegen. Weitere wichtige Studien galten der Embryonalentwicklung, u. a. in Auseinandersetzung mit C. F. ↗ Wolff. Als Präsident der Königlichen Gesellschaft (später Akademie) der Wissenschaften zu Göttingen (gegründet 1751) und als Mitarbeiter der *Göttingischen Gelehrten Anzeigen* (ab 1747 9 000 Buchbesprechungen) übte Haller lebenslang einen bedeutenden Einfluss aus.

Bei allem wissenschaftlichen Ehrgeiz erstrebte Haller von Anfang an eine Laufbahn im bernischen Staatsdienst. 1753 verließ er Göttingen und übernahm in Bern das Amt des Rathausammanns. 1758–1764 leitete er die bernischen Salinen in Roche und erreichte als Mitglied mehrerer Gremien Reformen im Schul- und Medizinalwesen. Neben dieser Tätigkeit blieb er wissenschaftlich aktiv. Das anatomisch-physiologische Wissen stellte er in den *Elementa physiologiae* dar, einem monumentalen Werk in acht Bänden. Mit Unterstützung befreundeter Sammler vervollständigte er die zuerst in Göttingen edierte *Schweizer Flora*, in der er die Neuerungen C. v. ↗ Linnés in Nomenklatur und Systematik ablehnte. Das Alterswerk bilden vier umfangreiche Fachbibliographien und mehrere Schriften zur Verteidigung der aristokratisch-republikanischen Staatsform und des christlichen Offenbarungsglaubens. Haller war dreimal verheiratet. Acht von elf Kindern erreichten das Erwachsenenalter. Die kaiserliche Nobilitierung erfolgte 1749. [UB]

Werk(e):
Versuch Schweizerischer Gedichte (1732); De partibus corporis humani sensilibus et irritabilibus, in: Commentarii Societatis Regiae Scientiarum Gottingensis (1753); Elementa physiologiae corporis humani (1757-1766); Historia stirpium indigenarum Helvetiae inchoata (1768).

Sekundär-Literatur:
Steinke, H. und Profos, C. (Hrsg.): Bibliographia Halleriana (in Vorbereitung); Balmer, H.: Albrecht von Haller (1977); Monti, M. T.: Congettura ed esperienza nella fisiologia di Haller [...] (1990); Boschung, U., Braun-Bucher, B., Hächler, S., Ott, A. K., Steinke, H., Stuber, M. (Hrsg.): Repertorium zu Albrecht von Hallers Korrespondenz 1724–1777 (2002).

Halley, Edmond,

englischer Astronom und Geophysiker,
* 29. 10. 1656 London,
† 14. 1. 1743 Greenwich.

Halley bearbeitete einen Katalog von Sternen des Südhimmels, entdeckte die Eigenbewegung der Sterne, entwickelte ein Modell des Geomagnetismus und untersuchte die Bahnen von Kometen, wobei er bei einigen die periodische Wiederkehr vermutete. Daneben war er auch in der Versicherungsmathematik, der Archäologie und der Tauchtechnik tätig und nahm großen Anteil an der Veröffentlichung des Hauptwerkes von I. ↗ Newton.

Halley wurde in Haggerton bei London als Sohn einer wohlhabenden Seifensiederfamilie geboren, studierte in Oxford am St. Queen's College und arbeitete bereits während dieser Zeit als Assistent des Astronomer Royal J. ↗ Flamsteed in Greenwich. 1678 wurde er zum Mitglied der Royal Society gewählt, 1713 zu deren Sekretär und arbeitete einige Jahre als Redakteur der *Philosophical Transactions* der Akademie. Erst 1704 wurde Halley Professor für Mathematik in Oxford sowie 1720 als Nachfolger Flamsteeds Direktor der Sternwarte Greenwich.

Halleys erste wissenschaftliche Arbeit, zur Exzentrizität der Planetenbahnen, erschien 1676 und war einem Themenkreis gewidmet, der sich als eines seiner Hauptarbeitsgebiete erweisen sollte – die Berechnung der Bahnen der Himmelskörper. Seine erste größere wissenschaftliche Unternehmung stand jedoch im Zusammenhang mit der Teilnahme an einer Schiffsexpedition nach St. Helena 1676–1678, auf der er einen Katalog von 341 Sternen der südlichen Himmelshalbkugel erstellte, die die damaligen Kenntnisse dieser Himmelsregionen deutlich verbesserte. Noch mehrfach nahm er später an Seereisen teil, auf denen er neben anderen Untersuchungen, z. B. zum Verlauf der Monsunwinde, die magnetische Deklination an verschiedenen Orten registrierte und 1683 eine globale Karte der Deklination entwarf sowie in mehreren Arbeiten ein Modell des Erdmagnetismus, eingeschlossen die Verschiebung des magnetischen Nordpols, aus der Annahme einer Schalenstruktur des Erdinneren.

Ein wichtiges Thema von Halleys Forschungen war die Bestimmung der Sonnenparallaxe, d. h. des Abstandes zwischen Erde und Sonne. Er entwickelte die später (vor allem beim Venusdurchgang von 1874) sehr erfolgreich angewandte Methode der Bestimmung dieser astronomischen Fundamentalgröße aus der Beobachtung des Durchganges von Merkur und Jupiter vor der Sonnenscheibe von verschiedenen Orten der Erde aus.

Als 1680 eine sehr eindrucksvolle Kometenerscheinung sichtbar wurde (Komet Kirch), begann er sich über Jahre hinweg mit der Bewegung dieser Himmelskörper zu befassen. In aufwendigen Rechnungen analysierte er die Bewegung mehrerer Kometen und kam zu dem Schluss, dass wenigstens einige Kometen sich ähnlich den Planeten auf elliptischen Bahnen bewegen müssten und insofern mehrfach in die Nähe der Erde geraten und sichtbar werden könnten. Seine eindrucksvollste Prognose betraf den Kometen von 1682, dessen Wiederkehr er für Dezember 1759 berechnete; tatsächlich wurde dieser später als »Komet Halley« bezeichnete Himmelskörper am 24. 12. 1758 von dem gelehrten Bauern Johann G. Palitzsch in Sachsen entdeckt. Diese Arbeiten Halleys stand in engem Zusammenhang mit den Forschungen Newtons zur Theorie der allgemeinen Gravitation.

Im Jahre 1718 gelang ihm die Entdeckung, dass die Fixsterne ihre Örter am Himmel nicht unverändert einnehmen, sondern in langen Zeiträumen eine Ortsveränderung aufweisen.

Kleinere Arbeiten zur Sterbestatistik, die zur Ableitung einer Sterbetafel als wichtiges Instrument der Rentenversicherung dienten, die Inspektion von Befestigungsanlagen im Mittelmeergebiet sowie die von ihm nach eigenen Versuchen initiierte Gründung einer Gesellschaft für den Einsatz von Taucherglocken zur Bergung Schiffbrüchiger sowie sein Interesse an der antiken Wissenschaft (bes. seine Arbeiten über den griechischen Mathematiker Appollonius) runden das Bild dieses gleichermaßen vielseitigen wie erfolgreichen Wissenschaftlers ab, der auch Arbeiten zur Archäologie sowie zu Mikroskopbeobachtungen verfasste und jahrelang der britischen Münze vorstand. [JH]

Werk(e):
Die wichtigsten Veröffentlichungen von Halley erschienen in den Philosophical Transactions of the Royal Society of London. Astronomiae cometicae synopsis (1705).

Sekundär-Literatur:
Ronan, C. A.: Edmond Halley, Genius in eclipse (1970).

Hallwachs, Wilhelm Ludwig Franz,
deutscher Physiker und Elektrotechniker,
* 9. 7. 1859 Darmstadt,
† 20. 6. 1922 Dresden.

Er untersuchte als erster den äußeren lichtelektrischen Effekt, auch als »Hallwachs-Effekt« bezeichnet.

Nah dem Studium der Physik in Straßburg und Berlin und anschließender Promotion arbeitete er ab 1883 als Assistent bei F. ↗ Kohlrausch an der Universität Würzburg. Nach einer Zwischentätigkeit in Leipzig folgte er 1888 Kohlrausch nach Straßburg. Mit seinem wissenschaftlichen Lehrer Kohlrausch verband ihn auch eine enge familiäre Verbindung, denn 1890 heiratete er dessen Tochter Marie. 1893 wurde er als Professor für Elektrotechnik an die TH Dresden berufen, an der er 1900 Ordinarius für Physik wurde.

Die wissenschaftliche Arbeit von Hallwachs war auf das Erkennen physikalischer Effekte und deren Anwendung in der Elektrotechnik gerichtet. In diesem Bestreben entdeckte er 1888 auch den äußeren lichtelektrischen Effekt. Beim Bestrahlen von Metalloberflächen mit kurzwelligem Licht bemerkte er den Austritt von Elektronen aus der Metalloberfläche (H. ↗ Hertz hatte gleichzeitig Ähnliches beobachtet). Ph. ↗ Lenard trug im Jahr 1900 wesentlich zur quantitativen Auswertung und Deutung dieses Effektes bei. A. ↗ Einstein veröffentlichte 1905 eine theoretische Erklärung, dass der Effekt auf dem quantenhaften Energieaustausch zwischen Photonen und Elektronen beruht. Die auftreffenden Photonen sind in der Lage, Elektronen aus dem Metall herauszulösen, d. h. die notwendige Ablösearbeit zu leisten. Die kinetische Energie der austretenden Elektronen ist nicht von der Lichtintensität, sondern allein von der Frequenz des Lichtes abhängig. Die kleinste Frequenz, die noch ausreicht, um Elektronen freizusetzen, wird als Grenzfrequenz bezeichnet Der äußere lichtelektrische Effekt wird in Fotozellen und Sekundärelektronenvervielfachern angewandt, wobei vor allem Caesium und Kalium, die eine niedrige Ablösearbeit haben und damit eine Grenzfrequenz im Bereich des sichtbaren Lichtes ermöglichen, als Kathodenmaterial eingesetzt werden. Von diesem Effekt ist der so genannte innere lichtelektrische Effekt zu unterscheiden, bei dem durch die auftreffenden Photonen im Innern von Halbleitern bzw. an deren Grenzflächen Elektronen freigesetzt werden. Dieser Effekt wurde erstmals durch W. ↗ Smith 1873 am Selen bemerkt und ist die physikalische Grundlage für HL-Fotozellen, Fotowiderstände und Fototransistoren. [AK2]

Werk(e):
Die Lichtelektrizität (1916).

Sekundär-Literatur:
Hoffmann, D.: W. H. – Vater der Farbzelle. Farbgerätetechnik 34 (1985) 272–274.

Hamel, Georg Karl Wilhelm,
deutscher Mathematiker,
* 12. 9. 1877 Düren,
† 4. 10. 1954 Landshut.

Hamel leistete wichtige Beiträge zur Mechanik und Mathematik. In wissenschaftsleitenden Gremien besaß er eine einflussreiche Position.

Hamel studierte ab 1895 in Aachen, Berlin und Göttingen und promovierte 1901 bei D. ↗ Hilbert mit dem Thema *Über Geometrien, in denen die Geraden die kürzesten sind*. Er war Assistent bei F. ↗ Klein in Göttingen und danach bei Karl Heun an der TH Karlsruhe, wo er sich habilitierte: *Die Lagrange- Eulerschen Gleichungen der Mechanik* (1903). Seine Arbeiten zur Mechanik brachten ihm bereits 1905 einen Ruf auf eine Professur für Mechanik an der TH Brünn. 1912 wechselte er als Professor an die TH Aachen und von 1919 bis 1945 an die TH Berlin. 1946 ließ er sich bei seiner Tochter in Landshut nieder, wurde jedoch noch zum o. Professor an die TU Berlin berufen und dort 1949 emeritiert. 1954 wurde er mit dem Dr. rer. nat. h.c. der TH Aachen geehrt.

Ausgehend von Hilberts Programm der Axiomatisierung der Mathematik hatte sich Hamel zunächst Grundlagenfragen der Geometrie und Mechanik gewidmet. Er schuf nicht nur einen axiomatischen Aufbau der Mechanik, sondern trug auch zur inhaltlichen Klärung von Begriffen bei; insbesondere stellte er den Kraftbegriff in den Mittelpunkt, was ihm Anerkennung in Kreisen der Mechaniker brachte. Wichtige Einzelergebnisse erzielte er zum d'Alembertschen Prinzip, zum Problem der Plastizität, zur Hydrodynamik, zur Theorie der Drähte und Seile, zur Statik von Häuten und dünnen elastischen Schalen. Seine mathematischen Arbeiten erstreckten sich neben Geometrie auf Funktionentheorie, lineare und partielle Differentialgleichungen; er schuf die sog. Hamelsche Basis der reellen Zahlen, die zur Aufstellung aller Lösungen (auch der unstetigen) der Gleichung $f(x+y) = f(x) + f(y)$ benutzt wird. Seine Lehrbücher zur Mechanik und über Integralgleichungen fassten wichtige Ergebnisse zusammen.

G.K.W. Hamel

Hamel war ständiger Vorsitzender des »Reichsverbandes deutscher mathematischer Gesellschaften und Vereine« (gegr. 1921), zeitweiliger Vorsitzender der »Gesellschaft der Berliner Freunde der Deutschen Akademie e. V.« und 1928/29 Rektor der TH Berlin; er vertrat konservative, z. T. nationalistische Positionen. [RT]

Werk(e):
Elementare Mechanik (1912); Theoretische Mechanik (1949); Mechanik der Kontinua, hrsg. von I. Szabo (1956); Integralgleichungen (1937).

Sekundär-Literatur:
Zeitschrift für angewandte Mathematik und Mechanik, 28 (1948) 128–132; Jahresbericht der DMV, 58 (1955) 1–5.

Hamilton, William Rowan Sir,
irischer Mathematiker, theoretischer Physiker und Astronom,
* 3./4. 8. 1805 Dublin,
† 2. 9. 1865 Dunsink (bei Dublin).

Hamilton lieferte bedeutende Beiträge zur Entwicklung der analytischen Mechanik, der theoretischen Optik und der Algebra, hier insbesondere der Quaternionentheorie. Daneben beschäftigte er sich auch mit wissenschaftstheoretischen Fragen der Begründung von Mathematik und Naturwissenschaften.

Nach dem frühen Tod seiner Mutter wurde Hamilton von Verwandten in Trim (nordwestlich von Dublin) aufgezogen. Bereis früh trat er als Sprachgenie und Rechenkünstler hervor. Ab 1823 besuchte er das Trinity College seiner Heimatstadt und erhielt dort – einzigartig in der langen Geschichte des Colleges – »extraordinary honours« für seine mathematischen und zugleich für seine altphilologischen Leistungen. Er trat auch als Dichter hervor und pflegte später enge Kontakte zu Schriftstellern wie William Wordsworth und Samuel Taylor Coleridge; letzterer brachte ihm die Philosophie I. ↗ Kants nahe.

Bereits im zweiten Studienjahr legte Hamilton der Royal Irish Academy die optische Untersuchung »On caustics« vor, die aufgrund ihres abstrakt-mathematischen Charakters wenig Resonanz fand,

aber die Grundlage für seine später berühmt gewordene *Theory of Systems of Rays* (1827) darstellte. In dieser Arbeit führt er die von ihm so genannte »charakteristische Funktion« ein, die die Eigenschaften eines optischen Systems vollständig beschreibt. Mit einer Modifikation des mechanischen Extremalprinzips der kleinsten Aktion nach P. L. M. de ↗ Maupertuis und L. ↗ Euler – Hamilton spricht vom »Principle of Constant Action« – weist er theoretisch wichtige Eigenschaften über die von einem Punkt ausgehenden Lichtstrahlen und (gewöhnlich) orthogonal zu ihnen verlaufenden Flächenscharen »konstanter Aktion« nach. Diese mathematische Behandlung der Optik hat nicht nur den Vorzug, dass sie sowohl im Sinne einer Teilchentheorie (Strahlenoptik) als auch einer Wellentheorie des Lichtes (Wellenoptik) interpretiert werden kann. Als besonderer Erfolg der Theorie wurde die Voraussage der konischen Refraktion an doppeltbrechenden Kristallen angesehen, die Humphrey Lloyd 1832 experimentell bestätigen konnte.
Hamiltons Beiträge zur theoretischen Physik verhalfen ihm 1827 – noch vor Abschluss des Studiums – zu einer Professur für Astronomie, die mit der Leitung der Sternwarte von Dunsink verbunden war. Tatsächlich widmete er sich jedoch kaum der praktischen Astronomie, sondern weiterhin der mathematischen Physik. Dabei wurde seine Ausdehnung der charakteristischen Funktion und des Variationsansatzes auf mechanische Probleme in mehreren Arbeiten ab 1833 besonders wichtig. Unter ihnen ist der Aufsatz *On a General Method in Dynamics* (1834) hervorzuheben. An die Tradition der analytischen Mechanik von Euler, J. L. ↗ Lagrange und S. D. ↗ Poisson anknüpfend, führt Hamilton hier die so genannte »Prinzipalfunktion« und das »Hamilton-Prinzip« (er nennt es »Principle of stationary action«) als neues Grundgesetz ein. Dieses Extremalprinzip erwies sich in der 2. Hälfte des 19. Jahrhunderts in Verbindung mit dem Energieerhaltungssatz von H. v. ↗ Helmholtz und anderen als ein über die Mechanik hinaus gültiges und auch heuristisch fruchtbares Prinzip der gesamten theoretischen Physik. Damit gelang es ihm, alle Bewegungsprobleme für konservative mechanische Systeme auf zwei partielle Differentialgleichungen zu bringen. C. G. J. ↗ Jacobi reduzierte das Problem einige Jahre später auf die Lösung nur einer Gleichung (»Hamilton-Jacobi-Gleichung«). Er machte Hamiltons Untersuchungen überhaupt erst auf dem »Kontinent« bekannt und führte auch die Bezeichnung »Hamiltonsches Prinzip« ein. Als »Hamilton-Jacobi-Theorie« wurde später der von beiden Mathematikern aufgezeigte Zusammenhang zwischen Variationsrechnung, gewöhnlichen und partiellen Differentialgleichungen bezeichnet. Sie wurde für die reine Mathematik, aber auch für die theoretische Physik äußerst einflussreich. Noch in modernen physikalischen Theoriebildungen wie der Quantenmechanik wirkt sie fort; deren Mitbegründer L. de ↗ Broglie und E. ↗ Schrödinger konnten direkten Gebrauch von den durch Hamilton aufgedeckten formalen Analogien zwischen Teilchenmechanik und Wellenoptik machen.

W.R. Hamilton

Hamilton selber sah aber seine bedeutendste wissenschaftliche Leistung in der Entdeckung der »Quaternionen«, die ihm nach eigenem Bekunden am 16. Oktober 1843 auf dem Weg zur Royal Irish Academy gelang und die er an der Brücke des Royal Canal festhielt. Nach seinem Versuch, sog. »Triplets« als dreidimensionale komplexe Zahlen einzuführen, gelangte er zu den Quaternionen als vierdimensionale Zahlen unter Verzicht auf das Kommutativgesetz der Multikplikation. Ihre Eigenschaften stellte er später in zwei großen Monographien (1853, 1867) dar. Seine Auffassung, dass die Quaternionen nicht nur für die Algebra und die Geometrie, sondern auch für die Physik wichtig sind, fand später in Peter Guthrie Tait einen begeisterten Verfechter.

Der Theorie der Quaternionen widmete Hamilton den größten Teil seiner beiden letzten Lebensjahrzehnte. Von Kant beeinflusst, unterschied er in der reinen Mathematik die Algebra als »Science of Pure Time« sowie die Geometrie als »Science of Pure Space« und sah sie in einer intuitiven Zeit- und Raumerfasssung philosophisch begründet. In der Mechanik differenzierte er zwischen einem »apriorischen« und einem »aposteriorischen« Zweig; sein Versuch einer metaphysischen Vermittlung zwischen beiden sollte Kants Transzendentalphilosophie und den Empirismus miteinander versöhnen.

Hamilton lebte in seinen späteren Jahren zurückgezogen in Dunsink. Für seine wissenschaftlichen Leistungen wurde er bereits früh und vielfach geehrt – so war er ab 1832 Mitglied, von 1837 bis 1845 Präsident der Royal Irish Academy; 1835 wurde er geadelt. Nur drei Monate vor seinem Tod wählte ihn die neu gegründete National Academy of Science der USA zum ersten ihrer auswärtigen Mitglieder. [P]

Werk(e):
The Mathematical Papers. 4 Bde. (1930–2001); Lectures on Quaternions (1853); Elements of Quaternions (1866).

Sekundär-Literatur:
Graves, R. P.: Life of Sir William Rowan Hamilton. 3 Bde. (1882–1889); Hankins, Th. L.: Sir William Rowan Hamilton (1980).

Hann, Julius Ferdinand, Edler von,
österreichischer Meteorologe und Klimatologe,
* 23. 3. 1839 Schloß Haus, Pfarre Wartberg ob der Aist (Oberösterreich),
† 1. 10. 1921 Wien.

Hann hat durch die Darstellung von vorhandenem Beobachtungsmaterial und die Analyse durch meteorologisch-physikalische Methoden wesentlich dazu beigetragen, die Meteorologie zu einer Physik der Atmosphäre zu erweitern.

Nach seinem Abitur in Kremsmünster begann Hann 1860 an der Universität in Wien Physik und Mathematik für das Lehramt an Mittelschulen zu studieren. Seit 1864 unterrichtete er in Wien und veröffentlichte daneben seine erste meteorologische Arbeit über die Entstehung der Gewitter. Ein Jahr später wurde ihm die Schriftleitung der *Meteorologischen Zeitschrift* übertragen, für die er 55 Jahre lang tätig war und über 1 200 Beiträge schrieb. Dort erschien sein auch bahnbrechender Artikel über den Ursprung des Föhns (1866). Nach einer kurzzeitigen Versetzung nach Linz wurde er 1867 Adjunkt an der Wiener Zentralanstalt für Meteorologie und Erdmagnetismus bei Carl Jelinek. Er promovierte im selben Jahr an der Universität und 1868 folgte seine Habilitation. Von 1872 bis 1875 lehrte er Klimatologie an der Hochschule für Bodenkultur. 1874 erhielt er eine außerordentliche Professur für physikalische Geographie an der Universität in Wien. 1877 wurde er ordentlicher Professor für Physik und Direktor der Zentralanstalt sowie Mitglied in der Akademie der Wissenschaften. 1897 übernahm er in Graz die Professor für Meteorologie und von 1900 bis 1910 die Professur für kosmische Physik an der Universität in Wien. In zahlreichen Arbeiten untersuchte Hann die täglichen Luftdruckschwankungen und veröffentlichte statistische Arbeiten zur allgemeinen atmosphärischen Zirkulation. 1874 lieferte er eine neue Theorie der Berg- und Talwinde. Auch setzte er sich sehr für die Einrichtung von Bergobservatorien ein. Hann war Alleinherausgeber der Zeitschrift der Österreichischen Gesellschaft für Meteorologie (1877–85) und Herausgeber der Meteorologischen Zeitschrift (1886–1920). [CL]

J.F. Hann

Werk(e):
Handbuch der Klimatologie, 3 Bde. (1883); Atlas der Meteorologie (1887); Lehrbuch der Meteorologie (1901); Lehrbuch der Meteorologie (1901).

Sekundär-Literatur:
Ficker, H.: Julius Hann, Das Wetter 38 (1921) 161–168; Lauscher, F.: Julius Hann und die weltweite Entwicklung der Meteorologie, Wetter und Leben 28 (1971) 223–231.

Hanstein, Johannes von,
deutscher Botaniker,
* 15. 5. 1822 Potsdam,
† 27. 8. 1880 Bonn.

Hanstein trat mit wichtigen entwicklungsgeschichtlichen Arbeiten, insbesondere zur Sprossentwicklung höherer Pflanzen, hervor.

Hanstein besuchte die Gärtnerlehranstalt in Potsdam und Schöneberg (1838–43) und studierte ab 1844 in Berlin Naturwissenschaften. Unter dem Einfluss bedeutender Mikroskopiker wie C. G. ↗ Ehrenberg und J. P. ↗ Müller wandte er sich pflanzenanatomischen Fragen zu. 1849 legte er die Staatsprüfung für das höhere Lehramt ab und unterrichtete an der Gewerbeschule. Mit der Habilitation (1855) blieb der Oberlehrer und Privatdozent Hanstein, der 1857 Ehrenbergs Tochter Helene heiratete, der Universität verbunden. 1861 wurde er Kustos am Berliner Herbarium und 1865 ordentlicher Professor der Botanik in Bonn.

Hanstein betrieb vornehmlich mikroskopische Studien zur Entwicklung der Pflanzen. Wesentliche Anregungen dankte er Johann Friedrich Klotzsch und A. ↗ Braun. Er untersuchte hauptsächlich die Entwicklung der Blütenpflanzen; die Sporenpflanzen waren die Domäne seines Studienfreundes N. ↗ Pringsheim. Beide beschrieben 1863/64 erstmals die Befruchtung bei Farnen. Hanstein klärte umstrittene Fragen des Gefäßbündelverlaufs, der Rindenentwicklung und der Saftbewegung. Wie er 1860 in einer klassischen Arbeit nachwies, werden in den Siebröhren der Leitbündel organische Stoffe transportiert. Bekannt wurde Hanstein aber vor allem durch seine »Histogentheorie« (1868), der zufolge am Vegetationskegel der Bedecktsamer drei selbstständige, teilungsaktive Gewebsschichten vorliegen, aus denen die Epidermis, die Rinde und der Zentralzylinder hervorgehen. 1880 führte Hanstein für den lebenden, wandlosen Zellleib den Begriff »Protoplast« ein. Hanstein lehnte die Selektionstheorie Ch. ↗ Darwins ab und ließ für die Entwicklung der Pflanzen einen »Eigengestaltungstrieb« und aristotelische, finale Zweckursachen gelten, wie sie sein Berliner Philosophielehrer Friedrich Adolf Trendelenburg vertrat. [EH]

Werk(e):
Versuche über die Leitung des Saftes durch die Rinde und Folgerungen daraus, Pringsheims Jahrb. wiss. Bot. 2 (1860) 392–467; Die Scheitelzellgruppe im Vegetationspunkt der *Phanerogamen*. Festschr. Niederrhein. Ges. Natur- u. Heilkunde Bonn (1868) 109–134; Einige Züge aus der Biologie des Protoplasmas. Bot. Abh. Morphol. Physiol. 4 (1880).

Sekundär-Literatur:
Bona Meyer, J.: Nekrolog und Schriften-Verzeichniß, in: Hanstein, J. v.: Ueber die Entwickelung des botanischen Unterrichtes an den Universitäten (1880) 21–42.

Hantzsch, Arthur Rudolf,
deutscher Chemiker,
* 7. 3. 1857 Dresden,
† 14. 3. 1935 Dresden.

Hantzsch trug wesentlich zur Entwicklung der Stereochemie bei und ist durch eine Reihe organischer Synthesen bekannt geworden, insbesondere durch die nach ihm benannten Synthesen des Pyridins und des Pyrrols.

Hantzsch, Sohn eines Kaufmanns, studierte ab 1875 am Polytechnikum in Dresden und an der Universität in Würzburg Chemie. 1880 promovierte er in Würzburg und arbeitete anschließend als Assistent an der Universität Leipzig. 1885 nahm er einen Ruf als Professor an das Polytechnikum Zürich an, ging 1893 an die Universität Würzburg und blieb schließlich von 1903 über seine Emeritierung im Jahre 1927 hinaus bis 1929 an der Universität Leipzig.

Bereits in seiner Habilitationsschrift legte Hantzsch 1882 den von ihm gefundenen Weg zur ersten Synthese von Pyridinderivaten durch cyclische Kondensation von beta-Ketocarbonsäureestern, Ammoniak und Aldehyden dar. Daraus, wie auch aus der 1890 aufgefundenen Pyrrol-Synthese aus beta-Ketocarbonsäureestern, Ammoniak und alpha-Chlorketonen, entwickelten sich später zahlreiche technische Syntheseverfahren zur Herstellung pharmazeutischer und anderer Produkte. Die ständige Beschäftigung mit organischen Stickstoffverbindungen, darunter insbesondere auch Diazoverbindungen, führte Hantzsch und seine Schüler zwangsläufig zu den Fragen der räumlichen Struktur. Bereits 1889 hatte sein Schüler Alfred Werner eine Theorie der räumlichen Anordnung der Atome in stickstoffhaltigen Molekülen vorgestellt, mit der zahlreiche unklare Isomeriefälle der Oxime, Azoverbindungen und anderer Stickstoffverbindungen aufgeklärt werden konnten und mit der er die Stereochemie des dreiwertigen, doppelt gebundenen Stickstoffs begründete. 1896 entdeckte Hantzsch am Beispiel des Phenylnitromethans die Tautomerie, einen Spezialfall der Isomerie, bei der sich die Isomeren nur durch die Stellung eines Wasserstoffatoms unterscheiden.

Nach 1906 wandte sich Hantzsch der Erforschung des Verhältnisses von chemischer Struktur und Farbe zu. [WG2]

Werk(e):
Grundriß der Stereochemie (1893); Die Diazoverbindungen (1902); Die Theorie der ionogenen Bindung als Grundlage der Ionentheorie (1923).

Sekundär-Literatur:
Paal, C.: A. Hantzsch zum 70. Geburtstag, in: Angewandte Chemie 40 (1927) 301; Stocklöv, J.: Arthur Hantzsch: Wegbereiter der physikalischen organischen Chemie. Unter Einbeziehung des Briefwechsels von Arthur Hantzsch mit Wilhelm Ostwald aus den Jahren 1887–1927 (Promotion 1996, Universität Halle).

Harden, Sir Arthur,
englischer Biochemiker,
* 12. 10. 1865 Manchester,
† 17. 6. 1940 Bourne End, Buckinghamshire (England).

Harden trug zur Erkenntnis des Ablaufs der Gärungsprozesse bei und regte eine weitgehende Erforschung des Wirkungsmechanismus der Enzyme und der Funktion der Phosphorylierung im Stoffwechsel an.

Harden studierte 1882–1885 Chemie an der Owens College University of Manchester bei Henry E. Roscoe. An der Universität Erlangen (1887–1888) erlangte er bei Otto Fischer den Dr. phil. Hardens Interesse für Biochemie war mit seinem Eintritt in das British Institute of Preventive Medicine (1898 Jenner Institute und 1903 Lister

Institute) verbunden, wo er 1897 zum Leiter der chemischen Abteilung ernannt wurde und sich mit der Chemie der Mikroorganismen befasste. Die biochemische Abteilung dieses Instituts führte er in den Jahren 1905–1930, bis zu seiner Emeritierung. Seit 1912 war er auch als Professor für Biochemie an der University of London tätig.

Hardens Forschung knüpfte an die Entdeckung von E. ↗ Buchner an, welcher 1897 aus Hefezellen einen zellfreien Saft zubereitete, der Zucker in Alkohol und Kohlendioxid vergor. Buchner meinte, dass für diesen Effekt nur ein einziges Enzym (nach der damaligen Terminologie »Ferment«) verantwortlich ist, das er »Zymase« nannte, die Realität war jedoch viel komplizierter. 1903 stellte Harden fest, dass nach dem Zufügen des Blutserums zu dem Buchnerschen Hefepreßsaft die Menge des Kohlendioxids aus dem durch Gärung zerlegten Zucker steil anstieg. Weitere Versuche (gemeinsam mit William J. Young) erwiesen, dass dieser Effekt durch die Anwesenheit des an Zucker gebundenen Phosphats veranlasst wird. Das Produkt – Zuckerphosphat – erhielt den Namen Harden-Young-Ester. In späteren Jahrzehnten haben andere Wissenschaftler festgestellt, dass während des vielstufigen Gärungsvorgangs Fructose-2,6-Diphosphat entsteht. Die von Harden und Young beschriebene Phosphorylierung gehört zu den fundamentalen biochemischen Reaktionen, die nicht nur für den Gärungsprozess, sondern auch für eine Reihe von anderen metabolischen Vorgängen in der Zelle wichtig sind, vor allem für die biologische Energieübertragung, z. B. bei der Muskelkontraktion oder Fotosynthese.

1904 gewannen Harden und Young mittels Filtrieren von »Zymase« durch einen Gelatinefilter zwei Fraktionen, von denen keine allein fähig war, die Gärung auszulösen, während die vereinten Fraktionen diese katalytische Fähigkeit wieder besaßen. Die filtrierbare niedermolekulare, Phosphat enthaltende Fraktion nannte Harden »Co-Ferment«. Erst die späteren Forschungen zeigten, dass eine ähnliche niedermolekulare Substanz, nach der modernen Terminologie Coenzym, ein Bestandteil der meisten Enzyme ist und dass diese Komponente über die Wirkspezifität des Enzyms entscheidet.

Wegen seines Beitrags zur Erklärung der alkoholischen Gärung wurde Harden im Jahre 1929 gemeinsam mit H. v. ↗ Euler-Chelpin der Nobelpreis für Chemie verliehen. 1909 wurde er Mitglied der Royal Society und 1936 nobilitiert. [SS]

Werk(e):
gemeinsam mit Young, W. J.: The alcoholic ferment of yeast-juice, 2: The co-ferment of yeast juice. Proceedings of the Royal Society N75 (1906); Alcoholic Fermentation (1911).

Sekundär-Literatur:
Smedley-Maclean, I.: Arthur Harden. Biochemical Journal 35 (1941); Hopkins, E. G., Martin, C. J.: A. H. Orbituary Notes of Fellows of the Royal Society 4 (1943/44) 3–14.

Harteck, Paul Karl Josef Maria,
österreichischer Physikochemiker,
* 20. 7. 1902 Wien,
† 21. 1. 1985 Santa Barbara (Kalifornien, USA).

Harteck war einer der letzten »Großmeister« der physikalischen Chemie und leistete zahlreiche Beiträge zur Kernphysik und zur Foto-, Reaktor- und Atmosphärenchemie.

Harteck studierte in Wien und Berlin Chemie. 1926 promovierte er bei M. ↗ Bodenstein mit einer Arbeit zur *Photokinetik des Kohlenoxydchlorides* und ging anschließend zu Arnold Eucken nach Breslau. Von 1928–1933 war er Assistent von F. ↗ Haber am Kaiser-Wilhelm-Institut für Physikalische Chemie in Berlin-Dahlem. Nach einem einjährigen Forschungsaufenthalt bei E. ↗ Rutherford in Cambridge wurde er 1934 Direktor des Instituts für Physikalische Chemie in Hamburg. Zusammen mit O. ↗ Hahn, W. ↗ Heisenberg und sieben weiteren Atomforschern wurde er 1945 im englischen Farm Hall interniert. Von 1948–50 war er Rektor der Hamburger Universität. 1951 emigrierte er in die USA, wo er bis zu seinem Tode am Rensselaer Polytechnic Institute in Troy im Staat New York wirkte.

1929 entdeckte er zusammen mit K.-F. ↗ Bonhoeffer die zwei von der Quantenmechanik vorhergesagten Wasserstoffmodifikationen Ortho- und Parawasserstoff. Zusammen mit Rutherford und Mark Oliphant gelang ihm 1934 die Entdeckung des überschweren Wasserstoffisotops Tritium. Im geheimen

P.K.J.M. Harteck

deutschen Uranforschungsprojekt während des Zweiten Weltkriegs war Harteck u. a. für die Produktion von schwerem Wasser zuständig. Daneben entwickelte er die Ultrazentrifuge zur Uranisotopentrennung und führte 1940 in Hamburg eines der ersten großen Reaktorexperimente durch. 1950 wies er zusammen mit Volkert Faltings die Existenz von Tritium in der Atmosphäre nach. In den USA erarbeitete er für die Internationale Atomenergiebehörde ein Konzept zur Ausnutzung der Rückstoßenergie von Spaltprodukten in Forschungsreaktoren. Er entwickelte ein fotochemisches Verfahren zur Anreicherung von Isotopen und untersuchte in den 60er-Jahren im Auftrag der NASA in Laborsimulationen die atmosphärischen Verhältnisse auf den Planeten Venus und Mars. In seinen letzten Arbeiten beschäftigte er sich mit den Möglichkeiten der Gewinnung von Stickstoff aus der Luft. [MS3]

Werk(e):
mit Bonhoeffer, K.-F.: Grundlagen der Photochemie (1933); mit Beyerle, K., Groth, W. und Jensen, H.: Über Gaszentrifugen (1950).

Sekundär-Literatur:
Schaaf, M.: Der Physikochemiker Paul Harteck (1902–1985) (1999).

Hartmann, Max(imilian),
deutscher Biologe,
* 7. 7. 1876 Lauterecken (Rheinpfalz),
† 11. 10. 1962 Buchenbühl b. Weiler (Allgäu).

Hartmann ist neben Protozoen-Studien insbesondere durch seine Arbeiten über die Fortpflanzung und Sexualität der Lebewesen hervorgetreten. Er gilt zudem als hervorragender Vertreter der neuen experimentellen Richtung der Biologie.

Nach einem Semester an der Forsthochschule Aschaffenburg (1895) wechselte Hartmann zum Studium der Naturwissenschaften nach München, wo er 1901 unter R. ↗ Hertwig promoviert wurde. Von 1902 bis 1905 war er als Assistent (1903 Privatdozent) am Zoologischen Institut in Gießen tätig. Auf Veranlassung seines Freundes F. ↗ Schaudinn ging Hartmann 1905 an das Institut für Infektionskrankheiten in Berlin (R. ↗ Koch), wo er eine Protozoen-Abteilung aufbaute. Eine gleiche Abteilung übernahm er 1914 auf Vorschlag von T. ↗ Boveri am neu errichteten Kaiser-Wilhelm-Institut für Biologie in Berlin-Dahlem. An dieser 1944 nach Hechingen und 1952 nach Tübingen verlegten Einrichtung wirkte er von 1933 bis 1955 als Direktor. 1909 war Hartmann außerordentlicher Professor, 1921 ordentlicher Honorarprofessor für Zoologie und Allgemeine Biologie an der Universität Berlin geworden, ab 1946 an der Universität Tübingen. Hartmann

M. Hartmann

war Herausgeber zahlreicher Zeitschriften (*Archiv für Protistenkunde*, *Zoologische Jahrbücher* etc.), Mitglied vieler Akademien (Berlin, Halle, Olso usw.) und Träger zahlreicher wissenschaftlicher Auszeichnungen.

In seinen Arbeiten zur Morphologie und Physiologie der Fortpflanzung, Befruchtung und Sexualität forcierte er die Ablösung der damals noch herrschenden beschreibenden und vergleichenden Methode durch eine neue experimentelle Methode. Er setzte sich für ein kausalfunktionales Denken in der Biologie ein und sah die Aufgabe der Biologie in der »Ermittlung der spezifischen Gesetze der Komplizierung, die das Wesen dieser besonderen individualisierten Naturkörper bestimmen«. Seine Deutung der philosophischen Grundlagen der Naturforschung stand insbesondere unter dem Einfluss von Nicolai Hartmann und propagierte ein vierfaches Methodengefüge (generalisierende und exakte Induktion, Analyse und Synthese). Sein wissenschaftliches Hauptaugenmerk galt aber dem Problemkomplex der Sexualität, wo er u. a. das Gesetz der Relativität der geschlechtlichen Differenzierung entwickelte, dem Wesen der Befruchtung nachging, Kernplasmarelationen untersuchte oder die biochemische Steuerung der Vereinigung der Sexualzellen erforschte. 1925 entdeckte er die daran beteiligten Stoffe Termone und Gamone. [UH]

Werk(e):
Allgemeine Biologie (1927); Die methodologischen Grundlagen in der Biologie (1931); Die philosophischen Grundlagen der Naturwissenschaften (1948).

Sekundär-Literatur:
Bauer, H.: M. H., in: Gestalter unserer Zeit 4 (1955) 237–245; Reinboth, R.: M. H. als Naturphilosoph, Philosophia Naturalis 8 (1964) 3–8.

Hartree, Douglas Rayner,
englischer Mathematiker und Physiker,
* 27. 3. 1897 Cambridge,
† 12. 2. 1958 Cambridge.

Hartree entwickelte das Näherungsverfahren für die Lösung der Schrödinger-Gleichung für Mehrelektronen-Systeme.

Hartree studierte an der Universität Cambridge, wo sein Vater eine Professur für Ingenieurwissenschaft bekleidete. Seine Mutter war Bürgermeisterin der Stadt.

1926 promovierte er und war von 1929 bis 1946 Professor für angewandte Mathematik und später für theoretische Physik an der Universität von Manchester. Im Krieg unterstützte er maßgeblich die britischen Verteidigungsanstrengungen durch seine Forschungen. Ab 1946 war er Professor für mathematische Physik in seiner Geburtsstadt, wo er auch das Computerlabor betreute. Seine Liebe galt der Musik. Er brillierte am Klavier und Schlagzeug und tat sich als Dirigent hervor.

Seit E. ↗ Schrödinger 1926 die Wellenfunktion in die Quantenmechanik eingeführt hatte, besitzen die Physiker eine Bewegungsgleichung für die inneratomaren Vorgänge. Die Gleichung lässt sich aber nur lösen für Atome, die nur ein Elektron besitzen. Hartree entwickelte nun für neutrale Atome mit mehreren Elektronen ein Näherungsverfahren zur Lösung der Gleichung. Seine Idee, die später von W. A. ↗ Fock verallgemeinert wurde, ging davon aus, nicht die Wellengleichung von allen Elektronen aufzustellen, sondern nur die von einem. Die Wechselwirkung zwischen dem einen Elektron und den übrigen Elektronen sowie dem Kern wurde durch ein gemeinsames elektrisches Feld ersetzt, das eben die Summe der Einzelwirkungen darstellen sollte.

Das Problem war allerdings, das gemeinsame elektrische Feld zu finden, denn dazu hätte man eigentlich die kompletten Wellengleichungen lösen müssen. Es kommt also darauf an, ein Feld anzunehmen, das die tatsächlichen Vorgänge hinreichend gut beschreibt, um damit die Gleichung lösen zu können. Hat man dies für alle Elektronen gemacht, erhält man durch die Summe dieser Lösungen ein neues Feld, das den Realitäten besser entsprechen sollte als die erste Annahme. Setzte man dieses Feld nun wieder in die Gleichungen ein, so näherte man sich der Lösung immer weiter an. Dieses numerische Näherungsverfahren wandte Hartree im Folgenden auf viele physikalische Gebiete an. [RS]

Werk(e):
Numerical Analysis (1952); The Calculation of Atomic Structure (1957).

Sekundär-Literatur:
Darwin, C. G.: Biographical Memoirs of Fellows of the Royal Society 4 (1958) 103–116.

Harvey, William,
englischer Arzt, Anatom und Physiologe,
* 1. 4. 1578 Folkestone (Kent),
† 3. 6. 1657 Roehampton (vermutlich).

Harvey gehört zu den Wegbereitern der experimentellen Physiologie. Mit der Entdeckung des Blutkreislaufs und bedeutenden Erkenntnissen über die Fortpflanzungsphysiologie und Embryologie hat er die theoretischen Grundlagen der Biologie und der Medizin revolutioniert.

Harvey kam als ältester Sohn von insgesamt zehn Geschwistern des Grundbesitzers und Geschäftsmannes Thomas Harvey in Folkestone, einer Kleinstadt an der Kanalküste westlich von Dover, zur Welt. Er absolvierte die prominente King's Grammar School in Canterbury und schloss ein 1593 begonnenes Studium am Gonville and Caius College in Cambridge 1597 als Baccalaureus artium ab. Der in Cambridge zu seinen medizinischen Lehrern gehörende Mitbegründer des Colleges John Caius war mit dem Paduaer Anatomen Andreas Vesal befreundet gewesen und ebnete ihm offenbar den Weg nach Padua. Dort setzte Harvey von 1599 bis 1602

W. Harvey: Grafik nach einem Gemälde von Cornelius Janssen (1593-1662)

sein Medizinstudium u. a. bei dem Anatomen, Embryologen und Chirurgen Hieronymus Fabricius ab Aquapendente fort und schloss es mit einer medizinischen Promotion ab. Nach seiner Rückkehr nach England war er ab 1604 als Arzt in London tätig. Im gleichen Jahr heiratete er Elizabeth Brown, die Tochter eines Leibarztes von Königin Elisabeth I. Die Ehe blieb kinderlos.
Nachdem er Mitglied des Ärztekollegiums, des berühmten Royal College of Physicians, geworden war, wirkte er von 1609 bis etwa 1643 als Arzt am Londoner St. Bartholomew's Hospital. Nebenbei betrieb er eine umfangreiche Privatpraxis. 1615 wurde er vom Ärztekollegium zum Lektor der Lumley-Vorlesungen gewählt, die vorrangig der ärztlichen Weiterbildung dienten. Bei diesen in der Regel lateinisch gehaltenen Vorlesungen, die mitunter durch Demonstrationen und Leichenzergliederungen ergänzt wurden, trug Harvey bereits 1618 auch Ergebnisse seiner Studien zur Blutzirkulation vor. Außerdem war Harvey im Namen des College of Physicians als einer der Zensoren mit der Kontrolle der fachlichen Qualität von in London tätigen Ärzten und Wundärzten beauftragt.

Von seinem hohen Ansehen und guten gesellschaftlichen Beziehungen kündete die 1618 erfolgte Berufung zum Leibarzt Königs Jakob I. und dessen Nachfolgers Karl I. Diese Funktion war mit hohen Würden verbunden, führte aber auch zu seiner Involvierung in die Machtkämpfe zwischen König und Parlament. Allen politischen Wechselfällen wie den revolutionären Unruhen und Bürgerkriegen zum Trotz blieb Harvey – ganz im Gegensatz zu seinem jüngeren Zeitgenossen Thomas Sydenham, dem Kavalleristen im Heere Oliver Cromwells – bis an sein Lebensende Royalist.

Zu seinen tierexperimentellen Studien über die Bewegung des Blutes war Harvey bereits in Padua bei Fabricius angeregt worden. Erst 1628 entschloss er sich zur Publikation seiner Forschungsergebnisse über die Bewegung des Herzens und des Blutes in einer kleinen Monographie mit dem Titel *Exercitatio anatomica de motu cordis et sanguinis in animalibus*. Diese äußerlich unscheinbare Schrift von 78 Seiten Umfang, in Frankfurt a. M. mit kleinen Typen auf billigem Papier und nicht ganz fehlerfrei gedruckt, sollte eines der folgenreichsten Werke der medizinischen Literatur der Neuzeit werden. Der Drucker, Wilhelm Fitzer, war ein gebürtiger Engländer, der in eine Frankfurter Druckerei eingeheiratet hatte, und Harvey war wohl von der richtigen Annahme ausgegangen, dass eine Veröffentlichung zu einem so brisanten Thema auf dem Kontinent eine raschere und weitere Verbreitung finden würde als ein Druck aus England.

Die Tatsache, dass das Blut durch Herzkontraktionen bewegt wird, war schon in der Antike, insbesondere seit den physiologischen Studien ↗ Galens', bekannt. Nach Galen war die Blutbewegung zugleich Ursache und Folge der von ihm postulierten drei Digestionen (Verdauungen). Zunächst werde (1.) aus dem Nahrungsbrei im Darm ein Konzentrat, der Chylus, gefiltert, welcher der Leber zugeführt (2.) und dort zu Blut umgewandelt werde, um sodann durch die Venen dem Herzen zuzufließen. Dort werde das Blut durch einen Wärme und Kraft spendenden Stoff, das Pneuma, angereichert und anschließend durch die Arterien in die peripheren Körperorgane geleitet. Das Blut, als Träger aller wichtigen Nährstoffe diene schließlich (3.) dem Wachstum und der Regeneration der Gewebe und Organe. Da eine vollständige Lungenpassage des Blutes für unmöglich gehalten wurde, bestand eine besondere Schwierigkeit in der Erklärung des Bluttransports von der rechten in die linke Herzhälfte. Dies versuchte Galen mit einer angenommenen Permeabilität der Herzscheidewand durch Poren zu begründen. Nach der Galenischen Theorie wurde das Blut gänzlich aufgebraucht und musste daher ständig aus dem Chylus in der Leber neu gebildet werden.

Erste Vermutungen über einen Lungenkreislauf des Blutes waren schon durch den Araber Ibn an-Nafis in Kairo, den spanischen Arzt Miguel Serveto, den Anatomen Realdo Colombo in Padua und von dessen Schüler A. ↗ Cesalpino geäußert worden. Doch blieb es Harvey vorbehalten, aus den bekannten anatomischen Einzeltatsachen durch tierexperimentelle Untersuchungen und Anwendung mathematisch-quantifizierender Methoden eine in sich geschlossene Lehre von der zyklischen Bewegung des Blutes in einem großen Körper- und einem kleineren Lungenkreislauf zusammenzufassen und vor allem auch durchzusetzen. Obwohl Harvey ein Anhänger der naturphilosophischen Ansichten des ↗ Aristoteles war und blieb, streifte er doch das bis dahin noch weitgehend vorherrschende dogmatische Denken ab und verließ sich, wie auch von seinem Landsmann F. ↗ Bacon gefordert, allein auf induktive, rationale und vorurteilsfreie Detailforschungen. Daneben bezog sich Harvey aber auch häufig auf Aristoteles, so z. B. auf den in der aristotelischen Kosmologie beschriebenen Kreislauf des Wassers. So schrieb er in seinem Buch über die Bewegung des Herzens und des Blutes: »Es sei gestattet, diese Bewegung im selben Sinne einen Kreislauf zu nennen, wie Aristoteles das Wetter und den Regen mit einer Kreisbewegung der oberen Regionen verglichen hat. Denn das feuchte von der Sonne erwärmte Erdreich entwickelt Dünste, die aufgestiegenen Dämpfe verdichten sich und steigen als Regen verdichtet wieder abwärts, ... So dürfte es wahrscheinlich auch im Körper zustande kommen, daß alle Teile durch die Blutbewegung mittels eines erwärmten, vollkommenen, dunstigen, geistigen und ... nährkräftigen Blutes genährt, durchwärmt und belebt werden, daß das Blut hingegen in den Körperteilen abgekühlt, verdichtet und geschwächt wird, daher es zu seinem Ursprung und zwar zum Herzen, gleichsam zu seiner Quelle zurückkehrt, um seine Vollkommenheit wieder zu erlangen.«

In jahrelangen Untersuchungen an über 80 Tierarten beobachtete Harvey deren Blutgefäße und Herzaktionen bei den verschiedensten Experimenten. Dabei kam er zu dem Ergebnis, dass die Herzklappen die gleiche Ventilfunktion wie die seit längerem bekannten Venenklappen für die Gleichrichtung des Blutstroms haben und die Systole die aktive Arbeitsphase des Herzmuskels ist, dessen beide Kammern sich gleichzeitig kontrahieren. Harvey gelangte zu der Überzeugung, dass das Blut – da er die von Galen angenommenen Poren im Herzseptum nicht fand und die Anatomie der Pulmonalgefäße keinen anderen Schluss zuließ – vom rechten Herzventrikel über die Lungen zur linken Herzhälfte strömt, um von dort über das arterielle Gefäßsystem im ganzen Körper verteilt zu werden. Der Rückstrom erfolge zentripetal durch die Venen in die rechte Herzkammer. Bei seinen Berechnungen der Blutmenge, die das Herz pro Systole und Zeiteinheit durchströmen, kam Harvey zu dem Ergebnis, dass bereits in einer halben Stunde mehr als die Gesamtblutmenge das Herz passieren muss. Damit war auch quantitativ bewiesen, dass die Blutbewegung nur im Kreislauf erfolgen kann und die Galenischen Ansichten von der Blutbildung und -verteilung nicht stimmen. Lediglich der damals noch unbekannte feingewebliche Bau der Lungen bildete eine nicht eindeutig zu schließende Lücke in Harveys Kreislaufsystem. Diesen letzten Baustein lieferte M. ↗ Malpighi in Bologna im Jahre 1661 mit dem mikroskopischen Nachweis der Erythrozyten und der Lungenkapillaren.

Zu den ersten Anhängern der neuen Lehre, die bald von den Opponenten spöttisch »Circulatores« (Kreisläufer) tituliert wurden, gehörte neben den Engländern Robert Fludd, Francis Glisson, J. ↗ Wallis auch R. ↗ Descartes. Unter den Gegnern der Kreislaufidee war der Pariser Anatom Jean Riolan jr. der prominenteste. Obwohl er sich einigen der Harveyschen Ansichten nicht verschließen konnte, versuchte er dennoch, das tradierte Galenische System zu retten. So stellte er die von Harvey berechnete zirkulierende Blutmenge in Frage. Er hielt z. B. nur ein tropfenweises Austreten des Blutes in die Gefäße bei der Systole für möglich und einen Lungenkreislauf wegen der dann vermeintlich eintretenden gefährlichen Blutfülle für vollends unmöglich. Harvey verteidigte seine Thesen vehement in zwei 1649 publizierten Briefen an Riolan, wobei er auch neue Argumente anführte. Die Erkenntnis, dass das Blut ein ubiquitäres Transport- und Informationssystem des Organismus ist, hatte für die Physiologie, aber auch für das Verständnis von Pathologie und Therapie und damit nicht zuletzt für die klinische Medizin, eine enorme heuristische Bedeutung. So kam es zu ersten Versuchen, das durch starke Blutungen verminderte Blutvolumen durch Transfusionen wieder aufzufüllen und bei Erkrankungen Medikamentenlösungen als Infusionen oder Injektionen zu verabreichen. Die ersten tierexperimentellen Blutübertragungen nahm 1657 der englische Anatom Richard Lower vor.

Bereits in Oxford, wohin er in den 1640er-Jahren mit seinem König geflohen war, hatte Harvey seine früheren fortpflanzungsphysiologischen Arbeiten wieder aufgenommen und diese nach seinem unfreiwilligen Rückzug auf die Landgüter seiner Brüder und später wieder in London fortgesetzt; denn nach der Revolution war er im Zuge der Säuberungen der Universität von Anhängern der Monarchie aus Oxford verwiesen worden. Sein Freund George Ent drängte ihn zur baldigen Veröffentlichung der Ergebnisse, und so erschien im Jahre 1651 sein zweites bedeutsames Werk *Exercitationes de generatione animalium* (Untersuchungen über die Zeugung der Tiere), zu dem er ebenfalls die ersten Anregungen von seinem Lehrer Fabricius fast ein halbes Jahrhundert zuvor erhalten hatte. Er wandte sich, wie viele vor ihm, über die Beobachtung der Entwicklungsstadien von bebrüteten Hühnereiern dem Problem der Zeugung und Entwicklung embryonaler Keime zu, dehnte aber bald seine Experimente auch auf Säugetiere aus. Den naturwissenschaftlichen Interessen Karls I. verdankte er die Möglichkeit, im königlichen Wildgehege an tragenden Hirschkühen und Rehen Sektionen unmittelbar nach der Empfängnis und in Frühstadien der Trächtigkeit durchführen zu können. Er griff mit diesen Forschungen in den alten Streit zwischen Präformationslehre und Epigenesetheorie ein. Während die erstere von der Annahme ausging, dass bereits in den Keimzellen die späteren Lebewesen en miniature vorgebildet, also präformiert vorhanden seien, gingen die Epigenetiker von einer zunächst amorphen Grundsubstanz und der allmählichen Ausbildung und Differenzierung der Organe des Keimlings aus. Harvey kam – auch hier in der Aristotelischen Tradition stehend – zu der Überzeugung, dass insbesondere höhere Tiere eine epigenetische embryonale Entwicklung durchlaufen. Die dafür erforderliche Ausgangsform war für ihn das Ei, das er für den vegetativen mit Stoff und Kraft begabten Urkörper jeglichen Lebens hielt. Im Gegensatz zu Aristoteles erkannte er allerdings den männlichen Samen nicht als einen notwendigen Bestandteil des künftigen Keimes an, sondern nur als den auslösenden – beinahe immateriellen – Zündfunken für die Lebensentstehung, der wie »ein Blitz, der aus der Wolke hervorbricht, ein Ding sofort in Brand setzt«. Der Ei-Begriff hatte für Harvey seinerzeit einen mehr symbolischen Charakter, der erst später mit der Entdeckung der Säugetier-Eizellen (1827) durch K. E. v. ↗ Baer zur Realität wurde. Harveys Erkenntnisse hat 1668 der Florentiner F. ↗ Redi in die griffige Formel »omne vivum ex ovo« (alles Lebende stammt aus einem Ei) gekleidet. Für niedere Tiere hat Harvey allerdings sogar noch die Möglichkeit der Urzeugung konzediert.

Im Alter mehr und mehr vereinsamt – seine Frau war bereits 1645 verstorben –, stand er in einer weiterhin durch politische Erschütterungen geprägten Zeit als vormals königstreuer Parteigänger den Ergebnissen der bürgerlichen Revolution verständnislos und verbittert gegenüber. Im 80. Lebensjahr verstarb Harvey an den Folgen eines Schlaganfalls, vermutlich im Hause eines seiner Brüder, der in Hempstead (Essex), einer kleinen Stadt nordwestlich von London, eine Familien-Begräbniskapelle errichten ließ. Dort fand Harvey seine letzte Ruhestätte. [PS]

Werk(e):
Exercitatio anatomica de motu cordi et sanguinis in animalibus (1628); deutsche Ausgabe u. a.: Die Bewegung des Herzens und des Blutes, übersetzt und erläutert von R. Ritter v. Töply (Klassiker der Medizin, Bd. 1, 1910; Exercitationes anatomicae duae de circulatione sanguinis, ad Joannem Riolanum filium (1649); Exercitationes de generatione animalium (1651), nochmaliger Druck u. a. (1662); The works of William Harvey,. ins Englische übersetzt und hrsg. von R. Willis (1847).

Sekundär-Literatur:
Keynes, G.: The Life of William Harvey. 2. Hrsg. (1978); Lesky, E.: Harvey und Aristoteles, Sudh. Arch. 41 (1957) 289–316, 349–378; Pagel, W.: William Harvey's Biological Ideas. Selected Aspects and Historical Background (1967); Pagel, W.: New Light on William Harvey (1976); Whitteridge, G.: William Harvey and the circulation of the blood (1971).

Hasenöhrl, Friedrich,
österreichischer Physiker,
* 30. 11. 1874 Wien,
† 7. 10. 1915 Folgaria/Vielgereuth (Südtirol).

Hasenöhrl war nach Boltzmanns Tod der wichtigste theoretische Physiker in Österreich.

Aus einer Wiener Familie von Hofbeamten und niederem Adel stammend, studierte Hasenöhrl in seiner Heimatstadt Mathematik und Physik. 1896 schloss er seine Dissertation über ein thermodynamisches Thema bei Franz Exner ab. Besonderes Interesse erregte der junge Privatdozent Hasenöhrl durch seine von der Wiener Akademie der Wissenschaften ausgezeichnete *Theorie der Strahlung bewegter Körper* aus dem Jahre 1904. Sie nahm ein Jahr vor A. ↗ Einsteins spezieller Relativitätstheorie die Äquivalenz von Masse und Energie für einen speziellen Fall vorweg.

Hasenöhrl wurde 1907 nach einem kurzen Intermezzo an der Wiener Technischen Hochschule Nachfolger von L. ↗ Boltzmann an der dortigen Universität. Als dessen Schüler und als Lehrer E. ↗ Schrödingers kann er als österreichische Schlüsselfigur für die Entwicklung der theoretischen Physik gelten. Seine Einladungen zur Teilnahme an den beiden ersten und für die Entwicklung der Quantentheorie wegweisenden Solvay-Kongressen zeigen, wie sehr er als einer der Hoffnungsträger der modernen Physik galt. Nach Eintritt Italiens in den Ersten Weltkrieg wurde der Karriere des Kriegsfreiwilligen Hasenöhrl durch einen Granatsplitter ein jähes Ende bereitet. [AS2]

Sekundär-Literatur:
Meyer, St.: Physik Z. 16 (1915) 429–33.

Hasse, Helmut,
deutscher Mathematiker,
* 25. 8. 1898 Kassel,
† 26. 12. 1979 Ahrensburg.

Hasse war ein bahnbrechender Zahlentheoretiker und Algebraiker. Er war ein Vorkämpfer der heutigen und in den 1920er- und 1930er-Jahren als »modern« bezeichneten Auffassung, die Mathematik sei eine Theorie von »Strukturen«.

Hasse entstammte der Familie eines Richters. Nach dem Besuch von Gymnasien in Hofgeismar, Kassel und Berlin legte er 1915 das »Notabitur« ab, um danach als Kriegsfreiwilliger bei der Marine zu dienen. 1917 begann er mit dem Studium der Mathematik an der Universität Kiel, das er ab 1918 in Göttingen fortsetzte. Hier übten insbesondere die Vorlesungen von Erich Hecke einen starken Einfluss auf Hasse aus. Dieser wechselte 1920 an die Universität Marburg, wo er bei Kurt Hensel, dem Erfinder der p-adischen Zahlen, 1921 promovierte und sich 1922 habilitierte. Die weiteren Stationen seiner akademischen Karriere waren: Privatdozent in Kiel 1922–1925, o. Professor Halle 1925–1930, Marburg 1930–1934, Göttingen 1934–1945, Berlin 1946–1950, Hamburg 1950–1979 (Emeritus 1966). In Göttingen wurde Hasse 1934 als Nachfolger von R. ↗ Courant und H. ↗ Weyl Direktor des Mathematischen Instituts, das durch die Maßnahmen des NS-Regimes bedeutende personelle Verluste erlitten hatte. In seiner Stellung bemühte sich Hasse, das wissenschaftliche Niveau des bis 1933 weltweit führenden Instituts zu erhalten. Während des Zweiten Weltkrieges war er Leiter eines Forschungsinstituts, das dem Reichsmarineamt in Berlin unterstellt war und zu dem weitere Mathematiker und Physiker gehörten. Nach dem Krieg entzog die britische Besatzungsmacht Hasse die Lehrerlaubnis. 1946 nahm er eine Forschungsprofessur an der Deutschen Akademie der Wissenschaften in Berlin an. 1948 durfte Hasse wieder Vorlesungen halten, zunächst an der Humboldt-Universität zu Berlin, die ihn 1949 zum Professor berief. und 1950 folgte er einem Ruf an die Universität Hamburg, wo er bis zu seiner Emeritierung 1966 lehrte.

Schon in seiner Dissertation und in seiner Habilitationsschrift gelangte Hasse zu grundlegenden Erkenntnissen in der Theorie der quadratischen Formen (Satz von Minkowski-Hasse, Lokal-Global-Prinzip). Sowohl dadurch als auch durch seine weiteren Arbeiten, Vorlesungen und Vorträge verschaffte er den durch Hensel eingeführten p-adischen Zahlen allgemeine Anerkennung in der Fachwelt. Die p-adischen Zahlen traten gleichberechtigt neben die reellen und komplexen Zahlen. Einen weiteren bahnbrechenden Erfolg erzielte Hasse 1933/34 mit dem Beweis des Analogons der Riemannschen Vermutung für Zetafunktionen von elliptischen Funktionenkörpern über endlichen Konstantenkörpern.

Hasse war sowohl als Forscher und akademischer Lehrer als auch als Verfasser von Monografien und Herausgeber des renommierten *Journals für die reine und angewandte Mathematik* (1826 gegründet) außergewöhnlich produktiv, anregend und erfolgreich. An jeder Stätte seines Wirkens hatte er zahlreiche Schüler und verfasste viele Arbeiten gemeinsam mit anderen Autoren. [ON]

Werk(e):
Hrsg. von Leopoldt, H. W. und Roquette, P.: Mathematische Abhandlungen, 3 Bde. (1975).

Sekundär-Literatur:
Frei, G.: Helmut Hasse (1898–1979), Expos. Math. 3 (1985) 55–69.

Hassel, Odd,
norwegischer Physikochemiker,
* 17. 5. 1897 Kristiania (Oslo),
† 11. 5. 1981 Oslo.

Hassel gilt als Mitbegründer der Konformationsanalyse. Er erhielt 1969, zusammen mit D. H. R. ↗ Barton, den Nobelpreis für Chemie für grundlegende Arbeiten über die Konformation von Cyclohexanderivaten und die Anwendung der Elektronenbeugung zur Konformationsanalyse.

Hassel, Sohn eines Gynäkologen, studierte ab 1915 an der Universität Oslo neben Chemie auch Mathematik und Physik. 1920 legte er das Kandidatenexamen ab und unternahm für ein Jahr eine Studienreise nach Frankreich und Italien. Im Herbst 1922 ging er nach München zu K. ↗ Fajans und war ab 1923 am Kaiser-Wilhelm-Institut für physikalische Chemie in Berlin. 1924 promovierte Hassel an der Universität Berlin, arbeitete von 1925 bis 1926 als Universitätsstipendiat in Oslo und von 1926 bis 1934 als Dozent für Physikalische Chemie und Elektrochemie. 1934 wurde Hassel in Oslo auf den ersten norwegischen Lehrstuhl für Physikalische Chemie berufen, den er bis zu seiner Emeritierung 1964 inne hatte. Hassel war Ehrendoktor der Universitäten Kopenhagen und Stockholm sowie Mitglied und Ehrenmitglied zahlreicher wissenschaftlicher Akademien und Gesellschaften. 1967 wurde an der Universität Oslo die jährlich stattfindende »Hassel Lecture« eingerichtet.

Hassel gilt als Mitbegründer der Konformationsanalyse. Er erforschte die räumlichen Anordnungsmöglichkeiten (Konformationen) der Atome oder Atomgruppen eines Moleküls, die durch innere Rotation um formale Einfachbindungen erzeugt werden. Zunächst führte Hassel bei der Untersuchung der Molekularstruktur organischer Ringverbindungen Dipolmessungen durch, deren Aussagen er wenig später durch die Anwendung von Röntgenstruktur- und Elektronenbeugungsmethoden verfeinerte. Bereits in den 1940er-Jahren gelangte Hassel zu der Erkenntnis, dass die stabilen Konformationen alicyclischer Verbindungen nicht planar sind. Am Beispiel des Cyclohexans konnte er nachweisen, dass dessen energetisch stabilste Form die Sesselform ist. 1946 wies er diese auch für cis- und für trans-Decalin nach und erforschte das sich einstellende Gleichgewicht beider Formen. Ab 1950 wandte sich Hassel auch der Strukturaufklärung von Charge-Transfer-Verbindungen zu. [RS3]

Werk(e):
Kristallchemie (1934).

Sekundär-Literatur:
Universitetet i Oslo 1911–1961, 1 (1962), 553 f.

Hauksbee, Francis,
englischer Experimentator und Elektrizitätsforscher,
* um 1666 Colchester,
† 29. 8. 1713 London.

Hauksbee war ein herausragender englischer Experimentator des beginnenden 18. Jahrhunderts, seine Experimente zur statischen Elektrizität begründeten die Elektrizitätslehre als eigenständiges Forschungsfeld.

Aus einfachen Verhältnissen stammend, arbeitete Hauksbee zunächst wie sein Vater als Tuchmacher in Colchester. Auch wenn über sein frühes Le-

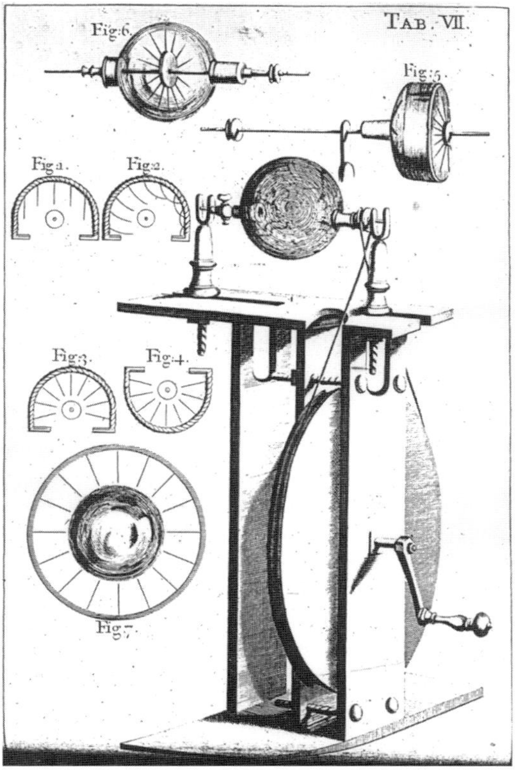

F. Hauksbee: Elektrisiermaschine

ben ansonsten kaum etwas bekannt ist, lässt sich annehmen, dass er schon früh Bekanntschaft mit Instrumentenbauern und Experimentatoren machte. Denn er erhielt schlagartige Berühmtheit, als er im Dezember 1703 vor der Royal Society erstmals Experimente vorführte. Kurz darauf wurde er durch die Protektion I. ↗ Newtons zum Kurator der Royal Society und damit zum Verantwortlichen für die Experimente der Gesellschaft ernannt, 1705 wurde er zu deren Mitglied gewählt. In diesen Funktionen wirkte er bis zu seinem Tod.

Zentrale Bedeutung erlangte Hauksbees erstmals 1705 vorgeführtes Experiment, in dem er Leuchterscheinungen von Quecksilber im Rezipienten seiner selbst konstruierten Vakuumpumpe demonstrieren konnte. In einer langen Reihe von Experimenten erkannte Hauksbee, dass die existierenden Deutungen unzureichend waren, da weniger das Quecksilber als das Glas des Rezipienten die Leuchterscheinungen verursachte, die Ähnlichkeit zu Kapillaritätsphänomenen aufwiesen. Er interpretierte diese Ähnlichkeit als Hinweis auf ein subtiles, dem Glas entströmendes Fluidum, das – wie er kurze Zeit später zeigen könnte – auch über kürzere Entfernungen wirke. Zur Veranschaulichung dieser Wirkungen konstruierte Hauksbee ein eigenes Instrument, in dem durch Reiben einer Glaskugel die darin induzierten Kräfte demonstriert werden konnten und die so eine Frühform der Elektrisiermaschine darstellt. Seine Arbeiten wurden in Newtons *Opticks* diskutiert und noch zu Hauksbees Lebzeiten von Stephen Gray, nach seinem Tod von Charles Dufay und B. ↗ Franklin weitergeführt. [GW2]

Werk(e):
Physico-Mechanical Experiments on Various Subjects (1709).

Sekundär-Literatur:
Heilbron, J. L.: Electricity in the 17th and 18th Centuries. A Study in Early Modern Physics (1979).

Hausbrand, Eugen Gottfried Julius,
deutscher Apparatebauer,
* 14. 9. 1845 Gut Engelshöhe (Kreis Weklau) Ostpreußen,
† 15. 1. 1922 Berlin.

Warren K. Lewis, Nestor des »Chemical Engineering« in den USA, bezeichnete Hausbrand als »the world first process design engineer«. In den USA war die Integration von physikalischer Chemie und Apparatebau als Ablösung des kontemplativen Konzeptes der chemischen Technologie im Gegensatz zu Deutschland gelungen. Sie fußte wesentlich auf den Ergebnissen der W. ↗ Ostwald-Schule und Hausbrands fundamentalen Publikationen.

Hausbrand erhielt seine wissenschaftliche Ausbildung ab 1866 an der Allgemeinen Abteilung der Gewerbeakademie Berlin (ab 1879 TH). Das Ringen dieser Schulen um Gleichstellung mit den Universitäten, der »Methodenstreit« in der Ingenieurausbildung prägten ihn ebenso wie seine national-patriotische Erziehung, für die er ab 1873 im VDI ein Wirkungsfeld sah. Ab 1869 fand er Anstellung in der Maschinenfabrik von Ruffer in Breslau. Im April 1875 wechselte er in die damals bereits weltbekannte Kupferschmiede von Carl Justus Heckmann nach Berlin, deren Leitung er von 1878 bis zu seinem Tode inne hatte.

In dieser Zeit entwickelte sich der deutsche Apparatebau von »billig und schlecht« (F. ↗ Reuleaux, 1876) zu vorderen Positionen in der Welt. Das gelang wesentlich durch die wissenschaftliche Grundlegung des von der Empirie getragenen Gebietes und betraf die physikalisch-chemischen Prozessgrundlagen sowie die gezielte Anwendung und Vermessung von Stoff- und Werkstoffdaten.

Hausbrand hat ab 1893 mit seinen Monografien über die thermischen Prozesse und Apparate der Destillation, des Verdampfens, Kondensierens, Kühlens und Trocknens sowie mit seinem *Hilfsbuch für den Apparatebau* bedeutende Beiträge geliefert. Damit wurde der Zugang für Ingenieure in das Reich der Kesselschmiede und Küfer geschaffen. In schneller Folge erschienen Nachauflagen und fremdsprachige Ausgaben. Die Aufnahme in die Curricula der Hochschulen erfolgte dagegen zögerlich.

In Fachkreisen genoss der Junggeselle Hausbrand den Ruf eines bedürfnislosen, rastlos schaffenden und stets kooperationsfreudigen Menschen. Im Berliner Bezirksverein des VDI bekleidete er mehrere Funktionen und wurde 1921 Ehrenmitglied. Er war Begründer des VDI-Ausschusses für Wärmewirtschaft und arbeitete u. a. im Verein zur Förderung des Gewerbefleißes mit. Mehr als 20 Jahre nach seinen fundamentalen Publikationen verlieh ihm die TH Berlin, 2 Tage vor seinem Tode, die Ehrendoktorwürde. [KK]

Werk(e):
Verdampfen, Kondensieren, Kühlen (1899); Hilfsbuch für den Apparatebau (1901).

Sekundär-Literatur:
Schröder, H.: Chem. Apparatur 9 (1922) 5, 41–42; VDI-Z. 66 (1922) 18, 447; Krug, K., Meinicke, K.-P.: Eugen Gottfried Julius Hausbrand (1845 bis 1922), in: Lebensbilder von Ingenieurwissenschaftlern, hrsg. v. Buchheim, G. und Sonnemann, R. (1989), 106–115.

Hausdorff, Felix,
Mathematiker,
* 8. 11. 1868 Breslau,
† 26. 1. 1942 Bonn.

Hausdorff gehört zu den Begründern der Mengenlehre, Maßtheorie und der mengentheoretischen Topologie.

Hausdorff war der Sohn eines sehr wohlhabenden jüdischen Textilgroßhändlers. 1871 übersiedelte die Familie nach Leipzig. Dort besuchte Hausdorff die Schule und studierte 1887 bis 1891 an der heimischen Universität Astronomie und Mathematik, unterbrochen von je einem Semester in Freiburg und Berlin. Nach der Promotion 1891 über ein astronomisches Thema und dem Militärdienst arbeitete er ab 1893 an der Leipziger Sternwarte, wo der Direktor Ernst H. Bruns einen großen Einfluss auf ihn ausübte; 1895 folgte die Habilitation. Neben seinem Wirken als Privatdozent (ab 1901 ao. Professor) widmete er sich ausgiebig philosophischen und künstlerischen Neigungen. Der Umgang mit befreundeten Künstlern und das anregende geistige Klima der Stadt Leipzig mögen ihn veranlasst haben, eine erste Wegberufung entgegen allen damaligen Sitten abzulehnen. In diesen Leipziger Jahren schrieb er, stark von Friedrich W. Nietzsche beeinflusst, unter dem Pseudonym Paul Mongré die philosophischen Bücher *Sant' Ilario* (1887), *Das Chaos in kosmischer Auslese* (1898), ein satirisches Theaterstück *Der Arzt seiner Ehre* (1904, mehrfach, u. a. in Berlin, erfolgreich aufgeführt), Gedichte und zahlreiche Essays und Kunstkritiken. Seine Wendung von der angewandten Mathematik zu den Grundlagenfragen wurde neben seinen philosophischen Interessen wesentlich durch das damals regelmäßig abwechselnd in Halle und Leipzig durchgeführte mathematische Kolloquium beeinflusst, bei dem er mit G. ↗ Cantor und dessen Ideen vertraut geworden war. So hielt er seine Antrittsvorlesung 1903 in Leipzig über das Raumproblem.

F. Hausdorff

1910 ging er nach Bonn und 1913 erhielt er seine erste ordentliche Professur in Greifswald. 1914 erschien sein mathematisches Hauptwerk *Grundzüge der Mengenlehre*, 1919 die fundamentale Arbeit zur Begründung der gebrochenen Dimension, die heute eine große Rolle bei der Behandlung stark zerklüfteter »fraktaler« Mengen spielt. 1921 kehrte er an die Universität Bonn zurück. 1927 wurden die *Grundzüge* in zeitbedingt stark gekürzter und völlig umgearbeiteter Form unter dem Titel *Mengenlehre* neu herausgegeben.

Hausdorffs entscheidende Rolle bei der Herausbildung der mengentheoretischen Topologie, der Maßtheorie und der Theorie geordneter Mengen hat für eine lange Zeit seine Arbeiten zur angewandten Mathematik, vornehmlich aus der Leipziger Zeit, in den Hintergrund gedrängt. Nach dem Tode seines Vaters 1896 hatte er außerdem die Leitung der von diesem herausgegebenen Fachzeitschrift *Der Spinner und der Weber* übernommen. 1935 wurde er als Jude zwangsemeritiert, setzte jedoch seine wissenschaftliche Arbeit als Privatmann in Bonn in zunehmender Isolierung fort. Nach Erhalt der Aufforderung, sich mit der Familie im Sammellager Endenich einzufinden, wählte er gemeinsam mit seiner Frau und seiner Schwägerin Edith Pappenheim den Freitod. [PS2]

Werk(e):
Hausdorffs Gesammelte Werke (einschließlich der literarischen und philosophischen Schriften) erscheinen seit 2001 in (geplanten) 8 Bänden.

Sekundär-Literatur:
Jahresbericht der DMV Bd. 69 (1967), Heft 2. Brieskorn, E. (Hrsg.): Felix Hausdorff zum Gedächtnis, Bd. 1 (1996, geplant Bd. 2: Biographie); Brieskorn, E: Felix Hausdorff – Elemente einer Biographie, in: Katalog der Ausstellung 1992 im Math. Institut der Univ. Bonn; Girlich, H.-J.: F. Hausdorff und die angewandte Mathematik, in: 100 Jahre Math. Seminar der Karl-Marx-Universität (1981).

Haüy, René-Just,
französischer Mineraloge und Kristallograph,
* 28. 2. 1743 Saint-Justen Chausseé (Oise),
† 1. 6. 1822 Paris.

Haüy gilt als Begründer der Kristallographie als einer selbständigen wissenschaftlichen Disziplin und war für eine ganze Epoche richtungsweisend. Auf ihn geht das Rationalitätsgesetz (Gesetz der rationalen Indizes einer Kristallfläche) zurück.

Haüy war der Sohn eines armen Leinewebers. Seine frühe Erziehung als Knabe erhielt er in einer Prämonstratenser-Abtei. Als die Familie nach Paris zog, wurde er Schüler am Collège de Navarre. Seinen Lehrern fiel er schnell durch seine Begabung auf. Auch theologische Studien betrieb er intensiv und wurde 1770 zum Priester geweiht. Lebensentscheidend für Haüy waren die Vorlesungen über Mineralogie von Louis-Jean-Marie Daubenton am Jardin du Roi. Haüy widmete sich nun ganz dem Studium der Minerale und Kristalle. In den Revolutionsjahren wurde er in den Konflikt zwischen der Kirche und dem neuen Staat hineingezogen. 1783 wurde Haüy in die Académie Royale des Sciences in Paris aufgenommen. Er wurde auch in das neu gegründete Institut de France berufen und 1803 durch Bonaparte zum Mitglied der Ehrenlegion ernannt.

In Romé Delisle hatte Haüy in Frankreich einen Vorläufer, der schon eine Theorie der Primitivformen von Kristallen entwickelt und den Begriff »Molécule intégrante« geprägt hatte. Aber zu einem Zusammenhang der verschiedenen Kristallgestalten, zu einem Mechanismus des Zusammenbaues konnte Delisle nicht durchdringen. Viel profitierte Haüy von der Arbeit des schwedischen Chemikers T. ↗ Bergman. Bergman war es gelungen, aus einem Kalkspatskalenoeder durch Schnitte das Grundrhomboeder als Kern bloßzulegen (1772). Mit der Abhandlung *Essai d'une théorie sur la structure des cristaux* (1784) gelang Haüy der Durchbruch. In dieser Arbeit finden sich zum erstenmal alle wesentlichen Elemente seiner Strukturtheorie. Durch Spaltung der Kristalle können Polyeder herausgelöst werden, die Primitivformen oder Kerne heißen. Für das Reich der Kristalle ließ er sechs Kerngestalten zu. Die Anzahl der »Molécules intégrantes« reduzierte Haüy auf drei. Daneben benutzte er den Begriff des parallelepipedischen »Molécule soustractive« (Subtraktivteilchen), das aus mehreren »Molécules intégrantes« (integrierende Teilchen) bestehen kann und Baustein bei den aufgelegten Schichten ist.

Unter den mehr als hundert Abhandlungen und Werken Haüys ragt der *Traité de Minéralogie* (1801–1802) hervor, der von dem preußischen Bergrat Dietrich Ludwig G. Karsten und dem später berühmt gewordenen Mineralogen C. S. ↗ Weiß ins Deutsche übertragen wurde.

In dem Aufbau der Sekundärformen aus der Kerngestalt spielt die Symmetrie eine wesentliche Rolle. Bewusst geworden ist dies Haüy vielleicht durch Arbeiten des Mathematikers A.-M. ↗ Legendre erst um 1815, und er verfasste mehrere Teilarbeiten über die zentrale Bedeutung des Symmetriebegriffes, erschienen in den *Mémoires du Muséum d'Histoire Naturelle* (deutsche Übersetzung von Johann Friedrich Hessel 1819).

Haüy verfasste außerdem Physiklehrbücher für den Elementarunterricht, die viel benutzt und auch ins Deutsche übersetzt wurden. [KHW]

Werk(e):
Essai d'une théorie sur la structure des cristaux (1784); Traité de Minéralogie, 4 Bde. u. Atlas (1801–02, dt. 1804–10); Mémoire sur une loi de cristallisation, appelée loi de symmétrie, Mémoires du Museum d'Histoire Naturelle (1815).

Sekundär-Literatur:
Lacroix, A.: La vie et l'oeuvre de l'abbé René-Just Haüy, Bulletin de la Société Française de Minéralogie, 67. Bd (1944) 15–126; Wiederkehr, K. H.: René-Just Haüys Vorstellungen vom Kristallbau und einer chemischen Atomistik, in: Centaurus Vol. 21 (1977) 27–43, 278–299, Vol. 22 (1978) 131–156, 177–186; Burckhardt, J. J.: Die Symmetrie der Kristalle (1988).

Havemann, Robert Hans Günther,
deutscher Physikochemiker und Philosoph,
* 11. 3. 1910 München,
† 9. 4. 1982 Grünheide bei Berlin.

Havemanns Verdienste gehören der Kolloid- und Proteinchemie sowie dem wissenschaftlichen Gerätebau an. Er war ein Pionier der physikalischen Chemie in der DDR.

Havemanns Jugend war mit den Orten München, Haubinda/Thüringen, Hannover (Realgymnasium) und Bielefeld (Abitur 1929) verbunden. Er studierte von 1929 bis 1932 Naturwissenschaften in München und Berlin. Zu seinen Lehrern zählen Otto Hönigschmidt, K. ↗ Fajans, H. ↗ Wieland und H. ↗ Freundlich.

In der Abteilung Freundlichs am Kaiser-Wilhelm-Institut für Physikalische Chemie in Berlin-Dahlem begann Havemanns Laufbahn mit kolloidchemischen Arbeiten und der Konstruktion eines Mikrokapillarelektrometers. 1933 wurde er aus politischen Gründen aus dem Institut entfernt, konnte aber 1934 seine Doktorarbeit (Gutachter: M. ↗ Bodenstein und Wilhelm Schlenk) erfolgreich verteidigen. Bis 1937 arbeitete Havemann zusammen mit dem Arzt Georg Groscurth an Berliner medizinischen Einrichtungen, wo er Messgeräte konstruierte und sich mit Blut- und Hämoglobinuntersuchungen sowie der Biochemie von Vergiftungen beschäftigte. 1937 arbeitete er im Berliner Pharmakologischen Universitätsinstitut von Wolfgang Heubner über Eiweißchemie und entwickelte das Havemann-Kolorimeter zur Methämoglobinbestimmung im Blut. Seit Kriegsbeginn forschte er auch für das Heereswaffenamt. Im März 1943 habilitierte er sich in Berlin.

Havemann war von 1933 bis 1936 und dann wieder ab 1941 im antifaschistischen Widerstand tätig. Nach der Aufdeckung der von ihm geleiteten Organisation »Europäische Union« wurde er 1943 zum Tode verurteilt und im Zuchthaus Brandenburg inhaftiert. Es gelang aber, die Urteilsvollstreckung mit der Maßgabe auszusetzen, dass er im Zuchthaus weiter für das Heereswaffenamt arbeitete. Das für ihn eingerichtete Laboratorium nutzte Havemann auch, um den Widerstandskampf zu organisieren.

Nach seiner Befreiung im April 1945 wurden ihm in Berlin führende Verwaltungsaufgaben (Berliner Präsident der KWG) und die Leitung einer Abteilung am Kaiser-Wilhelm-Institut für Physikalische Chemie übertragen, wo er sich mit Proteinen und Farbstoffen beschäftigte. Als Kommunist und aktiver Kernwaffengegner kam er in Konflikt mit dem Westberliner Senat, woraus 1950 seine Suspendierung vom Amt des Abteilungsleiters resultierte. Havemann war sodann an der Humboldt-Universität zu Berlin als Institutsdirektor und Professor für Physikalische Chemie tätig. Die weitere Beschäftigung mit der Proteinchemie veranlasste ihn, an seinem Institut die Forschungsrichtungen Magnetochemie (Konstruktion von Magnetwaagen, Suszeptibilitätsmessungen) und Fotochemie einzurichten. Letztere wurde zu seinem Hauptforschungsgebiet. Von 1960 bis 1965 leitete er auch die Arbeitsstelle für Fotochemie der Deutschen Akademie der Wissenschaften in Ostberlin.

Wegen seiner massiven Kritik des DDR-Systems wurde Havemann 1964 an der Universität und 1965 an der Akademie entlassen. Danach hat er sich keinen naturwissenschaftlichen Arbeiten und Veröffentlichungen mehr gewidmet, aber wie schon seit längerer Zeit politische und philosophische Publikationen angefertigt. [HGB]

Werk(e):
Einführung in die chemische Thermodynamik (1957); Dialektik ohne Dogma (1964); Texte. Warum ich Stalinist war und Antistalinist wurde (1990).

Sekundär-Literatur:
Havemann, Robert: Ein deutscher Kommunist – Rückblikke und Perspektiven aus der Isolation (1978); Draheim, D. et al. (Hrsg.): Robert Havemann – Dokumente eines Lebens (1991); K. Havemann, J. Widmann: R. H. oder wie die DDR sich erledigte (2003).

Haworth, Sir Walter Norman,
britischer Chemiker,
* 19. 3. 1883 White Coppice (bei Chorley, Lancashire),
† 19. 3. 1950 Barnt Green bei Birmingham.

Haworth leistete als organischer Chemiker grundlegende Beiträge zur Chemie und Stereochemie von Kohlenhydrat-Verbindungen und zur Strukturaufklärung und Synthese von Vitamin C.

Nach einem Chemie-Studium an der Universität Manchester und mehrjähriger Forschungstätigkeit bei W. H. ↗ Perkin jr. ging Haworth 1909 an die Universität Göttingen und wurde dort 1910 zum Dr. phil. promoviert. 1911 erwarb er in Manchester den Doctor of Sciences. 1912 wurde er Dozent für Chemie am United College der University of Saint Andrews (Schottland). 1920–1925 war er als Professor für Organische Chemie an der University of Durham tätig. Als Professor für Chemie an der University of Birmingham wirkte er von 1925 bis 1948.

Der Forschungsschwerpunkt von Haworth war die Untersuchung von Kohlenhydraten, zu denen Mono- und Oligosaccharide (Zucker) wie auch Polysaccharide wie Cellulose und Stärke gehören. Zu den Monosacchariden zählt die Glucose. Um 1925 konnte Haworth zeigen, dass es sich bei den beiden Glucoseformen – α- und β-D-Glucose – nicht um bis dahin angenommene kettenförmige Moleküle handelt, sondern um ringförmige Verbindungen. Die von E. ↗ Fischer postulierten offenkettigen Strukturen treten nur bei der gegenseitigen Umwandlung der beiden Ringstrukturen als Zwischenform auf. Bei den sich aus Glucose aufbauenden Polysacchariden Cellulose und Stärke konnte Haworth klären, wie diese Glucosemoleküle stereochemisch miteinander verknüpft sind, welche Struktur (verzweigt oder unverzweigt) die polymeren Ketten und welche Molmassen diese Verbindungen haben. Während Cellulose eine unverzweigte Kette von Polyglucose darstellt, handelt es sich bei Amylopektin, dem Hauptbestandteil der Stärke, um eine verzweigte Polyglucose-Kette.

Mit Haworth verbindet sich auch die 1933 durch ihn erreichte Strukturaufklärung des Vitamins C. Gleichzeitig mit und unabhängig von T. ↗ Reichstein gelang Haworth im gleichen Jahr auch die Totalsynthese dieser Verbindung.

Für seine herausragenden Leistungen erhielt Haworth 1937 gemeinsam mit P. ↗ Karrer den Nobelpreis für Chemie. Während des Zweiten Weltkrieges arbeitete Haworth am Atomprojekt der USA und Großbritanniens mit. [AN]

Werk(e):
The Constitution of Sugars (1929).

Sekundär-Literatur:
Jones, S.: W. M. Haworth. Obituary Notices of Fellows of the Royal Society 7 (1950/51) 373–404.

Haxel, Otto,
deutscher Physiker,
* 2. 4. 1909 Neu-Ulm,
† 26. 2. 1998 Heidelberg.

Mit seinen Arbeiten zur Schalenstruktur des Atomkerns und zur radioaktiven Altersbestimmung hat Haxel richtungweisende Impulse in der Kernphysik gesetzt.

Haxel studierte zunächst Ingenieurwissenschaft an der Technischen Hochschule München. Angeregt durch die Physikvorlesungen bei Jonathan Zenneck, wechselte er zur Technischen Physik; später ging er nach Tübingen, wo er bei H. ↗ Geiger studierte. Nach seiner Promotion 1933 folgte er Geiger 1936 als Oberassistent an die Technische Hochschule Berlin-Charlottenburg und habilitierte noch im gleichen Jahr. Während des Zweiten Weltkrieges arbeitete Haxel im Rahmen des geheimen deutschen Uranforschungsprojektes (»Uranverein«) an der militärischen Nutzbarmachung der Kernenergie. Nach dem Krieg ging er an das Max-Planck-Institut für Physik in Göttingen. 1947 wurde er außerordentlicher Professor an der Göttinger Universität. 1950 wechselte er an die Universität Heidelberg, wo er das II. Physikalische Institut aufbaute und leitete.

Im »Uranverein« untersuchte Haxel die Absorption von Neutronen im Uran. Nach dem Krieg widmete er sich neben der kosmischen Höhenstrahlung der Erforschung besonders stabiler Atomkerne, der so genannten »magischen Kerne«, die sich geometrisch durch eine hohe Symmetrie auszeichnen. In Zusammenarbeit mit J. ↗ Jensen und H. ↗ Suess gelang ihm 1949 (unabhängig von M. ↗ Goeppert-Mayer in den USA) die Aufstellung des Schalenmodells des Atomkerns. Darin werden die Nukleonen aus einzelnen Schalen aufgebaut gedacht, ähnlich den Elektronen der Atomhülle – eine Arbeit, für die Jensen und Goeppert-Mayer 1963 mit dem Physiknobelpreis ausgezeichnet wurden. In Heidelberg beschäftigte sich Haxel u. a. mit der atmosphärischen Radioaktivität und radioaktiven Methoden der Altersbestimmung, wie z. B. der C-14-Methode. Er regte die Gründung eines Instituts für Umweltphysik an, dessen Arbeit er bis zu seinem Tode aktiv begleitete.

Haxel war 1957 einer der 18 Unterzeichner der »Göttinger Erklärung« gegen die nukleare Bewaffnung der Bundeswehr. Er war langjähriger Mitherausgeber der Zeitschrift für Physik, Mitglied der Deutschen Atomkommission und eine treibende Kraft bei der Gründung des Kernforschungszentrums Karlsruhe, dessen wissenschaftlich-technischer Direktor er von 1970–1975 war. Haxel war Mitglied der Deutschen Akademie der Naturforscher Leopoldina in Halle und der Heidelberger Akademie der Wissenschaften, deren Präsident er von 1978–1982 war. [MS3]

Werk(e):
Haxel, O., Jensen , J. und Suess, H.: Modellmäßige Deutung der ausgezeichneten Nukleonenzahlen im Kernbau, Zeitschrift für Physik 128 (1950) 295.

Heaviside, Oliver,
englischer Physiker und Nachrichtentechniker,
* 8. 5. 1850 London,
† 3. 2. 1925 Torquay/Cornwall.

Heaviside erwarb sich große Verdienste bei der Anwendung der Maxwellschen Theorie des Elektromagnetismus auf Leitungsvorgänge. Der Nachwelt ist sein Name aber vor allem durch die »Heaviside-Schicht« bekannt, deren Existenz er als Grundlage für die Reflexion der Funkwellen in der Ionosphäre vermutete.

Heaviside ist mütterlicherseits ein Neffe von Ch. ↗ Wheatstone. Sein Vater war ein befähigter Holzgraveur, dessen künstlerische Begabung offensichtlich auf den Sohn überging. Dieser setzte aber seine künstlerischen Bemühungen nicht weiter fort, sondern folgte dem Vorbild seines Onkels Wheatstone. 1866 verließ er die Schule und konzentrierte sich auf die Sprachausbildung in Dänisch und Deutsch sowie auf die Naturwissenschaften. 1868 begann er seine berufliche Tätigkeit als Telegraphen-Operator bei der »Dans-Nors-Engelske Telegraf Selskab« und war mit dem Testen des in diesem Jahr zwischen England und Dänemark verlegten Telegraphenkabels beschäftigt. 1871 wurde er Chef-Operator und war vor allem mit der Fehlersuche betraut. Obwohl er seine mathematischen Kenntnisse nur als Autodidakt erworben hatte, ging es ihm nicht lediglich um das physikalische Verständnis der Leitungsvorgänge, sondern er schuf in verschiedenen Aufsätzen ab 1873 eine anspruchsvolle mathematisch begründete Leitungstheorie. Sein Verdienst ist es auch, erstmals die Maxwellschen Gleichungen in Vektorschreibweise formuliert zu haben. Seine etwas eigenwillige Vorgehensweise stieß teilweise auf Unverständnis und Missbehagen bei den »Berufsmathematikern«. Wegen fortschreitender Taubheit wirkte er ab 1874 als Privatgelehrter. In diese Zeit fallen weitere theoretische Arbeiten, wie z. B. die Anwendung der Laplace-Transformation auf die Netzwerktheorie oder das Aufstellen der Telegraphengleichung. Sein Vorschlag, die Übertragungseigenschaften von Fernleitungen durch Einschalten von Induktivitäten zu verbessern, wurde 1889 von Michael I. Pupin in die Tat umgesetzt. 1902 äußerte er die Vermutung, dass in der oberen Atmosphäre eine leitende Schicht existiert, an der die Funkwellen reflektiert werden. Damit war die Erklärung für die Möglichkeit des (frequenz-, jahres- und tageszeitabhängigen) Weitfunkverkehrs gegeben. Diese heute als Heaviside-Schicht bezeichnete Schicht, die sich in etwa 100–400 km Höhe befindet, konnte zu Beginn der 1920er-Jahre experimentell nachgewiesen werden.

Unter seine zahlreichen Ehrungen ist vor allem die 1891 erfolgte Wahl zum »Fellow of the Royal Society« hervorzuheben. [AK2]

Werk(e):
Electromagnetic Theory, 3 Bde. (1893–1912); Electrical Papers (1892).

Sekundär-Literatur:
Lee, G.: Oliver Heaviside – The Man. Vortrag auf dem Heaviside Centenary Meeting ; Lee, G.: Oliver Heaviside (1947); Nahin, P.: Oliver Heaviside: the life, work, and times of an electrical genius of the Victorian age (1988).

Heberer, Gerhard Richard,
deutscher Zoologe, Evolutionsbiologe und Anthropologe,
* 20. 3. 1901 Halle (Saale),
† 13. 4. 1973 Göttingen.

Heberer leistete aufgrund seiner evolutionsbiologischen und anthropologischen Arbeiten einen bedeutenden Beitrag zur Klärung der Frage nach der Herkunft der Menschheit.

G.R. Heberer

Nach dem Besuch der Mittelschule und des Reform-Realgymnasiums in Halle legte Heberer 1919 die Notreifeprüfung ab. Von 1920–23/24 studierte er dort Zoologie, Anthropologie, Vergleichende Anatomie und Urgeschichte. 1924 wurde Heberer mit einer Arbeit über *Die Spermatogenese der Copepoden* bei dem Phänogenetiker Valentin Haecker promoviert. Nach 2-jähriger Tätigkeit als wissenschaftliche Hilfskraft bei Hans Hahne am Museum für Vorgeschichte in Halle schloss er sich 1927 der Indonesien-Expedition B. ↗ Renschs an. Im Anschluss daran war er von 1928–1938 Assistent bei Jürgen W. Harms in Tübingen, im April 1932 erfolgte dort seine Ernennung zum Dozenten für Zoologie und vergleichende Anatomie. Nach kommissarischer Vertretung des Lehrstuhles für Zoologie in Frankfurt a. M. nahm Heberer 1938 einen Ruf auf den neu errichteten Lehrstuhl für »Allgemeine Biologie und Anthropogenie« nach Jena an, den er bis 1945 leitete. Nach der Kriegsgefangenschaft kam Heberer 1947 nach Göttingen, wo er von 1949 bis zu seiner Emeritierung 1970, im Rahmen des Zoologischen Institutes, eine Anthropologische Forschungsstelle aufbaute, leitete und als Hochschullehrer wirkte.

Wissenschaftliche Hauptarbeitsgebiete von Heberer waren die Zytogenetik und vergleichende Morphologie der Copepoden, die (Paläo-)Anthropologie und Evolutionsbiologie des Menschen, menschliche Chromosomen, Fragestellungen zur Indogermanenfrage in der Rassenkunde und die Geschichte der Biologie. Sein wissenschaftliches Werk umfasst ca. 440 Titel. Als Herausgeber und Mitautor des dreibändigen Werkes *Die Evolution der Organismen* (1943–1974) hat er ein in aller Welt bekanntes theoretisches Standardwerk der Phylogenetik geschaffen und trug damit zur Begründung der Synthetischen Theorie der Evolution bei. Vortrags- und Forschungsreisen führten ihn nach Südostasien, in die USA und nach Afrika – zu den Fundstätten der Australopitheciden, die in seiner Theorie von einem Tier-Mensch-Übergangsfeld einen zentralen Platz einnahmen (ab 1958). [UH]

Werk(e):
Die Evolution der Organismen, 3 Aufl. (1967–74); Menschliche Abstammungslehre. Fortschritte der Anthropogenie 1863–1964 (1965); mit Schwanitz, F.: Hundert Jahre Evolutionsforschung. Das wissenschaftliche Vermächtnis

Charles Darwins (1960); Der gerechtfertigte Haeckel (1968).

Sekundär-Literatur:
Hoßfeld, U.: Gerhard Heberer (1901–1973) –Sein Beitrag zur Biologie im 20. Jahrhundert (1997).

Hecker, oft auch Gekker transliteriert, **Roman Federovič,**
russischer Geologe und Paläontologe,
* 25. 3. 1900 St. Petersburg,
† 15. 8. 1991 Moskau.

Hecker formulierte in den 30er-Jahren des 20. Jahrhunderts anhand paläontologisch-lithologischer Methoden die grundlegenden Prinzipien der Paläökologie.

Nach Abschluss der Schulbildung (1917) an der Deutschen Hauptschule St. Peter begann Hecker sein Geologie-Studium am St. Petersburger Berginstitut, welches er 1923 mit dem Diplom abschloss. Zusätzlich studierte er (1920–1925) am Geographischen Institut bei D. V. Nalivkin und A. E. ↗ Fersman und spezialisierte sich auf die Biogeographie. Noch vor Beendigung seines Zweitstudiums begann er 1924 als wissenschaftlicher Mitarbeiter am Geologischen Institut der Russischen Akademie der Wissenschaften und ging später (1930) als wissenschaftlicher Sekretär an das neu gegründete Paläozoologische Institut in Leningrad. 1937 schloss er seine Habilitation ab und gründete das erste Labor für Paläökologie mariner Faunen am Paläontologischen Institut in Moskau, welches er bis 1970 leitete. Seit den 30er-Jahren bearbeitete Hecker zahlreiche großräumige Fundstellen in der Sowjetunion geologisch, lithologisch und paläontologisch und vereinigte in all seinen Arbeiten biologische und geologische Betrachtungsweisen zur Rekonstruktion fossiler Ökosysteme. Damit begründete er die Paläökologie als eigenständige Wissenschaftsdisziplin. Erst in den 50–60er-Jahren des 20. Jahrhunderts wurden seine Arbeiten in Europa und Nordamerika allmählich zur Kenntnis genommen und initiierten eine Zunahme paläökologischer Forschungen weltweit. Seine *Einführung in die Paläökologie* (1957) wurde daraufhin in mehrere Sprachen übersetzt.

R.F. Hecker

Insgesamt arbeitete Hecker, bis zu seinem Tode, 67 Jahre lang an der Akademie der Wissenschaften der UdSSR. Er hinterließ mehr als 100 wissenschaftliche Arbeiten, vorzugsweise zu paläökologischen Themen; er beschäftigte sich aber auch intensiv mit fossilen *Echinodermen* (Stachelhäuter). [MR3]

Werk(e):
Žizn' v devonskom more [Das Leben im Devonmeer (1935)]; Vvedeniâ v paleoèkologiû [Einführung in die Paläökologie (1957)].

Sekundär-Literatur:
Zaharov, V.: Odna – no plamennaâ strast' [Roman Federovič Hecker – eine flammende Leidenschaft], unveröff. (2000).

Heckmann, Otto Hermann Leopold,
deutscher Astronom,
* 23. 6. 1901 Opladen,
† 13. 5. 1983 Heidelberg.

Heckmann war einer der markantesten Vertreter der deutschen Astronomie des 20. Jahrhunderts, der wichtige Beiträge zur Astrometrie, Fotometrie, Stellardynamik und Kosmologie leistete.

Heckmann zeigte schon in seiner Jugend Interesse an der Astronomie. Von 1920–25 studierte er Mathematik, Physik und Astronomie in Bonn. Nach seiner Promotion war er zunächst zwei Jahre Assistent an der Bonner Sternwarte und ging dann 1927 nach Göttingen, wo er 1935 Extraordinarius wurde und vier Jahre später stellvertretender Direktor der dortigen Sternwarte. Nach der Machtübernahme der Nationalsozialisten war Heckmann von offiziellen Stellen seine »relativitätstheoretische Weltanschauung« vorgeworfen worden. Seine Karriere schien gefährdet. Infolge seiner persönlichen »Anpassungsleistungen« an das System und nach den so genannten »Münchener Religionsgesprächen«, die den endgültigen Niedergang der nationalsozialistischen »Deutschen Physik« besiegelten, stand Heckmanns Berufung nichts mehr im Wege. 1942 wurde er schließlich – nach insgesamt 14-jähriger Assistenzzeit – Ordinarius in Hamburg und gleichzeitig Leiter der Bergedorfer Sternwarte, deren Direktor er bis 1962 blieb. Von 1962–73 leitete er als erster Direktor die Europäische Südsternwarte in Chile.

In Göttingen galt sein Hauptinteresse der fotografischen Fotometrie und der Struktur und Dynamik von kugelförmigen Sternhaufen und Sternsystemen. Er bestimmte die genauen Positionen von schwachen Sternen im Praesepe-Haufen und verbesserter das H-R-Diagramm zahlreicher Sternhaufen. In den 30er-Jahren wandte er sich zunehmend der Kosmologie und der Untersuchung der Dynamik von Sternsystemen zu. So fand er offene und flache Lösungen der Einsteinschen Feldgleichungen für ein homogenes, isotropes Universum (»Einstein-de-Sitter-Modell«) und untersuchte u. a. zusammen mit P. ↗ Jordan die Möglichkeit eines rotierenden Weltalls. Nach dem Krieg war er für den Bau des »großen Hamburger Schmidtspiegels« verantwortlich, der zunächst in Bergedorf, später dann auf dem spanischen Calar Alto stand, und organisierte die Erstellung des dritten Zonenkatalogs der Astronomischen Gesellschaft, der erstmals die genauen Bewegungen von über 180 000 Sternen erfasste. Die größte Bedeutung für die europäische Astronomie hatte Heckmann als entschiedener Förderer der Europäischen Südsternwarte (ESO).

1961 wurde Heckmann mit der James-Craig-Watson-Medaille der amerikanischen Akademie der Wissenschaften und 1964 mit der Bruce-Medaille der Astronomical Society of the Pacific geehrt. Er erhielt drei Ehrendoktorate, war Mitglied zahlreicher Akademien und erhielt 1970 das Große Bundesverdienstkreuz. Von 1954–56 hatte er den Vorsitz der Gesellschaft Deutscher Naturforscher und Ärzte inne und war von 1967–70 – als erster deutscher Wissenschaftler – Präsident des Internationalen Astronomenverbandes (IAU). [MS3]

Werk(e):
Theorien der Kosmologie (1942); Sterne, Kosmos, Weltmodelle (1976).

Sekundär-Literatur:
Hentschel, K. und Renneberg, M.: Der Astronom Otto Heckmann im Dritten Reich, Vierteljahreshefte für Zeitgeschichte 4 (1995) 581–610.

Hedwig, Johannes,
deutscher Mediziner und Botaniker,
* 8. 12. 1730 Kronstadt (Brassó/Rumänien),
† 18. 2. 1799 Leipzig.

Hedwig war der führende Spezialist seiner Zeit für die Moose (*Bryophyta*). Er entdeckte die Sexualorgane der Moose und schuf die Grundlagen für die Systematik und Taxonomie dieser Kryptogamengruppe.

Nach seinem Medizinstudium in Leipzig (1752–59) ging Hedwig 1760 nach Chemnitz und arbeitete dort als Arzt. Neben seiner eigentlichen medizinischen Tätigkeit interessierte er sich für die umgebende Flora, insbesondere für Moose. Durch die Förderung von Johann Daniel Schreber, der ihm Literatur und ein Mikroskop zukommen ließ, begann Hedwig seine Untersuchungen zur Biologie der Moose. Seine Beobachtungen zur Sexualität und Vermehrung dieser Kryptogamen mündeten 1778 in der ersten Publikation auf diesem Gebiet. Dabei nahm Hedwig im Alter von 40 Jahren Unterricht, um seine Veröffentlichung fachgerecht illustrieren zu können. Unterstützt durch seine zweite Frau zog Hedwig 1781 nach Leipzig; hier wirkte er bis zu seinem Tod. 1782 und 1783 erschienen seine beiden Hauptwerke zur Vermehrungsbiologie der Moose. Für seine Arbeiten erhielt er 1784 den Preis der St. Petersburger Akademie der Wissenschaften. Aufgrund seiner Verdienste für die Wissenschaft wurde er 1786 zum ao. Professor der Medizin in Leipzig ernannt, 1789 erhielt er als Nachfolger von Johann Ehrenfried Pohl eine Anstellung als Ordinarius für Botanik an der Universität Leipzig, zugleich war er Direktor des Botanischen Gartens. Seine Entdeckung der Reproduktionsorgane der Moose markiert den Anfangspunkt der Untersuchungen zur Sexualität der Kryptogamen insgesamt. Ermöglicht wurde sie durch die Einführung des Mikroskopes für pflanzensystematische Studien und, im Falle von Hedwig, durch seine lange Zeit als selbstständiger Arzt, der sich keiner botanischen Schule (C. v. ↗ Linné, A. v. ↗ Haller u.a.) verpflichtet fühlte. Dies ermöglichte ihm eigenständige Beobachtungen, unabhängig von Dogmen berühmter Lehrer. Ein zweiter wichtiger Schritt war die Verwendung mikroskopischer Merkmale für die Klassifikation der Moose, hier sind seine zwischen 1787–97 sowie posthum 1801 erschienenen Arbeiten über die Laubmoose noch heute die Standardwerke der Bryologie und Grundlage der Nomenklatur. [VW]

Werk(e):
Fundamentum historiae naturalis muscorum (1782/83); Descriptio et adumbratio microscopico-analytica muscorum fronsosorum (1787–1797); Species Muscorum (1801).

Sekundär-Literatur:
Nova Hedwigia Vol. 70, Heft 1–2 (2000).

Hefner-Alteneck, Friedrich Franz Heinrich Philipp von,
deutscher Elektrotechniker,
* 27. 4. 1845 Aschaffenburg,
† 7. 1. 1904 Biesdorf.

Hefner-Alteneck war der Erfinder des Trommelankers für elektrische Generatoren und entwickelte verschiedene Lampenarten.

Nach dem Schulbesuch in München studierte Hefner-Alteneck an der dortigen Technischen Universität, später in Zürich. Auf der Pariser Weltausstellung 1867 war er von den Erzeugnissen der Firma Siemens & Halske so begeistert, dass er sich in Berlin bei dieser Firma als Konstrukteur bewarb. Er fing als einfacher Arbeiter an, wechselte aber sehr bald in das Konstruktionsbüro, wurde 1872 Technischer Assistent und 1877 Vertreter des Büroleiters. Im Jahre 1880 wurde er schließlich Prokurist der Firma und galt als einer der engsten Mitarbeiter von W. v. ↗ Siemens. Als Siemens das Geschäft 1897 seinen Söhnen übertrug, schied Hefner-Alteneck aus der Firma aus und wurde Aufsichtsratsmitglied der AEG. Im gleichen Jahr wurde ihm in München die Ehrendoktorwürde verliehen.

Der theoretisch hoch begabte Hefner-Alteneck zählte zu seiner Zeit zu den besten Konstrukteuren und Erfindern der jungen Disziplin der Elektrotechnik. Er machte zahlreiche Erfindungen, vor allem auf dem Gebiet der Telegrafie und Zeichenübertragung. Die wohl wichtigste Erfindung war die des Trommelankers für elektrische Maschinen im Jahre 1872. Der Trommelanker verband die Vorteile des Doppel-T-Ankers mit denen des Ringankers. Bis weit ins 20. Jahrhundert hinein wurde der von Hefner-Alteneck entwickelte Anker für Motoren und Generatoren verwendet.

Neben dem Trommelanker waren es vor allem Erfindungen im Zusammenhang mit der Telegrafie und der Beleuchtung, die Hefner-Alteneck bekannt machten. So baute er mit dem »Dosenschreiber« eine Art Schreibmaschine, mit der Buchstaben in Morsezeichen umgewandelt werden konnten. Im Jahre 1878 konstruierte er die »Differentialbogenlampe« und 1889 die »Amylacetatlampe«. Diese Lampe wurde als Standard für Messungen der Lichtstärke genutzt; bis 1941 war dafür die Maßeinheit »Hefnerkerze« gebräuchlich. Damit wurde Hefner-Alteneck auch einem größeren wissenschaftlichen Personenkreis bekannt. Die von ihm 1903 entwickelte Zeigerschreibmaschine »Mignon« wurde von der AEG produziert.

In den letzten Lebensjahren setzte sich Hefner-Alteneck nachdrücklich für die Reform des deutschen Patentgesetzes ein. [HPS]

Sekundär-Literatur:

Heintzenberg, F.: Friedrich von Hefner-Alteneck (1951).

Hein, Franz,
deutscher Chemiker,
* 30. 6. 1892 Grötzingen (Baden),
† 26. 3. 1976 Jena.

Hein gilt als Wegbereiter der modernen Metallorgano- und Komplexchemie. Sein Buch *Chemische Koordinationslehre* gehört zu den Standardwerken auf diesem Gebiet.

Der Sohn eines Kunstmalers und Professors für Graphik und Buchgewerbe besuchte die Schule in Grötzingen sowie Gymnasien in Durlach (Karlsruhe) und Leipzig. Ab 1912 studierte Hein Chemie an der Universität Leipzig, wo er 1917 promovierte. 1921 habilitierte er sich zum Privatdozenten. Von 1923 bis 1942 wirkte Hein in Leipzig als außerordentlicher Professor für Anorganische Chemie und Leiter der Anorganisch-Analytischen Abteilung. 1942 wurde er an die Universität Jena berufen und 1945 für zehn Monate in Weilburg (Lahn) interniert. Hein hat sich nach dem Zweiten Weltkrieg besondere Verdienste um den Neuaufbau der Chemie in Jena erworben. Er wirkte bis zu seiner Emeritierung (1959) als Ordinarius und Direktor des Universitätsinstituts für Anorganische Chemie. Zugleich leitete er von 1956 bis 1968 in Jena die Forschungsstelle für Komplexchemie der Deutschen Akademie der Wissenschaften.

Die Metallorgano- und Komplexchemie ist ein wichtiges Grenzgebiet zwischen anorganischer und organischer Chemie. Auf diesem stieß Hein bis an die Grenzen des damals Erreichbaren vor. Bereits 1919 öffnete er mit der Synthese des »Chromiumphenyl« den Weg zu den Aromatenkomplexen, speziell zu Organochromverbindungen mit neuartigen Bindungssystemen und ungewöhnlichen Oxidationsstufen. Besondere Bedeutung erlangten auch Synthesen zahlreicher Metallalkyle, die eiseninduzierte Dipyridilsynthese, die Verwendung komplexer Kationen als Fällungsreagenzien, neue Verfahren zur Wasserstoffbestimmung sowie Untersuchungen zur Elektrolytnatur alkaliorganischer Verbindungen und quartärer Ammoniumsalze. Weitere Arbeiten beschäftigten sich mit Organometallcarbonylen, Organobleiverbindungen, Chromhalogenidalkoholaten, Phenyl- und Benzylquecksilberverbindungen, Chelatphosphinen sowie mit Komplexverbindungen von Aminoalkoholen.

Hein gehörte zahlreichen wissenschaftlichen Akademien und Gesellschaften an und war Ehrendoktor der Universitäten Rostock und Freiburg/Br. [RS3]

Werk(e):

Chemische Koordinationslehre (1950); Chemie der Komplexverbindungen (1971).

Sekundär-Literatur:

Bähr, G.: Professor Franz Hein zum 75. Geburtstag, in: Ber. Bunsenges. Phys. Chem. 71 (1967), S. 437; Kurras, E.: Franz Hein zum 70. Geburtstag, in: Z. Chem. 2 (1962), S. 161.

Heinroth, Katharina Bertha Charlotte,
deutsche Zoologin, geb. Berger, Ehefrau von Oskar Heinroth,
* 4. 2. 1897 Breslau,
† 20. 10.1989 Berlin.

Die herausragende Leistung Katharina Heinroths waren die Rettung und der Wiederaufbau des Berliner Zoologischen Gartens, der im Mai 1945 zu etwa 90 % zerstört war.

Nach Abitur und Lehramtsprüfung war Katharina Berger zunächst außerhalb von Breslau als Hauslehrerin tätig. 1919 kehrte sie nach Breslau zurück und begann ihr Zoologiestudium bei Franz Doflein. Sie wurde dann die erste Doktorandin von Otto Koehler, der noch während der Betreuung der Dissertation nach München berufen wurde; die Arbeit befasste sich mit experimentellen Untersuchungen zur Schallperzeption bei Reptilien. Es schlossen sich Aufenthalte in München und Berlin an, wohin sie Adolf Rösch, ihrem ersten Ehemann und nacheinander Assistent bei K. v. ↗ Frisch und Ludwig Armbruster, gefolgt war. Ihre Arbeitsthemen waren jetzt das Lernvermögen bei Haustauben und das Gedächtnis der Biene. Nach der Trennung von Rösch erhielt sie eine Halbtagsstelle am Kaiser-Wilhelm-Institut für Biologie in Berlin, vermittelt durch C. M.↗ Hertz, die dort an der Abteilung von R. ↗ Goldschmidt tätig war. Sie selbst gehörte zur botanischen Abteilung von C. ↗ Correns. In Berlin lernte sie Oskar ↗ Heinroth kennen. Er diktierte die letzten Texte für den vierten Band seines Vogel-Werkes und Katharina half ihm dabei. 1933 heirateten sie.

Nach Abschluss des Vogelwerkes beschloss Oskar Heinroth, sich mit dem Heimkehrvermögen der Brieftauben zu beschäftigen, woran sich Katharina Heinroth mit großem Einsatz beteiligte. So entstand 1935 in den Bodenräumen des Berliner Aquariums ein Taubenschlag. 1941 ging daraus eine gemeinsame Veröffentlichung hervor, und Katharina befasste sich danach mit dem gesamten Verhaltensinventar der Tauben. Diese Arbeiten konnten nicht abgeschlossen werden, da der Krieg das Aquarium vernichtete. Oskar Heinroth starb am 31. Mai 1945 und am 3. August wurde Katharina Heinroth mit der Leitung des Zoologischen Gartens betraut. Es gelang ihr bis zum Ende ihrer Dienstzeit 1956, den Bestand von 91 Tieren bei Kriegsende auf fast 2 000 zu erhöhen sowie zwei Häuser (für Elefanten und Flusspferde) nach eigenen Plänen neu zu errichten. [GT]

Werk(e):
Mit den Faltern begann's. Mein Leben mit Tieren in Breslau (1979); Oskar Heinroth (1971).

Sekundär-Literatur:
Klös, H.-G., Frädrich, H., Klös, U.: Die Arche Noah an der Spree. 150 Jahre Zoologischer Garten Berlin (1994).

Heinroth, Oskar,
deutscher Ornithologe und Ethologe,
* 1. 3. 1871 Kastel-Kostheim bei Mainz,
† 31. 5. 1945 Berlin.

Heinroth war Ornithologe, Leiter des Berliner Aquariums und Begründer der vergleichenden Verhaltensforschung.

Nach Militärausbildung und Abschluss des Medizinstudiums mit Promotion in Kiel nahm Heinroth 1896 das Zoologiestudium an der Friedrich-Wilhelms-Universität in Berlin auf. Am Berliner Zoologischen Garten trat er 1898 eine Stelle unter Ludwig Heck an, verfasste eine grundlegende Arbeit über die Vogelmauser, die er im selben Jahr bei der Deutschen Ornithologischen Gesellschaft vorstellte, deren Vorsitz er später übernahm. Im Anschluss an das Zoologiestudium, das Heinroth 1899 beendete, begleitete er eine einjährige Forschungsexpedition nach Papua-Neuginea (1900–1901), von der er nach seiner Rückkehr auf einer ersten Vortragsreise durch Deutschland in Lichtbildvorträgen berichtete. Auch später widmete er sich der Popularisierung der Naturkunde, indem er Vorträge hielt, Lehrfilme für die Reichsanstalt für Film und Wissenschaft drehen ließ oder Schallplattenaufnahmen von Vogelstimmen anfertigte. Seine Tierfotografien fanden Eingang in die 4. Auflage von *Brehms Tierleben* (1911–1918). Heinroth folgte A. ↗ Brehm auch insofern nach, als er nach der Schließung von Brehms Aquarium Unter den Linden ein neues im Berliner Zoo eröffnete, das er von 1913 bis 1944 leitete. Berühmt wurde Heinroth vor allem durch das vierbändige Werk *Die Vögel Mitteleuropas* (1924–1928), das ihm den Ruf als »Vater der Verhaltensforschung« einbrachte. Als Hintergrund diente ihm die eigenhändige Aufzucht aller besprochenen Vögel, die er mit seiner ersten Frau Magdalena Heinroth besorgte und fotografisch in der Publikation dokumentierte. Seine vergleichenden Studien über angeborene Verhaltensweisen in der Tierwelt übten großen Einfluss auf K. ↗ Lorenz aus. Seine zweite Frau, Katharina ↗ Heinroth, übernahm nach seinem Tod die Zoodirektion. [JV]

Werk(e):
zus. mit Magdalena Heinroth: Die Vögel Mitteleuropas in allen Lebens- und Entwicklungsstufen, 4 Bde. (1924–1928), 2. unverändert. Aufl. (1965–1968); Gefiederte Meistersänger. Begleitbuch zu 3 Schallplatten (1935); Aufopferung und Eigennutz im Tierreich (1941).

Sekundär-Literatur:

Heinroth, K.: Oskar Heinroth – Vater der Verhaltensforschung. 1871–1945. Mit einem Geleitwort von Konrad Lorenz (1971); Koenig, O. (Hrsg.): Wozu aber hat das Vieh diesen Schnabel? Briefe aus der frühen Verhaltensforschung 1930–1940 (1988).

Werner Heisenberg

Helmut Rechenberg

Heisenberg, Werner,
deutscher Physiker und Organisator der Wissenschaft,
* 5. 12. 1901 Würzburg,
† 1. 2. 1976 München.

Mit der ersten Formulierung der Quantenmechanik und der Entdeckung der Unbestimmtheitsrelationen für ihre physikalische Deutung gehört Werner Heisenberg zu den herausragenden Pionieren der Naturwissenschaft. Er bereicherte darüber hinaus die Atomphysik mit wichtigen Erkenntnissen. Nach dem Zweiten Weltkrieg wirkte er als Wissenschaftsorganisator entscheidend am Wiederaufbau der Physik in Deutschland und Europa mit.

Das glückliche Leben eines »mathematischen Genies« (1901–1933)

Als mathematisches Genie aus einer Familie bedeutender Philologen bezeichnete A. ↗ Sommerfeld seinen frühreifen Studenten Heisenberg, der nach einem ausgezeichneten Abitur am Münchner Maximiliansgymnasium 1920 zu ihm kam. Sein Münchner Universitätsinstitut war eine Hochburg der Atomphysik, denn Sommerfeld hatte N. ↗ Bohrs Atommodell von 1913 – Elektronen auf Kreisbahnen um den Atomkern, stabilisiert durch eine Quantenbedingung – auf beliebige Atome mit mehrquantigen, auch relativistischen Keplerbahnen erweitert. Alle physikalischen und chemischen Eigenschaften von Atomen und Molekülen sollten nun der exakten Berechnung zugänglich sein, aber nach anfänglichem Triumph zeigten sich Schwierigkeiten, ja schließlich ein totales Versagen der Bohr-Sommerfeldschen Atommodelle.

Zu Beginn der 1920er-Jahre strömten Schüler und Gäste aus aller Welt zu Bohr nach Kopenhagen, Sommerfeld nach München und M. ↗ Born nach Göttingen und halfen bei der Suche nach Lösungen. Heisenberg hatte das Glück, sich in allen drei großen Schulen der Atomtheorie zu bewähren: So lernte er von Sommerfeld den Optimismus, die schwierigsten Probleme anzufassen, vervollkommnete bei Born seine mathematischen Methoden und erhielt von Bohr tiefe Einblicke in die Natur der physikalischen Probleme. 1923 promovierte er in München, 1924 habilitierte er sich in Göttingen und kam anschließend bis zum April 1925 als Stipendiat nach Kopenhagen. Im Frühsommer 1925 gelang ihm in Göttingen und Helgoland der Durchbruch zur Quantenmechanik und Anfang 1927 verkündete er als Lektor in Kopenhagen seine Unbestimmtheitsbeziehungen. So begann nach P. A. M. ↗ Dirac »das goldene Zeitalter der theoretischen Physik, und einige Jahre danach konnte jeder zweitklassige Student leicht erstklassige Arbeit leisten«.

Die Universität Leipzig berief Heisenberg im Oktober 1927 zum Ordinarius für theoretische Physik; zusammen mit den Kollegen P. ↗ Debye und F. ↗ Hund richtete er dort ein neues Zentrum für Atomphysik ein. Insbesondere legte er mit seinen ersten Schülern den Grundstein zur modernen Festkörperphysik und schuf mit seinem Studienkollegen W. ↗ Pauli (in Zürich) die relativistische Quantentheorie der Wellenfelder. Auf einer halbjährigen Weltreise verbreitete er in den USA, Japan und Indien seine revolutionären Ergebnisse und zog eine internationale Elite junger Studenten nach Leipzig. 1933 erhielt er für seine Entdeckung der Quantenmechanik und ihre grundlegenden Anwendungen den Physik-Nobelpreis für das Jahr 1932.

Das wissenschaftliche Werk

Vollendung und physikalische Deutung der Quantentheorie: Als Heisenberg im Herbst 1920 das Studium der Physik begann, stellte ihm Sommerfeld sofort eine schwierige Aufgabe, die Erklärung der anomalen Zeemaneffekte von Mehrelektronenatomen. Der Neuling löste das Problem formal glänzend, führte aber ungewöhnliche Zusatzannahmen ein, die eigentlich dem Bohr-Sommerfeldschen Atommodell widersprachen. Auch die mit Born durchgeführte Berechnung der Heliumzustände (1923) bewies das Versagen der bisherigen Theorie. Heisenberg bemühte sich anschließend, die Hauptprobleme zu überwinden: mit Born ersetzte er in der Beschreibung der Atome gewisse Größen der bisher angewandten klassischen Dynamik durch quantentheoretische Äquivalente, etwa die Ausstrahlungsfrequenzen durch die der empirischen Linienspektren und Differentialquotienten durch Differenzenquotienten (Born-Heisenberg 1923–24); andererseits benützte er das Bohrsche Korrespondenzprinzip,

W. Heisenberg mit W. Pauli (links) und E. Fermi (rechts) 1927 auf dem Comer See

um quantentheoretische Formeln zu erraten (1924–25).

Ab Mai 1925 analysierte Heisenberg systematisch die bisherigen Versuche, eine neue widerspruchsfreie Quantentheorie der Atome aufzubauen. Er verwarf die meisten Begriffe der früheren »halbklassischen« Atomtheorie als im Prinzip unbeobachtbar, namentlich die Annahme von bestimmten Elektronenorten und -bahnen, und hielt nur an dem Konzept von Übergangsamplituden zwischen zwei Atomzuständen fest, die von zwei Quantenzahlen abhängen und sich in der Beschreibung der Streuung von Strahlung an Atomen (besonders in seiner Arbeit über die anomale Dispersion mit H. ↗ Kramers 1925) bewährt hatten. Er setzte nun diese Übergangsamplituden als neue dynamische Variablen in seine »quantentheoretische Umdeutung« der Fourierreihe für eine periodische atomare Bewegung ein und fand für die einfachsten Modelle (anharmonischer Oszillator und Rotator) Lösungen, die die bei Atomen beobachteten Frequenzen wiedergaben und zugleich die volle Energieerhaltung im atomaren Bereich bestätigten (Juni–Juli 1925).

Die Grundlage der so erhaltenen Quantenmechanik, die kurz darauf von Born und P. ↗ Jordan mathematisch formuliert wurde, bilden Beziehungen analog zur Hamiltonschen klassischen Mechanik, in denen die dynamischen Variablen (»beobachtbare Größen«) der Atomsysteme durch unendliche (Hermitesche) Matrizen dargestellt werden. Anders als die entsprechenden Größen der klassischen Theorie vertauschen sie nicht, und Born und Jordan schrieben Heisenbergs neue »Quantenbedingung« als Vertauschungsrelation $p \cdot q - q \cdot p = h/2\pi i$ (für Impuls p und Ort q) nieder (September 1925). Mit ihrer »Matrizenmechanik« lösten Born, Heisenberg und Jordan eine Reihe atomphysikalischer Probleme (November 1925). Pauli berechnete das Wasserstoffspektrum, während Dirac in Cambridge Heisenbergs quantenmechanische Ideen durch eine allgemeinere »q-Zahlen-Algebra« ausdrückte, die er mit Geschick auf weitere Atomprobleme anwendete.

Anfang 1926 stellte E. ↗ Schrödinger in Zürich eine alternative Beschreibung der Atome und Moleküle durch seine Wellengleichungen vor. Diese »Wellenmechanik« ließ sich viel bequemer handhaben als die Göttingen-Cambridger Quantenmechanik, führte aber zu identischen Ergebnissen. Born behandelte mit ihr erstmalig das atomare Streuproblem, während Heisenberg explizit die Heliumzustände berechnete (Juni–Juli 1926). Freilich hielten beide Schrödingers anschauliche Interpretation seiner kontinuierlichen Wellenfunktion für falsch: Born führte dagegen eine »statistische Interpretation« dieser Größe ein (Juni 1926), und Dirac und Jordan schufen auf dieser Grundlage die Transformationstheorie, mit der sie endgültig die Gleichwertigkeit von Quanten- und Wellenmechanik bewiesen (Dezember 1926). Mit diesen Vorgaben leitete Heisenberg seine Unbestimmtheitsbeziehungen ab, besonders, dass sich in der Atomphysik Ort und Impuls eines Elektrons zwar einzeln beobachten lassen, aber nicht gleichzeitig beliebig genau; d. h. wenn Δp und Δq die Ungenauigkeiten von Impuls und Ort bedeuten, dann gilt zwischen ihnen stets die Ungleichung $\Delta p \cdot \Delta q \geq h/4\pi$, mit der Planckschen Konstante h (März 1927). Entsprechende Beziehungen, die alle die klassische Kausalität brechen, bestimmen auch die gleichzeitige Messung anderer Größenpaare in der Quantenmechanik, wie Drehimpuls und Drehwinkel oder Energie und Zeit – Bohr nannte sie »komplementär« und stellte im September 1927 die »Kopenhagener Interpretation« der Quantenmechanik vor.

Quantenmechanik der Moleküle, Festkörper, Atomkerne und Elementarteilchen: Zur Lösung des Heliumproblems hatte Heisenberg 1926 quantenmechanische »Austauschkräfte« eingeführt. Physikalisch folgen diese aus der Tatsache, dass mikroskopische Teilchen wie Elektronen individuell nicht unterschieden werden können. Mit einer elektrischen Austauschkraft ließ sich zum ersten Mal die bisher rätselhafte homöopolare chemische Bindung verstehen. Er lieferte so die Grundlage der Quantenchemie, die in den folgenden Jahren von W. ↗ Heitler, F. ↗ London, Hund, R. ↗ Mulliken und L. ↗ Pauling ausgestaltet wurde. Heisenberg selbst benützte seine Austauschkraft, um ein weiteres Rätsel zu lösen, die Existenz des Ferromagnetismus in Metallen (1928). Während er seinen Doktoranden den Aufbau der quantenmechanischen Theorie der Festkörper (F. ↗ Bloch und R. ↗ Peierls) bzw. die Bearbeitung spezieller molekularer Probleme (E. ↗ Teller) überließ, wandte er sich einer grundsätzlicheren Frage zu.

Pauli und Jordan hatten sich seit 1927 um die Formulierung einer relativistischen Quantenelektrodynamik bemüht. Mit Heisenberg hoffte Pauli über die erhaltene ladungsfreie Theorie hinauszukommen, aber eine Reihe formaler Schwierigkeiten wurden erst Anfang 1929 von Heisenberg beseitigt. Allerdings wies ihre relativistische Lagrangesche Theorie der Wellenfelder (1929–30) Divergenzen für bestimmte Größen auf, wie Nullpunktsenergie der Strahlung oder elektromagnetische Selbstenergie der Teilchen, die sich trotz erheblicher Bemühungen beider und ihrer Mitarbeiter (J. R. ↗ Oppenheimer, V. ↗ Weisskopf und Hans Euler) sowie Diracs nur abschwächen ließen. Erst nach dem Zweiten Weltkrieg gelang es jüngeren Kollegen (Ernst C. G. Stueckelberg, S. ↗ Tomonaga, J. ↗ Schwinger und R. ↗ Feynman), die Quantenelektrodynamik mit Hilfe der »Renormierung« aller unendlichen Größen zu einem erfolgreichen Abschluss zu bringen, der allerdings Heisenberg und Pauli nicht befriedigte.

Um 1930 teilten Bohr, Heisenberg und Pauli die feste Überzeugung, dass die Phänomene im Innersten der Materie, die in Atomkernen und bei Elementarteilchen-Prozessen mit höchster Energie auftreten, nicht der Quantenmechanik gehorchen; sie hofften daher auf eine weitere revolutionäre Entwicklung in der Theorie. Daher überraschte Heisenberg, als er unmittelbar nach der Entdeckung des neuen, elektrisch neutralen Kernbausteins »Neutron« eine befriedigende quantenmechanische Beschreibung der Atomkernstruktur entwickelte, allerdings unter Annahme zusätzlicher Kern-Austauschkräfte zwischen Neutronen und Protonen (1932–33). Als dann E. ↗ Fermi mit Hilfe des von Pauli 1930 hypothetisch geforderten »Neutrinos« auch eine erfolgreiche Theorie des Beta-Zerfalls lieferte, verallgemeinerte sie Heisenberg zu einer universellen »Fermifeld-Theorie« aller bekannten Kernkräfte (1934). Der Japaner H. ↗ Yukawa publizierte 1935 eine erfolgreichere alternative Theorie, in der er Heisenbergs Proton-Neutron-Austauschkraft durch den Austausch eines weiteren hypothetischen Teilchens deutete, dessen Masse zwischen der von Proton und Elektron liegt (»Meson«). Obwohl die Theorien von Heisenberg und Yukawa wegen der in ihnen auftretenden Divergenzprobleme sich nur begrenzt anwenden ließen, führten sie wichtige neue Begriffe in die Elementarteilchenphysik ein, z. B. den sog. »Isotopen-Spin« (Heisenberg 1932) oder den Unterschied zwischen »starken« und »schwachen Kernkräften« (Yukawa 1935).

Die theoretischen Untersuchungen in der Kernphysik gingen oft den Experimenten voraus. So stellte man 1936 fest, dass Heisenbergs Austauschkräfte gar nicht von der Ladung der Kernbausteine abhingen (»Ladungssymmetrie«), als man Stöße zwischen beschleunigten Protonen und Protonen bzw. Deuteriumkernen analysierte. Die künstlichen Beschleunigungstechniken (z. B. mit dem Zyklotron) lieferten allerdings nur relativ geringe Energien, aber die seit 1912 bekannte »Höhen-« oder »Kosmische Strahlung« stellte ein natürliches Laboratorium für höchstenergetische Elementarteilchenprozesse bereit. So fand man in ihr 1932 das von Dirac vorhergesagte Anti-Elektron oder »Positron« und 1937 das »Mesotron«, das die von Yukawa geforderte Mesonenmasse besaß. Heisenberg, der den Ausbau der Kernphysik weitgehend Gästen und Schülern (Ettore Majorana und Carl Friedrich von Weizsäcker u. a.) überließ, beschäftigte sich in den dreißiger Jahren vor allem mit theoretischen Untersuchungen der Höhenstrahlung, aus der er wichtige Hinweise für die mit Pauli angestrebte universelle Theorie aller Elementarteilchen erwartete. So schloss er aus den beobachteten »explosiven Schauern« auf eine Vielfach-Teilchenerzeugung (1936). Mit Euler gelang es ihm, die bisher unverstandene »durchdringende Komponente« der kosmischen Strahlung durch den Betazerfall der Mesotronen zu erklären. Allerdings widersprach ihre aus den Beobachtungen abgeleitete Zerfallszeit der Mesonen-Theorie – in der Tat erwies sich ein erst 1947 in der Höhenstrahlung entdecktes »Pi-Meson« als das Yukawasche Teilchen, das dann in das Mesotron (»My-Meson«) zerfällt.

Nichtlineare Theorien und die »Einheitliche Feldtheorie« der Elementarteilchen: Die Erfolge der Quantenmechanik beruhen auf den linear superponierbaren Wellenfunktionen sowohl in der nichtrelativistischen wie der relativistischen Theorie. Heisenberg war aber überzeugt, dass praktisch jedes Problem der theoretischen Physik durch nichtlineare Gleichungen beherrscht wird. Bereits in seiner Doktorarbeit (1923) hatte er so den Übergang von der laminaren zur turbulenten Flüssigkeitsströmung (»Reynoldsche Zahl«) erstmalig bestimmt. Auch in der feldtheoretischen Behandlung von Prozessen mit Elektron-Positron-Paarerzeugung hatte er mit Euler nichtlineare Gleichungen erhalten (1935). Die endgültige relativistische Quantenfeldtheorie sollte also eine wesentlich nichtlineare Theorie sein.

Weil aber alle in den dreißiger Jahren aufgestellten Quantenfeldtheorien zu Divergenzen führten, wandte er sich einem alternativen Weg zu, um zu einer sinnvollen Beschreibung der Elementarteilchen zu gelangen. Er griff auf seine frühere Idee zurück, nur mit beobachtbaren Größen, also Masse, Zerfallszeiten und Streuamplituden der Elementarteilchen, zu arbeiten. Diese Größen vereinte er in einer unitären und analytischen »Streu-« oder »S-Matrix« (1942–45). In der zugehörigen Theorie kommen dann keine Divergenzen vor, und die beobachteten Größen werden in der Regel durch nichtlineare Gleichungen verbunden. Vor allem nach dem Zweiten Weltkrieg stieß die S-Matrix-Theorie zunächst weltweit auf großes Interesse; sie wurde z. B. auch eingesetzt, um die Gleichwertigkeit der verschiedenen Formen der renormierten Quantenelektrodynamik zu demonstrieren, und schließlich erlebte sie nach 1960 eine Renaissance als »Regge-Pol-Theorie« für Teilchen mit starker Wechselwirkung.

Heisenberg selbst betrachtete seine S-Matrix-Beschreibung als eine phänomenologische Methode, um aus den experimentellen Daten Ideen für neue Konzepte einer fundamentalen einheitlichen Theorie aller Elementarteilchen zu gewinnen. Um eine solche Theorie bemühte er sich nach 1954 noch einmal intensiv mit Pauli: Sie schlugen schließlich eine nichtlineare Spinorfeld-Gleichung vor, die als »Weltformel« öffentlich bekannt wurde (1958). Ihre Theorie enthielt manche Konzepte, etwa die »Entartung des Vakuums«, die in die späteren Theorien der Elementarteilchen Eingang fanden, wurde aber bald wegen mathematischer und physikalischer Schwierigkeiten auch von Pauli heftig kritisiert. In der großen Periode der experimentellen Elementarteilchenphysik zwischen 1950 und 1990 entdeckte man zahllose neue Teilchen, deren Verhalten befriedigend durch das heutige »Standardmodell« erfasst wird. Dieses setzt sich additiv aus zwei renormierten relativistischen Quantenfeldtheorien (»Quantenchromodynamik« und »elektroschwache Theorie«) zusammen und kommt ohne grundlegende Nichtlinearität aus. Aber die von Heisenberg und Pauli erträumte Theorie, die ohne begriffliche Singularitäten auskommt und in der alle eingehenden Parameter berechnet werden können, gibt es auch heute noch nicht.

Die schwierigen Jahre (1933–1976)

Der Kampf um die moderne Physik: Nach dem glanzvollen Aufstieg brachte das Jahr 1933 einen Umschwung im Leben Heisenbergs. Die nationalsozialistische Diktatur mit ihren rassistischen Gesetzen beraubte ihn seiner jüdisch-stämmigen Lehrer, Mitarbeiter, Schüler und befreundeten Kollegen. Bald wurde auch der Inhalt seiner Wissenschaft von Parteigängern des Regimes angegriffen. Hatte er vorher nur seine revolutionären Schlüsse freundschaftlich-sachlich gegen die Ansichten von A. ↗ Einstein, M. ↗ Planck und Schrödinger verteidigt, so wurde er ab 1935 den gehässigsten Attacken eines J. ↗ Stark und Ph. ↗ Lenard ausgesetzt. Diese verteufelten alle modernen Quanten- und Relativitätstheorien als »entartete, jüdische Physik« und nannten ihren Hauptvertreter Heisenberg einen »Statthalter des jüdischen Geistes im neuen Deutschland«, der »ebenso verschwinden müsse

W. Heisenberg mit N. Bohr

wie die Juden selbst«. Der Angegriffene unterzog sich freiwillig gefährlichen Verhören der Gestapo in Berlin, und er wurde schließlich bedingt entlastet. Aber man erschwerte ihm Auslandsreisen, weil er sie zu Kontakten mit jüdischen Freunden benützte, und verweigerte ihm die ersehnte Nachfolge auf Sommerfelds Münchner Lehrstuhl. Trotz dieser Demütigungen und glänzenderer Angebote aus den USA beschloss Heisenberg, Deutschland, seine 1937 gegründete Familie und seine Schüler nicht zu verlassen. Es war ihm nämlich gegen die widrige Wissenschaftspolitik im Dritten Reich – die Zahl seiner Studenten hatte sich nach 1933 auf ein Zehntel verringert – gelungen, in Leipzig einen Kreis junger deutscher und ausländischer Kernphysiker auszubilden (von Erich Bagge bis Tomonaga), die später hervorragende wissenschaftliche Stellungen einnehmen sollten.

Das Uranprojekt im 2. Weltkrieg: Ende 1938 entdeckten O. ↗ Hahn und Fritz Straßmann in Berlin die »Kernspaltung«, das Auseinanderbrechen des schweren Urankerns nach Beschuss mit langsamen Neutronen. Da bei diesem Prozess zusätzlich Neutronen nachgewiesen wurden, erschien die technische Nutzung der großen, in Kernen enthaltenen Energiemengen möglich. Nach dem Kriegsausbruch im September 1939 zog das Heereswaffenamt in Berlin deutsche Experten zu einem geheimen Atomenergieprojekt ein, darunter Heisenberg, der die Theorie einer »Uranmaschine« (Reaktor) ausarbeitete (1939–40). Im Zusammenwirken mit Robert und Klara Döpel in Leipzig bewies er als Erster, dass eine Anordnung aus Natururan und schwerem Wasser als Bremsmittel der Neutronen die Energiegewinnung erlaubte (1941–42). Mitte 1942 wurde ihm die Leitung des Kaiser-Wilhelm-Institutes für Physik in Berlin übertragen, nachdem – nicht zuletzt auf Heisenbergs zurückhaltende Berichte vor militärischen Kreisen und dem Rüstungsminister Albert Speer – jede deutsche Bemühung um Atombomben aufgegeben worden war.

Die neue Stellung, verbunden mit einer Professur an der Berliner Universität, ermöglichte es Heisenberg, die Mitarbeiter außer für das Uranprojekt auch für Fragen seines wissenschaftlichen Hauptinteresses, der Elementarteilchenphysik, einzusetzen. Er selbst trug die Ergebnisse seiner S-Matrix-Theorie auf einigen Auslandsreisen vor und gewann sogar die Mithilfe befreundeter Kollegen aus den besetzten Ländern (z. B. des Holländers H. A. ↗ Kramers und des Dänen Christian Möller). Der letzte, fast an den kritischen Zustand heranführende deutsche Reaktorversuch fand bei Hechingen in Südwestdeutschland statt, wohin das Berliner Institut ab 1943 teilweise evakuiert wurde. Heisenberg und seine Mitarbeiter überstanden den Krieg, gegen dessen Ende er mit Hahn und führenden deutschen Uranexperten von der amerikanischen ALSOS-Mission gefangen genommen und erst Anfang 1946 in die britische Besatzungszone entlassen wurde.

Wiederanfang in Deutschland und Erneuerung der internationalen Beziehungen: In Göttingen durfte Heisenberg sein Institut als Max-Planck-Institut für Physik wieder aufbauen. Da nun die Forschungen zur Kernenergie durch die alliierten Besatzungsmächte verboten waren, ließ er unter Mitwirkung von Weizsäcker und Karl Wirtz vor allem Untersuchungen über kosmische Strahlung aufnehmen, während er sich theoretisch mit Problemen der Turbulenz und der Elementarteilchen beschäftigte. Außerdem holte er L. ↗ Biermann als Leiter einer astrophysikalischen Abteilung, die u. a. Probleme der kosmischen Plasmaphysik behandelte. So wurden im Göttinger Institut frühzeitig die Weichen gestellt für die Erforschung einer vielversprechenden neuen Energiequelle, der »Kernfusion«. Über sein Institut hinaus wirkte Heisenberg entscheidend am Wiederaufbau der Naturwissenschaften in der westdeutschen Bundesrepublik mit, zunächst als Präsident des »Deutschen Forschungsrates« (1949–51), später als Vorsitzender der »Deutschen Atomkommission«, die der neuen demokratischen Regierung direkt Expertenwissen vermittelten.

In den Göttinger Jahren knüpfte Heisenberg wieder enge wissenschaftliche Beziehungen zum Ausland. Er gehörte 1952 zu den Gründungsvätern des großen europäischen Beschleunigerzentrums CERN bei Genf und des deutschen DESY in Hamburg, an denen Physiker aus vielen Ländern die innerste Struktur der Materie erkunden. Gleichzeitig holte er als Präsident der Alexander von Humboldt-Stiftung (1953–1975) junge Gastwissenschaftler aus aller Welt an westdeutsche Forschungsstätten. Diese wissenschaftspolitischen und organisatorischen Anstrengungen nahm er auf sich, um die großen Schäden aus der nationalsozialistischen Zeit zu überwinden und wieder die frühere friedliche und erfolgreiche internationale Zusammenarbeit aufzunehmen. Weiterhin gehörte er mit 18 weiteren Kollegen 1957 zu den Unterzeichnern der »Göttinger Erklärung«, die Erforschung, Herstellung und Besitz von nuklearen Waffen für die Bundesrepublik ablehnte. 1958 konnte er sein Institut nach München verlegen und die Forschungsbereiche so ausbauen, dass schließlich eigene Max-Planck-Institute für Astrophysik, Plasmaphysik und extraterrestische Physik aus dem Mutterinstitut – das sich auf Elementarteilchenphysik spezialisierte – entstanden.

Philosophische Fragen und physikalische Sprache in der Ordnung der Natur: Heisenberg beschäftigte sich als Physiker und Denker intensiv mit den Folgerungen aus der Entdeckung der Quantenmechanik. Die besondere Bedeutung beobachtbarer Größen in der Naturwissenschaft, das Versagen des klassischen Kausalitätsbegriffs in der Atomphysik und die Erkenntnis der fundamentalen Rolle der Symmetrie in Natur und Kunst veranlassten ihn zu systematischen Überlegungen über sein Fachgebiet hinaus, zur Aufstellung einer »Ordnung der Wirklichkeit« (1942, 1959). In ihr treten Physik, Chemie, Biologie ebenso wie Religion und Kunst als verschiedene Sprachen auf, mit der die Menschen die Wirklichkeit zu erfassen suchen. Die einzelnen Sprachen, z. B. die klassische Mechanik oder die Quantenmechanik, beruhen auf abgeschlossenen Systemen von Begriffen; allerdings bestehen zwischen den Systemen nicht nur Gegensätze, sondern auch korrespondenzmäßige Übergänge, die die Widerspruchsfreiheit innerhalb des Ordnungsschemas garantieren. Schönheit und Symmetrie aber beherrschen vor allem die für Heisenberg wichtigsten Sprachen: die Kunst, namentlich die Musik (die er fast täglich und nahezu professionell am Klavier ausübte) und die endgültige einheitliche Theorie der innersten Struktur der Materie, die er als Physiker anstrebte.

Werk(e):

Gesammelte Werke, 9 Bde., hrsg. v. W. Blum, H. P. Dürr und H. Rechenberg (1984–1993); Die physikalischen Prinzipien der Quantentheorie (1930); Wandlungen in den Grundlagen der Naturwissenschaft (1935 und weitere Auflagen bis 1980); Deutsche und jüdische Physik, hrsg. v. H. Rechenberg (1992); Schritte über Grenzen: Gesammelte Reden und Aufsätze (1971); Der Teil und das Ganze: Gespräche im Umkreis der Atomphysik (1969); Pauli, W.: Wissenschaftlicher Briefwechsel mit Bohr, Einstein, Heisenberg u a., hrsg. v. K. v. Meyenn (1979–2003); Cassidy, D.: Werner Heisenberg – A bibliography of his writings (2001).

Sekundär-Literatur:

Mehra, J. und Rechenberg, H.: The Historical Development of Quantum Theory, 6 Bde. (1882–2001); Hörz, H.: Werner Heisenberg und die Philosophie.(1966); Hermann, A.: Werner Heisenberg (1976); Heisenberg, E.: Das politische Leben eines Unpolitischen: Erinnerungen an Werner Heisenberg (1980); Powers, Th.: Heisenbergs Krieg: die Geheimgeschichte der deutschen Atombombe (1993); Kleint, C. und Wiemers, H. (Hrsg): Werner Heisenberg in Leipzig 1927–1942 (1993); Cassidy, D.: Werner Heisenberg. Leben und Werk (1995); Fischer, E. P.: Werner Heisenberg. Das selbstvergessene Genie (2000).

Heitler, Heinrich Walter,
deutscher Physiker,
* 2. 1. 1904 Karlsruhe,
† 15. 11. 1981 Zürich.

Heitler gehörte zu der ersten Generation junger Wissenschaftler, die bekannte physikalische und chemische Phänomene mit der neuen Quantentheorie zu erklären begannen. Von besonderer Bedeutung war hier die 1927 gemeinsam mit F. ↗ London durchgeführte Arbeit zur chemischen Bindung.

Heitler studierte zunächst Chemie und Mathematik an der TH Karlsruhe, wo sein Vater in den Ingenieurwissenschaften eine Professur innehatte. Im Wintersemester 1923/24 ging er nach Berlin. Die Aussicht auf eine bessere Betreuung bei der Dissertation veranlasste ihn ein Jahr später zu einem Wechsel an die Münchener Universität. Seine Interessen für statistische Physik ließen ihn bei Herzfeld mit einer Untersuchung über konzentrierte Lösungen promovieren. A. ↗ Sommerfeld verschaffte Heitler anschließend ein Rockefellerstipendium, das ihn im Wintersemester 1926/27 zunächst nach Kopenhagen führte, wo er gemeinsam mit N. ↗ Bjerrum über Ionenlösungen arbeitete. Im Sommersemester 1927 ging er zu E. ↗ Schrödinger nach Zürich. Anregend war dort vor allem die Kooperation mit London. Gemeinsam behandelten sie die Kräfte zwischen zwei Atomen und fanden mit der Formulierung der Austauschwechselwirkung eine quantenmechanische Erklärung der homöopolaren chemischen Bindung. Dieser bahnbrechende Ansatz wurde dann von A. ↗ Slater und L. ↗ Pauling in den USA weiterentwickelt.

Heitler erhielt im Wintersemester 1927/28 eine Assistentenstelle bei M. ↗ Born in Göttingen, wo er sich mit einer Arbeit über die chemische Bindung habilitierte. Im Herbst 1933 wurde er als so genannter Nichtarier im Sinn der nationalsozialistischen Gesetzgebung entlassen. Heitler emigrierte daraufhin nach England, wo er an der Universität Bristol Aufnahme fand. Dort wandte er sich verstärkt der Quantenelektrodynamik und der Strahlungstheorie zu. Er begann über Bremsstrahlung bei hohen Energien zu arbeiten. Mit Hans Bethe entwickelte er eine Theorie der Erzeugung von Positronen. Im Jahr 1936 erschien die erste Auflage seines Buches *Quantum theory of radiation*, in dem die Quantentheorie der Wechselwirkung von Strahlung und Materie von einem einheitlichen Standpunkt aus dargestellt wird. Trotz eines 1939 mit Herbert Fröhlich verfassten »Memorandums zur Kettenreaktion im Uran«, das unveröffentlicht blieb, hat er sich mit diesem Thema dann nicht mehr beschäftigt. Mit vielen anderen Emigranten wurde Heitler 1940 als so genannter »enemy allien« für einige Monate interniert. Im Jahr 1941 ging er an das neue für Schrödinger geschaffene Institute for Advanced Studies in Dublin, dessen Direktor er 1946 als Nachfolger Schrödingers wurde. Seit 1949 wirkte er als Lehrstuhlinhaber für theoretische Physik an der Universität Zürich. Bis zu seinen letzten physikalischen Publikationen beschäftigten ihn die ungelösten Probleme der Quantenfeldtheorie, die er mit der Einführung nichtlokaler Wechselwirkungen zu beheben versuchte.

Seit Anfang der sechziger Jahre wandte sich Heitler dann immer mehr philosophischen und religiösen Fragestellungen zu, was auch in mehreren Monographien Niederschlag fand. [SW]

Werk(e):
gemeinsam mit F. London: Wechselwirkung neutraler Atome und homöopolare Bindung nach der Quantenmechanik, Zeitschrift für Physik 44 (1927);

Sekundär-Literatur:
Mott, N.: Walter Heitler, Biographical Memoirs of the National Academy of Sciences 28 (1982).

Hellmann, Johann Georg Gustav,
deutscher Meteorologe,
* 3. 7. 1854 Löwen (Schlesien),
† 21. 2. 1939 Berlin.

Hellmann war ein bedeutender Klimatologe und Historiker der Meteorologie.

Nach dem Abitur, das Gustav Hellmann im Alter von 18 Jahren am Gymnasium in Brieg (Brzeg) ablegte, studierte Hellmann Mathematik und Physik an den Universitäten Breslau, Berlin und Göttingen. Unter H. ↗ Doves Einfluss wandte er sich in Berlin der Meteorologie zu. In Göttingen schrieb er seine Inauguraldissertation über die täglichen Veränderungen der Temperatur der Atmosphäre und wurde 1875 zum Dr. phil. promoviert. In seinen danach folgenden Lehr- und Wanderjahren hospitierte Hellmann, der hoch sprachbegabt war, an verschiedenen Institutionen, u. a. in Spanien, Skandinavien und Russland. Hier beeindruckte ihn der

Direktor des Geophysikalischen Observatoriums in St. Petersburg Heinrich Wild sehr.

Am 1. Oktober 1879 wurde Hellmann Assistent an dem damals noch kleinen Preußischen Meteorologischen Institut. Es stand unter der Leitung des Gymnasialprofessors Johann Albert Arndt, der Nachfolger Doves war. Nach Arndts Tod (1882) wurde Hellmann interimistischer Institutsleiter. Mit dem Amtsantritt von W. v. ↗ Bezold als Institutsdirektor und Professor für Meteorologie in Berlin (1885) erhielt Hellmann 1886 die Stelle als Abteilungsvorsteher für Klimatologie im Preußischen Meteorologischen Institut und war enger Mitarbeiter Bezolds. Nach dessen Tod (1907) wurde Hellmann Direktor des Instituts und Professor für Meteorologie an der Friedrich-Wilhelms-Universität in Berlin und 1912 zum ordentlichen Mitglied der Preußischen Akademie der Wissenschaften gewählt. Er führte das Institut vorbildlich, und auch in den schweren Kriegs- und Nachkriegsjahren konnte er z. B. die Lücken, die in der Publikation der meteorologischen Jahrbücher entstanden waren, auffüllen. Neben seinen Aufgaben als Institutsdirektor setzte sich Hellmann in der Internationalen Meteorologischen Organisation, der IMO, aktiv ein, wo er einer der führenden Repräsentanten war.

Die meteorologischen Arbeiten Hellmanns umfassen ein breites Spektrum, das von den Anleitungen der meteorologischen Beobachtungen und dem Einsatz meteorologischer Instrumente, wo Hellmann u. a. den nach ihm benannten Regenmesser und -schreiber entwickelte, bis zum Aufbau eines Niederschlagsmessnetzes und der Erfassung der Niederschläge und anderer Klimaelemente in geographischen Karten reicht. So veröffentlichte er die Provinzregenkarten (1899–1903, 2. Auflage 1911–1914) und untersuchte mit Georg von Elsner die meteorologischen Bedingungen für die Entstehung der Sommerhochwasser der Oder (1911). 1921 erschien der Klimaatlas von Deutschland, an dem neben Hellmann Hermann Henze und Karl Knoch mitarbeiteten. Auf dem Gebiet der Geschichte der Meteorologie und des Erdmagnetismus hat Hellmann eine Vielzahl von Beiträgen und Studien veröffentlicht, die ihn zu einem der bedeutendsten Vertreter dieses Spezialgebietes werden ließ. [HGK]

Werk(e):
Repertorium der Deutschen Meteorologie (1883); Klima von Berlin, Teil 1 (1891) und T. 2 (1910); Neudrucke von Schriften und Karten über Meteorologie und Erdmagnetismus, Nr. 1–15 (1893–1904); mit H. H. Hildebrandsson: Internationaler Meteorologischer Kodex (1907); Beiträge zur Geschichte der Meteorologie, Bd.1–3 (1914–1922) und Beiträge in: Sitzungsberichte der Preußischen Akademie der Wissenschaften 1923–1925.

Sekundär-Literatur:
Defant, A.: Gedächtnisrede auf Gustav Hellmann, in: Jahrbuch der Preuß. Akad. Wiss. Jg. 1939 (1940) 174–185; Knoch, K.: Gustav Hellmann zum Gedenken seines 100. Geburtstages, Ann. Met. 7 (1956) 1–8; Körber, H.-G.: Die Geschichte des Preußischen Meteorologischen Instituts in Berlin (1997) 27–29.

Helmert, Friedrich Robert,
deutscher Geodät,
* 31. 7. 1843 Freiberg,
† 15. 6. 1917 Potsdam.

Helmert legte mathematische Grundlagen der Geodäsie.

Nach dem Besuch der Bürgerschule in Freiberg und der Annenschule in Dresden studierte Helmert ab 1859 Vermessungswesen am Polytechnikum Dresden und wurde 1863 Gradmessungsassistent. Danach setzte er seine Studien an der Universität Leipzig (1866/67) fort, wo er 1867 zum Dr. phil. promoviert wurde. Seine Dissertation *Studien über rationelle Vermesssung* wurde 1868 veröffentlicht. 1869/70 war er Observator an der Sternwarte in Hamburg und erhielt 1870 die Ernennung als ordentlicher Lehrer der Geodäsie an der Technischen Hochschule Aachen. 1886 wurde Helmert zum Direktor des Preußischen Geodätischen Instituts und des Zentralbüros der internationalen Erdmessung in Potsdam berufen. 1887 erhielt er die ordentliche Professsur für Geodäsie an der Friedrich-Wilhelms-Universität in Berlin. Auch wurde er ordentliches Mitglied der Preußischen Akademie der Wissenschaften in Berlin. Von seinen geodätischen Werken sind die über Ausgleichsrechnung (1872, 2. Aufl. 1907), über die mathematischen und physikalischen Theorien der höheren Geodäsie (1880 und 1884) sowie seine Beiträge in der *Encyklopädie der mathematischen Wissenschaften* über Geodäsie und Geophysik und seine Arbeiten über die Schwerkraft und die Massenverteilung der Erde hervorzuheben. Die Geschichte des Preußischen Geodätischen Instituts in Potsdam und die Entwicklung der internationalen Erdmessung in den ersten 50 Jahren ihres Bestehens hat Helmert 1890 bzw. 1913 dargelegt. [HGK]

Werk(e):
Beiträge in der Encyklopädie der mathematischen Wissenschaften, Bd. VI, 1, Suppl. 2 (1910).

Sekundär-Literatur:
Eggert, O.: F. H., Zeitschrift für Vermessungswesen 46 (1917) 281–295; Peschel, H.: Gedenkrede, Vermessungstechnik 15 (1967) 334–340.

Helmholtz, Hermann von,
deutscher Physiologe, Physiker und Erkenntnistheoretiker,
* 31. 8. 1821 Potsdam,
† 8. 9. 1894 Charlottenburg (Berlin).

H. von Helmholtz (Lithographie; Foto: Deutsches Museum München, Bildstelle)

Helmholtz war einer der bedeutendsten Naturwissenschaftler des 19. Jahrhunderts. Er bereicherte die Physiologie und die Physik um grundlegende Erkenntnisse, war maßgeblich an ihrem institutionellen Ausbau zu Laborwissenschaften beteiligt und prägte ihr heutiges Selbstverständnis. Er verfügte gleichermaßen über ein außerordentliches experimentelles wie theoretisches Talent. Wegweisend waren auch seine wahrnehmungstheoretischen und geometrischen Beiträge zur Erkenntnistheorie. Außerdem beschäftigte sich Helmholtz mit wissenschaftstheoretischen, ästhetischen und bildungspolitischen Fragestellungen. Er hatte an der Entstehung des Neukantianismus Anteil, war führender Vertreter einer mechanistischen Naturauffassung und trug wesentlich zur gesellschaftlichen Integration der Naturwissenschaften bei.

Seine Herkunft und seinen späteren intellektuellen Interessen weisen Helmholtz als Vertreter des durch die Biedermeierzeit geprägten Bildungsbürgertums aus. Er stammt aus einer Familie des unteren Mittelstandes in Potsdam, wo er als Sohn von Caroline und August Ferdinand Julius Helmholtz geboren wurde. Sein Vater, ein Veteran der Befreiungskriege, hatte am Potsdamer Gymnasium seit 1820 eine Stelle als Lehrer (ab 1826 als Professor) für Philologie inne. Zu den wenigen Eindrücken, von denen Helmholtz später über sein Elternhaus berichtete, gehören philosophische Streitgespräche, die sein Vater als überzeugter Anhänger der Philosophie Johann Gottlieb Fichtes oft mit Kollegen führte.

Zwischen 1830 und 1838 war Helmholtz Schüler am Gymnasium seines Vaters und erhielt dort einen umfassenden humanistischen Unterricht. Danach absolvierte er eine Ausbildung als Arzt am Medizinisch-chirurgischen Friedrich-Wilhelms-Institut in Berlin. Während dieser Ausbildung, die auch den Besuch von Vorlesungen an der Universität vorsah, studierte Helmholtz bei dem berühmten Anatomen und Physiologen J. ↗ Müller, der zu dieser Zeit als engagierter Förderer der Anwendung physikalisch-chemischer Methoden in der Physiologie galt. Helmholtz promovierte bei Müller 1842 mit einer Arbeit, in der er nachwies, dass die Nervenfasern aus den Ganglienzellen entspringen. Nach seiner Promotion arbeitete er bis 1848 als Schwadronschirurg und Militärarzt in Potsdam und ging zugleich seinen mit J. ↗ Liebigs Kritik des Vitalismus zusammenhängenden Forschungsarbeiten in den Labors von Müller, E. ↗ Mitscherlich (Chemie) und G. ↗ Magnus (Physik) nach. Dabei lernte er den engeren Kreis der Schüler von Müller, darunter E. ↗ Du Bois-Reymond, C. ↗ Ludwig und E. ↗ Brücke, kennen, die wie er später am Aufbau einer auf die Untersuchung physikalisch-chemischer Prozesse ausgerichteten Physiologie beteiligt waren.

Helmholtz' erste und zweifellos wichtigste physikalische Arbeit war die mathematische Fassung des Energieerhaltungssatzes in der Schrift *Ueber die Erhaltung der Kraft* von 1847. »Kraft« steht synonym für die später von W. J. ↗ Rankine vorgeschlagene »Energie«. Der Text stützte sich auf Forschungsresultate von S. ↗ Carnot, B.-P. ↗ Clapeyron, J. P. ↗ Joule und anderen, erwähnte aber nicht R. J. ↗ Mayers Erhaltungssatz von 1842. In der Einleitung formulierte Helmholtz mit absolutem Geltungsanspruch ein mechanistisches Erklärungsprogramm, nach dem alle »Naturerscheinungen zurückzuführen [sind] auf unveränderliche, anziehende und abstoßende Kräfte, deren Intensität von der Entfernung abhängt«. Für die heute »potentielle Energie« genannte Größe führte er die Bezeichnung »Spannkraft« ein, alle anderen Energien (»lebendige Kräfte«) verstand er als Ausdruck »bewegter Materie«. Die Stärken und Schwächen der Schrift resultieren aus der strukturidentischen Übertragung von ursprünglich mechanischen Gleichungen auf nichtmechanische Gesetzmäßigkeiten. Erst mit Verzögerung, gegen Ende der 50er-Jahre, wurde die überragende Bedeutung des Energieerhaltungssatzes in der wissenschaftlichen Gemeinschaft anerkannt.

Nachdem Helmholtz ein Jahr lang Lehrer für Anatomie an der Berliner Kunstakademie war, wo er sein physiologisches Wissen erstmals mit seinem Interesse für ästhetische Fragestellungen verbinden konnte, übernahm er 1849 eine Professur für Physiologie in Königsberg. Unmittelbar vor der Abreise heiratete er seine erste Frau, Olga von Velten. Die in

Königsberg und an späteren Wirkungsstätten nur begrenzt vorhandenen wissenschaftlichen Kontakte kompensierte Helmholtz früh durch eine rege Reisetätigkeit im In- und Ausland. Zu erwähnen sind hierbei insbesondere seine zahlreichen Reisen nach England, von denen er die erste bereits 1853 unternahm und die ihn unter anderen mit M. ↗ Faraday, G. ↗ Stokes, J. C. ↗ Maxwell und Lord ↗ Kelvin zusammenführten. In Königsberg glückten ihm weitere bedeutende physiologische Arbeiten: der Nachweis einer endlichen Fortpflanzungsgeschwindigkeit von Nervenimpulsen und die für seine weitere Karriere äußerst förderliche Erfindung des Augenspiegels, eines Apparates, der auf einfache Weise den Augenhintergrund sichtbar macht. Auch seinen für die Anfänge der neukantianischen Bewegung wichtigen Vortrag *Ueber das Sehen des Menschen* (1855), der die Kantische Bestimmung des Verhältnisses von Philosophie und Naturwissenschaft als Vorbild propagierte, hielt er in Königsberg.

Das von seiner Frau nicht gut vertragene kalte Klima gehörte zu den Gründen, die Helmholtz bewegten, im gleichen Jahr ins preußische Bonn überzusiedeln, wo er Professor für Anatomie und Physiologie wurde. Hier setzte er die sinnesphysiologischen Forschungen und Studien fort, die 1856 in die erste Lieferung des monumentalen *Handbuches der physiologischen Optik* eingingen. Mit Unterbrechungen arbeitete Helmholtz an der ersten, aus drei Lieferungen bestehenden Auflage dieses Handbuches bis 1867. Es enthielt die bis heute akzeptierte Fortentwicklung von Th. ↗ Youngs Theorie, nach der das Farbensehen des Menschen darauf beruht, dass die an der Netzhaut endenden Nerven selektiv entweder für Rot, Grün oder Blauviolett empfindlich sind, sowie die Grundlegung einer empiristischen Wahrnehmungstheorie, die Helmholtz später in seinem Vortrag *Die Thatsachen der Wahrnehmung* von 1878 zusammenfasste.

Da er auch in Bonn keine optimalen Bedingungen vorfand, nahm er 1858 einen Ruf auf eine Physiologieprofessur nach Heidelberg an, wo die bereits namhaften Forscher G. ↗ Kirchhoff (Physik) und R. W. ↗ Bunsen (Chemie) lehrten. Im gleichen Jahr erschien die *Abhandlung über die hydrodynamischen Gleichungen*, in der es Helmholtz weitergehend als zuvor Stokes gelang, Wirbelbewegungen in Flüssigkeiten mathematisch zu erfassen. 1859 starb seine Frau Olga. 1861 heiratete er Anna von Mohl, die Tochter des liberalen Mitgliedes der Frankfurter Nationalversammlung und ehemaligen Reichsjustizministers Robert von Mohl. Mit ihr hatte er drei weitere Kinder. Schon in Bonn begonnene akustische Forschungen veröffentlichte er 1863 in *Die Lehre von den Tonempfindungen als physiologische Grundlage für die Theorie der Musik*. In Anknüpfung an G. S. ↗ Ohms Gesetz, dass das menschliche Ohr nur harmonische Schwingungen wahrnimmt, ging Helmholtz umfassend auf die physikalischen und physiologischen Grundlagen von Konsonanz und Dissonanz ein.

Ende der 60er-Jahre wandte sich Helmholtz verstärkt mathematisch-physikalischen Fragestellungen zu. In Kritik an I. ↗ Kants apriorischer Auffassung der geometrischen Axiome bewies er 1868 (ähnlich wie vor ihm B. ↗ Riemann), dass nichteuklidische und nichtdreidimensionale räumliche Strukturen mathematisch ableitbar sind, wenn der Raum als Spezialfall einer definitorisch festgelegten Mannigfaltigkeit betrachtet wird. Ab 1870 begann er, sich intensiv mit den konkurrierenden elektrodynamischen Theorien von W. ↗ Weber, F. E. ↗ Neumann und Maxwell auseinander zu setzen. Auch ohne dass zwischen diesen zur damaligen Zeit, wie er gehofft hatte, experimentell entschieden werden konnte, setzte er sich für die Anerkennung von Maxwells Theorie ein.

1871 kam es zu einem biographisch bedeutsamen Einschnitt: Helmholtz wurde Nachfolger von Magnus in Berlin, wo er bis zu seinem Tod blieb. Ein Wechsel von der Physiologie zur Physik war schon

H. von Helmholtz: Fotografie eines Gemäldes von Ludwig Knaus (1829-1910)

im vergangenen Jahrhundert ein eher seltenes Ereignis, doch hatten sich Helmholtz' Forschungen mehr und mehr auf die Physik konzentriert. Etwa zeitgleich zum Stellenwechsel machte sich in Helmholtz' öffentlichen Vorträgen und Reden ein Wandel seiner Wissenschaftsauffassung bemerkbar. Der bisher aufrechterhaltene Wahrheitsanspruch wurde durch eine hypothetische Auffassung der wissenschaftlichen Erkenntnis relativiert. Zu dieser Neuorientierung, die den modernen Wissenschaftsbegriff präludiert, hatte sich Helmholtz selbst nicht geäußert. Sie lässt sich unter anderem als Reaktion auf die zunehmende Kritik an der von ihm mitvertretenen mechanistischen Naturauffassung, als Ergebnis seiner erkenntnistheoretischen Reflexionen auf die nicht beweisbaren Voraussetzungen der wissenschaftlichen Arbeit und als Teil einer den Relativismus begünstigenden kulturhistorischen Situation in Deutschland auffassen.

Auch seine letzten physikalischen Arbeiten reflektierten den Einstellungswandel. In den aus dieser Zeit stammenden Untersuchungen zur (chemischen) Thermodynamik führte Helmholtz den Begriff der »freien Energie« ein, der denjenigen Anteil der inneren Energie meint, der in beliebige andere Energieformen transformierbar ist. Zusammen mit der »gebundenen Energie« ergibt er die Energie eines thermodynamischen Systems (Gibbs-Helmholtz-Gleichung). Um das seiner Meinung nach mangelhafte physikalische Verständnis dieser energetischen Beziehungen zu verbessern, beschäftigte er sich dann – weiter am Vorbild der Mechanik orientiert – mit Analogien zwischen mechanischen Modellen (»monocyklische Systeme«) und thermodynamischen Phänomenen. Die Analogiebildung rückte in jene Stellen der Phänomendeutung ein, an denen Erklärungen nicht bzw. noch nicht gegeben werden können. Schließlich bestand sein Ziel darin, analogisch verknüpfte mechanische, thermodynamische und elektrodynamische Erfahrungsgesetze zusammen mit dem Energieerhaltungssatz aus einem einzigen, ursprünglich mechanischen Prinzip, dem auf P. L. M. de ↗ Maupertuis und L. ↗ Euler zurückgehenden »Prinzip der kleinsten Wirkung«, formal abzuleiten, um so »einen vollständigen Ueberblick über alles Wesentliche zu geben«.

Seit 1888 war Helmholtz Präsident der neugegründeten und von ihm selbst mitgeschaffenen Physikalisch-Technischen Reichsanstalt. In dieser Einrichtung wurde die enge Beziehung zwischen Naturwissenschaft und Technik, die für die neuzeitliche und moderne Forschung typisch ist, über die organisierte Zusammenarbeit an Messinstrumenten und die Profilierung der Präzisionsphysik auf eine neue Stufe gehoben.

Helmholtz litt zeitlebens unter Migräne und in älteren Jahren unter Depressionen. Auf der Rückreise vom Internationalen Elektrochemischen Kongress in Chicago, auf dem er die deutsche Delegation geleitet hatte, verunglückte Helmholtz; von diesem Sturz hat sich der 73-Jährige nie mehr richtig erholt. [GS2]

H. von Helmholtz: Fotografie in seinem Labor am 7.7.1894 (Deutsches Museum München, Bildstelle)

Werk(e):

Handbuch der physiologischen Optik (1856 ff.; 1909–1911; 2003); Die Lehre von den Tonempfindungen als physiologische Grundlage für die Theorie der Musik (1863; 1913; 2000); Wissenschaftliche Abhandlungen, 3 Bde. (1882 ff; 2003); Vorträge und Reden, 2 Bde. (1884; 1896; 2002); Vorlesungen über theoretische Physik, hrsg. v. A. König et al., 6 Bde. (1897 ff.; 2002); Helmholtz, A. v.: Ein Lebensbild in Briefen, 2 Bde. (1929); Kirsten, Chr. (Hrsg.): Dokumente einer Freundschaft. Der Briefwechsel zwischen H. v. Helmholtz und Emil du Bois-Reymond (1986); Kremer, R. (Ed.): Letters of H. v. Helmholtz to his wife (1990); Cahan, D. (Ed.): Letters of H. v. Helmholtz to his parents (1993); Hoffmann, D., Kant, H. und Reddner, H.: Hermann von Helmholtz. Auswahlbibliographie der Buch- und Zeitschriftenliteratur. Preprint Nr. 1. Forschungsschwerpunkt Wissenschaftsgeschichte und -theorie der Förderungsgesellschaft Wissenschaftliche Neuvorhaben mbH (1993); Hörz, H. (Ed.): Philosophie und Kultur in der zweiten Hälfte des 19. Jahrhunderts. Briefe an H. v. Helmholtz (1994).

Sekundär-Literatur:

Koenigsberger, L.: Hermann von Helmholtz, 3 Bde. (1902 f.; 2003); Cahan, D. (Hrsg.): Hermann von Helmholtz and the Foundation of Nineteenth-Century Science (1993); Rechenberg, H.: Hermann von Helmholtz. Bilder seines Lebens und Wirkens (1994); Krüger, L. (Hrsg.): Universalgenie Helmholtz. Rückblick nach 100 Jahren (1994); Turner, R. St.: In the Eye's Mind. Vision and the Helmholtz-Hering Controversy (1994); Schiemann, G.: Wahrheits-Gewissheitsverlust (1997).

Helmont, Jan (Johannes) Baptista van,
belgischer Arzt und Chemiker,
* 12. 1. 1579 Brüssel,
† 30. 12. 1644 Vilvoorde (b. Brüssel).

Van Helmont war ein bedeutender Anhänger des ↗ Paracelsus, dessen Wirken den Höhepunkt der Iatrochemie und einen wesentlichen Schritt auf dem Weg von der Alchemie zur wissenschaftlichen Chemie darstellte.

Der aus flämischem Landadel stammende van Helmont studierte an der Universität Löwen, reiste nach Erlangung des medizinischen Doktorgrades (1599) mehrere Jahre als wandernder Scholar durch verschiedene europäische Länder und ließ sich 1606 in Vilvoorde bei Brüssel nieder, wo er in einem eigenen Laboratorium experimentierte und als Arzt tätig war. Er war ein gläubiger Katholik, hatte aber wegen seiner unorthodoxen paracelsistischen Ansichten während seiner letzten beiden Lebensjahrzehnte unter den Schikanen der Inquisition zu leiden. Seine gesammelten Schriften wurden 1648 posthum von seinem Sohn Franciscus Mercurius van Helmont ediert.

Van Helmont unternahm seine Experimente im Rahmen einer modifizierten Elementenlehre, die dazu neigte, nur Luft und Wasser als wirkliche Elemente anzuerkennen. »Feuer« sei nur ein Übergangszustand. »Erde« werde aus Wasser gebildet. Dies meinte er in einem berühmten Versuch erwiesen zu haben: Fünf Jahre lang ließ er in einer abgewogenen Menge Erdreich eine Weide aufwachsen; da sich das Gewicht des Erdreichs am Ende nicht wesentlich verändert hatte, erklärte er die erhebliche Gewichtszunahme des Baumes aus der Umwandlung des zugeführten Wassers in Holz (= »Erde«). Das war ein frühes Beispiel für die Rolle quantitativer Argumente bei der Deutung experimenteller Befunde.

Bei seinen Experimenten bemerkte er das Auftreten luftartiger Substanzen, die sich von atmosphärischer Luft unterschieden und für die er die Bezeichnung »Gas« einführte. Unter dem Einfluss neuplatonischer Gedankengänge meinte er, »Gas« sei Materie und Geist in einem. Besondere Aufmerksamkeit widmete er dem »spiritus sylvestre« (Kohlendioxid), von dem er erkannte, dass es sowohl von brennender Holzkohle als auch von gärendem Traubenmost aufsteigt. Der Terminus »Gas« konnte sich jedoch nicht vor dem späten 18. Jahrhundert durchsetzen. [HL]

Werk(e):
Ortus medicinae. Opera et opuscula omnia (1648).

Sekundär-Literatur:
Redgrove, H. S.: Johannes Baptista van Helmont: Alchemist, Physician and Philosopher (1922); Pagel, W.: Johann Baptista van Helmont. Einführung in die philosophische Medizin des Barock (1930); Waele, H. de: J.-B. van Helmont (1947).

Henderson, Thomas,
schottischer Astronom,
* 28. 1. 1798 Dundee,
† 23. 11. 1844 Edinburgh.

Henderson arbeitete als einer der ersten Astronomen am Kap der Guten Hoffnung und bestimmte die Entfernung des Sterns Alpha-Centauri.

Henderson erhielt seine mathematische Ausbildung in seiner Heimatstadt, wo er in der öffentlichen Verwaltung tätig wurde. Seine astronomischen Arbeiten führte er hier sowie kurz darauf in Edinburgh in seiner Freizeit aus, konnte jedoch bald auch die Instrumente der Sternwarte Edinburgh benutzen, wo er sich der mathematischen Auswertung astronomischer Beobachtungen widmete. Bei regelmäßigen Besuchen in London wurde er mit führenden Vertretern der Wissenschaften bekannt.

Im Jahre 1831 wurde er zum Royal Astronomer at the Cape of Good Hope ernannt und führte daraufhin bis 1833 in Südafrika umfangreiche Beobachtungsprogramme aus. Nach seiner Rückkehr wurde Henderson Professor an der Universität Edinburgh und Direktor der dortigen Sternwarte.

Am Kap der Guten Hoffnung bestimmte er am 10-füßigen Durchgangsinstrument die Kulminationszeiten mehrerer tausend Sterne des südlichen Sternhimmels, beobachtete mehrere Kometen, Sternbedeckungen durch den Mond, Finsternisse der Jupitermonde, den Planeten Mars und den Mond (zum Zwecke der Bestimmung der Parallaxen der Sonne und des Mondes) und berechnete Bahnen von Planeten.

Den größten Teil seiner Beobachtungen bearbeitete Henderson erst nach seiner Rückkehr nach Edinburgh. Dabei gelang ihm aus seinen sehr genauen Messungen die Bestimmung der Parallaxe des Sterns Alpha-Centauri mit 0,98'' ± 0,09'' (tatsächlicher Wert 0,751'', entsprechend einer Entfernung von 4,3 Lichtjahren). Dies war neben den Arbeiten von F. W. ↗ Bessel und F. G. W. ↗ Struve die dritte Messung der Entfernung eines Sterns überhaupt. [JH]

Sekundär-Literatur:
Herrmann, D. B.: Kosmische Weiten. Kurze Geschichte der Entfernungsmessung im Weltall (1989), bes. S. 32–41.

Henlein, Peter,
deutscher Schlossermeister,
* ca. 1480 Nürnberg,
† zw. 1./14. 9. 1542 Nürnberg.

Henlein gilt als Erfinder der tragbaren Kleinuhr.

Peter Henlein stammt aus einem Nürnberger Handwerksgeschlecht, das in der zweiten Hälfte des 15. Jahrhunderts im dortigen Metallgewerbe tätig war. Erstmals erwähnt wird er 1504 anlässlich eines Totschlags in den entsprechenden Gerichtsakten. Wohl aus diesem Grund wurde er erst im Jahre 1509 Meister im Schlosserhandwerk. Henlein gilt als der Erfinder der modernen Taschenuhr. Das ihm oft zugerechnete »Nürnberger Ei« stammt aber nicht von ihm, sondern kam erst später auf.

Zwar lassen sich in Frankreich und Italien schon am Ende des 15. Jahrhunderts kleinere säulenförmige, den bisherigen Standuhren ähnliche Zeitmesser mit Federzug nachweisen. Doch hat Henlein Anfang des 16. Jahrhunderts den entscheidenden Schritt hin zu einer neuartigen Kleinuhr offenbar ohne Kenntnis dieser Vorläufer getan.

Für den Antrieb seiner kleinen würfel- oder dosenförmigen Uhren von 10 bis 12 cm Durchmesser sorgte eine Spiralfeder, wie sie bei Stand- und Tischuhren auch schon üblich war, aber wesentlich verkleinert. Im aufgewickelten Zustand konnte diese Spiralfeder die Uhr etwa 40 Stunden antreiben. Sie entsprach damit den Gewichten der großen Uhren.

Eine Löffelunruhe als verkürzte Radunruhe der Standuhr übernahm die Funktion der Zeitzählung. Bei jeder Schwingung wurde über ein Sperrklinkenzahnrad die Antriebsfeder ein Stück entspannt, die damit der Unruhe neuen Schwung gab und gleichzeitig den Stundenzeiger weiterbewegte. Die eigentliche Neuerung war der so genannte Stackfreed, ein kleiner gebogener Draht, der auf eine Kurvenscheibe drückte und damit die abnehmende Kraft der Uhrfeder ausglich.

Henlein stellte zahlreiche Taschenuhren her, von denen einige wenige noch erhalten sind. Die Stadt kaufte ihm etliche Exemplare ab, um sie als Ehrengaben zu verschenken, so erhielt auch Karl V. 1541 ein »klein künstlich orologium« in Bergkristall. Gegen Ende seines Lebens wurde Henlein vom Rat der Stadt häufig mit der Herstellung von Großuhren betraut. So gelangte der Erfinder zu einem gewissen Wohlstand und besaß zuletzt zwei Häuser.

Die Erfindung Henleins wurde durch die in Nürnberg verbreitete Herstellung von Kleinmetallwaren und wissenschaftlich-technischen Instrumenten sicherlich erleichtert. In der Folge wurde Nürnberg zu einem Zentrum der Uhrenherstellung, auch wenn sich diese Technik schnell über ganz Süddeutschland ausbreitete. [RS]

Sekundär-Literatur:
Zinner, E.: P. H. und die Erfindung der Taschenuhr, Jahrbuch der dtsch. Gesellschaft für Chronometrie 4 (1953) 8–12.

Hennig, Willi Emil Hans,
deutscher Entomologe und Phylogenetiker,
* 20. 4. 1913 Dürrhennersdorf (Kreis Löbau),
† 5. 11. 1976 Ludwigsburg-Pflugfelden.

Hennig entwickelte die Methode der Phylogenetischen Systematik, die seit dem Ende der 60er-Jahre des 20. Jahrhunderts zur Erforschung der stammesgeschichtlichen Verwandtschaftsverhältnisse der Organismen dient.

Hennig besuchte das Reformrealgymnasium in Klotzsche (Dresden). Anschließend studierte er an der Universität Leipzig Zoologie, Botanik und Geologie, wo er 1936 bei Paul Buchner promovierte. Danach arbeitete er einige Monate als Volontär am Staatlichen Museum für Tierkunde in Dresden. 1937 erhielt er ein Stipendium der Deutschen Forschungsgemeinschaft für systematisch-taxonomische Studien am Deutschen Entomologischen Institut (DEI) der Kaiser-Wilhelm-Gesellschaft in Berlin-Dahlem. Während des Zweiten Weltkriegs war Hennig im Militärdienst am Institut für Tropenmedizin und -hygiene der Militärärztlichen Akademie Berlin und in der Malaria-Bekämpfung in Italien tätig. Nach der Rückkehr aus britischer Gefangenschaft wurde er wieder am DEI (mittlerweile in Berlin-Friedrichshagen) angestellt, wo er die Abteilung für systematische Entomologie leitete. 1950 habilitierte er sich an der Landeshochschule in Potsdam für das Fach Zoologie und wurde dort zum Professor ernannt. Nach dem Bau der Berliner Mauer am 13. 8. 1961 gab Hennig seine Stelle am DEI auf – er wohnte mit seiner Familie in West-Berlin – und erhielt an der Technischen Universität Berlin (West) einen vorläufigen Dienstvertrag. 1963 trat er als Leiter der Abteilung für stammesgeschichtliche Forschung in die Dienste des Staatlichen Museums für Naturkunde Stuttgart.

Hennig veröffentlichte viele hundert Seiten an Spezialliteratur über die Morphologie, Biogeographie und Taxonomie von Zweiflüglern (*Diptera*). Weltgeltung erlangte er durch die Konzeption der »konsequent phylogenetischen Systematik«. Die Anfänge dieser Methode liegen in seinen taxonomisch-biogeographischen Arbeiten der 30er-Jahre. Zugrunde lag ihr eine strikte Definition von »Verwandtschaft« als »genealogische« oder »phylogenetische« Verwandtschaft, im Unterschied zu Formverwandtschaft. Zwei nächstverwandte, auf nur eine Stammart zurückgehende Taxa nannte Hennig »Schwestergruppen«. Zur Begründung eines solchen Verhältnisses sollten nur solche Merkmale herangezogen werden, die im Merkmalssatz des letzten gemeinsamen Vorfahren, der Stammart, eine evolutive Neuerwerbung darstellen (»apomorphe« Merkmale) und von den Tochterarten – und deren Nachfahren – übernommen wurden. Ein Taxon, das eine Stammart und alle ihre Nachfahren enthält, bezeichnete Hennig als »monophyletisch«, eine Gruppe, die eine Stammart und nicht alle ihre Nachfahren enthält, »paraphyletisch«, und eine Gruppierung aus Nachkommen mehrerer Stammarten »polyphyletisch«. Die grundlegende Forderung der Phylogenetischen Systematik ist, ein System zu erstellen, das nur Arten und monophyletische Taxa enthält.

Die Phylogenetische Systematik Hennigs fand bis ca. 1965 kaum Anklang in der wissenschaftlichen Gemeinschaft. Im deutschen Sprachraum haben K. ↗ Günthers ausführliche Referate zu ihrer Verbreitung beigetragen. Außerhalb Deutschlands hat sie sich erst nach den Anwendungsbeispielen von Lars Z. Brundin und vor allem nach Erscheinen des Buches *Phylogenetic Systematics* (1966) durchgesetzt. Hennigs phylogenetische Systematik wird meist als »Kladistik« bezeichnet, hauptsächlich in der Folge von Ernst Mayrs Kritik an ihr. Mayr war der Auffassung, dass eine Klassifikation neben den Verwandtschaftsverhältnissen noch zusätzliche Information, z. B. über den evolutiven Erfolg eines Taxons, ausdrücken könne und solle. Inzwischen hat sich die »Kladistik« jedoch durchgesetzt. [MS4]

Werk(e):
Grundzüge einer Theorie der phylogenetischen Systematik (1950); Phylogenetic Systematics (1966); Die Stammesgeschichte der Insekten (1969).

Sekundär-Literatur:
Dupuis, C.: Willi Hennig's impact on taxonomic thought. Annu. Rev. Ecol. Syst. 15 (1984) 1–24; Schmitt, M.: Willi Hennig, in: Darwin & Co., hrsg. von Jahn, I. & Schmitt, M. (2001); Schmitt, M.: Willi Hennig and the rise of cladistics, in: The New Panorama of Animal Evolution, hrsg. von Legakis, A. u. a. (2003).

Henry, Joseph Willard,
amerikanischer Physiker,
* 17. 12. 1797 Albany (New York),
† 13. 5. 1878 Washington, D.C.

Henry war der bedeutendste amerikanische Naturwissenschaftler nach B. ↗ Franklin, entdeckte die elektromagnetische Induktion und die Selbstinduktion.

J.W. Henry

Henry wurde in einer armen Familie schottischer Abstammung geboren. Nach dem Tod seines Vater 1811 zog er zu Verwandten und ging bei einem Uhrmacher in die Lehre. Sein Interesse galt ursprünglich dem Theater, wurde aber durch die Lektüre eines populären Buches auf die Wissenschaften gelenkt. Deshalb ging er 1819 an die Albany Academy, wo er einige Jahre später selber Mathematik und Physik unterrichtete.

Nachdem C. ↗ Oersted 1820 demonstriert hatte, dass Strom einen Magneten ablenken kann, suchten die Wissenschaftler auch nach dem umgekehrten Effekt. Als Henry die Konstruktion von Elektromagneten wesentlich verbessert hatte, entdeckte er im Jahre 1830 – vor M. ↗ Faraday, der ihm allerdings mit der Veröffentlichung zuvorkam – die elektromagnetische Induktion, also die Erzeugung von elektrischem Strom durch ein veränderliches Magnetfeld. Deshalb ist die Einheit für die elektromagnetische Induktivität nach ihm benannt.

1831 baute er eine mit Strom angetriebenen Wippe und damit den ersten elektromagnetischen Motor. Kurz vor seinem Wechsel im Jahre 1832 an das New Jersey College – die heutige Princeton-Universität – gelang ihm noch die Entdeckung der Selbstinduktion.

Ebenfalls im Jahre 1831 baute Henry einen Telegraphen und nahm ihn erfolgreich über eine Distanz von einer Meile in Betrieb. Später unterstützte er S. ↗ Morse bei dessen Arbeiten.

Henry konstruierte auch einen Elektromagneten, der 1 000 Kilogramm heben konnte. Hier entdeckte er die Gesetze, die dem Transformator zugrunde liegen. Außerdem erkannte er, dass Ströme auch über eine Entfernung induziert werden können, und beobachtete, dass eine Nadel durch einen acht Meilen entfernt niedergehenden Blitz magnetisiert wird. Weiterhin gelang ihm der Nachweis, dass die Sonnenflecken weniger heiß sind als ihre Umgebung.

1846 wurde Henry der erste Sekretär der Smithsonian Institution in Washington, D.C., einer privaten Stiftung mit dem Ziel, die Wissenschaft zu fördern. Im Zusammenhang hiermit baute er mit Hilfe von Freiwilligen den amerikanischen Wetterdienst auf, wozu er auch ein Telegraphennetz benutzte. Im Bürgerkrieg war er Lincolns technischer Chefberater. Er war entscheidend an der Organisation der amerikanischen Akademie der Wissenschaften beteiligt und zehn Jahre lang bis zu seinem Tod ihr zweiter Präsident. [RS]

Werk(e):
The Papers of Joseph Henry, hrsg. von Reingold, N. (8 Bde., 1972–1998); Scientific Writings of Joseph Henry, 2 Bde. (1886).

Sekundär-Literatur:
Coulson, T.: Joseph Henry, his Life and Work (1950); Weiner, C.: Joseph Henry's Lectures on Natural Philosophy (1965).

Heraklit von Ephesos (Herákleitos von Ephesos),
griechischer Philosoph,
* um 544 v. Chr. Ephesos,
† um 483 v. Chr. Ephesos (Efes/Türkei).

»Heraklit beginnt ... zum erstenmal über das Denken selbst zu philosophieren, obgleich auch sein Hauptobjekt das Weltall bleibt« (Karl Vorländer). Dabei führt er die Bewegung bzw. Veränderung als das einzige Bestimmende des Kosmos in die philosophische Betrachtung ein. Unter dem Einfluss des Kratylos hat ↗ Platon diese These zu »Alles fließt (pánta rheî)« verdichtet. Aufgrund seiner schweren und bildhaften Ausdrucksweise wird Heraklit bereits in Antike als der »Dunkle (skoteinós)« bezeichnet.

Heraklit entstammte einem adligen Geschlecht. Seine Lehre richtete sich bewusst gegen die Menge, die zu keiner Wahrheitserkenntnis fähig sei, aber auch gegen Homer, Hesiod, ↗ Pythagoras, dessen »Vielwisserei« er verachtete, und ionische Naturphilosophen, von denen aber möglicherweise die milesischen ausgenommen waren. Offensichtlich erachtete Heraklit seine Lehre als eigenständig und unabhängig von den von ihm Kritisierten: »Ich forschte bei mir selbst nach.«

Wechsel und ständige Veränderung stellen für Heraklit das Wesentliche und Charakteristische der Welt dar. So setzt er den beständigen Urstoffen wie Wasser (Thales) und Luft (Anaximenes) als Urprinzip das Feuer entgegen. Dieses ist aber kein arché wie diese, sondern der das andauernde Werden und Vergehen verkörpernde Urgrund aller Dinge. Aus dem Feuer haben sich abwärtssteigend das Wasser und dann Erde und Luft gebildet, Elemente, die in umgekehrter Reihenfolge aufwärtssteigend zum Feuer zurückkehren. Der ewige Wechsel ist einem Weltgesetz unterworfen, dem Logos, das Heraklit dem Feuer gleichsetzt.

Es sind Gegensätze, die alles Geschehen bedingen und erfolgen lassen (»Krieg ist von allem der Vater«), die aber in der aus ihnen gebildeten Harmonie vereint sind. Das Prinzip der Einheitlichkeit drückt sich dergestalt aus, dass »sowohl aus allem eins als auch aus einem alles« sei.

Heraklits Lehre umfasste auch Fragen der Ethik, Psychologie und Politik. [HGB]

Werk(e):
Diels, H., Kranz, W. (Hrsg.): Die Fragmente der Vorsokratiker I, 22 (1960); Capelle, W.: Die Vorsokratiker – Die Fragmente und Quellenberichte (1961) 126–157.

Sekundär-Literatur:
Roussos, E. N.: Heraklit-Bibliographie (1971); Mansfeld, J.: Die Vorsokratiker I (1995) 231–283.

Herder, Johann Gottfried,
deutscher Philosoph und evangelischer Theologe,
* 25. 8. 1744 Mohrungen/Ostpreußen (Morag/Polen),
† 18. 12. 1803 Weimar.

Herder war ein vielseitiger Theoretiker der deutschen Aufklärung und Klassik. Heute vor allem als Schriftsteller und Sprach- und Geschichtsphilosoph betrachtet, besteht seine Bedeutung für Naturwissenschaft und -philosophie darin, dass er Natur- und Menschheitsgeschichte zusammenhängend und entwicklungsgeschichtlich zu begreifen suchte.

An der Universität Königsberg studierte Herder 1762–1764 Theologie und war Schüler I. ↗ Kants. Anschließend wirkte er als Lehrer und Prediger in Riga. 1769–1771 unternahm er eine lange Reise, auf der er in Paris Denis Diderot und J.-B. le Rond d'↗ Alembert kennen lernte. 1770 begann in Straßburg seine Freundschaft mit J. W. v. ↗ Goethe. 1771–1776 war er als Oberhofprediger in Bückeburg angestellt und wurde 1776 auf Betreiben Goethes zum Generalsuperintenden in Weimar berufen.

Im Widerspruch zur orthodoxen Kirchenlehre vertrat Herder eine pantheistische Weltanschauung, die auf dem Pantheismus B. de ↗ Spinozas fußte und von der Philosophie von G. W. ↗ Leibniz beeinflusst war. Gegen die mechanistische Naturerklärung nahm er eine dynamische Bestimmtheit allen Geschehens durch noch unbekannte organische Kräfte an. In der Naturwissenschaft seiner Zeit vorhandene Entwicklungsvorstellungen verband er zum Entwurf eines langen historischen Gesamtprozesses von der Entstehung der Erde bis zur Geschichte der Menschheit. Aus der zeitlos-statischen Stufenleiter der Dinge wurde bei ihm ein zeitliches

Nacheinander aufsteigender Formen und Kräfte, in dem für die Lebewesen auch ein Hervorgehen der Formen auseinander anklingt. Die Tierwelt hielt Herder für vielfältige Abwandlungen eines Prototyps. Auch zu geologischen, ökologischen und biogeographischen Problemen gab er bemerkenswerte Stellungnahmen ab.

Mit Goethe stand Herder in intensivem Gedankenaustausch über naturwissenschaftliche und -philosophische Probleme. Herdersche Ideen wirkten u. a. bei A. v. ↗ Humboldt sowie bei F. W. ↗ Schelling und im durch ihn angeregten Entwicklungsdenken der romantischen Naturphilosophie fort. [RL]

Werk(e):
Sämmtliche Werke, hrsg. von B. Suphan (1877–1913); Ideen zur Philosophie der Geschichte der Menschheit (1965); Herder-Lesebuch, hrsg. von S. Sunnus (1994).

Sekundär-Literatur:
Dietze, W.: Johann Gottfried Herder (1980); Irmscher, H. D.: Johann Gottfried Herder (2001).

Hermann, Johann (Jean),
französischer Naturforscher und Mediziner,
* 31. 12. 1738 Barr (Elsass, Frankreich),
† 4. 10. 1800 Strasbourg (Frankreich).

Hermann gehört zu den Mitbegründern der vergleichenden Zoologie.

Nach dem Medizinstudium in Straßburg (1753–1762) und einem Studienaufenthalt in Paris (1763) wirkte Hermann seit 1764 als Lehrer an der Straßburger Universität, wo er 1769 zum Professor ernannt wurde. Hier entfaltete er eine reiche Vorlesungstätigkeit, die Naturgeschichte, Philosophie und fast alle medizinischen Disziplinen umfasste und die er nach Auflösung der Universität (1792) an der 1794 gegründeten École de santé und der École centrale bis zu seinem Tod fortsetzte.

Von Hermanns zahlreichen Publikationen ist die *Tabula affinitatum animalium* (1783) die umfangreichste und bedeutendste, einen Auszug daraus hatte er schon 1777 als Dissertation eines Schülers drucken lassen. In diesem Werk ordnete Hermann die Tiere nach Ähnlichkeitsmerkmalen und stellte auf diese Weise überraschende Querverbindungen zwischen einzelnen Gattungen her. Mit seiner graphischen Darstellung einer netzförmigen Anordnung der Tiergruppen durchbrach er die klassische lineare Stufenleiteridee des Aufklärungszeitalters; sie gilt als Vorläufer der späteren, eine Realgenese voraussetzenden Stammbaumdarstellungen. Hermanns Ideen wurden vielfach rezipiert und dienten als Grundlage für G. ↗ Cuviers Korrelationsgesetz der vergleichenden Anatomie.

TABULA
AFFINITATUM
ANIMALIUM
OLIM ACADEMICO SPECIMINE EDITA
NUNC
UBERIORE COMMENTARIO
ILLUSTRATA
CUM ANNOTATIONIBUS
AD HISTORIAM NATURALEM ANIMALIUM
AUGENDAM FACIENTIBUS.
AUCTORE
JOHANNE HERMANN
M. D. ET PROF.
ARGENTORATI 1783.
Impenſis JOH. GEORGII TREUTTEL, Bibliopolæ.

J. Hermann: *Tabula,* Titelblatt

Hermann befasste sich auch mit Problemen der angewandten Zoologie; für die Beantwortung einer Preisfrage der Göttinger Akademie der Wissenschaften »über die den Büchern schädlichen Insekten« erhielt er den Preis (1774). Hermann verkörperte ganz den Typus des klassischen Naturgelehrten des 18. Jahrhunderts und stand mit den führenden europäischen Fachkollegen seines Zeitalters in Korrespondenz. Sein reiches Naturalienkabinett bildet den Grundstock des »Musée de zoologie« der Straßburger Universität. [KTK]

Werk(e):
Tabula affinitatum animalium (1783); Observationes zoologicae, hrsg. von F. L. Hammer (1804).

Sekundär-Literatur:
Lauth, Th.: Vitam Johanni Hermann (1801).

Hermbstaedt, Sigismund Friedrich,
deutscher Pharmazeut und Chemiker,
* 14. 4. 1760 Erfurt,
† 22. 10. 1833 Berlin.

Hermbstaedt trug wesentlich zur Durchsetzung der Lavoisierschen Lehre in Deutschland sowie zur Verwissenschaftlichung der Pharmazie bei.

Hermbstaedt entstammt einer angesehenen Erfurter Familie. Sein Vater starb als Oberstadtvogt, Aktuar, Kircheninspektor, Vormundschaftsbeamter und Oberpfarrhauptmann. Seinen Unterricht erhielt Hermbstaedt überwiegend durch Privatlehrer, nur ein kurzer Schulbesuch vom Herbst 1773 bis Frühjahr 1774 in der Tertia des Realgymnasiums lässt sich nachweisen. 1774 begann er die Apothekenlehre in Erfurt, vermutlich in der Schwan-Ring-Apotheke bei Trommsdorff, dem Vater J. B. ↗ Trommsdorffs. Im Anschluss an seine Lehrzeit, während der er auch Vorlesungen an der Erfurter Universität hörte, ging Hermbstaedt als Repetent der chemischen Vorlesungen zu J. Chr. ↗ Wiegleb nach Langensalza. Wiegleb hatte hier das erste pharmazeutische Privatinstitut eröffnet, in dem angehende Apotheker eine wissenschaftliche Ausbildung erhielten. Von 1781 bis 1782 wirkte Hermbstaedt als Gehilfe in der Ratsapotheke Hamburg. Anschließend kehrte er nach Erfurt zurück, wo er seine Studien fortsetzte und vermutlich das »Doctor Diploma« erhielt, nachdem er »einige Abhandlungen bey der Kur Mayntzschen Academie vorgelesen« hatte.

1783 wurde er Provisor in der Roseschen Apotheke »Zum Weißen Schwan« in Berlin. Zwei Jahre später unternahm er eine Studienreise durch Süddeutschland. 1786 erhielt Hermbstaedt vom preußischen König Friedrich II. die Erlaubnis, »chemische Collegia« lesen zu dürfen. Daneben entfaltete er eine intensive Publikationstätigkeit. Nachdem er 1788 die Schwester des Apothekers Rose d. J. geheiratet hatte, bat er König Friedrich Wilhelm II., ihm die Lehraufgaben des Professors für Chemie am Collegium medico-chirurgicum Heinrich Christian Pein zu übertragen. Die daraufhin angesetzte Prüfung vor dem Collegium medico-chirurgicum endete für Hermbstaedt mit einem Fiasko, wobei unklar bleibt, inwiefern das Prüfungsergebnis eine Abwehr gegen den erfolgreichen und protegierten Hermbstaedt darstellte. Im Frühjahr 1789 gründete er, dem Vorbild seines Lehrers Wiegleb folgend, eine »Chemische Pensionsanstalt für Jünglinge«. Dieses pharmazeutische Privatinstitut, das sich bald großer Beliebtheit erfreute, bestand nachweislich bis 1797. 1790 wurde Hermbstaedt Nachfolger des Hofapothekers Pein und übte dieses Amt sieben Jahre aus. Zu seinen Aufgaben gehörte u. a. der Unterricht angehender Apotheker 1. Klasse sowie die Abnahme von Prüfungen. Zugleich übertrug man ihm die Vorlesungen Peins am Collegium medicochirurgicum. In den 1790er-Jahren erhielt Hermbstaedt weitere Ämter: 1794 wurde er Obersanitätsrat im Obercollegium Sanitatis, und im gleichen Jahr übernahm er eine Dozentur für Experimentalphysik an der Bergakademie Berlin. Ab 1795 war er Mitglied der technischen Deputation und Salzadministration und Assessor beim Manufaktur- und Commerzcollegio. 1798 avancierte er zum ersten Generalstabsapotheker der Armee. 1800 nahm ihn die Königliche Akademie der Wissenschaften auf, und 1811 wurde er an die neu gegründete Berliner Universität als Ordinarius für Technologie berufen. Außerdem vertrat er die Technologische Chemie als außerordentlicher Professor. Nach dem Tode M. H. ↗ Klaproths übernahm er auch dessen Vorlesungen zur analytischen Chemie und wurde so zum eigentlichen Vertreter der Chemie an der Berliner Universität. Bis zu seinem Tode leistete Hermbstaedt ein enormes Arbeitspensum. 1833 starb er an einem Schlaganfall.

Hermbstaedt hinterließ ein umfangreiches wissenschaftliches Œuvre, darunter 28 Bücher und 180 Zeitschriftenaufsätze. Besondere Verdienste erwarb er sich um die Durchsetzung der Antiphlogistontheorie in Deutschland. Im Jahre 1789 bekannte er sich öffentlich zur Lehre Lavoisiers. Mit öffentlichen Versuchen bekehrte er auch andere Naturforscher wie Klaproth und A. v. ↗ Humboldt zur neuen chemischen Lehre. Sowohl Hermbstaedts Übersetzung von A. L. ↗ Lavoisiers Hauptwerk, das 1792 als *System der antiphlogistischen Chemie* erschien, als auch sein Beitrag zur Schaffung einer neuen pharmazeutisch-chemischen Nomenklatur entsprechend der Lavoisierschen Lehre haben die Entwicklung der Chemie in Deutschland wesentlich geprägt.

Hermbstaedts Untersuchungen zur Pflanzenchemie förderten die Weiterentwicklung dieses Forschungsgebietes in Deutschland und gaben auch F. W. ↗ Sertürner Anregungen für dessen erste Alkaloidentdeckung. Mit einer Vielzahl technologischer Schriften beeinflusste Hermbstaedt nachhaltig die Entwicklung zahlreicher Gewerbe. Schließlich war er auch um die Verbesserungen in der praktischen Pharmazie bemüht, so zum Beispiel mit seinem 1792 erschienenen *Katechismus der Apothekerkunst*. [CF]

Werk(e):
Systematischer Grundriß der allgemeinen Experimentalchemie, zum Gebrauch bei Vorlesungen entworfen (1791); Grundriß der Experimentalpharmazie (1792–1793); Grundriß der Technologie oder Anleitung zur rationellen Kenntniß und Beurteilung derjenigen Künste, Fabriken, Manufakturen und Handwerke, welche mit der Landwirtschaft, sowie der Kameral- und Polizeiwissenschaft in nächster Verbindung stehen (1814).

Sekundär-Literatur:
Mieck, I: S. F. Hermbstaedt (1760–1833). Chemiker und Technologe in Berlin, in: Technikgeschichte 32 (1965) 325–382; Friedrich, Ch. und Schümann, Ch.: Der Apotheker Sigismund Friedrich Hermbstaedt (1760–1833), in: PZ-Wissenschaft 135 (1990) 259–266 und 136 (1991) 41–48; Borchardt, A.: Die Entwicklung der Pflanzenanalyse zur Zeit Hermbstaedts, Dissertation Braunschweig (1974).

Hermite, Charles,
französischer Mathematiker,
* 24. 12. 1822 Dieuze (Lothringen, Frankreich),
† 14. 1. 1901 Paris.

Hermite war der herausragende französische Mathematiker in der 2. Hälfte des 19. Jahrhunderts. Seine Forschungsergebnisse und Lehrtätigkeit eröffneten neue Perspektiven in der Algebra, Geometrie, Zahlentheorie und Analysis, die von bedeutenden Schülern und Fachkollegen im In- und Ausland zu eigenständigen mathematischen Disziplinen ausgebaut wurden. Diese sind durch transzendente Funktionen miteinander verbunden, die im 19. Jahrhundert in das Blickfeld der Mathematik und Physik rückten. Hermite hatte großen Anteil daran, ihrem Verständnis und ihrer Anwendung zum Durchbruch zu verhelfen. Am weitesten bekannt wurde sein Transzendenz-Nachweis für die Basis e des natürlichen Logarithmus, in dessen unmittelbarer Folge auch das über 2 000 Jahre alte Problem der Quadratur des Kreises negativ gelöst werden konnte.

Die ersten Schuljahre erlebte Hermite in Nancy, die höheren am Collège »Henri IV« in Paris, wo er im Internat wohnte. Im Alter von 17 Jahren wechselte er zum Collège »Louis le Grand«, in dem sein mathematisches Talent von seinem Lehrer L. Richard gefördert wurde. Seine ersten beiden Publikationen erschienen im Jahre 1842, in dem er auch das Studium an der École Polytechnique in Paris aufnahm. Dort wurde J. ↗ Liouville zu seinem wissenschaftlichen Förderer und Ratgeber. Ein Jahr nach dem Examen, das er im Jahre 1847 ablegte, hielt er die ersten Vorlesungen am Collège de France. Nach erfolgreicher Lehrtätigkeit ab 1862 an der École Normale wurde Hermite 1869 dort zum Professor berufen. In dieser Position lehrte er danach auch an der Sorbonne und der École Polytechnique.

Nach einer Reihe vorbereitender Arbeiten mit programmatischen Elementen gelang Hermite die Auflösung algebraischer Gleichungen 5. Grades mit Hilfe von Werten transzendenter Funktionen, die im Umfeld der elliptischen Theta-Funktionen gefunden wurden. Dabei arbeitete Hermite die Eigenschaften der elliptischen Modulfunktion heraus und begründete so ihre Rolle in der Mathematik. Seine Publikation *Sur la résolution de l'équation du cinquième degré* (1858) verhalf ihm zur internationalen Anerkennung.

C. Hermite

In einer Reihe von Arbeiten (1850–1854) beschäftigte sich Hermite mit der arithmetischen Theorie der quadratischen Formen und ihrer imaginär-quadratischen Verallgemeinerungen, den Hermiteschen Formen. Der Mathematiker H. ↗ Minkowski widmete seine Monographie *Geometrie der Zahlen* (1896) Hermite in Anerkennung dessen bahnbrechender Beiträge. Hermitesche Matrizen, Hermitesche Räume und Hermitesche Operatoren gehören heute zu den Grundbegriffen verschiedener Zweige der Mathematik.

Beeinflusst durch analytische Arbeiten von A.-M. ↗ Legendre fand Hermite orthogonale Systeme von Funktionen, die spezielle Differentialgleichungen der Wellenmechanik lösen. Diese heute nach Hermite benannten gewöhnlichen Differentialgleichungen zweiter Ordnung sind reduzierte Formen der Schrödinger-Gleichungen. Besondere Bedeutung erlangen die unter den Lösungen entdeckten Hermite-Polynome durch die Möglichkeit der Approximation anderer Lösungen durch Linearkombinationen derselben.

Eine Zahl wird transzendent genannt, wenn sie keiner Gleichung $p(x) = 0$ genügt, wobei $p(x)$ ein Polynom mit rationalen Koeffizienten ist. G. ↗ Cantor wies 1874 nach, dass in einem natürlichen Sinne fast alle komplexen Zahlen transzendent sind. Viel schwieriger ist es allerdings, die Transzendenz-Entscheidung über eine vorgegebene Zahl zu treffen. Im Jahre 1882 gelang es Ferdinant van Lindemann nachzuweisen, daß der halbe Umfang π des Einheitskreises transzendent ist. Das von der griechischen Antike überlieferte Problem der Quadratur des Kreises wurde damit negativ gelöst: Es ist unmöglich, mit Hilfe von Zirkel und Lineal ein Quadrat zu konstruieren, das den Flächeninhalt eines vorgegebenen Kreises hat. Die entscheidende Vorarbeit wurde von Hermite 1873 durch eine neue und tiefe arithmetische Analyse der Exponential-Funktion geliefert, mit deren Hilfe ihm der Transzendenzbeweis für e gelang.

Als hervorragende Schüler von Hermite sind vor allem George Darboux, François-Felix Tisserand, H. ↗ Poincaré, Ch. E. ↗ Picard und E. ↗ Borel zu nennen. Hermite wurde 1852 zum Mitglied der Pariser Akademie der Wissenschaften und zu deren Präsident im Jahre 1890 gewählt. In den internationalen Beziehungen sind seine Mitgliedschaft der

Berliner (1859) bzw. der Petersburger Akademie der Wissenschaften (1895) hervorhebenswert. Hermite wurde zum Ehren-Präsidenten des II. Internationalen Mathematiker-Kongresses in Paris ernannt, an dem er aus gesundheitlichen Gründen leider nicht mehr teilnehmen konnte. [RH2]

Werk(e):
Sur la résolution de l'équation du cinquième degré, C. R. 46 (1858), 508-515; Sur un nouveau développement en séries de fonctions, C. R. 58 (1864), 93–100, 266–273; Sur la fonction exponentielle, C. R. 77 (1873), 18–24, 74–79, 226–233, 285–293; Oeuvres, I, II, III, IV (1905, 1908, 1912, 1917).

Sekundär-Literatur:
Noether, M.: Charles Hermite, Math. Ann. 55 (1901), 337-385; Ojigova, E. P.: Charles Hermite (russ., 1982).

Hernández, Francisco,
spanischer Arzt, Anatom und Botaniker,
* 1515 Puebla de Montalbán (Toledo, Spanien),
† 28. 1. 1587 Madrid.

Als erster Europäer, der eine wissenschaftliche Expedition auf amerikanischem Gebiet unternahm, gilt Hernández heute als Vorreiter der botanischen Klassifikationen.

Hernández studierte bis 1536 Medizin an der Universität von Alcalá de Henares. Wie N. B. ↗ Monardes kam er mit den Ideen des spanischen Humanisten Antonio de Nebrija in Berührung. Nach der Promotion praktizierte Hernández zunächst als Arzt in Toledo, Sevilla und Granada. Er kannte die lateinischen Übersetzungen der medizinischen Werke von ↗ Hippokrates, ↗ Galen und ↗ Avicenna und war ein früher Vertreter der Theorie des Lungenkreislaufes. Gleichzeitig studierte er die Flora und Fauna in Kastilien und Andalusien und übersetzte die Naturgeschichte des ↗ Plinius mit Kommentaren ins Spanische. Etwa 1557 kam er als Lehrer an das Hospital des Klosters von Guadalupe. In Guadalupe leitete Hernández außerdem den Botanischen Garten und erforschte die Bergketten der Estremadura. Nach einem kurzen Aufenthalt am Hospital von Santa Cruz in Toledo war er ab 1560 am königlichen Hof, wo er auch den Anatomen Andreas Vesal kennen lernte. 1567 berief ihn Philipp II. zum Leibarzt und ernannte ihn 1570 zum »Protomédico de las Indias«. Hernández wurde mit der Leitung einer Expedition zur Erforschung der Naturgeschichte von »Neuspanien« betraut (1571–1577). Über Gran Canaria und Kuba bereiste er ab 1574 Mexiko. Er sammelte eine große Menge Material und hielt seine Beobachtungen mit Zeichnungen in einer 20-bändigen *Historia natural de Nueva España* fest. Eine Publikation dieses und weiterer

F. Hernández: Tabakpflanze

seiner Werke erlebte Hernández jedoch nicht. Erst im 17. Jahrhundert wurde eine von Nardo Antonio Recchi im Auftrag des Königs angefertigte Zusammenfassung aus dem Nachlass in unterschiedlichen Ausgaben und Bearbeitungen veröffentlicht und verbreitet. Hernández ersetzte darin die traditionelle Einteilung in »Bäume«, »Stauden« und »Kräuter« durch eine Gruppierung nach rein phytologischen Kriterien. Einen großen Teil der Original-Manuskripte vernichtete 1671 ein Brand in der Bibliothek des Escorial. Mit seinem Werk befassten und befassen sich Naturforscher bis in die Gegenwart, z. B. Thomas Bartholin, Hans Sloane und J. ↗ Ray, J. ↗ Tournefort, C. v. ↗ Linné und sein Schüler Per Loefling sowie A. v. ↗ Humboldt. [IS2]

Werk(e):
Rerum Medicarum Novae Hispaniae thesaurus ..., hrsg. von N. A. Recchi, sog. »Römische Ausgabe« (1628); Obras completas de Francisco Hernández, hrsg. von G. S. D'Ardois, 7 Bde. (1959–1984).

Sekundär-Literatur:
Piñero, L., Tomás, J. M. und Tomás, J. P.: La influencia de Francisco Hernández (1515–1587) en la constitución de la botánica y la materia médica modernas (1996); Varey, S., Chabrán, R. und Weiner, D. B. (Hrsg.): Searching for the secrets of Nature: the life and works of Dr. Francisco Hernández (2000).

Heron von Alexandria,
griechischer Mathematiker und Ingenieur,
* 1. Jh. n. Chr.

Heron von Alexandria hat für die antike Technikgeschichte große Bedeutung, da seine Handbücher zur Mechanik, Pneumatik, Vermessungskunde und Mathematik als Standardwerke die Überlieferung seiner Vorgänger fast vollständig verdrängt haben.

Heron wird anhand der von ihm erwähnten Mondfinsternis des 13. 3. 62 auf die erste Hälfte des 1. Jahrhunderts n. Chr. datiert. Über seine vita gibt es keine Angaben; da er in den Handschriften als »Alexandreus« bezeichnet wird und häufig Rechenbeispiele wählt, die sich auf das Leben in Ägypten beziehen, vermutet man, dass er unter den flavischen Kaisern in der römischen Provinz Ägypten, wahrscheinlich in Alexandria, gelebt hat.

Heron verfasste überwiegend für die Ausbildung des Nachwuchses gedachte Handbücher als Einführungen in technische und mathematische Fachgebiete. Wichtiges Element der jeweiligen Darstellung war dabei die historische Entwicklung der Disziplin. Die Verwendung nicht nur der griechischen Fachtermini, sondern auch der jeweiligen lateinischen Spezialbegriffe belegt darüber hinaus seine Vermittlerrolle zwischen beiden Kulturen und lässt vermuten, dass er auch von römischen Autoren gelesen werden wollte (oder wurde).

Die meisten seiner Schriften sind überliefert, einige Zuschreibungen allerdings unsicher, so die der *Cheirobalistra*, die eine Wurfmaschine beschreibt, und die der *Katoptrik*, die unter dem Namen des ↗ Ptolemäus überliefert, aber wohl von Heron verfasst wurde und nur in mittellateinischer Übersetzung vorliegt. Die wahrscheinlich in byzantinischer Zeit zusammengestellten Sammlungen mathematischer Sätze und Rechenaufgaben, die *Definitiones*, sowie die Vermessungshandbücher *Metrica* und die daraus kompilierten *Geometrica* und *Stereometrica*, *De mensuris* und *Geodaesia* sind in griechischen Versionen tradiert. Sie sind jedoch weniger bedeutsam, denn das von Heron präsentierte Wissen über die Berechnung von Flächen und Körpern stammt zum großen Teil aus Ägypten und Babylon und wird auch von den römischen Agrimensoren benutzt.

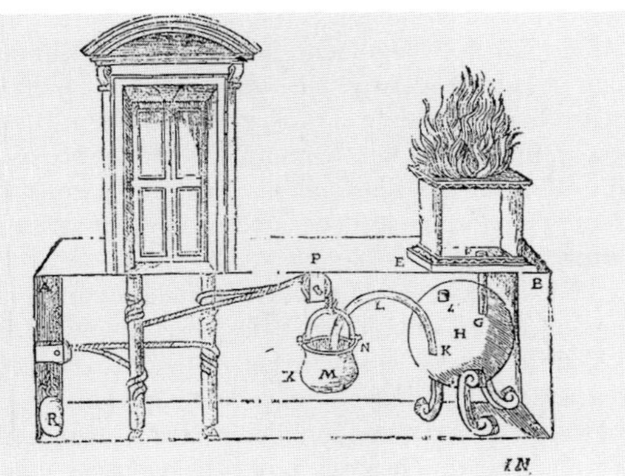

Heron von Alexandria: Darstellung eines durch den Druck erwärmter Luft betriebenen Türöffners nach der Beschreibung Herons, um 60 n. Chr. (Foto: Deutsches Museum München, Bildstelle)

Von den Schriften *Über Gewölbe und Über die Beweglichkeit von Kugeln und Zylindern* sowie dem *Baroulkos*, dem *Hodometer* (einem Wegmessgerät) und den Bänden *Über Wasseruhren* sind nur die Titel bzw. ganz kurze Fragmente bekannt.

Für die Rekonstruktion der antiken Technik wichtiger sind die griechisch überlieferten *Dioptra*, die *Pneumatika*, das *Automatentheater* und die *Belopoiika* sowie die nur in der arabischen Übersetzung des ↗ Qusta Ibn Luqa vorhandene *Mechanik*.

Die Bedeutung der *Mechanik* resultiert aus ihrer systematischen Darstellung der Theorie der fünf einfachen Maschinen Winde, Hebel, Flaschenzug, Keil und Schraube sowie der Erläuterung der historischen Entwicklung von Wein- und Olivenpressen. Heron gibt Hinweise auf die Bedienungssicherheit der Geräte und die optimale Auswahl der zu verwendenden Materialien.

Eine besonders reizvolle Anwendung der fünf einfachen Maschinen schildert Heron in seinem *Automatentheater*, das sowohl eine stehende Theatervariante als auch eine fahrende präsentiert.

In der *Pneumatik* diskutiert Heron die Druck- und Saugwirkung von Luft und Wasser. Der umfangreiche Text scheint eine erste Version eines Lehrbuches gewesen zu sein, das nie endgültig ausgearbeitet wurde. In der Einleitung geht Heron auf die Debatten innerhalb der Physik zum Phänomen des Vakuums ein; er kritisiert sowohl die Materievorstellungen des ↗ Aristoteles wie die der Atomisten und entscheidet sich aufgrund von Experimenten für die Meinung des ↗ Straton von Lampsakos. Dann schildert er eine Vielzahl von Schauspielen und Vexiergefäßen.

Herons Thema in der *Belopoiika* ist die Herstellung von Geschützen und Katapulten, bei deren Darstellung er besonderes Gewicht auf die Erfahrungsformeln für das Verhältnis zwischen Geschossgewicht bzw. Geschosslänge und Kaliber legt. Dadurch lassen sich Waffen konstruieren, die ökonomisch vertretbar sind, also ein möglichst gutes Verhältnis zwischen finanziellem Aufwand und erreichbarer Geschossweite haben.

Die Kenntnis der Heronischen Werke ging nie ganz verloren. Während sich arabische Gelehrte be-

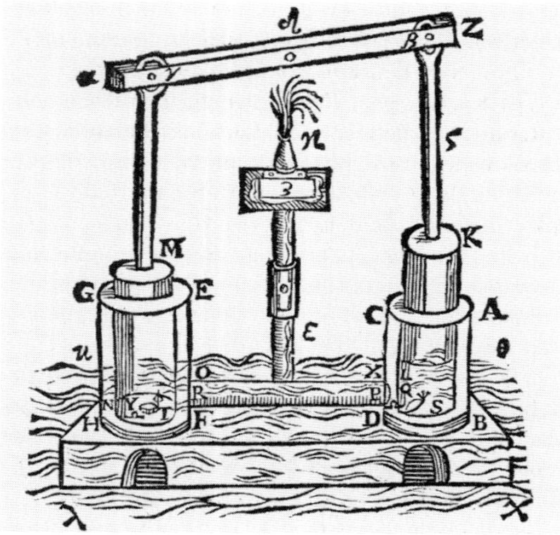

Heron von Alexandria: Feuerspritze, um 60 n. Chr., Holzschnitt aus der deutschen Ausgabe von 1688 (Foto: Deutsches Museum München, Bildstelle)

sonders für die technischen Handbücher interessierten und sie übersetzten, las das Mittelalter eher die mathematischen Schriften. Die Renaissance schließlich begeisterte sich stärker für die spielerische Anwendung physikalischer Prinzipien, die sie in der Pneumatik und dem Automatentheater fand. [ASCH]

Werk(e):

Les mécaniques ou l'élévateur de Héron d'Alexandrie, publiées pour la première fois sur la version arabe de Qosta Ibn Luqa et traduites en français par B. Carra de Vaux, in: Journal asiatique (1893) Teil 1: 386–472, Teil 2: 152–269 und 450–514; Schmidt, W., Nix, L., Schoene, H., Heiberg, J. L.: Heronis Alexandrini opera quae supersunt omnia, 5 Bde. in 6 Teilen (1899–1914, griech.-arab.- deutsch); Diels, H. A., Schramm, E.: Herons Belopoiika und Philons Belopoiika, griechisch und deutsch (1970, ND von 1918–1919); Drachmann, A. D.: The Mechanical Technology of Greek and Roman Antiquity (1963, enthält eine englische Übersetzung der Mechanik); Héron d'Alexandrie, Les mécaniques ou l'élévateur, arabe et traduction en français par Carra de Vaux. Préface de Donald Hill et commentaires de A.G. Drachmann, (1987, Nachdruck der jeweiligen Textausgaben).

Sekundär-Literatur:

Drachmann, A. G.: Ktesibios, Philon and Heron. A Study in Ancient Pneumatics (1948); Gille, B.: Les Mécaniciens grecs: La naissance de la technologie (1980); Schürmann, A.: Griechische Mechanik und antike Gesellschaft. Studien zur staatlichen Förderung einer technischen Wissenschaft (1991); Meißner, B.: Die technologische Fachliteratur der Antike. Struktur, Überlieferung und Wirkung technischen Wissens in der Antike (ca. 400 v. Chr.–ca. 500 n. Chr., 1999).

Herophilos von Chalkedon,
griechischer Arzt,
* 1. Hälfte des 3. Jhs. v. Chr.

Herophilos, dessen Arbeiten nur aus der Überlieferung späterer Autoren bekannt sind, leistete Beiträge zur Anatomie und Morphologie des menschlichen Organismus.

Während manche Disziplinen in hellenistischer Zeit einer Art von Remythologisierung verfielen und stagnierten, machte die Medizin echte Fortschritte. Davon zeugt gerade ihre weitere Verwissenschaftlichung, vor allem auf dem Gebiet der Anatomie, durch Herophilos, der unter Ptolemäus II. am Museion in Alexandria wirkte, einer fachwissenschaftlichen Forschungsstätte mit großer Bibliothek. Hier wurden wohl zuerst anstelle der üblichen Tier-Studien Sektionen an bis dahin weitgehend tabuisierten menschlichen Leichen vorgenommen, wobei der König auch zum Tode verurteilte Verbrecher für Vivisektionen zur Verfügung gestellt haben soll.

Da alle Werke des Herophilos verloren sind, müssen wir uns mit den Angaben bei C. ↗ Galen usw. begnügen. Ergiebig waren seine anatomischen Untersuchungen zu Bau und Funktion der Nerven, die bislang als »neura« (= Stränge) von den Sehnen nicht unterschieden und nun begrifflich auf die Elemente des Reizleitungssystems begrenzt wurden. Im Zusammenhang damit lieferte er eine detaillierte Beschreibung der Partien des Gehirns, des nervösen Zentralorgans, das noch für ↗ Aristoteles das Herz gebildet hatte. Mit der Herztätigkeit brachte Herophilos vielmehr seine Lehre vom Puls in Verbindung, den er für die Diagnose und Prognose auswertete. Die krankheitstheoretische Grundlage blieb aber für ihn die Säftelehre des ↗ Hippokrates (Humoralpathologie), von dessen Schriften er einige kritisch kommentiert hat. Er beschrieb den Bau des Auges mit Glaskörper und Augenhäuten in der noch heute aktuellen Nomenklatur. Gleiches gilt für die Bezeichnung »Zwölffingerdarm«, die er im Rahmen der Studien zum Stoffwechselsystem prägte, wobei er Leber und anderes zutreffend interpretierte.

Bedeutsam waren auch seine Studien zur Morphologie der Genitalien mit der Beschreibung von Prostata, Samenblase, Ovarien, Tuben etc., die er freilich den männlichen Organen analog auffasste, weshalb er auch einen weiblichen Samen annahm. Für die Therapie befürwortete er diätetische Maßnahmen und vor allem pflanzliche Pharmaka, die er »Hilfsmittel der Götter« nannte. Um Herophilos hat sich dann eine Schule etabliert, die noch zu Galens Zeiten bestand. [FJ]]

Sekundär-Literatur:
Staden, H. v.: Herophilus, The Art of Medicine in Early Alexandria (1989); Kudlien, F.: Herophilos und der Beginn der medizinischen Skepsis, in: Antike Medizin, hrsg. v. Flashar, H. (1971) 281–295.

Herschel, Friedrich Wilhelm,
Astronom,
* 15. 11. 1738 Hannover,
† 15. 8. 1822 Slough (England).

Herschel hat wie kaum ein anderer Gelehrter in der Geschichte der Astronomie diese Wissenschaft geprägt und verändert. Am Beginn seiner Laufbahn stand die Entdeckung des Uranus. Seine Sternzählungen führten zur Aufklärung der Struktur der Milchstraße. Von fundamentaler Bedeutung wurde seine Katalogisierung von Galaxien, Sternhaufen und kosmischen Nebeln, aus deren Morphologie er eine Theorie der Entwicklung kosmischer Körper ableitete. Herschel war ein Wegbereiter im Bau großer Spiegelteleskope, entdeckte Bewegungen von Sternen in Doppelsternen, bestimmte den Zielpunkt der Sonnenbewegung, entdeckte die Infrarotstrahlung.

Herschels Vorfahren sind seit Anfang des 17. Jahrhunderts in Pirna bei Dresden nachweisbar. Der Vater, Isaac Herschel, wurde Militärmusiker der Kgl. Hannoverschen Garde. In Hannover, damals zum Königreich Großbritannien und Irland gehörig, wuchs Wilhelm mit fünf Geschwistern auf, unter ihnen Alexander und Caroline Lukretia. I. Herschel war ein gebildeter Mann mit weiten Interessen. Er erteilte seinem Sohn Unterricht in Musik, regte ihn jedoch auch dazu an, sich mit Philosophie und Naturwissenschaften zu beschäftigen. Nach dem Besuch der Garnisonsschule trat der junge Herschel in die Hannoversche Militärkapelle ein und weilte 1752 mit seinem Regiment in England. Er nutzte diese Zeit intensiv, um sich in der englischen Sprache zu üben und wurde mit der Philosophie John Lockes bekannt, die für sein späteres Lebenswerk von großer Bedeutung wurde.

F.W. Herschel

Um den Gefahren des Siebenjährigen Krieges zu entgehen, verließ er die Militärkapelle und ging 1757 völlig mittellos mit einem seiner Brüder nach England. Zunächst fand er eine Anstellung als Notenschreiber, dann als Leiter kleiner Militärkapellen. In dieser Zeit begann er mit eigenen Kompositionen.

1766 erhielt Herschel eine Berufung als Organist und Chorleiter an die Oktogonkirche zu Bath. Hier fand Herschel für viele Jahre seine Heimat. Das tägliche Leben war erfüllt mit Orgelspiel und Musikunterricht. Er sah in der Musik durchaus seine Zukunft, und der große Erfolg seiner Arbeit gab ihm Recht.

Dennoch begann sich neben der Musik ein zweites Interessengebiet in Herschels Denken auszubreiten: die Astronomie. Der Sternhimmel gehörte zu jenen Interessen, die ihm bereits sein Vater vermittelt hatte. Etwa ab 1766 finden sich astronomische Notizen in Herschels Tagebüchern. Bald wurde ein kleines Fernrohr beschafft, dessen Leistung jedoch recht gering war. So kam Herschel auf den Gedanken, sich die gewünschten Fernrohre selbst herzustellen. Zu diesem Zweck besorgte er sich einige Gerätschaft und begann mit der Arbeit des Spiegelschleifens. Während heute Teleskopspiegel aus Glas bestehen, deren Oberfläche mit einer dünnen Aluminiumschicht bedampft ist, verwendete man zu Herschels Zeit eine Legierung aus Kupfer und Zinn, deren genaue Zusammensetzung stets für den jeweiligen Zweck auszuprobieren war. Gültige Rezepte gab es nicht, weshalb auch Herschel viele metallurgische Experimente anstellen musste. Zeitweise half der handwerklich begabte, ebenfalls als Musiker tätige Bruder Alexander beim Teleskopbau.

Bei seinen Beobachtungen ging Herschel von Beginn an planmäßig vor. Seit 1779 war er damit beschäftigt, mit einem siebenfüßigen Teleskop (Durchmesser rd. 11 cm) alle Sterne bis zur 8. Größenklasse zu durchmustern. Dabei entdeckte er am 13. März 1781 einen Stern, »der sichtlich größer als die anderen erschien, ... so daß ich mutmaßte, es wäre ein Komet«. Er verfasste einen Bericht über einen Kometen, der vor der Londoner »Royal Society« verlesen wurde und dem Verfasser in kürzester Zeit Weltruhm verschaffte. Allerdings hatte Herschel keinen Kometen entdeckt, denn der vermeintliche Komet hatte keinerlei Schweif, kein diffuses Aussehen, und erste Versuche, seine Bahn zu bestimmen, ergaben keineswegs die für Kometen typische langgestreckte Ellipsenform. Bald wurde die wirkliche Tragweite der Entdeckung klar. Herschel hatte den ersten, in der Antike unbekannten Planeten entdeckt: den Uranus.

Durch Herschels Entdeckung wuchsen die Dimensionen des bekannten Planetensystems auf das Doppelte; denn während die mittlere Entfernung des Saturns von der Sonne 1 423,7 Mill. km beträgt, liegt die des Uranus bei 2 865,6 Mill. km.

Mit diesem Wandel der Ansichten über unser Planetensystem setzten Diskussionen ein, ob es nicht »hinter« dem Uranus weitere Planeten gäbe, und Diskussionen um die Lücke zwischen Mars und Jupiter bekamen neue Nahrung – könnte sich hier nicht ein noch unbekannter Planet befinden? Knapp 20 Jahre vergingen, bis hier der erste Planetoid entdeckt wurde. Etwa 65 Jahre nach Herschels Planetenentdeckungen (1846) fand J. G. ↗ Galle an der Berliner Sternwarte den transuranischen Neptun.

Für Herschel brachten diese astronomischen Erfolge einen völligen Wandel seines bisherigen Lebens. König Georg III. bot ihm, dem fast 44-jährigen Musiker, eine Stelle als Privatastronom mit geringen Amtsverpflichtungen an. Herschel wusste seine Chance zu nutzen; denn in der Folgezeit entstand eine Arbeit nach der anderen, von denen jede einzelne ausgereicht hätte, seine Bedeutung in der Wissenschaftsgeschichte zu begründen.

Im Jahr nach der Uranusentdeckung legte Herschel eine Arbeit vor, die (nach ersten Forschungen von Chr. ↗ Mayer und John Michell) eine neue Klasse kosmischer Objekte in die astronomische Forschung einführte: die Doppelsterne. Herschels erste Liste der Doppelsterne umfasste 269 Paare. Dieses Ergebnis ließ Herschel an der Ausgangsthese des rein zufälligen Zusammenstehens der Komponenten zweifeln. Sein Zweifel verstärkte sich, als er 1785 einen zweiten Katalog mit 434 Paaren publizierte. Schließlich konnte er 1803 und 1804 in zwei Arbeiten direkt beweisen, dass zahlreiche Doppelsterne Systeme bilden, in denen sich die Komponenten unter dem Einfluss der Gravitation um einen gemeinsamen Schwerpunkt bewegen; bei 50 Paaren gelang es ihm, eine deutliche Rotation der Sterne umeinander zu registrieren.

E. ↗ Halley hatte Anfang des 18. Jahrhunderts festgestellt, dass die Fixsterne ihren Namen eigentlich zu Unrecht tragen, da sie eine Eigenbewegung aufweisen. Weil die Sonne nichts anderes als ein ganz normaler Stern ist, vermuteten mehrere Gelehrte, auch sie befinde sich im Weltall in Bewegung. Ihre Richtung festzustellen, schien zunächst ein unlösbares Problem zu sein. Wieder war es Herschel, der eine Lösung anbot, wobei er auf einen Gedanken des Astronomen J. T. ↗ Mayer zurückgriff: Ein Spaziergänger im Wald wird feststellen, dass die Bäume vor ihm langsam auseinanderzurücken scheinen, während sich hinter ihm ihr gegenseitiger Abstand scheinbar verkleinert. Auf die Sonnenbewegung übertragen, resultiert daraus eine klare Beobachtungsaufgabe: Durch Feststellen einer möglichst großen Zahl von Positionsveränderungen der Sterne ist zu untersuchen, ob es eine Gegend am Himmel gibt, an der die dort befindlichen Sterne auseinander zu streben scheinen, sowie umgekehrt eine Stelle, an der sie scheinbar zusammenrücken. Obwohl Herschel nur 13 Sterne untersucht hatte, gelang es ihm tatsächlich, eine Richtung nahe des Sterns λ Herculis festzustellen, in die sich die Sonne bewegte. Der heute für gültig angesehene Zielpunkt (Apex) liegt nur wenig von den durch Herschel ermittelten Koordinaten entfernt. Dorthin be-

F.W. Herschel: Ansicht seines vierzigfüßigen Teleskops, Kupferstich 1795 (Foto: Deutsches Museum München, Bildstelle)

wegt sich die Sonne zusammen mit unserem Sonnensystem mit einer Geschwindigkeit von 70 000 km/h!

Mit erstaunlichem Spürsinn wandte sich Herschel immer wieder Themen zu, für deren Bearbeitung er nicht nur die individuellen Fähigkeiten besaß, sondern für die er mit seinen einmaligen Instrumenten auch die technischen Voraussetzungen geschaffen hatte. Bislang für ungeheuerlich gehaltene Fernen thematisierte Herschel mit zwei Arbeiten, die 1784 und 1785 erschienen. Sein neues Vorhaben fasste er in den Begriff »Construction of the heavens«. Darunter verstand Herschel, die Anordnung der Sterne im All zu untersuchen, in der Nachfolge von I. ↗ Kant und J. H. ↗ Lambert speziell die Struktur unseres Milchstraßensystems zu erschließen. Mit dieser Aufgabe befasste er sich, nachdem er ein neues, leistungsstarkes Teleskop fertig gestellt hatte. Seiner Arbeit lagen folgende Gedanken zugrunde: Wenn wir in einem begrenzten Sternsystem leben, muss ein Fernrohr, mit dem man auch die schwächsten Sterne am Rand des Systems sehen kann, die Struktur dieses Systems erfassbar machen. Zählt man die Sterne in gut ausgewählten Feldern des Himmels, so bekommt man einen Eindruck von der Struktur der Sternansammlung, weil die jeweils ermittelte Sternanzahl proportional der Tiefe des Systems in der zugehörigen Richtung ist. Seine erste Arbeit enthielt die Resultate der Sternzählungen in 3 400 Feldern. Das erhaltene Umrissbild spiegelt die Verhältnisse auch nach heutigen Erkenntnissen recht gut wider, auch wenn Herschel die quantitativen Dimensionen zu klein ansetzte.

Herschels weitere Arbeiten zum »Bau des Himmels« ließen ihn die Ähnlichkeit zwischen unserer Galaxis und anderen, ebenfalls elliptischen »Nebelflecken« erkennen und damit deren extragalaktische Natur. In einer Zeit, in der noch nicht einmal die genaue Entfernung der nächsten Sterne bekannt war, führte Herschel seinen Zeitgenossen wahrhaft kosmische Dimensionen vor. Herschel folgerte aus der Helligkeit der elliptischen Nebelflecken, dass die »entlegensten« von ihnen sich in einem Abstand von 2 Mio. Lichtjahren befinden. (Die Entfernung des Andromedanebels, einer der uns benachbarten Galaxien, beträgt 2,2 Mio. Lichtjahre.) Davon ausgehend, zog Herschel Schlüsse auf die kosmische Zeitskala. Wenn der Abstand 2 Mio. Lichtjahre beträgt, bedeutet dies wegen der endlichen Lichtgeschwindigkeit, dass die betreffenden Objekte schon vor 2 Mio. Jahren existiert haben müssen. Das warf ein neues Licht auf die Geschichte des Kosmos!

Herschel hatte 1786 einen Katalog von 1 000 Nebelflecken (Galaxien, Sternhaufen, Gasnebeln ...) publiziert und verfügte damit über ein hervorragendes Material. Er fand eine außerordentliche Vielfalt ihres Aussehens und versuchte, daraus eine Theorie der kosmischen Entwicklung abzuleiten. Er legte ihr das Prinzip zugrunde, dass es unerheblich sei, ob man die Entwicklung einer Objektklasse anhand der Entwicklung eines einzelnen Objekts verfolge oder die einzelnen Entwicklungsstadien durch jeweils ein Objekt dokumentiere (ganz wie bei einer Pflanze vom Stadium des Keimens über die Blüte bis zum Verwelken). Diese Arbeitsmethodik sei deshalb erforderlich, weil kosmische Entwicklungsprozesse im Allgemeinen zu langsam verlaufen, um sie direkt beobachten zu können. Deshalb bleibe nur der Weg des Schlusses vom räumlichen Nebeneinander unterschiedlicher Formen auf ihr zeitliches Nacheinander – ein noch heute fundamentales methodisches Prinzip.

Herschel begründete 12 Entwicklungsstadien, an deren Anfang er den »freien Lichtnebel« (diffus verteilte Materie) setzte. Infolge fortschreitender Verdichtung bildet sich daraus eine zentrale Konzentration, die bald als sternförmiger Kern sichtbar wird. Es entsteht ein sog. Planetarischer Nebel mit Zentralstern, der weitere Nebelmassen auf sich zieht und dann als rein leuchtender Einzelstern erscheint. Durch gegenseitige Anziehung benachbarter Sterne bildet sich ein Doppel-, dann ein Drei- und Mehrfach-Sternsystem. Der weitere Zuwachs an Sternen führt schließlich dazu, dass ganze Milchstraßensysteme entstehen.

Auch Himmelskörper und die von ihnen gebildeten Systeme haben also eine Geschichte: Das war ein Angriff auf die Ewigkeit des Himmels. Wieder hatte Herschel Neuland betreten (auch wenn Kant 1755 eine z. T. ähnliche Theorie publiziert hatte), diesmal überkommene Ansichten so gründlich hinter sich lassend, dass kaum ein Fachkollege ihm zu folgen vermochte. Tatsächlich bedurfte es mehr als 70 Jahre, bevor man mit Hilfe der inzwischen entstandenen Astrophysik die Entwicklung im Kosmos als Forschungsproblem erkannte.

Neuland betrat Herschel auch auf anderen Gebieten. Als Herschel 1800 bei Sonnenbeobachtungen verschiedenfarbige Dämpfgläser ausprobierte, stellte er fest, dass diese die Wärme in unterschiedlichem Maß hindurch lassen. Daraufhin zerlegte er das Licht mittels eines Prismas und maß die Temperatur in den einzelnen Spektralbereichen. Zu seiner Überraschung lag die höchste Temperatur im dunklen Bereich. Damit war die Infrarotstrahlung entdeckt. Herschel schloss daraus ebenfalls, dass sich Licht und Wärme zwar nach ihrer Wirkung, nicht aber in ihrer physikalischen Natur voneinander unterscheiden.

In seinen Forschungen wurde Herschel, der stets als gebildet, warmherzig und verständnisvoll geschildert wird, von seiner Schwester Caroline Herschel unterstützt, die ihrem Bruder in Aufgabe ihrer eigenen Persönlichkeit zur Seite stand und zu eigener wissenschaftlicher Tätigkeit fand. [JH]

Werk(e):
Herschel, Friedrich Wilhelm: Über den Bau des Himmels. Abhandlungen über die Struktur des Universums und die Entwicklung der Himmelskörper. Einleitung und Anmerkungen von J. Hamel (2001, Ostwalds Klassiker, 288)

Sekundär-Literatur:
Herschel, W.: The scientific Papers of Sir William Herschel, 2 Bde. (1912); Hoskin, M. A.: William Herschel and the construction of the heavens (1963); Hamel, J.: Friedrich Wilhelm Herschel (1988); The Herschel Archive, in: Catalogue of the Archives and Manuscripts of the Royal Astronomical Society, in: Memoirs of the Royal Astronomical Society 85 (1978).

G.K.W. Hertwig

Hertwig, Günther Karl Wilhelm,
deutscher Anatom,
* 10. 3. 1888 Jena,
† 4. 8. 1970 in Halle.

Der Anatom und Entwicklungsphysiologe Günther Hertwig erforschte den Einfluss äußerer Faktoren auf die Keimzellbildung, die Embryogenese und die Entstehung von Missbildungen bei Wirbeltieren.

Günther Hertwig wurde als Sohn des Entwicklungsbiologen O. ↗ Hertwig und seiner Frau Marie, geb. Gesenius, in Jena geboren und wuchs gemeinsam mit seiner Schwester P. ↗ Hertwig in Berlin auf. Nach der Reifeprüfung am humanistischen Gymnasium 1906 studierte er in Freiburg im Breisgau, München und Berlin Medizin, erhielt 1912 die ärztliche Approbation und wurde im selben Jahr zum Dr. med. promoviert. Anschließend war er Assistent am Anatomischen Institut in Berlin. 1913 hatte er gemeinsam mit seiner Schwester einen Arbeitsaufenthalt an der Zoologischen Station Neapel (weitere Aufenthalte folgten 1930 und 1958). Im Herbst 1914 wurde er erster Assistent am Anatomischen Institut der Universität Frankfurt/Main. Im Ersten Weltkrieg war er chirurgischer Assistent in der Verwundetenabteilung der Charité und Arzt in mehreren Lazaretten. Er habilitierte sich 1918 für das Fach Anatomie und Entwicklungsgeschichte und wurde 1922 Professor. 1922 wurde er erster Assistent und Prosektor des Anatomischen Institutes in Rostock. 1925 heiratete er Lydia Hondru, die wenig später an unheilbarer Schizophrenie erkrankte und in ihre Heimat zurückkehrte. Die Ehe und den Kontakt zur Familie seiner Frau hielt Hertwig aufrecht.

Als nach dem Weggang des Direktors des Anatomischen Institutes Curt Elze in Rostock ein wesentlich jüngerer Nachfolger kam, gab er seine Stelle auf und kehrte Anfang 1938 nach Berlin, ins elterliche Haus, wo auch seine Schwester lebte, zurück. Er erhielt die Möglichkeit, am Anatomischen Institut unter dem Direktor Hermann Stieve zu forschen und zu lehren. 1946 ging er zusammen mit Paula Hertwig nach Halle und wurde Direktor des Anatomischen Institutes. Seine Forschungsthemen lagen auf den Gebieten der Entwicklungsphysiologie, Vererbungslehre, Befruchtungslehre, der Einwirkung der Radium- und Röntgenstrahlen auf tierische Keimzellen und der quantitativen Zellenlehre. 1956 wurde er zum Mitglied der Deutschen Akademie der Naturforscher Leopoldina gewählt, 1957 zum Ehrenmitglied der Anatomischen Gesellschaft. 1959 erhielt er die Ehrenpromotion der Medizinischen Fakultät in Halle. [SG]

Werk(e):
Radiumbestrahlung unbefruchteter Froscheier und ihre Entwicklung nach Befruchtung mit normalem Samen. Arch. Mikrosk. Anat. 77 (1911) 165–209; Hertwig, G. und Weiss, I.: Die Auswirkung der Vereinigung von Genomen, die ungleichen Kernklassen angehören, auf die Entwicklungsfähigkeit reziproker Krötenbastarde. Morph. Jb. 95 (1955).

Hertwig, Oscar Wilhelm August,
deutscher Zoologe und Anatom,
* 21. 4. 1849 Friedberg (Hessen),
† 25. 10. 1922 Berlin.

Der Haeckel-Schüler Oscar Hertwig zählt aufgrund seiner breiten wissenschaftlichen Interessen (allgemeine Biologie, Didaktik des Unterrichts, experimentelle Entwicklungslehre, Embryologie, Sinnes- und Meeresbiologie, Systematik, vergleichende Anatomie, Zellbiologie) und den gemachten Entdeckungen (am Seeigelei, Spulwurm) zu den bedeutendsten Biologen und Medizinern des 19./20. Jahrhunderts.

Oscar Hertwig war im Gegensatz zu seinem Bruder Richard ↗ Hertwig als Kind etwas kränklich und

O.W.A. Hertwig

wurde daher verhältnismäßig spät zur Schule geschickt. So erklärt sich, dass er gemeinsam mit ihm – trotz des Altersunterschiedes – erst zu Ostern 1868 das Abitur am Gymnasium in Mühlhausen ablegte. Anschließend begaben sich die Brüder zum Medizinstudium nach Jena und fanden in E. ↗ Haeckel ihren Förderer, auch C. ↗ Gegenbaurs Einfluss wurde später tragend. Haeckel begeisterte die Brüder für seine Forschungsgebiete, und die Morphologie sollte von da an ihr wissenschaftliches Lebensziel werden. Im Sommer 1869 studierten beide an der Universität Zürich, kehrten danach aber für die nächsten zwei Jahre nach Jena zurück; sie bestanden das Tentamen physicum in Botanik und Zoologie am 11. März 1870. In Jena führten sie in Haeckels Institut ihre ersten wissenschaftlichen Untersuchungen an *Ascidien* (Seescheiden) durch, deren Entwicklung manche Vergleichspunkte zu der der Wirbeltiere zeigt. Aufgrund dieser Arbeiten wurden sie später (1873) mit akademischen Preisen in Jena geehrt (O. Hertwigs Arbeit trug den Titel: Untersuchungen über den Bau und die Entwickelung des Cellulose-Mantels der *Tunicaten*, 1873).

Nach kurzem Kriegseinsatz trafen die Brüder im Wintersemester 1870/71 wieder in Jena ein und durften Haeckel vom 21. März bis 8. April 1871 auf dessen Dalmatien-Reise begleiten. Zum Sommersemester 1871 übersiedelten beide an die Universität Bonn, um sich u. a. im Laboratorium von M. ↗ Schultze in der feineren mikroskopischen Technik ausbilden zu lassen. Aus diesem Institut gingen ihre Doktorarbeiten hervor; am 21. August 1872 wurden beide zum Dr. med. promoviert. Oscars Arbeit hatte *die Entwicklung und den Bau des elastischen Gewebes im Netzknorpel* (Ohr) zum Gegenstand. Anschließend wurden die Brüder Assistenten bei Schultze und legten im Februar 1873 ihr medizinisches Staatsexamen ab. Von da an sollten sich auch ihre Wege trennen. Oscar ging zurück nach Jena und absolvierte hier zunächst seine militärärztliche Dienstzeit als Unterarzt. Nach einem nochmaligen Aufenthalt in Bonn entschloss er sich im Februar 1875, in Jena seine Habilitation (für Anatomie) zu beginnen. Während einer Reise im März/April 1875 ans Mittelmeer (Villafranca bei Nizza) glückte ihm dabei die größte Beobachtung seines Lebens, die Entdeckung der Befruchtung des Seeigeleies (*Toxopneustes lividus*). Diese bahnbrechende Beobachtung wurde dann zentrales Thema seiner im Herbst 1875 eingereichten Habilitationsschrift über *Beiträge zur Kenntniß der Bildung, Befruchtung und Theilung des thierischen Eies*. Nach längeren Aufenthalten in Messina (1876/77) wurden die Hertwigs am 28. Juni 1878 zu außerordentlichen Professoren in Jena ernannt, am 7. Mai 1881 folgte O. Hertwig Gustav Schwalbe auf dessen Lehrstuhl für Anatomie und hielt am 28. Mai seine Antrittsvorlesung »Der anatomische Unterricht«. Am 28. Januar 1881 war bereits die Wahl der Brüder Hertwig zu Mitgliedern der Leopoldina erfolgt. Nunmehr in gesicherten Verhältnissen lebend, verheiratete Oscar sich am 29. Dezember 1884 mit Marie Gesenius. Aus der Ehe gingen zwei Kinder (Günther und Paula) hervor, die die biologische Begabung ihres Vaters erbten.

An wissenschaftlichen Arbeiten sind aus der Jenaer Zeit zu erwähnen: 1. O. Hertwigs erstes Buch *Über das Zahnsystem der Amphibien und seine Bedeutung für die Genese des Skelets der Mundhöhle* (1874), 2. weitere Studien zur Befruchtung des tierischen Eies (an Würmern, Amphibien sowie anderen Meerestieren), 3. vergleichend-anatomische Untersuchungen über das Hautskelett der Wirbeltiere (besonders Fische) und 4. Keimblatt-Untersuchungen an *Coelenteraten*. Insbesondere mit der bei Schultze erlernten mikroskopischen Technik konnten die Brüder bei den *Coelenteraten* wichtige Schlussfolgerungen über die Bedeutung der Keimblätter (die sie nicht als histologische bzw. organologische Einheiten auffassten) für die Organ- und Gewebsbildung ableiten (*Ueber das Nervensystem und die Sinnesorgane der Medusen* 1877/1878; *Ueber die Muskulatur der Coelenteraten* 1879; *Die Actinien anatomisch und histologisch mit besonderer Berücksichtigung des Nervenmuskelsystems untersucht* 1880). Im Frühjahr 1879 dehnte O. Hertwig seine Untersuchungen auf die Pfeilwürmer (*Chaetognathen*) aus und beschrieb, dass bei dieser Tiergruppe die Leibeshöhle durch Abfaltung aus dem Urdarm entsteht (*Die Chaetognathen, ihre Anatomie, Systematik und Entwicklungsgeschichte* 1880). In ihrer »Coelomtheorie« (1881) haben die Hertwig-Brüder dann in Fortführung zu Haeckels Gastraea-Theorie (1874) die Entwicklung aller Keimblätter auf das gemeinsame und einfache

Prinzip der Einfaltung einer Epithellamelle zurückgeführt. Untersuchungen zur Entwicklung des mittleren Keimblattes folgten aus dieser Theorie und führten O. Hertwig zu der Auffassung, dass auch die Wirbeltiere *Enterocoelier* (mit echter Leibeshöhle) sind, bei denen das mittlere Keimblatt (Mesenchym) nicht durch Abspaltung von den primären Keimblättern entsteht, sondern sich vom Urmundrand aus zwischen äußeres und inneres Keimblatt als einheitliche Zellmasse schiebt (von ihm als »geschlossene Tatsache mit verlöteten Wandflächen« bezeichnet).

Während seiner Jenaer Zeit setzte O. Hertwig dann mit seinem Bruder (in dessen Urlaubszeit) die experimentellen Untersuchungen am Seeigelei fort und konzentrierte dabei sein Augenmerk auf die Bastardbefruchtung sowie die Änderung des normalen Befruchtungs- und Teilungsvorganges unter dem Einfluss chemischer und physikalischer Einwirkung (*Welchen Einfluß übt die Schwerkraft auf die Theilung der Zellen?* 1885; *Experimentelle Untersuchungen über die Bedingungen der Bastardbefruchtung* 1886; *Experimentelle Studien am tierischen Ei vor, während und nach der Befruchtung* 1890). In diesen Untersuchungen wurde planmäßig die experimentelle Methode zur Unterstützung morphologischer Forschung herangezogen, was auch im Titel zahlreicher von ihm verfasster Publikationen deutlich wird. Im Jahre 1886 erschien das *Lehrbuch der Entwicklungsgeschichte des Menschen und der Wirbeltiere* (bis 1915 erschienen 10 Auflagen), basierend auf den Ergebnissen der vergleichend-embryologischen Forschung. 14 Jahre später wurde dieses Werk dann in gekürzter Form unter dem Titel *Die Elemente der Entwicklungslehre des Menschen und der Wirbeltiere* (1900) insbesondere für Studenten und Ärzte veröffentlicht. Es wurde in verschiedene Sprachen übersetzt und avancierte zum führenden Lehrbuch der Embryologie. Daneben stellte O. Hertwig (1884) – fast gleichzeitig mit den Überlegungen des Botanikers E. ↗ Strasburger – seine Kernideoplasma-Theorie auf. Diese Lehre sah in den Kernen die eigentlichen Träger der Erbanlagen; der Eikern blieb – wenn auch verkleinert – im Eireifeprozess erhalten. Der Grundsatz »omnis nucleus e nucleo« wurde damit als biologisches Gesetz bestätigt. C. ↗ Naegeli (Idioplasma), W. ↗ Flemming u. a. beteiligten sich parallel mit ihren Forschungsergebnissen an dieser Diskussion.

1887 erhielt O. Hertwig vom Preußischen Kultusministerium ein Angebot, das Ordinariat für vergleichende Anatomie in Berlin zu besetzen. Er folgte dem Ruf 1888 und war nun mit 39 Jahren an der Medizinischen Fakultät Kollege von Adolf v. Bardeleben, E. ↗ Du Bois-Reymond, R. ↗ Koch, R. ↗ Virchow. Im Jahre 1890 wurde mit dem Institutsneubau begonnen, der neben der Anatomie Heinrich Waldeyers errichtet und zwei Jahre später als »II. Anatomisches Institut« eingeweiht wurde. Im Jahre 1897 erfolgte die Umbenennung der Einrichtung in »Anatomisch-biologisches Institut«, was auch dem Arbeitsspektrum Hertwigs besser entsprach. Bereits 1893 war O. Hertwig zum ordentlichen Mitglied der Königlich Preußischen Akademie der Wissenschaften zu Berlin gewählt worden, Ende 1897 erfolgte seine Ernennung zum Geheimen Medizinalrat und 1917 erhielt er die Helmholtz-Medaille der Berliner Akademie. Im Jahre 1904/05 war er Rektor der Berliner Universität, 1913 Mitbegründer des Kaiser-Wilhelm-Institutes für Biologie in Berlin-Dahlem. Am 1. April 1921 legte er das Amt des Direktors nieder.

O. Hertwigs Publikationsliste umfasst 121 Titel. An wissenschaftlichen Arbeiten aus der Berliner Zeit ragen zunächst die vergleichenden Untersuchungen der Ei- und Samenbildung bei *Ascaris* (Spulwurm) heraus, dem damals beliebten Untersuchungsobjekt für Kernteilungsstrukturen. An *Ascaris* entdeckte er die Reduktionsteilung der Samenzellen und konnte damit den Parallelismus im Chromosomenverhalten bei der Ei- und Samenentwicklung (im Gegensatz zu den postulierten Ansichten

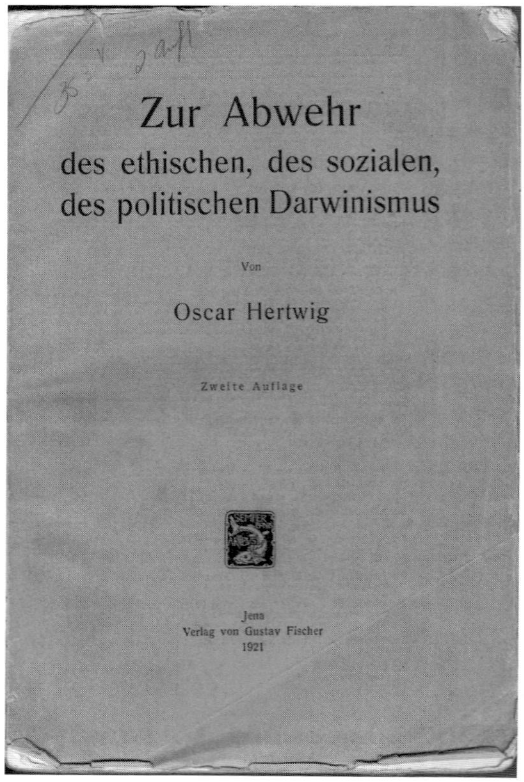

O.W.A. Hertwig war entschiedener Gegener des politischen Darwinismus

von E. v. ↗ Beneden) nachweisen (*Vergleich der Ei- und Samenbildung bei Nematoden. Eine Grundlage für celluläre Streitfragen* 1890). Weitere Veröffentlichungen galten den Missbildungen am Froschei. Diese führten ihn u. a. zu der Annahme, dass der Rücken des Embryos durch Verwachsung der Urmundränder entsteht (*Urmund und Spina bifida. Eine vergleichend morphologische, teratologische Studie an mißgebildeten Froscheiern* 1892). Im Gegensatz zu den Auffassungen von A. ↗ Weismann und W. ↗ Roux, deren Thesen er bereits in seinem Buch *Zeit- und Streitfragen der Biologie* (1894/97) diskutiert hatte, vertrat er später die Auffassung, dass alle Embryonalzellen durch erbgleiche Kernteilung die gleiche Erbmasse erhalten (*Experimentelle Untersuchungen über die ersten Theilungen des Froscheies und ihre Beziehungen zur Organbildung des Embryo* 1893). Seine Entwicklungstheorie bezeichnete er im Gegensatz zu Weismanns Keimplasmatheorie als »Biogenesis-Theorie«. Otto A. Mangold und H. ↗ Spemann nahmen später diese Anregungen auf und entwickelten sie weiter.

In Berlin ging O. Hertwig auch daran, nun endlich geplante Bücher zu schreiben. So erschienen im Laufe der Zeit von ihm u. a. *Die Zelle und die Gewebe* (1893/98), *Die Elemente der Entwicklungslehre des Menschen und der Wirbeltiere* (1900), die Herausgabe des *Handbuch(es) der vergleichenden und experimentellen Entwicklungsgeschichte der Wirbeltiere* (1901/06), *Allgemeine Biologie* (1906) sowie seine Alterswerke *Das Werden der Organismen. Eine Widerlegung von Darwins Zufallstheorie durch das Gesetz der Entwicklung* (1916) und *Der Staat als Organismus. Gedanken zur Entwicklung der Menschheit* (1922). Besonders hervorzuheben sind dabei die *Allgemeine Biologie* (bis 1923 erschienen sieben Auflagen) und das dreibändige *Handbuch*, welches als Krönung seines wissenschaftlichen Lebenswerkes angesehen werden kann. Zentral im *Handbuch* waren dabei seine Aussagen im 10. Kapitel *Ueber die Stellung der vergleichenden Entwickelungslehre zur vergleichenden Anatomie, zur Systematik und Descendenztheorie*, wo er u. a. Haeckels biogenetisches Grundgesetz analysierte. O. Hertwig war entschiedener Gegner des politischen und sozialen Darwinismus (*Zur Abwehr des ethischen, des sozialen, des politischen Darwinismus*, 1918). [UH]

Werk(e):
Lehrbuch der Entwicklungsgeschichte des Menschen und der Wirbeltiere (1886–1888); Vergleich der Ei- und Samenbildung bei Nematoden (1890); Die Zelle und die Gewebe (2 Bde., 1893–1898); Zeit- und Streitfragen der Biologie (1894/1897); Die Lehre vom Organismus und ihre Beziehung zur Sozialwissenschaft (1890); Die Elemente der Entwicklungslehre des Menschen und der Wirbeltiere. Anleitung und Repetitorium für Studierende und Ärzte (1900); Herausgabe des »Handbuches der vergleichenden und experimentellen Entwickelungsgeschichte der Wirbeltiere« (1901/1906); Allgemeine Biologie (1906); Das Werden der Organismen. Eine Widerlegung von Darwins Zufallstheorie durch das Gesetz der Entwicklung (1916); Der Staat als Organismus. Gedanken zur Entwicklung der Menschheit (1922).

Sekundär-Literatur:
Franz, V.: Der Meister und seine Meisterschüler. Haeckel und die Hertwig's in ihrem Briefwechsel, in: Ernst Haeckel. Sein Leben, Denken und Wirken 1 (1943); Uschmann, G.: Geschichte der Zoologie und der zoologischen Anstalten in Jena 1779–1919 (1959); Weissenberg, R.: Oscar Hertwig 1849–1922. Leben und Werk eines deutschen Biologen (1959); Weindling, P.: Darwinism and Social Darwinism in Imperial Germany: The Contribution of the Cell Biologist Oscar Hertwig (1849–1922), 1991; Wagner, G.: Oskar Hertwig (1849–1922) – Promotor der mikroskopischen und vergleichenden Anatomie: Forscher und Entdecker in der Histologie/Embryologie, Meister der Anatomiedidaktik. Medizinische Ausbildung, Bd. 18 (2001) 209–215.

Hertwig, Paula Julie Elisabeth,
deutsche Genetikerin,
* 11. 10. 1889 Berlin,
† 31. 3. 1983 Villingen.

Hertwig untersuchte im Tiermodell die Wirkung von Radium- und Röntgenstrahlen auf das genetische Material, um bei Bestrahlungen von Menschen das Risiko für die Nachkommen einschätzen zu können.

Paula Hertwig wurde als zweites Kind des Entwicklungsbiologen O. ↗ Hertwig und seiner Frau Marie, geb. Gesenius, in Berlin geboren. Sie wuchs mit ihrem älteren Bruder G. ↗ Hertwig auf, dem sie ihr ganzes Leben sehr verbunden blieb. Nach der Reifeprüfung am Realgymnasium im April 1908 studierte sie in Berlin Zoologie, Botanik und Chemie und wurde 1916 an der Philosophischen Fakultät für das Fach Zoologie promoviert. 1913, 1930 und 1958 forschte sie mit ihrem Bruder, der sich für Anatomie entschieden hatte, einige Wochen in der Zoologischen Station Neapel. Unter Leitung ihres Vaters arbeitete sie 1915–19 als freiwillige »Aushilfsassistentin« im Anatomisch-Biologischen Institut. Im November 1919 habilitierte sie sich als erste Frau an der Philosophischen Fakultät für das Fach Zoologie. Von 1921 bis 1946 war Paula Hertwig Assistentin (ab 1941 Oberassistentin) am Institut für Vererbungsforschung (ab 1935 Institut für Vererbungs- und Züchtungsforschung) der Landwirtschaftlichen Hochschule Berlin, die 1934/35 der Friedrich-Wilhelms-Universität als Landwirtschaftliche Fakultät angegliedert wurde. Institutsdirektor war E. ↗ Baur und ab 1931 Hans Kappert. E. ↗ Schiemann und Emmy Stein waren Kolleginnen.

Paula Hertwig arbeitete mit verschiedenen Versuchsobjekten über Probleme der Vererbungsforschung. Besondere Bedeutung haben ihre umfang-

P.J.E. Hertwig

reichen Arbeiten mit Mäusen zur Erbschädigung durch Röntgenbestrahlung. Ihre Ergebnisse wurden von vielen Gynäkologen zunächst kritisch betrachtet. Bei diesen Untersuchungen isolierte sie wertvolle Mutantenstämme. Von 1927–1945 hatte sie eine nicht beamtete ao. Professur an der Medizinischen Fakultät mit einem Lehrauftrag für Vererbungslehre und betreute zahlreiche Promotionsarbeiten, überwiegend von Frauen.

Sie war Mitglied der Deutschen Volkspartei bzw. der Staatspartei und Abgeordnete im letzten Preußischen Landtag. Dass sie sich in der NS-Zeit politisch nicht engagierte, wurde ihr 1939 vom »Dozentenführer« vorgeworfen. Sie konnte nur weiter lehren, weil kein anderer die Vorlesungen für Vererbungsforschung kurzfristig übernehmen konnte. Ab 1930 war sie Schriftführerin der Deutschen Gesellschaft für Vererbungswissenschaft und gab die Versammlungsberichte heraus. 1944 wurde sie mit dem Theobald-Christ-Preis der Senckenbergischen Stiftung in Frankfurt/Main ausgezeichnet.

Im Herbst 1945 hatten sie und ihr Bruder Günther Berufungsverhandlungen mit den Universitäten Rostock und Halle. Sie entschieden sich für Halle. Paula Hertwig erhielt zum 1. Mai 1946 einen Ruf als Professorin mit einem Lehrauftrag für Biologie und als Direktorin des neu gegründeten Biologischen Instituts an die Medizinische Fakultät. Ab 1948 war sie ordentliche Professorin mit Lehrstuhl für Biologie. In Halle lebten die Hertwigs in einem gemeinsamen Haushalt mit ihrer verwitweten Cousine Elfriede von Stuckrad und deren beiden Kindern. Hertwig war Dekanin (1948–1950) und Prodekanin (1950–1953) der Medizinischen Fakultät in einer Zeit, als die Fakultät neu aufgebaut wurde und der politische Druck sehr stark war (es gab Verhaftungen von Studenten und Mitarbeitern der Universität).

Paula Hertwig war es nach dem Krieg gelungen, ihre wertvollen Mäusestämme zu retten und mit nach Halle zu bringen, so dass das Material für die genetische Arbeit zur Verfügung stand. Auf ihre Anregung hin entwickelte sich auch in der Universitätsaugenklinik eine kontinuierliche Arbeit an speziellen Mutantenstämmen der Hausmaus. Am Tiermodell wurden für den Menschen relevante Fragestellungen untersucht. Das neue Biologische Institut war das erste seiner Art in Deutschland. Das Besondere und Neue war, dass den Medizinstudenten nicht, wie bis dahin üblich, Botanik- und Zoologievorlesungen gehalten wurden, sondern wirkliche Biologievorlesungen, in denen allgemeine biologische Gesetzmäßigkeiten dargestellt wurden, die eine unmittelbare Beziehung zu medizinischen Fragestellungen haben. Als Forscherin war Hertwig international anerkannt und gehörte 1948 zusammen mit H. ↗ Stubbe zu den wenigen zugelassenen deutschen Teilnehmern beim 8. Internationalen Kongress für Genetik in Stockholm.

Erneut engagierte sie sich politisch, trat 1946 in den Kulturbund ein, war 1947 Mitbegründerin des Demokratischen Frauenbundes Deutschlands (1947 bis 1948 war sie erste Landesvorsitzende in Sachsen-Anhalt) und trat 1948 in die Gesellschaft für Deutsch-Sowjetische Freundschaft ein. 1956 zog sie sich vollständig aus der politischen Arbeit zurück.

1953 wurde sie zum Mitglied der Deutschen Akademie der Naturforscher Leopoldina gewählt und 1955 zum ordentlichen Mitglied der Sächsischen Akademie. Die DDR ehrte sie mit mehreren Auszeichnungen. Die Heidelberger Universität würdigte sie 1972 mit der Ehrenpromotion. Nach dem Tod ihres Bruders (1970) siedelte sie 1972 mit ihrer Cousine nach Villingen (Schwarzwald) über, wo sie ihre letzten Lebensjahre verbrachte. [SG]

Werk(e):
Durch Radiumstrahlung hervorgerufene Veränderungen in den Kernteilungsfiguren der Eier von *Ascaris megalocephala*, Arch. mikrosk. Anat. 77 (1911); Die künstliche Erzeugung von Mutationen und ihre theoretischen und praktischen Auswirkungen, Z. f. ind. Abst. u. Vererbungslehre 61 (1932); Mutationsforschung in ihrer Bedeutung für die Evolution, Nova Acta Leopoldina Neue Folge 21, Nr. 143 (1959);

Sekundär-Literatur:
Deichmann, U.: Frauen in der Genetik, Forschung und Karrieren bis 1950, in: Tobies, R. (Hrsg.): Aller Männerkultur zum Trotz. Frauen in Mathematik und Naturwissenschaften (1997); Keune, A.: Historische Frauenportraits in der Präsidialetage, biographische Skizzen zu Alice Salomon, Paula Hertwig und Liselotte Herrmann, in: Zur Geschichte des Frauenstudiums und weiblicher Berufskarrieren an der Berliner Universität (1996).

Hertwig, Richard Carl Wilhelm Theodor,
Ritter von (seit 1909),
deutscher Zoologe, Bruder von Oscar Hertwig,
* 23. 9. 1850 Friedberg (Hessen),
† 3. 10. 1937 Schlederlohe im Isartal.

Hertwig, der in München um die Jahrhundertwende eine der größten Zoologen-Schulen aufbaute, gehört mit seinem Bruder O. ↗ Hertwig zu den Mitbegründern der experimentell-physiologischen Arbeitsrichtung in der Biologie.

Nach dem Abitur zu Ostern 1868 begann Hertwig sein Studium der Naturwissenschaften in Jena und stand hier besonders unter dem Einfluss von E. ↗ Haeckel und C. ↗ Gegenbaur. 1869 studierte er ein Semester in Zürich, kehrte aber nach Jena zurück. 1871 siedelte er nach Bonn über und wurde schließlich von 1872–74 bei M. ↗ Schultze Assistent am Anatomischen Institut. 1872 wurde Hertwig in Jena mit der Arbeit *Die lymphoiden Drüsen auf der Oberfläche des Störherzens* zum Dr. med. promoviert. 1875 habilitierte sich Hertwig in Jena, wurde Privatdozent und erhielt 1881 einen Ruf nach Königsberg. Zwei Jahre später wechselte er nach Bonn und 1885 als Nachfolger C. Th. v. ↗ Siebolds nach München, wo er 40 Jahre die zoologische Staatssammlung und das zoologische Institut leitete. Hertwig erwarb sich ebenso große Verdienste um die Förderung des biologischen Unterrichts an den höheren Schulen. Von seinen 208 Schülern wurden 117 selbst Professoren der Zoologie.

Die ersten Arbeiten, meistens mit seinem älteren Bruder Oscar verfasst, waren anatomisch-histologischer Natur. Weitere Untersuchungen galten der Befruchtung und Entwicklung der Seeigel-Eier und den Befruchtungs- und Reduktionsprozessen bei Protozoen, insbesondere dem Ciliaten *Paramecium*. Diese Arbeiten führten ihn zu kausalen Fragestellungen (stets unter darwinistischer Betrachtung) und damit zum Experiment. So entstand die Chromidienlehre, die Lehre von der Kernplasmarelation und die von ihr abgeleiteten Vorstellungen über Altern und Tod. Zentral für ihn war dabei stets die Frage des Verhältnisses von Wachstum und Teilung der Zelle. Sein *Lehrbuch der Zoologie* hielt er durch 15 Auflagen (1891/92–1931) stets auf dem neuesten Stand. Einsetzend an der Wegscheide zwischen dem alten, beschreibenden und dem jungen, experimentierenden Zeitalter der Zoologie, hat er zu beiden Epochen grundlegende Beiträge geliefert. [UH]

R.C.W.T. Hertwig

Werk(e):
Zus. mit O. Hertwig: Das Nervensystem und die Sinnesorgane der Medusen (1878); Zus. mit O. Hertwig: Die Coelomtheorie (1881); Über die Conjugation der *Infusorien* (1889); Lehrbuch der Zoologie (1891).

Sekundär-Literatur:
Hartmann, M.: Richard Hertwig zum Gedächtnis. Die Naturwissenschaften 26 (1938) 65-67.

Hertz, Gustav,
deutscher Physiker, Neffe von Heinrich Hertz,
* 22. 7. 1887 Hamburg,
† 30. 10. 1975 Berlin.

Hertz nimmt in der Geschichte der modernen Physik einen zentralen Platz ein, der nicht nur durch die berühmten Elektronenstoß-Experimente (Franck-Hertz-Versuch) bestimmt wird; darüber hinaus hat er mit einer Fülle weiterer Forschungen wichtige Beiträge zur Entwicklung der Experimentalphysik im zwanzigsten Jahrhundert geleistet. Diese reichen von der Gasentladungs- und Plasmaphysik, zu deren Pionieren er gehört, bis hin zur Kernphysik und -technik.

Hertz war der Sohn eines angesehenen Hamburger Rechtsanwalts. Das Vorbild des Onkels H. ↗ Hertz, vor allem jedoch ein den Naturwissenschaften gegenüber aufgeschlossenes Elternhaus, weckten bereits im Heranwachsenden ein großes Interesse an Mathematik und Naturwissenschaften. Nach dem Besuch des Hamburger Realgymnasiums Johanneum studierte er ab 1906 Mathematik und Physik – zunächst für ein Jahr in Göttingen, dann in München, wo A. ↗ Sommerfeld und P. ↗ Debye zu seinen Lehrern gehörten. 1908 wechselte er nach Berlin, wo er drei Jahre später bei H. ↗ Rubens mit einer spektroskopischen Arbeit promovierte. Anschließend wurde er Rubens' Assistent. In dieser Zeit entwickelte sich die intensive Zusammenarbeit und lebenslange Freundschaft mit J. ↗ Franck, der damals als Privatdozent ebenfalls am Berliner Physikalischen Institut tätig war.

G. Hertz

Während des Ersten Weltkriegs diente Hertz an der Ostfront; zeitweise war er auch Angehöriger der Haberschen Giftgaseinheit. 1917 kehrte er wegen einer schweren Verwundung nach Berlin zurück und habilitierte sich. Nach dem Krieg arbeitete er sechs Jahre im Entwicklungslabor von Philips in Eindhoven, bevor er 1926 seine akademische Karriere fortsetzte: zunächst als Ordinarius in Halle und ab 1927 als Direktor des Physikalischen Instituts der TH Berlin-Charlottenburg. Im Sommer 1935 legte er wegen der nationalsozialistischen Rassengesetze seine Professur nieder und ging zurück in die Industrie. Die Firma Siemens ermöglichte ihm die Einrichtung eines speziellen Forschungslaboratoriums, das er bis 1945 leitete und in dem ein breites Spektrum physikalischer Forschungen betrieben wurde; aus Untersuchungen der Elektronen- und Ionenemission an Metallen ging dort u .a. die Entwicklung des Feldelektronenmikroskops durch seinen Mitarbeiter Erwin W. Müller hervor (1937). Im Sommer 1945 wurde Hertz in die Sowjetunion verbracht, wo er zusammen mit anderen zwangsverpflichteten deutschen Wissenschaftlern im Kaukasus Forschungen für das sowjetische Atombombenprojekt durchzuführen hatte. 1954 kehrte er nach Deutschland, nach Leipzig zurück, wo er die Leitung des neuen Physikinstituts der Universität übernahm. Als Doyen der Physik in der DDR hat sich Hertz in seinen letzten beiden Lebensjahrzehnten um den Wiederaufbau der Physik verdient gemacht und sich insbesondere für die Entwicklung der Kernphysik und ihre friedliche Nutzung eingesetzt; auch stand er bis zu seinem Tode der Physikalischen Gesellschaft in der DDR vor.

Der berühmte Franck-Hertzsche-Elektronenstoßversuch wurde 1912/13 realisiert und ging aus Forschungen hervor, die dem Studium der Elektrizitätsleitung in Gasen und speziell der Prüfung einer Theorie für den Energieaustausch beim Zusammenstoß von freien Elektronen und Gasmolekülen galten. Dabei zeigte es sich, dass es nur bei bestimmten Werten der Elektronenenergie zu unelastischen Stößen zwischen Elektronen und Gasmolekülen kommt. Bei der theoretischen Deutung dieses überraschenden Effektes wiesen Hertz und Franck zwar darauf hin, dass der Energieaustausch nur in diskreten, quantenhaften Energieportionen erfolge, dass ihr Versuch jedoch auch eine direkte Bestätigung der Bohrschen Atomtheorie war, erkannten sie und ihre Fachkollegen erst später. Die charakteristischen Energiewerte und das dabei emittierte Licht ließen sich problemlos als die Energiedifferenz zweier Elektronenbahnen des Bohrschen Atoms deuten, worauf N. ↗ Bohr 1915 und wenig später auch Hertz und Franck selbst hinwiesen. Der Franck-Hertz-Versuch war aber nicht nur eine glänzende Bestätigung der Bohrschen Atomtheorie. Er ermöglichte zugleich Präzisionsmessungen des elementaren Wirkungsquantums h und wurde zudem zur Grundlage einer neuen atomphysikalischen Forschungsrichtung, die die bislang dominierenden spektroskopischen Untersuchungsmethoden ergänzte. Hertz und Franck erhielten 1926 dafür den Nobelpreis für Physik.

Nachdem der Erste Weltkrieg die Elektronenstoßversuche weitgehend zum Erliegen gebracht hatte, nahm Hertz diese dann mit den neuen und großzügigen Forschungsmöglichkeiten seines Eindhovener Industrieinstituts umso intensiver auf – sie wurden zum wichtigen Ausgangspunkt der sich weltweit entwickelnden Plasmaphysik. Darüber hinaus beschäftigten ihn Fragen der Isotopentrennung. Die von ihm in diesem Zusammenhang entwickelten Verfahren hatten zunächst nur das Ziel, die für die Glühlampenproduktion so wichtige Trennung von Edelgasgemischen zu erreichen. Mit den dann auch in Halle und Berlin entwickelten Trennkaskaden mit Diaphragmen gelang Hertz um 1934 die Reindarstellung von schwerem Wasserstoff und die Trennung von Isotopengemischen des Neon; im Rahmen der Atombombenprogramme wurden diese Verfahren dann in den USA und der Sowjetunion mittels riesiger Diffusionskaskaden zur Grundlage für kerntechnische Verfahren der Isotopentrennung. [DH]

Werk(e):
Die Elektronenstoßversuche, Dokumente der Naturwissenschaft, Bd. 9 (1967); Grundlagen und Arbeitsmethoden der Kernphysik (1957); Lehrbuch der Kernphysik, 3 Bde. (1958/62); Einführung in die Plasmaphysik und ihre technische Anwendungen, hrsg. mit R. Rompe (1965); Aus den Anfangsjahren der Quantenphysik, in: Jahrbuch der AdW der DDR 1975 (1976).

Sekundär-Literatur:
Kuczera, J.: Gustav Hertz (1985); Richter, G.: Gustav Hertz, in: W. Treue und G. Hildebrandt (Hrsg.): Berlinische Lebensbilder. Naturwissenschaften (1987), S. 343–358;

Hon, G.: Franck and Hertz versus Townsend: A study of two types of experimental error. Historical Studies of Physical Sciences 20 (1989) 79–106.

Hertz, Heinrich Rudolf,
deutscher Physiker,
* 22. 2. 1857 Hamburg,
† 1. 1. 1894 Bonn.

Die Bedeutung von Heinrich Hertz lässt sich unterschiedlich beschreiben. Er wird als Entdecker der Radiowellen bezeichnet, deren Frequenz international seit 1933 in »Hertz«, bzw. »Hz« gemessen wird. Es lässt sich aber auch sagen, dass er den Nachweis für eine in den Faraday-Maxwellschen Feldgleichungen enthaltene Größe erbracht hat und somit den von J. C. ↗ Maxwell vorausgesagten Brückenschlag zwischen Elektrizität und Licht vollendete. Beide Beschreibungen beziehen sich auf die gleiche Leistung. Dass daran das praktisch experimentelle und das mathematisch theoretische Können gleichermaßen beeindruckt, zeigt Hertz als das vielleicht letzte physikalische Doppeltalent, das in der Experimentierkunst ebenso herausragende Leistungen vollbrachte wie in der theoretischen Reflektion.

Der Vater von Heinrich Hertz, Gustav, war ein erfolgreicher Anwalt aus jüdischer, seit 1834 protestantisch getaufter Hamburger Kaufmannsfamilie. Seine Mutter Anna Elisabeth, geb. Pfefferkorn, stammt aus einer Frankfurter Arztfamilie. (Hertz war der Onkel von G. ↗ Hertz.) Mit den Eltern verband Hertz lebenslang ein enges Interesse auch an wissenschaftlichen Fragen. Seine wöchentlichen Briefe an die Eltern wurden somit das vielleicht bedeutendste Zeugnis seiner Lebens- und Arbeitsumstände. Für die frühen, Hamburger Jahre verfasste seine Mutter ihre Erinnerungen. Darin berichtet sie von ihm als Doppeltalent, das sich einerseits für

H.R. Hertz

Latein und Griechisch, Horaz und Homer begeistern konnte und andererseits eine eigene Werkstatt einrichtete, um darin Apparaturen und Instrumente für wissenschaftliche Untersuchungen anzufertigen.

Hertz konnte sich nach dem Abitur im Jahre 1875 noch nicht zu einem Studium der reinen Wissenschaft entscheiden und verfolgte zunächst das Ziel, Bauingenieur zu werden. Unterbrochen wurde das Studium und später auch seine wissenschaftliche Arbeit durch wiederholte Militärdienste. Dazu kamen immer wieder Ablenkungen durch theoretische Fragen. Bereits im ersten und einzigen Semester am Dresdner Polytechnikum (Frühjahr 1876) hörte er bei Fritz Schultze I. ↗ Kants Erkenntnistheorie. Kant zufolge bezieht sich der menschliche Verstand nur über Vorstellungsbilder auf die Wirklichkeit. Fritz Schultze nannte sie »Scheinbilder« – ein Begriff, der sich in Hertz' posthum erschienenen *Prinzipien der Mechanik* wiederfindet. Auf die Beschäftigung seiner letzten Lebensjahre verweist auch eine Bemerkung aus dem nächsten, in München verbrachten Studienjahr (1877/1878). Dort entschied er sich zum Studium der Physik und notierte: »gerade die Prinzipien der Mechanik, wie schon die Worte: Kraft, Zeit, Raum, Bewegung sagen, können einen hart genug beschäftigen« (J. Hertz 1977, S. 76). Zur gleichen Zeit drückte er seine Sehnsucht nach den wenigen der Physik verbliebenen offenen Fragen aus: »die erklärte Natur kommt mir fast weniger schön vor als die unerklärte« (ebd., S. 70).

Nirgendwo in Deutschland ließ sich besser Physik studieren als in Berlin bei G. ↗ Kirchhoff und H. v. ↗ Helmholtz. Hertz gilt als der bedeutendste Schüler von Helmholtz, umstritten ist aber, was und wie viel der intellektuell schon recht selbständige junge Mann von Helmholtz lernte. Für das Grenzgängerische der Sinnesphysiologie hat sich der Unmusikalische beispielsweise nie interessieren können, auch die Nähe des ihm bekannten Helmholtz-Freundes E. ↗ Du Bois-Reymond suchte er nicht. Sicher ist, dass er über Helmholtz mit den alternativen Theorieentwürfen der Elektrodynamik vertraut wurde. Sicher ist auch, dass sich sein Doppeltalent in Helmholtz' Labor frei entfalten und an einer 1878 gestellten Preisaufgabe entwickeln konnte. Darin ging es um die Frage, ob elektrischer Strom sich mit träger Masse durch Drähte bewegt. Hertz erhielt den Preis, weil er zeigen konnte, dass es sich dabei allenfalls um eine verschwindend geringe Masse handelt, die nur jenseits der Messgenauigkeit der von Hertz immens verfeinerten Apparate nachweisbar wäre. Im Verlauf dieser Arbeiten hat Hertz eine von Helmholtz geprägte Experimentalkultur verinnerlicht, die auch als »experimenteller Interaktionismus« bezeichnet wird. Dabei wird die Beziehung zwischen

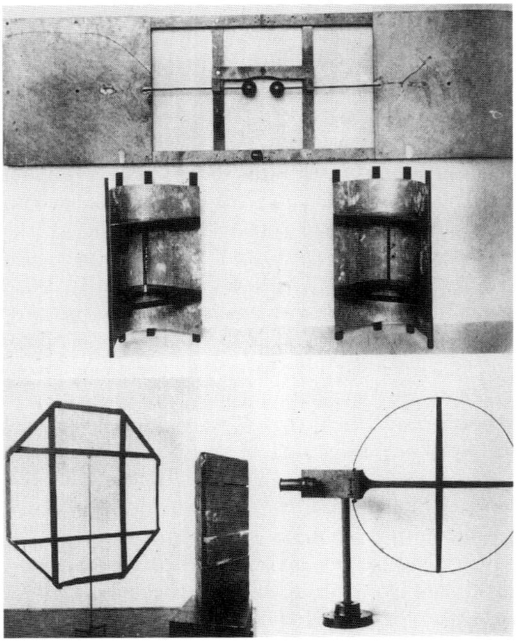

H.R. Hertz: Geräte, mit denen Hertz seine Experimente zu elektromagnetischen Wellen durchführte

zwei Körpern so variiert, dass auf ein zwischen ihnen bestehendes Kräfteverhältnis geschlossen werden kann.

Zur Helmholtzschen Experimentalkultur gehörte auch – so zumindest argumentiert der amerikanische Wissenschaftshistoriker Jed Buchwald –, dass die Aufgabe des Wissenschaftlers nicht vornehmlich darin besteht, einer theoretischen Fragestellung zu folgen, sondern neue Phänomene experimentell zu erschließen. In der Tat lässt sich fragen, worin wohl der gemeinsame theoretische Nenner von Hertz' Untersuchungen bestand. Außer mit elektrodynamischen Problemen befasste er sich im Laufe seiner kurzen wissenschaftlichen Laufbahn mit Kathodenstrahlen, dem fotoelektrischen Effekt, Härte und Druckkräften in elastischen Körpern, mit dem Energiehaushalt der Erde und der fließenden Bewegung von Ebbe und Flut, vom Schnee auf Dächern und von der Wagenschmiere in der Radnabe. Gemeinsam ist diesen Problemen nur, dass ihre mathematische wie auch ihre experimentelle Darstellung hohe Kunst erfordert. Darüber hinaus lässt sich ein Interesse an der Fortpflanzung von Bewegungsimpulsen in verschiedenen Medien feststellen, das seine Bedeutung den zeitgenössischen Äthertheorien verdankt und wiederum auf allgemeine Prinzipien der Mechanik verweist.

Von 1878 bis zur Promotion im März 1880 studierte Hertz in Berlin und blieb dort bis zum März 1883 als Assistent von Helmholtz. Die zwei darauf folgenden, in Liebesdingen offenbar unglücklichen Jahre als Privatdozent in Kiel zeitigten zwei zukunftsweisende theoretische Leistungen. In der Vorlesung »Moderne Anschauungen über die Constitution der Materie« widmete er sich erkenntnistheoretischen und naturphilosophischen Themen. Darin zeigte er, dass alle Bestimmungen der Materie aus apriorischen und empirischen Elementen zusammengesetzt sind. Er betrachtete den Begriff der Materie als ein Papiergeld, das uns der Verstand zur Grundlegung unserer Empfindungen ausstellt und das wir jederzeit wieder in Empfindungen und experimentelle Befunde umsetzen können. Gegenüber dem Äther als materiellem Körper meldete Hertz jedoch seine Zweifel an. Nur als polarisierbares Medium mochte er sich den Äther denken, in dem sich Licht und elektromagnetische Erscheinungen mit endlicher Geschwindigkeit fortpflanzen.

Nicht nur in dieser Vorlesung näherte sich Hertz den Theorien Maxwells an. Ebenfalls im Jahr 1884 erschien ein Aufsatz *Über die Beziehungen zwischen den Maxwellschen elektrodynamischen Grundgleichungen und den Grundgleichungen der gegnerischen Elektrodynamik*. Maxwells Gleichungen erschienen hier erstmals in ihrer modernen Form, und auch das Ergebnis der zukünftigen Experimente von Hertz schien vorweggenommen: »Wenn nur die Wahl vorliegt zwischen dem gewöhnlichen Systeme der Elektrodynamik und dem Maxwellschen, so gebührt dem letzteren unbedingt der Vorzug« (Hertz 1895, S. 313). Es ist daher ein viel diskutiertes Rätsel, dass sich Hertz nie wieder auf dieses Ergebnis seines rein theoretischen Theorienvergleichs bezog, selbst dann nicht, wenn er über den Verlauf seiner elektrodynamischen Forschungen berichtete. Auch die geplante Veröffentlichung der Vorlesung hat Hertz nicht weiter verfolgt.

Im Dezember 1884 nahm Hertz einen Ruf zum Professor der Physik in Karlsruhe an. Hier fand er im April 1885 ein gut ausgestattetes Laboratorium vor und widmete sich verstärkt wieder dem Experimentieren. Eine baldige Verlobung löste er sofort wieder auf. Die einhergehende seelische Krise erforderte einen mehr als zehnwöchigen Sanatoriumsaufenthalt. Mehr Glück brachte im April 1886 die Verlobung mit Elisabeth Doll, Tochter eines Karlsruher Kollegen. Im Juli folgte die Eheschließung, ein Jahr später die Geburt von Johanna und 1891 der zweiten Tochter Mathilde ↗ Hertz, die eine bekannte Biologin werden sollte.

Nach der Hochzeitsreise begann Hertz' fruchtbarste Schaffensphase. Ihr Ausgangspunkt war ein nur noch zu Demonstrationszwecken gebrauchtes Instrument, mit dem sich Induktionseffekte darstellen ließen. Hertz hatte den Verdacht, dass sich der eng gewickelte Draht einer so genannten Rießschen oder Knochenhauerschen Spirale mit sehr schnellen elektrischen Schwingungen entlädt. Die Analyse des Phänomens ging mit der Zerlegung des Instruments einher. Schritt für Schritt entwickelte Hertz die Drahtspule in zwei Kreise, und durch Trennung und Aufbiegen der Kreise erhielt er schließlich einen Oszillator und einen Resonator. Die sehr schnellen elektrischen Schwingungen des Ersteren konnten einen Funken auf den Letzteren übertragen. Zum Sender und Empfänger von Radiowellen wurden Oszillator und Resonator im Zuge weiterer Experimente, in denen sich Hertz davon überzeugte, dass er es bei der Funkenübertragung nicht mit einem Induktionseffekt zwischen den Drähten zu tun hatte, sondern mit »Luftwellen«, die genau so reflektieren wie das Licht. Vom Oktober 1886 bis Juni 1888 dauerten diese Forschungen und ihre Veröffentlichung in insgesamt acht Aufsätzen. Von dieser Zeit schrieb er in einem Brief an seine Eltern: »Hier fängt eigentlich erst das Vergnügen des Forschens an, wo man mit der Natur sozusagen allein ist und nicht mehr über menschliche Meinungen, Ansichten oder Ansprüche disputiert. Das philologische Moment fällt fort, und das philosophische bleibt allein übrig, um mich mehr gelehrt als klar auszudrücken« (J. Hertz 1977, 254).

Laut Hertz bestand der philosophische und zugleich wichtigste Gewinn seiner elektrodynamischen Versuche darin, dass er für einen angeblichen Fernwirkungseffekt seine zeitliche Fortpflanzung nachweisen konnte. Die bestechend klare Darstellung und Deutung dieses Resultats sollte ihn die folgenden vier Jahre beschäftigen. Der Vortrag »Über die Beziehungen zwischen Licht und Elektricität« veranschaulichte die physikalische Bedeutung seiner Experimente. In einer ausführlichen Einleitung zu seinen gesammelten elektrodynamischen Schriften stellte Hertz seine Ergebnisse schließlich in den Zusammenhang eines elektrodynamischen Theorienvergleichs: »Auf die Frage ›Was ist die Maxwellsche Theorie?‹ wüsste ich also keine kürzere und bestimmtere Antwort als diese: Die Maxwellsche Theorie ist das System der Maxwellschen Gleichungen« (Hertz 1892, S. 23). Diese viel zitierte Formulierung bringt den philologischen Aspekt der Wissenschaft zum Ausdruck. Während die innere oder mathematische Bedeutung der Maxwellschen Gleichungen unterschiedliche physikalische Deutungen zulässt, konnte ihnen Hertz nun einen eindeutigen physikalischen Gehalt zuweisen. So bemerkte er zur Ausbreitung der Kraftlinien in seinen vier Zeichnungen, »dass im Grunde die sich bildende Welle nicht lediglich den Vorgängen im Nullpunkt ihre Entstehung verdankt, sondern aus den Zuständen des ganzen umgebenden Raumes hervorgeht, welch letzterer nach unserer Theorie der eigentliche Sitz der Energie ist« (Hertz 1892, 155).

Nachdem es Hertz somit gelungen war, der Maxwellschen Elektrodynamik einen klaren physikalischen Sinn zuzuweisen, kehrte er zu den Begriffen der Mechanik zurück, denen er im Falle des Materiebegriffs nur mit Mühe und im Fall des Kraftbegriffs gar keinen physikalischen Sinn geben konnte. Zu dieser streng theoretischen Wendung seiner letzten Lebensphase trug vielleicht bei, dass Hertz inzwischen im Bereich der Elektrodynamik international zu allerhöchsten Ehren gekommen war. Seit April 1889 war er Professor der Physik in Bonn und erhielt neben der Rumford-Medaille der Royal Society in London wichtige Preise aus Paris, Neapel und Turin.

In seinen *Prinzipien der Mechanik* entwickelte Hertz eine grundsätzlich neue mathematische Darstellung der Mechanik. Sie beruht nicht auf den vier Grundbegriffen Raum, Zeit, Materie und Kraft (oder Energie), sondern nur auf den ersten drei. Indem er dem Kraftbegriff nur noch eine begrenzte und innerhalb der Mechanik genau definierte Rolle zuerkennt, wollte Hertz den naturphilosophischen Fragen nach dem Wesen der Kraft den Boden entziehen.

Hertz sorgte sich, das Buch könne seinen »im ganzen guten Ruf« verderben: »es ist doch ein etwas bängliches Gefühl, mit einer Sache herauszutreten, die man niemals mit keinem Menschen besprochen oder beraten hat« (J. Hertz 1977, S. 342). Die Aufnahme des Werks erlebte er nicht mehr. Im Juli 1892 zog Hertz sich eine Entzündung der Nasennebenhöhle zu und starb an deren Folgen – nicht einmal 37-jährig. »In alter, klassischer Zeit würde man gesagt haben, er sei dem Neide der Götter zum Opfer gefallen«, meinte Helmholtz in seinem Vorwort zu den *Prinzipien der Mechanik*. [AN2]

Werk(e):
Gesammelte Werke. Band I: Schriften vermischten Inhalts (1895); Gesammelte Werke. Band II: Untersuchungen über die Ausbreitung der elektrischen Kraft (1892); Gesammelte Werke. Band III: Die Prinzipien der Mechanik (1894); Über sehr schnelle elektrische Schwingungen. Vier Arbeiten (1971, 1986); Über die Constitution der Materie (1999); Hertz, J. (Hrsg.): Heinrich Hertz: Erinnerungen, Briefe, Tagebücher (1977); Über sehr schnelle elektrische Schwingungen, Ostwalds Klassiker Bd. 251 (1971); Die Prinzipien der Mechanik. Einleitung mit drei Arbeiten von H. H., Ostwalds Klassiker Bd. 263 (1981).

Sekundär-Literatur:
Baird, D., Hughes, R. I. G., Nordmann, A. (Hrsg.): Heinrich Hertz: Classical Physicist, Modern Philosopher (1998); Buchwald, J.: The Creation of Scientific Effects: Heinrich Hertz and Electric Waves (1994); Fölsing, A.: Heinrich Hertz: Eine Biographie (1997).

Hertz, Mathilde Carmen,
deutsche Biologin und Tierpsychologin, Tochter von Heinrich Hertz, * 14. 1. 1891 Bonn,
† 20. 11. 1975 Cambridge (Großbritannien).

Mathilde Hertz gehörte zu den ersten Privatdozentinnen für Zoologie in der Weimarer Republik. Sie musste flüchten, und 1939 erfolgte im Exil der Abbruch ihrer wissenschaftlichen Arbeit.

Nach dem Abitur ließ sich Hertz zunächst an der Universität Bonn für Philosophie immatrikulieren. Von 1910 bis 1912 absolvierte sie an der Hochschule Karlsruhe ein Kunststudium, von 1912 bis 1915 war sie an der Kunstakademie Weimar. Zeitweilig arbeitete sie als Gehilfin im Deutschen Museum München und begann 1920 ein Zoologie-Studium an der Universität München, wo sie 1925 bei R. ↗ Hertwig promovierte. Danach war sie zwei Jahre Hilfs-Assistentin bzw. Stipendiatin bei Hertwig. Von 1927 bis 1935 arbeitete sie im KWI für Biologie in der Abteilung von R. ↗ Goldschmidt, zuerst mit einem Stipendium der Notgemeinschaft, ab 1929 als Assistentin. Im Mai 1930 habilitierte Hertz.

Mathilde Hertz wandte sich Ende der 20er-Jahre einem neuen Gebiet, der Tierpsychologie, zu. Hier gelangen ihr interessante Ergebnisse, insbesondere beim Studium des Verhaltens der Bienen, das ihr in der Familie den Spitznamen »Bienenmutter« eintrug. Als eine der ersten verknüpfte sie in Zusammenarbeit mit Wolfgang Köhler Fragestellungen der Psychologie und Zoologie. Erst Mitte der 90er-Jahre wurden ihre Arbeiten von Fachwissenschaftlern erneut rezipiert.

Am 2. September 1933 entzog ihr die Berliner Universität aufgrund des so genannten »Gesetzes zur Wiederherstellung des Berufsbeamtentums« die Lehrbefugnis. Da Hertz zunächst nicht emigrieren wollte, konnte sie auf Intervention von M. ↗ Planck ihre Forschungen fortsetzen. Dank der Unterstützung u. a. von M. v. ↗ Laue gelang ihr Winter 1935 die Emigration nach Cambridge. Von 1936 bis zum September 1939 führte sie Forschungen als Stipendiatin am Zoological Department der University of Cambridge durch. Von September 1937 bis Januar 1938 weilte sie zu einem Forschungsaufenthalt am Zoologischen Institut der Universität Bern. Danach brach sie ihre wissenschaftlichen Forschungen ab. [AV2]

Sekundär-Literatur:
Goldschmidt, R.: Mathilde Hertz, in: Handbuch der KWG, Bd. 2, (1936) 258–259; Jaeger, S.: Vom erklärbaren, doch ungeklärten Abbruch einer Karriere – Die Tierpsychologin und Sinnesphysiologin Mathilde Hertz (1891–1975), in: Gundlach, H. (Hrsg.): Untersuchungen zur Geschichte der Psychologie und der Psychotechnik (1996) 228–262, hier Publikationsliste von Mathilde Hertz; Vogt, A.: Wissenschaftlerinnen in Kaiser-Wilhelm-Instituten. A–Z. Reihe Veröffentlichungen aus dem Archiv zur Geschichte der Max-Planck-Gesellschaft, Bd. 12 (1999) 55–57.

Hertzsprung, Ejnar,
dänischer Astronom,
* 8. 10. 1873 Frederiksberg/Kopenhagen,
† 21. 10. 1967 Roskilde.

Hertzsprung war einer der letzten großen Astronomen, die ohne akademische Ausbildung auf dem Gebiet der Astronomie zu Weltgeltung gelangten und durch ihre Forschungsergebnisse wesentlich zum modernen astronomischen Weltbild beitrugen. Seine vorwiegend auf Beobachtungen beruhenden Arbeiten betrafen eine Vielzahl von Problemen und bildeten eine der Grundlagen für das Verständnis der Sternentwicklung.

Nach dem Abitur (1892) und dem frühen Tod des Vaters (1893) absolvierte Hertzsprung eine Ausbildung zum Chemieingenieur am Kopenhagener Polytechnikum und nahm anschließend eine Tätigkeit bei der dänischen Firma Höffding in St. Petersburg auf. 1901 wendete er sich nach Leipzig, um eine akademische Ausbildung auf dem Gebiet der Chemie bei W. ↗ Ostwald zu beginnen. Als jedoch 1902 sein Bruder starb, änderte er seine Pläne und kehrte zu seiner Mutter nach Kopenhagen zurück. Dank der guten finanziellen Situation der Familie konnte er sich nun mit zahlreichen wissenschaftlichen Fragen beschäftigen, die ihn interessierten – vor allem theoretische und praktische Probleme der Fotografie. Schon diese ersten Arbeiten zeichneten sich durch originelle Methoden, gewissenhafte Untersuchung und einfallsreiche Experimentierfreudigkeit aus. Besonders zwei Veröffentlichungen Hertzsprungs über die spektrale Empfindlichkeit von Fotoplatten und über die fotografische Bestimmung von Sternhelligkeiten erregten das Interesse des damals schon berühmten gleichaltri-

E. Hertzsprung

gen Direktors der Göttinger Sternwarte, K. ↗ Schwarzschild. Dieser holte Hertzsprung als seinen Mitarbeiter nach Göttingen, wo eine beispiellose astronomische Karriere des Chemikers und astronomischen Laien begann. Als Schwarzschild 1909 an das Astrophysikalische Observatorium nach Potsdam wechselte, folgte ihm Hertzsprung dorthin und übernahm die Stelle eines Observators. Nach dem frühen Tod Schwarzschilds (1916) ging Hertzsprung in die Niederlande an die Sternwarte in Leiden, wo er 1935 Direktor in der Nachfolge W. de ↗ Sitters wurde. Nach seiner Emeritierung im Jahre 1944 arbeitete er weiter als Privatforscher in seiner dänischen Heimat in Tølløse, einem kleinen Dorf unweit Kopenhagen, in dessen Nähe sich auch die neue Kopenhagener Sternwarte Brorfelde befindet.

Als Hertzsprung nach Göttingen ging, hatte er bereits jene Arbeit veröffentlicht, die ihn weltweit berühmt machen sollte und die den Weg zur Erkenntnis der Sternentwicklung bahnte. Unter dem unscheinbaren Titel *Zur Strahlung der Sterne* enthielt die Arbeit die folgenreiche Erkenntnis, dass die absoluten Helligkeiten von Sternen für die sog. mittleren bis späten Spektralklassen mit fortschreitendem Spektraltyp (d. h. sinkender Temperatur) immer größere Differenzen aufweisen. Die Ursache dieses Phänomens wurde in den verschieden großen Oberflächen der Sterne vermutet. Somit hatte Hertzsprung die Riesen- und Zwergsterne entdeckt. Unabhängig von ihm hat auch der US-amerikanische Astrophysiker H. N. ↗ Russell – allerdings erst rund 8 Jahre später – dieselbe Entdekkung gemacht. Deshalb wird das zweidimensionale Zustandsdiagramm, in dem die absoluten Helligkeiten (Leuchtkräfte) der Sterne über ihren Temperaturen (Spektralklassen) aufgetragen sind, heute als Hertzsprung-Russell-Diagramm (HRD) bezeichnet. Dieses zweidimensionale Zustandsdiagramm gewann in der Astrophysik bald eine Schlüsselrolle für das Verständnis der Sternentwicklung, die es bis heute nicht verloren hat.

Hertzsprungs Jahre in Potsdam (1909–1919) wurden zur wissenschaftlich erfolgreichsten Periode seines Lebens. Hier entdeckte er die Veränderlichkeit des Polarsterns (Alpha Ursae Minor), leitete die ersten Farben-Helligkeits-Diagramme für die offenen Sternhaufen Plejaden und Hyaden ab (1911) und bestimmte 1913 zum erstenmal die Entfernung eines extragalaktischen Systems, der Kleinen Magellanschen Wolke. Dazu benutzte er die Perioden-Helligkeits-Beziehung von Delta-Cephei-Sternen, – dasselbe Verfahren, mit dem später E. ↗ Hubble die Distanz des Andromeda-Nebels (M 31) bestimmte. Obwohl der quantitative Betrag der Entfernung der Magellanschen Wolke weit von den modernen Werten abweicht, kam Hertzsprung immerhin zu dem Schluss, dass es sich hierbei um ein extragalaktisches Gebilde handelt.

Zu den weiteren wissenschaftlichen Erfolgen Hertzsprungs zählt die empirische Entdeckung der Masse-Leuchtkraft-Beziehung, die Entdeckung des Zusammenhanges zwischen der Periode von Delta-Cephei-Sternen und der Form ihrer Lichtkurven sowie die Entdeckung der sog. Hertzsprung-Lücke im HRD.

Hertzsprung führte viele seiner Beobachtungen – vor allem über Doppelsterne und veränderliche Sterne – in Südafrika durch, wo er sich zu diesem Zweck 1923/24 und 1930/31 viele Monate aufhielt. Auch nach seinem Ausscheiden aus dem Amt des Direktors (1944) arbeitete er intensiv an der Auswertung seines reichhaltigen Plattenmaterials weiter. 1964 brach der fast 91-Jährige zu seiner letzten Auslandsreise auf und nahm an der Einweihung des Astrometrischen Reflektors in Flagstaff (USA) teil. Von den anwesenden jüngeren Kollegen wurde er bereits als eine Legende verehrt und gefeiert. [DBH]

Werk(e):

Zur Strahlung der Sterne: drei Arbeiten. Ostwalds Klassiker, Bd. 255 (1985).

Sekundär-Literatur:

Herrmann, D. B.: Ejnar Hertzsprung – Pionier der Sternforschung (1994). Dort ausführliches Verzeichnis von Originalpublikationen, Sekundärliteratur und Archivalien.

Herzberg, Gerhard,
deutsch-kanadischer Physiker,
* 25. 12. 1904 Hamburg,
† 4. 3. 1999 Ottawa.

Herzberg war der Erste, der die Spektroskopie zur Untersuchung von Molekülstrukturen benutzte.

Herzberg wuchs in Hamburg auf und zeigte schon früh naturwissenschaftliches Interesse. 1924 schrieb er sich an der Technischen Hochschule in Darmstadt für den gerade neu geschaffenen Studiengang der technischen Physik ein. Nach seiner Promotion 1928 arbeitete er zunächst bei M. ↗ Born und J. ↗ Franck in Göttingen und ging anschließend an die Universität von Bristol. Von 1929–34 war er als Privatdozent wieder in Darmstadt. 1934 wurde ihm wegen seiner jüdischen Frau Lehrverbot erteilt, so dass er emigrierte – an der Universität von Saskatchewan in Kanada fand er eine neue Anstellung. Nach dem Krieg ging er an das renommierte Yerkes Observatorium in Wisconsin. Von 1949–69 war er Direktor der Abteilung für reine Physik des kanadischen Nationalen Forschungsrates (NRC) in Ottawa. Unter seiner Führung entwickelte sich das NRC zu einem der führenden Labors auf dem Gebiet der Spektroskopie.

Ende der 1920er-Jahre war die Spektroskopie zu einem wichtigen experimentellen Prüfstein der Quantenmechanik geworden. Schon in seiner Habilitationsschrift 1929 hatte Herzberg die Spektren zweiatomiger Moleküle mit Hilfe von Orbitalen beschrieben. Zusammen mit E. ↗ Teller wandte er 1931 erstmals das Franck-Condon-Prinzip auf mehratomige Moleküle an und entwickelte durch Untersuchung der Symmetrieeigenschaften dieser Moleküle eine Methode, um Informationen über deren unterschiedliche Elektronenzustände zu erhalten. Am Yerkes Observatorium untersuchte er die Spektrallinien von Sternen und Kometen und wies dabei u. a. den bis dahin unbekannten Kohlenstoff C_3 in Kometen nach. Er zeigte die Existenz von Wasserstoff in den Atmosphären der Planeten Jupiter und Uranus und identifizierte das CH^+-Radikal in der interstellaren Materie. Seine spektroskopischen Untersuchungen von kurzlebigen Molekülbruchstücken (freie Radikale) und ihrer Eigenschaften war von großer Bedeutung für die Theorie von Reaktionsmechanismen. Er fand, dass Moleküle beim Übergang in angeregte Zustände ihre geometrische Struktur verändern können und entdeckte Anfang der 1980er-Jahre den dreiatomigen Wasserstoff. Herzberg hat insgesamt über 200 Arbeiten auf dem Gebiet der Spektroskopie und Quantenmechanik veröffentlicht. Sein mehrbändiges *Molekularspektra und Molekularstruktur* gilt als das Standardwerk der Spektroskopie.

Herzberg war u. a. Mitglied der Royal Society und von 1966–67 Präsident der Royal Society of Canada. Im Jahre 1971 erhielt er den Nobelpreis für Chemie für seine Arbeiten über die Elektronenstruktur und die Geometrie der Moleküle. [MS3]

Werk(e):
Atomic Spectra and Atomic Structure (1937); Molecular Spectra and Molecular Structure (4 Bde., zusammen mit Huber, K.-P., 1939–79); The Spectra and Structures of Simple Free Radicals (1971).

Sekundär-Literatur:
Stoicheff, B.: Gerhard Herzberg: An Illustrious Life in Science (2003).

Hess (Gess), **Germain Henri** (Hermann Heinrich, auch German Ivanovič),
russischer Chemiker schweizerischer Herkunft,
* 7. 8. 1802 Genf (Schweiz),
† 12. 12. 1850 St. Petersburg.

Hess war einer der Begründer der Thermochemie sowie des experimentellen chemischen Unterrichts an den russischen Hochschulen.

G.H. Hess

Hess war der Sohn eines Künstlers, der 1805 als Französischlehrer nach St. Petersburg kam. Nach dem Studium der Medizin 1822–1825 an der deutschen Universität in Dorpat (Tartu, Estland), auch bei dem Chemiker Gottfried Osann, arbeitete Hess in J. J. ↗ Berzelius' Laboratorium an der Universität Stockholm und führte (ab 1826) eine Arztpraxis in der sibirischen Provinzstadt Irkutsk. Seit 1828 widmete sich Hess chemischen Forschungen als »Adjunkt« an der Kaiserlichen Akademie der Wissenschaften in St. Petersburg, 1834 wurde er zum ordentlichen Mitglied dieser Akademie gewählt. Gleichzeitig lehrte er als Chemieprofessor an St. Petersburger Hochschulen: ab 1831 am »Technologischen Institut«, 1832–1849 an der berühmten Bergbauhochschule, 1832–1847 am »Pädagogischen Institut«, ab 1838 in der Artillerie-Lehranstalt. Hess begründete den experimentellen chemischen Unterricht an den russischen Hochschulen. Sein Werk *Grundlagen der reinen Chemie* war eines der besten Lehrbücher für russische Studenten. Seine Schüler (darunter die berühmten russischen Chemiker: Aleksandr Voskresenskij, Alexej Chodnev, Alexandr Fadeev, Leon Siskov und andere) trugen maßgeblich zur Entwicklung der Chemie und chemischen Industrie in Russland bei. Diese Schüler bildeten die erste russische chemische Schule, die St. Petersburger Hess-Schule.

Hess entdeckte in den 1840er-Jahren das Gesetz der konstanten Wärmesummen (»Hess-Gesetz«, ein Spezialfall des Energieerhaltungssatzes) und das Gesetz der Thermoneutralität, welches aufgrund der Theorie der elektrolytischen Dissoziation von S. ↗ Arrhenius 1887–89 erklärt wurde. Hess untersuchte die katalytischen Wirkungen von Metallen (Platin), analysierte einige Mineralien, besonders auch mit Metallverbindungen (Cobalt, Tellur). [VAK]

Werk(e):
Osnovania čistoj chimii (Grundlagen der reinen Chemie, 1831); Recherches thermochimiques, Bulletin scientifique publié par l'Académie des sciences de St. Petersbourg, Bd. 7, Nr. 18 (1840), Bd. 8, Nr. 6 (1841), Bd. 9, Nr. 2–3 (1842), Bd. 10, Nr. 11–12 (1842).

Sekundär-Literatur:
Solov'ev, Ju. I.: German Ivanovič Gess (Hermann Hess), russisch (1962).

Hess, Harry Hammand,
amerikanischer Geologe und Ozeanograph,
* 24. 5. 1906 New York,
† 25. 8. 1969 Woods Hole (Massachusetts, USA).

Hess war einer der einflussreichsten Geologen der USA in der Mitte des 20. Jahrhunderts und gehörte mit seiner Arbeit zum Seafloor-spreading (1962) zu den Pionieren bei der Herausbildung des Konzeptes der Globaltektonik in den Geowissenschaften.

Nach dem Studium an der Yale University und der Princeton University (Dr. phil. 1932) arbeitete Hess als Geologe 1928/29 in Nord-Rhodesien. 1934 wurde er Professor an der Princeton University und war dort von 1950 bis 1966 Direktor des Departments of Geology. Hess wirkte als Vorsitzender der Abteilung für Geowissenschaften im Nationalen Forschungsrat der USA ab 1955 und des Rates für Weltraumforschung der Nationalen Akademie der Wissenschaften ab 1962; er war Präsident der Sektion Geodäsie der Amerikanischen Geophysikalischen Union (1951/53), der Mineralogischen Gesellschaft von Amerika (1954/55) und der Geologischen Gesellschaft von Amerika (1962).

Bei bathometrischen Forschungen für die US Navy entdeckte Hess während des Zweiten Weltkriegs im Pazifik die Tiefseeberge, die er »Guyots« nach dem ersten Professor für Geologie an der Princeton University Arnold Guyot benannte (1946). Mit seinem konzeptionellen Beitrag *History of Ocean Basins* (1962, Vorabdruck bereits 1960) leistete er gleichzeitig mit R. S. ↗ Dietz (1961) einen entscheidenden Beitrag zur Anerkennung des »seafloor-spreading« (Ozeanbodenspreizung), wodurch in den Geowissenschaften das neue Paradigma der Globaltektonik zur Deutung der Erdkrustenentwicklung herausgearbeitet wurde. Im Unterschied zu A. ↗ Wegener konnte Hess überzeugend erklären, auf welche Weise sich die Kontinente bewegen: »Die Kontinente pflügen nicht unter der Einwirkung unbekannter Kräfte durch die ozeanische Kruste, sie reiten passiv auf dem Material des Erdmantels, das am Kamm der ozeanischen Rücken an die Oberfläche dringt und sich dann seitwärts fortbewegt.« Weiter publizierte er zu den gravimetrischen Anomalien der Inselbögen, zur Petrologie der Peridotite, zur Spezifik gesteinsbildender Minerale und weiteren Themen vor allem der submarinen Geologie. [MG]

H.H. Hess

Werk(e):
Drowned ancient islands in the Pacific basin, American Journal of Science (1946) 244, 772–791; History of Ocean Basins. Petrologic Studies: A volume to honor A. F. Buddington, hrsg. von Engel, A. E. J., James, H. L. und Leonard, B. F., Geological Society of America (1962) 599–620.

Sekundär-Literatur:
Menard, H. W.: The Ocean of Truth. A Personal History of Global Tectonics, Princeton University Press (1986) 108–118.

Hess, Viktor Franz,
österreichischer Physiker,
* 24. 6. 1883 Schloß Waldstein (Steiermark),
† 17. 12. 1964 Mount Vernon (New York).

Hess entdeckte die kosmische Strahlung und eröffnete der Physik damit ein neues Forschungsfeld, das schon bald zur Entdeckung zahlreicher Elementarteilchen führte.

Als Sohn eines Försters wuchs Hess auf einem Schloss in der Nähe von Peggau in der Steiermark auf. Schon als Schüler und Student fiel er durch Bestnoten auf. Er studierte Physik an der Universität Graz und promovierte 1906 »sub auspiciis imperatoris«. 1910 wurde er Assistent bei St. ↗ Meyer am neu gegründeten Wiener Institut für Radiumforschung. Gleichzeitig war er Privatdozent für medizinische Physik an der Tierärztlichen Hochschule Wien. 1919 wurde er Extraordinarius an der Universität Wien, folgte aber schon ein Jahr später einem Ruf auf ein Ordinariat für Experimentalphysik in Graz. 1921 ging er in die USA, wo er Direktor des Forschungsinstitutes der US Radium Corporati-

V.F. Hess

on und wissenschaftlicher Berater des US Innenministeriums war. 1923 kehrte er nach Graz zurück. Von 1931–37 hatte er eine Professur an der Universität Innsbruck und war gleichzeitig Direktor des neu gegründeten Instituts für Strahlenforschung. Nach dem »Anschluss« Österreichs emigrierte er in die USA, da seine Frau jüdischer Herkunft war. Von 1938–57 wirkte er als Professor für Physik an der Fordham-Universität in New York und wurde 1944 amerikanischer Staatsbürger.

Am Wiener Radiuminstitut untersuchte er die in der Atmosphäre enthaltenen radioaktiven Stoffe. Da sich schon bald zeigte, dass die atmosphärische Radioaktivität nicht nur terrestrischen Ursprungs sein konnte, unternahm Hess in den Jahren 1911–1913 zusammen mit Werner Kohlhörster zahlreiche Ballonaufstiege, bei denen er Höhen bis zu 5 300 m erreichte. Zur Bestimmung der Stärke der radioaktiven Strahlung entwickelte er eine spezielle luftdichte Ionisationskammer. Elektrisch geladene Teilchen, wie sie auch in der radioaktiven Strahlung vorkommen, verursachen in der Kammer Ionisation, die von einem empfindlichen Elektroskop angezeigt wird. Hess fand, dass die Ionisation mit zunehmender Höhe über der Erdoberfläche bis auf das Hundertfache anstieg. Diese hochenergetische Höhenstrahlung, die er zunächst für eine elektromagnetische Erscheinung hielt und als »Ultragammastrahlung« bezeichnete, konnte 1929 von W. ↗ Bothe und Kohlhörster als Teilchenstrahlung identifiziert werden. Durch nächtliche Ballonfahrten und Aufstiege während einer Sonnenfinsternis fand Hess heraus, dass die Strahlung ihren Ursprung nicht in der Sonne haben konnte. Heute weiß man, dass es sich bei der »Hess'schen Strahlung« eigentlich um eine Sekundärstrahlung handelt, die in den oberen Schichten der Atmosphäre beim Auftreffen von hochenergetischen Teilchen (vor allem Protonen und Alphateilchen) aus dem Weltall entsteht. Den Ursprung der isotropen Primärstrahlung vermutet man in Supernovaexplosionen. Die Höhenstrahlung ist gleichsam ein natürliches Strahlenlabor, das die Beobachtung und Entstehung von Elementarteilchen gestattet, deren Energien die der größten irdischen Teilchenbeschleuniger um Größenordnungen übertreffen. So entdeckte C. ↗ Anderson in den 30er-Jahren in der Höhenstrahlung das Positron und das Myon und C. ↗ Powell 1947 das Pion.

Zu Beginn der 30er-Jahre gründete Hess auf der 2 334 m hohen Hafelekarspitze bei Innsbruck eine Forschungsstation zur Untersuchung der kosmischen Höhenstrahlung. Dort setzte er auch erstmals besonders sensible und feinkörnige Fotoplatten zur Aufzeichnung von Kernspuren ein. Nach dem Zweiten Weltkrieg wurde er im Zuge seiner Untersuchungen der radioaktiven Fallouts von Atombombenexplosionen zu einem entschiedenen Atomtestgegner.

Hess war Träger der Abbe-Medaille der Carl-Zeiss-Stiftung und Mitglied der Akademie der Wissenschaften in Wien, die ihn 1919 für seine Entdeckung der »Ultrastrahlung« mit dem Lieben-Preis auszeichnete. 1936 erhielt er den Physiknobelpreis für die Entdeckung und Erforschung der kosmischen Höhenstrahlung. [MS3]

Werk(e):
Elektrische Leitfähigkeit der Atmosphäre und ihre Ursachen (1926); zus. mit Benndorf, H.: Luftelektrizität (1928); Ionenbilanz der Atmosphäre (1933); Schwankungen der Intensität in den kosmischen Strahlen 1929–1936.

Sekundär-Literatur:
Österreichs Nobelpreisträger, Wien 1965, S. 117–127.

Hesse, Richard,
deutscher Zoologe,
* 20. 2. 1868 Nordhausen,
† 28. 12. 1944 Berlin.

Hesse hat mit seinen Untersuchungen zur Entwicklung der Sehorgane (Wirbellose Tiere, Wirbeltiere) der experimentellen und vergleichenden Physiologie entscheidend zum Durchbruch verholfen.

Nach dem Besuch des Realgymnasiums in Nordhausen (1882–87) studierte Hesse zunächst Germanistik in Greifswald, wechselte anschließend in Tübingen zur Zoologie über (bei Theodor Eimer) und erwarb schließlich in Halle im März 1892 den Dr. phil. mit einer Arbeit *Zur Kenntnis des Nervensystems von Ascaris megalocephala* (bei Hermann Grenacher). Während der Assistentenzeit bei Eimer folgten Aufenthalte in Neapel und Rovigno, 1894 habilitierte er sich für das Fach Zoologie in Tübingen und wurde dort 1901 zum ao. Professor für Zoologie ernannt. Am 1. April 1909 wechselte er als o.

R. Hesse

Professor an die Landwirtschaftliche Hochschule Berlin, 1914 ging er nach Bonn. Von 1926 bis 1935 war er schließlich Ordinarius an der Universität Berlin.

Zwischen 1896 und 1902 hatte Hesse die mikroskopische Struktur der Sehzellen bei verschiedenen Tieren untersucht. Diese detaillierten Beobachtungen an primitiven und zunehmend komplizierteren Augen führten ihn zu einer vergleichend-anatomisch begründeten, stammesgeschichtlichen Reihenfolge in der Entwicklung der Sehorgane. Während dieser Studien wies er als lichtperzipierende Elementarstrukturen der meisten Sehzellen feine Fibrillen (heute Mikrovilli genannt) nach, die er fälschlicherweise aber noch als Fortsätze der Nervenfaser der Sehzelle deutete. Hesses Hauptwerk *Tierbau und Tierleben in ihrem Zusammenhang* (zusammen mit Franz Doflein verfasst) basiert auf vergleichend-morphologischen Betrachtungen und stellt mit dem methodologischen Zugang – Anwendung der physiologischen Anschauungsweise (gegenüber der rein morphologischen) auf abstammungsgeschichtliche Fragestellungen – ein Novum in der damaligen Zeit dar. Die Behandlung physiologischer Probleme mit vergleichenden Methoden führte ihn schließlich noch zu ökologischen Themen, wo er letztlich die teleologischen Grundlagen für eine experimentelle Ökologie legte. Hesse lieferte ebenfalls Beiträge zur Tiergeographie, wobei er die ökologische von der historischen Tierökologie unterschied. Nach ihm ist die »Herzgewichtsregel« (Hessesche Regel) benannt. [UH]

Werk(e):
Abstammungslehre und Darwinismus (1902); Das Tier als Glied des Naturganzen (1914); mit Doflein, F.: Tierbau und Tierleben in ihrem Zusammenhang (2 Bde., 1910, 1914); Die Tiergeographie auf ökologischer Grundlage (1924).

Hevelius, Johannes (Heveliusz, Jan, Hevel, Hewelcke),
Astronom,
* 28. 1. 1611 Danzig,
† 28. 1. 1687 Danzig.

Hevelius wurde mit seinen sehr genauen Beobachtungen einer der bedeutendsten Astronomen. Seine Mondbeobachtungen begründeten die wissenschaftliche Selenographie, sein Sternkatalog stellt einen bedeutenden Fortschritt in der Beobachtungsgenauigkeit dar und diente lange als Grundlage zur Herstellung von Himmelsgloben. Mit der Beschreibung seiner Instrumente schuf er ein Standardwerk der wissenschaftlichen Instrumentenliteratur.

Hevelius stammt aus einer Bierbrauerfamilie, besuchte die Schulen seiner Heimatstadt sowie in Bromberg (Bydgoszcz, Polen) und wurde besonders durch den Astronomen Peter Crüger beeinflusst, der ihn in Astronomie, sowohl in Theorie als auch in der praktischen Himmelsbeobachtung und dem Instrumentenbau sowie in Mathematik unterrichtete. Ab 1630 studierte er in Leiden Jura, besuchte England, Frankreich und Italien, wo er mit bedeutenden Gelehrten zusammentraf. Zurück in Danzig, arbeitete Hevelius in der Brauerei seines Vaters und bereitete sich auf öffentliche Ämter der Stadt vor, führte zudem, teilweise mit Crüger, Himmelsbeobachtungen aus.

Ab 1641 übte Hevelius städtische Ämter aus, als Mitglied des Magistrats und Ratsherr, und hatte sich nach dem Tod des Vaters (1649) mit der Leitung der Brauerei zu befassen. Dennoch begann er in dieser Zeit mit dem Entwurf und der Herstellung eigener Instrumente und schuf sich ein Observatorium, das er in den folgenden Jahren immer weiter ausbaute. Schließlich bestand es in einer ausgedehnten Plattform (ca. 7,5 x 15 m) über den Dächern seiner Häuser, teilweise mit Schutzhütten für kleinere Instrumente versehen. Er beobachtete sowohl mit großen Quadranten und Sextanten, wie sie seit der Zeit um 1600 üblich waren und vor allem durch T. ↗ Brahe bekannt wurden, aber auch mit sehr langbrennweitigen Fernrohren. Bei dieser Tätigkeit wurde Hevelius durch seine auch eigenständig wissenschaftlich tätige zweite Ehefrau, Katharina Elisabeth Koopmann, unterstützt.

Hevelius entfaltete eine ausgedehnte Beobachtungstätigkeit. Seine Mondstudien stellen den Beginn der systematischen Mondforschung dar (*Selenographia*, 1647), von ihm stammt eine große Zahl der noch heute verwendeten Namen von Mondformationen. Die Kometen erkannte er als kosmische Körper an, sah in ihnen (etwas merkwürdigerweise) scheibenförmige Objekte, gab für sie sehr wichtige

Ortsbestimmungen, konnte jedoch das Problem ihrer Bahnbewegung nicht lösen.

Von fundamentaler Bedeutung wurde der nach dem Tod von Hevelius durch seine Frau bearbeitete und herausgegebene Katalog von 1 564 Sternen (*Prodromus astronomiae*, 1690). Dies war nicht nur der bislang umfangreichste Sternkatalog, sondern in der Folge von Brahe und besonders des Kasseler Katalogs von Christoph Rothmann ein bedeutender Fortschritt in der Genauigkeit der Gestirnsörter. Er war lange Zeit im Gebrauch. Zusammen mit einigen von Hevelius neu eingeführten Sternbildern (*Firmamentum Sobiescianum*, 1690) bildete er für längere Zeit die astronomische Grundlage zur Herstellung von Himmelsgloben.

Die von Hevelius verwendeten und unter seiner Aufsicht hergestellten Fernrohre wiesen zur Eliminierung von Abbildungsfehlern sehr große Brennweiten bis zu 45 m auf. Hevelius war praktisch außerordentlich begabt, schliff selbst die Linsen seiner Teleskope, entwarf deren komplizierte Montierungen und Bewegungseinrichtungen und stach die teilweise aufwendigen Druckplatten für die Abbildungen seiner Werke. Die Konstruktion und Herstellung der Instrumente und deren Handhabung (teilweise mit sehr detaillierten Zeichnungen), verbunden mit mehreren tausend Beobachtungen, veröffentlichte er in drei voluminösen Bänden. Seine *Machina coelestis* ist eines der bedeutendsten Werke zur Geschichte wissenschaftlicher Instrumente. [JH]

Werk(e):
Selenographia: sive Lunae descriptio (1647, Reprint 1967); Cometographia, totam naturam cometarum (1668); Machinae coelestis pars prior (-liber tertius). 1673–1679 (Reprint 1969); Prodromus astronomiae, exhibens fundamenta, quae tam ad novum plane & correctiorem stellarum fixarum catalogum construendum, hrsg. von K. E. Koopmann (1690); Firmamentum Sobiescianum, sive uranographia (1690).

Hevesy, Georg Karl von (György de, George de), schwedischer Physiko- und Biochemiker ungarischer Herkunft,
* 1. 8. 1885 Budapest,
† 5. 7. 1966 Freiburg im Breisgau.

Hevesy war einer der Pioniere der Radiochemie, insbesondere der Isotopenmarkierung; er entdeckte das Element Hafnium.

Hevesy entstammte einer wohlhabenden jüdischen Familie namens Bischitz, die 1895 geadelt wurde und ab 1906 den Namen de Hevesy trug (um 1900 zum Katholizismus konvertiert); er hatte noch vier Brüder und drei Schwestern.1903 schloss er das Piaristen-Gymnasium in Budapest ab. Nach zwei Semestern in Budapest und einem Semester in Berlin studierte Hevesy ab 1905 Physikalische Chemie in Freiburg i. Br., wo er 1908 unter Georg Meyer promovierte (Über die schmelzelektrolytische Abscheidung der Alkalimetalle aus Ätzalkalien). Anschließend ging er an die ETH Zürich, TH Karlsruhe, University of Manchester und das Wiener Radiuminstitut; daneben habilitierte er sich 1913 an der Budapester Universität. Im Ersten Weltkrieg leitete er als Ing.-Offizier elektrochemische Kupfer-Raffinerien in Ungarn. 1920 wurde er Assistent am Kopenhagener Institut für Theoretische Physik von N. ↗ Bohr, 1926 o. Professor für Physikalische Chemie in Freiburg i. Br. 1934 verließ er Deutschland und ging erneut an Bohrs Kopenhagener Institut, dann 1943 nach Stockholm, wo er an der Universität bis 1955 eine Professur bekleidete. 1924 heiratete er die Dänin Pia Riis, mit der er einen Sohn und drei Töchter hatte.

In Manchester hatte Hevesy von E. ↗ Rutherford u. a. die Aufgabe bekommen, auf chemischem Wege das so genannte Radium D von Blei zu trennen, was sich als unmöglich erwies (da – wie heute bekannt – Radium D ein radioaktives Bleiisotop ist). Daraus resultierte seine Idee, Atome durch Zugabe entsprechender radioaktiver Isotope zu »markieren«, um so den Verlauf chemischer Prozesse beobachten zu können. In Wien arbeitete er mit F. ↗ Paneth diese Methode der radioaktiven Indikatoren (Tracermethode) weiter aus.

In Kopenhagen – Bohr und Hevesy hatten sich bei Rutherford kennen gelernt – arbeitete Hevesy zunächst über Isotopentrennung. Gemeinsam mit Dirk Coster entdeckte er 1923 das Element 72 (das sie Hafnium nannten); man hatte bisher vermutet, dass dieses Element im Rahmen der seltenen Erden zu finden sei, doch einer Annahme Bohrs aufgrund seines Atommodells folgend, erwies es sich als homolog zum Zirkonium. Die Trennung der Kaliumisotope war ein weiteres Arbeitsthema; dabei konnte Kalium-40 als das radioaktive Isotop nachgewiesen werden.

Ab Mitte der 1930er-Jahre wurde das Studium biologischer und medizinischer Probleme mit der Tracermethode, das er bereits um 1923 begonnen hatte, im Zusammenwirken mit zahlreichen Kollegen zum Hauptarbeitsgebiet. Durch die inzwischen entdeckte künstliche Radioaktivität war es nun u. a. möglich, statt der bisher benutzten Schwermetallisotope (die für den Organismus z. T. giftig sind) Isotope leichterer Elemente wie etwa Phosphor zu verwenden. Damit untersuchte er verschiedene Stoffwechselvorgänge, später auch die Bildung von Blutkörperchen und von Krebsgeschwüren. So gilt Hevesy als einer der Begründer der Nuklearmedizin.

1944 erhielt Hevesy für seine Arbeiten zur Anwendung der Isotope als Indikatoren bei der Erforschung chemischer Prozesse den Chemie-Nobelpreis für das Jahr 1943. [HK]

Werk(e):
Adventures in Radioisotope Research. The Collected Papers of George Hevesy, 2 Bde. (1962); Lehrbuch der Radioaktivität, mit F. Paneth (1923; auch engl. u. russ. Übers.); Das Element Hafnium (1927).

Sekundär-Literatur:
Cockcroft, J. D.: George de Hevesy. Biographical Memoirs of Fellows of the Royal Society Vol.13 (1967); Levi, H.: George de Hevesy, in: Nuclear Physics 98 (1967) 1–24; Levi, H.: George de Hevesy – Life and Work (1985); Szabadváry, F.: George Hevesy. Journal of Radioanalytical Chemistry 1 (1965) 97–102; Pallo, G.: Scientific recency: George de Hevesy's Nobel Prize, in: Crawford, E. (Hrsg.): Historical Studies in the Nobel Archives. The Prizes in Science and Medicine (2002).

Heymericus de Campo (Heymeric van de Velde), niederländischer Philosoph und Theologe, * 1395 Son (Nord-Brabant, Niederlande), † 11. 8. 1460 Löwen.

Heymericus de Campo gehört zu den wichtigsten Nachfolgern des Albertus Magnus und den einflussreichsten Denkern des 15. Jahrhunderts.

Heymericus studierte Philosophie an der Pariser Universität, wo der Albertist de Nova Domo sein Lehrer war und sein Denken nachhaltig prägte. Nach zwei Jahren als Dozent in Diest (Belgien) zog er 1422 nach Köln. An der Universität zu Köln studierte er Theologie und unterrichtete Philosophie. Die Priesterweihe erlangte er 1424/25, das theologische Doktorat 1428. In Köln machte er auch mit N. v. ↗ Kues (Cusanus) Bekanntschaft, auf dessen philosophische Entwicklung er Einfluss nahm. 1431 wurde er zum Vizekanzler der Universität gewählt. Als Vertreter der Kölner Universität beteiligte er sich 1432–1435 am Basler Konzil, an dem auch Cusanus teilnahm. Nachdem er 1435 zum zweiten Mal einen Ruf der Universität in Löwen erhalten hatte, zog Heymericus dorthin und verbrachte dort die zweite Hälfte seiner akademischen Karriere als Professor der Theologie und mehrmaliger Rektor der Universität .

Heymericus de Campo (Holzschnitt, Herkunft unbekannt)

Die wissenschaftliche Tätigkeit von Heymericus lässt sich in zwei Perioden einteilen. In beiden gelangte er zu großem Erfolg. Die erste ist gekennzeichnet durch überwiegend philosophische Tätigkeit. Als Exponent des Albertismus leistete er einen großen Beitrag zum Kölner Wegestreit, der das ganze 15. Jahrhundert fortdauerte. Die zweite Periode fing um 1428 an, als Heymericus immer mehr als Theologe und Ekklesiologe aktiv wurde. In seinen theologischen Schriften ist neben dem Einfluss des ↗ Albertus Magnus der des R. ↗ Lullus bemerkbar, über dessen Schriften er in Löwen auch gelehrt hat.

Schon während seiner Pariser Jahre oder kurz danach verfasste Heymericus Kommentare zu den Werken des ↗ Aristoteles. Aus den frühen zwanziger Jahren stammen seine bekanntesten und am zahlreichsten überlieferten philosophischen Werke: das *Compendium divinorum* und der *Tractatus problematicus*. Der letztgenannte, um 1423 verfasste Text ist die wichtigste Quelle für Heymericus' philosophische Auffassungen. In diesem Traktat griff er die in Köln vorherrschende Philosophie und Aristotelesdeutung des ↗ Thomas von Aquin und seiner Schüler an. Ihnen stellte er seine ausdrücklich durch die Lektüre des Albertus Magnus angeregte und neuplatonisch gefärbte Philosophie und Aristotelesauslegung gegenüber. Daneben kritisierte er den Nominalismus. Der Themenbereich erstreckt sich von Logik über Physik bis in die Metaphysik, wobei die Intellektlehre und das Verhältnis von Materie und Form und von Sein und Wesen die Schwerpunkte bilden. Der eigensinnige und polemische Traktat, der in Köln auf heftige Kritik von thomistischer Seite stieß, wurde in Mitteleuropa weit verbreitet und förderte dadurch die Verbreitung der albertistischen Philosophie an anderen Universitätsstädten wie Prag und Krakau. [PR]

Werk(e):
Opera selecta I, hrsg. von R. Imbach und P. Ladner (2001, Spicilegium Friburgense 39); Problemata inter Albertum Magnum et Sanctum Thomam (Tractatus problematicus 1496).

Sekundär-Literatur:
Meersseman, G.: Geschichte des Albertismus, in: Die ersten Kölner Kontroversen, Heft II (1935); Heymeric van de Velde, Eenheid in de tegendelen, hrsg. von M. J. F. M. Hoenen (1990).

Heyrovský, Jaroslav,
tschechischer physikalischer Chemiker,
* 20. 12. 1890 Prag,
† 27. 3. 1967 Prag.

Heyrovský erfand und entwickelte die Polarographie, eine auf Elektrolyse gegründete physikalisch-chemische Basismethode.

Als Sohn von Leopold Heyrovský, Universitätsprofessor für römisches Recht, absolvierte Jaroslav Heyrovský im Jahr 1909 ein Gymnasium in Prag und studierte dann an der Karls-Universität in Prag Physik, Chemie und Mathematik. Nach einem Jahr setzte er sein Studium am University College London fort. Seine dortigen Lehrer waren W. ↗ Ramsay, William C. McCullagh Lewis und F. G. ↗ Donnan, der ihn in das Studium der elektrochemischen Prozesse einführte. Den Bachelor-Grad (B. Sc.) erwarb er im Jahr 1913. Während des Weltkrieges wurde er zum Militärdienst in ein Lazarett einberufen, wo es ihm gelang, seine Doktorarbeit abzuschließen. 1918 wurde er in Prag promoviert und arbeitete am chemischen Institut der Karls-Universität als Assistent bei B. ↗ Brauner. Im Jahr 1920 habilitierte er sich als erster Dozent für physikalische Chemie an der Karls-Universität. Der Doktorgrad der Wissenschaften wurde ihm 1921 durch die University of London verliehen, und bereits im nächsten Jahr wurde er zum ao. und 1926 zum o. Professor für physikalische Chemie an der Karls-Universität ernannt. 1929 gründete er gemeinsam mit Votoček die Zeitschrift *Collection of Czechoslovak Chemical Communications*. Während des Zweiten Weltkriegs, als die Nazis die tschechischen Hochschulen geschlossen hatten, stellte ihm der Physikochemiker der deutschen Universität in Prag, Johann Böhm, sein Labor zur Verfügung. Nach dem Krieg wurde Heyrovský ungerechtfertigt der Kollaboration beschuldigt und vorübergehend der Institutsleitung enthoben. Erst 1950 wurde er rehabilitiert und zum Direktor des neu errichteten zentralen polarographischen Instituts ernannt und 1952 zum Mitglied der Tschechoslowakischen Akademie der Wissenschaften gewählt. 12 Jahre später trat er aus Gesundheitsgründen in den Ruhestand.

J. Heyrovský

1918 wies der Prager Physiker Bohumil Kučera Heyrovský auf Anomalien der Elektrokapillarkurven hin, die man beim Messen der Oberflächenspannung mit der Quecksilbertropfelektrode beobachten kann, und schlug ihm vor, diese Erscheinung zu studieren. Nach einer langen Versuchsreihe entschied sich Heyrovský, statt der Oberflächenspannung die Intensität des elektrischen Stroms zu messen, der zwischen der in den Elektrolyten getauchten Tropfelektrode und der Referenzelektrode fließt. Wie er 1922 feststellen konnte, ändert sich mit der an die Elektroden angelegten Spannung auch die Intensität des Stroms in reproduzierbarer Weise, wobei charakteristisch geforme Polarisationskurven entstehen. Diese Kurven wurden später »polarographische Stufen« genannt. Da die Lage und Höhe der Stufe der Art und Konzentration verschiedener in der Lösung vorkommender Substanzen entsprachen, ergaben sich auch Möglichkeiten einer praktischen Anwendung. Dazu konstruierte Heyrovský gemeinsam mit dem Japaner Masuzo Shikata 1924 einen Polarographen, der die Kurven automatisch registrierte. Die neue Methode, die Polarographie genannt wurde, erweiterte und verbesserte Heyrovský in 20er- und 30er-Jahren mit seinen Mitarbeitern für vielseitige Anwendungen, namentlich in der analytischen Chemie. Mit der theoretischen Erklärung der mit der Polarographie zusammenhängenden Erscheinungen und ihrer mathematischen Formulierung befasste sich Heyrovský seit den 30er-Jahren. 1940 ergänzte er das ursprüngliche polarographische Gerät durch ein Elektronenröhrenoszilloskop und schuf dadurch die Basis für die sog. oszillographische Polarographie. 1959 wurde Heyrovský für die Entdeckung und weitere Ausarbeitung der Polarographie der Nobelpreis für Chemie verliehen. Die Polarographie, die zu einem neuen Spezialgebiet der Elektrochemie geworden ist, findet bis heute breite theoretische und praktische Anwendung, z. B. beim Studium der Reduktions-Oxidations-Prozesse, in der Mikroanalyse organischer und anorganischer Stoffe, beim Studium ihrer Struktur, in der klinischen Diagnostik, bei der automatischen Prozesskontrolle in der pharmazeutischen Industrie, bei der Detektion von Umweltschadstoffen u. a. [SS]

Werk(e):
Polarographie, theoretische Grundlagen, praktische Ausführung und Anwendungen der Elektrolyse mit der tropfenden Quecksilberelektrode (1941); zus. mit Kalvoda, R.: Os-

zillographische Polarographie mit Wechselstrom (1960); Polarographie. Ostwalds Klassiker Nr. 266 (1985).

Sekundär-Literatur:
Jaroslav Heyrovský on Polarography, Union of Czechoslovak Mathematicians and Physicists (1990); Koryta, J.: Jaroslav Heyrovský (1990).

Hilbert, David,
deutscher Mathematiker,
* 23. 1. 1862 Königsberg (Kaliningrad/Russland),
† 14. 2. 1943 Göttingen.

Hilbert gilt als einer der bedeutendsten Mathematiker des 20. Jahrhunderts. Seine vielfältigen Arbeiten zu Invarianten und Integralgleichungen, zur Geometrie und Physik sowie zur Beweistheorie und den Grundlagen der Mathematik waren wegweisend. Vermittelt durch seine zahlreichen Schüler tragen weite Teile der Mathematik und der theoretischen Physik des 20. Jahrhunderts seine mathematische und methodische Handschrift.

Hilberts Leben wurde durch zwei Orte geprägt: In Königsberg wuchs er auf und dort studierte und lehrte er fast ohne Unterbrechung bis zu seinem 33. Lebensjahr. Der ostpreußische Akzent sollte zeitlebens eines seiner Markenzeichen bleiben. Der Kleinstadt Göttingen, dessen traditionsreiche Universität ihn 1895 auf ein Ordinariat berief, sollte er trotz vielfältiger Angebote aus in- und ausländischen Metropolen bis zu seinem Lebensende treu bleiben. Während Hilberts Vater und Großvater Richter in Königsberg waren, wurde seine Begabung früh von der aus einer Kaufmannsfamilie stammenden Mutter gefördert, die sich neben Philosophie und Astronomie auch für Primzahlen besonders interessierte. Seine Schulzeit an den führenden Gymnasien der Stadt entsprach bester humanistischer Tradition, war aber für Hilbert weder eine glückliche noch wirklich prägende Erfahrung. Mathematik, so bekannte er später, habe er nur studiert, um das Auswendiglernen von Fakten zu vermeiden. Die bürgerliche Kunst, Literatur, Musik oder auch Religion bedeuteten ihm zeitlebens nicht viel, umso mehr interessierten ihn die populäre Kultur und die Politik seiner Zeit, über die er gern im Freundes- und Schülerkreis diskutierte. In seinem jüngeren Kommilitonen H. ↗ Minkowski und dem wenig älteren Dozenten Adolf Hurwitz fand Hilbert früh gleichgesinnte enge Freunde, mit denen er sich in ihrer gemeinsamen Königsberger Zeit nachmittags präzise um fünf Uhr zu Spaziergängen traf. Mit ihnen blieb er im Lauf ihres Lebens eng verbunden, mehrfach versorgten sie sich gegenseitig mit Stellen.

D. Hilbert

Sein nur durch ein Semester in Heidelberg unterbrochenes Studium schloss Hilbert 1884 mit einer Dissertation über Invariantentheorie bei Ferdinand Lindemann in Königsberg ab, ein Jahr später folgte das Staatsexamen. Nach kürzeren Aufenthalten in Leipzig und Paris habilitierte sich Hilbert bereits 1886 auf dem gleichen Gebiet, welches er bis zu seiner Ernennung zum Nachfolger von Hurwitz 1892 bzw. von Lindemann 1893 weiterverfolgte. Nach dieser ersten Phase wechselte Hilbert grundlegend sein Arbeitsgebiet. Dies sollte er später noch einige Male tun, insgesamt kann man etwa ein halbes Dutzend solcher Phasen feststellen.

Können seine frühen Arbeiten zur Invariantentheorie als krönender Abschluss einer mathematischen Spezialdisziplin gesehen werden, so gilt er in Bezug auf die Zahlentheorie als Begründer einer ganz neuen Forschungslinie, der er sich ab 1893 und insbesondere nach seiner Berufung nach Göttingen widmete. Dies mag auch F. ↗ Klein gesehen haben, der die Berufung Hilberts nach Göttingen anstrengte, wodurch Hilbert seinen Freund Minkowski zunächst als Nachfolger nach Königsberg vermitteln und 1902 schließlich auf eine neu geschaffene Stelle nach Göttingen holen konnte. Hilberts als Überblick gedachter *Zahlbericht* von 1897, der zunächst zusammen mit Minkowski konzipiert worden war, welcher bereits ein Jahr zuvor seine *Geometrie der Zahlen* veröffentlicht hatte, stellte nun die bisherige Zahlentheorie gleichsam vom Kopf auf die Füße. Hilberts Neuorganisation des bekannten zahlentheoretischen Wissens unter neuen, vereinheitlichenden Gesichtspunkten legte die Grundlage für viele neue Forschungsfragen und für Jahrzehnte mathematischer Arbeit.

Um so erstaunlicher mag es erscheinen, dass Hilbert bereits 1898 dieses Feld anderen überließ und sich einem so unspektakulären Feld wie der Euklidischen Geometrie zuwandte. Seine *Grundlagen der Geometrie* sollten aber 1899 zu einem seiner Hauptwerke werden, das weltweite Wirkung entfaltete. Die axiomatische Methode und die erstmalige strikte Behandlung der Geometrie als System unabhängiger Axiome, deren Vollständigkeit zur Ableitung geometrischer Aussagen thematisiert wurde, sollte eine neue Sicht für die gesamte mathematische Forschung eröffnen. (Die später erfolgte Abstempelung Hilberts als »Formalist«, der auf diese Art und Weise die Anschauung aus der Mathematik hätte verbannen wollen, ist wohl eine, wenn auch verbreitete, aber doch eher irreführende Fehl- oder Überinterpretation, die zu korrigieren sich die jüngere Hilbertforschung angenommen hat.)

Seine größte Publizität erreichte Hilbert schließlich auf dem Pariser Mathematikerkongress im Jahre 1900, als er in einem Vortrag über *Mathematische Probleme* mit 23 Themen ein Forschungsprogramm der Mathematik für das 20. Jahrhundert verkündete. Unerreicht war auch in Göttingen seine Fähigkeit, Studenten für seine Themen zu begeistern, indem er häufig seine regulären Lehrveranstaltungen dazu nutzte, neue Forschungen zu präsentieren. Nach H. ↗ Weyl war er mit dem Rattenfänger von Hameln zu vergleichen, denn Hilbert folgten seine Studenten wie in der Sage die Ratten dem Fänger. Allein zwischen 1898 und 1914 betreute Hilbert 60 Dissertationen.

Bereits 1902 hatte Hilbert auch die Geometrie hinter sich gelassen und wiederum ein neues Gebiet in Angriff genommen, die Integralgleichungen. Ihre große Bedeutung insbesondere für die moderne Physik sollte sich erst mehr als 20 Jahre später endgültig offenbaren: Hilbert hatte in den Jahren 1902–1912 zusammen mit seinen Schülern Otto Toeplitz, Ernst Hellinger und E. ↗ Schmidt nichts Geringeres geschaffen, als eine Theorie linearer Operatoren in unendlichdimensionalen (»Hilbert«-) Räumen, die die wesentliche mathematische Grundlage der späteren Quantenmechanik werden sollte. Dabei antizipierte er mit Begriffen wie dem des Spektrums eines Operators ihre spätere Bedeutung in der Physik, in der damit gerade die Spektrallinien der Atome beschrieben werden. Hilberts eigene ab 1912 unternommenen Versuche, die Theorie der Integralgleichungen zusammen mit der axiomatischen Methode auf die Physik anzuwenden, waren allerdings nicht uneingeschränkt erfolgreich. So kam es dazu, dass sich Physiker wie Ernst Pringsheim oder M. ↗ Planck gegen eine solche Mathematisierung wehrten, in der ihnen die wesentlichen physikalischen Zusammenhänge hinter der Mathematik verloren zu gehen schienen. Andere Physiker wie M. ↗ Born oder P. ↗ Ehrenfest ließen sich aber von Hilberts Vorgehen leiten und konnten so wesentliche Beiträge für die Kristallphysik oder die statistische Mechanik leisten. Auch Hilberts Beiträge zur allgemeinen Relativitätstheorie im Ersten Weltkrieg standen in einem ähnlichen Zwiespalt: Waren A. ↗ Einsteins nicht unerheblichen mathematischen Probleme für Hilbert eher unspektakuläre Mathematik, so spielte sich die eigentliche Erkenntnis in der physikalischen Interpretation ab, und hier waren Vorstellungen und Ziele von Hilbert und Einstein durchaus verschieden.

D. Hilberts berühmte raumfüllende Kurve ist durch eine rekursive Regel definiert und füllt bei gegen Unendlich gehender Rekursionstiefe schließlich das ganze Quadrat aus; überraschenderweise hat diese Kurve tatsächlich die Dimension 2, im Gegensatz zu »normalen« eindimensionalen Kurven.

Die Bedeutung von Hilberts Beiträgen für die Physik einerseits, und die für die Beweistheorie andererseits, der er sich nach dem Ersten Weltkrieg zuwandte, wurden jeweils unterschiedlich bewertet. Während Hilberts Suche nach einer Grundlegung der Mathematik mit finiten Methoden häufig als »Wunschdenken« oder »Obsession« und K. ↗ Gödels Theorem als »Katastrophe« oder »Todesstoß« des Hilbertprogramms bezeichnet wurden, ist jedoch häufig eine andere Dimension dieses Wirkens völlig übersehen worden: Nicht nur Klein, auch Hilbert hat die Forschungs- und Personalpolitik in Göttingen wesentlich mitgestaltet. Bei ihm wurde sie von der Vision einer Mathematisierung der Physik bestimmt, die letztlich zu einer Grundlegung aller Naturwissenschaft auf die Mathematik führen sollte. Diese Hoffnung wurde so zwar nicht erfüllt, aber dennoch führte sie zu gezielten Umverteilungen und Investitionen von Ressourcen und Personen in neue Bereiche, die etwa eine weitgehende Neuorientierung der physikalischen Forschung in Göttingen bewirkten und so die Grundlage für die goldenen zwanziger Jahre der Physik in Göttingen legten. In ähnlichem Maße darf auch die Wirkung von Hilberts Grundlegungsversuchen der Mathematik (insbesondere der Geometrie, Logik und Arithmetik) auf die Etablierung einer neuen Sichtweise auf die Disziplin, der sog. Metamathematik, nicht unterschlagen werden.

Hilbert mag zeitlebens genügend Stoff für Anekdoten geliefert haben, Erscheinung und unkonventionelles Auftreten waren aber weniger Ausdruck der Weltfremdheit eines engstirnigen Mathematikers als Beweis seiner Freiheit – auch von akademischen und politischen Zwängen. Als liberaler Denker, der an die völkerverbindende Einheit der Wissenschaft glaubte, hat er viele seiner Schüler wie etwa Born, Weyl oder R. ↗ Courant mehr als nur wissenschaftlich geprägt. Sie wiederum hatten großen Anteil an der Mathematik und Physik des 20. Jahrhunderts. Auch auf Philosophen wie Edmund Husserl, Leonard Nelson, Kurt Grelling oder Hans Reichenbach hatte Hilbert als Kollege oder Lehrer gewirkt und einige in Nachschrift überlieferte Vorlesungen nach dem Ersten Weltkrieg tragen vielfach philosophische Züge.

1925 war Hilbert schwer an Anämie erkrankt und konnte nur durch eine neuartige noch unerprobte Behandlung einigermaßen genesen. Dadurch und durch Verlust seines Privatvermögens kam er nach seiner Emeritierung 1930 in eine finanzielle Notlage. 1933 verlor er mit der Entlassung und Emigration der meisten seiner oft jüdischen Kollegen und Schüler durch die Nationalsozialisten weitgehend sein soziales Umfeld. Nach seiner letzten Vorlesung im Winter 1933 betrat er das Mathematische Institut in Göttingen nicht wieder. So wurden die letzten zehn Jahre seines Lebens die schwierigsten und einsamsten. Nur der Grabstein kündet noch von Hilberts 1900 aufgestelltem und auf der Naturforscherversammlung in seiner Heimatstadt Königsberg in einer Radioansprache wiederholtem und verbreitetem optimistischen Credo, das er zumindest für die Mathematik nie aufgeben sollte: »Wir müssen wissen. Wir werden wissen.« [AS2]

Werk(e):
Gesammelte Abhandlungen, 3 Bde., 2. Aufl. (1970); Grundlagen der Geometrie, hrsg. von M. Toepell, 14. Aufl. (1999); Natur und mathematisches Erkennen, hrsg. von D. Rowe (1992).

Sekundär-Literatur:
Reid, C.: Hilbert (1996); Weyl, H.: David Hilbert and His Mathematical Work, in: H. Weyl, Gesammelte Abhandlungen, Bd. IV (1968); Festschrift zum 60. Geburtstag, Die Naturwissenschaften, Jg. 10 (1922); Toepell, M.: Über die Entstehung von David Hilberts Grundlagen der Geometrie (1986); Peckhaus, V.: Hilbertprogramm und kritische Philosophie. Das Göttinger Modell interdisziplinärer Zusammenarbeit zwischen Mathematik und Philosophie (1990); Hallett, M.: Hilbert's axiomatic method and the laws of thought, in: A. George: Mathematics and Mind (1994); Sieg, W.: Hilbert's programs: 1917–22, Bulletin of Symbolic Logic 5 (1999) 1–43; Rowe, D.: Einstein meets Hilbert: At the crossroads of physics and mathematics, Physics in Perspective 3 (2001) 379–424; Schirrmacher, A.: Planting in his neighbor's garden: David Hilbert and early Göttingen quantum physics, Physics in Perspective 5 (2003) 4–20.

Hildegard von Bingen,

Theologin, Biologin, Heilkundige, Astronomin, Komponistin
* 1098 im Sommer in Bermersheim, in der Nähe von Alzey (Rheinhessen),
† 17. 9. 1179 im Kloster Ruppertsberg.

Hildegard von Bingen verfasste einflussreiche mystische und wichtige natur- und heilkundliche Schriften.

»Die Sibylle vom Rhein«, wie Hildegard oft bezeichnet wird, stammte aus einer niederen Landadelsfamilie mit großen Besitztümern an der Nahe. Von frühester Kindheit an bis zu ihrem Lebensende war sie sehr kränklich. Bereits im Alter von 8 Jahren kam sie in das Benediktinerkloster Disibodenberg, wo ihre Tante, die Äbtissin Jutta von Sponheim, ihre Ausbildung übernahm. Hildegard legte dort zwischen 1112 und 1115 das Ordensgelübde ab. 1136, nach Juttas Tod, übernahm sie die Leitung des Klosters als Äbtissin und Magistra. Sie gründete 1150 ein eigenes Kloster über dem Grab des Hl. Ruppertus auf dem Ruppertusberg bei Bingen und 1165 ein weiteres in Eibingen. Ab Ende der fünfziger Jahre führten sie vier große Predigtreisen, wobei sie auch Medizin lehrte, durch ganz Deutschland und bis Lothringen.

1141 begann sie ihre visionären Erlebnisse im *Liber Scivias* (Wisse die Wege) zu schreiben, das ihre erste Kosmologie enthält und zu ihrer einflussreichsten mystischen Schrift wurde. Sie stand sowohl mit Päpsten wie auch Kaisern und anderen hohen Würdenträgern nicht zuletzt als politische Ratgeberin in Verbindung. Zwischen 1150 und 1160 verfasste sie natur- und heilkundliche Lehrschriften. Im *Liber simplicis medicinae secundum creationem*, das 1533 vom Herausgeber Schott in *Physica* umbenannt wurde, werden neben einfachen Heilmitteln Pflanzen und Tiere behandelt. Insgesamt sind 300 Pflanzen beschrieben, die sie aus eigener Anschauung kannte. Ihre Darstellung von 30 im Rhein und in der Nahe vorkommenden Fischarten ist die vollständigste Aufzählung bis 1666. An der Medizinschule in Montpellier wurde ihr Werk als Lehrbuch benutzt. In ihrem zweiten großen der Medizin und Heilmittelkunde gewidmeten Werk *Liber compositae medicinae de aegritudinum causis, signis et curis (Causae et curae)* stellte sie den menschlichen Organismus dar. Sie betrachtete die ganze Welt (Makrokosmos) in Analogie zum menschlichen Körper (Mikrokosmos). Mit der Beschreibung des Blutkreislaufes und der Nerven war sie ihrer Zeit weit voraus. [CRD]

Werk(e):
Liber Scivias – Wisse die Wege; Liber vitae meritorum (1158–1163); Liber divinorum operum – Das Buch der Got-

teswerke (1163–1173); Physica (Liber simplicis medicinae secundum creationem) – Lehre von der Heilkraft der Natur; Verschlüsseltes Wörterbuch (Lingua ignota).

Sekundär-Literatur:
Bäumer, A.: Wisse die Wege. Leben und Werk Hildegards von Bingen (2000).

Hinshelwood, Sir Cyril Norman,
englischer Chemiker,
* 19. 6. 1897 London,
† 9. 10. 1967 London.

Hinshelwood leistete Grundlagenforschung auf dem Gebiet der Aufklärung von Reaktionsmechanismen.

Hinshelwoods Interesse an diesem Forschungsfeld erwachte während des Ersten Weltkriegs, als er sich in einer Munitionsfabrik in Queensferry mit der Chemie der Explosivstoffe zu befassen hatte. Nach dem Krieg absolvierte er ein verkürztes Studium in Oxford, wo seit Jahrzehnten ein Schwerpunkt auf chemisch-kinetischer Forschung lag. Nach der Promotion 1920 arbeitete er zunächst als wissenschaftlicher Mitarbeiter am Trinity College, bevor er 1937 eine Professur für Chemie erhielt. Von 1964–1967 war er Wissenschaftler am Imperial College in London.

In den 1920er-Jahren befasste sich die chemische Kinetik mit zwei zentralen Problemen, dem der Mechanismen von Kettenreaktionen und dem der Suche nach einfachen, unimolekularen Reaktionen. Auf beiden Gebieten leistete Hinshelwood entscheidende Beiträge.

Zu Beginn des 20. Jahrhunderts hatte man sich Reaktionsmechanismen durch den Zerfall einzelner Moleküle (unimolekular) oder den Zusammenstoß zweier oder dreier Moleküle (bi- bzw. trimolekular) bedingt vorgestellt. Hinweise darauf, dass die Realität komplizierter war, lieferten fotochemische Reaktionen mit sehr hohen Quantenausbeuten. M. ↗ Bodenstein schlug 1913 zur Erklärung einen Kettenmechanismus vor, wonach durch Lichtabsorption erzeugte hochreaktive Radikale weitere Moleküle aktivieren, diese wiederum andere usw. Daraufhin vertrat man vielfach die Ansicht, dass jede chemische Reaktion durch Aufnahme von Strahlungsenergie initiiert würde.

C.N. Hinshelwood

Hinshelwood gelang in den 1920er-Jahren eine überzeugende Widerlegung dieser Theorie, wobei er einen Vorschlag des britischen Physikers Frederick Alexander Lindemann aufgriff. Demnach wurden auch unimolekulare Reaktionen durch Molekülkollisionen ausgelöst (quasi-unimolekular). Hinshelwood modifizierte Lindemanns Theorie, indem er die durch die Schwingungsbewegungen innerhalb eines Moleküls bedingte Energieverteilung miteinbezog. Mit dieser theoretischen Vorgabe konnte er die Kollisionstheorie experimentell bestätigen und ihr zum Durchbruch verhelfen.

1923 hatten der dänische Chemiker Jens Anton Christiansen und der holländische Physiker H. A. ↗ Kramers die Theorie der verzweigten Ketten für explosionsartig verlaufende Prozesse formuliert. Mit deren Hilfe klärte Hinshelwood Ende der 1920er-Jahre den Mechanismus der Wasserstoff-Sauerstoff-Reaktion. Er zeigte, dass sie in Abhängigkeit von Druck und Temperatur nach ganz unterschiedlichen Mechanismen, explosiv oder langsam, verläuft. Untersuchungen der industriell bedeutenden Oxidation von Kohlenwasserstoffen und anderen organischen Verbindungen ergaben das gleichzeitige Auftreten von Ketten- und molekularen Mechanismen. Für seine Arbeiten erhielt er 1956 den Chemie-Nobelpreis zusammen mit N. N. ↗ Semjonow.

In späteren Jahren befasste sich Hinshelwood mit dem Wachstum von Bakterienzellen. Seine These, dass Bakterien auf veränderte Umwelteinflüsse mit der Ausbildung neuer chemischer Reaktionsmuster reagieren können, stieß bei Biologen indes als nicht mit dem Mutations-Selektions-Mechanismus vereinbar auf Ablehnung. [JB]

Werk(e):
Kinetics of Chemical Change in Gaseous Systems (1926); The Structure of Physical Chemistry (1951); Chemical kinetics in the past few decades, Nobel Lecures, Chemistry 1942–1962 (1964).

Sekundär-Literatur:
Sir Harold Thompson, Cyril Norman Hinshelwood, in: Biographical Memoirs of Fellows of the Royal Society 19 (1973) 375–431.

Hipparch,
griechischer Astronom,
* um 190 v. Chr. Nicaea (Iznik, Türkei),
† um 125 evtl. auf Rhodos.

Hipparch verkörpert mit seinen theoretischen und praktischen Arbeiten zur Astronomie, aber auch zur Mathematik und Geographie einen der ersten Höhepunkte der griechischen Himmelskunde. Er begründete die epizyklische Planetentheorie, bestimmte die relativen Abstände von Sonne und Mond, bearbeitete einen Sternkatalog, entdeckte die Präzession und gab wichtige Grundlagen für die Berechnung der Bewegung der Planeten.

Wie bei den meisten alten griechischen Denkern, ist vom Leben Hipparchs nur wenig bekannt. In alten Quellen wird er übereinstimmend als aus Nicäa stammend bezeichnet, arbeitete später auf der Insel Rhodos. In jener Zeit hatte die Mathematik wichtige Methoden der Berechnung von Himmelserscheinungen entwickelt. Es gab Versuche, das Weltsystem mit konzentrischen Schalenkonstruktionen darzustellen. Die Beobachtung der Gestirne nahm einen deutlichen Aufschwung, zumal kurz vor Hipparchs Lebenszeit mit dem Eindringen östlicher Kulte, aus Mesopotamien oder Ägypten, das Interesse an der Astrologie zunahm.

Hipparch wurde gleichermaßen als praktischer Beobachter wie als theoretischer Astronom bedeutend. Seine früheste Beobachtung betrifft das Herbstäquinoktium von 147 v. Chr., die jüngste die Mondposition vom 7. 7. 127 v. Chr. Sie wurden vor allem für ↗ Ptolemäus zur Entwicklung mathematischer Vorschriften der Planetenbewegung von großer Bedeutung. Auf der Grundlage eigener Beobachtungen bestimmte Hipparch die Elemente der Mond- und Sonnenbewegung, berechnete die Länge des Jahres und fand die wichtigste Ungleichheit der Mondbahn als Voraussetzung für eine verbesserte Berechnung der Mondbewegung. Unter systematischer Auswertung von Beobachtungen der Sterne aus einem größeren Zeitraum fand Hipparch die (als qualitative Erscheinung wohl schon den Babyloniern bekannte) Präzession der Tag- und Nachtgleichen, d. h. die Verschiebung der Sternörter infolge der Drehung der Erdrotationsachse im Raum (eine Umdrehung in rd. 22 500 Jahren).

Hipparch stellte als erster einen Fixsternkatalog zusammen, der leider nicht erhalten blieb, den jedoch Ptolemäus in seinem Katalog verwertete und aus dem das ältere Material des Hipparch rekonstruierbar ist.

Aus Beobachtungen von Sonnen- und Mondfinsternissen sowie der Messung der Mondparallaxe berechnete Hipparch die Entfernung des Mondes mit etwa 60 und die der Sonne zu etwa 2 500 Erdradien. Daraus war mit Hilfe der Erdmessung des ↗ Eratosthenes von Kyrene die Mondentfernung zu 2 350 000 Stadien berechenbar.

Mit dem Modell der epizyklischen Planetenbewegung schuf Hipparch das bis um 1600 verbindliche System der Planetentheorie sowohl in der geozentrischen Astronomie, als auch noch bei N. ↗ Copernicus. Nach diesem Modell bewegt sich ein Planet nicht direkt um die Erde (bzw. die Sonne), sondern beschreibt eine kreisförmige Bewegung zunächst auf einem Aufkreis (Epizykel), dessen Mittelpunkt seinerseits auf einem Trägerkreis (Deferent) läuft. Durch eine geeignete Wahl der Dimensionen beider Kreise, der Umläufe der Kreise und der Neigungen ihrer Ebenen (ggf. auch mit Einführung von Epizykeln höherer Ordnung, Epi-Epizykel) gewährte dieses System eine große Genauigkeit der Berechnung der Planetenbewegung. Weiterhin war ihm die exzentrische Beschreibung der Planetenbewegung bekannt (der Mittelpunkt der Bahn eines Planeten liegt demnach nicht im Zentrum der Erde, sondern dazu exzentrisch). Zur mathematischen Behandlung der Gestirnsbewegung verwendete Hipparch Sehnentafeln, die er selbst berechnete.

Von Hipparchs verschiedenen Arbeiten blieb nur sein Kommentar zu den »Phainomena« des Aratos von Soloi und ↗ Eudoxos von Knidos erhalten. Zahlreiche andere Arbeiten sind verschollen und nur aus Zitaten der Werke späterer Gelehrter bekannt. Dazu gehört auch die Schrift *Über den Aufgang der zwölf Zeichen des Tierkreises*, die das vor allem astrologisch wichtige Problem der Berechnung der Aufgangszeiten der Tierkreiszeichen und einzelner ihrer Grade behandelt.

Für das Gebiet der Geographie gab Hipparch zahlreiche Korrekturen und Ergänzungen zu den Arbeiten des Eratosthenes. [JH]

Werk(e):

In Arati et Eudoxi Phaenomena Commentarium libri tres (1894).

Sekundär-Literatur:

Grasshoff, G.: The History of Ptolemy's star Catalogue, Studies in the History of Mathematics and Physical Sciences 14 (1990); Herrmann, D. B.: Kosmische Weiten. Kurze Geschichte der Entfernungsmessung im Weltall, Wissenschaftliche Schriften zur Astronomie (1989).

Hippokrates von Kos,

griechischer Arzt und medizinischer Fachschriftsteller,
* um 460 v. Chr. auf der Insel Kos,
† etwa 370 v. Chr. wohl ebenfalls dort.

Hippokrates von Kos wurde schon im Altertum als der Begründer der wissenschaftlichen Medizin angesehen. Viele Generationen von so genannten Hippokratikern beriefen sich auf die – teilweise angeblich – von ihm erstellten diagnostischen und therapeutischen Grundsätze, welche durch die Vermittlung des streitbaren Hippokratesverehrers ↗ Galen letztlich ein Nachleben bis in die Neuzeit hatten.

Die historische Persönlichkeit des Hippokrates ist schwer zu fassen, da sie stark von späterer Legendenbildung mit aber möglicherweise historischen

Kernen umrankt wurde. Unzweifelhaft ist die hohe Wertschätzung seitens des Philosophen ↗ Platon. Im Dialog *Protagoras* wird Hippokrates als eine Koryphäe der zeitgenössischen Medizin apostrophiert: In der Heilkunst habe er die Stellung inne, die in der bildenden Kunst Phidias oder Polyklet besäßen. Vor allem aus dieser Erwähnung werden seine Lebensdaten erschlossen. Hippokrates dürfte demnach etwa zur Zeit des Peloponnesischen Krieges (431–404 v. Chr.) eine weithin geachtete Kapazität der Heilkunst gewesen sein. Seine fachliche Größe wird auch von ↗ Aristoteles bestätigt. Bemerkenswert ist seine Herkunft aus dem Asklepiadengeschlecht der Insel Kos, das sich auf die Abstammung vom Heilgott Asklepios selbst berief. Mithin dürfte sich hier aus einem ehemals eher priesterlich im Heilkult aktiven Familienclan durch Sammeln und Tradieren von medizinischen Erfahrungen eine freilich immer noch familiär verbundene, professionelle Ärzteschaft entwickelt haben. Vielleicht besteht die Leistung des Hippokrates darin, dass gerade er diesen bedeutsamen Schritt, etwa auch durch Herausgabe von Fachschriften, vollzogen hat. Freilich sind Heilkunst und Heilkult im Altertum stets in einer gewissen Verbindung geblieben. Hippokrates mag auch erstmals systematische Heiltraditionen mit Erkenntnissen und Vorstellungen der vorsokratischen Philosophie und Naturforschung in Verbindung gebracht und zudem seine Meinungen in Auseinandersetzung mit der benachbarten, konkurrierenden Ärzteschule von Knidos entwickelt haben. Dies wäre in der Tat als Begründung einer wissenschaftlichen Medizin zu betrachten. Seine Wirkungsstätte war wohl die alte Hauptstadt von Kos, Astypalaia (heute Kefalos), da die heutige Stadt Kos und das nahe gelegene Asklepiosheiligtum zu seinen Lebzeiten noch nicht existierten. Ob zahlreiche Hinweise im *Corpus Hippocraticum* auf Örtlichkeiten außerhalb von Kos weite Reisen des Hippokrates oder aber die Übernahme der Kenntnisse anderer Wanderärzte (Periodeuten) widerspiegeln, ist unsicher.

Im hellenistischen Alexandrien ab etwa 300 v. Chr. begann man, die Schriften des damals schon geradezu legendären Arztes zu sammeln. Dies sind die Anfänge des so genannten *Corpus Hippocraticum*, einer heute rund 70 medizinische Fachschriften umfassenden, sehr heterogenen Sammlung. Neben möglicherweise authentischen Schriften des Altmeisters existieren Werke anderer namentlich fassbarer Autoren und viel mehr oder weniger in »hippokratischem Geiste Verfasstes«. Gleichzeitig setzte die Kommentierung der »hippokratischen« Schriften ein. Nahezu jeder namhafte antike Arzt hat sich mit der Hinterlassenschaft des Hippokrates auseinander gesetzt. Schon damals waren die medizinischen Überlegungen untrennbar mit philologischen Erwägungen verwoben: Die Suche nach den »echten« Worten des Meisters vermag bis heute die Gemüter zu erhitzen. Bemerkenswert ist dabei, dass auch nach Ausbildung zahlreicher ärztlicher »Schulen« im Altertum die Ansichten des Hippokrates trotz öfters vorgebrachter Kritik weithin geschätzt wurden. Ein geradezu fanatischer Hippokratesverehrer war Galen, der in seinen zahllosen Schriften die »hippokratische Lehre« bzw. das, was er dafür hielt, für geradezu sakrosankt erklärte. Durch Galens enorme Nachwirkung haben sich hippokratische Vorstellungen bis ins 19. Jahrhundert als Konstanten in der Heilkunst erhalten. Erst mit dem Paradigmawechsel durch die Erkenntnisse der modernen Naturwissenschaften (z. B. Zellularpathologie und Mikrobiologie) schwanden sie aus der klinischen Medizin, leben aber in der Volksmedizin und der »alternativen Medizin« bis heute fort.

Grundlage der hippokratischen Lehre ist die Humoralpathologie: Vier Säfte (Blut, Schleim, Gelbe und Schwarze Galle) müssen im Körper in einem ausgewogenen Verhältnis (Eukrasie, Isonomie) stehen, damit dieser gesund ist. Ungleichgewichte (Dyskrasie) rufen Krankheiten hervor und betreffen den Organismus im Ganzen. Dabei wird der Mikrokosmos Mensch im Makrokosmos (Um)welt gesehen: Alle Einflüsse auf den Patienten müssen vom Arzt bedacht werden, um Gegenmaßnahmen einleiten zu können. Diese bestehen in Anweisungen zur Lebensführung, dem Aderlass, der Gabe von – oft pflanzlichen – Medikamenten und physiotherapeutischen Maßnahmen. Die Chirurgie wurde eher konservativ denn operativ betrieben. Besonderes Augenmerk widmete man der prognostischen Beurteilung einer Erkrankung, dies vielleicht ein Hinweis auf die ehedem priesterliche Herkunft der Asklepiaden und zweifellos Zeichen eines kundigen Praktikers.

Auch in der modernen Medizin sind Hippokrates Denkmäler gesetzt. Das nahezu jedermann bekannte ist der sprichwörtliche »Eid des Hippokrates«, ein zeitloser Kanon ethischer Normen, der inhaltlich viel diskutiert ist, mit großer Wahrscheinlichkeit in der überlieferten Form nicht von Hippokrates stammt, aber in verschiedenen Ländern – mitunter modifiziert – als Berufsgelöbnis angehenden Ärzten abverlangt wird bzw. wurde. Daneben gibt es die so genannte »Reposition nach Hippokrates« bei einer Schultergelenkluxation: Durch Druck mit der unbeschuhten Ferse des behandelnden Arztes in die Achselhöhle des Patienten, Zug mit beiden Händen am verletzten Arm und eine bestimmte Drehbewegung wird der herausgesprungene Kopf des Oberarmknochens wieder an seinen regulären Platz gebracht. Schließlich wird das in der Schrift *Prognostikon* treffend beschriebene Antlitz eines Schwerstkranken bzw. Sterbenden (u. a. eingefallene Züge, spitz hervorstehende Nase) als »hippokratisches Gesicht« (Facies hippocratica) bezeichnet. [FPM]

Werk(e):
Littré, É: Oeuvres complètes d'Hippocrate, 10 Bde. (1839–1861); Jones, W. H. S. et alii: Hippocrates, 8 Bde. (Loeb Classical Library, 1923ff); Kapferer, R. u. Sticker, G.: Die Werke des Hippokrates, 5 Bde. (1933–1940, dt. Übers.); Zahlreiche Einzelschriften sind im Corpus Medicorum Graecorum (CMG) ediert.

Sekundär-Literatur:
Potter, P.: Short Handbook of Hippocratic Medicine (1988, Kurzüberblick über das Gesamtwerk); Jouanna, J.: Hippocrate (1992); Kiapokas, M. S.: Hippocrates of Cos (2003); Neuere Forschungen finden sich besonders in den Kongressbänden des Colloque International Hippocratique.

His, Wilhelm,
deutscher Anatom,
* 9. 7. 1831 Basel,
† 1. 5. 1904 Leipzig.

His entdeckte die Neuroblasten und lieferte damit einen wichtigen Beweis für die Neuronentheorie des Gehirns.

W. His

His entstammte der alten Baseler Patrizierfamilie Ochs. Sein Vater, ein angesehener Seidenfabrikant, hatte 1818 den Familiennamen »Ochs« in »His« ändern lassen. Wilhelm His studierte Medizin in Basel, Berlin, Würzburg, Prag und Wien, wobei ihn besonders seine akademischen Lehrer J. ↗ Müller, Robert Remak, R. ↗ Virchow und Albert Koelliker beeinflussten. Nach Promotion (1854) und Habilitation (1856 in Basel) wurde er bereits 1857 Ordinarius für Anatomie und Physiologie in Basel. 1872 folgte His dem Ruf nach Leipzig als o. Professor der Anatomie und Direktor der anatomischen Anstalt, wo er ein neu zu bauendes Institut nach eigenem Ermessen einrichten konnte. Mit Christian Wilhelm Braune, der zugleich zum Ordinarius für topographische Anatomie berufen wurde, entwickelte sich eine fruchtbare Zusammenarbeit und lebenslange Freundschaft. Das nach His' Plänen erbaute anatomische Institut wurde 1875 eröffnet. His war 1882 Rektor der Universität und mehrfach Dekan der Medizinischen Fakultät, in der er sich auf vielfältige Weise für die Wissenschaft und die Etablierung neuer Lehrgebiete (so für die Gründung des Hygiene-Lehrstuhls 1878) engagierte.

Seine Forschungsinteressen lagen vor allem auf dem Gebiet der Embryologie des Nervensystems. Hier gelang ihm die fundamentale Entdeckung des Neuroblasten, womit er einen embryologischen Beweis für die Theorie von der anatomischen Unabhängigkeit der einzelnen Nervenzellen im Gehirn lieferte, die von August Forel seitens der Degenerationsforschung und von S. ↗ Ramón y Cajal anhand histologischer Befunde vertreten worden war und von Wilhelm Waldeyer 1891 als »Neuronentheorie« formuliert wurde. His führte zahlreiche neue oder verbesserte Methoden in die Anatomie ein, so den »Embryographen« zum Zeichnen von Schnitten auf Wachsplatten, einen »mikrofotografischen Apparat« sowie die His-Steger-Modelle für den anatomischen Unterricht. Gemeinsam mit dem Leipziger Psychiater Paul Flechsig regte His die Gründung spezieller Institute für Hirnforschung an und war maßgeblich beteiligt an der Arbeit der »Brain Commission«, einer Vorläuferin der International Brain Research Organization. Auch die Reform der anatomischen Nomenklatur (»Basler Nomenklatur«) geht ganz wesentlich auf His zurück. His war Mitbegründer der »Anatomischen Gesellschaft« sowie der *Zeitschrift für Anatomie und Entwicklungsgeschichte* und des »Archivs für Anthropologie«. [IK]

Werk(e):
Die anatomische Nomenclatur. Nomina anatomica (1895); Lebenserinnerungen und ausgewählte Schriften, hrsg. v. E. Ludwig (1965).

Sekundär-Literatur:
Rabl, C.: Geschichte der Anatomie an der Universität Leipzig (1909, Studien zur Geschichte der Medizin, Heft 7); His, W. jun.: Wilhelm His der Anatom. Ein Lebensbild (1931).

Hittorf, Johann Wilhelm,
deutscher Physiker und Chemiker,
* 27. 3. 1824 Bonn,
† 28. 11. 1914 Münster.

Hittorf war ein Wegbereiter der Dissoziationstheorie in der Elektrolyseforschung. Ausgehend von spektroskopischen Untersuchungen elektrischer Entladungen im Vakuum lieferte er erstmals eine umfassende Beschreibung der Eigenschaften der Kathodenstrahlen.

Hittorf studierte von 1842 bis 1846 am naturphilosophisch geprägten naturwissenschaftlichen Seminar in Bonn. Nach kurzem Studienaufenthalt in Berlin und Habilitation in Bonn wurde er 1847 Privatdozent an der Akademie in Münster. 1852 ernannte man ihn zum außerordentlichen, 1856 zum ordentlichen Professor für Physik und Chemie.

Nachdem er bei J. ↗ Plücker über ein mathematisches Thema promoviert hatte, galt sein weiteres Interesse der Erforschung chemischer Umwandlungsprozesse, sei es zwischen verschiedenen Modifikationen oder Allotropien chemischer Stoffe oder zwischen ionischen und atomaren Zuständen während der Elektrolyse. Zwischen 1853 und 1859 erweiterte er M. ↗ Faradays Ionentheorie der Elektrolyse, indem er Konzentrationsunterschiede der Ionen an den Elektroden durch unterschiedliche Wanderungsgeschwindigkeiten erklärte. Anhand von präzisen Messungen der elektrischen Leitfähigkeit und von energetischen Überlegungen schloss er auf eine weitgehend unabhängige Beweglichkeit der Ionen in der Lösung.

1865 zeigte er zusammen mit Plücker, dass in Gasentladungsröhren dieselben Stoffe unterschiedliche Spektren zeigen konnten. Deren Auftreten schien von der eingesetzten elektrischen Energie abzuhängen. Diese Forschungen haben wichtige Impulse für die weitere Entwicklung der physikalischen Spektroskopieforschung gegeben.

J.W. Hittorf

Verschiedene Innovationen in der Vakuumtechnologie, die er teilweise in Kooperation mit dem Instrumentenmacher H. ↗ Geißler einführte, ermöglichten Hittorf die Untersuchung der Gasentladungserscheinungen bei sehr geringen Drücken. Auch hier konzentrierte er sich auf die präzise Vermessung der elektrischen Eigenschaften und gab erstmals eine Beschreibung des elektrischen Potenzialverlaufs innerhalb der Röhren. Diese Forschungen wurden später von E. ↗ Goldstein, H. ↗ Hertz und W. ↗ Crookes fortgeführt. Hittorfs Versuch, eine elektrolytische Theorie der Prozesse zu entwikkeln, wurde später durch A. ↗ Schuster und J. J. ↗ Thomson aufgegriffen. [FM]

Werk(e):
On the Spectra of Ignited Gases and Vapours with Especial Regard to the Different Spectra of the Same Elementary Gaseous Substance, Philosophical Transactions of the Royal Society of London 155 (1865) 1–30; Ueber die Elektricitätsleitung der Gase, Poggendorfs Annalen der Physik und Chemie 136 (1869) 1–31 und 197–234; Über die Wanderung der Ionen während der Elektrolyse, Ostwalds Klassiker der exakten Naturwissenschaften 21/23 (1986).

Sekundär-Literatur:
Heydweiller, A.: Johann Wilhelm Hittorf, Physikalische Zeitschrift 9/10 (1915) 161–179; Schmidt, G.C.: Wilhelm Hittorf. Westfälische Lebensbilder 1 (1930) 127–148.

Hodge, William Vallance Douglas,
britischer Mathematiker,
* 17. 6. 1903 in Edinburgh,
† 7. 7. 1975 in Cambridge.

Hodge war ein bedeutender Vertreter der algebraischen Geometrie, nach dem heute diverse Fachbegriffe dieses Gebietes benannt sind.

Hodge studierte von 1920 bis 1926 bei Edmund Whittaker in Edinburgh und in Cambridge. Danach lehrte er bis 1931 an der Universität Bristol, ging 1931/32 zu einem Studienaufenthalt bei Salomon Lefschetz nach Princeton und wechselte danach nach Cambridge. Hier übernahm er 1936 einen Lehrstuhl, den er auch bis zu seiner Emeritierung im Jahr 1970 behielt.

Hodges Hauptinteressengebiet war die algebraische Geometrie, hier insbesondere harmonische Integrale auf reellen und komplexen algebraischen Mannigfaltigkeiten. Er definierte und untersuchte den Raum der harmonischen Formen auf einer kompakten Riemannschen Mannigfaltigkeit und konnte ihn bis auf Isomorphie beschreiben; diese Untersuchungen haben wichtige Anwendungen in der globalen Analysis und Differentialgeometrie. Weiterhin zeigte Hodge Zerlegungssätze (Zerlegungssatz von Hodge-Kodaira) und leitete daraus Summendarstellungen für Betti-Zahlen ab. Zahlreiche Begriffe in der algebraischen Geometrie tragen heute Hodges Namen, so etwa die Hodge-Algebren und die Hodge-Ableitung.

Neben seiner Forschungs- und Lehrtätigkeit war Hodge auch wissenschaftsorganisatorisch tätig, so war er einer der Mitbegründer des Britischen Mathematischen Kolloquiums, einer jährlich an wechselnden Orten stattfindenden großen Konferenz. Auch war er 1952 maßgeblich an der Gründung der Internationalen Mathematiker-Vereinigung beteiligt.

Für seine Tätigkeit wurden ihm zahlreiche Ehrungen zuteil, 1959 wurde er geadelt. [GW4]

Hodgkin, Sir Alan Lloyd,
britischer Physiologe,
* 5. 2. 1914 Banbury,
† 20. 12. 1998 Cambridge.

Hodgkin arbeitete zur Reizübermittlung im Nervensystem. Er wies u. a. nach, dass die elektrischen Impulse im Nervensystem durch chemische Prozesse an den Zellmembranen ausgelöst werden.

Zunächst zwischen Geschichte und Naturwissenschaften schwankend, entschied sich Hodgkin für das Studium von Biologie und Chemie und beschäftigte sich auch mit Mathematik und Physik am Trinity College in Cambridge, wo er u. a. E. ↗ Rutherford begegnete. Nach dem Studium wurde er Fellow des College und begann mit Experimenten an Frosch- und Krebsnerven.

1937 bis 1938 arbeitete er am Rockefeller Institute in New York. Hier lernte er die besonders langen und markscheidenfreien Nervenfasern von Tintenfischen zu präparieren – eine Basis der späteren neurophysiologischen Experimente. Zurückgekehrt nach Cambridge, begann die Zusammenarbeit mit Andrew F. Huxley. Während des Krieges arbeitete Hodgkin bei der Luftwaffe. Danach konnte er mit Huxley seine Experimente in Cambridge fortsetzen und wurde 1952 Professor. Die Forschungen wurden u. a. von der Rockefeller Foundation und der Royal Society unterstützt. Viele Experimente fanden auch im Laboratorium der Marine Biological Association in Plymouth statt.

A.L. Hodgkin

Hodgkin und Huxley wiesen nach, dass die elektrischen Impulse (Aktionspotenziale), die die Informationen im Nervensystem weiterleiten, durch Verschiebungen der Natrium-/Kalium-Ionenkonzentrationen an der Nervenzellmembran ausgelöst und über Fortsätze der Nervenzelle, die Nervenfaser (Axon), transportiert werden. In der Synapse (Kontaktstelle zur nächsten Nervenzelle) werden diese elektrischen Aktionspotenziale mittels Neurotransmittern in chemische Botschaften verwandelt, die – ebenfalls über Ionenverschiebungen – an der Membran der folgenden Nervenzelle wiederum ein Aktionspotenzial auslösen.

Für diese bahnbrechenden Forschungen erhielt Hodgkin viele Ehrungen, z. B. 1972 den Adelstitel. 1963 wurden ihm und Huxley sowie J. C. ↗ Eccles der Nobelpreis für Physiologie oder Medizin »für ihre Entdeckungen über die Ionenmechanismen bei der Erregung und Hemmung zentraler und peripherer Teile der Nervenzellmembran« verliehen. [SH2]

Werk(e):
Conduction of the Nervous Impulse (1964).

Sekundär-Literatur:
Huxley, A. F.: Sir Alan Lloyd Hodgkin, in: Biographical Memoirs of Fellows of the Royal Society 46 (2000).

Hodgkin, Dorothy Mary, geb. Crowfoot,
englische Physiko-Chemikerin und Kristallographin,
* 12. 5. 1910 Kairo,
† 29. 7. 1994 Shipston-on-Stour (bei Oxford).

Hodgkin-Crowfoot gehört zu den bedeutendsten Kristallographen in der Mitte des 20. Jahrhunderts. Mit Hilfe der Röntgenstrahl-Kristallographie gelang ihr die Entschlüsselung der Struktur wichtiger Substanzen, darunter Penicillin, Vitamin B_{12} und Insulin.

Dorothy Mary Crowfoot war die älteste von vier Töchtern von Grace Mary Hood und John Winter Crowfoot. Als Angestellter des britischen Schulsystems hielt sich ihr Vater in Ägypten auf, wo Dorothy und ihre zwei jüngeren Schwestern geboren wurden. Ihre Mutter sammelte als Hobby-Botanikerin Pflanzen. Mit Beginn des Ersten Weltkrieges wurden die Töchter zu den Großeltern nach Großbritannien geschickt und lernten in einer Privatschule. Bereits hier zeigte Dorothy großes Interesse am Physik- und Chemie-Unterricht. 1926 bestand sie die Eignungsprüfungen für Oxford, erwarb im Privatunterricht zusätzlich Latein- und Mathematik-Kenntnisse und begann 1927 am Somerville College (Women College) der Oxford University ein Chemie-Studium. 1931 legte sie in Oxford das Bachelorexamen ab. Sie hatte inzwischen begonnen, mit Röntgenstrahlen zu experimentieren.

Wesentlich für Dorothy Crowfoots Entwicklung, sowohl fachlich als auch bezüglich ihres politischen Engagements, war die Möglichkeit, in der Forschungsgruppe von J. D. ↗ Bernal am Mineralogischen Institut der Cambridge University zu arbeiten. 1934 wurde ihr vom Somerville College die Stelle des Chemie-Instructors angeboten, die sie bis 1936 ausübte, im selben Jahr wurde sie Fellow of the Somerville College und Tutor in Naturwissenschaften (Chemie). 1937 beendete sie ihre Dissertation an der Cambridge University. 1946 wurde sie endlich University Lecturer und 1957 University Reader. Erst 1960 bekam sie als Forscherin eine größere Unabhängigkeit, als sie (als erste Wissenschaftlerin) Wolfson Research Professor der Royal Society wurde. Diese Position erlaubte ihr mehr Zeit für die Forschungen und sicherte ihr ein größeres Budget.

1937 lernte sie Thomas L. Hodgkin kennen, einen jungen Lehrer und Cousin von A. L. ↗ Hodgkin, der jahrelang im Norden Englands unterrichtete und nur an den Wochenenden zur Familie nach Oxford fahren konnte. Im Dezember 1937 heirateten beide und bekamen die drei Kinder Lucas, Elizabeth und Tobias. Nach 1945 unterrichtete Th. Hodgkin an der Oxford University. Seit Mitte der 30er-Jahre war er Kommunist und Mitglied der KP Großbritanniens, Dorothy sympathisierte viele Jahre mit der »Linken«. Beide führten eine kameradschaftliche Partnerschaft, wie Schüler und Freunde immer wieder hervorhoben. Th. Hodgkin verwunderte die Oxforder Gesellschaft, weil er sich genauso um die Kinder kümmerte wie die Mutter – in den 50er-Jahren ein ungewöhnliches Verhalten für einen Ehemann.

Ab 1937 arbeitete Hodgkin mit den ersten Studenten und Doktoranden zusammen, zu denen Dennis Riley gehörte. Mit Ausbruch des Zweiten Weltkrieges stellte sich Bernal der Verteidigung zur Verfügung, seine bisherigen Mitarbeiter C. H. Carlisle und Käthe Schiff, eine aus Österreich vor den Nazis geflohene Wissenschaftlerin, kamen von London zu Hodgkin nach Oxford. Sie brachten auch technische Apparate und Anlagen aus Bernals Labor mit und setzten die Untersuchungen zur Struktur des Insulins fort. Ab 1943 war Hodgkin am Penicillin-Projekt unter E. ↗ Chain und H. ↗ Florey beteiligt. Nach der Lösung des Penicillin-Problems untersuchte Hodgkins Gruppe verschiedene Antibiotika und die ersten Virus-Arten. Auf Grund ihrer wissenschaftlichen Leistungen wurde Hodgkin 1947 zum Mitglied der Royal Society gewählt; sie war die dritte Wissenschaftlerin in dieser Gelehrtengesellschaft.

1948 weilte Hodgkin erstmals in den USA. Dank eines Stipendiums der Rockefeller Foundation besuchte sie verschiedene Laboratorien und lernte u. a. L. ↗ Pauling kennen. Von 1948 bis 1954 arbeiteten sie und ihre Gruppe an der Entschlüsselung der Struktur des Vitamin B_{12} und danach an der Aufklärung der Struktur des Insulins, die 1969 gelang.

Ungeachtet ihrer wissenschaftlichen Reputation bekam Dorothy Hodgkin von 1953 bis 1989 immer wieder Schwierigkeiten, ein Visum für die USA zu erhalten. Mit Bernal fuhr sie in den 50er-Jahren erstmals zu einer Veranstaltung der AdW der UdSSR und unterhielt seither regelmäßige Kontakte zu sowjetischen Wissenschaftlern – ein weiterer Grund für die US-Behörden, ihr ungern ein Visum für die USA ausstellen zu wollen.

1964 wurde ihr der Nobelpreis für Chemie verliehen. Die mit ihrem Nobel-Preis verbundene internationale Ausstrahlung nutzte sie konsequent für Projekte, die ihr wichtig waren. So stand sie an der Seite der Gegner des Vietnam-Krieges der USA und unterstützte nordvietnamesische Wissenschaftler mit der Einrichtung eines Laboratoriums für Röntgenstrahl-Untersuchungen. In den letzten Lebensjahren interessierte sie sich wieder für die Archäologie, die Wissenschaft, der sie sich als Kind zugewandt hatte.

Hodgkin arbeitete als Wissenschaftlerin zeitlebens zur Röntgenstrahlen-Analyse, anfangs anorganischer, metallischer Stoffe, später organischer Substanzen. Beginnend mit den röntgenspektroskopischen Arbeiten von W. H. ↗ Bragg und Sohn W. L. ↗ Bragg entwickelte sich die Röntgenstrahl-Kristallographie seit den 30er-Jahren zu einem wichtigen Gebiet, das wesentliche Ergebnisse für die Mikrobiologie brachte. Sie begann mit Strukturbestimmungen an Metallen, es folgten Untersuchungen an organischen Verbindungen wie das Cholesterin und Hormone. Später bestimmte sie die Struktur solch komplizierter Verbindungen wie des Penicillins, des Vitamins B_{12} und des Insulins. Ihre Strukturanalysen ermöglichten die synthetische industrielle Herstellung des Penicillins und besaßen große medizinisch-praktische Bedeutung. Für Hodgkin war die Verbindung theoretischer Fragestellungen mit praktischen Anwendungen stets wichtig und bestimmte jahrzehntelang ihre Forschungen.

Dorothy Hodgkin gehörte zu den bedeutendsten Kristallographen in der Mitte des 20. Jahrhunderts. Sie war eine der ersten Wissenschaftlerinnen, denen in Großbritannien hohe akademische Rechte und

Ehrungen gewährt wurden. Nach 1945 gehörte sie zu den Mitbegründerinnen der International Union of Crystallography. Hodgkins Forschungsgruppe war international und interdisziplinär, und sie förderte Studentinnen. Sie hatte eine Reihe international bekannter Wissenschaftlerinnen und Wissenschaftler als Schüler, darunter die spätere Ministerpräsidentin Großbritanniens Margaret Thatcher. Als Mutter und Großmutter lebte sie ein neues Rollenmodell erfolgreich vor, bei dem sich Wissenschaft und Familie nicht ausschlossen. Jahrzehntelang war sie politisch engagiert tätig, zuerst gegen das Nazi-Regime in Deutschland und für die Unterstützung der Flüchtlinge aus NS-Deutschland, nach 1945 für verschiedene Unabhängigkeitsbewegungen in ehemaligen Kolonien, gegen den Vietnam-Krieg, für weltweite Abrüstung, zeitweilig als Präsidentin der Pugwash Konferenzen. [AV2]

Sekundär-Literatur:
Ferry, G.: Dorothy Hodgkin. A Life (1998); Goldwhite, H.: Dorothy Mary Crowfoot Hodgkin (1910-), in: Grinstein, L. S. und Rose, R. K., Rafailovich, M. H. (Hrsg.): Women in Chemistry and Physics. A Biobibliographic Sourcebook (1993); McGrayne, S. B.: Nobel Prize women in science: their lives, struggles, and momentous discoveries (1998).

Hoff, Karl Ernst Adolf von,
deutscher Geologe, Geograph und Diplomat,
* 1. 11. 1771 Gotha,
† 24. 5. 1837 Gotha.

Am Beginn des 19. Jahrhunderts gehörte Hoff zu den Begründern der aktualistischen Denkweise in der Geologie und hat sich mit seinen systematischen Arbeiten zur exogenen und endogenen Dynamik um die Herausbildung der Allgemeinen Geologie verdient gemacht.

Nach dem Besuch des Gymnasiums Ernestinum in Gotha studierte Hoff 1788 bis 1791 an den Universitäten Jena und Göttingen Jura. In Göttingen wurde sein Interesse an den Naturwissenschaften vor allem durch die Vorlesungen von G. Chr. ↗ Lichtenberg (Physik) und J. F. ↗ Blumenbach (Naturgeschichte) geweckt, denen er sein Leben lang verbunden blieb. Nach dem Studium wurde er als Legationssekretär in den diplomatischen Dienst des Herzogs Ernst II. von Sachsen-Gotha-Altenburg aufgenommen und blieb bis zu seinem Lebensende Hofbeamter im Staatsdienst in Gotha.

Schon als junger Diplomat war er im Auftrag seines Herzogs an den Verhandlungen zu den Friedensschlüssen von Campo Formio (1797) und Lunéville (1801) beteiligt, in deren Folge durch Napoleons Diktat eine neue Struktur der deutschen Länder entstand. Zu diesen Veränderungen legte Hoff (1801/05) eine größere politisch-geographische Publikation vor. Auch später wurde er mit entsprechenden Missionen betraut und avancierte 1826 zum Direktor des Oberkonsistoriums mit dem Titel eines geheimen Konferenzrates. Darüber hinaus wurde Hoff auch mit innenpolitischen Aufgaben betraut, wie der Klärung der Erbfolge im Herzoglichen Hause Sachsen oder der Leitung der Universitätsreform in Jena (1817/21). Er erhielt 1826 die Berufung zum Kurator der Sternwarte auf dem Seeberg bei Gotha und wurde 1827 zum Regierungsbevollmächtigten für die Universität Jena ernannt.

Neben seinen anspruchsvollen Aufgaben als Hofbeamter veröffentlichte Hoff sein ganzes Leben über geologische Arbeiten. Unmittelbar nach seiner Studienzeit unternahm er zusammen mit Christian Wilhelm Jacobs in der Umgebung von Gotha geologische Studien, die zu seinem zweibändigen Werk *Der Thüringer Wald* führten. Bereits 1801 hatte er in Gotha das *Magazin für die gesamte Mineralogie* herausgegeben. Am Beginn des 19. Jahrhunderts war Gotha neben Weimar ein Zentrum der Künste und Wissenschaften in Thüringen, das durch Initiativen von Herzog Ernst II. im Geist der Aufklärung geprägt war. Die Erweiterung der Kunst- und Antikensammlungen, die Bibliothek und auch die Förderung des Schulwesens fanden wie das Theater- und Musikleben in der Residenzstadt große Aufmerksamkeit. In Gotha wurde die Astronomie gepflegt, und das Verlagswesen vor allem für Atlanten, Karten und Kalender beförderte die Kartographie.

Zu Beginn des 19. Jahrhunderts hatten sich bereits gesicherte Vorstellungen über die natürliche Geschichte der Erde durchgesetzt. Es ergaben sich aber Fragen nach dem Charakter der geologischen Vorgänge in der Vergangenheit der Erde und wie sich über diese Prozesse Erkenntnisse gewinnen ließen. G. ↗ Cuvier meinte, dass sich der Gang der Natur in der Erdgeschichte verändert habe und keine Naturkräfte der Gegenwart hinreichend wären, die großen Veränderungen in der Vergangenheit zu bewirken. So wurde in der Vergangenheit die Lebewelt durch mehrfache Katastrophen vernichtet. J. ↗ Hutton und A. G. ↗ Werner gingen dagegen davon aus, dass die Ereignisse und Zustände der Erdgeschichte durch Kräfte verursacht wurden, die noch bis zur Gegenwart wirksam sind. Daraus folgerte Hoff, dass nur ein intensives Studium der gegenwärtigen Natur der Erde eine sichere Basis für das Verständnis der geologischen Vorgänge in der Erdgeschichte ist. Er erklärte das Zustandekommen von großen Ereignissen in der Erdgeschichte durch die Summe von zahlreichen kleinen Veränderungen in langen Zeitabschnitten.

Angeregt durch eine Preisaufgabe der Königlichen Gesellschaft der Wissenschaft zu Göttingen (1818) erarbeitete Hoff in den Jahren 1822–34 sein geologisches Hauptwerk *Geschichte der durch Überlieferung nachgewiesenen natürlichen Veränderungen der Erdoberfläche*. Umfassend und streng systematisch, stellte Hoff aktuelle geologische Tatsachen und Prozesse aus der Zeit der Menschheitsgeschichte vor, um auf dieser Basis Ereignisse und Sachverhalte der früheren Erdgeschichte zu verstehen und erklären zu können. Im ersten Band (1822) beschrieb Hoff die »Veränderungen in dem Verhältnisse zwischen Land und Meer«, im zweiten (1824) die »Veränderungen in dem festen Theile der Erdoberfläche durch Vulcane und Erdbeben« und im dritten (1834) »Die übrigen das trockene Land und die Inseln treffenden Veränderungen«. So zeigte Hoff in den ersten beiden Bänden die exogene und endogene Dynamik im geologischen Geschehen.

Über seine geologischen Vorstellungen stand Hoff mit L. v. ↗ Buch, J. W. v. ↗ Goethe, A. v. ↗ Humboldt, E. F. v. ↗ Schlotheim, Johann Carl W. Voigt u. a. in regem Gedankenaustausch und gehörte mit diesen Gelehrten zu den Vertretern der klassischen Geologie in Deutschland. 1830 entwickelte Ch. ↗ Lyell sein Konzept des Uniformismus und hat zusammen mit Hoff entscheidend dazu beigetragen, den aktualistischen Vorstellungen in der Geologie die allgemeine Anerkennung zu verschaffen, bis im 20. Jahrhundert wieder Debatten zur Relativierung dieses Grundsatzes einsetzten. [MG]

Werk(e):
Das Teutsche Reich vor der französischen Revolution und nach dem Frieden von Lunéville, 2 Bde. (1801/05); Der Thüringer Wald besonders für Reisende geschildert, 2 Bde. (1807/12); Geschichte der durch Überlieferung nachgewiesenen natürlichen Veränderungen der Erdoberfläche, 3 Bde. (1822/34), Bde. 4 und 5 (1840/41).

Sekundär-Literatur:
Goethe, J. W. v.: Herrn von Hoffs Geologisches Werk, in: Die Schriften zur Naturwissenschaft, Bd. 2, Schriften zur Geologie und Mineralogie 1812-1832, Leopoldina-Ausgabe, Hrsg. G. Schmidt (1949); Mathé, G.: Karl Ernst Adolf von Hoff (1771 bis 1837). Verdienste und Grenzen eines Gothaischen Staatsbeamten um die Förderung geologischen Denkens, in: H. Prescher (Hrsg.): Leben und Wirken Deutscher Geologen im 18. und 19. Jahrhundert (1985).

Hoffmeister, Cuno,

deutscher Astronom,
* 2. 2. 1892 Sonneberg/Thüringen,
† 2. 1. 1968 Sonneberg/Thüringen.

Hoffmeister gründete die Sternwarte Sonneberg mit der Sonneberger Himmelsüberwachung, arbeitete besonders an der Erforschung der Meteore und veränderlichen Sterne.

Hoffmeister absolvierte in seiner Heimatstadt die mittlere Reife sowie eine Lehre in der väterlichen Fabrik für Lederpuppen. Daneben bildete er sich autodidaktisch in der Astronomie, sodass er zunächst ab 1915 an der Sternwarte Bamberg sowie nach Ablegung der Reifeprüfung an der Sternwarte Jena Assistent wurde. 1925 wurde er Direktor der unter seiner Leitung gegründeten Sternwarte Sonneberg, die ab 1937 als Abteilung der Universitätssternwarte Berlin-Babelsberg (später als Abteilung des Zentralinstituts für Astrophysik der Akademie der Wissenschaften der DDR) fungierte.

Hoffmeister schuf anerkannte Standardwerke über die Meteore sowie die veränderlichen Sterne. Dabei fußte er in starkem Maße auf eigenem, in jahrzehntelanger Beobachtungspraxis gewonnenem Material. Mit veränderlichen Sternen hatte er sich bereits in Bamberg beschäftigt, doch entdeckte und bearbeitete er im Laufe seines wissenschaftlichen Lebens über 10 000 dieser Objekte. Dies wurde durch eine systematische fotografische Überwachung des Himmels möglich, ein über Jahrzehnte mit identischer Technik verfolgtes Projekt, in dessen Ergebnis mit über 200 000 Fotoplatten das weltweit zweitgrößte astronomische Plattenarchiv entstand. Auf der Grundlage dieses Beobachtungsmaterials erforschte Hoffmeister die physikalischen Mechanismen des Lichtwechsels dieser Sterne und leitete deren Verbreitung in unserer Galaxis ab.

Auf dem Gebiet der Meteore entdeckte Hoffmeister die sog. Ekliptikalströme. Er stellte jedoch diese Beobachtungen ein, nachdem er um 1950 die Überlegenheit der Radarbeobachtungen für die Erforschung der Meteore erkannt hatte.

Ein weiteres Thema der Forschungen Hoffmeisters war das Zodiakallicht, dessen Staubcharakter er um 1950 erkannte. Untersuchungen des intergalaktischen Staubs führte er auch auf mehreren Expeditionen aus, die ihn zwischen 1930 und 1959 nach Süd- und Mittelamerika sowie nach Südafrika führten.

Hoffmeisters autodidaktischer Bildungsweg brachte ihn zur Erkenntnis der Notwendigkeit der populären Verbreitung astronomischer Kenntnisse sowie der Förderung von Amateurastronomen und des astronomischen Nachwuchses. Von 1951 bis 1967 war er Schriftleiter bzw. Herausgeber der für die Amateurastronomie bedeutenden Zeitschrift *Die Sterne*. [JH]

Werk(e):
Hoffmeister, C.: Meteorströme (1948); Hoffmeister, C.: Veränderliche Sterne (1970);

Sekundär-Literatur:
Hoffmeister, W.: Die Anfänge der Sternwarte Sonneberg (1969; Deutsches Spielzeugmuseum Sonneberg/Schriftenreihe); Treasure-Hunting in astronomical Plate Archives. Proceedings of the international Workshop held at Sonneberg Observatory (1999; Acta Historica Astronomiae; 6).

Hofmann, August Wilhelm von,
deutscher Chemiker,
* 8. 4. 1818 Gießen,
† 5. 5. 1892 Berlin.

Hofmann lieferte grundlegende Beiträge zur organischen Chemie, insbesondere der organischen Stickstoff- und Phosphorverbindungen sowie der Anilinfarbstoffe, und gilt als ein Begründer der Teerfarbenindustrie.

August Wilhelm Hofmanns Vater Johann Philipp erbaute als Architekt das Laboratorium in Gießen.

1836 für Jura in Gießen immatrikuliert, kam Hofmann durch J. v. ↗ Liebigs Vorlesungen zur Chemie, promovierte 1841 und arbeitete bis 1845 in diesem Labor. 1845 habilitierte er sich in Bonn, wurde außerordentlicher Professor und ging nach London als Direktor des Royal College of Chemistry. 1863 nahm er einen Ruf nach Bonn an, folgte aber nach E. ↗ Mitscherlichs Tod einer weiteren Berufung 1865 nach Berlin.

1843 isolierte Hofmann aus Steinkohlenteeröl Anilin und wies dessen Identität nach mit dem von Carl Julius Fritzsche 1840/1841 aus Anthranilsäure erhaltenen Produkt, Otto Unverdorbens Krystallin (1826), Friedlieb Runges Kyanol (1834) und Nikolai Nikolajewitsch Zinins Benzidam (1842).

A.W. von Hofmann

Zwei Jahre später in Bonn fand er den bald industriell beschrittenen Weg durch Benzol-Nitrierung und Reduktion des Nitrobenzols mit Metall und Säure. 1845 entdeckte er die effektivere Nitrierung von Aromaten durch ein Gemisch aus Salpeter- und Schwefelsäure. Hofmanns Londoner Mitarbeiter Charles Mansfield isolierte destillativ größere Mengen Benzol aus Steinkohlenteer.

Bei Versuchen mit Anilin erhielt sein Schüler W. H. ↗ Perkin 1856 Mauvein, den ersten Teerfarbstoff. Die darauf einsetzende fieberhafte Suche nach Anilinfarben führte letztlich auch zur Gründung der großen Farbenfabriken. Hofmann selbst gelang sowohl die Auffindung neuer Farbstoffe als auch die analytische Aufklärung der neuen Substanzen. Wesentlich war sein (erst nach E. ↗ Fischers und Otto Fischers Erkenntnis der Triphenylmethan-Struktur voll verstandener) Befund, dass Rohanilin aus toluolhaltigem Benzol höhere Farbstoffausbeuten liefert. Für seine wissenschaftlichen Verdienste um die Teerfarben erhielt er den mit 100 000 Francs dotierten Grand Prix der Pariser Weltausstellung 1867.

Ausgehend vom Anilin erschloss Hofmann die Vielfalt der Amin-Chemie. Durch Umsetzung mit Alkylhalogeniden gewann er erstmals sekundäre und tertiäre Amine. Seine Alkylierung des Grundkörpers Ammoniak zeigte den einfachsten Weg zu primären aliphatischen Aminen und weiter zur gesamten Reihe bis zu den quartären Ammoniumsalzen. Mittels mehrwertiger Halogenverbindungen gelangte er zu funktionalisierten Aminen und Diaminen.

Die Phosphine einschließlich ihrer Oxide und Sulfide machte er ab 1855 ebenfalls zugänglich. Hier gelang die Synthese der tertiären Verbindungen durch Umsetzung von Phosphortrichlorid mit Zinkdialkylen, eine frühzeitige synthetische Anwendung metallorganischer Verbindungen.

Von London aus leitete Hofmann den Neubau eines Chemischen Instituts in Bonn, das dann aber A. ↗ Kekulé von Stradonitz bezog. Der Bau eines großen Instituts war auch Bedingung für die Übersiedlung nach Berlin. Bis zu dessen Fertigstellung 1869 arbeitete er in H. ↗ Roses Laboratorium auf der Museumsinsel, wo an gleicher Stelle danach die Nationalgalerie entstand. Aus den unzulänglichen Räumen gingen bemerkenswerte Arbeiten hervor wie 1867 die Methanol-Oxidation zum Formaldehyd, Vorbild der späteren großtechnischen Synthese. Selbst Reizstoffe wie Chlorpikrin wurden bearbeitet; die klassische Isonitril-Synthese aus primären Aminen mit Chloroform fand er 1867 hier. Beim Phenylisonitril beobachtete Hofmann die Bildung eines blauen Farbstoffs, dessen Natur als Dianil des Indigos erst 90 Jahre später aufgeklärt wurde.

A.W. von Hofmann in seinem Berliner Privat-Laboratorium 1870

Sein experimentelles Schaffen in Berlin spannte sich vom C_1-Körper des kleinsten Aldehyds über Senföle, Phosphon-, Phosphinsäuren und Heterocyclen bis zu Alkaloiden. Eine Reihe chemischer Reaktionen trägt Hofmanns Namen. Auch mit Geräten ist dieser verknüpft, wie der Apparatur zur Wasserelektrolyse, wogegen andere seiner Erfindungen wie die der Natriumpresse der Anonymität anheimfielen.

Berühmt für sein schon in England praktiziertes Konzept der »Allianz von Wissenschaft und Industrie«, fand er auch in Berlin bald Kontakte zu Firmenchefs wie Wilhelm Kahlbaum, Hugo Kunheim und Ernst Schering. Dichlorethan aus Scherings Fabrik nutzte er zur Darstellung seiner »Äthylenbasen«. Seine Schüler Gustav Kraemer und Adolph Bannow nahmen leitende Positionen bei Kahlbaum ein. C. A. v. ↗ Martius und der Komponistensohn Paul Mendelssohn Bartholdy, beide aus seinem Labor, gründeten mit Hofmann als stillem Teilhaber 1867 eine Anilinfabrik, aus der 1873 die AGFA hervorging.

Einer der bekanntesten Forscher seiner Zeit, nahm Hofmann auch zahlreiche Funktionen im öffentlichen Leben Englands wie Deutschlands wahr. In London wurde er 1862 Präsident der Chemical Society, in Berlin gründete er 1867 die Deutsche Chemische Gesellschaft, die ihn 14 Mal zum Präsidenten wählte. 1880/81 war er Rektor der Friedrich-Wilhelms-Universität. Er arbeitete in vielfältigsten Gremien, erstellte Gutachten und hielt Experimentalvorlesungen vor dem englischen und dem preußischen Königshaus, aber auch Vorträge vor großem Publikum wie die Working Men Lectures. Seine wissenschaftshistorischen Beiträge füllen mehrere Monographien und über ein halbes Hundert Biographien.

Die Vielzahl der Ehrungen umfasst neben Promotionen und Mitgliedschaften auch die Nobilitierung 1888 durch Kaiser Friedrich III. und die Ernennung zum Offizier der Ehrenlegion 1867 durch Napoleon III. Die Friedensklasse des Pour le Mérite wurde ihm 1883 zuteil, die Faraday-Medaille 1875 und die Copley-Medaille der Royal Society 1876. Die Deutsche Chemische Gesellschaft dedizierte 1888 eine marmorne Hofmann-Büste von Friedrich Schaper. Nach seinem Tode hielten die Ehrungen an: Das 1900 eingeweihte Vereinshaus der DChG trägt seinen Namen, ebenso eine ab 1903 verliehene Goldmedaille.

Hofmann war viermal verheiratet, zuerst mit einer Nichte von Liebigs Frau, zuletzt mit einer Schwester seines Mitarbeiters F. ↗ Tiemann; er hatte 11 Kinder. Bis zuletzt bewahrte er seine bemerkenswerte Vitalität; noch am Sterbetag ging er um 9 Uhr zur Vorlesung und abends zur Fakultätssitzung und zu zwei Doktorprüfungen. [HT]

Werk(e):
Einleitung in die moderne Chemie (1866); Zur Erinnerung an vorangegangene Freunde (3 Bde., 1888).

Sekundär-Literatur:
Volhard, J. und Fischer, E.: August Wilhelm von Hofmann. Ein Lebensbild (1902); Meinel, C. und Scholz, H. (Hrsg.): Die Allianz von Wissenschaft und Industrie. August Wilhelm Hofmann (1818–1892). Zeit, Werk, Wirkung (1992).

Hofmeister, Friedrich Wilhelm Benedikt,
deutscher Botaniker,
* 18. 5. 1824 Leipzig,
† 12. 1. 1877 Lindenau.

Hofmeister hat durch seine vergleichend entwicklungsgeschichtlichen Untersuchungen das Verständnis der Zusammenhänge zwischen den großen Gruppen der Landpflanzen ermöglicht. Er hat dem Gedanken eines phylogenetischen Zusammenhanges bei den Pflanzen den Weg bereitet. Außerdem war er ein Pionier der pflanzlichen Zellenlehre.

Der Vater, Friedrich Hofmeister, war Inhaber einer Verlags-, Buch- und Musikalienhandlung. In dieses Geschäft trat der Sohn nach Realschulausbildung und Lehrzeit in Hamburg ein. Angeregt von den *Grundzügen der wissenschaftlichen Botanik* von M. J. ↗ Schleiden, begann er mit Untersuchun-

F.W.B. Hofmeister

gen zur Entwicklungsgeschichte der Pflanzen, wobei ihm die Arbeitsweise von H. ↗ Mohl ein Vorbild war. Eine Arbeit von 1849 führte zur Verleihung der Ehrendoktorwürde der philosophischen Fakultät der Universität Rostock. 1863 wurde er, der weder ein Abitur noch ein Studium vorweisen konnte, vom Großherzoglich Badischen Ministerium unter Umgehung der Fakultät als Nachfolger von Gottlieb W. Bischoff auf den Lehrstuhl für Botanik in Heidelberg berufen. Der Tod seiner Frau und der jüngsten Tochter trafen ihn schwer. Querelen innerhalb der Professorenschaft verleideten ihm das Amt, und er nahm 1873 einen Ruf nach Tübingen als Nachfolger von Mohl an. Der Tod zweier Söhne belastete ihn sehr, er heiratete zum zweiten Mal, aber ein Schlaganfall im Mai 1876 zwang ihn, seine Professur vorzeitig niederzulegen.

Hofmeister begann mit der Teilnahme an einer der großen wissenschaftlichen Kontroversen der Botanik seiner Zeit: Woraus entwickelt sich nach der Befruchtung der pflanzliche Embryo, aus der Spitze des Pollenschlauches oder aus dem Embryosack? Hofmeister erkannte im Embryosack »das wahre Ey der Pflanze«. Die bedeutendste Leistung von Hofmeister war die Aufklärung des Generationswechsels bei den Moosen, Farnpflanzen und Nacktsamern. Während wir heute die beiden dabei auftretenden Generationen wesentlich durch ihre Kernphase definieren, war Hofmeister ganz auf die vergleichende Entwicklungsgeschichte angewiesen. Sie zeigte ihm, dass sich aus dem weiblichen Organ, dem *Archegonium* der Moose und Farne, und aus einem vergleichbaren, stark abgewandelten Zellkomplex der Nacktsamer (*Coniferen*) eine neue Generation entwickelt, die bei den Moosen auf der Mutterpflanze sitzen bleibt, bei den Farnen die bei weitem stärker entwickelte Generation bildet, während schließlich bei den Samenpflanzen der Generationswechsel kaum noch zu erkennen ist. J. v. ↗ Sachs bezeichnete dies als eine der folgenreichsten Erkenntnisse, die jemals auf dem Gebiete der Morphologie und Systematik gemacht wurden. Sie war sehr wesentlich für die schnelle Durchsetzung des Evolutionsgedankens in der Botanik. Hofmeister hat sich später auch eindeutig für die von Ch. ↗ Darwin herausgearbeitete Theorie der Evolution ausgesprochen. Ab 1857 begann Hofmeister mit Arbeiten zur Physiologie, wobei ihn besonders die Probleme des Saftsteigens und der Bewegungen der Pflanzen beschäftigten. Er erzielte einige beachtliche Ergebnisse, musste aber auch Fehlschläge hinnehmen. [GW]

Werk(e):
Vergleichende Untersuchungen der Keimung, Entfaltung und Fruchtbildung der höheren Kryptogamen und der Samenbildung der Coniferen (1851); Die Lehre von der Pflanzenzelle und Allgemeine Morphologie der Gewächse, in: Handbuch der physiologischen Botanik, Bd. 1 (1867/68).

Sekundär-Literatur:
Goebel, K. v.: Wilhelm Hofmeister. Arbeit und Leben eines Botanikers des 19. Jahrhunderts (1924).

Hofstadter, Robert,
amerikanischer Physiker,
* 5. 2. 1915 New York,
† 17. 11. 1990 Palo Alto (Californien).

Hofstadter trug mit seinen Forschungen zur Aufklärung der Struktur des Atomkerns bei.

Hofstadter erhielt seine Schulbildung und den ersten Universitätsabschluss in seinem Geburtsort. Danach wechselte er an die Princeton-Universität, wo er 1938 promoviert wurde. Im Krieg arbeitete er für staatliche Stellen und danach in der Industrie. Nach dem Krieg ging er als Assistenzprofessor zurück nach Princeton. Hier entwickelte er einen Szintillationszähler für Gammastrahlen und beschäftigte sich mit Fotoleitfähigkeit und Infrarotstrahlung.

Im Jahre 1950 erhielt er einen Ruf an die Stanford-Universität in Palo Alto, Kalifornien, wo er neue Nachweisgeräte für Neutronen und Röntgenstrahlen entwickelte. Ab 1953 führte er am dortigen Linearbeschleuniger Streuversuche mit hoch energetischen Elektronen an leichten Atomkernen durch.

Schnelle Elektronen können die Elektronenhülle eines Atoms nahezu ungestört passieren, um innerhalb des Atomkerns von den Kernbestandteilen gestreut zu werden. Hieraus lässt sich sowohl die Struktur des Kerns als auch die seiner Bausteine (Protonen und Neutronen) bestimmen.

Dabei stellte Hofstadter fest, dass die Bestandteile des Kerns relativ gleich verteilt sind, unabhängig von dessen Größe, d. h. dass die spezifische

Masse konstant ist. Außerdem konnte er nachweisen, dass Protonen und Neutronen keine punktförmigen Ladungen sind, sondern eine Ausdehnung besitzen, die er auch bestimmte. Noch überraschender war aber die Erkenntnis, dass sie auch eine innere Struktur haben. So fand er heraus, dass beide aus einem positiv geladenen Materiekern bestehen und von zwei Mesonenschalen umgeben sind. Während diese Schalen beim Neutron negativ sind und damit die Gesamtladung Null ist, sind sie beim Proton positiv, sodass sich eine positive Gesamtladung ergibt.

Für diese Entdeckung erhielt Hofstadter im Jahre 1961 den Nobelpreis für Physik. Heute wird diese Beobachtung mit dem Quark-Modell von Murray Gell-Mann erklärt. [RS]

Werk(e):
Herman, R. (ed.): Collected Works of Robert Hofstadter (1983).

Sekundär-Literatur:
Friedman, J. I. und Little, W. A.: R. H., Biographical Memoirs of the National Academy of Science 79 (2001), http://stills.nap.edu/html/biomems/rhofstadter.html

Holborn, Ludwig Christian Friedrich,
deutscher Physiker,
* 29. 9. 1860 Göttingen,
† 19. 9. 1926 Berlin.

Holborn war ein bedeutender Vertreter der messenden Physik.

Nach Besuch der Realschule in Göttingen studierte Holborn an der dortigen Universität Naturwissenschaften von 1879–1884. Er legte die Lehrbefähigung für Mathematik und Physik sowie für Mineralogie und Zoologie ab, obwohl er die beiden zuletzt genannten Fächer nicht lehrte. 1884–1889 war er Assistent am erdmagnetischen Observatorium in Göttingen und promovierte 1887 mit einer erdmagnetischen Arbeit. 1903 konstruierte er zusammen mit F. ↗ Kohlrausch ein Torsionsmagnetometer. Holborn wurde Mitarbeiter (1890) und Mitglied (1898) der 1887 gegründeten Physikalisch-Technischen Reichsanstalt in Berlin, die unter H. v. ↗ Helmholtz' und dann unter Kohlrauschs Leitung stand. 1914 wurde Holborn Direktor des Laboratoriums für Wärmelehre und 1918 Vertreter des Präsidenten der Reichsanstalt.

In seinen wissenschaftlichen Arbeiten untersuchte er zusammen mit Mitarbeitern die Messgenauigkeit von Thermoelementen und konstruierte mit Ferdinand Kurlbaum ein optisches Pyrometer. Holborn trug wesentlich mit dazu bei, dass 1924 die thermodynamische Temperaturskala gesetzlich eingeführt werden konnte. Außerdem untersuchte er die thermisch-kalorischen Eigenschaften der Gase. [HGK]

Werk(e):
Beiträge über Kalorimetrie, physikalische Messmethoden u. a., in: Kultur der Gegenwart, Teil 3, Sekt. 3, Bd.1 Physik (1915); Handbuch der Experimentalphysik, Bd. 1 (1926); Handbuch der Elektrizität und des Magnetismus, Bd. 3 (1922); Mitarbeiter an Kohlrausch: Praktische Physik (1917–1923).

Sekundär-Literatur:
Henning, F. : Ludwig Holborn, Physik. Zeitschr. 28 (1927) 157–170.

Hollerith, Herman,
amerikanischer Ingenieur und Unternehmer,
* 29. 2. 1860 Buffalo (New York),
† 17. 11. 1929 Washington D. C.

Hollerith zählt zu den Pionieren der Informatik. Sein Verfahren zur maschinellen Auswertung von auf Lochkarten erfassten Daten begründete die maschinelle Statistik und schuf die Grundlagen für die automatische Datenverarbeitung. Aus dem von ihm gegründeten Unternehmen ging 1924 die Firma International Business Machines Corporation (IBM) hervor.

Hollerith wurde als Sohn des 1848 aus Speyer emigrierten Gymnasialprofessors Johann Georg Hollerith und dessen Frau Franziska geboren. Seine erste Ausbildung erhielt er am City College in New York und an der Columbia College School of Mines, die er mit 19 Jahren abschloss. Zunächst arbeitete er beim U. S. Census, der für die Volkszählung zuständigen Behörde der USA. 1882 wechselte er als »Instructor of mechanical engineering« an das Massachusetts Institut of Technology (M. I. T.). Ab 1883 arbeitete er als Patensachverständiger und -anwalt in Washington D. C., befasste sich aber auch mit der Entwicklung von Eisenbahnbrem-

H. Hollerith

sen. Seine patentierte magnetisch betriebene Luftbremse konnte sich allerdings gegen die von George Westinghouse vorgelegte Entwicklung nicht durchsetzen, sodass er sich erneut der Rationalisierung statistischer Erhebungen zuwandte.

Die Verbindung mit dem Militärarzt John Shaw Billings, der als Leiter der Vitalstatistik hinsichtlich statistischer Auswertungen erfahren war, ermutigte ihn, hierfür ein maschinelles Verfahren zu entwickeln. Die entsprechenden Anregungen holte sich Hollerith nicht nur von der Jacquardschen Webstuhlsteuerung, sondern auch auf Eisenbahnfahrten. Hier nämlich war es üblich, die unbefugte Weitergabe von Fahrkarten dadurch einzuschränken, dass man bestimmte Personenmerkmale – z. B. das Geschlecht, die Statur – in die Fahrkarte einlochte.

Zunächst entwarf Hollerith eine Einrichtung zur elektrischen Abtastung eines breiten Lochbandes, in das die statistischen Daten eingestanzt waren; bereits 1889 erhielt er auf das Verfahren ein Patent. Geeigneter schien ihm jedoch die Datenspeicherung auf einer Lochkarte, deren Größe er mit 3 Zoll Höhe und 6 Zoll Breite festlegte; damit konnten zunächst bis zu 204 Positionen markiert werden. Probezählungen in Baltimore (1886) und New Jersey (1887) waren ein erster Test, wobei man für die Lochungen am oberen und unteren Längsrand der mit entsprechenden Aufdrucken versehenen Karte noch originale Schaffnerzangen einsetzte. Zur Erfindung, die bereits 1884 zum Patent angemeldet wurde, gehörte neben dem Erfassungsmedium auch eine Zähl- und Sortierapparatur zur Auswertung der gelochten Karten – der eigenartigen Handhabung wegen auch als »Statistikklavier« bezeichnet. 30 weitere, in den Folgejahren erhaltene Patente sicherten den dauerhaften Erfolg dieser revolutionären Erfindung, deren Grundprinzipien aus den »Hollerith-Stationen« und den daraus hervorgegangenen Rechenzentren nicht mehr wegzudenken waren und ein Jahrhundert lang in Anwendung blieben.

Die Premiere erfolgte zur 11. Amerikanischen Volkszählung 1890: Für die Erhebung waren 62 622 250 Lochkarten mit jeweils 18 bis 20 Lochungen auszuwerten, dafür standen 56 elektrische Zählmaschinen zur Verfügung. Bereits sechs Wochen nach Abschluss der Zählung erhielt man die ersten Ergebnisse, nach zwei Jahren war die gesamte Auswertung abgeschlossen und wurde auf 2 378 Seiten veröffentlicht.

Da sich die – auch in anderen Ländern zu rationalisierende – Volkszählung als ein lukratives Geschäft erwies, gründete Hollerith am 3. 12. 1896 die »Tabulating Machine Corporation« (TMC); 1911 verkaufte er sie jedoch an Charles R. Flint, der sie mit anderen Unternehmen zur »Computing Tabulating Recording Corporation« (CTR) vereinte. In diese Zeit (1910) fiel auch die Gründung der »Deutschen Hollerith-Maschinen-Gesellschaft mbH« (DEHOMAG) mit Sitz in Berlin-Charlottenburg.

Bis 1914 blieb Hollerith in der CTR als Vorstandsmitglied, bis 1921 als Berater tätig. Unter der Direktion von Thomas J. Watson änderte die Gesellschaft 1924 ihren Namen in »International Business Machines Corporation« (IBM). [FN]

Werk(e):
An Electric Tabulating System, in: School of Mines Quarterly (Columbia Univ.) 10 (3), S. 238–255 (1889); The Electrical Tabulating Machine, in: Journal of the Royal Statistical Society 57 (4), S. 673–682 (1894).

Sekundär-Literatur:
Hollerith, V.: Biographical Sketch of Herman Hollerith, in: Isis 62 (1), S. 69–78 (1971); Austrian, G. D.: Herman Hollerith: The Forgetten Giant of Information Processing (1982); Zemanek, H.: Hollerith und Schäffler – Datenverarbeitung um 1890, in: Elektrotechnik im Wandel der Zeit, hrsg. von Wessel, V. H. A. (1986) 95–113; Kistermann, F. W.: The Invention and Development of the Hollerith Punched Card, in: Commemoration of the 130th Birth of Herman Hollerith and for the 100th Anniversary of Large Scale Data Processing, in: Annals of the History of Computing 13 (3) S. 245–259 (1991).

Holst, Erich von,
deutscher Verhaltensphysiologe,
* 28. 11. 1908 Riga,
† 26. 5. 1962 Herrsching (Oberbayern).

Erich von Holst war der Begründer und maßgebliche Gestalter der Verhaltensphysiologie, also des Überschneidungsgebiets zwischen der vergleichenden Verhaltensforschung und der Sinnes-, Nerven- und Bewegungsphysiologie.

Erich von Holsts Eltern waren der Psychiater Dr. Walther von Holst und dessen Ehefrau Dora, geb. Dehio. Seine Schulzeit verbrachte er in Danzig. Er studierte an den Universitäten Kiel, Wien und Berlin. In seiner von R. ↗ Hesse betreuten Dissertation stieß er auf funktionelle Zusammenhänge, die der damals allgemein vertretenen Vorstellung von der generellen Gültigkeit der Pawlowschen Reflexlehre (I. P. ↗ Pawlow) für das Zentralnervensystem widersprachen; von Holst fühlte sich dementsprechend zu dem Frankfurter Humanphysiologen Albrecht Bethe hingezogen, dessen so genannte »Plastizitätslehre« des Zentralnervensystems (ZNS) gleichfalls im Widerspruch zur Reflexlehre stand. In ihm fand er, wie er selbst sagte, seinen eigentlichen wissenschaftlichen Lehrer. 1934 bis 1935 arbeitete er an der Zoologischen Station Neapel. Sein Lebensweg führte ihn dann zurück nach Berlin

E. von Holst

(1936–1938), nach Göttingen, wo er sich habilitierte (1938–1946), nach Heidelberg (1946–1948) als ordentlicher Professor für Zoologie, nach Wilhelmshaven (1948–1957) als Abteilungsleiter in der Max-Planck-Gesellschaft und nach Seewiesen bei München (1957–1962) als Direktor des von ihm und K. ↗ Lorenz begründeten Max-Planck-Instituts für Verhaltensphysiologie.

Als von Holst am 12. Februar 1937 Lorenz persönlich kennen lernte, hatte er bereits Jahre zuvor durch experimentelle Untersuchungen am Regenwurm und an Fischen die Fähigkeit des Zentralnervensystems nachgewiesen, spontane Erregungen zu produzieren, die nicht durch Sinnesmeldungen angeregt worden waren. Lorenz hielt an dem betreffenden Tag im Harnack-Haus in Berlin seinen berühmten Vortrag über den Instinktbegriff, in dem er am Schluss versuchte, sein neues Begriffsgebäude in den Zusammenhang der Reflexlehre einzugliedern. Sogleich nach dem Vortrag überzeugte ihn jedoch von Holst in Minuten, dass sein dort vorgetragenes Konzept der »angestrebten Reflexe« völlig in die Irre führte. Die Schwellensenkung durch Erregung und das Ausbrechen von Leerlaufhandlungen seien im Gegenteil die besten Beispiele gerade für die nicht reflexbedingte Spontaneität des Zentralnervensystems. Durch diese Begegnung wurde die Brücke zwischen der vergleichenden Verhaltensforschung und der Physiologie geschlagen. Von nun an galt die endogene Erregungsbildung neben dem Reflex als ein zweites führendes Prinzip im Funktionsgefüge des Zentralnervensystems.

An Arthropoden und Fischen entdeckte von Holst das funktionelle Prinzip, nach dem sich im Zentralnervensystem die rhythmisch tätigen Instanzen für die Bewegungen der Extremitäten gegenseitig beeinflussen, sodass koordinierte Bewegungsmuster (bei laufenden Wirbeltieren die verschiedenen Gangarten) zustande kommen. Er konnte die von ihm so genannte »relative Koordination« durch mechanische Modelle perfekt simulieren. Die mathematische Formulierung des Prinzips gelang später (1978) dem Biomathematiker Henning Meineke.

Durch konstruktives Experimentieren mit selbstgebauten Flugmodellen erfasste von Holst unabhängig von (und später als) O. ↗ Lilienthal das Zusammenwirken von Flügelarm und Flügelhand beim Vogelflug. Mit Hilfe der selben Methodik durchschaute er als erster das Flugprinzip der Libellen und erfand durch dessen Fortentwicklung ein neues Flugprinzip, den »Triebflügel«.

In einer vielstufigen eleganten Versuchsreihe beantwortete von Holst an Fischen die lange umstrittene Frage nach dem adäquaten Reiz für die Sinneshaare, an denen der Statolith befestigt ist: Maßgebender Stimulus ist die Scherung, also die Abbiegung der Sinneshaare, nicht aber die Wirkung des Druckes oder des Zuges durch den Statolithen.

An den selben Tagen, an denen die Wilhelmshavener Biologen (1950) von der Begründung der Kybernetik in den USA durch N. ↗ Wiener erfuhren, entdeckte von Holst theoretisch sowie durch Auswertung von Experimenten von Horst Mittelstaedt das »Reafferenzprinzip«, d. h. die schon lange gesuchte zentralnervöse Datenverarbeitung, mit deren Hilfe ein Organismus zwischen denjenigen Sinnesreizen, die er durch seine Eigenaktivität selbst erzeugt, und solchen unterscheiden kann, die auf von ihm unabhängigen Umgebungs-Ereignissen beruhen.

Durch theoretische Überlegungen erkannte von Holst den Muskel-Eigenreflex als funktionellen Anteil des »Folgeregelkreises« für die Bemessung des notwendigen Kraftaufwands eines Muskels bei vari-

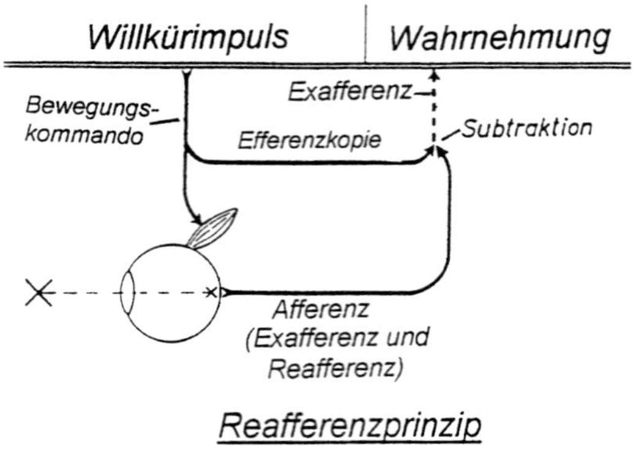

E. von Holst: Reafferenzprinzip; der Funktionswert des Bewegungskommandos wird von der offerenten Bahn abgezweigt, ist dann gleichsam eine »Kopie« des Bewegungskommandos (»Efferenzkopie«). Sie wird dann von der afferenten Gesamtmeldung substrahiert, wonach die zum Zentrum aufsteigende Teilmeldung selektiv nur noch die Information über solche Sinnesreize empfängt, die nicht von der Eigenaktivität des Organismus verursacht wurde.

ierenden mechanischen Widerständen. Für bestimmte allbekannte »geometrisch-optische Täuschungen« fand er eine funktionelle Deutung in deren Herleitung von »Konstanz-Phänomenen«. In Seewiesen verwendete von Holst schließlich die (von Walter Rudolf Heß an Katzen entwickelte) Methode der Verhaltensbeobachtung nach elektrischer Hirnreizung: Am Haushuhn ermittelte er eine Fülle von Funktionszusammenhängen im Rahmen des instinktiven Verhaltens. Zur systemgerechten Beschreibung der Ergebnisse formulierte er das »Prinzip der niveau-adäquaten Terminologie«.

Nicht nur in der Forschung offenbarte von Holst eine einzigartige Meisterschaft, sondern auch im Spielen der Bratsche und im Bau von Streichinstrumenten. [BH]

Werk(e):
Zur Verhaltensphysiologie bei Tieren und Menschen, Gesammelten Abhandlungen, 2 Bde., hrsg v. B. Hassenstein (1969/1970).

Sekundär-Literatur:
Lorenz, K.: Über die Bildung des Instinktbegriffes. Die Naturwissenschaften 25 (1937) 289–300, 307–318, 324–331; Müller, W. A.: Von der Seele zur Information: Hans Driesch, Jakob von Uexküll, Erich von Holst im Spannungsfeld von Mechanismus und Vitalismus (1985); Hassenstein, B.: Erich von Holst (1908–1962), in: Darwin & Co., hrsg. vo. I. Jahn und M. Schmidt (2001).

Homberg, Wilhelm,
deutsch-französischer Chemiker,
* 8. 1. 1652 Batavia (Jakarta, Indonesien),
† 24. 9. 1715 Paris.

Homberg leistete wichtige Beiträge zur Etablierung der Chemie als eigenständiger Wissenschaft, die sie aus ihrem traditionellen Status einer medizinischen Hilfswissenschaft heraushob.

Hombergs Vater stand in Diensten der holländischen Ostindischen Kompanie, als Wilhelm 1652 in Batavia geboren wurde. Nach Rückkehr der Familie nach Deutschland studierte er Rechtswissenschaften in Jena und Leipzig und ließ sich für kurze Zeit als Rechtsanwalt in Magdeburg nieder, wo er die Bekanntschaft O. v. ↗ Guerickes machte. Homberg entwickelte ein lebhaftes Interesse für Naturphänomene und begann ein abenteuerliches Reiseleben, das ihn quer durch Europa führte. Er studierte Medizin in Padua und Astronomie in Rom. In Paris arbeitete er zusammen mit N. ↗ Lémery, in London mit R. ↗ Boyle, in Wittenberg mit J. ↗ Kunckel. Die Beschäftigung mit Berg- und Hüttenwesen führte ihn durch Sachsen, Böhmen, Ungarn und Schweden. 1691 erhielt er die Ernennung zum Mitglied der Académie des Sciences in Paris, wo er bald zum führenden Chemiker aufstieg.

Homberg definierte Chemie als die Kunst, zusammengesetzte Körper mittels Feuer in ihre Prinzipien zu zerlegen und neue Körper im Feuer durch Mischung verschiedener Materien zu verbinden. Mit den »Mittelsalzen« (heute Neutralsalze), die er als zusammengesetzt aus Säure und Alkali (Carbonate) bzw. Säure und Metall definierte, führte er eine neue Verbindungsklasse ein, die für die Affinitätstabellen des 18. Jahrhunderts zentrale Bedeutung besitzen sollte. Seine Definition repräsentiert eine gewandelte Sicht der chemischen Zusammensetzung, die sich nicht mehr auf ideale, nicht isolierbare Prinzipien wie die Aristotelischen Elemente oder die Paracelsischen tria prima bezog, sondern auf konkrete, darstellbare Substanzen. Theoriegeschichtlich bemerkenswert sind Hombergs korpuskularmechanische Interpretationen von chemischen Prozessen, die seine Auffassung der Chemie als eines Teils der Physik – zeitgenössisch zu verstehen als Naturwissenschaft im Allgemeinen – widerspiegeln. Seine Verbesserung des Araeometers, eines enghalsigen Glaskolbens, ermöglichte ihm mit der genaueren Reproduzierbarkeit von Konzentrationen den Einstieg in die quantitative Chemie. Ferner hat Homberg als Erster Untersuchungen von Reaktionsgeschwindigkeiten, am Beispiel der Auflösung fester Alkalien in Säuren, durchgeführt. [JB]

Werk(e):
Essays de chimie, in: Mémoires de l'Académie Royale des Sciences (1702, 1705, 1706); Observations sur la quantité d'acides absorbés par les alcalis terreux, in: Ebenda (1700).

Sekundär-Literatur:
Partington, J. R: A History of Chemistry, Bd. 3 (1961–1964) 42–47; Meo, A. di: Théories et classifications chimiques au XVIIIe siècle, in: History and Philosophy of the Life Sciences 5 (1983) 159–185; Holmes, F. L.: Eighteenth-Century Chemistry as an Investigative Enterprise (1989).

Hooke, Robert,
englischer Physiker und Naturforscher,
* 18. 7. 1635 Freshwater (Isle of Wight),
† 3. 3. 1703 London.

Hooke war ein hervorragender Experimentator und Techniker und entdeckte das nach ihm benannte Elastizitätsgesetz.

Hooke war der Sohn eines Pfarrers, jedoch von schwächlicher Gesundheit, woran die geplante kirchliche Laufbahn scheiterte. Seine außergewöhnlichen praktischen Fähigkeiten zeigten sich früh, so baute er als Kind eine Uhr in Holz nach und ersann allerlei mechanisches Spielzeug.

Nach dem Tod seines Vaters im Jahre 1648 ging er nach London, wo er an der Westminster Schule eine gründliche Ausbildung in Latein und Griechisch, aber auch in Mathematik erhielt. 1653 wechselte er nach Oxford, wo er zwar keinen Abschluss machte, aber Anschluss an eine Gruppe junger Wissenschaftler fand, aus der wenig später die Royal Society entstand. Die bekanntesten von ihnen waren C. ↗ Wren und R. ↗ Boyle. Schnell wurden Hookes Talente erkannt, und er wurde im Jahre 1655 Assistent von Boyle. Als dieser von O. ↗ Guerickes Luftpumpe erfuhr, regte er Hooke an, ihm ein solches Gerät zu bauen, woraufhin dieser die moderne Form der Luftpumpe schuf. Damit fand Boyle das nach ihm genannte Gesetz über die Elastizität der Luft.

Zur gleichen Zeit erkannte Hooke, dass eine genau gehende Uhr das Längengradproblem in der Navigation lösen könnte. Er ersetzte das Pendel durch die Spiralfeder als Unruhe, verfolgte diese Idee aber nicht weiter, beschuldigte allerdings C. ↗ Huygens des Diebstahls, als dieser 1674 dasselbe Prinzip benutzte.

Bei seinen Arbeiten an der Uhr entdeckte Hooke das Gesetz der Elastizität von Festkörpern, die bei kleinen Auslenkungen proportional zur ausgeübten Kraft ist, ein Gesetz, das heute seinen Namen trägt und das er im Jahre 1678 veröffentlichte.

Aufgrund dieser Erfolge wurde er zwei Jahre nach Gründung der Royal Society im Jahre 1662 zum Kurator für die Experimente bestimmt. In dieser Funktion führte er viele Jahre lang wöchentlich wechselnde Versuche zu wichtigen naturwissenschaftlichen Fragen vor.

Nachdem im Jahre 1666 London durch ein Feuer größtenteils zerstört worden war, erhielt er die Aufgabe, die Stadt neu zu vermessen und wieder aufzubauen. Auch wenn Wren als Architekt der St.-Paul's Kathedrale als Schöpfer des modernen London Hooke weit überstrahlt, hatte letzterer einen nicht geringen Anteil hieran.

Kurz vor dem Feuer hatte er sein bedeutendstes Werk veröffentlicht, die Micrographia, in dem er erstmals Beobachtungen mit dem Mikroskop ausführlich beschrieb und mit exzellenten eigenen Zeichnungen versah, sodass die Öffentlichkeit erstmals Fliegen, Läuse und andere Kleintiere zu sehen bekam.

In der *Micrographia* entwickelte er auch seine Theorien über das Licht, dem er Wellencharakter zusprach, und beschrieb seine Beobachtungen der farbigen Ringe an dünnen Schichten, die später als Newtonsche Ringe bezeichnet wurden – ein Thema, durch das er in einen ersten Prioritätsstreit mit I. ↗ Newton geriet.

Wenig später führte er die Idee der Gravitationskraft ein, die die Planeten in ihren Bahnen um die Sonne hält. Dies war ein Punkt, der eine weitere Kontroverse mit Newton verursachte. Nachdem dieser sein allgemeines Gravitationsgesetz veröffentlicht hatte, warf Hooke ihm vor, die Beziehung, dass die Anziehungskraft mit dem Quadrat der Entfernung abnimmt, von ihm gestohlen zu haben, wobei er freilich verkannte, dass Newton dieses Gesetz in ungleich größerer Klarheit abgeleitet und angewandt hatte.

Hooke beschäftigte sich auch mit geologischen Fragen, wobei er die Fossilien schon richtig als Überbleibsel ausgestorbener Lebewesen deutete, ohne dabei die Schöpfungsgeschichte in Frage zu stellen.

Nach dem Tode von Henry Oldenburg 1677, dem ersten Sekretär der Royal Society, übernahm er dieses Amt bis 1683. [RA]

Werk(e):
Micrographia (1665); The Posthumous Works (1705); Gunther, R. T. (Hrsg.): The Life and the Work of Robert Hooke (5 Bde., 1930–1935).

Sekundär-Literatur:
Centore, E. F.: Robert Hooke's Contribution to Mechanics: A Study in 17th Century Natural Philosophy (1970).

Hopf, Heinz,
deutsch-schweizerischer Mathematiker,
* 19. 11. 1894 Breslau,
† 3. 6. 1971 Zollikon (Kanton Zürich).

Hopf ist Mitbegründer der modernen Topologie, insbesondere in ihren algebraischen Aspekten.

Nach dem Besuch des Gymnasiums in Breslau und Beginn eines Mathematikstudiums am selben Ort meldete sich Hopf freiwillig als Offizier zum Fronteinsatz für die gesamte Zeit des Ersten Weltkriegs. Nach Fortsetzung seiner Studien in Breslau, Heidelberg und Berlin promovierte und habilitierte sich Hopf in Berlin 1925 und 1926 bei E. ↗ Schmidt. Ebenso wie dieser war Hopf stark beeinflusst von dem neuen Zugang des Holländers L. E. ↗ Brouwer zur Topologie (1911/12: Abbildungsgrad, simpliziale Approximation). Diese Teildisziplin der Mathematik (Bezeichnung von Johann B. Listing 1847) verallgemeinert die herkömmliche Geometrie dadurch, dass sie von Abständen absieht und primär solche Eigenschaften von Gebilden (zum Beispiel deren Dimension) untersucht, die durch stetige Abbildung invariant bleiben. Hopfs anfangs zu grobe und einseitig geometrische Methoden erfuhren eine schrittweise Verfeinerung zunächst durch den Einfluss der abstrakten Algebra E. ↗ Noethers (Homologie, Homotopiegruppen) in Göttingen und danach durch die kombinatorischen Methoden der amerikanischen Schule (James W. Alexander). Im Anschluss an einen Aufenthalt in Princeton (gemeinsam mit dem Russen Pavel S. Aleksandrov) 1927/28 gelang Hopf unter anderem eine Verallgemeinerung eines Fixpunktsatzes des Amerikaners Solomon Lefschetz. »Hopf-Invariante« (1931) und »Hopf-Algebren« (1939) sind weitere zentrale Begriffe an der Schnittstelle von Topologie und Algebra, die von Hopf stammen. Zusammen mit Aleksandrov, der die auf G. ↗ Cantor zurückgehenden mengentheoretischen Aspekte der Topologie bearbeitete, schrieb Hopf das einflussreiche Lehrbuch *Topologie* (1935).

Hopf wirkte seit 1931 als Nachfolger von H. ↗ Weyl an der Eidgenössischen Technischen Hochschule in Zürich. Er war ein klein gewachsener, energischer Mann. Seine Stimme war wohl moduliert, seine Rede langsam und stark artikuliert, sein Vorlesungsstil klar und faszinierend. Er hatte bedeutende Schüler wie Hans Freudenthal und Hans Samelson. Wegen seiner im Sinne des NS-Regimes teilweise jüdischen Abstammung war die Annahme der Schweizerischen Staatsbürgerschaft (1943) eine erzwungene Rettung vor Verfolgung. Gemeinsam mit seiner Frau Anja gewährte er zahlreichen Flüchtlingen und Exilierten Gastfreundschaft und Unterstützung. [RSS]

Werk(e):
Selecta Heinz Hopf (1964); Zus. mit Aleksandrov, P. S.: Topologie (1935).

Sekundär-Literatur:
Aleksandrov, P. S.: Einige Erinnerungen an Heinz Hopf, Jahresbericht DMV 78 (1976) 113–146.

Hopkins, Sir Frederick Gowland,
englischer Biochemiker,
* 20. 6. 1861 Eastbourne, Sussex,
† 16. 5. 1947 Cambridge.

Hopkins gehört zu den Vorkämpfern der modernen Biochemie im 20. Jahrhundert.

Hopkins wurde von seiner verwitweten Mutter erzogen. Nach dem Abschluss der City of London School 1878 arbeitete er kurz als Beamter in einer Londoner Versicherungsfirma und in einem Handelslabor. 1882 absolvierte er Kurse in Chemie an der Royal School of Mines, besuchte darauf Chemievorlesungen an University College London. Die Prüfungen legte er so erfolgreich ab, dass er 1883 vom amtlichen Gerichtsanalytiker Sir Thomas Stevenson als Laborassistent der Gerichtsmedizin in Guy's Hospital ausgewählt wurde. Hier wurde zum erstenmal Hopkins' Interesse für biochemische Probleme geweckt. Die notwendige wissenschaftliche Ausbildung erwarb er durch ein Fernstudium an der London University und ab 1888 an der Medizinischen Schule von Guy's Hospital. Nach dem Doktorat 1894 unterrichtete er dort Physiologie und To-

F.G. Hopkins

xikologie. 1898 lud ihn Michael Foster in sein physiologisches Labor an die University of Cambridge ein, wo sich Hopkins mit chemischen Aspekten der Physiologie befassen sollte. 1902 wurde Hopkins zum Dozenten für physiologische Chemie ernannt, 1905 zum Mitglied der Royal Society gewählt und 1910 zum Mitglied des Trinity College ernannt. Eine Professur erhielt er 1914 gleichzeitig mit dem neuen Lehrstuhl für Biochemie, der extra für ihn errichtet wurde. 1920 spendete die Dunn-Stiftung 210 000 Pfund Sterling für den Aufbau eines modernen biochemischen Instituts in Cambridge, das 1925 eröffnet wurde und unter Hopkins' Leitung als Dunn Institute of Biochemical Research zu einem der führenden Weltzentren der biochemischen Forschung wurde.

In den 90er-Jahren kristallisierte Hopkins mit Stanislaw Pinkus das Eialbumin und isolierte mit Sidney W. Cole die bisher unbekannte Aminosäure Tryptophan (1901), einen Bestandteil mancher Eiweißstoffe. Gemeinsam mit Walter M. Fletcher bewies er 1907, dass im Muskel bei der Kontraktion Milchsäure entsteht. Damit eröffneten sie ein neues Feld für die biochemische Erforschung lebender Gewebe. Hopkins begann sich für die Bedeutung der Aminosäuren als Nahrungsbestandteil zu interessieren und studierte diese bei Mäusen. 1912 publizierte er seine Experimente und hatte eindeutig die Existenz der so genannten »accessory food substances« bestätigt, die, wenn auch in geringer Menge, für den Körper unentbehrlich sind. Als einem der Begründer der modernen Vitaminologie wurde Hopkins 1929 zusammen mit Ch. ↗ Eijkman der Nobelpreis verliehen. Seit den 20er-Jahren begann sich Hopkins außerdem auch für Redoxvorgänge in der Zelle zu interessieren. Von ebenso großer Bedeutung wie die experimentelle Arbeit Hopkins' war dessen organisatorischer und konzeptioneller Anteil an der Gestaltung der modernen Biochemie. 1913 stellte er seine Strategie der dynamischen Biochemie vor, die das Programm der jungen Wissenschaftsdisziplin wesentlich beeinflusste. [SS]

Werk(e):
Feeding Experiments illustrating the importance of accessory factors in normal dietaries, J. Physiol. 44 (1912) 425–460; The Dynamic Side of Biochemistry, Nature 92 (1913) 213–223.

Sekundär-Literatur:
Needham, J. und Baldwin, E. (Hrsg.): Hopkins and Biochemistry (1949); Needham, J.: Frederick Gowland Hopkins. Perspectives in Biology and Medicine, 6 (1962) 1–46.

Hoppe-Seyler, Ernst Felix Immanuel,
deutscher Biochemiker und physiologischer Chemiker,
* 26. 12. 1825 Freiburg a. d. U.,
† 10. 8. 1895 Wasserburg (Bodensee).

Hoppe-Seyler trug wesentlich zur Gestaltung der Biochemie als selbstständiger Wissenschaftsdisziplin bei.

Felix Hoppe-Seyler studierte Medizin in Halle, Leipzig und Berlin, wo er 1851 promovierte. Nach Studienaufenthalten an den Universitäten in Prag und Wien eröffnete er 1852 in Berlin eine medizinische Praxis und nahm 1854 die Stelle des Prosektors für Anatomie in Greifswald an, wo er sich habilitierte. 1856 arbeitete er auf dem Gebiet der physiologischen Chemie bei R. ↗ Virchow an dessen Berliner Pathologischem Institut und wurde 1860 zum außerordentlichen Professor ernannt. Ab 1866 wirkte er als ordentlicher Professor für angewandte Chemie an der Universität Tübingen, und 1872 übernahm er das neu errichtete Ordinariat für physiologische Chemie an der Universität Straßburg, wo für ihn 1884 ein selbstständiges physiologisches Institut gegründet wurde, das er bis zu seinem Tode leitete.

Hoppe-Seylers Forschungsarbeit umfasste praktisch alle Stoffarten, die im Organismus wirken, z. B. verschiedene Eiweißkörper, Glykogen, Lecithin und Cholesterin. Besondere Aufmerksamkeit widmete er den Blutfarbstoffen, vor allem dem roten Blutfarbstoff, dem er den Namen Hämoglobin gab. 1862 bewies er, dass Hämoglobin Sauerstoff bindet und sich in Oxyhämoglobin umwandelt, woraus dann im Gewebe wieder Sauerstoff freigesetzt wird. Seine Forschungen waren auch für die medizinische Praxis bedeutungsvoll, z. B. stellte er fest, dass Kohlenmonoxid und Schwefelwasserstoff toxisch sind, da sie sich an Oxyhämoglobin binden. Er bewies die chemische Verwandschaft zwischen Blutfarbstoff, Gallenfarbstoff und Chlorophyll und beschäftigte sich mit Fragen der Gärung und Fäulnis. Zu seinen Schülern gehörten F. ↗ Miescher und A. ↗ Kossel. Hoppe-Seylers Institute in Tübingen und Straßburg repräsentierten die ersten europäischen spezialisierten Arbeitsstellen für physiologische Chemie. 1877 gründete er die *Zeitschrift für physiologische Chemie*, die zu einem Instrument der Emanzipation des Faches wurde, das Hoppe-Seyler im Vorwort zum ersten Band der Zeitschrift mit dem Terminus »Biochemie« bezeichnete. [SS]

Werk(e):
Handbuch der physiologisch- und pathologisch-chemischen Analyse (1858–1883, 5. Aufl.); Physiologische Chemie I–IV (1877–1881).

Sekundär-Literatur:
Kossel, A.: Zur Erinnerung an Felix Hoppe-Seyler, Z. Physiol. Chemie 21 (1895) I–LXI.

Horstmann, August Friedrich,
deutscher Chemiker,
* 21. 11. 1842 Mannheim,
† 8. 10. 1929 Heidelberg.

Mit der Formulierung einer thermodynamischen Theorie der Dissoziationsvorgänge zählt Horstmann zu den Protagonisten der physikalischen Chemie.

Nach abgebrochener Schulausbildung und einer kaufmännischen Lehre in der väterlichen Firma studierte Horstmann ab 1862 als »nicht vollberechtigter« Student Physik und Chemie an der Universität Heidelberg, wo er Vorlesungen bei R. ↗ Bunsen, G. ↗ Kirchhoff und H. v. ↗ Helmholtz hörte. Im Privatlaboratorium des Organikers E. ↗ Erlenmeyer erhielt er seine praktisch-chemische Ausbildung. Nach erfolgreicher Promotion 1865 hörte Horstmann bei R. ↗ Clausius in Zürich Vorlesungen über Thermodynamik. Seit der Habilitation 1867 konzentrierte er sich auf Probleme der Molekulargewichtsbestimmung gasförmiger Stoffe, des Verhaltens realer Gase und der Dissoziation.

Horstmanns bedeutendste Leistung besteht in der erstmaligen Anwendung thermodynamischer Prinzipien auf chemische Prozesse. Aufgrund ihrer weitreichenden Analogien mit den Verdampfungsvorgängen boten ihm die thermischen Dissoziationen hierfür ein erstes Anwendungsfeld. 1869 konnte er zeigen, dass die von einer Moleküldissoziation begleitete Sublimation des Salmiaks der Clausius-Clapeyronschen Gleichung folgt, die einen Zusammenhang zwischen Dampf- bzw. Dissoziationsdruck, Temperatur und Umwandlungswärme liefert. 1873 formulierte Horstmann die Gleichgewichtsbedingung thermischer Dissoziationen als Maximum der Entropie in Abhängigkeit vom Bruchteil umgewandelter Stoffe. Auch wenn er selbst Dissoziationen aufgrund ihrer Reversibilität und der Andersartigkeit thermischer und chemischer Kräfte zunächst nicht eindeutig als chemische Reaktionen begriff, rezipierten seine Nachfolger, vor allem J. H. ↗ van't Hoff, seine Arbeiten in diesem Sinne. Zusammen mit Helmholtz kann Horstmann daher als Begründer der chemischen Thermodynamik angesehen werden.

Nachdem Horstmann wegen eines schweren Augenleidens ab 1881 nicht mehr praktisch arbeiten konnte, nahm er als Referent der *Berichte der Deutschen Chemischen Gesellschaft* und der *Zeitschrift für physikalische Chemie* Einfluss auf die Formierung der physikalischen Chemie, bis er auch diese Tätigkeit wegen Erblindung beenden musste. Seine Arbeit als außerordentlicher Professor in Heidelberg blieb jahrzehntelang undotiert. Erst die Ernennung zum ordentlichen Honorarprofessor 1908 verschaffte ihm auch in materieller Hinsicht Anerkennung. [JB]

Werk(e):
Abhandlungen zur Thermodynamik chemischer Vorgänge, Ostwald's Klassiker der exakten Wissenschaften Nr. 137 (1903); Theoretische Chemie einschließlich Thermochemie (1885).

Sekundär-Literatur:
Kipnis, A.: August Friedrich Horstmann und die physikalische Chemie (1997); Berger, J.: Grenzgänge zwischen Physik und Chemie, in: Centaurus 41 (1999) 253–279.

Houssay, Bernardo Alberto,
argentinischer Arzt, Physiologe und Pharmakologe,
* 10. 4. 1887 Buenos Aires,
† 21. 9. 1971 Buenos Aires.

Mit seinen Untersuchungen über die Rolle der Hypophysenhormone im endokrinen System legte Houssay wesentliche Grundlagen für die Erforschung der hormonalen Regulation des Stoffwechsels.

Houssay studierte Pharmazie und Medizin an der Universität Buenos Aires und arbeitete bereits während seines Studiums als Assistent am physiologischen Institut der medizinischen Fakultät. Unmittelbar nach seiner Promotion (1909) wurde er 1910 zum Professor für Physiologie an der veterinärmedizinischen Fakultät der gleichen Universität berufen. Von 1915 bis 1919 leitete er die Abteilung für experimentelle Physiologie und Pathologie im Nationalinstitut für öffentliches Gesundheitswesen und erhielt im Anschluss daran die Professur für Physiologie in der medizinischen Fakultät, wiederum an der Universität Buenos Aires. Unter der Militärdiktatur wurde er 1943 entlassen und forschte bis zur Wiedereinsetzung in sein Ordinariat 1955 an dem mit Stiftungsmitteln finanzierten privaten Instituto de Biología y Medicina Experimental.

Seit 1907 galt sein wissenschaftliches Hauptinteresse den Drüsen mit innerer Sekretion, insbesondere der Hypophyse, deren Rolle im Zuckerstoffwechsel er umfassend untersuchte. 1929 wies er mit seinen Mitarbeitern nach, dass Tiere, denen die Hypophyse entfernt worden war, auf das (1921 von F. ↗ Banting und Charles Best entdeckte) Insulin extrem empfindlich reagierten. Ein Jahr später fanden sie, dass die Hypophyse ein Hormon produziert, welches die Wirkung des Insulins hemmt. Dieses Hormon isolierte Houssay 1932 im Hypophysenvorderlappen. Weitere Forschungen führten zu der bahnbrechenden Einsicht, dass die Hypophyse als Steuerungsorgan des endokrinen Systems fungiert und durch die von ihr abgesonderten Hormone auf die Aktivität anderer Drüsen wie der Nebennieren, der Schilddrüse und der Geschlechtsdrüsen einwirkt. Zusammen mit den Untersuchungen von C. ↗ Cori und G. Th. ↗ Cori, mit denen er sich den Nobelpreis für Medizin 1947 teilte, förderten seine Arbeiten wesentlich den Fortschritt der Forschungen über die hormonale Regulation des Stoffwechsels. [SS]

Werk(e):
Functions of the Pituitary Gland, New England Journal of Medicine (1936); (gemeinsam mit V. Deulof und A. D. Marenzi): The Hormones, Annual Review of Biochemistry 4 (1935) 279.

Houtermans, Friedrich (Fritz) **Georg,**
österreichisch-deutscher Physiker,
* 22. 1. 1903 Danzig,
† 1. 3. 1966 Bern.

Houtermans lieferte wichtige Beiträge zur Kernphysik.

Houtermans wurde in Danzig geboren und wuchs bei seiner Mutter in Wien auf. Von 1922 bis 1927 studierte er in Göttingen Physik und promovierte bei J. ↗ Franck. Von diesem und M. ↗ Born wurde er in die quantenmechanische Behandlung der Atomphysik eingeführt. Anschließend ging er als Assistent von Wilhelm Westphal und später von G. ↗ Hertz an die TH Berlin. In dieser Zeit arbeitete er mit G. ↗ Gamow über die Quantenmechanik des radioaktiven Kerns und wandte mit Robert Atkinson diese Theorie auf die Energieumwandlung im Inneren von Sternen an. Der Protoneneinfang durch leichte Kerne wurde als Energiequelle erstmals in Betracht gezogen. Diese Theorie einer thermonuklearen Reaktion ist richtungweisend geworden.

Houtermans war eine unerschöpfliche Quelle anregender Gedanken, die er freigiebig mit seinen Freunden diskutierte. Er versammelte viele bedeutende Physiker um sich, um in langen, informellen Diskussionsabenden – eine kleine Nachtphysik genannt – nicht nur physikalische, sondern auch kulturelle und politische Fragen zu erörtern. Houtermans war Mitglied der KPD, emigirierte 1933 nach England und auf Veranlassung A. I. Lejpunskijs 1935 weiter in die UdSSR, wo er in Charkow eine Professur übernahm. Vorrangiges Thema seiner dortigen Forschung war die Physik thermischer Neutronen. 1937 wurde er im Zuge der Stalinschen Terrormaßnahmen verhaftet und 1940 nach Deutschland abgeschoben. Durch den Einsatz M. v. ↗ Laues konnte Houtermans vom Gestapo-Gefängnis in Berlin ins Forschungsinstitut von M. v. ↗ Ardennes wechseln. Dort arbeitete er für den Uranverein an dem Problem der Kern-Kettenreaktionen und fand heraus, dass ein Transuran (Plutonium) sich als Explosivstoff eignen würde. 1941 lancierte er eine Nachricht über den Stand der Arbeiten am deutschen Uranprojekt in die USA. Nach Kriegsende widmete er sich in Göttingen auch Fragen des Alters der Erde und entwickelte Methoden zur geologischen Altersbestimmung von Gesteinen. 1952 setzte er seine akademische Karriere als Professor an der Universität in Bern fort. Mit den dort verfolgten Forschungen zur Kernphysik, kosmischer Strahlung, Geowissenschaften und Weltraumforschung wurde er zu einem Mitbegründer der Nukleargeologie. [GR]

Werk(e):
Gemeinsam mit Gamow, G.: Zur Quantenmechanik des radioaktiven Kerns, Zeitschrift für Physik 52 (1928) 496–509; Gemeinsam mit Atkinson, R.: Zur Frage der Aufbaumöglichkeit der Elemente in Sternen, Zeitschrift für Physik 54 (1929) 656–665; Zur Frage der Auslösung von Kern-Kettenreaktionen, Mitteilung aus dem Laboratorium Manfred von Ardenne (1941); Radioaktivität und Alter der Erde, Naturwissenschaften 44 (1957) (157–163).

Sekundär-Literatur:
Khriplovich, I. B.: The eventful life of Fritz Houtermans, Physics Today 45 (1992) 29–37; Frenkel, V. I.: Prof. F. Houtermans (1997, russ.); Amaldi, E.: The adventurous life of Friedrich Georg Houtermans, physicist (1903–1966), in: Battimelli, G. und Paolini, G. (Hrsg.): 20th Century Physics: Essays and Recollections. A Selection of Historical Writings by Amaldi, E.: World Scientific (1998) 592–695.

Hoyle, Fred,

britischer Astrophysiker,
* 24. 6. 1915 Bingley (Yorkshire),
† 20. 8. 2001 Bournemouth.

Hoyle erbrachte wesentliche Beiträge zur Erforschung der stellaren Kernfusion, zur Theorie der Sternentwicklung und zur Kosmologie. Als Autor populärer Arbeiten und als utopischer Schriftsteller begeisterte er ein großes Publikum für die Naturwissenschaften.

Hoyle studierte Mathematik in Cambridge. Auch nach dem Abschluss der Ausbildung im Jahre 1936 bot ihm die Universität Cambridge eine wissenschaftliche Heimstatt, in der er zunächst am St. John's College, später als Dozent und ab 1958 als Plumian Professor für Astronomie tätig war.

In den vierziger und fünfziger Jahren des 20. Jahrhunderts widmete sich Hoyle der Erforschung kernphysikalischer Prozesse im Inneren der Sterne. Die teilweise gemeinsam mit Ralph Fowler sowie Margaret Burbidge und Geoffrey Burbidge durchgeführten Untersuchungen sind von fundamentaler Bedeutung für unser heutiges Verständnis der Synthese chemischer Elemente im Sterninneren.

Im Jahre 1948 entwickelte Hoyle gemeinsam mit Hermann Bondi und Thomas Gold die Steady-State-Theorie. Diese Theorie beschreibt ein Weltmodell konstanter Materiedichte, in dem es keine ursprüngliche Singularität, keinen zeitlichen Anfang und kein zeitliches Ende gibt. Die beobachtete Expansion des Alls kann in diesem Modell nur erklärt werden, wenn man annimmt, dass im Universum ständig neue Materie erzeugt wird. Die Steady-State-Theorie wird unter heutigen Kosmologen nicht mehr als ernsthafte Alternative zu anderen Weltmodellen erwogen.

Neben der Nukleosynthese und der Kosmologie galt Hoyles wissenschaftliches Interesse zahlreichen anderen astrophysikalischen Themen, beispielsweise der Sonnenphysik und der Entstehung von Galaxien.

Auf Betreiben Hoyles wurde im Jahre 1966 in Cambridge das Institut für Theoretische Astronomie gegründet. Im Jahre 1972 verließ Hoyle die Universität, blieb aber bis kurz vor seinem Tod wissenschaftlich und schriftstellerisch aktiv. [OS]

Werk(e):
A New Model for the Expanding Universe, Monthly Notices of the Royal Astronomical Society, Vol. 108, p. 372–382; Burbidge, M., Burbidge, G., Fowler, W., Hoyle, F.: Synthesis of the Elements in Stars, Reviews of Modern Physics, Vol. 29/4 (1957), p. 547–650.

Sekundär-Literatur:
Rees, M.: Fred Hoyle, Physics Today, Vol. 55/11 (2001), p. 75.

Hrabanus Maurus,

deutscher Theologe und Polyhistor,
* 780 Mainz,
† 856 Mainz.

Der Benediktinermönch Hrabanus Maurus trug viel zur Überlieferung naturkundlichen Wissens aus der Antike bei und stellte es in den Dienst der römisch-katholischen Kirche. Er war der erste Gelehrte deutscher Abstammung.

Hrabanus stammte aus einer fränkischen Adelsfamilie. Noch nicht achtjährig wurde er dem Fuldaer

Benediktinerkloster als »gottgeweihtes Kind« übergeben. Seine Ausbildung erhielt er hier und im Kloster zu Tours, wo ihn Alkuin (der ihm auch den Beinamen »Maurus« gab) in die Theologie einführte. Nach Fulda zurückgekehrt, wurde er 814 zum Priester geweiht und 822 zum Abt gewählt. 847 wurde er Erzbischof von Mainz.

Hrabanus Maurus wirkte vor allem als Lehrer und Erzieher des Klerus. Dafür verfasste er zahlreiche theologische und andere Lehrschriften. Seine Realenzyklopädie *De universo libri XXII* (22 Bücher von der Welt) bzw. *De rerum naturis* (Über die Naturdinge) sollte alles enthalten, was aus kirchlicher Sicht wissenswert und –notwendig war. Ein Buch handelt z. B. von der Welt, den Atomen, den Elementen sowie dem Himmel und seinen Teilen, ein anderes vom Wasser und den wässrigen Naturerscheinungen. Auch Erd- und Gesteinsarten, Pflanzen und Tiere, Landwirtschaft und Gartenbau wurden berücksichtigt und religiös gedeutet. Der Inhalt stammt vor allem aus den *XX libri etymologiarum sive originum* (20 Bücher über Etymologien oder Ursprünge) des westgotischen Bischofs ↗ Isidor von Sevilla, der sein Wissen von den Kirchenvätern und anderen spätantiken Autoren bezogen hatte. Eine weitere Quelle war *De natura rerum* (Über die Natur der Dinge) des Beda Venerabilis, der u. a. die *Historia Naturalis* (Naturgeschichte) des Plinius benutzt hatte. Hrabanus Maurus hatte großen Einfluss auf eine Vielzahl von Schülern. Dadurch und durch seine Schriften trug er wesentlich dazu bei, das Weltbild des frühen Mittelalters zu prägen. Man nannte ihn »Praeceptor Germaniae« (Lehrer Deutschlands). [RL]

Werk(e):
Beati Rabani Mauri opera, in: Patrologiae cursus completus. Series Latina, hrsg. von J.-P. Mignet, Bd. 107–112 (1851–1852); Des Hrabanus Maurus pädagogische Schriften, hrsg. von J. Freundgen (1909).

Sekundär-Literatur:
Erb, E.: Geschichte der deutschen Literatur von den Anfängen bis 1160 (1963); Sturlese, L.: Die deutsche Philosophie im Mittelalter (1993).

Hubble, Edwin Powell,
amerikanischer Astronom,
* 20. 11. 1889 Marshfield (Missouri, USA),
† 28. 9. 1953 San Marino (Kalifornien, USA).

Hubble zählte zu den bedeutendsten beobachtenden Astronomen des 20. Jahrhunderts.

E.P. Hubble

Mit seinen Entdeckungen unter Verwendung des damals größten Spiegelteleskops der Welt drang Hubble als Erster in die Welt jenseits unseres Sternsystems vor und begründete damit den Forschungszweig der extragalaktischen Astronomie. Zugleich gab er durch seine Entdeckung der Expansion des Universums der Kosmologie entscheidende Impulse.

Hubble entstammte der Familie eines Juristen und zeigte schon früh gleichermaßen Interesse für wissenschaftliche Probleme und den Boxsport. Mit großem Eifer versenkte er sich in physikalische und astronomische Fragen und wurde an der Universität Chicago vor allem durch den Physiker R. A. ↗ Millikan und den Astronomen und Forschungsorganisator G. E. ↗ Hale geprägt. Hubbles Begeisterung für die Astronomie siegte schließlich über den Sport und er verzichtete auf einen schon geplanten Kampf gegen den Weltchampion im Leichtgewicht Jack Johnson, um seine wissenschaftlichen Studien in Oxford (England) fortzusetzen. Danach arbeitete er am Yerkes Observatorium (USA) unter der Leitung von E. B. Frost. In seiner Dissertation *Fotografische Untersuchungen über schwache Nebel* (1917) klassifizierte er die verschiedenen Nebeltypen nach morphologischen Merkmalen und legte damit den Grundstein für seine spätere Klassifikation extragalaktischer Sternsysteme, die in ihren Grundzügen bis heute gültig ist und weltweit genutzt wird. Damals war man sich über die Natur der verschiedenen nebligen Objekte noch unzureichend im Klaren. Umso bemerkenswerter ist Hubbles Überzeugung, dass sich die sog. planetarischen Nebel innerhalb und die Spiralnebel außerhalb unseres Milchstraßensystems befänden. Obschon Hubble mit dieser Vermutung Recht hatte, war ihm doch klar, dass es leistungsstärkerer optischer Instrumente bedurfte, um in dieser Frage Gewissheit zu erlangen.

Während des Ersten Weltkrieges diente Hubble in der amerikanischen Armee als Major in Frankreich und Deutschland. Danach begann er eine Tätigkeit am Mt. Wilson-Observatorium, das unter der Leitung von Hale stand. Dies war ein besonderer Glücksfall für ihn, denn dort wurde Anfang der

E.P. Hubble: Das ihm zu Ehren benannte Weltraumteleskop nach der Service-Mission 1997 (Foto: NASA)

20er-Jahre das größte Spiegelteleskop der Welt in Betrieb genommen, mit dessen Hilfe Hubble bahnbrechende Entdeckungen gelangen, die sonst damals nirgendwo auf der Welt möglich gewesen wären. Der Zweite Weltkrieg brachte eine abermalige Unterbrechung seiner wissenschaftlichen Tätigkeit mit sich. Nach dem Krieg war Hubble als Chairman des Mt. Wilson- und des Palomar-Observatoriums tätig – wieder stand ihm das größte Spiegelteleskop der Welt zur Verfügung, der 5-m-Spiegel auf dem Mt. Palomar.

Hubble starb plötzlich und unerwartet an einem Gehirnschlag.

Zu Hubbles bedeutendsten Entdeckungen zählt die erstmalige Bestimmung der Entfernung eines extragalaktischen Objektes, des Andromedanebels (M 31). Mit Hilfe des 2,5-m-Hooker-Spiegels (Mt. Wilson) gelang es Hubble, die Randpartien zweier Spiralnebel (M 31 und M 33) in Einzelsterne aufzulösen und dabei auch veränderliche Sterne zu entdecken, die in ihrem Lichtwechsel dem galaktischen Prototyp Delta Cephei entsprechen. Für solche Delta-Cephei-Sterne hatte H. S. ↗ Leavitt 1911 einen Zusammenhang zwischen Lichtwechselperiode und absoluter Helligkeit gefunden. Somit konnte Hubble aus der Differenz zwischen der scheinbaren und der absoluten Helligkeit die Entfernung von M 31 bestimmen. Das Verfahren entspricht der bereits 1911 von E. ↗ Hertzsprung bei der Kleinen Magellanschen Wolke angewendeten Methode. Das Ergebnis von Hubble (285 Kiloparsec, d. h. rd. 930 000 Lichtjahre) wurde später allerdings noch mehrfach revidiert, neuerdings durch die Messungen mit dem Astrometriesatelliten Hipparcos. Die Distanz von M 31 beträgt nach heutigen Erkenntnissen annähernd 850 Kiloparsec (rd. 2,8 Millionen Lichtjahre).

In den folgenden Jahren baute Hubble das von ihm begründete Feld der extragalaktischen Forschungen weiter aus. Das noch heute verwendete Schema der Klassifikation von Galaxien nach morphologischen Gesichtspunkten wurde zu einer der Grundlagen für die extragalaktische Evolutionsforschung, die heute eine wichtige Rolle für das Verständnis der Lebensgeschichte des Kosmos spielt.

Eines der wesentlichen Entwicklungsmerkmale des Kosmos besteht in seiner Expansion. Auch diese grundlegende Entdeckung geht auf Hubble zurück. Nach umfangreichen Vorarbeiten von V. M. ↗ Slipher und C. Wirtz entdeckte Hubble 1929 den Zusammenhang zwischen den Radialgeschwindigkeiten extragalaktischer Systeme und deren Entfernungen, die sog. Nebelflucht. Im Verein mit der theoretischen Deutung der Allgemeinen Relativitätstheorie A. ↗ Einsteins durch den russischen Mathematiker A. A. ↗ Friedmann bildet diese Entdeckung die Grundlage der modernen Kosmologie. Zu den weiteren Entdeckungen Hubbles zählt die »zone of avoidance« (nebelfreie Zone) entlang des galaktischen Äquators. Sie war ein wichtiger Hinweis auf die Existenz ausgedehnter Licht absorbierender Materie (interstellare Materie) entlang des galaktischen Äquators in unserer Galaxis und in extragalaktischen Sternsystemen. [DBH]

Werk(e):
The Realm of the Nebulae (1936, Reprint 1982), dort ausführliche weitere Hinweise auf Original- und Sekundärliteratur.

Sekundär-Literatur:
Christiansen, G. E.: Edwin Hubble – Mariner of the Nebulae, Institute of Physics (1997); Herrmann, D. B.: Geschichte der modernen Astronomie (1984); Sharov, A. S., Novikov, I. D.: Edwin Hubble (1994), Bibliographie der Veröffentlichungen Hubbles S. 225-228.

Hückel, Erich,

deutscher Chemiker und Physiker,
* 9. 8. 1896 Berlin,
† 16. 2. 1980 Marburg.

Hückel entwickelte zusammen mit P. ↗ Debye die Theorie der starken Elektrolyte zur Erklärung elektrolytischer Leitungsvorgänge in Lösungen und gehört zu den Pionieren der Quantenchemie. Die Bedeutung seiner Arbeiten für die Chemie wurde indes erst spät erkannt.

Als Sohn eines Arztes studierte Hückel nach seinem Schulbesuch in Göttingen von 1914 bis 1921, mit Unterbrechung in den Kriegsjahren 1916 bis 1918, Physik und Mathematik. Dort promovierte er auch 1921 bei Debye, vervollständigte seine mathematischen und physikalischen Kenntnisse als Assistent von D. ↗ Hilbert und M. ↗ Born und ging ein Jahr später zusammen mit Debye als dessen Assistent an die ETH nach Zürich. Hier erarbeiteten sie 1923 gemeinsam die Debye-Hückel-Theorie für starke Elektrolyte, und Hückel habilitierte sich darüber 1925.

1928/29 arbeitete Hückel als Rockefeller-Stipendiat an den Universitäten London, Cambridge (GB) und Kopenhagen. Nach einem kurzen Arbeitsaufenthalt 1929/30 an der Universität Leipzig wurde er 1930 Privatdozent und Lehrbeauftragter an der TH Stuttgart. 1935 wurde er zum ao. Professor, 1937 zum beamteten Professor und 1961 zum ord. Professor für theoretische Physik an der Universität Marburg berufen. 1962 folgte die Emeritierung.

Durch eigene theoretische Studien im Jahr seines Rockefeller-Stipendiums und einer Anregung Debyes folgend, begann Hückel die Quantentheorie auf chemische Probleme anzuwenden. In Kopenhagen lenkte N. ↗ Bohr Hückels Interesse auf die quantentheoretische Untersuchung der Doppelbindungen in der organischen Chemie. Daraus entstand schließlich Hückels wissenschaftliches Hauptwerk. Den Auftakt dazu bildete 1930 sein Artikel *Zur Quantenchemie der Doppelbindung*. Ein Jahr später folgte der erste Teil seiner vierteiligen Hauptschrift *Quantentheoretische Beiträge zum Benzolproblem*. Hückel ging das Problem der elektronischen Struktur mit zwei Näherungsmethoden an, wobei die erste nach heutiger Bezeichnungsweise der VB-Theorie entspricht, die zweite Methode der MO-Theorie, die im Rahmen der Hückelschen Näherungen als HMO-Theorie (Hückel-MO-Theorie) bekannt geworden ist. Hückel erkannte, dass die MO-Theorie wesentlich besser geeignet war, um die elektronische Struktur von konjugierten Verbindungen zu untersuchen. Das HMO-Verfahren ist ein einfaches quantenmechanisches, halbempirisches Näherungsverfahren für organische π-Elektronensysteme, mit dessen Hilfe sich die Bindungsverhältnisse in einem Molekül brauchbar beschreiben lassen und Voraussagen über chemische Reaktivität und physikalische Eigenschaften von Verbindungen möglich werden. Im Zusammenhang mit diesen Arbeiten fand er auch die »Hückelsche Aromatenregel«, nach der ebene, zyklisch konjugierte Kohlenwasserstoffe mit $(4n + 2)$ π-Elektronen eine besondere elektronische Stabilität besitzen. 1937 schloss Hückel diesen Arbeitszyklus mit der quantentheoretischen Deutung des Benzolmoleküls ab und konnte damit für die bis dahin noch ungeklärten Eigenschaften des Benzols eine einleuchtende theoretische Erklärung geben. [WG2]

Werk(e):
Zur Theorie konzentrierter wässeriger Lösungen starker Elektrolyte, Physikalische Zeitschrift 26 (1925) 93 (Habilitationsschrift); Grundzüge der Theorie ungesättigter und aromatischer Verbindungen (1938); Zur Quantenchemie der Doppelbindung, Zeitschrift für Physik, 60 (1930) 423; Quantentheoretische Beiträge zum Benzolproblem, Zeitschrift für Physik 70 (1931) 204 bis 83(1933) 632; Zur modernen Theorie ungesättigter und aromatischer Verbindungen, Zeitschrift für Elektrochemie 61 (1957) 866; Ein Gelehrtenleben. Ernst und Satire (1975).

Sekundär-Literatur:
Walcher, W.: Erich Hückel 75 Jahre, Physikalische Blätter 27 (1971) 364; Frenking, G.: 100. Geburtstag von Erich Hückel, Chemie in unserer Zeit 31 (1997) 27–31; Kraft, H.: Centauni 43 (2001) 1–16.

Huggins, William,
englischer Astrophysiker,
* 7. 2. 1824 London,
† 12. 5. 1910 Tulse Hill, bei London.

Huggins war einer der Pioniere der Astrophysik. Seine spektroskopischen Untersuchungen an der Sonne, den Sternen, kosmischen Nebeln, Kometen und Novae führten teilweise zu bahnbrechenden Erkenntnissen.

Huggins entstammt der Familie eines Seidenfabrikanten, erhielt seinen Schulunterricht vor allem durch Privatlehrer und studierte in Cambridge. Seine Interessen waren weit gespannt, von klassischer Literatur über Mikroskopie bis hin zur Astronomie.

1852 trat Huggins in die Royal Microscopical Society und 1854 in die Royal Astronomical Society ein, 1856 richtete er sich ein astronomisches Observatorium auf dem Tulse Hill ein, wo er seine Forschungen ausführte. 1875 heiratete Huggins die künstlerisch veranlagte Margaret Lindsay Murray aus Dublin, die ihm bei seinen Arbeiten nicht nur assistierte, sondern häufig als Mitautorin auftrat.

Huggins war einer der ersten Astrophysiker, die dieses Gebiet nach den bahnbrechenden Arbeiten von G. ↗ Kirchhoff und R. ↗ Bunsen neben der klassischen Astronomie etablierten und zu vielbeachteten Erfolgen führten. Seine ersten Arbeiten führte er gemeinsam mit dem Chemiker W. A. Miller aus, Beobachtungen der Spektren der Sonne und von Sternen mit einem selbst konstruierten Spektroskop. Verbunden mit Laboruntersuchungen brachten sie neue Erkenntnisse über die chemische Zusammensetzung und die physikalische Konstitution der Himmelskörper.

Von herausragender Bedeutung war Huggins' Entdeckung, dass die sog. Nebelflecke wenigstens teilweise ein Gasspektrum aufweisen, also nicht aus Sternen bestehen, sondern Gasnebel sind (1864). Dies war insofern wichtig, als F. W. ↗ Herschel aus morphologischen Merkmalen der Nebelflecken eine Theorie der kosmischen Entwicklung abgeleitet hatte. Dies wurde später durch Forschungen von William Parsons in Frage gestellt, der zahlreiche dieser Nebelflecken in Einzelsterne aufzulösen vermochte. Huggins' Arbeiten gaben Untersuchungen zur Kosmogonie neue Impulse.

In einigen Nebelflecken beobachtete Huggins eine im Labor nicht identifizierbare Linie, die er einem unbekannten Element, Nebulium genannt, zuordnete. Es wurde später als eine Linie des ionisierten Sauerstoffs bzw. Stickstoffs erkannt.

Bedeutende Erkenntnisse lieferten weiterhin Huggins' spektroskopische Beobachtungen von Kometen (ab 1864), die ersten dieser Art überhaupt, mit deren Hilfe die Natur dieser Himmelskörper weiter aufgeklärt werden konnte. So fand er im Spektrum mehrerer Kometen Kohlenstoffverbindungen. Weitere Untersuchungen galten der Supernova von 1866, in deren Ergebnis er richtig erkannte, dass es sich hierbei um einen explosiven Gasausstoß handelt. Bei Versuchen, die Eigenbewegung von Sternen anhand der Dopplerverschiebung von Spektrallinien zu messen, bei denen er wiederum einer der ersten Forscher war, erzielte er prinzipiell richtige Resultate, jedoch noch keine verlässlichen Aussagen. Sehr früh experimentierte er erfolgreich mit der fotografischen Erfassung von Spektren.

Huggins wurde mit vielen Ehrungen bedacht, war Mitglied der Royal Society und 1900 ihr Präsident, Präsident der Royal Astronomical Society und der British Association for the Advancement of Science, wurde geadelt und erhielt zahlreiche Auszeichnungen. [JH]

Werk(e):
Publications of Sir William Huggin's Observatory, hrsg. von Sir William and Lady Huggins, 2 Bde. (1899, 1909); Ergebnisse der Spectralanalyse in Anwendung auf die Himmelskörper (1869).

Sekundär-Literatur:
Proceedings of the Royal Society, Series A 86 (1911/12) S. I–XIX; Mills, C. E., Brooke, C. F.: A Sketch of the Life of Sir William Huggins (1936).

Alexander von Humboldt

Nicolaas Rupke

Humboldt, Alexander von,
deutscher Forschungsreisender, Naturwissenschaftler und Wissenschaftsförderer,
* 14. 9. 1769 Berlin,
† 6. 5. 1859 Berlin.

Humboldt bildete den Mittelpunkt eines – vor allem durch seine ausgedehnten Reisen und deren Auswertung geschaffenen – euro-amerikanischen Netzes wissenschafftlichen Austausches, über das sein eigentümlicher, durch die Verbindung von Universalismus, quantitativer Exaktheit, visueller Modellierung und ästhetischer Präsentation gekennzeichneter Wissenschaftsstil weltweiten Einfluss gewann.

Alexander von Humboldt, wenn er in Gesellschaft war, redete viel; wenn er allein war, schrieb er viel. Die lange Reihe seiner Bücher beginnt mit den *Mineralogischen Beobachtungen über einige Basalte am Rhein* (1790) und endet mit dem vierten Band von *Kosmos* (1858; der fünfte Band erschien 1862 posthum), und sie enthält sein umfangreiches *Amerikanisches Reisewerk,* das etwa 30 Folio- und Quartbände umfasst und den Sammeltitel *Voyage de Humboldt et Bonpland* trägt. Darüber hinaus veröffentlichte Humboldt mehr als 600 weitere »Werke, Schriften und zerstreute Abhandlungen«. Die enorme Zahl von Humboldts eigenen Publikationen wird noch von der Menge der Publikationen über ihn übertroffen, etwa um den Faktor zehn. Schon lange vor Humboldts Tod entstanden Bücher und Aufsätze über sein Leben und sein Werk, zuerst auf Englisch – vom schottischen Naturkundler Macgillivray (1832) – und viel später auch auf Deutsch – von einem Arzt aus Hannover (Klencke 1851). Seither ist die Produktion von Literatur über Humboldt ununterbrochen weitergegangen und hat in den letzten Jahrzehnten sogar zugenommen, wobei in den Gedenkjahren 1859 und 1959 beziehungsweise 1869 und 1969 eine besonders große Zahl an Publikationen zu verzeichnen ist.

Weitere Indikatoren für Humboldts Berühmtheit sind die außerordentlich zahlreichen Fälle, in denen er zum Namenspatron wurde. Auf allen Kontinenten der Erde tragen geographische Orte – von Orten und Gemeinden über Flüsse, Seen und Ströme bis hin zu Bergen und Gebirgszügen –, aber auch Geschäfte und Unternehmen seinen Namen. Am häufigsten findet der Name »Humboldt« jedoch in der wissenschaftlichen Nomenklatur Verwendung: für Mineralien und geologische Formationen, für weit über 100 existierende oder ausgestorbene Tierarten und für die ungewöhnlich große Zahl von etwa 270 rezenten oder fossilen Pflanzen. Gekrönt wird diese Liste von kulturellen und wissenschaftlichen Einrichtungen, die nach Humboldt benannt sind.

Die Gründe für dieses Interesse an Humboldt unterscheiden sich von Land zu Land und von Epoche zu Epoche mit dem Wandel der politischen und der wissenschaftlichen Kultur. Allgemein anerkannt ist aber, dass Humboldt besondere Beachtung verdient wegen seines universalistischen Ansatzes in der Naturkunde, seiner internationalistischen Einstellung bei der Förderung von Wissenschaft und Wissenschaftlern und seines kosmopolitischen Humanismus gegenüber Kulturen und Völkern. Zwar ist keine seiner wissenschaftlichen Einzelleistungen in ihrer Bedeutung mit denen von Beinahe-Zeitgenossen wie G. ↗ Cuvier, Ch. ↗ Darwin oder C. F. ↗ Gauß vergleichbar, jedoch lieferte er viele wertvolle Beiträge zu einem außergewöhnlich breiten Themenspektrum, das von der experimentellen Physiologie über die Mineralogie und Stratigraphie bis zur Botanik, Pflanzengeographie und politischen Ökonomie reicht. Seine bedeutendsten Forschungen betrafen wohl die Klimatologie und die Meteorologie, zu ihnen legte er Studien über die globale Wärmeverteilung vor. Schließlich regte Humboldt als Forschungsreisender auch eine Generation von »Humboldtianischen« Nachfolgern an, darunter Maximilian Alexander Philipp, Prinz zu Wied, die Brüder Adolf, Hermann and Robert Schlagintweit, Robert Hermann Schomburgk und, am wichtigsten, Ch. Darwin.

Ausbildung und frühe Karriere als Bergmann

Humboldt wurde in Berlin geboren und war der zweite Sohn des Majors a. D. und preußischen Kammerherrn Alexander Georg von Humboldt und seiner Frau Marie Elisabeth, geb. Colomb. Seine Jugend verbrachte er auf dem Familiensitz Schloss Tegel, damals noch vor den Toren Berlins gelegen.

A. von Humboldt

Alexander und sein älterer Bruder Wilhelm kamen schon als Jugendliche – Alexander war 16 und Wilhelm 18 – in Kontakt mit der Salonkultur des gebildeten Judentums in Berlin und wurden von den Wertvorstellungen der Berliner Aufklärung geprägt. Ihre Hauslehrer, Joachim Heinrich Campe und nach ihm Gottlob Johann Christian Kunth, hatten die Brüder in diese Kreise eingeführt. Der wichtigste dieser Salons war der des Philosophen Moses Mendelssohn, des »jüdischen Sokrates«, in dessen Haus sie Vorträge verschiedenster Gelehrter hörten.

Höhere akademische Bildungsanstalten im formellen Sinn besuchte Humboldt nur für vier relativ kurze Perioden, und zwar die Universität Frankfurt a. d. Oder (rund ein halbes Jahr, 1787–88), die Universität Göttingen (fast ein Jahr, 1789–90), die Hamburger Handelsakademie (fast neun Monate, 1790–91) und die Bergakademie in Freiberg/Sachsen (etwas mehr als ein halbes Jahr, 1791–92). Nicht Göttingen, mit seinen berühmten Professoren, sondern Freiberg scheint Humboldt am stärksten beeinflusst zu haben; unter seinen Lehrern war dort der angesehene A. G. ↗ Werner, dessen neptunistische Überzeugung Humboldt übernahm, jedoch später zugunsten einer gemäßigten Form des Plutonismus aufgab – zur Enttäuschung J. W. v. ↗ Goethes. Hier schloss er auch Freundschaft mit Johann Karl Freiesleben, L. v. ↗ Buch und anderen Gelehrten.

Die Epoche von 1792 bis 1797 bildet einen selbstständigen und bedeutsamen Abschnitt in Humboldts Leben. Humboldt war damals in der preußischen Bergwerksverwaltung tätig, mit Dienstsitz in Bayreuth. 1793 gründete er in der Ortschaft Steben mit eigenen Mitteln und aus eigener Initiative eine freie Bergwerksschule, die weltweit erste dieser Art. Als das Ministerium ihm anbot, seine Kosten zu erstatten, schlug er vor, das Geld an die Bergleute zu verteilen, für die er außerdem eine Pensionsregelung ausarbeitete. Er war ein Inspektor, der zupackte, der mit den Bergleuten in die Stollen einfuhr und sich für die Verbesserung ihrer schlechten Lebensbedingungen einsetzte. Er erfand ein Atmungsgerät zur Rettung verunglückter Bergleute und erlitt 1796 bei Experimenten mit einer Rettungslampe für Bergleute einen Grubenunfall.

Forschungsreisen

Humboldts Ruhm und seine Bücher waren in erheblichem Umfang Früchte seiner wissenschaftlichen Expeditionen. Die erste selbstständige Reise dieser Art unternahm er 1789 während seiner Studienzeit in Göttingen im Alter von zwanzig Jahren. In Begleitung eines jungen holländischen Arztes und Botanikers, Steven Jan van Geuns, reiste er mehrere Wochen hauptsächlich durch das mittlere Westdeutschland und entlang des Niederrheins. In Mainz hielten sie sich über eine Woche im Haus von G. ↗ Forster auf, mit dem Humboldt im folgenden Jahr seine zweite Reise nach Belgien, Holland, England und Frankreich und besonders Paris unternahm, das immer noch im Bann der Revolutionseuphorie von 1789 stand. Weitere Reisen folgten, darunter 1795 eine prägende Exkursion durch die Alpen.

Nach dem Tod seiner Mutter 1796 schied Humboldt aus dem Bergdienst aus und beschäftigte sich zu Anfang des Jahres 1797 mit Experimenten zum Galvanismus, über die er in seinen *Versuchen über die gereizte Muskel- und Nervenfaser* (2 Bde., 1797–98) berichtete. Unter den Versuchen, die er durchführte, waren qualvolle Experimente am eigenen Körper: Er fügte sich Blasen auf der Haut seines Rückens zu, schnitt sie auf und führte Elektroden in sie ein, um die Wirkung elektrischer Ladungen zu studieren. Gleichzeitig begann er, sich auf eine große Übersee-Forschungsreise in die amerikanischen Tropen vorzubereiten. In Paris tat er sich 1798 mit dem Botaniker A. ↗ Bonpland zusammen, und gemeinsam reisten sie nach Madrid, wo sie die königliche Erlaubnis zur Erforschung der spanischen Besitzungen in Amerika erhielten. Am 5. Juni 1799 stachen Humboldt und Bonpland an Bord der Fregatte »Pizarro« von La Coruña aus in See und erreichten nach Zwischenstopps auf den Kanarischen Inseln Cumana im heutigen Venezuela. In den folgenden fünf Jahren bereisten sie das Gebiet der späteren Staaten Venezuela, Kolumbien, Kuba, Ekuador, Peru und Mexiko. Besondere Aufmerksamkeit erregten ihre Fahrt auf dem Orinoko und der Treck nach Süden, entlang der Anden bis Quito. Humboldt bestieg mehrere Vulkane und unternahm am 23. Juni 1802 seinen berühmten Versuch einer Besteigung des Chimborazo, der damals als höchster Berg der Welt galt. Etwa 400 m unterhalb des Gipfels von 6 310 m mussten er und seine Begleiter aufgeben, doch hatten sie damit dennoch einen neuen alpinistischen Höhenrekord aufgestellt. Bei der Rückkehr aus den Tropen steuerten Humboldt und Bonpland Philadelphia in den USA an und besuchten Washington, wo Humboldt mit Thomas Jefferson und Mitgliedern der amerikanischen Regierung zusammentraf. Am 1. August 1804 endete ihre Rückreise über den Atlantik in Bordeaux.

A. von Humboldt: Büste einer Priesterin der Azteken, aus *Pittoreske Ansichten der Cordilleren und Monumente americanischer Völker*

Pläne für eine wissenschaftliche Expedition nach Osten, die Humboldt schon bald nach seiner Rückkehr aus Amerika entwickelte, mussten lange unverwirklicht bleiben. Schließlich trat er 1829 von St. Petersburg aus seine russisch-sibirische Reise an, die von Zar Nikolaus I. gefördert wurde. Auf seiner Reise wurde er von dem Mikropaläontologen Chr. G. ↗ Ehrenberg und dem Mineralogen Gustav Rose begleitet. In weniger als sechs Monaten legten sie 15 000 km zurück und nutzten dabei 12 244 Pferde. Die Reise lieferte Humboldt Vergleichsdaten zu den Anden: Sie führte ihn über den Ural und die Ebenen Westsibiriens bis zum zentralasiatischen Altai-Gebirge und auf dem Rückweg an der Wolga entlang zum Kaspischen Meer.

Humboldts Forschungsreisen waren nicht in erster Linie Entdeckungsreisen in unbekannte Länder, sondern dienten vor allem der Beobachtung und dem Sammeln von Daten. Zu diesem Zweck führte er eine Reihe der damals modernsten Messinstrumente mit sich, darunter Chronometer, Teleskope und Sextanten, ein Inklinatorium und ein Deklinatorium für magnetische Messungen, mehrere Barometer, Thermometer, Hygrometer und Elektrometer, ein Cyanometer zur Messung der Intensität des Blaus des Himmels, verschiedene Eudiometer zur Messung der Zusammensetzung der Atmosphäre, Aräometer zur Messung der Dichte des Wassers, ein Mikroskop, ein Hyetometer zur Messung des Niederschlags, einige Hypsometer zur Messung des Siedepunkts des Wassers und weitere einfachere Instrumente.

Humboldt sammelte damit eine große Menge Daten, aus denen er ein allgemeines Bild der globalen Verteilung von Umweltparametern in Abhängigkeit von Meereshöhe und geographischer Breite entwickelte. Seinem *Essai sur la geographie des plantes* (1805–07) gab er den »Tableau physique des Andes et des pays voisins« bei, ein ikonenhaftes Querschnittprofil von Südamerika, vom Pazifik zum Atlantik auf der geographischen Breite des Chimborazo, das die zonenweise Verbreitung verschiedener Pflanzen in unterschiedlichen Meereshöhen zeigt. Humboldts späteres Werk *Nova genera et species plantarum* (Bd. 1, 1815) enthielt die Tafel »Geographiae plantarum lineamenta« (Skizze der geographischen Verteilung der Pflanzen), die die vertikale Abfolge der Verbreitungszonen von Pflanzen auf drei Bergen in den Tropen, in den gemäßigten Breiten und in einer Polarregion zeigte und so Humboldts berühmtes »Gesetz« bewies, dass die Veränderungen der Verbreitung von Pflanzen in Abhängigkeit von der Meereshöhe derjenigen in Abhängigkeit von der geographischen Breite entspricht. Außerdem erwies sich seine Anwendung des Isolinien-Verfahrens zur Wiedergabe dieser Daten als revolutionärer Beitrag zur kartographischen Darstellung räumlicher Beziehungen. Humboldt führte einen Wissenschaftsstil ein, der sich durch Präzisionsmessungen physikalischer Parameter und die Visualisierung ihrer Verteilung im globalen Maßstab auszeichnete. Seine Forschungspraxis war durch Sammeln, Messen und In-Beziehung-Setzen charakterisiert. Seit Ende der 1970er-Jahre wird in der englischsprachigen Welt diese Methode als »Humboldtian science« bezeichnet, wodurch ein neues Bezugssystem für die Diskussion von Humboldts Bedeutung geschaffen wurde. Humboldts holistischer Ansatz ging einher mit einer Landschaftsästhetik, die eine ganze Generation von spätromantischen Landschaftsmalern beeinflusste, darunter Frederic Edwin Church und Johann Moritz Rugendas.

Paris und das Amerikanische Reisewerk

Sowohl die Berliner als auch die Pariser Akademie – letztere Teil des umfassenderen Institut de France – wählten Humboldt noch während seiner Amerika-Reise zum außerordentlichen bzw. korrespondierenden Mitglied. Sie stellten von da an die institutionelle Grundlage und die wichtigsten Bezugspunkte seiner wissenschaftlichen Laufbahn dar, und er trug viel zu ihrer Arbeit bei. Unmittelbar nach seiner Rückkehr nach Europa präsentierte Humboldt seinen Wissenschaftlerkollegen am Pariser Institut vorläufige Berichte über seine Reisen. Im Jahr darauf, 1805, kam Humboldt nach Berlin, wo er in der Akademie der Wissenschaften weitere frühe Ergebnisse vorstellte. Entscheidend für die Zwecke seiner öffentlichen Selbststilisierung waren auch die Pariser und Berliner Salons; in vielen von ihnen war er ein häufiger und gefeierter Gast. In Frankreich gehörte er außerdem der exklusiven Société d'Arcueil an, wo er Seite an Seite mit den älteren Mitgliedern wie Cl. L. ↗ Berthollet und P. S. de ↗ Laplace saß oder sich mit jüngeren Mitgliedern wie F. ↗ Arago, J.-B. ↗ Biot und J. L. ↗ Gay-Lussac austauschen konnte.

Zur damaligen Zeit war Paris der glänzende Mittelpunkt der wissenschaftlichen Welt, und Humboldt war einer ihrer Stars. Von Dezember 1807 an hatte Humboldt seinen Hauptwohnsitz in Paris und blieb dort bis 1827. Den größten Teil dieser Jahre hatte er eine gemeinsame Wohnung mit dem Botaniker Carl Sigismund Kunth, der den botanischen Teil des Reisewerkes bearbeitete und der ein Neffe seines Hauslehrers war. Diese Zeit war seine wissenschaftlich aktivste Lebensphase, in der er die Ergebnisse seiner amerikanischen Forschungsreise auswertete und den größten Teil seines monumentalen *Amerikanischen Reisewerks* verfasste, mit Hauptwerken wie dem *Essai politique sur le royaume de la Nouvelle-Espagne* (2 Bde., 1811), dem unvollendeten Reisebericht *Relation historique du voyage aux régions équinoxiales du Nouveau Continent* (3 Bde., 1814–1825) und dem schmaleren, aber einflussreichen *Essai sur la géographie des plantes* (1807), der das berühmte Querschnittprofil der Anden enthält. Humboldt schrieb sein *Reisewerk* ebenso wie die meisten anderen seiner wissenschaftlichen Beiträge auf Französisch. Die einzige mit der Amerikareise in Zusammenhang stehende und auf deutsch geschriebene Arbeit waren die populären *Ansichten der Natur* (1808). Viele der Bände seines *Reisewerks* waren prächtig bebildert, und es heißt, dass die Herstellungskosten, zusammen mit den Kosten der Reise selbst, Humboldts Privatvermögen (ca. 100 000 Taler) erschöpften.

Von großer Bedeutung für die Rezeption Humboldts in der englischsprachigen Welt war die englische Übersetzung des Reiseberichts, *Personal Narrative of Travels to the Equinoctial Regions of the New-Continent* (7 Bde., 1814-1829), durch eine bemerkenswerte Frau, Helen Maria Williams, eine Anhängerin der Französischen Revolution, die 1792 von London nach Paris übergesiedelt war und dort die meisten der girondistischen Revolutionäre kennen gelernt hatte. Als Organisatorin und Teilnehmerin der Pariser Salonkreise traf sie Humboldt und wurde die erste von mehreren prominenten Engländerinnen, die Humboldts französische und deutsche Werke ins Englische übertrugen.

Berlin und »Kosmos«

Schon in seinen Pariser Jahren wurde Humboldt gelegentlich aufgefordert, sich an diplomatischen Missionen im Dienste des preußischen Hofes zu beteiligen und König Friedrich Wilhelm III. auf Auslandsreisen zu begleiten. Offenbar weil der König darauf bestand, musste er jedoch 1827 seinen Wohnsitz in Paris aufgeben und nach Berlin zurückkehren. Berlin blieb bis zu seinem Tod sein Hauptwohnsitz, wo ihn sein treuer Kammerdiener Johann Seifert versorgte, dem er in seinem Testament aus dem Jahr 1841 seinen gesamten Besitz vermachte. 1829 erhielt Humboldt den Titel eines »Wirklichen Geheimen Rates« mit dem Prädikat »Exzellenz«. Seine staatlichen Bezüge beliefen sich 1846 auf 5 000 Taler im Jahr.

Nach seiner Ankunft in Berlin hielt Humboldt dort vom 3. November 1827 bis zum 27. April 1828 zuerst in der Universität, dann in der Singakademie seine berühmten Kosmos-Vorlesungen – insgesamt 77 Vorträge für ein gemischtes Publikum. Viele Deutsche, die Humboldt zeitweise seinen frankophilen Lebensstil verübelt hatten, akzeptierten und feierten ihn nun als Deutschlands größten Sohn. Dass Humboldt schon 1825 im Salon einer Marquise eine ähnliche Vorlesungsreihe auf Französisch gehalten hatte, blieb unerwähnt oder unbekannt. Diese Wandlung in der Wahrnehmung Humboldts zu einem Heroen der deutschen Kultur verstärkte sich noch, als er vom 18. bis 24. September 1828 den Vorsitz der 7. Versammlung der Gesellschaft deutscher Naturforscher und Ärzte führte. Berühmt ist Humboldts Bemerkung in seiner Eröffnungsansprache, dass sich in der Versammlung Deutschland gleichsam in seiner geistigen Einheit offenbare – was später aus seinem ausdrücklich staatenbündlerischen Zusammenhang gerissen und zur Rechtfertigung einer revolutionären, auf die Einheit Deutschlands zielenden Politik benutzt wurde.

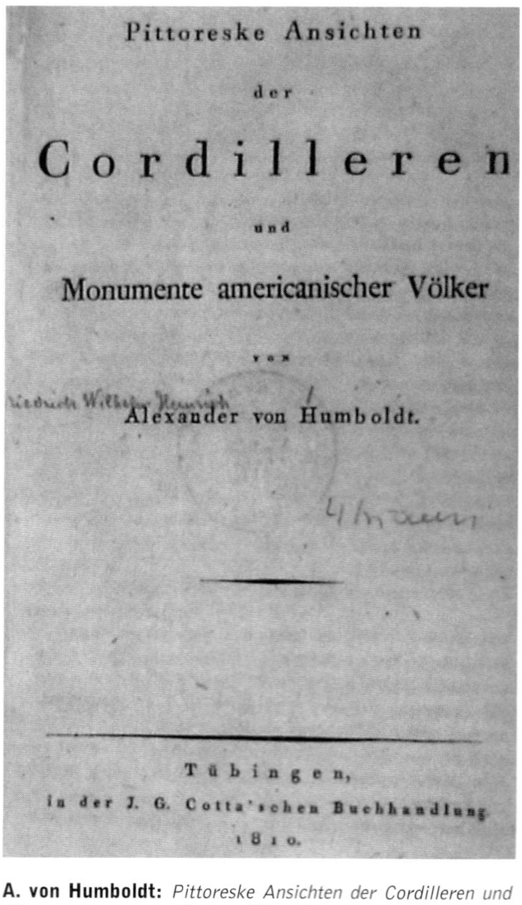
Pittoreske Ansichten

der

Cordilleren

und

Monumente americanischer Völker

von

Alexander von Humboldt.

Tübingen,

in der J. G. Cotta'schen Buchhandlung

1810.

A. von Humboldt: *Pittoreske Ansichten der Cordilleren und Monumente americanischer Völker* (1810)

In Berlin widmete sich Humboldt mit beträchtlichem Einsatz der Bereicherung des intellektuellen Lebens der Akademie. Er nahm die magnetischen Messungen wieder auf, die er schon 1806 in Berlin durchgeführt hatte, als er das Phänomen der »magnetischen Stürme« beobachtete. Der Erdmagnetismus war damals von großem Interesse, nicht nur wegen seiner traditionellen Bedeutung für die Seefahrt, sondern auch wegen des neu entdeckten Zusammenhanges von Magnetismus und Elektrizität, den der dänische Physiker H. Chr. ↗ Oersted 1820 als erster nachgewiesen hatte. Die Erfassung der magnetischen Eigenschaften der Erde in einem kohärenten Wissenssystem erforderte das Sammeln und Vergleichen von Beobachtungen aus allen Teilen der Welt und über lange Zeiträume. Damit wurde die Erforschung des Erdmagnetismus zum ersten großen Projekt internationaler Kooperation in den Naturwissenschaften, und Humboldt war der entscheidende Mann bei ihrer Organisation.

Bei seiner Reise durch Russland und Sibirien im Jahr 1829 erreichte Humboldt, dass sechs magnetische Observatorien eingerichtet wurden, die das Gebiet von St. Petersburg über Moskau bis Peking abdeckten. Dem Göttinger Astronom und Mathematiker Gauß, der ein verbessertes Magnetometer entwickelt und einen mathematischen Standard für die Intensität des Erdmagnetfeldes definiert hatte, gelang kurz darauf die Organisation eines Netzes von magnetischen Messstationen für zeitgleiche Beobachtungen in ganz Europa mit der Zentrale Göttingen. Dieses internationale Netzwerk mit dem Namen »Göttinger Magnetischer Verein« umfasste, außer Göttingen, fünfzehn Stationen, die sich in Nord-Süd-Richtung zwischen Uppsala in Schweden und Catania auf Sizilien und in Ost-West-Richtung zwischen St. Petersburg und Dublin befanden. 1836 unternahm Humboldt einen Vorstoß für die erhebliche Ausweitung des bestehenden Netzwerks. Er schrieb an den Präsidenten der Royal Society, August Friedrich, Herzog von Sussex, den er während seiner Studienzeit in Göttingen kennen gelernt hatte, und drängte ihn zur Einrichtung magnetischer Observatorien in den überseeischen Besitzungen Englands. Dies führte zur Gründung von Messstationen in Toronto (Kanada), auf St. Helena, am Kap der Guten Hoffnung und in Australien (Van Diemen's Land, heute Tasmanien). Insgesamt wurden in einem internationalen Gemeinschaftsunternehmen weltweit zweiunddreißig Stationen errichtet, zumeist von Deutschen, Russen und Engländern. Der französische Beitrag blieb auf eine einzige Station in Algier beschränkt.

Nach dem Tod des preußischen Königs Friedrich Wilhelm III. im Jahr 1840 und der Thronbesteigung seines Sohnes Friedrich Wilhelm IV. wurde Humboldt stärker in Staatsgeschäfte einbezogen; u. a. wurde er Mitglied des preußischen Staatsrates und 1842 der erste Kanzler der neu gestifteten Friedensklasse des Ordens pour le Mérite. Als solcher war er maßgeblich an der Auswahl der ersten Ordensträger und den späteren Ernennungen beteiligt.

Unmittelbar nach dem Abschluss der »Kosmos-Vorlesungen« hatte Humboldt vor, diesen ›Entwurf einer physischen Weltbeschreibung‹ zu veröffentlichen. Dennoch dauerte es fast zwei Jahrzehnte, diesen Plan zu verwirklichen, und der erste Band von *Kosmos* erschien erst 1845. Der Titel verweist nicht nur auf den breiten thematischen Umfang des Buches, sondern spiegelt auch Humboldts ästhetisch-holistische Epistemologie, da der Begriff ›kosmos‹ in Homers Zeit ›Schmuck‹ und ›Ordnung‹ bedeutet hatte und später den Zusammenhang oder die harmonische Gestaltung der Welt bezeichnete. Als inoffizieller Bildband zu *Kosmos* erschien in einem Zeitraum von elf Jahren sukzessive ein Kartenwerk, der *Physikalische Atlas* des mit Humboldt befreundeten Kartographen Heinrich Berghaus (1838–1848; zusammengefasst in zwei Bänden 1845 und 1848).

Für die Arbeit an *Kosmos* erweiterte Humboldt sein ohnehin schon großes Korrespondenznetz. Auf der Höhe seines Ruhmes schrieb er nicht weniger als etwa 2 000 Briefe pro Jahr, täglich fünf oder sechs. In der Zeit von 1789 bis 1859 dürfte Humboldt insgesamt rund 50 000 Briefe verfasst haben. Mit seinem Ruhm wuchs auch die Flut der Briefe, die er erhielt – etwa 3 000 pro Jahr waren es in seinen letzten Lebensjahrzehnten. Über 2 500 Korrespondenten Humboldts sind namentlich bekannt. Von den ca. 100 000 an Humboldt gerichteten Briefen existieren allerdings heute nur noch 4 %, da er die Angewohnheit hatte, sie nach dem Lesen wegzuwerfen.

Politik und Religion

Häufig und wiederholt ist versucht worden, Humboldts Namen mit politischen und religiösen Fragen in Verbindung zu bringen. Humboldt sprach, wenn überhaupt, nur selten über derartige Angelegenheiten. Er hatte ein ausgesprochenes Talent für zweideutige Äußerungen, und folgt man der Sekundärliteratur über ihn, scheint er »all things to all people« gewesen zu sein. Sowohl »Linke« als auch »Rechte« haben ihn für ihre Sache vereinnahmt, gleichermaßen »Atheisten« wie »Theisten« haben Anspruch auf ihn erhoben. Während der Revolution in Berlin 1848 hat sich beispielsweise Humboldt nicht öffentlich geäußert, und manche interpretierten deshalb sein Verhalten als Befürwortung demokratischer Ideale, während andere darin Loyalität gegenüber dem royalistischen Establishment in Preußen sahen. Eine bemerkenswerte Ausnahme von dieser Regel war Humboldts öffentlicher Protest im Jahr 1856 gegen eine amerikanische Übersetzung seines Buches über Kuba *Essai politique sur l'ile de Cuba* (1826), in der das siebente Kapitel weggelassen worden war, weil darin die Praxis der Sklaverei verurteilt wird.

Wegen seiner Stellung als Kammerherr am preußischen Hof erschien Humboldt vielen als mit der Monarchie eng verbunden. Ein Jahr nach seinem Tod bewirkte jedoch die Veröffentlichung von Teilen der privaten Korrespondenz und der Gespräche mit seinem Freund, dem erklärten Liberaldemokraten Karl August Varnhagen von Ense, einen entscheidenden Umschwung in der öffentlichen Wahrnehmung von Humboldts politischen Einstellungen. In diesen Briefen begegnet uns Humboldt als ein Kritiker der Monarchie und Verfechter demokratischer, ja sogar republikanischer Ansichten, beinahe als radikaler Befürworter von »Freiheit und Einheit«. Diese Enthüllungen lösten einen Sturm quer durch das gebildete Europa aus und haben Humboldt bis heute als Sympathisant der liberalen Linken erscheinen lassen. Die Gegenangriffe rechter Kritiker, unter ihnen Otto von Bismarck, der Humboldt als alten Kauz verspottete, als Heuchler, der sich im geliehenen Glanz der Nähe zum Königshaus sonnte, konnten daran nichts ändern.

In seinen privaten Kommentaren und Briefen an Varnhagen von Ense kritisierte Humboldt u. a. die pietistisch-klerikale Partei am preußischen Hof. Außerdem erwähnte er in seinem vielbändigen *Kosmos* mit keinem einzigen Wort Gott. Einige Rezensenten lobten ihn für diese Unterlassung, andere, insbesondere englische Rezensenten, tadelten ihn dafür hart, da er die Tradition der Natürlichen Theologie aufgegeben habe. Während in Frankreich der positivistisch eingestellte Orientalist und Theologe Ernest Renan Humboldt ausdrücklich dazu beglückwünschte, dass er die Sprache der Natürlichen Theologie vermieden habe, beklagte der Edinburgher Physiker und Geologe James David Forbes ebenso wie andere englische Kritiker bitter das Fehlen von Beweisen für den göttlichen Schöpfungsplan. Humboldt wies den Vorwurf des Atheismus als unbegründet zurück. Schon im Januar 1845, als er persönlich für die französische Ausgabe von *Kosmos* die einleitenden ›Considérations‹ übersetzte, fügte er eine Selbstverteidigung ein, indem er zustimmend »den sehr christlichen Immanuel Kant« zitierte, mit dem er darin übereinstimme, dass alle Dinge jenseits der materiellen Welt nicht zur physikalischen Beschreibung des Universums gehören, sondern zu einer höheren Art von Spekulation.

Freundschaften und Vereinnahmungen

In der Sekundärliteratur über Humboldt haben seine Freundschaften eine entscheidenden Rolle dabei gespielt, ihn für bestimmte Interessen zu vereinnahmen. In Lateinamerika beispielsweise sind seine engen Kontakte zu dem Revolutionär Simon Bolivar häufig erwähnt worden, und in den USA wurde Humboldts gutes Verhältnis zu dem Republikaner Thomas Jefferson hervorgehoben. In Deutschland selbst erfuhr seine Freundschaft zu Goethe besondere Aufmerksamkeit, teilweise, um den frankophilen Humboldt zu »germanisieren«. Goethes persönliche Bekanntschaft mit Humboldt geht auf das Jahr 1794 zurück, als Humboldt zu Besuch bei seinem Bruder Wilhelm war, der bereits seit seiner Übersiedlung nach Jena im Frühjahr desselben Jahres in intensivem Kontakt mit Goethe und Friedrich von Schiller stand. Anders als Schiller, der sich sehr kritisch über Humboldt äußerte, hat Goethe den Kontakt zu Humboldt offenbar gesucht. Im Laufe der Jahre 1794–1795 und 1797 ergab sich bei wiederholten Begegnungen von Goethe und Humboldt Gelegenheit zu Diskussionen naturwissenschaftlicher Fragen, deren Hauptthema die vergleichende Anatomie war. Goethe hat durch die Begegnung mit dem eine Generation jüngeren Humboldt Anregungen auf naturwissenschaftlichem Gebiet erhalten, wie er in gleichzeitigen Aufzeichnungen und Briefen und noch Jahrzehnte später diesem selbst gegenüber bekannte. Auch Humboldt hat die Bedeutung der Begegnungen mit Goethe und der Goetheschen Ideen für seine eigene frühe wissenschaftliche Entwicklung wiederholt gewürdigt. Aus den Jahren nach Humboldts Rückkehr von seiner Amerikareise gibt es weitere Beispiele für das gegenseitige respektvolle Interesse des Weimarer Dichterfürsten und des – nunmehr ebenfalls berühmten – Naturforschers.

Eine weitere Freundschaft, der in der deutschen Humboldt-Biografik immer wieder hohe Bedeutung zugemessen wurde, war diejenige zu G. Forster, dessen Begeisterung für die Französische Revolution die Historiker der DDR betont haben. In Westdeutschland dagegen wurden gern zwei andere Freundschaften diskutiert, die eine in Verbindung mit dem Entstehen der homosexuellen Emanzipationsbewegung, die andere mit dem Philosemitismus. Humboldt war nie verheiratet, und seit dem Zweiten Weltkrieg hat die Annahme, dass er homosexuell war, zunehmende Beachtung in der Öffentlichkeit gefunden. Der wichtigste Anhaltspunkt dafür waren seine Freundschaft mit dem in Bayreuth stationierten Infanterie-Leutnant Reinhard von Haeften und Humboldts obsessiv-romantische Briefe an ihn. In den Nächten zwischen dem 1. und dem 4. Januar 1797 verfasste Humboldt unter seelischen Qualen einen langen Brief an Haeften, in dem er über die zwei Jahre ihrer Bekanntschaft nachsann und ihn inständig bat, trotz dessen bevorstehender Heirat ein Teil von Haeftens Lebens bleiben zu dürfen und gemeinsam in Italien, Paris oder anderswo zu leben, selbst wenn dies zu Änderungen oder Verzögerungen in Humboldts amerikanischen Reiseplänen führen würde. Dieser und andere Briefe an Haeften sind als Belege dafür zitiert worden, dass Humboldt ein romantisches Interesse an ihm hatte.

Eine andere Freundschaft verband Humboldt mit Henriette Herz. Sie wird manchmal genannt, um zu zeigen, dass Humboldt nicht homosexuell war, sondern heterosexuelle Neigungen hatte; sie wird aber auch dazu herangezogen, um Humboldt mit dem Philosemitismus in Verbindung zu bringen. Henriette Herz führte einen Salon in Berlin und war die Frau des Arztes und Philosophen Marcus Herz, in dessen Haus die jugendlichen Humboldt-Brüder Vorträge über Philosophie und Physik hörten. Henriette galt als die anziehendste Frau der Berliner Gesellschaft, ebenso klug wie schön, und beide Humboldt-Brüder schwärmten für sie. Als junger Mann, der noch im Familiensitz Schloss Tegel wohnte, schrieb Alexander lange Briefe an Henriette, teils auf Englisch und teilweise in hebräischer Schrift, die sie ihm beigebracht hatte; als seine Adresse gab er »Schloss Langeweile« an. Seit jenen Jugendtagen blieb Humboldt ein steter und beliebter Gast in den Salons einiger attraktiver und geistreicher jüdischer Frauen, darunter Rahel Levin, die mit Humboldts Vertrautem Varnhagen von Ense verheiratet war. In der Zeit nach dem Zweiten Weltkrieg erlangten diese und ähnliche historische Tatsachen besondere Aufmerksamkeit in Zusammenhang mit Westdeutschlands Wiedergutmachungspolitik, für die Humboldt als Repräsentant des anderen, nicht-militärischen, nicht-nationalistischen und humanitären Deutschlands diente. Ein Satz aus Humboldts *Kosmos* wurde zu einem beliebten Zitat: »Indem wir die Einheit des Menschengeschlechts behaupten, widerstreben wir auch jener unerfreulichen Annahme von höheren und niederen Menschenrassen. Es gibt bildsame, höher gebildete, durch geistige Kultur veredelte, aber keine edleren Volksstämme. Alle sind gleichmäßig zur Freiheit bestimmt.«

Werk(e):
Versuche über die gereizte Muskel- und Nervenfaser nebst Vermuthungen über den chemischen Process des Lebens in der Thier- und Pflanzenwelt. 2 Bde. (1797, 1798); Essai sur la géographie des plantes; accompagnée d'un tableau physique des regions équinoctiales (1807); Essai politique sur le royaume de la Nouvelle-Espagne, 2 Bde. (1811); Relation historique du Voyage aux régions équinoctiales du Nouveau Continent, 3 Bde. (1814, 1819, 1825); Ansichten der Natur (1808); Des lignes isothermes et de la distribution de la chaleur sur le globe, Mémoires de Physique et de Chimie de la Société d'Arceuil, Heft 3 (1817); Kosmos. Entwurf einer physischen Weltbeschreibung, 5 Bde. (1845, 1847, 1850, 1858, 1862).

Sekundär-Literatur:
MacGillivray, W.: The Travels and Researches of Alexander von Humboldt (1832); Klencke, H.: Alexander von Humboldt. Ein biographisches Denkmal (1851); Bruhns, K.(Hrsg.): Alexander von Humboldt. Eine wissenschaftliche Biographie, 2 Bde. (1872); Terra, H. de.: Alexander von Humboldt und seine Zeit (1956); Beck, H.: Alexander von Humboldt, 2 Bde. (1959, 1961); Botting, D.: Alexander von Humboldt. Biographie eines großen Forschungsreisenden (1974); Biermann, K.-R.: Alexander von Humboldt (1979); Hein, W.-H. (Hrsg.): Alexander von Humboldt. Leben und Werk (1985); Krätz, O.: Alexander von Humboldt. Wissenschaftler – Weltbürger – Revolutionär (1997); Fiedler, H. und Leitner, U.: Alexander von Humboldts Schriften. Bibliographie der selbständig erschienenen Werke (2000); Ette, O.: Weltbewußtsein. Alexander von Humboldt oder das unvollendete Projekt einer anderen Moderne (2002); Rupke, N.: Appropriating Humboldt: Alexander von Humboldt in German Political History (2004).

Ḥunayn ibn-Isḥāq (lat. Johannitius), **Abū-Zaid al-Ibādī,**
christlicher arabischer Übersetzer, Arzt und Gelehrter,
* 808 al-Ḥīra,
† 873 oder 877 Baghdad.

Hunayn ibn Ishaq lebte und arbeitete zur Blütezeit des griechisch-arabischen Übersetzungswesens in Bagdad.

Ḥunayn entstammte einer nestorianischen arabischen Familie in al-Ḥīra, einer Stadt nahe dem Euphrat im Süden des Irāq. Sein Vater war Apotheker. Obschon al-Ḥīra, die einstige Hauptstadt der vorislamischen Lachmiden-Dynastie, zum Zeitpunkt der Geburt von Ḥunayn viel von ihrem früheren Glanz eingebüßt hatte, waren die Schulen der dortigen nestorianischen Gemeinden immer noch gut genug, um eine breite Grundbildung zu vermitteln. Über Ḥunayns Erziehung gibt es keine verlässlichen Aussagen, klar ist jedoch, dass er drei Sprachen beherrscht haben muss: Zu Hause sprach er Arabisch, in der Schule lernte er Syrisch und Griechisch. Bei Yūḥannā ibn-Māsawayh, einem berühmten Arzt am Hofe des Kalifen in Bagdad, begann er Medizin zu studieren, musste seine Studien jedoch unterbrechen, weil seine Griechischkenntnisse nicht ausreichten. Ḥunayn verließ Bagdad und kehrte zwei Jahre später zurück, nunmehr des Griechischen mächtig. Nach seiner Rückkehr begann er, seinen Lebensunterhalt mit Übersetzungen aus dem Griechischen ins Arabische und Syrische zu verdienen. Bald schon fand er einflussreiche Förderer und Mäzene, zu denen Mitglieder der Herrscherfamilie, mehrere hochrangige Regierungsbeamte sowie zahlreiche Gelehrte gehörten, darunter die einflussreiche nestorianische Medizinerfamilie Bakhtīū und die drei Söhne des Emporkömmlings Mūsā ibn-ākir (↗ Banu Musa), der Ḥunayn ein fürstliches Monatsgehalt zahlte. Ḥunayns Erfolg erregte die Missgunst seiner christlichen Kollegen, die ihn beim Kalifen verleumdeten. Ḥunayn wurde ins Gefängnis geworfen und seine Bücher konfisziert, schließlich wurde er jedoch unter hohen Entschädigungsleistungen auf freien Fuß gesetzt – unter anderem wurde er als Oberster Arzt an den Hof verpflichtet, ein Posten, den er bis zu seinem Tode innehatte.

Ḥunayns eigene wissenschaftliche Aktivität lag im Bereich der Medizin, und hier insbesondere der Augenheilkunde. Für die Allgemeinmedizin verfasste er ein einführendes Lehrbuch in Form von Frage und Antwort mit dem Titel *Fragen der Medizin*, das sowohl im arabischen Raum als auch in seiner lateinischen Version *Isagoge Johannitii* im Westen großes Ansehen genoß. Sein Hauptwerk in der Ophthalmologie waren *Das Buch der zehn Abhandlungen über das Auge*, das ebenfalls ins mittelalterliche Latein übersetzt wurde, und ein einführendes Werk mit dem Titel *Fragen zum Auge*. Ḥunayn schrieb auch Abhandlungen über diverse andere Themen, unter anderem aus dem Bereich der Meteorologie, der christlichen Theologie und der griechischen Philosophie, manche davon sind überliefert. Seine größten Leistungen aber vollbrachte er fraglos in seiner Eigenschaft als Übersetzer klassischer griechischer Werke ins Syrische und Arabische.

Wir wissen nicht, wo Ḥunayn seine Griechischkenntnisse erworben hat, nachdem Yūḥannā ihn als Schüler abgelehnt hatte – ob er sich in eines der damaligen Zentren des Griechischstudiums im Nahen Osten begab (nach Antiocha, Damaskus, Jerusalem oder Alexandria) oder ins byzantinische Reich selbst. Von dem, was wir aus seinen erhaltenen Übersetzungen und seinen eigenen Berichten wissen, sammelte Ḥunayn seine Erfahrungen in erster Linie im wissenschaftlichen – insbesondere im medizinischen – Griechisch, seine Kenntnis des literarischen Griechisch war offenbar nicht so ausgeprägt. Außerdem wird von Ḥunayn berichtet, er habe bei einem berühmten Gelehrten in Basra arabische Grammatik studiert. Mögen diese Berichte auch nicht zu überprüfen sein, es bleibt Tatsache, dass seine Übersetzungen Zeugnis ablegen von einer unerreichten Meisterschaft, was das Verständnis der griechischen Wissenschaftssprache betrifft, und einem meisterhaften Stil im Arabischen, der sich durch große Klarheit und Genauigkeit auszeichnet. Sein Syrisch muss ähnlich gut gewesen sein – er scheint mehr Übersetzungen ins Syrische angefertigt zu haben als ins Arabische, diese haben jedoch mit Ausnahme weniger Fragmente nicht überdauert.

Neben großer Genauigkeit und Lesbarkeit entwickelte Ḥunayn eine sprachwissenschaftliche Vorgehensweise, mit der er einen Text kritisch aufbereitete, bevor er ihn übersetzte. Er beschreibt seine Methode in einem Aufsatz über seine ↗ Galen-Übersetzungen selbst wie folgt: »Übersetzt hatte es [d. h. Galens *De sectis*] vor mir ins Syrische ein Mann namens Ibn Sahdā, ... er war aber schwach im Übersetzen; dann habe ich es [ins Syrische] übersetzt, als ich ein junger Mann war, 20 Jahre alt oder wenig älter ... aus einer sehr mangelhaften griechischen Handschrift. Später dann, ... bat mich mein Schüler Ḥubai, es zu verbessern, nachdem sich bei mir eine Anzahl griechischer Handschriften davon zusammengefunden hatten. Da habe ich diese miteinander kollationiert, so dass sich daraus eine einzige korrekte Handschrift ergab, und habe dann diese Handschrift mit der [ersten] Syrischen kollationiert und sie korrigiert; so pflege ich zu verfahren bei allem, was ich übersetze.« Die Gewissenhaftigkeit und philologische Sorgfalt, mit der Ḥunayn an seine Übersetzungsarbeiten ging, setzte ihn in die Lage, zusammen mit anderen Übersetzern, die nach derselben Methode vorgingen wie er, ein arabisches Wissenschaftsvokabular zu begründen sowie einen Auslegungsstil zu etablieren, die beide im Großen und Ganzen bis zum heutigen Tage aktuell geblieben sind. Es ist nicht von der Hand zu weisen, dass er und seine Kollegen und Schüler für überaus gewissenhafte arabische und syrische Versionen vieler hundert wissenschaftlicher und philosophischer Texte verantwortlich waren, durch die sich innerhalb der islamischen Welt eine klassische Renaissance ergab, die der europäischen Renaissance den Weg geebnet hat. [DG]

Werk(e):
Bergsträsser, G.: Ḥunain ibn Isḥāq über die Syrischen und Arabischen Galen-Übersetzungen, Abhandlungen für die Kunde des Morgenlandes XVII.2 (1925, Nachdruck 1966); Cooperson, M.: The Autobiography of Ḥunayn ibn Isḥāq, in D. W. Reynolds et al. (Hrsg.): Interpreting the Self. Autobiography in the Arabic Literary Tradition (2001) 107–118; Ghalioungui, P.: Questions on Medicine for Scholars by Ḥunain Ibn Isḥāq (1980); Meyerhof, M.: The Book of the Ten Treatises on the Eye Ascribed to Ḥunain ibn Is-hāq (1928).

Sekundär-Literatur:
Bergsträsser, G.: Ḥunain ibn Isḥā und seine Schule (1913); Ḥunayn ibn Isḥāq. Collection d'articles publiée à l'occasion du onzième centenaire de sa mort (1975) = Arabica 21 (1974) 229–330; Gutas, D.: Greek Thought, Arabic Culture. The Graeco-Arabic Translation Movement in Baghdad and early 'Abbāsid Society (1998).

Hund, Friedrich,
deutscher Physiker,
* 4. 2. 1896 Karlsruhe,
† 31. 3. 1997 Göttingen.

Hund gehörte zu den Pionieren der Quantentheorie und war einer der ersten, der die Quantenmechanik auf Moleküle anwandte.

Hund studierte Physik, Mathematik und Geographie an der Universität Göttingen, wo er auch promovierte. Er wollte eigentlich Lehrer werden, doch sein Mentor, der Mathematiker R. ↗ Courant, erkannte seine wissenschaftliche Begabung und empfahl ihn M. ↗ Born, dessen Assistent er fünf Jahre war. Nach einem mehrmonatigen Forschungsaufenthalt bei N. ↗ Bohr in Kopenhagen wurde er 1927 Extraordinarius in Rostock. 1929 war er Gastdozent an der Harvard University und folgte im selben Jahr einem Ruf nach Leipzig, wo er zusammen mit W. ↗ Heisenberg an der Anwendung und Weiterentwicklung der noch jungen Quantenmechanik arbeitete. Nach dem Krieg folgten weitere Lehrtätigkeiten in Jena und Frankfurt am Main und im Herbst 1956 eine Vortragsreihe an der Universität Maryland in den USA, bis er dann 1957 die Professur für theoretische Physik in Göttingen übernahm. 1964 wurde er emeritiert, doch hielt er noch bis zu seinem 95. Lebensjahr regelmäßig Vorlesungen.

F. Hund

Zu seinen Forschungsgebieten gehörten die Quantentheorie der Moleküle, Atome, Metallelektronen und Atomkerne. Damit legte er die Grundlagen für die spätere Quantenchemie und Festkörperphysik. Durch geschickte Anwendung des Bohrschen Korrespondenzprinzips und des Paulischen Ausschließungsprinzips gelang ihm die Erklärung auch komplizierter Spektren von Atomen mit mehreren Elektronen. Die dabei gefundenen Hundschen Regeln über die Kopplung der Elektronenspins erklären die Energieniveaus von Atomen und sind genauso in das physikalische Vokabular eingegangen wie die Hund-Mullikensche Methode zur Aufstellung von Termschemata von Molekülen. Er war einer der ersten, die schon 1927 den Tunneleffekt vorhergesagt hatten.

Hund war Inhaber des Otto-Hahn-Preises für Chemie und Physik der Sächsischen Akademie der Wissenschaften (1933), der Max-Planck-Medaille der Deutschen Physikalischen Gesellschaft (1943) und des Nationalpreises der DDR (1949). Er war Mitglied mehrerer wissenschaftlicher Akademien und seit 1936 Mitherausgeber der Zeitschrift *Ergebnisse der exakten Naturwissenschaften.* [MS3]

Werk(e):
Linienspektrum und periodisches System der Elemente, (1927); Einführung in die theoretische Physik, 5 Bde. (1944–51); Materie als Feld (1954); Geschichte der Quantentheorie (1967); Geschichte der physikalischen Grundbegriffe (1996).

Sekundär-Literatur:
Rechenberg, H.: Quantenmechanik im Aufbruch – Friedrich Hund berichtet aus seinem Leben, Film G 239, Publ. Wiss. Fil. Gesch./Publiz. 7 (1994) S. 93-107; Schaaf, M.: Zum 100. Geburtstag von Prof. Dr. Friedrich Hund, CENSIS-REPORT-20-96 (1996); Interview: F. Hund zum 100. Geburtstag. NTM 4 (1996) 1–18.

James Hutton

Martina Kölbl-Ebert

Hutton, James,
schottischer Privatgelehrter mit ausgeprägten landwirtschaftlichen und geologischen Interessen,
* 3. 6. 1726 Edinburgh,
† 26. 3. 1797 Edinburgh.

Hutton, im angelsächsischen Sprachraum gerne als der Begründer der modernen Geologie betrachtet, gehört sicherlich zu den bedeutendsten Gestalten am Beginn der Herausbildung der Geologie als Naturwissenschaft. Er formulierte die Vision eines immerwährenden Kreislaufes der zerstörenden Abtragung und des Wiederaufbaus. Da sein Weltbild einem *Perpetuum mobile* entsprach, fand er weder Anfang noch Ende der geologischen Ereignisse und dachte in »endlos« langen Zeiträumen, die für geologische Prozesse zur Verfügung standen.

Huttons Biographie

James Hutton war der Sohn eines wohlhabenden Kaufmanns, der bereits früh verstarb, weshalb James zusammen mit drei Schwestern bei seiner Mutter aufwuchs. Er besuchte die High School in Edinburgh und trat mit vierzehn Jahren in die dortige Universität ein, wo er sich für Chemie zu interessieren begann.

1743 wurde er zu einem Anwalt in die Lehre gegeben, doch blieb er dort aufgrund seiner chemischen Experimente, mit denen er sich und die anderen Lehrlinge von der Arbeit ablenkte, nicht lange. Im folgenden Jahr kehrte er an die Universität zurück, um Medizin zu studieren, wahrscheinlich, um sich der Chemie widmen zu können, die nur als Nebenfach der Medizin gelehrt wurde. 1747 wechselte er nach Paris und zwei Jahre später nach Leyden, wo er wenige Monate später über den Blutkreislauf promovierte.

Nach einem mehrmonatigen Aufenthalt in London kehrte er nach Edinburgh zurück, widmete sich dort aber nicht der Medizin, sondern gründete zusammen mit einem ehemaligen Kommilitonen, John Davie, eine kleine chemische Fabrik, in der Ammoniumchlorid aus Ruß hergestellt wurde, den sie von Edinburghs Kaminfegern kauften. Den Herstellungsprozess hatten die beiden einige Jahre zuvor entdeckt. Da die Substanz, die in der Metallverarbeitung und der Färberei benötigt wurde, zuvor ausschließlich aus Ägypten importiert worden war, prosperierte das Unternehmen und brachte beiden Partnern ein beträchtliches Einkommen. Während Davie das Geschäft führte, wandte Hutton, der von seinem Vater zwei kleine Landgüter geerbt hatte, sein Interesse der Landwirtschaft zu. Zwei Jahre verbrachte er zu Studienzwecken in East Anglia, bereiste die Picardie, die Niederlande und den größten Teil Englands. Um sich unterwegs entlang der Straßen zu beschäftigen, begann er Mineralogie und Geologie zu betreiben. Von da ab befruchteten sich Huttons landwirtschaftliche und geologische Interessen gegenseitig.

1754 ließ er sich auf einem seiner Güter nieder und führte dort verbesserte landwirtschaftliche Techniken und neue Feldfrüchte ein. Er begann auch mit der Arbeit an einem schließlich knapp 1 100 Seiten umfassenden landwirtschaftlichen Handbuch *The Elements of Agriculture*, welches je-

J. Hutton mit Joseph Black.

doch nie publiziert wurde. Das Werk befasste sich mit verschiedenen Bodentypen, unterschiedlichen Feldfrüchten, der Nutztierzucht, Düngemitteln, landwirtschaftlichen Geräten und ökonomischen Erwägungen.

1764 unternahm er eine längere geologisch motivierte Tour durch Zentral- und Nordostschottland. Um 1767 zog Hutton nach Edinburgh, wo er für den Rest seines Lebens ein Gelehrtendasein führte, sich aber auch verschiedenen Geschäften widmete. So war er beispielsweise Mitglied eines Komitees, das den Bau des Forth-and-Clyde-Kanals überwachte, wobei seine geologischen Kenntnisse von Nutzen waren. Die Landwirtschaft interessierte ihn weiterhin, und er machte unter anderem Versuche mit verschiedenen Düngern in seinem Gemüsegarten und beschäftigte sich mit pflanzlichen Farbstoffen.

Hutton blieb Zeit seines Lebens ledig, allerdings soll er einen unehelichen Sohn gehabt haben. Den Haushalt führten ihm seine drei ebenfalls unverheirateten Schwestern. Edinburgh war zu dieser Zeit das wissenschaftlich-kulturelle Zentrum der schottischen Aufklärung, und er zählte viele der bedeutendsten Köpfe dieser Bewegung zu seinem Freundes- und Bekanntenkreis.

Hutton war Mitglied der Philosophical Society of Edinburgh (später Royal Society of Edinburgh), wo er auch in offiziellen Ämtern tätig war. Hutton präsentierte dort Arbeiten aus den Bereichen der Landwirtschaft, Meteorologie, Chemie, Naturkunde, Linguistik und Geologie, welch letztere seinen Nachruhm begründeten. 1785 stellte er auf zwei Sitzungen der Society eine Zusammenfassung seiner geologischen Ansichten zur Debatte. Er unternahm einige Reisen in Schottland, um Belege für seine Thesen zusammenzutragen. 1788 wurde der Vortrag in deutlich erweiterter Form erneut publiziert. Nach heute weitgehend vergessenen Büchern über physikalische, chemische und philosophische Themen erschien 1795 die dritte Version Huttons geologischer Theorie als zweibändiges Buch unter dem Titel *Theory of the Earth with proofs and illustrations*. Das unvollendete Manuskript eines dritten Bandes fand sich in Huttons Nachlass.

1793 wurde Hutton ernsthaft krank, erholte sich noch einmal, um dann ab dem Sommer 1794 ans Haus gefesselt zu bleiben. Die letzten zweieinhalb Jahre seines Lebens verbrachte er dort unter zunehmenden Schmerzen.

Die schottische Aufklärung

Edinburgh ist nicht nur eingebettet in eine geologisch außerordentlich anregende landschaftliche Umgebung, sondern war zu Huttons Zeit neben Glasgow und Aberdeen das intellektuelle und kulturelle Zentrum der schottischen Aufklärung. Der Höhepunkt dieser Blütezeit des britischen Geisteslebens fällt in die Jahre zwischen etwa 1760 und 1790. Vorbereitet wurde diese intellektuelle Blüte wahrscheinlich durch ein in Schottland schon länger vorhandenes historisches Interesse aufgrund des Zusammenschlusses von England und Schottland im Jahre 1707 sowie durch eine allmähliche Liberalisierung der Kirche von Schottland.

Das folgende Zitat mag die außerordentliche »Dichte« an anregenden Gesprächspartnern in der schottischen Hauptstadt belegen: »Mr Amyat, King's Chymist, [...] one day surprised me [den Drucker, Botaniker und Mitproduzent der ersten Auflage der Encyclopaedia Britannica, William Smellie, 1740-1795] with a curious remark. There is not a city in Europe, said he, that enjoys such a singular and noble privilege. I asked, What is that privilege? He replied, Here I stand at what is called the Cross of Edinburgh, and I can in a few minutes, take fifty men of genius and learning by the hand« (nachzulesen in Donald B. McIntyres Studie über Edinburgh zur Zeit Huttons).

Hutton, dessen aufgeklärte Religiosität, menschenfreundliche Persönlichkeitsstruktur und intellektuelle Geselligkeit ihn zu einem typischen Mitglied der schottischen Aufklärung machte, war nur einer dieser »men of genius and learning«. Die Bandbreite ihrer Interessen reichte von den Naturwissenschaften zu den Geisteswissenschaften, von der Kunst bis zur Technik, und viele von ihnen waren so breit interessiert, dass sie durchaus die Bezeichnung »Universalgelehrte« verdient haben. Zur Illustration seien nur ein paar wenige Namen genannt: David Hume, der bedeutendste britische Philosoph, gehörte den Edinburgher gelehrten Zirkeln genauso an wie Adam Smith, der Begründer der modernen Wirtschaftswissenschaften, oder J. ↗ Watt, der Erfinder der Dampfmaschine, oder der Schriftsteller Walter Scott. Eine ganze Reihe von Pioniergestalten lebte damals neben Hutton noch in Edinburgh, so etwa Adam Ferguson (Soziologie) oder William Robertson (moderne Geschichtsschreibung), Huttons Freund J. ↗ Black (analytische Chemie) oder Sir James Hall (Experimentelle Petrologie), um nur einige zu nennen. Auch aus dem Ausland kamen illustre Besucher, um wenigstens für einige Zeit am Edinburgher Geistesleben teilzuhaben, so zum Beispiel der amerikanische Politiker und Physiker B. ↗ Franklin oder die russische Prinzessin Katharina Romanovna Vorontsov Dashtov, später Direktorin der Akademie der Künste und Wissenschaften und erste Präsidentin der Kaiserlichen Akademie der Wissenschaften zu St. Petersburg.

Viele der Protagonisten der schottischen Aufklärung in Edinburgh waren miteinander befreundet oder gar verwandt bzw. verschwägert. Sie trafen sich zu Gesprächs- und Vortragsrunden in den gelehrten Gesellschaften wie der Royal Society of Edinburgh oder in den zahlreichen privaten Clubs und Zirkeln. So gründeten beispielsweise Smith, Black und Hutton den Oyster Club oder Adam Smith's Club, der sich einmal wöchentlich traf. Die drei bildeten den Nukleus, um den herum sich bald eine ganze Reihe anderer scharte, die das gelehrte Gespräch in familiärer Umgebung schätzten. Unter den regelmäßigen Besuchern waren der Schriftsteller Henry Mackenzie, der Philosoph, Mathematiker und Astronom Dugald Stewart, der Kleriker und Naturwissenschaftler John Playfair, der Petrologe Hall, der Architekt Robert Adam und der Jurist John Clerk of Eldin, welch letzterer Hutton oft auf seinen geologischen Exkursionen begleitete und die beobachteten geologischen Phänomene in Zeichnungen festhielt. Der Club war aber auch ein offener Anlaufpunkt für zahlreiche auswärtige Besucher, die sich nur kurzzeitig in Edinburgh aufhielten.

Die Motivation der Menschen, die diesen regen geistigen Austausch miteinander pflegten, war vielfach ein menschenfreundlicher Fortschrittsoptimismus, der die Verbesserung der menschlichen Lebens- und Produktionsbedingungen zum Ziel hatte und dieses Ziel in einem besseren Verständnis von Körper und Geist, des menschlichen Soziallebens und der natürlichen Umgebung der Menschen suchte. Gepaart war dieses Anliegen mit einem historischen Interesse, das den Fortschritt nicht nur der menschlichen, kulturellen Geschichte, sondern auch der Natur dokumentierte. Hinzu kam ein allgemeines Interesse an Kommunikationswegen, sowohl physischer Natur wie Straßen, Brücken oder Kanälen als auch im zwischenmenschlichen Bereich, was sich in der Gründung von Clubs, wissenschaftlichen Gesellschaften und Gesprächszirkeln oder in der schriftlichen Mitteilung äußerte.

Das breite Interesse am Menschen und der Umgebung des Menschen und seiner Geschichte ermöglichte interdisziplinären Austausch auch dort, wo verschiedene Gelehrte sich auf einzelne Teilaspekte spezialisiert hatten. Allen gemeinsam scheint eine optimistische Grundhaltung gewesen zu sein, die Hoffnung, durch Nachdenken, Experiment und Gespräch zu hilfreichen Einsichten für die Verbesserung der menschlichen Lebensbedingungen zu kommen.

Huttons Geologie

Huttons geologischen Arbeiten liegen zwei Prämissen zugrunde. Zum einen war er überzeugt, dass geologische Prozesse wie Abtragung, Ablagerung, Hebung, Vulkanismus etc. in der Vergangenheit genauso abliefen, wie sie dies heute tun, zum zweiten lebte er in der Gewissheit eines der Menschheit wohlgesonnenen Gottes, der die Erde der Menschheit als Heimat geschaffen hat. Hutton lehnte daher auch Katastrophen als Erklärung geologischer Phänomene ab und deutete Änderungen als allmählich, graduell ablaufende Prozesse. Da Hutton dem Deismus nahe stand, auch wenn er sich selbst möglicherweise als ganz normalen Christen verstanden hat, griff dieser Gott nicht mittels Wunder in die Erdgeschichte ein, sondern hatte in seiner Weisheit und Güte bei der Schöpfung alles so eingerichtet, dass die Lebensgrundlage der Menschheit erhalten blieb.

Dieser philosophisch-theoretischen »Einsicht« widersprach zunächst die Beobachtung des Landwirts Hutton, der mit Bodenerosion zu kämpfen hatte und zusehen musste, wie beständig Ackerboden fortgespült und ins Meer verfrachtet wurde. Diese Beobachtung war keineswegs neu und die Konsequenz, nämlich die allmähliche Zerstörung der menschlichen Lebensgrundlagen, war zunächst nicht sonderlich beunruhigend, denn die Erde war nach christlichem Verständnis nur eine vorübergehende Erscheinung, nach biblischer Zeitrechnung gerade mal ein paar tausend Jahre alt, und das Ende, das Jüngste Gericht und die Wiederkunft Christi, war auch in nicht allzu ferner Zukunft zu erwarten. So baute beispielsweise Huttons Zeitgenosse, der württembergische »Mechaniker-Pfarrer« Philipp Matthäus Hahn, seine wunderbaren Uhren und »Weltmaschinen« mit der Intention, seinen Pfarrkindern das Wunder der Schöpfung und das Ende aller irdischen Zeitlichkeit vor Augen zu führen, denn das Weltbild jener Zeit ließ sich tatsächlich mit dem Bau von Uhrwerken veranschaulichen, die – einmal aufgezogen – unweigerlich einem Ende zustrebten. Hutton aber bemerkte noch andere Dinge, zum Beispiel, dass ein Großteil der heutigen Gesteine aus Materialien bestand, die Folge der Zerstörung früherer Gesteine waren. Es musste also auch Prozesse geben, die neue Gesteine produzierten, die wiederum durch Verwitterung zu neuem Ackerboden werden konnten. So zeigte sich für Hutton

J. Huttons Modell der Diskordanz bei Siccar Point

die Weisheit und Güte Gottes in einem wunderbar eingerichteten Kreislauf der Gesteine.

Auf seinen Reisen fand Hutton Hinweise auf die Funktionsweise dieser »Erdmaschine«. Er entdeckte in den Diskordanzen Hinweise auf einen früheren Erdzyklus: Gesteinsschichten waren gehoben und dabei schräggestellt worden, sie waren abgetragen worden und dann von neuen Schichten überdeckt worden, die heute wieder der Erosion zum Opfer fallen. Als Motor dieser Hebungsvorgänge konnte er sich nur eine erdinnere Hitze vorstellen, die wie bei der Dampfmaschine seines Freundes Watt die nötige Kraft lieferte. Diese Hitze im Erdinneren sollte nach Huttons Verständnis auch durch Schmelzvorgänge die Verfestigung der Meeresablagerungen zu festem Gestein verursachen, wobei er über das Ziel hinausschoss und chemische Veränderungen wie Ausfällung neuer Minerale aus dem Grundwasser oder Umkristallisation in festem Zustand bei der Gesteinsmetamorphose unterschätzte.

Hutton fand auch Zeugen der erdinneren Hitze. Er erkannte beispielsweise, dass Granit nicht, wie allgemein angenommen wurde, der Urgrund der Erde war, der sich aus einem die Urerde gänzlich bedeckenden Urozean gebildet hatte, sondern dass Granit als Gesteinsschmelze aus der Tiefe kommend in das Nebengestein eindringen konnte und so Adern, Gänge (Spaltenfüllungen) und große Granitköper (Magmakammern) bildete. Im Gelände und in den vielen Handstücken, die er auf seinen Reisen sammelte, sah Hutton zahlreiche Zyklen seiner Erdmaschine verwirklicht, und so ist es kein Wunder, dass er bekennen musste, er könne weder Anfang noch Ende der Geschichte der Erde absehen, und 1795 die später vielzitierten Worte niederschrieb: »... that we find no vestige of a beginning, – no prospect of an end«.

Zeitgenössische Kritik an Hutton

Huttons Ansichten erregten neben der Zustimmung seiner Freunde, mit denen er die Theorie wohl schon viele Jahre vor der schließlichen Publikation diskutiert hatte, auch beträchtliche Kritik. Widerspruch kam zum einen von Vertretern neptunistischer Erdentstehungstheorien, wonach alle Gesteine aus dem Wasser eines Urozeans abgelagert waren. Extreme Vertreter dieser Ansicht gingen so weit, heutige Vulkane lediglich als eine Folge brennender Kohleflöze zu sehen. Die Idee einer aus den »Urwassern« erschaffenen Erde hatte eine lange Tradition und konnte sich auch auf das Buch Genesis der Bibel berufen. Der prominenteste Vertreter der neptunistischen Theorie war A. G. ↗ Werner, der in Sachsen an der Bergakademie Freiberg lehrte. Hutton und der jüngere Werner hatten zwar, soweit bekannt ist, nie direkten Kontakt zueinander, aber die späteren Anhänger ihrer jeweiligen Theorien standen miteinander jahrzehntelang in heftigem Widerstreit.

Weitere Kritik gab es von wissenschaftlicher Seite durch Leute, die Huttons Theorie als zu spekulativ ablehnten oder überzeugt waren, dass sie den geologischen Fakten widersprach. Einer der stetigsten und bedeutendsten Kritiker dieser Art war Jean-André DeLuc, einer der prominentesten Geologen seiner Zeit, der die Erdgeschichte in zwei deutlich verschiedene Perioden unterteilte, eine kurzzeitige, der menschlichen Untersuchung zugängliche und eine davor liegende, »prähumane« Erdgeschichte von unbestimmter, möglicherweise immenser Dauer, deren Chronologie sich jedoch der menschlichen Untersuchung entzog. Auch warf er Hutton vor, zu viel Zeit am Schreibtisch und zu wenig im Gelände zugebracht zu haben. Auch von kirchlich-religiöser Seite wurde Hutton scharf angegriffen. So wurde ihm sogar Atheismus vorgeworfen, obwohl seinem Theoriegebäude unzweifelhaft eine tiefe, wenngleich deistische Religiosität zugrunde lag.

Wirkungsgeschichte

Alles in allem war der Einfluss von Huttons Werk zunächst nicht besonders groß, denn Hutton war Privatmann und kein Universitätsprofessor mit Studenten und einer großen Schar gleichgesinnter Kollegen. Auch verkaufte sich sein Buch nicht sonderlich gut, da Huttons Schreibstil als ungelenk und schwer verständlich erschien. Erst 1802, als Huttons Freund, der Kleriker John Playfair, der ab 1785 zunächst als Professor für Mathematik, später dann für Naturphilosophie in Edinburgh wirkte, ein etwas populärer gehaltenes Buch zur Erläuterung der Huttonschen Theorie verfasste, welches weite Verbreitung fand, gelangte Huttons Theorie in der Playfairschen Interpretation in das allgemeine Gedankengut zunächst vor allem der britischen Geologen, wenngleich gerade in Edinburgh mit Robert Jameson ein ausgewiesener Neptunist und Huttonkritiker an die dortige Universität berufen wurde. Playfair gehörte zu Huttons Bekanntenkreis und schrieb neben seiner leichter verständlichen Illustration der Huttonschen Theorie auch eine Biographie seines Freundes. Er formuliert weniger radikal als Hutton selbst, vermied die religiöse Grundlage und fügte an Schwachstellen auch eigene Gedanken hinzu. So wies er beispielsweise auch stärker auf die Rolle des Druckes bei der Gesteinsverfestigung hin.

Fruchtbar für die Geologie erwies sich vor allem Huttons Annahme von nahezu »endlosen« Zeiträumen, denn sie befreite das geologische Denken vom Zwang, aus bloßem Zeitmangel zur Erklärung der Phänomene, Katastrophen heranziehen zu müssen. Im Gegensatz dazu ermöglichte Huttons Annahme einer Kontinuität auf einer langlebigen Erde, heute existente Phänomene zu untersuchen, und ihre Wirkung auf die Vergangenheit zu extrapolieren. Damit verabschiedete sich die Geologie von einer eher spekulativen Naturphilosophie und wurde zu einer Naturwissenschaft. Das Prinzip, dass von Heutigem auf Vergangenes geschlossen werden kann, im deutschen Sprachraum als »Aktualismusprinzip«, im angelsächsischen Raum mit einer etwas anderen Bedeutung und Gewichtung als »Uniformitarianismus« bezeichnet, ist bis heute der wichtigste Grundpfeiler der Geologie. Es wurde zwar nicht von Hutton »erfunden«, sein Einfluss auf das Verständnis von geologischen Zeiträumen ermöglichte jedoch die vertrauensvolle Beschränkung auf diese wissenschaftliche Methodik, was ab dem Beginn des 19. Jahrhunderts die Geologie zu einer sich rasch entwickelnden, aufstrebenden Wissenschaft machte.

Insbesondere der bedeutende britische Geologe Ch. ↗ Lyell, dessen zwischen 1830 und 1833 erschienenes, vielgelesenes dreibändiges Grundlagenwerk *Principles of Geology* ganz in der Tradition Huttons stand, trug zu dieser Entwicklung bei. Auch Lyells geologische Ansichten unterschieden sich noch deutlich von dem, was sich im Laufe der Zeit als Konsens innerhalb der geologischen Wissenschaft herausbildete. Lyell hatte wie der ältere Hutton ein zyklisches Weltbild, in dem sich in »endlosen« Zeiträumen gleichförmige geologische Prozesse abspielten: Er ging davon aus, dass in der Vergangenheit der Erde ausschließlich dieselben Phänomene in derselben Stärke wirkten, wie sie heute zu beobachten sind. Während das Aktualismusprinzip bereits zu Lyells Zeiten täglich praktizierte Methode war, war die Ausschließlichkeit neu und kontrovers, mit der Lyell diese Methode propagierte. Auch herrschte Uneinigkeit darüber, ob die Stärke der wirkenden geologischen Kräfte und damit die Geschwindigkeit der Veränderungen in der Vergangenheit konstant sei. Lyell lehnte aufgrund dieses Prinzips katastrophale Umwälzungen ab. Auch gingen wohl die meisten seiner Zeitgenossen von einem linearen Verlauf der Geschichte und einer progressiven Veränderung der Erde aus.

Unsere heutige geologische, aber durchaus auch die alltägliche Sichtweise ist aus diesem Diskurs entstanden: Wir haben ein lineares Weltbild – zumindest was den engeren Rahmen unseres Heimatplaneten anbelangt – und bejahen zugleich das Aktualismusprinzip, sehen es aber differenzierter, beispielsweise wenn wir sehr weit in die Vergangenheit zurückblicken. Und in den letzten zwei Dekaden des 20. Jahrhunderts sind auch wieder Katastrophenszenarien wie gewaltige Meteoriteneinschläge salonfähig geworden, beispielsweise an der Kreide/Tertiär-Grenze, wo sie für das Aussterben von Dinosauriern und anderen Tiergruppen verantwortlich gemacht werden.

Werk(e):

Abstract of a Dissertation read in the Royal Society of Edinburgh, concerning the System of the Earth, its Duration and Stability (1785, Reprint 1987); Theory of the Earth: Or an Investigation of the Laws observable in the Composition, Dissolution and Restoration of the Land upon the Globe, Transactions of the Royal Society of Edinburgh (1788); Observations on Granite, Transactions of the Royal Society of Edinburgh (1794); Theory of the Earth, with Proofs and Illustrations, 2 Bde. (1795).

Sekundär-Literatur:

Daiches, D., Jones, P. und Jones, J. (Hrsg.): A Hotbed of Genius. The Scottish Enlightenment 1730–1790 (1986); Dean, D. R.: James Hutton and the History of Geology (1992); Jones, J.: James Hutton's Agricultural Research and his Life as a Farmer, Annals of Science 42 (1985); McIntyre, D. B.: James Hutton's Edinburgh: The Historical, Social, and Political Background, Earth Sciences History 16 (1997); Playfair, J.: Illustrations of the Huttonian Theory of the Earth (1802); Playfair, J.: Biographical Account of the late Dr James Hutton, Transactions of the Royal Society of Edinburgh 5 (1805); Trümpy, R.: James Hutton und die Anfänge der modernen Geologie, in: Brühlmeier, D. (Hrsg.): Schottische Aufklärung: »A hotbed of genius« (1996).

Huxley, Sir Julian Sorell,
britischer Zoologe und Evolutionsbiologe, Enkel von Th. H. Huxley,
* 22. 6. 1887 Bloomsbury,
† 14. 2. 1975 London.

Huxley zählte zu den Mitbegründern der Synthetischen Theorie der Biologie und bemühte sich um die Popularisierung der Biologie.

Huxley besuchte das Eton College in der Grafschaft Berkshire und das Balliol College in Oxford. An der dortigen Universität studierte er Zoologie und arbeitete nach einem Forschungsaufenthalt von 1909–1910 an der Zoologischen Station Neapel als Dozent für Biologie sowie 1912–1916 als Assistenz-Professor am Rice-Institut in Houston, Texas. 1916/18 diente Huxley als Leutnant der Britischen Armee im Ersten Weltkrieg in Italien. 1919–1925 wirkte er als Dozent für Zoologie in Oxford, 1925–1927 als Professor für Zoologie am King's College in London und 1926–1929 als Fullerian Professor für Physiologie der Royal Institution. 1933 wurde er Bereichsleiter für biologische Filme bei G. B. Instructional Films und übte diese Tätigkeit bis 1936 aus. Dabei entstanden naturhistorische Dokumentationen, unter anderem »Das private Leben des Tölpels«. 1935 wurde Huxley Generalsekretär der Londoner Zoologischen Gesellschaft und blieb dies bis 1942. Bereits 1938 war er zum Mitglied der Royal Society gewählt worden. 1946 berief man ihn zum ersten Generaldirektor der United Nations Educational, Scientific and Cultural Organization (UNESCO). Diese Funktion übte er bis 1948 aus. 1958 wurde er geadelt.

Unter Huxleys Leitung 1935–1942 entstand der Londoner Zoo in seiner bis heute existenten Grundform. Er wirkte auch maßgeblich an der Umstrukturierung der Zoologischen Gesellschaft mit. Huxley veröffentlichte seine erste bedeutende wissenschaftliche Arbeit 1914 – eine Abhandlung über die Balz des großen Haubentauchers. Er führte umfangreiche Forschungen in biologischen Einzeldisziplinen durch. Es entstanden Arbeiten über Tierhormone, Entwicklungsphysiologie, Ökologie, Ethologie (er prägte diesen Begriff für die Verhaltensforschung), Vererbung, Entwicklungsgenetik, Evolution, experimentelle Embryologie (u. a. mit Gavin de Beer), Überbevölkerung und Welternährung. Huxley trat konsequent für eine Verbindung biologischer Feldforschung mit der Arbeit im Labor ein. Neben Th. ↗ Dobzhansky war er einer der Mitbegründer der Synthetischen Theorie. Die Synthetische Theorie gilt als eine Entwicklungslinie Darwinschen Evolutionsdenkens im 20. Jahrhundert. Damit wurde (u. a. auf Vorschlag von Ronald A. Fisher) versucht, die differenzierten und teilweise widersprüchlichen Konzepte und Vorstellungen über die biologische Evolution in ein gemeinsames System zu bringen. Huxleys Äußerungen von Vorstellungen über eine behutsame physische wie psychische Verbesserung der menschlichen Rasse durch eugenische Maßnahmen unter dem »allumfassenden« Gesichtspunkt der Evolution zogen Auseinandersetzungen sowohl in der wissenschaftlichen Welt als auch in der Öffentlichkeit nach sich. Huxleys Arbeit lag die These zugrunde, dass die Forschung es nur mit einem einzigen evolutionären Prozess zu tun habe, dessen Teilgebiete erst dann ihre volle Bedeutung erhielten, wenn man sie in ihrem Verhältnis zum Ganzen betrachte. [JS3]

Werk(e):
New Systematics (1940); Evolution: the Modern Synthesis (1942); gemeinsam mit Th. H. Huxley: Evolution and Ethics 1893–1943 (1947); Man in the Modern World (1947); Evolution in Action (1953); The Humanist Frame (1961).

Sekundär-Literatur:
Huxley, J.: Memories Bd. I (1970), Bd. II (1973); Waters, C. K., Helden, A. van: Julian Huxley. Biologist and Statesman of Science (1992); Schulz, J.: Julian Huxley und seine Familie, in: Jahn, I., Schmitt, M. (Hrsg.): Darwin & Co., Bd. 2 (2001).

Huxley, Thomas Henry,
englischer Zoologe, Arzt, Naturhistoriker und Erkenntnistheoretiker,
* 4. 5. 1825 Ealing,
† 29. 6. 1895 Eastbourne.

Huxley wandte die Entwicklungstheorie auch auf den Menschen an und trug wesentlich zur Durchsetzung der Darwinschen Lehre in Großbritannien bei.

Der Sohn des Lehrers George Huxley wurde 1839 durch John Charles Cooke, den späteren Ehemann seiner Schwester Ellen, in die Medizin eingeweiht und befasste sich später, angeleitet vom Ehemann seiner Schwester Lizzie, John G. Salt, mit der Anatomie des Menschen. Als beide nach London gingen, folgte er ihnen im Januar 1841. Das Elend der Menschen im East End lernte er als Assistent des reformfreudigen Thomas Chandler in Rotherhithe kennen. Dort bildete er sich neben seiner Arbeit in Physik und Chemie, Mathematik, Latein, Griechisch und Geschichte weiter. Gegen Jahresende zog er in den Norden Londons und begann sein Studium an der Charing Cross Hospital Medical School, das er 1845 beendete.

Nach Abschluss seiner Ausbildung war er 20 Jahre alt – zu jung, um als Chirurg zu praktizieren. Sein Freund Joseph Fayrer empfahl ihm, sich bei der Kö-

T.H. Huxley

niglichen Marine zu verdingen. Nach einer Reihe von Prüfungen trat er 1846 eine Stellung als Assistenz-Chirurg auf der HMS »Rattlesnake« an. Dieses Schiff sollte die von der HMS »Fly« aufgenommenen Arbeiten an den Küsten Neuguineas fortsetzen. Huxley freute sich besonders auf das Sammeln exotischer Tiere. Im Dezember 1846 begab sich die »Rattlesnake« auf die Reise. Huxley untersuchte die Flora und Fauna der tropischen Meere. Die »Rattlesnake« legte während ihrer Reise auch in Sydney an, wo er 1847 Henrietta Anne Heathorn kennen lernte, die er 1855 ehelichte.

Im Jahre 1850 kehrte das Schiff von seiner langen Reise zurück und 1851 wurde Huxley aufgrund seiner überragenden wissenschaftlichen Ergebnisse zum Mitglied der Royal Society gewählt. Dreißig Jahre später wurde er ihr Präsident und wirkte in diesem Amt bis 1885. Huxley quittierte 1854 den Dienst bei der Marine zugunsten einer Dozentur für Naturgeschichte an der Königlichen Bergbauschule, später »Royal College of Science«. Der Dozent Huxley sorgte dafür, dass jeder Student einen eigenen Platz zur Arbeit im Labor erhielt. Daneben lehrte er am St. Thomas Hospital und im Department für Naturwissenschaft und Kunst in Süd-Kensington.

Schon im März 1855 hatte man ihn zum Mitglied der Geologischen Gesellschaft gewählt. In dieser Zeit legte er seine Auffassungen über den Archetypus der Form dar und entwickelte 1858 seine Schädeltheorie, in der er Vorstellungen J. W. v. ↗ Goethes und O. ↗ Okens widerlegte. Im gleichen Jahr entdeckte er Symbiontenorgane an Blattläusen. 1859 erschien seine Arbeit *The Oceanic Hydrozoa* und er erhielt Zugang zu Ch. ↗ Darwins *The Origin of Species*, das durch ihn am 26. Dezember 1859 in der Times rezensiert wurde. Fortan verteidigte er die Abstammungslehre Darwins und beförderte deren Durchsetzung in Großbritannien. Bei dem historischen Treffen der »British Association for the Advancement of Science« in Oxford am 30. Juni 1860 eskalierte die Auseinandersetzung der Gegner und Befürworter der Darwinschen Lehre. Huxley antwortete auf die Frage des Bischofs von Oxford, Samuel Wilberforce, ob er seitens seiner Mutter oder seines Vaters mit den Affen verwandt sei: Wenn die Frage an ihn gerichtet würde, ob er lieber einen Affen zum Großvater hätte oder einen begabten Mann, der seine Fähigkeiten nur dazu nutze, um Lächerlichkeit in wissenschaftliche Diskussionen zu tragen, dann entschiede er sich für den Affen. Huxley hatte sich einer von David Hume und George Berkeley begründeten erkenntnistheoretischen Auffassung angeschlossen, für die er den Begriff »Agnostizismus« fand. Darin wurde ausgesagt, dass Wissen auf wissenschaftlichen Zeugnissen und logischem Denken basiere, Wissen über die Natur mithin als Sicherheit über deren Gesetzmäßigkeiten aufgefasst werden solle.

1860 zog die Familie um und im Dezember wurde sein Sohn Leonard geboren, der später als Biograph seines Vaters bekannt wurde. 1872 wechselte die Familie erneut ihren Wohnort, und Huxley, bereits krank seit Beginn des Jahrzehnts, brach körperlich zusammen. Freunde ermöglichten ihm mit Hilfe einer Sammlung von 2 100 Pfund Sterling eine nahezu vollständige Erholung. 1876 besuchte er die USA und sprach bei der Gründungszeremonie der Johns-Hopkins-Universität in Baltimore. 1890 zog er nach Eastbourne.

In *Evidence as to Man's Place in Nature* (1863) begründete Huxley die Abstammung des Menschen näher und stellte fest, dass der Unterschied zwischen den Gehirnen des Schimpansen und des Menschen nahezu bedeutungslos gegenüber dem Unterschied zwischen Schimpanse und Lemur sei. Weiterhin trug Huxley zur Popularisierung der Naturwissenschaften bei und klassifizierte 1871 vier Grundtypen des Menschen – xanthochroid, mongoloid, negroid und australoid. 1873 schlug er die Vereinigung der Tierklassen der Vögel und der Reptilien zu den Sauropsiden aufgrund ihrer gemeinsamen Abstammung vor.

Huxley engagierte sich ab 1870 als Mitglied der ersten Londoner Schulbehörde sowie der Königlichen Kommission zur Förderung des wissenschaftlichen Unterrichts und setzte neuartige Vorstellungen zur Unterrichtsgestaltung durch. Insbesondere bemühte er sich um die Verbesserung der Bildungsstandards von Arbeitern und arbeitete 1880 bis 1885 sogar als Fischerei-Inspektor. [JS3]

Werk(e):
Zoological Evidence as to Man's Place in Nature (1863, dt. 1963); Leitfaden für Practische Biologie (1881); In Amerika gehaltene wissenschaftliche Vorträge nebst einer Vorlesung über das Studium der Biologie (1882); Collected Essays (1893).

Sekundär-Literatur:
Huxley, L. (Hrsg.): Life and Letters of Thomas Henry Huxley (1900); Huxley, L. (Hrsg.): Thomas Henry Huxley. A Charac-

ter Sketch (1969); De Beer, G. (Hrsg.): Charles Darwin. Thomas Henry Huxley. Autobiographies (1983); Desmond, A.n: From Devil's Disciple to Evolution's High Priest (1997).

Huygens, Christiaan,
niederländischer Mathematiker und Physiker,
* 14. 4. 1629 Den Haag,
† 8. 7. 1695 Den Haag.

Huygens lieferte wichtige Beiträge zur Mathematik, Astronomie, Mechanik, Optik und Dynamik. Seine Hauptbedeutung liegt in den Arbeiten, in denen er sich mit der Anwendung mathematischer Methoden zur Untersuchung der Natur befasste. Ausgehend von der Philosophie R. ↗ Descartes' arbeitete er zur Pendelbewegung, zu Stoßgesetzen und zum Problem der Gravität, weniger um ein umfassendes mechanistisches Modell zu entwickeln, denn zur Erarbeitung möglichst vieler Lösungsansätze für mathematische, physikalische und technische Probleme. Diese Ansätze führten ihn zur Formulierung des nach ihm benannten Prinzips der Lichtausbreitung wie zur Konstruktion seiner Pendeluhr.

Huygens entstammte einer vornehmen und gebildeten Familie. Sein Vater Constantijn war Sekretär der holländischen Statthalter Frederik Hendrik und Willem II. Gleichzeitig galt er als einer der führenden Literaten des goldenen Zeitalters der Niederlande. Seine naturwissenschaftlichen Interessen gehen aus seiner Korrespondenz mit Henry Oldenburg, Marin Mersenne und Descartes hervor. Wie seine anderen Söhne unterrichtete er auch Christiaan selbst und vermittelte ihm eine alle Aspekte des gelehrten Lebens des frühen 17. Jahrhunderts umfassende Bildung.

Von 1645 bis 1647 studierte Huygens Jura an der Universität Leiden. Allerdings verwendete er einen großen Teil dieser Zeit, um auf persönliche Empfehlung Descartes' bei Frans van Schooten Lehrveranstaltungen in Mathematik und vermutlich auch in mechanistischer Philosophie zu besuchen. Bis 1649 setzte er sein juristisches Studium dann am Collegium Arausiacum in Breda fort.

C. Huygens

Da er wenig eigene Neigung verspürte und seine Familie nach dem Tod Willems II. ohnehin einen deutlichen Machtverlust hinnehmen musste, verfolgte Huygens anschließend keine diplomatische Karriere, sondern lebte, von einigen Aufenthalten in London und Paris abgesehen, bis 1666 als Privatier in Den Haag. Hier konnte er sich intensiv mit mathematischen und naturwissenschaftlichen Fragestellungen beschäftigen; gleichzeitig begann Huygens eine umfangreiche Korrespondenz mit nahezu allen führenden Mathematikern dieser Zeit, so dass er auch ohne offizielle Funktion eine zentrale Stellung in der mathematischen Welt einnahm.

Insofern ist es nicht erstaunlich, dass er 1666 als eines der Gründungsmitglieder der Pariser Académie Royale des Sciences berufen wurde, was ihm neben einem beträchtlichen Gehalt vor allen Dingen hervorragende Arbeitsbedingungen einbrachte. Huygens blieb bis 1683 in dieser Position.

1681 reiste er aus Gesundheitsgründen für einige Zeit in die Niederlande, doch kurz vor seiner geplanten Rückreise nach Paris starb mit dem Ersten Minister Colbert sein Patron. Dessen Nachfolger, Le Tellier, ließ wissen, dass ihm an der Anwesenheit eines protestantischen Holländers in der Akademie nicht gelegen war. Huygens kehrte folglich nicht nach Paris zurück und lebte bis zu seinem Tod in bzw. bei Den Haag.

War Huygens' wissenschaftliche Karriere anfangs auf rein mathematische Arbeiten konzentriert, so zeigt sich in ihnen schon die für weite Teile seines Werks kennzeichnende problemorientierte Arbeitsweise, in der er weniger Descartes als van Schooten und einer weit verbreiteten mathematischen Praxis folgte. Seine erste eigene Veröffentlichung, die *Theoremata de quadratura hyperboles* (1651), beschäftigte sich etwa mit Methoden der Quadraturen von Kreisen und Ellipsen. Spätere Arbeiten stellten dann häufig Ausformulierungen mathematischer Methoden dar, die er für seine naturwissenschaftlichen und technischen Arbeiten benötigte und eigens dafür entwickelt hatte. So bemühte er sich ab 1656 um die Konstruktion einer Pendeluhr, die auch noch auf See genau genug gehen würde, um damit eine Bestimmung der geographischen Länge durchzuführen. Das hierbei zu lösende Problem war das der Tautochronizität (Gleichgängigkeit) des Pendels, welche von G. ↗ Galilei schon für das einfache Fadenpendel angenommen worden war. Huygens konnte nicht nur Galileis Annahme widerlegen, sondern auch den Nachweis erbringen, dass das von ihm konstruierte Zykloidenpendel tatsächlich tautochron sei. Von diesem Befund ausgehend, arbeitete er in der Folgezeit nicht nur an der von ihm gemeinsam mit dem Uhrmacher Salomon

Coster gebauten Pendeluhr, sondern auch an der Anwendung der hier erfolgreich verwendeten Ansätze für andere mathematische Probleme. So beschrieb er im *Horologium oscillatorum* (1673) unter anderem eine Methode, den Krümmungsradius einer in algebraischer Notation vorgegebenen Kurve zu bestimmen. Noch sehr viel später, zwischen 1687 und 1694, setzte er diese Methoden zur Lösung verschiedener mathematischer Probleme (so der Isochrone, der Tractrix und der Kettenlinie) ein. Zunächst waren für ihn wiederum physikalische Anwendungen relevanter. So arbeitete er um 1660 an der Lösung der mathematischen Beschreibung von Zentrifugalkräften und leitete mittels geometrischer Beweise eine Proportionalität dieser Kraft zum Quadrat der Umlaufgeschwindigkeit und ihre umgekehrte Proportionalität zum Krümmungsradius ab. Daneben beschäftigte er sich während dieser Zeit intensiv mit Fragen der Stoßgesetze. Aus diesen Überlegungen entwarf Huygens schließlich die Grundzüge einer, von ihm später selbst verworfenen, quantitativen Gravitationstheorie, in der er die Schwerkraft auf der Erde durch die Zentrifugalkraft der von den Planeten umgebenden Teilchenwirbel ableitete.

Mit seiner ursprünglichen Absicht, die Längenbestimmung auf See zu ermöglichen, blieb Huygens trotz zunächst Erfolg versprechender Ansätze bei mehreren, letztmalig 1692 durchgeführten Tests erfolglos, da sich auch seine Pendeluhr bei hohem Seegang als zu ungenau erwies.

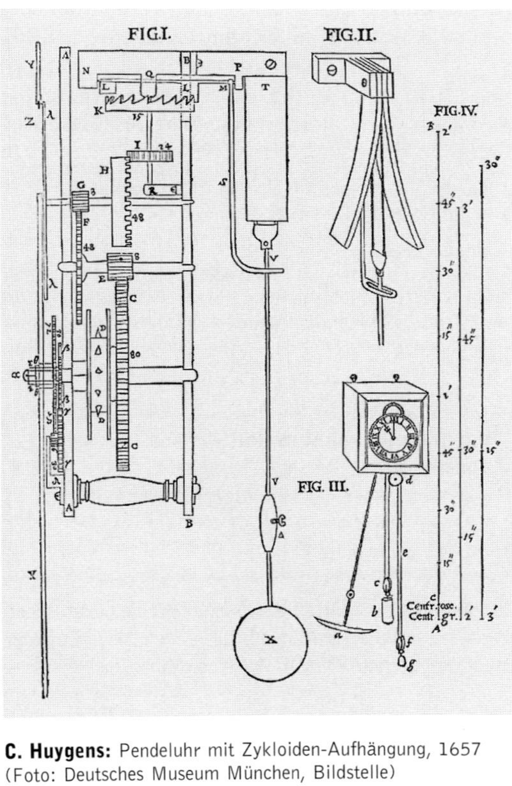

C. Huygens: Pendeluhr mit Zykloiden-Aufhängung, 1657 (Foto: Deutsches Museum München, Bildstelle)

Neben der Pendeluhr beschäftigte sich Huygens in den 1650er-Jahren auch intensiv mit optischen Instrumenten. Mit einem von ihm 1655 gemeinsam mit seinem älteren Bruder gebauten Teleskop führte er astronomische Beobachtungen durch, bei denen er den Saturnmond Titan entdeckte und zudem die Materiewolke um den Planeten als rotierenden Ring identifizieren konnte.

Am Anfang seiner Karriere besaßen für Huygens Experimente keineswegs den Stellenwert, den er mathematischen Ableitungen oder auch mechanistischen Prinzipien zukommen ließ. Doch änderte sich dies ab etwa 1660, indem er selbst in größerem Umfang experimentelle Arbeiten durchführte. Neben seinen Erfahrungen im Schleifen von Linsen und im Instrumentenbau spielten hier vor allem die Luftpumpenexperimente R. ↗ Boyles eine Rolle, die er in London persönlich in Augenschein genommen hatte. 1661 ließ er in Den Haag eine eigene Luftpumpe herstellen, die er in einem eigenen, umfangreichen experimentellen Programm einsetzte.

Eine Verbindung seiner mathematischen und experimentellen Arbeiten stellten schließlich seine ab 1668 durchgeführten Studien zur Ermittlung des Fallgesetzes unter Einschluss der Wirkung des durch das jeweilige Medium bewirkten Widerstands dar, die ihn sowohl zu Experimenten über die Bewegung von Körpern in dichten Medien wie zu mathematischen Konstruktionen zu deren Ableitung führten. Allerdings konnte er in diesen Arbeiten nicht das von ihm erhoffte Ergebnis einer eindeutig zu bestimmenden Proportionalität erlangen.

Für seine späteren Arbeiten wurde eine andere experimentelle Beobachtung wesentlich bedeutender, die er allerdings nicht selber machte: Die 1670 von Erasmus Bartholin entdeckte Doppelbrechung am isländischen Kristall (Kalkspat) war einer der Ausgangspunkte für seine Arbeiten zur Theorie des Lichts, die Huygens 1690 im *Traité de la lumière* publizierte. Huygens entwickelte dabei die Vorstellung von Licht als Pulsen, die sich mit schneller Geschwindigkeit in einem elastischen Äther ausbreiten, indem die Ätherteilchen jeweils ihre »Tendenz zur Bewegung« an die Teilchen weitergeben, die sie unmittelbar berühren. Die Ausbreitung der Pulse könne dabei mittels der geometrischen Konstruktion von unendlich schwachen Pulsfronten verstanden werden. Nur durch die Überlagerung unendlich vieler Pulsfronten könnte dabei sichtbares Licht entstehen. Diese von A. J. ↗ Fresnel später als Huygens' Prinzip zur Grundlage der Wellenoptik verwendete Konstruktion besaß für Huygens selbst noch keineswegs Wellencharakter. Zum einen verwendete er kein Interferenzprinzip, vor allem aber wandte er sich entschieden gegen die Vorstellung, diese Pulsbewegung würde periodisch ablaufen. Ohne diese Ergänzung besaß die Huygenssche Konstruktion große physikalische Probleme bei der Erklärung der Lichtausbreitungsrichtungen, weshalb Huygens dieser selbst nicht so zentrale Bedeutung zuschrieb, wie Fresnel dies später tat.

Der *Traité de la lumière* besaß für Huygens vor allem dadurch grundlegenden Charakter, dass er sich hier mit der Newtonschen Naturphilosophie auseinander setzte. Mit seinen Konstruktionen zeigte Huygens die Möglichkeit auf, mittels mathematischer Modelle und rein mechanistischer Ursachenerklärungen Naturphänomene erklären zu können, ohne so etwas wie eine in ihren Ursachen unerklärte und daher obskur erscheinende Gravitationskraft annehmen zu müssen. Auch wenn er in seinen Arbeiten weitgehend als Pragmatiker erscheint, der an der Lösung praktischer Probleme in Naturwissenschaft, Mathematik und Technik interessiert ist, so war er doch tief in der mechanistischen Philosophie des 17. Jahrhunderts verankert und entwickelte eine eigene, in einer kritischen Auseinandersetzung an Descartes orientierte Materietheorie. Die Ansprüche der mechanistischen Philosophie auf umfassende Erklärung aller Naturphänomene mit mathematischer Sicherheit erschienen ihm allerdings zu weit gehend. In seinem letzten großen Werk, dem posthum erschienenen *Kosmotheoros* (1698), bekannte sich Huygens zu einer probabilistischen Sichtweise, in der Naturforschung letztlich nur einen möglichst großen Grad von Wahrscheinlichkeit der Sicherheit von Erkenntnis anstreben könne. Gleichzeitig wies der *Kosmotheoros* auf Huygens' allgemeines, deistisch geprägtes Weltbild hin. [GW2]

Werk(e):
Oeuvres Complètes, 22 Bde. (1885–1950), darin u. a.: Systema Saturnium (1659), Horologium oscillatorium (1673), Traité de la lumière (1690), Kosmotheoros (1698).

Sekundär-Literatur:
Bos, H. (Hrsg.): Studies on Christiaan Huygens (1980); Yoder, J. G.: Unrolling Time. Christiaan Huygens and the Mathematization of Nature (1988).

Ibn al-'Awwam, Abu Zakariyya Yahyà b. Muhammad b. Ahmad b. al-'Awwam al-Isbili,
andalusischer Agronom,
2. Hälfte des 12. Jahrhunderts.

Ibn al-'Awwam war einer der bekanntesten Autoren der agronomischen Schule aus Al-Andalus (Andalusien).

Über die Biographie Ibn al-'Awwams ist nichts bekannt, denn wie anderen Agronomen aus Al-Andalus auch schenken ihm die arabischen Quellen kaum Beachtung. Nur durch indirekte Hinweise in seinem Werk erfahren wir, dass er in der zweiten Hälfte des 12. Jahrhunderts in der Gegend von Sevilla lebte und wirkte.

Sein einziges bekanntes Werk, *Kitab al-Filaha* (Abhandlung über die Landwirtschaft), ist eines der wenigen Werke aus Al-Andalus zu diesem Thema, das vollständig erhalten ist. Das gesamte Wissen seiner Zeit über Ackerbau und Viehzucht wird hier erfasst und durch Zusammenfassung, Gegenüberstellung und Wiederaufnahme mit der vorausgehenden landwirtschaftlichen Tradition, u. a. der griechisch-byzantinischen, vereint. Dem systematischen Aufbau der meisten agronomischen Texte folgend, befassen sich die ersten Kapitel mit dem Boden, dem Wasser und dem Dünger. Die folgenden Kapitel enthalten Ausführungen zur Forstwirtschaft und zu den Krautpflanzen sowie zur Hauswirtschaft und zur Verwaltung von landwirtschaflichen Nutzflächen, bevor schließlich der Abschnitt über die Viehzucht beginnt. Für Ibn al-'Awwam ist die Landwirtschaft in weitem Sinne zu verstehen, und obwohl er die Bedeutung der empirischen Forschung und der durch Erfahrung erwiesenen Tatsachen nicht vernachlässigt, versucht er diese doch rational zu begründen und ein theoretisches Erklärungsmodell zu entwickeln. Das Werk enthält auch wichtige Informationen zur Einführung orientalischer Pflanzenarten in den westlichen Mittelmeerraum. Es fand in Zusammenfassungen und Auszügen, u. a. persischen und syrischen, bis zum 18. Jahrhundert große Verbreitung im Mittelmeerraum. [EGS]

Werk(e):
(Buch der Landwirtschaft), Span. Ausg. und Übers. von J. A. Banqueri, 2 Bde. (1802); Kitab al-Filaha, Faks. Ausg., mit einer einführenden Studie von Bermejo, J. E. und García Sánchez, E. (1988); Le Livre de l'agriculture d'Ibn-al-Awam, Franz. Übers. von Clément-Mullet, J.-J., 3 Bde. (1864–67).

Sekundär-Literatur:
Saltini, A.: Ibn al Awwam e Pietro de Crescenzi: l'erubita di Aristoteles tra scuolae arabe e università cristiane, in: Rivista di storia dell'agricollura 35 (1995); García Sánchez, E.: Diccionario de Autores y Obras Andalusíes, I (2002), 528–32, s.v.

Ibn al-Bannā al-Murrākushī (ᶜAbū 'l-ᶜAbbās Aḥmad al-Azdī, lat. Ibn al-Banna),
marokkanischer Mathematiker des Mittelalters,
* 1256,
† 1321 Marrakesch.

Ibn al-Bannā kommt in der Geschichte der arabischen Wissenschaft die Position des führenden Bewahrers der maghrebinischen Wissenschaftstradition zu.

Ibn al-Bannā verbrachte den größten Teil seines Lebens zur Zeit der Meriniden-Dynastie in Marokko. Er studierte Geometrie, Algebra und Arithmetik in Marrakesch und Fez, wo er sich die arabische mathematische Tradition aneignete. Eine Zeitlang lehrte er Mathematik und praktische Astronomie an der ᶜAṭṭārīn Schule in Fez. Ibn al-Bannā werden über 100 Schriften zugeschrieben, etwa dreißig davon aus dem Bereich der Mathematik und Astronomie, die anderen aus verschiedenen anderen Disziplinen wie der Linguistik, der Rhetorik, der Astrologie, Grammatik und Logik.

Die von ihm mitbegründete Schule hielt mehrere Jahrhunderte hindurch ihre wissenschaftlichen Aktivitäten in Nordafrika aufrecht. Große Aufmerksamkeit wurde seinem komprimierten Handbuch *Talkhīṣ aᶜmāl al-ḥisāb* (Zusammenfassung der Rechenoperationen) zuteil. Mehr als fünfzehn relativ bedeutende Werke waren der Erläuterung, Verbesserung und Kritik dieses Handbuchs gewidmet. *Rafᶜ al-ḥijāb* (Das Lüften des Schleiers) ist Ibn al-Bannās eigener Kommentar zur *Talkhīṣ*. Er führt in diesem Werk verschiedene mathematische Schreibweisen ein, die moderne Historiker zu der Annahme veranlasst haben, dass die algebraische Symbolik im islamischen Kulturraum zuerst von Ibn al-Bannā und al-Qalaṣādī entwickelt wurde. Das *Rafᶜ al-ḥijāb* enthält überdies eine Menge interessanter mathematischer Ideen und Resultate, zum Beispiel über die Verwendung von Kettenbrüchen zur näherungsweisen Berechnung von Quadratwurzeln sowie über Summenreihen und Binominalkoeffizienten. Ibn al-Bannā hinterließ mehrere astronomische Werke, darunter eine praxisorientierte Schrift, mit der sich dank der angehängten Tafeln die Ephemeren berechnen lassen. Außerdem ist er Verfasser eines Textes über das Astrolabium, *ṣafīḥa shakāziyya*, einer Spielart des *ṣafīḥa zarqāliyya* des andalusischen Astronomen Ibn al-Zarqallūh (↗ Arzachel), mit dem sich sämtliche Probleme der sphärischen Astronomie für beliebige Breitengrade lösen ließen. [MA]

Sekundär-Literatur:

Renaud, H.: Le calendrier d'Ibn al-Bannā de Marrakech (1948); Vernet, J.: Contribución al estudio de la labor astronómica de Ibn al-Bannā (1951); Sezgin, F. (Hrsg.): Ibn al-Bannā. Texts and Studies (1998); Djebbar, A. und Aballagh, M.: Ḥayāt wa muallafāt Ibn al-Bannā (2001).

Ibn al-Baytar (Ibn al-Bitar), **Dhiya Ed-Din Abu Muhammad Abdullah Ibn Ahmad al-Maliaqi,**
* 1197 Malaga (Andalusien),
† 1248 Damaskus.

Ibn al-Baytar bereiste den gesamten Mittelmeerraum und verfasste ein einflussreiches botanisch-pharmakologisches Werk.

Ibn al-Baytar war Sohn eines Tierchirurgen. Im Alter von zwanzig Jahren ging er nach Ishbilia, um bei Ibn Abū-l-ᶜAbbūs ibn ar- Rūmiya an-Nabūti (der Kräuterkundige) Botanik zu studieren. Im Anschluss daran siedelte Ibn al-Baytar nach Venedig über, bereiste und durchwanderte die griechischen und römischen Lande und lernte Kräuter und Pflanzen kennen. Er reiste auch in die arabischen Länder des Orients.

Ibn al-Baytar verfasste Aufzeichnungen über Beschreibungen und bildliche Darstellungen von Kräutern und anderen Pflanzen vor allem des Dioskurides und ↗ Galens zusammen. Er war des Lateinischen in Wort und Schrift mächtig, das er bei Abu al-Hajaj in Marokko erlernt hatte, und lebte bei einem Botaniker, der die Werke Dioskurides' studiert hatte. Nach sieben Jahren des Reisens, in denen er ganz Griechenland, Byzanz und das Römische Reich erkundete, ließ er sich schließlich in Ägypten nieder und arbeitete unter der Herrschaft des Aiyūbīden-Königs al-Kamel am al-Nassiri Hospital. Nur wenige Monate nach seiner Ankunft stieg er dort zum »Oberbotaniker« auf.

Im Alter von vierzig Jahren schrieb Ibn al-Baytar sein erstes Buch, es trug den Titel: *Erläuterung zu Dioskurides' Buch der Heilpflanzen*. Wenn man ihm sagte, dass sein Wissen das von Dioskurides und Galen überträfe, pflegte er zu antworten: »Wir müssen an den Wurzeln beginnen und uns dann zum Stand unseres heutigen Wissens emporarbeiten.« Im Alter von zweiundfünfzig Jahren verfasste er sein berühmtes Buch über die einfachen Drogen und Nahrungsmittel, eine Zusammenfassung der Einsichten und Erkenntnisse seiner Vorgänger und Zeitgenossen, an erster Stelle unter diesen ↗ Hippokrates von Kos, Galen, Dioskurides, al-Zahrawi (Albucasis), al-Ghafiqi und al-Idrisi (↗ Dreses), und seiner eigenen Beobachtungen. In diesem Buch stellte Ibn al-Baytar die Namen von 1 400 Heilmitteln vor und führte diese in alphabetischer Reihenfolge zu einem Wörterbuch auf. Unter den darin genannten Arzneien befanden sich 300 Arten, die zuvor nicht beschrieben worden waren. Der Name eines jeden Heilmittels war in Arabisch, Griechisch, Persisch und/oder Spanisch angegeben. Zu jedem Mittel gab er sein Urteil ab, sowie das aller anderen Personen, deren Kenntnisse für sein Werk von Belang waren, bisweilen an die zwanzig arabische und europäische Wissenschaftler. [ANK]

Werk(e):

Große Zusammenstellung über die Kräfte der einfachen Heil- und Nahrungsmittel, übers. von J. v. Sontheimer, 2 Bde. (1840–42).

Sekundär-Literatur:

Al-Baba, Mz.: History and Legislation of Pharmacy (1986); Al-Samurrai, K.: A Revision for the History of Arabic Medicine (1989); Al-Shatti, S.: History of Medicine and Medical Ethics (1990).

Ibn Yūnus, Abu al-Ḥasan ᶜAlī b. ᶜAbd al-Raḥmān b. Aḥmad b. Yūnus b. ᶜAbd al-Aᶜlā b. Mūsā b. Maysara b. Ḥafṣ b. Ḥayyān al-Ṣadafī,
arabischer Astronom,
* um 950 Kairo,
† 31. 5. 1009 Kairo.

Ibn Yūnus war einer der bedeutendsten Astronomen der muslimischen Welt des Mittelalters.

Ibn Yūnus lebte und wirkte in Kairo. Er ist vor allem in Erinnerung geblieben durch sein Werk *al-Zīj al-Ḥākimī al-Kabīr*, ein herausragendes Werk zur sphärischen Trigonometrie und deren Anwendung in der Astronomie, in Auftrag gegeben von Fāṭimid Calip al-Ḥākim. Daneben führte Ibn Yūnus astronomische Forschungen für al-Ḥākimᵓs Vater, den Kalifen al-ᶜAzīz, durch. In verschiedenen Quellen wird Ibn Yūnus als Autorität gefeiert, auf die sich alle späteren astronomischen Berechnungen und Beobachtungen in Ägypten gründeten. Diese Quellen berichten auch über Ibn Yūnus' Künste als Dichter und Musiker und beschreiben ihn als exzentrischen, geistesabwesenden und sorglosen Charakter. Diesem Porträt scheint auch Ibn Yūnus' Tätigkeit als Astrologe zu entsprechen, der unter anderem das genaue Datum seines eigenen Todes voraussagte.

In seinem monomentalen Werk *al-Zīj al-Ḥākimī al-Kabīr* vereinte Ibn Yūnus allgemein beschreibende Informationen mit detaillierten Darstellungen und Wertungen der Beobachtungen und Aufzeichnungen früherer Astronomen. Insbesondere verglich Ibn Yūnus seine eigenen Beobachtungen mit Ergebnissen, die sich aus Berechnungen mit Hilfe der so genannten Mumtaḥan Zīj-Tafeln ergaben, eines Tabellenwerks, das zu Beginn des 9. Jahrhunderts unter dem Abbasiden-Kalifen al-Maᵓmūn von einer Gruppe von Astronomen erstellt worden war. Die Tatsache, dass das Werk aus der Feder mehrerer Autoren stammt, so Ibn Yūnus' Einwand, schließt nicht aus, dass sich die beteiligten Astronomen geirrt haben könnten. Ein Teil der Fehler könne auf das unzureichende Instrumentarium zurückzuführen sein. Ungeachtet dieser Diskussion um die Qualität der Instrumente und Beobachtungen seiner Vorgänger gab Ibn Yūnus jedoch keine Hinweise auf die von ihm selbst verwendeten Geräte und Beobachtungsmethoden.

Das *Ḥākimī Zīj* enthält eine Fülle von Beobachtungen, u. a. zu planetaren Konjunktionen und zur Ekliptik. Ibn Yūnus stellte außerdem eigene Berechnungen verschiedener Parameter an, beispielsweise zur Schiefe der Ekliptik, und lieferte Hunderte von Formeln für Berechnungen in der sphärischen Trigonometrie, deren Herleitung er allerdings nicht erklärte. Ibn Yūnus gab zudem ausführliche Tafeln zur Zeitmessung heraus, die die geographische Breite eines Ortes als Funktion von Sonnenaufgang und Sonnenhöchststand lieferten. [AD2]

Werk(e):
Ibn Yūnus, Kitāb al-Zīj al-Ḥākimī al-Kabīr, veröffentlicht als Le Livre De la Grande Table Hakémite, hrg. und übers. von Caussin (1804).

Sekundär-Literatur:
King, D.: Ibn Yūnus' Very Useful Tables for Reckoning Time by the Sun, Archive for History of Exact Sciences 10 (1973).

Ibrāhīm ibn Sinān, ibn Thābit ibn Qurra,
Enkel von Thabit ibn Qurra,
Geometer und Astronom,
* 908/9,
† 16. 8. 946 Bagdad.

Ibrāhīm ibn Sinān war Sohn des Arztes Sinān ibn Thābit und Enkel des berühmten Thābit ibn Qurra. Nahezu alles, was über das Leben Ibrāhīms bekannt ist, entstammt direkt oder indirekt seinen erhaltenen Arbeiten. Es scheint, als habe er in schwierigen Verhältnissen gelebt und sich nicht in dem von ihm gewünschten Maße der Mathematik widmen können.

Eine seiner wichtigsten Arbeiten ist eine Abhandlung über Sonnenuhren. Im zweiten Buch dieses Werkes versuchte Ibrāhīm zu beweisen, dass die Linien, die die so genannten »bürgerlichen Stunden« auf einer Horizontalsonnenuhr repräsentieren, keine Geraden sind. Der Beweis blieb jedoch unvollständig und besitzt keine Allgemeingültigkeit. Eine »bürgerliche Stunde« entspricht einem Zwölftel der Zeitspanne zwischen Sonnenaufgang und Sonnenuntergang. Somit ist die Länge einer solchen Stun-

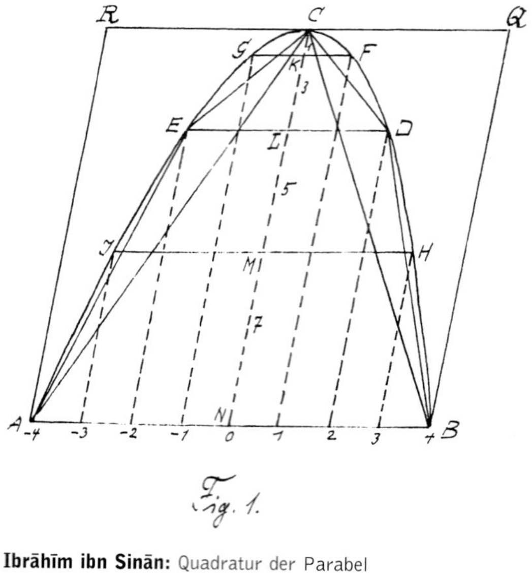

Ibrāhīm ibn Sinān: Quadratur der Parabel

de von der Jahreszeit abhängig. Weitere Arbeiten befassten sich mit der Sonnenbewegung und der Enfernung der Sonne von der Erde, sowie mit der Quadratur einer Parabel, d. h. mit der Bestimmung der Fläche eines Parabelsegments. Die islamischen Mathematiker wussten zwar, dass dieses Problem bereits von ↗ Archimedes gelöst worden war, hatten die Lösung jedoch bis zu diesem Zeitpunkt noch nicht einsehen können. Ibrāhīms Lösung, die kürzer als die seines Großvaters Thābit ibn Qurra war, wurde von ↗ al-Mu°taman ibn Hūd revidiert.

Eine einführende Abhandlung über Tangenten an Kreisen ist nicht mehr auffindbar und bestand laut Ibrāhīm aus elf Büchern. Ibrāhīm empfahl seinen Geometriestudenten, erst diese Abhandlung zu lesen und dann die zwei folgenden zu studieren: Zum einen eine Abhandlung über geometrische Analyse und Synthese (im Sinne der griechischen Antike) mit zahlreichen, leicht verständlichen Beispielen – diese Abhandlung ist erhalten geblieben – und zum anderen eine Abhandlung über 41 Probleme, die Ibrāhīm aufgrund ihrer mathematischen Signifikanz und Komplexität auswählte und analysierte. Einige dieser Problemstellungen waren Werken von ↗ Apollonios von Perge entnommen, die im 10. Jahrhundert in Archiven erhalten waren, inzwischen jedoch nicht mehr auffindbar sind. [JPH]

Werk(e):
Die Schrift des Ibrāhīm b. Sinān b. Tābit über die Schatteninstrumente, hrsg. von J. P. Hogendijk, übers. und erläutert von P. Luckey; Saidan, A. S.: The works of Ibrāhīm ibn Sinān, hrsg. von A. S. Saidan (auf Arabisch: al-mağlis al-watanī li l-tiqāfa wa l-funūwa l-adab, 1983); Bellosta, H., Rashed, R.: Ibrāhīm ibn Sinān: logique et géométrie au Xe siècle (2000).

Sekundär-Literatur:
Suter, H.: Abhandlung über die Ausmessung der Parabel von Ibrāhīm b. Sinān b. Tābit, Vierteljahresschrift der Naturforschenden Gesellschaft in Zürich 63 (1918); Hogendijk, J. P.: Arabic Traces of Lost Works of Apollonius, Archive for History of Exact Sciences 35 (1986).

Ikhwan al-Safa°: aus den Sendschreiben

Ikhwan al-Safa° (Iḫwān aṣ-Ṣafā°), Gruppe islamischer Gelehrter aus Basra, 10. Jahrhundert.

Hinter Iḫwān aṣ-Ṣafā°, die Lauteren Brüder aus Basra, verbirgt sich vermutlich eine Gruppe gelehrter Wissenschaftler, die etwa Mitte des 10. Jahrhunderts ein großes enzyklopädisches Werk, die *Sendschreiben* (Rasā°il) verfassten.

Die Verfasser haben ihre Namen nicht genannt, und bis heute konnte ihre Identität nicht eindeutig geklärt werden. Auch über das genaue Datum der Entstehung dieses umfangreichen Werkes oder über die Zugehörigkeit der Lauteren Brüder zu einer bestimmten religiösen Ausrichtung herrscht keine Einigkeit. Weit verbreitet ist allerdings die Ansicht, dass die Enzyklopädie von einer Gruppe gleichgesinnter Männer verfasst wurde. Einen dieser Männer, Abū Sulaimān al-Maqdisī, könnte man aber auch als alleinigen Verfasser der *Sendschreiben* ansehen.

Iḫwān aṣ-Ṣafā°, die Lauteren Brüder, verfassten 52 Abhandlungen: 14 Abhandlungen über die mathematischen und philosophischen Wissenschaften, 17 über die Wissenschaften von den körperlichen Dingen, 10 über die Wissenschaften auf dem Gebiet

Ikhwan al-Safa°: aus den Sendschreiben

der Seelen- und Verstandeskunde und 11 über die göttlichen Wissenschaften. Zur ersten Gruppe gehören Abhandlungen über Arithmetik, Geometrie, Astronomie, Geographie, Musik; zur zweiten Abhandlungen über Materie, Form und Bewegung, Raum und Zeit, Himmel und Erde; zur dritten Abhandlungen über das Universum als Makrokosmos; die vierte befasst sich u. a. mit den Religionen.

Entscheidend für das Verständnis des Werkes sind die grundlegenden Anschauungen der Lauteren Brüder über die kosmologischen Gegebenheiten und ihre Beziehung zu Gott, die verschiedenen Stufen des Daseins und die Stellung des Menschen. Das Universum wird als ein großes Ganzes angesehen, das seine belebende Kraft von Gott bekommt. Die Grundlage der Schöpfung, gleichzusetzen mit der Entstehung der Zahlen aus der Eins, ist eine Reihe von »Ausschüttungen« (arab. faiḍ, Pl. fuyūḍ) Gottes. Der Mensch als höchste Stufe erfüllt den gesamten Zweck der Schöpfung, da er seinen Ursprung (Gott) erkennen und zu ihm zurückkehren kann. Das Werk fand weite Verbreitung unter den Gelehrten aus späterer Zeit, z. B. beim Vater des berühmten Philosophen Ibn Sīnā (↗ Avicenna) oder al-Ghasali. [EFH]

Werk(e):
Rasāʾil Ikhwān al-Safāʾ, hrg. von Buṭrus al-Bustānī (1957); Dieterici, F.: Die Abhandlungen der Ichwan es-safa in Auswahl (1883-86, Nachdruck 1969).

Sekundär-Literatur:
Giese, A.: Iḫwān aṣ-Ṣafāʾ. Mensch und Tier vor dem König der Dschinnen (1990); Diwald, S.: Arabische Philosophie und Wissenschaft in der Enzyklopädie (1975); Dieterici, F.: Die Philosophie bei den Arabern im zehnten Jahrhundert n. Chr. (1858–91, Nachdruck 1969).

Infeld, Leopold,
polnischer Physiker,
* 20. 8. 1898 Krakau,
† 15. 1. 1968 Warschau.

Infeld war einer der führenden Relativitätstheoretiker seiner Zeit und langjähriger Mitarbeiter A. ↗ Einsteins.

Infeld diente nach dem Abschluss seiner Schulzeit im Jahr 1916 zunächst bis Ende des Ersten Weltkrieges als Soldat in der österreichisch-ungarischen Armee. In Krakau begann er anschließend mit dem Studium der Physik. Ein halbjähriger Aufenthalt in Berlin gab ihm die Anregung zu seiner Dissertation über ein Thema aus der Relativitätstheorie. Allerdings wurde er in Berlin nicht offiziell als Student zugelassen, weshalb er 1921 in Krakau promovierte. Zu jener Zeit gab es keine weiteren Doktoren der theoretischen Physik in Polen. Mangels akademischer Alternativen arbeitete er die folgenden acht Jahre als Lehrer an einer jüdischen Mittelschule. Erst 1930 konnte er seine wissenschaftliche Laufbahn als Assistent bei Stefan Loria in Lemberg fortsetzen, wo er sich auch bald habilitierte. Als Stipendiat der Rockefeller Foundation verbrachte er von 1933 bis 1935 zwei Jahre in Cambridge. In Zusammenarbeit mit M. ↗ Born entstand dort eine nach den beiden benannte Theorie, in der versucht wurde, die Existenz geladener Elementarteilchen als Lösungen nichtlinearer Gleichungen des elektromagnetischen Feldes zu interpretieren. Ein Stipendium ermöglichte es Infeld, 1936 zu Einstein an das Institute of Advanced Study in Princeton zu gehen. Die Verweigerung einer längeren Finanzierung führte 1937 zu dem finanziell erfolgreichen Projekt eines gemeinsamen populärwissenschaftlichen Buches *Evolution der Physik*. Infeld arbeitete in dieser Zeit über die Bewegungsgleichungen in der allgemeinen Relativitätstheorie, einem Problem, das ihn dann während seiner gesamten Laufbahn immer wieder beschäftigen sollte. Die auch zusammen mit Banesh Hoffmann durchgeführten Untersuchungen zeigten, dass in der Einsteinschen Gravitationstheorie die Bewegungen der Teilchen allein schon durch die Feldgleichungen bestimmt werden, also keine anderen davon unabhängigen Bewegungsgesetze notwendig sind. 1938 nahm Infeld einen Ruf an die Universität Toronto an. In Kanada sah er sich in der Nachkriegszeit wegen seiner Kontakte zum kommunistischen Polen zunehmend politischen Verdächtigungen ausgesetzt, was ihn 1950 dazu veranlasste, nach Warschau zu gehen, wo er ein neues Zentrum der theoretischen Physik begründete und sich für die Zusammenarbeit von Wissenschaftlern in Ost und West engagierte; auch gehörte er zu den Aktivisten der Pugwash-Bewegung. [SW]

Werk(e):
gemeinsam mit A. Einstein: Evolution der Physik (1937).

Sekundär-Literatur:
L. Infeld. Leben mit Einstein. Kontur einer Erinnerung (1969); Leopold Infeld. His Life and Scientific Work. Ed. by E. Infeld (1978).

Ingenhousz (auch Ingen-Housz), **Jan,**
Mediziner und Pflanzenphysiologe,
* 8. 12. 1730 Breda (Niederlande),
† 7. 9. 1799 Bowoodpark bei London.

Ingenhousz entdeckte und bewies experimentell die Kohlenstoffassimilation und Atmung der Pflanzen. Er führte (vermutlich) als erster die Verwendung des Deckgläschens in die Mikroskopie ein.

Ingenhousz begann 1748 ein Studium der Medizin an der Universität Löwen (Leuven, Belgien), das er 1753 mit der Promotion abschloss. 1754 setzte er seine Studien im Ausland an den Universitäten Leiden, Paris und Edinburgh fort und betrieb anschließend eine ärztliche Praxis in Breda. 1764 ging er nach England, da ihm als Katholik in seinem Heimatland eine akademische Laufbahn verwehrt war. Dort hatte er Kontakt mit führenden Medizinern der Zeit und beschäftigte sich hauptsächlich mit Pockenimpfungen bei Kindern. Auf Wunsch der Kaiserin Maria Theresia siedelte er 1768 nach Wien über. Dort führte er eine Impfung der kaiserlichen Familie und begann seine pflanzenphysiologischen Experimente. Es folgten befristete Forschungsaufenthalte in Holland und England, bis er 1789 Wien verließ und über Paris und die Niederlande wieder nach London reiste, wo er bis zu seinem Tod lebte.

Angeregt durch die Arbeiten von J. ↗ Priestley führt Ingenhousz vor allem Experimente zur Ernährung und Atmung der Pflanzen durch. Die Ergebnisse veröffentlichte er in seinen beiden Hauptwerken 1779 und 1798. Es gelang ihm, die sich widersprechenden Ergebnisse von Priestley und C. W. ↗ Scheele über die Luftveränderung durch Pflanzen miteinander zu vereinbaren und daraus die Grundlagen der Fotosynthese, die Kohlenstoffassimilation der Pflanzen und die Atmung zu entwickeln. [VW]

Werk(e):
Experiments upon vegetables, discovering their great power of purifying the common air in the sunshine and of injuring it in the shade and at night, to which is joined a new method of examining the accurate degree of the atmosphere (1779); Über die Ernährung der Pflanzen und Fruchtbarkeit des Bodens (1798) (engl u. holländ. bereits 1796).

Sekundär-Literatur:
Wiesner, J. v.: Jan Ingen-Housz: sein Leben und sein Wirken als Naturforscher und Arzt (1905).

Ingold, Sir Christopher Kelk,
englischer Chemiker,
* 28. 10. 1893 Ilford (heute zu London),
† 8. 12. 1970 London.

Ingold wurde mit Arbeiten über Struktur, Bindung und Mechanismen chemischer Reaktionen zum Mitbegründer der modernen physikalischen organischen Chemie.

Ingold studierte an der Universität Southampton, erwarb 1913 an der Universität London den Bachelor of Science, war dann am Imperial College in London tätig und arbeitete von 1918 bis 1920 bei der Firma Cassel Cyanide Comp. 1920 wurde er Dozent für organische Chemie am Imperial College, 1921 Doctor of Sciences, von 1924 bis 1930 Professor für organische Chemie an der Universität Leeds. Ingold wechselte 1930 auf den Lehrstuhl für Chemie der Universität London. Er leitete ab 1937 auch das chemische Laboratorium sowie ab 1939 bis zu seiner Emeritierung (1961) das chemische Institut. Ingold war von 1925 bis 1954 Präsident der Chemical Society of London sowie Mitglied zahlreicher wissenschaftlicher Akademien und Gesellschaften, lehrte als Gastprofessor in den USA und Kanada und erhielt 10 Ehrendoktorate.

Ingold gehörte mit über 400 Publikationen und dem Standardwerk *Structure and Mechanism in Organic Chemistry* zu den führenden Vertretern der theoretischen organischen Chemie. Er erfasste quantitativ die Wechselwirkungen zwischen zwei Ionen bzw. zwischen Ion und polarem Molekül, erklärte daraus Substitutions-, Hydrolyse- und Veresterungsreaktionen und erbrachte wichtige Beiträge zur Resonanztheorie. 1933 führte er zur Beschreibung elektronischer Zwischenzustände anstelle von Resonanz den Begriff »Mesomerie« ein. Die Mesomeriekonzeption wurde durch quantenmechanische Methoden weiterentwickelt, um die sich auch Ingold verdient machte. Weitere Arbeiten betrafen die getrennte Erfassung von induktivem Effekt und sterischer Hinderung (Ingold-Taft-Methode), die Stabilität freier Radikale (1929), die Feinstruktur aromatischer Verbindungen, den dirigierenden Einfluss von Substituenten in konjugierten Systemen (1934) sowie die Entdeckung der Nitronium-Salze bzw. des Nitryl-Kations (NO_2^+) mit Hilfe von spektroskopischen Methoden. Ingold hat auch die Begriffe »elektrophil«, »nucleophil« und »induktiver Effekt« eingeführt. [RS3]

Werk(e):
Structure and Mechanism in Organic Chemistry (1953); Introduction to Structure in Organic Chemistry (1956); Theoretical Organic Chemistry (1959).

Sekundär-Literatur:
Shopee, Ch. W.: Chr. K. I., Biographical Memoirs of Fellows of the Royal Society 18 (1972) 349–411.

Ioffe (Joffe, Joffé), **Abram Fedorowitsch,**
russisch-sowjetischer Physiker,
* 17.(29.) 10. 1880 Romny (Gouv. Poltawa),
† 14. 10. 1960 Leningrad.

Ioffe leistete wichtige Beiträge zur Kristall- und Halbleiterphysik. Wegen seiner herausragenden Rolle bei der Organisation der Physik in der frühen Sowjetunion gilt er als »Vater der sowjetischen Physik«.

Ioffe entstammte der Familie eines kleinen jüdischen Bankangestellten. Nach dem Besuch der Realschule in Romny begann er am Technologischen Institut in St. Petersburg ein Ingenieurstudium (da ihm eine russische Universität wegen fehlender Gymnasialausbildung verschlossen war, konnte er zunächst nicht, wie beabsichtigt, ein Physikstudium aufnehmen). Mit einer Empfehlung des Physikers Nikolaj Aleksandrowitsch Gesechus begab er sich Ende 1902 nach München, und nachdem er bei W. C. ↗ Röntgen die Versuche des Studentenpraktikums in kurzer Zeit erfolgreich abgearbeitet hatte, nahm jener ihn als Assistenten auf; nebenher belegte er noch zahlreiche Vorlesungen. 1905 promovierte Ioffe in München über *Elastische Nachwirkung im Krystallinischen Quarz*. Unter dem Eindruck der gescheiterten russischen Revolution von 1905 kehrte Ioffe 1906 nach St. Petersburg zurück, um künftig der Entwicklung im eigenen Lande voranzuhelfen. Doch reiste er bis zum Ausbruch des Ersten Weltkrieges regelmäßig im Sommer nach München, um mit Röntgen über Kristallphysik zu arbeiten. – Ioffe war zweimal verheiratet, zuerst (1908) mit der Zahnärztin Wera Andreewna Krawcowa, mit der er eine Tochter hatte, und ab1930 mit der Physikerin Anna Wasiljewna Etschistowa.

Ioffe wurde 1906 Oberlaborant am neu gegründeten Polytechnischen Institut in St. Petersburg. Die Universität blieb ihm zunächst weiterhin verwehrt und auch die Münchener Dissertation wurde in Russland nicht anerkannt; so verteidigte er 1913 in St. Petersburg seine Magisterdissertation und habilitierte sich schließlich 1915 über *Elastische und elektrische Eigenschaften des Quarzes*. Danach erhielt er am Polytechnischen Institut eine ord. Professur und lehrte nun auch an der Universität. 1916 begründete er das Physikalische Seminar, das zum Ausgangspunkt einer bedeutenden wissenschaftlichen Schule wurde; zur ersten Schülergeneration gehörten u. a. Jakow G. Dorfman, J. I. ↗ Frenkel, P. L. ↗ Kapiza, N. N. ↗ Semjonow. 1919–1948 (mit Unterbrechungen) wirkte er als Dekan der Physikalisch-mechanischen Fakultät des Polytechnischen Instituts. – Schon zuvor hatte sich Ioffe um eine moderne Physikausbildung in St. Petersburg bemüht, z. T. im Zusammenwirken mit P. ↗ Ehrenfest, der zwischen 1907 und 1912 in St. Petersburg wirkte.

Ioffe entschied sich 1918 bewusst für ein Bleiben im Neuen Russland und gründete gemeinsam mit Michail I. Nemenow das »Staatliche Röntgenologische und Radiologische Institut«, aus dessen physikalisch-technischer Abteilung unter Ioffes Leitung 1921 die später als »Leningrader Physikalisch-Technisches Institut« weltweit bekannte Einrichtung wurde (1950 wurde Ioffe aus politischen Gründen als Direktor abgelöst). Der Institutsname sollte Programm sein: Physik unter dem Gesichtspunkt der Anforderungen der Technik für den sozialistischen Aufbau zu betreiben, ohne die Grundlagenforschung zu vernachlässigen. Um den dafür notwendigen Nachwuchs heranzubilden, bemühte sich Ioffe auch um eine enge Wechselbeziehung zwischen seinem und dem Polytechnischen Institut. – Seit 1920 war Ioffe OM der Russischen Akademie der Wissenschaften (1918 KM), 1926–29 u. 1942–45 auch einer ihrer Vizepräsidenten. Ab 1921 konnte er auch wieder ins Ausland fahren, um wissenschaftliche Kontakte neu aufzubauen; 1926/27 hielt er Vorlesungen in den USA. 1924 und 1932 nahm er am Solvay-Kongress in Brüssel teil.

Anfang der 1930er-Jahre organisierte Ioffe nach dem Vorbild seines Leningrader Instituts die Gründung mehrerer physikalisch-technischer Institute in der UdSSR (darunter in Charkow, Swerdlowsk und Dnepropetrowsk), für deren Leitung er verschiedene seiner Schüler empfahl. Auch beteiligte er sich an den offiziellen Diskussionen zur Gestaltung der (physikalischen) Forschung im Lande. In seinem Leningrader Institut initiierte er 1931/32 als neue Forschungsrichtungen Kernphysik (unter der Leitung von I. W. ↗ Kurtschatow) und Halbleiterphysik (unter seiner eigenen Leitung).

Ioffe gilt als einer der »Väter« der Halbleiterphysik. 1931 erarbeitete er mit Frenkel eine Theorie der Gleichrichtung am Kontakt Metall/Halbleiter. Gemeinsam mit seiner zweiten Ehefrau entdeckte er 1935 den negativen Fotoeffekt; beider Untersuchungen über die Bedingungen der Gleichrichtung im Halbleiter führten u. a. 1939/40 Boris I. Dawydow zur Theorie der Gleichrichtung am Halbleiter/Halbleiter-Kontakt. Während des Zweiten Weltkrieges war die Halbleiterforschung in der UdSSR unterbrochen, danach bemühte sich Ioffe um ihre Wiederbelebung und konnte 1952 ein Halbleiterlaboratorium an der Akademie gründen, aus dem 1955 das Halbleiterinstitut wurde (mit Ioffe als Direktor).

Von zahlreichen Ehrungen seien erwähnt: Mitglied der Akademien zu Göttingen (1924), Berlin (1929) und Halle (1958) sowie Ehrendoktor der Universitäten von Berkeley (1927), Paris (1945), Graz (1948) und Bukarest (1948). [HK]

Werk(e):
Izbrannye trudy, 2 Bde. (1974/75); Osnownye predstawlenija sowremennoj fiziki (1949); Physik der Halbleiter (1960); Begegnungen mit Physikern (1967); O fizike i fizikach (1985).

Sekundär-Literatur:
Sominskij, M. S.: Abram Fedorowitsch Ioffe (1965); Wospominanija ob A. F. Ioffe (1973); Kant, H.: Abram Fedorowitsch Ioffe (1989).

Ishak Efendi,

türkischer Militäringenieur, Mathematiker und Naturwissenschaftler,
* um 1790 Narda,
† 1836 Alexandria.

Ishak Efendi war ein Mann von herausragender Bedeutung für die Einführung und Verbreitung moderner Naturwissenschaft und Technik in der Türkei.

Ishak Efendis Familie war jüdischen Glaubens, er selbst konvertierte später zum Islam und ging nach Istanbul. Neben mehreren europäischen Sprachen beherrschte er Türkisch, Arabisch und Persisch, was darauf schließen lässt, dass er seine Schulbildung in einer Religionsschule (Madrasa) empfing. Während seines Studiums an der Militärischen Ingenieurschule (1806–1815) wurde er zum Assistenten des Schulleiters Huseyin Rifki Tamani ernannt. Im Jahre 1824 verpflichtete man ihn als Übersetzer an den Hof des Sultans, 1829 wurde er zur Beaufsichtigung der Renovierung militärischer Befestigungsanlagen auf den Balkan entsandt. Bald darauf wurde er nach Istanbul zurückberufen und erhielt im Jahre 1831 die Position des Leiters der Militärischen Ingenieurschule. Er starb in Alexandria auf der Rückreise von Medina, wohin man ihn zur Restaurierung der Heiligen Stätten entsandt hatte.

Mit seinen Lehrbüchern, die er aus europäischen Quellen zusammengestellt und übersetzt hatte, trug Ishak Efendi wesentlich zur Einführung moderner Wissenschaften in der Türkei bei. Seine Übersetzungen bildeten die Grundlage für eine wissenschaftliche Nomenklatur im ottomanischen Türkischen. Das bedeutendste seiner Werke ist sein vierbändiges *Mecmua-i Ulum-i Riyaziye* (Kompendium der Mathematik, Istanbul 1831–1834, Bulaq, Ägypten, 1841–1845). Diese Enzyklopädie befasste sich mit Arithmetik, Algebra, Geometrie, Trigonometrie, Differentialrechnung, Kegelschnitten, Physik (Mechanik und Elektrizitätslehre) und Chemie. Ishak Efendi veröffentlichte außerdem mehrere Lehrwerke über das militärische Ingenieurwesen, u. a. über das Gießen von Kanonen, den Bau von Befestigungsanlagen sowie die Landvermessung und die Zeitmessung. Schließlich übersetzte er das Werk *Torpedo War and Submarine Explosions* von Robert Fulton, jenes Marineingenieurs, der als Erfinder des Dampfschiffs und des U-Boots gelten kann. [SK3]

Sekundär-Literatur:

Gövsa, İ. A.: Meşhur Adamlar, Hayatları, Eserleri, Bd. II (1933); Uluçay, Ç.-E. K.: Yüksek Mühendis Okulu (1958); Terzioğlu, S. A.: Mühendishane-i Berrî-i Hümayun Başhocası Ishak Efendi (1965); Berkes, N.:, Türkiye'de Çağdaşlaşma (1978); Adıvar, A.: Osmanlı Türklerinde Ilim (1982); Ihsanoğlu, E., Başhoca Ishak Efendi: Türkiye'de Modern Bilimin Öncüsü (1989); Beydilli, K.: Türk Bilim ve Matbaacılık Tarihinde Mühendishane, Mühendishane Matbaası ve Kütüphanesi:1776–1826 (1995); Unat, F. R., Başhoca Ishak Efendi: Belleten, Bd. XXVIII, Nr. 109.

Isidor von Sevilla,

Bischof von Sevilla,
* um 560 wahrscheinlich in der Baetica (Südspanien),
† 4. 4. 636 Sevilla.

Isidor von Sevilla war Vermittler enzyklopädischen Wissens sowie Verfasser der bedeutendsten Enzyklopädie des Mittelalters.

Isidor entstammte einer großen aus Cartagena vertriebenen hispanorömischen Familie. Nach dem frühen Tod der Eltern wurden er und seine Geschwister von seinem Bruder Leander, Bischof von Sevilla, erzogen. Isidor folgte 599/600 seinem Bruder in der Funktion als Bischof von Sevilla nach. Auf Anregung König Sisebuts, dessen Ratgeber er war, verfasste er die *Etymologiae*. Isidor förderte bis zu seinem Tod die asketische und wissenschaftliche Ausbildung Geistlicher und die Gründung bischöflicher Schulen. Ebenso setzte er sich für die Festigung der Macht der spanischen Könige ein und machte sich um die Einigkeit der frühchristlichen Kirche verdient. 633 stand er dem 4. Konzil von Toledo vor. Isidor wurde 1598 heilig gesprochen und 1722 zum Kirchenlehrer ernannt.

Mit seinem Hauptwerk *Etymologiae* schuf er ein Handbuch, in dem er das gesamte Wissen seiner Zeit aus dem Gebiet der Sieben Freien Künste, der Geographie, Naturkunde, Medizin, Politik, Philosophie, Theologie, Rechtswissenschaften, Chronologie und Architektur in 20 Büchern vermittelte. Neben Cassiodor und ↗ Boethius legte er damit die geistigen Grundlagen für das Mittelalter. Er kompilierte nicht nur antike und ältere Autoren, sondern ließ auch eigene Beobachtungen in sein Opus einfließen. Maus (mus) leitete er etwa von Erde (humus) ab; Sirenen, die bei späteren Autoren als existent angegeben wurden, hielt er für rein erfundene Wesen. Im *Liber XVII De rebus rusticus* (Landwirtschaft) behandelte er eine Reihe von Pflanzen als erster Autor. Selbst neuere verfasste Enzyklopädien verdrängten die *Etymologiae* nicht völlig, die noch im Buchdruck in 15 Jahrhunderten Eingang fanden. Sein Lehrgedicht *De natura rerum* war König Sisebut gewidmet und beinhaltete eine Naturlehre oder Kosmographie (inkl. Chronologie, Astronomie, Kosmologie) in 48 Kapiteln. Die Erde wird hier eindeutig als »globus« (Kugel) beschrieben. [CRD]

Werk(e):

Etymologiarum sive origines libri XX, hrsg. von L. Oxford (1911, 2. Aufl. 1971); De natura rerum, hrsg. von Fontaine (1960).

Sekundär-Literatur:

André, J.: Isidore de Séville… (1981); Fontaine, J.: Isidoro de Sevilla … in: La conversion de Roma (1990) 265–293.

Jacobi, Carl Gustav Jacob,
deutscher Mathematiker,
* 10. 12. 1804 Potsdam,
† 18. 2. 1851 Berlin.

Jacobi gehört zu den ideenreichsten und produktivsten Mathematikern des 19. Jahrhunderts. Er gilt als ein Reformator des mathematischen Universitätsunterrichts.

Jacques Simon Jacobi ist zusammen mit seiner Schwester Therese und den Brüdern Moses (dem späteren Physiker und Elektrotechniker M. H. ↗ Jacobi) und Eduard in einem jüdischen Elternhaus aufgewachsen. Vom 1. November 1816 bis Ostern 1821 besuchte er das Potsdamer Gymnasium, auf dem später auch H. v. ↗ Helmholtz sein Reifezeugnis erhielt. Danach studierte er an der Universität Berlin Philosophie und Philologie. Der 19-jährige Student entschloss sich, der Mathematik sein Leben zu widmen. Sein mathematisches Wissen eignete er sich vorwiegend im Selbststudium an. Als im Dezember 1822 die preußische Kabinettsorder bekannt gegeben wurde, durch die den Juden die im Juden-Edikt von 1812 zugesicherte Berechtigung zur Bekleidung akademischer Lehrämter wieder genommen wurde, war die erstrebte Universitätslaufbahn für Jacobi nur durch die Taufe zu erreichen. Nach dem Übertritt zum christlichen protestantischen Glauben änderte er seine Vornamen in »Carl Gustav Jacob«.

Jacobi erhielt bereits im August 1825 das Doktordiplom und habilitierte sich zeitgleich mit der Promotion als Privatdozent. Anfang Mai 1826 siedelte er nach Königsberg über, wo er 17 Jahre an der Universität wirkte. 1827 wurde er zum außerordentlichen und 1829 zum ordentlichen Professor an der Königsberger Universität berufen. Seine Forschung und Lehre an der Albertina hat Jacobi nur gelegentlich durch Reisen unterbrochen. Am 11. September 1831 heiratete er Marie Schwinck, die Tochter eines Großkaufmanns in Königsberg. Sie hatten drei Töchter und fünf Söhne.

C.G.J. Jacobi

1834 gründete Jacobi zusammen mit F. E. ↗ Neumann und Ludwig Sohncke eines der ersten mathematisch- physikalischen Seminare. Das abgelegene Königsberg wurde zum Mittelpunkt einer Schule, die von großem Einfluss auch auf die anderen Universitäten geworden ist. Der Geist der Königsberger Schule übertrug sich auf Jacobis Schüler und auf andere deutsche Universitäten, nachdem deren Lehrstühle von Jacobischülern besetzt worden waren. Das zog auch ein Zurückdrängen der angewandten Mathematik nach sich, weil Jacobis Verständnis der Mathematik als reiner, erfahrungs- und anwendungsunabhängiger Wissenschaft sich ausbreitete.

Aus gesundheitlichen Gründen wurde ihm 1844 gestattet, Königsberg mit seinem schlechten Klima gegen Berlin zu vertauschen. Jacobi lebte hier als Akademiemitglied, wobei er mehrfach von seinem Recht Gebrauch machte, an der Universität Vorlesungen zu halten. Im Frühjahr 1848 versuchte er, ein Ordinariat an der philosophischen Fakultät der Berliner Universität zu erlangen. Die Ablehnung seines Antrags war in erster Linie eine Reaktion auf Jacobis politische Betätigung nach den Märzereignissen von 1848. Eine zweite Reaktion darauf erfolgte im Mai 1849. Er sollte die mit der Königsberger Professur verbundenen Pflichten wieder übernehmen. Es folgten (um ihn zur Rückkehr nach Königsberg zu zwingen) finanzielle Repressalien. Jacobi sah sich gezwungen, einen Ruf nach Wien anzunehmen. A. v. ↗ Humboldt setzte sich erfolgreich dafür ein, Jacobi finanziell wieder abzusichern, um so seinen Fortgang nach Wien zu verhindern.

Jacobis Werk umfasst zwei Bücher und etwa 170 Abhandlungen. Die 1827/1829 im geistigen Wettstreit mit N. H. ↗ Abel erzielten Schöpfungen in der Theorie der elliptischen Funktionen sind als Jacobis originellste Leistungen anzusehen. Abel und Jacobi kamen fast gleichzeitig und unabhängig voneinander auf die Idee, anstelle elliptischer Integrale deren Umkehrfunktionen zu betrachten. Sie entdeckten die Doppelperiodizität dieser (elliptischen) Funktionen. Den Gedanken, die Umkehrfunktionen zu betrachten, hat Jacobi auch auf hyperelliptische (Abelsche) Integrale ausgedehnt. Er hat die Theorie der elliptischen Funktionen in der Geometrie, der analytischen Mechanik u. a. Gebieten, vor allem aber in der Zahlentheorie, angewendet. Jacobi entdeckte einen Zusammenhang zwischen dem Abelschen Theorem und gewissen diophantischen Gleichungen. Mit zahlentheoretischen Fragestellungen hat sich Jacobi immer wieder beschäftigt. Im aus der Kreisteilungstheorie entwickelten Kalkül der so genannten Jacobischen Summen hat Jacobi (unabhängig von A. ↗ Cauchy) eine fruchtbare und anregende Methode für arithmetische Untersuchungen entwickelt. Jacobis und C. F. ↗ Gauß' Arbeiten über höhere Reziprozitätsgesetze haben die algebraische Zahlentheorie eingeleitet. Zu Jacobis wichtigsten Untersuchungen gehören jene über analytische Mechanik, die er im Anschluss an J. L. ↗ Lagrange und W. R. ↗ Hamilton ausbaute und die er nachhaltig beeinflusste. Eng mit Jacobis Schaffen auf dem Gebiet der analytischen Mechanik hängt seine rechnerische Untersuchung der Störungen der Planetenbahnen zusammen. Seine Beiträge zur theoretischen Astronomie beziehen sich jedoch nicht nur auf die Bewegung, sondern auch auf die Gestalt der Himmelskörper. 1834 erzielte er das damals überraschende Resultat, dass die Maclaurinschen Ellipsoide nicht die einzigen möglichen Gleichgewichtsfiguren rotierender homogener Flüssigkeiten sind, deren Teilchen einander nach dem Newtonschen Gravitationsgesetz anziehen. Als Frucht seiner Untersuchungen zur mathematischen Physik erzielte Jacobi auch wesentliche geometrische Resultate. Unter den zahlreichen Beiträgen Jacobis zur Algebra seien genannt: das Trägheitsgesetz der quadratischen Formen, die Theorie der Determinanten und die algebraische Eliminationstheorie (algebraische Ausgestaltung der Schnittpunkttheorien für Kurven). Jacobi gehört zu den wenigen produktiven Mathematikern, die sich auch mathematikhistorischen Fragen zuwendeten. [HP2]

Werk(e):
C. G. J. Jacobis Gesammelte Werke, hrsg. auf Veranlassung der Königlich Preußischen Akademie der Wissenschaften von C. W. Borchardt (Band 1, 1881), K. Weierstraß (Band 2, 1882; Band 3, 1884; Band 4, 1886; Band 5, 1890; Band 6, 1891; Band 7, 1891), E. Lottner (Supplementband, 1884); Briefwechsel zwischen G. J. Jacobi und M. H. Jacobi, hrsg. von W. Ahrens (1907); Briefwechsel zwischen A. v. Humboldt und C. G. Jacob Jacobi, hrsg. von H. Pieper: Beiträge zur Alexander-von-Humboldt-Forschung (1987); Carl Gustav J. Jacobi. Vorlesungen über analytische Mechanik (1847/48), nach einer Mitschrift von W. Scheibner, hrsg. von H. Pulte: Dokumente zur Geschichte der Mathematik (1996); Korrespondenz zwischen Legendre und Jacobi. Correspondance mathématique entre Legendre et Jacobi, neu hrsg. von H. Pieper (1998).

Sekundär-Literatur:
Koenigsberger, L.: Carl Gustav Jacob Jacobi. Festschrift zur Feier der hundertsten Wiederkehr seines Geburtstages (1904); Knobloch, E., Pieper, H. und Pulte, H.: ... das Wesen der reinen Mathematik verherrlichen. Reine Mathematik und mathematische Naturphilosophie bei C. G. J. Jacobi. Mit seiner Rede zum Eintritt in die philosophische Fakultät der Universität Königsberg aus dem Jahre 1832, in: Mathematische Semesterberichte 42 (1995) Heft 2.

Jacobi, Moritz Hermann, Bruder des Mathematikers Carl Gustav Jacob Jacobi,
deutscher Physiker und Elektrotechniker,
* 21. 9. 1801 Potsdam,
† 10. 3. 1874 St. Petersburg (Russland).

Jacobi ist der Erfinder der Galvanoplastik und entwikkelte einen der ersten Elektromotoren.

Jacobi, Sohn eines jüdischen Bankiers, studierte ab 1821 an der Berliner Universität, dann ab 1822 in Göttingen die Kameralwissenschaften. Im preußischen Staatsdienst war er bis Ende 1832 tätig und zog dann nach Königsberg zu seinem Bruder C. G. ↗ Jacobi, um als Baumeister zu wirken. Mathematisch vorgebildet und mit den Entwicklungen der Mechanik, des Maschinenbaus und der Elektrizitätslehre gut vertraut, baute er 1834/35 seine erste batteriebetriebene elektromagnetische Maschine (Elektromotor).

Nach Annahme eines Rufes für eine ao. Professur für Zivilbaukunst an der Universität Dorpat (Tartu, Estland) 1835 setzte Jacobi, seit 1836 verheiratet, seine theoretischen und praktischen Arbeiten auf dem Gebiet des Elektromagnetismus und der Theorie elektromagnetischer Maschinen fort, siedelte aber bereits 1837 auf Wunsch der russischen Regierung nach St. Petersburg über. Die Petersburger Akademie bot ihm u. a. durch die Zusammenarbeit mit Emil Lenz gute Forschungsmöglichkeiten, und 1838 fuhr sein erstes Boot mit elektromagnetischem Antrieb bei einer Leistung von 1/5 bis 1/4 PS auf der Newa, großzügig von Regierungsseite unterstützt, da man sich eine Anwendung für die Marine erhoffte.

Ende der 1830er-Jahre erkannte Jacobi den Nutzen der Galvanotechnik für den Korrosionsschutz und für die Herstellung von Kopien (Galvanoplastik). In den Folgejahren befasste er sich unter Geheimhaltung mit der Einführung der elektrischen Telegraphie in Russland und mit der Herstellung von Elektrominen.

Seit 1838 war Jacobi korrespondierendes Mitglied, ab 1842 a.o. Akademiker und 1847 ordentliches Mitglied der Petersburger Akademie. 1852 erhielt Jacobi, seit 1848 russischer Untertan, das Prädikat Excellenz und 1867 den Geheimratstitel. [HL3]

Werk(e):
Mémoire sur l'Application de l'Électro-Magnétisme au Mouvement des Machines (1835); Die Galvanoplastik, oder das Verfahren cohärentes Kupfer in Platten oder sonst gegebenen Formen, unmittelbar aus Kupferauslösungen auf galvanischem Wege zu produciren (aus d. Russ., 1840).

Sekundär-Literatur:
Lindner, H.: Elektromagnetismus als Triebkraft im zweiten Drittel des 19. Jahrhunderts dargestellt am Beispiel der Ar-

beiten von Moritz Hermann Jacobi (1801–1874) und Johann Philipp Wagner (1799–1878), 1986 (Diss. TU Berlin); Hempel, P.: Deutschsprachige Physiker im alten St. Petersburg. Georg Parrot, Emil Lenz und Moritz Jacobi im Kontext von Wissenschaft und Politik (1999, Schriften des Bundesinstituts für ostdeutsche Kultur und Geschichte, Bd. 14); Sibum, H. O.: Experimentalists in the Republic of Letters. Science in Context 16 (2003) 89–120.

Jacquin, Nikolaus Joseph von,

Botaniker,
* 16. 2. 1772 Leiden,
† 26. 10. 1817 Wien.

Jacquin machte sich um die Einführung der binären Nomenklatur in Österreich verdient, häufig wird er deshalb auch als »Linné Österreichs« bezeichnet.

Jacquin entstammte einer französischen Familie, sein Großvater war von Paris nach Leiden gekommen und begründete dort eine Tuch- und Samtmanufaktur. Auch der Enkel sollte Kaufmann werden. Nach dem Besuch einer Privatschule in Leiden und des Jesuiten-Gymnasiums in Antwerpen begann er mit dem Studium der Theologie und scholastischen Philosophie an der Universität Löwen. Durch den frühen Tod seines Vaters und den finanziellen Ruin des Unternehmens musste er sein Studium abbrechen. Er kehrte zurück in seine Heimatstadt, um medizinische Vorlesungen zu belegen. Über Vermittlung von Gérard van Swieten, der vor seiner Berufung als Promedicus von Maria Theresia 1745 nach Wien Hausarzt der Familie Jacquin in Leiden gewesen war, kam Jacquin 1752 nach Wien, wo er sein Medizinstudium abschließen wollte. Van Swieten sollte zu Jacquins großem Mentor werden: Er vermittelte Jacquins Teilnahme an der Amerikaexpedition (1754-1759), schlug ihn als Professor »des praktischen Bergwesens und der Chymnischen Lehre« an der neu gegründeten Bergakademie in Schemnitz (1763) und seine Berufung an die Universität Wien als Professor der Botanik und Chemie (1768) vor, eine Stellung, die Jacquin bis 1797 inne hatte. Im Franzosenjahr 1809 bekleidete er das Amt des Rektors der Universität Wien. 1774 wurde er als Edler von Jacquin geadelt, 1806 in den Freiherrnstand erhoben und ihm der St.-Stephans-Orden verliehen.

N.J. von Jacquin: Schabkunst (Mezzotinto) 1812 von Vincenz Georg Kininger nach Heinrich Friedrich Füger 1811

Seinen Ruhm als Botaniker begründete die erste wissenschaftliche Expedition Österreichs im Auftrag des Kaiserhauses in die Karibik und nach Venezuela sowie Kolumbien, als deren wissenschaftlicher Leiter er ausgewählt worden war. Neben 50 Kisten gefüllt mit Objekten unterschiedlichster Art, lebenden Tieren und Pflanzen war das wichtigste Ergebnis der Reise die Publikation der Botanischen Ausbeute in zwei Werken, denen Jacquin die binäre Nomenklatur C. v. ↗ Linnés zugrunde legte. Des Weiteren trat er durch eine große Zahl von meist prachtvoll ausgestatteten botanischen Werken hervor, die insgesamt 36 Bände mit 3 000 kolorierten Kupfertafeln umfassen.

Jacquin war verheiratet und hatte drei Kinder: Joseph Franz von Jacquin wurde 1791 supplierender Professor für Chemie und Botanik an der Universität in Wien, 1793 Adjunkt seines Vaters und 1797 dessen Nachfolger an der Lehrkanzel und dem botanischen Garten. 1784 erschienen seine *Beyträge zur Geschichte der Vögel* in Wien, worin er auch die von seinem Vater aus der Karibik mitgebrachten Vögel behandelte. Weiter schuf er wertvolle botanische Werke und vollendete das Stapelien-Werk seines Vaters. Der jüngere, früh verstorbene Sohn Emilian Gottfried war ein begabter Musiker und Komponist, dem Wolfgang Amadeus Mozart ebenso wie seiner Schwester Franziska einige Werke widmete. [CRD]

Werk(e):
Enumeratio Systematica Plantarum, quas in insulis Caribaeis vicinaque Americes continente detexit novas aut jam cognitas emendavit (1760); Selectarum stirpium americanarum Historia (1763); Florae Austriacae, 5 Bde. (1773–78); Hortus botanicus Vindobonensis, 3 Bde. (1770–76); Ecologae plantarum rariorum aut minus cognitarum, 2 Bde. (1811–44).

Sekundär-Literatur:
Riedl-Dorn, Ch.: Das Haus der Wunder. Zur Geschichte des Naturhistorischen Museums in Wien (1998).

Jaekel, Otto Max Johannes,
deutscher Paläontologe, Geologe und Kunsthistoriker,
* 21. 2. 1863 Neusalz a. d. Oder (Nova Sól, Polen),
† 6. 3. 1929 Peking.

Jaekel gilt als einer der Hauptverfechter der Paläontologie als eigenständiger Wissenschaft. Er gründete die Paläontologische Gesellschaft (1912) und initiierte maßgeblich die Gründung staatlicher Forschungsinstitute.

Nach dem Geologie-Studium (bei Carl Ferdinand Roemer) an der Universität Breslau wechselte Jaekel nach München und promovierte dort 1886 bei K. A. v. ↗ Zittel. 1887–1889 folgte eine zweijährige Assistentenzeit bei Ernst W. Benecke in Freiburg/Br. Im November 1890 habilitierte sich Jaekel an der Universität Berlin bei E. ↗ Beyrich und trat 1891 eine Stelle als Kustos und Privatdozent am Geologisch-Paläontologischen Museum und Institut in Berlin an. 1895 erfolgte die Verleihung einer Titularprofessur, 1904 die Berufung zum Professor. Im Oktober 1906 wurde Jaekel zum Professor für Geologie und Paläontologie an die Universität Greifswald berufen und blieb dort bis zu seiner Emeritierung im Frühjahr 1928. Im Herbst 1928 folgte Jaekel dem Ruf an die Sun-Yatsen-Universität in Kanton (China).

Seit 1894 propagierte Jaekel öffentlich eine engere Bindung der Paläontologie an die Biowissenschaften und die Schaffung paläontologischer Professuren in Preußen – daraus resultierten zahlreiche Streitschriften (1910–1917) mit diesbezüglichen Gegnern wie Wilhelm von Branca und J. F. ↗ Pompeckij. Jaekel initiierte durch Presseveröffentlichungen (seit 1907) und andere Aktivitäten maßgeblich die Gründung (1911) der Kaiser-Wilhelm-Gesellschaft zur Förderung der Wissenschaften. Gefördert durch einflussreiche Personen des preußischen Staates, konnte Jaekel systematische Ausgrabungen von fossilen Panzerfischen (1900–1912, Bad Wildungen, Hessen) und Dinosauriern (1910–1927, Halberstadt, Sachsen-Anhalt) durchführen. Seine wissenschaftlichen Veröffentlichungen umfassen mehr als 200 Titel zur Paläontologie (148), Geologie (29) und Kunstgeschichte, Ethnologie und Anthropologie (19). [MR3]

O.M.J. Jaekel

Werk(e):
Über verschiedene Wege phylogenetischer Entwicklung (1901); Über die Pflege der Wissenschaft im Reiche, in: Der Morgen 20 (1907); Die Wirbeltiere, eine Übersicht über die fossilen und lebenden Formen (1911); Die natürlichen Grundlagen staatlicher Organisation (1916).

Sekundär-Literatur:
Nestler, K.: Die Entwicklung der Paläontologie unter Otto Jaekel in Greifswald, in: Wissenschaftliche Zeitschrift der Ernst-Moritz-Arndt-Universität Greifswald 38 (1989) 22-30; Roolf, C.: Dinosaurier-Skelette als Kriegsziel, Kulturgutraubplanungen, Besatzungspolitik und die deutsche Paläontologie in Belgien im Ersten Weltkrieg, Berichte zur Wissenschaftsgeschichte und Wissenschaftsforschung (im Druck).

Jahn, Hans (Johannes) **Max,**
deutscher Chemiker und Physikochemiker,
* 4. 7. 1853 Küstrin (Kostrzyn, Polen),
† 7. 8. 1906 Berlin.

Jahn hat sich große Verdienste insbesondere in der Elektrochemie sowie durch seinen Einsatz für die Mathematisierung der Chemie und die Anerkennung des Entropie-Konzepts erworben.

Jahn studierte in Berlin und Heidelberg Chemie, Physik und Mathematik. Als Privatassistent A. W. v. ↗ Hofmanns verfasste er seine Dissertationsschrift (1885) über Derivate des sekundären Octylalkohols. An der Athener Universität (1875–77) und im Wiener Laboratorium von Ernst Ludwig beschäftigte er sich mit Gerbstoffen, der Analyse des Thermopylen-Quellwassers, mit chemischen Reaktionen (z. B. von PH_4I mit CS_2, Ethanolzersetzung) und der Dampfdichte des Broms. Mit den »Elektrolytischen Studien« begann 1883 seine nun andauernde Beschäftigung mit der Elektrochemie. Bei Leopold von Pebal in Graz fertigte er Arbeiten an (1884–89), die Elektrochemie und Thermodynamik verbinden. Es gelang Jahn, die Gültigkeit des II. Hauptsatzes und des Jouleschen Gesetzes für Elektrolyte nachzuweisen. Er kam zu wichtigen Erkenntnissen über die Beziehung von elektrischer und chemischer Energie in galvanischen Zellen. Weiterhin hat er über Thermoelektrizität gearbeitet.

Im Institut von H. ↗ Landolt an der Landwirtschaftlichen Hochschule (1889–91) und an der Universität in Berlin (ab 1891) beschäftigte er sich mit

Elektrochemie, polarisiertem Licht in Flüssigkeiten, Molrefraktion und latenten Verdampfungswärmen. Ab 1900 wandte er sich der elektrolytischen Dissoziation in verdünnten Lösungen zu, um die dafür von S. ↗ Arrhenius geschaffene Theorie zu modifizieren. Seine hier weniger erfolgreichen Bemühungen stehen im Kontext mit einem wissenschaftlichen Streit zwischen Arrhenius sowie W. ↗ Nernst, M. ↗ Planck und ihm.

In seinen Lehrbüchern und Vorlesungen hat Jahn stets die Notwendigkeit der mathematischen Durchdringung der Chemie betont, durch den Erfolg seiner Arbeiten hat er sie bewiesen. [HGB]

Werk(e):
Die Grundsätze der Thermochemie und ihre Bedeutung für die Theoretische Chemie (1882, 1892); Grundriss der Elektrochemie (1885, 1905).

Sekundär-Literatur:
Bartel, H.-G.: Über den Physikochemiker Hans Jahn, in: Dahlemer Archivgespräche 3 (1998) 7–30; Bartel, H.-G.: Aus der Geschichte der physikalischen Chemie an Berliner Hochschulen während der Zeit der Berliner Physik, in: Zeitschrift für Chemie 27 (1987) 237–246.

Jansky, Karl Guthe,
amerikanischer Physiker und Radioingenieur,
* 22. 10. 1905 Norman (Oklahoma),
† 14. 2. 1950 Red Bank (New Jersey).

Jansky entdeckte die kosmische Radiostrahlung. Seine Untersuchungen begründeten ein eigenständiges Teilgebiet der beobachtenden Himmelskunde, die Radioastronomie.

Jansky entstammte einer naturwissenschaftlich interessierten Familie. Er besuchte am Wohnort seiner Familie in Madison (Wisconsin) die Schule, am gleichen Ort studierte er an der Universität von Wisconsin Physik. Im Jahre 1928 nahm er eine Tätigkeit an den Bell Telephone Laboratories auf. Dort wollte man die Möglichkeit untersuchen, mit Hilfe kurzwelliger Radiostrahlung einen transatlantischen Telefondienst zu etablieren. Dazu mussten zwangsläufig auch alle möglichen atmosphärischen Störquellen näher studiert werden. Zu diesem Zweck baute Jansky in Holmdel (New Jersey) eine Antenne, die für den Empfang von Radiowellen der Frequenz 20,5 MHz ausgelegt war.

Unter den Störsignalen entdeckte Jansky auch ein kontinuierliches Rauschen, das wegen seines streng periodischen und außerdem an die Länge eines Sterntages geknüpften Charakters nicht im Zusammenhang mit atmosphärischen Erscheinungen stehen konnte, sondern eher kosmischen Ursprungs zu sein schien. Nach systematischen Messungen identifizierte er schließlich im Jahre 1933 eine starke Radioquelle im Sternbild Schütze. Wie wir heute wissen, befindet sich diese Quelle im Zentrum unseres Milchstraßensystems. Janskys Untersuchungen blieben zunächst ohne Auswirkung auf die wissenschaftliche Fachwelt. Erst nach dem Zweiten Weltkrieg fanden sie das ihnen gebührende allgemeine Interesse.

Jansky starb an den Folgen eines Schlaganfalls. Ihm zu Ehren wird die physikalische Einheit, in der man die Flussdichte von Radioquellen angibt, als ein »Jansky« bezeichnet. [OS]

Werk(e):
Electrical disturbances apparently of extraterrestrial origin, Proc. Inst. Radio Engineers 21 (1933) 1387; Radio waves from outside the solar system, Nature 132 (1933) 66.

Sekundär-Literatur:
Jansky, C. M., The beginnings of radio astronomy, Amer. Scientist 45 (1957) 5 (ein Artikel von Karl G. Janskys Bruder).

Janssen, Pierre Jules César,
französischer Astronom,
* 22. 2. 1824 Paris,
† 23. 12. 1907 Meudon.

Janssen, Pionier der Sonnenphysik, entdeckte 1868 das neue Element Helium in den Protuberanzen der Sonne. Neben spektroskopischen Erfolgen tat er sich besonders auf dem Gebiet der Fotografie hervor (Heliograph und »fotografischer Revolver« für Kurzzeitbelichtung).

Janssen studierte an der Pariser Universität bis 1852. Nach einer Tätigkeit als Lehrer und Tutor promovierte er 1860 mit einer Arbeit über Absorption von Wärmestrahlen im Auge und beschäftigte sich mit der Strahlung von Öfen beim Metallschmelzen.

Sein erstes Interesse galt den dunklen Banden im Sonnenspektrum. 1862 führte er für die, die sich mit dem Sonnenstand am Himmel verändern, den Namen telluric rays ein, es handelte sich um Absorptionslinien – verursacht durch die Erdatmosphäre.

P.J.C. Janssen

In einem nächsten Schritt betonte er, dass auf dieser Grundlage die Analyse der Atmosphären der Planeten möglich sei; er glaubte 1867, Wasserdampf in der Marsatmosphäre gefunden zu haben.

Janssen wurde 1865 Physikprofessor an der École Spéciale d'Architecture; er war Mitglied vom Institut Française und vom Bureau des Longitudes. Er leitete viele astronomische Expeditionen, besonders Sonnenfinsternis-Expeditionen.

Für die Venus-Expedition 1874 entwickelte Janssen eine Technik für extrem kurze Belichtungen, den »fotografischen Revolver«. Über der fotografischen Platte drehte sich eine Scheibe mit zwölf breiten Spalten, darüber eine Scheibe mit Fenster – beide mit verschiedenen Geschwindigkeiten. Dies ermöglichte die Aufnahme einer Bildserie von der Wanderung der kleinen dunklen Venus über die helle Sonnenscheibe; dieser Apparat stellte gleichzeitig den ersten Schritt zur Kinematographie dar.

Unabhängig von J. N. ↗ Lockyer entdeckte er 1868 bei der Sonnenfinsternis in Guntoor, Indien, das neue Element Helium in den Protuberanzen der Sonne; es konnte erst 1895 von W. ↗ Ramsay im chemischen Labor bestätigt werden. Außerdem stellte er fest, dass die Protuberanzen aufgrund ihres Emissionsspektrums gasförmig sein müssen. Er entdeckte auch die Chromosphäre.

Für Janssen als Pionier der Sonnenphysik gründete man 1876 das Astrophysikalische Observatorium Meudon bei Paris, dessen erster Direktor er wurde.

Janssens Hauptarbeitsgebiet bildete zwar die Sonnenphysik, aber er widmete sich auch anderen Bereichen der Astrophysik, der Spektroskopie und Fotografie. Bei seinen astrofotografischen Experimenten erhielt er 1881 eine erste Aufnahme des Orionnebels.

1888 machte er eine Expedition auf den Mont Blanc in 3 000 m Höhe, um festzustellen, ob die Sauerstoff-Absorptionslinien zur Erdatmosphäre gehören oder zum Sonnenspektrum. 1890 versuchte er in 4 800 m die Messungen nochmals. Er begann über die Nützlichkeit eines Höhenobservatoriums für astrophysikalische Studien, terrestrische Physik und Meteorologie nachzudenken und eröffnete 1893 ein solches. Janssen erkannte die Bedeutung von Ballons für astrophysikalische Forschungen. [GW3]

Werk(e):

Sur l'absorption de la chaleur rayonnante obscure dans les milieux de l'oeil, Annales de physique et de chimie (3rd series) 60 (1860); Atlas de photographies solaires (1904); Vom Observatorium auf dem Montblanc, Schweizerische Bauzeitung 26 (1895).

Sekundär-Literatur:

Pluvinel, A. de la B.: Jules César Janssen, Astrophysical Journal 28 (1908); Janssen, J.: Oeuvres scientifiques de Jules Janssen. 2 Bde., hrsg. v. H. Dehérain (1929–1930).

Jeans, Sir James Hopwood,
englischer Mathematiker, Physiker und Astronom,
* 11. 9. 1877 Ormskirk (Lancashire),
† 16. 9. 1946 Dorking (Surrey).

Jeans war ein äußerst vielseitiger Wissenschaftler, bekannt vor allem für sein Strahlungsgesetz.

Der Vater von James Jeans war Journalist, der auch Biografien von Wissenschaftlern verfasste. Als James drei Jahre alt war, zog die Familie nach London. Er war ein frühreifes Kind und hatte großes Interesse an Uhren. Im Jahre 1896 ging er an das Trinity College in Cambridge, das er trotz Gelenktuberkulose mit ausgezeichneten Ergebnissen 1903 abschloss. 1904 veröffentlichte er seine erste Abhandlung und wurde Professor in Cambridge. Von 1905 bis 1909 lehrte er angewandte Mathematik an der Princeton University in den USA, wo er auch seine erste Frau kennen lernte, die aus einer wohlhabenden Familie stammte und mit der er eine Tochter hatte. Von 1910 bis 1912 lehrte er wieder in Cambridge, um sich dann als Privatgelehrter ganz seinen Forschungen zu widmen.

Neben anderen ehrenamtlichen Funktionen war er von 1919 bis 1929 Sekretär der Royal Society und von 1938 bis 1940 ihr Vizepräsident. Er erhielt zahlreiche Ehrungen. Ein Jahr nach dem Tod seiner ersten Frau heiratete er 1935 Suzanne Hock, eine Konzertorganistin, mit der er drei Kinder hatte. Jeans war sehr an Musik interessiert und selber ein begeisterter Organist.

Im selben Jahr wie M. ↗ Planck hatte J. W. ↗ Rayleigh eine Strahlungsformel für den Schwarzen Körper aufgestellt. Im Gegensatz zu Planck war er im Einklang mit der klassischen Physik davon ausgegangen, dass die Energie bei jeder Frequenz kontinuierlich ausgestrahlt wird, während Planck, um seine Formel mit den Messungen in Übereinstimmung zu bringen, Energiequanten eingeführt hatte. Jeans war zu einer ähnlichen Formel gekommen wie Rayleigh und brachte diese schließlich in die endgültige Form. Wie Jeans zeigen konnte, ergab sich diese Formel zwingend aus der klassischen Physik, stand aber im Widerspruch zu den Beobachtungen, da die Strahlung für hohe Frequenzen unendlich wurde. Er sprach deshalb von der Ultraviolett-Katastrophe und versuchte viele Jahre, diese Diskrepanz zu beseitigen, bis J. H. ↗ Poincaré, der bis dahin auch ein Gegner der Quantentheorie gewesen war, im Jahre 1912 zeigte, dass die Existenz von Quanten die zwingende Voraussetzung von Plancks Strahlungsformel ist. Nun wurde auch Jeans zu einem überzeugten Anhänger der Quantentheorie und trug mit seinem 1914 erschienen Buch *Report on Radiation and the Quantum Theory* einiges zu

Weiterentwicklung und Anerkennung dieser Theorie bei.

Jeans selber widmete sich jedoch von nun an der Astrophysik. Bereits seit Beginn des Jahrhunderts hatte er sich mit rotierenden flüssigen Massen beschäftigt. Nun untersuchte er die Möglichkeit der Entstehung von Planetensystemen. Das Jeans-Kriterium zeigt auf, bei welcher Materiekonzentration diese sich zusammenzuziehen beginnt, um so Sterne zu bilden. Weiterhin kam er zu dem Ergebnis, dass Planeten nur entstehen können, wenn zwei Sterne sich so nahe kommen, dass ihnen Materie entrissen wird, aus denen sich dann die Planeten bilden können, was aber nur äußerst selten geschieht. Heute meint man, dass die Entstehung einer Sonne und der sie umgebenen Planeten parallel abläuft, wie es schon I. ↗ Kant und P. S. ↗ Laplace vermutet hatten.

Jeans, der sich auch mit der Entwicklung von Sternen und Sternsystemen beschäftigt hatte, äußerte als erster die Idee, dass bei einem sich ausdehnenden Universum ständig neue Materie entsteht, so dass das Universum zu jeder Zeit etwa gleich aussieht. Diese Theorie wurde von anderen Astrophysikern zur »Steady State Theorie« weiterentwickelt, die den Urknall überflüssig machen sollte. Jeans hat sich auch um die Popularisierung der Wissenschaften verdient gemacht. [RS]

Werk(e):
The dynamical Theory of Gases (1904); Astronomy and Cosmogony (1928); The Universe around us (1929); The Growth of physical Science (1947).

Sekundär-Literatur:
Geoffrey, G.: Planck's Principle and Jeans's Conversion, in: Stud. Hist. Phil. Sci. (1991) 471–497.

Jensen, Johannes Hans Daniel,
deutscher Physiker,
* 25. 6. 1907 Hamburg,
† 11. 2. 1973 Heidelberg.

Hans Jensens bedeutendste Beiträge liegen auf dem Gebiet der Kernphysik. Er ist der Mitentdecker der Schalenstruktur der Atomkerne.

Jensen studierte Physik, Mathematik, physikalische Chemie und Philosophie an den Universitäten Hamburg und Freiburg. Nach seiner Promotion 1932 wurde er Assistent am Institut für theoretische Physik der Universität Hamburg, wo er sich vier Jahre später habilitierte. 1941 wurde er Professor für theoretische Physik an der Technischen Hochschule Hannover und ging 1949 auf Vorschlag W. ↗ Bothes an die Universität Heidelberg. In den 50er- und frühen 60er-Jahren war er Gastprofessor an zahlreichen amerikanischen Universitäten und Forschungsinstituten.

Während des Zweiten Weltkriegs war Jensen Mitarbeiter im geheimen deutschen Kernforschungsprojekt. Dort arbeitete er eng mit dem Hamburger Physikochemiker Paul Harteck zusammen. Gemeinsam entwickelten sie das Ultrazentrifugenverfahren zur Anreicherung von Uran-235. Jensen lieferte die theoretischen Berechnungen für das erste Reaktorexperiment, das unter der Leitung von P. ↗ Harteck im Juni 1940 in Hamburg stattfand. Jensen, der Parteimitglied war und gute Kontakte nach Skandinavien besaß, reiste mehrmals ins besetzte Norwegen, wo er sich für das deutsche Uranprojekt um die Produktion und Beschaffung von Schwerem Wasser kümmerte.

Nach dem Krieg rückte für die Kernphysiker die während des Krieges vernachlässigte Grundlagenforschung wieder in den Vordergrund. Insbesondere die so genannten »magischen Kerne« gaben den Forschern Rätsel auf. Hierbei handelt es sich um Atomkerne mit ganz bestimmten »magischen« Protonen- und Neutronenzahlen, die dafür zu sorgen schienen, dass die betreffenden Kerne besonders stabil waren. Jensen stand in engem Gedankenaustausch mit seinem Hamburger Kollegen H. ↗ Suess und dem Göttinger Physiker O. ↗ Haxel. Während Suess der Frage nachging, ob vielleicht die Elementhäufigkeiten im Universum zu bestimmten Nukleonenkonfigurationen passten, untersuchte Jensen die kernphysikalischen Eigenschaften der »magic numbers«. Ihre relativ große Stabilität legte die Idee einer Art nuklearer »Edelgas-Konfiguration« nahe. Haxel hatte zwar schon früher die Vermutung geäußert, dass der Atomkern, ähnlich wie die Atomhülle, eine Schalenstruktur haben könnte, doch konnte er die Existenz dieser Atomkerne nicht schlüssig erklären. Nach Jensen war eine starke Spin-Bahn-Kopplung für die Aufspaltung der Drehimpulsniveaus und der besonders große Abstand zwischen aufeinanderfolgenden, abgeschlossenen Kernschalen für die große relative Stabilität der »magischen Kerne« verantwortlich. Diese zeichnen sich geometrisch durch eine hohe Symmetrie aus und sind weitgehend kugelförmig. Als Jensen erfuhr, dass unabhängig von ihm M. ↗ Goeppert-Mayer in den USA zu dem gleichen Ergebnis gekommen war, setzte er sich mit ihr in Verbindung. Beide Arbeiten wurden daraufhin 1949 im gleichen Band der Physical Review 1949 veröffentlicht. Im Jahre 1955 veröffentlichten Jensen und Goeppert-Mayer gemeinsam ein Buch über das Schalenmodell des Atomkerns, das zu einem der Klassiker der Kernphysik wurde. Das Schalenmodell ist allerdings nur ein Näherungsmodell für den Atomkern, da es die Wechselwirkung zwischen den Protonen und Neutronen vernachlässigt. Insbesondere für angeregte Zustände muss jedoch auch die Kopplung mehrerer Nukleonen berücksichtigt werden. Bis heute existiert allerdings kein Modell, das alle Eigenschaften der Atomkerne zufriedenstellend beschreibt.

1963 erhielt er zusammen mit Goeppert-Mayer den Physiknobelpreis für die Entwicklung des Schalenmodells der Atomkerne. [MS3]

Werk(e):
zusammen mit Goeppert-Mayer, M.: Elementary Theory of Nuclear Shell Structure (1955).

Johannes Scotus Eriugena,
Philosoph, Theologe,
* ca. 810 vermutlich in Irland,
† nach 877.

Johannes Scotus Eriugena war der bedeutendste Philosoph der karolingischen Zeit. Er förderte erheblich den Anschluss der westeuropäischen Kultur an das griechische und römische Erbe.

Johannes Scotus Eriugena wirkte am Hofe Karls des Kahlen, war Lehrer an der Hofschule und an einer der Kathedralschulen des westfränkischen Königs und späteren Kaisers. Er entfaltete zunächst eine fruchtbare Übersetzungstätigkeit, indem er u. a. die Werke des Pseudo-Dionysius Areopagites und ↗ Gregors von Nyssa vom Griechischen in die lateinische Sprache übertrug sowie neben Kommentaren zum Neuen Testament einen sehr einflussreichen Kommentar zur spätantiken Enzyklopädie *De nuptiis Mercurii et Philologiae* von Martianus Capella verfasste.

In der Theologie nahm er vor allem am Streit um die Prädestinationslehre Anteil, indem er sowohl die Freiheit des Menschen als auch die Vorherbestimmtheit durch Gott bejahte. Johannes betonte die Einheit von wirklicher Philosophie und Theologie. Wegen der Nähe von Philosophie und Dialektik maß er letzterer einen hohen Stellenwert bei und bewertete die Welt und den erkennenden Menschen in ihr positiv. Seine theologischen Auffassungen stießen auf heftigen Widerspruch und wurden 855 und 859 auf Kirchensynoden verurteilt.

In den 60er-Jahren entstand Johannes' Hauptwerk *Von der Einteilung der Natur* (De divisione naturae). Darin entwickelt er eine christlich-neuplatonische Theologie und nahm eine prinzipiell kritische Stellung zur aristotelischen Philosophie (und Physik) ein. In seinen kosmologischen Vorstellungen spielt die Sonne mit ihrem Licht eine herausragende Rolle. Ihre Strahlen konstituieren den harmonischen Zusammenhalt der Welt. Für die mittelalterliche Naturkunde war Johannes' Martianus-Kommentar von großer Wichtigkeit. Er erwies sich darin wohlvertraut mit der aristotelischen Elementenlehre und entwickelte als erster Gelehrter des Mittelalters eine Erklärung der Kugelgestalt der Erde aus physikalischen Prinzipien. [JH]

Werk(e):
Johannes Scotus Eriugena: Über die Eintheilung der Natur, übers. von L. Noack, Philosophische Bibliothek 40 (1870).

Sekundär-Literatur:
O'Meara, J. J.: Eriugena (1988); Hamel, J.: Die Vorstellung von der Kugelgestalt der Erde im europäischen Mittelalter bis zum Ende des 13. Jahrhunderts – dargestellt nach den Quellen (1996).

Johannsen, Wilhelm Ludwig,
dänischer Biologe,
* 3. 2. 1857 Kopenhagen,
† 11. 11. 1927 Kopenhagen.

Durch seine Selektionsexperimente an Pflanzen und die theoretischen Schlussfolgerungen, die er daraus zog, wurde Johannsen zu einem der wichtigsten Wegbereiter der modernen Genetik.

Johannsens Vater war Offizier und stammte aus einer alteingesessenen Beamtenfamilie, seine Mutter hatte ihre Wurzeln in der deutschen Kultur. Johannsen besuchte eine der besten Grundschulen Kopenhagens, aber der Verdienst seines Vaters reichte nicht hin, ihm eine reguläre akademische Laufbahn zu ermöglichen. Er wählte statt dessen die Ausbildung zum Apotheker, und pflegte während seiner Lehrzeit in Deutschland und Dänemark auch sein naturwissenschaftliches Interesse. Im letzten Studienjahr an der Universität Kopenhagen knüpfte er Beziehungen zu dem Botaniker Eugenius Warming, der als Mitbegründer der Ökologie gilt. Im Jahre 1881 wurde Johannsen Assistent im Carlsberg-Laboratorium, wo er bei dem berühmten Chemiker Johan Kjeldahl arbeitete. Ab 1892 wirkte er als Dozent und Professor für Pflanzenphysiologie an der Landwirtschaftsschule in Kopenhagen. Im Jahre 1905 wurde er als Professor an die Universität Kopenhagen berufen. Er starb kurz nach seiner Pensionierung im Jahre 1927.

Im Jahr 1893 begann Johannsen mit Experimenten zur genetischen Variabilität von Gerste und vertrat in einem kleinen Buch über Vererbung (*Arvelighed*, 1896) die Ansicht, die große Popularität des Darwinismus (Ch. ↗ Darwin) habe zu einer Vernachlässigung prädarwinscher Methoden wie der von Louis Vilmorin propagierten Methode der »Individualauslese mit Prüfung der Nachkommenschaft« geführt. In einem zusammen mit Warming verfassten *Lehrbuch der Allgemeinen Botanik* (1900) behauptete Johannsen, dass die natürliche Selektion zwar existierende Formen zu eliminieren vermöge, aber »als Mittel zur allmählichen kontinuierlichen Entwicklung neuer Sorten kaum von Bedeutung ist«. Angeregt durch H. de ↗ Vries begann er 1901 mit seinem berühmten Bohnenexperiment, das zum Ziel hatte, den Unterschied bei der Erblichkeit von »fluktuierender« Variabilität einerseits und von Mutationen andererseits zu untersuchen. Bereits Ende 1902 kam Johannsen zu dem Schluss, dass die Selektion auf ein bestimmtes Merkmal bei einer reinen Linie von sich selbst befruchtenden homozygoten Pflanzen keinerlei Effekt auf die Eigenschaften der Nachkommengeneration hatte. F. ↗ Galtons klassische Demonstration der Regression bei Erbsen war durch die mangelnde Berücksichtigung unterschiedlicher Erbtypen zustande gekommen. In einer Population, die aus einer großen Anzahl stabiler Erbtypen besteht, lässt sich die Erblichkeit eines Merkmals stets auf die Selektion unter diesen Typen zurückführen.

Zu Beginn bezweifelten viele Biologen diese Verallgemeinerung. Die führenden Biometriker Walter F. R. Weldon und Karl Pearson reagierten mit Spott. Aber Johannsens Theorie wurde bald zu einem der Grundsteine der modernen Genetik und Evolutionsbiologie. In seinem klassischen Lehrbuch *Elemente der Exakten Erblichkeitslehre* (1909), führte Johannsen die Begriffe »Gen«, »Genotyp« und »Phänotyp« zur Beschreibung seiner Sicht der Vererbung ein. [NRH]

Werk(e):
Über Erblichkeit in Populationen (1903); Elemente der Exakten Erblichkeitslehre (1909, 1913, 1926).

Sekundär-Literatur:
Roll-Hansen, N.: The Genotype Theory of Wilhelm Johannsen and its relation to Plant Breeding and the Study of Evolution, Centaurus 22 (1978).

Joliot-Curie, Jean Frédéric,
französischer Kernphysiker,
* 19. 3. 1900 Paris,
† 14. 8. 1958 Paris.

Gemeinsam mit seiner Frau I. ↗ Joliot-Curie entdeckte Joliot-Curie 1934 die künstliche Radioaktivität und wies 1939 experimentell die Neutronenvermehrung bei der Kernspaltung nach.

Frédéric Joliot wurde in einer Kaufmannsfamilie als jüngstes von sechs Geschwistern geboren. Er absolvierte 1919–1923 an der École Municipale de Physique et de Chimie Industrielle ein Ingenieurstudium (u. a. bei P. ↗ Langevin), arbeitete anschließend in einem Stahlwerk in Luxemburg und absolvierte 1924 seinen Armeedienst. 1925 wurde er auf Empfehlung Langevins Assistent am Pariser Radiuminstitut von M. ↗ Curie. 1926 heiratete er Marie Curies Tochter Irène, mit der ihn in den folgenden Jahren auch eine enge Forschungszusammenarbeit verband. 1927 erwarb er den Magister und 1930 promovierte er an der Universität von Paris mit einer Arbeit über die elektrochemischen Eigenschaften von Polonium. Danach wurde er von der Caisse Nationale des Sciences finanziert. 1937 übertrug man ihm den neu gegründeten Lehrstuhl für Kernchemie am Collège de France in Paris, was mit dem Direktorat des Laboratoire de Physique et Chimie Nucléaire verknüpft war; hier konnte er in den nächsten zwei Jahren das erste Zyklotron in Frankreich installieren. Außerdem leitete er ab 1937 das Laboratoire de Synthèse Atomique in Ivry. 1945 wirkte er als Direktor des CNRS. 1946–1950 war Joliot-Curie Hochkommissar für Atomenergie (aus politischen Gründen wurde er der Funktion enthoben). Ab 1950 war er Präsident der Commission de Physique corpusculaire des CNRS, 1956 (nach dem Tode seiner Frau) übernahm er den Lehrstuhl für Kernphysik an der Faculté des Sciences de Paris und wurde Direktor des Pariser Radiuminstituts sowie des neu gegründeten Kernphysiklaboratoriums in Orsay.

Joliot-Curie war ein geschickter und talentierter Experimentator, sein beliebtestes Forschungsgerät war die Wilsonsche Nebelkammer. Im Rahmen der Verbesserung der Herstellungstechniken radioaktiver Präparate stellten Frédéric und Irène Joliot-Curie Ende der 1920er-Jahre u. a. größere Mengen von Polonium her und hatten damit für spätere Untersuchungen eine intensive Strahlenquelle.

1930 publizierten W. ↗ Bothe und Herbert Becker in Gießen eine Arbeit über den Beschuss von Beryllium und anderer leichter Elemente mit α-Strahlen, wobei sie eine durchdringende Strahlung beobachteten. Frédéric und Irène Joliot-Curie untersuchten diese Erscheinung näher und fanden u. a. eine unerwartet starke Ionisierungswirkung dieser Strahlung. J. ↗ Chadwick erkannte in diesen Experimenten den Hinweis auf das schon früher von E. ↗ Rutherford vermutete Neutron; den Joliot-Curies war hier eine Entdeckung entgangen. In Fortführung dieser Versuche fanden beide zunächst eine Bestätigung des von C. D. ↗ Anderson 1932 entdeckten Positrons und lieferten 1933 den fotografischen Nachweis für die Umwandlung von Gammastrahlung in ein Elektron-Positron-Paar (Paarerzeugung). Schließlich entdeckten sie 1934 bei der Bestrahlung von Aluminium mit α-Strahlen die künstliche Radioaktivität. Für die daraus resultierende »Synthese neuer radioaktiver Elemente« erhielten sie gemeinsam 1935 den Chemie-Nobelpreis. 1931 hatte Joliot-Curie auch die verstärkende Wirkung von Paraffinschichten bei Neutronenbeschuss beobachtet.

Im Januar 1939 lieferte Joliot-Curie – unmittelbar nach der Publizierung der Entdeckung der Urankernspaltung durch O. ↗ Hahn und Fritz Straßmann, die bei ihren entscheidenden Versuchen an eine Arbeit von Irène Joliot-Curie und Pavel Savitch vom Sept.1938 angeknüpft hatten – einen physikalisch-experimentellen Beweis für die Kernspaltung und bestätigte im März 1939 (gemeinsam mit Hans von Halban und Lew Kowarski) experimentell die bereits vermutete Neutronenvermehrung in diesem Prozess, die eine mögliche Kettenreaktion wahrscheinlich machte. Hieran anknüpfend wurden erste Aktivitäten zum Bau eines Uranreaktors auf der Grundlage von Natururan und schwerem Wasser unternommen; nach der deutschen Besetzung Frankreichs ließ er das schwere Wasser nach England in Sicherheit bringen. – Sofort nach dem Kriege setzte sich Joliot-Curie für den Bau eines französischen Atomreaktors ein und konnte 1948 unter dem Namen ZOE den ersten Reaktor Westeuropas in Betrieb nehmen.

1934 trat Joliot-Curie der Sozialistischen Partei bei, 1936 der Liga für Menschenrechte und 1942 der Kommunistischen Partei Frankreichs. Während des Zweiten Weltkrieges war er in der Résistance aktiv (seit Mai 1941 Präsident der Front National); nach dem Kriege setzte er sich für die ausschließlich friedliche Nutzung der Atomenergie ein, wurde 1950 erster Präsident des Weltfriedensrates und war zugleich aktiv in der Weltföderation der Wissenschaftler (u. a. Mitinitiator des Stockholmer Appells zur Ächtung der Atombombe 1950 und Mitunterzeichner der Mainauer Erklärung 1955). – Joliot war Kommandeur der Ehrenlegion; von seinen zahlreichen wissenschaftlichen Auszeichnungen seien erwähnt: neun Ehrendoktorate, Mitglied der Pariser Akademie der Wissenschaften (1943), der Royal Society (1945), korrespondierendes Mitglied der Berliner Akademie der Wissenschaften (1950), Lavoisier-Goldmedaille der Académie des Sciences de Paris (1954). [HK]

Werk(e):

F. et I. Joliot-Curie: Œuvres Scientifiques Complètes (1961); Wissenschaft und Verantwortung. Ausgewählte Schriften (1962).

Sekundär-Literatur:

Biquard, P.: Frédéric Joliot-Curie et l'énergie atomique (1961), engl. als Frédéric Joliot-Curie, the man and his theories (1965); Kedrov, F.: Iren i Frederik Žolio-Kjuri (1973); Goldsmith, M.: Frederic Joliot-Curie – A biography (1976); Weart, Sp.: Scientists in Power (1979); Pinault, M.: Frédéric Joliot-Curie (2000); Radvanyi, P.: Die Curies. Spektrum der Wissenschaft Nr. 2 (2003).

Joliot-Curie, Irène,

französische Kernchemikerin,
* 12. 9. 1897 Paris,
† 17. 3. 1956 Paris.

Gemeinsam mit ihrem Mann J. F. ↗ Joliot-Curie entdeckte Irène Joliot-Curie 1934 die künstliche Radioaktivität.

Die ältere Tochter von M. ↗ Curie und P. ↗ Curie erhielt ihre Gymnasialausbildung zum Teil im Privatunterricht und studierte 1914–1920 an der Universität Paris Physik, unterbrochen durch einen Kriegseinsatz als Röntgenschwester (z. T. gemeinsam mit ihrer Mutter). Ab 1918 arbeitete sie als Assistentin im Pariser Radiuminstitut, das von ihrer Mutter geleitet wurde. 1925 promovierte sie mit einer Arbeit über die α-Strahlen des Poloniums. 1926 heiratete sie Frédéric Joliot (eine Tochter 1927, ein Sohn 1931), der seit 1925 Assistent am Institut war; mit ihm begann eine enge Forschungszusammenarbeit, die bis etwa 1936 andauerte. 1932 wurde Joliot-Curie Forschungsdirektorin des Radiuminstituts (ab 1946 Direktorin). 1936 war sie für sechs Monate Staatssekretärin für Forschung in der Volksfrontregierung. Ab 1937 arbeitete sie als Professorin ohne Lehrstuhl an der Faculté des Sciences in Paris; 1946 übernahm sie den Lehrstuhl für Allgemeine Physik und Radioaktivität. 1946–1951 war sie Kommissarin für Atomenergie und am Aufbau des Kernphysiklaboratoriums in Orsay beteiligt.

Joliot-Curie befasste sich – zunächst in Zusammenarbeit mit ihrer Mutter, dann mit ihrem Ehemann – in den 1920er-Jahren mit der Verbesserung der Herstellungstechniken für radioaktive Präparate. 1930 griffen F. und I. Joliot-Curie Forschungen von W. ↗ Bothe und Herbert Becker auf, die beim Beschuss leichter Elemente mit α-Teilchen die Entstehung einer unerwartet durchdringenden Strahlung beobachtet hatten. In der von ihnen beschriebenen starken Ionisierungswirkung dieser Strahlung erkannte J. ↗ Chadwick das bis dahin unbekannte Neutron als Ursache. In Weiterführung dieser Arbeiten entdeckten F. und I. Joliot-Curie Anfang 1934 die Möglichkeit, künstlich radioaktive Elemente zu erzeugen. Dafür erhielten sie 1935 gemeinsam den Chemie-Nobelpreis. Künstlich-radioaktive Isotope gewannen bald in Industrie und Medizin eine große Bedeutung.

Bei der Untersuchung der Prozesse, die beim Beschuss von Uran mit Neutronen ablaufen (damals vermutete man die Entstehung von Transuranen), beschrieben Joliot-Curie und ihr Assistent Pavel Savitch 1938 ein von ihnen nicht näher bestimmbares Folgeprodukt. O. ↗ Hahn und Fritz Straßmann in Berlin gelang kurz darauf dessen Identifizierung, was zur Entdeckung der Urankernspaltung führte.

Strahlenschädigungen bedingten ab Mitte der 1930er-Jahre größere Krankheitspausen für Joliot-Curie und sie starb an Leukämie. Joliot-Curie war pazifistisch engagiert. Als Frau wurde ihr die Mitgliedschaft in der Pariser Akademie der Wissenschaften verweigert; die Amerikanische Chemische Gesellschaft verweigerte ihr 1953 die Mitgliedschaft wegen ihrer Nähe zu kommunistischen Ansichten. – Von wissenschaftlichen Auszeichnungen seien erwähnt: sechs Ehrendoktorate, korrespondierendes Mitglied der Berliner Akademie der Wissenschaften (1950), Lavoisier-Goldmedaille der Académie des Sciences de Paris (1954). [HK]

Werk(e):
mit F. Joliot-Curie: Œuvres Scientifiques Complètes (1961).

Sekundär-Literatur:
McKown, R.: She Lived for Science – Irène Joliot-Curie (1962); Kedrov, F.: Iren i Frederik Žolio-Kjuri (1973); Loriot, N.: Irène Joliot-Curie (1991); Crossfield, E. T.: Irène Joliot-Curie – Following in Her Mother's Footsteps, in: A Devotion to their Science. Pioneer Women of Radioactivity, hrsg. v. M. F. und G. W. Rayner-Canham (1997), S.97-123; Radvanyi, P.: Die Curies, Spektrum der Wissenschaft, Nr. 2 (2003).

Jordan, Camille,
französischer Mathematiker,
* 5. 1. 1838 Croix-Rousse (heute Teil von Lyon),
† 21. 1. 1921 Paris.

Jordan hat als äußerst vielseitiger Mathematiker zu fast allen Teilgebieten seines Faches beigetragen und bedeutende Beiträge zur Algebra und Analysis geleistet.

Jordan wuchs in einer wohlhabenden Familie auf. Sein Vater hatte die École Polytechnique absolviert und war als Ingenieur tätig. Seine Mutter war die Schwester des bekannten Malers Pierre Puvis de Chavannes. Jordan besuchte zunächst die Schule seines Geburtsortes, dann ein Lyceum in Lyon mit spezieller Mathematikausbildung. 1855 bestand er die Aufnahmeprüfung an der École Polytechnique. Nach dem Abschluss des Studiums und der Promotion arbeitet er ab 1861 als Ingenieur zunächst in Privas (Ardèche), dann ab 1867 in Paris, wo er 1870 an der Verteidigung der Stadt teilnahm. 1873 erhielt er einen Ruf an die École Polytechnique als Examinateur des élèves, 1876 wurde er Professor für Analysis. Zuvor, 1875, begann er seine Lehrtätigkeit am Collège de France als »Suppléant« von Joseph A. Serret und wurde dort 1883 Nachfolger von J. ↗ Liouville. An beiden Institutionen lehrte er bis zu seiner Emeritierung 1912.

Obwohl bis 1885 formal als Ingenieur tätig, widmete sich Jordan vorrangig der Forschung. Er begann seine wissenschaftlichen Arbeiten mit Untersuchungen zur Algebra und wandte sich wie zahlreiche andere Mathematiker der Kommentierung von E. ↗ Galois' Theorie zur Auflösung von allgemeinen Gleichungen n-ten Grades zu. Nachdem er einige Zusammenhänge zwischen Eigenschaften der Gleichung und der zugehörigen Gruppe erneut herausgearbeitet hatte, hob er ab Mitte der 60er-Jahre den gruppentheoretischen Standpunkt stärker hervor und kam sehr bald zu eigenen Resultaten. Er führte den Begriff der Kompositionsreihe einer Gruppe G als eine Folge von Untergruppen von G ein, wobei die Untergruppen ineinander enthalten sind und jede einzelne jeweils maximaler Normalteiler der vorangehenden ist. Jordan leitete wichtige Teile des später nach ihm und Ludwig O. Hölder benannten Satzes ab. Jordan baute dann die gruppentheoretischen Aspekte der Galois-Theorie systematisch auf und schuf im Rahmen der Permutationsgruppen wichtige gruppentheoretische Grundlagen, die er auch begrifflich fixierte. Er schloss damit die Herausbildung des permutationstheoretischen Gruppenbegriffs unter den französischen Mathematikern ab und gab grundlegende Resultate über primitive, transitive und zusammengesetzte Gruppen an. Die Studien zur Gleichungstheorie veranlassten Jordan auch, die Struktur der allgemeinen linearen Gruppe und einiger weiterer klassischer Gruppen zu untersuchen und erste wichtige Resultate zur Klassifikation der endlichen auflösbaren Gruppen zu formulieren. All seine Ergebnisse, wozu auch die Herleitung der Jordanschen Normalform für eine Matrix gehörte, fasste Jordan 1870 in der Monographie *Traité des substitutions* zusammen; dieses Buch blieb bis zur Jahrhundertwende das Standardwerk der Gruppentheoretiker. Jordan hat mit seinen Forschungen einen wichtigen Beitrag zur Herausbildung des abstrakten Gruppenbegriffs geleistet.

Neben der Algebra bildete die Analysis ein zweites Forschungsgebiet, zu dem er immer wieder zurückkehrte. So schlug er 1866 bei der Untersuchung von Symmetrien in Polyedern einen neuen Weg ein, als er dazu nur kombinatorische Methoden benutzte und somit einen Beitrag zur späteren kombinatorischen Topologie leistete. 1880/82 publizierte er den aus seinen Vorlesungen hervorgegangenen dreibändigen *Cours d'analyse*, der die Analysisentwicklung nachhaltig beeinflusste. Hervorragende Ergebnisse Jordans waren der Beweis des nach ihm benannten Kurvensatzes, nach dem jede einfach geschlossene ebene Kurve die Ebene in zwei Teile zerlegt, die Definition eines neuen Maßbegriffs im n-dimensionalen Raum unabhängig von G. ↗ Peano sowie die Einführung der Funktionen von beschränkter Schwankung und deren Darstellung als Differenz zweier monoton wachsender Funktionen (Jordansche Zerlegung). Als Anwendung des letzteren leitete er ein Kriterium für die Konvergenz von Fourier-Reihen ab, oft als Dirichlet-Jordansches Kriterium bezeichnet, und verallgemeinerte die Definition der Kurvenlänge.

Jordan reiste viel und blieb bis ins hohe Alter mathematisch aktiv, noch 1912 behandelte er die neue Theorie der Integralgleichungen. Ab 1885 gab er das *Journal de Mathématiques* heraus. [KHS]

Werk(e):
Traité des substitutions et des équations algébriques (1870); Cours d'analyse de l'École Polytechnique (3

Bde., 1882); Oeuvre de Camille Jordan, hrsg. von Garnier, R. und Dieudonné, J. (4 Bde., 1961–1964).

Sekundär-Literatur:
Lebesgue, H. und Jordan, C.: Mémoires de l'Académie des sciences de l'Institut de France 58 (1923).

Jordan, Pascual,
deutscher Physiker,
* 18. 10. 1902 Hannover,
† 31. 7. 1980 Hamburg.

Jordan gehört zu Mitbegründern der Quantenmechanik und ist ebenfalls einer der Pioniere der Quantenfeldtheorie.

Jordan war der Sohn des Kunstmalers Ernst Jordan. Nach dem Abitur begann er in seiner Heimatstadt mit dem Studium der Naturwissenschaften, wechselte jedoch bereits 1921 an die Universität Göttingen, um dort Physik zu studieren. Unter dem Einfluss seines Lehrers M. ↗ Born kam er sehr schnell in Kontakt mit den aktuellen Fragestellungen der modernen Quantentheorie. 1924 promovierte er mit einer Arbeit *Zur Theorie der Quantenstrahlung* und wurde bereits im folgenden Jahr für das Fach theoretische Physik habilitiert. Nach einer vierjährigen Assistentenzeit bei Born in Göttingen ging Jordan 1928 nach Hamburg, wo er bis 1935 als Privatdozent bzw. außerordentlicher Professor (1929) wirkte. Es folgte eine zehnjährige Tätigkeit als ordentlicher Professor für theoretische Physik an der Universität Rostock – unterbrochen allerdings vom Kriegsdienst, den er seit 1939 als Meteorologe bzw. Angehöriger eines Forschungsinstituts der Luftwaffe leistete. Noch 1944 wurde er als Nachfolger M. v. ↗ Laues an die Berliner Universität berufen. Als überzeugter Anhänger des Nationalsozialismus gestaltete sich für Jordan der berufliche Neubeginn nach dem Krieg schwierig. Angebote, in Berlin-Buch am Aufbau eines Instituts für medizinische Biophysik mitzuwirken, schlug er aus und ging 1947 zurück nach Hamburg, wo er zunächst als Gastprofessor und ab 1953 als Ordinarius bis zu seiner Emeritierung (1970) wirkte und dort zum Haupt einer der wichtigsten Schulen der theoretischen Physik in der Bundesrepublik wurde. In der Bundesrepublik hat sich Jordan auch politisch betätigt – so war er zwischen 1957 und 1961 Bundestagsabgeordneter der CDU und profilierte sich als Befürworter des Konzepts der nuklearen Abschreckung und der atomaren Bewaffnung der Bundeswehr zum engagierten Gegner der so genannten »Göttinger Achtzehn«.

Mit der berühmten Drei-Männer-Arbeit von Born, W. ↗ Heisenberg und Jordan wurde im Sommer 1925 der kühne Ansatz Heisenbergs zur Lösung des Rätsels des Atomaufbaus in eine mathematisch konsistente Theorie gegossen und damit erstmals schlüssig und widerspruchsfrei die Grundgesetze der Quantenmechanik formuliert. Jordans wohl wichtigste Arbeit aus dieser »Gründerzeit« der modernen Physik ist allerdings eine Abhandlung aus dem Jahre 1927, die die vollständige Äquivalenz von Matrizen- und Wellenmechanik beweist und die so genannte Jordan-Diracsche-Transformationstheorie enthält. Nur wenig später erkannte Jordan, dass der Welle-Korpuskel-Dualismus durch Feldquantelung, d. h. die Anwendung der Heisenbergschen »Umdeutung« physikalischer Größen auf Feldvariable, überwunden werden kann. Diese Idee führte Jordan in Arbeiten mit Oscar Klein, E. ↗ Wigner und W. ↗ Pauli aus und legte damit wichtige Grundlagen zur Quantenfeldtheorie.

Jordans Wirken war stets dadurch gekennzeichnet, die Grenzen des eigenen Faches zu überschreiten und fachwissenschaftliche Enge zu sprengen. So interessierte er sich für die Bedeutung der Quantentheorie für biologische Prozesse und versuchte biologische Vorgänge konsequent als Quantenprozesse zu deuten, was ihn zum Mitbegründer der Quantenbiologie macht; auch setzte er sich auf der Grundlage einer positivistischen und holistischen Weltsicht intensiv mit den erkenntnistheoretischen und weltanschaulichen Konsequenzen der Quantenmechanik auseinander. Seine in Fachaufsätzen, aber auch in zahlreichen Reden und populärwissenschaftlichen Büchern publizierte Sichtweise wurde zum Gegenstand intensiver, aber auch kontroverser Diskussionen. Darüber hinaus ist aus seinen Arbeiten zur Verallgemeinerung der in der Quantenmechanik verwendeten Mathematik eine neue mathematische Teildisziplin, die so genannten Jordan-Algebren, erwachsen, und seine Forschungen aus der Nachkriegszeit zur Gravitationstheorie und Kosmologie haben nach der Diffamierung und Ächtung der Einsteinschen Relativitätstheorie im Dritten Reich entscheidend dazu beigetragen, dass dieses Gebiet in Deutschland neu belebt wurde und wieder Anschluss an den internationalen Forschungsstand fand. [DH]

Werk(e):
gemeinsam mit M. Born: Elementare Quantenmechanik (1930); Statistische Mechanik auf quantentheoretischer Grundlage (1933); Anschauliche Quantentheorie (1936); Physikalisches Denken in der neuen Zeit (1935); Die Physik und das Geheimnis des organischen Lebens (1941); Schwerkraft und Weltall (1952); Der Naturwissenschaftler vor der religiösen Frage (1963); Begegnungen (1971); Erkenntnis und Besinnung (1972).

Sekundär-Literatur:
Schweber, S.: QED and the Man Who Made It: Dyson, Feynman, Schwinger, and Tomonaga (1994); Beyler, R.: From Positivism to Organicism: Pascual Jordan's Interpretations of Modern Physics in Cultural Context. Dissertation Harvard University Cambridge, Mass. (1994); Beyler, R.: Targe-

ting the Organism. Isis 87 (1994) 248–273; Wise, N.: Pascual Jordan: quantum mechanics, psychology, National Socialism, in: M. Renneberg, M. Walker (Hrsg.): Science, Technology and National Socialism (1994); Ehlers, J., Schücking, E.: Aber Jordan war der Erste, Physik Journal 1 (2002); P. J. – Vorträge eines Symposiums, Mainz 2003. Preprint des MPI für Wiss. Geschichte, Berlin (2004).

Joule, James Prescott,
englischer Physiker,
* 24. 12. 1818 Salford (bei Manchester),
† 11. 10. 1889 Sale (bei London).

Joule gilt als einer der Entdecker des Energieerhaltungssatzes.

Der Sohn eines wohlhabenden Brauereibesitzers wuchs in gutbürgerlichen Verhältnissen auf. Wegen eines Rückenleidens vom Schulbesuch befreit, wurde James Prescott Joule zusammen mit seinem Bruder von Privatlehrern unterrichtet, die ihn auch in die noch junge Elektrizitätslehre einführten. Eine prägende Begegnung mit den Errungenschaften der Technik war für ihn die 1830 eröffnete erste Personendampfeisenbahn der Welt von Manchester nach Liverpool, die in unmittelbarer Nähe des elterlichen Hauses vorbeiführte. In der Familienbrauerei lernte Joule Pumpen, Heizkessel und Kühlanlagen kennen, die sein wissenschaftliches und technisches Interesse erregten. Sein Vater förderte ihn nach Kräften und errichtete ihm sogar ein eigenes Laboratorium, in dem Joule sich später eine eigene Dampfmaschine aufstellen ließ. Mit 16 Jahren nahm er Unterricht bei J. ↗ Dalton, der sich durch die Einführung der Atomtheorie einen Namen gemacht hatte. Dalton legte großen Wert auf systematische quantitative Messungen und Vergleiche zur Erforschung neuer Naturgesetze. Joules erste Experimente waren noch von dem Wunsch getrieben, effizientere Maschinen für die väterliche Brauerei zu entwickeln. W. ↗ Sturgeon, der Erfinder des ersten Elektromagneten und ein Freund der Familie, lenkte Joules Interesse auf die Untersuchung der elektromagnetischen Kräfte. Mit 17 Jahren veröffentlichte er seinen ersten wissenschaftlichen Aufsatz in der Zeitschrift *Annals of Electricity*. Als er sich der quantitativen Untersuchung des elektrischen Stromes zuwandte, fiel seine Aufmerksamkeit auf die Wärmeentwicklung stromdurchflossener Leiter. Dabei entdeckte er 1841 das später nach ihm benannte Gesetz der Stromwärme. Es besagt, dass die pro Zeiteinheit in einem Leiter erzeugte Wärmemenge (Joulesche Wärme) dem Widerstand und dem Quadrat der Stromstärke proportional ist. In weiteren Experimenten untersuchte er die Gesamtheit der chemischen Veränderungen im Stromkreis. Diese stellte er der erzielten Wärmewirkung bei der Elektrolyse, im Leiter und im galvanischen Element gegenüber und bezog schließlich noch die bei der Elektrolyse geleistete mechanische Arbeit mit in die Betrachtungen ein. Aus dem Ergebnis folgerte er die Proportionalität zwischen mechanischer und thermischer Energie. Es waren dies die ersten Ansätze zu einer Thermodynamik der galvanischen Elemente.

J.P. Joule (Foto: Deutsches Museum München, Bildstelle)

Angeregt durch B. ↗ Thompson (den späteren Graf Rumford) wandte sich Joule 1842 dem Zusammenhang zwischen Wärme und Bewegung zu. Thompson hatte bereits Ende des 18. Jahrhunderts Versuche durchgeführt, in denen er die beim Aufbohren von Kanonenrohren entstehende Wärme mit der dafür aufgewandten mechanischen Arbeit in Verbindung gesetzt hatte. Seine Experimente hatten jedoch die meisten Wissenschaftler der Zeit nicht überzeugen können, was zum einen daran lag, dass er keinen Wert für das mechanische Wärmeäquivalent angeben konnte und zum anderen nicht klar definierte, was Wärme eigentlich ist. Joule war Praktiker und ersann eine Reihe von Experimenten, in denen er mit großer Genauigkeit auch geringste, durch Reibung von bewegten Flüssigkeiten erzeugte Temperaturanstiege messen konnte. Mit Hilfe von beweglichen Schaufeln, die durch ein System fallender schwerer Gewichte in Drehung versetzt wurden und durch ihre Reibung das Wasser in einem Kalorimetergefäß erwärmten, gelang ihm 1843 als Erstem die exakte Bestimmung des mechanischen Wärmeäquivalents. Gewicht und

Fallhöhe sind dabei ein direktes Maß für die Erwärmung des Wassers. Joule trug so wesentlich zur Formulierung des allgemeinen Energieerhaltungsprinzips bei. Die Priorität als Entdecker des Energieprinzips hatte sich allerdings schon J. R. ↗ Mayer gesichert, der im Jahr zuvor mit Hilfe eines Gedankenexperiments zur Wärmeausdehnung von Gasen erstmals einen Wert für das mechanische Wärmeäquivalent angeben konnte. Im Gegensatz zu Mayer fanden Joules Arbeiten rasche Verbreitung. Joule räumte auch mit der bis dahin noch weit verbreiteten Vorstellung auf, dass Wärme ein Stoff sei. Seine Experimente zeigten vielmehr, dass sie eine Form von Energie ist. Im Laufe seines Lebens verfeinerte Joule sein Experiment zur Bestimmung des mechanischen Wärmeäquivalents immer mehr, zuletzt 1875–78 im Auftrag des British-Association Committee of Standards. Der dabei von ihm ermittelte Wert (in modernen Einheiten) von 4,15 Joule für 1 Kalorie (der Wärmemenge, die notwendig ist, um die Temperatur von 1 g Wasser um 1° zu erhöhen) kam dem heute akzeptierten Wert von 4,185 Joule schon sehr nah.

1846 entdeckte er die Magnetostriktion. Dieser später nach ihm benannte Effekt bezeichnet die durch Magnetisierung bedingte Längenänderung eines ferromagnetischen Stoffes. 1853 zeigten Joule und W. ↗ Kelvin, dass ein sich ausdehnendes reales Gas durch »innere Arbeit« kühler wird. In der Praxis wird der Joule-Thomson-Effekt durch eine Entspannung (Drosselung) des Gases von höheren auf niederen Druck beim Durchströmen eines Drosselventils, einer Düse oder einer porösen Schicht erzeugt. Der Joule-Thomson-Effekt ist von großer praktischer Bedeutung für die Kältetechnik und hat unter anderem in dem 1895 von C. ↗ Linde entwickelten Gasverflüssigungsverfahren Anwendung gefunden. Der sich rasch entwickelnden, stark mathematisierten Thermodynamik vermochte Joule, anders als Kelvin, nicht mehr in allen Einzelheiten zu folgen. Joules mathematische Fähigkeiten waren begrenzt. Seine Stärke waren Zähigkeit, Scharfsinn und Sorgfalt bei der Durchführung genauer Experimente und beim Aufspüren von Fehlerquellen. Joule hat einen erheblichen Teil seines ererbten Vermögens für seine physikalischen Forschungen aufgewandt. Über sein eigenes Lebenswerk urteilte er bescheiden: »Ich habe zwei oder drei kleine Dinge geleistet, aber nichts, wovon sich irgendein Aufhebens machen ließe.« [MS3]

Werk(e):
Gesammelte Abhandlungen von James Prescott Joule (1872).

Sekundär-Literatur:
Cartwell, D.: J. P. Joule (1978); Sibum, O.: Reworking the mechanical value of mat. Studies, in History and Philosophy of Science 26 (1995).

Junkers, Hugo,
deutscher Thermodynamiker, Konstrukteur und Industrieller,
* 3. 2. 1859 Rheydt (heute zu Mönchengladbach),
† 3. 2. 1935 Gauting bei München.

Junkers, der das weltweit erste Verkehrsflugzeug schuf, verkörperte in seiner Arbeit die Personalunion von Forscher, Konstrukteur und Unternehmer.

Nach dem Studium an den Technischen Hochschulen Berlin-Charlottenburg, Karlsruhe und Aachen, das er 1883 mit dem Maschinenbauführer-Examen abschloss, arbeitete Junkers zunächst als Konstrukteur im rheinischen Maschinenbau und gründete 1895 ein Unternehmen für Gasapparate. Zwei Jahre später wechselte er als Ordinarius an die TH Aachen und lehrte bis 1912 Maschinenbau und Thermodynamik. Im Anschluss an ein 1907 erteiltes Patent auf den Doppelkolben-Ölmotor wandte er sich der Flugtechnik zu, erhielt 1910 das Patent auf ein Nurflügel-Flugzeug und konstruierte 1915 mit der J 1 das weltweit erste Ganzmetallflugzeug. Nach dem Ersten Weltkrieg gründete er 1919 in Dessau die Junkers-Flugzeugwerke AG, aus deren Konstruktionsbüros und Fertigungshallen unter anderem die F 13, das weltweit erste Verkehrsflugzeug, die W 33, mit der 1928 erstmals die Überquerung des Atlantiks in Ost-West-Richtung gelang, und die Ju 52 als meistgebautes Flugzeug der Zwischenkriegszeit hervorgingen. Parallel dazu baute Junkers ein Netzwerk von Luftverkehrslinien aus, das sich bis nach Südamerika spann. In der Weltwirtschaftskrise geriet sein Unternehmen in Schwierigkeiten, die von der nationalsozialistischen Regierung 1933 genutzt wurden, um ihn zum Verkauf seiner Patente und Unternehmensanteile an das Reich zu zwingen.

Ebenso wie der Münchner Thermodynamiker C. ↗ Linde steht Junkers für die Durchlässigkeit technikwissenschaftlicher Karrierewege und Identitätsentwürfe zwischen Industrie und Hochschule im späten 19. und frühen 20. Jahrhundert. Allerdings stieß seine intensive industrielle Tätigkeit auf heftige Kritik der Aachener Hochschulleitung, die ihn 1911 sein Abschiedsgesuch einreichen ließ. Kurz zuvor hatte er in Aachen gemeinsam mit dem Mathematiker und Mechanikprofessor Hans Reißner den ersten Windkanal an einer Hochschule installiert, und auf sein Betreiben wurde im Jahr darauf in Aachen der erste Lehrstuhl für Aerodynamik in Deutschland eingerichtet.

Junkers wissenschaftliche Methode, die zu zahlreichen Basisinnovationen in der Gasmaschinen-, Dieselmotoren- und Flugzeugentwicklung führte, bestand in der Reduktion von Komplexität. Er isolierte einzelne Problemstellungen und Komponenten, entwickelte Versuchsapparate von hoher Einfachheit, um seine Erkenntnisse in der Praxis zu validieren, und übertrug die dabei gewonnenen Ergebnisse auf andere Projekte und Problemfelder. Bereits die Gründung seiner privaten Aachener Versuchsanstalt im Jahr 1902 war von seinem zeitlebens verfolgten Grundgedanken geprägt, dass sich Forschung wirtschaftlich und kostendeckend betreiben lasse. Er strebte einen Innovationszyklus an, der von der Forschung über das Patent zur Lizenzvergabe führte. Sein handlungsleitendes Prinzip der »Eigenwirtschaftlichkeit der Forschung« wies der 1915 eingerichteten Forschungsanstalt in seinem Dessauer Konzern auch nach dem Ersten Weltkrieg zentrale Bedeutung zu. Als er 1933 zum Rückzug aus seinem Unternehmen gezwungen wurde, zog er sich konsequenterweise auf die Forschung zurück und gründete 1934 in München die »Forschungsanstalt Professor Junkers GmbH«.

Junkers gehört zu dem kleinen Kreis von Wissenschaftlern und Industriellen, die politisch fest auf dem Boden der Weimarer Republik standen. Er stand in enger Berührung mit dem 1925 von Weimar nach Dessau übergesiedelten Bauhaus, mit Künstlern und Architekten wie Lyonel Feininger, Wasiliy Kandinsky und Walter Gropius und übernahm deren konstruktive Ideen und Methoden des Leichtbaus. Die Frontstellung gegen den wachsenden Antisemitismus führte ihn an die Seite von Wissenschaftlern wie A. ↗ Einstein und Schriftstellern wie Arnold Zweig und trug ihm die offene Feindschaft der Nationalsozialisten ein. [HT2]

Werk(e):
Studien und experimentelle Arbeiten zur Konstruktion meines Großölmotors, in: Jahrbuch der Schiffbautechnischen Gesellschaft 13 (1912) 264–339; Metal Aeroplane Construction, in: Journal of the Royal Aeronautical Society 27 (1923) 406–449.

Sekundär-Literatur:
Groehler, O. und Erfurth, H.: Hugo Junkers. Ein politisches Essay (1989); Schmitt, G.: Hugo Junkers. Ein Leben für die Technik (1991); Ittner, St.: Dieselmotoren für die Luftfahrt. Innovation und Tradition im Junkers-Flugmotorenbau bis 1933 (1996).

Jussieu, Antoine Laurent de,
französischer Botaniker (Systematiker),
* 12. 4. 1748 Lyon,
† 17. 9. 1836 Paris.

Jussieu war der eigentliche Begründer eines natürlichen Systems der Pflanzen. Mit Ausnahme des wenig beachteten M. ↗ Adanson hatten die Vorläufer entweder nur einzelne Familien näher charakterisiert oder ihre Familien und Ordnungen auf wenige, oft äußerliche Merkmale gestützt.

Jussieu gehört zu einer Botanikerfamilie, allein drei seiner Onkel waren botanisch tätig. Er ging 1765 zum Medizinstudium nach Paris, lebte im Haus seines Onkels Bernard de Jussieu und lernte von ihm. 1770 erwarb er den medizinischen Doktorgrad, 1778 wurde er als Nachfolger seines Onkels Demonstrator (»sous-démonstrateur«) am Jardin du Roi. Aus diesem ging 1793 das Muséum d'Histoire Naturelle hervor, an dem Jussieu Professor für Botanik wurde. Neben einem großen privaten Herbar und der eigenen Büchersammlung standen ihm die großen Sammlungen des Museums zur Verfügung. 1800 wurde er Direktor des Museums, 1826 zog er sich von seinen Ämtern zurück.

Sein Hauptwerk *Genera plantarum* erschien im Jahr der Französischen Revolution (1789). Es verwendete Grundprinzipien seines Onkels Bernard de Jussieu. Vor allem die Umgrenzung seiner einhundert Familien, die zum Teil bis heute Bestand haben, ist von Bedeutung. Die Großgliederung war dagegen recht schematisch und beruhte auf A-priori-Annahmen, vor allem der einer »Scala naturae«, einer Stufenleiter der Organismen. Die *Genera plantarum* von 1789 markieren einen Wendepunkt in der botanischen Systematik. Wenn auch das System von C. v. ↗ Linné wegen seiner Übersichtlichkeit vor allem zum Bestimmen noch lange in Gebrauch blieb, so konzentrierten sich die wissenschaftlichen Anstrengungen von da an ganz auf ein Natürliches System und bauten auf dem System von Jussieu auf. Jussieu hatte nicht nur viele Familien gut begrenzt und viele Hinweise für Verbindungen zwischen ihnen gegeben, er hatte auch mit großer Klarheit die Prinzipien dargelegt, nach denen man weiter verfahren konnte. Zahlreiche spätere Arbeiten gelten dem Ausbau seines Systems und beschäftigen sich mit einzelnen Familien. Dabei wird u. a. besonderer Wert auf die Merkmale der Samen gelegt, wie sie Joseph Gärtner zuerst systematisch analysiert hatte. [GW]

Werk(e):
Genera plantarum secundum ordines naturales disposita (1789); Introductio in historiam plantarum (1837).

Sekundär-Literatur:
Stafleu, F. A.: Introduction to Jussieu's Genera Plantarum im Reprint des Werkes, S. V-XLVIII. (1964); Stevens, P. R.: The Development of Biological Systematics. Antoine-Laurent de Jussieu, Nature, and the Natural System (1994).

Kaiser, Friedrich Wilhelm Erich,
deutscher Geologe und Mineraloge,
* 31. 12. 1871 Essen,
† 6. 1. 1934 München.

Auf dem Hintergrund einer vielseitigen geowissenschaftlichen Arbeit leistete Kaiser grundlegende Beiträge zur Geologie von Südwestafrika (Namibia) und brachte wesentliche Argumente in die Diskussion um das methodische Prinzip des Aktualismus ein.

Nach dem Studium der Physik und der Mineralogie ab 1890 in Marburg, München und Bonn war Erich Kaiser von 1894 bis 1900 Assistent am Mineralogischen Institut der Universität Bonn, wo er 1894 promoviert wurde und sich 1897 habilitierte. 1900 ging er als Mitarbeiter an die Preußische Geologische Landesanstalt zu regionalgeologischen Arbeiten in den preußischen Rheinlanden und als Dozent für Petrographie an die Bergakademie Berlin. 1904 erhielt er einen Ruf an die Universität Gießen als Professor für Mineralogie und Geologie sowie 1920 als Professor für allgemeine und angewandte Geologie an die Universität München. Kaiser unternahm zahlreiche Reisen durch Nord- und Westeuropa, Mittelasien und vor allem in den Süden von Afrika. In den Jahren von 1914 bis 1919 war er in Südwestafrika (Namibia).

Kaisers Interesse an chemisch-physikalisch-mineralogischen Problemen bei der Lösung geologischer Aufgaben führte bei seinen geologisch-agronomischen Kartierungen in den Rheinlanden, den Arbeiten zu Mineralquellen im Rheinischen Schiefergebirge oder bei Analysen der Verwitterung von natürlichen Bausteinen am Kölner Dom zu Erfolgen. Weiter beschäftigte er sich mit der Entstehung des Rheintales, der Petrographie von Basalten und anderen vulkanischen Bildungen sowie der Rolle des Klimas bei geologischen Prozessen in Vergangenheit und Gegenwart. Kaisers wissenschaftliches Werk wurde vor allem durch seine Arbeiten in Südwest- und Südafrika geprägt. Im Mittelpunkt standen die Lagerstätten von Diamanten, aber auch solche von Mangan und Eisen. In einem Monumentalwerk zur Geologie der Diamantenwüste in Südwestafrika (1926) stellte er Resultate der Kartierung dieser Region sowie ihrer Stratigraphie, Petrographie und allgemeinen Geologie unter extrem ariden Bedingungen zusammen. Ausgehend von seinen geologischen Studien in verschiedenen Regionen der Erde bezweifelte Kaiser die Allgemeingültigkeit des von K. E. ↗ Hoff und Ch. ↗ Lyell aufgestellten Grundsatzes des Aktualismus (1931), wonach die in der Erdgeschichte wirkenden Naturkräfte den in der Gegenwart zu beobachtenden gleichartig geblieben sind und so die Erklärung von allen Naturereignissen der Vergangenheit durch Rückschlüsse aus unserer Zeit möglich ist. [MG]

Werk(e):
Die Diamantenwüste in Südwestafrika (1926) 2 Bde.; Der Grundsatz des Aktualismus in der Geologie, in: Ztschr. Dtsch. Geol. Ges. 83 (1931) 389–407.

Sekundär-Literatur:
Brauns, R.: Erich Kaiser zum Gedächtnis, in: Centralblatt für Mineralogie, Abt. A (1934) 97–112 (mit dem Verzeichnis der Schriften von E. Kaiser).

Kallmann, Hartmut Paul,
Physiker und kernphysikalischer Messtechniker,
* 5. 2. 1896 Berlin,
† 11. 6. 1978 München.

Kallmann ist der Erfinder des Szintillationszählers, der als Energie auflösendes Messinstrument für ionisierende Strahlung in Kernphysik und Medizin größte Bedeutung erlangte, und Mitbegründer der Neutronen-Radiographie.

Nach Schulausbildung und Studium der Physik in Berlin promovierte Kallmann 1920 bei M. ↗ Planck mit einer Dissertation *über die spezifische Wärme des Wasserstoffs nach neueren Molekülmodellen*. Anschließend war er in Berlin-Dahlem wissenschaftlicher Assistent F. ↗ Habers am Kaiser-Wilhelm-Institut (KWI) für physikalische Chemie und Elektrochemie. 1927 habilitierte sich Kallmann an der Universität Berlin für das Fach Physik. Aufgrund teilweise jüdischer Abstammung wurde er zum Opfer der Rassegesetzgebung der NS-Regierung, er wurde aus den Diensten der KWG entlassen und verlor die Lehrbefugnis (2. 9. 1933). Während der NS-Zeit blieb Kallmann in Deutschland. Bis Kriegsende war er als Physiker in der Industrie (IG Farben, AEG) tätig. Von 1935 bis 1939 baute er im Industrielabor einen Neutronengenerator auf und nahm ihn in Betrieb; des Weiteren entwickelte er das Verfahren der Neutronen-Radiographie zusammen mit Ernst Kuhn. Nach Kriegsende war Kallmann Professor für Theoretische Physik an der Technischen Universität (TU) Berlin und Abteilungsleiter am KWI für physikalische Chemie und Elektrochemie. In dieser Zeit gelang Kallmann mit seinen Doktoranden Liselott Herforth und Immanuel Broser die Erfindung und Entwicklung des Szintillationszählers unter Verwendung von flüssigen aromatischen Kohlenwasserstoffen als Szintillatormaterial und Fotoelektronenvervielfachern als Detektoren. 1948 siedelte Kallmann in die USA über und nahm dort eine Tätigkeit bei den Army Signal Corps Engineering Labs in Fort Monmouth, New Jersey, auf. Von 1949 bis 1965 war er Professor für Physik an der New York University (New York City), gründete das Radiation and Solid State Laboratory, 1965 bis 1968 Professor of Biophysics ebd. Nach der Emeritierung remigrierte Kallmann nach Deutschland und nahm eine Gastprofessur e. h. an der TU München an. Für Arbeiten »über den Mechanismus der Anregung der Lumineszenz durch Korpuskular- und Quantenstrahlen und die hieraus resultierende Entwicklung des Szintillationszählers« wurde 1971 Kallmann die Ehrendoktorwürde der TU Berlin verliehen.

Kallmann ist Autor von mehr als 200 Arbeiten auf den Gebieten Atomphysik, Röntgenstrahlen, Massenspektroskopie, Atomare Stöße, Resonanzeffekte bei Atomstößen, Kernphysik, Quantentheorie der Moleküle, Beschleunigerphysik, Neutronen-Radiographie, Fluoreszenz in Flüssigkeiten und Festkörpern, Fotoleitung, paramagnetische Resonanz, Anwendung der Laplace-Theorie auf die Wellenmechanik. [BW]

Werk(e):
Einführung in die Kernphysik (1938).

Sekundär-Literatur:
Oster, G.: A Young Physicist at Seventy Hartmut Kallmann, in: Physics Today 19 (1966); Weiss, B.: Höchste Spannung. Fritz Haber, Hartmut Kallmann und das Tandem-Prinzip. Ein frühes Kapitel der Beschleuniger-Geschichte, in: Kultur und Technik 21 (1997); Broser, I.: Fünfzig Jahre Szintillationszähler, in: Physikalische Blätter 54 (1998); Niese, S.: The discovery of organic solid and liquid scintillators by H. Kallmann and L. Herforth 50 years ago, in: Journal of Radioanalytical and Nuclear Chemistry 241 (1999).

Kamāl Al-Dīn Al-Fārisī, Al-Ḥasan Ibn ᶜAli Ibn Al-Ḥasan Al-Fārisī,
arabischer Gelehrter,
* 1266/1267 Iran,
† 12. 1. 1319 Tebriz.

Al-Fārisī wird als einer der bedeutendsten Mathematik- und Optikwissenschaftler der islamisch-arabischen Kultur betrachtet.

Al-Fārisī studierte bei berühmten Lehrern, u. a. bei den beiden Gelehrten Outb al-Dīn Al-Shīrāzī und Ibn Al-Khawām Al-Baghdādī, die ihn in Mathematik und Optik unterrichteten. Eines seiner bemerkenswertesten mathematischen Werke ist die Enzyklopädie *Āsās Al-Qawāᵓd fī Uṣul Al-Fawāᵓid* (Fundamentale Prinzipien gesicherter Tatsachen), die ein Werk Ibn Al-Khawām Al-Baghdādīs erläuterte. Sie ist besonders wichtig für die Geschichte der Mathematik, weil sie einen guten Einblick in die Mathematik des 13. Jahrhunderts vermittelt. Sie zeigt, wie verschiedene mathematische Disziplinen aufeinander angewandt wurden: die Arithmetik auf die Algebra, die Algebra und Arithmetik auf die Trigonometrie, die Algebra auf die euklidische Zahlentheorie, und auf die Geometrie. Diese Anwendungen mündeten in neue mathematische Disziplinen wie die polynomiale Algebra, die kombinatorische und numerische Analysis, eine neue elementare Zahlentheorie sowie die diophantische Analysis rationaler Zahlen (»unbestimmte Analysis«). Schon im Anschluss an Al-Khwārīzmī (↗ Algorismus) hatte die Beschäftigung mit diesen Themen begonnen und wurde von Al-Fārisī fortgesetzt. In der Nachfolge von Al-Fārisī wurden dessen Methoden u. a. von ᶜImād Al-Dīn Yaḥya Al-Kāshī (14. Jahrhundert), Jamshīd Al-Kāshī (14./15. Jahrhundert) und Al-Yazadī (17. Jh.) benutzt.

Über Optik schrieb Al-Fārisī ein Buch mit dem Titel *Tanqīḥ al-manāẓir li-dhawi ᵓl-abṣār waᵓl-baṣāᵓir* (Revision des Buchs der Optik), das ungefähr in der Zeit von 1308–1309 fertiggestellt wurde und Ibn al-Haythams (↗ Alhazen) *Kitāb al-manāẓir* (Buch der Optik) erläuterte. Dieses Buch enthält sehr genaue Aufzeichnungen u. a. zur Meteorolgie und Farbenlehre. Diese erinnern an einige von ↗ Leonardo da Vincis Ansichten zur Optik, die er in seinem Notizbuch niedergeschrieben hat. Insbesondere die darin enthaltene Theorie zum Regenbogen hat große Bedeutung, weil sie die Verknüpfung der Refraktion und Reflektion der Strahlen in einem Wassertropfen erklärt. Sie stellt dar, wie es zu der Erscheinung des primären und des sekundären Regenbogens kommt. Außerdem erwähnt Al-Fārisī, dass die Lichtgeschwindigkeit nach oben begrenzt ist. [MM]

Werk(e):
Mawaldi, M.: L'Algèbre de Kamāl Al-Dīn Al-Fārisī, En 3 tomes, Thèse (Université de la Sorbonne Nouvelle), 1989.

Sekundär-Literatur:
Rashed, R.: Entre Arithmetique et Algèbre (1984).

Kamerlingh Onnes, Heike,
niederländischer Physiker,
* 21. 9. 1853 Groningen,
† 21. 2. 1926 Leiden.

Kamerlingh Onnes gilt als Begründer der Tieftemperaturphysik; 1908 gelang ihm die Heliumverflüssigung und 1911 entdeckte er die Supraleitung der Metalle.

Kamerlingh Onnes war der Sohn eines Ziegeleibesitzers in Groningen. Von 1870 bis 1876 studierte er Physik und Mathematik an der Universität von Groningen; 1871/73 war er für drei Semester in Heidelberg bei R. W. ↗ Bunsen und G. R. ↗ Kirch-

H. Kamerlingh Onnes

hoff. 1879 promovierte er in Groningen mit einer Arbeit über die Axialrotation der Erde. Seit 1878 wirkte er als Assistent bei Johannes Bosscha an der Polytechnischen Schule (später TH) von Delft; in dieser Zeit wurde er mit dem in Amsterdam wirkenden J. D. ↗ van der Waals und dessen Gastheorie bekannt. 1882 ging Kamerlingh Onnes als Professor für Experimentalphysik und Direktor des Physikalischen Laboratoriums an die Universität Leiden (1924 emeritiert). Im Zusammenwirken mit H. A. ↗ Lorentz wurde Leiden für die nächsten Jahrzehnte zu einem physikalischen Zentrum Europas.

Kamerlingh Onnes' – in seiner Antrittsvorlesung formuliertes – Arbeitsmotto war »durch Messen zum Wissen«. Er machte nun die experimentelle Bestätigung der Gastheorie von van der Waals (und insbesondere seines Gesetzes der korrespondierenden Zustände) zu seiner Hauptaufgabe. Dazu musste man das Verhalten der Gase unter extremen Bedingungen – beispielsweise bei tiefen Temperaturen – untersuchen. Die Methoden für die Arbeit bei tiefen Temperaturen wurden damals erst schrittweise entwickelt, und eine der ersten Aufgaben bestand für Kamerlingh Onnes darin, eine leistungsfähige Gasverflüssigungsanlage aufzubauen (1894 realisiert), was auch an Werkstattarbeiten höchste Anforderungen stellte (deshalb schloss er 1901 dem Institut eine Schule für Präzisionsmechanik an). Kamerlingh Onnes wählte für die Verflüssigung die Kaskadenmethode. Sein Arbeitsstil zeichnete sich durch große Systematik aus; bei jeder Ausbaustufe wurden gründliche Messungen durchgeführt und die optischen, elektrischen und magnetischen Eigenschaften verschiedener Stoffe untersucht.

Am 10. 7. 1908 gelang Kamerlingh Onnes erstmals die Verflüssigung des Edelgases Helium. 1910 erreichte er als damals tiefste Temperatur 1,04 K (erst nach dem Ersten Weltkrieg war man in anderen Laboratorien in der Lage, bei Heliumtemperaturen zu messen).

Seit 1902 interessierte sich Kamerlingh Onnes für die Veränderung des Metallwiderstandes bei sinkender Temperatur. Dabei fand er 1911, dass bereits vor Erreichen des absoluten Nullpunktes (bei einer für jeden Stoff charakteristischen Sprungtemperatur) bei einigen Metallen der elektrische Widerstand plötzlich auf einen unmessbar kleinen Wert absinkt. 1913 bezeichnete er diese Erscheinung als Supraleitung. Für diese Arbeiten erhielt Kamerlingh Onnes 1913 den Nobelpreis für Physik.

Kamerlingh Onnes war verheiratet (1887) und hatte einen Sohn. [HK]

Werk(e):
Through Measurement to Knowledge. The Selected Papers of Heike Kamerlingh Onnes 1853–1926, hrsg. von K. Gavroflu und Y. Goudaroulis, in: Boston Studies in the Philosophy of Science, Bd.124 (1991).

Sekundär-Literatur:
Cohen, E.: Kamerlingh Onnes Memorial Lecture, Journal of the Chemical Society (1927); du Bruyn Ouboter, R.: Heike Kamerlingh Onnes' Discovery of Superconductivity, Scientific American 276 (1997).

Kant, Immanuel (Emanuel),
deutscher Philosoph,
* 22. 4. 1724 Königsberg,
† 12. 2. 1804 Königsberg.

Kants bahnbrechende Leistungen liegen in den Kernbereichen der Metaphysik, Erkenntnistheorie und Ethik. In seiner *Kritik der reinen Vernunft* (1781) versuchte er die Bedingungen der Möglichkeit von Erfahrung überhaupt und damit Inhalt, Umfang und Grenzen unserer Erkenntnis zu klären. Hiermit begann eine neue Epoche in der Geschichte der theoretischen Philosophie. In der *Grundlegung zur Metaphysik der Sitten* (1785) stellte Kant den »Kategorischen Imperativ« auf und formulierte so die konsequenteste Version einer deontologischen Ethik. Kant zählt damit zu den wichtigsten Philosophen seit ↗ Platon und ↗ Aristoteles. Er war kein Naturwissenschaftler, weder im modernen Sinne noch im Sinne I. ↗ Newtons. Welch hohen Stellenwert für seine Philosophie die Naturwissenschaft dennoch besaß, zeigt sein berühmter Ausspruch über die Hauptgegenstände seines Nachdenkens – »der bestirnte Himmel über mir und das moralische Gesetz in mir«.

Kant stammte als viertes von neun Kindern (vier davon starben in früher Kindheit) aus einem Elternhaus, das keinerlei akademische Ambitionen nahelegte. Sein Vater Johann Georg war Riemermeister in Königsberg, seine Mutter Anna Regina (geb. Reuter) war die Tochter eines anderen Mitglieds der

I. Kant: Zeichnung von Veit Hans Schnorr von Carolsfeld (1789)

Riemerzunft. Dennoch ermöglichten die Eltern (und ein Onkel) dem jungen Kant den Besuch des Collegium Fridericianum und ab 1740 das Studium an der Albertus-Universität Königsberg, wo er hauptsächlich die Vorlesungen der Philosophischen Fakultät besuchte, also Logik, Metaphysik, Ethik, Naturrecht, Mathematik, Theoretische und Experimentelle Physik, Rhetorik, klassische lateinische Literatur und Geschichte.

Die naturwissenschaftlichen Vorlesungen, die Kant besucht hat (v. a. bei Carl H. Rappolt, Johann G. Teske, Christian F. Ammon), und ebenso die Vorlesungen über Mechanik, Physik, Theoretische Naturwissenschaften sowie Physische Geographie, die er von 1756–96 als Professor für Logik und Metaphysik an der Universität Königsberg selbst gehalten hat, präsentierten lediglich auf niedrigstem mathematischen Niveau das mehr oder weniger aktuelle Wissen der damals etablierten Lehrbücher. Innovative Forschung wurde hier nicht betrieben und in vielen Fällen nicht einmal diskutiert. Die mathematischen Details von Newtons Bestimmung elliptischer, parabolischer und hyperbolischer Umlaufbahnen oder L. ↗ Eulers mathematisch-mechanische Bewegungsanalysen fester und flüssiger Körper waren für das Gros der naturphilosophischen Interessenten nicht oder nur schwer zu bewältigen. Mit Sicherheit ist Kant zu dieser Gruppe mathematischer Laien zu zählen, auch wenn einer seiner Interessenschwerpunkte auf den Ergebnissen der Naturwissenschaft lag, vornehmlich der Physik und der Chemie. Seine Auseinandersetzung mit der Mechanik Newtons dauerte sein ganzes Leben lang; Newton ist in Kants Philosophie ständig präsent (häufiger wird in Kants Druckschriften nur noch G. W. ↗ Leibniz namentlich erwähnt). In der Metaphorik der Newtonischen Himmelsmechanik schrieb der 22-jährige Kant selbstbewusst über seine philosophische Zukunft: »Ich habe mir die Bahn schon vorgezeichnet, die ich halten will. Ich werde meinen Lauf antreten, und nichts soll mich hindern ihn fortzusetzen.«

Zeitgleich mit dem Tod seines Vaters, dem Verlassen der Universität und dem Antreten einer Stelle als Hofmeister (Hauslehrer) entstand 1746 Kants Erstlingsschrift *Gedanken von der wahren Schätzung der lebendigen Kräfte*. Kant beabsichtigte, damit die so genannte »vis viva«-Kontroverse zwischen Cartesianern und Leibnizianern um das Kräftemaß (F), das sich aus Masse (m) und Geschwindigkeit (v) ergibt, beizulegen. Er schlug vor, zwischen einer »toten« und einer »lebendigen« Kraft zu unterscheiden, wobei die erste, d. h. das Momentum oder der Impuls, Bewegungsänderungen bewirkt und sich nach dem Gesetz $F = m \cdot v$ berechnen lassen soll. »Freie Bewegungen« hingegen seien solche, die sich aufgrund interner »lebendiger« Kräfte erhalten und nach dem Gesetz $F = m \cdot v^2$ berechnet werden können. Dieser Vorschlag ist zwar wenig originell – vergleichbare Differenzierungen finden sich schon bei Samuel Clarke, R. J. ↗ Boscovich und J.-B. d'↗ Alembert. Gleichwohl dokumentiert Kants Erstlingsschrift bereits die Grundtendenz seines naturphilosophischen Interesses: Es ging ihm stets um das begriffliche Rahmenwerk, die »metaphysischen Anfangsgründe« der Naturwissenschaft, also die Einbettung der Naturwissenschaft in das Gesamtsystem unserer Erkenntnis.

Etwas spezifischer auf physikalische Probleme bezogt sich Kants 1755 eingereichte Magisterdissertation *De igne*, in der er seinem Lehrer Teske sowie Peter Musschenbroek und damit P. ↗ Gassendi, H. ↗ Boerhaave und Euler folgend, die Wärmeerscheinungen aus den Wellenbewegungen eines elastischen Feuerstoffs, des Äthers, zu erklären versuchte. Kant hat sich zeitlebens für die damals intensiv diskutierte Wärmelehre interessiert und seine diesbezügliche Position nie wesentlich verändert. Sie zeigt ihn als Anhänger der Substantialitätstheorie der Wärme, die jedoch der Vibrationstheorie von F. ↗ Bacon, R. ↗ Descartes, Thomas Hobbes, John Locke, R. ↗ Boyle, R. ↗ Hooke, Newton, Leibniz und Daniel Bernoulli nicht deshalb entgegengesetzt ist, weil keine Bewegungen stattfänden, sondern nur, weil die Bewegungen der Wärmephänomene einem eigenständigen Stoff zugeschrieben werden. Im Gegensatz zu anderen zeitgenössischen Autoren unterschied Kant dabei nicht eindeutig zwischen Wärmestoff und Äther; er formulierte keine abschließende Meinung zu Ponderabilität und korpuskularer Struktur des Äthers. In den neunziger Jahren ergriff Kant jedoch Partei für die Oxidationstheorie von A. L. de ↗ Lavoisier und damit gegen die Phlogistontheorie von G. E. ↗ Stahl.

An die Vorstellung des Äthers schließt sich auch die im 17. und 18. Jahrhundert intensiv diskutierte Problematik des Lichts an. Kant war hier von der Erstlingsschrift bis in die letzten Notizen seines Lebens (das sog. »Opus Postumum«) Gegner der von Newton 1704 entwickelten Emissions- bzw. Emanationstheorie und Parteigänger der Wellentheorie des Lichts (Undulationstheorie), die v. a. mit den Namen Ch. ↗ Huygens und Euler verbunden ist. Sie besagt, dass Licht eine lineare Erscheinung ist, die aus der Überlagerung von Kugelwellen im kontinuierlichen Medium des Äthers resultiert (im Gegensatz zum Schall, der eine Druckwelle im nicht-kontinuierlichen Medium der Luft ist, und daher auch »um die Ecke« gehen kann).

Ebenfalls 1755 publizierte Kant seine *Allgemeine Naturgeschichte und Theorie des Himmels*, die eine Kosmogonie, eine Entstehungsgeschichte des Welt-

Metaphysische Anfangsgründe
der
Naturwissenschaft
von
Immanuel Kant
Riga,
bey Johann Friedrich Hartknoch
1786.

I. Kant: Titelblatt der *Metaphysischen Anfangsgründe der Naturwissenschaft* (1786)

alls, enthält. Ohne theologische Rekurse versuchte Kant hier allein aus der Newtonschen Gravitation, welche die Urmaterie in Bewegung setzt, Wirbel erzeugt und schließlich Himmelskörper bildet, die uns umgebenden Sterne, Sonnen- und Milchstraßensysteme zu erklären. Trotz einiger Differenzen zwischen Kants rein mechanischer Erklärung der Weltentstehung und der Kosmogonie des Franzosen P. S. ↗ Laplace (1796) spricht man heute zusammenfassend von der Kant-Laplaceschen Theorie bzw. Nebularhypothese.

Das starke Interesse des jungen Kant an der Naturwissenschaft, welches aber von Anfang an auch physiko-theologisch motiviert war, also stets die zweckmäßige und sinnvolle Einrichtung der Welt im Auge hatte, verlagerte sich im Laufe der Jahre mehr und mehr auf die Metaphysik im Allgemeinen. Doch sowohl in einer weiteren akademischen Qualifikationsschrift, der *Monadologia physica* (1756), als auch in seinem naturphilosophischen Hauptwerk, den *Metaphysischen Anfangsgründen der Naturwissenschaft* (1786), spielten die Materie einerseits und das Kräftepaar Repulsion/Attraktion andererseits zentrale Rollen.

Kant versuchte in den vier Kapiteln der *Anfangsgründe* zu zeigen, dass Materie als der Grundbegriff der Naturwissenschaft bestimmt ist durch Beweglichkeit (»Phoronomie«), Undurchdringlichkeit (»Dynamik«), Wechselwirkung (»Mechanik«) und empirische Erkennbarkeit (»Phänomenologie«). Dabei war Kant bestrebt, den dynamistischen Materiebegriff von Leibniz mit den Grundideen der Newtonschen Mechanik zu vereinbaren. Materie sollte nicht im Sinne des Atomismus als elementar gegeben und strukturiert angenommen, sondern vielmehr selbst durch das Zusammenwirken von Repulsion und Attraktion konstituiert werden. Damit fand einerseits die Leibnizsche Metaphysik eine Anwendung auf Phänomene und erhielten andererseits die Bewegungsgesetze Newtons ein wissenschaftstheoretisches Fundament. Was auch immer wissenschaftlich erkannt werde, es müsse Bezug haben zur materiellen Substanz im Raum, so die Kernaussage dieser Schrift, die bereits von Kants Zeitgenossen als sehr schwierig eingeschätzt wurde – schwieriger noch als die *Kritik der reinen Vernunft* – und selbst zwei Jahrhunderte nach ihrer Entstehung noch Gegenstand kontroverser Diskussionen ist. Der Geltungsanspruch von Kants Metaphysik der Natur reichte von der Makro- bis zur Mikrophysik, wobei Kant der Mathematik einen sehr hohen Stellenwert einräumte: »Ich behaupte aber, dass in jeder besonderen Naturlehre nur so viel eigentliche Wissenschaft angetroffen werden könne, als darin Mathematik anzutreffen ist.« Indessen kommen seine eigenen Ausführungen beinahe ganz ohne Mathematik aus, ja Kant wollte eine scharfe Trennung zwischen Newtons *Philosophiae Naturalis Principia Mathematica* und seinen *metaphysischen Anfangsgründen der Naturwissenschaft* ziehen. Letztere sollten die Physik insgesamt begründen, d. h. deren begriffliche Voraussetzungen klären, wie er auch in seinem Aufsatz über *Die wirklichen Fortschritte, die die Metaphysik seit Leibnitzens und Wolf's Zeiten in Deutschland gemacht hat* (1791) ausführte: »Die Begriffe vom vollen und leeren Raum, von Bewegung und bewegenden Kräften können und müssen in der rationalen Physik, auf ihre Prinzipien a priori gebracht werden.« Der Philosoph könne sich nicht mit der Empirie begnügen, er müsse ihre Seins- und Erkenntnisbedingungen aufzeigen.

Obwohl hauptsächlich physikalische und chemische Probleme das naturwissenschaftliche Interesse Kants bestimmten, so thematisierte er im zweiten Teil seiner *Kritik der Urteilskraft* (1790) schließlich auch die Biologie. Mit dem Begriff des Zweckmäßigen – Kant sprach auch von Teleologie – versuchte er Phänomene zu erfassen, die sich einem rein mechanischen Verständnis verschließen: »es ist für Menschen ungereimt, auch nur zu hoffen, dass noch etwa dereinst ein Newton aufstehen könne, der auch nur die Erzeugung eines Grashalms nach Naturgesetzen, die keine Absicht geordnet hat, begreiflich machen werde.« Diese zweckmäßige, innere Organisation der Natur ist jedoch nicht der direkten Beobachtung zugänglich, sondern eine notwendige Unterstellung des Forschers, um systematische Erkenntnis des Weltganzen zu erlangen.

Kant selbst hat von diesem Weltganzen nur einen sehr kleinen Ausschnitt Ostpreußens mit eigenen Augen gesehen, hat Rufe an andere Universitäten abgelehnt, um bis zu seinem Tod Professor in Königsberg sein zu können, was ihn jedoch nicht daran gehindert hat, eine umfangreiche Korrespondenz mit führenden Wissenschaftlern seiner Zeit zu unterhalten.

Neben den genannten Hauptschriften zur Naturphilosophie beschäftigte er sich auch in kleineren Arbeiten mit Problemen der Physik, Chemie, Biologie und Geographie. Doch sein Ruhm gründet sich nicht auf diese Ausführungen. Im Gegensatz zum mächtigen Einfluss Kants auf die nachfolgende Philosophie im weiteren Sinn nimmt sich seine Wirkung auf die Naturphilosophie bzw. -wissenschaft eher bescheiden aus. Abgesehen von der sog. romantischen Naturphilosophie (v. a. F. W. J. ↗ Schelling), Jakob F. Fries oder H. v. ↗ Helmholtz fanden seine naturwissenschaftlichen Werke nur wenig Beachtung. Dennoch liegt der Kern von Kants Bedeutung für die Nachwelt in der Naturwissenschaft. Denn das umfassende Konzept, das Kants gesamtes Denken in Theorie und Praxis bestimmte, ist nach dem Vorbild der Newtonschen Mechanik der Begriff des Gesetzes: Wie die Sinnenwelt von Naturgesetzen beherrscht wird, so regiert das Sittengesetz die Verstandeswelt. Menschliches Erkennen und Handeln sind nach Kant nur möglich, wenn sie allgemeinen und notwendigen Gesetzen folgen. [KP]

Werk(e):
Gesammelte Schriften (1900).

Sekundär-Literatur:
Adicke, E.: Kant als Naturforscher (1924/25); Waschkies, H.-J.: Physik und Physikotheologie des jungen Kant. (1987); Carrier, M.: Kants Theorie der Materie und ihre Wirkung auf die zeitgenössische Chemie, in: Kant-Studien 81 (1990) 170–210; Friedman, M.: Kant and the Exact Sciences (1992); Kuehn, M.: Kant. A Biography (2001, dt. 2003); Pollok, K.: Kants »Metaphysische Anfangsgründe der Naturwissenschaft«. Ein Kritischer Kommentar (2001).

Pjotr Leonidowitsch Kapitza

Dieter Hoffmann/Alexej Kojevnikov

Kapitza, Pjotr Leonidowitsch,
russischer Physiker,
* 9. 7. 1894 Kronstadt/St. Petersburg,
† 8. 4. 1984 Moskau.

Pjotr Kapitza verkörperte noch jenen Typ des universellen Physikers, der seine überragenden Fähigkeiten als Experimentator mit denen des Ingenieurs und Organisators der Wissenschaft in sich vereinte. Sein Schaffen berührte so mehrere Bereiche der modernen Physik, wobei seine Forschungen zur Tieftemperaturphysik, die in der Entdeckung der Suprafluidität des Helium II gipfelten, von besonderer Bedeutung waren. Seine Beiträge zur apparativen Entwicklung der Physik haben zudem das Bild der modernen Physik nachhaltig beeinflusst – nicht zuletzt weil Kapitza damit jenen einschneidenden Wandel markiert, der sich seit den zwanziger Jahren des vergangenen Jahrhunderts von der so genannten »Wachs- und Bindfadenphysik« zur Großforschung vollzog. Darüber hinaus gehört Kapitza zu jener Plejade von Wissenschaftlern, die den Aufstieg der Physik in der Sowjetunion entscheidend mitgestaltet haben.

Kapitza entstammte einer adligen Familie – sein Vater war Militäringenieur und Oberst der russischen Armee. Wegen seines langsamen Lernens wurde Kapitza vom Gymnasium genommen und beendete 1912 die Realschule. Da der Realschulabschluss nicht zur Aufnahme eines Universitätsstudiums berechtigte, nahm er am Petersburger Polytechnischen Institut ein Ingenieurstudium auf.

P.L. Kapitza

Dort wurde A. ↗ Ioffe sein Lehrer und nach dem erfolgreichen Abschluss seines Studiums im Jahre 1919 sein wichtigster Förderer. Kapitza wurde Mitarbeiter des von Ioffe nach der Oktoberrevolution gegründeten Physikalisch-Technischen Instituts, doch ist Kapitzas frühe Wirkungszeit als Physiker von den Mängeln und Wirren des Bürgerkriegs überschattet. Hunger und Kälte prägten an der Wende zu den zwanziger Jahren in Sowjetrussland das tägliche Leben, und in der Forschung mangelte es nicht nur an moderner apparativer Ausstattung, sondern man war durch die Isolation des Landes und den fehlenden Zugang zur aktuellen wissenschaftlichen Literatur von den internationalen Entwicklungen weitgehend abgeschnitten. Nach dem Ende der Bürgerkriegszeit bemühte sich Ioffe darum, die Isolierung der sowjetischen Wissenschaft aufzubrechen. Durch eine umfangreiche Reisetätigkeit versuchte er, die Vorkriegskontakte zu ausländischen Kollegen und Forschungsinstitutionen wiederherzustellen sowie wissenschaftliche Literatur und Ausrüstung zu kaufen und nicht zuletzt seinen talentiertesten Mitarbeitern und Studenten Forschungsaufenthalte in den führenden europäischen Forschungszentren zu vermitteln.

Student und Wissenschaftler in Cambridge

Kapitza kam so im Jahre 1921 mit einem Forschungsstipendium an das Cavendish-Laboratorium von E. ↗ Rutherford in Cambridge. Sollte sein Aufenthalt in England ursprünglich nur einige Monate dauern, so wurden daraus schließlich 13 Jahre. In dieser Zeit wurde er nicht nur Rutherfords Lieblingsschüler, sondern er machte vor allem auch eine außergewöhnliche Karriere: Innerhalb von zwei Jahren promovierte er, 1925 wurde er Fellow des Trinity College, 1929 Mitglied der Royal Society und 1933 übertrug man ihm die Leitung des speziell für ihn eingerichteten »Ludwig-Mond-Laboratoriums«. Diese bemerkenswerte Karriere erfuhr schon im folgenden Jahr einen einschneidenden Bruch. Die Verschärfung der kommunistischen Repressionspolitik unter Stalin – u. a. mit einem rigorosen Abbau der internationalen Kontakte verbunden – machte es in den dreißiger Jahren zunehmend unmöglich, als sowjetischer Staatsbürger im Ausland zu leben. Bei einem seiner regelmäßigen Besuche in der Heimat wurde es Kapitza von den sowjetischen Behörden untersagt, nach England zurückzukehren. Fast zwei Jahre kämpfte er darum, seine Ausreise bzw. Freilassung zu erwirken – zusammen mit Rutherford, P. A. M. ↗ Dirac und anderen englischen Freunden, die auch über politische Kanäle seine Rückkehr zu erwirken suchten. Allerdings zerschlugen sich alle diesbezüglichen Hoffnungen, so dass Kapitza schließlich einlenkte; auch die zunächst in Cambridge verbliebene Familie – seine Frau Anna Krylowa, Tochter eines bekannten russischen Mechanikers, und die beiden Söhne Sergei (geb. 1928) und Andrei (geb. 1931) – übersiedelte schließlich 1936 nach Moskau.

Gelehrter in Stalins Reich

Kapitza hat sich seine Bereitschaft mit einigen Privilegien erkaufen können – so beschloss die sowjetische Regierung, für den Physiker ein spezielles, der sowjetischen Akademie angegliedertes Institut für Physikalische Probleme aufzubauen und dafür erhebliche Mittel bereitzustellen, die u. a. zum Kauf der Ausrüstung seines einstigen Cambridger Laboratoriums verwandt wurden. Im Rahmen des Aufbaus und der Organisation seines neuen Moskauer Instituts entwickelte Kapitza engere Beziehungen zu führenden sowjetischen Wissenschaftsfunktionären und Politikern. Er verfasste persönliche Briefe an die politische Führung – von unbedeutenden örtlichen Funktionären bis zu Molotow und Stalin. In ihnen bemühte er sich um das Patronat der hohen Politik und erörterte zugleich seine persönlichen und beruflichen Probleme, die er in Bezug zur generellen Wissenschaftsentwicklung und -politik stellte; dabei nicht mit Kritik sparend. Diese war zwar wohl dosiert und kalkuliert, doch ist sie für die damaligen Verhältnisse gleichermaßen unüblich wie persönlich riskant gewesen. Obwohl diesen »erzieherischen Bemühungen« Kapitzas kein großer Erfolg beschieden war, konnte er auf diesem Wege doch erreichen, dass er fortan in der sowjetischen Wissenschaftsbürokratie bekannt und auch ernst genommen wurde. Damit gelang es ihm, trotz einschlägiger Verdächtigungen und Beschuldigungen, ausnehmend privilegierte Bedingungen für die Arbeit an seinem Institut während der schwierigen Jahre der Stalinschen Diktatur und des Terrors zu erreichen. Darüber hinaus nutzte er seine Beziehungen, um sich für in Bedrängnis geratene Physikerkollegen zu verwenden – u. a. setzte er sich für L. ↗ Landau ein, den er 1937 an sein Institut als Theoretiker geholt hatte. Das Institut selbst konzipierte Kapitza im englischen Stil, d. h. es war sehr viel kleiner als der übliche sowjetische Standard und wurde auch freizügiger geführt; ebenfalls gehörte Kapitza in der Stalin-Ära zu jenen wenigen sowjetischen Wissenschaftlern, die für sich das Recht reklamieren konnten, in westlichen Zeitschriften zu publizieren.

Die politische Duldung solcher Privilegien wurde nicht zuletzt durch die Tatsache befördert, dass Kapitzas Institut nicht nur in der physikalischen Grundlagenforschung, insbesondere in der Tieftemperaturphysik einen führenden Platz einnahm; wichtiger noch war die Tatsache, dass dort auch sehr erfolgreich Probleme von großem volkswirtschaftlichen Nutzen bearbeitet wurden – so das

Problem der großtechnischen Produktion von flüssigem Sauerstoff, womit die Grundlagen für den Aufbau eines sowjetischen Sauerstoff-Industriekomplexes gelegt werden konnten. Hatte es bereits hierbei Reibungen mit rivalisierenden Teilen der sowjetischen Staats- und Parteiführung, insbesondere mit dem Geheimdienstchef und Vizepremier Lavrenti Berija gegeben, so kulminierten die Konflikte beim Aufbau des sowjetischen Atombombenprojektes. War Kapitza zunächst als Mitglied des entsprechenden Staatskomitees führend beteiligt, so führten im Winter 1945/46 kritische Briefe an Stalin, in denen er ein stärkeres Mitspracherecht der Wissenschaftler in diesem Projekt reklamierte und sich auch über die rüden Einmischungen Berijas beschwerte, zum Bruch mit der Sowjetführung. Er schied aus dem Atombombenprojekt aus und verlor nach und nach auch seine anderen Leitungspositionen. Fast zehn Jahre lebte er zurückgezogen und isoliert auf seiner Datscha bei Moskau, wo er sich ein kleines Privatlabor eingerichtet hatte und sich im bescheidenen Rahmen mit hydrodynamischen Untersuchungen beschäftigte. Stalins Tod und Berijas Entmachtung führten 1953 zu seiner offiziellen Rehabilitierung und 1956 auch wieder zur Übernahme der Leitung seines früheren Instituts. In den sechziger Jahren erlaubte man Kapitza wieder, ins westliche Ausland zu reisen. Von diesen brachte er zahlreiche Preise, Ehrentitel und Akademiemitgliedschaften nach Hause, als Krönung 1978 den Nobelpreis für Physik für »seine grundlegenden Erfindungen und Endeckungen in der Tieftemperaturphysik«.

Seine Popularität und sein wissenschaftlicher Einfluss machten ihn in der Sowjetunion zu einer Autorität, die zusammen mit seinem unkonventionellen Verhalten kritischen Geistern Hoffnung und Vorbild war, zumal sie auch Kritik an den herrschenden Verhältnissen einschloss. Allerdings hat Kapitza – etwa im Gegensatz zu A. ↗ Sacharow – niemals öffentlich zu allgemeinen gesellschaftspolitischen Fragen Stellung bezogen, gingen seine kritischen Stellungnahmen, die er zumeist in persönlichen Briefen an maßgebende Politiker richtete, nur selten über den fachspezifischen Rahmen hinaus und blieben weitgehend auf wissenschaftspolitische und organisatorische Fragen beschränkt; in seinen letzten Lebensjahren schlossen sie allenfalls ökologische Probleme ein. Typisch für Kapitzas technokratisches Taktieren ist, dass er sich so weder an der öffentlichen Verurteilung Sacharows oder gar an entsprechenden Propagandakampagnen beteiligte noch mit dem Dissidenten öffentlich Solidarität geübt hat – vielmehr versuchte er mit Briefen an einflussreiche Persönlichkeiten und Politiker, u. a. an KGB-Chef Juri Andropow, die Lage des verbannten Physikers zu verbessern. Kapitzas kritisches Verhalten war damit auch immer ein komplizierter Balanceakt zwischen konformer Zurückhaltung und kritischer Auflehnung gegenüber den Entartungen und Zumutungen des real-sozialistischen Gesellschaftssystems. Damit praktizierte er jene für den realen Sozialismus so typische Art von Kompromiss- und Kollaborationsbereitschaft mit der politischen Macht, die ihm einerseits erlaubte, relativ unbehelligt leben und konstruktive Arbeit leisten zu können, ihm andererseits aber auch Kritik und nichtkonformes Verhalten ermöglichte. Dieses ungewöhnliche Maß an Freiheit in einem diktatorischen Staat war freilich an die Voraussetzung gebunden, diesen bzw. das kommunistische Gesellschaftsmodell als loyaler und offiziell respektierter Staatsbürger grundsätzlich zu akzeptierten, zumal man ihm die Rahmenbedingungen für herausragende wissenschaftlichen Forschungen bot, die sowohl seiner eigenen Reputation wie der der Sowjetunion zugute kamen.

Frühe Forschungen

Auf sein wissenschaftliches Talent hatte Kapitza bereits als junger Assistent an Ioffes Petersburger Institut aufmerksam gemacht, als er gemeinsam mit N. N. ↗ Semjonow eine Methode zur Bestimmung des magnetischen Moments von Atomen entwickelte, die vom Prinzip her den späteren Stern-Gerlach-Versuch vorweg nahm. In Cambridge konzentrierten sich dann Kapitzas Forschungen auf atom- und kernphysikalische Fragestellungen (Energie- und Impulsmessungen von Alphateilchen), doch beschränkten sich seine Experimente schon bald nicht mehr allein darauf. Sein eigentliches Forschungsgebiet wurde vielmehr das Studium der physikalischen Eigenschaften von Stoffen in starken Magnetfeldern. Bei diesen Experimenten mit superstarken Magnetfeldern – mit Feldstärken von mehr als 4 x 106 A/m hielt er für lange Zeit den Weltrekord auf diesem Gebiet – entdeckte er das seinen Namen tragende Gesetz der linearen Veränderung des elektrischen Widerstandes von Metallen in starken Magnetfeldern (1929). Diese Untersuchungen zeigten bereits den für Kapitza typischen Arbeitsstil: mit Hilfe neuartiger und von ihm selbst entworfener Geräte in Bereiche physikalischer Extrembedingungen – hohe Magnetfelder, tiefe Temperaturen, hohe Energien – vorzustoßen und dort neue physikalische Effekte zu suchen.

Von den Magnetfeldexperimenten war es in diesem Sinne nur ein kurzer, aber folgerichtiger Schritt zur Tieftemperaturphysik, da erstere nur bei tiefen Temperaturen durchgeführt werden konnten. An der Wende zu den dreißiger Jahren konnte nur in Leiden, Toronto und Berlin Helium als Voraussetzung für solche Tieftemperaturexperimente verflüssigt werden. In England konkurrierten damals Oxford und Cambridge darum, flüssiges Helium erzeugen zu können, wobei Kapitzas Cambridger Laboratorium in diesem Wettstreit unterlag, da man in diesem Zusammenhang auf die Entwicklung einer neuartigen Verflüssigungsmethode setzte. Diese war zwar wesentlich effektiver, doch führte sie eben auch später zum Erfolg als die althergebrachte Technik. Grundprinzip der neuen Methode war, dass man die Hauptkühlung durch die adiabatische Ausdehnung des Heliums in einem Zylinder mit Kolben erzielte. Das Problem dabei war, dass bei diesen Temperaturen alle herkömmlichen Schmiermittel gefroren. Kapitza machte deshalb das Helium selbst zum Schmiermittel und ließ es frei um den Kolben fließen. Die dadurch entstehenden Gasverluste konnte man durch eine möglichst schnelle Expansion des Heliums minimieren, so dass das Verfahren später auch für die großtechnische Verflüssigung des Heliums und anderer Tieftemperaturgase genutzt wurde, was den nach dem Zweiten Weltkrieg beginnenden breiten Einsatz von flüssigem Helium überhaupt erst ermöglicht hat.

Suprafluidität

Kapitzas neues Verflüssigungsverfahren für Helium markiert im Übrigen den Beginn einer langen Reihe von herausragenden Erfindungen und Entdeckungen auf dem Gebiet der Tieftemperaturphysik und -technik. Am bedeutsamsten war ohne Zweifel die Entdeckung, dass sich Helium wie eine Flüssigkeit mit verschwindender Viskosität verhält, so dass sich deren Bestandteile in dünnen Schichten und Kapillaren reibungsfrei bewegen. Die Entdeckung der Suprafluidität war Kapitza 1937 in seinem neuen Moskauer Institut gelungen, unmittelbar nachdem er dort erstmals Helium verflüssigt hatte. Anknüpfend an Untersuchungen des Leidener Physikers William Hendrick Keesom, der eine ungewöhnlich hohe thermische Leitfähigkeit in flüssigem Helium beobachtet hatte, versuchte er den Nachweis zu führen, dass diese erhöhte Leitfähigkeit ein Sekundäreffekt sei und vor allem durch mechanische Konvektion verursacht wird. Durch die Ausschaltung von Flüssigkeitsturbulenzen konnte Kapitza die Viskosität des Heliums erstmals direkt messen, wobei sich die überraschende Tatsache zeigte , dass beim Übergang vom Helium I zum Helium II die Viskosität praktisch verschwindet. In weiteren Experimenten, die er allein und nur mit Hilfe eines Institutstechnikers durchführte, wies Kapitza nach, dass dabei ein Temperaturgradient eine gerichtete (mechanische) Strömung der Flüssigkeit ohne Massentransport verursacht. Dieses seltsame Phänomen ließ ihn vermuten, dass das Helium II aus zwei Bestandteilen – einem normalen und einem suprafluiden – zusammengesetzt ist.

Kapitzas Entdeckung stieß bei den Physikern weltweit sofort auf großes Interesse und hat Kapitzas herausragende Position im sowjetischen Wissenschaftsbetrieb gestärkt – auch wenn ihm dafür erst 1978 der Nobelpreis zuerkannt wurde. Landau, als Kapitzas »Haustheoretiker«, konnte im Übrigen schon bald (1941) eine erste (quanten)theoretische Deutung des Phänomens liefern und damit die international führende Stellung des Instituts unterstreichen. Ansonsten waren jene frühen Jahre des Kapitzaschen Instituts nicht nur von weiteren Untersuchungen zum Helium-Problem geprägt, sondern vor allem auch von der Entwicklung großtechnischer Methoden der Gasverflüssigung. Die in diesem Zusammenhang entwickelten Methoden, u. a. die Erzeugung flüssiger Luft durch adiabatische Expansion in einer Turbine, revolutionierten die Technik dieses Gebiets und waren für die sowjetische Volkswirtschaft (metallurgische und chemische Industrie) nicht zuletzt angesichts der speziellen Anforderungen der Kriegswirtschaft von herausragender Bedeutung. Sie machten Kapitza zudem zum Chef des sowjetischen Staatlichen Sauerstoff-Industriekomplexes. Kapitzas Engagement wurde mit zahlreichen hohen staatlichen Auszeichnungen gewürdigt, u. a. erhielt er 1945 als erster Wissenschaftler die höchste zivile Auszeichnung der Sowjetunion, den Titel »Held der sozialistischen Arbeit«.

Späte Forschungen

In den fünfziger Jahren, nachdem er wieder in sein Moskauer Institut zurückgekehrt war, beschäftigten Kapitza vor allem Probleme der Hochleistungselektronik. Die in diesem Zusammenhang entwickelten Hochleistungs-Mikrowellengeneratoren (Palatron, Nigotron) sollten Vorläufer für den Energietransport mittels hochfrequenter Strahlung darstellen. Diese Hoffnungen erfüllten sich jedoch genauso wenig wie sein Konzept eines thermonuklearen Reaktors, bei dem ein Hochfrequenzfeld das Plasma auf die für die Fusion nötige Temperatur aufheizen sollte. Als interessantes Nebenprodukt dieser plasmaphysikalischen Untersuchungen entstand jedoch eine Theorie des Kugelblitzes.

Obwohl Kapitza nie zur Kaste der sowjetischen Wissenschaftsbürokraten gehörte und er auch keinerlei herausgehobene wissenschaftsleitende Ämter bekleidete, hat er in seinen letzten Lebensjahrzehnten nicht zuletzt durch seine Schriften und Stellungnahmen, aber auch als Mitglied des Präsidiums der sowjetischen Akademie der Wissenschaften verstärkt Einfluss auf wissenschaftspolitische Entwicklungen genommen; darüber hinaus sind diese Jahre von seinem Engagement in der Pugwash-Bewegung geprägt. Überblickt man so Kapitzas wissenschaftliches Wirken, so kann es geradezu als ein Symbol für die sowjetische Physik insgesamt gelten: Seine Anfänge fallen mit der Oktoberrevolution und der Gründung Sowjetrusslands zusammen, und es endet 1984, ein Jahr vor dem Machtantritt Michail Gorbatschows, mit dem der Untergang der Sowjetunion eingeleitet wird – seinen paradoxen Höhepunkt hatte es aber in der Stalin-Ära.

Werk(e):
Collected papers, hrsg. v. D. ter Haar, 4 Bde. (1964–1985); High Power Microwave Electronics (1964); Experiment-Theorie-Praxis. Aufsätze und Reden (1984); Pisma o nauke (1930–1980, 1989, russ.); Naučnye Trudy, 2 Bde. (1989–1991, russ.); Vospominania, pisma, dokumenty, hrsg. v. E. L. Kapitza und P. E. Rubinin (1994, russ.).

Sekundär-Literatur:
Kedrov, F.: Kapitza – Shisn i otkrytija (1979, russ.); Hoffmann, D.: Pjotr Kapitza und Max Born – Begegnungen zweier Lebenswege, in: Perspektiven interkultureller Wechselwirkung für den wissenschaftlichen Fortschritt (1983) 63–71; Badash, L.: Kapitza, Rutherford, and the Kremlin (1985); Schoenberg, D.: P. L. Kapitza. Biographical Memoirs of Fellows of the Royal Society 31 (1985) 325–374; Boag, J. et al: Kapitza in Cambridge and Moscow. Life and Letters of a Russian Physicists, (1990); Kojevnikov, A.: Pjotr Kapitza and Stalin's Government. Historical Studies in the Physical and Biological Sciences 22 (1991) 131–164; Kojevnikov: P. L. Kapitza und L. D. Landau, in:. K. v. Meyenn (Hrsg.): Die grossen Physiker, Bd. 2 (1995) 301–315; Gorelik, G. E.: »Meine antisowjetische Tätigkeit ... «: Russische Physiker unter Stalin (1995); Esakov, V. D. und Rubinin, P. E. (Hrsg.): Kapitza, Kreml i Nauka, Vol 1, Sozdanie Instituta Fizicheskich Problem, 1934–1937 (2003, russ.).

Kapteyn, Jacobus Cornelius,
holländischer Astronom
* 19. 1. 1851 Barneveld,
† 18. 6. 1922 Amsterdam.

Kapteyn zählt zu den einflussreichsten Astronomen des 19./20. Jahrhunderts. Die von ihm entwickelten Methoden und durchgeführten Projekte verliehen insbesondere dem Problem der Struktur und Dynamik des Milchstraßensystems bedeutende Impulse.

Kapteyn studierte Mathematik und Physik und wirkte seit 1875 als Observator an der Sternwarte in Leiden. Bereits im Alter von 27 Jahren erhielt er einen Lehrstuhl für Astronomie und theoretische Mechanik an der Universität Groningen – eine Position, die er bis zu seiner Emeritierung im Jahre 1921 innehatte. Da die Universität Groningen nicht über eine Sternwarte verfügte, beschäftigte sich Kapteyn mit der Auswertung von Fotoplatten der Kap-Sternwarte, was 1896–1900 zur *Cape Photographic Durchmusterung* führte, einem Katalog der Helligkeiten und Positionen von 454 875 Sternen des südlichen Himmels vom Südpol bis zu einer Deklination von −18°, vergleichbar der *Bonner Durchmusterung* des nördlichen Himmels (1852–1868) von F. W. ↗ Argelander.

Herausragende Verdienste erwarb sich Kapteyn um die Entwicklung der Stellarstatistik, wobei er methodisch an die Vorarbeiten von F. W. ↗ Herschel anknüpfte. Sein numerisches Verfahren (im Unterschied zu den analytischen Ansätzen von K. ↗ Schwarzschild und H. v. ↗ Seeliger) galt der Zuordnung der Sterne einer gegebenen scheinbaren Helligkeit $N(m)$ zu bestimmten Kugelschalen vorgegebener Distanzen und Dicke, wobei er die Eigenbewegungen als Äquivalente für die Sternentfernungen (Parallaxen) einführte. Die noch von Herschel verwendete Annahme gleicher absoluter Helligkeiten für alle Sterne ersetzte Kapteyn durch die sog. Leuchtkraftfunktion, aus der die Verteilung der Leuchtkräfte der Sterne hervorgeht.

Zur Untersuchung des Aufbaus des Milchstraßensystems schien es Kapteyn unabdingbar, die Datenbasis durchgreifend zu verbessern. Um von möglichst vielen Sternen die Parallaxen, Eigenbewegungen, Radialgeschwindigkeiten und Spektraltypen zu ermitteln, konzipierte er das internationale Projekt »Plan of Selected Areas«. Das Ziel bestand darin, in 206 gleichmäßig verteilten, ausgewählten Feldern alle erreichbaren Daten der Sterne zu bestimmen. Das Ergebnis bestand in einem Katalog, mit Angaben zu rd. 250 000 Sternen. Bis zu seinem Lebensende setzte Kapteyn seine Bemühungen um die Entwicklung einer dynamischen Theorie des Sternsystems fort. [DBH]

Werk(e):
Cape Photographic Durchmusterung, Annals of the Royal Observatory, Cape Town, Bde. III, IV and V (1896-1900); Durchmusterung of the Selected Areas, Annals of Harvard College Observatory, nos. 101, 102 and 103 (1918–1924), compiled with Pickering, E. C. and van Rhijn, P. J.; Mount Wilson Catalogue of Photographic Magnitudes in Selected Areas 1–139, compiled with Seares, F. H. and van Rhijn, P. J. (1930).

Sekundär-Literatur:
de Sitter, W.: Jacobus Cornelius Kapteyn, Hemel en dampkring 20 (1922) 98–110. Hier auch weitere Hinweise auf wichtige Originalpublikationen Kapteyns; Hertzsprung-Kapteyn, H.: The Life and Work of J. C. Kapteyn, Space Science Reviews 64 (1993)1–92; Herrmann, D. B.: Die Milchstraße. Sterne, Nebel, Sternsysteme (2003).

Kármán, Theodore von,
ungarischer Aerodynamiker,
* 11. 5. 1881 Budapest,
† 7. 5. 1963 Aachen.

Kármán zählt neben seinem Lehrer L. ↗ Prandtl zu den wichtigsten Begründern der modernen Strömungslehre.

Nach Schulzeit, Studium und kurzer Tätigkeit als Maschinenbauingenieur in Budapest ging Kármán 1906 nach Göttingen, wo er bei Prandtl über ein Thema aus der Elastizitätstheorie promovierte. In Göttingen gelang ihm 1911 die mathematische Erklärung des Phänomens alternierender Wirbel hinter umströmten Hindernissen (»Kármánsche Wirbelstraße«). Aus der Göttinger Zeit datiert auch eine zusammen mit dem theoretischen Physiker M. ↗ Born 1912 publizierte Quantentheorie der spezischen Wärme fester Körper.

1913 wurde Kármán als Professor für Mechanik und Aerodynamik an die TH Aachen berufen. Im Ersten Weltkrieg absolvierte er seinen Militärdienst in der ungarischen Armee und erwarb praktische Erfahrungen mit der frühen Flugzeugtechnik. Danach kehrte er an die TH Aachen zurück, wo er die Strömungslehre, insbesondere in ihren Anwendungen auf die Luftfahrt, zu seinem Hauptarbeitsgebiet machte und den Ruf des aerodynamischen Instituts der TH Aachen als Zentrum moderner Strömungsforschung begründete. Von 1926 an wirkte er neben seiner Aachener Professur auch am California Institute of Technology, wo ihm die Leitung eines neuen aerodynamischen Instituts angeboten wurde.

Nach der nationalsozialistischen »Machtergreifung« übersiedelte er dauerhaft in die USA. Durch Kármán wurde das »Guggenheim Aeronautical Laboratory at the California Institute of Technology« (GALCIT) zu einem der bedeutendsten Zentren angewandter Mechanik, Hydro- und Aerodynamik. Nach dem Zweiten Weltkrieg entfaltete er eine rege Beratertätigkeit für die US-Luftwaffe und für die NATO, deren Forschungs- und Entwicklungsorganisation AGARD (Advisory Group for Aeronautical Research and Development) auf seine Initiative zurückgeht. Kármáns eigene Forschung erstreckte sich über ein breites Gebiet angewandter Mechanik und Strömungslehre; entscheidende Fortschritte erzielte er insbesondere in der Turbulenztheorie und der Überschallaerodynamik. Sein vorrangiges Interesse galt der Verbindung theoretischer wissenschaftlicher Erkenntnis mit technologischer Praxis, vor allem in der Luftfahrt. Darüber hinaus war ihm zeitlebens der internationale Kontakt mit Studenten und Forscherkollegen aus aller Welt ein besonderes Anliegen. [ME2]

Werk(e):
Collected Works of Theodore von Kármán, 5 Bde. (1956–1963); Die Wirbelstraße. Mein Leben für die Luftfahrt (1968) (Autobiographie, übersetzt aus dem Amerikanischen: The Wind and Beyond, 1967).

Sekundär-Literatur:
Hanle, P. A.: Bringing Aerodynamics to America (1982); Gorn. M. H.: The universal man: Theodore von Kármán's life in aeronautics (1992).

Karmarsch, Karl,
Technologe und Polytechniker,
* 17. 10. 1803 Wien,
† 24. 3. 1879 Hannover.

Karmarsch lieferte entscheidende Voraussetzungen für die Herausbildung der modernen Technikwissenschaften.

Karmarsch wurde als Sohn eines Schneidermeisters in Wien geboren. Nach dem Besuch der Realakademie ging er 1817 an das zwei Jahre zuvor neu gegründete Wiener Polytechnische Institut, den Vorläufer der heutigen Technischen Universität. Mit 16 Jahren wurde er Assistent am Lehrstuhl für mechanische Technologie bei seinem Lehrer Georg Altmütter, dem Schöpfer der Wiener technologischen Sammlungen. Im folgenden Jahr schrieb er sein Erstlingswerk, einen Grundriss der technischen Chemie.

Nachdem dies Werk nicht die gebührende Aufmerksamkeit fand, wandte er sich unter dem Einfluss Altmütters ganz der mechanischen Technologie zu. Auf diesem Feld entwickelte er eine außergewöhnliche Produktivität und eine enzyklopädische Kenntnis der technischen Tätigkeiten bis ins Detail. Nach vierjähriger Assistententätigkeit widmete er sich privaten Studien und publizierte technische Arbeiten.

K. Karmarsch

1830 heiratete er seine erste Frau, Anna Berlinger, Tochter eines Uhrmachermeisters aus Wien, die 1844 verstarb, woraufhin er 1845 Charlotte Wessel aus Hameln ehelichte. Beide Ehen blieben kinderlos.

Ebenfalls im Jahre 1830 wurde er als Direktor und Lehrer der Technologie an die gerade im Entstehen begriffene Höhere Gewerbeschule nach Hannover berufen und stand ihr bis 1875 vor. Hier wirkte er als Organisator, schrieb seine technologischen Werke, lehrte und forschte. Auch als technischer Gutachter und Berater war er erfolgreich tätig. Karmarsch hatte maßgeblichen Anteil am Aufbau der Gewerbeschule und ihrem Aufstieg zur Polytechnischen Schule und anschließend zur Technischen Hochschule.

Doch ging seine Bedeutung und sein Einfluss weit über Hannover hinaus, einmal dadurch, dass zahlreiche seiner Schüler technische Lehrstühle an anderen technischen Hochschulen besetzten, andererseits durch seine Tätigkeit als Jurymitglied wichtiger deutscher und internationaler Ausstellungen sowie durch sein Wirken in zahlreichen nationalen und internationalen technischen Kommissionen. Aber Karmarsch war nicht nur ein einflussreicher und angesehener Hochschullehrer, sondern veröffentlichte auch zahlreiche bedeutende Werke. So erschien 1837 sein Epoche machendes Hauptwerk *Grundriß der mechanischen Technologie*. Dieses wurde in viele Fremdsprachen übersetzt, laufend erweitert und immer wieder neu aufgelegt, später unter dem Titel *Handbuch der mechanischen Technologie*. Karmarsch verfolgte mit seinen Veröffentlichungen das Ziel, das Fach »Technologie« als »wissenschaftliche Darstellung und Lehre von den Arbeitsvorgängen und Erzeugnissen der Industrie« auf eine neue, selbständige und streng systematische Grundlage zu stellen.

Durch enge Verbindung von exakter naturwissenschaftlicher Kenntnis mit praktischem technischen Wissen und Können versuchte er, dem Fach eine wissenschaftliche Grundlage und Anerkennung sowie soziale Geltung zu verschaffen. In der Folge wurde die Technologie in zahlreiche selbständige Einzelgebiete aufgefächert, die dann zu den technischen Wissenschaften im modernen Sinne wurden. [RS]

Werk(e):
Handbuch der mechanischen Technologie, 61888;

Sekundär-Literatur:
Manegold, K.-H.: Die Entwicklung der TH Hannover zur wissenschaftlichen Hochschule. In: Treue, W. (Hrsg.): Naturwissenschaften, Technik und Wirtschaft im 19. Jahrhundert I, (1976).

Karpinskij, Alexander Petrowitsch,
russischer Geologe,
* 7. 1. 1847 Bogoslowsk (später Karpinsk) im Ural (Russland),
† 15. 7. 1936 Moskau.

Mit seinen Arbeiten zur Petrographie, Paläogeographie, Geotektonik, Paläontologie und den Lagerstätten nutzbarer Bodenschätze des europäischen Russlands war Karpinskij einer der einflussreichsten Geowissenschaftler in Russland bzw. der Sowjetunion.

In der Familie eines Bergingenieurs geboren, nahm Karpinskij 1858 eine Ausbildung am Bergbauinstitut in St. Petersburg auf und schloss sie 1866 mit Auszeichnung als diplomierter Bergingenieur ab. Danach arbeitete er zwei Jahre im Bergbau im Ural, kehrte dann an das Bergbauinstitut in St. Petersburg zurück, verteidigte seine geologische Dissertation und wurde 1869 dort Assistent. 1877 erhielt er die Berufung auf den Lehrstuhl für Geologie, Geographie und Erzlagerstätten. 1882 erfolgte in Russland die Gründung des Geologischen Komitees (Geologische Landesanstalt) mit dem Auftrag, die geologische Kartierung des Lan-

A.P. Karpinskij: »Akademiemitglied Karpinskij — Großvater unserer Geologen« (Karikatur)

des durchzuführen. Dazu war Karpinskij 1882 zum Hauptgeologen des Amtes berufen worden, das er von 1885 bis1903 als Direktor leitete. Aufgrund seiner wissenschaftlichen Leistungen wählte man ihn 1886 zum Mitglied der Petersburger Akademie der Wissenschaften. Im Jahre 1916 wurde er Vizepräsident und von 1917 bis zum Lebensende war er Präsident der Akademie der Wissenschaften der UdSSR. Wegen seiner großen Verdienste um die Wissenschaften wurde er an der Kremlmauer in Moskau beigesetzt.

Karpinskij arbeitete zunächst zu Fragen der Petrographie und untersuchte die spezifischen Mineralassoziationen für bestimmte Gesteine, flüssige und gasförmige Einschlüsse in Mineralen und Gesteinen sowie Prinzipien der Klassifikation von Gesteinen. Bereits 1881 hatte er eine zusammenfassende Arbeit über die Minerallagerstätten des Urals veröffentlicht, die später durch Studien über die Vorkommen von Eisen- und Nickelsilikaterzen, Platin und Steinkohlen ergänzt wurde. Mit weiteren Arbeiten leistete er wesentliche Beiträge zu den Vorstellungen über die paläogeographische Entwicklung der Russischen Tafel. Auf der Grundlage der am Ende des 19. Jahrhunderts sich durchsetzenden Kontraktionshypothese entwickelte Karpinskij Modelle für Strukturtypen der Plattformen. In seinen paläontologischen Arbeiten untersuchte er den Bau und die historische Entwicklung von Ammoniten und forschte zu Fragen der Entstehung geometrischer Regelmäßigkeiten bei Gehäusen von Foraminiferen, Cephalopoden und anderen Organismen. Vor allem interessierten ihn Zusammenhänge zwischen der Morphologie, ökologischen Besonderheiten und der Phylogenie und Ontogenese. [MG]

Werk(e):
Sobranie sotschinenij [Gesammelte Werke], 4 Bde. (1939–1949; russ.).

Sekundär-Literatur:
Batjutschkova, I. V.: A. P. Karpinskij, in: Schriftenreihe geol. Wiss. (Hrsg. Gesellschaft für Geologische Wissenschaften der DDR) 14 (1979).

Karrer, Paul,
schweizer organischer Chemiker,
* 21. 4. 1889 Moskau,
† 18. 6. 1971 Zürich.

Karrer erbrachte herausragende Forschungsleistungen auf den verschiedensten Gebieten der Naturstoffchemie. Dazu zählen vor allem Untersuchungen zu den Kohlenhydraten Stärke und Cellulose, zu Aminosäuren, Pflanzenfarbstoffen, Vitaminen, Coenzymen und zu Alkaloiden.

Die Familie des Zahnarztes Paul Karrer kehrte 1892 aus Moskau in die Schweiz zurück, sodass die schulische Ausbildung des Sohnes Paul in der elterlichen Heimat erfolgen konnte.

P. Karrer

Nach einem 1908 an der Universität Zürich begonnenen Chemiestudium promovierte Paul Karrer jr. schon 1911 bei dem exzellenten Stereochemiker Alfred Werner und war noch ein Jahr als Assistent Werners am Chemischen Institut der Universität Zürich tätig. Ab 1912 arbeitete er bei dem Begründer der modernen Chemotherapie P. ↗ Ehrlich in Frankfurt am Main im »Georg-Speyer-Haus«, einer durch eine private Stiftung entstandenen Forschungsstätte. Nach Ehrlichs Tod wurde er dort 1915 Direktor der Chemischen Abteilung. 1918 erfolgte seine Berufung als ao. Professor an die Universität Zürich. Von 1919 bis zu seiner Emeritierung im Jahre 1959 wirkte er an dieser Hochschule als Professor für Chemie und Direktor des dortigen Chemischen Instituts.

Einen Schwerpunkt unter den Karrerschen Forschungsarbeiten stellten seine Forschungen auf dem Gebiet der Pflanzenfarbstoffe wie Anthocyane und Carotinoide dar, die er Ende der 20er-Jahre des 20. Jahrhunderts begann. Zu den Carotinoiden zählt das in Karotten vorkommende Carotin. Es gelang ihm, das Carotin in α- und β-Carotin aufzutrennen und 1930 die Struktur des β-Carotins aufzuklären. Gemeinsam mit dem schwedischen Biochemiker H. v. ↗ Euler-Chelpin kam Karrer 1931 zu der Erkenntnis, dass Carotin dieselbe biologische Aktivität wie das Vitamin A hat. Im gleichen Jahr konnte Karrer das β-Carotin als eine chemische Vorstufe des Vitamins A charakterisieren und die chemische Struktur von Vitamin A aufklären. Diese erste Strukturaufklärung eines Vitamins schuf Klarheit darüber, dass es sich bei Vitaminen eindeutig um definierte chemische Einheiten handelte. Das damals von Karrer in seiner Struktur aufgeklärte Vitamin A wird auch als Axerophthol, Retinol bzw. Vitamin A_1 bezeichnet.

Auch den Vitaminen der B-Reihe wandte sich Karrer zu. So gelang ihm 1935 die Strukturaufklärung des Vitamins B_2, das als Riboflavin charakterisiert wurde. Für dieses Vitamin entwickelte er auch eine Totalsynthese, die eine technische Gewinnung dieser Verbindung ermöglichte. Zu den weiteren Erfolgen Karrers auf dem Vitamin-Gebiet zählen die Strukturaufklärung und Synthese des Vitamins E (α-Tocopherol), die Isolierung des Vitamins K (Phyllochinon), die Synthese des Vitamins B_1, Beiträge zur Chemie des Vitamins C und zu den Beziehungen zwischen Enzymen und Vitaminen. Eine Totalsynthese des β-Carotins wurde von ihm 1950 erreicht. Nach 1948 widmete er sich besonders den Curare-Alkaloiden.

Die Forschungsergebnisse Karrers und seiner Mitarbeiter schlugen sich in über 1 000 Publikationen nieder. Hohe Anerkennung fanden seine Leistungen durch die Verleihung zahlreicher Ehrendoktorate und durch die Auszeichnung mit dem Chemie-Nobelpreis 1937, den er zusammen mit W. N. ↗ Haworth erhielt. [AN]

Werk(e):
Carotinoide (1948); Lehrbuch der organischen Chemie (1930, 14 Auflagen).

Sekundär-Literatur:
O. Isler: P. K., Biographical Memoirs of Fellows of the Royal Society 24 (1978) 245–321.

Kastler, Alfred,
französischer Physiker,
* 3. 5. 1902 Gebweiler (Elsass),
† 7. 1. 1984 Bandol (Südfrankreich).

Kastler entwickelte das Doppelresonanzverfahren und das optische Pumpen.

Kastler wuchs im damals zum Deutschen Reich gehörenden Elsass auf. So lernte er die deutsche Sprache, bevor der Elsass 1918 wieder an Frankreich zurückfiel und er seine Ausbildung als französischer Staatsbürger beendete. 1920 ging er nach Paris, um an der École Normale Supérieure zu studieren. Dort machte ihn sein elsässischer Landsmann Eugéne Bloch, der später in Auschwitz ermordet wurde, mit der Quantenphysik vertraut. Insbesondere wies er ihn auf A. ↗ Sommerfelds Buch *Atombau und Spektrallinien* hin, durch dessen Lektüre er auf die Bedeutung der Erhaltung des Drehimpules bei der Wechselwirkung von Strahlung mit Atomen stieß.

Nach der Beendigung seines Studiums 1926 ging er als Lehrer nach Mülhausen, Colmar und Bordeaux, um von 1931 bis 1936 Assistent an der Universität Bordeaux zu werden. Nach zwei Jahren in

A. Kastler

Clermont-Ferrant wurde er 1938 Professor in Bordeaux.

Schon in Bordeaux unter Professor Pierre Daure forschte Kastler auf dem Gebiet der optischen Spektroskopie. 1941 bat ihn Georges Bruhat, in Paris an der École Normale Supérieure Physik zu lehren. Dort wirkte er bis 1968. Von 1968 bis zu seiner Emeritierung im Jahre 1972 leitete er das Centre National de la Récherche Scientific (CNRS).

1924 heiratete er Elise Cosset, mit der er drei Kinder hatte.

Kastler engagierte sich nach dem Zweiten Weltkrieg für die Aussöhnung mit Deutschland und wandte sich aktiv gegen die Weiterverbreitung von Atomwaffen.

Er entwickelte zusammen mit seinem Schüler und späteren Mitarbeiter Jean Brossel die Idee, Hertzsche Resonanzen durch eine Kombination von optischer und Radiowellen-Anregung zu messen. Durch den Krieg wurde die praktische Umsetzung verzögert, aber nachdem Brossel zwei Jahre lang am Massachusetts Institute of Technology (MIT) bei Francis Bitter daran geforscht hatte, brachten Kastler und Brossel die Methode der Doppelresonanz zur Perfektion.

Mit dieser Methode lassen sich kleinste Energieunterschiede äußerst genau bestimmen, wodurch zahlreiche Erkenntnisse über das Atom, aber auch allgemeinerer Art gewonnen werden können. Gleichzeitig hatte Kastler hiermit aber auch ein Verfahren entwickelt, mit dem es möglich ist, die Besetzungswahrscheinlichkeiten der angeregten Energieniveaus wesentlich zu steigern. Diese Methode wird optisches Pumpen genannt und ist die wichtigste Voraussetzung, um einen Maser oder Laser betreiben zu können, was Theodore H. Maiman erstmals 1960 für den Laser ausnutzte. [RS]

Kayser, Heinrich,
deutscher Experimentalphysiker,
* 16. 3. 1853 Bingen,
† 14. 10. 1940 Bonn.

Kayser war einer der führenden Spektroskopiker seiner Zeit.

Nach Besuch des Pädagogikums in Halle und des Sophien-Gymnasiums in Berlin, wo er 1872 mit eher mäßigen Leistungen das Abitur ablegte, studierte Kayser an den Universitäten Straßburg (A. ↗ Kundt), München und Berlin (H. v. ↗ Helmholtz, G. ↗ Kirchhoff). 1879 promovierte er über den Einfluss der Intensität des Schalles auf seine Fortpflanzungsgeschwindigkeit. Als Assistent des von ihm sehr verehrten Helmholtz blieb Kayser noch bis 1885 in Berlin, dann erhielt er einen Ruf an die Technische Hochschule in Hannover, wo seine Zusammenarbeit mit dem Mathematiker-Kollegen C. ↗ Runge und seinem Assistenten F. ↗ Paschen begann. Inspiriert von der durch J. ↗ Balmer 1885 publizierten Serienformel des Wasserstoffs, fanden Runge und Kayser ebenfalls Formeln für die Wellenlängen λ der Serienspektren anderer Atome, die sie jedoch anders als Balmer in Potenzreihen der Wellenlänge (λ) parametrisierten, während Balmer und J. R. ↗ Rydberg eine mathematisch glücklichere Form als Funktion der Wellenzahl $n = 1/\lambda$ wählte. Hintergrund dieser Unterschiede war der Gegensatz zwischen Runges und Kaysers numerisch-algebraisch bzw. Balmers und Rydbergs graphisch-visuell angelegter Suchstrategie. 1894 wurde Kayser Nachfolger von H. ↗ Hertz auf dem prestigereichen Lehrstuhl an der Universität Bonn. Während Kaysers 30-jähriger Amtszeit baute er das Bonner Institut zu einem weltweiten Schwerpunkt für Spektroskopie aus, deren Geschicke er selbst auch durch Publikation seines achtbändigen Handbuches und durch Mitwirkung in zahlreichen internationalen Gremien für Metrologie, Spektroskopie und Astrophysik maßgeblich mitbestimmte.

Zwischen 1895 und 1926 hatte Kayser in Bonn insgesamt ungefähr 170 Doktoranden, darunter viele spätere Spektroskopiker wie etwa sein Amtsnachfolger Heinrich Konen, oder Albert Bachem und Leonhard Grebe. Neben diesen zahlreichen Doktoranden, die vorwiegend mit Hilfe von Rowlandgittern die Routinemessungen für seine Wellenlängentabellen ausführten, hatte Kayser auch etliche auswärtige wissenschaftliche Stipendiaten (z. B. Henry Crew, William F. Meggers), die bei ihm in die Kniffe der Präzisionsspektroskopie eingeführt wurden. [KH]

Werk(e):
Handbuch der Spektroskopie, 8 Bde. (1900–1934).

Sekundär-Literatur:
Erinnerungen aus meinem Leben. Annotierte wissenschaftshistorische Edition des Originaltyposkriptes aus dem Jahr 1936, hrsg. von Dörries, M. und Hentschel, K. (1996); Dörries, M.: Heinrich Kayser as philologist of nature, Historical Studies in the Physical Sciences 26 (1997); Hentschel, K.: Zum Zusammenspiel von Experiment, Instrument und Theoriebildung, Kap. 5–6 (1998); Ders.: Mapping the Spectrum, Kap. 8 (2002).

Kekulé von Stradonitz, Friedrich August,
deutscher Chemiker,
* 7. 9. 1829 Darmstadt,
† 13. 7. 1896 Bonn.

Kekulé wurde durch sein Lebenswerk zum Begründer der Strukturchemie und zählt zu den bedeutendsten Chemikern des 19. Jahrhunderts.

Kekulé, der einer böhmischen Adelsfamilie entstammte, besuchte das Gymnasium in Darmstadt. 1847 begann er mit dem Studium der Architektur an der Universität Gießen, wo er von den Vorlesungen J. ↗ Liebigs so beeindruckt wurde, dass er sein Studienfach änderte und (nach einem Jahr an der Höheren Gewerbeschule in Darmstadt) 1849 das Chemiestudium aufnahm. Er arbeitete in Liebigs Labor, doch da er mehr an theoretischen Fragen als an dessen praktisch-chemischen Untersuchungen interessiert war, begab er sich 1851 nach Paris, wo er u. a. Ch. ↗ Gerhardt und dessen unitarische bzw. Typentheorie kennen lernte. 1852 kehrte Kekulé nach Deutschland zurück und erwarb in Gießen mit einer Arbeit über Amylschwefelsäureester den Doktortitel. Die folgenden eineinhalb Jahre verbrachte er bei Adolf v. Planat in Reichenau (Schweiz), ehe er 1853 auf Empfehlung Liebigs nach London zu John Stenhouse kam. Dort freundete er sich mit A. ↗ Williamson an, der kurz zuvor mit wichtigen Beiträgen zum Verständnis der Etherbildung hervorgetreten war und Kekulés theoretische Vorstellungen beeinflusste. Während einer abendlichen Busfahrt durch London erlebte Kekulé die erste von zwei Traumvisionen, die für seine Begründung der modernen organischen Strukturchemie (der Begriff wurde 1861 von A. ↗ Butlerow geprägt) entscheidend sein sollten. Vor seinem geistigen Auge sah er winzige Gebilde, die durcheinander wirbelten und sich gegenseitig umfasst hielten oder aneinander reihten. Kekulé erkannte in diesen Gebilden Atome verschiedener Art und in den Zusammenlagerungen das Konzept der unterschiedlichen Wertigkeit.

Nachdem ein Versuch, an der Polytechnischen Schule in Zürich (später ETH) eine Anstellung zu erlangen, gescheitert war, begab sich Kekulé 1856 an die Universität Heidelberg zu R. ↗ Bunsen, wo er sich habilitierte und als unbezahlter Privatdo-

F.A. Kekulé von Stradonitz und Studenten der Universität von Ghent 1863; hintere Reihe v. l.: August Mayer, Wilhelm Körner, Eich, Sammel, Behrend, Albert Ladenburg; vordere Reihe v. l.: Theodore Swarts, Kekulé, Glaser

zent lehrte. Zu seinen Schülern zählten E. ↗ Erlenmeyer, A. v. ↗ Baeyer, H. H. ↗ Landolt, F. ↗ Beilstein J. L. ↗ Meyer und Henry Roscoe. 1857 äußerte Kekulé erstmals den Gedanken von der Vierwertigkeit des Kohlenstoffs. In der Abhandlung *Über die Constitution und die Metamorphose der chemischen Verbindungen und über die chemische Natur des Kohlenstoffs* (1858) verließ Kekulé endgültig die Typentheorie und legte den Grundstock zur Strukturchemie. Ein Kohlenstoffatom könne mit seinen vier Valenzen vier einwertige Wasserstoffatome oder zwei zweiwertige Sauerstoffatome etc. binden, ferner könnten sich mehrere Kohlenstoffatome untereinander zu Ketten formieren. Damit war die bislang fehlende Erklärung für die ungeheure Zahl von Kohlenstoffverbindungen gefunden. Unabhängig von Kekulé und praktisch gleichzeitig mit diesem gelangte der schottische Chemiker A. S. ↗ Couper zu denselben Schlussfolgerungen.

1858 nahm Kekulé einen Ruf an die Universität Gent (Belgien) an. Seine Arbeitsmöglichkeiten und seine finanzielle Situation besserten sich erheblich, auch wurden Praktikumsräume nach dem Vorbild Liebigs in Gießen eingerichtet. Zusammen mit Carl Weltzien und Wurtz organisierte Kekulé im September 1860 den geradezu legendären Chemikerkongress von Karlsruhe, der für das Verständnis des chemischen Atomismus von entscheidender Bedeutung war. 1859 schloss er die Arbeit am ersten Band seines *Lehrbuch(s) der organischen Chemie* ab. Hier erörterte Kekulé die wichtige Frage der unterschiedlichen Absättigung des Kohlenstoffs und schlug die Unterscheidung von gesättigten und ungesättigten (aliphatischen) und benzolartigen (aromatischen) Kohlenwasserstoffen vor. Um 1864 erlebte Kekulé eine zweite Traumvision, in der ihm die Atome wie eine sich windende Schlange erschienen, die sich selbst in den Schwanz beißt. Hierdurch wurde der Weg zur ringförmigen Konstitution der aromatischen Verbindungen gewiesen. Im Januar 1865 verlas Wurtz Kekulés Aufsatz *Sur la constitution des substances aromatiques* bei einer Sitzung der Pariser Chemischen Gesellschaft und im Mai ergänzte Kekulé seine Theorie durch den Artikel *Produits de substitution de la benzine*.

1867 folgte Kekulé einem Ruf an die Universität Bonn als Nachfolger von A. W. ↗ Hofmann, wo er seine Arbeiten am Benzol und dessen Derivaten (u. a. Azo- bzw. Diazoverbindungen) fortsetzte und sich dem Problem der Isomerie mehrfachsubstituierter Benzolderivate zuwandte. 1869 zeigte Kekulé (zusammen mit seinen Assistenten Wilhelm Körner und A. ↗ Ladenburg) die Gleichwertigkeit aller sechs C-C-Bindungen im Benzol und entwickelte bis 1872 die Vorstellung oszillierender Doppelbindungen, die sich gegen Vorschläge von Ladenburg, J. ↗ Dewar und anderen durchsetzte. Zu seinen Schülern in Bonn gehörte auch J. H. ↗ van't Hoff, dessen Tetraedermodell der räumlichen Anordnung der Kohlenstoff-Valenzen den Weg zur Stereochemie eröffnete. Einen Ruf an die Universität München als Nachfolger Liebigs lehnte Kekulé ab und empfahl statt dessen A. v. Baeyer.

1890 veranstaltete die Deutsche Chemische Gesellschaft ihm zu Ehren in Berlin das »Benzolfest« anlässlich des 25. Jahrestages der Erstveröffentlichung seiner Benzoltheorie, eine Hommage, wie sie nur wenigen Wissenschaftlern während ihrer Lebenszeit zuteil wurde. [CP]

Werk(e):
Lehrbuch der organischen Chemie, 3 Bde. (1861–1882); Eine Bibliographie der Veröffentlichungen Kekulés wurde von Richard Anschütz 1929 zusammengestellt.

Sekundär-Literatur:
Anschütz, R., Kekulé, A.: Bd. 1, Leben u. Wirken (1929), Bd. 2, Abhandlungen, Berichte, Kritiken etc.; Walker, O. J.: A. Kekulé and the benzene problem, in: Annals of Science 4 (1939) 36–46; Winderlich, R. in: Bugge, G. (Hrsg.): Das Buch der großen Chemiker, Bd. 2, Nachdruck (1955); Wizinger-Aust, R.: Kekulé und seine Benzolformel (1966); Fisher, N. W.: Kekulé and organic classification, in: Ambix 21 (1974,) 29–52.

Kelvin, William Lord K. of Largs, Thomson, Sir William,
englischer Physiker,
* 26. 6. 1824 Belfast,
† 17. 12. 1907 Netherhall, Largs (Schottland).

Kelvin gilt als einer der Begründer der Thermodynamik. Er entwickelte eine Temperaturskala, die substanzunabhängig war. Neben der Thermodynamik beschäftigte er sich mit verschiedenen Gebieten der Elektrizitätslehre und der Elektrotechnik.

William Thomson wurde als Sohn von James Thomson, einem aus einfachen Verhältnissen stammenden Mathematiklehrer, geboren. J. Thomson war zu seiner Zeit ein berühmter Mathematikprofessor. Von seinen sieben Kindern traten zwei in seine Fußstapfen, neben William noch sein ältester Sohn James, der als Ingenieur erfolgreich war. Beide Eltern stammten aus Schottland, lebten aber bei Williams Geburt in der irischen Stadt Belfast. Im Jahre 1832 erhielt J. Thomson einen Ruf an die Universität von Glasgow. Bereits im Alter von acht Jahren hörte William die Vorlesungen seines Vaters mit. Es stellte sich sehr bald heraus, dass er ein regelrechtes Wunderkind war. Mit nur zehn Jahren schrieb er sich an der Universität ein und las bereits mit fünfzehn die Schriften von J. L. ↗ Lagrange und J. B. ↗ Fourier.

Die Thomsons brachten es zu einem bescheidenen Wohlstand, so dass es sich der Vater leisten konnte, 1839 eine Europareise zu unternehmen. Da William bereits gut deutsch und französisch sprach, bereitete es ihm keine Mühe, sich mit deutschen und französischen Wissenschaftlern zu unterhalten. 1841 besuchte Thomson das Peterhouse in Cambridge. Er brauchte nicht lange, um sich auch dort einen Namen zu machen. In dieser Zeit veröffentlichte er mehrere mathematische Abhandlungen, fand aber noch genügend Zeit, sich auch seinen musikalischen Neigungen zu widmen. Um seine Studien zu vollenden, ging er 1842 nach Paris, wo er die Bekanntschaft von J. ↗ Liouville und J.-B. ↗ Dumas machte. Eine besondere Freundschaft verband ihn mit dem Physiker H. V. ↗ Regnault, der William anbot, bei ihm als kostenloser Laborassistent zu arbeiten. Während dieser Zeit stieß Thomson auf das Werk von B. P. ↗ Clapeyron, das ihn wiederum auf die Arbeit von S. ↗ Carnot aufmerksam machte.

Als 1846 die Professur für Naturphilosophie in Glasgow frei wurde, war es fast eine Selbstverständlichkeit, dass William Thomson diesen Lehrstuhl übernahm.

Die Universität selbst war in einem guten Zustand. Geräte wurden bei J. ↗ Watt gebaut, auch eine Newcomensche Dampfmaschine gehörte zum Inventar des Instituts. Thomson führte bei seinen Studenten sofort eine Neuerung ein. Sie sollten nicht nur theoretische Kenntnisse haben, sondern sollten in erster Linie in den Labors arbeiten, um praktische Erfahrung beim Experimentieren zu erlangen. Dies waren die ersten Labors ihrer Art in England.

Thomson kam 1847 auf die Idee, eine von einer Substanz unabhängige Thermometerskala vorzuschlagen. In einer Abhandlung ging Thomson

W. Kelvin

1848 in Übereinstimmung mit Carnot davon aus, dass, bei Erhaltung der Wärme, die bei höherer Temperatur in die Maschine eintretende Wärme der Menge nach gleich der Wärme ist, die die Maschine bei niedrigerer Temperatur verlässt. Thomson stellte sich die Temperaturskala folgendermaßen vor: »Die charakteristische Eigenschaft der Skala, die ich hier vorschlage, ist, dass alle Grade denselben Wert haben, d. h. dass eine von einem Körper A mit der Temperatur T_0 dieser Skala auf einen Körper B mit der Temperatur T_{0-1} übergehende Wärmeeinheit denselben Effekt auslösen würde, gleichgültig, was die Zahl T_0 ist. Man könnte sie mit Recht eine absolute Skala nennen, da es für sie typisch ist, ganz unabhängig von den physikalischen Eigenschaften einer spezifischen Substanz zu sein.«

Im Jahre 1847 machte Thomson bei einer Tagung der British Association in Oxford die Bekanntschaft von J. P. ↗ Joule. Sehr bald schon verband die beiden Wissenschaftler eine enge Freundschaft und sie arbeiteten schließlich zusammen, um Thomsons Temperaturskala zu vollenden. Die Erkenntnis, dass es einen absoluten Nullpunkt geben musste und damit eine bestimmte Temperatur nicht unterschritten werden konnte, führte schließlich zur absoluten Temperaturskala oder Kelvinskala, wie wir sie heute nennen.

Mit 31 Jahren wandte er sich einem vollkommen neuen Gebiet zu, nämlich der immer stärker aufkommenden Telegrafie. Nach einschlägigen Untersuchungen gründeten einige Industrielle in England die Atlantic Telegraph Company, in deren Aufsichtsrat Thomson als eines von 18 Mitgliedern aufgenommen wurde. Die praktische Arbeit für das Telegrafenprojekt veränderte Thomsons Leben grundsätzlich. Neben seiner wissenschaftlichen Tätigkeit beschäftigte sich Thomson primär als Unternehmer und Erfinder. Er entwickelte viele neue Geräte, mit denen technische Probleme behoben werden konnten. So baute er beispielsweise ein Spiegelgalvanometer, in dem der Zeiger durch einen Lichtstrahl ersetzt wurde. Nachdem mehrere Versuche scheiterten, ein Seekabel für die Telegrafie über den Atlantik zu legen, gelang dies Thomson schließlich. Dafür erhielt er die Ehrenbürgerwürde von Glasgow.

Auch im Bereich der Elektrizitätslehre versuchte Thomson die Grundlagen für absolute Einheiten zu legen. Er war einer der treibenden Kräfte, die darauf hinwirkten, dass auf Kongressen 1881 in Paris und 1893 in Chicago die Einheiten Volt, Ampère, Farad(ay) und Ohm eingeführt wurden. Im Jahre 1892 wurde Thomson in den höheren Adelsstand erhoben und erhielt als Baron Kelvin of Largs einen Sitz im englischen Oberhaus.

In seinen letzten Lebensjahren entfernte sich Thomson immer weiter von den aktuellen Ansichten der Physik. Der modernen Physik, der Relativitätstheorie und der Quantenphysik stand Thomson sehr zurückhaltend gegenüber. Er war ein Meister der klassischen Physik und versuchte, alle Phänomene auf die klassische Physik zurückzuführen.

[HPS]

Werk(e):
Thomson, W.: Mathematical and physical papers, 3 Bde. (1882, 1884, 1890).

Sekundär-Literatur:
Smith, C., Wise, M.: Energy and empire. A biographical study of Lord Kelvin (1989); Tunbridge, P.: Lord Kelvin (1992).

Kendall, Edward Calvin,
amerikanischer Biochemiker,
* 8. 3. 1886 South Norwalk (Connecticut),
† 4. 5. 1972 Princeton (New Jersey).

Kendall entdeckte 1914 Thyroxin, stellte 1936 Cortison rein dar und erhielt 1950, zusammen mit Philip Sh. Hench und T. ↗ Reichstein, den Nobelpreis für Physiologie oder Medizin für die Aufklärung von Struktur und biologischer Wirkung der Nebennierenrindenhormone.

Kendall studierte Chemie an der Columbia-Universität New York. Hier wurde er 1908 Bachelor of Science und 1909 Master of Science. 1910 erfolgte die Promotion. Von 1910 bis 1911 war Kendall bei der Firma Parke, Davies & Co. in Detroit tätig, wo er als Forschungschemiker über Schilddrüsenhormone arbeitete. Dies setzte er von 1911 bis 1914 am St. Luke's Hospital in New York fort. 1914 übernahm Kendall die Leitung der Biochemischen Sektion der Klinik der Mayo-Stiftung in Rochester, die zur Universität Minnesota gehörte. Er wurde hier 1915 Direktor des Bereichs Biochemie und 1921 Professor für Physiologische Chemie. Nach Erreichen des Pensionsalters (1951) wirkte Kendall

E.C. Kendall

an der Universität Princeton als Gastprofessor. Kendall hat vier Ehrendoktorate sowie zahlreiche wissenschaftliche Preise und Auszeichnungen erhalten.

Kendalls Arbeitsgebiet war die Untersuchung der Über- und Unterfunktion der Schilddrüse und die Erforschung der Schilddrüsen- und Nebennierenrindenhormone. Bereits 1914 gelang ihm die Isolierung des in der Schilddrüse gebildeten und den Stoffwechsel regulierenden Hormons Thyroxin. Bei der Konstitutionsermittlung stellte er fest, dass Thyroxin 65 % Iod enthält und strukturell den Indolderivaten zuzuordnen sei. Charles R. Harington ermittelte zwischen 1924 und 1927 die Summenformel und die Konstitution des Thyroxins, die er durch Totalsynthese bestätigte. Kendall wandte sich dann den Oxidationsreaktionen des Organismus zu. Dabei gelang es ihm, aus Muskeln und Hefezellen das Tripeptid Glutathion zu isolieren, dieses zu kristallisieren, die Konstitution zu ermitteln (1935) sowie seine Funktion im Organismus zu beschreiben. Ab 1930 erforschte Kendall, in Konkurrenz mit Forschungsgruppen in Zürich und New York, die den Kohlenhydrat- und Mineralstoffwechsel beeinflussenden Nebennierenrindenhormone. Bei diesen Arbeiten wurden insgesamt 28 Steroidhormone isoliert, von denen allerdings nur einigen Hormonwirkung zukam. Kendall kennzeichnete die physiologisch aktiven Hormone in alphabetischer Reihenfolge, wobei sich die mit den Buchstaben A, B, E und F als besonders interessant erwiesen. 1936 stellte Kendall das Hormon E, 1939 als Cortison bezeichnet, rein dar und klärte dessen Struktur, unabhängig von Reichstein, auf. 1944 synthetisierte Kendall auch das Hormon A. Beide Hormone wurden unmittelbar danach, allerdings in sehr geringen Mengen, von der Firma Merck & Co. in Rahway produziert, wobei sich Kendall mit Erfolg um eine Verbesserung dieser Synthesen bemühte. Auch der an der Klinik der Mayo-Stiftung in Rochester wirkende Arzt Hench, der sich mit der Therapie infektiöser rheumatischer Erkrankungen beschäftigte, hat von Kendall um 1941 Hormon E (Cortison) erhalten und dieses erstmals 1948 mit Erfolg bei Rheumakranken angewandt. [RS3]

Werk(e):
Cortisone (1971).

Kendrew, Sir John Cowdery,
britischer Biochemiker und Molekularbiologe,
* 24. 3. 1917 Oxford,
† 23. 8. 1997 Cambridge.

Kendrew hat 1962, zusammen mit M. F. ↗ Perutz, den Nobelpreis für Chemie für die röntgenographische Strukturbestimmung von Hämoglobin und Myoglobin erhalten.

Kendrew, Sohn eines Dozenten für Klimatologie an der Universität Oxford, studierte bis 1939 Chemie am »Trinity College« in Cambridge. Mit Beginn des Zweiten Weltkrieges war er in der fernmeldetechnischen Forschung des Luftfahrtministeriums sowie der Luftwaffe tätig. 1946 wurde er in Cambridge Mitarbeiter in dem unter der Leitung von W. L. ↗ Bragg stehenden »Cavendish Laboratory«. Hier begann seine Zusammenarbeit mit Perutz. 1949 erfolgte die Promotion und 1962 die Habilitation (DSc). Kendrew war ab 1947 am Cavendish Laboratory stellvertretender Leiter der Medical Research Council Unit und Vizedirektor des späteren Medical Research Council Laboratory of Molecular Biology. Zugleich leitete er ab 1962 die Abteilung für Strukturuntersuchungen. Daneben war Kendrew von 1954 bis 1968 Dozent am Davy-Faraday-Laboratorium der Royal Institution in London sowie von 1974 bis 1982 Leiter des Europäischen Laboratoriums für Molekularbiologie in Heidelberg. 1982 wurde er Professor und Präsident des St. John's College der Universität Oxford. Kendrew war Gründer und Herausgeber des *Journal of Molecular Biology*, gehörte zahlreichen wissenschaftlichen Akademien und Gesellschaften an und fungierte zeitweise als Berater der britischen Regierung.

Kendrews Arbeiten über die Struktur der Polypeptide begannen 1946 in Zusammenarbeit mit Perutz, der sich bereits seit 1937 mit der Strukturaufklärung der Hämoglobine, d. h. der Sauerstoff übertragenden und speichernden Hämoproteine, beschäftigt hatte. Kendrew erforschte insbesondere die Struktur des intrazellulären Hämoglobins der Gewebe und Muskeln, des Myoglobins. Durch Röntgenstrukturanalyse konnte er 1957 die alpha-Helix-Form der aus 153 Aminosäuren bestehenden Poly-

J.C. Kendrew

peptidkette nachweisen und durch ein dreidimensionales Modell darstellen. 1960 gelang ihm, die Sekundärstruktur, d. h. die Konformation der Polypeptidkette, zu ermitteln, 1962 legte er Beiträge zur Tertiärstruktur, d. h. zur räumlichen Verknäuelung der Polypeptidkette, vor. [RS3]

Johannes Kepler

Volkmar Schüller

Kepler, Johannes,
deutscher Astronom, Mathematiker und Physiker,
* 27. 12. 1571 Weil (heute Weil der Stadt),
† 15. 11. 1630 Regensburg.

Johannes Kepler hat mit seinen drei Keplerschen Gesetzen, die die Planetenbewegungen erstmals mathematisch richtig beschrieben, grundlegende Vorarbeiten für die Entstehung der Newtonschen Physik geleistet und wesentlich zur Durchsetzung des heliozentrischen Planetensystems beigetragen. Wichtige Beiträge zur Mathematik, zur Optik und zur Physikalisierung der Astronomie gehen auf ihn zurück.

Leben

Die ersten Lebensjahre verbrachte Kepler bei den Eltern seines Vaters, weil dieser sich als Söldner im Krieg befand und die Mutter ihm ins Kriegslager gefolgt war. Als 1576 die Eltern zurückkehrten, zog die Familie nach Leonberg, wo sie in Wohlstand lebte. Wegen einer Bürgschaft verloren die Eltern fast ihr ganzes Vermögen und zogen nach Ellmendingen bei Pforzheim, wo sie ein Wirtshaus pachteten. Die wirtschaftlichen Schwierigkeiten erlaubten Kepler nur einen unregelmäßigen Schulbesuch. Der Vater zog bald wieder in den Krieg und verließ 1588 die Familie für immer. Wegen seiner schwachen Gesundheit wurde Kepler für die theologische Laufbahn bestimmt. Nachdem er sich auf den Klosterschulen in Adelberg und in Maulbronn auf das Studium der evangelischen Theologie vorbereitet hatte, bezog er 1589 die Universität Tübingen. Wie alle Studenten jener Zeit musste auch Kepler die Vorlesungen der Artisten-Fakultät hören, an der M. ↗ Mästlin, der 1588 ein berühmtes Astronomielehrbuch veröffentlicht hatte, sein Mathematik- und Astronomielehrer war. Da die Lutheraner die Copernicanische Lehre ablehnten, durfte sie an der Universität Tübingen nicht gelehrt werden. Öffentlich lehrte Mästlin zwar das Ptolemäische System, neigte aber insgeheim dem Copernicanischen System zu und machte Kepler mit diesem vertraut. Nach dem Magisterexamen im Jahre 1591 begann Kepler sein Theologiestudium, u. a. bei dem Exegeten Matthias Hafenreffer, der ein strenger Anhänger der Konkordienformel von Christi Allgegenwart war und den Calvinismus scharf bekämpfte. Keplers Weltbild wurde aber vor allem durch sein Studium Pythagoreischer und Platonischer Quellen geprägt. Wegen der Widersprüche zwischen der kirchlichen Lehre und der Astronomie geriet Kepler, der ein tief religiöser Mensch war, bald mit der lutherischen Theologie in offenen Konflikt, so dass seine Stellung in Tübingen schließlich unhaltbar wurde und der Tübinger Senat ihn 1594 an die evangelische Stiftsschule in Graz abschob.

Kepler wurde dort schnell als Astrologe berühmt, weil seine Voraussagen für das Jahr 1594 (kalter Winter, Türkeneinfall, oberösterreichische Bauernunruhen) weitgehend eintraten. Zwar erstellte Kepler während seines ganzen Lebens immer wieder Horoskope, aber es gibt viele Zeugnisse dafür, dass er von der Astrologie im antiken Sinne nichts hielt. In seiner Schrift *De fundamentis astrologiae certioribus* (Über zuverlässigere Grundlagen der Astrologie) schreibt er 1601, dass es nur dem Zufall zuzuschreiben sei, wenn die Astrologen manchmal die Wahrheit sagten.

Erst 1597 entschied sich Kepler endgültig für eine Laufbahn als Astronom und Mathematiker. Seinem Lehrer Mästlin schrieb er am 3. Oktober 1597, dass er zwar eigentlich Theologe werden wollte, da aber Gott aus dem Buch der Natur heraus erkannt sein wolle, wolle er nun mit seiner Arbeit als Astronom Gott dienen.

Als Erzherzog Ferdinand II. begann, die Steiermark zu rekatholisieren, musste Kepler, der sich inzwischen verheiratet hatte, am 28. September 1598 Graz zum ersten Mal verlassen. Weil er sich weigerte, zum römisch-katholischen Glauben überzutreten, wurde gegen ihn am 7. August 1600 in Graz die ewige Verbannung ausgesprochen. Daraufhin ging er im September nach Prag, wo ihm einige Gönner zu der ehrenvollen Berufung als kaiserlicher Mathematiker verhalfen.

1601 erhielten T. ↗ Brahe und Kepler vom Kaiser Rudolph II. den Auftrag, auf der Grundlage neuer astronomischer Beobachtungen neue Planetentafeln (die später nach ihrem Auftraggeber Rudolphinische Tafeln genannt wurden) zu schaffen. Als Brahe am 14. Oktober 1601 plötzlich starb, wurde Kepler Ende des Jahres von Rudolph II. zu Brahes Nachfolger ernannt. Infolge der Kämpfe zwischen den Katholiken und Protestanten wurde Keplers Stellung in Prag immer schwieriger. Bereits 1608 versuchte

J. Kepler (nach einem Stich von Jakob v. Heyden)

er darum vergeblich, nach Tübingen an die Universität zurückzukehren. Nachdem ihm 1611 die Stelle eines Landschaftsmathematikers in Linz zugesprochen wurde, willigte der Kaiser Matthias in Keplers Übersiedlung nach Linz ein und bestätigte seine Stellung als kaiserlicher Hofmathematiker, so dass er seit Mai 1612 in Linz arbeiten konnte.

Obwohl Kepler kaiserlicher Hofmathematiker war und sehr hohes wissenschaftliches Ansehen genoss, musste er sich immer wieder heftigster theologischer Angriffe von der Seite der Lutheraner erwehren. Die von ihm vertretene prinzipielle Trennung von Theologie und Naturwissenschaften führte immer wieder zu dem Vorwurf, er sei ein Ketzer. Nach dem Tod seiner ersten Frau heiratete Kepler im Oktober 1613 ein zweites Mal.

Im Frühjahr 1616 Zeit erreichte ihn die Nachricht, dass seine Mutter der Hexerei beschuldigt werde, was für sie eine große Gefahr bedeutete; im Winter 1615/16 waren in Leonberg, wo seine Mutter lebte, sechs Frauen wegen Hexerei hingerichtet worden. Trotz Keplers intensiver Bemühungen, die Klage gegen seine Mutter abzuwenden, wurde sie im August 1620 schließlich doch verhaftet und das Verfahren gegen sie eröffnet. Kepler selbst übernahm die Verteidigung und konnte erreichen, dass die Prozessakten an die Juristische Fakultät der Universität Tübingen zur Entscheidung übergeben wurden, wo man zu dem Ergebnis kam, dass gegen Keplers Mutter nur eine Territion (Zeigen der Folterinstrumente) zur Anwendung kommen solle. Keplers Mutter, die man in dem Glauben gelassen hatte, dass sie gefoltert werden solle, fiel bei der Territion vor Entsetzen in Ohnmacht und wurde daraufhin freigelassen. Nur dank Keplers geschickter Verteidigung entging seine Mutter dem Scheiterhaufen und die gesamte Familie der gesellschaftlichen Ächtung.

Als 1625 alle protestantischen Prediger und Lehrer aus Linz ausgewiesen wurden, wo auf Befehl des Kaisers unter Keplers Aufsicht eigentlich die Rudolphinischen Tafeln gedruckt werden sollten, erhielt Kepler 1626 die kaiserliche Erlaubnis, die Tafeln in Ulm zu drucken, wo Kepler keine Behinderungen durch die Gegenreformation zu befürchten hatte. 1627 konnte er dem Kaiser Ferdinand II. in Prag die Tafeln überreichen, die für annähernd zwei Jahrhunderte ein unentbehrliches Hilfsmittel in der Astronomie waren.

Als 1627 aus den kaiserlichen Ständen alle Nichtkatholiken entlassen wurden, machte der Kaiser, der Kepler in seinen Diensten halten wollte, ihm großzügige Angebote (deren Inhalt unbekannt ist) unter der Bedingung, dass Kepler katholisch werde, was dieser aber ablehnte. Daraufhin lud Wallenstein Kepler nach Sagan (heute Zagán/Polen) in seine Residenz ein, wo Kepler seit dem Sommer 1628 lebte und in Wallensteins Diensten stand, der vor allem an Keplers Horoskopen interessiert war. Da Wallenstein Keplers Geldforderungen an den Kaiser von diesem übernommen hatte, aber nicht zahlen konnte, vermittelte Wallenstein, der inzwischen Herzog von Mecklenburg geworden war, 1629 die Berufung von Kepler als Mathematikprofessor an die Universität Rostock. Als Kepler im Oktober 1630 seine Geldforderungen vergeblich dem Reichstag in Regensburg unterbreitete, erkrankte er dort plötzlich schwer und verstarb. Trotz der großen Anteilnahme des Kaisers und der gelehrten Welt an seinem Tod und trotz seiner berechtigten Geldforderungen an den Kaiser wurde seiner Witwe eine Rente verwehrt, so dass die Familie in große Armut und Not geriet.

Keplers Weltgeheimnis

Angeregt durch die Phythagoräische Lehre von der Harmonie der himmlischen Sphären, versuchte Kepler offenbar schon als Student, solche harmonischen Beziehungen mathematisch zu formulieren. In seinem ersten großen, 1596 veröffentlichten Werk *Prodromus dissertationum cosmographicarum, continens mysterium cosmographicum* (Vorbote kosmographischer Abhandlungen, enthaltend das Weltgeheimnis) meinte er das Weltgeheimnis, d. h. den von Gott bei der Erschaffung der Welt dem Kosmos zugrunde gelegten Plan, entschlüsselt zu haben. Dabei übernahm er ohne jede Diskussion das Copernicanische System in einer leicht abgeänderten Form, bei der die Planetenbahnen konzentri-

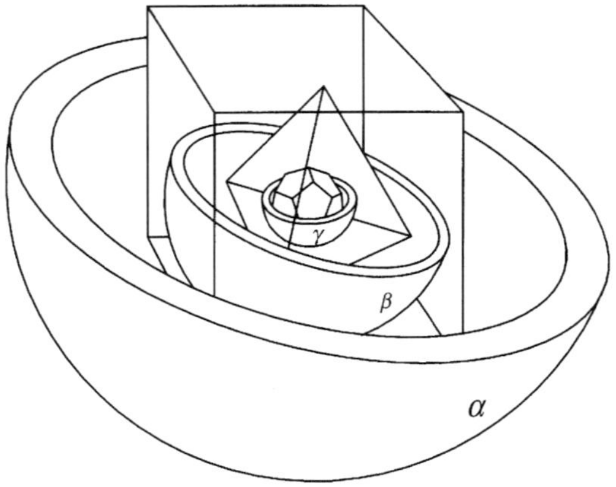

J. Kepler: Modell für Keplers Weltgeheimnis der ineinander gesetzten Platonischen Körper und Planetensphären: α Saturnsphäre, β Jupitersphäre, γ Marssphäre usw.

sche Kreise um die Sonne sind und die Planeten von ihren Sphären um die Sonne herum getragen werden. Dabei sind die Sphären der jeweiligen Planeten die Kugelflächen, deren Mittelpunkt in der Sonne liegt und deren Durchmesser der Durchmesser der jeweiligen Planetenbahn ist. Das von Kepler formulierte Weltgeheimnis besagt, Gott habe die Welt so erschaffen, dass sich zwischen die Sphären der sechs damals bekannten Planeten die fünf regulären bzw. Platonischen Köper so einfügen lassen, dass jeder dieser fünf Körper von einer einbeschriebenen und einer umbeschriebenen Planetensphäre berührt wird. Keplers spekulativer Grundgedanke ist folgender: Die Erdsphäre soll das Maß für alle Sphären in der Weise sein, dass das der Erdsphäre umbeschriebene Dodekaeder die Marssphäre von innen berührt. Das Tetraeder, das der Marssphäre umbeschrieben ist, berührt die Jupitersphäre von innen, und der der Jupitersphäre umbeschriebene Würfel berührt die Saturnsphäre von innen. Legt man in die Erdsphäre ein Ikosaeder hinein, so ist die diesem Ikosaeder einbeschriebene Kugel die Venussphäre. Wird in diese Venussphäre ein Oktaeder hineingelegt, so ist die diesem Oktaeder einbeschriebene Kugelfläche die Merkursphäre. Die Mitte aller Sphären ist der Ort der Sonne. Weil es nur fünf reguläre Körper gibt, könne es nur sechs Planeten geben. Da die Durchmesser der Sphären, wenn man ihnen wegen der Ekzentrizität der Planetenbahnen eine gewisse Dicke zugesteht, fast im gleichen Verhältnis zueinander stehen wie die Durchmesser der entsprechenden Planetenkreisbahnen im Copernicanischen System, hielt Kepler sein Weltgeheimnis für mathematisch bestätigt. Kepler fragte aber auch, wie Gott die Himmelsbewegungen erzeugt habe und aufrechterhalte. Zwar nimmt die Sonne im System von N. ↗ Copernicus eine zentrale Stellung ein, aber sie spielt bei Copernicus keine wirklich physikalische Rolle. In Keplers System hingegen ist diese zentrale Stellung der Sonne wesentlich; er nahm nämlich an, dass die Ursache für die Bewegung eines Planeten eine von der Sonne ausgehende bewegende Seele (*anima motrix*) sei. Diese animistische Erklärung ersetzte er 1621 in der 2. Aufl. seines *Mysterium cosmographicum* aufgrund seiner Ergebnisse in der später geschriebenen *Astronomia nova* durch eine mechanistische Erklärung. Nun soll eine von der Sonne ausgehende bewegende Kraft (*vis motrix*) die Planetenbewegungen erzeugen, wobei die von der Sonne ausgehende Einwirkung auf die Planeten um so schwächer ist, je weiter der Planet von der Sonne entfernt ist. Obwohl die dem *Mysterium cosmographicum* zugrundeliegende Idee falsch ist, ist dieses Werk doch ein Meilenstein in der Geschichte der Astronomie, weil in ihm das erste Mal eine physikalische Erklärung für die Himmelsbewegungen versucht wird. Da die Gegner des Copernicanischen Systems grundsätzlich die im Widerspruch zur Bibel stehende Lehre ablehnten, fand Kepler anfangs keinen Verleger. Dank der Hilfe seines Lehrers Mästlin konnte Kepler sein *Mysterium cosmographicum* schließlich doch veröffentlichen, allerdings musste er den Einwänden von Hafenreffer, seinem ehemaligen theologischen Lehrer und jetzigen Rektor in Tübingen, nachgeben und die Kapitel streichen, in welchen er das Copernicanische System mit der Bibel auszusöhnen versuchte.

Tycho Brahe, der in Prag als kaiserlicher Astronom arbeitete und ein eigenes geozentrisches Planetensystem zu begründen versuchte, wusste aufgrund seiner Beobachtungen, dass die von Kepler benutzten mittleren Planetenabstände sehr unsicher waren. Außerdem hatten ihn seine Beobachtungen der Kometen gelehrt, dass es im Weltraum keine Sphären gibt. Darum gab er Kepler den Rat, seine spekulativen Überlegungen durch gute Beobachtungen zu untermauern, woraufhin beide von Januar bis Juni 1600 in Prag zusammenarbeiteten. Da Brahe, der ein sehr schwieriger Charakter war, sein eigenes geozentrisches Planetensystem beweisen wollte, Kepler hingegen nach Beweisen für seine im *Mysterium cosmographicum* gegebene Theorie suchte, kam es zwischen beiden zu heftigen Streitigkeiten, die aber beigelegt werden konnten.

Keplers Dioptrik

Auch wenn Kepler in seinen 1604 veröffentlichten *Ad Vitellionem Paralipomena, quibus Astronomiae Pars Optica traditur* (Ergänzungen zu Witelo, in denen der optische Teil der Astronomie gelehrt wird) noch weitgehend der Aristotelischen bzw. Scholastischen Naturphilosophie folgte, z. B in seiner Auffassung vom Licht, so gelang es ihm doch erstmalig, die Funktion der Augenlinse richtig zu erklären, insbesondere führte er die Kurz- und Weitsichtigkeit auf Linsenveränderungen im menschlichen Auge zurück. Die Erfindung des Galileischen Fernrohres und die sich daraus ergebenden Möglichkeiten für die Astronomie, von denen G. ↗ Galilei 1610 in seinem *Sidereus Nuncius* (Der Sternenbote) berichtet hatte, begeisterten Kepler und regten ihn, nachdem er selbst ein solches Fernrohr ausprobieren konnte, zu seiner sehr berühmten kleinen Schrift *Dissertatio cum nuncio sidereo* (Unterredung mit dem Sternenboten) von 1610 an. Obwohl sich Kepler darum bemühte, kam es doch zwischen ihm und Galilei zu keinem wissenschaftlichen Gedankenaustausch, aber durch die Erfindung des Fernrohres wurde Kepler zu seiner genialen *Dioptrice* (Dioptrik) von 1611 angeregt, in welcher er wichtige Grundlagen für die Geometrische Optik schuf, die fast ebenso wichtig wie seine astronomischen Entdeckungen sind. Ihm gelang es, eine umfassende Theorie einfacher und kombinierter Linsen zu formulieren, so dass er das Galileische Fernrohr (Konvexlinse als Objektiv, Konkavlinse als Okular) und das Keplersche Fernrohr (nur Konvexlinsen, wurde 1613 von Chr. ↗ Scheiner gebaut) theoretisch erklären konnte. Neben der Entdeckung der Totalreflexion fand Kepler viele wichtige Ergebnisse zur Lichtbrechung, ohne jedoch das Brechungsgesetz vollständig formulieren zu können. Aus dem von ihm entdeckten Zusammenhang zwischen der Strahlungsbrechung und der Dichte und aus der beobachteten atmosphärischen Refraktion folgerte er, dass die Luft eine Schwere bzw. ein Gewicht haben müsse. Auch das fotometrische Grundgesetz, wonach die beobachtete Intensität einer Lichtquelle mit dem Quadrat von deren Entfernung abnimmt, entdeckte er.

Physikalisierung der Astronomie

Die von Kepler im Jahre 1609 veröffentlichte *Astronomia nova aitiologetos, seu physica coelestis, tradita commentariis de motibus stellae Martis, ex observationibus G.V. Tychonis Brahe* (Neue Astronomie, ursächlich begründet, oder Physik des Himmels, dargestellt in Untersuchungen über die Bewegung des Sternes Mars aufgrund der Beobachtungen des Edelmannes Tycho Brahe) leitete mit der von ihm als Programm verfolgten durchgehenden Physikalisierung der Astronomie eine vollkommen neue Ära in der Astronomie ein. Mit seiner Forderung, von dem Sein der Dinge zu den Ursachen ihres Seins vorzudringen, formulierte er eine neue Aufgabe für die Astronomie. Er gab die für das Mittelalter charakteristische Vorstellung, dass die Welt in die himmlische und die irdische Welt zerfalle und dort jeweils verschiedene Gesetze gelten, auf und versuchte die Physik der Erde auf den Bereich des Himmels so zu erweitern, dass die physikalischen Gesetze sowohl auf der Erde als auch im Weltraum universell gültig sind. Für ihn ist die himmlische Maschinerie nicht von der Art eines göttlichen Lebewesens, sondern funktioniert ähnlich wie ein Uhrwerk. So wie alle Bewegungen eines Uhrwerkes von dem antreibenden Gewicht herrühren, rühren die Bewegungen in der himmlischen Maschinerie von einer Kraft her. Keplers Ziel war es, die allgemeinen Naturgesetze nicht nur in Worten zu formulieren, sondern ihnen eine mathematische Form zu geben. Seine Untersuchungen der Marsbahn, die ein Musterbeispiel für die ineinander verschränkten Methoden von Induktion und Deduktion sind, zwangen ihn, seine spekulativen Vorstellungen aus dem *Mysterium cosmographicum* aufzugeben, so dass von der Lehre des Copernicus nur noch die Einreihung der Erde in die Schar der Planeten, welche die Sonne umkreisen, übrigbleibt. Die Planeten werden nicht mehr von Sphären um die Sonne herum getragen, sondern bewegen sich unter dem Einfluss einer von der Sonne ausgehenden Kraft auf Bahnen um die Sonne herum. Da damals nur die magnetische Kraft als eine über sehr große Entfernungen hinweg wirkende Kraft bekannt war, glaubte Kepler, dass die Kraft, von welcher die Planeten bewegt werden, eine magnetische Kraft sei. Eine solche Kraft, wie sie von der Sonne ausgeht, schrieb er allen Körpern zu. Jeder Körper bleibt so lange in Ruhe, wie er nicht in den Kraftbereich eines anderen gerät. Sobald er aber in diesen gerät, tritt eine wechselseitige Anziehung zwischen beiden auf. Ein Stein fällt also nicht zur Erde, weil sie der Mittelpunkt der Welt ist, wie es die mittelalterliche Vorstellung war, sondern weil die Erde den Stein anzieht und zugleich auch der Stein die Erde. Befinden sich zwei Steine außerhalb des Kraftbereichs anderer Körper, so ziehen sie sich so an, dass sie sich an einem zwischen ihnen liegenden Ort treffen, wobei sich der eine Stein dem anderen um eine solche Strecke nähert, die der Masse des anderen proportional ist. Von Kepler wurde erstmals in die Physik der Begriff der Trägheit eingeführt, allerdings nicht mit der Bedeutung, die er in der Newtonschen Physik hat, sondern nach Keplers Meinung kommt ein Körper infolge seiner Trägheit zur Ruhe, wenn er nicht von einer anderen Kraft angetrieben wird. Nachdem er in der *Astronomia nova* die Planetentheorien von ↗ Ptolemäus, Copernicus und Brahe diskutiert und die Folgen des Heliozentrismus aufgezeigt hatte, beschrieb er ausführlich seine fehlgeschlagenen Versuche, die Planetenbewegungen mathematisch richtig darzustellen, und begründete für die Bahnkurve eines Planeten den Satz, dass die zwischen der Sonne und dem Planeten gezogene Verbindungslinie in gleichen Zeiten gleiche Flächen überstreicht, was später als zweites Keplersches Gesetz bezeichnet wurde. Nachdem er verschiedene gekrümmte Bahnformen für die Planetenbahnen diskutiert hatte, kam er zu dem Ergebnis, dass die tatsächliche Bahn eines Planeten eine Ellipse ist, in deren einen Brennpunkt die Sonne steht, was später als erstes Keplersches Gesetz bezeichnet wurde. Durch Verbindung dieser beiden Gesetze leitete Kepler auch die ihm heute zu Ehren so genannte Keplersche Gleichung ab.

Als 1613 auf dem Reichstag in Regensburg der durch theologische Streitigkeiten geschürte Kalenderstreit beendet werden sollte, trat Kepler in seinem Gutachten für den Kaiser aufgrund überzeugender astronomischer Argumente für den Übergang zum Gregorianischen Kalender ein. Da sich die Protestanten, die in ihrem religiösen Fanatismus Keplers Gutachten als einen theologischen Verrat ansahen, durchsetzen konnten, wurde damals die Kalenderreform abgelehnt.

Bereits in seiner *Astronomia nova* hatte Kepler wichtige Überlegungen zur späteren Infinitesimalrechnung angestellt, mit der Berechung der Volumina von Rotationskörpern gelang ihm in seiner 1615 veröffentlichten *Nova stereometria doliorum* (Neue Raumberechnung der Weinfässer) ein weiterer wichtiger Beitrag. Eine stark veränderte deutsche Übersetzung ließ er 1616 unter dem Titel *Auszug aus der uralten Meßkunst des Archimedes* folgen.

Die Harmonie der Welt

Anknüpfend an sein *Mysterium cosmographicum* arbeitete Kepler seit 1597 an seinem 1619 veröffentlichten philosophischen Hauptwerk *Harmonices mundi* (Weltharmonik). Dieses Buch, das von Pythagoreisch-Platonischen Harmonievorstellungen aus spätantiker Zeit geprägt ist, gibt von allen seinen Werken den tiefsten Einblick in sein Weltbild. Die darin vorgetragene Sicht auf die Welt wurde vielfach als Mystizismus verunglimpft, obwohl sie eine naturphilosophische Sicht auf die Welt ist, die mit Hilfe des Harmoniebegriffs eine einheitliche Beschreibung der Welt versucht. Da nach Kepler die Idee der Harmonie die Grundlage der Welt ist, kann der kosmologische Bauplan der Welt nur mit dem ästhetischen Prinzip der Harmonie entschlüsselt werden. Im 1. Buch (dem »Geometrischen Buch«) werden die regulären Figuren konstruiert, welche die harmonischen Proportionen begründen. Dabei werden solche geometrischen Figuren als regulär bezeichnet, die sich allein mit Hilfe von Zirkel und Lineal aus Kreisteilungen ohne arithmetische Rechenhilfen konstruieren lassen. Die Kongruenz solcher Figuren in der Ebene und im Raum ist Gegenstand des 2. Buches (des »Architektonischen oder des auf der figürlichen Geometrie beruhenden Buches«). Die Harmonielehre wird im 3. Buch (dem »Eigentlich Harmonischen Buch«) behandelt, in welchem, angeregt durch die Musiktheorie von Vincenzo Galilei, dem Vater G. ↗ Galileis, die harmonischen Proportionen auf die Teilung des Kreises und des Monochords angewendet werden. Am Ende dieses Buches versuchte Kepler als Ergebnis seiner Auseinandersetung mit der Staatslehre von Jean Bodin, die harmonische Ordnung auf die Staatsform und Rechtspflege zu übertragen. Dies ist ein typisches Beispiel für Keplers Idee, dass man aus den Naturerkenntnissen auch Lehren für die Regelung der menschlichen Gesellschaft gewinnen könne. Das 4. Buch (das »Metaphysische, Psychologische und Astrologische Buch«), behandelt den Einfluss und die Harmonie der Strahlen von den Gestirnen auf die sublunare Natur und die menschliche Seele. Der Höhepunkt der *Harmonices mundi* ist das 5. Buch (das »Astronomische Buch«), worin die Harmonien der Himmelsbewegungen und die Exzentrizitäten der Planetenbewegungen aus den harmonischen Proportionen erklärt werden. Von ganz besonderer Bedeutung für die Astronomie ist das 3. Kapitel, in welchem Kepler seine Lehre von den Planetenbewegungen in 13 Thesen zusammenfasste. In der 5. These wurden noch einmal seine beiden ersten, bereits in der *Astronomia nova* formulierten Gesetze dargestellt, und in der 8. These sprach er dann das so genannte 3. Keplersche Gesetz aus: Die Umlaufzeiten zweier Planeten stehen zueinander im anderthalbfachen Verhältnis der mittleren Abstände der Planeten, d. h. die Quadrate der Umlaufzeiten zweier Planeten verhalten sich zueinander wie die Kuben der mittleren Abstände der Planeten, wobei der jeweilige mittlere Abstand das arithmetische Mittel aus den beiden Hauptachsen der jeweiligen Bahnellipse ist.

Ausbau und Vollendung der Keplerschen Astronomie

Mit seinen *Epitomes astronomiae copernicanae* (Abriss der Copernicanischen Astronomie), deren verschiedene Teile in den Jahren 1618, 1620 und 1621 erschienen, schuf Kepler das erste moderne Lehrbuch der Astronomie, in welchem er das Ptolemäische, das Copernicanische und vor allem sein eigenes Planetensystem darstellte. Dieses umfangreichste Werk Keplers kann in seiner Bedeutung für die Verbreitung des heliozentrischen Planetensystems und für die weitere Entwicklung der Astronomie kaum überschätzt werden. Keplers Gegner traten sofort auf den Plan und erreichten bereits 1619, obwohl bis dahin nur der erste Teil veröffentlicht war, dass die *Epitomes* in Rom auf den Index gesetzt wurden. Auch in diesem Werk setzte Kepler die Physikalisierung der Astronomie konsequent fort, wobei er bei der physikalischen Begründung der Planetengesetze im 4. Buch dem Newtonschen Gravitationsgesetz sehr nahe kam, wenn er sagte, dass die von der Sonne ausgehende Kraft wie das Licht mit dem Quadrat der Entfernung abnehme. Kepler beschränkte seine astronomischen Überlegungen nicht nur auf das Planetensystem, sondern entwickelte auch die Vorstellung von einer den Raum außerhalb des Sonnensystems ausfüllenden Ansammlung unzählig vieler Sterne. Dies war der erste Schritt zur Erforschung der nächstliegenden Teile der Milchstraße.

Nachdem 1622 Kepler mit seiner Familie nach Linz zurückgekehrt war, widmete er sich der endgültigen Fertigstellung der bereits 1601 begonnenen Rudolphinischen Tafeln (*Tabulae Rudolphinae*). Zwar konnten die von Brahe hinterlassenen Beobachtungsdaten benutzt werden, aber erst während der Arbeit an diesen Tafeln stellte sich heraus, welche umfangreiche astronomische Grundlagenforschung noch notwendig war, um genauere astronomische Tafeln aufzustellen als die bislang benutzten. Seit seiner Prager Zeit war sich Kepler offenbar klar darüber, dass man diese Tafeln nur mit Hilfe genauerer Gesetze für die Planetenbewegungen aufstellen kann. Kepler sah die Aufstellung dieser Tafeln als die Hauptaufgabe seines Lebens an, so dass fast seine gesamte astronomische Forschung von diesem Ziel bestimmt wurde. In den Rudolphinischen Tafeln werden nicht die jeweiligen Positionen der Sonne, des Mondes und der damals bekannten Planeten für bestimmte Zeiten angegeben, wie es in den Ephemeridentafeln üblich ist und es Kepler auch in seinen seit 1617 fortlaufend erschienenen *Ephemerides novae motuum coelestis* getan hat, sondern die Rudolphinischen Tafeln enthalten zum einen 1 005 Sternörter, Refraktionstabellen und ein Städteverzeichnis mit auf den Meridian von Uranienburg auf der Insel Hven (dem Beobachtungsort Brahes) bezogenen Längengraden und zum anderen eine ausführliche Anleitung, in welcher Kepler die Regeln erläuterte, mit denen aus den in den Tabellen angegebenen Werten die jeweiligen Positionen der Himmelskörper für irgendeinen bestimmten Tag berechnet werden können.

Die ersten Teile der Rudolphinischen Tafeln waren wahrscheinlich bereits 1616 fertig, da aber Kepler zu dieser Zeit noch keine zufriedenstellende Mondtheorie besaß, verzögerte sich ihre Fertigstellung bis 1624. Für die mühselige Rechenarbeit benutzte Kepler die damals gerade erfundenen Logarithmen, allerdings nicht die Napierschen Logarithmen, von denen er frühestens 1617 erfahren hat, sondern er stellte sich eine eigene Logarithmentafel (*Chilias logarithmorum*, 1624) auf, die er den Rudolphinischen Tafeln auch hinzufügte.

1634 wurde seine fast druckfertig hinterlassene Schrift *Somnium de astronomia lunari* (Ein Traum von der Mondastronomie) veröffentlicht, an welcher er seit 1609 gearbeitet hatte. Dieses utopische Werk fand unter den Physikern wegen der interessanten physikalischen und astronomischen Überlegungen viel Beachtung, z. B. wies Kepler darauf hin, dass man bei einer Reise zum Mond an einen Punkt gelangen würde, in welchem Schwerelosigkeit herrscht, weil sich dort die Anziehung der Erde und des Mondes die Waage halten. Keplers neue lateinische Übersetzung von Plutarchs Dialog *De facie in orbe lunae* (Das Mondgesicht) ist als Anhang hinzugefügt worden, in welchem Kepler mit philologischer Sorgfalt und astronomischer Sachkunde Plutarchs überlieferten Text emendierte und kommentierte. Diese wichtige Arbeit Keplers fand aber erst sehr spät die Aufmerksamkeit der Altphilologie.

Werk(e):

Opera omnia (ed. Ch. Frisch) Bd. I–VIII (1858–1871); Gesammelte Werke, hrsg. v. der Kepler-Kommission der Bayer. Akademie, bisher 20 Bde. erschienen, geplant 22 Bde. (seit 1938); Bibliographia Kepleriana Bd. 1 u. 2 (1968, 1998).

Sekundär-Literatur:

Wollgast, S. und Marx, S.: Johannes Kepler (1980); Hoppe, J.: Johannes Kepler (1982); Sutter, B.: Der Hexenprozeß gegen Katharina Kepler (1984); Gerlach, W. und List, M.: Johannes Kepler, Leben und Werk (1987); Caspar, M.: Johannes Kepler (1948; 1995).

Khazin, Abu Ja'far al-Khazin,

iranischer Mathematiker, Astronom und Astrologe, Mitte des 10. Jahrhunderts.

Abu Ja'far verfasste wichtige Kommentare zum 10. Buch der Elemente des ↗ Euklid und zum Almagest des C. ↗ Ptolemäus.

Abu Ja'far lebte und wirkte in Rayy (nahe dem modernen Teheran). Wahrscheinlich war er am Hof des Buwayids Rukn ad-Dawla. ↗ Al-Biruni zitierte eine Beobachtung aus dem Jahr 959, bei der Abu Ja'far anwesend war; ein gewisser Abu Zayd al-Balkhi widmete ihm ein Buch. Sonst ist er nur durch seine Werke bekannt.

Abu Ja'far schrieb einen noch erhaltenen Kommentar zum 10. Buch der Elemente von Euklid, einen großen Kommentar zum Almagest des Ptolemäus, von dem ein Fragment erhalten ist, ein *Zij as-safa ih* (astronomisches Handbuch der Scheiben) und bewies die Heronische Formel für die Fläche eines Dreiecks. Ferner verfasste er die *islah* (Verbesserung) eines Exzerpts aus dem Buch der Kegelschnitte und viele andere Werke, die nur durch Zitate bekannt sind. Das erhaltene Fragment des Almagestkommentars handelt von Isoperimetrie und basiert auf griechischen Schriften zu diesem Thema und auf dem ersten Buch von ↗ Archimedes' *De sphaera et cylindro*. In *Zij as-safa ih* sind Tabellen für Rektaszension und Mond- und Planetenbreiten auf der Rückseite eines Astrolabs eingraviert. Laut Omar al-Hayyami wandte Abu Ja'far Kegelschnitte an, um eine Gleichung 3. Grades zu lösen. Wie al-Biruni an drei Stellen berichtet, schlug Abu Ja'far, weil er den von der Erde aus betrachteten Durchmesser der Sonne als konstant annahm, ein nicht-ptolemäisches Modell für die Bahn der Sonne vor, bei dem die Sonne auf einem Kreis läuft, dessen Mittelpunkt der Mittelpunkt der Erde ist. [RL2]

Sekundär-Literatur:
Samsó, J.: A Homocentric Solar Model by Abu Ja'far al-Khazin, Journal for the History of Arabic Science 1 (1977) 268–275; King, D.: New Light on the Zij al-Safa ih of Abu Ja'far al-Khazin, Centaurus 23 (1980) 105–117; Lorch, R.: Abu Ja'far al-Khazin on Isoperimetry and the Archimedean Tradition, Zeitschrift für Geschichte der Arabisch-Islamischen Wissenschaften 3 (1986) 150–229; Rashed, R.: Les mathématiques infinitésimales du IXe au XIe siècle (1996) 737–833.

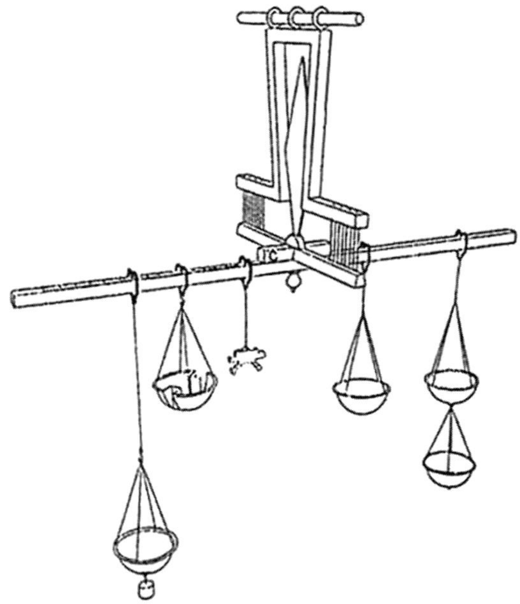

Khazini: Skizze des Nachbaus des »Gleichgewichts der Weisheit«

Khazini, Abd al-Rahman al-K.,
griechisch-persischer Astronom und Mechaniker, ca. 1115 bis 1131.

In seinem Buch *Gleichgewicht der Weisheit* behandelte al-Khāzinī ein Instrument, mit dem sich absolute und spezifische Gewichte fester und flüssiger Körper messen ließen.

Zur Wende vom 11. zum 12. Jahrhundert lebte und arbeitete der griechischstämmige al-Khāzinī in Khurasan, im Nordosten Persiens. Als Sklave eines Hofbeamten genoss er eine gute philosophische und mathematische Ausbildung. Nach seiner Freilassung konvertierte er zum Islam.

Bei seiner wissenschaftlichen Tätigkeit konzentrierte er sich auf die Bereiche Astronomie und Mechanik und entwickelte zahlreiche wissenschaftliche Instrumente. Mehrere Schriften al-Khāzinīs sind noch heute erhalten. Seine bekanntesten Werke sind das *Kitāb mīzān al-ḥikma*, das Buch über das Gleichgewicht der Weisheit, sowie das *al-Zīj al-Sanjarī*, ein Handbuch mit astronomischen Tabellen. Das Buch über das Gleichgewicht, das einzige veröffentlichte Werk al-Khāzinīs, umfasst eine Vielzahl von Themen aus den Bereichen der Statik, Hydrostatik und der praktischen Mechanik, bietet eine Definition der Begriffe »schwer« und »leicht« und beschäftigt sich mit dem Schwerpunkt, dem stabilen und instabilen Gleichgewicht und der Bestimmung der spezifischen Schwerkraft. Im zweiten Teil dieses Werkes werden die Konstruktion und Einsatzmöglichkeiten des so genannten »Gleichgewichts der Weisheit« beschrieben. Mit Hilfe dieses hoch entwickelten Instruments können das absolute und spezifische Gewicht von Festkörpern und Flüssigkeiten gemessen sowie Wechselkurse berechnet werden. Neben seiner Funktion als Waage kann das Instrument beispielsweise auch eingesetzt werden, um spezifische Schwerkräfte zu messen, reine Metalle von unreinen zu unterscheiden oder um die Zusammensetzung von Legierungen zu untersuchen. Dabei werden die Schalen so lange verschoben, bis ein Gleichgewicht hergestellt ist. Die gewünschten Größen können dabei in vielen Fällen direkt von der Balkenskala abgelesen werden. Im Jahre 1914 wurde eine moderne Version dieses Instruments am Institut für Physik der Universität Erlangen konstruiert.

Das von al-Khāzinī verfasste *Zīj al-sanjarī* zählt zu den wichtigsten arabischen Astronomiehandbüchern des Mittelalters. Diese Schrift umfasst eine ausführliche Chronologie, eine Vielzahl von Informationen zur Zyklentheorie, wichtige Entwicklungen in der Theorie über die Sichtbarkeit von Planeten, eine umfangreiche Sammlung an Tabellen zur Ekliptik sowie zahlreiche Materialien zum Thema Kalender. Diese Abhandlung zeugt vom Einfluss früherer Astronomen (insbesondere Thābit ibn Qurra und ↗ Biruni), beruht jedoch in Teilen auch auf Experimenten, die al-Khāzinī selbst durchgeführt hat. Al-Khāzinī hat ferner zwei Abhandlungen über astronomische Instrumente geschrieben. Eine dieser Schriften beschreibt sieben unterschiedliche Instrumente, darunter ein parallaktisches Lineal (Triquetrum), ein Quadrant zur Messung der Durchgangshöhe von Sternen, ein Diopter und ein Astrolab. Das zentrale Thema der zweiten Abhandlung ist ein mit Gewichten versehener Himmelsglobus, der in Bezug auf seine Funktionen einem automatisierten astronomischen Instrument ähnelt. Mit Hilfe dieses Globus gelang es, eine Reihe von Bögen zu identifizieren, die für die sphärische Astronomie von Bedeutung sind. [MA]

Werk(e):
Al-Khāzinī, Kitāb mīzān al-ḥikma (1940).

Sekundär-Literatur:
Bauerreiss, H.: Zur Geschichte des spezifischen Gewichtes im Altertum und Mittelalter (1914, ebf. abgedr. in: The Knowledge of Weights in the Islamic World, 2001); Lorch, R.: Al-Khāzinī's Sphere that Rotates by Itself, Journal for the History of Arabic Science 4 (1980) 287–329.

Kielmeyer, Carl Friedrich von,
deutscher Naturforscher und Mediziner,
* 22. 10. 1765 Bebenhausen (heute zu Tübingen),
† 24. 9. 1844 Stuttgart.

Kielmeyer gehört zu den Mitbegründern der vergleichenden Zoologie und zu den Wegbereitern des Entwicklungsgedankens.

Kielmeyer, Sohn eines herzoglichen Jagdzeugmeisters, wurde schon 1773 in die Karlsakademie in Stuttgart aufgenommen, wo ihn Carl Heinrich Köstlin für die Naturgeschichte begeisterte. Das Medizinstudium schloss Kielmeyer 1786 mit einer Dissertation über Mineralwässer ab. Zu dieser Zeit wirkte er auf den jüngeren Mitschüler G. ↗ Cuvier ein, der der bedeutendste Anatom und Zoologe werden sollte. Eine zweijährige Studienreise durch Deutschland mit einem längeren Aufenthalt an der damals führenden Universität Göttingen erweiterte Kielmeyers wissenschaftlichen Horizont. 1790 folgte die Ernennung zum Lehrer der Zoologie an der Hohen Karlsschule, 1792 wurde er ordentlicher Professor der Chemie in der Medizinischen Fakultät. Nach der Schließung dieser ersten Stuttgarter Universtität 1794 unternahm er wiederum wissenschaftliche Reisen durch Deutschland. 1796 übernahm Kielmeyer die Professur der Chemie an der Universität Tübingen, die er 1801 mit derjenigen für Botanik, vergleichende Anatomie und Materia medica vertauschte. 1817 wurde er als Staatsrat nach Stuttgart versetzt, wo er bis zu seiner Pensionierung 1839 die Königliche Privatbibliothek, den Botanischen Garten und die Altertümer-, Münz- und Naturaliensammlungen verwaltete. Im Jahre 1808 wurde er geadelt.

Kielmeyers Werk umfasst die Bereiche Botanik, Chemie und Zoologie. Seine wissenschaftshistorisch bedeutendste Publikation war eine Rede *Ueber die Verhältniße der organischen Kräfte unter einander in der Reihe der verschiedenen Organisationen* (1793). Dieser Text beeinflusste zahlreiche Ärzte, Naturwissenschaftler und Philosophen um 1800. Hierin formulierte Kielmeyer von physiologischen Vorstellungen ausgehend das später von E. ↗ Haeckel so genannte »biogenetische Grundgesetz«: Er konnte zeigen, dass in der aufsteigenden Reihe der Organismen »organische Kräfte« (Irritabilität, Sensibilität und Reproduktionskraft) wirksam sind, die ebenso in der Individualentwicklung vom Embryo zum erwachsenen Organismus zutage treten. Durch diese Lehre von der hierarchischen Stufung »organischer Kräfte« hat Kielmeyer die Organismusvorstellungen der romantischen Naturforschung und die Naturphilosophie des Deutschen Idealismus maßgeblich beeinflusst, während er als Vorläufer der Evolutionstheorie erst nach Ch. ↗ Darwin wiederentdeckt wurde. Kielmeyers Vorlesungen über nahezu alle naturwissenschaftlichen Grundlagenfächer der Medizin, insbesondere vergleichende Anatomie und Physiologie, galten als mustergültig und entfalteten eine breite Wirkung. Da sich Kielmeyer nicht zum Druck seiner Vorträge entschließen konnte, blieb es 1840 einem Plagiator (Gustav Wilhelm Münter) überlassen, einen unautorisierten Druck der Vorlesung über *Allgemeine Zoologie oder Physik der organischen Körper* zu veröffentlichen. [KTK]

Werk(e):
Gesammelte Schriften, hrsg. v. F.-H. Holler (1938); Über die Verhältnisse der organischen Kräfte. Faksimile der Ausgabe 1793 mit Einleitung von K. T. Kanz (1993).

Sekundär-Literatur:
Kanz, K. T.: Kielmeyer-Bibliographie. Verzeichnis der Literatur von und über den Naturforscher Carl Friedrich Kielmeyer (1765-1844), (1991); Kanz, K. T. (Hrsg.): Philosophie des Organischen in der Goethezeit. Studien zu Werk und Wirkung des Naturforschers Carl Friedrich Kielmeyer (1994); Bach, T.: Biologie und Philosophie bei F. W. J. Schelling und C. F. Kielmeyer (2001).

Kienle, Hans Johann Georg,
deutscher Astrophysiker,
* 22. 10. 1895 Kulmbach/Oberpfalz,
† 15. 2. 1975 Heidelberg.

Kienle prägte mit seinen Arbeiten, seiner organisatorischen Tätigkeit und als Hochschullehrer die deutsche Wissenschaftslandschaft seiner Zeit entscheidend mit.

Schon früh verlor Kienle seinen Vater, nach dem Besuch der Oberrealschule in Nürnberg finanzierte jedoch ein Mäzen sein Studium in München. Als Freiwilliger zog er 1914 in den Krieg und verlor schon nach wenigen Wochen ein Auge. Nach dem Lazarettaufenthalt konnte er als letzter Schüler H. v. ↗ Seeligers sein Studium fortsetzen. Auch Robert Emden und A. ↗ Sommerfeld sowie das Werk K. ↗ Schwarzschilds prägten ihn wesentlich.

Aus Kienles Beschäftigung im Zeitdienst der Münchener Sternwarte ab 1915 entstand 1918 die Dissertation über Pendeluhren. Mit Untersuchungen zu Refraktionsanomalien habilitierte er sich 1920.

1924 ging Kienle nach Göttingen, zunächst als Vertreter für den beurlaubten Johannes Hartmann. Mit seiner Berufung zum Direktor der Sternwarte (1925) vollzog sich auch die endgültige Hinwendung zur Astrophysik. Aus der veralteten Göttinger Sternwarte machte Kienle eine anerkannte Forschungsstätte. Mit der Aufstellung eines Astrographen schuf er die Arbeitsgrundlage für sein »Göttinger Temperaturprogramm«, d. h. die genaue spektralfotometrische Vermessung von 36 hellen Sternen und den Vergleich mit einer irdischen Strahlungsquelle.

1939 wurde Kienle Direktor des Astrophysikalischen Observatoriums Potsdam. Seine Hoffnung, dort größere Wirkungsmöglichkeiten vorzufinden, blieb durch den Ausbruch des Zweiten Weltkriegs und dessen Folgen ohne Erfüllung. Seit 1946 lehrte er als ord. Professor an der Berliner Universität. Die Berliner Akademie veranlasste er, bei der Firma Carl Zeiss in Jena ein 2-m-Universalteleskop bauen zu lassen, das 1960 in Tautenburg bei Jena eingeweiht wurde.

1950 leistete Kienle dem Ruf an die Universität Heidelberg und die dortige Landessternwarte Folge, wo er wiederum mit einer Reorganisation beschäftigt war und u. a. ein modernes astrophysikalisches Laboratorium aufbaute.

Nach seiner Emeritierung 1962 übernahm Kienle einen Auftrag der UNESCO als Berater beim Aufbau des Heluan-Observatoriums in Ägypten. 1965 folgte er einer Einladung zu einer Gastprofessur in der Türkei, die er bis kurz vor seinem Tod wahrnahm.

Neben Kienles zahlreichen Publikationen zur Astrometrie, Astrophysik und Kosmogonie traten auch solche zur Geschichte und Erkenntnistheorie der Astronomie. [WRD]

Werk(e):

Unendlichkeit? Das Weltbild der Astronomie (1928); Vom Wesen astronomischer Forschung/Der gestirnte Himmel über Dir (1948/1952); Einführung in die Astronomie (1963, engl. 1968).

Sekundär-Literatur:

Kummer, H. J.: Hans Kienle, Sterne u. Weltraum 35 (1996); Wirth, G.: Weltanschauliche u. wissenschaftstheoretische Aspekte im Werk Hans Kienles, in: 300 Jahre Astronomie in Berlin u. Potsdam (2000).

Kiepenheuer, Karl-Otto,
deutscher Astrophysiker,
* 10. 11. 1910 Weimar,
† 23. 5. 1975 Ensenada (Mexiko).

Kiepenheuer hat sich als Sonnenforscher besonders um die Phänomenologie der Sonnenaktivität verdient gemacht.

Karl-Otto Kiepenheuer, Sohn eines Verlegers, studierte Physik in Berlin und Paris. 1935 promovierte er bei M. v. ↗ Laue mit einer Arbeit *Zur Theorie der Sonnenkorona*. Von 1936–39 war er Assistent an der Göttinger Sternwarte, wo er die Sonnenstrahlung im ultravioletten Strahlungsbereich untersuchte. Dabei setzte er erstmals in der Sonnenforschung einen Höhenballon ein. Im Dezember 1939 ging Kiepenheuer zur Erprobungsstelle der Luftwaffe im mecklenburgischen Rechlin, die sich u. a. mit der Untersuchung des Zusammenhanges zwischen der Ausbreitung von Funkwellen in der Erdatmosphäre und der Sonnenaktivität befasste. Da sich die Höhe der Ionosphäre durch die starke Strahlung der Sonne (UV-, Röntgen- und Teilchenstrahlung) verändert, werden die Kurzwellen gestreut statt gespiegelt, was zu einer abrupten Unterbrechung des Funkverkehrs führen kann. Besonders das Militär interessierte sich für die genauere Untersuchung dieser Zusammenhänge, waren doch ‚kriegswichtige' Kurzwellen-Funkverbindungen nur mit genauer Kenntnis und Vorhersage der ionosphärischen Bedingungen möglich. Im Mai 1941 wurde Kiepenheuer mit der Organisation eines Beobachtungsnetzes beauftragt, das eine möglichst lückenlose Erfassung der Sonnenaktivität gewährleisten sollte. Seine Arbeit war Teil eines Projektes zur Ionosphärenbeobachtung, das der

K. Kiepenheuer

Zentralstelle für Funkberatung unterstand. 1943 ging Kiepenheuer nach Freiburg im Breisgau. Auf dem Schauinsland im Schwarzwald errichtete er ein Sonnenobservatorium, das zusammen mit den Beobachtungsstationen Kanzelhöhe in Kärnten, Wendelstein, Zugspitze und Syracus auf Sizilien der Untersuchung von Sonnenflecken, Sonnenfakkeln, Chromosphäre und Korona diente. 1944 habilitierte er sich an der Universität Hamburg. Nach dem Krieg konnte Kiepenheuer seine Sonnenbeobachtungen weiterführen. 1949 wurde er Honorarprofessor an der Universität Freiburg.

1936 entwickelte er die Vorstellung, dass die vom amerikanischen Astronomen G. ↗ Hale entdeckten Magnetfelder der Sonnenoberfläche durch den Sonnenwind in ihren magnetischen Konturen gleichsam ‚eingefroren' und als interplanetare Magnetfelder mitgeführt werden. Während eines eineinhalbjährigen Forschungsaufenthaltes an Observatorien in den USA (Yerkes, Mt. Wilson, McDonald) trug Kiepenheuer 1950 wesentlich zur Erklärung der Radiostrahlung der Milchstraße bei. Er fand, dass die Radiostrahlung der Milchstraße ihren Ursprung in Synchrotronstrahlungsprozessen hat. Elektronen der kosmischen Strahlung, die sich mit hoher Geschwindigkeit bewegen, werden von großräumigen Magnetfeldern in der Milchstraße abgelenkt und emittieren dabei elektromagnetische Strahlung, u. a. auch Radiostrahlung.

1946 entdeckte Kiepenheuer die mit großen Filamenten korrelierte langsame Korpuskularstrahlung der Sonne. Er entwickelte 1950, unabhängig von Harold Babcock, einen fotoelektrischen Magnetographen zur Messung schwacher solarer Magnetfelder. 1965 baute er einen kuppellosen Sonnenrefraktor, der die störenden Einflüsse von Luftturbulenzen vermindert und so zur Verbesserung der Bildgüte in der Sonnenbeobachtung beitrug. Die nach ihm benannte Skala erfasst Störfaktoren bei der Sonnenbeobachtung und erlaubt so eine vergleichende Beurteilung der Beobachtungs- und Bildqualität. Kurz vor seinem Tod erlebte er noch den ersten erfolgreichen Instrumentenflug des Ballonteleskops Spektrostratoskop.

Kiepenheuer war Mitglied der Heidelberger Akademie der Wissenschaften und der International Academy of Astronautics in Paris. 1969 wurde er Präsident der Joint Organization for Solar Observation. Das von ihm bis zu seinem Tod geleitete Freiburger Fraunhofer-Institut wurde in Würdigung seiner Verdienste 1978 in Kiepenheuer-Institut für Sonnenphysik umbenannt. [MS3]

Werk(e):
Die Sonne (1957).

Sekundär-Literatur:
Bruzek, A.: K. O. K. (1910–1975). Solar Physics 43 (1975) 3–7 (mit Bibliogr.).

Kipping, Frederic Stanley,
britischer Chemiker,
* 16. 8. 1863 Manchester,
† 1. 5. 1949 Criccieth (Wales).

Kipping führte 1904 die Grignard-Reaktion zur Synthese von Alkylchlorsilanen ein und stellte daraus durch Polykondensation Polysiloxane her, die er als »Silicone« bezeichnete.

Kipping, Sohn eines Bankfachmanns, studierte ab 1879 Naturwissenschaften an der Universität London und wechselte dann an das Owens College Manchester. 1882 erwarb er in London den Bachelor of Science (BSc) und 1887 den Doctor of Sciences (DSc). Dazwischen arbeitete er von 1882 bis 1885 als Chemiker in den Manchester Corporation Gas Works. 1886 ging er an die Universität München zu A. v. ↗ Baeyer, wo er 1887 promovierte. Im gleichen Jahr wurde Kipping Assistent sowie 1888 Dozent und Assistant Professor für Chemie am Heriot-Watt-College in Edinburgh. 1891 wechselte er nach London und wurde an der Central Technical Institution Dozent für Chemie. 1897 erfolgte seine Berufung als Professor für Chemie an das Universitäts-College Nottingham, wo er 1936 emeritiert wurde. Kipping war 1908 und 1921 Vizepräsident der Chemical Society of London und gehörte der Royal Society of London sowie der Society of Chemical Industry an.

Kipping wandte sich ab 1899 den siliciumorganischen Verbindungen zu. Dabei versuchte er, kohlenstoffanaloge, asymmetrische und optisch aktive Siliciumverbindungen darzustellen. Als er 1904 die Grignard-Reaktion auf Siliciumtetrachlorid anwandte, erhielt er Alkylchlorsilane (z. B. R_2SiCl_2). Durch Hydrolyse gelangte er zu Silanolen bzw. Silandiolen [z. B. $R_2Si(OH)_2$] und durch deren Kondensation zu polymeren Siloxandiolen. Kipping führte für diese Polymere, deren praktische Bedeutung er unterschätzte, die Bezeichnung »Silicone« ein. Er bezog sich dabei auf die Bruttoformel der einfachen Silicone (R_2SiO: »Silico-Ketone«). Obwohl die Bildung der Silicone auf der intermolekularen Kondensation von Silanolen, Silandiolen bzw. –triolen beruhte, wurde dieser Name für makromolekulare siliciumorganische Verbindungen beibehalten. Die Silicone erhielten im Zweiten Weltkrieg und danach große praktische Bedeutung als Schmiermittel, hydraulische Öle, Harze, Lacke und kautschukartige Stoffe. Sie wurden ab Anfang der 40er-Jahre von der amerikanischen Firma Dow Corning Corp. hergestellt und machten Kippings Arbeiten weltweit bekannt. [RS3]

Werk(e):
(mit Kipping, F. B.): Advanced organic chemistry 1–3 (1932–34).

Sekundär-Literatur:
Challenger, F.: Obituary Notices Fellows Roy. Soc. 7 (1950/51), 183–219).

Kirch, Gottfried,
deutscher Astronom,
* 18. 12. 1639 Guben,
† 25. 7. 1710 Berlin.

Im letzten Viertel des 17. Jahrhunderts zählte Kirch zu den führenden deutschen Astronomen. Er entdeckte am 14. 11. 1680 erstmals einen Kometen mittels Teleskop (Komet C/1680 V1), 1681 bzw. 1702 die Sternhaufen M 11 bzw. M 5 und 1686 den Veränderlichen χ Cygni. 1679 erfand er ein Schraubenmikrometer für astronomische Messungen.

Nach dem Besuch des Gymnasiums in Guben wirkte Kirch zunächst als Schulmeister in Langgrün bei Greiz (ab ca. 1665) und Neundorf bei Lobenstein (bis 1673). Seit ca. 1668/9 wohnte er in Lobenstein. Ab 1673 bestritt er seinen Lebensunterhalt von den Einnahmen aus den seit ca. 1666 herausgegebenen Kalendern. Durch Vermittlung von Erhard Weigel kam Kirch 1674 zu J. ↗ Hevelius. Nach einem Studienaufenthalt in Königsberg (1675) kehrte er zunächst nach Lobenstein zurück, zog aber 1676 nach Leipzig, wo er mit Ausnahme der Zeit von September 1680 bis April 1681 (in Coburg) bis zu seinem Weggang nach Guben 1692 als Privatgelehrter wirkte. In seine Geburtsstadt wich er aus, weil er sich als Pietist in Leipzig Anfeindungen der Gegner ausgesetzt sah. 1700 ging er als Mitglied der Brandenburgischen Societät der Wissenschaften zu Berlin und als deren Astronom nach Berlin.

Kirch war ein exzellenter Beobachter des Himmels. Seine Veröffentlichungen, insbesondere die *Himmels-Zeitung* und *Ephemeriden*, wurden international beachtet. Die theoretischen Bemühungen richtete er auf eine verbesserte Berechnung der Finsternisse. Der ab 1675 von Kirch geäußerte Vorschlag, eine Astronomische Societät in Deutschland zu gründen, konnte nicht verwirklicht werden.

Astronomische Kenntnisse und Entdeckungen vermittelte Kirch auch in seinen Kalendern und Flugschriften. Bereits um 1680 gab er mindestens 8 verschiedene Kalenderreihen heraus. Die Texte weisen deutlich physiko-theologische Gedanken auf. Durch die weite Verbreitung seiner Kalender und ihr hohes Bildungspotenzial mit aufklärerischen Akzenten kann Kirch als Vertreter der deutschen Frühaufklärung angesehen werden.

Aus seinen beiden Ehen (1667 Maria, 1692 Maria Margaretha) gingen 14 Kinder hervor, von denen 12 namentlich bekannt sind. Sowohl von Kirchs zweiter Frau als auch von seinen Kindern ist bekannt, dass sie ihn bei den astronomischen Beobachtungen und Rechnungen unterstützten und zum Teil eigenständig Arbeiten ausführten. Bedeutsam sind die von Maria Margaretha in Berlin vom August 1700 bis Dezember 1701 aufgezeichneten Wetterdaten. Sie entdeckte 1702 einen Kometen. [KDH]

Werk(e):
Gottfried Kirchs Neue Himmels-Zeitung (1681); Gottfridi Kirchii Annus I. [–XII.] Ephemeridum Motuum Coelestium Ad Annum Aerae Christianae 1681 [–1692], o. J. [1682–1691].

Sekundär-Literatur:
Herbst, K.-D.: Der Societätsgedanke bei Gottfried Kirch (1639–1710), untersucht unter Einbeziehung seiner Korrespondenz und Kalender, in: Acta Historica Astronomiae, Vol. 15 (2002) 115–151; Herbst, K.-D.: Neue Erkenntnisse zur Biographie von Gottfried Kirch, in: Acta Historica Astronomiae, Vol. 8 (2000) 71–85. [Die Edition der rund 600 Briefe umfassenden Korrespondenz wird für 2005 vorbereitet.]

Kircher, Athanasius,
deutscher Universalgelehrter,
* 2. 5. 1602 Geisa/Rhön,
† 27. 11. 1680 Rom.

Durch seinen Bezug auf unsichtbare, durch Apparaturen wie das Mikroskop aber sichtbar zu machende Faktoren wirkte Kircher grundlegend auf dem Weg zur modernen Naturwissenschaft.

Kircher besuchte zunächst die Jesuitenschule in Fulda, trat 1618 in Paderborn der Societas Jesu bei und gelangte 1622 von Münster nach Köln, wo er seine philosophischen Studien beendete. Nach einem Aufenthalt in Koblenz unterrichtete er am Jesuitenkolleg in Heiligenstadt. 1625 ging er nach Mainz, nach der Priesterweihe 1628 nach Speyer und 1629 als Professor für Ethik, Mathematik und orientalische Sprachen nach Würzburg. 1631 floh er vor den Schweden nach Avignon und erhielt 1635 am Collegium Romanum in Rom eine Professur für Mathematik, Physik und Orientalistik. Dort unterhielt er briefliche Kontakte zu den wichtigsten Gelehrten des In- und Auslandes. 1638 unternahm er eine Reise nach Malta.

Kirchers Bedeutung liegt in der Entwicklung einer neuen Konzeption zur Entstehung der Infektionskrankheiten. 1658 erschien seine Schrift *Scrutinium physico-medicum contagiosae luis, quae dicitur pestis*, nach der die Pest durch lebende »Corpuscula« (Körperchen) hervorgerufen wird, die mit dem bloßen Auge allerdings nicht zu erkennen sind. Dabei berief er sich auch auf mikroskopische Beobachtungen, deren wissenschaftlichen Nutzen er schon 1646 in seiner *Ars magna lucis et umbrae* erläutert hatte. Kircher kann daher als Pionier der Mikroskopie gelten. Einen weiteren Schlüssel zu Medizin und Naturwissenschaft glaubte Kircher im Magnetismus zu erkennen: Alle Dinge des Alls, einschließlich des Menschen, werden durch das universale Prinzip der so genannten »magnetischen Kette« (catena magnetica) miteinander verbunden. Entsprechend glaubte Kircher, dass der Magnetismus auch für medizinische Zwecke nutzbar gemacht werden könne. Dieses Konzept wurde dann später von dem Arzt Franz Anton Mesmer und den Medizinern der Romantik (ca. 1800–1830) aufgegriffen, die Erkrankungen durch »magnetische Kuren« therapierten. [WEG]

Werk(e):
Ars magna lucis et umbrae (1646); Scrutinium physico-medicum contagiosae luis, quae dicitur pestis (1658); Magneticum naturae regnum sive disceptatio physiologica (1667).

Sekundär-Literatur:
Belloni, L.: Athanasius Kircher. Seine Mikroskopie, die Animalcula und die Pestwürmer, Medizinhistorisches Journal 20 (1985); Athanasius Kircher und seine Beziehungen zum gelehrten Europa seiner Zeit, hrsg. v. J. Fletcher (1988).

Kirchhoff, Gustav Robert,
deutscher Physiker,
* 12. 5. 1824 Königsberg,
† 17. 10. 1887 Berlin.

Zu Kirchhoffs wirkungsvollsten Arbeiten zählen seine spektroskopischen Tätigkeiten, das Strahlungsgesetz sowie die Gesetze über den Stromfluss in verzweigten Stromkreisen; er prägte den Beginn der theoretischen Physik in Deutschland.

Als Sohn eines Justizrates besuchte Kirchhoff ebenso wie seine beiden Brüder das Kneiphofsche Gymnasium in Königsberg und legte 1842 das Abitur ab. Im gleichen Jahr immatrikulierte er sich an der Universität Königsberg und hörte Vorlesungen in Mathematik und Physik, wobei F. ↗ Neumann als Leiter des mathematisch-physikalischen Seminars sein akademischer Lehrer wurde. Bereits in seiner ersten Veröffentlichung formulierte Kirchhoff 1845 die Gesetze über den Stromfluss in verzweigten Stromkreisen, die er im Rahmen der Vermessung von Strömen in einer kreisförmigen Scheibe aufgestellt hatte. Heute werden sie als »Kirchhoffsche Gesetze« bezeichnet. Eine darauf folgende Arbeit über die Dielektrizitätskonstante ε baute Kirchhoff in mehreren Schritten 1847 zu seiner Promotion aus. 1848 erhielt Kirchhoff die Möglichkeit, als Privatdozent nach Berlin zu wechseln und dort zu habilitieren. Mit dieser Ausbildung lässt sich Kirchhoff der ersten Generation professionell ausgebildeter Physiker in Deutschland zuordnen. Seinen auch später praktizierten Ansatz, experimentelle und theoretische Arbeiten mit dem Ziel zu verbinden, neue Theorien zu entwickeln, hatte er schon in dieser Phase herausgebildet.

1850 erhielt Kirchhoff einen Ruf an die Universität Breslau, den er trotz Zweifeln an seiner Eignung, die er sein Leben lang hegen sollte, annahm. Dort lernte er den Chemiker R. ↗ Bunsen kennen, woraus sich eine lebenslange wissenschaftliche Zusammenarbeit und persönliche Freundschaft entwickeln sollte. Bunsen wechselte 1852 nach Heidelberg und hatte großen Anteil an Kirchhoffs Berufung auf die Heidelberger Physik-Professur zwei Jahre später. In seiner wissenschaftlichen Tätigkeit knüpfte er dort an vorhergehende Untersuchungen etwa in der Elektrizitäts- und Elastizitätslehre an und konnte physikalische Phänomene aus diesen unterschiedlichen Bereichen mathematisch analog beschreiben. Gleichzeitig dehnte Kirchhoff seine Arbeiten in andere Bereiche der Physik wie Optik und mechanische Wärmelehre aus.

Größte Aufmerksamkeit erlangte Kirchhoff durch seine gemeinschaftlich mit Bunsen durchgeführten spektroskopischen Arbeiten. Durch die eindeutige Zuordnung der charakteristischen Spektrallinien zu den Flammen von sechs chemischen Elementen begründeten sie die Spektralanalyse. Kirchhoff erklärte im Kontext dieser Experimente auch das Sonnenspektrum, indem er dessen dunkle Fraunhofersche Linien als Absorptionslinien interpretierte. Daraus schloss Kirchhoff auf den Aufbau der Sonne, in der ein heißer innerer Kern ein kontinuierliches Spektrum erzeugt, während die Gase der äußeren Schichten charakteristische Wellenlängen absorbieren. Aus der Position der daraus resultierenden Absorptionslinien lässt sich daher die Zusammensetzung der Sonnenatmosphäre ablesen. Auch durch die Entdeckung neuer Elemente auf der Erde zeigten sich unmittelbar die neuen Möglich-

G.R. Kirchhoff

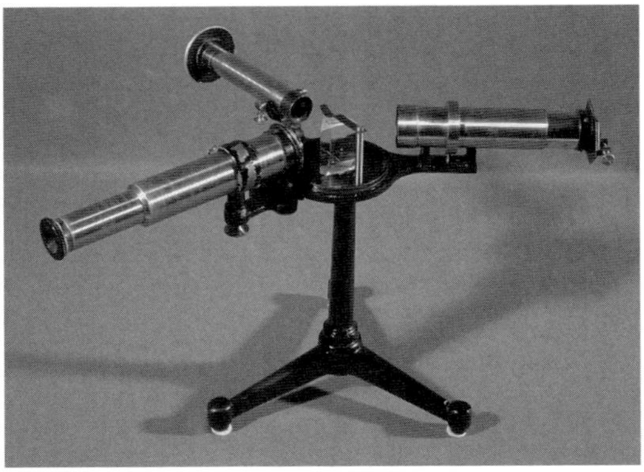

G.R. Kirchhoff: Kirchhoff-Bunsen-Spektrometer

keiten der Spektroskopie. Schon in der Frühzeit ihrer Experimente konnten Kirchhoff und Bunsen erstmals Caesium und Rubidium nachweisen, in der Folgezeit entdeckten andere Wissenschaftler weitere Elemente mit Hilfe der Spektralanalyse.

Im Kontext der spektroskopischen Experimente formulierte Kirchhoff auch das heute nach ihm benannte Strahlungsgesetz, das zeitgleich in ähnlicher Form ebenfalls von Balfour Stewart entwickelt wurde. Kirchhoff verallgemeinerte in seinem Ansatz die Umkehrbarkeit heller und dunkler Spektrallinien zu einem Gesetz über den Zusammenhang zwischen Absorption und Emission: Das Verhältnis zwischen Emissions- und Absorptionsvermögen ist eine für alle Körper gleiche, nur von der Temperatur und der Wellenlänge abhängige Funktion. In seinem Beweis zu diesem Satz entwickelte Kirchhoff das Konzept des »schwarzen Körpers«, der sämtliche Strahlung absorbiert. Diese thermodynamischen Betrachtungsweisen sollten Vorbild für spätere Untersuchungen beispielsweise durch W. ↗ Wien, M. ↗ Planck und A. ↗ Einstein sein. Planck war es auch, der 1900 die von Kirchhoff postulierte universelle Strahlungsfunktion – das Plancksche Strahlungsgesetz – angeben konnte. Während in diesen Arbeiten zu Beginn des 20. Jahrhunderts die klassische Physik in Frage gestellt wurde, blieb Kirchhoff selbst als einer der methodischen Wegbereiter dieser neuen Entwicklung noch ganz den klassischen Gesetzmäßigkeiten verhaftet.

Nach den gemeinsamen Experimenten mit Bunsen erstellte Kirchhoff einen detaillierten Atlas des Sonnenspektrums. Diese Vermessung des Sonnenspektrums und die folgende Anwendung der Spektroskopie auf das Licht der Sterne prägten die Herausbildung der Astrophysik als neuen Forschungszweig. Kirchhoff war zunächst an der Vermessung des Sonnenspektrums selbst beteiligt, doch wurden seine Augen dabei so stark belastet, dass später sein Assistent die Beobachtungen fortführen musste. Weitere gesundheitliche Probleme ergaben sich für Kirchhoff nach einem Sturz, durch den ihm fortan das Laufen erschwert und er zeitweise auf einen Rollstuhl angewiesen war. Im Sommer 1869 starb zudem seine Frau Clara, mit der er seit 1857 verheiratet gewesen war. Während die beiden Söhne bei Kirchhoff in Heidelberg blieben, zogen die beiden Töchter zu ihrer Großmutter mütterlicherseits. 1872 heiratete Kirchhoff die Medizinerin Luise Brömmel.

1869 gründete Kirchhoff zusammen mit dem Mathematiker Leo Koenigsberger in Heidelberg ein mathematisch-physikalisches Seminar, in dem sie ihre Schüler ähnlich unterrichteten, wie Kirchhoff es selbst bei Neumann in Königsberg erfahren hatte. In der Folgezeit lehnte Kirchhoff zweimal einen Ruf aus Berlin ab, bevor er 1875 an der Berliner Universität der erste Professor für das Fach theoretische Physik in Deutschland wurde. Später bekannt gewordene Physiker wie H. ↗ Hertz, Eilhard Wiedemann, Planck, L. ↗ Boltzmann, G. ↗ Lippmann und H. ↗ Kamerlingh-Onnes besuchten seine Vorlesungen, deren Rezeption durch ihre Veröffentlichung noch verstärkt wurde. Nur der erste Band zur Mechanik, die für Kirchhoff das Ideal der Naturwissenschaft darstellte, wurde noch zu seinen Lebzeiten veröffentlicht, die weiteren Bände wurden von Schülern Kirchhoffs nach dessen Tod herausgegeben. [JH3]

Werk(e):
Gesammelte Abhandlungen (1882); Vorlesungen über mathematische Physik: Bd. 1 (Mechanik, 1876), Bd. 2 (Mathematische Optik, hrsg v. K. Hensel, 1891), Bd. 3 (Elektrizität und Magnetismus, hrsg. v. M. Planck, 1891), Bd. 4 (Theorie der Wärme, hrsg. v. M. Planck, 1894).

Sekundär-Literatur:
Kangro, H. (Hrsg.): Gustav Robert Kirchhoff: Untersuchungen über das Sonnenspectrum und die Spectren der chemischen Elemente und weitere ergänzende Arbeiten 1859–1862, mit Nachw.: Kirchhoff und die spektralanalytische Forschung (1972).

Kirwan, Richard,
irischer Chemiker,
* ca. 1733 Cloughballymore (County Galway),
† 1. 6. 1812 Dublin.

Kirwan förderte durch seine physikalisch-chemischen Schriften die analytische Chemie; er gehörte zu den bedeutendsten Chemikern einer Zeit, in der die Grundlagen der Stöchiometrie und der quantitativen Analyse gelegt wurden.

Nach dem Studium in Poitiers und Paris (ca. 1750–1757) kehrte Kirwan nach Irland zurück und heiratete Anne, Tochter des Sir Thomas Blake. Zwischen 1757 und 1765 wohnte er im Schloss der Familie Blake (Menlough Castle, Galway) und errichtete dort ein chemisches Labor. Danach lebte er ca. 13 Jahre (1769–1772 und 1777–1787) in London; die letzten 25 Jahre seines Lebens verbrachte er in Dublin. In London wurde sein Haus in der Newman Street zu einem berühmten Treffpunkt, insbesondere für Naturwissenschaftler. Er korrespondierte mit den wichtigsten Chemikern der Zeit, u. a. mit T. O. ↗ Bergman, C. W. ↗ Scheele, Jean Antoine Chaptal, M. H. ↗ Klaproth und A. L. ↗ Lavoisier. Kirwan wurde Gründungsmitglied (1685), später Präsident (1799) der Royal Irish Academy und Mitglied der Royal Society, die ihm 1782 die Copley-Medaille für seine Untersuchungen über die chemische Affinität verlieh. Er wurde geehrt durch wissenschaftliche Gesellschaften und Akademien in Dublin, Edinburgh, Manchester, Berlin, Stockholm, Uppsala, Dijon, Philadelphia und Jena.

Neben etwa fünfzig Arbeiten in den Gelehrtenzeitschriften von Dublin und London veröffentliche Kirwan drei bedeutende Werke: *Elements of Mineralogy* (1784), *An Essay on the Analysis of Mineral Waters* (1799) und *An Essay on Phlogiston and the Constitution of Acids* (1787). Letzteres Werk erschien zu einem Zeitpunkt, als es Lavoisier weitgehend gelungen war, die Phlogistonlehre zu widerlegen. Kirwan war ein Verfechter dieser phlogistischen Lehre. Sein Essay wurde von Madame Lavoisier ins Französische übersetzt und zusammen mit einer Widerlegung ihres Mannes und anderer Antiphlogistiker veröffentlicht. Aber erst durch den Einfluss des irischen Chemikers William Higgins, dessen *Comparative View of Phlogistic and Anti-Phlogistic Theories* im Jahre 1789 erschien, akzeptierte Kirwan die antiphlogistische Interpretation.

[JGOH]

Werk(e):
Elements of Mineralogy (1784; 2. Aufl. 1794); An Essay on the Analysis of Mineral Waters (1799); An Essay on Phlogiston and the Constitution of Acids (1787; 2. Aufl. 1789 und 1968 (facsimile).

Sekundär-Literatur:
Burns, D. T.: Richard Kirwan, Chemist, Mineralogist, Geologist and Meteorologist, in: Irish Innovators in Science and Technology, hrsg. v. Mollan, Ch., Davis, W. und Finucane, B. Dublin: The Royal Irish Academy and Enterprise Ireland (2002) 37–38.

Klaproth, Martin Heinrich,

deutscher Apotheker und Chemiker,
* 1. 12. 1743 Wernigerode,
† 1. 1. 1817 Berlin.

Klaproth ging als analytischer Chemiker und Entdecker von mehreren chemischen Elementen in die Geschichte der Chemie ein.

Als Sohn des Schneidermeisters Johann Julius Klaproth besuchte Martin Heinrich Klaproth ab 1755 die Oberschule in Wernigerode. Ostern 1759 begann er seine fünfjährige Lehrzeit in der Rats-Apotheke Quedlinburg bei Friedrich Victor Bollmann. Anschließend war er als Apothekengeselle zunächst noch in Quedlinburg und ab 1766 in der Hof-Apotheke Hannover unter August Hermann Brande tätig, wo er sich auch wissenschaftlich fortbildete. 1768 trat Klaproth eine Stelle in der Apotheke »Zum Engel« in Berlin an. 1770 wechselte er als Rezeptar in die Rats-Apotheke Danzig, kehrte jedoch ein halbes Jahr später wieder nach Berlin zurück, um nun in der berühmten Roseschen »Apotheke zum weißen Schwan« in der Spandauer Straße tätig zu werden. Besitzer der Apotheke war der wissenschaftlich ausgewiesene Valentin Rose d. Ä., der indessen nur vier Wochen nach Klaproths Eintritt in die Apotheke verstarb. Noch auf dem Sterbebett hatte er Klaproth mit der Verwaltung der Apotheke sowie seines Vermögens beauftragt und zugleich zum Vormund seiner Kinder bestimmt. Bis 1780 wirkte Klaproth nun als Provisor der Schwan-Apotheke, verheiratete sich jedoch im gleichen Jahr mit einer Nichte von A. S. ↗ Marggraf, legte das Apothekerexamen ab und erwarb die Berliner »Bären-Apotheke« für einen Kaufpreis von 9 500 Talern. Bereits zwei Jahre später wurde Klaproth, der die verschuldete Bären-Apotheke schnell wieder zu einem florierenden Geschäft zu entwickeln vermochte, zum Assessor am Obercollegium medicum, zum Apothekenrevisor und Mitglied der Prüfungskommission für Pharmazeuten bestellt. 1787 übernahm er eine Professur für Chemie an der Artillerieschule Berlin und wurde ein Jahr später ordentliches Mitglied der Akademie der Wissenschaften.

Nachdem er 1800 seine Apotheke verkauft hatte, übernahm er als Nachfolger F. C. ↗ Achards die

M.H. Klaproth

M.H. Klaproth: Die Rosesche Apotheke in Berlin wurde 1771–1780 von M. Klaproth geleitet

Stelle als ordentlicher Chemiker der Akademie. Unter Klaproths Leitung und Planung erfolgte der Umbau des Laboratoriumsgebäudes, der sich bis 1803 hinzog, darin war auch ein Vorlesungsraum untergebracht, sodass das Gebäude als erstes chemisches Institut Berlins gilt.

1810 avancierte Klaproth 67-jährig zum ordentlichen Professor der Chemie an der im gleichen Jahr gegründeten Universität Berlin. Hier hielt er regelmäßig Vorlesungen zur chemischen Analyse, zur Experimentalchemie, aber auch über die preußische *Pharmacopoea Borussica*, an deren erster Ausgabe von 1799 er maßgeblich mitgearbeitet hatte und die das erste nach antiphlogistischen Grundsätzen abgefasste Arzneibuch in Deutschland darstellte. Auch die *Revidierte Apothekerordnung* von 1801 trägt Klaproths Handschrift.

Obwohl Klaproth zunächst Phlogistiker war und sich erst 1792 nach gemeinsam mit S. F. ↗ Hermbstaedt durchgeführten Versuchen zur Lavoisierschen Lehre bekannte, gilt er als eigentlicher Begründer der »in wissenschaftlicher Weise« durchgeführten quantitativen Analyse. 1789 entdeckte er in der Pechblende von Joachimsthal das chemische Element Uran und in einem aus Ceylon stammenden Mineral Zirkon. Aus einem ungarischen Mineral isolierte er Titan und wies gleichzeitig mit Thomas Charles Hope Strontium im Strontionit nach. Im sibirischen roten Bleispat fand er unabhängig von Louis Nicolas Vauquelin Chrom und 1798 in einem Golderz aus Siebenbürgen ein Metall, dem er den Namen Tellur gab. Aus einem schwedischen Tungstein isolierte er 1803 das Element Cer. Klaproth bestätigte ferner durch eigene Arbeiten die von Vauquelin gemachte Entdeckung eines weiteren Elementes, dem er den Namen Beryll gab.

1802 führte Klaproth den Soda-Aufschluss im Platintiegel in die analytische Chemie ein. Auch die Benennung der Alkali-Elemente Kali und Natron geht auf ihn zurück. Schließlich wandte er sich auch chemisch-technischen Untersuchungen zu; so verwendete er Flusssäure, um Glas und Porzellan zu ätzen, und empfahl dieses Verfahren zur Herstellung von Glasmikrometern für die Astronomie. Seine wissenschaftlichen Ergebnisse veröffentlichte Klaproth in verschiedenen Zeitschriften, ehe er sie dann in den Bänden *Beiträge zur chemischen Kenntnis der Mineralkörper* zusammenfasste.

Mit seinen chemisch-analytischen Arbeiten fand er weltweite Anerkennung, die sich u. a. in der Aufnahme als Mitglied oder Ehrenmitglied in zahlreichen ausländischen Gesellschaften widerspiegelt. [CF]

Werk(e):
Beiträge zur chemischen Kenntnis der Mineralkörper, 6 Bde. (1795–1815); Zusammen mit F. Wolff: Chemisches Wörterbuch, 5 Bde. (1807–1810), 4 Supplementbände u. Generalregister (1815–1819); Martin Heinrich Klaproth, Chemie nach der Abschrift von Arthur Schopenhauer nebst dessen Randbemerkungen, bearbeitet und hrsg. von B. Engel (1993). Martin Heinrich Klaproth, Vorlesungen über die Experimental-Chemie nach der Abschrift aus dem Jahre 1789, bearbeitet und hrsg. von R. Stolz, P. Lang und R. Schwertner (1993).

Sekundär-Literatur:
Dann, G. E: Martin Heinrich Klaproth (1743–1817), 1958; Engel, M. (Hrsg.): Von der Phlogistik zur modernen Chemie. Vorträge des Symposiums aus Anlass des 250. Geburtstages von Martin Heinrich Klaproth. TU Berlin, 29.11.1993 (1994).

Klebs, Georg Albrecht,

deutscher Botaniker und Entwicklungsphysiologe,
* 23. 10. 1857 Neidenburg (Ostpreußen),
† 15. 10. 1918 Heidelberg.

Klebs begründete die Entwicklungsphysiologie der Pflanzen. Die von ihm, Hermann Vöchting und Karl von Goebel entwickelte Methodik war Auftakt der experimentellen Morphologie in der Botanik.

Nach Abschluss der Realschule in Wehlau (Ostpr.) studierte Klebs ab Oktober 1874 in Königsberg zunächst Chemie, Philosophie und Kunstgeschichte. Nach dem 3. Semester wendete er sich unter Robert Caspary intensiv der Botanik zu. Die im

7. Semester durchgeführte Bearbeitung der *Desmidiaceen* Ostpreußens bildete die Grundlage seiner Dissertation (1879) und führte zu einer Assistentenstelle bei A. de ↗ Bary in Straßburg. Zur Vervollständigung seiner Ausbildung ging Klebs kurze Zeit zu J. ↗ Sachs (Würzburg) und danach zu W. ↗ Pfeffer (Tübingen), wo er 1883 die venia legendi erwarb und bis 1887 als Privatdozent tätig war. Drei Forschungsthemen standen in dieser Periode für ihn im Mittelpunkt: die *Flagellaten* (Systematik, Bau des Protoplasten, Teilungsvorgänge), die Physiologie der Pflanzenzelle (Teilung des Protoplasten in kernhaltiges und kernloses Stück; Zellkern und Membranbildung) sowie die Morphologie und Physiologie der Keimung (Bau des Embryos, epigäische/hypogäische Keimung).

Als Nachfolger von Hermann Vöchting wurde Klebs 1887 in Basel Ordinarius für Botanik. Die Objekte seiner Forschung blieben vor allem die Algen (u. a. *Vaucheria*, *Hydrodictyon*), aber die Problemstellung änderte sich. Die Experimente waren jetzt darauf gerichtet, die Abhängigkeit der Fortpflanzungsprozesse von Umweltfaktoren (Temperatur, Licht, Nährstoffe) zu prüfen. Nach seiner Berufung an die Universität Halle (1898–1907) befasste sich Klebs auf botanischer Ebene mit der fast zeitgleich von W. ↗ Roux und H. ↗ Driesch auf zoologischem Gebiet bearbeiteten Thematik der morphogenetischen Differenzierung des Organismus. Samenpflanzen wurden dafür seine Experimentalobjekte (u. a. *Ajuga*, *Lysimachia*, *Sempervivum*, *Veronica*). Mit seinen Untersuchungen wollte er den Nachweis führen, »dass gewisse Entwicklungsvorgänge in einer kausalen Abhängigkeit von bekannten äußeren Bedingungen stehen«, sich willkürlich hervorrufen lassen und ihre in der Natur beobachtete Folge nicht »als eine durch die innerste Natur des Organismus notwendig begründete Eigenschaft« anzusehen ist (1903). Diese Favorisierung exogener Faktoren war zwar in der Entwicklungsphysiologie nicht von langem Bestand (vgl. Roux, H. ↗ Spemann, E. ↗ Bünning), aber Klebs konnte damit vitalistischen Konstrukten begegnen und entwicklungsphysiologische Forschung in der Botanik in Gang setzen. Aus den experimentell erzielten Entwicklungsänderungen gewann Klebs wertvolle Erkenntnisse über die Morphogenese der Pflanze.

Mit dem Ruf an die Heidelberger Universität begann die letzte Schaffensperiode von Klebs, in der er sich weiterhin mit entwicklungsphysiologischen Themen befasst. Das bedeutendste Ereignis der Heidelberger Zeit waren Studienreisen in den Orient. Angeregt von Beobachtungen auf Java, verfasste Klebs Abhandlungen über Rhythmik der Pflanzenentwicklung (1911) und über periodische Prozesse bei tropischen Pflanzen (1912, 1915). [WP]

Werk(e):
Über die Fortpflanzungsphysiologie der niederen Organismen der Protobionten (1896); Willkürliche Entwicklungsänderungen bei Pflanzen (1903); Über die Rhythmik in der Entwicklung der Pflanzen, in: Sitzungsberichte der Heidelberger Akademie der Wissenschaften, Math.-naturw. Kl. (1911).

Sekundär-Literatur:
Küster, E.: Georg Klebs 1857–1918, in: Berichte d. dtsch. Botanischen Gesellschaft, 36 (1918); Ungerer, E.: Die Beherrschung der pflanzlichen Form. Eine Einführung in die Forschungen von Georg Klebs, in: Die Naturwissenschaften, 6 (1918).

Felix Klein

Renate Tobies

Klein, Felix,
deutscher Mathematiker,
* 25. 4. 1849 Düsseldorf,
† 22. 6. 1925 Göttingen.

Klein war ein vielseitiger Mathematiker, Wissenschaftsorganisator und Bildungsreformer, der die Entwicklung der Mathematik, ihre Anwendungen und den mathematischen Unterricht stark beeinflusste. Früh knüpfte er Beziehungen zu verschiedenen mathematischen Schulen im In- und Ausland und konnte ein internationales Zentrum der Mathematik in Göttingen etablieren.

Als ältestes von vier Kindern des Verwaltungsbeamten Caspar Klein und seiner Ehefrau Sophie Elise Klein, die aus einer Tuchhändlerfamilie stammte, wurde Felix Klein streng und sparsam erzogen. Nach erstem Unterricht durch die Mutter trat er sechsjährig in eine Privatschule ein, wechselte mit acht Jahren an das humanistische Gymnasium seiner Heimatstadt und legte mit 16 Jahren das Abitur ab. Beim Abitur hatte er u. a. eine Aufgabe zu lösen, die auf eine Gleichung fünften Grades führte, ein Gebiet, das später ein wichtiges Forschungsthema für ihn werden sollte. Nach sechs Semestern Studium an der Universität Bonn war er in Mathematik promoviert (12. 12. 1868), am 7. 1. 1871 hatte er sich habilitiert und bereits mit 23 Jahren (1. 10. 1872) wurde er zum ordentlichen Professor an der Universität Erlangen ernannt. Mit Professuren an der TH München (1. 4. 1875), den Universitäten Leipzig (1. 10. 1880) und Göttingen (1. 4. 1886) konnte er seine Position ausbauen.

Studium, Promotion und Habilitation

Kleins rasche Karriere wurde von seinen Lehrern J. ↗ Plücker und A. ↗ Clebsch bestimmt – sowie von deren frühem Tode, wodurch Klein genötigt war, Aufgaben zu übernehmen. Plücker, Ordinarius für Mathematik und Physik in Bonn, zog Klein bereits in dessen zweitem Semester als Assistent bei seinen experimentalphysikalischen Vorlesungen heran und band ihn in seine mathematischen Forschungen ein. Klein, der noch bis zu seiner Berufung geschwankt hatte, ob er Mathematiker oder Physiker werden solle – 1868 wurde er für die Bearbeitung einer physikalischen Preisaufgabe in Bonn ausgezeichnet –, drang vor allem in die Plückersche Liniengeometrie ein. Als Plücker am 22. Mai 1868 starb, gab Klein – auf Wunsch der Familie Plückers und unter Anleitung seines zweiten Lehrers Clebsch – den zweiten Band der Plückerschen *Neuen Geometrie des Raumes, gegründet auf der geraden Linie als Raumelement* (1869) heraus. Aus diesem Gebiet wählte Klein das Thema seiner Dissertation *Über die Transformation der allgemeinen Gleichung des zweiten Grades zwischen Linienkoordinaten auf eine kanonische Form* (1868; Werke I, 5–49). Angeregt durch Rudolf Lipschitz, bei dem er die Arbeit in Bonn einreichte, stützte er sich u. a. auf die gerade erschienene Elementarteilertheorie von K. ↗ Weierstraß. Nachdem Klein seit Anfang 1869 unter Clebsch gearbeitet und den Gegenstand der Dissertation auf vier Publikationen ausgebaut hatte, strebte er danach, auch die Berliner mathematische Schule kennen zu lernen. In seiner Arbeit *Zur Theorie der Komplexe des ersten und zweiten Grades* (1869; Werke I, 53–80) hatte er an die 1864 von E. E. ↗ Kummer entdeckte Kummersche Fläche angeknüpft.

F. Klein

Im WS 1869/70 beteiligte sich Klein am Seminar von Weierstraß und Kummer – wofür er eine von zwei vergebenen Prämien erhielt –, hörte bei L. ↗ Kronecker und pflegte als Mitglied des physikalischen Kolloquiums von G. ↗ Magnus seine physikalischen Interessen. Die Unterschiede zwischen Plückers und Clebschs anschaulich-physikalisch geprägter Schule und den Berliner Repräsentanten der Mathematik stark empfindend, verband sich Klein in Berlin vor allem mit dem norwegischen Mathematiker S. ↗ Lie, der mit den Plückerschen Methoden vertraut war und sein wichtigster Kooperationspartner werden sollte. Im Berliner Mathematischen Verein der Studierenden fand Klein weitere Partner. Mit Hilfe des Weierstraß-Schülers Ludwig Kiepert drang er in die Theorie der elliptischen Funktionen ein. Durch den österreichischen Mathematiker Otto Stolz wurde er mit der nichteuklidischen Geometrie vertraut. Dabei gelangte er zur Idee, dass die von A. ↗ Cayley entwickelte projektive Maßbestimmung und die nichteuklidische Geometrie verknüpft werden können, was er wenig später in Publikationen *Über die so genannte nicht-euklidische Geometrie* (1871, 1873/74; Werke I, 244–350) ausbaute, die Begriffe elliptische, hyperbolische und parabolische Geometrie prägend und ein Modell für die hyperbolische Geometrie konstruierend. Seit dem Berlin-Aufenthalt pflegte Klein auch Kontakt mit den Herausgebern des gerade entstandenen Referatejournals *Jahrbuch über die Fortschritte der Mathematik* und beteiligte sich von Band 2 (1869) bis Band 9 (1877) als Referent, referierte vornehmlich Arbeiten zur Liniengeometrie.

Bevor sich Klein im April 1870 mit Lie zum Studienaufenthalt nach Paris begab, hatte er mit Clebsch das Habilitationsvorhaben in Göttingen abgestimmt. In Paris veröffentlichten sie eine gemeinsame Arbeit *Sur une certaine famille de courbes et de surfaces* in den *Compte rendus* (Juni 1870); Klein erkannte dort auch, dass die Haupttangentenkurven der »Kummerschen Fläche« algebraische Kurven 16. Ordnung sind, woraus sich eine Arbeit mit Lie entwickelte, die in den Sitzungsberichten der Berliner Akademie erschien (1870; Werke I, 90–97). Sie lernten Gaston Darboux als Herausgeber des *Bulletin des Sciences Mathématiques et Astronomiques* und seine geometrischen Arbeiten schätzen und erfassten u. a. die Bedeutung von C. ↗ Jordans *Traité des substitutions et des équations algébraiques* (1870). In ihrem gemeinsamen Bericht an den Berliner Mathematischen Verein (7. 7. 1870) hoben sie E. ↗ Galois' Theorie der Gleichungen hervor und die durch Jordan erzielten wichtigen Fortschritte, die auch für Kleins Erlanger Programm (1872) eine Grundlage bilden sollten.

Der Studienaufenthalt endete durch den Ausbruch des Deutsch-Französischen Krieges. Klein betätigte sich vom 16. August bis 2. Oktober 1870 als freiwilliger Krankenhelfer und traf dabei mit dem späteren einflussreichen preußischen Ministerialdirektor Friedrich Althoff zusammen. Erholt von einem gastrischen Fieber, widmete sich Klein seinem Habilitationsverfahren, wobei seine bereits publizierten Arbeiten anerkannt wurden und er über ein von ihm konstruiertes Modell der allgemeinen Plückerschen Komplexfläche vortrug. Ausgehend von Plücker und Clebsch, betrachtete Klein das Arbeiten mit mathematischen Modellen nicht nur als ein wichtiges Hilfsmittel in der Lehre, sondern auch als ein Mittel, allgemeine Sätze über die Gestalten algebraischer Kurven und Flächen abzuleiten.

Als Privatdozent 1871/72 las Klein in Göttingen zunächst über »Optik« und »Wechselwirkung der Naturkräfte«, da die Physik weniger gut als die Mathematik besetzt war, und bot erst im SS 1872 eine mathematische Vorlesung (Analytische Geometrie für Anfänger) an. Sein wichtigster Kooperationspartner blieb Lie, mit dem er viele Briefe tauschte und die zum Erlanger Programm führenden mathematischen Ideen erörterte. Daneben pflegte Klein Beziehungen zu den Schülern Clebschs, zu denen u. a. Paul Gordan, Max Noether, Alexander Brill, Aurel Voss und Jacob Lüroth gehörten. Klein besuchte in Göttingen weiter Vorlesungen bei Clebsch und regte selbst eine erste Dissertation an: Joseph Dieckmanns *Über die Modificationen, welche die ebene Abbildung einer Fläche dritter Ordnung durch Auftreten von Singularitäten erhält* (1871), die erstmals an H. G. ↗ Graßmanns Erzeugnisweise anknüpfte, die Klein früh hoch schätzte. Im Kreise jüngerer Dozenten verschiedener Fachgebiete (»Die Eskimos«) sowie in einem »Drei-Mann-Vortragsverein« mit Clebsch und dem Physiker E. ↗ Riecke – der 1886 maßgeblich Kleins Ruf nach Göttingen bewirken sollte – diskutierte Klein neuere wissenschaftliche Themen. Klein wurde seit 1871 entscheidender Motor des Clebschschen Programms der Vereinigung wissenschaftlicher Ideen und Personen. Dieses Programm verband Gebiete der Funktionentheorie, Algebra und Geometrie, schuf basierend auf dem Begriff »Geschlecht« einer Kurve neue Einteilungsprinzipien in der Geometrie und führte zur Begründung der algebraischen Geometrie. Clebschs symbolische, an Siegfried Aronhold anknüpfende Darstellung der Invariantentheorie war wichtige Basis für die geometrischen Untersuchungen. Ein mit diesen Mitteln neu eingeführtes Grundgebilde in der Geometrie der Ebene, der »Connex«, war ein erster Schritt, um die neueren geometrischen Untersuchungen mit der Lehre von den Differentialgleichungen erster Ordnung zu verbinden. Clebschs Programm zielte auch darauf, Schulenunterschiede zu überwinden und eine bessere Zusammenarbeit zwischen den Mathematikern zu erreichen. Klein wirkte vor und nach dem frühen Tode von Clebsch für das Zustandekommen einer ersten Mathematiker-Versammlung (Göttingen 1873) und für den Zusammenschluss der Mathematiker, der schließlich erst mit der Deutschen Mathematiker-Vereinigung (1890), im Rahmen der Gesellschaft deutscher Naturforscher und Ärzte, erreicht wurde.

Professor in Erlangen

Früher als Clebschs ältere Schüler erhielt Klein einen Ruf als Ordinarius. Im Oktober 1872 legte er die vorbereitete Arbeit *Vergleichende Betrachtungen über neuere geometrische Forschungen* (Erlanger Programm) als obligatorische Programmschrift vor (Werke I, 460–498). Mit dem Erlanger Programm, in dem der Gruppenbegriff zum entscheidenden ordnenden Prinzip wurde, systematisierte Klein die bisher bekannten, scheinbar divergierenden geometrischen Richtungen. Nachdem das Programm zunächst wenig beachtet worden war und Klein seine Forschungen in anderen Richtungen fortgeführt hatte, erlangte es in den 1890er-Jahren durch erneute Publikation in den *Mathematischen Annalen* internationale Aufmerksamkeit und Übersetzungen in sechs Sprachen; später ließen sich auch neuere Ergebnisse (z. B. analytische Geometrie Lothar Heffters, Differentialgeometrie Wilhelm Blaschkes) in das Programm einordnen; Bezüge zur Relativitätstheorie A. ↗ Einsteins stellte Klein selbst noch her (Werke I, 533–612).

Durch Clebschs Tod fühlte sich Klein verantwortlich, dessen Schüler – die zu ihm nach Erlangen wechselten – weiter auszubilden, Clebschs Programm durch die Erarbeitung seiner wissenschaftlichen Biographie in die Öffentlichkeit zu tragen, dessen Werke herausgeben zu lassen – was Ferdinand Lindemann unter Kleins Anleitung übernahm –, sich durch die Errichtung einer Clebsch-Stiftung um dessen Familie zu kümmern und die *Mathematischen Annalen* fortzuführen. In seiner Antrittsrede vom 7. Dezember 1872 entwickelte Klein ein langfristiges Lehrprogramm. Es war durch den Gedanken der Einheit der Wissenschaft, das Ideal der Gesamtbildung, den Grundsatz der Pflege von reiner und angewandter Mathematik und die Überzeugung geprägt, dass logische Fähigkeiten und die Fähigkeit zur Anschauung gleichberechtigte Faktoren in der Ausbildung sein sollen. Um den internationalen Blick zu weiten, reiste Klein im September 1873 zu einem Studienaufenthalt nach Großbritannien und 1874 nach Italien. In Erlangen gelang ihm, ein neues Extraordinariat für Mathematik einzurichten, wofür er Paul Gordan (1. 10. 1874) gewann. In Erlangen wurde Klein auch mit der zehn Jahre jüngeren Anna Hegel bekannt – Tochter eines Historikers und Enkelin des großen Philosophen. Sie verlobten sich am 9. Januar 1875 und heirateten am 17. August 1875; der Ehe entsprangen

Vergleichende Betrachtungen

über

neuere geometrische Forschungen

von

Dr. Felix Klein,
o. ö. Professor der Mathematik an der Universität Erlangen.

Erlangen.
Verlag von Andreas Deichert.
1872.

F. Klein: Titelblatt des »Erlanger Programms«

vier Kinder: Sohn Otto (6. 8. 1876) und die Töchter Luise (24. 11. 1879), Sophie Eugenie (11. 7. 1885) und Elisabeth (21. 5. 1888), wobei letztere erfolgreich Mathematik studierte und es bis zur Studiendirektorin, Schulleiterin einer höheren Mädchenschule, brachte.

In Kleins Briefen (1873/74) an Lie ist spürbar, dass er dessen Produktivität kaum noch zu folgen vermochte und dass er – neben der Vielzahl der sonstigen Verpflichtungen – nach neuen mathematischen Ideen suchte. Ein geplantes zusammenfassendes Buch über Liniengeometrie gab Klein auf, widmete sich wieder dem Flächenzusammenhang und Gestalten von Kurven, befasste sich eingehender mit Bernhard Riemanns Arbeiten und publizierte 1874 *Über eine neue Art der Riemann'schen Flächen* (Werke I, 89–98). Er versuchte, durch eine eigene Vorlesung über Abelsche Funktionen tiefer in das Gebiet einzudringen. Dabei gelangte er 1874 zu Erkenntnissen über Zusammenhänge zwischen elliptischen Funktionen, endlichen Gruppen linearer Transformationen und regulären Körpern, die dazu führten, dass er nachweisen konnte, dass sich die Lösung einer Gleichung fünften Grades auf die Lösung einer Ikosaedergleichung reduzieren lässt (Werke II, 255ff.; Klein 1884). Klein widmete sich in den folgenden Jahren auch Gleichungen höheren Grades. Die Hauptaufgabe seiner Theorie der algebraischen Gleichungen bestand darin festzustellen, wann eine Gleichung auf ein Formenproblem zu einer gegebenen Gruppe und damit auf eine gewisse Normalgleichung mit einer zu dieser gegebenen Gruppe isomorphen Galoisgruppe zurückgeführt werden kann. Richard Brauer hat später die Kleinsche Theorie mit Hilfe der Algebrentheorie neu begründet und weiter vertieft. Bei den algebraischen Arbeiten wurde Gordan Kleins wichtigster Kooperationspartner.

Professor in München

Klein setzte die Zusammenarbeit mit Gordan fort, als er 1875 als Professor für analytische Geometrie, Differential- und Integralrechnung und analytische Mechanik nach München ging und Gordan in Kleins Erlanger Position eintrat, sein Extraordinariat für einen weiteren Clebsch-Schüler, Max Noether, frei machend.

Klein war ein anregender Lehrer. In Erlangen hatte er bereits mehrere Mathematiker zur Promotion geführt. Einige Schüler, u. a. Axel Harnack, Lindemann und der Norweger Elling Holst, folgten ihm nach München, wo er neben der Lehre für Ingenieure (230 Hörer in der ersten Vorlesung über analytische Geometrie) auch Spezialvorlesungen über Zahlentheorie, elliptische Funktionen und algebraische Gleichungen für Lehramtstudierende anbieten konnte und neue Schüler fand, unter diesen Walther Dyck – den er später in die Redaktion der *Mathematischen Annalen* und in weitere organisatorische Vorhaben einbezog –, der Italiener Luigi Bianchi und Kleins wohl mathematisch bedeutendster Schüler Adolf Hurwitz. Klein setzte die Kombination der ihm schon länger geläufigen gruppentheoretischen und invariantentheoretischen Ansätze mit den geometrisch-anschaulichen Methoden der Riemannschen Funktionentheorie fort, erlangte einen Überblick über die verschiedenen Arten von Modulargleichungen und Multiplikatorgleichungen und eine Einsicht in das Wesen derjenigen algebraischen Gleichungen, die durch elliptische Funktionen gelöst werden können (Werke III, 3–178). Für diese und weitere Arbeiten drang er – auch mit Hilfe seiner Schüler – tiefer in die Weierstraßsche Funktionentheorie ein und war stolz, Gruppentheorie, Zahlentheorie, Geometrie und Funktionentheorie, getragen von den Grundauffassungen der Invariantentheorie (des projektiven Denkens), in seinen Arbeiten verbunden zu haben.

Mit Klein – und durch Klein initiiert – war Alexander Brill, ein weiterer Clebsch-Schüler, 1875 neben ihn an die TH München berufen worden. Klein und Brill reorganisierten den Unterrichtsablauf, betrieben den Bau mathematischer Modelle und suchten im Rahmen eines »Mathematischen Kränzchens« den Kontakt zu Vertretern der Ingenieurwissenschaften. Klein fand u. a. engen Bezug zu C. ↗ Linde, der durch sein berühmtes Luftverflüssigungsverfahren (1895) bekannt werden sollte und ihn später bei seinen anwendungsorientierten Bestrebungen unterstützte. In München lag ein Ausgangspunkt für Kleins Bemühen um engen Kontakt zwischen Universität, Technischer Hochschule und Industrie, wofür er 1905 mit der Ernennung zum Dr.-Ing. h.c. der TH München geehrt wurde.

Im September 1877 organisierte Klein die Mathematische Sektion der Münchener Jahresversammlung der Gesellschaft Deutscher Naturforscher und Ärzte, woran auch Lie und L. ↗ Cremona teilnahmen. Lie blieb fünf Wochen; wenngleich beide jetzt in verschiedenen Richtungen arbeiteten, hielten sie engen Kontakt. Sie planten gemeinsame Treffen und Reisen.

Professor in Leipzig

Klein organisierte schließlich mit seinem Wechsel an die Universität Leipzig, dass Lie unterstützt wurde. Klein und der Leipziger Mathematiker Adolph Mayer schickten den gerade promovierten Friedrich Engel 1884 zum Studium nach Norwegen; dieser half, Lies Werke zu edieren. Mayer, dessen wissenschaftliche Arbeiten enge Berührungspunkte mit denen von Clebsch und Lie besaßen und der seit 1876 mit Klein die *Mathematischen Annalen* herausgab, hatte den Ruf Kleins auf eine Professur für Geometrie in Leipzig betrieben. Klein entfaltete in dieser Stellung eine fruchtbare Arbeit. In Leipzig promovierten 16 seiner insgesamt fünfzig Doktoranden. Die Münchener Schüler Dyck und Hurwitz – der Klein bei seinen funktionentheoretischen Arbeiten unterstützte – waren mit nach Leipzig gewechselt. Klein erreichte 1881 die Gründung eines Mathematischen Seminars mit eigenem Institutsgebäude. Im WS 1881/82 waren 200 Mathematik-Studierende eingeschrieben; auch Studenten aus den USA kamen zu Klein. Er hatte seine Lehrtätigkeit mit einer Vorlesung über Funktionentheorie in geometrischer Darstellung begonnen und führte damit Riemanns funktionentheoretische Vorstellungen weiter. Klein betrachtete seine Arbeiten über automorphe Funktionen – eine Bezeichnung, die er erst 1890 einführte –, besonders das Auffinden eines Grenzkreistheorems (Werke III, 627–629), als den Höhepunkt seiner mathematischen Produktivität (Werke III, 477ff.). Die Ergebnisse entwickelte er im Wettstreit mit I. H. ↗ Poincaré, mit dem er von Juni 1881 bis September 1882 korrespondierte (Werke III, 587–621). Weitere Resultate, u. a. ein allgemeines Fundamentaltheorem, präsentierte er im Sommer 1882 in Vorträgen und zusammenfassend in seiner Schrift *Neue Beiträge zur Riemannschen Funktionentheorie* (Werke III, 630–710).

Auf dem Höhepunkt seines Schaffens erlitt Klein einen gesundheitlichen Zusammenbruch, Asthma und ständige Überanstrengung, so dass er für sich diagnostizierte: »Herankommende Unproduktivität. Soziale Wirksamkeit als Ersatz für das verlorene Genie.« Er widmete sich der zusammenfassenden Ausarbeitung seiner Ideen, woraus das *Ikosaederbuch* (1884) und die von seinem angeheirateten Neffen Robert Fricke betreuten *Vorlesungen über die Theorie der elliptischen Modulfunktionen* (1890, 1892) und *Vorlesungen über die Theorie der automorphen Funktionen* (1897, 1912) resultierten. Weitere seiner Vorlesungen zu den verschiedensten Themen ließ er von Schülern ausarbeiten; sie wurden als autographierte Vorlesungen zunächst handschriftlich bei Teubner vervielfältigt und später z. T. in überarbeiteter Form in die von R. ↗ Courant bei Springer begründete »gelbe Reihe« aufgenommen.

Einen Ruf nach Baltimore (12. 12. 1883) als Nachfolger James J. Sylvesters lehnte Klein ab. Dafür zeichnete sich im Oktober 1884 eine Berufung nach Göttingen ab, die Klein – unterstützt durch Eduard Riecke und weitere nichtmathematische Fakultätsmitglieder, aber gegen den Wunsch der Ordinarien für Mathematik Hermann Amandus Schwarz und Ernst Schering – zum 1. April 1886 erhielt.

Klein verließ Leipzig nicht, ohne sich um seinen Nachfolger gekümmert zu haben. Lie trat in die Position, was unter deutschen Mathematikern zu Missgunst und Ablehnung führte. Klein und Lie zogen viele ausländische Studierende nach Deutschland. In den 1880er- und 1890er-Jahren studierten bei ihnen in Leipzig und Göttingen z. B. mehr US-amerikanische Studenten als bei irgendeinem Mathematik-Professor in den USA, wodurch sie die nachfolgende Mathematik-Entwicklung in den USA nachdrücklich beeinflussten.

Etablieren eines Zentrums der Mathematik in Göttingen

Klein kam mit vielen neuen Ideen und der Absicht nach Göttingen, hier ein Zentrum der Mathematik und Naturwissenschaften zu etablieren. Seine Pläne, Reorganisation der Göttinger Akademie, Annäherung von Universität und Technischer Hochschule, Einführung eines Studienplanes, Etablieren von Lehrerfortbildungen, Ausbau der Universitätseinrichtungen und ordentlichen Professuren für Mathematik und Naturwissenschaften, Verstärken der anwendungsorientierten Lehre und Forschung, Frauenstudium und Gewinnen ausländischer Studierender diskutierte er mit dem preußischen Ministerialdirektor Friedrich Althoff und konnte sie nach und nach umsetzen, nachdem sein Widersacher Schwarz 1892 einem Ruf nach Berlin gefolgt war und er selbst einen Ruf an die Universität München abgelehnt hatte. Mit Schwarz' Nachfolger in Göttingen, Heinrich Weber, schuf Klein 1892 die Göttinger Mathematische Gesellschaft. Die 1890 gegründete Deutsche Mathematiker-Vereinigung (DMV) nutzte Klein – unterstützt durch seinen Schüler Dyck – für seine Ziele; drei Wahlperioden wirkte er als Vorsitzender. Gemeinsam mit dem Teubner-Verlag reorganisierte Klein das mathematische Zeitschriftenwesen; dabei entstanden u. a. ein Organ für angewandte Mathematik und die *Mitteilungen* der DMV (1901).

Von 1886 bis 1895 waren unter Kleins Promovenden neun US-Amerikaner sowie zwei Frauen, die US-Amerikanerin Mary F. Winston und die Engländerin Grace Chisholm, die angeregt durch Klein später mit ihrem Mann das erste englischsprachige Buch über Mengenlehre publizierte. Klein hatte erreicht, dass ab WS 1893/94 die ersten Frauen in Göttingen zugelassen worden waren. D. ↗ Hilbert, dessen Berufung zum SS 1895 gelang, führte Kleins Intentionen fort. Hilbert hatte – nach seiner Promotion beim Klein-Schüler Lindemann – im WS 1885/86 bei Klein in Leipzig studiert und war von Klein bereits 1890 in einem Brief an Althoff als »the rising man« bezeichnet worden. Seit Mitte der 1890er-Jahre avancierte Klein zunehmend zum Berater Althoffs nicht nur bei Göttinger Angelegenheiten, sondern auch bei mathematischen Berufungsfragen in ganz Preußen. In Lehre und Forschung wandte sich Klein stärker Anwendungsgebieten zu. Um den Studierenden der Mathematik neue Berufschancen zu eröffnen, beteiligte er sich 1895 an der Einrichtung eines Seminars für Versicherungstechnik. Seine Vorlesung zur Theorie des Kreisels wurde durch A. ↗ Sommerfeld zu einer vier Hefte umfassenden Darstellung ausgebaut (1897 bis 1910).

Durch eine Reise in die USA 1893, zur Weltausstellung nach Chicago und dem damit verbundenen Mathematiker-Kongress, hatte Klein vielfältige Anregungen erhalten. Nach US-amerikanischem Vorbild suchte er Kontakt zur Industrie und fand schließlich fünfzig finanzkräftige Personen, unter ihnen Linde und bedeutende Industrielle aus ganz Deutschland (Friedrich Krupp, W. ↗ Siemens u. a.), die einer *Göttinger Vereinigung zur Förderung der angewandten Physik* (28. 2. 1898) *und Mathematik* (17. 12. 1900) beitraten. Die bis 1920 bestehende Vereinigung wurde von dem Chemieindustriellen Henry Th. Böttinger geleitet und stellte ca. zwei Millionen Goldmark zur Verfügung, um entsprechende Lehre und Forschung an der Universität Göttingen zu fördern; Klein wirkte als ständiger zweiter Vorsitzender. Mit diesen Mitteln und seinem persönlichen Einsatz erreichte Klein, dass Gebiete wie physikalische Chemie, Geophysik, angewandte Mathematik, technische Mechanik mit Strömungsphysik und Luftfahrtforschung, Versicherungsmathematik und Statistik zu Lehrstühlen ausgebaut wurden.

Es lag im Trend der Zeit, große zusammenfassende Werke zu publizieren. Klein wurde zum führenden Kopf bei der Herausgabe der *Encyklopädie der mathematischen Wissenschaften mit Einschluß ihrer Anwendungen* (1898–1935); er beteiligte sich an dem Unternehmen *Kultur der Gegenwart* und betreute den mathematischen Band. Hieraus folgte die Anregung, selbst über die Mathematik des 19. Jahrhunderts zu schreiben, wofür Klein seit 1908 Material sammelte. Seine Vorlesungen, die er während der Zeit des Ersten Weltkrieges darüber hielt, schloss er zu Lebzeiten nicht ab; sie wurden aus dem Nachlass herausgegeben (Klein 1926/27). Klein bezog auch in seinen mathematischen Vorlesungen historische Aspekte ein; unter ihm verteidigte Conrad H. Müller – maßgeblicher Mitarbeiter bei der *Encyklopädie* – eine Dissertation zum Thema *Studien zur Geschichte der Mathematik an der Universität Göttingen im 18. Jh.* (1904). Klein beteiligte sich an der Edition der Werke

F. Klein (Gemälde von Max Liebermann 1912)

von A. F. ↗ Möbius und C. F. ↗ Gauß. Die gesammelten Abhandlungen Graßmanns und ein Ergänzungsband der Werke Riemanns erschienen auf Kleins Initiative.

Einen historischen und enzyklopädischen Charakter nahm auch das von Klein herausgegebene 5-bändige Werk *Abhandlungen über den mathematischen Unterricht in Deutschland* (1909–1916) an. Es umfasste Übersichten vom Anfangs- bis zum Hochschulunterricht und war durch die 1908 gegründete Internationale Mathematische Unterrichtskommission veranlasst worden. Kleins Vorsitz dieser Kommission basierte auf seinem Bestreben, den mathematischen Unterricht »vom Kindergarten bis zur Universität« zu reformieren. Der Begriff »Kleinsche Unterrichtsreform« wurde bereits zu seinen Lebzeiten geprägt. Er plädierte für einen anwendungsorientierten, anschaulichen Unterricht und – nach französischem Vorbild – für die Einführung des Funktionsbegriffs als durchgängiges Prinzip des Mathematiklehrgangs. Analytische Geometrie sowie Differential- und Integralrechnung sollten Bestandteile des Unterrichts der höheren Schulen werden. Klein hatte Anteil daran, dass Mathematik und Naturwissenschaften Eingang in die öffentlichen höheren Mädchenschulen fanden (ab 1908). Dafür engagierte er sich in der von der Gesellschaft Deutscher Naturforscher und Ärzte eingesetzten »Breslauer Unterrichtskommission« (1904–07) sowie ab 1908 im Deutschen Ausschuss für mathematischen und naturwissenschaftlichen Unterricht und als Abgeordneter des preußischen »Herrenhauses« (Erste Kammer des Abgeordnetenhauses).

Die zunehmende Zahl der Verpflichtungen zehrte an Kleins Gesundheit. Im Jahre 1911 musste er sich in ein Sanatorium (Hahnenklee, Harz) begeben und ließ sich Ostern 1913 vorzeitig emeritieren. Befreit von Lehr- und anderen Verpflichtungen, behielt er alle Rechte und Privilegien. Er besaß weiterhin eine einflussreiche Stimme in der Fakultät, im Kultusministerium und anderen Gremien. Von 1916 bis 1922 wirkte er als Preisrichter für den Alfred-Ackermann-Teubner-Gedächtnispreis zur Förderung der mathematischen Wissenschaften, den er selbst 1914 als erster erhalten hatte. Klein hatte nicht nur die spezielle Relativitätstheorie begeistert begrüßt, sondern wandte sich während der Zeit des Ersten Weltkrieges auch der allgemeinen Relativitätstheorie zu; er korrespondierte mit Einstein über die mathematischen Grundlagen und wurde bei eigenen Untersuchungen durch E. ↗ Noether unterstützt, deren Habilitation er nachdrücklich förderte.

Anläßlich seines Goldenen Doktorjubiläums überreichten ihm befreundete Kollegen eine Stiftung mit der Bitte, seine gesammelten Abhandlungen für den Druck vorzubereiten. Die noch zu seinen Lebzeiten erschienenen drei Bände sind mit Anmerkungen Kleins versehen. Die am 30. Oktober 1920 gegründete »Notgemeinschaft der deutschen Wissenschaft« (die heutige Deutsche Forschungsgemeinschaft), deren erster Fachausschuss Mathematik, Astronomie und Geodäsie noch bis zum 31. März 1922 von Klein geleitet wurde, gewährte diesem Werk – über ihren Hauptausschuss – Druckunterstützung.

Klein, der durch Orden, Preise, Ehrendoktorwürden, Akademie-Mitgliedschaften u. a. vielfältig geehrt wurde, litt in seinen letzten Lebensjahren an einer Lähmung der unteren Extremitäten. Courant, der schließlich auf den Klein-Lehrstuhl gelangt war, begann seine Gedächtnisrede mit den Worten: »... eine Epoche in der Geschichte der Mathematik ist abgeschlossen«.

Werk(e):

Gesammelte Mathematische Abhandlungen, 3 Bde. (1921, 1922, 1923); Vorlesungen über das Ikosaeder und die Auflösung der Gleichungen vom fünften Grade (1884, neu ediert v. P. Slodowy, 1993); Gemeinsam mit R. Fricke: Vorlesungen über die Theorie der elliptischen Modulfunktionen, 2 Bde. (1890, 1892); Gemeinsam mit R. Fricke: Vorlesungen über die Theorie der automorphen Funktionen, 2 Bde. (1897, 1912); Elementarmathematik vom höheren Standpunkte aus, 3 Bde. (1933, 1925, 1928, Nachdruck 1968); Vorlesungen über die Entwicklung der Mathematik im 19. Jahrhundert, 2 Bde. (1926, 1927, Reprint 1979); Vorlesungen über höhere Geometrie (1926); Vorlesungen über nicht-euklidische Geometrie (1928); Vorlesungen über die hypergeometrische Funktion (1933).

Sekundär-Literatur:

Courant, R.: Felix Klein, in: Die Naturwissenschaften, 13 (1925) 37, 765–772; Tobies, R.: Felix Klein (1981); Frei, G.: Der Briefwechsel David Hilbert – Felix Klein (1886–1918) 1985; Tobies, R. und Rowe, D.: Korrespondenz Felix Klein – Adolph Mayer (1990); Rowe, D. E.: Felix Klein, David Hilbert and the Göttingen mathematical tradition (1992).

Kleist, Ewald Jürgen von,
deutscher Jurist, Gutsherr und Naturforscher,
* 10. 6. 1700 Vietzow bei Belgard (Hinterpommern),
† 10. 12. 1748 Köslin (Koszalin, Polen).

Kleist kommt das Verdienst zu, nahezu zeitgleich mit Pieter van Musschenbroek die Urform des elektrischen Kondensators erfunden zu haben.

Ewald von Kleist entstammt einer berühmten Adelsfamilie, aus der mehrere Marschälle und Generäle und auch der bekannte Dichter Heinrich von Kleist hervorgegangen sind. Der Sohn eines hinterpommerschen Landrats und Gutsherrn studierte in Leiden Jura, übernahm anschließend in Cammin bei Stettin einen Gutshof und war von 1722–1747 Dechant. Bis 1748 war er Präsident des königlichen Hofgerichts zu Cöslin.

Im Verlauf des 17. und 18. Jahrhunderts beschäftigten sich viele Forscher mit der Untersuchung und phänomenologischen Erklärung elektrischer Erscheinungen. Zu nennen sind vor allem die Arbeiten von Stephen Gray um 1730 zum Wesen der Elektrizität und die Versuche vieler Forscher, mittels Elektrisiermaschinen Elektrizität zu erzeugen. Auch Kleist befasste sich mit solchen Experimenten, mehr wohl zum Zeitvertreib als mit wissenschaftlicher Zielstellung. Im Oktober 1745 fand er mit der so genannten »Verstärkerflasche«, später »Kleistsche Flasche« und auch »Leidener Flasche« genannt, eine Möglichkeit, Elektrizität zu speichern. Die Anordnung bestand zunächst aus einem »Medizinglas«, in das ein Nagel gesteckt wurde. Er verband diesen Nagel mit einer Elektrisiermaschine. Nach dem Trennen von der Elektrisiermaschine und Halten des Glases in der einen Hand verspürte er beim Berühren des Nagels mit der anderen Hand einen elektrischen Schlag. Kleist bemerkte eine Verstärkung dieser Wirkung bei einem mit Alkohol gefüllten Glas.

Mit dieser Urform des Kondensators war eine Möglichkeit gefunden, Elektrizität zu speichern. Eine ähnliche Beobachtung machte nahezu gleichzeitig Pieter von Musschenbroek an der Universität Leiden.

Auf wen die Beobachtung zurückgeht, dass die gespeicherte Elektrizitätsmenge mit der Größe der Fläche der inneren und äußeren Belegung wächst, lässt sich nicht mit Sicherheit sagen. Doch bereits 1746 fand Benjamin Wilson, dass die Größe der gespeicherten Elektrizitätsmenge der Glasfläche direkt und der Glasdicke indirekt proportional ist. [AK2]

Sekundär-Literatur:
Heilbron, I.: Electricity in the 17th and 18th centuries (1979); Fraunberger, F.: Illustrierte Geschichte der Elektrizität (1985).

Koch, Heinrich Hermann Robert,
Bakteriologe, Parasitologe, Hygieniker und Mediziner,
* 11. 12. 1843 Clausthal,
† 27. 5. 1910 Baden-Baden.

Koch gilt als einer der Pioniere der modernen Bakteriologie und Hygiene. Er entwickelte grundlegende bakteriologische Untersuchungstechniken wie Bakterienfärbung, Mikrofotografie oder Reinkultur und identifizierte eine Reihe von bakteriellen Krankheitserregern. Seine Reflexionen über die Kriterien solcher Nachweise wurden als »Kochsche Postulate« bekannt.

Robert Koch wurde 1843 als Sohn eines Bergwerksbeamten in Clausthal im Harz geboren. Außer einer Vorliebe zum Pflanzensammeln ließ der Schüler den zukünftigen Forscher kaum ahnen. Interessanter war, dass Koch als junger Mann Träumen vom Auswandern nachhing (nicht weniger als sechs seiner acht Brüder sollten auswandern).

Nach dem Abitur 1862 studierte Koch in Göttingen zunächst Botanik, Physik und Mathematik. Anstelle des riskanten Berufzieles als weltreisender Naturforscher entschied er sich für die Medizin und studierte das Fach ab 1863. Er erwies sich bald als begabter Student. Die Doktorarbeit behandelte ein physiologisches Thema, die Entstehung von Bernsteinsäure im menschlichen Organismus. Mit dem Verzehr mehrerer Kilogramm Butter beinhaltete sie ein heroisches Selbstexperiment des Kandidaten. Zusammen mit dem Physiologen Georg Meissner und dem Pathologen Karl Ewald Hasse war der Anatom Jacob Henle in Göttingen einer von Kochs Lehrern. Er wird, dank einer 1840 veröffentlichten Schrift über das Problem lebender Krankheitserreger, als sein Lehrer angesehen. Koch selbst hat dies jedoch bestritten, und es hat den Anschein, dass Koch aus Göttingen 1866 nicht sehr viel mehr mitnahm als eine gründliche Ausbildung in Anatomie und Physiologie.

Koch entschied sich zunächst gegen eine akademische Karriere und versuchte nach seiner Heirat mit Emmy Fraatz 1867 eine auskömmliche Stellung zu erlangen. Verschiedene Anläufe hierzu blieben aber so unbefriedigend, dass die jugendlichen Emigrationspläne wieder auflebten. Erst 1872 gelang es Koch, im pommerschen Wollstein (heute Wolstyn/ Polen) eine materiell befriedigende Position als Kreisarzt zu finden. Dort begann er bakteriologisch zu arbeiten. Als Untersuchungsobjekt wählte er den Milzbrand, eine Viehseuche. Dass sie durch stäbchenförmige Gebilde übertragen wurde, die sich im Blut erkrankter Tiere nachweisen ließen, galt schon damals als wahrscheinlich. Koch gelang es im Anschluss an den Breslauer Botaniker F. J.

H.H.R. Koch (Foto: Deutsches Museum München, Bildstelle)

↗ Cohns, den Lebenszyklus des *Bazillus anthracis* vollständig zu beschreiben und die Krankheitserzeugung tierexperimentell zu belegen. Das dabei nachgewiesene Sporenstadium des Bakteriums erklärte Phänomene wie das zeitweilige »Verschwinden« der Bakterien und lieferte durch die Widerstandsfähigkeit der Sporen auch eine plausible Erklärung epidemiologischer Eigentümlichkeiten wie etwa der lang anhaltenden Kontagiösität von Viehweiden.

Kochs Milzbrandarbeit war die Lösung eines medizinischen Problems mit Hilfe der Botanik. Dass er sich mit den Ergebnissen an den ihm bis dahin nur als Autor bekannten Cohn wandte, war daher nur folgerichtig. Dieser begrüßte Kochs Arbeiten enthusiastisch und veröffentlichte sie 1876 in den von ihm herausgegebenen *Beiträgen zur Biologie der Pflanze*. Er machte Koch auch mit einer Reihe von Breslauer Kollegen bekannt, die seine weitere Arbeit beeinflussen sollten: Über den Pathologen Julius Cohnheim konnte Koch sein Wissen der experimentellen Pathologie erweitern, von dessen Prosektor Carl Weigert lernte er Histologie und Färbetechnik.

Die Jahre 1877–1880 verbrachte Koch damit, Beiträge zu Methodik und Technologie der Untersuchung pathogener Bakterien zu liefern. (*Verfahren zur Untersuchung, zum Konservieren und Photographieren der Bakterien*, 1877). Im Zusammenhang damit standen seine Arbeiten über Wundinfektionen. Hier präsentierte Koch eigenständige Methoden des tierexperimentellen Arbeitens und stellte erstmals systematische Überlegungen zu den Kriterien experimenteller Erregernachweise an. Allerdings ist deren gängige Bezeichnung als »Kochsche Postulate« irreführend, denn die Kriterien variierten über die Jahre je nach dem Entwicklungsstand seiner Methoden und dem Untersuchungsgegenstand erheblich. Ihre »klassische Form« – 1. Isolierung des Pathogens im erkrankten Gewebe, 2. Züchtung in Reinkultur, 3. Wiedererzeugung der Krankheit im Tierversuch mit Hilfe der Kulturen – hatten sie schon deswegen 1877 noch nicht, weil Koch sein Verfahren der so genannten Reinkultur erst Jahre später entwickelte.

1879 versuchte Koch eine akademische Karriere zu begründen. Allerdings scheiterte der Antrag der Breslauer Mediziner, ihm ein Extraordinariat zu verschaffen. Die Übernahme eines Stadtphysikats in Breslau erwies sich als ökonomisches Desaster. Erst die auf Vermittlung von Cohnheim im Juli 1880 erfolgte Berufung an das neu gegründete Kaiserliche Gesundheitsamt verhalf Koch zu einer aussichtsreichen wissenschaftlichen Position und der Leitung einer kleinen, aber rasch anwachsenden bakteriologischen Arbeitsgruppe.

Die Jahre bis 1885, die Koch am Kaiserlichen Gesundheitsamt verbrachte, waren seine wissenschaftlich produktivste Zeit. Koch und seine Mitarbeiter widmeten sich zunächst der Untersuchungsmethodik. Die 1881 veröffentlichte Arbeit *Zur Untersuchung von pathogenen Mikroorganismen* beschrieb das mittlerweile um die festen Nährböden und die damit herstellbaren Reinkulturen angewachsene Arsenal der Methoden. Hinzu kamen Arbeiten über Desinfektion und ab 1882 eine Kontroverse mit L. ↗ Pasteur. Anlass waren Prioritätsfragen die Milzbrandätiologie betreffend. Koch nutzte die Gelegenheit, um die Methodik seiner Schule zu schärfen und zu popularisieren, ließ sich aber auf eine unhaltbare Kritik Pasteurs ein: Seine Überbetonung bakterieller Spezifität verleitete ihn dazu, das von Pasteur erforschte Phänomen der bakteriellen Virulenz für ein Artefakt ungenügender Technik zu erklären.

Wissenschaftlich berühmt wurde Koch durch den am 24. März 1882 in Berlin präsentierten Tuberkelbazillus. Koch knüpfte an die Arbeiten Jean Antoine Villemins aus den 1860er-Jahren an, der die Identität so verschiedener Krankheiten wie Lupus oder Phthisis als Tuberkulose belegt hatte. Koch fügte Villemins Konzeption ein Bakterium als Krankheitsursache hinzu und konnte den Erregernachweis im Labor anstelle des klinischen Bildes als gültiges Kriterium der Definition ansteckender Krankheiten etablieren. Die bis dahin in der deutschen Medizin gängigen hochkomplizierten Theorien tuberkulöser Prozesse als Transformationen anderer Krankheiten wurden ein Fall fürs Archiv.

War die Ätiologie der Tuberkulose eine wissenschaftliche Sensation, so trug die 1884 in Indien geglückte Identifizierung des »Kommabazillus« der Cholera alle Zeichen guter Öffentlichkeitsarbeit. Koch gelang es ein Bakterium zu entdecken, das seit fast 30 Jahren als solches bekannt war. Diese Entdeckung spielte sich in der Form eines spektakulären Wettrennens mit den französischen Mikrobiologen ab. Kochs Arbeit in Ägypten und Indien erbrachte zwar Reinkulturen des *Vibrio cholerae* sowie eine verbesserte Kenntnis der pathologischen Anatomie der Krankheit, wurde aber den selbstgesetzten Ansprüchen nicht gerecht, weil die tierexperimentelle Reproduktion scheiterte. Kochs bakterielle Ätiologie der Cholera eröffnete eine jahrelange erbitterte Debatte mit Josef Pettenkofer und steht für die Kampfansage der Berliner Bakteriologen an die Hygieniker der Münchner Schule.

Für die Jahre danach kann man von einer Krise des Forschers sprechen. Koch, seit 1884 stellvertretender Direktor des Kaiserlichen Gesundheitsamts, versuchte dasselbe zu verlassen, um Direktor eines noch zu gründenden Reichsinstitutes für Bakteriologie zu werden. Die Pläne scheiterten jedoch und er fand sich auf einem gegen den Willen der Fakultät an der Berliner Universität geschaffenen Lehrstuhl für Hygiene wieder. So wichtig dieser Schritt für die bakteriologische Hygiene als Disziplin war, so unglücklich war die Situation für Koch: Er sah sich als nicht Habilitierter, ohne nennenswerte Lehrerfahrung auf den Lehrstuhl einer Fakultät gesetzt, die ihm kritisch gegenüber stand.

Darüber hinaus lag ein forschungsstrategisches Problem vor: Kochs Erfolge hatten wesentlich auf den erfolgreichen Erregerjagden beruht und es war fraglich, ob sich diese Strategie fortsetzen ließ. Auch hatten sich therapeutische Hoffnungen, die mit der Identifikation der Erreger geweckt worden waren, bislang nicht erfüllt. Anderseits konnten die Pariser Mikrobiologen auf dem von Koch vernachlässigten Gebiet der Serumtherapie Erfolge vorweisen. Das Pasteursche Tollwutserum von 1885 führte zur Gründung des Institut Pasteur und verschaffte damit dem Pariser Konkurrenten jene herausgehobene Position, die Koch vergeblich angestrebt hatte.

Der zunehmende Druck erklärt viel von Kochs Verhalten in der Tuberkulinaffäre, die man als den Versuch ansehen muss, durch die Präsentation einer »bakteriologischen« Therapie den selbstgesetzten Erwartungen gerecht zu werden. Das Heilmittel, das Koch im August 1890 angekündigt hatte und das Mitte November auf den Markt kam, löste eine beispiellose Euphorie aus. Allerdings wurden schon um den Jahreswechsel herum Zweifel laut. Bei den behandelten Patienten traten, teilweise unter dramatischen Begleiterscheinungen, Todesfälle auf. Kochs Ansichten über die Tuberkulinwirkung wurde insbesondere von Seiten R. ↗ Virchows engagiert widersprochen. Koch hatte seinen Extrakt aus Tuberkulosebazillen als Geheimmittel präsentiert. Als er Anfang 1891 dessen Zusammensetzung veröffentlichen musste, wurde klar, dass die Geheimhaltung eigenen kommerziellen Interessen gedient und eklatante Schwächen der eigenen Forschung gedeckt hatte: Die wirksamen Bestandteile des Mittels waren Koch unbekannt und die Versuchstiere, die er nach eigenen Angaben geheilt hatte, waren verschwunden. Der sich im Verlaufe des Frühjahrs 1891 vollendende Fehlschlag beschädigte Kochs Ruf schwer. Die 1890 erfolgte Trennung von seiner ersten Frau und die Affäre mit der 17-jährigen Kunststudentin Hedwig Freiberg, die Koch 1893 heiratete, trugen nicht gerade zur Wiederherstellung der Reputation bei.

In gewissem Sinne profitierte Koch dennoch: Die Preußische Kultusbürokratie nutzte die kurzlebige Euphorie über das Heilmittel, um die für die Gründung des heutigen Robert-Koch-Institutes notwendigen Mittel zu beschaffen. Koch wurde im Sommer 1891 Direktor des Institutes für Infektionskrankheiten, musste allerdings eine Reihe harter Auflagen, insbesondere den Verlust des Rechtes auf Privatpraxis, akzeptieren. Die Hamburger Choleraepidemie von 1892/93, bei der sich Kochs Methoden der Seuchenbekämpfung bewährten, stellte dann seinen Ruf wieder her, auch wenn sie zugleich die Grenzen des politisch wie wissenschaftlich Machbaren demonstrierte: Den im Anschluss daran entwickelten Plänen zu einem Reichsseuchengesetz war eine 10-jährige Odyssee durch den Reichstag und seine Ausschüsse beschieden. Koch musste bei seinen Forschungen über die Hamburger Epidemie erkennen, dass Epidemiologie und Klinik der von ihm untersuchten Infektionskrankheiten weit komplizierter waren, als es die von ihm bislang angewandten Modelle unterstellten. Im Unterschied zu seinen prominenten Schülern wie E. ↗ Behring, P. ↗ Ehrlich oder August Wassermann ließ Koch den Aufschwung der Immunologie in den 1890er-Jahren an sich vorüberziehen. Stattdessen leiteten die Choleraforschungen der Jahre 1892/93 eine epidemiologische Wende in Kochs Forschungen ein. Koch nahm jetzt Phänomene wie atypische oder subklinische Infektionen zur Kenntnis und erkannte einige Jahre später die Bedeutung der gesunden Überträger für die Epidemiologie von Infektionskrankheiten. Die einfachen Invasionsmodelle von Infektionskrankheiten, bei denen etwa zwischen Infektion und Erkrankung kaum unterschieden worden war, differenzierten sich jetzt. Die neue Sicht der Dinge ermöglichte eine erfolgreiche Kampagne zur Typhuskontrolle Anfang des 20. Jahrhunderts.

Koch arbeitete seit den 1890er-Jahren zunehmend in der Tropenmedizin, wo sich die Chance bot, seine wissenschaftlichen Interessen an Ätiologie, Epidemiologie und Seuchenbekämpfung mit der Passion für Reisen zu verbinden. Ab Mitte der 1890er-Jahre verbrachte er mehr Zeit auf Reisen als in dem Institut. Gleich mehrfach war Koch im Auftrag der Britischen Regierung bei der Bekämpfung von Viehseuchen in Südafrika aktiv. Ein weiterer Schwerpunkt war die Malaria. Koch konnte im Anschluss an die von Ronald Ross geklärte Ätiologie Beiträge zum Lebenszyklus des Erregers *Plasmodium falciparum* liefern. Nach der Jahrhundertwende befasste sich Koch intensiv mit der afrikanischen Schlafkrankheit. Nachdem er sich 1904 im Alter von nur 60 Jahren hatte pensionieren lassen, bereitete er eine Schlafkrankheitsexpedition (1906/07) vor, die vor allem einen Beitrag zur Bekämpfung der in Ostafrika wütenden Epidemie leisten sollte. Insbesondere die Entscheidung, die Kranken mit Atoxyl zu behandeln, erwies sich jedoch als unglücklich. Therapeutisch von zweifelhaftem Wert, resultierte die Behandlung in schweren Nebenwirkungen – wurde aber trotzdem großflächig in den Kolonien durchgeführt.

Die nach der Schlafkrankheitsexpedition folgenden Reisen Kochs hatten eher privaten Charakter und brachten Koch zahllose Ehrungen ein. In Deutschland wurde ihm 1906 der Pour le mérite verliehen. Den Nobelpreis erhielt er 1905 für seine Arbeiten über Tuberkulose, musste aber erleben, dass sein mit ihm zerstrittener Schüler von Behring die Auszeichnung vier Jahre zuvor erhielt. Robert Koch starb während eines Aufenthaltes in Baden-Baden. [CG2]

Werk(e):
Gesammelte Werke von Robert Koch, hrsg. v. Schwalbe, J. (1912).

Sekundär-Literatur:
Heymann, B.: Robert Koch. I. Teil 1843–1882 (1932). II. Teil, hrsg. von Henneberg, G., Janitschke, K., Stürzbecher, K. und Winau, R. (1997); Carter, K. C.: Koch's Postulates in Relation to the Work of Jacob Henle and Edwin Klebs, Medical History 29 (1985); Brock, T. D.: Robert Koch: A Life in Medicine and Bacteriology (1988); Mendelsohn, J. A.: Cultures of Bacteriology: Formation and Transformation of a Science in France and Germany, 1870–1914. Diss. Princeton University (1996); Gradmann, C.: Robert Koch and the Pressures of Scientific Research: Tuberculosis and Tuberculin, Medical History 45 (2001); Ders: Das reisende Labor. Robert Koch erforscht die Cholera 1883/84, Medizinhistorisches Journal 38 (2003);

Koelreuter, Joseph Gottlieb,

deutschstämmiger Mediziner und Botaniker,
* 27. 4. 1733 Sulz/Neckar,
† 11. 11. 1806 Karlsruhe.

Koelreuter war der führende Wissenschaftler seiner Zeit zum Themengebiet Sexualität der Pflanzen. Er führte erstmalig planmäßige Experimente zur Reproduktionsbiologie bei Pflanzen durch und wies damit endgültig die schon vorher beschriebene Sexualität sowie Bastardbildung bei Pflanzen und die Bedeutung und Rolle von Insekten für die Blütenbiologie experimentell nach.

Nach seinem Medizinstudium in Tübingen und Straßburg (1748–55, Dr. med.) ging Koelreuter 1756 an die Akademie der Wissenschaften nach St. Petersburg und arbeitete dort seit 1759 an Experimenten zur Pflanzensexualität. 1761 kehrte er zurück nach Deutschland, zuerst nach Berlin und Leipzig, dann in seine Heimatstadt Sulz, schließlich nach Calw/Württemberg. 1763 wurde er Direktor der fürstlichen Botanischen Gärten Karlsruhe unter Markgräfin Caroline v. Baden, gleichzeitig Professor für Naturgeschichte in Karlsruhe. 1786 gab er die Leitung der botanischen Gärten auf und forschte bis 1790 in einem eigenen Garten weiter an seinem Themengebiet der pflanzlichen Sexualität.

Neben seiner eigentlichen medizinischen Tätigkeit, die ihn vor allem bis zu seiner Arbeit in St. Petersburg fesselte, interessierte er sich für die immer noch ungeklärte Frage nach der Sexualität der Pflanzen. Insbesondere seine exakten und wissenschaftlich vorbildlichen Experimente zur Hybridisierung im Pflanzenreich mündeten dann in seinem vierteiligen Hauptwerk zur Pflanzensexualität zwischen 1761 und 1766. Koelreuter fasste die Hybridisierung als einen chemischen Vorgang auf und wandte sich vor allem gegen C. v. ↗ Linnés Theorie der Entstehung neuer Arten durch Hybridisierung. Weitere Veröffentlichungen befassen sich mit verschiedensten Themen bei Tieren und Pflanzen, alle stehen sie aber im Zusammenhang der Blütenbiologie. 1777 erschien eine Arbeit zur Biologie der *Kryptogamen*, in ihr zeigt sich die Schwäche Koelreuters als Mikroskopiker. [VW]

Werk(e):
De insectis coleopteris, nec non de plantis quibusdam rarioribus (1755); Vorläufige Nachricht von einigen das Geschlecht der Pflanzen betreffenden Versuchen und Beobachtungen (1761–1766); Das entdeckte Geheimnis der Cryptogamie (1777).

Sekundär-Literatur:
Mayr, E.: Joseph Gottlieb Koelreuters Contribution to Biology, in: Osiris, 2 (1986).

Kohlrausch, Friedrich Wilhelm Georg,

deutscher Physiker,
* 14. 10. 1840 Rinteln/Weser,
† 17. 1. 1910 Marburg.

Kohlrausch widmete sich besonders der präzisen Festlegung elektrischer Maße und schuf dafür geeignete Instrumente. Seine bedeutendsten Arbeiten behandeln die elektrolytische Leitfähigkeit von Lösungen.

Die ersten und letzten Semester seines Studiums der Physik verbrachte Kohlrausch in Göttingen bei W. ↗ Weber, der ihm ein väterlicher Freund war. Sein Vater Rudolph Kohlrausch hatte mit Weber 1855 das Verhältnis von absolut elektrostatisch und absolut elektromagnetisch gemessener Elektrizitätsmenge bestimmt, das fast mit der Lichtgeschwindigkeit übereinstimmte. Da Weber auf sein »mechanisches Maß« (elektrischer Doppelstrom) fixiert war, blieb es G. R. ↗ Kirchhoff (1857) und J. C. ↗ Maxwell (1861) vorbehalten, in dem Ergebnis die Lichtgeschwindigkeit zu sehen. Nach der Berufung als Ordinarius für Physik in Erlangen verstarb R. Kohlrausch 1858. Friedrich Kohlrausch lernte bei Weber die Feinheiten absoluter elektrischer und magnetischer Messungen kennen. Er verbesserte später das Magnetometer, die Tangentenbussole und auch andere Strommessgeräte. Kohlrausch stand hier ganz in der Gauß-Weberschen Tradition. Er war wie Weber Anhänger einer atomistischen Auffassung der Elektrizität. Um die Thermoelektrizität und den Peltier-Effekt zu erklären, entwarf er seine »Mitführungstheorie«. Danach fließt mit dem Wärmestrom durch die Berührungsstelle der beiden Metalle ein Strom elektrischer Ladungsträger. In Göttingen organisierte Kohlrausch das von Weber schon vorher initiierte Physikalische Praktikum und schrieb dafür den *Leitfaden der praktischen Physik* (1870), der später unter dem Titel *Praktische Physik* erschien.

Die mittleren Semester verbrachte Kohlrausch bei Wilhelm Beetz in Erlangen, wo er nicht nur die Kunst, physikalische Experimente in effektvoller Weise vorzuführen, erlernte, sondern auch auf das Gebiet der elektrolytischen Leitfähigkeit geführt wurde. 1863 promovierte Kohlrausch bei Weber mit einer Arbeit über die elastische Nachwirkung, einer von Weber an Kokonfäden entdeckten Erscheinung, die Kohlrausch nun auch an Metalldrähten nachwies. Wie sein Lehrer deutete er auch diese atomistisch, später wurde diese Erscheinung mit der mechanischen Wärmetheorie verknüpft. Nach einer kurzen Lehrtätigkeit beim Physikalischen Verein in Frankfurt a. M. kam Kohlrausch nach Göttingen zurück, habilitierte sich und wurde 1867 außerordentlicher Professor. 1870 berief man ihn an das Polytechnikum in Zürich (später ETH), und im folgenden Jahr an die Technische Hochschule in Darmstadt. Ab 1875 wirkte er als Ordinarius in Würzburg; es war seine schaffensfroheste und glücklichste Zeit. 1888 holte man Kohlrausch nach Straßburg und 1895 nach Berlin als Leiter der PTR, die er zu einem führenden Zentrum des Prüf- und Messwesens machte. Nach zehnjähriger Tätigkeit trat er vorzeitig in den Ruhestand.

Am bedeutendsten sind Kohlrauschs Leitfähigkeitsmessungen an Elektrolyten, wobei er auch Wechselstrom mit einem elektromagnetischen Telefon zur empfindlichen Stromanzeige benutzte. S. ↗ Arrhenius hatte Anfang der 80er-Jahre die elektrolytische Dissoziation entdeckt, und unter Führung von W. ↗ Ostwald setzten die »wilden Ionier« ihre Theorie gegen den Widerstand der meisten Kollegen in der Chemie durch. Auch bei Kohlrausch in Würzburg arbeitete Arrhenius für kurze Zeit. Kohlrausch hatte schon 1870 gezeigt, dass auch in einem Elektrolyten das Ohmsche Gesetz gültig ist, führte den Begriff der molaren Leitfähigkeit ein und fand 1885 das Gesetz der unabhängigen Wanderungsgeschwindigkeit der Ionen. Im gleichen Jahr bestimmte er gemeinsam mit seinem Bruder Wilhelm Kohlrausch das elektrochemische Äquivalent des Silbers. Die Form, die Kohlrausch dem Silbervoltameter gab, ist heute noch gebräuchlich. Zusammen mit Adolf Heydweiller fand er 1894 die Dissoziationskonstante des Wassers. Aus seinen früheren Arbeiten leitete Kohlrausch das nach ihm benannte Quadratwurzelgesetz her, das die Leitfähigkeit einer Elektrolytlösung in Abhängigkeit von der Konzentration des Elektrolyten angibt. [KHW]

Werk(e):
Gesammelte Abhandlungen, 2 Bde., hrsg. v. W. Hallwachs, A. Heydweiler, K. Strecker und O. Wiener (1910, 1911);

Sekundär-Literatur:
Warburg, E.: Friedrich Kohlrausch, Verhandl. der Deutschen Physikalischen Gesellschaft 12 (1910) 911–938; Wien, W., Ann. d. Physik, 4. Folge 3 1 (1910) 449–454.

Kolbe, Adolf Wilhelm Hermann,
deutscher Chemiker,
* 27. 7. 1818 Elliehausen bei Göttingen,
† 25. 11. 1884 Leipzig.

Kolbe hat in Forschung wie Lehre einen hohen Anteil an der Herausbildung der organischen Chemie.

Als ältestes von 15 Kindern eines Pfarrers absolvierte Kolbe das Gymnasium in Göttingen. Ein chemisch experimentierender und mit R. ↗ Bunsen bekannter Mitschüler weckte Kolbes Interesse an dem Fach, das dieser 1838 bei F. ↗ Wöhler in Göttingen zu studieren begann. 1842 ging er als Assistent zu Bunsen nach Marburg, wo er 1843 seine Dissertation abschloss. Die in der Gasanalyse erworbenen Kenntnisse führten ihn 1845 für Schlagwetteruntersuchungen zu Lyon Playfair nach London. 1847 kehrte er zurück zu Bunsen, übernahm aber im gleichen Jahr bei Vieweg in Braunschweig die Edition des *Handwörterbuch der reinen und angewandten Chemie*. Nach Bunsens Annahme eines Rufes nach Breslau folgte ihm Kolbe 1851 auf den Marburger Lehrstuhl. Ab 1865 wirkte er in Leipzig.

Seine bei Wöhler begonnene Promotionsarbeit über die Chlor-Einwirkung auf Schwefelkohlenstoff lieferte Produkte, die sich u. a. in Methansulfonsäure und Essigsäure umwandeln ließen und damit wei-

A.W.H. Kolbe

tere Beispiele abgaben für die Synthese von organischen aus anorganischen Stoffen. In London begründete er eine lebenslange Freundschaft mit E. ↗ Frankland; gemeinsam fanden sie die Alkylierbarkeit anorganischer Cyanide zu Nitrilen, deren Verseifung Carbonsäuren ergab. Diese Befunde festigten Kolbes Vorstellungen von der Bedeutung einzelner Atomgruppierungen, die er auch zu isolieren suchte; die Elektrolyse z. B. der Essigsäure 1849 ergab jedoch nicht das Methyl-Radikal, sondern als dessen Dimer das Ethan. Seine zahlreichen Untersuchungen an Carbonsäuren und von ihnen abgeleiteten niederen Oxidationsstufen folgten weitgehend der Idee eines Bezugs zur Kohlensäure. 1860 gewann er aus Kohlenstoffdioxid, Phenol und Natrium (später aus Natriumphenolat und ab 1885 noch eleganter nach der Variante von Rudolf Schmitt) die Salicylsäure, welche die Fabrik von Friedrich von Heyden in Radebeul ab 1874 produzierte.

In Leipzig ließ sich Kolbe ein vorbildliches, 1868 eingeweihtes Universitätslaboratorium bauen, das größer als die beiden nach A. W. ↗ Hofmanns Plänen in Bonn und Berlin errichteten zusammen, aber kostengünstiger als jedes von ihnen war; entgegen J. v. ↗ Liebigs Kritik reichten die 132 Arbeitsplätze bald schon nicht mehr aus.

Kolbes theoretische Vorstellungen blieben nicht unwandelbar und erlaubten z. T. prognostische Ausblicke. So sagte er Isomerien bei Alkoholen und Carbonsäuren richtig voraus. Aber noch 10 Jahre nach Publikation von A. ↗ Kekulés Aromatenkonzept vertrat er als konsequenter Repräsentant einer neuen Typentheorie die Ungleichheit der H-Atome im Benzol. Dessen Ringformel wies er bis an sein Ende entschieden zurück, wie er auch J. H. ↗ van't Hoffs und A. ↗ Le Bels stereochemische Aussagen über die räumliche Lagerung von Atomen mit beißender Satire überschüttete. Die Schärfe seiner Polemik nahm zu, als er nach dem Tod von Otto L. Erdmann die Redaktion des *Journal für praktische Chemie* übernahm und dieses zu seiner Hauszeitschrift machte.

Kolbe war Inhaber der Davy-Medaille der Royal Society und des Bayerischen Maximiliansordens, Ehrendoktor und Mitglied bzw. Ehrenmitglied gelehrter Gesellschaften. Aber auch hier erwies sich sein streitbarer Charakter: Die Ehrenmitgliedschaft in der Deutschen Chemischen Gesellschaft legte er bald nieder, die Ernennungsurkunde zum korrespondierenden Mitglied der Preußischen Akademie der Wissenschaften schickte er zurück. [HT]

Werk(e):
Ausführliches Lehrbuch der organischen Chemie (Band I 1859, Band II 1864).

Sekundär-Literatur:
Remane, H.: Hermann Kolbe und sein Beitrag zur Chemie des 19. Jahrhunderts, Zeitschrift für Chemie 24 (1984) 393-403.

Kolmogorow (Kolmogorov, Kolmogoroff),
Andrej Nikolaevich,
russisch-sowjetischer Mathematiker,
* 25. 4. 1903 Tambov,
† 20. 10. 1987 Moskau.

Kolmogorow gehörte zu den bedeutendsten sowjetischen Mathematikern und leistete fundamentale Beiträge zur Wahrscheinlichkeitstheorie, mathematischen Statistik, zur Topologie und Mengenlehre, zur Informations- und Algorithmentheorie und Kybernetik.

Geboren in einer Agronomen-Familie, arbeitete Kolmogorow zunächst als Schaffner bei der Eisenbahn, ehe er 1920 sein Studium an der Moskauer Universität (Lomonossow-Universität) begann. Bis 1925 studierte er Mathematik, u. a. bei N. N. ↗ Lusin und Pavel S. Uryson. Nach seinem Studium blieb er an der Moskauer Universität, ab 1930/31 lehrte

A.N. Kolmogorow

er hier als Professor. 1939 wurde er Ordentliches Mitglied der AdW der UdSSR. Am Mathematischen Institut V. A. Steklov der AdW leitete er außerdem die von ihm geschaffenen Abteilungen Wahrscheinlichkeitstheorie, mathematische Statistik und Informationstheorie.

Kolmogorow war ein äußerst vielseitiger Mathematiker, der Bedeutendes auf mehreren Gebieten leistete. Den größten Einfluss übte er auf die Entwicklung der Wahrscheinlichkeitstheorie aus. Mit seiner 1933 erschienenen Monographie *Grundbegriffe der Wahrscheinlichkeitsrechnung* gab Kolmogorow eine maßtheoretische Fundierung und löste damit das 6. der berühmten 23 Hilbertschen Probleme. Entscheidend war die mit der Einführung von Maßen in Funktionenräumen (Hauptsatz von Kolmogorow) erfolgte Einordnung der phänomenologischen Theorie der stochastischen Prozesse in das axiomatische Gebäude, die gleichzeitig zum Ausgangspunkt der weiteren Entwicklung der Theorie der stochastischen Prozesse auf maßtheoretischer Grundlage wurde. Mit der Einführung der unbeschränkt teilbaren Verteilungsgesetze charakterisierte Kolmogorow die Klasse der Grenzverteilungen von Summen unabhängiger Zufallsgrößen und eröffnete damit neue Perspektiven (zentrale Grenzwertsätze) der Wahrscheinlichkeitstheorie. Von ihm stammen außerdem notwendige und hinreichende Kriterien für die Gültigkeit des starken Gesetzes der großen Zahl, die auf einer nach ihm benannten Ungleichung beruhen. Durch die originelle Verknüpfung von Wahrscheinlichkeits- und Algorithmentheorie trug Kolmogorow dazu bei, dass der Zugang von R. v. ↗ Mises zur Wahrscheinlichkeitstheorie, der die Wahrscheinlichkeit als Grenzwert relativer Häufigkeiten definierte, zur maßtheoretischen Definition als äquivalent erkannt werden konnte. Kolmogorows Beiträge zur Wahrscheinlichkeitstheorie waren oft mit praktischen Problemstellungen aus der Physik und Geophysik, der Mechanik und Ballistik, der Meteorologie, Biologie, Linguistik, Nachrichtentechnik und statistischen Qualitätskontrolle verbunden. Mit Nikolai W. Smirnow untersuchte er Probleme der Stichproben aus einer Grundgesamtheit. Von Kolmogorow stammen auch die Grundlagen der Theorie konkreter Prozesse, wie der Markow-Prozesse mit stetiger Zeit und stetigem Zustandsraum und der Verzweigungsprozesse. Unabhängig von N. ↗ Wiener löste er das Problem der Vorhersage und Filtration stationärer Prozesse und wandte die Theorie stationärer Prozesse auf die praktische Untersuchung der Turbulenz an.

Auch zur Mengenlehre leistete Kolmogorow wesentliche Beiträge. In der deskriptiven Mengenlehre verallgemeinerte er das Theorem über die Existenz analytischer Mengen, die keine Borel-Mengen sind. Er verfasste mehrere Arbeiten zur Maß- und Integrationstheorie. 1932 erschien seine Arbeit *Zur Deutung der intuitionistischen Logik*, in der er die intuitionistische Logik als Logik definierte, die den Methoden der konstruktiven Lösung von Problemen zugrunde liegt. Unabhängig von J. v. ↗ Neumann führte Kolmogorow die topologischen Vektorräume ein und gab eine notwendige und hinreichende Bedingung dafür an, dass ein topologischer Vektorraum normierbar ist. Mit seinem Schüler Wladimir Arnol'd gelang ihm 1957 die Lösung des 13. Hilbertschen Problems, indem sie zeigten, dass die Vermutung D. ↗ Hilberts über die Darstellung bestimmter Funktionen widerlegt werden konnte.

Kolmogorow verfasste neben seinen fundamentalen Beiträgen zur Wahrscheinlichkeitstheorie wesentliche Arbeiten zur mathematischen Statistik, zur Topologie und deskriptiven Mengenlehre, zur mathematischen Logik, zur Maß- und Integrationstheorie, zur Funktionalanalysis, Theorie der dynamischen Systeme, Informations- und Algorithmentheorie und Kybernetik. Viele seiner Beiträge waren mit der Lösung praktischer Probleme in den Naturwissenschaften und der Technik verbunden. Kolmogorow begründete wissenschaftliche Schulen zur Funktionen- und zur Wahrscheinlichkeitstheorie. Zu seinen Schülern gehörten u. a. Anatoli Mal'cev, Israil M. Gelfand, Boris Gnedenko, Wladimir I. Arnold und Juri A. Rozanov. Er übte großen Einfluss auf die Entwicklung des sowjetischen Unterrichts aus, von ihm stammen mehrere Lehrpläne und Schulbücher für den Mathematikunterricht an sowjetischen Schulen. Er war zeitweilig Präsident der Moskauer Mathematischen Gesellschaft, Mitglied des Redaktionskollegiums der BSE (des sowjetischen Enzyklopädie-Unternehmens) und mehrerer mathematischer Zeitschriften. Er gehörte über 20 Akademien als Mitglied an, darunter der Royal Society London und der AdW in Paris. [AV2]

Werk(e):
Grundbegriffe der Wahrscheinlichkeitsrechnung (1933); (mit Gnedenko, B. V.): Predel'nye raspredelenija dlja summ nezavisimych slučajnych veličin (19949); (mit Fomin, S. V.): Elementy teorii funkcij i funkcional'nogo analiza (Kurs lekcij). 1 (1954), 2 (1960).

Sekundär-Literatur:
Uspechi Matematicheskich Nauk 8 (1953), 18 (1963), 28 (1973); Voprosy Ist. Estest. i techniki (1988).

Konkoly Thege, Nikolaus (Miklos),
ungarischer Astrophysiker,
* 20. 1. 1842 Budapest,
† 17. 2. 1916 O'Gyalla.

Konkoly war einer der Pioniere der Astrophysik (Spektroskopie, Fotografie, Fotometrie); er war nicht nur ein bedeutender Wissenschaftler und Instrumentenbauer, sondern insbesondere ein Wissenschaftsorganisator.

Konkoly, der aus einer reichen Landbesitzer-Familie stammte, studierte Physik und Astronomie in Pest (Budapest) und Berlin von 1858 bis 1862. Er hörte Vorlesungen bei J. F. ↗ Encke, H. W. ↗ Dove und H. G. ↗ Magnus. Konkolys fundierte Ausbildung in Physik war eine wichtige Voraussetzung für seine astrophysikalische Arbeit. Um zusätzliche Erfahrung zu sammeln, besuchte er verschiedene europäische Observatorien und optische und mechanische Präzisionswerkstätten.

1871 begann er mit astronomischen Beobachtungen auf dem Balkon seines Schlosses in O'Gyalla im nördlichen Ungarn (heute Hurbanovo in der Slowakei). 1874 ließ er sich eine Privatsternwarte bauen mit eine Kuppel von 2,80 m Durchmesser; später erhielt das Hauptgebäude zusätzlich drei Kuppeln. Konkoly erkannte schon in den 1870er-Jahren die bessere Eignung der Spiegelteleskope im Vergleich zu Refraktoren für die astrophysikalische Forschung und schaffte sich einen 10"- = 25-cm-Newton-Reflektor mit 2 m Brennweite von John Browning in London an. Zusätzlich verwendete er ein Objektivprisma, um viele Spektren gleichzeitig für Durchmusterungszwecke untersuchen zu können. Konkoly widmete sich besonders spektroskopischen Untersuchungen und dem Bau astrophysikalischer Instrumente.

1872 bis 1918 beobachtete Konkoly Sonnenflecken, fotografisch mit dem 15-cm-Heliographen von Steinheil und visuell mit seinem 16-cm-Refraktor von Merz. Seine regelmäßigen Fotografien der Sonne gehörten zu den ersten auf der Welt.

Unter Konkolys Instrumenten zur stellaren Spektroskopie befindet sich auch ein Spektroskop »à vision directe«, das A. ↗ Secchi erfunden hatte und das von der Firma Merz in München verbreitet wurde. Er verwendete auch Spektrografen größerer Dispersion, um schwache Himmelsobjekte wie Kometen oder Nebel zu untersuchen. Hier war er von H. C. ↗ Vogel beeinflusst.

Konkoly begann mit grundlegenden Untersuchungen von Meteorspektren von 1872 bis 1889, die er sogar im Rahmen seiner meteorologischen Arbeit bis 1914 fortsetzte. Bei der Analyse eines Meteorspektrums stellte er 1874 die Existenz von Natrium-Atomen in der Hochatmosphäre fest. Nach der Beobachtung von mehr als vierzig Kometenspektren in den Jahren 1874 bis 1911 stellte Konkoly ein Normal-Kometenspektrum zusammen; dabei fielen ihm einige Anomalien in Spektren bestimmter Kometen auf.

Sehr wichtig war sein *Spektralkatalog* von 1876, der 1 048 Sterne enthielt. Konkoly legte die Spektralklassifikation von Vogel zugrunde. Rund zehn Jahre später stellte er 1887 zusammen mit Radó von Kövesligethy eine südliche Erweiterung des Potsdamer Spektralkatalogs zusammen, die 2 202 Sternspektren enthielt. Diese wurden 1883 bis 1886 mit dem Merz-Refraktor und einem Zöllnerschen Okularspektroskop beobachtet. Das Ziel war, Informationen zu bekommen, welcher Prozentsatz von Sternen einem bestimmten Spektraltyp angehört. Zusätzlich war er interessiert an Änderungen im Spektrum und an anomalen Spektra wie sie bei β Lyrae und γ Cassiopeiae vorkommen. Konkoly versuchte auch, Sterntemperaturen mit Spektralfotometern zu messen.

Konkolys Lehr- und Handbücher waren für eine ganze Generation von Astrophysikern und Instrumentenbauern wertvolle Nachschlagewerke und genossen internationale Anerkennung.

1881 wurde er Mitglied der Royal Astronomical Society. Drei Jahre später wurde er in die Ungarische Akademie der Wissenschaften aufgenommen. Zusätzlich wurde er zum Doktor der Philosophie der Universität Philadelphia ernannt.

Konkoly spielte auch eine wichtige Rolle als Wissenschaftsorganisator. Er pflegte internationale Kontakte durch Reisen; er stand in wissenschaftlichem Briefwechsel mit Astronomen überall in der Welt und bekam auch Besuch von ausländischen Forschern. Konkoly motivierte auch andere Leute in Ungarn, astrophysikalische Arbeiten zu beginnen. So beriet er und half erfolgreich Ende der 70er- und Anfang der 80er-Jahre, drei Observatorien aufzubauen: 1878 Kalosca (Pater Karl Braun, Pater Gyula Fényi, Pater Theodor Angehrn), 1881 Herény (Eugen [Jenö] von Gothard und Alexander [Sandor] von Gothard) und 1885 Kis-Kartal (Baron Géza Podmaniczky und seine Gattin Gräfin Bertha Dégenfeld-Schomburg, Radó von Kövesligethy). Vielleicht kann man sogar sagen, dass Konkoly eine wissenschaftliche Schule der ungarischen Astrophysik gründete. Einige seiner Assistenten, Observatoren oder Mitarbeiter wurden später bedeutende Wissenschaftler.

Nach 1890 – nach seiner Ernennung in Budapest – versuchte Konkoly, sein Observatorium in O'Gyalla in staatliche Kontrolle zu überführen. Einige Jahre später lud er die Astronomische Gesellschaft ein, ihre Jahrestagung 1898 in Ungarn abzuhalten, um die Astrophysik in Ungarn zu fördern. Diese Initiative zur Institutionalisierung der ungarischen Astrophysik war erfolgreich: 1899 wurde O'Gyalla eine nationale Einrichtung als Königliches Ungarisches Astrophysikalisches Observatorium. [GW3]

Werk(e):
Practische Anleitung zur Anstellung astronomischer Beobachtungen mit besonderer Rücksicht auf die Astrophysik (1883); Practische Anleitung zur Himmelsphotographie, nebst einer kurzgefassten Anleitung zur modernen photographischen Operation und der Spectralphotographie im Cabinet (1887); Handbuch für Spectroskopiker im Cabinet und am Fernrohr für Anfänger auf dem Gebiete der Spectralanalyse (1890); Beobachtungen angestellt am Astro-

physikalischen Observatorium in O'Gyalla in Ungarn, Bd. 1 bis 16 (1879–1894).

Sekundär-Literatur:
Vargha, M., Patkós, L., Tóth, I. (Hrsg.): The Role of Miklós Konkoly Thege in the History of Astronomy in Hungary (1992); Wolfschmidt, G.: The Pioneering Astrophysical Work of Miklós Thege Konkoly (1842–1916), in: Sterken, Chr., Hearnshaw, J. (Hrsg.): 100 Years of Observational Astronomy and Astrophysics. Homage to Miklós Konkoly Thege (1842-1916) (2001) S. 39–58.

Konowalow (Konovalov), **Dmitrij Petrovič,**
russischer Chemiker,
* 22. 3. 1856 Ivanovka (Ekaterinoslav, jetzt Dnepropetrovsk, Ukraine),
† 6. 1. 1929 Leningrad (jetzt St. Petersburg).

Konowalow, Schüler von D. I. ↗ Mendelejew und A. M. ↗ Butlerow, gehört zu den Begründern der Theorie der Lösungen und ihrer Interpretationen in der chemischen Kinetik, Thermodynamik und Katalyse.

Konowalow war Sohn eines Gutsbesitzers. Nach seinem Studium an der Bergbauhochschule in St. Petersburg (1873–1878) ging er als Dipl.-Bergbau-Ingenieur an die Universität St. Petersburg, wo Vorlesungen von Butlerow und Mendelejew gehalten wurden. Mendelejew übertrug ihm die Aufgabe, die physikalischen Eigenschaften von Lösungen systematisch zu erforschen; diese Untersuchungen begann er am Physikalischen Institut der Universität Straßburg unter der Leitung von A. ↗ Kundt 1880. Die Erforschung des Dampfdruckes in Lösungen (Alkohol-Wasser) führte ihn 1881–1884 zu der Entdeckung der Gesetze des Zusammenhangs zwischen der Zusammensetzung eines homogenen flüssigen Gemischs aus zwei flüchtigen Komponenten und der Zusammensetzung ihrer Dämpfe und Drücke (Konowalowsche Regeln). Diese Gesetze hatten große Bedeutung für die Entwicklung der Destillationsindustrie. Bedeutende Beiträge lieferte Konowalow auch für die Theorien der heterogenen Katalyse (Entdeckung der aktiven Oberfläche, 1884) und der chemischen Kinetik (Klassifikation der chemischen Prozesse und Reaktionen, 1885, Gesetz der autokatalytischen Reaktionen, 1887, sog. Ostwald-Konowalowsches Gesetz). Außerdem erforschte er Elektrolyte und Zusammenhänge zwischen den Verbrennungswärmen der organischen Verbindungen und ihren Strukturen.

Konowalow hatte einen großen Anteil an der Einführung des chemischen Universitätsunterrichts in Russland: Er war Professor und Rektor der Bergbauhochschule, der Universität, der Technologischen Hochschule und der Hochschule der Eisenbahn in St. Petersburg sowie der Bergbauhochschule in Ekaterinoslav. Er wurde auch als Organisator der

D.P. Konowalow, K. A. Krasuskii und Alyosha während einer Vorlesung am Amt für Maße und Gewichte 1929

russischen Wissenschaft und Industrie anerkannt: so war er ab 1907 Direktor der Bergbau-Abteilung des Ministeriums für Handel und Industrie, Stellvertreter des Ministers (1908–1915), Präsident des Amtes für Maße und Gewichte (ab 1922), Präsident der Russischen Physikalisch-Chemischen Gesellschaft, Mitglied der AdW von Russland (1923).
[VAK]

Werk(e):
Über die Rolle der Contactwirkungen bei den Erscheinungen der Dissociation, Ber. Dtsch. Chem. Gesellschaft 18 (1885); Das kritische Gebiet der Lösungen und die Erscheinungen der Opaleszenz, Ann. der Physik. 10 (1903).

Sekundär-Literatur:
Solov'ev, Ju. I., Kipnis, A. Ja.: Dmitrij Petrovič Konovalov, 1856–1929 (1964, russisch).

Konrad von Megenberg,
deutscher Enzyklopädist,
* 1309 Mäbenberg nahe Abenberg (Mittelfranken),
† 14. 4. 1374 Regensburg.

Verfasser des im Spätmittelalter und in der frühen Neuzeit weit verbreiteten *Buchs der Natur.*

Im Alter von sieben Jahren wurde der einer wenig begüterten Ministerialenfamilie entstammende Konrad nach Erfurt zur Schule geschickt. Das Studium der »artes« an der Pariser Universität, das er

1334 mit dem Magistertitel abschloss, finanzierte er sich als Lektor für Philosophie im Zisterzienser-Kolleg St. Bernhard. Danach lehrte er acht Jahre an der dortigen Universität. Von 1342 an leitete er die Stephansschule in Wien (später Universität). Bereits nach sechs Jahren wechselte er nach Regensburg, wo er bis zu seinem Tode anfangs als »canonicus«, später als »scholasticus« und schließlich 1359–1363 auch als Domherr wirkte. Bereits während seines Parisaufenthaltes reiste er zweimal an die Kurie nach Avignon, die er von Regensburg aus im Auftrag des Rates der Stadt, des Kaisers und des Domkapitels wiederholt aufsuchte.

Konrad von Megenberg ging es darum, den Bildungsstand der Laien zu heben, um sie und die Lehren der Kirche vor Ketzerei und schlechtem Einfluss zu bewahren. Seine Übersetzungen naturwissenschaftlicher Werke erreichten eine erhebliche Breitenwirkung. Er kommentierte um 1347 das Standardlehrbuch der Astronomie an der Artistenfakultät *Sphaera mundi* des J. de ↗ Sacrobosco und gestaltete es für den Unterricht an Schule und Universität. Die Aufbereitung in der Volkssprache mit eigenen Abhandlungen unter *Deutsche Sphära* erzielte eine große Verbreitung. 1348/50 bearbeitete er das *Liber de natura rerum* (*Buch der Natur*) von ↗ Thomas von Cantimpré in deutscher Sprache , das von seinen Werken die nachhaltigste Wirkung hatte. Unter seinen etwa 30 verfassten Schriften befinden sich neben populären naturphilosophischen Arbeiten in deutscher Sprache, auch theologische, kirchenrechtliche, staats- und moralphilosophische Werke. [CRD]

Werk(e):
Deutsche Sphära, hrsg. v. O. Matthaei, in: Dt. Texte des MAs XXIII (1912); Buch der Natur, hrsg. v. F. Pfeiffer (1861, Nachdr. 1962).

Sekundär-Literatur:
Mayer, G.: Konrad von Megenburg, »Das Buch der Natur«: Untersuchungen zu seiner Text- und Überlieferungsgeschichte (1998).

Kopfermann, Hans,
deutscher Physiker,
* 26. 4. 1895 Breckenheim,
† 28. 1. 1963 Heidelberg.

Kopfermann war ein Pionier der experimentellen Kernphysik und Quantenoptik. Seine Arbeiten zur Isotopieverschiebung und Kernmomenten gaben der Kernphysik in ihren Anfängen starke Impulse.

Kopfermann wuchs als Pfarrerssohn im Rheinland auf. 1913 begann er sein Studium in Erlangen und Berlin, meldete sich 1914 freiwillig als Soldat und war bei Kriegsende Stabsoffizier an der Westfront. Er setzte sein Studium in Erlangen und Göttingen fort, beteiligte sich im Freicorps Epp an der Repression der Räterepublik. Nach dem Staatsexamen fürs Lehramt wurde er J. ↗ Francks erster Doktorand. Nach der Promotion 1923 ging er als Assistent zu R. ↗ Ladenburg ans KWI für physikalische Chemie in Berlin-Dahlem und wurde 1933, nach einem Jahr als Rockefellerstipendiat bei N. ↗ Bohr in Kopenhagen, Oberassistent von G. ↗ Hertz an der TH Berlin. 1937 übernahm er die Kieler Professur Heinrich Rausch von Traubenbergs, 1942 wurde er Nachfolger von Georg Joos in Göttingen und 1953 Nachfolger von W. ↗ Bothe in Heidelberg. Er ist Mitunterzeichner der »Göttinger Erklärung« gegen die Atombewaffnung der BRD (1957).

1928 gelang Ladenburg und Kopfermann der Nachweis der negativen Dispersion an Linien elektrisch angeregten Neons. 1930 wandte sich Kopfermann der Hyperfeinstruktur(Hfs)-Spektroskopie und damit der Kernphysik zu. Ein Jahr später gelang ihm parallel zu Hermann Schüler und J. E. Keyston die Entdeckung der Isotopieverschiebung. Er untersuchte die Spektren an getrennten Isotopen und konnte so den Einfluss verschiedener Kerne auf dieselbe Elektronenhülle nachweisen. Seine spektroskopischen Untersuchungen von Atomkernen fasste er in dem Standardwerk *Kernmomente* (1940, 1956) zusammen. Ab 1943 engagierte er sich für den Bau eines 6-MeV-Betatrons, das ab 1947 von W. ↗ Paul im Göttinger Institut zu physikalischen und strahlenbiologischen Messungen verwendet wurde. In Kopfermanns Wirkungszeit in Göttingen fällt auch der Nachweis von Kernquadrupol-Resonanzen durch Hans-Georg Dehmelt und Hubert Krüger. Kopfermanns Bedeutung für die Wissenschaft liegt neben seinen Forschungen auch in der Etablierung einer sehr erfolgreichen Schule der experimentellen Kernphysik. [GR]

Werk(e):
Kernmomente (1940, 2. neubearb. Aufl. 1956).

Sekundär-Literatur:
Weisskopf, V.: Hans Kopfermann (1895–1963), Nuclear Physics 52 (1964); Schlüpmann, K.: Vergangenheit im Blickfeld eines Physikers. Hans Kopfermann 1895–1963, http://www.aleph99.org/etusci/ks/.

Kopp, Hermann Franz Moritz,
deutscher Chemiker und Chemiehistoriker,
* 30. 11. 1817 Hanau (Hessen),
† 20. 2. 1892 Heidelberg.

Der Lieblingsschüler von J. v. ↗ Liebig war einer der Begründer der frühen physikalischen Chemie. Als Verfasser einer Chemiegeschichte erschloss er einen neuen intellektuellen Bereich und eine zukünftige Universitätsdisziplin der Chemie. Er machte sich als Autor meh-

H.F.M. Kopp

rerer Lehrbücher neuer Teilgebiete der Chemie einen Namen und war Herausgeber wichtiger chemischer Zeitschriften und Fachliteratur im 19. Jahrhundert.

Kopps Vater Johann Wolfgang Kopp, Arzt, Pharmazeut und Mineraloge in Hanau, wirkte als Chemielehrer am städtischen Gymnasium und Leibarzt des Fürsten. J. Kopp förderte bei seinem Sohn, der dieses Gymnasium absolvierte, Interessen an der Chemie und den klassischen Sprachen, an Literatur und Geschichte. Auf dieser Grundlage entwickelte Kopp zwischen 1840 und 1890 die neuen Gebiete der physikalischen Chemie und der Chemiegeschichte als Autor von Lehrbüchern sowie als akademischer Lehrer. Als Autor, Herausgeber und Redakteur von Zeitschriften trug er maßgeblich zur Erweiterung und Verbesserung der chemischen Literatur bei. So hat er seit 1851 die *Annalen der Chemie und Pharmazie* (zusammen mit Liebig und F. ↗ Wöhler) redigiert und herausgegeben. Bis 1892 bereitete Kopp 192 Bände dieser Zeitschrift zur Veröffentlichung vor.

Nach Beendigung des Gymnasiums in Hanau studierte Kopp Chemie an den Universitäten Heidelberg und Marburg (1835–1838) bis zur Promotion in Marburg: Kopp begründete die Berechnung der physikalischen Eigenschaften von chemischen (oft organischen) Verbindungen aufgrund ihrer Konstitution. Ab 1839 begann Kopps wissenschaftliche und pädagogische Tätigkeit an Liebigs Laboratorium und chemischem Institut an der Universität Gießen. Ab Wintersemester 1841/42 hielt Kopp Vorlesungen zur Chemiegeschichte, die er durch sein Lehrbuch *Geschichte der Chemie* (1843–1847) ergänzte. Bis 1863 arbeitete Kopp an der Universität Gießen als Professor (ab 1843 ao. Professor, ab 1852 Ordinarius) und einer der beiden Nachfolger von Liebig am Laboratorium der Chemie. Kopp erforschte damals die Grundlagen der physikalischen Chemie: Er untersuchte die Beziehungen zwischen den physikalischen Eigenschaften und der Zusammensetzung und Konstitution von chemischen Verbindungen (siehe z. B. Neumann-Koppsche Regel über die additive Natur der Molwärme der festen Verbindungen, die Beziehungen zwischen Molvolumen, Molwärmen und Siedetemperaturen und der Zusammensetzung der organischen Verbindungen der homologen Reihen: Alkohole, Carbonsäuren usw.). Des Weiteren konstruierte er Laborgeräte für die experimentelle Bestimmung der physikalischen Eigenschaften und schrieb fundamentale Lehrbücher der Kristallographie (1849) und der Physikalischen und Theoretischen Chemie (1863–1865). 1860 war er Rektor der Universität Gießen, gleichzeitig wurde Kopp auf Liebigs Vorschlag zum Mitglied der Bayerischen Akademie der Wissenschaften (München) gewählt. Ab 1864 forschte und dozierte Kopp als Chemieprofessor an der Universität Heidelberg bis zu seiner Emeritierung (1890). Kopp war in dieser Zeit auch Dekan der Naturwissenschaftlichen Fakultät, Prorektor und Rektor der Universität Heidelberg und Präsident der Deutschen Chemischen Gesellschaft (1880).

Kopp war einer der nächsten Liebigschüler, obwohl er die Ideen seines großen Lehrers nicht unmittelbar aufgegriffen hat. Die Ergebnisse seiner physiko-chemischen Forschungen und seine Lehrbücher der physikalischen, theoretischen und allgemeinen Chemie förderten jedoch auch die organische Chemie und organische Synthese, die die Hauptziele von Liebigs Forschungen waren. [VAK]

Werk(e):
Geschichte der Chemie, Theil 1–4 (1843-1847), 2. Aufl. (1931); Buff, , H., Kopp, H., Zamminer, F.: Lehrbuch der physikalischen und theoretischen Chemie (1857), 2. Aufl. (1863-1865).

Sekundär-Literatur:
Thorpe, T.: Kopp memorial lecture, J. Chem. Soc. (London), 63 (1893); Speter, M.: Vater Kopp. Bio-, Biblio- und Psychographisches von und über Hermann Kopp (1817–1892), Osiris 5 (1938); Kritsman, V. A., Bykov, G. V.: Hermann Kopp (1817-1892) (1978).

Köppen, Wladimir Peter,
deutscher Meteorologe und Klimatologe,
* 25. 9. 1846 Petersburg,
† 22. 6. 1940 Graz.

Köppen führte in Deutschland die synoptische Meteorologie ein, begründete die maritime Meteorologie und war der bedeutendste deutsche Klimatologe seiner Zeit.

1864 legte Köppen in Simferopol auf der Krim das Abitur ab und begann an der Universität in Petersburg Naturwissenschaften zu studieren. Kurz darauf wurde er Mitarbeiter von Ludwig Friedrich Kämtz am dortigen meteorologischen Zentralobservatorium. 1865 wechselte er nach Heidelberg und promovierte 1870 in Leipzig. Von 1872 bis 1873 war er Assistent am Zentralobservatorium in Petersburg und wurde 1875 unter G. v. ↗ Neumayer Leiter der Abteilung Wetterdienst der Deutschen Seewarte in Hamburg. Er richtete den amtlichen Wetterdienst ein und war verantwortlich für die Sturmwarnung und die Herausgabe des »Täglichen Wetterberichts«, der am 16. 2. 1876 erstmals erschien. 1879 stellte ihn Neumayer bis zu seiner Pensionierung im Jahr 1919 für Forschungszwecke frei. In dieser Zeit verfasste er die Kapitel der Segelhandbücher über maritime Meteorologie und unzählige klimatologische und synoptische Untersuchungen. 1883 regte er die Gründung der Deutschen Meteorologischen Gesellschaft an und wurde bis 1892 Redakteur der *Meteorologischen Zeitschrift*. Anschließend gab Köppen bis 1894 die *Annalen für Hydrographie und Maritime Meteorologie* heraus. 1903 richtete er zur regelmäßigen Untersuchung der höheren Atmosphärenschichten die Drachenstation der Seewarte in Großborstel ein und prägte den Begriff »Aerologie«. 1911 wurde er der Schwiegervater Wegeners, mit dem er sehr viel zusammenarbeitete. Als Wegener 1924 einen Ruf nach Graz bekam, zog auch Köppens Familie dorthin. Zusammen mit Rudolf Geiger gab er nun das *Handbuch der Klimatologie* heraus. 72 Jahre lang veröffentlichte er Arbeiten über Beobachtungen und Analysemethoden, synoptische Probleme, Klimaschwankungen, Klimaänderungen, das Klima der Ozeane und die Klimaklassifikation. [CL]

Werk(e):
Grundlinien der maritimen Meteorologie (1899); Klimakunde I, Allgemeine Meteorologie (1906); Die Klimate der Erde (1923); Zusammen mit A. Wegener: Die Klimate der geologischen Vorzeit (1924); Zusammen mit R. Geiger: Handbuch der Klimatologie, 5 Bde. (1930–1939).

Sekundär-Literatur:
Wegener, E.: Wladimir Köppen (1955).

Kornfeld, Gertrud,
deutsch-amerikanische Chemikerin,
* 25. 7. 1891 bei Prag,
† 4. 7. 1955 Rochester bei New York.

Gertrud Kornfeld war von 1928 bis 1933 die erste Privatdozentin für Chemie an einer deutschen Universität, der Berliner Universität. In der Emigration in den USA arbeitete sie als Industrieforscherin.

Geboren in einer deutsch-jüdischen Familie, erhielt Kornfeld eine gute Schulbildung und studierte von 1910 bis zu ihrer Promotion 1915 an der Deutschen Universität in Prag vor allem Chemie. Von 1914 bis 1918 arbeitete sie hier im Chemischen Institut von Viktor Rothmund, zuerst als Demonstrator, dann als Assistentin. Im April 1919 fand sie an der Technischen Hochschule Hannover eine Anstellung als Volontärassistentin am Chemischen Institut bei M. ↗ Bodenstein. Als Bodenstein 1923 an der Berliner Universität Nachfolger von W. ↗ Nernst wurde, folgte sie ihm 1925 als Assistentin. Ihr oblag es unter anderem, den Unterricht in den chemischen Praktika zu betreuen. Im Dezember 1927 reichte sie ihre Habilitationsschrift *Der Wirkungsquerschnitt von Gasmolekülen in der chemischen Kinetik* ein, und am 8. Juni 1928 erhielt sie die venia legendi für Chemie. Sie war die erste und einzige Frau, die sich in der Weimarer Republik für Chemie an einer Universität habilitierte.

Am 2. September 1933 entzog ihr die Berliner Universität die Lehrbefugnis. Kornfeld emigrierte sofort aus Nazi-Deutschland. Sie erhielt durch die Vermittlung des Academic Assistance Council (AAC, der späteren S.P.S.L.) in London ein Stipendium für die Universität Nottingham (1933–1934). Ihre Suche nach einer Arbeitsstelle an einer Universität in Großbritannien blieb erfolglos. Mit einem Stipendium der American Federation of Women, das der AAC vermittelte, arbeitete sie von 1935 bis 1936 in Wien. Dank amerikanischer Kolleginnen erhielt sie 1937 ein Besuchsvisum für die USA. Ihre Arbeiten zur Fotochemie halfen, 1937 eine Anstellung in einem Forschungslabor der Firma Eastman Kodak Co. in Rochester zu bekommen, wo sie als Leiterin einer kleinen Forschungsabteilung bis zu ihrem frühen Tod tätig war.

Kornfeld arbeitete zunächst zur organischen Chemie, später zu Problemen der physikalischen Chemie und schließlich zur Fotochemie und Reaktionskinetik. Ihre Untersuchungen zur Fotochemie gingen an der Universität von theoretischen Fragestellungen aus, ab 1937 arbeitete sie zu praktischen Umsetzungen in der Industrieforschung. [AV2]

Sekundär-Literatur:
Vogt, A.: Aufbruch und Verdrängung. Wissenschaftlerinnen an der Berliner Universität zwischen 1918 und 1945/46, in: Frauen an der Humboldt-Universität 1908–1998, hrsg. v. H. Meyer (1999), Humboldt-Universität, Öffentliche Vorlesungen, Heft 99.

Koroljow (Koroljov, Korolev), **Sergej Pawlowich,**
russisch-sowjetischer Raketenkonstrukteur,
* 12. 1. 1907 (30. 12. 1906) Zhitomir,
† 14. 1. 1966 Moskau.

Koroljow war Chefkonstrukteur der sowjetischen Raketen und Leiter der Konstruktion sowjetischer Raumschiffe, der »Vater der sowjetischen Raumfahrt«.

Geboren in einer Gymnasiallehrer-Familie, erlernte Koroljow in Odessa zuerst den Beruf eines Dachdeckers und mit 16 Jahren das Segelfliegen. Ab 1924 studierte er in Kiew am Polytechnischen Institut und von 1926 bis 1930 an der Moskauer Technischen Hochschule Flugzeugkonstruktion unter Sergei A. Chaplygin und Andrei N. Tupolew. 1930 fertigte er seine Diplomarbeit über die Konstruktion eines Flugzeuges unter Tupolew an und arbeitete von Juli 1930 bis September 1933 als Oberingenieur am ZAGI (Zentrales Aero-Hydrodynamisches Institut) in Moskau. Seit 1931 gehörte er außerdem der Studiengruppe GIRD (Gruppe zum Studium der Rückstoßbewegung) an, die im August 1933 erfolgreich eine erste Flüssigkeits-Rakete für die Erforschung der Stratosphäre testete. Im Herbst 1933 begann er am neu gegründeten Raketenforschungsinstitut (RNII) zu arbeiten, u. a. zur Konstruktion von Flugzeugen mit Raketenantrieb.

Während des Stalinschen Terrors wurde Koroljow 1937/38 unter falschen Anschuldigungen verhaftet und zu Lagerhaft verurteilt. Im Vergleich zu vielen Kollegen hatte er Glück und kam nicht in ein Straflager, sondern arbeitete als Häftling des NKWD in einem speziellen Laboratorium an Flugzeugkonstruktionen und wurde 1945 bedingt (unter Auflagen und nicht rehabilitiert) freigelassen. Unter falschem Namen weilte er im Winter 1945/46 in der sowjetischen Besatzungszone und suchte u. a. in Nordhausen (im ehemaligen Konzentrationslager Dora) nach den Resten des deutschen Raketen-Teams unter W. v. ↗ Braun. Reste der V2-Waffen-Produktionen dienten den sowjetischen Forschern sowohl zum Studium der Erfahrungen der deutschen Raketentechniker als auch zur Verbesserung der bis dahin entworfenen sowjetischen Raketen.

Ab 1946 leitete Koroljow ein Konstruktionsbüro zur Entwicklung ballistischer und später interkontinentaler Raketen und arbeitete eng mit dem Konstrukteur Alexei M. Isaew zusammen. Ab 1953 leitete er das sowjetische Raumfahrtprogramm. Er hatte Anteil an den Starts der Sputnik-Serie, der Raumschiffe Vostok (sechs bemannte Flüge, 1961–1963) und Voschod (zwei bemannte Flüge, 1964–1965), der Konstruktion der Sojus-Raumschiffe (ab 1967) sowie der Mond-, Venus- und Mars-Raketen. Außerdem gehörte er zu den Gründern der Kosmonauten-Ausbildungsstätte und zu denen, die die ersten Kosmonauten-Kandidaten auswählten.

1953 wurde Koroljow Korrespondierendes und 1958 Ordentliches Mitglied der AdW der UdSSR.

Von den Arbeiten Koroljows künden vor allem die Flüge der Raketen und Trägerraketen seit 1947. Von »Sputnik-1« im Oktober 1957 bis zur Konstruktion des ersten Raumschiffs der Sojus-Serie war er mit allen Arbeiten der Raumfahrt verbunden. Er leitete die Ingenieur- und Konstruktions-Teams, beriet sich mit den Ausbildern der Kosmonauten, besprach mit jedem einzelnen Kosmonauten die kommenden Aufgaben. Er skizzierte die – unbemannten – Flüge zum Mond, zur Venus und zum Mars, und er war in das sowjetisch-amerikanische Wettrennen um den ersten bemannten Flug zum Mond involviert.

Koroljow war der Begründer der sowjetischen Raketen- und Weltraumtechnik und wurde der Chefkonstrukteur für die Entwicklung der Weltraumflugkörper. Er gehörte mit I. W. ↗ Kurtschatow und Mstislav V. Keldysh zu den Verantwortlichen der sowjetischen Atom-, Raketen- und Raumfahrt-Programme. Im Unterschied zu Kurtschatow und Keldysh wurde sein Name bis zu seinem Tod nie offiziell genannt, weder innerhalb noch außerhalb der Sowjetunion. In der sowjetischen Presse wurde bei jedem Raumfahrterfolg nur von dem »Chefkonstrukteur« berichtet, begründet wurde dies später mit der Geheimhaltung.

Neben seinen ingenieurtechnischen Leistungen gebührt Koroljow das Verdienst, der sowjetischen Raumfahrt sowohl die visionären Ziele und kühnen Pläne als auch die realistischeren Varianten zu ihrer Durchführung gegeben zu haben. Von ihm stammen die wesentlichen Ideen der ersten bemannten Flüge ins All, der ersten interplanetaren Flüge sowie Konzepte einer ständigen Orbitalstation (den späteren Salut-Stationen, 1971–1985) sowie der »Mir« (1986–2001). Auch die Struktur und die Aufgaben der Internationalen Raumstation ISS skizzierte Koroljow bereits. In seiner Person vereinigten sich kühne Ideen mit praktischem Realitätssinn, die Fähigkeiten des Ingenieurs mit denen des Organisators eines großen Teams, die Strenge des Leiters mit der Sensibilität des Leitenden. In den Erinnerungen der sowjetischen Kosmonauten an Koroljow wurden immer wieder seine Warmherzigkeit und seine große Fürsorge um sie hervorgehoben. Er

S.P. Koroljow mit Yury Gagarin

wusste um das Risiko jedes einzelnen bemannten Fluges, aber er war davon überzeugt, dass die Raumfahrt nicht nur technischen Geräten überlassen werden kann. Auch wenn die meisten seiner Arbeiten zuerst und vor allem militärischen Zielen dienten, träumte Koroljow von einer Zeit, in der die Raumfahrt nur noch friedliche Zwecke kennen sollte. [AV2]

Sekundär-Literatur:
Astaschenkow, P. T.: Sergej Pawlowitsch Koroljow. Der Chefkonstrukteur (1977); Ariazarov, M. S.: Der Weg zum Kosmodrom (russ., 1980); Korolev, S. P.: Autobiographie und andere Dokumente, russ., in: Vestnik AN SSSR, 3 (1980) 129–139; Keldysh, M. V. und Marov, M. Ja.: Kosmosforschungen (russ., 1981); Ishlinskij, A. Ju. (Hrsg.): Akademiemitglied Korolev – Wissenschaftler, Ingenieur, Mensch. Ein Portrait nach den Erinnerungen der Zeitgenossen (russ., 1986).

Kossel, Ludwig Karl Martin Leonhard Albrecht,
deutscher Physiologe und Biochemiker,
* 16. 9. 1853 Rostock,
† 5. 7. 1927 Heidelberg.

Albrecht Kossel leistete grundlegende Beiträge zur Strukturaufklärung von Proteinen, Nucleinsäuren und Nucleinsäure-Protein-Komplexen und schuf damit wesentliche Voraussetzungen für die chemische Erklärung von Lebensprozessen.

Nach einer gymnasialen Ausbildung in Rostock nahm Kossel 1872 an der neu gegründeten Universität in Straßburg ein Medizinstudium auf, das er 1877 an der Universität Rostock mit dem medizinischen Staatsexamen abschloss. 1878 erfolgte ebenfalls in Rostock seine Promotion zum Dr. med. In den Jahren 1877 bis 1883 war er in Straßburg Assistent bei E. F. ↗ Hoppe-Seyler, dem ersten deutschen Lehrstuhlinhaber für Physiologische Chemie. In seiner Straßburger Zeit habilitierte sich Kossel 1881 für Physiologische Chemie und Hygiene. Es war Hoppe-Seyler, der Kossel dazu anregte, das 1869 von seinem Schüler F. ↗ Miescher in Zellkernen entdeckte Nuclein chemisch näher zu untersuchen. Im Zusammenhang mit diesen Untersuchungen erschloss Kossel auch weitere Quellen für die Nucleingewinnung. So gelang es ihm u. a., das spezifische Nuclein von Hefe-Zellkernen zu isolieren. In seiner gesamten Forschungstätigkeit konzentrierte sich Kossel darauf, die schon von Miescher entdeckten zwei Bestandteile von Nucleinen, den Protein-Anteil Protamin und den Nucleinsäure-Anteil, chemisch zu untersuchen.

In den achtziger Jahren des 19. Jahrhunderts entdeckte Kossel eine neue Klasse von Proteinen, die Histone. Nach modernen Erkenntnissen sind das basisch reagierende globuläre Proteine mit Molekulargewichten zwischen 10 000 und 20 000, die in den

L.K.M.L.A. Kossel

Zellkernen aller eukaryotischen Organismen vorkommen, außer in Spermatozoen. Die letzteren enthalten anstelle der Histone die Protamine.

Die Erfolge des jungen Forschers führten schon 1883 zu seiner Berufung als Leiter der Chemischen Abteilung des Physiologischen Instituts der Berliner Friedrich-Wilhelms-Universität, dessen Direktor zu dieser Zeit E. ↗ Du Bois-Reymond war. In Kossels Berliner Zeit (1883–1895) fallen seine hervorragenden Beiträge zur Strukturaufklärung von Nucleinsäuren. So gelangte er durch die chemische Aufspaltung dieser Verbindungen zu einer Reihe von stickstoffhaltigen organischen Basen, bei denen es sich einerseits um Purinbasen (Adenin und Guanin), andererseits um Pyrimidinbasen (Uracil, Cytosin und Thymin) handelte. Diese Verbindungen rückten in der Mitte des 20. Jahrhunderts in den Mittelpunkt molekularbiologischer Forschung. Die Aufklärung der räumlichen Struktur von Desoxyribonucleinsäuren, der Doppel-Helix-Struktur, durch James Watson und Francis Crick im Jahre 1953 machte deutlich, welch wichtige biologische Rolle diese Basen spielen. Sie bewirken einerseits durch die Ausbildung von so genannten Basenpaaren die Stabilisierung der Doppel-Helix-Struktur und sind andererseits nach der Entspiralisierung der Doppel-Helix die Voraussetzung für deren Verdopplung, für die genetische Replikation. Diese Basen sind die Schriftzeichen des genetischen Codes.

Kossel erkannte, dass diese Basen in den Nucleinsäuren mit Kohlenhydratgruppen verknüpft sind. Seine Annahme, dass es sich dabei um bestimmte Zuckermoleküle, um so genannte Pentosen handele, konnte später durch andere Biochemiker bestätigt werden. Die Berliner Universität berief Kossel in Anerkennung seiner Verdienste 1887 zum ao. Professor für Physiologie und Anatomie. 1895 folgte er einer Berufung als Ordinarius für Physiologie und zum Direktor des Physiologischen Instituts an die Universität Marburg. Hier konzentrierte Kossel seine Forschungsarbeiten auf die Erforschung des Protein-Anteils in den Nucleinen, auf den Protamin-Anteil. Er konnte feststellen, dass die stark basischen Eigenschaften der Protamine vor allem auf den hohen Anteil an den Aminosäuren Arginin und Lysin zurückzuführen sind. Protamine werden heute als globuläre Proteine mit relativ niedrigem Molekulargewicht von 1 000 bis 5 000 definiert. Sie sind in Spermien als Polykationen mit den polyanionischen Nucleinsäuren zu leicht spaltbaren Salzen verbunden. Im Zusammenhang mit diesen Eiweißforschungen entdeckte Kossel 1896 die bis dahin unbekannte Aminosäure Histidin und das bis dahin unbekannte Enzym Arginase, das Arginin in Ornithin und Harnstoff aufzuspalten vermag. 1901 folgte Kossel der sehr ehrenvollen Berufung an die Universität Heidelberg als Ordinarius für Physiologie und zum Direktor des entsprechenden Instituts.1910 wurde er mit dem Nobelpreis für Physiologie oder Medizin ausgezeichnet. Er erhielt diese Auszeichnung in Anerkennung seiner Beiträge, die er auf dem Gebiet der Zellchemie durch seine Forschungsarbeiten über Proteine und Nucleine geleistet hatte. Nach seiner Emeritierung im Jahre 1924 arbeitete er noch bis zu seinem Tode im Jahre 1927 als Leiter des durch Schenkung entstandenen Instituts für Eiweißforschung.

Als Hochschullehrer hat sich Kossel besonders um die physiologisch-chemische Ausbildung von Medizinern durch Vorlesungen und Praktika verdient gemacht. [AN]

Werk(e):
Untersuchungen über die Nukleine und ihre Spaltungsprodukte (1881); Leitfaden für medizinisch-chemische Kurse, seit 1888 in 7 Auflagen; Die Probleme der Biochemie (1908); Protamine und Histone (1929).

Sekundär-Literatur:
Edlbacher, S.: Albrecht Kossel zum Gedächtnis, in Hoppe-Seyler's Zeitschrift f. physiolog. Chemie 177 (1928) 1–14.

Kowalewskaja (auch Kovalevskaja, Kowalewsky, Kovalevsky, Kowalevski, u. a.), **Sofja** (Sonja, Sophie) **Wassiljewna** (Vasilevna),
russische Mathematikerin,
* 15. 1. 1850 Moskau,
† 10. 2. 1891 Stockholm.

Sonja Kowalewskaja ging 1868 pro forma die Ehe mit dem späteren Paläontologen W. O. ↗ Kowalewsky ein, weil es ihr nur als verheiratete Frau möglich war, ein Mathematikstudium aufnehmen zu können. Nach drei Semestern in Heidelberg kam sie 1870 nach Berlin, wo sie Schülerin von K. ↗ Weierstraß wurde, von dem sie Privatunterricht erhielt, da ihr als Frau der Besuch der Universitätsvorlesungen

S. Kowalewskaja

verweigert wurde. 1874 erfolgte ihre Promotion in Göttingen, womit zum ersten Mal seit der italienischen Renaissance eine Frau den Doktortitel in Mathematik erwarb. Eine ihrer drei als Dissertation eingereichten Abhandlungen enthält den Satz von Cauchy-Kowalewskaja, eine grundlegende Existenzaussage über partielle Differentialgleichungen. Nach Russland zurückgekehrt, konnte sie keine ihrer Ausbildung entsprechende Anstellung finden und gab schließlich die Beschäftigung mit der Mathematik auf. Der Kontakt zu Weierstraß brach ab. G. ↗ Mittag-Leffler, ebenfalls Schüler von Weierstraß, bemühte sich seit 1881 um eine Berufung Kowalewskajas an die neu gegründete Stockholmer Universität (damals noch Hochschule). 1884 wurde sie dort die erste Professorin für Mathematik (von M. Agnesi abgesehen, die aber nur zwei Jahre Vorlesungen hielt und ihre wissenschaftlichen Studien schließlich ganz aufgab). Kowalewskajas Arbeiten sind stark von der Weierstraßschen Mathematik beeinflusst. Sie war besonders an Problemen der mathematischen Physik interessiert. So führte sie die Untersuchungen von P. S. ↗ Laplace zur Gestalt der Saturnringe fort und studierte Fragen der Lichtbrechung (Differentialgleichungen von Lamé). Ihr bedeutendstes Resultat erhielt sie zum Problem der Rotation eines festen Körpers um einen fixierten Punkt (Kreiselproblem; Differentialgleichungen von L. ↗ Euler). Dafür wurde sie 1888 mit dem Prix Bordin der Pariser Akademie ausgezeichnet.

Kowalewskaja war auch schriftstellerisch tätig. Ihre bedeutendste literarische Leistung sind die *Kindheitserinnerungen*, die 1889 in Stockholm erschienen und in mehrere Sprachen übersetzt wurden. Völlig unerwartet starb sie, die Gefühl, Phantasie und Verstand in seltener Weise gleichermaßen in sich vereinigte, 1891 an den Folgen einer Lungenentzündung. [RB2]

Werk(e):
Mathematische Werke (russ., 1948).

Sekundär-Literatur:
Kočina, P. J.: S. W. K. (russ., 1981); Hibner-Koblitz, A.: A convergence in life. S. K. (1983); Cooke, R.: The mathematics of S. K. (1984).

Kowalewsky (Kovalevsky), **Aleksandr Onufrievich,** Bruder des Palaeonotologen Wladimir Onufriewitsch Kowalewsky und Schwager von Sofja Wassiljewna Kowalewskaja,
Zoologe und Embryologe,
* 19. 11. 1840 nahe Vitebsk (Lettland),
† 22. 11. 1901 St. Petersburg.

Kowalewsky war ein bedeutender russischer Embryologe der zweiten Hälfte des 19. Jahrhunderts. Angeregt durch Ch. ↗ Darwins *Origin of Species* erforschte er mögliche Zusammenhänge zwischen Stammes- und Entwicklungsgeschichte (Phylo- und Ontogenese).

Kowalewsky studierte zunächst in St. Petersburg an der Eisenbahn-Ingenieursschule und der Universität. Im Herbst 1860 ging er nach Heidelberg zu H. G. ↗ Bronn (Zoologie), danach für mehrere Semester zu Franz Leydig (Histologie) in Tübingen. Seine Promotion (Zoologie, 1867) erfolgte in St. Petersburg, wo er seit 1866 als Privatdozent Kurator der Zoologischen Sammlungen war. Ab 1869 wirkte er als Professor in Kiew, ab 1873 in Odessa, dort auch zeitweilig als Rektor. Von 1891 an arbeitete er wieder in St. Petersburg, bis zu seiner Pensionierung (1894) an der Universität, danach an der Kaiserlichen Akademie der Wissenschaften.

Seine entwicklungsgeschichtlichen Untersuchungen begann Kowalewsky 1864 an wirbellosen Meerestieren, darunter vor allem Lanzettfisch und Manteltiere. Als Erster zeigte er, dass Formen aus vielen Tierstämmen eine zweischichtige Becherlarve besitzen; E. ↗ Haeckel nannte sie »Gastrula« und begründete darauf seine Gastraea-Theorie. Grundlegend war auch Kowalewskys Entdeckung der *Chorda dorsalis* und des Rückenmarks bei Lanzettfisch und Manteltierlarven; die Acrania und Tunicata erwiesen sich somit als die nächsten Verwandten der Wirbeltiere. Kowalewskys großer Einfluss auf die phylogenetisch-embryologische Forschung in Russland und Westeuropa beruhte auf seiner Lehr- und Forschungstätigkeit (rund 100 Monographien), aber auch auf der Gründung bzw. Förderung russischer Gesellschaften der Naturkunde sowie berühmter meeresbiologischer Laboratorien (Sewastopol, Villefranche sur Mer, Neapel, Messina). Kowalewsky gewann zwei Preise der Pariser Akademie der Wissenschaften und wurde Ehrenmitglied der Cambridge Philosophical Society; Mitglied war er u. a. in der Royal Society (London) und der Kaiserlichen Akademie in St. Petersburg. [KS]

A.O. Kowalewsky: Vorderseite der Kowalewsky-Medaille der Gesellschaft der Naturforscher zu St. Petersburg (Aufnahme D. Gack, Freiburg)

Werk(e):
Entwickelungsgeschichte der einfachen Ascidien, Mém. Acad. Imp. St. Petersburg, Ser. VII, Bd. 10, Nr. 15 (1866); Entwickelungsgeschichte des Amphioxus, Mém. Acad. ibid., Ser. VII, Bd. 11, Nr. 4 (1867); Embryologische Studien an Würmern und Arthropoden, ibid., Ser. VII, Bd. 16, Nr. 12 (1871); Weitere Studien über die Entwickelung der einfachen Ascidien, Arch. mikr. Anat. 7:101–130 (1871).

Sekundär-Literatur:
Mikhailov, A. T., Gilbert, S. F.: From Development to Evolution: the Re-establishment of the »Alexander Kowalevsky Medal«, Int. J. Dev. Biol. 46:693–698 (2002); Vucinich, A.: Darwin in Russian Thought (1988).

Kowalewsky, Wladimir (Woldemar) **Onufriewitsch,**
russischer Paläozoologe, Bruder von A. O. Kowalewsky und Ehemann von S. Kowalewskaja,
* 2. (14.) 8. 1842 Gut Schustjanka, Lettland (damals Gouvernement Witebs, Kreis Dünaburg),
† 15. (27.) 4. 1883 Moskau durch Freitod.

Kowalewsky wurde bekannt als Wirbeltierpaläontologe, der frühzeitig die Bedeutung der fossilen Equiden (Pferdeartigen) als Beispiel für Ch. ↗ Darwins Evolutionstheorie erkannte.

Kowalewsky besuchte die Rechtsakademie St. Petersburg und trat 1861 in den Staatsdienst. Zur juristischen Fortbildung reiste er anschließend nach Heidelberg, Paris, Nizza und London, wo er Darwin besuchte. Nach seiner Rückkehr gab er 1863 die Rechtslaufbahn auf und widmete sich, angeregt durch seinen älteren Bruder A. ↗ Kowalewsky, naturwissenschaftlichen Studien. Zum Lebensunterhalt übersetzte er Werke von Ludwig Agassiz, A. ↗ Brehm, Darwin, Th. H. ↗ Huxley und Albert v. Kölliker ins Russische. Als er 1868 die

Schwestern Korwin-Krukowsky kennen lernte, die ohne Begleitung nicht im Ausland studieren konnten, willigte er in eine fiktive Ehe mit S. ↗ Kowalewskaja ein.

Studienaufenthalte in Heidelberg (1869), München, London und Berlin (1870) führten Kowalewsky zu intensiver Erforschug der Skelettanatomie der Wirbeltiere in großen Sammlungen. Eine Reise nach Paris (1871) bot die Gelegenheit, mit den großen von G. ↗ Cuvier angelegten Wirbeltiersammlungen vergleichend-osteologisch zu arbeiten. Resultat waren berühmte Arbeiten über »Anchitherium«, »Anthracotherium« oder »Gelocus«. Während Sonja ihr Mathematik-Studium in Berlin fortsetzte, reiste Kowalewsky nach Jena, damals eine »Hochburg des Darwinismus«, arbeitete bei C. ↗ Gegenbaur vergleichend-anatomisch und wurde 1872 mit seiner Arbeit *Über das Anchitherium aurelianense Cuv. und die palaeontologische Geschichte des Pferdes* promoviert. Kowalewsky erkannte durch Skelettvergleich zwischen fossilen und rezenten Huftieren erstmals deren phylogenetische Zusammenhänge und suchte die Formwandlungen durch die Funktionen und die Anpassung an die Lebensverhältnisse zu begründen. Seine Arbeiten über fossile Huftiere führten die Paläontologie durch Anwendung von Darwins Theorie über die deskriptive Phase hinaus zu einer erklärenden Wissenschaft.

1874 kehrte das Ehepaar Kowalewsky nach Russland zurück, wo Wladimir wenig glücklich versuchte, eine Existenz aufzubauen. Erst 1875 gelang das Magisterexamen, dem 1881 seine Berufung zum Dozenten an der Moskauer Universität und 1881–1883 Lehrtätigkeit folgten. Inzwischen war eine Tochter geboren worden und seine in Spekulationsgeschäfte verwickelte Frau schwer erkrankt. Um den finanziellen Ruin abzuwenden, widmete sich Kowalewsky kaufmännischen Unternehmungen und war 1880 Direktor einer Gesellschaft für russische Erdölfabriken in Moskau geworden, die aber 1882 Bankrott machte. Diese Lebenssituation stürzte ihn in tiefe Depressionen, so dass er 1883 durch Chloroform seinem Leben ein Ende setzte. [IJ]

Werk(e):

Monographie der Gattung Anthracotherium Cuv. und Versuch einer natürlichen Classification der fossilen Hufthiere, Palaeontographica Cassel XXII (N.F.II; 1873–1874).

Sekundär-Literatur:

Uschmann, G.: Zur persönlichen und wissenschaftlichen Entwicklung von W. O.Kowalewsky, unter besonderer Berücksichtigung seiner Promotion in Jena. Wiss. Z. Friedrich-Schiller-Univ. Jena, Jg. 5 (1955/56), Math.-nat. R., S. 495–519.

Kramers, Hendrik Anthony,
holländischer Physiker,
* 17. 12. 1894 Rotterdam,
† 24. 4. 1952 Oegstgeest.

Kramers gehörte zu den Theoretikern, die als Weggenossen von N. ↗ Bohr, W. ↗ Heisenberg u. a. den Übergang von der älteren Quantentheorie in die moderne Atomtheorie vorbereiteten und sie durch wichtige Anwendungen in der Atom- und Elementarteilchenphysik bereicherten.

Der Arztsohn studierte ab 1912 in Leiden Physik (u. a. bei P. ↗ Ehrenfest, Promotion 1919) und wurde 1916 in Kopenhagen erster Mitarbeiter Bohrs, ab 1924 auch Lektor an der Universität Kopenhagen. 1926 erhielt er den Ruf auf den Theorie-Lehrstuhl in Utrecht, 1934 wechselte er auf die Professur in Leiden. Als Vorsitzender des Scientific and Technology Committee der Atomenergiebehörde der Vereinten Nationen ab 1946 sowie als Präsident der International Union of Pure and Applied Physics (1946–50) half er nach dem 2. Weltkrieg, die internationalen wissenschaftlichen Beziehungen zu erneuern.

Kramers entwickelte zunächst Bohrs quantentheoretisches Modell der Atomstruktur mit Hilfe des Korrespondenzprinzips, berechnete als erster daraus die Intensitäten der Linienspektren (1919) und wandte sich dann der Beschreibung des Starkeffektes, der Bandenspektren der Moleküle, des Helium-Grundzustandes und der kontinuierlichen atomaren Röntgenspektren zu. Mit seiner Dispersionsformel von 1924 lieferte er einen wichtigen Anstoß auf dem Weg zur Quantenmechanik, obwohl er sie mit der später verworfenen Strahlungstheorie von Bohr, Kramers und J. ↗ Slater (1924) begründete. Mit den sog. Dispersionsrelationen (für Real- und Imaginärteil von Streuamplituden in der Atomphysik, gleichzeitig mit Ralph Kronig, 1925–27) schuf er eine Methode, die ab 1953 auch in der Elementarteilchenphysik angewendet werden konnte. Nach der Entdeckung der Wellenmechanik begründete er ein Verfahren zur angenäherten Berechnung von Atom- und Molekülzuständen (Wentzel-Kramers-Brillouin-Methode 1926). In den dreißiger Jahren widmete sich Kramers speziellen Eigenschaften der Materie (u. a. Paramagnetismus auch bei tiefen Temperaturen). Vor allem aber schlug er 1937 vor, das Problem der Elektronenmasse in der relativistischen Theorie durch ein Subtraktionverfahren zu lösen, das der »Massenrenormierung« in der späteren Quantenelektrodynamik entspricht. Einen weiteren wesentlichen Beitrag zur Theorie der Elementarteilchen stellte seine mathematische Annahme dar, dass Heisenbergs Streumatrix (S-Matrix) analytische Eigenschaften besitzt (1943). [HR]

Werk(e):
Collected Scientific Papers (1956); Quantentheorie des Elektrons und der Strahlung (1938).

Sekundär-Literatur:
Dresden, M.: H. A. Kramers. Between Tradition and Revolution (1987); Mehra, J. und Rechenberg, H.: The Historical Foundations of Quantum Theory, Bde. 1, 2, 6 (1982).

Krebs, Sir Hans Adolf,
deutsch-britischer Biochemiker,
* 25. 8. 1900 Hildesheim,
† 22. 11. 1981 Oxford.

Krebs hat mit seinen Forschungen wesentlich zum Verständnis des Intermediärstoffwechsels der Zelle beigetragen. Er klärte Stoffwechselzyklen auf, durch deren Ablauf die Zelle Energie gewinnt und lebensnotwendige Stoffe erzeugt.

Hans Krebs wuchs als Sohn des Arztes Georg Krebs und dessen Ehefrau Alma geb. Davidson in Hildesheim auf und besuchte dort das Gymnasium. Von 1918 bis 1923 studierte er Medizin an den Universitäten Göttingen, Freiburg, München und Berlin und promovierte 1924 an der Universität Hamburg. In der chemischen Abteilung des Pathologischen Instituts der Berliner Charité machte er sich unter Peter Rona mit chemischen Methoden und neuen Entwicklungen in der Biochemie bekannt. 1926 wurde er Assistent von O. ↗ Warburg in der Abteilung für Physiologie des Kaiser-Wilhelm-Instituts für Biologie in Berlin-Dahlem. Hier arbeitete er sich in die von Warburg entwickelte und stetig verbesserte manometrische Methode ein, die die Untersuchung von mit Gasaustausch verbundenen Stoffwechselvorgängen in Gewebeschnitten, in homogenisierten Geweben oder in Zellsuspensionen ermöglichte. Diese Methode verwendete er später bei vielen seiner eigenen Forschungen. Von Warburg lernte er Präzision in der Forschungsarbeit, Konzentration auf das Wesentliche und klare Darstellung der Ergebnisse. Nach einjähriger Tätigkeit am Städtischen Krankenhaus Altona ging er 1931 als Assistent von Siegfried Thannhauser, einem Experten für Stoffwechselerkrankungen, an die Medizinische Klinik der Universität Freiburg (Breisgau). Nachdem er sich bereits in Altona in das bis dahin wenig erforschte Feld des intermediären Kohlenhydratstoffwechsels vertieft hatte, gelang ihm in Freiburg die Entdeckung des Ornithinzyklus. Mit dieser Entdeckung habilitierte er sich 1932 zum Privatdozenten für Innere Medizin. Nach der Machtübernahme durch die NSDAP wurde er zusammen mit anderen jüdischen Kollegen aus der Klinik entlassen.

F. ↗ Hopkins, ein führender britischer Biochemiker, entsprach der Bitte von Krebs und nahm diesen mit einem Stipendium der Rockefeller Foundation im Juni 1933 in die School of Biochemistry an der University of Cambridge auf; ab 1934 arbeitete er als Demonstrator für Biochemie. 1935 wurde er Dozent für Pharmakologie an der University of Sheffield und wechselte 1938 an die neue Abteilung für Biochemie. Im gleichen Jahr heiratete er die Lehrerin Margaret Fieldhouse; aus dieser Ehe gingen drei Kinder hervor: Paul (Computerfachmann), Helen (Botanikerin) und John (Zoologe). 1939 erhielt Krebs die britische Staatsbürgerschaft. Die Berufung zum Universitätsprofessor und zugleich zum Leiter der Sheffielder Forschungsgruppe der Unit for Research in Cell Metabolism im Medical Research Council (MRC) erhielt er im Jahr 1945. Zusammen mit dieser Gruppe übersiedelte er 1954 nach Oxford, wo er an der Universität die Whitley-Professur für Biochemie übernahm.

Krebs gehörte zu den Hauptvertretern der so genannten dynamischen Biochemie. 1932 testete er in Freiburg zusammen mit seinem Studenten Kurt Henseleit mit Hilfe der Warburgschen Gewebeschnitttechnik den Einfluss verschiedener Substanzen auf die Geschwindigkeit der Harnstoffbildung in der Leber und fand dabei, dass die Aminosäure Ornithin eine besonders starke Wirkung ausübt. Weitere Versuche zeigten, dass Ornithin eine Komponente eines Stoffwechselzyklus bildet, an dem drei Aminosäuren teilnehmen: Aus Ornithin und Ammoniak entsteht Citrullin, aus Citrullin und Ammoniak ergibt sich Arginin, das durch das Enzym Arginase in Ornithin und Harnstoff aufgespalten wird, worauf der Ornithinzyklus (Krebs-Henseleit-Zyklus) von vorn beginnt. Damit wurde erklärt, auf welche Weise bestimmte Aminosäuren in den Zellen gebildet werden und wie das potenziell toxische Ammoniak in der Leber zum harmlosen Harnstoff entgiftet wird. Das wichtigste Resultat der Versuche war jedoch die Entdeckung der zyklischen Organisation der Stoffwechselvorgänge, die bis dahin noch nicht beschrieben worden war.

In den zwanziger und dreißiger Jahren des 20. Jahrhunderts arbeiteten verschiedene Biochemiker an der Klärung der Frage, wie die Nährstoffe in den Zellen oxidiert werden und wie der Organismus aus ihnen Energie gewinnt. A. ↗ Szent-Györgyi v. Nagyrapolt untersuchte 1934/35 an Tauben-Brustmuskel-Suspensionen die respirationsfördernde Wirkung von Dicarboxylsäuren. Auf dieser Grundlage fand Krebs zusammen mit William A. Johnson, dass auch die Citronensäure einen solchen katalytischen Effekt hat. Unter Einbeziehung von Ergebnissen weiterer Forscher über Zwischenprodukte oxidativer Vorgänge in Geweben erschlossen Krebs und Johnson 1937 den Citronensäure-Zyklus (Krebs-Zyklus), ein zyklisches Schema von Stoffwechselwegen, das (vereinfacht) über folgende Stufen verläuft: Citronensäure → cis-Aconitsäure → Isocitronensäure → α-Ketoglutarsäure → Bernsteinsäure → Fumarsäure → Malonsäure → Oxalessigsäure → Citronensäure. Über diesen Zyklus werden Proteine, Kohlenhydrate und Fette abgebaut. Er ist auf komplizierte Weise mit dem Atmungssystem verbunden und wird durch das Zusammenspiel mehrerer Enzyme und weiterer biologisch aktiver Stoffe bewirkt. In den Zellen höherer Organismen fungiert der Citronensäure-Zyklus als Hauptenergiequelle.

Die Entdeckung der beiden genannten Zyklen durch Krebs und seine Mitarbeiter hatte eine Lawine von Forschungen in den biochemischen Laboratorien der ganzen Welt zur Folge, die zu einer umfassenden Einsicht in die chemischen Abläufe des biologischen Stoffwechsels führten. 1953 erhielt Krebs gemeinsam mit F. A. ↗ Lipmann den Nobelpreis für Physiologie oder Medizin. [SS]

Werk(e):
mit K. Henseleit: Untersuchungen über Harnstoffbildung im Tierkörper, Z. physiol. Chem. 210 (1932) 33–66; The citric acid cycle, Biochem. J. 34 (1940) 460–463; The history of the tricarboxylic acid cycle, Persp. Biol. Med. 14 (1970) 154–170; Reminiscences and Reflections (1981).

Sekundär-Literatur:
Kornberg, H., Williamson, D. H.: Hans Adolf Krebs, in: Biographical Memoirs of Fellows of the Royal Society 30 (1984) 351–385; Holmes, F.: H. K., 2 Vol. (1991, 1993).

Kronecker, Leopold,
deutscher Mathematiker,
* 7. 12. 1823 Liegnitz (Legnica, Polen),
† 29. 12. 1891 Berlin.

Kronecker lieferte wichtige Beiträge zur Algebra (Zerfällung von Polynomen, Rangkriterium für die Lösung von linearen Gleichungssystemen, Auflösung der allgemeinen Gleichung 5. Grades, kommutative Ringe, Tensorprodukt, Hauptsatz über endliche Abelsche Gruppen) und verfasste bahnbrechende und programmatische Arbeiten zur algebraischen und analytischen Zahlentheorie (Satz von Kronecker-Weber, Klassenzahlformeln, komplexe Multiplikation).

Der Vater, Isidor Kronecker, war ein wohlhabender Kaufmann und »ein Mann von bedeutender, namentlich auch philosophischer Bildung (...), der dem Sohn die sorgfältigste Erziehung gab« (Heinrich Weber). Leopold Kronecker besuchte das Gymnasium in Liegnitz, wo E. ↗ Kummer, in der Folgezeit einer der bedeutendsten Mathematiker des 19. Jahrhunderts, sein Mathematiklehrer war. Mit Kummer verband ihn seit der Gymnasialzeit eine innige lebenslange Freundschaft, die für ihn auch als Mathematiker prägend und fruchtbar wurde. Von 1841 bis 1845 studierte Kronecker an den Universitäten Berlin, Bonn (1843), Breslau (1843/44) und zuletzt wieder Berlin. Er besuchte Vorlesungen über Mathematik, Naturwissenschaften, klassische Philologie und Philosophie. In Breslau begegnete er erneut Kummer, der dort 1842–1855 Professor war und bei dem er eine Vorlesung hörte. Wichtigster mathematischer Lehrer in Berlin und Doktorvater wurde J. P. ↗ Dirichlet, einer der führenden Mathematiker seiner Zeit. 1845 promovierte Kronecker mit der mathematischen Dissertation *De unitatibus complexis*.

Seit 1855 lebte er als finanziell unabhängiger Privatgelehrter in Berlin, nachdem er seit 1845 durch Bewirtschaftung eines Familien-Gutes und Liquidierung des Bankgeschäfts eines verstorbenen Onkels ein beträchtliches Vermögen erworben hatte. In Berlin traf Kronecker wieder auf Kummer, der dort 1855 Ordinarius für Mathematik wurde, nachdem Dirichlet im gleichen Jahr nach Göttingen als Nachfolger von C. F. ↗ Gauß berufen worden war. Die weiteren Stationen seiner akademischen Karriere: 1861 Wahl zum Ordentlichen Mitglied der Berliner Akademie mit dem von ihm genutzten Recht, an der Universität Vorlesungen nach eigener Wahl zu halten; 1883 Nachfolger von Kummer im Lehramt und Mitdirektor des mathematischen Seminars. Zusammen mit Kummer, K. ↗ Weierstraß, und Carl W. Borchardt, dem Herausgeber des hochrenommierten *Journals für die reine und angewandte Mathematik* (1826 in Berlin gegründet), beherrschte er bis zu seinem Lebensende das mathematische Leben an der Universität und der Akademie und festigte Berlins Rolle als eines mathematischen Zentrums von Weltgeltung. Er hatte sowohl innerhalb als auch außerhalb Deutschlands großen Einfluss auf die Berufungspolitik der Universitäten und Akademien. Kronecker war seit 1848 mit Fanny Prausnitzer, einer Kusine, verheiratet. Aus der Ehe gingen sechs Kinder hervor.

Kronecker begründete seine bis in die Gegenwart reichende Wirkung durch zahlreiche innovative Arbeiten zu den drei großen »A« der Mathematik: Arithmetik, Algebra, Analysis und ihren überaus fruchtbaren Querverbindungen. Schon seine erste Publikation nach der Dissertation (1853 in den Mitteilungen der Berliner Akademie) wies ihn als einen richtungweisenden Forscher aus. Seine Arbeitsgebiete erstrecken sich bis zu wichtigen Untersuchungen, die wir heute in die Differential-Topologie einordnen. Er wurde von seinen Zeitgenossen wegen seiner Vielseitigkeit, seines Scharfsinns und seiner Intuition bewundert. Liebenswürdig im persönlichen Umgang, war er andererseits ein Forscher, der sich in einigen seiner späteren Schriften in ganz entschiedener und oftmals als restriktiv empfundener Weise zu den Grundlagen und zur Gegenstandsbestimmung seiner Wissenschaft äußerte, worin ihm die Mehrzahl seiner Fachgenossen nicht folgte. Als sein bedeutendster persönlicher Schüler ist Kurt Hensel, später Herausgeber der *Werke* und einiger Vorlesungen seines Lehrers, zu betrachten.

Seit den 40er-Jahren des 20. Jahrhunderts propagieren einflussreiche und bedeutende Mathematiker eine produktive Rückbesinnung auf Kronecker. In der gegenwärtigen Zahlentheorie und arithmetischen Geometrie hat das weit ausgreifende Forschungsprogramm von Robert P. Langlands eine seiner starken Wurzeln in den Ergebnissen und Visionen von Kronecker. [ON]

Werk(e):
Werke, hrsg. von K. Hensel auf Veranlassung der Kgl. Preuss. Akad. d. Wiss., 5 Bde. (1895, 1897, 1899, 1931, 1929, 1903).

Sekundär-Literatur:
Prasad, G.: Some great mathematicians of the 19th century. Their lives and their works 2 (1934) 60–93; Bell, E. T.: Men of mathematics (1937) 519–537.

Krönig, August Karl,
Chemiker und Physiker,
* 20. 9. 1822 Schildesche (bei Bielefeld),
† 5. 6. 1879 Berlin.

August Krönig ist vor allem durch eine Publikation zur kinetischen Gastheorie bekannt geworden. Darin entwickelte er zwar keine grundlegenden neuen Erkenntnisse, stimulierte aber eine Weiterentwicklung dieser Theorie, insbesondere durch Clausius.

Nach dem Abitur, das er 1839 mit kaum 17 Jahren absolvierte, studierte Krönig zunächst drei Semester vornehmlich orientalische Sprachen in Bonn, ehe er ab 1840 an der Berliner Universität zu Physik, Chemie und Mathematik wechselte. Mit einer Dissertation aus dem Gebiet der Chemie über chromsaure Salze promovierte er 1845. Bald darauf begann er am Cöllnischen Realgymnasium zu unterrichten, was 1851 in einer vollen Anstellung an der königlichen Realschule mündete, einer mit dem Friedrich-Wilhelms-Gymnasium verbundenen Lehranstalt. Dort wurde er Oberlehrer und erhielt 1864 noch den Professorentitel.

Krönig war einer der Teilnehmer des Kolloquiums von G. ↗ Magnus, die zu den ersten Mitgliedern der 1845 neugegründeten Berliner Physikalischen Gesellschaft gehörten. Krönig wurde 1848 zu ihrem Schriftleiter und ab 1855 redigierte er die von der Gesellschaft herausgegebenen *Fortschritte der Physik*, in denen die aktuelle wissenschaftliche Literatur besprochen wurde. Schon 1851 hatte Krönig versucht, ausländische Publikationen durch den Abdruck von Übersetzungen bekannt zu machen. Diese im Selbstverlag begonnene Unternehmung musste er jedoch bereits nach einem Jahrgang wieder einstellen.

Im Jahr 1856 erschien seine Abhandlung *Grundzüge einer Theorie der Gase*. Darin ging er von der Hypothese aus, dass die gasförmigen Körper aus Atomen bzw. Molekülen bestehen, die sich, von elastischen Stößen untereinander und solchen gegen die Gefäßwand abgesehen, frei und geradlinig mit konstanter Geschwindigkeit bewegen. Daraus ergaben sich die makroskopischen Gasgesetze auf einfache Weise, was für Krönig schon eine hinreichende Bestätigung seines Ansatzes darstellte. Dadurch fühlte sich R. ↗ Clausius unmittelbar veranlasst, seine differenzierteren Betrachtungen zu publizieren.

Krönig selbst veröffentlichte zu dem Thema nichts mehr. Krankheitsbedingt musste er die Tätigkeit für die Physikalische Gesellschaft 1859 aufgeben und sich 1864 als Lehrer pensionieren lassen. Im Jahr 1864 erschien noch ein *Lehrbuch der Chemie* von ihm. Danach beschäftigte er sich, immer stärker durch Lähmungen behindert, zunehmend mit theologischen Fragen. Eine letzte 1874 erschienene Schrift behandelte Fragen aus diesem Bereich. [SW]

Werk(e):
Grundzüge einer Theorie der Gase, Annalen der Physik 99 (1856).

Sekundär-Literatur:
Ronge, G.: Zur Geschichte der kinetischen Wärmetheorie mit biographischen Notizen zu August Karl Krönig, Gesnerus 18 (1961).

Ktesibios von Alexandria,
Mechaniker und Ingenieur
* 3. Jh. v. Chr.

Ktesibios, dem zahlreiche technische Erfindungen zugeschrieben werden, war Autor einer (verschollenen) Gesamtdarstellung der antiken Mechanik.

Laut einem Epigramm des Hedylos fertigte Ktesibios für eine Statue der göttlichen Arsinoë, der Ehefrau des Königs Ptolemaios II. Philadelphos, ein Rhyton an, in dem durch einen Wasserstrom ein Signalton erzeugt wurde, sodass er wahrscheinlich unter den beiden ersten Ptolemaiern gelebt hat. Abgesehen von der Nachricht bei Vitruv, dass Ktesibios in Alexandria geboren worden sei, gibt es wie bei vielen antiken Technikern keine weiteren Hinweise auf Einzelheiten seines Lebenslaufes. Man vermutet, dass er als Lehrer am Mouseion in Alexandria tätig war und eine Schule von Technikern begründete, zu der ↗ Philon von Byzanz und vielleicht noch ↗ Heron von Alexandria zu zählen sind.

Vitruv hat zu Zeiten des Caesar und Augustus das von Ktesibios als Gesamtdarstellung der Mechanik verfasste mehrbändige Werk, die *Hypomnemata mechanika,* noch einsehen und lesen können. Leider ist es heute verloren. Vitruv schildert Ktesibios als ein Allroundtalent und einen Künstler, dem er eine Fülle wichtiger Entdeckungen und Erfindungen wie die Wasserpumpe, die Wasseruhr, der Hebel und die Wasserorgel zuschreibt. Ein wesentliches Element seiner Forschungen war also die Pneumatik, die Untersuchung von Phänomenen, die auf der Druck- und Saugwirkung von Luft und Wasser beruhen. Ktesibios hat sich offenbar mit Entwicklungen beschäftigt, die für die Bevölkerung Verbesserungen und eine Hebung des Lebensstandards versprechen konnten. Ktesibios erscheint aber auch bereits relativ kurz nach seinem Tod als eine Referenzfigur, auf die sich viele berufen wollten, wie sein Schüler Philon von Byzanz, der seine Geräte und Instrumente in seinen Werken häufig erwähnt. Außerdem eignete sich Ktesibios als Projektionsfläche, denn die nach Ägypten im Zuge der Diadochenkämpfe eingewanderte griechische Oberschicht konnte ihren Anspruch auf eine kulturelle Überlegenheit manifestieren, indem sie wichtige technische Entwicklungen für die griechische Wissenschaft qua Ktesibios reklamierte.

Die Tradierung des Wissens über Ktesibios scheint relativ schnell nach Vitruv abgebrochen zu sein, denn danach wird er kaum noch erwähnt. [ASCH]

Sekundär-Literatur:
Drachmann, A. G.: Ktesibios, Philon and Heron. A Study in Ancient Pneumatics (1948); Gille, B.: Les Mécaniciens grecs: La naissance de la technologie (1980); Schürmann, A.: Griechische Mechanik und antike Gesellschaft. Studien zur staatlichen Förderung einer technischen Wissenschaft (1991).

Kuhi, Abu Sahl Wijan b. Rustam al-K.,

* in der zweiten Hälfte des 10. Jahrhunderts im persischen Tabaristan.

Al-Kuhi leistete unter der Ägide der Bujiden-Prinzen Adud, Sharaf und Samsam al-Dawla wichtige Beiträge zur Geometrie.

Zuverlässige Daten aus al-Kuhis Leben verdanken wir seiner Arbeit für das Observatorium von Shiraz im Jahre 969/70 für Adud al-Dawla, sowie dem Umstand, dass er 988/89 unter dessen Sohn Sharaf al-Dawla die Leitung über die astronomischen Studien in Bagdad innehatte. Da sein letzter Förderer, Samsam, im Jahre 998 starb, kann es als wahrscheinlich gelten, dass al-Kuhi die Jahrtausendwende nur um wenige Jahre überlebt hat.

Zu Abu Sahls Schriften zählen Arbeiten zu verschiedenen Probleme im Zusammenhang mit komplexen geometrischen Konstruktionen, Arbeiten über das Astrolabium und ein Instrument, den konischen Zirkel, zur Darstellung von Kegelschnitten, sowie Arbeiten, in denen ↗ Euklids Elemente behandelt oder ausgeweitet wurden. Ein Briefwechsel zwischen ihm und Abu Ishaq al-Sabi über die Schwerpunkte von Körpern hat ebenfalls überdauert. Dieser Briefwechsel enthält Berichte über die gründlichsten Studien, die uns aus dem Islam des Mittelalters zu diesem Thema überliefert sind, unter anderem über Berechnungen zum Schwerpunkt eines Kugelsegments.

Die Schriften des ↗ Archimedes, den er als »den Imam« der Mathematik bezeichnete, bildeten einen Hauptbezugspunkt seiner Arbeit. So verwendete er sich überschneidende Kegelschnitte, um ein durch Archimedes' Abhandlung *Über Kugel und Zylinder* inspiriertes Problem zu lösen. In einem anderen Werk verwendete er Kegelschnitte zur Durchführung einer Hilfskonstruktion, mit deren Hilfe sich, wie von Archimedes beschrieben, ein regelmäßiges Siebeneck in einen Kreis einschreiben lässt. Drei seiner Abhandlungen befassten sich mit astronomischen Problemen. Eine davon galt der Auffindung der Aufgänge eines gegebenen Bogens in der Ekliptik an einem Ort mit gegebener Breite, wobei er sich statt der beiden von C. ↗ Ptolemäus benutzten Theoreme einer Version des Satzes von Menelaos bediente. Eine zweite befasste sich mit dem Horizont, wie er von einem erhöhten Punkt aus sichtbar wird. Die dritte über die Entfernung des Erdmittelpunkts zu den Fixsternen lieferte eine exakte Methode zur Beantwortung einer Frage, die bereits auf ↗ Aristoteles zurückgeht: Ob Sternschnuppen unterhalb der Mondsphäre auftreten oder nicht.

Seine mehr als dreißig überlieferten Werke legen Zeugnis ab von der ungeheuren Bandbreite und Gründlichkeit der geometrischen Studien im Islam des 10. Jahrhunderts. Sie wurden nicht nur von seinen Zeitgenossen gelesen, sondern auch von ↗ Al-Biruni, ↗ Umar al Khayyam und al-Samawal. [JLB]

Werk(e):
Berggren, J. L.: The Correspondence of Abu Sahl al-Kuhi and Abu Ishaq al-Sabi: A translation with commentaries, Journal for History of Arabic Science, 7, Nos. 1 & 2 (1983); Berggren, J. L.: Abu Sahl Al-Kuhi's Treatise on the Construction of the Astrolabe with Proof: Text, Translation and Commentary, Physis, XXXI, Nuova Serie Fasc. 1 (1994).

Sekundär-Literatur:
Hogendijk, J. P.: Al-Kuhi's Construction of an Equilateral Pentagon in a Given Square, Zeitschrift für Geschichte der Arabisch-Islamischen Wissenschaften, 1 (1984); Berg-

gren, J. L. und Brummelen, G. V.: Abu Sahl al-Kuhi on Rising Times, SCIAMVS, 2 (2001); Van Brummelen, G. und Berggren, J. L.: Abu Sahl al-Kuhi on the Distance to the Shooting Stars, J. Hist. Astronomy 32, 2 (2001); Berggren, J. L.: Tenth Century Mathematics Through the Eyes of Abu Sahl al-Kuhi, in: The Enterprise of Science in Islam: New Perspectives, hrsg. v. J. P. Hogendijk und A. I. Sabra (2003).

Kühn, Alfred,
deutscher Zoologe, Entwicklungsphysiologe und Genetiker,
* 22. 4. 1885 Baden-Baden,
† 22. 11. 1968 Tübingen.

Kühn zählt zu den bedeutendsten Entwicklungsgenetikern der ersten Hälfte des 20. Jahrhunderts in Deutschland. Er war unter anderem wesentlich an der Aufklärung der Genkette beteiligt, die den Aufbau von Pigmenten bei Insekten bewirkt.

Alfred Kühn wurde als Sohn des Arztes Richard Kühn geboren. Er studierte Zoologie und Physiologie an der Universität Freiburg, u. a. bei A. ↗ Weismann. Nachdem er einen Sommer an der Zoologischen Station in Neapel verbracht hatte, wurde er 1908 Assistent von Weismann. Zwei Jahre später habilitierte er sich und wurde 1914 in Freiburg außerordentlicher Professor. 1915 wurde er eingezogen und diente im Hauptquartier der Armee in Berlin. Nach dem Krieg arbeitete er zwei Jahre lang bei Karl Heider an der Universität Berlin, bevor er 1920 Nachfolger von Ernst Ehlers am Zoologischen Institut der Universität Göttingen wurde. Dort schrieb Kühn seinen *Grundriss der allgemeinen Zoologie* (1922), der zur Standardeinführung in die Zoologie wurde.

In den späten 1920er-Jahren hatte Kühn sich einen festen Platz in der Zoologie in Deutschland erworben und gestaltete die akademische Politik seines Faches in der Weimarer Republik entscheidend mit. Während jener Jahre machte sich Kühn zusammen mit Karl Henke daran, physiologische Aspekte der Insektenentwicklung mit genetischen Mitteln zu untersuchen. Hatte zunächst das Flügelmuster der Mehlmotte *Ephestia kühniella* im Mittelpunkt seines Interesses gestanden, so lenkte Anfang der 1930er-Jahre der Fund einer rotäugigen Mutante seine Aufmerksamkeit auf die Augenpigmentierung. Zusammen mit seinen Mitarbeitern Ernst Caspari, Ernst Plagge und Hans Piepho und zeitweise unterstützt von der Rockefeller-Foundation konnte er zunächst zwei Gene charakterisieren, die auf die Ausbildung des Farbstoffes einwirken.

1937 übersiedelte Kühn mit seiner Gruppe von der Universität Göttingen an das Kaiser-Wilhelm-Institut für Biologie in Berlin-Dahlem. Dort wurde er Nachfolger des 1935 in die USA emigrierten Zoologen und Genetikers R. ↗ Goldschmidt. 1940 gelang es Erich Becker aus der Arbeitsgruppe Kühns und Wolfhard Weidel aus der Arbeitsgruppe A. ↗ Butenandts vom Kaiser-Wilhelm-Institut für Biochemie, die Aminosäure Tryptophan als Ausgangsstoff einer Pigmentkette zu identifizieren. Damit war erstmals die Vermutung bestätigt, dass ein Gen über ein Fermentsystem einen bestimmten Stoffwechselschritt beeinflusst. G. ↗ Beadle und Edward Tatum erhärteten nach Vorarbeiten von B. Ephrussi diese Vermutung am gleichen Pigmentsystem bei *Drosophila* und begründeten wenig später die auf der Ein-Gen-ein-Enzym-Hypothese beruhende biochemische Genetik mit dem Modellorganismus *Neurospora crassa*.

1943 verlagerte Kühn seine Abteilung von Dahlem nach Hechingen bei Tübingen. Nach dem Krieg setzte er seine Arbeit als Hochschullehrer an der Universität Tübingen fort und baute dort zusammen mit Georg Melchers das Max-Planck-Institut für Biologie auf. [HJR]

Werk(e):
Grundriss der allgemeinen Zoologie für Studierende (1922, 15. Auflage 1964); Grundriss der Vererbungslehre (1939); Über eine Gen-Wirkkette der Pigmentbildung bei Insekten. Nachrichten der Akademie der Wissenschaften in Göttingen, Mathematisch-Physikalische Klasse (1941); Vorlesungen über Entwicklungsphysiologie (1955).

Sekundär-Literatur:
Harwood, J.: The reaction against specialization in 20th century biology: A study of Alfred Kühn. Freiburger Universitätsblätter Nr. 87/88 (1985); Egelhaaf, A.: Alfred Kühn, his work and his contribution to molecular biology, International Journal of Developmental Biology 40 (1996); Rheinberger, H.-J.: Ephestia: The Experimental Design of Alfred Kühn's Physiological Developmental Genetics, Journal of the History of Biology 33 (2000).

Kuhn, Richard,
deutscher Chemiker,
* 3. 12. 1900 Wien,
† 31. 7. 1967 Heidelberg.

Der Chemiker Richard Kuhn trug grundlegend zur Aufklärung der chemischen Konstitution von Naturfarbstoffen und Vitaminen bei.

Kuhn studierte Chemie an den Universitäten in Wien und München, wo er 1922 bei R. ↗ Willstätter mit einer Dissertation über die Spezifität von Enzymen im Kohlenhydratstoffwechsel promoviert wurde. Bereits 1925 Privatdozent für Organische Chemie an der Universität München, wurde er 1926 Ordinarius an der ETH Zürich. 1929 kam er als Leiter der selbständigen Abteilung für Chemie am KWI für Medizinische Forschung nach Heidelberg, wurde dort Honorarprofessor an der Universität und 1937 Direktor des gesamten KWI. 1945 blieb er in dieser Position (seit 1948 MPI für Medizinische Forschung). 1950 wurde er außerdem Ordinarius für Biochemie an der dortigen Universität.

In seiner Forschung wechselte Kuhn zwischen Themen der Theoretischen Organischen Chemie und der Naturstoffchemie. Insgesamt publizierte er mit seinen Schülern mehr als 700 Arbeiten. Vier Phasen lassen sich unterscheiden.

1. Die 1920er-Jahre: Im Vordergrund stand die Theoretische Chemie, darunter Fragen der Stereochemie, die Untersuchung doppelbindungshomologer Reihen wie Diphenylpolyene und die Aufklärung von Beziehungen zwischen Struktur und physikalischen Eigenschaften von organischen Verbindungen (z. B. Konstitution und Farbigkeit).

2. 1930–1940: Kuhn verlagerte seinen Forschungsschwerpunkt auf die Naturstoffchemie. Zusammen mit einer Reihe von Schülern und Mitarbeitern, darunter Hans Brockmann, Paul György, Edgar Lederer, Rudolf Ströbele, Theodor Wagner-Jauregg, Otto Westphal, Friedrich Weygand und Theodor Wieland, publizierte Kuhn, teilweise gleichzeitig mit P. ↗ Karrer (Zürich), eine Vielzahl bahnbrechender Arbeiten zur Carotinoid- und Vitaminforschung. Dazu gehören die chromatographische Trennung und strukturelle Untersuchung von Carotinoiden, die Isolierung, Konstitutionsermittlung und Synthese von Vitamin B_2 (Lactoflavin) – gleichzeitig zeigte A. H. ↗ Theorell im Institut O. ↗ Warburgs, dass phosphoryliertes Vitamin B_2 Coenzym eines Enzyms der Zellatmung ist –, Überlegungen zur Wirkungsweise des Lactoflavins als Oxidationskatalysator, die zur Annahme radikalischer Zwischenstufen führten, die Isolierung, Strukturaufklärung und Synthese des Vitamins B_6 (Pyridoxin) und der Pantothensäure.

Die zwischen 1938 und 1945 von Kuhn und seinem Mitarbeiter Franz Moewus publizierten vielversprechenden Resultate über angebliche biologische Funktionen von Carotinoiden im Reproduktionsprozess einzelliger Algen stellten sich später als von Moewus begangene Fälschung heraus.

3. 1940–1945: Kuhn verlagerte seine Forschung auf kriegsbezogene Ziele. U. a. führte er im Auftrag des Heereswaffenamtes Untersuchungen an chemischen Kampfstoffen der Tabun-Sarin-Reihe (Phosphorsäureester) durch, in deren Verlauf er ein neues Kampfgas, Soman, entwickelte.

4. Nach 1945: Forschungsschwerpunkt waren kleine Kohlenhydrate, die, biologisch betrachtet, pflanzliche oder tierische Resistenzfaktoren gegen Schädlinge bzw. Krankheitserreger waren.

Kuhn war von 1938 bis 1945 Präsident der Deutschen Chemischen Gesellschaft, von 1964 bis 1965 der Gesellschaft Deutscher Chemiker. Von 1940 bis 1945 war er Fachspartenleiter für Organische Chemie des Reichsforschungsrats. 1959 wurde er Vizepräsident der MPG. Er war Mitglied und Ehrenmitglied zahlreicher Akademien und des Ordenskapitels »Pour le mérite«. Für seine Arbeiten über Carotinoide und Vitamine erhielt Kuhn 1939 den Chemie-Nobelpreis für 1938, dessen Annahme er wie A. ↗ Butenandt und G. ↗ Domagk auf Anordnung der Nationalsozialisten ablehnen musste. [UD]

Werk(e):

mit E. Lederer: Zerlegung des Carotins in seine Komponenten, Ber. Dtsch. Chem. Ges. 64 (1931) 1349–1357; mit P. György und Th. Wagner-Jauregg: Das Vitamin B_2, Die Naturwissenschaften 21 (1933) 560–561; mit F. Weygand: Synthetisches Vitamin B_2, Ber. Dtsch. Chem. Ges. 67 (1934) 2084–2085; mit R. Ströbele: Über Verdo-, Chloro- und Rhodoflavine, Ber. Dtsch. Chem. Ges. 70 (1937) 753-760.

Sekundär-Literatur:

Staab, H.: Richard Kuhn. 1900–1967, Chemie in unserer Zeit 2 (1968) 26–31; Westphal, O.: Richard Kuhn, Angewandte Chemie 80 (1968) 501–519.

Kuhn, Thomas Samuel,

amerikanischer Wissenschaftshistoriker und -theoretiker,
* 18. 7. 1922 Cincinnati, Ohio,
† 17. 6. 1996 Cambridge, Massachussets.

Kuhn war einer der Hauptgestalter der »New Philosophy of Science« in der zweiten Hälfte des 20. Jahrhunderts.

Kuhn studierte Physik und Philosophie in Harvard. I. ↗ Kants *Kritik* wurde ihm eine Offenbarung, so dass er später von sich als einem »Kantianer mit beweglichen Kategorien« sprach. Sein Physikstudium schloss er mit einer Dissertation in theoretischer Festkörperphysik bei J. ↗ van Vleck ab. In seinem 1957 veröffentlichten Buch *The Copernican Revolution* entwickelte er die These, dass »das kopernikanische Weltbild, das die späteren Jahrhunderte erbten, bereits eine Adaption [darstellt], um der Vorstellung des 17. Jahrhunderts von einer Newtonschen Weltmaschine zu genügen«.

Weltberühmt wurde er durch seinen »essay« über die *Struktur wissenschaftlicher Revolutionen* (1962). Zentrale Bedeutung kommt dem Begriff des Paradigmas zu, das als ein konkretes Problemlösungsbeispiel eine wissenschaftliche Gemeinschaft vereint. Im Wettstreit der Wissenschaftler setzt sich schließlich eine Wissenschaftlergemeinschaft mit dem ihr eigenen Paradigma durch, das dogmatisch ausgebaut wird. Durch seine Verfeinerung führt es jedoch zu Anomalien, die mit den Mitteln des Paradigmas nicht mehr lösbar sind. Die Krise beginnt und führt schließlich zur wissenschaftlichen »Revolution«, in deren Verlauf Problemverschiebungen, Begriffsveränderungen und Weltumstrukturierungen stattfinden und sich schließlich ein anderes Paradigma durchsetzt. Fortschritt ist daher nie kumulativ. Das Verhältnis von vor- und nachrevolutionärer Phase beschreibt Kuhn durch den Begriff der Inkommensurabilität.

1979 wechselte Kuhn an das M.I.T. nach Cambridge, sein Buchprojekt zu einer neuen Bedeutungstheorie empirischer Begriffe konnte er jedoch nicht mehr abschließen. [GK]

Werk(e):
Die kopernikanische Revolution (1981); Die Struktur wissenschaftlicher Revolutionen (1967, mit Postskript 1988); Die Entstehung des Neuen, hrsg. v. L. Krüger (1977); The Road since Structure, Philosophical Essays, 1970–1993, with an autobiographical Interview, ed. J. Conant and J. Haugeland (2000).

Sekundär-Literatur:
Hoyningen-Huene, P.: Die Wissenschaftsphilosophie Thomas S. Kuhns. Rekonstruktion und Grundlagenprobleme (1989); Horwich, P. (Hrsg.): World Changes. Thomas Kuhn and the Nature of Science (1993); Nickles, T. (ed.): Thomas Kuhn (2003).

Kuiper, Gerard Peter,
amerikanischer Astronom,
* 7. 12. 1905 Harenkarspel (Niederlande),
† 24. 12. 1973 Mexiko City.

Kuiper setzte im 20. Jahrhundert als erster Astronom Infrarotteleskope zum Studium der Planetenatmosphären ein. Er gilt als Begründer der modernen Planetologie.

Nach der Grundschulzeit besuchte Kuiper zunächst eine Spezialschule in Haarlem, um Grundschullehrer zu werden. Im Jahre 1924 nahm er jedoch ein weiterführendes Studium in Leiden auf, wo prominente Forscher wie E. ↗ Hertzsprung und P. ↗ Ehrenfest zu seinen Professoren zählten. Im Jahre 1933 promovierte er bei Hertzsprung mit einem Thema über Doppelsterne und begab sich im gleichen Jahr in die USA, um seine Forschungen am Lick-Observatorium fortzusetzen. Durch diese Arbeit verbesserte er unter anderem die Masse-Leuchtkraft-Beziehung der Hauptreihensterne entscheidend.

Kuiper heiratete 1936, aus der Ehe mit Sarah Parker Fuller gingen zwei Kinder hervor. Im gleichen Jahr trat er eine Stelle am Yerkes-Observatorium an, dessen Leitung er ab 1947 für zwei Jahre und nochmals von 1957–1960 inne hatte.

Im Jahre 1944 entdeckte Kuiper, dass der Jupitermond Titan eine Atmosphäre besitzt. Schnell nutzte er die nach dem Ende des Zweiten Weltkrieges verfügbar gewordene Infrarottechnik zur Erforschung von Stern- und Planetenatmosphären. Er entdeckte den fünften Uranusmond Miranda (1948) und den zweiten Neptunmond Nereide (1949). Im Jahre 1951 formulierte Kuiper eine Hypothese, nach der sich außerhalb der Neptunbahn eine flache Scheibenstruktur im Planetensystem befinden könnte, die mit vielen eisartigen Objekten bevölkert ist. Wie wir heute wissen, existiert dieser, jetzt als Kuiper-Gürtel bezeichnete Teil des Planetensystems tatsächlich. Ab1960 leitete Kuiper das von ihm an der Universität von Arizona gegründete Lunar and Planetary Laboratory (LPL). [OS]

Werk(e):
The empirical mass-luminosity relation, ApJ 88 (1938) 472–507; Titan, a satellite with an atmosphere, ApJ 100 (1944) 378–383; Object near Neptune, I.A.U. Circ.-no.1212; Planetary atmospheres and their origin, in: The Atmospheres of the Earth and Planets, Hrsg: G. P. Kuiper (1952) 306–405.

Sekundär-Literatur:
Cruikshank, D. P.: Gerard Peter Kuiper, Biographical Memoirs, The National Academy of Sciences, Bd. 62 (1993) 259–295.

Kükenthal, Willy,
deutscher Zoologe,
* 4. 8. 1861 Weißenfels (Saale),
† 22. 8. 1922 Berlin.

Kükenthal hat sich aufgrund seiner vergleichend-anatomischen und embryologischen Forschungen an Meeressäugern sowie als Autor des *Leitfaden für das Zoologische Praktikum* bleibende Verdienste in der Biologie erworben.

Nach dem Schulbesuch in Weißenfels und Halle studierte Kükenthal von 1880–1884 zunächst für zwei Jahre Mineralogie in München, bevor er sich dann endgültig in Jena der Zoologie zuwandte. Hier wurde er unter E. ↗ Haeckel mit der Arbeit *Über die lymphoiden Zellen der Anneliden* promoviert, ging im Anschluss an die Zoologische Station in Neapel und unternahm von dort aus seine erste Reise ins Nordmeer. 1885 wurde er Assistent bei Haeckel und habilitierte sich hier 1887 mit der Arbeit *Über das Nervensystem der Opheliazeen*. 1889 wurde Kükenthal »Ritter«-Professor für Phylogenie. Von 1893–1894 unternahm er mit Unterstützung der Senckenbergischen Naturforschenden Gesellschaft eine Expedition zu den Molukken und nach Borneo. 1898 wurde er als Ordinarius für vergleichende Anatomie und Zoologie sowie als Direktor des Zoologischen Museums nach Breslau berufen. In dieser Zeit folgten verschiedene Reisen zu den Antillen sowie nach Schottland, Kalifornien und Korsika. 1918 wechselte Kükenthal als Ordinarius für Zoologie und Direktor des Zoologischen Museums nach Berlin, wo er bis zu seinem Tode wirkte.

W. Kükenthal

Bereits 1886 und 1889 hatte Kükenthal als Gast auf Walfangschiffen Reisen ins Nördliche Eismeer unternommen, hierbei umfangreiches Material gesammelt und dieses anschließend unter embryologischen sowie vergleichend anatomischen Gesichtspunkten bearbeitet. Er entdeckte dabei, dass die Vorderextremität, die Anlage der Hinterextremität und die Ausbildung des Halses der Walembryonen den entsprechenden Organen der Säugetiere weit ähnlicher als denjenigen erwachsener Wale sind. Dadurch lieferte er ebenso Beiträge zu Haeckels biogenetischem Grundgesetz. Ferner versuchte Kükenthal den asymmetrischen Schädelbau der Zahnwale durch mechanische Faktoren zu erklären, beschrieb Konvergenzen der Form der Wale mit der anderer Meeressäuger wie den Seekühen, führte Unterschiede zwischen Bart- und Zahnwalen auf diphyletische Abstammung zurück. Er befasste sich auch mit der Systematik und Biologie der sesshaften Coelenteraten und mit der Entwicklung der Zähne und der Gebissform der Säugetiere. Kükenthal schuf 1898 das klassische, später von Ernst Matthes u. a. fortgeführte Lehrbuch *Leitfaden für das Zoologische Praktikum*. [UH]

Werk(e):
Forschungsreise in den Molukken und Borneo (1896); Leitfaden für das Zoologische Praktikum (1898); Handbuch der Zoologie, hrsg. von Krumbach, T. (1925-1941).

Sekundär-Literatur:
Uschmann, G.: Geschichte der Zoologie und der Zoologischen Anstalten in Jena 1779-1919 (Jena 1959).

Kummer, Ernst Eduard,
deutscher Mathematiker,
* 29. 1. 1810 Sorau (Zary, Polen),
† 14. 5. 1893 Berlin.

Kummer war einer der bedeutendsten Zahlentheoretiker des 19. Jahrhunderts und hat zudem wichtige Leistungen in der Analysis und Geometrie vollbracht.

Kummer nahm 1828 in Halle zunächst das Studium der Theologie auf, wechselte dann zur Mathematik und promovierte bereits 1831 mit 21 Jahren. Bis 1842 war er als Lehrer in Liegnitz (Legnica, Polen) tätig. Zu seinen dortigen Schülern gehörte L. ↗ Kronecker, sein späterer Kollege an der Berliner Universität, mit dem ihn eine lebenslange Freundschaft verband. Während seines Schuldienstes verfasste Kummer Arbeiten zur Analysis, insbesondere zur Funktionentheorie. Höhepunkte dieser ersten Schaffensperiode waren seine Ergebnisse zur hypergeometrischen Reihe. Etwa mit seiner 1842 erfolgten Berufung zum Professor nach Breslau begann die zweite Schaffensperiode von fast 20 Jahren, in der Kummer zahlentheoretische Fragen untersuchte. Er erzielte fundamentale Ergebnisse, durch die er zum Wegbereiter der algebraischen Zahlentheorie wurde. Angeregt durch die Arbeiten von C. F. ↗ Gauß und besonders von C. G. ↗ Jacobi, bestand Kummers Hauptziel in der Verallgemeinerung des quadratischen Reziprozitätsgesetzes auf höhere Potenzen. Hierfür war das Studium der Arithmetik in Kreisteilungskörpern notwendig. Entgegen seiner ursprünglichen Annahme stellte er 1844 fest, dass in Kreisteilungskörpern die Zerlegung in unzerlegbare Elemente nicht notwendig eindeutig ist. Aus diesem grundlegenden Unterschied zur Arithmetik der ganzen rationalen Zahlen entwickelte Kummer das geniale Konzept der »idealen complexen Zahlen«. Die Zerlegung in »ideale Primfactoren« erwies sich nämlich als eindeutig. Als Anwendung seiner Theorie konnte Kummer die Fermatsche Vermutung (über die Unlösbarkeit der Gleichung $x^p + y^p = z^p$ in natürlichen Zahlen $x, y, z > 0$) für alle Primzahlexponenten p mit gewissen Eigenschaften (die regulären Primzahlen) beweisen (z. B. sind außer 37, 59 und 67 alle Primzahlen < 100 regulär). Vor Kummer war die Fermatsche Vermutung nur für die Primzahlexponenten $p = 3$ (L. ↗ Euler), $p = 5$ (A. M. ↗ Legendre, P. G. ↗ Dirichlet) und $p = 7$ (Gabriel Lamé) bewiesen worden. Aus seinen Ergebnissen für nicht reguläre Primzahlen (1857) folgte schließlich die Richtigkeit der Fermatschen Vermutung für alle Primzahlexponenten < 100. Aus Kummers »idealen Zahlen« hat R. ↗ Dedekind den Begriff des Ideals entwickelt. Mit Hilfe der »idealen Zahlen« gelang Kummer nach

E.E. Kummer

zehnjährigen Bemühungen 1859 der Beweis der von ihm vermuteten allgemeinen Reziprozitätsgesetze. Inzwischen war er 1855 als Nachfolger von Dirichlet nach Berlin berufen worden. Durch Kummer, K. ↗ Weierstraß und Kronecker entwickelte sich Berlin in der zweiten Hälfte des 19. Jahrhunderts zu einem Zentrum der Mathematik von Weltgeltung.

In seiner dritten Schaffensperiode wendete sich Kummer Fragestellungen zu, die heute zur algebraischen Geometrie gehören. Im Anschluss an W. R. ↗ Hamilton studierte er allgemeine Strahlensysteme, denen sich die Behandlung algebraischer Strahlensysteme anschloss. Hierbei entdeckte er 1864 die Kummersche Fläche.

Kummer hat bis 1883 Vorlesungen gehalten, stets gut vorbereitet und klar in der Darstellung. Als akademischer Lehrer war er daher sehr beliebt. Vergleichbar hohe Hörerzahlen hatte in Berlin damals nur noch Weierstraß. In seinen Vorlesungen lag Kummer an der Vermittlung eines soliden Basiswissens, weshalb auf eigene Untersuchungen oder neueste Forschungsergebnisse nicht eingegangen wurde. Diese wurden im Seminar behandelt, das seit 1861 bestand und von Kummer und Weierstraß gegründet worden war. [RB2]

Werk(e):
Lampe, E.: Jber. Dt. Math. Ver. 3 (1893) 13–28; Werkausgabe: Collected Papers, hrsg. von A. Weil, Bd. 1, 2 (1975).

Kunckel, Johann,
deutscher Glastechnologe,
* um 1630 bei Plön,
† 1702/03 auf Reisen.

Kunckel gelang es, das seinerzeit begehrte Goldrubinglas in wirtschaftlich verwertbaren Mengen zu produzieren. Er war Autor bedeutender glastechnologischer und chemischer Traktate.

Kunckel entstammte einer Familie von Glasmachern. Um 1660 wirkte er als »Chymicus« und Apotheker der Herzöge von Sachsen-Lauenburg, nach Wanderjahren trat er um 1670 in die Dienste des sächsischen Kurfürsten. Betraut mit der systematischen Prüfung älterer Anleitungen zur Goldmacherei, fand Kunckel im Kontext eigener experimenteller Arbeiten eine Verfahrenstechnik zur Darstellung des Phosphors. Nach kurzer Zeit als Lehrer eines »Collegium Chymicum« an der Universität Wittenberg trat er 1678 in Berlin in die Dienste von Friedrich Wilhelm I. Zum Leiter der Potsdamer Glashütte bestellt, gelang ihm die Herstellung des begehrten Goldrubinglases, das seinen Zeitgenossen vielfach als künstlicher Edelstein galt und mit dem Stein der Weisen in Verbindung gebracht wurde. Aufgrund des wirtschaftlichen Erfolges der Potsdamer Glashütte bedachte der Kurfürst Kunckel mehrfach mit Schenkungen, so auch mit der heutigen Pfaueninsel bei Potsdam, auf der Kunckel ein durch neuere archäologische Funde nachgewiesenes Laboratorium einrichtete. Unter dem nachfolgenden Kurfürsten Friedrich III. in Ungnade gefallen, führten Reisen Kunckel u. a. 1693 nach Schweden, wo er am königlichen Hof in den Ritterstand (Kunckel von Löwenstern) erhoben wurde. Es folgten die Aufnahme in die Akademie Leopoldina (Halle) sowie in die Académie Royale des Sciences (Paris).

Kunckels Karriere war geprägt durch praxisorientiertes Streben nach neuen, wirtschaftlich verwertbaren Erzeugnissen unter Schirmherrschaft verschiedener Fürstenhäuser. Seinen Nachruhm verdankt er auch seinen glastechnologischen und chemischen Schriften, in denen er stets den Wert durch eigene Experimente erworbenen Wissens betonte. Kunckels *Ars vitraria experimentalis*, eine ausführlich kommentierte Übersetzung des wegweisenden glastechnischen Traktates von Antonio Neri (1612), und sein posthum veröffentlichtes *Collegium Physico Chymicum Experimentale* wurden noch im 18. Jahrhundert vielfach wieder aufgelegt.

[MP]

Werk(e):
Chymische Anmerckungen (1677); Ars vitraria experimentalis (1679); Collegium Physico Chymicum Experimentale (1716).

Sekundär-Literatur:
Ganzenmüller, W.: Beiträge zur Geschichte des Goldrubinglases, in: Beiträge zur Geschichte der Technologie und der Alchemie (1956); Rau, H. G.: Johann Kunckel, Geheimer Kammerdiener des Großen Kurfürsten, und sein Glaslaboratorium auf der Pfaueninsel in Berlin, in: Medizinhistorisches Journal 11 (1976).

Kundt, August,
deutscher Physiker,
* 18. 11. 1839 Schwerin,
† 21. 5. 1894 Israelsdorf/Lübeck.

Kundt gehörte zu den herausragenden Experimentalphysikern des 19. Jahrhunderts. Im Vordergrund seines Interesses standen nicht so sehr quantitative Ergebnisse als vielmehr die Zusammenhänge der verschiedenen Phänomene, wobei Kundt auch eine Art von sinnlicher Naturerfahrung suchte. Bekannt ist hier die Visualisierung von Schallwellen durch Staubfiguren. Seine Persönlichkeit, die Attraktivität seiner Forschung und ein didaktisches Geschick mit besonderer Freude an der Lehre ermöglichten es ihm, schulbildend zu wirken. Den Rahmen hierfür fand er an der neuen Straßburger Universität.

Nach dem Studienbeginn 1859 in Leipzig wechselte Kundt 1861 zur Universität in Berlin. Dort wurde er unter der Anleitung von W. ↗ Foerster zunächst an der Sternwarte in die Astronomie eingeführt. Im Jahr 1863 trat er in das Physiklaboratorium von G. ↗ Magnus ein, wo er 1864 mit einer Untersuchung über polarisiertes Licht promovierte und 1867 auf die in Berlin damals übliche kumulative Weise habilitierte. Zu den bis dahin abgeschlossenen Arbeiten gehörte auch die von ihm entwickelte Methode der Staubfiguren. Beim Reiben einer geschlossenen Glasröhre wird die darin befindliche Luftsäule zu stehenden Schwingungen angeregt, und ein in dieser Röhre ebenfalls vorhandenes Pulver (Staub) konzentriert sich dann an den Schwingungsknoten, was Kundt eine direkte Bestimmung der Wellenlänge erlaubte.

Der Lieblingsschüler von Magnus wurde 1868 Professor an der Polytechnischen Schule in Zürich, wo er seine Versuche über die Schallgeschwindigkeiten der Gase zu einem Abschluss brachte. Im Jahr 1869 nahm er einen Ruf an die Universität Würzburg an. Dort richtete er sich ein optisches Laboratorium ein und arbeitete über anomale Dispersion. Er wurde 1872 der erste Lehrstuhlinhaber für Physik an der neu gegründeten deutschen Universität in Straßburg. Dort beschäftigte er sich gemeinsam mit dem Extraordinarius E. ↗ Warburg, den er schon aus Berlin kannte, mit demjenigen Grenzbereich der kinetischen Gastheorie kleiner Drücke, in dem die mittlere freie Weglänge die Gefäßdimensionen erreicht. Mit der Methode der Staubfiguren bestimmten sie außerdem die spezifische Wärme des Quecksilbergases, das damals das einzig bekannte einatomige Gas war, und bestätigten dabei erstmals den von der Theorie vorhergesagten Wert.

In den folgenden Jahren begann sich die Kundtsche Schule der Experimentalphysik zu bilden. Dabei koordinierte Kundt die Forschung seiner Studenten, deren Arbeiten meist Teil eines umfangreicheren Programms waren. Ab 1882 verfügte er durch einen Neubau zudem über eines der modernsten physikalischen Institute. Magnetooptische Untersuchungen bildeten zu jener Zeit seinen Forschungsschwerpunkt. Kundt interessierte sich dabei speziell für die Eigenschaften extrem dünner, lichtdurchlässiger Metallschichten. Im Jahr 1888 erhielt er als Nachfolger von H. v. ↗ Helmholtz in Berlin die für einen Physiker in Deutschland prestigeträchtigste Position. [SW]

Werk(e):
Ueber eine neue Art akustischer Staubfiguren und über die Anwendung derselben zur Bestimmung der Schallgeschwindigkeit in festen Körpern und Gasen, Annalen der Physik 127 (1866); mit E. Warburg: Ueber Reibung und Wärmeleitung verdünnter Gase, Annalen der Physik 155 (1875); Ueber die specifische Wärme des Quecksilbergases, Annalen der Physik 157 (1876).

Sekundär-Literatur:
Wolff, S. L.: August Kundt (1839-1894): Die Karriere eines Experimentalphysikers, Physis 29.2 (1992).

Kurnakow, Nikolaj Semjonowitsch,
russischer Physikochemiker und Anorganiker,
* 6. 12. 1860 Nolinsk (Distrikt Vjatka),
† 19. 3. 1941 Moskau.

Kurnakow ist Begründer physikalisch-chemischer Analysenmethoden in der anorganischen Chemie. Seine Untersuchungen der Struktur von Edelmetallkomplexen, besonders mit der nach ihm benannten Reaktion (Substitution von Komplexliganden des Pt(II) und des Pd(II) durch Thioharnstoff), haben grundlegende Bedeutung.

Kurnakow, Sohn eines Offiziers, studierte 1877–1882 an der Bergakademie in St. Petersburg, anschließend ein Jahr an der Bergakademie in Freiberg (Sachsen). 1893–1936 war er Professor für anorganische Chemie an der Bergakademie in St. Petersburg, 1899–1907 Professor für analytische Chemie an der St. Petersburger Hochschule für Elektrotechnik, außerdem 1902–1930 Professor für allgemeine Chemie am Polytechnikum in St. Petersburg.

1918 war er Mitbegründer, 1918–1934 Direktor des Instituts für Physikalisch-Chemische Analyse der AdW der UdSSR. 1934 wurden drei Institute zu dem Institut für Allgemeine und Angewandte Chemie der AdW der UdSSR in Moskau vereinigt, dessen Direktor wurde Kurnakow. Heute trägt dieses Institut seinen Namen.

Seit 1913 war er Mitglied der Petersburger AdW und wurde in die AdW der UdSSR übernommen,

N.S. Kurnakow

1926 wurde er Mitglied der ukrainischen AdW. 1940 zeichnete man ihn mit dem Titel »Verdienter Wissenschaftler« aus. Er war Organisator zahlreicher wissenschaftlicher Tagungen und Konferenzen.

Seine Arbeiten über Metallschmelzen bildeten die Grundlage für die Entwicklung der physikalisch-chemischen Analyse unter besonderer Berücksichtigung des Temperatureinflusses. Sie begründeten in der UdSSR die Entwicklung neuer Produktionszweige: Raffination von Platinmetallen, Gewinnung von Aluminium und Magnesium, Entwicklung mineralischer Düngemittel. [KHS2]

Werk(e):
Einführung in die physikalisch-chemische Analyse (1940).

Sekundär-Literatur:
Paton, B. E. (Hrsg.): Geschichte der Akademie der Wissenschaften der Ukrainischen SSR (1967).

Kurtschatow (Kurchatov, Kurčatov), **Igor Wasiljewitsch** (Vasilevič),
russisch-sowjetischer Physiker,
* 12. 1. 1903 (30. 12. 1902) Simskij Zavod (heute Sim im Oblast Tscheljabinsk),
† 7. 2. 1960 Moskau.

Kurtschatow war der wissenschaftliche Leiter der sowjetischen Atom- und Wasserstoffbombenentwicklung.

Kurtschatow, Sohn eines Landvermessers und einer Lehrerin, besuchte ab 1911 das Gymnasium in Simbirsk (Uljanowsk), ab 1912 in Simferopol. 1920–1922 studierte er an der physikalisch-mathematischen Fakultät der Krim-Universität in Simferopol (Physik-Diplom 1923). Danach war er kurzzeitig am Magnetometeorologischen Observatorium Pawlowsk bei Leningrad (Messung der Radioaktivität des Schnees) und 1924–25 als Assistent am Aserbaidschanischen Polytechnischen Institut in Baku tätig, ab 1927 als Assistent (bald darauf als leitender wissenschaftlicher Mitarbeiter) am Leningrader Physikalisch-Technischen Institut unter A. F. ↗ Ioffe. 1934 bekam er für seine bisherigen Leistungen den Doktortitel verliehen. 1943 wurde er Leiter des sowjetischen Atombombenprogramms und Direktor des Laboratoriums Nr. 2 der Akademie der Wissenschaften der UdSSR, des späteren (1956) Instituts für Atomenergie in Moskau. – Seit 1927 war Kurtschatow mit Marina D. Sineljnikova verheiratet. Sein jüngerer Bruder Boris war Radiochemiker.

Kurtschatows erste Forschungsarbeiten bezogen sich auf das Gebiet der Dielektrika; insbesondere untersuchte er (z. T. gemeinsam mit Pawel P. Kobeko) die Seignetteelektrizität (Ferroelektrizität). Anfang der 1930er-Jahre wandte er sich der Kernphysik zu. 1935 fand er mit seinem Bruder Boris sowie Lew V. Mysowskij und Lew I. Rusinow die Isomerie bei künstlich angeregten Atomkernen. Er wandte sich nun verstärkt der Neutronenphysik zu und befasste sich nach der Entdeckung der Kernspaltung intensiv mit diesem Phänomen. Seit 1937 befasste er sich auch mit dem Bau eines Zyklotrons in Leningrad.

Während des Zweiten Weltkrieges zunächst mit der Entwicklung von Methoden zur Entmagnetisierung von Schiffen befasst, wurde er ab Ende 1942 für die Organisation der Erforschung der Kernenergiegewinnung und die Entwicklung einer sowjetischen Atombombe eingesetzt. Unter seiner Leitung wurde am 25. Dez. 1946 in Moskau der erste Kernreaktor Europas kritisch, und am 29. Aug. 1949

I.W. Kurtschatow

kam es zum erfolgreichen sowjetschen Atombombentest, am 12. Aug. 1953 zum ersten Test einer Wasserstoffbombe.

Kurtschatow hatte immer auch die friedliche Nutzung der Kernenergie im Blick. Nicht nur initiierte er den Bau des ersten Atomkraftwerkes der Welt, das seinen Betrieb im Juni 1954 in Obninsk bei Moskau aufnahm, sondern er trieb auch die gesteuerte Kernfusionsforschung zum Zwecke der Energiegewinnung voran. Darüber hinaus setzte er sich verstärkt, auch in politischen Gremien, für die friedliche Nutzung der Kernenergie ein. [HK]

Werk(e):
Jadernuju energiju – na blago tschelowetschestwa (1978); Izbrannye trudy v trech tomach (1982, 1983, 1984).

Sekundär-Literatur:
Golowin, I.: I. W. Kurtschatow – Wegbereiter der sowjetischen Atomforschung (1976); Wospominanija ob Igore Wasiljewitsche Kurtschatowe, hrsg. von A. P. Aleksandrow (1988); Igorj Wasiljewitsch Kurtschatow. (= AN SSSR, Materialy k biobibliografii utschenych SSSR, Ser. fiz. 30, (1988); Holloway, D.: Stalin & The Bomb (1994).

Kusch, Polycarp,
amerikanischer Physiker,
* 26. 1. 1911 Blankenburg,
† 10. 3. 1993 Dallas (Texas/USA).

Der in Deutschland geborene Kusch zählt zu den amerikanischen Pionieren der modernen Radiofrequenzspektroskopie, die vor und nach dem Zweiten Weltkrieg wissenschaftlich und technisch grundlegende Erfolge erzielte. Er war ein erfolgreicher akademischer Lehrer und Administrator, der sich energisch für den Umweltschutz, die Entsorgung radioaktiver Abfälle und das Verbot von Kernwaffen einsetzte.

Der Sohn eines lutherischen Geistlichen kam bereits 1912 in die USA. Er wuchs im Mittleren Westen auf und studierte am Case Institute for Technology (Cleveland, Ohio) zunächst Chemie, später Physik (BS 1931), wechselte dann an die University of Illinois in Urbana (Master 1933) und promovierte 1936 dort bei F. Wheeler Loomis (über das Spektrum von CS_2). Als Postdoc arbeitete er zuerst an der University of Minnesota über Massenspektroskopie, bevor er 1937 an die Columbia University (New York) kam. Im Zweiten Weltkrieg beteiligte er sich am nationalen Radarprojekt, wurde 1950 zum Professor an der Columbia University ernannt (1952–60 Direktor des Radiation Laboratory). Seine letzte akademische Position nahm er als Regental Professor an der University of Texas in Dallas (1972–82) wahr.

Die wissenschaftliche Karriere von Kusch begann in der molekularspektroskopischen Gruppe I. ↗ Rabis an der Columbia University mit einer Reihe von wichtigen Publikationen über die Eigenschaften von Atomen, Molekülen und Atomkernen (1938–39). Den Höhepunkt erreichte er 1947, als er zusammen mit Henry Foley den Landéschen g-Faktor von Zuständen von Na- und Ga-Atomen bzw. deren Hyperfeinstruktur maß; daraus folgte ein anomales magnetisches Moment des Elektrons, das sich umgehend als eine der beiden entscheidenden Bestätigungen der neuen renormierten Quantenelektrodynamik (J. ↗ Schwinger 1948) herausstellte. Für diese herausragende Leistung teilte Kusch 1955 mit Willis E. Lamb den Physik-Nobelpreis. Später erweiterte er die Molekularstrahlmethode zur Untersuchung von physikalisch-chemischen Problemen. [HR]

Werk(e):
Mit H. M. Foley: Precision experiment of the ratio of the »atomic g values« in the 2P3/2 and 2P1/2 states in gallium. Physical Review 72 (1947);

Sekundär-Literatur:
Schwinger, J.: On quantum electrodynamics and the magnetic moment of the electron, Physical Review 73 (1948); Hughes, V.: Polycarp Kusch. Physics Today 47, Nr. 9 (1974).

Lacaze-Duthiers, Henri de,
französischer Arzt und Zoologe,
* 15. 5. 1821 Montpezat,
† 21. 7. 1901 Las Fonds.

Lacaze-Duthiers spielte eine grundlegende Rolle bei der Entwicklung der meeresbiologischen Forschung und bei der Gründung der französischen Meeresforschungszentren.

Wie die meisten Zoologen des 19. Jahrhunderts studierte Lacaze-Duthiers Medizin und promovierte auch in diesem Fach, und zwar 1851 in Paris. Er übte seinen Beruf jedoch nur wenig aus, da seine Vorliebe der Zoologie galt, besonders nachdem er in der Sorbonne die Vorlesungen von H. ↗ Milne-Edwards und von Marie-Henry Ducrotay de Blainville gehört hatte. Milne-Edwards stellte Lacaze-Duthiers als Assistenten an der Sorbonne ein, wo er mit einer Doktorarbeit über die Anatomie der Insekten promovierte. 1854 wurde er Professor für Zoologie an der Universität Lille, 1863 dann Dozent an der École Normale Supérieure in Paris, 1865 Professor am Pariser Nationalmuseum für Naturgeschichte und schließlich 1869 Professor für Zoologie, Tieranatomie und Tierphysiologie an der Sorbonne.

Lacaze-Duthiers gehörte mit Männern wie Jean-Victor Audouin, Alphonse Milne-Edwards, Jean-Louis Armand de Quatrefages de Bréau und E. ↗ Haeckel zu der Generation von Naturforschern, die zu Entdeckern einer ganz neuen Welt wurden:

der Fauna und Flora der Meeresufer. Mit der Gründung der Meeresstationen Roscoff an der Nordküste der Bretagne und Banyuls-sur-mer an der Mittelmeerküste in der Nähe der spanischen Grenze schuf er Institutionen für Forschung und Lehre auf diesem Gebiet. Er vertrat eine »experimentelle Zoologie« und wandte sich damit gegen C. ↗ Bernard, der die Zoologie als rein beobachtende Wissenschaft und nur die Physiologie als experimentell ansah. Lacaze-Duthiers hatte zahlreiche Schüler, darunter Alfred Giard, der 1874 die Meeresstation in Wimereux gründete, Yves Delage, der 1902 sein Nachfolger als Leiter der Meeresstation Roscoff wurde, und Georges Pruvot, der ihm 1902 in Banyuls-sur-mer nachfolgte. Obwohl Lacaze-Duthiers ein Gegner von Ch. ↗ Darwins Theorie der natürlichen Auslese war, erkannte er in ihm einen großen Naturforscher und war einer der wenigen, die für Darwin stimmten, als dieser 1872 einen Antrag auf korrespondierende Mitgliedschaft in der Pariser Akademie der Wissenschaften stellte. [JLF]

Werk(e):
Histoire naturelle du Coraille (1863); Les Ascidies simples des côtes de Frances (1874–1877); Le monde de la mer et ses laboratoires (1889).

Sekundär-Literatur:
D'Hondt, J.-L.: Henri de Lacaze-Duthiers (1821–1901), zoologiste d'exception, Périgordin d'adoption, in: Bulletin de la Société Historique et Archéologique du Périgord, Band CXXVIII (2001); Fischer, J.-L.: Création et fonction des stations maritimes françaises, in: La Revue pour l'histoire du CNRS 7 (2002).

Ladenburg, Albert,
deutscher Chemiker,
* 2. 7. 1842 Mannheim,
† 15. 8. 1911 Breslau.

Mit der Darstellung des Coniins gelang Ladenburg die erste Synthese eines Alkaloids.

Nach dem Besuch der Höheren Bürgerschule in Mannheim studierte Ladenburg ab 1858 zunächst am Polytechnikum Karlsruhe, ehe er 1860 an die Universität Heidelberg wechselte und sich unter dem Einfluss von R. ↗ Bunsen der Chemie zuwandte. Bis 1864 trieb er Studien in organischer Chemie bei Ludwig Carius und in theoretischer Physik bei G. ↗ Kirchhoff. Anschließend erweiterte er seine Kenntnisse im Ausland. Der Aufenthalt bei A. ↗ Kekulé in Gent führte ihn in die aktuelle Problematik der organisch-chemischen Strukturtheorie ein. In Paris arbeitete er fast zwei Jahre gemeinsam mit Ch. ↗ Friedel über siliciumorganische Verbindungen. 1867 kehrte er nach Heidelberg zurück und richtete nach seiner Habilitation als Privatdozent (1868) ein eigenes Laboratorium ein.

A. Ladenburg

Hier entwickelte er, angeregt durch H. ↗ Kopp, ein aktives Interesse an der Chemiegeschichte. Aus seiner Vorlesung zur Geschichte der modernen Chemie seit A. L. ↗ Lavoisier ging ein einflussreiches Buch hervor.

1872 erhielt Ladenburg eine ao., 1874 eine o. Professur für Chemie in Kiel. 1876 heiratete er Margarete, Tochter des Botanikers N. ↗ Pringsheim, die auch wissenschaftlich mit ihm zusammenarbeitete, biographische Aufsätze schrieb und Übersetzungen der Reihe *Ostwalds Klassiker* anfertigte. Ihr aus dieser Ehe hervorgegangener Sohn Rudolf wurde ein bekannter Atomphysiker. Ladenburg begann in Kiel die Arbeiten zur Herausgabe eines 13-bändigen Handwörterbuches der Chemie, die sich bis 1896 erstreckten. Den letzten Abschnitt seines Berufslebens von 1889 bis zur Emeritierung 1909 verbrachte er in der Nachfolge von Carl Jacob Löwig als Ordinarius für Chemie in Breslau.

Aus Ladenburgs Forschungen gingen annähernd 320 Publikationen hervor, unter seiner Leitung wurden knapp 200 Dissertationen verfasst. Er beschäftigte sich eingehend mit der Chemie der aromatischen Verbindungen, wies 1869 die Gleichwertigkeit der 6 Wasserstoffatome im Benzol (Benzen) nach und schlug als Alternative zu Kekulés Ringformel die nach ihm benannte Prismenformel vor. Ferner untersuchte er stickstoffhaltige Ringverbindungen, insbesondere Derivate von Pyridin und Piperidin, und entwickelte Verfahren zur Synthese von Piperidin und Piperazin. Unter seinen vielfältigen Ergebnissen auf dem Gebiet der Alkaloidforschung sind die Teilsynthese des Atropins aus Tropin und Tropasäure (1879), die Entdeckung des Hyoscins (1880) und die Synthese von Coniin (1886) hervorzuheben. In diesem Zusammenhang befasste er sich mit dem Phänomen der Racemie und realisierte am Beispiel des synthetischen Coniins die Auftrennung von Racematen in ihre stofflichen Antipoden. Ladenburg stellte, teilweise gemeinsam mit Charles Friedel, zahlreiche silicium-

und zinnorganische Verbindungen dar. Eine herausragende Leistung auf dem Gebiet der anorganischen Chemie war die Aufklärung der Struktur des Ozons (1901). [HL]

Werk(e):
Vorträge über die Entwickelungsgeschichte der Chemie in den letzten 100 Jahren (1869); Theorie der aromatischen Verbindungen (1876); Handwörterbuch der Chemie Bd. 1–13 (1883–95); Über Racemie (1903); Naturwissenschaftliche Vorträge in gemeinverständlicher Darstellung (1908); Lebenserinnerungen (1912).

Lagrange, Joseph-Louis,
französischer Mathematiker, Physiker, Astronom,
* 25. 1. 1736 Turin,
† 10. 4. 1813 Paris.

Lagrange prägte nach L. ↗ Euler am stärksten die gesamte Mathematik und mathematische Physik der 2. Hälfte des 18. Jahrhunderts (Variationsrechnung, analytische Mechanik, theoretische Astronomie, Potenzreihen, Gleichungstheorie, Zahlentheorie).

Lagrange stammte aus einer Familie mit französischen (über die männliche Linie) und italienischen Vorfahren. Sein Vater war Schatzmeister des Büros für öffentliche Arbeiten und Befestigung in Turin und lebte in bescheidenen Verhältnissen. Er ließ seinen Sohn zunächst Jura studieren. Lagrange entdeckte aber sehr schnell sein Interesse und seine Begabung für Physik und Mathematik. Schon 1754/55 verfasste er mehrere eigenständige mathematische Arbeiten. Dadurch gewann er so viel Anerkennung, dass er noch 1755 zum Lehrer an der Königlichen Artillerieschule in Turin berufen wurde. Durch die Vermittlung von Euler wurde Lagrange 1756 zum auswärtigen korrespondierenden Mitglied der Berliner Akademie der Wissenschaften gewählt. 1757 gründeten in Turin einige junge Gelehrte zusammen mit Lagrange eine wissenschaftliche Gesellschaft, die später zur Turiner Akademie der Wissenschaften wurde. In den Mitteilungen dieser Gesellschaft veröffentlichte Lagrange fast sämtliche in Turin verfassten Arbeiten. Von Ende 1763 bis zum Frühjahr 1765 hielt er sich in Paris auf, wo sein Zusammentreffen mit dem Mathematiker und Enzyklopädisten J.-B. le Rond d'↗ Alembert letzten Endes dazu führte, dass Lagrange Ende 1766 vom preußischen König Friedrich II. nach Berlin berufen wurde. Dort wurde er in der Akademie Nachfolger von Euler, der im gleichen Jahr nach St. Petersburg als Mitglied der dortigen Akademie übersiedelte, und Direktor der mathematischen Klasse. Lagrange hielt sich von 1766 bis 1787 in Berlin auf und konnte sich dort ohne Lehrverpflichtungen seinen Forschungen widmen. 1786 war Friedrich II., sein wohlwollender Förderer, gestorben. Lagrange, der schon seit 1772 auswärtiges korrespondierendes Mitglied der Pariser Akademie war, übersiedelte nach Paris, wo er bis zum Lebensende blieb. Während der Revolutionsjahre war er stets Mitglied einer der neu gegründeten Institutionen (Kommission zur Standardisierung der Maße und Gewichte 1790, Bureau des Longitudes 1795, École normale 1795, École polytechnique 1794, Institut National 1794, Sénat Conservateur 1799), während die alte Akademie 1793 aufgelöst und durch das Institut National (Institut de France) ersetzt wurde. An der École polytechnique hielt Lagrange danach seit 1797 Vorlesungen über Infinitesimalrechnung und ihre Anwendungen, die auch im Druck erschienen. Er starb hoch geehrt und wurde drei Tage später im Panthéon beigesetzt.

J. Lagrange

Lagrange war zweimal verheiratet. Beide Ehen blieben ohne Kinder.

Lagrange lieferte bahnbrechende Beiträge zu den mathematischen und physikalischen Hauptproblemen seiner Zeit, d. h. hauptsächlich zur Theorie der Differentialgleichungen und ihren Anwendungen in der mathematischen Physik (Variationsprinzipien) und der theoretischen Astronomie (Himmelsmechanik). Ausschließlich diesen Fragen war seine Turiner Zeit gewidmet. In Berlin vollendete er das Manuskript seines Hauptwerkes, der *Mécanique analytique*, die 1788 in Paris im Druck erschien. An dieses Werk knüpften im 19. Jahrhundert vor allem C. G. J. ↗ Jacobi und W. R. ↗ Hamilton an. Während seiner Berliner Zeit wandte sich Lagrange um 1770 auch den damals aktuellen Fragen der höheren Algebra und der Zahlentheorie zu, wobei er hauptsächlich durch die Arbeiten von Euler angeregt wurde. Auch hier gelangte er zu bahnbrechenden Erkenntnissen (systematische Bildung von Hilfsgleichungen; Kettenbrüche, binäre quadratische Formen), die später von entscheidendem Einfluss auf A.-M. ↗ Legendre, C. F. ↗ Gauß, Paolo Ruffini, A. ↗ Cauchy, N. H. ↗ Abel und E. ↗ Galois sein sollten. In seiner Pariser Zeit verfasste Lagrange

u. a. die *Théorie des fonctions analytiques* (1797) und die *Leçons sur le calcul des fonctions* (1799). Insbesondere bemühte er sich darum, der Infinitesimalrechnung eine sichere, nämlich algebraische, Grundlage zu geben, weil er die damaligen Grenzwertbetrachtungen von I. ↗ Newton bis Euler als unbefriedigend empfand. Erst Cauchy ersetzte die Lagrangesche Grundlegung durch Definitionen und Schlussweisen, die bis heute als sachgemäß akzeptiert sind. Die Lagrangesche Begründung der Analysis wurde z. B. auch von den Philosophen Georg W. F. Hegel und Jakob F. Fries im Detail diskutiert und kommentiert. Lagrange war ein sowohl in der Forschung als auch in der Lehre hervorragender Mathematiker. Er war ein »Analytiker« im besten Sinne des Wortes insofern, als er stets mit Erfolg bemüht war, anschaulich gegebene (z. B. physikalische und geometrische) Sachverhalte durch den »Kalkül«, jedoch unter Hervorhebung allgemeinst möglicher Gesichtspunkte zu behandeln.

Lagrange besaß auch umfangreiche Kenntnisse der Philosophie, Geschichte, Religionswissenschaft, Sprachwissenschaft, Medizin und Botanik. [ON]

Werk(e):
Werke hrsg. von J. A. Serret auf Veranlassung der Pariser Académie des sciences, 14 Bde. (1867–1892).

Sekundär-Literatur:
Burzio, F.: J.-L. Lagrange (1942); Weil, A.: Zahlentheorie. Ein Gang durch die Geschichte von Hammurapi bis Legendre (1984).

Lalande, Joseph-Jêrome Lefrançais de,
Astronom,
* 11. 7. 1732 Bourg-en-Bresse,
† 4. 4. 1804 Paris.

Lalande war einer der bedeutendsten astronomischen Beobachter des 18. Jahrhunderts sowie Autor einflussreicher astronomischer Lehrbücher und bibliographischer Arbeiten zur Astronomie.

Einem begüterten Elternhaus entstammend, erhielt Lalande seine Ausbildung im Jesuitenkolleg Lyon und war zunächst zum Eintritt in den Orden bestimmt, was jedoch später nicht erfolgte. Lalande war nicht verheiratet und hatte keine Kinder. Während seiner juristischen Studien in Paris wurde er mit dem Astronomen Joseph-Nicolas Delisle bekannt, der ihn neben Pierre-Charles Lemonnier in die theoretische und praktische Astronomie einführte. Im Jahre 1751 führte er seine erste größere astronomische Arbeit aus, indem er gemeinsam mit Nicolas de Lacaille korrespondierende Mondbeobachtungen zur Feststellung der Parallaxe dieses Himmelskörpers durchführte. Lalande beobachtete auf der Berliner Sternwarte, Lacaille am Kap der Guten Hoffnung. Zu dieser Zeit hatte er sich schon einen Namen in der wissenschaftlichen Welt gemacht und wurde in Berlin Mitglied der Akademie der Wissenschaften; 1753 wählte ihn auch die Pariser Akademie zum Mitglied. 1761 wurde er Professor am Collège de France, später Direktor der Sternwarte der École militaire, wo er vorzugsweise mit einem außerordentlich präzisen Quadranten des englischen Instrumentenbauers John Bird arbeitete.

Lalandes wissenschaftliche Verdienste liegen sowohl auf dem Gebiet der astronomischen Beobachtung wie auf dem der mathematischen Astronomie, zudem verfasste er wichtige astronomische Lehrbücher. Er führte umfangreiche Bestimmungen von Sternörtern durch, die zu einem verbesserten Sternkatalog (mit ca. 47 000 Sternen) und darauf beruhenden Sternkarten führten. Die ersten Ergebnisse wurden 1801 in der *Histoire céleste* publiziert, die Reduktion der Sternörter konnte jedoch erst 1847 abgeschlossen werden. Die von ihm in diesem Katalog eingeführte Nomenklatur wurde für längere Zeit verbindlich.

Im Jahre 1764 erschien erstmals Lalandes Lehrbuch *Astronomie*, das nach mehreren Auflagen zu einem Standardwerk – nicht nur in Frankreich – avancierte und mit dem er der Lehrer bedeutender Astronomen wie F. X. ↗ Zach, C. F. ↗ Gauß oder F. W. ↗ Bessel wurde. Große Bedeutung erlangte weiterhin seine *Bibliographie astronomique*, die, obgleich nicht fehlerfrei, bis heute verwendet wird. Zudem verfasste Lalande mehrere kleinere Schriften, über Kometen, Navigation, den Durchgang der Venus vor der Sonne von 1769 bis hin zu einer *Astronomie des dames* (ab 1785 in mehreren Auflagen). In den Jahren 1760–1776 und 1794–1807 gab er das sehr einflussreiche astronomische Jahrbuch *Connaissance des temps* heraus, das er um mehrere, sehr genaue Tafeln ergänzte.

Lalande bemühte sich um die Schaffung lokaler literarischer und wissenschaftlicher Gesellschaften, war aktives Mitglied der Freimaurer und Autor einer *Geschichte der Freimaurer* (1771). Politisch stand Lalande den Royalisten nahe, verhielt sich jedoch taktisch gegenüber der Französischen Revolution, ohne seine Überzeugungen zu verleugnen. Seine wissenschaftliche Anerkennung führte dazu, dass er auch mit Vertretern der Aufklärung in Verbindung stand und einige Beiträge für die französische Enzyklopädie verfasste. [JH]

Werk(e):
Abrégé d'astronomie (1774; mehrere Auflagen und Übersetzungen); Astronomie (1764; mehrere Auflagen); Bibliographie astronomique avec l'histoire de l'astronomie depuis 1781 jusqu'en 1802 (1803); Histoire céleste française contenant les observation de plusieurs astronomes français (1801); A catalogue of stars in the Histoire céleste française for which tables of reduction to the epoch 1800 have been published by Prof. Schumacher, hrsg. v. F. Baily (1847).

Jean Baptiste Lamarck

Wolfgang Lefèvre

Lamarck, Jean Baptiste Pierre Antoine De Monet, Chevalier de,
französischer Biologe,
* 1. 8. 1744 Bazentin-le-Petit (Picardie),
† 28. 12. 1829 Paris.

Lamarck gilt als der Biologe vor Darwin, der der biologischen Evolutionstheorie am nächsten gekommen sei. Trotz theoretischer »Irrtümer« wie etwa der Annahme der Vererbung erworbener Eigenschaften wird seine Theorie periodisch sogar herangezogen, um auftretende Probleme der Evolutionstheorie zu lösen. Diese Wertschätzung beruht jedoch weitgehend auf Fehlinterpretationen seiner Theorie der Arttransformation und geht zudem auf Kosten der Wertschätzung, die Lamarck als Begründer der modernen Zoologie der Wirbellosen verdient hätte.

Lebenslauf

Nachdem Jean Baptiste Lamarck die zunächst eingeschlagene Offizierslaufbahn 1768 aus Gesundheitsgründen abbrechen musste, studierte er Medizin in Paris. Dabei kam er in Berührung mit den damals bedeutendsten Botanikern und Zoologen Frankreichs, insbesondere auch mit G. ↗ Buffon, der sowohl für Lamarcks Karriere wie seine wissenschaftliche Orientierung von entscheidender Bedeutung war. Zu dieser Zeit verfasste Lamarck eine *Flore françoise* (1779), mit der er sich mit einem Schlag einen Namen als Naturalist machte. Er wurde im gleichen Jahr zum Mitglied der Pariser Académie des Sciences ernannt und 1781 zum Correspondant des Jardin des plantes. In den 1780er-Jahren war er Mitarbeiter an der *Encyclopédie méthodique: botanique*, deren erste drei Bände er allein verfasste, sowie an dem sechsbändigen *Tableau encyclopédique et méthodique des trois règnes de la Nature: botanique*.

Im Zuge der Neuorganisation der wissenschaftlichen Institutionen Frankreichs in Folge der Französischen Revolution wurde 1793 das vormalige königliche Naturalienkabinett mit dem königlichen Jardin des plantes und der königlichen Manegerie zu einem Naturhistorischen Museum zusammengefasst. Das resultierende Muséum national d'histoire naturelle war ein naturhistorisches Forschungsinstitut. Louis-Jean-Marie Daubenton, sein erster Direktor, berief auf die beiden Professuren, die zunächst für die Zoologie zur Verfügung standen, den Mineralogen E. ↗ Geoffroy de St.-Hilaire für die ersten vier Linnéschen Tierklassen (Vierbeiner, Vögel, Reptilien, Fische) und für die Klassen Insekten und Würmer eben den auf dem Gebiet der Botanik ausgewiesenen Lamarck. Zweifellos stellten diese Berufungen eine Verlegenheitswahl dar. Aber ohne diese Entscheidung Daubentons hätte Lamarck höchst wahrscheinlich nicht die Arbeit in Angriff genommen, auf der – von heute aus gesehen – sein wertvollster und bleibender Beitrag zur modernen Biologie beruht, nämlich die Arbeit, die ihn zum Begründer der Zoologie der Wirbellosen machte.

Lamarcks Aufgabe als Professor am Muséum war zum einen die Organisation und Ordnung der Sammelbestände auf dem Gebiet der ihm zugeordneten Tierklassen. Zum anderen hatte er zoologische Vorlesungen zu halten und begann damit bereits 1794. 1801 veröffentlichte er das *Système des animaux sans vertèbres*, ein Werk, mit dem er sich als allgemein anerkannte Autorität auf diesem Gebiet der Zoologie etablierte. »Animaux sans vertèbres (Tiere ohne Wirbel)«: Die noch heute gebrauchte Großgliederung in »Wirbeltiere« und »Wirbellose« geht auf dieses Werk zurück. Sein zoologisches Hauptwerk, die *Histoire naturelle des animaux sans vertèbres*, erschien in sieben Bänden von 1815 bis 1822. Von diesem Werk nahm die moderne Zoologie der Wirbellosen ihren Ausgang.

Zwischen 1794 und 1809 veröffentlichte Lamarck eine Fülle von Arbeiten, deren Zusammenhang auf dem ersten Blick nicht klar ist und die jedenfalls nichts mit Zoologie zu tun haben. 1794 erschienen die *Recherches sur les causes des principaux faits physiques*, bei denen es sich um den Versuch einer neuen Grundlegung von Physik und Chemie handelte. 1796 erschien die *Refutation de la théorie pneumatique ou de la nouvelle doctrine des chimistes modernes*, in der er sich mit A. L. ↗ Lavoisiers Oxidationschemie anlegte. 1797 erschien ein weiteres

J.B. Lamarck

Buch zur Chemie, die *Mémoires de physique et d'histoire naturelle*. Beginnend mit dem Jahr 1800 und endend 1810 gab Lamarck alljährlich *Annuaires météorologiques* heraus. 1802 folgte seine *Hydrogéologie*, eine geologische Theorie über die Bildung der jetzigen Gestalt der Erde. Noch im gleichen Jahr brachte er die *Recherches sur l'organisation des corps vivans* heraus, in der er eine physikalisch-chemische Theorie der Lebensvorgänge vorstellte. 1809 schließlich erschien die *Philosophie zoologique*, in der er seine Theorie der Arttransformation umfassend darlegte. Es macht wenig Sinn, diese Arbeiten zur Physik, Chemie, Geologie, Meteorologie und den Lebenswissenschaften als das Resultat von Mußestunden eines vielseitig interessierten Naturwissenschaftlers anzusehen. Dagegen spricht schon ihr Umfang. Vielmehr scheint es sich um die Arbeiten zu handeln, die ihm mehr am Herzen lagen als die Zoologie der Wirbellosen. Lamarck fand mit diesen Schriften jedoch bei seinen Zeitgenossen kaum Anklang. Dies hat viel dazu beigetragen, dass er sich zunehmend missverstanden und ausgegrenzt fühlte, Verschwörungstheorien, insbesondere gegenüber G. ↗ Cuvier, nachhing und in seinem Alter verbitterte.

Botanische und zoologische Systematik

Lamarck unterschied in der Systematik zwischen »classification« und »distribution«. Bei der »classification« geht es einmal um die Unterscheidung und Identifikation von Taxa auf den verschiedenen taxonomischen Rängen; zum anderen aber um die Zuordnung eines Taxons zu einem jeweils höherrangigen. Bei der »Distribution« geht es dagegen um das Verhältnis der verschiedenen Taxa zueinander, um ihre »Verwandtschaft«, wie man damals sagte.

Bei den Wirbellosen beanspruchte zunächst die »classification« den Hauptteil der Arbeit. Lamarck konnte sich kaum auf brauchbare Vorarbeiten stützen und musste praktisch ein Klassifikationssystem neu schaffen. Auf der anderen Seite beherbergte das Muséum eine enorme Sammlung an Material, das der Klassifikation harrte, und diese Sammlung wuchs weiterhin ständig an. Es war in dieser Situation eine große Erleichterung, als André Latreille für die Insekten berufen wurde. Um von der klassifikatorischen Leistung Lamarcks im Reich der Wirbellosen wenigstens eine gewisse Vorstellung zu vermitteln: C. v. ↗ Linné hatte in diesem Reich noch zwei Klassen unterschieden – die der Insekten und die der Würmer, wobei letztere eine Art Restklasse war. Lamarck begann 1795 mit einer Unterteilung in sechs Klassen, die anscheinend auf Cuvier zurückgeht: Mollusken, Crustaceen, Insekten, Würmer, Enchinodermata und Zoophyten. 1809 unterteilte er die Wirbellosen in zehn Klassen: 1.) Mollusken mit 2 Ordnungen zu 82 bzw. 142 untergeordneten Taxa; 2.) Cirripedien mit 4 untergeordneten Taxa; 3.) Anneliden mit 2 Ordnungen zu 8 bzw. 11 untergeordneten Taxa; 4.) Crustaceen mit 2 Ordnungen zu 16 bzw. 30 untergeordneten Taxa; 5.) Arachniden mit 2 Ordnungen zu 16 bzw. 7 untergeordneten Taxa; 6.) Insekten mit 8 Ordnungen zu 1, 18, 20, 15, 27, 17, 10 und 97 untergeordneten Taxa; 7.) Würmer mit 3 Ordnungen zu 13, 2 und 4 untergeordneten Taxa; 8.) Radiata mit 2 Ordnungen zu jeweils 11 untergeordneten Taxa; 9.) Polypen mit 4 Ordnungen zu 3, 37, 5 und 5 untergeordneten Taxa; und schließlich 10.) Infusorien mit 2 Ordnungen zu 6 bzw. 3 untergeordneten Taxa. Damit war der Grundriss gelegt, den Lamarck in seiner *Histoire naturelle des animaux sans vertèbres* ausführte und der für ein halbes Jahrhundert die Grundlage für die Zoologie der Wirbellosen bleiben sollte. Diese Leistung ist nur zu verstehen, wenn man die parallelen Anstrengungen anderer Naturforscher der Zeit berücksichtigt, auf die sich Lamarck stützen konnte, wobei vor allem Jean-Guillaume Bruguière und Guillaume-Antoine Olivier zu erwähnen sind. Weiterhin ist in Rechnung zu stellen, dass diese Leistung nicht denkbar wäre ohne die Fortschritte, die zur gleichen Zeit auf dem Gebiet der zoologischen Morphologie von Cuvier gemacht wurden.

Bei seinen systematischen Arbeiten auf dem Gebiet der Botanik hatte Lamarck keine vergleichbaren Pionieraufgaben zu lösen. Was in Lamarcks Augen in der botanischen Systematik jedoch nicht weniger als in der zoologischen noch einer Grundlegung bedurfte, war die »Distribution«, also die »natürlichen Anordnung« der Taxa nach ihrer »Verwandtschaft«. »Verwandtschaft« meinte vor Ch. ↗ Darwin so wenig einen genealogischen Verwandtschaftsgrad wie »natürliche Anordnung« eine nach phylogenetischen Zusammenhängen. Vielmehr lagen dem Ideal eines »natürlichen Systems« damals zwei naturphilosophische Grundüberzeugungen zugrunde. Die eine ist unter dem Namen »Kette der Wesen« bekannt und besagte, dass die natürlichen Dinge eine kontinuierliche Abfolge bilden und es also Aufgabe eines »natürlichen Systems« ist, alle Naturdinge des Mineral-, Pflanzen- und Tierreichs nach graduellen Ähnlichkeitsabstufungen anzuordnen; die andere, als »Stufenleiter« bekannte aber, dass diese kontinuierliche Anordnung zugleich als eine Anordnung nach Graden der Vollkommenheit zu verstehen ist.

Auch Lamarck ging es bei den »rapports naturels« unter den Naturwesen um ein »natürliches System« im Sinne dieser beiden Prinzipien. Was das Kontinuitätsprinzip angeht, so lehnte er allerdings die Idee einer graduellen Abfolge der Naturwesen durch alle drei Naturreiche ab, folgte ihm aber jeweils innerhalb eines der Reiche. Und was die »Stufenleiter«-Idee angeht, so war Lamarck überzeugt, dass

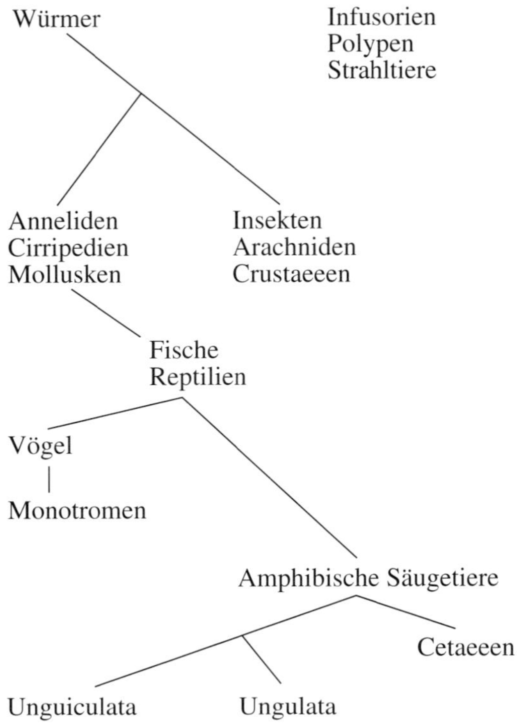

J.B. Lamarcks Anordnung der Tierklassen in den Zusätzen zur *Philosophie Zoologique*

eine »natürliche Distribution« die Taxa gemäß ihrem Vollkommenheitsgrad anzuordnen hatte, und d. h.: linear. Natürlich entging es einem so guten Systematiker wie Lamarck nicht, dass eine solche Anordnung nicht gelingen will, ohne an bestimmten Stellen willkürliche Übergänge zu machen. In der botanischen Systematik schien ihm in den 1780er-Jahren eine Anordnung nach Vollkommenheit wenigstens auf dem taxonomischen Rang der Klassen noch durchführbar. In der Systematik der Wirbellosen musste er später sogar bei der Anordnung der Klassen Abstriche machen, wie das berühmte Anordnungsschema der Tierklassen der *Philosophie zoologique* zeigt. Dass er dennoch an diesem Anordnungsprinzip festhielt, ist umso bemerkenswerter, weil damals gerade am Pariser Muséum, insbesondere durch die Arbeiten Cuviers, das »Stufenleiter«-Prinzip (und übrigens genauso das Kontinuitätsprinzip) nachhaltig erschüttert wurde. Dass dies Lamarck nicht beeindruckte, hatte, wie wir sehen werden, damit zu tun, dass dieses Prinzip einen der Ausgangspunkte seiner Theorie der Arttransformation bildete, wie umgekehrt diese Theorie, nachdem sie einmal entwickelt war, jenes Prinzip zur Konsequenz hatte. Ehe wir uns dem zuwenden, muss eine Seite des Lamarckschen Werks vorgestellt werden, die weitgehend unbekannt ist.

»Physique terrestre«

Es wurde bereits angeführt, dass Lamarck zwischen 1794 und 1809 eine Reihe von Werken auf so unterschiedlichen Gebieten wie Physik, Chemie, Geologie, Meteorologie und Physiologie veröffentlichte. Zwischen diesen Schriften besteht jedoch ein Zusammenhang. Sie sind Teile des Projekts einer »Physique terrestre«, die die Gebilde und Prozesse der Lithosphäre, Biosphäre und Atmosphäre in ihrem Zusammenhang darstellen sollte. Was die große Dimension dieses Projektes angeht, so war es durch das Vorbild Buffons inspiriert, der geologische und physiologische Vorgänge in einer einheitlichen Theorie zu fassen versucht hatte. Man kann also verstehen, dass die Zeitgenossen Lamarcks Projekt als ein »System à la Buffon« verstanden und, soweit sie mit solchen Systemen nichts mehr zu tun haben wollten, es bereits mit dieser Charakterisierung abtaten. In fast allen Einzelheiten jedoch wird man Lamarck zugestehen, dass er durchaus eigene Wege ging.

Es ist hier nicht möglich, auf Details dieser »Physique terrestre« näher einzugehen. Im Hinblick auf seine biologischen Theorien ist jedoch hervorzuheben, dass Lamarck lange Zeit nicht sah, wie gerade das, was für ihn an »Systemen à la Buffon« so faszinierend war, realisiert werden könnte, nämlich eine die Prozesse der lebendigen wie der leblosen Natur einheitlich erklärende Theorie. In diesem Zusammenhang verdient ein charakteristischer Zug seiner chemischen Theorie Aufmerksamkeit, die er vor der Lavoisierschen »Revolution« in Anlehnung an das Lehrgebäude Hilaire Marin Rouelles entwickelt hatte. Nach dieser Theorie haben alle chemischen Verbindungen die Tendenz zur Dekomposition und zerlegen sich auch tatsächlich unter normalen Bedingungen. Aber wo kommen die Verbindungen ursprünglich her? Verbindungen bilden sich nach dieser Theorie nur in Organismen, und zwar unter der Wirkung eines den Organismen eigenen vitalen Prinzips. Alle Verbindungen, die wir außerhalb von Organismen antreffen, wurden also ursprünglich von Organismen als eine ihrer Substanzen synthetisiert und befinden sich jetzt auf irgendeiner Stufe ihrer Dekomposition. Plausibilität gewann diese Auffassung im Kontext des damaligen Vitalismus, der verneinte, dass die Lebensprozesse mit den Theorieangeboten der Mechanik erklärt werden können, und ein in den Organismen wirksames Lebensprinzip postulierte. Lamarck war vor der zweiten Hälfte der 1790er-Jahre Vitalist. Die scharfe Trennlinie, die er zwischen lebendiger und unbelebter Natur zog, trug maßgeblich zur Herausbildung der heute geläufigen Unterscheidung zwischen »organisch« und »anorganisch« bei.

Eine spezielle Konsequenz seiner chemischen Theorie für die erstrebte »Physique terrestre« bestand darin, dass alles Leben bereits vorhandenes Leben voraussetzte. Diese Theorie machte also die Urzeugung von Organismen undenkbar und damit das zentrale Verbindungsglied zwischen belebter und toter Natur, das Buffons übergreifende Theorie ermöglicht hatte. Und es war genau die – erstmals im *Système des animaux sans vertèbres* (1801) ausgesprochene – Annahme, dass die primitivsten Organismen in den beiden organischen Naturreichen »direkt« von der Natur hervorgebracht seien, die den Durchbruch für seine »Physique terrestre« brachte und darüber hinaus, wie wir sehen werden, für seine Theorie der Arttransformation. Diese Wende in der Urzeugungsfrage hatte mit der Entwicklung seiner physiologischen Theorien zu tun.

Physiologie

Lamarck vertrat, wie gesagt, bis zur Mitte der 1790er-Jahre vitalistische Auffassungen. Vor 1793, also bevor tierische Organismen zu seinem speziellen Forschungsgegenstand wurden, waren seine physiologischen Vorstellungen darüber hinaus weitgehend von der damaligen Pflanzenphysiologie geprägt, wobei diese Physiologie von heute aus gesehen trotz des »Lebensprinzips« sehr mechanistisch aussieht. Lamarck folgte nur dem Mainstream des 18. Jahrhunderts, wenn er das Phänomen Leben als eine für Organismen spezifische Bewegung verstand, die sich in ihrem Kern als eine Interaktion zwischen ihren flüssigen und festen Körperteilen darstellt. In der zweiten Hälfte des 18. Jahrhunderts nahm man weiterhin an, dass die Interaktion zwischen den festen und flüssigen Teilen der Organismen von außen stimuliert und bedingt werde, nämlich durch subtile Fluida, die in der Atmosphäre verbreitet waren. Daher rührte Lamarcks Interesse an meteorologischen Fragen, d. h. an Gesetzmäßigkeiten der atmosphärischen Prozesse.

Diese Auffassung des Lebensprozesses, die hier natürlich nur in den gröbsten Zügen umrissen werden kann, ist unverkennbar mechanistisch. Dem »Lebensprinzip« kommt dabei nur die Funktion der unbekannten Ursache zu, die erklären soll, warum bei organischen Substanzen – im Unterschied zu gewöhnlichen – die subtilen Fluida den für Organismen spezifischen Prozess der Wechselwirkung zwischen flüssigen und festen Teilen in Gang setzen und unterhalten. Im Rahmen dieser Physiologie wurde deshalb das »Lebensprinzip« in dem Moment überflüssig, in dem unter der Organisation eines Organismus eine solche Anordnung seiner flüssigen und festen Teile verstanden wird, bei der es nur einer äußeren Anregung bedarf, um den »Leben« genannten Bewegungsprozess auszulösen. Diese Konsequenz zog Lamarck denn auch wirklich in der zweiten Hälfte der 1790er-Jahre. Die vielleicht wichtigste Folge dessen war aber, dass damit die Urzeugung keine Undenkbarkeit mehr darstellte, die er, wie gesehen, wenig später tatsächlich vertrat.

Im Hinblick auf seine Theorie der Arttransformation verdient ein weiterer Aspekt seiner Physiologie Aufmerksamkeit. Wie viele Naturforscher in der zweiten Hälfte des 18. Jahrhunderts verstand Lamarck die Ontogenese als einen epigenetischen Prozess. Am Anfang dieses Prozesses steht ein kaum strukturierter Keim, der sich differenziert und Schritt für Schritt die Struktur und Organisation ausbildet, die ihm im Reifezustand zukommt. Lamarck dachte sich auch diesen epigenetischen Bildungsprozess als Resultat des mechanischen Zusammenwirkens von flüssigen und festen Körpersubstanzen und subtilen Fluida. Die organische Struktur ist dabei auf jedem Entwicklungsstadium einerseits die Voraussetzung der bestimmten Weise des mechanischen Zusammenspiels dieser Faktoren. Aber aus diesem Zusammenspiel resultiert andererseits zugleich eine neue Struktur, die der nächsten ontogenetischen Organisationsstufe, die ihrerseits wiederum Voraussetzung eines neuen Zusammenspiels dieser Faktoren ist, etc. Dieser Prozess hat einen eindeutigen Richtungssinn: vom Undifferenzierten zum Differenzierten, vom Einfachen zum Komplexen. Für den Systematiker Lamarck stand andererseits fest, dass die Lebensformen im Pflanzen- und Tierreich linear nach dem Modell der Stufenleiter anzuordnen seien, und zwar nach der graduellen Zunahme ihrer Differenziertheit und Komplexität. Konnte diese Zunahme an Differenziertheit und Komplexität nicht analog zu der gedacht werden, die im epigenetischen Prozess der Ontogenese zu beobachten ist? Und wenn dieser Prozess durch das Zusammenwirken der flüssigen und festen Teile des Organismus unter Einwirkung der subtilen Fluida erklärt werden konnte, warum dann nicht auch die Entstehung der zunehmend komplexer werdenden pflanzlichen bzw. tierischen Organisationsformen selbst? Und in der Tat ging die im Rahmen seiner mechanistischen Physiologie entwickelte epigenetische Theorie der Ontogenese nahtlos in die Theorie der Arttransformation über, d. h. seine Theorie der Entstehung der tierischen bzw. pflanzlichen Organisationsformen.

Wir sehen nun die Gedankenkreise, die bei der Aufstellung der Lamarckschen Theorie der Arttransformation zusammenspielten: Seine Überzeugung als Systematiker, dass die natürliche »Distribution« darin besteht, die Klassen linear nach Komplexität anzuordnen, und ebenso die, dass die scharfen Trennlinien zwischen den Taxa eher ein Artefakt unserer Klassifikation sind; die Überwindung seiner vitalistischen Physiologie zugunsten einer mechanistischen, die ihm die Urzeugung denkbar machte und eine epigenetische Theorie der Ontogenese beinhaltete, die nahtlos in eine Transformationstheorie der Arten überging; und nicht zuletzt sein großes Projekt einer »Physique terrestre«, die durch die Theorie der Arttransformation zu einer Gesamttheorie der Naturprozesse auf dieser Erde zu werden versprach, die eine Erklärung der Vielfalt der Lebensformen einschloss.

Die Theorie der Transformation der Arten

Die Eigenart der Theorie der Arttransformation Lamarcks lässt sich vielleicht am besten verdeutlichen, wenn man versucht, eine scheinbare Nebensächlichkeit verständlich zu machen. Nach der heutigen, auf Darwin zurückgehenden Evolutionstheorie gehören die Hominiden zu den jüngsten Arten. Bei Lamarck dagegen sind sie die allerältesten, während etwa ein Polyp zu den jüngsten zählt, und zwar folgt das zwingend aus seiner Theorie.

Dieser Theorie zufolge entstehen die einfachsten Organismen im Pflanzen- bzw. Tierreich durch Urzeugung. Solche Urzeugungen finden ständig statt. Durch Urzeugung können allerdings nur die einfachst organisierten Lebewesen entstehen. Die heutige Flora und Fauna, die Vielfalt komplex gestalteter Organismen, lässt sich nicht auf Urzeugung zurückführen. Sie ist vielmehr das Resultat der Fähigkeit der urgezeugten einfachen Organismen, Fortschritte in ihrer Organisation zu machen und diese Fortschritte zu vererben. Aufgrund dieser Fähigkeit durchlaufen die Organismen in der langen Folge der Generationen eine Stufenleiter der Organisation mit dem Richtungssinn: vom undifferenzierten zum differenzierten Organismus. Diese Theorie liefert also die Rechtfertigung für Lamarcks Überzeugung, dass sich die Vielfalt der pflanzlichen und tierischen Organisationsformen jeweils linear als eine Stufenleiter gemäß Organisationsgrad »natürlich« anordnen lässt. Jede Organisationsform auf der pflanzlichen bzw. tierischen Stufenleiter stellt also die urgezeugten Organismen auf einem bestimmten Entwicklungsstand dar. Da es keinen Grund für die Annahme gibt, dass die Organismen diese Entwicklung unterschiedlich schnell durchlaufen, lässt sich aus der Entwicklungshöhe einer Organisationsform auf ihr Alter schließen, also darauf, wie viel Zeit seit der Urzeugung des Organismus vergangen ist, von dem sich die jeweilige Form herleitet. Der Grundsatz einer Altersbestimmung kann gemäß dieser Theorie nur lauten: je höher entwickelt, desto älter.

Lamarcks Chronologie verliert im Rahmen dieser Theorie alles Verwunderliche. Um so merkwürdiger erscheint dagegen diese Theorie. Man sieht sofort, dass sie eine Transformationstheorie und keine Deszendenztheorie ist, d. h. keine Theorie der Abstammung der Arten voneinander. Denn wie ein Blick auf das Schema zeigt, stammen die rezenten Arten der verschiedenen Klassen nicht voneinander ab: Sie haben zwar – im jeweiligen Naturreich – alle gleichartige Vorfahren, aber keine gemeinsamen. Ohne gemeinsame Vorfahren kann aber von Abstammung keine Rede sein. Man muss also konstatieren: 1.) Zwischen den rezenten Arten der verschiedenen Klassen besteht kein genetischer Zusammenhang. Die verschiedenen Entwicklungskohorten vollziehen ihre Höherentwicklung unabhängig voneinander. 2.) Bei diesen parallelen Evolutionen handelt es sich qualitativ immer um die gleiche Evolution. Ausgehend von den urgezeugten Organismen durchlaufen die Entwicklungskohorten auf der tierischen bzw. pflanzlichen Entwicklungslinie die gleiche Abfolge der immer höher entwickelten Ausbildung ihrer Organisation.

Während der erste Punkt von Bedeutung ist, um zu sehen, dass es sich bei Lamarcks Theorie nicht um eine andere Begründung der biologischen Evolutionstheorie, sondern um eine grundsätzlich andere Theorie handelt, ist der zweite Punkt wichtig hinsichtlich der Nachwirkung Lamarcks. Denn dieser zweite Punkt impliziert, dass Lamarck sich die Entwicklung der Formenvielfalt, wenigstens was den grundsätzlichen Organisationstypus der Klassen angeht, als einen innerorganismisch determinierten Prozess denkt, d. h. als eine gerichtete Evolution, und nicht wie Darwin als das Resultat einer Wechselwirkung zwischen den Organismen und ihrer Umwelt, bei welcher der Zufall eine konstitutive Rolle spielt.

Die Wechselwirkung zwischen den Lebewesen und ihrer Umwelt spielt für Lamarck bei der Erklärung der Formenvielfalt auf den niedrigeren taxonomischen Rängen eine Rolle, also vor allem hinsichtlich der Arten und Gattungen. Er führt nämlich die Abweichungen von dem innerorganismisch angelegten prinzipiellen Entwicklungsweg der organischen Formen auf wechselnde äußere Bedingungen zurück, unter denen die Kohorten sich entwickeln. Lamarcks Theorie der Arttransformation stützt sich also zum einen auf das Hauptprinzip einer in den Organismen angelegten, gesetzmäßigen Höherent-

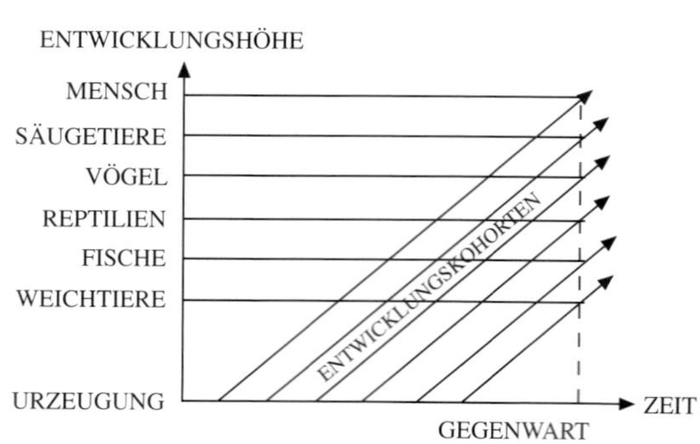

J.B. Lamarck: Schema zu Lamarcks Theorie der Arttransformation

wicklung, das den prinzipiellen, normalen und in den Bauplänen der Klassen auch gesetzmäßig realisierten Weg der Transformation und vor allem ihre Richtung erklärt, und zum anderen auf die Wechselwirkung zwischen den Organismen und ihrer Umwelt als ergänzenden Faktor oder Nebenprinzip, das die Abweichungen von jenem normalen Weg sowie die Formenvielfalt innerhalb der Klassen erklärt.

Dieses Nebenprinzip wurde und wird allgemein – von Spezialisten abgesehen – als Lamarcks Evolutionstheorie aufgefasst. Nach ihm kann die Umwelt nicht direkt abwandelnd auf die Organisationsformen einwirken, sondern nur vermittels von Reaktionen der Organismen auf ihre Umwelt. Und zwar dachte sich Lamarck diesen Vorgang so, dass veränderte Umweltbedingungen die betroffenen Lebewesen zu einer Änderung ihrer »Gewohnheiten« nötigen, die einen neuartigen Gebrauch von Organen beinhaltet. Dieser neuartige Gebrauch führt dann zu Modifikationen der betroffenen Organe, die auf die Nachkommen vererbt werden. Weil diese Theorie oftmals wenig sachkundig angeführt wird, mögen drei kurze Punkte angemerkt werden. 1.) Die Vererbung erworbener Eigenschaften war keine originelle Annahme Lamarcks, sondern eine verbreitete Überzeugung, und zwar nicht nur im 18. Jahrhundert, sondern auch noch das ganze 19. Jahrhundert hindurch. 2.) Die Idee der Evolutionsbedeutsamkeit eines gewandelten Gebrauchs von Organen erwies später im Kontext der Evolutionstheorie Darwins ihre Fruchtbarkeit. 3.) Es finden sich bei Lamarck Formulierungen, die sich auf den ersten Blick so lesen, als führe er die Verhaltensänderung der Organismen auf so etwas wie eine Vorstellung oder einen Wunsch der Organismen zurück. Die Lamarck-Forschung ist sich heute weitgehend einig, dass dies eine Fehlinterpretation wäre.

Resonanz und Nachwirkung

Lamarck war zu seinen Lebzeiten ein hochgeachteter Systematiker, zunächst in der Botanik, später in der Zoologie der Wirbellosen. Mit dem großen theoretischen Projekt seines Lebens jedoch, der »Physique terrestre«, fand er keinen Anklang bei seinen Fachgenossen. Und das gilt nicht nur für seine Theorien auf physikalischem und chemischem Gebiet, sondern ebenso für seine spezifisch biologischen Theorien, also seine Physiologie und seine Theorie der Arttransformation. Es war nicht einmal so, dass sie bestritten oder bekämpft wurden; sie wurden einfach als keiner Auseinandersetzung wert betrachtet. Dennoch scheint seine Theorie der Arttransformation auch nie völlig vergessen worden zu sein.

Im Zuge der Auseinandersetzungen für und wider die Deszendenztheorie Darwins in den 1860er- und 1870er-Jahren wurde Lamarck als Evolutionstheoretiker »wiederentdeckt«. Diese »Wiederentdeckung« war jedoch tatsächlich die Erfindung eines Lamarck, der historisch nie existiert hat. Es wurde nicht einmal wahrgenommen, dass seine Theorie der Arttransformation keinen Abstammungszusammenhang zwischen den Arten beinhaltet. Der »Lamarckismus«, der seit der Etablierung der Darwinschen Evolutionstheorie periodisch auftrat, hat also nichts mit einer Wiederbelebung und Fortführung der den Beteiligten meist unbekannten Theorie der Arttransformation des historischen Lamarck zu tun. Er ist vielmehr ein Sammelname für theoretische Positionen im konzeptuellen Rahmen der von Darwin begründeten Evolutionstheorie. Dieser Name hat nur insofern Berechtigung, als und insofern es bei diesen Positionen um Versuche geht, mit Problemen der Evolutionstheorie dadurch fertig zu werden, dass die biologische Evolution insgesamt oder einige ihrer Teilprozesse als gerichtet gedacht werden.

Werk(e):
Flore françoise (1779); Sytème des animaux sans vertèbres (1801); Recherche sur l'organisation des corps vivans (1802); Philosophie zoologique (1809); Histoire naturelle des animaux sans vertèbres (1815–22).

Sekundär-Literatur:
Landrieu, M.: Lamarck – le fondateur du transformisme (1909); Tschulok, S.: Lamarck (1937); Corsi, P.: The Age of Lamarck – Evolutionary Theories in France 1790–1830 (1988); Burkhardt, R. W. jr.: The Spirit of System – Lamarck and Evolutionary Biology (1995).

Lambert, Johann Heinrich,
deutscher Mathematiker, Physiker, Astronom und Philosoph schweizerischer Herkunft,
* 26. (getauft) 8. 1728 Mülhausen (Mulhouse, Frankreich),
† 25. 9. 1777 Berlin.

Lambert bemühte sich um den Einsatz quantitativer Methoden in Naturwissenschaften und Technik, gilt als Begründer der Fotometrie und Pyrometrie.

Lambert entstammt einer lothringischen Hugenottenfamilie, die 1635 im damals schweizerischen Mülhausen Zuflucht gefunden hatte; sein Vater war Schneider. Nach dem Schulbesuch arbeitete Lambert ab 1740 als Schreiber in der Stadtkanzlei und in einem Eisenwerk, ab 1745 als Sekretär bei einem Baseler Advokaten. Seine Bildung erwarb er autodidaktisch. 1748–1759 war er Hauslehrer bei der Grafenfamilie v. Salis in Chur (1756–58 begleitete er seine Zöglinge auf einer Reise, die u. a. nach Göttingen, Hannover, Utrecht, den Haag, Paris, Mailand

J.H. Lambert: Lithographie von Engelmann, unten eine Abbildung der Lambert-Säule (Foto: Deutsches Museum München, Bildstelle)

führte). Ab 1759 Mitglied der Bayerischen Akademie in München, wirkte er ab 1765 im Dienste der Kgl. Preußischen Akademie der Wissenschaften in Berlin und war ab 1770 daselbst als Oberbaurat im Staatsdienst tätig. Er blieb unverheiratet.

1758 erschien Lamberts erstes Buch. Die 1760 erschienene *Photometria* machte ihn in der wissenschaftlichen Welt bekannt. Darin begründete er die Grundlagen der Fotometrie, formulierte u. a. das fotometrische Grundgesetz (das etwas über die Leuchtdichte eines bestrahlten Flächenelementes aussagt), leitete daraus das Lambertsche Kosinusgesetz ab, beschrieb die Konstruktion eines verbesserten Fotometers. Auch für die astronomische Beobachtung leitete er mehrere Zusammenhänge ab.

Lamberts naturwissenschaftliche Arbeiten standen in enger Wechselbeziehung zu seinen mathematischen Ambitionen. So unterstützte er mit seinen mathematischen Ableitungen die Bahnbestimmung von Himmelskörpern. Seine geometrischen Arbeiten bildeten einen wichtigen Schritt hin zur nichteuklidischen Geometrie. Er führte die Hyperbelfunktionen in die Geometrie ein und gab der Projektionslehre neue Impulse (wichtig für die Kartographie). Auch wies er die Irrationalität der Zahl π nach (1767).

Neben der Fotometrie liegen seine bedeutenden physikalischen Leistungen in der Begründung der Hygrometrie und der Pyrometrie (Wärmemessung). Wenngleich viele seiner wärmetheoretischen Auffassungen heute überholt sind, hat er doch zur Erkenntnis einer Reihe von Zusammenhängen auf diesem Gebiet wesentlich beigetragen. Den absoluten Nullpunkt bestimmte er bereits mit −270 °C recht genau.

Die Einheit von Lamberts naturwissenschaftlichem und philosophischem Denken zeigt sich vor allem in seinen kosmologischen Überlegungen, wobei er von der universellen Gültigkeit der Newtonschen Physik ausging und damit die mathematische Formulierbarkeit der Zusammenhänge im Kosmos ermöglichte. In der Geschichte der Kosmologie spielten Lamberts Vorstellungen eine wichtige Rolle. [HK]

Werk(e):

Photometry or on The Measure and Gradations of Light, Colors and Shade, in engl. Sprache hrsg. v. David L. DiLaura (2001); Photometrie, Ostwalds Klassiker Nr. 31, 32, 33); Land- und Himmelscharten, Ostwalds Klassiker Nr. 54; Bahnbestimmung der Cometen, Ostwalds Klassiker Nr. 133; Jackisch, G.: J. H. Lamberts Cosmologische Briefe (1979); Philosophische Schriften Bd.1–10, hrsg. von H.-W. Arndt (1965–1969).

Sekundär-Literatur:

Berger, P.: Johann Heinrich Lamberts Bedeutung in der Naturwissenschaft des 18. Jahrhunderts. Centaurus 6 (1959).

Landau, Lew Davidowitsch,
russischer Physiker,
* 22. 1. 1908 Baku,
† 1. 4. 1968 Moskau.

Landau ist der Begründer der theoretischen Physik in der Sowjetunion. Er war einer der letzten Universalphysiker, dessen Breite nahezu die gesamte theoretische Physik umfasste, von der Hydrodynamik bis zur Quantenfeldtheorie. Mit der Erklärung der Suprafluidität von Helium begründete Landau ein neues Gebiet der Physik, die Quantenphysik der kondensierten Materie. Darüber hinaus lieferte er wichtige Beiträge zur Quantenelektrodynamik, Supraleitung, Plasmaphysik, Elementarteilchenphysik, Thermodynamik und zum Magnetismus.

Schon früh zeigte sich Landaus mathematisches Talent. Als er mit 13 Jahren die Schule verließ, war er schon mit der Differential- und Integralrechnung vertraut. Da seine Eltern meinten, dass er noch zu jung sei, um an die Universität zu gehen, ließen sie ihn zunächst ein Jahr lang an einer Wirtschaftsfachschule studieren. Danach studierte er an der Universität Baku Physik und Chemie und schloss sein Stu-

L.D. Landau

dium 1927 mit der Promotion an der Universität Leningrad ab. 1929 führte ihn eine eineinhalbjährige Studienreise zu den führenden europäischen Zentren der Physik. Den größten Teil seines Forschungsaufenthaltes verbrachte er jedoch bei N. ↗ Bohr in Kopenhagen, den er fortan als seinen eigentlichen Lehrer ansah.

Nach seiner Rückkehr in die Sowjetunion wurde er Leiter der theoretischen Abteilung des neu gegründeten Ukrainischen Physikalisch-Technischen Instituts in Charkow. Hier begann er, eine eigene wissenschaftliche Schule zu gründen, und machte Charkow zu einem bedeutenden Zentrum der sowjetischen Physik. Für seine Institutsmitarbeiter erarbeitete er ein Ausbildungsprogramm, das so genannte »theoretische Minimum«, das die Grundlage für sein später berühmtes *Lehrbuch der theoretischen Physik* wurde. Gleichzeitig hatte er den Lehrstuhl für theoretische Physik an der Physikalisch-Technischen Fakultät des Instituts für Mechanik und Maschinenbau inne. Nachdem er wegen seiner unkonventionellen Lehrmethoden und seinem Nonkonformismus bei den Würdenträgern der Universität in Ungnade gefallen war und in Bedrängnis geriet, bot ihm P. ↗ Kapitza im Frühjahr 1937 die Leitung der theoretischen Abteilung des neu gegründeten Moskauer Instituts für Physikalische Probleme an. Trotz seiner prokommunistischen Einstellung distanzierte sich Landau mehr und mehr vom immer repressiver werdenden stalinistischen System. Nachdem er im März 1938 in einem Flugblatt sogar zum Sturz der stalinistischen Terrorherrschaft aufgerufen hatte, wurde er verhaftet. Nur dank der couragierten Fürsprache Kapitzas wurde er im April 1939 gegen Kapitzas persönliche Bürgschaft aus der Haft entlassen.

Am 7. Januar 1962 erlitt Landau bei einem Autounfall schwere Hirnverletzungen und lag monatelang im Koma. Danach war er nicht mehr in der Lage, Physik zu betreiben. Im selben Jahr wurde er mit dem Nobelpreis für Physik ausgezeichnet, den er allerdings nicht mehr persönlich in Stockholm entgegennehmen konnte. Er starb sechs Jahre später an den Folgen seines Unfalls.

Bereits 1927 führte er in einer Arbeit über *Das Problem der Dämpfung in der Wellenmechanik* erstmals die Dichtematrix zur Beschreibung des Zustands in die Quantenmechanik ein. Noch in Zürich begann er sich mit der quantenmechanischen Beschreibung des Verhaltens freier Elektronen zu beschäftigen. Indem er die Quantisierung auf das Elektronengas anwandte, gelang ihm die Voraussage eigentümlicher magnetischer Eigenschaften des Elektronengases in Metallen. Er erkannte, dass sich in dem entarteten »Gas« ein diamagnetischer Zustand ausbildete, der später als Landau-Diamagnetismus bezeichnet wurde. In einer Arbeit aus dem Jahre 1936 über die Theorie des Ferromagnetismus zeigte er zusammen mit Jewgenij Lifschitz, dass eine quantitative Beschreibung der Weißschen Bezirke auf thermodynamischen Betrachtungen aufbauen muss. Dabei sagte er das Phänomen der so genannten ferromagnetischen Resonanz vorher. In einem Beitrag zur Plasmaphysik konnte er zeigen, dass sogar bei hohen Frequenzen, bei denen man die Stöße zwischen den Teilchen eines Plasmas vernachlässigen kann, diese Schwingungen dennoch gedämpft sind (»Landau-Dämpfung«). In der Hydrodynamik erklärte er die grundlegenden Eigenschaften des Prozesses der allmählichen Entstehung des nichtstationären Zustandes, der sich bei Vergrößerung der Reynolds-Zahl über das Stabilitätsgebiet der laminaren Strömung hinaus einstellt.

Seine wohl bedeutendste Arbeit war die theoretische Erklärung der von Kapitza entdeckten Suprafluidität von Helium, die ihm 1940/41 gelang. Er beschrieb das Energiespektrum des viskositätsfreien, suprafüssigen Heliums (^{4}He), das der Bose-Einstein-Statistik gehorcht, als ein Kontinuum von Quasiteilchen (Elementaranregungen), das aus einer Mischung von Schallquanten und quantisierten Wirbeln gebildet wird. In den Jahren 1956–58 erweiterte er seine Theorie auch auf Fermiflüssigkeiten, zu denen etwa das Isotop ^{3}He gehört. Zusammen mit seinem Schüler Witalij Ginzburg entwickelte er 1950 eine Theorie der supraleitenden Legierungen, mit der sich auch allgemeine Phänomene der Symmetriebrechung, wie sie etwa in der Elementarteilchenphysik und Astrophysik vorkommen, beschreiben lassen (Landau-Ginzburg-Theorie).

Landau hatte eine Vielzahl von Schülern und prägte eine ganze Generation von sowjetischen Physikern. Noch heute steht die »Landau-Schule« für die hohe Qualität der theoretischen Physik in der Sowjetunion. Landau war seit 1946 Mitglied der Akademie der Wissenschaften der UdSSR und zweifacher Leninpreisträger. Zahlreiche Akademien, so etwa die Royal Society in London, die National Academy of Sciences der USA oder die Niederländische Akademie der Wissenschaften wählten ihn zu ihrem Mitglied. Neben dem Nobelpreis wurde er u. a. mit dem amerikanischen Fritz-London-Preis und der Max-Planck-Medaille der Deutschen Physikalischen Gesellschaft ausgezeichnet. [MS3]

Werk(e):

zusammen mit J. Lifschitz: Lehrbuch der theoretischen Physik, 10 Bde. (1965); zusammen mit J. Rumer: Was ist die Relativitätstheorie? (1965).

Sekundär-Literatur:

Abrikossow, A. A.: Akademik L. D. Landau (1965); Drozynski, A.: Der Mann der nicht sterben durfte (1966); Liwanowa, A.: Lew Landau (1982); Chalatnikow, I. M. (Hrsg.): Landau, the Physicist and the Man (1989); Gorelik, G. E.: Meine antisowjetische Tätigkeit: Russische Physiker unter Stalin (1995).

Landé, Alfred,
deutsch-amerikanischer Physiker,
* 13. 12. 1888 Elberfeld,
† 30. 10. 1976 Columbus (Ohio).

Landé leistete wichtige Beiträge zur frühen Quantentheorie des Atoms.

Aus einem wohlhabenden und kultivierten jüdischen Elternhaus stammend, studierte Landé vor allem in München und Göttingen. Er promovierte 1914 bei A. ↗ Sommerfeld über die Methode der Eigenschwingungen in der Quantentheorie. Kurz zuvor war er bereits als physikalischer Privat-Assistent von D. ↗ Hilbert nach Göttingen gegangen, wo eine langjährige Zusammenarbeit mit M. ↗ Born ihren Anfang nahm. Neben ihrem Dienst in einer technisch-wissenschaftlichen Abteilung der Armee versuchten sie während des Ersten Weltkriegs, die Eigenschaften von aus Bohrschen Atomen aufgebauter Materie zu berechnen. Landé entwickelte daraus Vorstellungen von »Würfelatomen« mit komplexen räumlichen Elektronenbahnen. 1919 habilitierte sich Landé bei Born in Frankfurt und widmete sich fortan der quantenphysikalischen Erklärung der Aufspaltung von Spektrallinien im Magnetfeld. In Konkurrenz mit Sommerfeld, Ernst Back und F. ↗ Paschen löste er das Rätsel des anomalen Zeeman-Effekts durch die Einführung eines dann nach ihm benannten Faktors (zwischen magnetischem Moment eines Atoms und seinem Gesamtdrehimpuls). Auf Veranlassung Paschens wurde Landé 1922 nach Tübingen berufen. Nach Gastaufenthalten an der Ohio State University entschloss sich Landé 1931, ganz in die USA zu gehen, und kam damit einer Vertreibung zuvor. Wissenschaftlich blieb der Pionier der Quantentheorie der späteren Quantenmechanik jedoch kritisch verbunden. [AS2]

Sekundär-Literatur:

Barut, A. O.: Alfred Landé 1888–1976, in: Bethge, K. und Klein, H.: Physiker und Astronomen in Frankfurt (1989).

Landolt, Hans Heinrich,
deutsch-schweizerischer Physikochemiker,
* 5. 12. 1831 Zürich,
† 15. 3. 1910 Berlin.

Landolt war ein Pionier der physikalischen Chemie. Seine Verdienste betreffen besonders die Molrefraktion und optische Aktivität organischer Verbindungen und den Nachweis der Masseerhaltung bei chemischen Reaktionen.

In Zürich und Breslau studierte Landolt Chemie (bei Carl Jacob Löwig) und Physik (1850–1853) und beschäftigte sich mit Metall-Alkylverbindungen. Nach der Promotion 1853 vertiefte er seine Studien bei E. ↗ Mitscherlich und H. ↗ Rose in Berlin sowie R. W. ↗ Bunsen in Heidelberg. 1856 habilitierte er sich in Breslau mit einer Arbeit über die Vorgänge in der Leuchtgasflamme.

Landolt wurde an die Universität Bonn (1858–1869), das Polytechnikum Aachen (1869–1880), die Landwirtschaftliche Hochschule (1880–1891) und die Universität (1891–1905) in Berlin berufen.

In Bonn entstanden seine wichtigen Arbeiten, die die Berechnung der Molrefraktion einer Verbindung aus Atomrefraktionen betreffen. Seine Untersuchungen zum Verhalten von Lösungen op-

H.H. Landolt: Zeichnung von Walther Adolf Roth (1873–1950), 1905

tisch aktiver Substanzen in polarisiertem Licht begann er in Aachen. Weiterhin beschäftigte er sich mit Schmelzpunkten und Dampfdrucken homologer Verbindungen sowie mit chemischer Kinetik (z. B. Landolt-Reaktion: $5\ H_2SO_3 + 2\ HIO_3 \rightarrow 5\ H_2SO_4 + H_2O + I_2$).

Zusammen mit dem Physiker Richard Börnstein gab Landolt 1883 die *Physikalisch-chemischen Tabellen* heraus. Ständig weiterentwickelt, gelten sie als *LB. Zahlenwerte und Funktionen aus Physik, Chemie, Astronomie, Geophysik und Technik* bis in die Gegenwart als wichtigstes Nachschlagewerk für naturwissenschaftliche Daten.

Veranlasst durch die damals nicht verstandene Nichtganzzahligkeit der relativen Atommassen, hat sich Landolt mit der Masseerhaltung bei chemischen Reaktionen beschäftigt (zuletzt 1905–1910 an der Physikalisch-Technischen Reichsanstalt), die er durch präzise Messungen bestätigen konnte. [HGB]

Werk(e):
Ueber das Drehvermögen organischer Substanzen und deren praktische Anwendung (1879); Ueber den Einfluss der atomistischen Zusammensetzung C, H und O-haltiger flüssiger Verbindungen auf die Fortpflanzung des Lichts, in: Annalen der Physik und Chemie 122 (1864), 545–563; 123 (1864), 595–628; Physikalisch-chemische Tabellen (1883, zusammen mit R. L. Börnstein).

Sekundär-Literatur:
Pribram, R.: Hans Heinrich Landolt, in: Berichte der Deutschen Chemischen Gesellschaft 44 B (1912) 3, 3337–3394 (mit Bibliographie).

Landsteiner, Karl,
österreichischer Arzt, Pathologe und Serologe,
* 14. 6. 1868 Wien,
† 26. 6. 1943 New York.

Landsteiner hat mit der Entdeckung der menschlichen Blutgruppen sowohl den Forschungsgebieten Serologie und Immunologie als auch der Bluttransfusion den Weg gebahnt.

Landsteiner war der Sohn des namhaften österreichischen Zeitungsverlegers Leopold Landsteiner. Er begann 1885 ein Medizinstudium in Wien, das er 1891 mit der Promotion abschloss. Nebenher widmete er sich auch chemischen Studien zunächst in Wien bei Ernst Ludwig und in Zürich bei A. ↗ Hantzsch, später u. a. bei E. ↗ Fischer in Würzburg und Eugen Bamberger in München. 1896 kehrte er nach Wien zurück und nahm eine Assistentenstelle am von Max Gruber geleiteten Wiener Hygiene-Institut an. Dort beteiligte er sich besonders an serologischen und immunologischen Forschungen. 1897 wechselte Landsteiner an das Pathologisch-Anatomische Institut in Wien zu Anton Weichselbaum, bei dem er sich 1903 für das Fach Pathologie habilitierte. 1911 erfolgte seine Ernennung zum außerordentlichen Professor für Pathologie. Von 1908 bis 1920 wirkte er als Prosektor am Wiener Wilhelminenspital. Als in den Jahren nach dem Ersten Weltkrieg für ihn die wissenschaftlichen Arbeitsbedingungen in Österreich unerträglich wurden, ging er schließlich mit seiner Familie nach Holland. Auch hier, als Prosektor am Ziekenhuis-Spital in Den Haag tätig, setzte er seine serologisch-immunologischen Arbeiten fort. 1922 folgte er einer Einladung aus den USA, seine Forschungen am Rockefeller Institute for Medical Research in New York fortzusetzen.

1900 äußerte Landsteiner erstmals in einer Arbeit zur *lytischen und agglutinierenden Wirkung des Blutserums* die Vermutung, dass die Zusammenballung (Agglutination) der Erythrozyten bei der Vermengung menschlicher Blutseren verschiedener Individuen eine physiologische Reaktion sein könne. Bereits 1901 konnte er diese vorerst vage Annahme experimentell bestätigen. Weitere Untersuchungen führten zur Entdeckung individuell unterschiedlicher Blutgruppen. Zunächst konnte er drei solche serologische Gruppen differenzieren, die mit A, B und C (= später 0) bezeichnet wurden. Bald ergänzte Landsteiner gemeinsam mit seinen Schülern Alfred Decastello und Adriano Sturli dieses AB0-System durch eine vierte Blutgruppe AB. Mit der Entdeckung des Rhesusfaktors (1940 gemeinsam mit Alexander Wiener und Philip Levine) kam eine weitere wichtige Untergruppe hinzu. Bedeutsam für die Entdeckung der menschlichen Blutgruppen als ein serologisch-immunologisches und genetisches Phänomen war der enge Kontext zu den seinerzeit neuen Erkenntnissen der Immunologie, wie P. ↗ Ehrlichs Erklärung der Antigen-Antikörper-Reaktion durch die Seitenkettentheorie, und der Genetik mit der Wiederentdeckung der Mendelschen Vererbungsregeln durch H. de ↗ Vries, E. ↗ Tschermak und E. ↗ Correns. 1930 erhielt Landsteiner den Nobelpreis für Physiologie und Medizin für die Entdeckung der Blutgruppen des Menschen. [PS]

Werk(e):
Über die Agglutinationserscheinungen normalen menschlichen Blutes. Wiener klin. Wschr. 14 (1901); Die Spezifität der serologischen Reaktionen (1933, engl. Ausg. 1936).

Sekundär-Literatur:
Speiser, P.: Karl Landsteiner. Entdecker der Blutgruppen und Pionier der Immunologie, 2. Aufl. (1975).

Langenbeck, Wilhelm Wolfgang,
deutscher Chemiker,
* 21. 6. 1899 Göttingen,
† 26. 3. 1967 Rostock.

Langenbeck war ein bedeutender Vertreter der organisch-chemischen Katalyseforschung und begründete die Anwendung von Fermentmodellen.

Wolfgang Langenbeck stammte aus einer Medizinerfamilie und war Großneffe des berühmten Berliner Chirurgen Bernhard von Langenbeck.

Das 1919 in Hannover begonnene Chemiestudium schloss Langenbeck 1923 in Göttingen mit einer Promotion bei A. ↗ Windaus ab. Danach wurde er in Karlsruhe Assistent von K. ↗ Freudenberg. 1925 ging er als Rockefeller-Stipendiat für ein Jahr an die Yale-Universität. Ab 1926 an der Universität Münster, habilitierte sich Langenbeck 1928 hier. 1935 wurde er als ordentlicher Professor nach Greifswald und 1940 an die TU Dresden berufen. 1947 übernahm er den Lehrstuhl für organische Chemie in Rostock und 1951 den in Halle. Zusätzlich zu den dortigen Hochschulverpflichtungen gründete Langenbeck 1951 in Rostock ein Institut für Katalyseforschung, zusammen mit Günther Rienäcker, der den anorganischen Teil leitete. Das Institut wurde 1953 von der Deutschen Akademie der Wissenschaften zu Berlin übernommen und 1959 geteilt. Langenbeck blieb bis zu seinem Tode Direktor des Instituts für organische Katalyseforschung, während er in Halle 1964 emeritiert wurde.

Schon die Habilitationsschrift 1928 formulierte Langenbecks lebenslang verfolgtes Programm, synthetische organische Verbindungen als Katalysatoren mit Enzymwirkung einzusetzen. Durch sukzessive Modifikation an Modellen für unterschiedlichste Enzyme gelangte er dabei zu bemerkenswerten Aktivitätssteigerungen. Neben einer Vielzahl derartiger Beiträge zur physiologischen und Naturstoffchemie bearbeitete er auch katalytisch bedeutsame industrielle Prozesse wie die Paraffinoxidation, zusammen mit Wilhelm Pritzkow. Schließlich verfolgte er, zuletzt mit seinem Rostocker Nachfolger Horst Pracejus, das naheliegende Phänomen der Chiralität; dem Ursprung der optischen Aktivität von Naturstoffen war er bereits 1938 nachgegangen. Sein Lehrbuch besticht durch hohe Anschaulichkeit und geschickte Präsentation katalytischer Sachverhalte in der organischen Chemie sowie gleichermaßen durch die Fülle chemiehistorischer Bezüge.

Langenbecks Interessen erstreckten sich über Kunstgeschichte und alte Sprachen bis zur aktiven Musikausübung. Vielfältig geehrt, war er Mitglied einer Reihe von Akademien und im Verwaltungsrat des Deutschen Museums München. [HT]

Werk(e):
Lehrbuch der organischen Chemie (1. Aufl. 1938, 21. 1961).

Sekundär-Literatur:
Schellenberger, A.: Wolfgang Langenbeck 1899–1967, Chemische Berichte 123 (1990).

Langevin, Paul,
französischer Physiker,
* 23. 1. 1872 Paris,
† 19. 12. 1946 Paris.

Langevin erkannte die Ursache für den Para- und Diamagnetismus.

Langevin hatte vor seinem Studium an der Pariser Sorbonne (1891–1893) die neu gegründete École Municipale de Physique et Chimie besucht, in der Ingenieure ausgebildet wurden. Die Arbeit im dortigen Labor wurde von P. ↗ Curie geleitet, der damals hauptsächlich über Magnetismus forschte. Die Eingangsprüfung der École Normale Supérieure legte Langevin als Bester ab. Nach dem einjährigen Militärdienst begann er das Studium an dieser Eliteschule. Dort hörte er Vorlesungen von Marcel Louis Brillouin und forschte mit dem späteren Nobelpreisträger J. ↗ Perrin. 1897 ging er ein Jahr nach Cambridge an das Cavendish Laboratory zu J. J. ↗ Thomson, wo er über die Ionisation durch Röntgenstrahlen arbeitete. Hier lernte er E. ↗ Rutherford kennen.

Zurück in Paris, gründete er eine Familie, zu der später vier Kinder gehörten. 1902 beendete er seine Doktorarbeit über ionisierte Gase an der Sorbonne und ging im selben Jahr an das Collège de France. Zusätzlich lehrte er als Nachfolger von P. Curie ab 1904 an der École Municipale und ab 1906 als Nachfolger von M. ↗ Curie an der École Nationale Supérieure de Jeunes Filles. Als exzellenter Lehrer liebte er es, Studenten auszubilden.

P. Langevin

Seine ersten veröffentlichten theoretischen Arbeiten aus den Jahren 1904 und 1905 behandelten Konsequenzen der Lorentzschen Elektronentheorie wie die Massenzunahme mit wachsender Geschwindigkeit und die Längenkontraktion. Die Klarheit, die er über diese Probleme gewann, veranlasste später A. ↗ Einstein zu der Feststellung, dass Langevin die spezielle Relativitätstheorie aufgestellt haben würde, wenn er dies nicht selbst getan hätte.

Im Jahre 1905 gab Langevin eine quantitative Erklärung für den Para- und den Diamagnetismus, die P. Curie erforscht hatte. Er stützte sich hierbei auf die Elektronentheorie und nahm an, dass sich beim Paramagnetismus die magnetischen Momente der Elektronen nicht ausgleichen, sodass jedes Atom ein kleiner Magnet ist. Diese werden nun von einem äußeren Magnetfeld ausgerichtet, sodass sich eine Anziehungskraft ergibt. Der Diamagnetismus, der viel schwächer, aber aller Materie eigen ist, beruht nach Langevin darauf, dass durch ein äußeres Magnetfeld die Ladungen der Atome in einer Richtung beschleunigt, in einer anderen gebremst werden, sodass praktisch ein Strom induziert wird, was eine abstoßende Reaktion hervorruft.

Während des Ersten Weltkrieges entwickelte Langevin Methoden der Ortung von U-Booten durch Ultraschall, was später zum Echolot weiterentwickelt wurde.

Langevin, der sich entschieden gegen Faschismus und Krieg gewandt hatte, wurde nach der Okkupation Frankreichs inhaftiert und anschließend unter Hausarrest gestellt. Nachdem sein Schwiegersohn, Jacques Solomon, 1942 hingerichtet und seine Tochter Hélène 1943 nach Auschwitz deportiert worden war, floh er in die Schweiz. Nach der Befreiung kehrte er als Mitglied der Kommunistischen Partei nach Paris zurück, um sich dem Wiederaufbau des Erziehungswesen zu widmen. Seine Tochter hatte Auschwitz überlebt. Er starb nach einer kurzen Krankheit als Mitglied der Ehrenlegion. Sein Leichnam wurde 1948 in den Panthéon überführt. [RS]

Werk(e):
Oeuvres scientifiques de Paul Langevin (1950).

Sekundär-Literatur:
Starosel'skaja-Nikitina, O. A.: Pol' Lanževen (1962); Ghimeçan, I.: Paul Langevin (1964); Biquard, P.: Paul Langevin, Scientifique, Éducateur, Citoyen (1969).

Langmuir, Irving,
amerikanischer Chemiker und Physiker,
* 31. 1. 1881 Brooklyn (New York),
† 16. 8. 1957 Falmouth (Massachusetts).

Langmuir war ein außerordentlich erfolgreicher Industrieforscher, dessen Leistungen sowohl auf dem Gebiet der Grundlagenforschung, wie z. B. der Oberflächenchemie, als auch auf dem der angewandten Forschung, wie z. B. der Verbesserung elektrischer Glühlampen, liegen.

Als Sohn einer wohlhabenden Familie erhielt Langmuir seine Schulbildung in New York, Philadelphia und Paris. Der schulischen Disziplin stand er eher abweisend gegenüber, vielmehr hatte er schon in frühen Jahren ein großes eigenständiges Interesse an Mathematik, Physik und Chemie. Beispielgebend war für ihn sein älterer Bruder Artur, der in Europa Naturwissenschaften studierte. Seine Fähigkeiten waren schon bald so weit entwickelt, dass er mit 14 Jahren in das renommierte Pratt Institute in Philadelphia eintrat und mit 17 Jahren das Studium an der Columbia School of Mines aufnahm. Dieses schloss er 1903 als Ingenieur für Metallurgie ab. Es folgte ein dreijähriger Studienaufenthalt an der Universität Göttingen, wo er 1906 bei W. ↗ Nernst mit einer Arbeit zum Verhalten von Gasen in der Nähe eines heißen Platindrahtes promovierte. Von 1906–1909 lehrte er Chemie am Stevens Institute of Technology in Hoboken (New Jersey).

Seine erfolgreiche wissenschaftliche Laufbahn ist untrennbar mit dem Wechsel zum General Electric Research Laboratory im Jahre 1909 verbunden. Die ihm dort gewährte Freiheit in der Forschung ermöglichte ihm eine ausgedehnte Grundlagenforschung und zugleich eröffnete sie Möglichkeiten für zahlreiche Erfindungen und technische Verbesserungen. Eine erste Aufgabe bestand darin, die Lebensdauer von elektrischen Glühlampen zu erhöhen. Er fand 1913 heraus, dass durch eine Edelgasfüllung und die Verwendung von Metallfadenspiralen das Verdampfen des Wolframglühfadens verringert und damit die Lebensdauer der Glühlampen erhöht werden konnte. Bei diesen Forschungen bemerkte er auch die Bildung atomaren Wasserstoffs an glühenden Metallen. Dies führte ihn in den zwanziger Jahren zur Entwicklung eines Wasserstoff-Schweiß-

I. Langmuir

verfahrens mit sehr hohen Temperaturen, die durch die Molekülbildung im Gasstrahl entstehen.

Einen wichtigen Beitrag leistete er auch zur Ausarbeitung der Theorie des Strom-Spannungsverhaltens der von L. de ↗ Forest und Robert von Lieben entwickelten Elektronenröhre. Aus dem Jahre 1913 stammt die von ihm formulierte Raumladungstheorie, nach der sich im Raumladungsgebiet der Strom durch die von ihm hervorgerufene Raumladung begrenzt und der Potenzialdifferenz zwischen den Elektroden direkt proportional ist. Dies führte zum Raumladungsgesetz (auch als Langmuir-Gesetz oder $U^{3/2}$-Gesetz bezeichnet). Für die Verbesserung der Technologie der Elektronenröhrenherstellung entwickelte er eine Quecksilberhochvakuumpumpe. Die von ihm entwickelte und hergestellte Hochvakuum-Verstärkerröhre wurde 1913 in den USA patentiert.

Langmuir verfolgte verschiedene Forschungsrichtungen, die sich teilweise zeitlich überlappten. Zu nennen sind seine Arbeiten zum Ablauf chemischer Reaktionen bei hohen Temperaturen und geringen Drücken, zur Elektronentheorie, zu thermischen Effekten in Gasen, zu chemischen Wirkungen in festen Stoffen, Flüssigkeiten und an Oberflächen sowie zur Elektronenemission und Oberflächenionisation glühender Körper im Vakuum. So soll von ihm auch der Begriff des »Plasmas« geprägt worden sein.

Für seine wissenschaftlichen Arbeiten auf dem Gebiet der Oberflächenchemie wurde er 1932 mit dem Nobelpreis für Chemie ausgezeichnet. Er war damit der erste amerikanische Industrieforscher, dem diese hohe wissenschaftliche Auszeichnung zuteil wurde. [AK2]

Werk(e):

Collected Works of Irving Langmuir (1960); Phenomena, Atoms and Molecules: An attempt to interpret phenomena in terms of mechanisms or atomic and molecular interactions (1950); Langmuir, I.: Oberflächenchemie: Nobelvortrag (1933).

Sekundär-Literatur:

Reich, L. S.: Irving Langmuir and the Pursuit of Science and Technology in the Corporate, in: Technology and Culture (1983) 199–221; Serafini, A.: Legends and their own time: a century of American physical scientists. Irving Langmuir and the General Electric Laboratories (1993).

Laplace, Pierre Simon Marquis de,
französischer Mathematiker und Physiker,
* 28. 3. 1749 Beaumont-en-Auge,
† 5. 3. 1827 Paris.

Laplace prägte die französische Mathematik, theoretische Astronomie und die Physik in den Jahren vor und nach der französischen Revolution in entscheidendem Maße und erhielt von den Bourbonen den Titel eines Marquis und Pair von Frankreich. Er war ein extremer Vertreter einer kausal-mechanischen Naturauffassung. Berühmt geworden ist seine Vision eines alles rational erfassenden »Weltgeistes« – auch Laplacescher Dämon genannt –, der die Vergangenheit und Zukunft des Weltgeschehens in allen Einzelheiten beschreiben kann. Zugleich sagte Laplace aber auch, dass die menschliche Intelligenz dies niemals erreichen könnte.

P.S.M. de Laplace

Laplace war Sohn eines Kleinbauern, besuchte die Tagesschule der Benediktiner und sollte später ein kirchliches Amt bekleiden. 1766 ließ er sich an der Universität in Caen immatrikulieren und entdeckte seine Neigung für Mathematik und die Naturwissenschaften. 1768 ging er nach Paris und wandte sich mit einem Empfehlungsschreiben an J. B. d'↗Alembert, der ihm eine Professorenstelle an der École Militaire verschaffte und ihn förderte. Bereits nach fünf Jahren wurde Laplace in die Pariser Akademie der Wissenschaften gewählt. Von den 13 Arbeiten, die er dort einreichte, wurden 4 veröffentlicht. Darin wurden all die Themen schon angesprochen (Extremwertprobleme, Theorie der Planetenbewegung und der Mondbahn, Differentialgleichungen, Wahrscheinlichkeits- und Spieltheorie), die ihn sein ganzes Leben lang beschäftigten.

Laplaces Arbeiten behandelten die Astronomie, genauer die Astromechanik. Durch Unregelmäßigkeiten der Planetenbahnen von Jupiter und Saturn und der Mondbahn hatten viele Astronomen und Laien Sorgen um die Zukunft der Erde. Laplace konnte mit seinen rechnerischen Untersuchungen die Stabilität des Sonnensystems beweisen und die Pessimisten beruhigen. In seinem fünfbändigen Werk *Traité de Mécanique Céleste* (Abhandlungen zur Himmelsmechanik) gab er einen Überblick über alle seit I. ↗ Newton gewonnenen Erkenntnisse und auch über seine eigenen Forschungen. Seine Gezeitentheorie sagte zukünftige Springfluten voraus. Er erarbeitete den wichtigen Potenzialbegriff und formulierte die nach ihm benannte Differentialgleichung.

Drei Jahre vor Erscheinen der *Mécanique Céleste* hatte Laplace mit seinem Werk *Exposition du système du monde* (Darstellung des Weltsystems) 1796 das astronomische Weltbild seiner Zeit einem breiteren Leserkreis dargeboten. Es wurde sogleich ins Deutsche übersetzt. Darin wird auch die bemerkenswerte Frage gestellt, ob das Gravitationsgesetz ein ursprüngliches Naturgesetz sei oder vielleicht doch die Folge einer allgemeineren Ursache. In einer Auflage seines *Weltsystems* warf Laplace auch die Frage auf, ob die Lichtteilchen – er vertrat eine korpuskulare Theorie des Lichts –, die von einem Stern mit sehr großer Masse ausgestrahlt werden, wieder auf diesen zurückfallen könnten. Angeregt durch die vielgestaltigen Nebelflecken, die F. W. ↗ Herschel gefunden und gezeichnet hatte, stellte Laplace seine berühmte Nebularhypothese über die Bildung des Sonnensystems auf. I. ↗ Kant hatte schon 40 Jahre zuvor in seiner *Allgemeinen Naturgeschichte des Himmels* 1755 ähnliche Gedanken ausgesprochen, die Laplace offenbar nicht kannte.

Mit der Experimentalphysik kam Laplace schon früh durch A. L. ↗ Lavoisier in Berührung. Der Schöpfer einer antiphlogistischen Chemie war einer der führenden Köpfe in der Pariser Akademie der Wissenschaften des »Ancien Regime«. Gemeinsam mit Lavoisier verfasste Laplace zwei Abhandlungen über die Wärme, *Mémoire sur la chaleur 1783* und *Mémoire contenant les expériences faites sur la chaleur pendant l'hiver de 1783 à 1784* (Abhandlung über die während des Winters 1783–1784 ausgeführten Versuche über die Wärme). Die zuletzt genannte Abhandlung erschien erst nach der Hinrichtung von Lavoisier. In der ersten Abhandlung wurde über die Natur der Wärme diskutiert. Ist sie die lebendige Kraft der Materieteilchen oder eine unwägbare Flüssigkeit, die sich zwischen die Materieteilchen setzt und eine bestimmte Affinität zu der jeweiligen Stoffart besitzt? Beide Deutungen der Wärme hatten ihre Tradition. Laplace und Lavoisier bevorzugten die substanzielle Natur der Wärme. Die beiden Abhandlungen befassten sich mit den Wärmemengen, die bei Verbrennungen entstehen. Berühmt wurden das Eiskalorimeter und ein Verfahren, mit dem die spezifische Wärme von Gasen bestimmt werden kann.

Großen Einfluss übte Laplace zusammen mit Jean Charles de Borda bei der Einführung einheitlicher Maße für Länge und Gewicht aus, die zum metrischen System führte. 1795 wurde das Bureau des Longitudes ins Leben gerufen. Nach der französischen Revolution war an die Stelle der Académie Royale das Institut de France getreten, in dem von Anfang an Laplace eine führende Rolle spielte. Auch das Bildungssystem wurde reformiert. Laplace war an der École Normale Professor der Mathematik, als Examinator suchte er viele später berühmt gewordene Wissenschaftler aus und förderte sie. Als Napoleon an die Macht kam, schrieb er in seinem 3. Band der *Mécanique Céleste* eine Ergebenheitsadresse. 1807 gründete Laplace zusammen mit dem Chemiker C.-L. ↗ Berthollet die Société d'Arcueil, eine zwanglose Forschungsgemeinschaft, deren Mitglieder hochqualifizierte Wissenschaftler waren. Dazu gehörte auch J.-B. ↗ Biot. Sein bekanntes Lehrbuch Laplacescher Prägung *Précis élémentaire de physique expérimentale* 1818 und 1821 (Lehrbuch der Experimentalphysik) wurde von G. Th. ↗ Fechner ins Deutsche übersetzt und erweitert, und so der deutschen Wissenschaft der Anschluss an das französische Niveau ermöglicht.

Auf Laplace geht die Verbesserung von Newtons Formel für die Schallgeschwindigkeit zurück (1816), indem er den Faktor $\kappa = c_p/c_v$ hinzufügte. Laplaces Name findet man auch in den Lehrbüchern bei der Theorie der Molekularwirkung (Kapillarkräfte). Wie bei der Wärme, so auch beim Licht rivalisierten in jenen Jahren zwei Auffassungen miteinander. Newton hatte eine korpuskulare Theorie (Emissions- oder Emanationstheorie) vertreten und Chr. ↗ Huygens eine Wellentheorie. Als É.-L. ↗ Malus 1808 die Polarisation des Lichts entdeckte, glaubten die Emissionisten (Anhänger Newtons) wie Laplace und Biot über die Undulationisten (Anhänger von Huygens und Th. ↗ Young) triumphieren zu können. Für sie blieb die Transversalität der Lichtwellen im Äther eine Absurdität. Aber mit den Arbeiten von A.-J. ↗ Fresnel setzte sich im 3. Jahrzehnt des 19. Jahrhunderts endgültig die Wellenauffassung durch.

Trotz seiner großen Verdienste hat man Laplace keinen Platz im Panthéon gegeben, seine Feinde warfen ihm, der vier politische Systeme erleben und überleben musste, Opportunismus vor. Der fortschrittliche Citoyen hatte sich in der Restauration zu einem extremen Royalisten gewandelt. Aber es wurde auch die Frage gestellt, was ohne den anpassungswilligen Laplace aus der französischen Wissenschaft geworden wäre. [KHW]

Werk(e):

Oeuvres complètes, hrsg. v. P. Puiseux und J. Houel, 14 Bde. (1878–1912); Darstellung des Weltsystems, 2 Teile, hrsg. v. J. K. F. Hauff (1797); Philosophischer Versuch über die Wahrscheinlichkeit, hrsg. v. R. v. Mises, Ostwalds Klassiker Nr. 233 (1932); Mechanik des Himmels, 1. u. 2. Teil, hrsg. v. C. Burckhardt (1800, 1802); Zwei Abhandlungen über die Wärme, hrsg. v. J. Rosenthal, Ostwalds Klassiker Nr. 40 (1892).

Sekundär-Literatur:

Fox, R.: The Rise and Fall of Laplacian Physics, Historical Studies in the Physical Sciences 4 (1974) 89–136; Wiederkehr K. H.: P. S. Laplace, in: Die großen Physiker, hrsg. v. K. v. Meyenn, 1. Bd. (1997) 273–288; Gillispie, Ch. C.: P. S. Laplace, A life in Exact Sience (1997).

Larmor, Joseph,
irischer Physiker,
* 11. 7. 1857 Magheragall (County Antrim),
† 19. 5. 1942 Holywood (County Down).

Larmors Beiträge zur Physik bezogen sich vor allem auf das Gebiet der elektromagnetischen Feldtheorie, der Optik, der Mechanik sowie der Geodynamik. Er gehört zu den Pionieren der Elektronentheorie, wobei er elektromagnetische und optische Grundbegriffe der klassischen Physik zusammenführte.

Nach dem Studium in Belfast und Cambridge – Larmor schloss sein Mathematikstudium als »First Wrangler« 1880 ab – wurde er zunächst Professor in Galway, Irland. 1885 kehte er an sein altes College (St. John's) in Cambridge zurück, wo er 1903 »Lucasian Professor« und Nachfolger von G. G. ↗ Stokes wurde. Er erhielt Auszeichnungen von einer Vielzahl Akademien, wissenschaftlichen Gesellschaften und Universitäten. Die Universität Cambridge vertrat er im Londoner Parlament (1911–1922); er wurde ein Verfechter der Union zwischen Großbritannien und Irland. Im Privatleben blieb er Junggeselle, trat 1932 in den Ruhestand und verbrachte die letzten zehn Jahre seines Lebens in Irland.

Larmor veröffentlichte über hundert Arbeiten, die in seinen *Mathematical and Physical Papers* (1929) nachgedruckt wurden. Angeregt durch frühere Arbeiten der irischen Physiker James MacCullagh und G. F. ↗ Fitzgerald über optische bzw. elektromagnetische Reflexion, publizierte er seine Elektronentheorie als *A Dynamical Theory of the Electric and Luminiferous Medium* (3 Teile, 1894–1898). Das Buch *Aether and Matter* (1900) – wohl sein bedeutendstes Werk –, behandelte das Problem der Bewegung der Materie durch den Äther und präsentierte vielleicht zum ersten Mal die vollständigen Lorentz-Tranformationen. Sein Lebenswerk folgte der Tradition einer Schottisch-Irischen Schule des 19. Jahrhunderts in der Physik, deren Hauptvertreter, neben MacCullagh und Fitzgerald, J. C. ↗ Maxwell, W. R. ↗ Hamilton und W. Thomson (Lord W. ↗ Kelvin) waren. [JGOH]

Werk(e):
Mathematical and Physical Papers, 2 Bde. (1929).

Sekundär-Literatur:
Flood, R.: Joseph Larmor 1857–1942 in: Physicists of Ireland, hrsg. von M. McCartney und A. Whitaker (2002); Attis, D.: Joseph Larmor Mathematician and Physicist, in: Irish Innovators in Science and Technology, hrsg. von Ch. Mollan, W. Davis and B. Finucane (2002).

Lasaulx, Arnold Constantin von,
deutscher Mineraloge, Kristallograph und Geologe,
* 14. 6. 1839 Castellaun (bei Coblenz),
† 25. 1. 1886 Bonn.

Lasaulx hat sich vor allem um die optisch-kristallographische Bestimmung von Mineralen, z. T. mittels neu entwickelter Geräte, verdient gemacht.

Nach zweijähriger praktischer Tätigkeit im Bergbau studierte Arnold von Lasaulx Naturwissenschaften in Bonn, Berlin und Lüttich und habilitierte sich 1868 als Privatdozent für Mineralogie und Geologie an der Universität Bonn. 1875 wurde er zum ao. Professor für Mineralogie an die Universität Breslau als Nachfolger von Friedrich Martin Websky berufen. Hier war das Mineralogische Museum der Universität sein Wirkungsfeld. Direktor des Museums war der paläontologisch ausgerichtete Carl Ferdinand Roemer. Schwerpunkt der mineralogisch-kristallographischen Arbeiten Lasaulx' waren kristalloptische und Strukturuntersuchungen an Mineralen. Er entwickelte neue Geräte, u. a. einen neuen Kristallträger zum Messen der optischen Axenwinkel und ein Demonstrations-Polariskop für seine Vorlesungen sowie ein Seismometer. Gleichzeitig mit Maurice-Alexandre Bertrand baute er Mikroskope für die Gesteins- und Mineraluntersuchungen im konvergenten polarisierten Licht um.

Wissenschaftliche Reisen führten Lasaulx nach der Auvergne (1867), in die Ostalpen (1872), nach Irland und Schottland (1876) und 1878 nach Sizilien, um das von Sartorius von Waltershausen begonnene Werk über den Ätna zu vollenden und herauszugeben. Zwischen 1874 und 1880 entstanden eine Vielzahl detaillierter Publikationen. Am wissenschaftlichen Leben Breslaus, z. B. in der Schlesischen Gesellschaft für vaterländische Cultur, nahm Lasaulx wenig Anteil. 1880 an die Universität Kiel berufen, blieb er nur kurze Zeit; noch im gleichen Jahr folgte er einem Ruf an die Universität Bonn, wo er seine Forscherlaufbahn begonnen hatte. Lasaulx verstarb jedoch schon 1886 auf dem Höhepunkt seines Schaffens. [PK]

Werk(e):
Das Riesige und das Winzige in der Geologie (1872); Elemente der Petrographie (1875); Sicilien, ein geographisches Charakterbild (1879); Der Ätna (bearbeitet nach dem Manuskript des Freiherrn Wolfgang Sartorius von Waltershausen) 2 Bde. (1880); Einführung in die Gesteinslehre (1886)

Sekundär-Literatur:
Völkel, H.: Mineralogen und Geologen in Breslau. Die Geschichte der Geowissenschaften an der Universität Breslau von 1811 bis 1945 (2002).

Laue, Max von,
deutscher Physiker,
* 9. 10. 1879 Pfaffendorf/Koblenz,
† 24. 4. 1960 Berlin.

Die von Laue initiierte Entdeckung der Röntgenstrahlinterferenzen an Kristallen war eine wissenschaftliche Großtat, eröffnete sie doch eine neue Ära der Atomistik. Indem man nun ein Hilfsmittel besaß, tief in das Gebäude der Kristalle »hineinzuschauen«, beeinflusste die Entdeckung maßgeblich unsere Vorstellungen vom Bau und der Struktur der Materie. Neben wichtigen Arbeiten zur Theorie der Röntgen- und Elekronenstrahlinterferenzen weisen ihn ebenfalls seine Beiträge zur Relativitätstheorie und zur Supraleitung als einen Klassiker der modernen Physik aus.

Als Sohn eines hohen preußischen Militärbeamten verlebte Max von Laue Kindheit und Jugend in verschiedenen Städten des Deutschen Reiches. In Straßburg legte er 1908 sein Abitur ab und studierte danach in Straßburg, Göttingen, München und Berlin. Neben den Göttingern W. ↗ Voigt und D. ↗ Hilbert wurde vor allem M. ↗ Planck der akademische Lehrer, bei dem er nicht nur 1903 mit einer optischen Arbeit promovierte, sondern dessen »nächststehender Schüler«, »naher Freund« und auch Nachfolger er in Berlin wurde – Letzteres indes erst in den zwanziger Jahren. Dazwischen lagen eine über zwanzigjährige Lehr- und Forschungstätigkeit als Assistent in Göttingen (1903–1905) und Berlin (1905–1909), als Privatdozent in München (1909–1912) und als Professor in Zürich (1912–1914) und Frankfurt/Main(1914–1919). Durch einen Tausch mit seinem Freund M. ↗ Born kehrte er 1919 an die Berliner Universität zurück, wo er seinem Lehrer Planck wieder nahe war und 1927 aus dessen Händen auch die Leitung des Instituts für theoretische Physik übernahm. Als Mitglied der Preußischen Akademie (1920), stellvertretender Direktor des KWI für Physik (1921), theoretischer Berater der Physikalisch-Technischen Reichsanstalt und Vorsitzender der Physikalischen Gesellschaft nahm er in den folgenden Jahrzehnten maßgeblichen Einfluss auf den Wissenschaftsbetrieb in Berlin und auch darüber hinaus. Nach dem Zweiten Weltkrieg verschlug es ihn zunächst nach Göttingen. 1951 kehrte er in das inzwischen geteilte Berlin zurück und übernahm die Leitung des Dahlemer Fritz-Haber-Instituts.

M. von Laue

Laues lebhaftes Interesse an den Röntgenstrahlen sowie eine intensive Beschäftigung mit der Raumgittertheorie der Kristalle ließen ihn im Frühjahr 1912 die Frage stellen, ob ein Kristall für Röntgenstrahlen nicht dasselbe darstelle wie ein Beugungsgitter für gewöhnliches Licht. Dieser geniale Einfall wurde in der täglichen Kaffeehausrunde mit den Münchener Physikerkollegen diskutiert und regte die beiden Experimentalphysiker W. ↗ Friedrich und Paul Knipping an, die Idee einer experimentellen Prüfung unterziehen zu wollen. Dabei hatten sie nicht nur apparative und experimentelle Schwierigkeiten zu überwinden, denn weder W. C. ↗ Röntgen noch A. ↗ Sommerfeld, die damaligen Münchener Physikordinarien, hielten etwas von der Idee ihrer jungen Mitarbeiter. Inoffiziell und neben ihren sonstigen Verpflichtungen mussten sich Friedrich und Knipping an den Aufbau der Versuchsapparatur machen, doch nach Monaten intensiver Arbeit gab ihnen der Erfolg Recht: Die Durchstrahlung eines Kupfersulfatkristalls lieferte auf einer hinter dem Kristall angeordneten Fotoplatte regelmäßig angeordnete Schwärzungspunkte. Mit diesem ersten Laue-Diagramm war der zweifelsfreie Nachweis erbracht, dass es sich bei den Röntgenstrahlen tatsächlich um eine extrem kurzwellige Strahlung handelt und dass Kristalle regelmäßig aus Atomen in Form von Raumgittern aufgebaut sind.

Laue machte sich unverzüglich daran, eine befriedigende Theorie der Röntgenstrahlinterferenzen auszuarbeiten. Die Lauesche Theorie ist bis heute, obwohl sie weitgehende Vernachlässigungen enthält und später noch verfeinert wurde, die Grundlage für alle kristallographischen Strukturbestimmungen geblieben. Zwar hat sich Laue bis an sein Lebensende am weiteren Ausbau der Theorie in mathematischer und physikalischer Hinsicht beteiligt und z. B. eine dynamische Theorie der Röntgen- und Elektronenstrahl-Interferenzen ausgearbeitet, doch nahm er an der sofort einsetzenden stürmischen Entwicklung der Röntgenstrukturanalyse keinen direkten Anteil mehr. Diese wurde zur Domäne anderer Forscher, namentlich die von W. H. ↗ Bragg und W. L. ↗ Bragg. Durch sie wurde systematisch in

M. von Laue

den Aufbau der Materie »hineingeleuchtet« und der Laueschen Entdeckung eine breite Anwendung in vielen Gebieten der Naturwissenschaft, Technik und Medizin eröffnet. Welch großes Aufsehen die Entdeckung bei seinen Zeitgenossen erregte, macht die Tatsache deutlich, dass Laue dafür bereits 1914 mit dem Nobelpreis für Physik geehrt wurde. Laue selbst hat im Übrigen das Verdienst seiner beiden Kollegen Friedrich und Knipping an der Entdeckung nie geschmälert und ihnen öffentlich ein Drittel des Preisgeldes abgetreten.

Noch auf zwei anderen Gebieten hat Laue Pionierarbeit geleistet – so verfasste er 1911 die erste Monographie zur Einsteinschen Speziellen Relativitätstheorie, der zehn Jahre später ein zweiter Band zur Allgemeinen Relativitästheorie folgte. Einen weiteren Problemkreis erschloss sich Laue in den zwanziger Jahren mit der Supraleitung. Als theoretischer Berater der Reichsanstalt war er in die Tieftemperaturexperimente seines Freundes W. ↗ Meißner einbezogen und lieferte wichtige Anregungen zur Entdeckung des Meißner-Ochsenfeld-Effektes. Darüber hinaus erarbeitete er eine der ersten phänomenologischen Theorien der Supraleitung.

Anerkennung verdient auch Laues mutiges und kompromissloses Verhalten in den Jahren des Dritten Reiches. Er gehörte in jener Zeit zu den wenigen deutschen Gelehrten, die gegenüber den Nazis Zivilcourage zeigten und – nach den Worten A. ↗ Einsteins – »aufrecht geblieben« waren. Dies brachte ihm international hohes Ansehen und die Ehrenbezeichnung »Ritter ohne Furcht und Tadel« ein. In der Nachkriegszeit half Laues Reputation, die internationalen Wissenschaftskontakte der deutschen Physiker zu erneuern und den Wiederaufbau der Physik voranzutreiben. Darüber hinaus hat er sich immer wieder über die Barrieren des Kalten Krieges hinweg für die Pflege von Kontakten zwischen den Physikern beider deutscher Staaten eingesetzt. [DH]

Werk(e):

Gesammelte Schriften und Vorträge, 3 Bde. (1961); Die Relativitätstheorie, 2 Bde. (1961); Die Interferenz von Röntgen- und Elektronenstrahlen (1935); Theorie der Supraleitung (1947); Geschichte der Physik (1946); gemeinsam mit W. Friedrich und P. Knipping Interferenzerscheinungen bei Röntgenstrahlen (1955); Lise Meitner – Max von Laue: Briefwechsel 1938–1948, hrsg. v. J. Lemmerich (1998).

Sekundär-Literatur:

Ewald, P. P.: Max von Laue. Biographical Memoirs of Fellows of the Royal Society 6 (1960) 135–156; Herneck, F.: Max von Laue (1979); Über das persönliche und wissenschaftliche Wirken von Max von Laue, Schriftenreihe des itw, Heft 21, Akademie der Wissenschaften der DDR (1980); Hildebrandt, G.: Max von Laue, der »Ritter ohne Furcht und Tadel«, in: W. Treue und G. Hildebrandt (Hrsg.): Berlinische Lebensbilder. Naturwissenschaften (1987) 233–244.

Laurent, Auguste,
französischer Chemiker und Münzprüfer
* 14. 11. 1807 La Folie,
† 15. 4. 1853 Paris.

Laurent, Schüler von J.-B. ↗ Dumas und später Lehrer von Ch. ↗ Gerhardt, isolierte mehrere wichtige aromatische Verbindungen aus dem Steinkohlenteer und untersuchte deren chemisches Verhalten, entwickelte die Substitutionstheorie seines Lehrers weiter und formulierte eine Kerntheorie. Er definierte die Begriffe Molekül und Atom neu.

Laurent, Sohn eines Kleinbauern, erhielt seine Ausbildung als Bergbauingenieur an der École des Mines. Nach einer Studienreise nach Deutschland und Österreich arbeitete er ab 1831 als Assistent von Dumas an der École des Arts et Métiers und, nach Schwierigkeiten mit Dumas, als Industriechemiker in verschiedenen Betrieben. Während dieser praktischen Tätigkeiten arbeitete er auch an theoretischen Problemen der Chemie. Ende 1837 promovierte er mit einer Arbeit über seine Vorstellungen der Geometrie organischer Verbindungen, die

A. Laurent

er bereits 1836 unter dem Titel *Theorie des combinaisons organiques* veröffentlicht hatte. In dieser Arbeit entwickelte er seine Kerntheorie, die er aus der 1834 von Dumas aufgestellten Substitutionstheorie ableitete. Er beschrieb nicht nur die Umsetzung am Substitutionsprodukt (wie Dumas), sondern dehnte seine Aussage auf alle Reaktionsprodukte aus. Nach ihm ist der Wasserstoff in organischen Verbindungen durch äquivalente Mengen anderer Elemente substituierbar.

1838 erhielt Laurent den Lehrstuhl für Chemie an der Faculté des Sciences in Bordeaux, wo er 1844 auch Charles Gerhardt kennen lernte. Bald freundschaftlich verbunden, erarbeiteten sie gemeinsam eine Theorie der mehrbasigen Säuren. 1845 stellte Laurent das Gesetz der paaren Atomzahlen auf.

1844 war Laurent Ritter der Ehrenlegion geworden, 1845 wurde er zum korrespondierenden Mitglied der Akademie der Wissenschaften gewählt. 1846 zog er, nach von Studenten geübter Kritik am Professor, mit seiner Familie nach Paris, wo er aber erst 1848 eine Anstellung finden konnte, und zwar als Münzprüfer an der Münze.

1849 wurde er Mitglied der Royal Society. Sein Werk *Méthode de Chimie* erschien erst 1854, also erst ein Jahr nach seinem Tode.

Seine Leistungen auf dem Gebiet der experimentellen Chemie waren: Isolierung des Naphthalins aus dem Steinkohlenteer (1831), des Anthracens (mit Dumas, 1835); Oxidation des Anthracens zu Anthrachinon und die Bildung von Benzil durch Einwirkung von Chlor auf Benzoin (1836); erste Darstellung der Phthalsäure und neuer Chlor-, Nitro- und Sulfonsäurederivate des Naphthalins, Gewinnung von Chrysen und Pyren sowie Phenol aus Teer (1832–41); Darstellung von Isatin aus Indigo (1841); Auffindung der Stilbene (1843); Erkennung der richtigen Konstitution des Äthers. Für die Silikatanalyse (Porzellanindustrie!) wandte Laurent Flusssäure an (Umwandlung von SiO_2 in SiF_4, Hydrolyse ergibt wieder quantitativ SiO_2). [WG]

Werk(e):
Theorie des combinaisons organiques (1836); Méthode de Chimie (1854).

Lavoisier, Antoine Laurent de,
französischer Chemiker,
* 26. 8. 1743 Paris,
† 8. 5. 1794 Paris.

Lavoisier stand im Zentrum der »chemischen Revolution« des 18. Jhs., mit der die bis dahin dominierende Phlogistontheorie durch die Sauerstofftheorie der Verbrennung abgelöst und das begriffliche und methodische Fundament der modernen Chemie vorbereitet wurde.

A.L. de Lavoisier

Seine Vermögensverhältnisse gestatteten dem einer begüterten Familie entstammenden promovierten Juristen Lavoisier, mit eigenen Mitteln seinen naturwissenschaftlichen Neigungen nachzugehen. Die institutionelle Basis dafür bildete die Académie des Sciences, in die er 1768 als Adjunkt aufgenommen wurde (1772 Associé, 1778 mit 35 Jahren jüngstes ordentliches Mitglied; 1784 Direktor). 1768 trat er auch als Gehilfe in die Organisation der privaten Hauptzollpächter (Ferme Générale) ein, 1779 wurde er vollberechtigtes Mitglied und mit den dort erzielten Einkünften einer der reichsten Männer Frankreichs. Seine Pflichten als Fermier und dazu ab 1775 als Direktor der Staatlichen Pulververwaltung nahmen den größten Teil seiner Zeit in Anspruch. Die naturwissenschaftliche – vor allem chemische – Forschung war für ihn eine Freizeitbeschäftigung, bildete aber den eigentlichen Mittelpunkt seines Lebens.

1771 heiratete er die Tochter seines Vorgesetzten bei der Ferme. Die Ehe blieb kinderlos. Marie-Anne-Pierrette Lavoisier geb. Paulze entwickelte sich zur qualifizierten wissenschaftlichen Mitarbeiterin ihres Gatten, assistierte und protokollierte bei seinen Experimenten, übersetzte ausländische Fachliteratur und fertigte präzise Stiche chemischer Gerätschaften und Experimentalanordnungen an. Das modern ausgestattete private Labor war ein Mittelpunkt der wissenschaftlichen Kommunikation und wurde auch von ausländischen Gelehrten aufgesucht. Lavoisiers wissenschaftlicher Ruhm schützte ihn jedoch nicht davor, ab 1791 während der Revolution in den gegen die Ferme und ihre Mitglieder aufflammenden Hass einbezogen zu werden. Obwohl sich mehrere Wissenschaftler für seine Rettung einsetzten, wurde er unter der Jakobinerdiktatur am 8. Mai 1794 durch die Guillotine hingerichtet.

Das intellektuelle Klima, in dem Lavoisier das Feld der Forschung betrat, war in Frankreich vom aufklärerischen Geist der durch Denis Diderot und J. le R. d'↗Alembert begründeten *Encyclopé-*

die mit ihrer Wertschätzung der mathematischen Naturwissenschaft geprägt. Diese Orientierung vermittelte ihm vor allem der Unterricht bei dem Astronomen Nicolaus Louis de Lacaille. Fertigkeiten im Beobachten und Experimentieren erwarb er bei dem Botaniker A. de ↗ Jussieu, dem Mineralogen J.-É. ↗ Guettard, mit dem er geologisch-mineralogische Exkursionen unternahm, und dem Chemiker Guillaume François Rouelle. Lavoisier dachte ausgesprochen quantitativ und sah sich nicht als einen Chemiker herkömmlicher Art, sondern als einen Physiker, der bestrebt war, die chemischen Phänomene in den Geltungsbereich der Physik einzubeziehen. Ihm ging es nicht um die Entdeckung neuer Substanzen, sondern um die genaue quantitative Untersuchung von Vorgängen, die bis dahin nur qualitativ oder bestenfalls halbquantitativ bekannt waren. Insofern zählt er zu den Stammvätern der physikochemischen Denkweise.

Als Lavoisier in der ersten Hälfte der 1760er-Jahre eigene chemische Untersuchungen aufnahm, war die von G. E. ↗ Stahl ausgearbeitete Phlogistontheorie noch allgemein akzeptiert. Diese Theorie brachte die chemische Gemeinsamkeit von auffälliger Verbrennung und unauffälliger »Verkalkung« (Rosten der Metalle) zum Ausdruck, erklärte diese Vorgänge jedoch nicht durch Hinzutreten einer anderen Substanz, sondern durch Entweichen des als Phlogiston bezeichneten hypothetischen »Prinzips« der Brennbarkeit. Lavoisier gelang es, dieses Erklärungsschema umzukehren und die Verbrennung bzw. Verkalkung als Vereinigung der betreffenden Substanz mit Sauerstoff zu interpretieren. Damit wurde der im frühen 19. Jahrhundert von J. ↗ Dalton entwickelten chemischen Atomistik der Boden bereitet.

Lavoisier begann er seinen Weg als Phlogistiker und erfuhr in seiner eigenen Forschung das Aufbrechen und die Kulmination der inneren Widersprüche dieser Theorie im Angesicht der sich wandelnden chemischen Erfahrung. Eine Schlüsselrolle spielten dabei die Integration der in England (J. ↗ Black, H. ↗ Cavendish, St. ↗ Hales, J. ↗ Priestley) entwickelten »pneumatischen Chemie« in die Untersuchung der Verbrennungsphänomene, auf die Lavoisier sich ab 1772 konzentrierte, und die Vervollkommnung des experimentellen Umgangs mit Gasen. Seit 1773 wiederholte und erweiterte er mit größter Sorgfalt alle in der Literatur erwähnten einschlägigen Experimente. Wesentlich gefördert wurde sein Programm durch ein von mehreren Forschern beobachtetes Phänomen, das sich nicht mehr ohne Weiteres phlogistisch erklären ließ: Beim Erhitzen des roten »Quecksilberkalks« (Präzipitat) entstand das reine Metall, ohne dass ein Phlogistonspender hinzugegeben werden musste; dabei wurde ein Gas frei, das Verbrennungsprozesse lebhafter unterhielt als gewöhnliche Luft. Auch Lavoisier untersuchte dieses Gas und erkannte in ihm den aktiven Teil der atmosphärischen Luft, der sich beim Verbrennen bzw. Verkalken mit anderen Substanzen verbindet (»air pur«). In 1776 gemeinsam mit Trudaine de Montigny ausgeführten Experimenten über die Atmung von Vögeln – dem Ausgangspunkt der chemischen Physiologie der Atmung – fand er, dass diese in einem mit »air pur« gefüllten abgeschlossenen Gefäß länger lebten als in gewöhnlicher Luft; damit war dieses Gas auch als »eminent atembare Luft« nachgewiesen.

Um 1775/76 hatte Lavoisier den Übergang von der Phlogistontheorie zur Sauerstofftheorie der Verbrennung grundsätzlich vollzogen. Vor der Akademie referierte er 1777 Grundgedanken seines *Mémoire sur la combustion en général*, in dem er einen ersten, vorsichtigen Angriff auf die Phlogistik vortrug. Die »air pur« (Sauerstoff) deutete er darin als Verbindung einer ponderablen Basissubstanz mit unwägbarem Feuerstoff (Lavoisier blieb bei einer stofflichen Auffassung der Wärme), der für die Elastizität der Gase verantwortlich sein sollte. Bei der Verbrennung wird danach der Feuerstoff frei (damit fügte Lavoisier die bei Verbrennungsvorgängen zu beobachtende positive Wärmebilanz in seine Theorie ein), während sich der seiner Elastizität beraubte Basisanteil der »air pur« mit dem brennbaren Körper verbindet und die durch Wägung zu ermittelnde Gewichtszunahme bewirkt. Die Ausführung der Reaktion im geschlossenen System erlaubt die Feststellung, dass dabei die Masse der Gesamtheit aller beteiligten Substanzen konstant bleibt; der angenommene Feuerstoff geht wegen seiner unterstellten Unwägbarkeit nicht in die Massenbilanz ein.

Bereits 1772 hatte Lavoisier bei seinen Versuchen zur Verbrennung von Phosphor und Schwefel den sauren Charakter der Endprodukte festgestellt und daraus den Schluss gezogen, die absorbierte

A.L. de Lavoisier: Gemälde von L. Langenmantel (Fotografie, 1876).

Luft bilde einen Bestandteil der Säuren. 1779 legte er in seinem Aufsatz *Considérations générales sur la nature des acides* die Auffassung dar, dass der vom Feuerstoff getrennte Anteil der »air pur« – von ihm daher als »principe oxygine« bezeichnet – als universeller Säurebildner fungiere. Die Salzsäure, das auffälligste Gegenbeispiel, integrierte er mit Hilfe der Hypothese, sie sei eine Sauerstoffverbindung, die mit den damals verfügbaren Mitteln nur noch nicht weit genug zerlegt werden könne.

Die größte Schwierigkeit für seine Theorie bildete das Problem der Verbrennung des von Cavendish als »inflammable air« entdeckten (und von diesem sogar mit dem gesuchten Phlogiston gleichgesetzten) Wasserstoffs. Ab 1777 befasste sich Lavoisier intensiv mit diesem Gas, das im Gemisch mit »air pur« explosionsartig verbrannte, dabei aber als Verbrennungsprodukt nicht die erwartete Säure lieferte. Erst mit einem von ihm und P. S. ↗ Laplace gemeinsam konstruierten neuartigen Verbrennungsapparat konnte er zeigen, dass das Reaktionsprodukt reines Wasser ist und dass auch für diese Reaktion der Satz von der Erhaltung der Masse gilt. Dem berühmten Experiment vom 24. Juni 1783 wohnte auch Charles Blagden bei, der Sekretär der Royal Society; er setzte Lavoisier davon in Kenntnis, dass Cavendish dieser Nachweis bereits zuvor gelungen war. 1783 unternahm in Paris der Physiker Jacques Charles Aufstiege mit einem Ballon, der mit »inflammable air« gefüllt war. Auf der Suche nach einem günstigen Verfahren zur Herstellung ausreichender Mengen dieses Gases führte Lavoisier gemeinsam mit Jean Baptiste Meusnier Experimente zur Zerlegung von Wasser an glühendem Eisen aus. Damit waren sowohl die Synthese von Wasser aus seinen Bestandteilen als auch seine Zerlegung in diese erfolgreich realisiert. Wasser – seit dem Altertum als Element betrachtet – war nun als eine Verbindung erwiesen und die »inflammable air« als deren Bestandteil, also als Wasserstoff (bei Lavoisier: principe inflammable aqueux).

In der zweiten Hälfte der 1770er-Jahre hatte sich im Wettstreit zwischen der experimentell sehr erfolgreichen, aber weiterhin auf phlogistischen Prinzipien beruhenden englischen Gaschemie, die Lavoisiers Ergebnisse flexibel aufnahm und auf ihre Weise interpretierte, und dem Kreis um Lavoisier eine Pattsituation herausgebildet. Die Durchbrechung dieses Patts erfolgte in den späten 1780er-Jahren mittels einer – durch den Übergang mehrerer prominenter französischer Chemiker auf die Position Lavoisiers ermöglichten – abgestimmten Kommunikationsoffensive. 1.) Die dringend notwendige und angesichts verbreiteter terminologischer Verwirrung allgemein geforderte Reform der chemischen Sprache erfolgte in dem 1787 publizierten Werk *Méthode de nomenclature chimique*

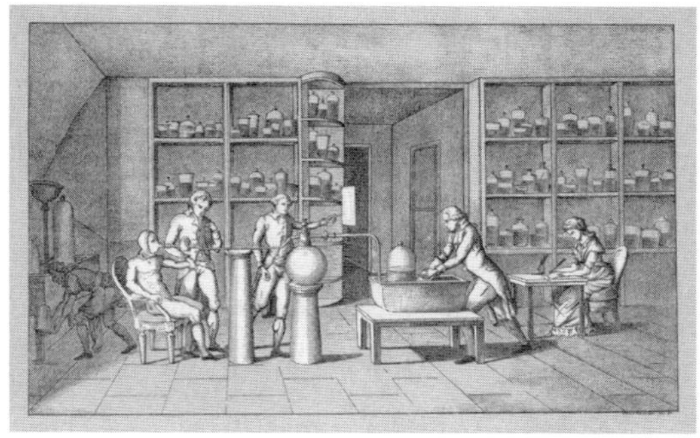

A.L. de Lavoisier in seinem Labor

von C. L. ↗ Berthollet, A. F. de ↗ Fourcroy, L.-B. ↗ Guyton de Morveau und Lavoisier derart, dass die Struktur der neuen Terminologie auf der Sauerstofftheorie der Verbrennung basierte. 2.) 1788 wurde eine französische Übersetzung von R. ↗ Kirwans zur Verteidigung der Phlogistontheorie verfasstem *Essay on phlogiston* publiziert; sie stammte von Mme. Lavoisier und war mit ausführlichen sachlich-kritischen Kommentaren der Autoren der *Nomenclature* und weiterer französischer Wissenschaftler versehen. 3.) 1789 erschien Lavoisiers *Traité élémentaire de chimie*, der einen Epoche machenden neuen Lehrbuchtypus verkörperte: Die traditionelle genetisch-historische Darstellungsweise wurde durch eine theoretisch-systematische ersetzt, die sich auf eine konzise Beschreibung der experimentellen Fakten gründete. 4.) Im gleichen Jahr gründeten Lavoisier und seine Anhänger mit den *Annales de chimie* eine neue Zeitschrift, die ganz auf die Verbreitung der »antiphlogistischen« Chemie eingestellt war. Dieser Offensive hielt die Phlogistontheorie nicht stand. Die Ideen Lavoisiers wurden zum Paradigma der jungen Chemikergeneration, und einige (nicht alle) prominente Phlogistiker wie Black und Kirwan erkannten die Überlegenheit der neuen Lehre an und gingen auf ihre Position über. [HL]

Werk(e):
Œuvres, publiées sur la direction de M. Dumas et E. Grimaux (6 vols.) (1864–1893); Correspondance, recueille et annotée par R. Fric (6 vols.) (1955–1997); Duveen, D. I., Klickstein, H. S.: A bibliography of the works of Antoine Laurent Lavoisier, 1743–1794 (1954; Suppl. 1965).

Sekundär-Literatur:
Daumas, M.: Lavoisier: Théoricien et expérimentateur (1955); Guerlac, H.: Antoine Laurent Lavoisier, chemist and revolutionary (1973); Szabadváry, F.: Antoine Laurent Lavoisier (1973); Ströker, E.: Theoriewandel in der Wissenschaftsgeschichte. Chemie im 18. Jahrhundert (1982); Holmes, F. L.: Lavoisier and the chemistry of life (1985); Donovan, A.: Antoine Lavoisier: Science, administration and revolution (1993); Poirier, J.-P.: Antoine Laurent de Lavoisier (1743–1794) (1993); Poirier, J.-P.: Lavoisier chemist, biologist, economist (1996); Yount, L.: Antoine La-

voisier founder of modern chemistry (1997); Holmes, F. L.: Antoine Lavoisier. The next crucial year or the sources of his quantitative method in chemistry (1998).

Lawrence, Ernest Orlando,
US-amerikanischer Physiker,
* 8. 8. 1901 Canton (Süd-Dakota),
† 27. 8. 1958 Palo Alto (Kalifornien).

Lawrence entwickelte mit dem Zyklotron einen Teilchenbeschleuniger, der zu einem der leistungsfähigsten Hilfsmittel der Kern- und Elementarteilchenphysik wurde.

Lawrence war der Sohn eines Lehrerehepaares lutherischen Glaubens, das von norwegischen Einwanderern abstammte. Er studierte zunächst an der Universität von Süd-Dakota, dann in Minnesota. Besonders beeinflusste ihn sein Physiklehrer William Francis Grey Swann, der ihn mit der elektromagnetischen Theorie vertraut machte, die eine wesentliche Grundlage seiner späteren Arbeiten wurde. Ihm folgte Lawrence 1923 nach Chicago und 1924 an die Yale University, wo er ein Jahr später promovierte (über den Fotoeffekt). 1928 wurde Lawrence an die California University in Berkeley berufen, wo er ab 1930 ordentlicher Professor und ab 1936 Direktor des Strahlungslaboratoriums (Lawrence Berkeley Radiation Lab) war. – Lawrence war verheiratet (1932) und hatte sechs Kinder.

Nachdem es Mitte der 1920er-Jahre immer deutlicher wurde, dass die Energien der radioaktiven Strahlung aus den bisher zur Verfügung stehenden natürlichen radioaktiven Substanzen zu gering waren, um zwecks Studium der Atomstruktur Atomumwandlungen im größeren Maßstab durchzuführen, bemühte man sich in den radioaktiven Forschungslaboren um den Bau entsprechender Teilchenbeschleuniger. Verschiedene Konzepte wurden entwickelt. Lawrence, der sich inzwischen den Atomkern als Arbeitsgebiet gewählt hatte, entwickelte 1928 sein Konzept zur Teilchenbeschleunigung anknüpfend an eine Arbeit von Rolf Wideröe. Die entscheidende Idee, die Teilchen mittels eines Magnetfeldes auf eine Spiralbahn zu zwingen, während sie in einem Hochfrequenzfeld unter Ausnutzung der Resonanz beschleunigt werden, kam ihm 1929 und gemeinsam mit Niels E. Edlefsen baute er sein erstes Versuchsmodell. Mit Milton Stanley Livingston gelang ihm 1931 die Entwicklung des Zyklotrons in seiner prinzipiellen Form. Die folgenden Jahre waren durch den Bau immer größerer und leistungsfähigerer Geräte gekennzeichnet. Dabei musste er den traditionellen Bereich der Physik verlassen und die Ingenieurtechnik mit einbeziehen – und es waren Geldgeber zu gewinnen, denn solche Geräte überstiegen die Möglichkeiten einer Universität. Lawrence vollzog den Schritt zum physikalischen Großlaboratorium mit wissenschaftlichen Großgeräten.

E.O. Lawrence

Infolge dieser Geräteentwicklungen trat die physikalische Grundlagenforschung bei Lawrence etwas in den Hintergrund, und so entging ihm beispielsweise die Entdeckung der künstlichen Radioaktivität – sein Zyklotron wäre für den entsprechenden Nachweis eigentlich sehr geeignet gewesen (und F. ↗ Joliot-Curie und I. ↗ Joliot-Curie deuteten dies in ihrer Publikation über diese Entdeckung auch an). Doch wurden in der Folge in Lawrences Laboratorium zahlreiche radioaktive Isotope entdeckt (und auch für andere Anwendungen produziert) und er entwickelte (gemeinsam mit seinem Bruder John) ein medizinisches Forschungsprogramm zur Krebsbekämpfung. In Berkeley wurden zahlreiche künstliche radioaktive Isotope entdeckt und schließlich 1940 die ersten »echten« Transurane erzeugt. – Für die Zyklotronentwicklung und die damit erzielten Resultate erhielt Lawrence 1939 den Physik-Nobelpreis.

Im Rahmen des US-amerikanischen Atombomben-Programms (Manhattan-Projekt) erkannte Lawrence 1941 die Möglichkeit, sein Zyklotron für die ^{235}U-Produktion einzusetzen und auf diese Weise notwendige Forschungsarbeit für den elektromagnetischen Isotopentrennungsprozess zu leisten (er leitete dann das entsprechende Teilprojekt im Manhattan-Projekt). Das ^{235}U für die Hiroshima-Bombe wurde vermittels dieser »Calutron« genannten Geräte produziert (später wurde dieses Verfahren durch das effektivere Gasdiffusionsverfahren ersetzt).

Nach dem Kriege stießen seine Ideen für immer größere Zyklotrone an physikalische Grenzen und andere Entwicklungen wurden erfolgreicher. Lawrence wurde ein Befürworter der Wasserstoffbombenentwicklung und gemeinsam mit E. ↗ Teller betrieb er die Gründung (1952) des Livermore Radiation Laboratory (Kalifornien), das Grundlagenforschung für (insbesondere Kern-) Waffenentwicklung betreiben sollte.

Lawrence erhielt u. a. 14 Ehrendoktorate, den Comstock Preis der Nat. Acad. of Sciences (1937), die Hughes-Medaille der Royal Acad. (1937) und den Enrico Fermi-Preis (1957); Mitglied der Nat. Acad. of Sciences war er seit 1934. Das Transuran mit der Ordnungszahl 103 wurde nach ihm benannt (^{103}Lr). [HK]

Werk(e):
The evolution of the cyclotron (Nobelvortrag),in: Nobel Lectures Physics 1922–1941 (1965) 425–446.

Sekundär-Literatur:
Childs, H.: An American Genius: The Life of Ernest Lawrence (1968); Alvarez, L. W.: Ernest Orlando Lawrence. Biographical Memoirs of the National Academy of Sciences 41 (1970) 251–294 (mit Bibliographie); Heilbron, J. L. und Seidel, R.W.: Lawrence and his Laboratory (1989).

Leavitt, Henrietta Swan,
amerikanische Astrophysikerin,
* 4. 7. 1868 Lancaster (Mass.),
† 12. 12. 1921 Cambridge (Mass.).

Leavitt fand 1912 einen wichtigen Zusammenhang zwischen der Periode und der Leuchtkraft von Cepheiden, veränderlichen Sternen, die seitdem bei der kosmischen Entfernungsbestimmung eine entscheidende Rolle spielen.

Im Vergleich zu den anderen drei berühmten Frauen am Harvard-Observatorium, Williamina Paton Fleming, A. J. ↗ Cannon und Antonia C. Maury, die durch ihre wichtigen spektroskopischen Arbeiten bekannt wurden, beschäftigte sich Henrietta Leavitt mit der Fotometrie, der Helligkeitsbestimmung.

Ab 1902 widmete sich Leavitt der fotografischen Helligkeitsbestimmung von Standardsternen rund um den Himmelsnordpol. Diese wurden vom International Committee on Photographic Magnitudes 1913 akzeptiert und Harvard Standard genannt. Dafür musste sie 299 Fotoplatten von 13 Teleskopen untersuchen und logarithmische Gleichungen benutzen, um Sterne über 17 Größenklassen zu ordnen.

Dann beschäftigte sie sich mit Veränderlichen Sternen, besonders mit Cepheiden in der Großen und der Kleinen Magellanschen Wolke. In Harvard, Cambridge/Mass., untersuchte sie dafür von 1904 bis 1908 Fotoplatten aus den 1890er-Jahren aus der Außenstation in Arequipa/Peru. Dabei entdeckte sie 1 777 Cepheiden, eine Gruppe von Pulsationsveränderlichen, in den Magellanschen Wolken. Von 17 Cepheiden konnte sie nach Auswertung in einem Messapparat zunächst die Perioden bestimmen. Die helleren Cepheiden haben also längere Perioden, das heißt, sie pulsieren langsamer. Nur diese kleine, aber bedeutende Feststellung findet sich in dieser ersten Veröffentlichung. Bei der genaueren Analyse von insgesamt 25 Cepheiden nahm Leavitt die mühsame Messung der Helligkeiten vor. Als nächsten Schritt ermittelte sie Perioden P zwischen einem Tag und 17 Tagen. Entscheidend war nun der genaue Zusammenhang, den Leavitt 1912 fand: je länger die Periode, desto größer die Helligkeit. Die Ergebnisse wurden vom Direktor E. Ch. ↗ Pickering veröffentlicht. Da die Entfernung der Kleinen Magellanschen Wolke viel größer ist als ihre Ausdehnung, kann man für alle Cepheiden eine gleiche Entfernung voraussetzen. In diesem Falle lässt sich die scheinbare Helligkeit durch die absolute Helligkeit M (beziehungsweise Leuchtkraft) ersetzen. Das bedeutet, dass es bei den Cepheiden einen Zusammenhang zwischen der Periode der Helligkeitsschwankung und der Leuchtkraft dieser Sterne gibt: Je länger die Periode eines δ Cephei-Sterns ist, um so leuchtkräftiger ist er. Diese Beziehung bekam für die Entfernungsbestimmung von Kugelhaufen und Galaxien große Bedeutung. Die Periode-Leuchtkraft-Beziehung lautet in heutiger Form: $M = 1{,}67 - 2{,}54 \lg P$.

Das damalige Problem bei der Anwendung der Beziehung bestand nur in der Eichung, da kein Cepheid der Milchstraße eine messbare trigonometrische Parallaxe besaß. Der Däne E. ↗ Hertzsprung, tätig am Astrophysikalischen Observatorium in Potsdam, schloss aus den geringen Eigenbewegungen der Cepheiden auf ihre großen Entfernungen. Schnell erkannte er die volle Bedeutung der Periode-Leuchtkraft-Beziehung. Schon 1913 nahm er die erste Eichung mit Hilfe von 13 δ Cephei-Sternen in Sonnenumgebung vor: Er verwendete dazu die säkulare Parallaxe, ein statistisches Verfahren. Für die kleine Magellansche Wolke erhielt er damit eine Entfernung von 37 000 Lichtjahren.

Leavitt war Mitglied in der American Association of University Women und zahlreichen wissenschaftlichen Gesellschaften sowie Ehrenmitglied der American Association of Variable Star Observers (AAVSO). [GW3]

Werk(e):
mit Pickering, Ch. E.: 1 777 Variables in the Magellanic Clouds, Harvard Annals 60 (1908) No. 4, 87–108; mit Pikkering, Ch. E.: Periods of 25 Variable Stars in the Small Magellanic Cloud, Circular of the Harvard College Observatory No. 173 (1912) 1–3; mit Pickering, Ch. E.: The North Polar Sequence, Annals of the Astronomical Observatory of Harvard College 71 (1917), No. 3.

Sekundär-Literatur:
Richardson, R.: Henrietta Leavitt. The Star Lovers (1967).

Le Bel, Joseph Achille,
französischer Chemiker,
* 24. 1. 1847 Péchelbronn (Elsass),
† 6. 8. 1930 Paris.

Le Bel ist Mitbegründer der modernen Stereochemie, mit der die organische Strukturchemie bedeutend erweitert wurde.

Als Sohn eines Unternehmers und Bürgermeisters im nördlichen Elsass erhielt Le Bel seine Ausbildung an der Pariser École Polytechnique. In Paris war er auch Assistent von Antoine Jérôme Balard, einem der besten Chemie-Professoren seiner Zeit, zu dessen Schülern auch L. ↗ Pasteur und M. ↗ Berthelot zählten. 1873 arbeitete Le Bel im Laboratorium von Adolphe Wurtz, wo er mit J. H. ↗ van't Hoff zusammentraf.

Le Bel und van't Hoff fanden gleichzeitig und unabhängig voneinander eine Erklärung für die optische Isomerie. Beide Chemiker hatten erkannt, dass die Voraussetzung für das Auftreten von optischen Isomeren ein Kohlenstoffatom mit vier verschiedenen Valenzen im Molekül ist, die stets nach den Ecken eines Tetraeders räumlich orientiert sind: Tetraeder-Modell. Dieses Modell konnte die bekannten Isomeriefälle und die optische Aktivität zwanglos und überzeugend erklären. Le Bel entwickelte diese Theorie ausgehend von den Untersuchungen Pasteurs über die Struktur des Doppelsalzes der Traubensäure. Pasteur meinte, dass die Ursache für die optische Aktivität in der Asymmetrie der Atomanordnung begründet liegen müsse.

Le Bel konnte als erster eine synthetische Verbindung in optisch aktive Komponenten spalten. Das gelang ihm durch selektive mikrobielle Zersetzung. Ebenso bewies er, dass die optische Aktivität verschwindet, wenn die Asymmetrie des Moleküls durch Ligandenaustausch beseitigt wird.

J.A. Le Bel

Le Bel verzichtete auf eine akademische Laufbahn und ist später auch nicht mehr durch wissenschaftliche Ergebnisse hervorgetreten. Er leitete einige Zeit die Erdölwerke in seiner Heimat, verkaufte aber 1889 seine Anteile und widmete sich von da an als mehrfacher Millionär seinen wissenschaftlichen Arbeiten in Paris. [WG2]

Werk(e):
Sur les relations qui existent entre les formules atomiques des corps organiques et le pouvoir rotatoire de leurs dissolutions, Bulletin de la Société Chimique, 22 (1874).

Sekundär-Literatur:
Weyer, J.: Das Portrait: Joseph Achille Le Bel 1847–1930, Chemie in unserer Zeit, 8 (1974).

Lebesgue, Henri (Léon),
französischer Mathematiker,
* 28. 6. 1875 Beauvais (Frankreich),
† 26. 7. 1941 Paris.

Lebesgue ist der Begründer der modernen Integrationstheorie und ein führender Vertreter der Theorie reeller Funktionen.

Henri Lebesgue stammte aus einfachen sozialen Verhältnissen. Dank eines Stipendiums seines Geburtsortes konnte er 1894 ein Studium an der École Normale in Paris aufnehmen. Um sein weiteres Studium zu finanzieren, arbeitete er 1897–99 als bibliothekarische Hilfskraft. Nach einer Anstellung als Lehrer in Nancy und der Promotion 1902 wirkte Lebesgue an den Universitäten in Rennes (1902–06), Poitiers (1906–10) und ab 1910 in Paris. Seine Tätigkeit als Lektor an der Sorbonne unterbrach der Erste Weltkrieg, in dem er eine Kommission im Kriegsministerium leitete. 1919 wurde er an der Sorbonne zum Professor berufen und lehrte ab 1921 bis zu seinem Lebensende als Professor am Collège de France.

Lebesgues Hauptleistung war die Schaffung einer neuen Integrationstheorie, die heute nach ihm benannt und Basis bzw. grundlegendes Element der Maß- und Integrationstheorie, Funktionalanalysis, Wahrscheinlichkeitsrechnung und Fourier-Analysis ist. Angeregt durch die am Ende des 19. Jahrhunderts zu Tage getretenen Defizite in der Integrationstheorie kam er zu einer Verallgemeinerung des Integralbegriffs. Als Basis dienten ihm die Ergebnisse von René Baire über unstetige Funktionen einer reellen Veränderlichen, C. ↗ Jordans Darstellung des Riemannschen Integrals und E. ↗ Borels Weiterentwicklung der Maßtheorie. Die dabei verwendeten mengentheoretischen Vorstellungen führten Lebesgue zu der Erkenntnis, in diesem Kontext Maß und Messbarkeit so definieren zu können, dass damit ein leistungsfähigerer Integralbegriff ab-

H. Lebesgue

geleitet werden konnte. Lebesgue definierte das Integral als Maß der Ordinatenmenge und löste damit mehrere offene Probleme. Unabhängig von Lebesgue fand sowohl William H. Young als auch Giuseppe Vitali analoge Verallgemeinerungen des Maßbegriffs. Vitali war es dann auch, der 1905 gewisse Grenzen des Lebesgueschen Integrals aufzeigte, indem er eine beschränkte Funktion angab, die nicht in dieser Theorie summierbar war. Jedoch unterstrich Robert Solovay die Allgemeinheit der Lebesgueschen Begriffsbildungen, indem er 1965 bewies, dass zur Konstruktion einer nicht Lebesgue-messbaren Menge stets das Auswahlaxiom benutzt werden muss. Bereits Lebesgue hatte gezeigt, dass die Menge der in seiner Theorie messbaren Funktionen gegenüber analytischen Operationen, insbesondere Grenzprozessen wie lim sup oder lim inf, abgeschlossen ist. Dies bildete die Basis, um Resultate wie den Hauptsatz über die majorisierte Konvergenz von Funktionenfolgen zu beweisen. Eine wichtige Folgerung aus diesem zentralen Theorem der Integrationstheorie war die Vertauschbarkeit von Summations- und Integrationsprozess bei gleichmäßig beschränkten Reihen Lebesgue-integrierbarer Funktionen. Derartige Anwendungen des Hauptsatzes erlangten eine große Bedeutung in der Fourier-Analysis. Gerade diese Anwendung des Lebesgue-Integrals in der Theorie der trigonometrischen Reihen, die Lebesgue 1906 in einer Monographie darstellte, bewirkten eine beträchtliche Beschleunigung in der Aufnahme und Akzeptanz von Lebesgues Theorie unter den Mathematikern.

1910 öffnete Lebesgue das Tor zu weiteren Verallgemeinerungen seiner Theorie, indem er diese auf n-dimensionale Räume ausdehnte und die Begriffe der abzählbar additiven Mengenfunktion und der beschränkten Variation verknüpfte. Diese Arbeit bildete eine wichtige Anregung für den Aufbau einer Maß- und Integrationstheorie in allgemeinen Räumen durch Johann Radon u. a.

Weitere neue Einsichten erzielte Lebesgue zur Rektifizierbarkeit von Kurven, zur Dimensionstheorie und zur Variationsrechnung. [KHS]

Werk(e):
Intégrale, longueur, aire. (Thèse) Annali di matematica pura et applicata. 3. Ser., 7 (1902); Leçons sur l'intégration et la recherche des fonctions primitives (1904); Leçons sur les séries trigonométriques (1906); Sur l'intégration des fonctions discontinues. Annali scientifiques de l'École normale supérieure, 3. Ser., 27 (1910); Oeuvres scientifiques, 5 Bde. (1972/73).

Sekundär-Literatur:
Henri Lebesgue. Le savant, le professeur, l'homme. Enseignement mathématique (2) 3 (1957); Hawkins, T.: Lebesgue's Theory of Integration: Its Origin and Development (1970).

Le Blanc, Max Julius Louis,
deutscher Chemiker,
* 26. 5. 1865 Barten (Ostpreußen),
† 31. 7. 1943 Leipzig.

Le Blanc war ein Pionier der Elektrochemie und gründete das erste Institut für Elektrochemie an einer deutschen Hochschule.

Aus einer Hugenottenfamilie stammend, studierte Le Blanc als Sohn eines Baumeisters von 1883 bis 1886 an den Universitäten Tübingen, München und Berlin Chemie und wurde anschließend Privatassistent bei A. W. v. ↗ Hofmann in Berlin, bei dem er 1888 promovierte. Da Le Blanc die organische Chemie nicht befriedigte, ging er 1890 an die Universität Leipzig, wo er bis 1893 als Assistent bei W. ↗ Ostwald, nach seiner Habilitation 1891 als Privatdozent sowie ab 1895 als Professor wirkte. 1896 übernahm er die Leitung der Elektrochemischen Abteilung der Farbwerke Hoechst. 1900 wurde er als Ordinarius für Physikalische Chemie an die TH Karlsruhe berufen. Hier gründete Le Blanc das erste Institut für Elektrochemie, dessen Direktor er bis 1906 war. In diesem Jahr wurde er als Nachfolger von Ostwald als Professor und Direktor des Physikalisch-Chemischen Instituts der Universität Leipzig berufen. In dieser Position blieb Le Blanc bis zu seiner Emeritierung 1933.

Le Blancs Hauptinteresse auf dem Gebiet der Elektrochemie galt den elektromotorischen Kräften der Polarisation: dem Wesen der Trennungsvorgänge in wässrigen elektrolytischen Lösungen und der Elektrodenprozesse bei der Elektrolyse. 1891 stellte er experimentell fest, dass die Zersetzungsspannung für jedes Metallion einen charakteristischen Wert besitzt, und führte die Zersetzungsspannung als stoffspezifische Größe ein. Das bildete die Grundlage für die elektrolytischen Trennungen von gelösten Salzgemischen. Zur pH-Messung führte er

1893 die Wasserstoffelektrode ein. Darüber hinaus leistete er weitere wichtige Beiträge zur Entwicklung der Elektrochemie und ihrer industriellen Anwendung.

1895 veröffentlichte Le Blanc sein *Lehrbuch der Elektrochemie*, das mehrere Auflagen und Übersetzungen erlebte. Das Lehrbuch war eines der ersten seiner Art. [WG2]

Werk(e):
Lehrbuch der Elektrochemie (1895); Max Le Blanc und Wilhelm Ostwald in ihren Briefen, Wilhelm-Ostwald-Gesellschaft, Sonderheft 2 (1998).

Sekundär-Literatur:
Koenig, A.: Max Le Blanc. Technische Hochschule Fridericiana Karlsruhe, Festschrift 1950; Stock, J.: Max Le Blanc's Studies on Electrolytic Polarization, Bulletin for the History of Chemistry, American Chemical Society, Division of the History of Chemistry 21 (1998).

Le Chatelier, Henry Louis,
französischer Chemiker,
* 8. 10. 1850 Paris,
† 17. 9. 1936 Miribelle-les-Échelles.

Le Chatelier formulierte das nach ihm benannte Prinzip vom kleinsten Zwang (Prinzip von Le Chatelier) über die Beeinflussung chemischer Gleichgewichte durch äußere Bedingungen.

Le Chatelier begann 1870 das Studium an der École Polytechnique und setzte es 1871 bis 1875 an der École Supérieur des Mines in Paris fort. Nach einer zweijährigen Tätigkeit als Bergbauingenieur wurde er 1877 Lehrer für Chemie an der École des Mines, lehrte von 1898 bis 1908 Chemie am Collège de France und wurde 1908 als Nachfolger von H. F. ↗ Moissan zum Professor für Chemie an die Sorbonne berufen. Während des Ersten Weltkrieges war er als Attaché für das französische Kriegsministerium tätig. 1919 zog er sich ins Privatleben zurück.

In seiner Forschung widmete sich Le Chatelier zunächst der thermischen Analyse von Metallen, Legierungen, Glas, Zement und Keramik. Dabei erweiterte er die Palette der experimentellen Methoden durch die Erfindung des Platin/Platin-Rhodium-Thermoelements und des Differentialdilatometers sowie durch Einführung eines verbesserten Mikroskops. Im Zusammenhang mit der Bekämpfung von Schlagwetterkatastrophen untersuchte Le Chatelier Explosionsgrenzen sowie Temperaturen und Fortpflanzungsgeschwindigkeiten von Flammen. Er erkannte, dass die spezifischen Wärmen aller Gase mit steigender Temperatur ansteigen. Die Arbeiten zu Flammen und zur Thermometrie führten ihn zur Thermodynamik. Nach einer ersten Fassung 1884 formulierte Le Chatelier 1888 die allgemeine Fassung seines Prinzips des kleinsten Zwanges, gemäß dem sich ein Gleichgewicht bei Änderung der äußeren Bedingungen so verschiebt, dass es dem äußeren Zwang ausweicht. Dieses Prinzip korrespondiert mit den Aussagen des 1864 von C. ↗ Guldberg und P. ↗ Waage abgeleiteten Massenwirkungsgesetzes sowie mit den Ergebnissen der thermodynamischen Analyse chemischer Gleichgewichte durch A. F. ↗ Horstmann, J. W. ↗ Gibbs und J. H. ↗ van't Hoff. Es gilt sowohl für physikalische wie für chemische Gleichgewichte und hat sich besonders für die qualitative Voraussage des Einflusses der Änderungen von Druck, Temperatur und Konzentrationen auf die Lage chemischer Gleichgewichte bewährt. [KPW]

Werk(e):
Science et Industrie (1925); Méthode dans les sciences experimentales (1936).

Sekundär-Literatur:
Oesper, R., J. Chem. Ed. 1931 (8) 451; Silverman, A., in: Selected Readings in the History of Chemistry, ACS (1966) 142.

Leeuwenhoek, Antoni van,
niederländischer Naturforscher,
* 24. 10. 1632 Delft,
† 26. 8. 1723 Delft.

Leeuwenhoek entdeckte mit selbstgebauten Mikroskopen die Welt der Mikroorganismen, die männlichen Samenzellen und die Feinstruktur vieler Tiere und Pflanzen.

Antoni van Leeuwenhoek wurde am 24. Oktober 1632 als Sohn eines wohlhabenden Korbmachers und einer Brauereitochter in Delft geboren. Nachdem sein Vater 1638 gestorben war, verließ er Delft und besuchte eine Schule in Warmond, einem Dorf bei Leiden. Im Anschluss daran lebte er bei einem Verwandten in Benthuizen. Nach dem Tod seines Stiefvaters, den die Mutter 1641 geheiratet hatte, ging er 1648 als Lehrling eines Tuchhändlers nach Amsterdam. Er bestand die Prüfung vor der Tuchhändlergilde und arbeitete sechs Jahre lang als Amsterdamer Repräsentant eines britischen Textilkaufmanns. Im Alter von 22 Jahren kehrte er 1654 nach Delft zurück, kaufte dort ein Haus und heiratete die Tochter eines Tuchhändlers. Aus der Ehe gingen fünf Kinder hervor, von denen nur eine Tochter ihren Vater überlebte.

Das junge Ehepaar eröffnete ein florierendes Tuchhandelsunternehmen in Delft. Aus den folgenden Jahren gibt es nur wenige Nachrichten über Leeuwenhoek. Ab 1660 machte er Karriere in der städtischen Verwaltung: Zunächst amtierte er als Kammerwärter der Schöffen im Rathaus, 1669 als

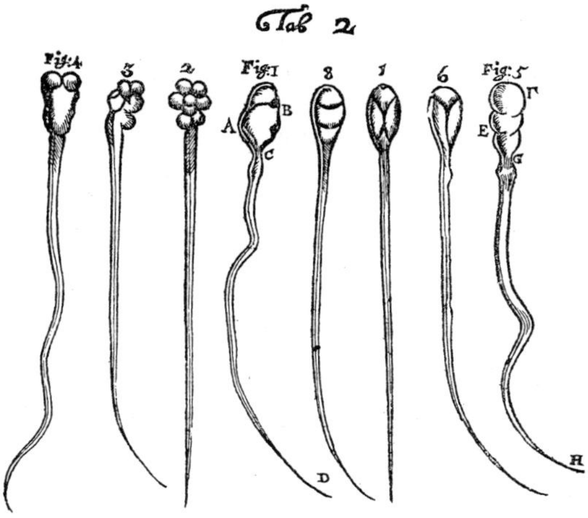

A. van Leeuwenhoek: Abbildung von »Samentierchen« aus den Philosophical Transactions (1678)

Landvermesser, 1679 als Weineichmeister. Diese Ämter sicherten seine finanzielle Unabhängigkeit. Nach dem Tod der ersten Ehefrau 1666 heiratete Leeuwenhoek 1671 die Tochter eines calvinistischen Predigers. 1676 wurde er Testamentsvollstrecker seines Freundes, des Malers Jan Vermeer. Zu diesem Zeitpunkt hatte schon seine wissenschaftliche Karriere als Mikroskopiker begonnen. Vielleicht regte ihn eine Reise nach London 1668 zur Beschäftigung mit dem Mikrokosmos an. Es spricht zumindest viel dafür, dass er die damals sehr populäre *Micrographia* R. ↗ Hookes gesehen hat. In diesem reich illustrierten Buch hatte der englische Autor erstmals Pflanzenzellen, aber auch Textilien unter dem Mikroskop beobachtet. Außerdem war die Benutzung von Lupen zur Prüfung von Geweben für einen Tuchhändler nicht ungewöhnlich. Um das Jahr 1671 scheint Leeuwenhoek das Mikroskopieren mit selbst hergestellten Mikroskopen begonnen zu haben. Zu dieser Zeit war die Kunst der Mikroskopfabrikation in Europa schon weit verbreitet. Die Optiker in den nördlichen Ländern hatten sich auf Handgeräte mit nur einer Linse spezialisiert. Das erklärt auch Leeuwenhoeks Vorliebe für diese einfachen Apparate, mit denen er bis zu 270fache Vergrößerungen und Auflösungen bis zu 1,5 μm erzielte. Leeuwenhoek stellte in dem halben Jahrhundert seiner Forschungstätigkeit über 500 einfache Mikroskope her, von denen neun bis heute überlebten. Sie bestanden aus millimetergroßen Linsen, die Leeuwenhoek in eine kleine Öffnung des Messinghalters montierte. Die Untersuchungsprobe befestigte er auf einer Nadel direkt hinter dem Loch.

Am 28. April 1673 schickte Leeuwenhoek einen ersten Brief mit mikroskopischen Beobachtungen an die Londoner Royal Society. Begleitet wurden die Mitteilungen durch ein Empfehlungsschreiben seines Delfter Landsmanns R. de ↗ Graaf, der ihn als exzellenten Mikroskopiker bezeichnete. Graaf hatte gerade den nach ihm benannten Eifollikel im Eierstock entdeckt. Obwohl der Autodidakt Leeuwenhoek nie eine Universität besucht hatte und weder eine der klassischen noch eine der modernen Fremdsprachen beherrschte, wurde er rasch von der Scientific Community akzeptiert und 1680 sogar in die Royal Society aufgenommen. Bis zu seinem Tod kommunizierte er mit der Gesellschaft. Viele seiner Briefe in niederländischer Sprache wurden ins Lateinische übersetzt und in der Zeitschrift der Royal Society, den *Philosophical Transactions*, veröffentlicht. Zu Beginn der 1980er-Jahre machte ein sensationeller Fund weltweit Schlagzeilen: Zwischen den Blättern der Originalbriefe Leeuwenhoeks im Archiv der Royal Society wurden neun Päckchen mit mikroskopischem Probenmaterial entdeckt, das Leeuwenhoek vor 300 Jahren nach London geschickt hatte. Elektronenmikroskopisch untersucht bewiesen diese Proben endgültig die hohe Qualität der histologischen Technik Leeuwenhoeks.

Die wichtigste Entdeckung gelang Leeuwenhoek schon kurz nach dem Beginn seiner Forschungen. In einem Brief vom 7. September 1674 berichtete er erstmals detailliert und begeistert über die wunderbare Welt der im Wasser lebenden Mikroorganismen. Aus einem See in der Nähe Delfts hatte Leeuwenhoek eine Wasserprobe entnommen und am nächsten Tag mikroskopisch untersucht. Er fand haardicke »grüne Striche, spiralig gewunden nach Art der Schlangen und regelmäßig angeordnet,

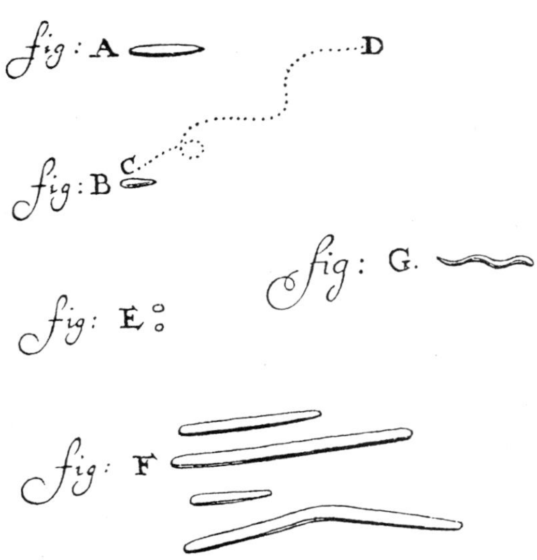

A. van Leeuwenhoek: Die ersten Abbildungen von Bakterien aus einem Brief Leeuwenhoeks (1683)

wie das Kupfer oder Zinn, das Destillateure benutzen, um ihre Flüssigkeiten zu kühlen, wenn sie überdestillieren«. Andere Partikel bestanden aus »sehr kleinen grünen Kügelchen«, wieder andere waren winzige »Animalcula« oder »diertjes«, rundlich oder oval mit kleinen Extremitäten. Manche dieser Tiere seien tausendfach kleiner als die kleinsten Lebewesen, die Leeuwenhoek bisher auf einer Käserinde gesehen habe. Moderne Biologen erkennen in der Beschreibung die Blaualge *Anabaena*, Protozoen und Rädertierchen. Zwar hatten Forscher schon vor Leeuwenhoek sehr kleine Lebewesen beschrieben, aber der Delfter erkannte erstmals ihre unglaubliche Anzahl, Mannigfaltigkeit und Verbreitung.

Eine internationale Sensation rief Leeuwenhoeks berühmter Brief vom 9. Oktober 1676 hervor, der teilweise veröffentlicht wurde. Leeuwenhoek beschrieb »Tierchen oder lebende Atome«, die aus Kügelchen und »Schwänzen« bestanden. Hunderte von ihnen hatten Platz auf einem Sandkorn. Wahrscheinlich handelte er sich um das Protozoon *Vorticella*. Im August 1675 hatte er Wasser untersucht, in dem Pfefferkörner eingeweicht worden waren. Er fand darin u. a. Lebewesen, die bald den Namen Aufgusstierchen oder Infusorien erhielten: »Die vierte Art von Wesen, die sich durch die drei früheren bewegte, war unglaublich dünn und so klein, dass ich dachte, wenn 100 von ihnen beieinander lägen, würden sie nicht der Größe eines Sandkorns gleichkommen.« Es ist möglich, dass Leeuwenhoek hier zum ersten Mal Bakterien gesehen hat.

Für seine unglaublichen Beobachtungen führte Leeuwenhoek acht angesehene Augenzeugen an. Nach mehreren Fehlschlägen gelang es Ende 1677 auch der skeptischen Royal Society, das Pfefferwasserexperiment in London erfolgreich zu wiederholen. Am 17. September 1683 sandte Leeuwenhoek einen Brief nach London, der wohl die ersten Abbildungen von Bakterien enthält. Leeuwenhoek hatte Zahnbeläge aus seinem eigenen Mund und dem weiterer Personen untersucht und mehrere Arten winziger Lebewesen entdeckt, die sich rasch bewegten und in so großer Zahl vorhanden waren, dass »nicht so viele Menschen in diesem Lande leben, wie ich lebende Tierchen in meinem Mund trage«. Leeuwenhoek führte den Zahnverfall auf diese Animalcula zurück und empfahl Mundspülungen mit Essig. Im allgemeinen empfand er die Mikroorganismen jedoch keineswegs als bedrohlich für die Menschen, sondern begeisterte sich für die Formenvielfalt der Kleinstlebewesen.

Jahrzehntelang beschäftigte sich Leeuwenhoek mit dem Problem der Fortpflanzung der Tiere und Pflanzen. Schon 1674 untersuchte er sein eigenes Sperma und fand darin »Kügelchen«. Eine Veröffentlichung der Ergebnisse unterließ er, um nicht in den Verdacht zu geraten, seine Proben durch Masturbation erworben zu haben. 1677 kam ihm ein glücklicher Zufall zu Hilfe. Der Leidener Medizinstudent Johan Ham besuchte ihn und brachte ein Glasröhrchen mit Sperma mit, das ein an Tripper (Gonorrhoe) leidender Mann spontan abgesondert habe. Ham habe im Sperma lebende Tierchen mit Schwanz gesehen, die nach 24 Stunden gestorben seien. Leeuwenhoek bestätigte diese Entdeckung und nahm auch die Untersuchung seines eigenen Spermas wieder auf. Er fand eine Unmenge von Animalcula mit dünnen Schwänzen. Im November 1677 teilte er die Entdeckung der Spermatozoen in einem kurzen Brief, den er aus Scham ins Lateinische übersetzen ließ, dem Präsidenten der Royal Society mit.

Die Entdeckung löste zunächst heftigen Widerstand aus, denn die Existenz von Samentierchen stellte den herrschenden »Ovismus« in Frage, wonach sich alles Leben aus einem »Ei« entwickelte und das Sperma, die Samenflüssigkeit, nur einen magnetischen oder chemischen Lebensimpuls beisteuerte. Leeuwenhoek stellte diese Theorie auf den Kopf und begründete damit den »Animalkulismus«. Nachdem er Spermatozoen bei Säugetieren, Vögeln, Fischen und selbst Insekten beobachtet hatte, stellte er 1683 die Behauptung auf, dass auch der Mensch »nicht aus dem Ei, sondern aus

A. van Leeuwenhoek (Foto: Deutsches Museum München, Bildstelle)

einem Tierchen im männlichen Samen entsteht«. Der Embryo sei im Samentierchen komplett vorgeformt und wachse nach der Einnistung in der Gebärmutter zum Menschen heran. Allerdings musste Leeuwenhoek 1699 das Scheitern aller Versuche eingestehen, den mikroskopischen Menschen in den Spermien zu finden.

Spätestens die Entdeckung von Samentierchen bei Insekten 1680 führte Leeuwenhoek zur Ablehnung der Theorie der Urzeugung (Generatio spontanea), nach der Pflanzen und bestimmte Tiere aus toter Materie durch Fäulnis oder Gärung entstehen konnten. Leeuwenhoek untersuchte jahrelang die Lebenszyklen von Bedecktsamern, Würmern, Käfern, Motten, Flöhen, Läusen und Fliegen. Der Nachweis von Geschlechtsorganen und komplexen Strukturen diente ihm als Beleg für die Lebensentstehung durch Samentierchen auch bei diesen Organismen. Die ungeheure Zahl der Spermien verlangte allerdings nach einer Erklärung, wenn man nicht ihre Urzeugung annehmen wollte. Leeuwenhoek löste das Problem durch die Annahme von weiblichen und männlichen Spermien, die sich durch Kopulation fortpflanzen sollten.

Neben der sexuellen Reproduktion beschäftigte sich Leeuwenhoek vor allem mit den Strukturen, die in den Organismen für den Transport von Nahrungsstoffen verantwortlich sind. Am wichtigsten wurde in diesem Zusammenhang die Entdeckung der roten Blutkörperchen (Erythrozyten), die er in einem Brief vom 7. April 1674 bekanntgab. Er hatte im Blut seiner eigenen Hand »kleine runde Kügelchen« gesehen, die durch die Flüssigkeit dahintrieben. Zwar hatte M. ↗ Malpighi schon ein paar Jahre zuvor die roten Blutkörperchen gesehen, sie aber für bloße Fettkügelchen gehalten. Erst Leeuwenhoek klärte in langjährigen Versuchen ihre Gestalt, Größe und Farbe auf. Leeuwenhoek bestätigte auch durch detaillierte Untersuchungen die Blutzirkulation durch die Kapillaren und fertigte Zeichnungen dazu an. Die Aufgabe des Blutes sah er weiterhin im Nahrungstransport. In Analogie zum Blutkreislauf beschrieb Leeuwenhoek auch das Pflanzengewebe als Röhrenkomplex für den Safttransport.

Gegen Ende seines langen Lebens wurde Leeuwenhoek zu einer internationalen »Sehenswürdigkeit«. Zahlreiche gekrönte Häupter besuchten ihn in Delft, unter ihnen 1698 der russische Zar Peter der Große. Seine Heimatstadt gewährte ihm eine Pension und 1718 ehrte ihn die Universität Löwen mit einer Gedenkmünze. Noch kurz vor seinem Tod erschien eine mehrbändige lateinische Werkausgabe. Die Bedeutung des »Amateurs« Leeuwenhoek wurde von der Wissenschaftsgeschichte lange unterschätzt. Erst in den letzten Jahrzehnten erkannte man das überragende technische und wissenschaftliche Geschick dieses Mannes voll an. [RB3]

Werk(e):
Holländische Ausgabe der Briefe: Brieven 1684–1718; Lateinische Ausgabe: Opera Omnia, Seu Arcana Naturae (1722); Moderne Briefedition: The collected Letters of Antoni van Leeuwenhoek, hrsg. von einem Komitee niederländischer Wissenschaftler, bisher erschienen: Bd. 1 (1939) bis Bd. 15 (1999) mit den Briefen Leeuwenhoeks von 1673–1707.

Sekundär-Literatur:
Dobell, C.: Antony van Leeuwenhoek and His »Little Animals« (1932); Schierbeek, A.: Antoni van Leeuwenhoek, 2 Bde. (1950–1951); Ford, B. J.: The Leeuwenhoek Legacy (1991); Meyer, K.: Geheimnisse des Antoni van Leeuwenhoek: ein Beitrag zur Frühgeschichte der Mikroskopie (1998).

Legendre, Adrien-Marie,
französischer Mathematiker,
* 18. 9. 1752 Paris,
† 9. 1. 1833 Paris.

Legendre war ein typischer Geometer des 18. Jahrhunderts, der sich mit allen Gebieten der Mathematik beschäftigte und bedeutende Resultate zur Zahlentheorie, zur Geometrie und in der Theorie elliptischer Integrale erzielte.

Seine wohlhabenden Eltern ließen Legendre eine sehr gute naturwissenschaftliche Ausbildung zukommen. Bereits 1770 promovierte er am Pariser Collège Mazarin in Mathematik und Physik. Obwohl es ihm seine gesicherten finanziellen Verhältnisse ermöglichten, sich ganz der mathematischen Forschung zu widmen, lehrte er 1775–80 an der Pariser École Militaire Mathematik; 1783 wurde er in die Pariser Akademie gewählt. Zu seinen größten Leistungen zählt die Einführung der nach ihm benannten Legendre-Polynome, ein im Intervall $[-1,1]$ orthogonales System von Polynomen, mit deren Hilfe jede stetige Funktion in diesem Intervall als konvergente Reihe geschrieben werden kann. 1785 gab er in einer zahlentheoretischen Arbeit das quadratische Reziprozitätsgesetz mit einem noch sehr lückenhaften Beweis an, formulierte den Dirichletschen Primzahlsatz, der das Auftreten von unendlich vielen Primzahlen in der Folge $\{an + b\}$ mit teilerfremden natürlichen Zahlen a und b behauptet (n natürliche Zahl), und schätzte die Anzahl der Primzahlen ab, die kleiner als n sind. Sein 1798 publizierter Überblick über den Stand der Zahlentheorie benutzte erstmals den Begriff »Zahlentheorie« im Titel und hat über Jahrzehnte die Entwicklung dieses Gebiets beeinflusst, wurde aber in Resultaten und Methoden bereits 1801 durch die *Disquisitiones arithmeticae* von C. F. ↗ Gauß völlig überholt.1786 stellte Legendre die nach ihm benannte Methode zur Unterscheidung von Maxima und Minima in der Variationsrechnung vor und beschäftigte sich mit elliptischen Integralen, die bei der Bestimmung der Bogenlänge von Ellipsenbögen auftreten.

Legendres vielseitige wissenschaftliche Aktivität begünstigte seinen Aufstieg in der Akademie. 1785 wurde er zum »associé« ernannt und zwei Jahre später zusammen mit J.-D. ↗ Cassini und Pierre F. Méchain mit geodätischen Unternehmungen betraut. Fortan war er häufig in Kommissionen der Akademie tätig, so u. a. in jenen zur Einführung bzw. Verbreitung des metrischen Maßsystems. 1813 wurde er Nachfolger von J. L. ↗ Lagrange im »Bureau des Longitudes«. 1793 legte er erstmals grundlegende Ideen zur Klassifikation elliptischer Integrale vor, gab drei Grundtypen an, aus denen alle anderen elliptischen Integrale abgeleitet werden können, und klärte in weiteren Arbeiten viele Eigenschaften dieser Integrale auf. Seine umfassende Darstellung der Theorie wurde bald durch die völlig neuartigen Ideen und Resultate von N. H. ↗ Abel und C. G. ↗ Jacobi über die elliptischen Funktionen, die Umkehrfunktionen der elliptischen Integrale, überholt. Er selbst hat ab 1827 die neuen Ideen anerkannt und deren Verbreitung gefördert. Von den verschiedenen von Legendre verfassten Lehrbüchern sei sein Werk zur Geometrie hervorgehoben, das für fast ein Jahrhundert die Lehre in der Elementargeometrie bestimmte und in dem Legendre nicht nur die Irrationalität von π und π^2 zeigte, sondern auch umfangreiche Studien zum Parallelenpostulat begann. Ein weiteres wichtiges Resultat war die Methode der kleinsten Quadrate, die er unabhängig von Gauß gefunden hatte und als Erster 1806 in einer Arbeit zur Himmelsmechanik publizierte. [KHS]

Werk(e):
Recherches d'analyse indéterminée. Mémoires de l'Académie des sciences (1785); Essai sur la théorie des nombres (1798, ²1808, ³1830); Traité des fonctions elliptiques et des intégrales eulériennes, avec des tables pour en faciliter le calcul numérique (3 Bde. 1825–28); Éléments de géométries, avec des notes (1794).

Sekundär-Literatur:
Mémoires de l'Académie des sciences 32 (1864).

Lehmann, Johann Gottlob,
Mediziner, Chemiker, Geologe und Bergmann,
* 4. 8. 1719 Langenhennersdorf bei Pirna,
† 11. (22.) 1. 1767 St. Petersburg.

Lehmann entwickelte grundlegende Vorstellungen zum Stockwerksbau mitteleuropäischer Gebirge, stellte die Abfolge geologischer Schichten in einem Profil dar, entwarf Ideen zur Genese von Lagerstätten nutzbarer Minerale und veröffentlichte eine Arbeit zur Chemie der Minerale.

J.G. Lehmann

Nach dem Studium der Medizin in Leipzig und Wittenberg 1738–41 ließ sich Lehmann als Arzt in Dresden nieder und widmete sich mineralogisch-geologischen und chemisch-metallurgischen Studien. 1750 übersiedelte er nach Berlin und bereiste im Auftrag des Königs die preußischen Provinzen, um die Wirtschaft und den Bergbau des Landes zu studieren. In Anerkennung seiner Leistungen erhielt er 1754 die Berufung zum preußischen Bergrat; im gleichen Jahr wurde er Mitglied der Akademie der Wissenschaften. Trotz persönlicher wirtschaftlicher Not erschienen in Berlin zahlreiche wissenschaftliche Arbeiten von Lehmann im Druck. 1761 verließ er Berlin und nahm einen Ruf nach St. Petersburg an. Als ordentliches Mitglied der Kaiserlichen Akademie der Wissenschaften wurde Lehmann dort Direktor des Naturalienkabinetts und Professor der Chemie und arbeitete mit M. W. ↗ Lomonossow zusammen. Besonders erfolgreich war er mit seinen Initiativen zur Gewinnung von Salz und zum Abbau von Marmor in Russland. Auf Anregung von Lehmann wurde in St. Petersburg 1773 das Bergbauinstitut zur Ausbildung von Beamten und Technikern für das russische Montanwesen gegründet.

Auf der Basis von gründlichen Feldbeobachtungen stellte Lehmann Vergleiche zwischen den verschiedenen Schichtenfolgen an und versuchte durch Analysen ihrer Beziehungen den Bau der Gebirge zu erkennen. 1752 schlug er eine Gliederung der mitteleuropäischen Gebirge in drei Klassen vor. Das »Ganggebirge« bildet danach den Unterbau, der mit der Entstehung der Welt geworden ist. Im »Flözgebirge« sah er den Oberbau, in dem Kohle, Kupferschiefer und Salzquellen vorkommen. Die dritte Klasse besteht aus lockeren Ablagerungen infolge großer Überschwemmungen. Lehmann hatte die Abfolge der geologischen Schichten in verschiedenen Gebieten beobachtet und bei ihrer Beschreibung bergmännische Gesteinsbezeichnungen verwendet. Er fasste die verglichenen Schichtenfolgen zusammen und stellte für den nördlichen Rand des Thüringer Beckens ein geologisches Profil zusammen. Mit diesen Leistungen wurde er einer der Begründer der Stratigraphie und gehörte zusammen mit seinen Zeitgenossen G. ↗ Arduino, G. ↗ Buffon, Georg Chr. Füchsel, J.-E. ↗ Guettard, Lomonossow, Daniel Tilas oder Johann Gottschalk Wallerius zu den Gelehrten, die an der Herausbildung der kognitiven Voraussetzungen für das Entstehen der Geologie als Naturwissenschaft maßgeblich beteiligt waren. Daneben beschäftigte sich Lehmann noch mit der Entstehung von Erzlagerstätten und der chemischen Systematik von Mineralen und Metallen (1761). [MG]

Werk(e):
Kurtze Einleitung in einige Theile der Bergwercks-Wissenschaft (1751); Abhandlung von den Metall-Müttern und der Erzeugung der Metalle (1753); Versuch einer Geschichte von Flötz-Gebürgen (1756); Physicalische Gedanken von denen Ursachen derer Erdbeben (1757); Kurzer Entwurf einer Mineralogie (1758); Probierkunst (1761); Physikalisch-chemische Schriften (1761).

Sekundär-Literatur:
Freyberg, B. v.: Johann Gottlob Lehmann (1719–1767), Erlanger Forschungen, Reihe B Naturwissenschaften, Bd.1 (1955), mit Schriftenverzeichnis; Prescher, H.: Johann Gottlob Lehmann, in: Sächsische Heimatbl. 15 (1969) 6; Barchatova, N. N. und Raskin, N. M.: Die Petersburger Periode der wissenschaflichen Tätigkeit J. G. Lehmanns, in: Z. geol. Wiss. 4 (1976) 3.

Gottfried Wilhelm Leibniz

Herbert Breger

Leibniz, Gottfried Wilhelm,
deutscher Universalgelehrter,
* 21. 6. 1646 Leipzig,
† 14. 11. 1716 Hannover.

Gottfried Wilhelm Leibniz, der letzte Universalgelehrte, hat vor allem als Mathematiker und Philosoph die Entwicklung des folgenden Jahrhunderts beeinflusst. Seine physikalischen Überlegungen konnten sich gegen I. ↗ Newtons Theorie nicht durchsetzen; immerhin geht der Begriff »Dynamik« auf ihn zurück und seine Überlegungen zur Erhaltung der Kraft hatten eine indirekte und späte Nachwirkung im 19. Jahrhundert. In der Differential- und Integralrechnung wurde Leibniz' Infinitesimalrechnung und Notation von der kontinentalen Schule der Mathematiker übernommen. Die bis zu den 60er-Jahren des 20. Jahrhunderts gebräuchlichen mechanischen Rechenmaschinen basierten im Wesentlichen auf den gleichen Konstruktionselementen wie die Rechenmaschine von Leibniz.

Biographisches

Während der Aufschwung von Naturforschung und Mathematik in Frankreich und England in den 60er-Jahren des 17. Jahrhunderts in der Gründung der Académie des Sciences und der Royal Society sowie in den Zeitschriften *Journal des Sçavans* und *Philosophical Transactions* seinen organisatorischen Ausdruck fand, litt Deutschland unter den Nachwirkungen des Dreißigjährigen Krieges. An den Universitäten konnte man weder die neue Physik von G. ↗ Galilei und E. ↗ Torricelli noch die neue Mathematik von F. ↗ Vieta und R. ↗ Descartes lernen. Als Sohn eines früh verstorbenen Professors der Moral in Leipzig bezog Leibniz 1661 die dortige Universität und promovierte 1667 in Altdorf in Jurisprudenz. Eine ihm angebotene Professur schlug er aus, da er als Rechtsberater im Dienst des Mainzer Kurfürsten praktische Wirksamkeit zu erhalten hoffte. In Mainz lernte er J. J. ↗ Becher kennen, dessen Vorschläge zum Manufakturwesen ihn beeinflussten. 1671/1672 korrespondierte Leibniz mit B. de ↗ Spinoza über Optik und mit O. v. ↗ Guericke über Fragen des Vakuums, des Luftdrucks und der Kosmologie. 1672 wurde er in diplomatischer Mission nach Paris gesandt.

In den vier prägenden Jahren in Paris konnte Leibniz im Kontakt vor allem mit Chr. ↗ Huygens die Grenzen der zeitgenössischen deutschen Universitätsausbildung überschreiten. Bei einem Besuch in London 1673 führte er Gespräche mit R. ↗ Hooke und R. ↗ Boyle; die Royal Society, der er ein Modell seiner Rechenmaschine vorstellte, nahm ihn als Mitglied auf. Bei der Lektüre von B. ↗ Pascal, der in einem speziellen Fall ein unendlichkleines Dreieck aus Abszissenabschnitt, Ordinatenabschnitt und Kreisbogen betrachtet hatte, sah er die Verallgemeinerbarkeit dieses Verfahrens. Ebenfalls 1673 fand er die »Leibniz-Reihe« $\pi/4 = 1 - 1/3 + 1/5 - 1/7 + 1/9 - ... + ...$ Aus einer Verallgemeinerung und Systematisierung der zahlreichen bereits bekannten Ergebnisse zur Tangenten- und Flächenbestimmung, zu Rektifikationen, Schwerpunktsberechnungen, Bestimmungen der Kurve aus der Tangente entwickelte Leibniz im Herbst 1675 die Differential- und Integralrechnung.

Nach einem zweiten Besuch in London und einem Aufenthalt in den Niederlanden, wo er Spinoza und A. van ↗ Leeuwenhoek besuchte, trat er Ende Dezember 1676 in Hannover eine Stelle als Bibliothekar und Hofrat an. Dort führte er (theologische und philosophische) Gespräche mit dem Geologen

G.W. Leibniz (Kupferstich von E. Ficquet; Foto: Deutsches Museum München, Bildstelle)

N. ↗ Stensen. 1678 holte Leibniz Hennig Brand, den Entdecker des Phosphors, zu Experimenten nach Hannover; an Huygens und E. ↗ Mariotte sandte er Proben des Phosphors. Von der zunächst zu seinen Pflichten gehörenden juristischen Routinetätigkeit ließ er sich bald befreien, um sich der für das Herzogtum ökonomisch wichtigen Silberförderung im Harzer Bergbau zuzuwenden. Das in die Gruben eindringende Wasser wurde mit Wasserkraft über Tage gepumpt; nach einigen trockenen Jahren war aber oberirdisch nicht genug Wasser zum Betreiben der Wasserräder vorhanden. In jahrelangen Bemühungen und mit häufigen Reisen in den Harz versuchte Leibniz, wie in den Niederlanden Windenergie mittels Windmühlen nutzbar zu machen. Der Widerstand der den Neuerungen kritisch gegenüberstehenden Bergleute, die Unzulänglichkeiten des zur Verfügung stehenden Materials und Leibniz' mangelnde technische Erfahrung führten schließlich 1685 zum Abbruch des Projekts.

1685 übernahm Leibniz die Ausarbeitung der Welfengeschichte, von der das Fürstenhaus sich publizistische Unterstützung im Zusammenhang mit der geplanten Erlangung der Kurwürde erhoffte (deren Verleihung 1692 erfolgte). Mit der Gründung der *Acta Eruditorum* durch Leibniz' Studienkollegen Otto Mencke verfügten auch die deutschen Gelehrten über eine Zeitschrift mit europäischem Niveau; Leibniz nahm dies zum Anlass für eine Serie von Veröffentlichungen. 1682 erschien seine »Leibniz-Reihe« für $\pi/4$; 1684 folgte die erste Veröffentlichung der Differentialrechnung (wegen vieler Druckfehler schwer verständlich) und 1686 die der Integralrechnung. Ebenfalls 1686 veröffentlichte er eine Kritik an der These von Descartes, dass die bewegende Triebkraft in der Natur durch das Produkt von Masse und Geschwindigkeit zu messen sei. An dem mit diesem Aufsatz begonnenen Streit mit den Cartesianern um das wahre Kraftmaß nahm noch 1746 auch der junge I. ↗ Kant teil; der im Kern philosophische Streit wurde schließlich von J. d'↗ Alembert als physikalisch irrelevant beendet.

1687 trat Leibniz zwecks Archivstudien für die Welfengeschichte eine größere Reise nach Süddeutschland, Wien und Italien an. In einer Audienz beim Kaiser machte er eine Reihe von Vorschlägen zu ökonomischen Fragen. Leibniz berichtete, dass er durch eine Rezension in den *Acta Eruditorum* von Newtons *Principia* erfahren habe und er daraufhin noch ohne Kenntnis des Buches selbst drei Aufsätze an die Redaktion der *Acta Eruditorum* geschickt habe, in denen optische Linien, Reibungsphänomene und die Planetenbewegung behandelt werden.

In Venedig, Rom, Neapel, Florenz, Bologna und Modena traf Leibniz mit zahlreichen italienischen Gelehrten zusammen. Die Aufnahme in die Accademia fisico-matematica in Rom veranlasste ihn zu einer Aufzeichnung zur Dynamik, in der er das copernicanische System verteidigte. Diese Haltung veranlasste ihn auch, das Angebot, Bibliothekar im Vatikan zu werden, auszuschlagen, obwohl eine solche Stelle seinem Bericht zufolge Aufstiegschancen bis hin zum Kardinal geboten hätte. Bald darauf könnte Leibniz Newtons *Principia* gelesen haben; das Exemplar mit seinen ausführlichen Randbemerkungen ist noch heute vorhanden. In Italien verfasste er eine umfangreiche Schrift »Dynamica«, in der jene Aspekte (wie die Krafterhaltung) behandelt werden sollten, die in Newtons *Principia* fehlen; die »Dynamica« blieben jedoch unveröffentlicht. Für die Welfengeschichte war das wichtigste Ergebnis der Reise ein Beleg für eine verwandtschaftliche Beziehung zwischen dem Welfenhaus und dem alten italienischen Adelsgeschlechte Este.

Im Sommer 1690 kehrte Leibniz nach Hannover zurück. In den folgenden Jahren trat sein Infinitesimalkalkül den Siegeszug an. Jakob ↗ Bernoulli, dessen Brief an Leibniz mit der Bitte um Erläuterung von Schwierigkeiten in Leibniz' Veröffentlichung von 1684 diesen wegen seiner Italienreise nicht erreicht hatte, war unterdessen selbständig zur Beherrschung des neuen Kalküls vorgedrungen; er stellte den europäischen Mathematikern 1690 das

Problem der Kettenlinie (Gestalt eines schweren, homogenen, biegsamen, an den beiden Enden aufgehängten Fadens im Schwerefeld). Abgesehen von Huygens, der sich in die geometrischen Bedingungen des speziellen Problems vertiefte, verwendeten die Lösungen von Jakob Bernoulli und Johann ↗ Bernoulli sowie Leibniz den Infinitesimalkalkül. 1696 forderte Johann Bernoulli die europäischen Mathematiker mit dem Problem der Brachystochrone (Kurve mit kürzester Fallzeit im Schwerefeld) heraus: Außer Johann und Jakob Bernoulli, Guillaume F. A. L'Hôspital und Leibniz, die den Infinitesimalkalkül benutzten, konnte nur Newton das Problem lösen (Huygens war unterdessen gestorben).

1693 kündigte Leibniz in den *Acta Eruditorum* seine Untersuchungen zur Erdgeschichte an, die *Protogaea*. Diese Erörterungen gingen von Funden im Harz aus und waren als Vorspann zur Welfengeschichte geplant. 1695 veröffentlichte Leibniz in dem Aufsatz *Système nouveau* zum ersten Mal die wesentlichen Gedanken seiner Metaphysik. 1696 wurde er in Hannover zum Justizrat ernannt.

Um die Jahrhundertwende erreichte Leibniz' Korrespondenz ihren größten Umfang; stets warteten bis zu vierzig Briefe mit wissenschaftlichem Inhalt auf Antwort. In Anbetracht des nur ansatzweise entwickelten Zeitschriftenwesens war der Briefwechsel eine kaum verzichtbare Methode des Wissensaustausches. Nicht selten waren Briefe kleine Abhandlungen zu einem bestimmten Thema; sie wurden anderen Gelehrten gezeigt, mitunter sogar ohne Rückfrage beim Absender veröffentlicht. Die Korrespondenz mit 1 100 Briefpartnern war für ihn um so wichtiger, als er in Hannover einen Mangel an intellektuellen Gesprächen empfand, der ohne die Gespräche mit der geistig aufgeschlossenen Kurfürstin Sophie noch größer gewesen wäre.

Dem Brandenburger Kurfürsten, der sich zum König in Preußen ernannte, schlug Leibniz die Gründung einer Akademie der Wissenschaften vor, die im Unterschied zu den Vorbildern in Paris und London entsprechend Leibniz' Wahlspruch »theoria cum praxi« so viel praktischen Nutzen bringen sollte, dass sie ihren laufenden Betrieb selbst finanzieren würde. 1701 wurde Leibniz zum Präsidenten dieser Akademie ernannt. Zahlreiche Aufenthalte in Berlin boten ihm ausführliche Gelegenheit zu Gesprächen mit Sophies Tochter Königin Sophie Charlotte, aus denen die 1710 veröffentlichte *Théodicée* erwuchs. Sophie Charlottes früher Tod 1705 versetzte ihn in tiefe Trauer.

Die Ernennungsurkunde zum Präsidenten der Berliner Akademie ist das erste von relativ wenigen Dokumenten, in denen Leibniz als »von Leibniz« unterzeichnete. Da die preußische Hofkanzlei die Unterzeichnung akzeptierte, liegt die Vermutung nahe, dass Leibniz die Nobilitierung in früheren Gesprächen mit dem preußischen Königspaar in Aussicht gestellt worden war. Als bürgerlicher Gelehrter blieb Leibniz am Hof ein respektierter Außenseiter, für dessen Stellung der Kontakt zu Kurfürstin Sophie in Hannover und zu Königin Sophie Charlotte in Berlin wichtiger gewesen sein dürfte als sein Rang in der Hierarchie des Hofes.

Die Arbeit an der Welfengeschichte führte zwar zu Nebenprodukten (umfangreiche Quelleneditionen), aber Leibniz' quellenkritische Vorgehensweise ließ den Abschluss der Arbeiten zum Unwillen der fürstlichen Auftraggeber immer weiter in die Zukunft rücken; Leibniz hatte zeitweise Reiseverbot und verreiste 1708 ohne Wissen des Kurfürsten nach Wien. 1711 in Torgau, 1712 in Karlsbad und 1716 in Bad Pyrmont traf Leibniz mit Zar Peter dem Großen von Russland zusammen, der ihn zum Justizrat ernannte und dem er eine Reihe von Vorschlägen zur Verbesserung des Bildungswesens und zur Gründung einer Akademie der Wissenschaften unterbreitete.

1713 schlug Leibniz in Wien dem Kaiser die Gründung einer Akademie der Wissenschaften und eine kartographische Erfassung des Landes vor. Der hannoversche Hof versuchte vergeblich, Leibniz' Ernennung zum Reichshofrat zu verhindern, indem er den Kaiser warnte, Leibniz reise zu viel und führe eine zu ausgedehnte Korrespondenz. Hannoversche Aufforderungen zur Rückkehr beantwortete Leibniz hinhaltend. Im Sommer 1714 starb Kurfürstin Sophie, seine wichtigste Unterstützung in Hannover. Kurz darauf wurde der hannoversche Kurfürst durch Erbfolge König von England. Leibniz reiste sofort zurück nach Hannover, doch nur um enttäuscht festzustellen, dass der Hof bereits nach England abgereist war und ihm die Weisung gab, bis zur Fertigstellung der Welfengeschichte in Hannover zu bleiben.

Leibniz' letzte Lebensjahre wurden vom Prioritätsstreit mit Newton um die Formulierung der Differential- und Integralrechnung überschattet. Im Briefwechsel mit Samuel Clarke, der Newtons philosophische Positionen vertrat und seine Antworten teilweise mit Newton absprach, kam es zu einer naturphilosophischen Debatte. Gegen Newtons Theorie des absoluten Raumes und der absoluten Zeit entwickelte Leibniz seine Lehre von der Relationalität von Raum und Zeit. Newton betrachtete den Verlust von Triebkraft als Erfahrungstatsache; Gott müsse von Zeit zu Zeit neue Triebkraft in der Natur schaffen. Leibniz warf Newton deshalb vor, dass Gott ihm zufolge ein schlechter Uhrmacher sei, der an seinem unvollkommenen Werk ständig etwas korrigieren müsse.

Ohne die Welfengeschichte zu vollenden, starb Leibniz im November 1716 in Hannover. Sein Nachlass, der rund 50 000 Stück, davon 15 000 Briefe, umfasst, ist geschlossen erhalten und wird in der Niedersächsischen Landesbibliothek Hannover ebenso wie das Original der Rechenmaschine aufbewahrt. Leibniz hat schreibend gedacht; die Bedeutung des Nachlasses wird durch sein Diktum »Wer mich nur aus meinen veröffentlichten Schriften kennt, kennt mich nicht« umrissen. Zu den bei seinem Tod unveröffentlichten Schriften zählen so wichtige philosophische Texte wie der »Discours de la metaphysique«, die »Nouveaux Essais de l'entendement humain« und die »Monadologie«, aber auch eine sehr große Zahl mathematischer Aufzeichnungen sowie der »Essay de Dynamique«, der zweite Teil des *Specimen dynamicum*, die »Dynamica« sowie Aufzeichnungen zur Planetenbewegung. Mehr als 40 % des Nachlasses sind im internationalen Latein der Gelehrten verfasst, mehr als 30 % in Französisch, der Sprache des Hofes und der französischen Gelehrten, etwa 15 % in Deutsch, der Sprache der mittleren und unteren Ränge der Verwaltung in Deutschland; der Rest ist in italienischer, englischer und niederländischer Sprache verfasst.

Mathematik

Im Unterschied zu Newtons Fluxionsrechnung verwendet Leibniz' Infinitesimalrechnung unendlichkleine Größen, die schon vorher von verschiedenen Mathematikern eingeführt worden waren und auch nachher bis A. ↗ Cauchy verwendet wurden, das heißt so lange, bis eine arithmetische Theorie des Kontinuums entwickelt wurde. Das Kontinuum bei Leibniz besteht nicht aus Punkten, sondern ist als fließendes Ganzes vorgegeben, in dem (höchstens abzählbar viele) Punkte erst durch die Tätigkeit des Mathematikers markiert werden. Die unendlichkleinen Größen werden von ihm als nicht angebbare Größen oder Fiktionen bezeichnet; mit ihnen lässt sich die Intuition des fließenden Kontinuums in einen Kalkül transportieren. Wenn x ein Punkt im Kontinuum ist, so ist $x + dx$ kein echter Punkt, sondern ein fiktiver Punkt im fließenden Bereich um x. Da dx kleiner als jede angebbare positive Größe ist, ist x der einzige echte Punkt in dem fließenden Bereich von $x - dx$ bis $x + dx$. Daher ist es keineswegs paradox, wenn Leibniz das Kontinuitätsprinzip gelegentlich als »Die Gleichheit ist eine unendlichkleine Ungleichheit« formuliert und es für evident hält. Ohne unendlichkleine Größen formuliert besagt diese Aussage, dass eine Gleichheit nichts anderes ist als eine Ungleichheit, die kleiner als jede gegebene positive Größe ist.

Das Problem einer Theorie der unendlichkleinen Größen existierte für Leibniz allenfalls am Rande, da die unendlichkleinen Größen für das Finden der Lösung bestimmt waren. Der Bedeutungswandel von »Analysis« illustriert diesen Sachverhalt. Für die Griechen und die Mathematiker des 17. Jahrhunderts war Analysis die Kunst des mathematischen Findens, während die Synthesis der anschließend logisch erforderliche, aber faktisch meist triviale Beweis war, dass das Gefundene die geforderten Eigenschaften auch tatsächlich besitzt. Da die Synthesis für den fähigen Mathematiker eine unnütze Verdopplung war, gewöhnte man sich daran, sie wegzulassen, was längerfristig zum Wandel der Bedeutung des Wortes Analysis in der Mathematik führte und gleichzeitig das Problem einer Grundlegung dieser nun als Theorie verstandenen Analysis entstehen ließ.

Durch die Einführung der transzendenten Größen erweiterte Leibniz den Bereich der mathematisch zulässigen Objekte. Während bei ↗ Euklid die zulässigen Objekte mit Zirkel und Lineal konstruierbar sein mussten, hatte Descartes ein neues Konstruktionsgerät eingeführt, sodass alle algebraischen (der Terminus stammt von Leibniz; nach Descartes: »geometrischen«) Kurven und alle algebraischen Größen in der Mathematik zulässig wurden. Die transzendenten (wieder stammt der Terminus von Leibniz; nach Descartes: »mechanischen«) Objekte gehörten nach Descartes in die Mechanik; von ihnen sei nur approximative Kenntnis möglich. Mit Leibniz wurden die Grenzen der Mathematik neu gezogen. Die Akzeptierung transzendenter Kurven wie Logarithmus und Winkelfunktion leistete einen Beitrag zur Entwicklung des Funktionsbegriffs, der im Briefwechsel von Leibniz und den Brüdern Bernoulli in mehreren Schritten entwickelt wurde.

Von Leibniz stammt nicht nur die Notation der Differential- und Integralrechnung; er hat auch das Gleichheitszeichen bei Proportionen, die Zeichen für geometrische Ähnlichkeit und Kongruenz, den Doppelpunkt für die Division und den Punkt für die Multiplikation in den allgemeinen Gebrauch eingeführt. Sein Interesse für gute Notationen entsprang dem philosophischen Interesse an einer Characteristica universalis, einer allgemeinen Begriffs-

G.W. Leibniz: Rechenmaschine (Niedersächsische Landesbibliothek Hannover)

schrift, mit der sich auch philosophische Streitfragen ebenso schnell entscheiden lassen sollen wie ein Streit zwischen zwei Mathematikern.

Leibniz kann als europäischer Begründer der Determinantentheorie gelten. 1684 fand er die Cramersche Regel (1750 von Gabriel Cramer wiederentdeckt) zur Lösung linearer Gleichungssysteme. Auch den Determinantenentwicklungssatz, die Konstanz des Wertes einer Determinante bei Spiegelung an der Hauptdiagonale sowie die Tatsache, dass sich das Vorzeichen einer Determinante bei Vertauschung zweier Zeilen oder Spalten ändert, hat Leibniz erkannt. Von diesen Resultaten hat er nichts veröffentlicht und nur wenig seinen Briefpartnern mitgeteilt.

Mit »Analysis situs« bezeichnete Leibniz einen Versuch, einen geometrischen Kalkül zur Lösung geometrischer Probleme zu entwickeln. Descartes' analytische Geometrie geht stets den Umweg über die Algebra und kann zu unnötig verwickelten Rechnungen führen. Leibniz' Überlegungen beruhten wesentlich auf dem Begriff der Kongruenz, teilweise auch auf dem der Ähnlichkeit. In der Rezeption bei Hermann G. Grassmann und in der Frühgeschichte der Topologie spielte eher die Grundidee einer koordinatenfreien Geometrie als die konkreten Überlegungen von Leibniz eine Rolle.

Überlegungen zum binären Zahlensystem legte Leibniz der Académie des Sciences zur Veröffentlichung vor. Folgen wie die natürlichen Zahlen, die Vielfachen einer festen Zahl, die Quadratzahlen, die Kubikzahlen, die Triangularzahlen usw. weisen in der binären Darstellung eine leicht zu erkennende Spaltenperiodizität auf. Leibniz verwendete die Binärschreibweise bei zahlentheoretischen Untersuchungen.

Eine auf dem Binärsystem basierte Rechenmaschine blieb Entwurf. Die auf dem Zehnersystem basierende Rechenmaschine wurde gebaut (und über Jahrzehnte immer wieder verbessert); sie ist nach den Rechenmaschinen von W. ↗ Schickard und Pascal die erste wirkliche Maschine für alle vier Grundrechnungsarten.

Physik

Nach Leibniz war die Kritik an Descartes' These von der Erhaltung der Bewegungsmenge die Pforte zur wahren Metaphysik, die auf den Kraftbegriff basiert sein müsse. Wenn man, wie Descartes es bei der Erörterung der Maschinen tat, das Produkt von Gewicht und Weg als Maß der Triebkraft in der Natur nimmt, dann kann wegen des Galileischen Fallgesetzes diese Kraft nicht gleichzeitig durch das Produkt von Masse und Geschwindigkeit gemessen werden. Unter der Annahme, dass ein frei fallender elastischer Körper zu der gleichen Höhe ansteigt, von der er herabgefallen ist, folgerte Leibniz, dass die Triebkraft der Natur proportional zum Produkt von Masse und Geschwindigkeitsquadrat sei, und er stellte fest, dass diese »lebendige Kraft« (im Unterschied zur toten Kraft, die ein Gewicht auf seine Unterlage ausübt) erhalten bleibt. Da für das 17. Jahrhundert alles in der Natur mechanisch erklärbar ist, ist ein Erhaltungssatz für die Mechanik gleichzeitig ein Erhaltungssatz für die gesamte Natur. Wärmeerscheinungen wurden in dieser Abhandlung nicht erwähnt; an anderen Stellen erklärte er das Verschwinden von mechanischer Bewegung durch einen Zuwachs an Bewegung kleiner Teilchen. Die Grundlage des Erhaltungsgedankens ist das von Leibniz explizit formulierte Prinzip der Gleichheit von Ursache und Wirkung (an das später Julius Robert Mayer anknüpft); sie ist das allgemeinste und unverletzlichste Naturgesetz.

Leibniz zeigte, dass die Voraussetzungen einiger der von Descartes aufgestellten Stoßgesetze kontinuierlich ineinander überführt werden konnten, ohne dass die prognostizierten Folgen dabei ineinander übergingen. Er folgerte daraus, dass zumindest einige dieser Gesetze falsch sein müssten. Das Kontinuitätsprinzip gilt nicht nur für die Gesetze der Natur; jede Veränderung geschieht schrittweise. Bei der senkrechten Reflexion eines Körpers an einer Wand müssen alle Werte zwischen der (positiv gerechneten) Anfangsgeschwindigkeit und der (negativ gerechneten) Endgeschwindigkeit angenommen werden. Das Kontinuitätsprinzip verlangt also, dass alle Materie wesentlich elastisch ist. Leibniz folgerte weiter, dass die Existenz von Atomen unmöglich sei. Die Atome müssten elastisch sein, können aber wegen ihrer Unteilbarkeit keine innere Struktur besitzen, durch die sich ihre Elastizität mechanistisch erklären ließe. – Das Kontinuitätsprinzip gilt übrigens auch in der Biologie; zwar bilden nicht alle real vorhandenen Arten, wohl aber die Gesamtheiten der möglichen biologischen Arten ein Kontinuum.

Im Aufsatz *Specimen dynamicum* (1695 veröffentlicht) legte Leibniz dar, dass sich zwar durchaus alles in der Natur mechanistisch (also durch Ausdehnung, Stoß und Bewegung) erklären lasse, dass aber die Erklärungsprinzipien selbst der philosophischen Fundierung bedürfen. Weiter postulierte er, dass alles in der Natur auf zweifache Weise erklärt werden könne, nämlich final und kausal. Das von Descartes kausal erklärte Brechungsgesetz des Lichts hat Leibniz (ähnlich wie P. de ↗ Fermat, jedoch mit der Annahme, dass das Licht sich im dichteren Medium mit der größeren Geschwindigkeit bewegt) aus einem Prinzip des leichtesten Lichtwegs hergeleitet.

1751 wurde ein Leibniz zugeschriebener Brief aus dem Jahre 1707 veröffentlicht, in dem klar das Prinzip der kleinsten Wirkung formuliert wird, das einige Jahre zuvor von P. L. M. de ↗ Maupertuis ausgesprochen und von L. ↗ Euler präzisiert worden war. Es scheint sich um eine (freilich geschickte) Fälschung zu handeln; bis heute ist keine Aufzeichnung gefunden worden, in der Leibniz diesen oder einen ähnlichen Gedanken formuliert hätte.

Von Leibniz' Beiträgen zu konkreten physikalischen Theorien zu Einzelfragen sind vor allem seine Akustik und seine im Briefwechsel mit Mariotte gemeinsam entwickelte Theorie der Bruchfestigkeit zu nennen. In beiden Fällen war es die Berücksichtigung der Elastizität, die ihm den wesentlichen Fortschritt über seine Vorgänger erlaubte.

Eine Fernkraft wie Newtons Gravitation lehnte Leibniz als unverständlich ab. Seine Theorie der Planetenbewegung schliesst an Descartes an: Die Planeten werden durch einen von der Sonne ausgehenden Ätherwirbel auf ihrer Bahn bewegt. Diese Theorie konnte immerhin erklären, warum alle Planeten denselben Umlaufsinn haben, war aber sonst der geschlossenen Theorie Newtons gegenüber unterlegen.

Leibniz hat nicht selbst experimentiert, aber immer wieder organisatorische Bemühungen um die systematische Sammlung von Erfahrungstatsachen unternommen. Ein deutliches Beispiel sind seine letztlich vergeblichen, aber hartnäckigen Bemühungen, die Leopoldina, den König von Frankreich und den Zaren von Russland zu groß angelegten Messungen der magnetischen Deklination an vielen weit voneinander entfernten Orten zu bewegen.

Werk(e):

Sämtliche Schriften und Briefe, hrsg. v. Göttinger und Berlin-Brandenburgische Akademie, 8 Reihen (1923 ff). Bisher sind 39 Bände erschienen (Reihe III = mathematischer, naturwissenschaftlicher und technischer Briefwechsel, bisher 5 Bände erschienen; Reihe VII = mathematische Schriften, bisher 3 Bände erschienen); Mathematische Schriften, hrsg. v. C. I. Gerhardt, 7 Bände (1849-1863); Nachgelassene Schriften physikalischen, mechanischen und technischen Inhalts, hrsg. v. E. Gerland (1906, Reprint 1995); Analysis des Unendlichen , hrsg. v. G. Kowalewski (1908).

Sekundär-Literatur:

Aiton, E. J.: Gottfried Wilhelm Leibniz: eine Biographie (1991); Hecht, H.: Gottfried Wilhelm Leibniz: Mathematik und Naturwissenschaften im Paradigma der Metaphysik (1992); Popp, K., Stein, E. (Hrsg.): Gottfried Wilhelm Leibniz. Philosoph, Mathematiker, Physiker, Techniker (2000, Erstauflage 1990); Holzhey, H. (Hrsg.): Gottfried Wilhelm Leibniz, in: Grundriss der Geschichte der Philosophie. Die Philosophie des 17. Jahrhunderts , Bd. 4 (2001, mit Bibliographie).

Lemaître, Georges Henri Joseph Edouard,
belgischer Astrophysiker, Mathematiker und römisch-katholischer Priester,
* 17. 7. 1894 Charleroi,
† 20. 6. 1966 Louvain.

Lemaître gehört, gemeinsam mit dem holländischen Astronomen W. de ↗ Sitter und dem russischen Mathematiker A. ↗ Friedmann, zu jenen Wissenschaftlern, die noch vor der Entdeckung der Expansion des Universums nachwiesen, dass sich aus den Einsteinschen Feldgleichungen auch nichtstatische Weltmodelle ergeben. Lemaître zählt zu den bedeutendsten Kosmologen des 20. Jahrhunderts.

Lemaître besuchte eine Jesuitenschule, anschließend nahm er ein Studium an der Katholischen Universität Louvain (Leuven) auf. Nach dem Ende des Ersten Weltkrieges setzte Lemaître seine im Jahre 1914 unterbrochene Ausbildung fort. Einerseits widmete er sich mathematisch-physikalischen Studien, die auch die Relativitätstheorie A. ↗ Einsteins umfassten und in einer Promotion mündeten, andererseits bereitete er sich auf die Priesterweihe vor, die 1923 erfolgte. Im gleichen Jahr besuchte Lemaître den bekannten Astrophysiker A. S. ↗ Eddington in Cambridge, kurz darauf zog es ihn an das Harvard-Observatorium in Cambridge (Massachusetts) und an das Massachusetts Institute of Technologie (MIT). Im Jahre 1925 wurde er Dozent an der Universität Louvain. Nachdem Lemaître 1927 am MIT promoviert hatte, erhielt er die Ernennung zum ordentlichen Professor in Louvain.

Im Jahre 1927 publizierte Lemaître eine Untersuchung, in der er zeigen konnte, dass die Einsteinschen Gleichungen ein expandierendes Weltmodell zulassen. Diese unabhängig von den Forschungen Friedmanns gewonnene Einsicht erfuhr schon zwei Jahre später durch die Entdeckung der kosmologischen Rotverschiebung (1929) ihre glänzende Bestätigung. Lemaître widmete sich nun dem Problem, wodurch die Ausdehnung des Universums entstanden sei – damit wurde er auch zur Frage nach dem Ursprung des Universums geführt. Die Antwort, die er erstmals im Jahre 1931 veröffentlichte, polarisierte die wissenschaftliche Gemeinde. Nach Lemaîtres Auffassung sollte sich der Kosmos sehr schnell aus einer Art Singularität heraus entwickelt haben, die er als »Uratom« bezeichnete. Er beschrieb sein Modell selbst als »kosmisches Ei«, das bei seiner Entstehung explodiert sei. Der britische Kosmologe F. ↗ Hoyle nannte diesen Vorgang 1949 scherzhaft »Urknall« – nicht ahnend, dass sich diese Bezeichnung später als Fachbegriff durchsetzen würde.

Lemaître interessierte sich neben seinen kosmologischen Modellen auch für die kosmische Strahlung, die er für ein wahrscheinliches Relikt des Urknalls hielt. Lemaître durfte noch erleben, wie seine Ansichten zur Entstehung des Universums durch die Entdeckung der Mikrowellen-Hintergrundstrahlung im Jahre 1965 eine wesentliche Bestätigung erfuhren.

Lemaître wirkte bis zu seiner Emeritierung als Hochschullehrer an der Universität Louvain. Er wurde durch verschiedene wissenschaftliche Preise und Auszeichnungen geehrt – unter anderem war er Mitglied der Königlichen Akademie der Wissenschaften und Künste von Belgien und ab 1936 Mitglied, von 1960 bis zu seinem Tod Präsident der Päpstlichen Akademie der Wissenschaften. [OS]

Werk(e):
Expansion of the universe, A homogeneous universe of constant mass and increasing radius accounting for the radial velocity of extra-galactic nebulae, MNRAS, Vol. 91 (1931) 483–490; L'Hypothese de L'atome Primitif (1946).

Sekundär-Literatur:
Berger, A. (Hrsg.): The Big-Bang and Georges Lemaître (1984).

Lemery, Nicolas,
französischer Apotheker, Chemiker und Arzt,
* 17. 11. 1645 Rouen,
† 19. 6. 1715 Paris.

Lemery hat 1675 eines der ersten chemischen Lehrbücher, 1697 eine Pharmacopoe und ein pharmazeutisches Lexikon sowie 1698 ein pharmazeutisches Handbuch geschaffen und damit zur Entwicklung der pharmazeutischen Chemie beigetragen.

Lemery, Sohn eines Rechtsanwalts, nahm 1660 eine Apothekerlehre auf. 1666 ging er nach Paris, wo er am Jardin du Roi chemische Experimente durchführte. Zwischen 1686 und 1671 bildete er sich in Lyon und Genf autodidaktisch weiter, hörte 1670 in Montpellier pharmazeutische Vorlesungen und bot private chemische Kurse an. 1672 übernahm er in Paris eine Apotheke, wurde 1674 Königlicher Hofapotheker und hielt Privatvorlesungen. Als Calvinist wurde er 1681 gezwungen, seine Stellung als Hofapotheker aufzugeben und 1683 die Apotheke zu schließen. Nach kurzem Aufenthalt in England erwarb er 1864 an der Universität Caen den Dr. med. und praktizierte in Paris, bis er wieder in religiöse Schwierigkeiten geriet. 1686 trat er deshalb zum Katholizismus über. Erst danach setzte Louis XIV. Lemery in alle Rechte wieder ein. Er durfte die Apotheke, die Praxis und das Labor wieder betreiben sowie private Vorlesungen halten. 1699 wurde Lemery Mitglied der französischen Akademie der Naturwissenschaften und erhielt von der Akademie eine Pension.

Der von Lemery für seine Vorlesungen erarbeitete *Cours de Chimie* fasste das damalige chemische Wissen zusammen. Er galt über 100 Jahre als das führende Lehrbuch und wurde in fünf Sprachen übersetzt. Darin führte Lemery die Vielfalt der Stoffe auf die Existenz von fünf letzten Bestandteilen (»Principia«) zurück, deren Mischungen für die Unterschiedlichkeit der Stoffe verantwortlich sind und deren Eigenschaften durch ihre Gestalt und Struktur bestimmt werden. So sollten z. B. alle Säuren Spitzen haben, mit denen sie in die Poren der Alkalien eindringen, während elastische Stoffe aus spiralförmigen Korpuskeln bestehen. Lemery stellte damit einen frühen Zusammenhang zwischen dem räumlichen Bau und den Eigenschaften chemischer Verbindungen her. Er hat auch zahlreiche Experimentaluntersuchungen durchgeführt, z. B. mit Bernstein- und Benzoesäure, Bismut, Quecksilber, Gold und Bariumsulfid sowie mit Vitriolen und Tartraten. [RS3]

Werk(e):
Pharmacopée universelle (1697); Dictionnaire ou Traité universel des drogues simples, mis en ordre alphabéticque (1698); Cours de chymie (1675); Traité de l'antimoine (1707).

Lenard, Philipp,
deutscher Physiker,
* 7. 6. 1862 Pressburg (Bratislava, Slowakei),
† 20. 5. 1947 Messelhausen (Franken).

Lenard war einer der führenden Experimentalphysiker des Kaiserreichs und erhielt 1905 den Nobelpreis für seine Forschungen mit Kathodenstrahlen. Als früher Anhänger Hitlers wurde er später jedoch zur Gallionsfigur einer »arischen« Wissenschaft.

Der Sohn eines wohlhabenden Winzers erhielt nach anfänglichem Privatunterricht seine Schulausbildung in einem Pressburger Realgymnasium, wo er sich besonders für Mathematik, Physik und ungarische Literatur interessierte. Um das Weingeschäft übernehmen zu können, erlaubte ihm sein Vater zu-

P. Lenard

nächst nur das Studium der Chemie in Wien und Budapest. 1883 konnte sich Lenard von dieser Vorgabe befreien und studierte in Heidelberg und Berlin Physik. Seine auf Anregung von H. v. ↗ Helmholtz begonnene Dissertation *Über die Schwingungen fallender Tropfen* beendete er 1886 unter Georg Hermann Quincke in Heidelberg. Als dessen Assistent entwickelte Lenard seine Fähigkeiten zum Apparatebau mit einfachen Mitteln und widmete sich der Elektrizitätsleitung in verdünnten Gasen, einem Thema, das als Abiturient bereits sein Interesse geweckt hatte, als er W. ↗ Crookes' Schrift über *Strahlende Materie oder der vierte Aggregatzustand* gelesen hatte. Bereits 1888 stellte er eine Kathodenstrahlröhre her, die es erlauben sollte, die Strahlen durch ein Quarzfenster aus der Röhre austreten und in freier Luft beobachten zu lassen. Es sollte vier Jahre dauern, bis diese Experimente das erste Mal glückten und Lenard als Assistent von H. ↗ Hertz das später als »Lenard-Fenster« bezeichnete Verfahren entwickelte, bei dem durch eine mit einer dünnen Aluminiumfolie verschlossenen Öffnung Kathodenstrahlen aus der Erzeugungsröhre in einen Beobachtungsraum austreten konnten. In der dazwischen liegenden Zeit hatte Lenard trotz Quinckes Unterstützung das hierarchische Wissenschaftssystem der deutschen Geheimräte so sehr missfallen, dass er 1890 versuchte, nach England auszuwandern, wo jedoch seine wohl übertriebenen Hoffnungen auf größere Freiheiten für unabhängige eigene Forschungen enttäuscht wurden.

Von seinen weiteren Karrierestationen in Breslau, Bonn, erneut Breslau, Aachen, Heidelberg und Kiel sollten nur die drei Jahre bei Hertz in Bonn und der Aufbau eines eigenen Instituts in Kiel seit 1898 bessere Entfaltungsmöglichkeiten bieten. Lenard hat in diesem Umstand den Grund gesehen, warum er bei der Entdeckung der Röntgenstrahlen oder des Elektrons nicht zum Zuge gekommen sei, obwohl er entscheidende Beiträge geliefert hatte. In Kiel gelang es Lenard durch systematische Messung der Absorption von Kathodenstrahlen durch verschiedenste Stoffe auf wesentliche Eigenschaften aller Atome zu schließen, insbesondere auf ihre Raumerfüllung durch kleinste, aus elektrischen Ladungen bestehenden Elementarteilchen in ansonsten leerem Raum. Sein Atommodell von 1903 sollte aber keine größere Akzeptanz finden. Erst mit N. ↗ Bohrs Theorie sollten sich Lenards Erkenntnisse allgemein durchsetzen. Der Nobelpreis für seine Forschungen mit Kathodenstrahlen im Jahre 1905 brachte ihm größere Anerkennung und zwei Jahre später eine Professur in Heidelberg ein. Waren seine unter ungünstigen institutionellen Bedingungen entstandenen Ergebnisse zur Atomstruktur oder zum Fotoeffekt Beiträge zur modernen Physik, auf denen Bohr, A. ↗ Sommerfeld oder A. ↗ Einstein aufbauen konnten, so trug sein nach seinen Vorstellungen errichtetes und großzügig ausgestattetes Heidelberger Institut kaum hierzu bei, sondern verstetigte alte Forschungslinien. Allein Lenards Experimentalvorlesungen ließen ihn ganzen Studentengenerationen als ein »Priester der Physik« in Erinnerung bleiben.

Die Erfahrungen des Ersten Weltkriegs führten bei Lenard zu einer starken Radikalisierung und Parallelisierung seiner politischen und wissenschaftlichen Ansichten, die sich in den Auseinandersetzungen um die Relativitätstheorie seit 1920 und der Anbiederung an Hitler in Schriften und Zeitungsartikeln ab 1924 offenbarten. Der als »jüdisch« diffamierten modernen Physik versuchte Lenard eine »arische« gegenüberzustellen, insbesondere in seiner vierbändigen, nach seiner Emeritierung im Jahre 1931 entstandenen *Deutschen Physik*. Deren wissenschaftliche Wirkung blieb eher gering, der Ideologisierung der Wissenschaft leistete sie jedoch großen Vorschub.

So sehr Lenards Hoffnung auf eine mechanisch anschauliche und begreifbare Physik als legitime Konkurrenz zu den mit Kausalität und Anschaulichkeit brechenden Theorien wie der Quantentheorie nachvollzogen werden kann, so außergewöhnlich bleibt seine Ideologisierung der physikalischen Inhalte. Lenards häufig nachträglich kommentierte wissenschaftliche Abhandlungen, Labortagebücher und Briefe offenbaren dabei einen aufreibenden Kampf gegen sein eigenes experimentell geprägtes und auf Genauigkeit und Nachvollziehbarkeit zielendes Wissenschaftlerethos, für das er als Experimentalphysiker stets geachtet wurde. [AS2]

Werk(e):
Wissenschaftliche Abhandlungen, Bde. 1–3 (1942–44), Bd. 4 hrsg. und kritisch kommentiert von Ch. Schönbeck (2003); Deutsche Physik, 4 Bde. (1936–37); Große Naturforscher. Eine Geschichte der Naturforschung in Lebensbeschreibungen (1929).

Sekundär-Literatur:
Neumann, R. und Putlitz, G. Freiherr zu: Philipp Lenard (1862–1947), in: W. Doerr et al.: Semper Apertus. Festschrift zum 600jährigen Jubiläum der Ruprecht-Karls-Universität Heidelberg (1986); Beyerchen, A. D.: Wissenschaftler unter Hitler. Physiker im Dritten Reich (1980); Wheaton, B. R.: Philipp Lenard and the photoelectric effect, 1889–1911, Historical Studies in the Physical and Biological Sciences 9 (1978) 299–322.

Lenz, Heinrich Friedrich Emil,
deutsch-russischer Physiker,
* 12. 2. 1804 Dorpat (Tartu, Estland),
† 10. 2. 1865 Rom.

Lenz ist in die Geschichte der Elektrotechnik vor allem durch das von ihm formulierte Lenzsche Gesetz eingegangen.

Nach dem Studium der Theologie und Physik in seiner Heimatstadt Dorpat nahm Emil Lenz von 1823–1826 als Geophysiker an der Weltumseglung des deutsch-russischen Kapitäns Otto von Kotzebue teil. Nach seiner Rückkehr begann er eine Lehrtätigkeit an der Universität Dorpat und an der Universität in St. Petersburg. An letztere wurde er 1836 zum Professor für Physik berufen, ebenso wurde er Mitglied der Russischen Akademie der Wissenschaften.

Seine wissenschaftlichen Forschungen auf dem Gebiet der Elektrizitätslehre sind im Zusammenhang mit den im 17. und 18. Jahrhundert anzutreffenden phänomenologischen Untersuchungen zum Wesen der Elektrizität und des Magnetismus und mit den zu Beginn des 19. Jahrhunderts festgestellten Zusammenhängen zwischen Elektrizität und Magnetismus zu sehen. Zunächst hatte H. Chr. ↗ Oersted 1820 die Entstehung von Magnetismus durch Strom nachgewiesen. Er sprach von einem »electrischen Conflict«, der sich um einen stromdurchflossenen Leiter ausbildet. 1831 formulierte M. ↗ Faraday das Induktionsgesetz, mit dem er den umgekehrten Vorgang, nämlich die Entstehung von Strom durch Magnetismus beschrieb und bereits auch die Richtung des induzierten Stromes angab. Umfassend begründete Lenz diese Beobachtungen 1833 in einem Vortrag vor der Petersburger Akademie. Der induzierte Strom hat immer eine solche Richtung, dass er dem Magnetfeld, das ihn hervorruft, entgegenwirkt. Dies wird als »Lenzsches Gesetz« oder als »Lenzsche Regel« bezeichnet. Energetisch betrachtet bedeutet das Lenzsche Gesetz die Unmöglichkeit eines Perpetuum mobiles durch Elektrizität und Magnetismus.

In weiteren Forschungen befasste sich Lenz mit der elektrischen Leitfähigkeit verschiedener Stoffe und der Temperaturabhängigkeit des elektrischen Widerstandes von Metallen. [AK2]

Sekundär-Literatur:

Hoppe, E: Geschichte der Elektrizität (1884); Fraunberger, F.: Illustrierte Geschichte der Elektrizität (1985).

Leonardo da Vinci

Klaus Mauersberger

Leonardo da Vinci,
italienischer Künstler-Ingenieur,
* 15. 4. 1452 Vinci (Toskana),
† 2. 5. 1519 Amboise (Frankreich).

Leonardo, eine der großen schöpferischen Persönlichkeiten der Renaissance, wirkte inmitten des epochalen Prozesses, in dem sich mit der beginnenden Neuzeit die unterschiedlichen Formen menschlicher Kreativität gegeneinander ausdifferenzierten. Noch fehlten die festen Grenzen zwischen ihnen, und Leonardo vermochte es, von der Malerei her Kunst, Mathematik, Technik und Naturwissenschaft ästhetisch zu integrieren und visionär die möglichen Konturen kommender Entwicklungen zu entwerfen.

Deutungen

War das traditionelle Bild von Leonardo da Vinci noch ganz von der Kunstgeschichte geprägt, lebt seit etwa fünfzig Jahren das Interesse an seinen naturwissenschaftlichen Studien und technischen Entwürfen sichtlich auf. Freilich trieb dies auch insofern Blüten, als sich einige Leonardo-Forscher darin überboten, für immer neue Konstruktionen ihres Protagonisten den Nachweis zu erbringen, dass sie auf dem heutigen Stand der Technik gut funktionieren könnten, ja dass Leonardo in eigenwilliger Frühreife das gesamte Kompendium moderner Maschinentechnik vorweggenommen habe. Museen und Ausstellungen schmückten sich fortan, wollten sie auf dem Stand der Leonardo-Forschung stehen, zunehmend mit kunstvoll gefertigten Nachbauten seiner Entwürfe. Überhaupt wurde seinem Ingenium die Priorität hinsichtlich wichtiger Inventionen und Innovationen der Moderne zugeschrieben: das Fahrrad, das Automobil, diverse Werkzeugmaschinen, der Fallschirm und Fluggeräte seien als Beispiele genannt. Doch die Diskussionen um die geradezu prophetische Antizipation eines künftigen Technik-Typs und die oftmals ahistorische Hervorhebung von Leonardos »Prematurity« verdecken

Leonardo da Vinci

nur die simple Aussage, dass es sich ja um Visionen seiner Zeit und um seine ganz eigene Visualität handelt, die uns in seinen technischen Erfindungen und Entwürfen entgegentreten.

Wie aber hat sich Leonardo selbst gesehen, was geht aus den Selbstzeugnissen hervor, welche er uns hinterlassen hat? Liest man jenes vielzitierte *Bewerbungsschreiben* aus dem Jahr 1482 an Lodovico Sforza, könnte man zu der Einschätzung gelangen, Leonardo begreife sich ganz als Militäringenieur, habe zudem Fähigkeiten in einigen zivilen technischen Belangen und sei schließlich, weil eher beiläufig erwähnt, auch im Zeichnen, Malen und in der Bildhauerei geübt. Ein solch verkürzter Blick wird der Universalität Leonardos natürlich nicht gerecht, kann man doch davon ausgehen, dass Anstellungen bei berühmten Potentaten seiner Zeit dem Künstler-Ingenieur ein Maß an Lebensunterhalt gewährten, das eben jene Freiräume zuließ, sich den Wissenschaften und Künsten in ihrer organischen Ganzheit hinzugeben. Und der Kriegsdienst war in dem von militärischen Auseinandersetzungen heimgesuchten Italien des Quattrocento offenbar das vordringliche Geschäft der Sforzas, der Borgias sowie anderer Fürsten und Condottiere.

Über Leonardo ist indessen unendlich viel geschrieben, sind die widersprüchlichsten Deutungen gewagt worden, in seiner wesenhaften Ganzheit wird man ihn wohl kaum erfassen können. War er aber wirklich jene prägende Persönlichkeit der Menschheitsgeschichte, war er der »Renaissancemensch an sich«, weist ihm die Geschichtsschreibung ex post nicht einen Platz zu, den er zu Lebzeiten nie inne hatte? Steigerte sich seine Ausstrahlung nicht erst durch die (Wieder-)Entdeckung seines Werkes? Jacob Burckhardts Diktum, die unge-

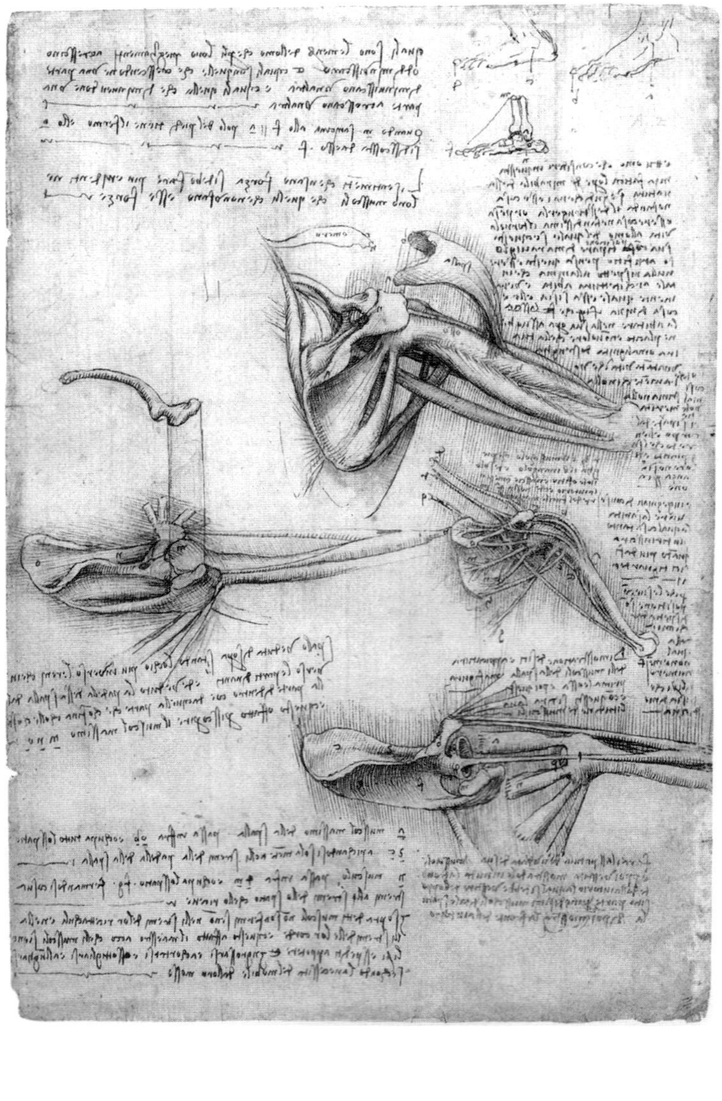

Leonardo da Vinci: Anatomische Studie der menschlichen Schulter

heuren Umrisse von Leonardos Wesen werde man ewig nur von ferne ahnen können, lebt in gewisser Weise noch heute noch fort, wenngleich die Flut von Schrifttum durchaus tiefgreifende Näherungen bereithält. Sein Werk ist zu gewaltig und dessen Vielfalt zu breit, um auch nur auf wenigen Seiten beschrieben werden zu können. Aber es scheint so, als stehe Leonardo der heutigen Generation nahe, näher zumindest als den Zeitgenossen der Klassik und Romantik. Sein Werk zu entziffern und zu deuten heißt, sich einem Wechselbad von kryptischem Dunkel und transparenter Helle auszusetzen. Rätselhafte und an Klarheit nicht zu übertreffende Aussagen gehen ineinander über.

Doch eines ist sicher und soll hier im Mittelpunkt stehen, Leonardo hat eine intellektuelle Reflexion in das technische Wissen, das noch ganz Erfahrungswissen gewesen ist, hineingetragen. Dies ist freilich nur eine, wenn auch aus heutiger Sicht wesentliche Facette seines Schaffens. Wie aber ist in der grenzenlosen Mannigfaltigkeit dieses Schaffens eine Einheit zu erkennen? Ein jedes Säkulum hat wohl seinen Leonardo »erfunden«. Die Generation unserer Groß- und Urgroßeltern stand ganz im Banne seines »Heiligen Abendmahles«, von welchem unzählige Reproduktionen, einem Hausaltar gleich, die Bürgerstuben zierten. Heute begeistern wir uns an seinen mechanischen Erfindungen (einschließlich ihrer Realisierung in ausgeklügelten Rekonstruktionen), stehen diese doch dem Zeitgeist des Industriezeitalters näher und entsprechen der Ikonografie einer modern genannten, innovativen Technik.

Es wird wohl viel Rätselhaftes an der historischen Gestalt Leonardo da Vinci bleiben. Zum Glück. Weitere Generationen werden ein neues Stück in sein Geheimnis eindringen, es aber nimmer lüften.

Denn alles bei ihm ist im Fluss, wie auch seine Zeit schnell dahinfloss und von Umbrüchen gekennzeichnet war. Seine Texte und bildlichen Darstellungen sind ambivalent: hie das zweckfreie Elaborat, die flüchtige Skizze, Eingebung des Augenblicks – da eine Darlegung, die in ihrer Systematik und augenscheinlichen didaktischen Intention in die Nähe eines wissenschaftlichen Traktates gerät. Folgte man Burckhardt, welcher das Wesen der Renaissance in der Entdeckung der Welt und des Menschen sah, so sind Leonardos Leben und Werk bester Beweis dafür, so verkörperte er den Renaissancemenschen in vollendeter Form. Aber: War er das wirklich, wie war der Renaissancemensch – sind unsere Anschauungen darüber nicht in Fluss? Es bleibt festzuhalten, Leonardos Makro- und Mikrokosmos sind keine fixen Größen, sondern ein offenes System. Dessen Ingredienzen seziert er (geistig und körperlich), hebt dabei verallgemeinerbare Erkenntnisse ab, wobei sie sich in seinem Geist und unter seiner Hand formen und verändern. Natur und Technik werden so zum Gegenstand intellektueller und praktisch-experimenteller Auseinandersetzung.

Weit vor der Zeit, als man die Welt als Raum-Zeit-Kontinuum neu erfand, nähert sich Leonardo einem Begriff allgemeiner Bewegung, der durch Raum und Zeit definiert ist, freilich noch nicht im engeren naturwissenschaftlichen Sinne. Mit seinen eingehenden Betrachtungen über Mechanismen und Maschinen öffnet er zugleich ein erstes Fenster zu dem, was wir später im umfassenden Sinne die Wissenschaft »Mechanik« nennen. Er führt uns gleichsam vor, wie Wissen, Intuition und Erfahrung zur Wissenschaft amalgamieren. Auch wenn seine Ahnungen auf eine universelle »Einheitswissenschaft« abheben, hat er doch auch den Grund gelegt und vieles angerissen, was sich später in den einzelnen Disziplinen der modernen Naturwissenschaften, wie Statik, Dynamik, Hydraulik, Optik und Akustik, zu einem Ganzen ausformte. Damit gingen von ihm, weit über seine Zeitgenossen hinausreichend, kreative und innovative Impulse aus, die Welt zu erforschen und zu gestalten.

Leonardo und seine Zeit

Das Mittelalter, längst nicht mehr jene vielbeschriebene dunkle Epoche, in welcher alle Entwicklungen stagnierten, kann man auch als eine lange Periode des Wachsens und Reifens eines vorwärtsweisenden Technik-Typs und der ihn umgebenden sozialen Einbettungen ansehen, welcher sich zu Beginn der Neuzeit geradezu eruptiv ausbreiten und vervollkommnen sollte. Seine Geburtshelfer in der Schwellenzeit der Renaissance aber entstammten einer neuen Spezies des Technikerberufes: den Künstler-Ingenieuren.

Die Renaissance markierte eine tiefgreifende Wende in den Naturauffassungen und damit einhergehend den Durchbruch zu einer neuen Rationalität im technischen Denken. Dies äußerte sich unter anderem in einer Flut technischen Schrifttums. Seine Verfasser waren von der Absicht geleitet, vorhandene Technik darzustellen und das Wissen darüber zu vermitteln. Ein erstes Achtungszeichen bei diesem mühsamen Vortasten setzten neben bedeutenden Gelehrten die Künstler-Ingenieure, allen voran Leonardo da Vinci, dessen vorwärtsdrängender Geist und praktische Virtuosität exemplarisch für seine Zeit stehen dürften. Ingenieure, Architekten und Künstler gehörten einer kleinen privilegierten Schicht an, die sich mit spezialisierten Kenntnissen, hohem Können und künstlerischen Ambitionen aus der Berufsgruppe der gemeinen Handwerker heraushob. Vornehmlich in den aufblühenden Städten Italiens fanden sie an den Schnittpunkten von Gelehrsamkeit, Gewerbe und Kunstbetrieb ein exponiertes Wirkungsfeld. Ihre außerordentliche Begabung machte sie zu begehrten Beratern und Sachverständigen an Fürstenhöfen. Ihnen oblag die Leitung bedeutender Transport-, Bau- und Kriegsaufgaben. Ihren Ideen verdanken wir ausgefallene Entwürfe und Erfindungen, die nicht alle in ihrer Zeit praktisch verwirklicht werden konnten. Künstler-Ingenieure waren es auch, die Vorstellungen darüber entwarfen, auf welche Weise man zu neuen technischen Funktionsprinzipen gelangen könne, welche geistigen, sprich »theoretischen« Voraussetzungen dafür notwendig sind, welche Verfahren der Herstellung und Ausführung zum Einsatz kommen müssen und schließlich, in welcher künstlerischen Gestalt die Lösungen präsentiert werden können.

Diese auserlesene Berufsgruppe einer neuen technischen Intelligenz konnte freilich nur auf dem Boden einer hochentwickelten handwerklichen und gewerblichen Kultur gedeihen. Der Ausbau der Nah- und Fernhandelswege, die Entdeckung der Neuen Welt (1492) sowie die Gründung großer Manufakturen, Arsenale und Werften haben ein Übriges getan, in Europa soziale, ökonomische und politische Wandlungen einzuleiten. Diese produktiven Veränderungen, die mit Geistesströmungen wie dem Renaissancehumanismus und nördlich der Alpen mit der Reformation einhergingen, brachten viele technische Innovationen hervor. Das immer vollkommenere Mühlenwesen und ausgeklügelte Uhrenmechanismen wurden zu Vorboten der modernen Maschinerie. Die Technik eroberte sich im gesellschaftlichen Leben Anerkennung, und der Ingenieur, allmählich aus dem Kriegswesen in zivile Bereiche hineinwachsend, erlangte zunehmend soziales Prestige. Eingebettet war das Schaffen der Künstler-Ingenieure in den großen geistigen Strömungen ihrer Zeit. Die mit dem Buchdruck in weite Bereiche der Technik vordringende »literarische Entdeckung der Produktion« bewirkte einen deutlichen Erkenntnisschub und trug zur Entschleierung der vormals mystifizierten Gewerbe und Künste bei. Von Leonardos Zeitgenossen, welche an diesem Prozess Anteil hatten, seien zuvörderst Leon Battista Alberti, V. ↗ Biringuccio und G. ↗ Agricola genannt. Im Gegensatz zu Leonardo war es ihnen vergönnt, gedruckte Werke herauszubringen. Sie stehen gewissermaßen am Beginn der technischen Fachliteratur. Als erstes neuzeitliches Fachbuch gelten Albertis um 1450 verfasste und 1485 gedruckte *Zehn Bücher über die Baukunst*. Eingebunden in den Renaissancegedanken der Wiedergeburt der Antike, suchte Alberti darin mit Rückgriffen auf antike Vorbilder (Vitruv) eine neue Baukunst zu begründen und in deren Grundlagen den Stand des Wissens seiner Zeit einzubinden und schriftlich zu fixieren. In Biringuccios *Della Pirotechnia* (1540) sehen wir ebenfalls diese neue Qualität praktisch-technischen Wissens, hier vor allem hinsichtlich metallurgischer und militärischer Technik. Der Verfasser ist selbst Fachmann im Bergbau und in Gießereien gewesen, so dass es nicht von ungefähr kam, dass er sein Buch im muttersprachlichen Italienisch niederlegte. Der am weitesten fortgeschrittene Produktionszweig in der Renaissance war geraume Zeit das Montanwesen. Georg Agricolas berühmtes montantechnisches Werk *De re metallica* aus dem Jahr 1556 lieferte über den eigentlichen Bergbau hinaus ein getreues Abbild des technischen Wissens um Maschinen, Prozesse und Verfahren an einer Epochenschwelle.

Lebenswege

Leonardo, 1452 als uneheliches Kind eines Bauernmädchens in der Nähe des toskanischen Bergortes Vinci geboren, lebte zunächst einige Jahre bei seinem Vater Ser Piero, einem angesehenen Notar, in seiner Heimatstadt und siedelte 1469 mit diesem nach Florenz über. Es nimmt nicht wunder, dass in diesem aufgeschlossenen Familienkreis schon frühzeitig seine außergewöhnlichen Begabungen zu Tage traten. Kein Geringerer als Andrea del Verrocchio, der berühmte Maler, Bildhauer und Ingenieur, wurde in Florenz der erste Lehrer des Siebzehnjährigen. In dessen Atelier brachte er es früh zur Meisterschaft, man sagte ihm sogar nach, dass er schon bald sein Umfeld an Kunstfertigkeit übertroffen habe. 1472 bereits als Maler in die Florentiner Lukas-Gilde aufgenommen, verblieb er dennoch einige Jahre in Verrocchios Werkstatt.

Mit dem erwähnten Bewerbungsschreiben trat er 1482 in den Dienst des Herzogs von Mailand und widmete sich in der Tat vornehmlich diversen Bauvorhaben, dem Wasserbau und militärtechnischen Aufgaben. Auch die Gestaltung von Hoffestlichkeiten und Theaterinszenierungen fiel in sein Ressort. Gleich Petronius im kaiserlichen Rom galt er als »arbiter elegantiae«, als vornehmster Richter in ästhetischen Angelegenheiten. Nebenher betrieb er in Mailand Studien zur Botanik, Zoologie, Anatomie und Physiologie sowie zur Mathematik, Geometrie, Mechanik und Physik, die freilich als moderne Naturwissenschaften in der Folgezeit in einem eher naturphilosophischen Umfeld entstanden. Anregungen für die Beschäftigung mit »exakten« Wissenschaften bekam er auch von dem Franziskaner Luca Pacioli, der wie er am Hofe tätig war. Leonardos Anspruch an eine Einheitswissenschaft, sein kalkulativer Zugang und seine Vision von einer praxisorientierten Wissenschaft stellen einen deutlichen Schritt zum modernen naturwissenschaftlichen Denken dar. Dennoch schätzte er die Malerei als jene universelle Sprache und Ausdrucksform menschlichen Geistes, welche er über alles setzte und der die anderen Wissenschaften und Künste dienstbar sein sollten. Diese Auffassung ging einher mit einem Perfektionsdrang, dem kaum eines seiner eigenen Werke genügen sollte. Solches Verlangen versetzte ihn oft in eine schöpferische Unruhe, ja geradezu in eine permanente Unzufriedenheit, die seinem Wesen jenes Wechselhafte und Reizbare gaben, das ihm oft nachgesagt wird.

Auch in der Folgezeit stand Leonardo stets in den Diensten bzw. unter Protektion berühmter Potentaten. Sein von innerer Unrast gezeichnetes Leben führte ihn an viele Stätten, stellte ihn vor mannigfache Aufgaben. Am längsten währte sein erster, nur von einigen Reisen unterbrochener, Aufenthalt in Mailand, welcher erst 1499 wegen der Vertreibung des Fürstenhauses durch die Franzosen beendet wurde. Am Hof der Sforza entwarf er Waffen und allerlei nützliche Dinge, war als Architekt und Bauberater tätig. Er widmete sich während dieser Zeit intensiv weiteren anatomischen, mathematischen und Naturstudien und konnte sich im Laufe der Jahre ein beträchtliches Wissen aneignen. Leonardo war vornehmlich als Militäringenieur tätig, plante und beaufsichtigte Wasserbaumaßnahmen, fungierte als militärischer Berater, wurde mit Gutachten betraut, fertigte Projekte an und stattete Festlichkeiten und Hochzeiten aus. Selbstverständlich gab er sich, ob mit Muße oder Auftrag, der Malerei hin und war lange Zeit mit der Planung eines monumentalen Reiterstandbildes aus Bronzeguss befasst. Einige seiner Kunstwerke blieben Fragment, auch die Mehrzahl seiner technischen Projekte blieb unausgeführt. Für manche war die Zeit noch nicht reif, andere fielen den Wirren der Umwelt oder der Spontanität und Sprunghaftigkeit ihres Schöpfers zum Opfer.

Zu den bemerkenswerten, wenn auch nicht immer originären technischen Entwürfen Leonardos zählen Geschütze, Riesenarmbrust, Sprenggeschosse, Bagger, Kräne, Wasser- und Brückenbauten, Hebezeuge, diverse Werkzeug- und Textilmaschinen, Taucherausrüstungen, Theatermaschinen, Fahrrad, Perpetuum mobile, Fluggeräte, Hubschrauber, Fallschirm und Musikinstrumente. Zum Gegenstand gedanklicher Auseinandersetzung mit technischen Problemen, die sich vor allem in seinen Merkbüchern niederschlug, gehören Reibung, Balkenbiegung, Tragfähigkeit von Ständern, Gewölbeschub, Reißfestigkeit, Kräftezusammensetzung und -zerlegung, umströmte Hindernisse, Verhalten von Flüssigkeiten und Luftwiderstand. Dabei kam Leonardo zu erstaunlichen Einsichten, bediente sich auf elementare Weise eines mathematischen und geometrischen Instrumentariums und drang zur Formulierung wichtiger Sätze vor.

Zu Beginn des 16. Jahrhunderts, nach seinem Weggang aus Mailand, führte Leonardos Weg über die Zwischenstationen Mantua und Venedig nach Florenz zurück. Danach ist sein Wirken als »Familienarchitekt und Generalingenieur« Cesare Borgias hervorzuheben. Im Dienste des machtgierigen Kriegsherrn befasste er sich verstärkt mit dem Festungsbau, dem Wasserbau, speziell mit der Regulierung des Arno, und der Kartographie der Toskana. Bei seinem zweiten Aufenthalt in Mailand wurde er seit 1507 auch für den französischen König Ludwig XII. als Maler und Ingenieur tätig. Nach einem mehr als zweijährigen Aufenthalt in Rom wendete er sich 1517 schließlich ganz nach Frankreich und verbrachte seine letzten Jahre als Gast des Königs Franz I. auf Schloß Cloux in Amboise, wo er 1519 starb.

Leonardos technische Studien

Sich ausbreitendes Manufakturwesen, Fortschritte in der Konstruktion von Wasser- und Windmühlen, Bergbau in größeren Tiefen sowie das Kriegswesen mit seinen schlagkräftigen Feuergeschützen

Leonardo da Vinci: Architektonischer Entwurf einer doppelstöckigen Stadt

führten zu einer enormen Aufwertung der mechanischen Künste und hielten Aufgaben bereit, deren Lösung zunehmend rationale Mittel erforderte. Doch vor der »theoretischen« Behandlung technischer Prozesse stand der Ausbau der von Generation zu Generation tradierten technischen Kenntnisse. Buchwissen forderte aber eine gewisse Strukturierung und Systematik. Gleichfalls nahm eine innige Verquickung von Bild- und Textaussage Gestalt an. Schriftlich und zeichnerisch fixiertes Erfahrungswissen hatte vielfältige Funktion: Es diente der Selbstverständigung des gelehrsamen Ingenieurs beim Vordringen in die rationalen Wurzeln technischer Vorgänge. Es wurde aber auch zum Zweck der Dokumentation technischer Mittel sowie des Standes der Technik überhaupt niedergelegt und diente damit als Vorlage für weitere Reproduktionen und Verbesserungen. Vereinzelt lag ihm auch die Absicht der Repräsentation zugrunde. Das belegen illustrierte Prachtausgaben für den begüterten Liebhaber oder Auftraggeber aus dem Kreis weltlicher oder geistlicher Machthaber.

Diese unterschiedlichen Motive bei der Abfassung technischer Literatur sind auch bei Leonardo anzutreffen. Zuweilen lagen konträre Ziele eng beisammen. Während das eine Manuskript geradezu selbstgefällig nach Publizität heischte, wurde im anderen mit allen Mitteln versucht, Geheimnisse zu wahren und dem Uneingeweihten kein Jota von seinem Inhalt preiszugeben. Besonders die spiegelverkehrte Niederschrift der Texte gab Rätsel auf. Freilich bereitet die Reinterpretation einer Zeichenwelt, die so weit vom Mittelalter noch nicht entfernt ist, gleichzeitig aber Anzeichen eines modernen industriellen Technik-Typs aufblitzen lässt, einige Schwierigkeiten: Leonardos schier unüberschaubare Skizzenblätter von Mechanismen und Maschinen atmen für den heutigen Betrachter einerseits die vertraute Rationalität und Funktionalität, tragen andererseits aber noch die nebulösen Züge einer unergründlichen Symbolik in sich.

Die Vielzahl von Zeichnungen, Skizzen und Entwürfen macht Leonardos technischen Denkstil und konstruktive Vorstellungen transparent. Wiesen mittelalterliche technischen Darstellungen zuweilen eine bis ins Symbolhafte vorgetriebene Abstraktheit auf, ist Leonardos Zeichenkunst viel stärker der konkreten technischen Anschauung verhaftet. Wenngleich auch Leonardo in einer Traditionslinie der grafischen Techniken stand, die bis ins Mittelalter, gar bis zur Antike zurückreicht, waren deren Mängel nunmehr durch eine höchst anschauliche und von vollendeten Raumvorstellungen getragene Form der zeichnerischen Abbildung und Analyse technischer Objekte überwunden. Dank seiner perfekten Beherrschung und konsequenten Anwendung der Zentralperspektive, welche von Filippo Brunelleschi aus der Technikergeneration vor ihm hervorgebracht wurde, hat Leonardo einer neuen Darstellungsart in der technischen Zeichenkunst zum Durchbruch verholfen. Einfluss auf die Ausformung eines räumlichen Vorstellungsvermögens hatten freilich vor ihm bereits namhafte Ingenieure und »Technik-Denker«, so vor allem der als »Archimedes von Siena« gerühmte Mariano Taccola sowie Francesco di Giorgio Martini.

Visionen und Visualität

In ihrer substantiellen Anschaulichkeit markieren Leonardos Zeichnungen allerdings eine neue visuelle Qualität und stehen zugleich für einen semantischen Technikbegriff. Sein fieberhafter Drang, den Dingen auf den Grund zu gehen, forderte geradezu unkonventionelle Formen der Beschreibung und Abbildung heraus. Der Kompliziertheit technischer Systeme und dem Einsatz völlig neuartiger konstruktiver Elemente konnten indessen ganzheitliche Abbildungen nicht mehr entsprechen. Die Lösung bestand in der Zerlegung in Grundelemente als Mittel der Freisetzung des im Komplexen verborgenen Funktionsprinzips. Elementarisierung und äußerliche Straffung der Beschreibung führt dann zu jener intuitiven Verdichtung des behandelten Stoffes, die in der Folgezeit immer mehr zur Voraussetzung dafür wird, verallgemeinernde Erkenntnisse abheben zu können. Das Prinzip der Elementarisierung erhellt freilich auch die konstruktiven Bildungsgesetze des Entwerfens neuer Mechanismen, Maschinen und anderer technischer Gebilde. Aus der Variation, Modifikation und Kombination einfacher Maschinenelemente schöpfte Leonardos Ingeniosität originelle, teils phantastische, aber auch zweckmäßige Konstruktionen. Immer kompliziertere morphologische Strukturen erwuchsen auch aus der Multiplikation und Neuordnung elementarer Bauformen. Demgemäß zeichnen sich Leonardos Skizzenblätter durch eine Häufung von Detaildarstellungen, Hervorhebungen, Schnitten und Auseinanderrückungen gegenüber seinen Vorgängern aus. Die schnörkellose Nüchternheit und Funktionalität seiner Zeichnungen wird durch Maßangaben, Verhältniszahlen, elementare Begründungen u. a. m. nachdrücklich untersetzt.

Und in einer bis dahin kaum bekannten Verkettung rationaler und visueller Erkenntniselemente in der Darstellung, Beschreibung und geistigen Vorwegnahme von Technikobjekten liegt auch Leonardos spezifische innovative Leistung, während sich die beschriebenen Konstruktionen selbst nicht immer eindeutig einer Erfinderpersönlichkeit zuordnen lassen. Manches der abgebildeten Konstrukte zählte in der Tat bereits im beginnenden Cinquecento zum technischen Gemeingut anonymer Herkunft oder lässt sich nach neueren historischen Untersuchungen durchaus an einem seiner Vorgänger und Zeitgenossen festmachen. Aber kein Praktiker vor ihm hat mit solcher geistigen Intensität einen Brückenschlag zu der noch ganz im Banne von Aristoteles stehenden Naturlehre betrieben. Mehr noch, Leonardo führte sehr früh das technische Denken auf systematische Wege und schuf konstruktive Leitbilder, die gleichsam zu techno-logischen Prinzipien gerinnen. Hierzu zählen vor allem das Prinzip der Einfachheit (und Schönheit), das Denken in alternativen Lösungen sowie das Prinzip der Lehrbarkeit durch Anschauung. Von Leonardos übergreifendem Denkstil zeugt auch die Tatsache, dass er analoge Bau- bzw. Wirkprinzipe in neue Konstruktionen ummünzte. Die Schraube als Verbindungselement wird so leicht umfunktioniert in eine hydraulische Fördermaschine oder in eine Art Propeller. Das assoziative Denken des Ingenieurs ist nicht nur in der Analogie der Medien abzulesen, auch der Sprung von statischen zu dynamischen Vorgängen geht von entsprechenden Schlüssen aus. Der heuristische Prozess folgt sowohl diesen Ansätzen regelhaften Denkens als auch der künstlerischen Intuition, womit die Ebene des impliziten Wissens angedeutet sei.

Vertieft man sich in Leonardos technische Studien, tritt jenes Spannungsfeld zwischen den hohen schöpferischen Ansprüchen des Renaissancemenschen und den praktisch-technischen Realitäten seiner Epoche hervor. Überschäumende Phantasie und zu Gebote stehende Materialkenntnisse, Fertigungstechniken sowie theoretische Voraussetzungen klafften oft weit auseinander. Dem visionären Perfektionsdrang des selbstbewussten Künstler-Ingenieurs haftete dabei durchaus ein Hang zum Eklektischen an. Gigantischer Schaffensdrang kollidierte mit materiellen Beschränkungen und mangelndem gesellschaftlichen Bedarf. Dies sowie die schmerzliche Einsicht in Erkenntnisgrenzen rief jene Gereiztheit und überspannten Reaktionen hervor, die einige Biografen an Leonardos Wesen beklagten. Den im Kern von Erkenntnisabsicht und Gestaltungswillen getragenen Leistungen Leonardos kann man wohl nur gerecht werden, indem man den ganzen Menschen erfasst und ihn in das Panorama seiner Zeit stellt.

Wenn sich heute auch Wissenschafts- und Technikhistoriker in vielen Ländern intensiver denn je mit Leonardos Werk beschäftigen, so vor allem deshalb, weil er ein herausragender Vertreter seiner Epoche und gleichermaßen Sendbote eines künftigen Technik-Typs gewesen ist. In seinem Schaffen offenbart sich jenes Möglichkeitsfeld an Wünschbarem, Machbarem und Notwendigem, in dem Technik entstanden ist und noch entsteht. Es gibt ferner Aufschlüsse über die soziokulturellen Bedingungen und subjektiven Befindlichkeiten, welche die technische Entwicklung vorangebracht haben.

Nachwirkungen

Die Ausstrahlung seines technischen Denkens blieb freilich, anders als bei seinen künstlerischen Entäußerungen, zu Lebzeiten hauptsächlich auf den engsten Kreis seiner Schüler und Adepten beschränkt. Hier vermochte er durch seine Anziehungskraft und das Geheimnisumwobene seiner Persönlichkeit den Keim für die Vermittlung seiner Ideen an die Nachwelt zu legen, auch wenn ihm größere Publikationen versagt blieben. Die geschichtliche Gestalt Leonardos lebt von ihrer Dynamik und ihrem Beziehungsreichtum: Er hat frühzeitig vielfältige Wech-

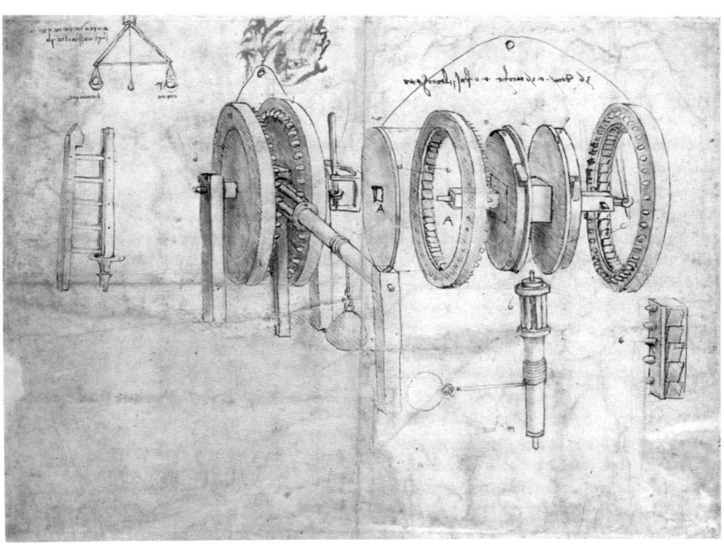

Leonardo da Vinci: Mechanismus zur Bewegungswandlung mit Bauteilskizzen

selbeziehungen zwischen Wissenschaft, Technik und Kunst zu knüpfen vermocht.

Die Geschichte der von Leonardo überlieferten Skizzenblätter technischen Inhalts, mehr als 6 000 an der Zahl, die später zu diversen Sammelbänden zusammengefasst worden sind, ist äußerst abenteuerlich zu nennen. Leonardo hinterließ seinen schriftlichen Nachlass testamentarisch seinem Schüler Francesco Melzi. Dieser verwahrte ihn ein halbes Jahrhundert lang sorgsam wie einen Schatz. Doch von dessen Nachkommen wurden die Manuskripte willkürlich auseinandergerissen und veräußert. Vieles blieb in der Folgezeit verschollen oder ging zumindest seiner ursprünglichen Anordnung verlustig. Erst Jahrhunderte später lebte das Interesse an Leonardos Skizzensammlungen wieder auf. Die in verschiedenen Ländern Europas aufgefundenen Reste wurden zu Codices zusammengestellt, deren Lückenhaftigkeit leider bis heute zu beklagen ist. Als besonders aufschlussreich für die Technikgeschichte erweisen sich einige in der Ambrosianischen Bibliothek zu Mailand aufbewahrte Bände, die des atlasförmigen Formates ihre Blätter wegen zum berühmten *Codex Atlanticus* gebunden wurden. 1965 ließ ein Aufsehen erregender Fund die Fachwelt aufhorchen. In der Nationalbibliothek Madrid wurden zwei längst verloren geglaubte Manuskripte wiederentdeckt. Vor allem die Auswertung des *Codex Madrid I* warf ein neues Licht auf die technischen Intentionen und Leistungen Leonardos und legte die Vermutung nahe, es handele sich um einen Teil des beabsichtigten größeren Werkes über mechanische Konstruktionen.

Insgesamt tritt uns Leonardo in seinen Manuskripten als der unerschöpfliche Ideengenerator entgegen. Die zur Skizze, zur Zeichnung, zum Bild geronnene Idee kündet von einem visuellen Denken, das in der Folgezeit Bestand haben sollte. Das von ihm zusammengetragene disparate Wissen auf allen erdenklichen Gebieten wurde zur sprudelnden Quelle eines seinesgleichen suchenden Erfindungsreichtums. Die Tiefe des Auslotens dieses gewaltigen Fundus an Imaginationen steht in keinem Verhältnis zu seinem Umfang. Die Transparenz der visuellen Umsetzung ist allerdings bestechend.

Werk(e):
Il Codice Atlantico di Leonardo da Vinci della Biblioteca Ambrosiana di Milano. Ulrico Hoepli Editore-Libaio della real casa e della Accademia dei Lincei (1895–1904); Clare, K. (Hrsg.): Leonardo da Vinci in Selbstzeugnissen und Bilddokumenten (1969); Leonardo da Vinci. Codices Madrid. Faksimile-Ausgabe, hrsg. von F. Klemm (1974).

Sekundär-Literatur:
Gille, B.: Die Ingenieure der Renaissance (1968); Reti, L. (Hrsg.): Leonardo – Künstler. Forscher. Magier (1974); Gibbs-Smith, Ch.: Die Erfindungen von Leonardo da Vinci (1978); Maschat, H.: Leonardo da Vinci und die Technik der Renaissance (1989); Grewenig, M. M., Letze, O. (Hrsg): Leonardo da Vinci. Künstler, Erfinder, Wissenschaftler. (Ausstellungskatalog, Historisches Museum der Pfalz, 1995); Arasse, D.: Leonardo da Vinci (1999).

Leonhard, Karl Cäsar von,

deutscher Mineraloge und Geologe,
* 12. 9. 1779 Rumpenheim,
† 23. 1. 1862 Heidelberg.

Leonhard begründete das *Taschenbuch für die gesammte Mineralogie* und trug zur Verbreitung der vulkanistischen Theorie in Deutschland bei.

Nach Studien in Marburg und Göttingen, wo J. F. ↗ Blumenbach sein Interesse für Geologie weckte, wurde Karl von Leonhard Steuerbeamter im hessischen Hanau. Ab 1803 bereiste er Thüringen und Sachsen, die österreichischen Alpen und das Salzkammergut. Erste mineralogische Arbeiten standen noch ganz im Zeichen des Neptunismus A. G. ↗ Werners. 1807 begründete er das *Taschenbuch für die gesammte Mineralogie*, das zur maßgeblichen geologischen Zeitschrift in Deutschland wurde. Ab 1830 erschien die Zeitschrift als *Jahrbuch für Mineralogie, Geognosie, Geologie und Petrefactenkunde*; Mitherausgeber war jetzt H. G. ↗ Bronn. Als *Neues Jahrbuch für Geologie und Paläontologie* beziehungsweise *Neues Jahrbuch für Mineralogie* ist sie bis heute ein wichtiges Publikationsorgan. 1809 wurde Leonhard Bergrat, 1813 Generalinspekteur und Geheimer Rat im 1810 von Napoleon I. neu geschaffenen Großherzogtum Frankfurt. Als »Franzosenfreund« musste er so nach der Restauration seine Ämter aufgeben. Ab 1815 lehrte er in München an der Akademie der Wissenschaften. 1818 wurde er Professor der Mineralogie in Heidelberg, wo er bis zu seinem Lebensende wirkte.

Leonhard veröffentlichte umfangreiche Handbücher zur Mineralogie und Geologie, die alle einer beschreibenden Mineralogie verhaftet blieben. 1818 erklärte er seinen Übertritt zum Vulkanismus. Als Ergebnis von Reisen in die Auvergne, nach Böhmen und in andere ehemalige Vulkangebiete gab er 1832 in seinem Werk über die »Basaltgebilde« eine umfassende Darstellung des Vorkommens und der Lagerungsverhältnisse der Basalte. Später verfasste Leonhard eine Reihe populärwissenschaftlicher Werke zur Mineralogie und Geologie, die eine weite Verbreitung fanden. [BF2]

Werk(e):
Handbuch der Oryktognosie (1821); Die Basaltgebilde in ihren Beziehungen zu normalen und abnormen Felsmassen, 2 Bde. (1832).

Sekundär-Literatur:
Fritscher, B.: Vulkanismusstreit und Geochemie. Die Bedeutung der Chemie und des Experiments in der Vulkanismus-Neptunismus-Kontroverse (1991); Nowotny, O.: Carl Cäsar von Leonhards Taschenbuch für die gesammte Mineralogie (1807–1826), in: Cartographica Helvetica, Nr. 9 (1994).

Leuckart, Karl Georg Friedrich Rudolf,
deutscher Zoologe,
* 7. 10. 1822 Helmstedt,
† 6. 2. 1898 Leipzig.

Leuckart trug zur Begründung der wissenschaftlichen Zoologie und der Parasitologie in Deutschland bei.

Rudolf Leuckart studierte Medizin in Göttingen (1842–1845) und promovierte dort 1845. Durch R. ↗ Wagner wurde er auf das Gebiet der Zoologie gelenkt. Bereits 1847 folgte die Habilitation mit einer Arbeit über die Morphologie und die Verwandtschaftsverhältnisse der wirbellosen Tiere. Nach dreijähriger Privatdozentur (1847–1850) in Göttingen wurde Leuckart ao. Professor und ab 1855 Ordinarius für Zoologie in Gießen (1850–1869). 1850 gründete er das erste Zoologische Institut in Deutschland. Ab 1869 wirkte er als Ordinarius der Zoologie und Zootomie sowie als Direktor des zoologischen Museums an der Universität in Leipzig.

Durch Leuckart erfuhr das »fast unangebaute Feld« der Anatomie, Entwicklung und Biologie der wirbellosen Tiere eine systematische Bearbeitung und Erforschung. Viele wirbellose Taxa (164, darunter 62 »Würmer«) gehen auf Leuckart zurück. Für diese Forschungsarbeit musste er die Methoden erst selbst entwickeln: die »physiologische Analyse des thierischen Baues« für das »Verständnis der thierischen Bildungen«, um den »Zusammenhang der verschiedenen Bildungen zu zeigen« und das »Gesetz des Baues nachzuweisen«. Leuckart wies die Bedeutung der Morphologie, Physiologie, Entwicklung und der Biologie der Tiere für das völlige Verständnis der Tierwelt nach. Seine Experimente zur Befruchtung und Fortpflanzung vieler Wirbelloser trugen zur Erklärung der Rolle des Spermas beim Befruchtungsvorgang bei. Anknüpfend an die Erforschung der Arthropoden lieferte er eine wissenschaftliche Begründung der Parthenogenese (Entwicklung unbefruchteter Eier). Leuckarts Schriften zum Lebenszyklus und zur Pathogenese verschiedener tierischer Parasiten bildeten die Basis für die weitere Entwicklung der Parasitologie und begründeten weltweit seinen Ruf als erste Autorität auf diesem Gebiet. Leuckart bekannte sich bereits 1873 zum Darwinismus. Seine Wirksamkeit als Hochschullehrer war von internationalem Rang. [LG]

K.G.F.R. Leuckart (ca. 1897)

Werk(e):
Zur Morphologie und Anatomie der Geschlechtsorgane (1848); Anatomisch-physiologische Uebersicht des Thierreichs. Vergleichende Anatomie und Physiologie (mit C. Bergmann, 1855); Die menschlichen Parasiten und die von ihnen herrührenden Krankheiten. Ein Hand- und Lehrbuch fuer Naturforscher und Aerzte (1863–1876).

Sekundär-Literatur:
Wunderlich, K: Rudolf Leuckart, Weg und Werk (1978).

Leupold, Jacob,
deutscher Mechaniker und Instrumentenbauer,
* 22. 7. 1674 Planitz bei Zwickau,
† 12. 1. 1727 Leipzig.

Mit seinem mehrbändigen *Theatrum Machinarum* legte Leupold ein erstes systematisches Standardwerk der beschreibenden Maschinenkunde vor und leistete wichtige Beiträge zur praktischen Mechanik. Darüber hinaus lieferte sein Hauptwerk einen allgemeinverständlichen Überblick des Maschinen-, Instrumenten-, Wasser- und Brückenbaus seiner Zeit. Als Instrumentenbauer machte sich Leupold vor allem durch die Konstruktion technisch ausgereifter Luftpumpen einen Namen.

Aus einer Handwerkerfamilie stammend, studierte Leupold nach dem Besuch der traditionsreichen Zwickauer Lateinschule an der Universität Jena Theologie und Mathematik. Dorthin hatte ihn vor allem Erhard Weigel gezogen, welcher als Autorität auf den Gebieten der Mathematik und Mechanik galt. Offenbar aus pekuniären Gründen wechselte Leupold bereits nach einem knappen Jahr nach Wittenberg, ohne an der dortigen Universität recht Fuß fassen zu können. Sein abermaliger Wechsel im Jahr 1696, diesmal nach Leipzig, war wohl von der Aussicht bestimmt, hier durch Nebeneinkünfte seinen Lebensunterhalt verdienen zu können. Seine Kolleggelder erwarb er zunächst, in-

J. Leupold (Foto: Deutsches Museum München, Bildstelle)

dem er Privatstunden in etlichen praktischen Fächern gab, wobei er nach dem Vorbild Weigels auch Experimente vorführte. Die selbst gefertigten Gerätschaften hierzu führten ihn 1699 auf die Idee, eine eigene Mechanikerwerkstatt zu eröffnen und sich verstärkt dem Instrumentenbau zu widmen. Um nach seiner Heirat im Jahr 1701 einen eigenen Hausstand gründen zu können, nahm er zudem die Stelle eines Hausvaters und Ökonomen im St.-Georgs-Lazarett an. Dort hatte er Freiraum, auch seinen eigenen Neigungen und Interessen nachzugehen und sich nach seinen Bedürfnissen eine Feinmechanikerwerkstatt einzurichten. Nebenher setzte er die mechanischen Studien und Versuche fort, wobei er sich vornehmlich auf das Gebiet der Luftpumpen verlegte. 1705 und in der Folgezeit gelang es ihm, leistungsfähige Luftpumpen zu bauen und ständig zu verbessern, sodass er sich bald in höfischen und bürgerlichen Kreisen einen guten Namen machte. Schon damals suchte Leupold durch entsprechende Publikationen seinen Erfindungen, darunter auch Waagen, Messinstrumente, Mechanismen, Spritzen und Hebezeuge, öffentliche Anerkennung und Werbung zu verschaffen.

1715 gab Leupold die Hausvaterstelle auf und widmete sich ganz seinem gerade eröffneten mechanischen Laboratorium. Er betrieb die neue Werkstatt nunmehr im großen, einer Manufaktur gleichenden Stil. Die Berufung in die Preußische Akademie der Wissenschaften zu Berlin im Jahr 1715 sowie die Aufnahme in die Leipziger Bürgerschaft im Jahr 1719 erhöhten seine gesellschaftliche Reputation ganz erheblich und brachten ihm Kontakte zu namhaften Wissenschaftlern ein. Der Aufstieg aus der Handwerkerschicht in den Gelehrtenstand blieb Leupold dennoch verwehrt, er hatte freilich eine achtbare Mittelstellung inne. Mit seinem Buchprojekt wollte er vermutlich den Nachweis erbringen, auf dem Stand der Wissenschaft zu stehen und die ihm vertraute Maschinenwelt des 17./18. Jahrhunderts mit wissenschaftlichen Mitteln zu ergründen, zu beschreiben und einer Erklärung ihrer theoretischen Grundlagen zuzuführen.

Leupold, in die Zeit der Aufklärung hineingeboren, stellte den bildungsbeflissenen Praktiker dar, mit dem das wissenschaftliche Fundament der einstigen Erfindungskunst deutliche Konturen annahm. Im technischen Schaffen hielt immer mehr Rationa-

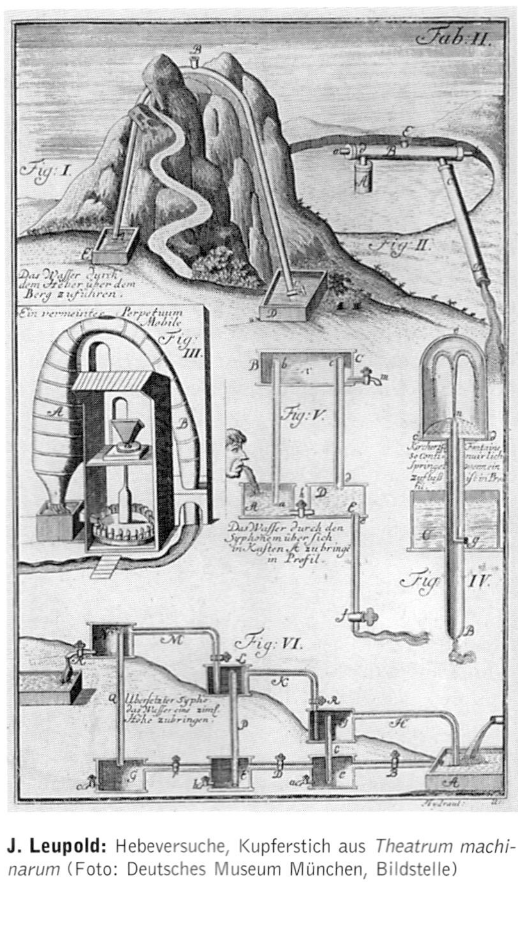

J. Leupold: Hebeversuche, Kupferstich aus *Theatrum machinarum* (Foto: Deutsches Museum München, Bildstelle)

MACHINARVM
GENERALE.
Schau-Platz
Des Grundes
Mechanischer Wissenschafften,
Das ist:
Deutliche Anleitung
Zur Mechanic oder Bewegungs-Kunst,
Darinnen nicht nur
Die Fünff einfachen Rüst-Zeuge und die dabey nöthigen Lehr-Sätze
deutlich erkläret, alle vorfallende Begebenheiten umständlich bemercket, und deren
Application an besondern Machinen erwiesen, sondern auch die so genannten
äusserlichen Kräffte,
Als der Menschen, Thiere, Lufft, Feuer, Wasser, Gewichte und Federn, nebst ihren hierzu
dienlichen Eigenschafften und gehörigen Machinen beschrieben werden;
Alles mit viel nützlichen Anmerckungen
und besonderen neuen
Inventionibus und Machinen vermehret, und mit vielen Figuren
deutlich vor Augen gestellet
von
Jacob Leupold, Planicia Misnico,
Mathematico und Mechanico, Königl. Preuss. Commercien-Rath,
der Königl. Preuss. und Sächs. Societät der Wissenschafften, ingleichen
della Accademia dell'onore Letterario Mitglied.

J. Leupold: Titelblatt des *Theatrum machinarum generale* (1724)

lität und Nützlichkeitsdenken Einzug. Es war die Zeit des Aufkommens einer deskriptiven Maschinenkunde. Die Systematisierung des Wissens über Maschinen und Bearbeitungsverfahren reifte in Leupolds zehnbändigem *Theatrum machinarum*, das er in den Jahren 1724 bis zu seinem Tode herausgab, zu einem von einer klaren Begrifflichkeit getragenen Klassifikationssystem für technische Gebilde und Verfahren aus, welches Anklänge an das Linnésche Konzept für das Pflanzenreich erkennen lässt. Das Werk hatte den stattlichen Umfang von 1 764 Seiten und 472 Kupfertafeln. In diesem enzyklopädischen Sammelwerk fließen die Ergebnisse bisheriger empirischer Untersuchungen über Instrumente und Maschinen, aber auch über Brückenbauten, Wasserbauten, Rechenmaschinen, Hebezeuge, Waagen u. a. m. zusammen.

An unterschiedlichen Maschinen vorkommende Mechanismen und wiederkehrende Grundelemente fasste Leupold bereits nach gemeinsamen Struktur- und Funktionsmerkmalen zusammen. Dies sowie Ansätze kalkulativer Betrachtung über geometrische und physikalische Bestimmungsgrößen erlaubte tiefere Einsichten in die Natur technischer Bewegungsvorgänge.

Die Prägnanz seiner technischen Zeichenkunst vereinte viele der vorherigen Ansätze zu einer sachlichen Darstellung mit hoher Aussagekraft. Bei Leupold erscheint die technische Zeichnung von artifiziellem Zierat und spektakulärem Inhalt entkleidet. Zum funktionalen Kern vordringend vermied er jene endlosen Wiederholungen, die älteren Darstellungen zu eigen waren. Die Vielfalt entsprechender Bauformen unterzog Leupold einer eingehenden Wertung. Das Abwägen ihrer Vor- und Nachteile wurde dabei zur Voraussetzung für die Auswahl optimaler Lösungen gemäß dem vorliegenden Einsatzfeld. »Experiendo docemur«, so nannte Leupold seine Methode der Überprüfung und Verbesserung von Konstruktionen und Verfahren anhand von Modellen und Versuchseinrichtungen. Auch postulierte er das künftige, von Arbeitsteilung geprägte Berufsbild des Ingenieurs – er nennt den Theoreticus, der die Grundlagen inne hat, den Practicus, welcher die Maschine entwirft und fertigt, sowie den Empiricus, der die Maschinen zu handhaben und zu reparieren weiß.

Neben der immensen Arbeit am *Theatrum* verbrachte Leupold seine letzten Lebensjahre als Berater im sächsischen Montanwesen – 1725 war er zum königlichen Rat und Bergwerkskommissar berufen worden. Mit seinen Erfindungen und seinem gewaltigen Hauptwerk stand Leupold auf der Höhe der Zeit und setzte Maßstäbe für die künftigen Maschinenwissenschaften. [KM2]

Werk(e):
Antlia pneumatica illustrata. Das ist eine deutliche Beschreibung der so genannten Lufft-Pumpe (1707); Theatrum machinarum, 10 Bde. (1724–1739).

Sekundär-Literatur:
Hiersemann, L.: Jacob Leupold – ein Wegbereiter der technischen Bildung in Leipzig, in: Wiss. Berichte der TH Leipzig (1982).

Leverrier, Urbain Jean Joseph,
französischer Astronom und Meteorologe,
* 11. 3. 1811 St. Lo (Frankreich),
† 23. 9. 1877 Paris.

Leverrier berechnete aus Bahnstörungen des Uranus die Existenz eines unbekannten Planeten, des auf dieser Grundlage entdeckten Neptuns, und verfasste wichtige Arbeiten zur Himmelsmechanik.

Leverrier besuchte das Gymnasium in Caen, dann das Collège Louis le Grand in Paris, das er vor allem in den mathematischen Fächern mit großem Erfolg absolvierte. Nach dem Abschluss der École Polytechnique in Paris war er als Ingenieur in der Tabakverwaltung tätig, arbeitete als Lehrer für Mathematik, beschäftigte sich nebenbei mit chemischen Studien (unter L.-J. ↗ Gay-Lussac) und astronomischen Berechnungen. Dabei wurde seine große Begabung für die Mathematik deutlich, weshalb man ihm 1837 eine Stelle als Mathematiker an der École Polytechnique anbot, wo er mit bedeutenden Gelehrten, unter ihnen D. F. ↗ Arago, bekannt wurde.

Arago lenkte das Interesse des jungen Mathematikers auf die Unregelmäßigkeiten der Bewegung des Merkurs, wodurch Leverrier Gelegenheit hatte, sich intensiv in das Problem der gravitativen Störungen der Planeten einzuarbeiten. Von großem Erfolg war dessen Anwendung auf die ungelöste Bewegung des Planeten Uranus. Seit seiner Entdeckung 1781 durch F. W. ↗ Herschel zeigte er am Himmel andere Positionen, als er eigentlich einnehmen sollte. Mehrere Astronomen, u. a. F. W. ↗ Bessel, glaubten, dies auf den gravitativen Einfluss eines noch unentdeckten Planeten zurückführen zu müssen.

Leverrier übernahm die aufwendigen Rechnungen, aus diesen Unstimmigkeiten die Bahn eines hypothetischen Planeten zu berechnen und dessen Ort am Himmel zu bestimmen. Ein erstes Resultat legte er der Pariser Akademie im November 1845, ein verbessertes im Juni und August 1846 vor. Er stieß jedoch ob der Neuartigkeit des Verfahrens, einen Planeten am Schreibtisch statt am Fernrohr aufzufinden, auf tiefe Skepsis, weshalb seine Resultate nicht ernst genommen wurden.

Leverrier schickte seine Berechnungen u. a. an J. G. ↗ Galle in Berlin, der noch am Tag des Erhalts dieses Briefes, am 23. 9. 1846, gemeinsam mit Heinrich Ludwig d'Arrest die bezeichnete Gegend des Himmels durchmusterte und tatsächlich ein in den Sternkarten nicht verzeichnetes Objekt fand, das sich nach weiteren Beobachtungen als der gesuchte Planet erwies.

Die Methodik der Entdeckung eines Planeten durch dessen Vorherberechnung erregte größtes Interesse und brachte Leverrier zahlreiche Ehrungen ein. Im Jahre 1854 wurde er zum Direktor der Pariser Sternwarte berufen, führte umfangreiche astronomische Beobachtungen aus und publizierte bedeutende Arbeiten zur Himmelsmechanik. Der Versuch, auch die Bahnunregelmäßigkeiten des Merkurs (Periheldrehung) aus Störungen eines sich noch näher an der Sonne bewegenden Planeten – Vulkan genannt – zu erklären, schlugen fehl. Dieses Problem konnte erst auf der Grundlage der Allgemeinen Relativitätstheorie A. ↗ Einsteins gelöst werden.

Ein weiteres bedeutendes Arbeitsgebiet Leverriers war die Meteorologie. Angeregt durch starke Schäden infolge eines Wirbelsturms begann er, Wetterdaten zu sammeln und zu Karten zusammenzustellen, auf deren Grundlage Sturmwarnungen ermöglicht werden sollten. Im Jahre 1856 wurde in Frankreich ein Wetterdienst eingerichtet, der Leverrier unterstand. Ab 1863 wurden tägliche Wetterkarten mit Luftdruck und Windrichtung/-geschwindigkeit (ohne Temperatur, Bewölkung und Niederschlag) herausgegeben. [JH]

Werk(e):
Leverriers Arbeiten erschienen größtenteils in den Comptes rendus der Pariser Akademie (1835–1878).

Sekundär-Literatur:
Centenaire de la naissance de U. J. J. Le Verrier (1911).

Levi-Civita, Tullio,
italienischer Mathematiker und theoretischer Physiker,
* 29. 3. 1873 Padua,
† 20. 12. 1941 Rom.

Levi-Civita gehört zu den bedeutenden Mathematikern der ersten Hälfte des 20. Jahrhunderts, der mit seinen Arbeiten zum Tensorkalkül und zur Geometrisierung der Allgemeinen Relativitätstheorie auch die moderne Physik beeinflusst hat.

Nach dem Schulbesuch in Padua nahm Tullio Levi-Civita 1890 an der Universität seiner Heimatstadt ein Mathematikstudium auf und promovierte 1894 mit der Arbeit *Sugli invarianti assoluti*, die eine systematische Theorie der Differentialinvarianten unendlicher und endlicher Gruppen auf Liescher Grundlage entwickelte.

Nach einer kurzen Zwischenstation in Pavia wurde Levi-Civita Nachfolger seines Lehrers Ernesto Padova in Padua; für mehr als zwanzig Jahre unterrichtete er dort theoretische Mechanik. Er bezeichnete dies später als die fruchtbarste Zeit in seinem Leben.

1918 wechselte er an die Universität in Rom, wo er eine Professur für höhere Analysis, seit 1920 auch für theoretische Mechanik innehatte. Levi-Civita gehörte 1925 zu den Unterzeichnern des »Manifesto Croce«, einer Stellungnahme italienischer Intellektueller gegen den Faschismus, was die Position Levi-Civitas nach der Machtergreifung Mussolinis nicht leicht machte. Sein wissenschaftliches Renommee, die Mitgliedschaft in zahlreichen Akademien und seine mannigfachen Auszeichnungen machten ihn jedoch zunächst unangreifbar; erst 1938 wurde er wegen seiner jüdischen Herkunft aus seinem Amt vertrieben. In den letzten zwei Jahre seines Lebens war seine Gesundheit so angegriffen, dass er seine Arbeiten nicht mehr fortsetzen und das Haus nicht mehr verlassen konnte. Sein Tod wurde zuerst nur im vom Vatikan herausgegebenen *Osservatore Romano* angekündigt. Nur dank der Einflussnahme der »Accademia Pontificia« konnte Levi-Civitas Familie eine Todesanzeige veröffentlichen.

Levi-Civita publizierte ungefähr 200 Arbeiten aus den Bereichen absoluter Differentialkalkül, analytische Mechanik, Himmelsmechanik, Hydrodynamik, Elastizitätstheorie, Elektromagnetismus und Atomphysik, darunter zahlreiche Lehrbücher. Am bekanntesten sind seine Beiträge zum absoluten Differentialkalkül, dem späteren Tensorkalkül, der vor allem in der allgemeinen Relativitätstheorie Anwendung fand. Seine zusammen mit Gregorio Ricci-Curbastro veröffentlichten *Méthodes de calcul différentiel absolu* bildeten eine wichtige Voraussetzung für A. ↗ Einstein. Levi-Civita leistete einen entscheidenden Beitrag zur Geometrisierung der allgemeinen Relativitätstheorie, indem er 1917 auch für die nichteuklidische Geometrie eine Parallelverschiebung definieren konnte.

In den Jahren 1903–1916 beschäftigte er sich in einer Reihe von Arbeiten mit Problemen aus der Himmelsmechanik; am bekanntesten sind seine Beiträge zum Dreikörperproblem. Er kam allerdings nur zu Ergebnissen, die schon vor ihm der finnische Astronom Karl Frithiof Sundman veröffentlicht hatte.

In den Jahren 1917–1919 schrieb Levi-Civita mehrere Beiträge über statische und rotierende Gravitationsfelder.

Die Hydrodynamik gehörte zu Levi-Civitas Lieblingsgebieten. Er lieferte nicht nur eine Einführung in die Charakteristikentheorie der partiellen Differentialgleichungen ersten und zweiten Grades, sondern auch den Nachweis, dass in zähen Flüssigkeiten fortschreitende Unstetigkeitswellen unmöglich sind. [KR]

Werk(e):
Opere matematiche. 6 Bde. (1954-1973); Lezioni di calcolo differenziale assoluto (1925).

Sekundär-Literatur:
Hodge, W. V. D.: Tullio Levi-Civita. 1873-1941. Obituary Notices of Fellows of the Royal Society 4 (1942/1944); Reich, K.: Levi-Civitasche Parallelverschiebung, affiner Zusammenhang, Übertragungsprinzip: 1916/7–1922/3. Archive for History of Exact Sciences 44 (1992); Reich, K.: Die Entwicklung des Tensorkalküls. Vom Absoluten Differentialkalkül zur Relativitätstheorie (1994).

Levinson-Lessing, Franc Jul'evich,
russischer Geologe und Petrograph,
* 9. 3. (25. 2.) 1861 Petersburg,
† 25. 10. 1939 Leningrad.

Levinson-Lessing wurde international bekannt als Autor von Gesteinsklassifikationen auf chemischer Grundlage und von Arbeiten zur Gesteinsgenese.

F.J. Levinson-Lessing

Levinson-Lessing studierte an der Petersburger Universität Geologie und Naturwissenschaften (Kandidaten-Examen 1883). Nach Studien im Ausland hielt er von 1889 bis 1892 Geologie-Vorlesungen an der Petersburger Universität. Er erhielt 1892 einen Ruf an die Universität Jurjev (Tartu, Estland), wo er bis 1902 lehrte. 1902 übersiedelte er als Professor für Geologie an das Petrograder Polytechnische Institut. Er wurde mehrfach zum Rektor dieser Hochschule gewählt. 1914 erfolgte seine Wahl zum Korrespondierenden Mitglied, 1925 zum Ordentlichen Mitglied der Russischen Akademie der Wissenschaften. Von 1925 bis 1929 war er gleichzeitig Direktor des Instituts für Bodenkunde der Akademie der Wissenschaften der UdSSR. Ab 1930 baute er das Petrographische Institut der Akademie der Wissenschaften der UdSSR auf, das er bis 1938 als Direktor leitete. 1934 errichtete er die Vulkanologische Station auf Kamtschatka und leitete ebenfalls die Armenische und die Aserbaidschanische Filiale der Akademie der Wissenschaften der UdSSR.

Das umfangreiche Werk Levinson-Lessings (mehr als 322 Titel) umfasst Arbeiten zur Petrogenese und Klassifikation der magmatischen Gesteine sowie zur regionalen Petrographie und zur experimentellen Petrographie und ihren physikochemischen Grundlagen. Außerdem veröffentlichte er Arbeiten zur Paläontologie, Kristallographie und Pedologie. [PK]

Werk(e):
Petrografija (1933, 1939); Petrograficheskie Tablicy (1933); Problema genezisa magmaticheskich porod i puti k ee razresheniju (1934); A historical survey of petrology (1954).

Sekundär-Literatur:
Tomkeieff, S. I.: Nekrolog F. Ju. L.-L., Nature, Bd. 144 (1939); Beljankin, D. S.: F. Ju. L.-L. und seine Rolle bei der Entwicklung der russischen Petrographie, Vestnik Akad. Nauk SSSR, Nr. 11/12 (1944); Problemy magmy i genezisa izvershennykh gornykh porod. (Sammelband zum 100. Geburtstag F. Ju. Levinson-Lessings, 1963).

Lewis, Gilbert Newton,
amerikanischer Physikochemiker,
* 23. 10. 1875 Weymouth (Mass.),
† 23. 3. 1946 Berkeley (Calif.).

Lewis schuf die Theorie der Elektronenpaarbindung, entwickelte ein neues Säure-Base-Konzept und stellte als Erster schweres Wasser her.

Lewis, Sohn eines Rechtsanwalts, studierte ab 1891 Chemie an der Universität Nebraska. 1893 ging er an die Harvard-Universität in Cambridge, Ma., wo er 1899 promovierte. Dort lehrte er dann ab 1901 Thermodynamik und Elektrochemie, nach Studienaufenthalten in Leipzig und Göttingen von 1905 bis 1912 war er Professor am Massachusetts Institute of Technology (MIT) in Cambridge und übernahm danach die Professur für Physikalische Chemie an der Universität Berkeley. Hier wirkte er bis 1941 als Dekan und bis zu seiner Emeritierung (1946) als Direktor des Chemischen Instituts. Lewis war Mitglied zahlreicher wissenschaftlicher Akademien und Gesellschaften und erhielt sieben Ehrendoktorate.

Lewis hat 1916 mit seiner Arbeit *The atom and the molecule* einen herausragenden Beitrag zur Modernisierung der Theorie der chemischen Bindung geleistet. Im Gegensatz zu dem von Walther Kossel um die gleiche Zeit entwickelten elektrostatischen Modell der Ionenbeziehung, der sog. heteropolaren Bindung, sah Lewis in der Elektronenpaarbildung das tragende Bindungsprinzip insbesondere der organischen Chemie. Im Lewis-Modell (»Lewis-Formeln«) der Atombindung, von I. ↗ Langmuir 1919 als Kovalenz bezeichnet, spielte die stabile Achtelektronen-Edelgaskonfiguration die entscheidende Rolle. Dieses Modell bildete für Lewis 1923 auch den Ansatz für ein neues Säure-Base-Konzept. Nach diesem waren Säuren solche Verbindungen, die ein freies Elektronenpaar unter Bildung einer kovalenten Bindung aufnehmen (Elektronenpaar-Akzeptoren), während Basen ein solches Elektronenpaar liefern (Elektronenpaar-Donatoren). Damit konnten die im Säure-Base-Modell von J. N. ↗ Brønsted und Thomas M. Lowry (1923) enthaltenen Einschränkungen auf Protonenaustauschreaktionen überwunden werden. Lewis entwickelte des Weiteren ein neues Verständnis der chemischen Thermodynamik und wendete seine Erkenntnisse auch auf elektrochemische Probleme an. Dies führte ihn 1933 zur Gewinnung von schwerem Wasser und zur elektrolytischen Trennung der Isotope des Wasserstoffs. Weitere Arbeiten galten dem Phänomen der Fluoreszenz und der Strahlung Schwarzer Körper. [RS3]

Werk(e):
Valence and the Structure of Atoms and Molecules (1923); Thermodynamics and the Free Energy of Chemical Substances (1923).

Sekundär-Literatur:
Hildebrand, J. H.: G. N. L., Orbituary Notices of Fellows of the Royal Society 5 (1945/46) 491–506.

Libavius (Li(e)bau), **Andreas** (anagrammat. Ps. Basilius de Varna),
Alchemist und Chemiater,
* nach 1555 Halle,
† 25. 7. 1616 Coburg.

Mit seinem Werk *Alchemia* begründete Libavius die chemische Lehrbuchtradition.

Libavius besuchte das Gymnasium in Halle und studierte Philosophie, Geschichte und Medizin an den Universitäten Wittenberg (1576) und Jena (seit 1577), wo er 1581 promoviert wurde. Nach der Promotion wurde er Lehrer in Ilmenau, 1586 erschien er als Rektor der Stadt- und Ratsschule in Coburg. Nachdem er 1588 in Basel auch den medizinischen Doktorgrad erworben hatte, wurde er im selben Jahr Professor der Geschichte und Poetik an der Universität Jena. 1591 übernahm er das Stadtphysikat in Rothenburg ob der Tauber und im folgenden Jahr zusätzlich die Stelle des Schulinspektors am neu gegründeten Gymnasium. Von 1607 bis zu seinem Tod bekleidete er die Rektorenstelle am neu gegründeten Gymnasium Academicum Casimirianum in Coburg, das mehr einer Universität als einer Schule entsprach, dem aber die kaiserliche Anerkennung als Hochschule versagt blieb.

Libavius war umfassend gebildet und publizierte ca. 50 meist umfangreiche Schriften zur Pädagogik, Philologie, Theologie, Physik, Medizin, Alchemie und Chemiatrie bzw. Pharmazie. Er neigte zu pole-

A. Libavius

mischen Auseinandersetzungen, wobei er vorrangig gegen Jesuiten (später auch gegen Calvinisten), Rosenkreuzer und bestimmte Anhänger des P. T. ↗ Paracelsus zu Felde zog. Libavius verteidigte die praktisch-chemiatrischen Ideen von Paracelsus, wandte sich jedoch gegen dessen naturphilosophisch-magische Vorstellungen. Für die Geschichte der Chemie besitzt Libavius vor allem durch sein Hauptwerk Bedeutung, die *Alchemia*, deren 1. Auflage 1597 in Frankfurt/Main erschien (2. Auflage ebd. 1606 unter dem Titel *Alchymia*). Eine gekürzte Version in deutscher Sprache (*Alchymistische Practic*) erschien 1603 ebenfalls in Frankfurt (lat. Übersetzung *Praxis Alchymiae*, ebd. 1604). Mit der *Alchemia* beginnt die chemische Lehrbuchtradition. Das ungewöhnlich klar und sachlich gehaltene Werk besteht aus einem labortechnischen (»Encheria«) und einem präparativ ausgerichteten Teil (»Chymia«). Zusätzlich verfasste Libavius je einen Ergänzungsband zu beiden Teilen (*Commentariorum*, 1606, bzw. *Syntagmatis selectorum*, 1611), denen indes die Klarheit der *Alchemia* abgeht. Libavius brach auch mit der bei den Alchemisten hochgehaltenen Pflicht zur Geheimhaltung wesentlicher Angaben, die die Lektüre alchemischer Werke erschwert und ihr rationales Verständnis unmöglich macht. Er fasste das chemische Wissen methodisch zusammen und machte es jedermann zugänglich.

Man kann Libavius mit Recht als praktischen Chemiker im modernen Sinne bezeichnen, wenn man seine Vorschriften zur Herstellung von Präparaten, seine Arbeitsverfahren oder den berühmten, wenn auch nie realisierten, Plan zur Einrichtung eines Laboratoriums betrachtet. Dennoch war Libavius auch in der alten Tradition der Alchemie verhaftet, indem er an die Existenz des Steins der Weisen glaubte, als dessen Besitzer er u. a. Pico della Mirandola, G. della ↗ Porta, Edward Kelley und Michael Sendivogius nannte. Den rätselhaften »Azoth« des Paracelsus machte er 1613 im »liquor [auch spiritus] sublimati« aus, bei dem es sich um Zinntetrachlorid ($SnCl_4$) handelt; die Bezeichnung »spiritus fumans Libavii« dafür wurde erst im 18. Jahrhundert üblich. Libavius erhob dabei keinen Anspruch auf Priorität, er gab nur die Vorschrift an (Umsetzung von Zinnamalgam mit Sublimat, $HgCl_2$). Zu den von Libavius erstmals beschriebenen Verbindungen zählt die Salzsäure, deren Darstellung durch Glühen einer Mischung von Kochsalz und Ton erfolgte. Bei der trockenen Destillation von Blei-II-acetat (Bleizucker, $PbAc_2$; Ac = CH_3CO_2) erhielt er die »quinta essentia saturni«, die Quintessenz des Bleis, nämlich Aceton (CH_3COCH_3). Aus Ethanol und Schwefelsäure gewann er ein »oleum vitrioli dulce« (süßes Vitriolöl), bei dem es sich jedoch nicht um Ether, sondern um Diethylschwefelsäure (Et_2SO_4; Et = C_2H_5) handelte. [CP]

Werk(e):
Die Alchemie des Andreas Libavius, ein Lehrbuch der Chemie aus dem Jahr 1597 (1964), kommentiert und ins Deutsche übersetzt von E. Pietsch, A. Kotowski und F. Rex. Dort findet sich auch eine (nicht ganz vollständige) Bibliographie der Werke von Libavius (das Druckdatum der »Syntagmatis selectorum« hier falsch 1615 anstatt 1611).

Sekundär-Literatur:
Multhauf, R. P.: Libavius, in: E. Faber (Hrsg.), Great Chemists (1961); Müller-Jahncke, W.-D.: Andreas Libavius im Lichte der Geschichte der Chemie, in: Jb. d. Coburger Landesstiftung (1972); Hannaway, O.: The Chemists and the Word. The Didactic Origins of Chemistry (1975); Hannaway, O.: Laboratory Design and the Aim of Science. Andreas Libavius versus Tycho Brahe, in: Isis 77 (1986) 585–610.

Libby, Willard Frank,

amerikanischer Radiochemiker,
* 17. 12. 1908 Grand Valley, Colorado,
† 8. 9. 1980 Los Angeles, Kalifornien.

Libby entwickelte die Radiokohlenstoffmethode zur Altersbestimmung in der Archäologie, Geologie, Geophysik und in vielen anderen Wissenschaftszweigen.

Libby erhielt seine wissenschaftliche Ausbildung an der Universität von Kalifornien in Berkeley, wo er die akademischen Grade B. Sc. (1931) und Ph. D. (1933) erwarb. 1941–45 arbeitete er im Manhattan-Projekt am Bau der Atombombe. Er beschäftigte sich mit Methoden zur Trennung von Uranisotopen durch Gasdiffusion. 1945–59 war er Mitarbeiter des Instituts für Kernforschung der Universität in Chicago, danach (ab 1959) bis zu seinem Tode Professor für Chemie an der Universität von Kailfornien in Los Angeles. 1955–59 war er Mitglied der US Atomic Energy Commission.

1960 erhielt er für die Entwicklung der Radiokohlenstoffmethode zur Altersbestimmung den Nobelpreis für Chemie. Diese Methode beruht auf der Messung der Strahlungsintensität beim radioaktiven Zerfall des Kohlenstoff-14-Isotops (Halbwertszeit: 5 600 Jahre) in früher lebenden Organismen. Wegen der relativ einfachen Messanordnung und der hohen Genauigkeit wird diese Methode in vielen Laboratorien angewendet. Die Prinzipien und die Messanordnung wurden von Libby in seinem Nobelvortrag und in seinem Buch *Radiocarbon Dating* (2. Auflage 1955) beschrieben. [KHS2]

Werk(e):
Radiocarbon Dating (1955).

Lichtenberg, Georg Christoph,
Schriftsteller, Physiker und Naturforscher,
* 1. 7. 1742 Oberramstadt bei Darmstadt,
† 24. 2. 1799 Göttingen.

Wir kennen Lichtenberg heute vor allem als scharfzüngigen Aphorismendichter. In der Physik tragen die »Lichtenbergschen Figuren«, Gleitentladungen an Isolatoroberflächen, heute noch seinen Namen. Zu Lebzeiten war er als Naturforscher insbesondere in der Elektrizitätslehre international angesehen, daneben als nationaler Gutachter für technische Fragen (Blitzableiter) und als Experte für (astronomische) Landvermessung.

Lichtenberg war das 17. Kind eines protestantischen Pfarrers und von Geburt an körperlich behindert. Er besuchte das Darmstädter Gymnasium und konnte mit einem Stipendium des hessischen Landesfürsten 1763–1767 in Göttingen studieren. Die Göttinger Universität war gerade erst gegründet worden und wuchs schnell zu einem aufgeklärten geistigen Zentrum in Deutschland. Die Personalunion des Herzogtums Hannover mit England begünstigte diese Entwicklung. Lichtenbergs anglophile Entwicklung (mit zwei Englandreisen und keiner – obwohl geplanten – italienischen!) ist eine Frucht davon.

In seinem aufklärerischen Denken bildeten wissenschaftliche Erkenntnis und möglicher technischer Nutzen eine wichtige Einheit. Sein Artikel *Über eine neue Methode, die Art und Bewegung des elektrischen Fluidums zu erforschen*, d. h. über die »Lichtenbergschen Figuren« im Jahre 1777 (1778 veröffentlicht) blieb seine einzige größere publizierte Forschungsarbeit. Bei Abschleifen des Isolators Baumharz auf einem Elektrophor (das war eine Art Plattenkondensator) war Staub entstanden, der sich, je nach positiver oder negativer Aufladung der Isolator-Oberfläche, in verschiedenartige Figuren legte. Lichtenberg beschrieb die beobachteten positiven und negativen Figuren exakt und in vielen Varianten. Erst in den 30er-Jahren des 20. Jahrhunderts konnte man beginnen, diese Oberflächen-Vorgänge atomphysikalisch aufzuklären. Lichtenberg erzeugte damit auch schon Schriftzüge elektrostatisch und fixierte sie: Die erste elektrostatische Fotokopie kurz vor der Mitte des 20. Jahrhunderts wurde auf ähnliche Weise hergestellt. Der Benennungs-Vorschlag »positiv – negativ« in der Elektrizität stammt ebenfalls von Lichtenberg, der damit auch zwischen damals streitenden Theorien vermitteln wollte: Gab es zwei elektrische Fluida oder nur eines, davon aber weniger oder mehr als im neutralen Zustand?

Lichtenbergs geistreiche und aufwendige Experimentalphysikvorlesungen – die ersten physikalischen in Deutschland – waren sehr beliebt. Er hatte mitunter über 100 Hörer – das entsprach in etwa 1/4 aller Göttinger Studenten, darunter später berühmte Gelehrte und Literaten wie C. F. ↗ Gauß, Wilhelm und A. v. ↗ Humboldt, Karl Friedrich von Hardenberg (Novalis).

Lichtenbergs populären und satirischen Schriften waren in Deutschland weit verbreitet. Die »Sudelbücher«, die seinen Nachruhm als Aphorismendichter begründeten, wurden erst sukzessiv nach Lichtenbergs Tod veröffentlicht. Es sind eine Art Gedankenbücher, in denen sich Lichtenberg alles in Kürze notierte, sei es Naturwissenschaft, Technik, Philosophie, Literatur, Alltag, was ihn geistig oder emotional anregte. Längere Publikationen gibt es von ihm weder in der Literatur noch in den Naturwissenschaften. [JT]

Werk(e):
Schriften und Briefe, hrsg. von W. Promies, 4 Bde. und 2 Kommentarbände – nur die 2 Bände Sudelbücher sind vollständig editiert (1967–1992); Briefwechsel, hrsg. von U. Joost und A. Schöne, 5 Bde. (1983–1994); Observationes – die lateinischen Schriften, hrsg. und übersetzt von D. N. Hasse (1997).

Sekundär-Literatur:
Mautner, F. H.: Lichtenberg, Geschichte seines Geistes (1968); Goetz, D.: Georg Christoph Lichtenberg (1980); Ausstellungskatalog: Georg Christoph Lichtenberg, 1742–1799. Wagnis der Aufklärung (1992); Jung, R.: Lichtenberg – Bibliographie (1972).

Lie, Marius Sophus,
norwegischer Mathematiker,
* 17. 12. 1842 Nordfjordeide,
† 18. 2. 1899 Christiania (heute Oslo).

Ausgehend von der Integration von Differentialgleichungen entwickelte Lie die Theorie der kontinuierlichen (Lie-)Gruppen, die er auf verschiedene Gebiete der Mathematik anwandte und die heute auch aus der Physik nicht mehr wegzudenken ist.

Sophus Lie verbrachte seine Kindheit und Jugend in Nordfjordeide an der Westküste und in Moss im Südosten Norwegens. Ab 1859 studierte er an der Universität in Christiania, wo er unter anderem Mathematikvorlesungen bei Carl Bjerknes und Ludwig Sylow hörte. Nach seinem Lehrerexamen im Jahre 1865 beabsichtigte er, eine akademische Karriere einzuschlagen, wobei er sich allerdings erst später für das Fach Mathematik entschied. Im Jahre 1869 publizierte Lie seine erste Arbeit. Sie brachte ihm ein Stipendium ein, mit dem er 1869 und 1870 Göttingen, Berlin und Paris besuchte, was insbesondere zur Bekanntschaft und Zusammenarbeit mit F. ↗ Klein führte. Nach Christiania zurückgekehrt, promovierte Lie 1872 an der dortigen Universität und wurde dort noch im gleichen Jahr auf eine für ihn geschaffene Professur für Mathematik berufen. Die nächsten Jahre war er zwar produktiv, doch relativ isoliert. Zudem bereitete es ihm Schwierigkeiten, in seinen Publikationen seine geometrischen Ideen zu vermitteln. Daher sandten Klein und Adolph Mayer im Sommer 1884 von Leipzig aus Friedrich Engel nach Christiania, um Lie neun Monate lang »bei einer zusammenhängenden Darstellung seiner Theorien zu unterstützen«. Im Jahre 1886 wechselte Lie als Nachfolger von Klein auf einen Lehrstuhl für Geometrie an die Universität Leipzig. Dort setzte er seine Zusammenarbeit mit Engel fort, aus der insbesondere die dreibändige *Theorie der Transformationsgruppen* entstand. Ende 1889 kam es jedoch zu einem Zusammenbruch Lies, der einen längeren Klinikaufenthalt notwendig machte. Um diese Zeit verschlechterten sich auch seine Beziehungen sowohl zu Klein als auch zu Engel. Im Jahre 1898 kehrte Lie an die Universität Christiania zurück, verstarb aber schon Anfang des nächsten Jahres an perniziöser Anämie.

Lie baute zunächst auf den geometrischen Ideen von J. ↗ Poncelet und, insbesondere, J. ↗ Plücker auf. Bereits Ende der 1860er-Jahre entwickelte er daraus sein Konzept der »Berührungstransformationen« und letztlich seine Theorie der Geraden-Kugel-Transformationen. Lies bedeutendster Forschungsbeitrag, die Theorie der kontinuierlichen (heute: Lie-)Gruppen, entstand aus seinem Bemühen, eine Theorie zu entwickeln, die für partielle Differentialgleichungen das gleiche leistet, was die von E. ↗ Galois entwickelte für algebraische Gleichungen leistet. Aufbauend auf einer Idee von C. G. J. ↗ Jacobi erzeugte er aus gegebenen Lösungen von Differentialgleichungen mittels Berührungstransformationen neue Lösungen. Dies führte zunächst zu dem Konzept einer »infinitesimalen Gruppe«, d. h. einer Lie-Algebra. Seit dem Winter 1873/74 entwickelte Lie systematisch die Theorie der kontinuierlichen Transformationsgruppen, ohne noch auf die genannte Motivation Bezug zu nehmen. (Später wurde diese Theorie durch Wilhelm Killing und É. ↗ Cartan fortentwickelt.)

Lie war Mitglied fast aller bedeutenden wissenschaftlichen Akademien Europas; im Jahre 1897 wurde ihm als erstem der Lobatschewskij-Preis der Kasaner Akademie verliehen. [PU]

Werk(e):
Gesammelte Abhandlungen. 7 Bde. (1922–1960); gemeinsam mit F. Engel: Theorie der Transformationsgruppen, 3 Bde. (1888–1893).

Sekundär-Literatur:
Fritzsche, B.: Sophus Lie, A Sketch of his Life and Work, Journal of Lie Theory 9 (1999) 1–38; Stubhaug, A.: Es war die Kühnheit meiner Gedanken – Der Mathematiker Sophus Lie (2003).

Liebermann, Carl Theodor,
deutscher Chemiker,
* 23. 2. 1842 Berlin,
† 28. 12. 1914 Berlin.

Liebermann war ein früher Wegbereiter der Teerfarbenchemie. Zusammen mit C. ↗ Graebe gelang ihm erstmals die Synthese eines Naturfarbstoffs.

Als Sohn eines Baumwollfabrikanten begann Liebermann 1859 zunächst in Berlin ein Studium der Kunstgeschichte, wechselte 1860 jedoch zu den Naturwissenschaften und studierte an den Universitäten in Berlin, 1861 in Heidelberg und ab 1862 wieder in Berlin Chemie. 1863 trat er in A. v. ↗ Baeyers Laboratorium an der Berliner Gewerbeakademie ein. Nach seiner Promotion 1865 war er in verschiedenen Gewerbebetrieben tätig und kehrte 1867 als Mitarbeiter von Graebe an die Gewerbeakademie in Berlin zurück. 1869 wurde er Assistent bei Baeyer und habilitierte sich 1870. 1873 wurde er Professor an der Gewerbeakademie, die 1879 mit der Bauakademie zur TH Charlottenburg fusionierte, sowie 1879 Professor an der Berliner Universität. Liebermann war Gründungsmitglied der Deutschen Chemischen Gesellschaft und 1898 auch ihr Präsident.

1868 erkannten Graebe und Liebermann die Struktur des Alizarins als Anthracenderivat, und davon ausgehend synthetisierten sie es über das Anthrachinon und dessen Bromderivat (Dibromanthrachinon) zum Dihydroxyanthrachinon: Alizarin. Damit war ihnen die erste Synthese eines Naturfarbstoffs gelungen. Das Patent kaufte die BASF, die die Synthese großtechnisch allerdings auf dem von Heinrich Caro gefundenen billigeren Weg der Sulfonierung des Anthrachinons realisierte. 1871 kam das erste künstliche Alizarin auf den Markt und verdrängte in kurzer Zeit den natürlichen Krappfarbstoff. Liebermann untersuchte in den Jahren 1874–1882 weitere Anthracen- und Anthrachinonderivate und erkannte das Anthracen als kondensiertes System aus drei Benzolringen. Darüber hinaus beschäftigte er sich nach 1883 auch mit Alkaloiden. 1888 meldete er mit Friedrich Giesel ein Patent für die Synthese des Cocains an. Nach Liebermann wurden der Nachweis labiler Nitrosogruppen über die Bildung fluoreszierender Farbstoffe und eine Farbreaktion auf Anthrachinon sowie das Liebermannsche Reagens zur Farbreaktion auf Ethylsulfid benannt. Zu seinen Schülern gehören Fritz Ephraim, Eugen Bamberger und L. ↗ Gattermann. [WG2]

Werk(e):
Graebe, C., Liebermann, C.: Über künstliches Alizarin. Amtl. Ber. Wiener Ausstellung III (1876); Kurze Bemerkung zur Entwicklung eines deutschen Patentgesetzes (1877).

Sekundär-Literatur:
Wallach, O., Jacobsen, P.: C. L., Ber. Dtsch. Chem. Gesellschaft 51 (1918) 1135–1160.

Justus von Liebig

Hans-Werner Schütt

Liebig, Justus von,
deutscher Chemiker,
* 12. 5. 1803 Darmstadt,
† 18. 4. 1873 München.

Eine Sonne, »von der nach allen Seiten glänzendes Licht ausstrahlt« (Volh. I, 2), so hat 1906 Jacob Volhard seinen Lehrer bezeichnet. Für den Himmel Deutschlands um die Mitte des 19. Jahrhunderts trifft das sicher zu, zumindest wenn der Einfluss Liebigs in der Welt der Chemie gemeint ist wie auch die Beachtung, die ihm von der breiten Öffentlichkeit entgegengebracht wurde. Liebig galt als *der Chemiker par excellence*, und so hat er sich auch selbst gesehen. Tatsächlich war sein Lebensweg, der ihn aus kleinbürgerlicher Anonymität – der Vater betrieb einen Farben- und Drogenhandel in Darmstadt – zu wissenschaftlichem Weltruhm führen sollte, der Weg eines Mannes, der sich selber wie ein König in seinem Reich als Mehrer und Verteidiger der Chemie begriff.

J. von Liebig

Vielleicht war es die deutsche Kleinstaaterei, die ja – trotz des Einspruchs J. W. v. ↗ Goethes – meist negativ gesehen wird, die Justus von Liebig eine frühe Entfaltung seiner Kräfte ermöglicht hat. Wohl in dem Bewusstsein, dass die einzige Bedeutung kleinerer deutscher Bundesstaaten in ihrer Kulturpolitik liegen konnte, mühte sich der Großherzog, durch gezielte Berufungspolitik die Attraktivität seiner Landesuniversität Gießen zu verbessern. Im Zuge dieser Politik kam dem Großherzog der von keinem Geringeren als A. v. ↗ Humboldt empfohlene Liebig – 1824 war er erst 21 Jahre alt – gerade recht. Zuvor hatte Liebig, nachdem er schon als Schüler im Geschäft seines Vaters experimentiert hatte, in Bonn bei Carl Wilhelm Gottlob Kastner und danach, ebenfalls bei Kastner, in Erlangen studiert, wo er 1822 in absentia promoviert wurde. Übrigens warf Liebig seinem Lehrer später Inkompetenz und Neigungen zur Naturphilosophie vor, der er selbst eine Zeit lang angehangen hatte. Noch im Jahre 1822 hatte ihm dann ein Stipendium des Großherzogs ermöglicht, noch vor seinem formalen Studienabschluss nach Paris zu gehen, wo er u. a. im Labor des großen Experimentators J.-L. ↗ Gay-Lussac arbeitete, den er zeitlebens verehrte.

Ein Labor macht Schule

In Gießen entwickelte sich Liebig bald zu *dem* großen Lehrer der Chemie, nachdem er im Wachhaus einer Kaserne ein subventioniertes, aber privates Labor errichtet hatte, in dem Studenten, gewöhnlich Pharmazeuten, aber auch schon »reine« Chemiker, chemische Forschung in der Laborpraxis erlernen konnten. Nach seinen Erfahrungen in den Pariser Laboratorien gab es für Liebig in Forschung und Lehre keinen Gegensatz zwischen dem »reinen Denken« der wissenschaftlichen Theorienbildung und dem »bloß Handwerklichen« der Labortätigkeit. In seinem Bemühen, die Chemie gerade wegen ihres doppelten Aspektes als selbstständige Wissenschaft aufzuweisen, verglich er in seinen *Chemischen Briefen* ihr Studium mit dem Erlernen einer Sprache: »In den Vorlesungen lernen wir das Alphabet, in den Laboratorien den Gebrauch dieser Zeichen.« Und er selbst zeigte sich als ungewöhnlich talentierter Vermittler sowohl des Alphabets als auch der Wort- und Satzbildung der Chemie. Sprach er in seinen Vorlesungen, die immer durch Experimente illustriert wurden, auch zögernd und nachdenklich, so war er doch stets klar in der Diktion und vermittelte gerade durch seinen Vortragsstil seinen Hörern den Eindruck, unmittelbar an der Entwicklung chemischer Gedanken teilzunehmen. Im Labor wurden die Vorlesungen ergänzt durch Kurse in qualitativer und quantitativer Analyse, gefolgt von Untersuchungen im Bereich der präparativen organischen Chemie. Erfahreneren unter seinen Studenten gab Liebig dabei Probleme vor, die sie unter seiner Aufsicht selbstständig zu lösen hatten, wobei sie auf z. T. eigens entwickelte Apparate zurückgreifen konnten. Berühmt ist Liebigs verbesserter Kaliapparat (Fünfkugelapparat) zur quantitativen Analyse organischer Verbindungen. Mit alldem nutzte Liebig die Chance, die ihm der Stand der damaligen Chemie bot, war diese doch zu Anfang des 19. Jahrhunderst theoretisch und technisch erstmals weit genug entwickelt, um – häufig im Analogieverfahren – genau definierte Forschungsprogramme nach reproduzierbaren und standardisierbaren Methoden durchzuführen. Die Forschungen seiner Mitarbeiter stützten im Übrigen auch seine eigenen Forschungen, sodass Konkurrenten außerhalb Gießens sich über kurz oder lang gezwungen sahen, ähnliche »Forschungsverbünde« einzurichten. Die Bedeutung des Liebigschen Labors wird schon daraus ersichtlich, dass über 200, im weiteren Sinne gar um die 700 in- und ausländische Chemiker daraus hervorgegangen sind, von denen viele, genannt seien nur A. W. v. ↗ Hofmann, E. ↗ Frankland, A. ↗ Kekulé, A. ↗ Williamson und Adolphe Wurtz, später Großes in der Chemie geleistet haben. Großes hat auch Liebig selbst geleistet, und zwar mit einer Energie, die für seine Studenten vorbildlich gewirkt haben muss. Wenn er eigene Forschungsthemen verfolgte, arbeitete er »nicht wie gewöhnliche Menschen mit Fleiß und Eifer, sondern mit Leidenschaft. Ein wissenschaftliches Problem ist ihm wie ein Alp, der auf ihm lastet. Es lässt ihm keine Ruhe, Tag und Nacht denkt er darüber nach, er kann nicht davon loskommen, bis das Problem zu einem Abschluss gebracht ist.« (Volh. I, 116) Sich vom Alp zu befreien, war Liebig allerdings bestens gerüstet, hatte er doch – nach eigenem Zeugnis – schon früh in sich »die Anlage »entwickelt«, welche dem Chemiker mehr als andern Naturforschern zu eigen ist, nämlich in Erscheinungen zu denken.« (Ber. 23 (1890) 818) Damit sprach er die schöpferische Fantasie des Chemikers an, die zum Konkreten, zum Visuellen tendiert und sich damit von der sich im Abstrakten bewegenden Fantasie des theoretischen Physikers oder auch Mathematikers unterscheidet: »Es ist nicht ganz leicht«, schrieb er dazu, »eine klare Vorstellung jemandem davon zu geben, der das, was er sieht und hört, in seiner Fantasie nicht bildlich gestalten kann, wie dies z. B. bei dem Dichter oder dem Künstler geschieht.« In Erscheinungen zu denken bedeutet tatsächlich so etwas wie das Erspüren einer Abfolge sinnlich fassbarer Vorstellungen, das zugleich ein Nachvollzug einer logisch-ästhetischen Struktur ist. Das erklärt wohl, warum Liebig den Chemiker nicht nur neben den Dichter, sondern besonders nah auch neben den Tondichter stellt, »der beim Komponieren in Tönen denkt, welche ebenso gesetzlich zusammenhängen, wie die logisch geordneten Begriffe in einem Schluss oder einer Reihe von Schlüssen; es ist dem Chemiker eine Form des Denkens, bei welcher alle Gedanken sich sinnlich wahrnehmbar machen lassen, wie der Ton in einem gedachten Tonstück.« Genau in dieser Art des Denkens wurde Liebig Meister, nachdem bereits der tägliche Umgang mit der praktischen Chemie im kleinen Labor der väterlichen Drogenhandlung »die Entwicklung eines Gedächtnisses der Sinne, eine scharfe Auffassung der Ähnlichkeit oder Verschiedenheit eines Dinges oder einer Erscheinung« gefördert hatte, »welche mir später sehr zustatten kam.« Eine kleine Episode aus der Zusammenarbeit mit F. ↗ Wöhler gibt dafür ein gutes Beispiel. Im Zusammenhang mit den gemeinsamen Harnsäure-Untersuchungen hatte Wöhler Liebig das Bleisalz einer organischen Säure geschickt, das dieser ausschließlich nach dem »Augengedächtnis« als eine Substanz (Allantoin, Abbauprodukt der Harnsäure) erkannte, die er Jahre zuvor einmal von Christian Gmelin erhalten hatte. Die Elementaranalyse schien das nicht zu bestätigen, bis Liebig Reste des einst von Gmelin stammenden Allantoins in seiner Präparatensammlung fand und feststellen konnte, dass Gmelin das Allantoin mit Tierkohle gereinigt und dadurch Kohlenstoff in die Verbindung eingeschleppt hatte.

Meister der Kontroversen

Liebigs wissenschaftliche Persönlichkeit umschließt aber nicht nur den Forscher und Lehrer, sie umfasst auch den Polemiker, der keinem Streit auswich, wenn er glaubte, für wissenschaftliche Wahrheiten, in deren Besitz er sich glaubte, kämpfen zu müssen, sie umfasst den manchmal recht taktlosen *Praeceptor Germaniae*, wenn es um die Verankerung der Chemie an den deutschen Universitäten ging, und schließlich umfasst sie auch den temperamentvollen Popularisierer der Chemie.

Bei Liebigs Temperament, zumindest im Bereich seiner Wissenschaft, ist es kein Wunder, dass er nicht nur Freunde hatte. Zu einigen Kollegen, die es gewagt hatten, anderer Meinung zu sein als der Meister aus Gießen, wie Ch. ↗ Gerhardt, sein ehemaliger Schüler, A. ↗ Laurent, E. ↗ Mitscherlich und Gerardus Johannes Mulder, hatte er ein ausgesprochen schlechtes Verhältnis, zu J.-B. ↗ Dumas und J. J. ↗ Berzelius ein wechselndes, das aber auch von Streitereien geprägt war, und schließlich zu Gay-Lussac und einigen anderen französischen Chemikern, ferner zu M. ↗ Faraday, Christian Friedrich Schönbein und vor allem zu Wöhler ein ausgesprochen gutes. Dabei war er in seinem persönlichen Verhalten sehr umgänglich. Seine Schüler respektierten und schätzten ihren Chef ohne Vorbehalt, und er führte auch eine nicht nur kinderreiche, sondern auch harmonische Ehe mit der Darmstädter Beamtentochter Henriette Moldenhauer, die er 1826 geheiratet hatte.

Auf zumindest einem Gebiet war Liebig, wenn er sich als brillianter Polemiker zeigte, auch Opfer seiner Zeit, genauer das Opfer des Veröffentlichungswesens seiner Zeit. Für uns heute spiegelt das chemische Zeitschriftenwesen die Auffassung wider, dass, weil die Chemie eine empirische Wissenschaft ist, neue Ergebnisse so dargestellt werden müssen, dass sie im Rahmen der Laborpraxis stets falsifiziert werden können. Das aber hat zur Folge, dass ihre Ergebnisse, weil sie nachprüfbar sind, nicht eigens nachgeprüft und damit auch nicht kritisiert werden, werden sie doch entweder nicht gebraucht oder im Rahmen von Folgeforschungen ohnehin geprüft. Das bringt den kaum zu unterschätzenden arbeitsökonomischen Vorteil, dass die Entwicklung der Wissenschaft nicht durch dauerndes Nacharbeiten ihrer Ergebnisse verzögert wird. Doch schon als Redakteur des *Magazins für Pharmazie* (1831), des Vorgängers seiner berühmten *Annalen* (ab 1832), nahm Liebig den Zusatz »in Verbindung mit Experimentalkritik« in den Titel der Zeitschrift auf. Das war keine leere Floskel. Tatsächlich prüfte Liebig viele Angaben nach und verteilte freigiebig und scharfzüngig Urteile. Die Haltung eines Examinators, der im Besitz von Wahrheit ist, die der Schüler kennen sollte, aber nicht kennt, brachte ihm denn auch *Epitheta ornantia* ein wie »Seine chemische Majestät« (Walz), »Lärmtrompete« (von Pabst) und »a Pope believed not only to be infallible, but beyond the reach of question by any mere mortal« (Gilbert). Liebig war sich der prekären Stellung eines Redakteurs wohl bewusst, wenn er schrieb: »Was beim einen als Kleinlichkeitssinn, als Liebe zum Streit, als Neid und Verkleinerungssucht ausgelegt werden könnte, ist dem anderen eine übernommene Pflicht, welcher nachzukommen die Ehre der Wissenschaft und das Vertrauen erheischt, was man in ihn gesetzt hat. Ich weiß nun nicht, wem diese Pflicht mehr obliegt als den Redakteuren von Zeitschriften, die als Schildwachen ausgestellt sind, um das Gute sowie die Fehler zu signalisieren.«

Zu seinen Aufgaben als Schildwache der Chemie rechnete Liebig auch zwei äußerst kritische Artikel über den Zustand der Chemie in Österreich (1838) bzw. Preußen (1840), die viel böses Blut machten. Dennoch erhielt er Rufe nicht nur nach Antwerpen (1835), St. Petersburg (1837), London (1845), Heidelberg (1851), sondern auch nach Wien (1840) und Berlin (1865). Einzig einen Ruf nach München (1852) nahm er an, zum Teil deshalb, weil er von den Verpflichtungen eines Unterrichtslabors entbunden sein wollte. Auch die Erhebung in den Freiherrnstand (1845) hielt ihn nicht in Gießen. Erwähnt sei noch, dass Liebig im Laufe seines Lebens häufig Auslandsreisen unternahm, insbesondere nach England, wo er hoch geehrt wurde, aber auch in heftige Kontroversen über seine Vorstellung zur Agrikulturchemie geriet. Die Themen »Kunstdünger«, aber auch »Fleischextrakt« oder »Spiegelherstellung« zeigen übrigens, dass Liebig die praktisch-nützliche und dabei auch einträgliche Seite der Chemie nie aus den Augen verlor, wobei sich etwa beim Thema »Kunstdünger« zeigt, dass gerade in der Chemie Grundlagen- und angewandte Forschung nur selten sauber zu trennen sind.

In München, wo Liebig auch als Präsident der Akademie der Wissenschaften amtierte, widmete er sich mehr denn je der Popularisierung der Chemie sowohl in öffentlichen Vorträgen als auch in seinen *Chemischen Briefen*, von denen fünf bereits 1841 in der Allgemeinen Augsburger Zeitung veröffentlicht waren, deren vierte, stark erweiterte Buchausgabe aber erst 1859 erschien. In seinen *Briefen* hat Liebig der Chemie in gewissem Sinne zu einer Sprache verholfen, die auch von Nichtchemikern verstanden werden konnte. Das gilt auch für die Übersetzungen seines so populären Buches in fast alle bedeutenden europäischen Sprachen. Was den deutschen Sprachraum betrifft, so schrieb kein Geringerer als Jacob Grimm 1854 im *Deutschen Wörterbuch* über Liebigs Sprachvermögen: »Die chemie kauderwelscht in latein und deutsch, aber in Liebigs munde wird sie sprachgewaltig.«

Eine reichhaltige Forschungsagenda

Was die innerwissenschaftlichen Leistungen Liebigs betrifft, so können sie bei über zweihundert Veröffentlichungen von mehr oder weniger Gewicht nur kursorisch behandelt werden. Die Veröffentlichungen zeigen, dass sein Wissenschaftlerleben vor allem fünf Arbeitsgebieten gewidmet war: Erstens, der Verbesserung analytischer Methoden zur Analyse vor allem organischer Verbindungen, zweitens, der Entdeckung einer Reihe neuer Verbindungen, drittens, der experimentellen Sicherung der Radikaltheorie durch Arbeiten über Benzoyl- und Ethylradikal, viertens, der Begründung der Wasserstofftheorie der Säuren und – last not least – fünftens, ausgedehnten Untersuchungen im Bereich der Agrikulturchemie und der physiologischen Chemie. Dazu kommen noch einige Arbeiten, die sich schlecht in dieses Schema pressen lassen.

Die ersten Arbeiten Liebigs – noch in Paris – waren den Fulminaten gewidmet, von denen er zeigen konnte, dass sie Oxide der Blausäure sind. In Gießen konnte er bestätigen, dass die von Wöhler synthetisierten Cyanate Isomere der Fulminate sind. Gemeinsame Untersuchungen zur Cyan- und Isocyansäure wurden dann der Beginn der lebenslangen Freundschaft der beiden Chemiker, die oft zu gemeinsamen Untersuchungen führte. Weitere Studien Liebigs, die besondere Anforderungen an die organische Elementaranalyse stellten, waren die Hippursäure (1829) und verschiedene Alkaloide.

Ein anderes Problem betraf die Rolle der Atome im Molekül und die Hypothese, ob bestimmte Atomverbände wie ein »Quasiatom« reagieren könnten. In Antwort auf diese Frage und in gemeinsamer Arbeit konnten Liebig und Wöhler zeigen, dass Benzoyl aus Amygdalin sich wie ein solches Quasiatom, sprich wie ein organisches Radikal verhält (1832).

Einen großen Abschnitt in Liebigs Forschung nahm in den 1830er-Jahren die Frage nach dem Verhältnis von Alkohol (Ethylalkohol) zu der 1831 von Wöhler und ihm untersuchten Schwefelweinsäure und Ether ein, die zu einer heftigen Kontroverse mit Dumas und dessen »Pariser Schule« führte. Während Dumas glaubte, Ethylalkohol und Diethylether seien Derivate eines Radikals »Ätherin« (C_4H_{10} = Eth), wobei sich Ether von Alkohol nur durch das Fehlen eines Moleküls Wasser unterscheidet, meinte Liebig, der Grundkörper sei »Äthyl« (C_4H_8 = E), und legte dem gemäß dem Ether die Formel E + O statt Eth + H_2O und dem Alkohol die Formel EO + H_2O statt Eth + 2 H_2O bei. Später nahm Liebig als Grundkörper die Verbindung Acetyl (C_4H_6 = Ac) an, wonach Ether als AcH_4 + O und Alkohol als AcH_4O + H_2O erscheinen. Die aus heutiger Sicht ziemlich fruchtlose Debatte zeigt deutlich die grundsätzlichen Probleme der damaligen Chemie. Mangels einer Atomtheorie, die das Verhalten eines einzelnen Atoms (Bindungsfähigkeit etc.) hätte erklären können, dienten die Theorien der Chemie letztlich der Ordnung der chemischen Substanzen, dies im Wesentlichen in Hinblick auf deren spezifische Reaktionsbereitschaft. Dass derartige Theorien selbst bei analytisch eindeutigen Verhältnissen oft nur unter dem Aspekt der Plausibilität beurteilt werden konnten, öffnete oft die Tür zu nicht enden wollenden Streitereien zwischen Forschergruppen. Liebig war sich dessen sogar bewusst: »Unsere Theorien sind nur Ausdruck der Ansichten der Zeit; wahr sind in dieser Hinsicht nur die Tatsachen, während die Erklärung ihres Zusammenhangs sich

J. von Liebig

nur mehr oder weniger der Wahrheit nähert.« Er machte aber auch geltend, dass Diskussionen über inkompatible Theorien schon darin ihren Nutzen haben, dass sie die streitenden Parteien zur Entdeckung und Analyse bisher unbekannter Verbindungen anregen. Ein gutes Beispiel ist Liebigs eigene Entdeckung des Chlorals (1832) und des Ethylaldehyds (1835). Die besondere Art der Debatten hielt übrigens auch das Feld offen für manchmal überraschende Koalitionen. So brachte Liebig 1837 eine Art Harmonisierung der kontrovers diskutierten Theorien und einen temporären »Friedensschluss« mit Dumas zustande.

Noch schwieriger allerdings gestaltete sich das Verhältnis zwischen Liebig und dem von ihm verehrten Altmeister Berzelius in Stockholm. Es ging um die chemische Natur der Säuren, die in die Debatte geriet, nachdem sich Chlor als Element und Salzsäure damit als sauerstofffrei herausgestellt hatte. Dies führte zu einer Trennung der Säuren in zwei Subspezies, den »Hydraziden« und den »Oxaziden«, zu denen alle organischen Säuren gehören sollten. Die Entdeckung der Mehrbasizität von Phosphorsäuren brachte Liebig 1838 zu dem Schluss, dass es unter den organischen Säuren ebenfalls mehrbasische gibt und dass nicht der Sauerstoff, sondern der Wasserstoff für die Azidität der Säuren verantwortlich ist. Berzelius hat sich dieser Meinung nie anschließen können.

Weniger kontrovers waren die im gleichen Jahr gemeinsam mit Wöhler durchgeführte Untersuchungen über *Die Natur der Harnsäure* und über den chemischen Zusammenhang ihrer Derivate (1838).

Dagegen gab es im Jahr darauf noch einmal eine Auseinandersetzung, diesmal mit L. ↗ Pasteur und diesmal um das Problem der alkoholischen Gärung, für die Pasteur zufolge lebende Mikroorganismen notwendig seien, während Liebig der Meinung war, die Gärung sei lediglich ein Folge der Selbstzersetzung von Fermenten, also stickstoffhaltiger Verbindungen, wie sie in der Hefe vorkommen.

Chemie und Ackerbau

Nach 1840 zog sich Liebig von der Diskussion über die Struktur und chemische Natur organischer Verbindungen zurück und wandte sich der Agrikulturchemie und Physiologie zu. Bei dieser Entscheidung mag eine Rolle gespielt haben, dass er 1840 im Gegensatz zu Berzelius und auch zu seinem Freund Théophile Jules Pelouze der Substitutionstheorie von Dumas zuneigte und nicht in weitere Auseinandersetzungen zwischen Stockholm und Paris verwickelt werden wollte. Der Beitrag zur Grundlegung der organischen Chemie, den Liebig bis dahin geleistet hatte, bestand vor allem in der soliden Grundlage, die er der wissenschaftlichen Debatte seiner Zeit mit seinen präzisen Analysen und der Entdeckung Dutzender neuer Verbindungen sowie mit seinem wachen Sinn für die damals aktuellen innerwissenschaftlichen Probleme gegeben hatte. In Hinblick auf explizite Theorien sollte man sich – wie bei allen chemischen Theorien des frühen 19. Jahrhunderts – aber hüten, von »richtig« oder »falsch« zu reden, waren Liebigs Erkenntnisse doch lediglich, wie er selbst ja auch anmerkte, mehr oder weniger glaubwürdige Annäherungen an die Wahrheit.

Die Leitthemen des letzten Lebensabschnittes Liebigs, die Agrikulturchemie und die Tierchemie, brachten ihm nicht etwa die Ruhe und abgeklärte Besonnenheit eines Wöhler, sie verwickelte ihn nur in neue Auseinandersetzungen, allerdings im Rahmen eines anderen Nexus von Theorie, Laborpraxis und angewandter Praxis. Mehr als bisher war Liebig nun auf die Urteile anderer – vor allem wissenschaftlich arbeitender Landwirte, deren Anbaumethoden er nicht überwachen konnte – angewiesen. Zudem konnte er die Agrarwissenschaft, wie sie in Deutschland schon Anfang des Jahrhunderts durch Albrecht Thaer begründet worden war, nicht von Innen her beeinflussen, er konnte nur sein Ansehen nutzen, um andere zu überreden, seinen Vorschlägen zu folgen.

In Hinblick auf den Ackerbau betrafen die wichtigsten dieser Vorschläge die Düngung. Wenn Liebig sich auch in seinen Vorstellungen zur Pflanzenphysiologie auf einige Vorgänger stützte, gehen doch die Idee der wissenschaftlich fundierten, anhand von Aschenanalysen je nach Pflanzenart variierten Mineraldüngung, also der Düngung mit anorganischem Material, sowie das »Gesetz des Minimums« auf ihn zurück. Beides bedeutete auch eine Widerlegung der damals gängigen Theorie, Pflanzenwachstum beruhe ausschließlich auf einem Metabolismus organischer Materie, und wies den Weg zu weit höheren Ernteerträgen, als man bis dahin erwarten konnte. Die Praxis der Mineraldüngung warf aber bald zwei Probleme auf, die zu heftigen Auseinandersetzungen führten. Zum einen hatte Liebig behauptet, die Pflanzen bezögen ihren Stickstoff aus dem – zugegeben – minimalen Gehalt der Luft an gebundenem Stickstoff, Stickstoffdüngung sei also nur bedingt wichtig, was sich als falsch erwies, zum anderen waren die ersten Mineraldünger Liebigs fast unwirksam. Wie sich erst zehn Jahre nach den ersten Flächenversuchen mit Mineraldünger in England herausstellte, lag das daran, dass Liebig, der erst spät die Absorptionsfähigkeit des Mutterbodens berücksichtigte, seine Dünger mit Calciumcarbonat zu einer wasserunlöslichen Masse verschmolzen hatte, um ein Auswaschen zu verhindern.

Noch während Liebig mit den Problemen des Ackerbaus rang, veröffentlichte er 1842 ein Buch über *Die Thierchemie ...*, das ähnliches Aufsehen erregte wie sein Buch über *Die organische Chemie in ihrer Anwendung auf Agricultur und Physiologie* von 1840. Er vertrat hier die Meinung, die stickstoffhaltigen Substanzen der Tiere (Proteine) seien mit denen der Pflanzen identisch, pflanzliche Fette und Zucker dagegen dienten dazu, oxidiert zu werden, um die Körperwärme der Tiere aufrechtzuerhalten. Außerdem seien die Tiere in der Lage, körpereigene Fette aus Zucker und Stärke aufzubauen. Allgemein gesagt sah Liebig, der übrigens wie seine Gegner die ungeheure Komplexität der Physiologie unterschätzte, die Säugetiere als eine Art höherer Pflanzen mit der Fähigkeit an, aus ihrer Nahrung körpereigene Gewebe zu synthetisieren, während seine Gegner, unter anderem Dumas, der sich seinerseits der Physiologie zugewandt hatte, fälschlich der Meinung waren, in Tieren sei die Kraft zur Synthese äußerst begrenzt, sodass es ihnen unmöglich sei, Fette aus Stärke aufzubauen.

Eine indirekte Leistung Liebigs, die ihn zusätzlich in der Chemie des 19. Jahrhunderts verankert, sei noch erwähnt. Im Gießener Labor hat von Hofmann das Anilin entdeckt, was ihn zu lebenslanger Beschäftigung mit der Stoffgruppe der Amide und über seine Schüler zur Begründung der Farbstoffindustrie führte. Die zunächst ganz unscheinbaren Anfänge aller heute noch bestehenden deutschen chemischen Großkonzerne wie Bayer (1861), BASF (1861) und Höchst (1862) fallen in die Lebenszeit Liebigs. Die Chemie trat ihren industriellen Siegeszug an, den Liebig immer erwartet und gefördert hatte.

Werk(e):
Paolini, C. (Hrsg.): Justus von Liebig. Eine Bibliographie sämtlicher Veröffentlichungen mit biographischen Anmerkungen (1968); Eigenhändige biographische Aufzeichnungen (Mitt. Georg v. Liebig), in: Berichte der deutschen chemischen Gesellschaft 23, 3 (1890) 817–828; Carrière, J.

(Hrsg.): Reden und Abhandlungen (1874); Schütt, H.-W.: Einleitung zu Justus von Liebig, Kleine Schriften. 2 Bde. (1998). Hier finden sich Literaturangaben zu Briefwechseln, die nach 1900 veröffentlicht wurden.

Sekundär-Literatur:
Volhard, J.: Justus von Liebig, 2 Bde. (1906); Brock, W. H.: Justus von Liebig. Eine Biographie des großen Wissenschaftlers und Europäers (1999); Schwedt, G.: Liebig und seine Schüler (2002).

Lilienthal, Otto,
Maschinenbauingenieur und Flugtechniker,
* 23. 5. 1848 Anklam,
† 10. 8. 1896 Berlin.

Lilienthal, der bei einem seiner Flugversuche tödlich verunglückte, war als einer der ersten Flugpioniere bestrebt, die Technik des Fliegens auf wissenschaftlicher Grundlage zu entwickeln.

Lilienthal studierte an der Berliner Gewerbe-Akademie bei F. ↗ Reuleaux Mechanik und Maschinenbau. Er schlug das Angebot einer Assistentenstelle seines renommierten Lehrers aus und verließ den akademischen Karrierepfad. Nach einer rund zehnjährigen Ingenieurstätigkeit in der Industrie baute der begabte Konstrukteur ab 1883 in Berlin sein eigenes Maschinenbauunternehmen auf. Zahlreiche Patente auf innovative Dampfkessel und Dampfmaschinen begründeten den Erfolg der Firma, der es Lilienthal ermöglichte, sich ganz seinen Hobbys zu widmen: dem sozialreformerischem Engagement etwa im genossenschaftlichen Wohnungsbau, im Volkstheater und in der sich formierenden Friedensbewegung, vor allem aber der Entwicklung und Erprobung von Flugapparaten. 1889 schloss er seine jahrzehntelangen Studien flugwissenschaftlicher Grundlagen mit dem Buch *Der Vogelflug als Grundlage der Fliegekunst* ab und begann Gleitflugzeuge zu konstruieren. 1891 gelangen ihm erste Flüge über 15 und mehr Meter, die als Geburtsstunde der Luftfahrt nach dem Prinzip »schwerer als Luft« gelten. Sein »Normalsegelapparat« wurde in das In- und Ausland verkauft und regte insbesondere auch die Brüder W. ↗ Wright und Orville Wright zur Weiterentwicklung der Flugtechnik an.

Von den zahllosen Versuchen seit der Frühen Neuzeit, den menschlichen Traum vom Fliegen und Schweben mit technischen Mitteln zu realisieren, unterscheidet sich Lilienthal durch die Wissenschaftsbasiertheit und Systematik seines Ansatzes. Seit früher Kindheit fasziniert vom Flug der Störche in seiner pommerschen Heimat, wollte er dem Geheimnis des Fluges in der Natur mit den Mitteln der Wissenschaft auf den Grund gehen. Er konstruierte eigene Apparate zur Messung der aerodynamischen Grundkräfte und untersuchte in aufwändigen Messreihen das Verhalten unterschiedlich gewölbter Flügelprofile bei unterschiedlichen Windgeschwindigkeiten und Anstellwinkeln. Die Ergebnisse seiner empirischen Untersuchungen stellte er in Polardiagrammen mathematisch und damit intersubjektiv überprüfbar dar. In seinen flugwissenschaftlichen Publikationen wie auch in der Korrespondenz mit seinen Kritikern und Nacheiferern stellte er stets die Wissenschaftlichkeit seines Ansatzes heraus. Als erfahrener Ingenieur, der einst der Hochschule wegen deren Theorielastigkeit bewusst den Rücken gekehrt hatte, kannte er freilich auch die Bedeutung von empirischem und nichtkodifizierbarem Wissen. Sein System des Gleitfluges war ein Amalgam von naturwissenschaftlichem Wissen, technischer Empirie und personengebundenen Fertigkeiten. Seine in den frühen 1890er-Jahren entwickelte Vision von der friedensstiftenden Mission der Luftfahrt vertraute auf die pazifizierende Wirkung des individuellen Kräftemessens im sportlichen Wettkampf.

In der Tat basierten Lilienthals Gleitflugapparate auf der Steuerung durch menschliche Gewichtsverlagerung und verlangten geradezu akrobatische Fähigkeiten. Hier lag die Achillesferse seines flugtechnischen Systems und die Ursache seines eigenen, tragischen Scheiterns. Im Sommer 1896 erfasste ihn bei einem der Flüge von seinem Berliner Fliegeberg eine Windböe; er stürzte ab und erlag tags darauf seinen Verletzungen. [HT2]

Werk(e):
Der Vogelflug als Grundlage der Fliegekunst. Ein Beitrag zur Systematik der Flugtechnik (1889); Über meine Flugversuche 1889–1896. Ausgewählte Schriften, hrsg. von K. Kopfermann (1987).

Sekundär-Literatur:
Schwipps, W.: Lilienthal. Biographie des ersten Fliegers (1979); Heinzerling, W. und Trischler, H. (Hrsg.): Otto Lilienthal. Flugpionier, Ingenieur, Unternehmer. Dokumente und Objekte (1991).

Linde, Carl Paul Gottfried Ritter von,
Kältetechniker,
* 11. 6. 1842 Berndorf (Oberfranken),
† 16. 11. 1934 München.

Linde war als Lehrender, Erfinder und Unternehmer führend auf dem Gebiet der Kältetechnik.

Carl Linde war das dritte von neun Kindern in einem strengen lutherischen Pfarrershaushalt. Er wuchs auf in Kempten, wohin sein Vater versetzt worden war. In einer dortigen Baumwollspinnerei faszinierten ihn die großen Dampfmaschinen derart, dass er sich entschloss, Ingenieur zu werden. Er konnte seinen Vater überzeugen, statt des geplanten Theologie- ein Ingenieurstudium beginnen zu dürfen. Er absolvierte dies am Polytechnikum in Zürich, wo er exzellente Lehrer hatte: u. a. R. ↗ Clausius, R. ↗ Dedekind, F. ↗ Reuleaux und G. ↗ Zeuner. Weil Linde sich für seiner Meinung nach unschuldig disziplinierte Mitstudenten einsetzte, musste er kurz vor seinem Abschluss die Hochschule und das Kanton verlassen. Das fehlende Diplom wurde durch Zeugnisse einiger seiner Lehrer ersetzt, so dass er bei Borsig in Berlin eine (zunächst unbezahlte) Stelle erhielt. Danach wechselte er zur Firma Krauss nach München, wo Lokomotiven gebaut wurden. Als er davon hörte, dass in München eine Polytechnische Schule gegründet werden sollte, bewarb er sich um eine Stelle, die er 1868 auch erhielt. 1872 zum ordentlichen Professor ernannt, lehrte er theoretische Ingenieurwissenschaften. 1875 gründete er dort das erste ingenieurwissenschaftliche Labor in Deutschland. Besonders engen Kontakt hielt er zu F. ↗ Klein.

1870 begann Linde mit der Erforschung von Kältemaschinen. Er stellte fest, dass die vorhandenen Geräte viel zu niedrige Wirkungsgrade besaßen, und machte sich auch praktisch an ihre Verbesserung. 1876 baute er die erste in größerem Maßstab einsetzbare Kompressions-Ammoniakkältemaschine und gründete in Wiesbaden 1879 eine Firma, die heutige »Linde AG«, die er bis 1890 allein leitete. Seine Professur hatte er aus diesem Grunde niedergelegt. Das Prinzip seiner Maschine entspricht denen heutiger Kühlschränke. Ein Gas wird komprimiert und dadurch verflüssigt, die dabei entstehende Wärme wird durch Kühlung entzogen. Danach gelangt die Flüssigkeit durch eine Drosselklappe, wobei sie verdampft und sich abkühlt.

Als er sich 1890 aus der aktiven Geschäftsführung zurückzog, um sich stärker der Forschung und in beschränktem Maße auch wieder der Lehre zu widmen, waren bereits mehr als 1 000 Maschinen weltweit in Betrieb, davon 2/3 in Brauereien. Linde nahm sich nun der Tieftemperaturtechnik an. 1895 gelang es ihm, unter Anwendung des Joule-Thompson-Effektes Luft zu verflüssigen. Hierbei machte er sich die Tatsache zunutze, dass bestimmte Gase sich bei Ausdehnung geringfügig abkühlen, auch ohne Arbeit leisten zu müssen. Bei einer entsprechend großen Druckdifferenz und Vorkühlung des Gases konnte er so den Siedepunkt der Luft unterschreiten. 1902 entwickelte er Anlagen zur Gewinnung von reinem Sauerstoff und 1903 auch von reinem Stickstoff, was für die Industrie von enorm großer Bedeutung war, insbesondere für die Stahlveredelung, die Dünger- und Sprengstoffherstellung.

Linde war verheiratet und hatte drei Kinder. Er war sowohl in seiner Firma als auch in der Gesellschaft sehr sozial engagiert und hatte zahlreiche Ehrenämter inne, u. a. am Deutschen Museum und im Verein Deutscher Ingenieure. [RS]

Werk(e):
Aus meinem Leben und von meiner Arbeit (1916).

Sekundär-Literatur:
Dienel, H. L.: Ingenieure zwischen Hochschule und Industrie (1995).

Linden, Maria Gräfin von,
deutsche Biologin, Zoologin,
* 18. 7. 1869 Schloß Burgberg bei Heidenheim,
† 26. 8. 1936 Schaan (Fürstentum Lichtenstein).

Maria Gräfin von Linden war die erste Wissenschaftlerin, die 1902 zum Mitglied der Akademie Leopoldina gewählt wurde. Sie erhielt 1910 als erste Frau in Preußen den Titel »Professorin«.

Nach umfangreichem Privatunterricht legte Linden 1891 am Stuttgarter Realgymnasium die Reifeprüfung extern ab. Ihr Großonkel, der ehemalige württembergische Staatsminister Joseph Freiherr von Linden, erwirkte sowohl die Erlaubnis für die Reifeprüfung als auch für die Möglichkeit, an der Universität Tübingen 1892 ein Studium aufzunehmen (an den preußischen Universitäten waren Frauen erst ab 1908 als Studentinnen zugelassen). Maria von Linden studierte bis 1895 Mathematik, Chemie, Physik, Botanik und Zoologie an der Universität Tübingen und promovierte 1895 mit einer Arbeit über Meeresschnecken. Nach ihrem Studium vertrat sie Assistentenstellen an den Zoologischen Instituten in Halle (1896/97) und Tübingen (1897–1899). Unter Hubert Ludwig wurde sie 1899 Assistentin am Zoologischen Institut, 1906 Assistentin am Anatomischen Institut der Bonner Universität. Ihr Antrag auf Habilitation 1906 führte dazu, dass das preußische Kultusministerium ein generelles Verbot der Habilitation für Frauen verfügte. Die Bonner Universität setzte sich jedoch erfolgreich dafür ein, dass Linden 1908 »Abteilungsvorsteher« der neuen Parasitologischen Abteilung des Hygiene-Instituts wurde. Ab 1911 als Parasitologisches Laboratorium eine selbständige Anstalt, bezog es 1913 ein eigenes Gebäude. In dem Laboratorium wurden verschiedenste Forschungen zu praktischen Aufgaben aus der Land- und Forstwirtschaft durchgeführt, z. B. zur Erkennung, Verhütung und Bekämpfung von Krankheiten und Seuchen. Für ihre wissenschaftlichen Leistungen wurde

Linden 1910 mit dem Titel »Professor« geehrt, aber ohne das Recht, Vorlesungen halten zu dürfen. Am 1. Oktober 1933 wurde Linden aufgrund des sog. »Gesetzes zur Wiederherstellung des Berufsbeamtentums« vorzeitig und mit geringeren Bezügen in den Ruhestand versetzt. Sie wehrte sich erfolglos dagegen und zog kurz darauf nach Schaan im Fürstentum Liechtenstein, wo sie 1936 einer Lungenentzündung erlag. [AV2]

Sekundär-Literatur:
Maria Gräfin von Linden - Erinnerungen der ersten Tübinger Studentin, hrsg. von G. Junginger (1991, basierend auf dem Diktat von 1929); Flecken, S.: Maria Gräfin von Linden. Wissenschaftlerin an der Universität Bonn von 1899 bis 1933, in: Dickmann, E. und Schöck-Quinteros, E., Dauks, S. (Hrsg.): Barrieren und Karrieren. Die Anfänge des Frauenstudiums in Deutschland (2000).

Linné, Carl von (Carl Linnaeus),
schwedischer Naturforscher und Arzt,
* 23. 5. 1707 Råshult (Småland, Schweden),
† 10. 1. 1778 Uppsala (Schweden).

Die zweiteiligen, lateinischen Bezeichnungen für Lebewesen, die in Botanik und Zoologie gebräuchlich sind, gehen auf Carl von Linné zurück. Ihre Einführung steht im Zusammenhang mit einer tief greifenden Revolution der Vorstellungen über die Ordnung der Natur, die das 18. Jahrhundert kennzeichnet.

Linné kam als Sohn von Nils Ingemarsson Linnaeus zur Welt, der zwei Jahre nach der Geburt seines ersten Sohnes Pfarrer in der Gemeinde Stenbrohult in Småland wurde. Der Familienhintergrund war bäuerlich, aber insbesondere auf Seiten der Mutter, Christina geb. Brodersonia, von Beamten und Pfarrern durchsetzt. Die Zeit, in die Linné hineinwuchs, war von großen Umbrüchen im politischen Selbstverständnis Schwedens gekennzeichnet. Mit der Niederlage Karls XII. in der Schlacht von Poltawa (1709) wurde der Übergang zur so genannten »Freiheitszeit« (1718–1772) eingeleitet, in der Großmachtbestrebungen zugunsten einer nach innen gerichteten Politik der Rationalisierung von Wirtschaft und Administration aufgegeben wurden.

Der Familientradition entsprechend sollte Linné zum Pfarrer ausgebildet werden. Schon früh zeigte er jedoch eine Neigung zur Botanik, angeregt durch seinen Vater, der einen kleinen botanische Garten besaß. Trotz mäßiger Leistungen am Gymnasium in Växjö riet Linnés Lehrer in Naturlehre, Johan Stensson Rothman, daher zu einem Medizinstudium. Rothman war es auch, der Linné mit zwei botanischen Veröffentlichungen bekannt machte, die seinen wissenschaftlichen Werdegang prägen sollten: Christoph Bernhard Valentinis *Tournefortius contractus* (1715), eine tabellarischen Kurzfassung von J. P. de ↗ Tourneforts botanischem System, und Sébastien Vaillants *Sermo de structura florum* (1717), eine Schrift, die in der Nachfolge von R. J. ↗ Camerarius die Sexualität der Pflanzen zu beweisen suchte.

C. von Linné in lappländischer Tracht (1736)

1727 schrieb sich Linné für Medizin an der Universität Lund ein, wechselte aber schon ein Jahr später an die Universität Uppsala. An beiden Universitäten demonstrierte er ein besonderes Geschick, sich die Gunst einflussreicher Personen zu erwerben, eine Eigenschaft, die für seine ganze Laufbahn wichtig bleiben sollte. In Lund war es der Arzt Kilian Stobaeus, in Uppsala der Medizinprofessor Olaus Rudbeck d. J. und der Dompropst Olof Celsius d. Ä., die ihm Logis gewährten, Stipendien verschafften und ihm ihre Bibliotheken und Sammlungen zum Selbststudium zur Verfügung stellten. Ab 1730 übernahm Linné dann den Unterricht am botanischen Garten in Uppsala und konnte sich nun selbst versorgen. Aus dieser Lehrtätigkeit sind erste Manuskripte überliefert, die eine Klassifikation der Pflanzen nach Anzahl und Anordnung der Staubblätter und Griffel enthalten und die diese Blütenorgane als Geschlechtsorgane der Pflanzen deuten. Dieses so genannte Sexualsystem bildete den Grundstock für den Erfolg, den Linné wenige Jahre später haben sollte.

Bevor es dazu kam, sollte es ihn jedoch an den Rand der damals bekannten Welt verschlagen. Im Mai 1732 brach er zu einer von der königlichen wissenschaftlichen Gesellschaft zu Uppsala finanzierten Forschungsreise nach Lappland auf. Begleitet von ortskundigen Führern, bewegte sich Linné von einem Pfarrhof zum anderen und sammelte naturkundliche und anthropologische Beobachtungen, letztere vor allem zu den rentierzüchtenden Samí, die zum einen in einem Reisetagebuch dokumentiert wurden (das erst 1811 veröffentlicht wurde), zum anderen in einer Sammlung von Gesteins- und Mineralienproben, getrockneten Pflanzen und

Samen, Vogelbälgen, getrockneten Fischen, Reptilien und Insekten, sowie Kleidungsstücken und Kultgegenständen der Samí.

Bei seiner Rückkehr im Oktober 1732 fand Linné seine Stelle am botanischen Garten besetzt und begann daher Privatunterricht auf einem anderen Gebiet zu erteilen, dem der Mineralogie und Metallurgie. Aus den Einkünften finanzierte er eine Reise in die Kupferbergbauregion um Falun (Dalarna). Eine weitere Reise in diese Region 1734, finanziert vom Gouverneur von Dalarna, sollte die entscheidende Wende in Linnés Leben bringen: Im Dezember lernte er Sara Elisabeth Moraea kennen, Tochter des Stadtarztes von Falun. Dieser stimmte der Verlobung jedoch nur unter der Bedingung zu, dass Linné sich zu einem Studienaufenthalt nach Holland begebe, um dort einen Doktortitel und damit die Voraussetzung für eine gut gehende medizinische Praxis zu erwerben.

Im Februar 1735 brach Linné zu dieser Studienreise auf. Seine Ankunft hatte er in Zeitschriften angekündigt und dabei hervorgehoben, dass er wissenschaftliche Manuskripte und seine Sammlungen aus Lappland mitbrächte. So lernte er schnell wichtige Naturwissenschaftler kennen. Zwei von ihnen, der Mediziner Johann Friedrich Gronovius, zugleich Senator in Leyden, und der Schotte Isaac Lawson, erklärten sich bereit, eines der mitgebrachten Manuskripte mit dem Titel *Systema naturae* zum Druck zu befördern. Die Publikation war sofort ein Erfolg: Auf nur 11 Folioseiten stellte sie in übersichtlichen Tabellen eine Klassifikation der drei Naturreiche dar, im botanischen Teil dem bereits 1730 entworfenen Sexualsystem folgend. Weitere Publikationen aus dem Fundus der mitgebrachten Manuskripte folgten: 1736 die *Fundamenta botanica*, die Begriffsdefinitionen und Regeln für die Botanik aufführten, und die *Bibliotheca botanica*, eine botanische Bibliographie; 1737 die *Flora lapponica*, in der Linné die Pflanzen Lapplands beschrieb, die *Critica botanica*, in der es um die Benennung von Pflanzen ging, sowie die *Genera plantarum* und der *Hortus cliffortianus*, zwei pflanzentaxonomische Werke; und 1738 die *Classes plantarum*, die sämtliche bis dahin aufgestellte Pflanzensysteme zusammenstellten. Gelegenheit zu diesen Veröffentlichungen erhielt Linné durch George Clifford, dem ehemaligem Direktor der ostindischen Kompagnie, der ihm ein üppiges Gehalt für die Katalogisierung seiner umfangreichen botanischen Sammlung gewährte. Clifford ermöglichte Linné auch kurze Reisen nach England und Frankreich, wo er führende Naturforscher wie Hans Sloane, den Präsidenten der Royal Society in London, Johann Jacob Dillen, Botanikprofessor in Oxford, sowie Antoine und Bernhard de Jussieu am Jardin des plantes in Paris kennen lernte.

C. v. Linné: Frontispiz zum Hortus diffortianus (1737); Europa (in der Mitte) empfängt die Gaben der Welt, schräg hinter ihr (mit den Gesichtszügen Linnés) bringt Apollo Licht.

Im Sommer 1738 kehrte Linné nach Schweden zurück und verlobte sich mit Sara Elisabeth. Im September ließ er sich dann als Arzt in Stockholm nieder, etablierte schnell eine Praxis und nahm rasch Kontakte zu prominenten Personen aus Politik und Wissenschaft auf. Binnen kurzer Zeit hielt er Vorlesungen in Naturgeschichte am königlichen Hof, wurde mit dem lukrativen Posten des Admiralitätsarztes betraut und knüpfte Kontakte mit wissenschaftlichen Amateuren wie dem Kapitän und Experimentalphysiker Mårten Triewald und dem Unternehmer und Schafzüchter Johan Alströmer. Gemeinsam gründeten sie am 2. Juni 1739 die Königliche Akademie der Wissenschaften zu Stockholm, deren erster Präsident Linné war. Einen knappen Monat später heiratete er.

Trotz dieser hauptstädtischen Erfolge sollte es Linné zurück an die Universität Uppsala ziehen. Für seine wahre Leidenschaft, die Naturgeschichte, fehlte ihm in Stockholm das wichtigste Instrument: ein botanischer Garten. Nach langen Querelen, bei denen insbesondere Olaus und A. ↗ Celsius für ihn eintraten, wurde Linné im Mai 1741 als Nachfolger

Rudbecks auf den Lehrstuhl für Medizin und Botanik berufen. Im Oktober zog er mit seiner Familie – sein erster Sohn Carl war gerade zur Welt gekommen – nach Uppsala, wo er den Rest seines Lebens verbrachte. Vier Töchter sollten aus der Ehe noch hervorgehen. Das knappe Gehalt eines Universitätsprofessors wurde durch das Vermögen aufgebessert, das Sara Elisabeth in die Ehe eingebracht hatte und man Gewinn bringend in Landwirtschaft investierte.

Linnés akademische Tätigkeit entwickelte sich nach seiner Berufung in zwei Richtungen: Zum einen kann er als einer der Hauptvertreter der kameralistischen, auf die rationale Entwicklung und staatliche Administration nationaler Ressourcen gerichteten Ideologie gelten, die die Freiheitszeit hervorbrachte. In diesem Sinne verstand sich Linné als Ökonom und vertrat ein einfaches Rezept. In seinen Augen hing die Wohlfahrt eines Landes von der Vermeidung von Importen ab, und dazu ließ sich Wissenschaft in zwei Hinsichten einsetzen: zum einen, indem einheimischer Ersatz für exotische Importe identifiziert wurde; zum anderen, indem exotische Pflanzen und Tiere an die klimatischen Verhältnisse Schwedens gewöhnt wurden. Eine Vielzahl wissenschaftlicher Projekte und Publikationen Linnés stand im Zusammenhang mit diesen Anwendungszielen. Mit der *Flora suecica* (1745) und der *Fauna suecica* (1746) legte er Kataloge einheimischer Ressourcen vor. Mehrere Reisen in Provinzen des Königreichs, die er im Auftrag des Kommerzkollegiums ausführte, dienten der Allokation von Rohstoffen (*Öländska* und *Gothländska Resa* 1741, *Västgötha Resa* 1747, *Skånska Resa* 1751). Mit Schülern und interessierten Landsleuten führte Linné außerdem Anbauversuche mit exotischen Pflanzen wie Tee, Maulbeerbäumen und Reis durch (allerdings ohne Erfolg). Schließlich verfasste er Almanach- und Zeitschriftenartikel zu Konsumgütern wie Kaffee, Tee, Bier und Tabak und setzte sich für die Ausbildung von Pfarrern und Beamten in Ökonomie und Naturgeschichte ein.

Neben diesen »patriotischen« Projekten nutzte Linné aber noch die internationalen Kontakte, die er in Holland geknüpft hatte, um ein bis in die Kolonien Nord- und Südamerikas reichendes Korrespondenznetz aufzubauen. Dieses diente in erster Linie dem Austausch von naturhistorischem Material, d. h. Abbildungen und Beschreibungen, konservierten Pflanzen und Tieren, vor allem aber Pflanzensamen. In diesem Zusammenhang sind auch die Reisen zu sehen, die Studenten Linnés mit Unterstützung der Stockholmer Akademie und der schwedischen Ostindien-Kompagnie unternahmen: Per Kalms Reise nach Nordamerika (1749–1751), Daniel Solanders Teilnahme an der 2. Weltumsegelung von J. ↗ Cook (1768–1771) und Carl Peter Thunbergs Reise nach Südafrika, Ceylon und Japan (1770–1779), um nur einige zu nennen. Auf der Grundlage der so entstandenen Sammlungen setzte Linné seine in Holland begonnenen taxonomischen Projekte in überarbeiteten und erweiterten Neuauflagen des *Systema naturae* (12 Auflagen bis 1768), der *Genera plantarum* (6 Auflagen bis 1764), und der *Species plantarum* (3 Auflagen, 1753) fort. Außerdem legte er 1751 ein Lehrbuch der Botanik unter dem Titel *Philosophia botanica* vor. Überwiegend waren diese Schriften rein deskriptiven Inhalts: Werke wie das *Systema naturae* oder die *Genera plantarum* wurden nicht im gewöhnlichen Verstand dieses Wortes gelesen, sondern vielmehr wie Handbücher oder Lexika benutzt. Dennoch, oder gerade deshalb, konnten sie einen erheblichen, wenn auch unterschwelligen Einfluss auf die Wissenschaft ihrer Zeit gewinnen, der dem von G. L. L. de ↗ Buffon, Linnés schärfstem und eloquentestem Konkurrenten, in nichts nachstand.

Vor allem trifft dies auf den Artbegriff Linnés zu. In den *Genera plantarum* hatte Linné behauptet, »dass es so viele Arten gibt, wie Gott am Anfang verschiedene Formen hervorbrachte, welche daraufhin nach hinein gelegten Gesetzen der Zeugung mehr, aber ihnen immer ähnliche Formen hervorbrachten.« Die Bedeutung dieser Definition liegt darin, dass sie die Aufmerksamkeit auf Merkmale der Lebewesen richtete, die von Generation zu Generation unverändert bleiben. Merkmale dagegen, die von äußeren Umständen wie Klima oder Bodenverhältnissen abhingen, konnten nach Linné nur Varietäten innerhalb einer Art unterscheiden. Die Ordnung der Natur wurde so zu einem Forschungsgegenstand, dem mit den Reproduktionsprozessen der Lebewesen eine physische Realität eigen war – eine Realität, die den Merkmalen vorgängig war, deren man sich bedienen mochte, um Arten und Gattungen zu unterscheiden. Diese fundamentale Umkehrung, für die sich Linné schon in der Einleitung zu den *Genera plantarum* von 1737 stark gemacht hatte, war auch die Voraussetzung für seine bekannteste Innovation, die Einführung der binären Nomenklatur. Wenn Gattungen und Arten Gegenstände der Forschung statt Konstrukte wissenschaftlicher Begriffsbildung waren, so ließen sie sich auch wie Gegenstände mit Etiketten versehen. Dieses Namensverständnis kam schon in der *Critica botanica* von 1737 zum Ausdruck, wurde aber erst 1751 in der *Philosophia botanica* in ein verbindliches Regelwerk umgesetzt und in den *Species plantarum* von 1753 konsequent angewendet.

Neben der Taxonomie gewann Linné noch auf weiteren Gebieten großen Einfluss. Zum einen formulierte er die Vorstellung von einer »Ökonomie der Natur«, die durch ein Gleichgewicht beherrscht wird, das sich aus der gesetzmäßigen Reproduktion der Arten speist. Zum anderen leitete er die geographische Verbreitung heutiger Lebewesen aus der kontinuierlichen Entwicklung der Landmassen und ihrer Bewohner aus einer ursprünglichen, am Äquator gelegenen und mit einem hohen Berg versehenen Insel ab. Beide Motive, die Ökonomie der Natur und die Ableitung biogeographischer Verhältnisse aus ursprünglichen Zentren sollten im 19. Jahrhundert im Werk von C. ↗ Lyell eine Renaissance erleben. Einen weiteren, über J. G. ↗ Koelreuter, F. ↗ Gärtner und G. ↗ Mendel in das 19. Jahrhundert hinein reichenden Forschungsstrang begründete Linné mit seinen Spekulationen über eine Entstehung der Arten durch Hybridisierung.

Die wichtigsten Innovationen Linnés sind damit benannt. Andere Gebiete, auf denen er Wichtiges leistete, waren die Klassifikation der Krankheiten, die Pharmakologie sowie die Mineralogie und Petrologie. Wie sehr sein Name der späteren Biologie verhaftet blieb, zeigt das Schicksal seines Nachlasses: Nach Linnés Tod und dem frühen Tod seines Sohnes, der ihm auf den Lehrstuhl gefolgt war, verkaufte die Witwe die Sammlungen an den englischen Kaufmann James Edward Smith, welcher zu ihrer Pflege 1781 die Linnaean Society zu London gründete. Dort dienen sie, mittlerweile in einem unterirdischem Bunker verwahrt, den Taxonomen noch heute als eine Art Urmeter der Biologie.

[SMW]

Werk(e):
Linnés Werke erschienen in mehreren Auflagen, von denen es zahllose Raubdrucke, Zusammenfassungen, Popularisierungen und Übersetzungen gibt. Einen guten Überblick gibt Soulsby, B. H.: A catalogue of the works of Linnaeus (1933). An neueren Übersetzungen sind erschienen Lappländische Reise, übers. H. C. Artmann (1964); Lappländische Reise und andere Schriften, hrsg. von S. Mierau (1980); Nemesis Divina, hrsg. von W. Lepenies und L. Gustafsson (1981).

Sekundär-Literatur:
Blunt, W.: The Compleat Naturalist. A Life of Linnaeus (1971); Jahn, I. und Senglaub, K.: Carl v. Linné (1978); Linnaeus. The Man and His Work, hrsg. von T. Frängsmyr (1983); Koerner, L.: Linnaeus: Nature and Nation (1999); Müller-Wille, S.: Botanik und weltweiter Handel. Zur Begründung eines Natürlichen Systems der Pflanzen durch Carl von Linné (1999).

Liouville, Joseph,

französischer Mathematiker,
* 24. 3. 1809 St. Omer,
† 8. 9. 1882 Paris.

Liouville war einer der bedeutendsten Mathematiker des 19. Jahrhunderts.

Im November 1825 begann Liouville das Studium an der École Polytechnique. Er hörte Vorlesungen vornehmlich bei A. M. ↗ Ampère und D. F. ↗ Arago. Zwei Jahre später wechselte er zur École des Ponts et Chaussées und begann, während er noch den Beruf des Ingenieurs anstrebte, sich intensiv mit Mathematik und mathematischer Physik zu befassen. Zwischen Juni 1828 und November 1830 reichte er der Académie des Sciences in Paris sieben Abhandlungen über Elektrizitätslehre, Analytische Wärmetheorie und Analysis ein, die in verschiedenen wissenschaftlichen Zeitschriften veröffentlicht wurden und Liouville sofort sehr bekannt machten.

1830 heiratete er die drei Jahre jüngere Marie-Louise Balland, eine Cousine mütterlicherseits. Aus dieser Ehe gingen drei Töchter und ein Sohn hervor. Im November 1831 erhielt er seine erste akademische Anstellung als Repetitor des Kurses Analysis und Mechanik von Claude-Louis Mathieu an der École Polytechnique. Dies war der Anfang einer glanzvollen Karriere, in deren Verlauf Liouville reine und angewandte Mathematik an führenden Bildungsinstitutionen in Paris lehrte, u. a. am Collège de France, der École Polytechnique und der Universität (Sorbonne). 1836 gründete er das *Journal des Mathematiques Pures et Appliquées*, welches die führende mathematische Zeitschrift im Frankreich des 19. Jahrhunderts wurde. Zu seinen Verdiensten zählt, als Erster die Bedeutung der Arbeit *Memoire sur les conditions de resolubilité des équations par radicaux* von E. ↗ Galois erkannt und den Druck – 14 Jahre nach dessen Tod – veranlasst zu haben. Er selbst schrieb viele Artikel für sein Journal, teilweise mit Koautoren, unter denen Charles Sturm der bekannteste ist.

Während der Revolution von 1848 betrat Liouville auch kurzzeitig die politische Bühne. Bekannt für seine demokratische Überzeugung, wurde er im April 1848 als Vertreter des Departements Meurthe in die Konstituierende Versammlung gewählt, doch

J. Liouville

waren seine politischen Ambitionen bereits nach einem Jahr beendet.

Anfang 1851 kündigte Liouville seinen Lehrstuhl an der École Polytechnique, denn am 18. Januar 1851 erhielt er, unter Protest A. ↗ Cauchys, den Lehrstuhl für Mathematik am Collège de France. Dieser Lehrstuhl, der kein fest vorgegebenes Programm hatte, gab Liouville zum ersten Mal die Gelegenheit, über seine eigenen Forschungen zu berichten und aktuelle Themen zu behandeln.

Im Jahr 1857, zwei Jahre nach dem Tod des Genfer Mathematikers Sturm, erhielt Liouville dessen Lehrstuhl für Rationale Mechanik an der Fakultät für Wissenschaften an der Sorbonne. Hier lehrte er bis zum Jahr 1874, als Jean G. Darboux sein Nachfolger wurde. Im gleichen Jahr überließ er das Amt des Verlegers seiner Zeitschrift seinem Mitarbeiter Henry Resal.

1879 übergab Liouville seinen Lehrstuhl am Collège de France seinem Schüler Ossian P. Bonnet. Obwohl er durch Krankheit und durch Schicksalsschläge geschwächt war (1880 verlor er seine Frau bei einem Unfall; sein einziger Sohn starb bereits in jungen Jahren), büßte er nie etwas von seiner intellektuellen Brillianz ein. Er besuchte weiterhin die Sitzungen der Académie des Sciences und des Bureau des Longitudes und hielt Vorträge am Collège de France, jedoch hatte er keinen Anteil mehr am mathematischen Leben in Frankreich.

Liouville zählt zu den bedeutendsten Mathematikern des 19. Jahrhunderts. Er verfasste über 400 wissenschaftliche Abhandlungen, in denen er grundlegende Beiträge insbesondere zur Algebra, analytischen Zahlentheorie, Geometrie und Analysis lieferte.

In der Theorie der gewöhnlichen Differentialgleichungen befasste sich Liouville ausführlich mit dem Problem der elementaren Integrierbarkeit. So gab er im Fall der speziellen Riccatischen Differentialgleichung $y' + ay^2 = x^m$ $(a = \text{const.})$ mit $m = (-4k)/(2k \pm 1)$, $k \in$, genau diejenigen Fälle an, die durch Quadraturen lösbar sind.

Noch wichtiger sind seine Beiträge zu Randwertaufgaben bei linearen Differentialgleichungen 2. Ordnung. Hier entwickelte er zusammen mit Sturm eine Lösungstheorie, die in die Geschichte als Sturm-Liouville-Theorie einging.

Für die Funktionentheorie hat er mehrere wichtige Beiträge geliefert. So besagt sein berühmter Satz in der Theorie der ganzen Funktionen, dass jede beschränkte ganze Funktion eine Konstante ist. Damit gab er einen eleganten Beweis des Fundamentalsatzes der Algebra, wonach jede algebraische Gleichung (mindestens) eine (komplexe) Lösung besitzt. Das Fundament der Theorie der elliptischen Funktionen bilden die so genannten drei Liouvilleschen Sätze.

Liouville ist einer der Mitbegründer der analytischen Zahlentheorie. Von ihm stammen wichtige Sätze über die Approximierbarkeit von algebraischen Zahlen. Damit gelang es ihm 1844 zum ersten Mal, mit $x = \sum_{k=1}^{\infty} 10^{-k!}$ eine transzendente Zahl explizit anzugeben. [MR2]

Sekundär-Literatur:

Lützen, J.: Joseph Liouville 1809–1882: Master of Pure and Applied Mathematics (1990).

Lipmann, Fritz Albert,
deutsch-amerikanischer Biochemiker,
* 12. 6. 1899 Königsberg,
† 24. 7. 1986 Poughkeepsie (New York).

Lipmann hat durch seine biochemischen Forschungen entscheidend zum Verständnis der Energiegewinnung aus Nahrungsstoffen im menschlichen Stoffwechsel beigetragen.

Lipmann studierte 1917–1922 Medizin an den Universitäten Königsberg, Berlin und München, promovierte 1924 zum Dr. med. und arbeitete anschließend als Assistent am pharmakologischen Institut der Universität Amsterdam. Angeregt durch Chemiekurse bei Heinrich Klinger in Königsberg und Peter Rona in Berlin, schloss er 1923–1927 ein Chemiestudium an den Universitäten Königsberg (bei Hans Meerwein) und Berlin an, das er mit dem Dr. phil. abschloss. Ab 1926 arbeitete er bei O. ↗ Meyerhof am Kaiser-Wilhelm-Institut für Zellphysiologie in Berlin-Dahlem über biochemische Reaktionen in Muskeln. 1929 folgte er Meyerhof an das Kaiser-Wilhelm-Institut für medizinische Forschung in Heidelberg. 1930 ging Lipmann zurück an das Kaiser-Wilhelm-Institut in Berlin und arbeitete bei Erik Albert Fischer. Nach einem Studienaufenthalt 1931/32 als Stipendiat der Rockefeller Foundation bei Phoebus A. Levene am Rockefeller-Institut für medizinische Forschung in New York folgte Lipmann 1932 Fischer an das neu gegründete biologische Institut der Carlsberg-Stiftung in Kopenhagen. 1939 übersiedelte er ganz in die USA und nahm 1944 die amerikanische Staatsbürgerschaft an. Er arbeitete hier zunächst bei Vincent du Vigneaud an der Cornell Medical School in Ithaca, ab 1941 dann im biochemischen Laboratorium des General Hospital in Boston (Massachusetts) und war ab 1949 zugleich Professor für Biochemie an der Harvard Medical School. Ab 1957 war er bis zu seiner Emeritierung 1970 als Professor an der Rockefeller University in New York tätig.

Bereits unter Meyerhof hatte sich Lipmann der Biochemie zugewandt. Bei Levene arbeitete er über Phosphorproteine und bei Fischer untersuchte er zunächst Gewebekulturen mit biochemischen Methoden. In Kopenhagen leistete er wesentliche Beiträge zur Aufklärung des Metabolismus von Embryozellen. 1941 schlug er zur Erklärung der Energieübertragung im Stoffwechsel der Zellen ein Modell mit ATP als zentralem Glied vor. In der zweiten Hälfte der 40er- und den frühen 50er-Jahren beschäftigte sich Lipmann mit dem Krebsschen Citronensäurezyklus und gelangte dabei zu der Vermutung, dass die katalytisch aktive, Energie liefernde Substanz eine aktivierte Form der Essigsäure sein müsse. Lipmann und Nathan O. Kaplan entdeckten 1946 bei der Acetylierung von Sulfonamid über die »aktivierte Essigsäure« in der Leber ein bis dahin unbekanntes Coenzym. Es konnte 1947 isoliert und 1953 seine Struktur als ein Derivat des Vitamins Pantothensäure mit einer schwefelhaltigen Aminoverbindung aufgeklärt werden, die außerdem Adenosin und Phosphorsäure enthält. Coenzym A gehört zu den wichtigsten Substanzen beim menschlichen Stoffwechsel. Es ist an der Gewinnung von Energie durch Umwandlung von Fettsäuren, Steroiden, Aminosäuren und Hämoglobin beteiligt. 1953 wurde der Nobelpreis für Medizin an Lipmann für die Entdeckung des Coenzyms A und dessen Bedeutung für den Stoffwechsel und an H. ↗ Krebs für die Entdeckung des Zitronensäurezyklus verliehen. [WG2]

Werk(e):
Metabolic Generation and Utilization of Phosphat Bond Energy (1941); Wanderings of a Biochemist (1971).

Lippmann, Gabriel,
französischer Physiker,
* 16. 8. 1845 Hallerich (Luxemburg),
† 12. 7. 1921 auf hoher See.

Lippmann ist ein Pionier der Farbfotografie.

Nach einem Studium an der École Normale Supérieure in Paris und nachfolgender Redaktionsarbeit für die *Annales de Chimie et de Physique* wurde Lippmann 1875 an der Sorbonne mit Arbeiten zur Elektrokapillarität promoviert. 1883 wurde er Professor für mathematische Physik an der Faculté des Sciences der Pariser Universität, 1886–1921 Professor für Experimentalphysik und Direktor des Forschungslaboratoriums an der Sorbonne. Seit 1896 war er auch Mitglied der Académie des Sciences sowie um 1897 als Pionier der Farbfotografie Vorsitzender der Société Française de Photographie.

Am 2. Febr. 1891 legte Lippmann der Pariser Akademie seinen ersten Bericht über »Fotochromie« vor. In diesem frühen fotografischen Verfahren zur Wiedergabe von Farben werden diese durch ste-

G. Lippmann

hende Wellen in einer sehr feinkörnigen, aber ziemlich dicken, lichtempfindlichen Schicht des Films registriert.

Mit dieser »Interferenz-Fotografie« erzeugten sowohl Lippmann selber als auch einige andere Fotografen wie z. B. der Leipziger Hermann Krone brillante Farbfotografien des Sonnenspektrums, des Spektrums elektrischer Lichtbögen und einiger weiterer sehr heller Motive. Es handelte sich jeweils um Unikate, die nicht vervielfältigt werden konnten. Die extrem geringe Gesamt-Lichtempfindlichkeit seiner Fotoplatten, deren Herstellung und Vermarktung zeitweise auch von den Lumière-Brüdern (A. ↗ Lumière)übernommen wurde, beschränkte die Lippmannsche Farbfotografie jedoch auf einige wenige Anwendungen, und die praktischen Schwierigkeiten bei ihrer Herstellung waren so groß, dass sich sein Verfahren trotz des 1908 dafür vergebenen Nobelpreises für Physik nie gegen konkurrierende Verfahren durchsetzen konnte. Das von Lippmann 1873–75 entwickelte Kapillar-Elektrometer, das die Abhängigkeit der Oberflächenspannung von Quecksilber gegenüber Schwefelsäure von der angelegten elektrischen Spannung ausnutzt, blieb auf den Bereich 0,01–1 V beschränkt, hatte aber den Vorteil sehr genauer relativer Anzeige (bis zu 1 mV Spannungsdifferenz). Lippmann sagte auch die später von P. ↗ Curie bestätigte Deformation piezoelektrischer Kristalle durch elektrische Felder voraus, und er entwickelte Seismometer und den astronomischen Coelostaten. [KH]

Werk(e):
Über Photographie in natürlichen Farben, Jahrbuch für Photographie und Reproductionstechnik 7 (1893).

Sekundär-Literatur:
Hentschel, K.: Mapping the spectrum. Techniques of Visual Representation in Research and Teaching (2002).

Ljapunow, Aleksandr Michajlovich,
russischer Mathematiker,
* 6. 6. 1857 Jaroslavl,
† 3. 11. 1918 Petrograd (heute St. Petersburg).

Ljapunow gehörte zu den bedeutendsten russischen Mathematikern und leistete Herausragendes zur Mathematik und Mechanik, besonders zur Wahrscheinlichkeitsrechnung und Potentialtheorie.

Geboren in einer Astronomen-Familie, studierte Ljapunow von 1876 bis 1880 Mathematik und Naturwissenschaften an der Universität St. Petersburg. Zu seinen mathematischen Lehrern gehörte vor allem P. L. ↗ Tschebyschow. Ljapunow wurde 1885 Dozent und 1892 Professor für Mathematik an der Universität Charkov. 1901 wurde er Akademie-Mitglied der Russischen AdW, von 1902 bis zu seinem Tod 1918 arbeitete er an der Russischen Akademie in St. Petersburg.

Ljapunow schuf 1892 mit einer Arbeit die Grundlagen der Stabilitätstheorie für mechanische Systeme mit endlich vielen Freiheitsgraden. Weitere Beiträge waren der Theorie gewöhnlicher Differentialgleichungen gewidmet, z. B. zur Existenz periodischer Lösungen bei gewissen Klassen solcher Differentialgleichungen. Ljapunow arbeitete außerdem zur Theorie der Gleichgewichtsfiguren rotierender Flüssigkeiten, bewies als erster die Existenz nicht-ellipsoidaler Gleichgewichtsfiguren und untersuchte Stabilitätsprobleme der Gleichgewichtsfiguren. Diese Arbeiten erfuhren durch Leon Lichtenstein eine Vereinfachung und Weiterentwicklung. In der Potentialtheorie leistete Ljapunow wichtige Beiträge zur Lösung des Dirichlet-Problems (Ljapunowsche Flächen, Arbeit von 1898). Desweiteren wandte Ljapunow die Methode der charakteristischen Funktionen zum Beweis des zentralen Grenzwertsatzes an und leistete damit im Anschluss an Tschebyschow und A. A. ↗ Markow einen wichtigen Beitrag zur Wahrscheinlichkeitstheorie.

Ljapunow gilt als der bedeutendste Vertreter der von Tschebyschow begründeten Petersburger Mathematiker-Schule. [AV2]

Lobatschewskij (Lobachevsky, Lobacevskij),
Nikolai Iwanowitsch,
Mathematiker,
* 22. 11. (2. 12.) 1792 Nishni Nowgorod (Gorki),
† 12. 2. (24. 2.) 1856 Kasan.

Lobatschewski begründete gleichzeitig mit J. v. ↗ Bolyai und unabhängig von diesem diejenige Nicht-Euklidische Geometrie, die heute als hyperbolische oder Lobatschwskijsche Geometrie bezeichnet wird.

Lobatschewskij war der Sohn eines kleinen Beamten, der die Frau und drei Söhne bald nach der Geburt des Jüngsten verließ. 1797 zog die Mutter zu ihren Eltern nach Makarjew. Als Sohn eines Beamten konnte Lobatschewskij ab 1802 das kurz zuvor gegründete Kasaner Gymnasium auf Staatskosten besuchen. 1805 wurde in Kasan die vierte russische Universität gegründet, an der Lobatschewskij nach dem Abitur 1807 bis 1811 Mathematik und Physik studierte. Seine wichtigsten Lehrer waren zwei Deutsche: Johann Ch. Bartels, der schon C. F. ↗ Gauß an der Katharinenschule in Braunschweig unterrichtet hatte, und der Astronom Josef Littrow. Lobatschewskij, der während seines Studiums ebenso durch große Begabung wie durch undiszipliniertes Betragen aufgefallen war, wurde zunächst inoffizieller Assistent von Bartels, 1814 als Adjunkt angestellt, 1816 a. o. Professor und 1822 ordentlicher Professor an der Universität Kasan, an der er auch sein gesamtes weiteres Berufsleben verbrachte und an der er leitende Funktionen ausübte (u. a. zweimal Dekan, und 1827–1846 Rektor); nach seiner Emeritierung 1846 war er noch bis 1855 stellvertretender Kurator des Kasaner Schulbezirks. Aus der 1832 geschlossenen Ehe mit der adligen Warwara Moissejewa gingen 7 Kinder hervor, und 1837 wurde er für seine Verdienste selbst in den erblichen Adel erhoben.

Das früheste Dokument für sein wachsendes Interesse am Parallelenproblem der Euklidischen Geometrie ist ein 1823 abgeschlossenes (jedoch damals nicht gedrucktes) Lehrbuch für das Gymnasium, in dem er die Geometrie zunächst so weit wie möglich ohne Benutzung des Axioms entwickelte, wonach die Parallele durch einen Punkt zu einer Geraden eindeutig bestimmt ist. 1826 hielt er den ersten öffentlichen Vortrag über das Parallelenproblem, in dem er die logische Möglichkeit einer Geometrie darlegte, in der das oben genannte Axiom nicht gilt. 1832 reichte er die erste Arbeit darüber bei der Petersburger Akademie ein, die jedoch durch den damals bedeutendsten russischen Mathematiker Michail W. Ostrogradski negativ begutachtet wurde. Allzu neu und entgegen den damals herrschenden Auffassungen waren Lobatschewskijs Gedanken. Lobatschewskij unterscheidet sich jedoch von Bolyai dadurch, dass er sich nicht entmutigen ließ, sondern bis ins hohe Alter mit weiteren Veröffentlichungen für seine Theorie kämpfte, die von seinen russischen Kollegen lediglich als Schrulle eines sonst verdienstvollen Mannes angesehen wurde. 1835 erschien seine *Imaginäre Geometrie* (wörtl. Vorgestellte Geometrie, russ.,1837 ins Französische, 1840 als *Geometrische Untersuchungen zur Theorie der Parallellinien* ins Deutsche übersetzt), 1855 das Buch *Pangeometrie*. Erst in diesem letzten Buch hob er deutlich die größere Allgemeinheit der hyperbolischen und den Grenzfallcharakter der Euklidischen Geometrie hervor, was Bolyai von Anfang an getan hatte. Dagegen bemühte Lobatschewskij sich um verschiedene von der Gültigkeit in der physikalischen Realität unabhängige Anwendungen seiner Theorie. 1842 war er auf Betreiben von Gauß zum korrespondierenden Mitglied der Göttinger Gelehrten Gesellschaft ernannt worden. Außer seiner umfangreichen pädagogisch-organisatorischen Tätigkeit sind noch ein *Lehrbuch der höheren Algebra* (1834) und *Arbeiten über trigonometrische Reihen und über Wahrscheinlichkeitstheorie* zu erwähnen. Im erstgenannten findet sich erstmals das später nach Karl H. Gräffe benannte Verfahren zur Nullstellenberechnung von Polynomen und das 1862 von E. ↗ Betti in Westeuropa bekannt gemachte Lösungsverfahren für homogene lineare diophantische Gleichungssysteme. In den analytischen Arbeiten vertrat Lobatschewskij einen sehr modernen Funktionsbegriff und unterschied schon klar zwischen Stetigkeit und Differenzierbarkeit. Lobatschewskij erblindete im Alter und starb im Jahr nach seiner Ernennung zum Ehrenmitglied der Moskauer Universität. [PS2]

Werk(e):
Vollständige Ausgabe seiner Werke (russ.) in 5 Bden. (1946–51); Geometrische Schriften in deutsch und französisch (1886); Zwei geometr. Abhandlungen, hrsg. von F. Engel (1898); Imaginäre Geometrie, hrsg. von H. Liebmann (1904).

Sekundär-Literatur:
Engel, F. und Stäckel, P.: Theorie der Parallellinien von Euklid bis auf Gauß (1895); Halameisär, A. und Seibt, H.: N. I. Lobatschewskij (1978); Reichardt, K.: Gauß und die Anfänge der nicht-euklidischen Geometrie (1985).

Lockyer, Sir Joseph Norman,
Astrophysiker und Wissenschaftsorganisator,
* 17. 5. 1836 (Rugby, England),
† 16. 8. 1920 (Salcombe Regis, England).

Lockyer schuf wichtige Beiträge zur astrophysikalischen Erforschung der Sonne, entdeckte auf der Sonne das Element Helium, befruchtete die Diskussionen um die Entstehung und Entwicklung der Himmelskörper.

Lockyer entstammte einer Apothekerfamilie, wurde in der Schule vor allem mit klassischen Studien vertraut, doch schuf das wissenschaftlich aufgeschlossene Elternhaus Voraussetzungen für seine weitgespannten Interessen. Er war zunächst als Zivilangestellter in einer militärischen Verwaltung tätig, arbeitete sich als Amateurastronom in wissenschaftliche Probleme ein und wurde schließlich Direktor des Sonnenobservatoriums von South Kensington.

Lockyer erkannte sehr früh die Möglichkeiten, welche physikalische und chemische Untersuchungsmethoden in der Astronomie boten, insbesondere die Spektralanalyse. Nach seiner Berufung als Direktor des Sonnenobservatoriums von South Kensington widmete er sich vor allem der spektralanalytischen Untersuchung der Sonne. Im Jahre 1868 gelang Lockyer unabhängig von Jules Janssen erstmals durch ein selbst entwickeltes Instrument die Beobachtung der Sonnenprotuberanzen außerhalb der Zeit einer Sonnenfinsternis. Von Lockyer stammt der noch heute gebräuchliche Begriff »Chromosphäre« für die äußeren Schichten der Sonnenatmosphäre.

Aus seinen sonnenphysikalischen Forschungen schloss er auf die Existenz eines noch unbekannten chemischen Elementes, das er Helium nannte und dessen Nachweis in irdischen Labors 1895 durch W. ↗ Ramsay gelang.

Von richtungweisender Bedeutung für die Interpretation von Spektren kosmischer Objekte wurde Lockyers »Dissoziationshypothese«. Sie führte Unterschiede im Spektrum ein und desselben Elements auf verschiedene Anregungszustände der Elektronen zurück, auf große Temperaturen, Magnetfelder, Turbulenzen u. a.

Im Zusammenhang mit der Untersuchung der Spektren von Meteoriten entwickelte er 1887 die Vorstellung, dass sich die Himmelskörper durch das Zusammenballen solcher Meteorite herausgebildet hätten. Sie hatte keinen langen Bestand, zumal inzwischen von anderer Seite, ebenfalls auf I. ↗ Kant zurückgehend, eine detaillierte, auf vielfältigen astrophysikalischen Befunden gründende Diskussion eingesetzt hatte (z. B. K. F. ↗ Zöllner, H. C. ↗ Vogel).

Von Lockyers weiten Interessen zeugen seine Untersuchungen zur astronomischen Orientierung vorgeschichtlicher Monumente. Seine Vermessungen in Stonehenge, die eine Orientierung dieser Anlage auf den Aufgangspunkt der Sonne zur Sommerwende nachwiesen, gewinnen für die Geschichte der Astronomie, damit für die Kulturgeschichte früher Völker, fundamentale Bedeutung.

Ein Monument bleibender Wirksamkeit schuf sich Lockyer 1869 mit der Gründung und der 40-jährigen Herausgabe der Zeitschrift *Nature*, die noch heute eines der angesehensten und einflussreichsten Publikationsorgane auf dem Gebiet der Naturwissenschaften darstellt. [JH]

Werk(e):
The movement of the earth (1887); Chemistry of the Sun (1884); Meteoritic hypothesis (1890); The dawn of astronomy (1894); Sun's place in nature (1897); Recent & coming eclipses (1897); Inorganic evolution (1900).

Sekundär-Literatur:
Lockyer, T. Mary; Lockyer, Winifried L. Lockyer: The Life and Work of Sir Norman Lockyer (1928).

Loeb, Jacques (Isaak Jacques),
deutsch-amerikanischer Biologe,
* 7. 4. 1859 Mayen (Rheinland),
† 11. 2. 1924 Hamilton (Bermuda).

Loeb vertrat einen mechanistischen Ansatz in der Untersuchung biologischer und psychologischer Erscheinungen und prägte um 1900 eine ganze Generation von amerikanischen Forschern und Intellektuellen.

Loeb besuchte auf Wunsch seines Vaters, eines jüdischen Kaufmanns und liberalen Intellektuellen, zunächst nur die Realschule. Nach dem frühen Tod seiner Eltern arbeitete er in der Bank eines Verwandten in Berlin, verließ diese aber schon bald, um auf das jüdische Gymnasium zu gehen. Mit 21 Jahren begann er dann Medizin an der Berliner Universität zu studieren, wechselte aber schon nach einem Jahr nach München. Seine frühen Studien brachten ihn unter den Einfluss von E. ↗ Mach, H. v. ↗ Helmholtz, R. v. ↗ Virchow und Carl von Voit. 1881 ging Loeb nach Straßburg zu dem Neurophysiologen Friedrich Leopold Goltz, bei dem er 1884 mit einer Dissertation über Blindheit nach Hirnverletzungen promovierte. Nach einem kurzen Forschungsaufenthalt an der Berliner Landwirtschaftlichen Hochschule erhielt er eine Assistenz bei dem Physiologen Adolf Eugen Fick an der Universität Würzburg, wo er sich mit J. ↗ Sachs anfreundete und sich mit Tropismen bei Insekten zu beschäftigen begann. Unzufrieden mit dem akademischen Klima in Würzburg, kehrte er 1888 nach Straßburg zurück und verbrachte die Winter 1889 bis 1891 an der Zoologischen Station in Neapel. Dort lernte er die Amerikanerin Anne Leonard kennen, heiratete sie, und ergriff 1891 die Gelegenheit, nach Amerika zu emigrieren, um am Bryn Mawr College (einer christlichen Universität für Frauen) zu lehren. Schon 1892 wurde er an die University of Chicago auf den Lehrstuhl für Physiologie berufen, 1902 folgte ein Ruf an die University of California (Berkeley), und 1910 wurde Loeb schließlich Leiter der Abteilung für Experimentelle Biologie am Rockefeller Institute for Medical Research in New York.

Loebs Wirkung auf die Biologie des 20. Jahrhunderts geht auf die Konsequenz zurück, mit der er – vor allem auch öffentlich – einen mechanistischen Ansatz bei der Untersuchung der Lebenserscheinungen vertrat. Alle Lebensäußerungen sollten auf physikalische und chemische Gesetzmäßigkeiten zurückgeführt werden. Schon seine ersten wissenschaftlichen Arbeiten zu Reizbewegungen zielten in diese Richtung, mit den Experimenten zur künstlichen Parthenogenese, bei denen Seeigeleier durch chemische Reize zur Entwicklung angeregt wurden, errang er 1899 einen sensationellen Erfolg, und auch seine Beschäftigung mit der Chemie der Proteine in den letzten Lebensjahren stand in diesem Zusammenhang. Er beeinflusste damit nicht nur wichtige Forschungsströmungen des 20. Jahrhunderts – wie die Genetik über T. H. ↗ Morgan und den Behaviorismus über John B. Watson, beide Schüler von Loeb –, sondern schuf auch den Prototyp des Wissenschaftlers, der durch reine und strenge Forschung unmittelbar einen Beitrag zu technologischem und gesellschaftlichem Fortschritt zu leisten versteht. [SMW]

Werk(e):
Über den chemischen Charakter des Befruchtungsvorgangs und seine Bedeutung für die Theorie der Lebenserscheinungen (1908); The Mechanistic Conception of Life. Biological Essays (1912); Proteins and the Theory of Colloidal Behavior (1922).

Sekundär-Literatur:
Pauly, P. J.: Controlling life: Jacques Loeb and the engineering ideal in biology (1987); Rasmussen, C. und Tilman, R.: Jacques Loeb: his science and social activism and their philosophical foundations (1998).

Loeffler, Friedrich August Johannes,
deutscher Arzt und Mikrobiologe,
* 24. 6. 1852 Frankfurt a. d. Oder,
† 9. 4. 1915 Berlin.

Loeffler hat als Schüler R. ↗ Kochs maßgeblich zur Entwicklung der Bakteriologie beigetragen und die Virologie als weiteren mikrobiologischen Wissenschaftszweig mitbegründet.

Loeffler wurde als Sohn des preußischen Militärarztes Friedrich Gottfried Franz Loeffler geboren. Er begann ein Medizinstudium in Würzburg, das er – offenbar unter dem Einfluss des Vaters – an der Berliner militärärztlichen Friedrich-Wilhelms-Akademie fortsetzte und 1874 mit der Promotion abschloss. Er schlug anschließend die militärärztliche Laufbahn ein. 1879 wurde er an das Kaiserliche Gesundheitsamt nach Berlin kommandiert. Dort gehörte er 1880 gemeinsam mit Georg Gaffky zu den ersten wissenschaftlichen Mitarbeitern in Kochs bakteriologischem Labor. Seiner Habilitation für Hygiene an der militärärztlichen Akademie in Berlin im Jahre 1886 folgte 1888 die Berufung auf den neu errichteten Lehrstuhl für Hygiene an der Universität Greifswald. In seiner Berliner Zeit gelang Löffler dank der ausgefeilten methodischen Verfahren Kochs 1882 bzw. 1884 gemeinsam mit

F.A.J. Loeffler

Wilhelm Schütz die Entdeckung der Erreger der Tierseuchen Rotz der Pferde und Schweinerotlauf, in den Jahren 1883/84 die Reinkultur des Diphtheriebazillus im wissenschaftlichen Disput mit Edwin Klebs und bald darauf auch des Diphtherietoxins (1887/88, zeitgleich mit Émile Roux und Alexandre Yersin). In seiner 25-jährigen Greifswalder Schaffensperiode kam die Entdeckung des Erregers des Mäusetyphus (1891) hinzu. Grundlegende wissenschaftliche Bedeutung hatte ein Regierungsauftrag, die Kommission zur Bekämpfung der Maul- und Klauenseuche zu leiten. Gemeinsam mit dem Professor der Berliner Tierärztlichen Hochschule Paul Frosch gelang es ihm, als Erreger dieser Infektionskrankheit ein filtrierbares Virus indirekt durch dessen offenbare Passage von Bakterienfiltern nachzuweisen. Die damals noch unsichtbaren Krankheitserreger konnten erst durch die Elektronenmikroskopie in den 1930er-Jahren sichtbar gemacht werden.

Neben dem Aufbau eines leistungsfähigen universitären Hygiene-Instituts in Greifswald erwarb sich Loeffler weitere Verdienste um die mikroskopischen Untersuchungsmethoden (Loeffler-Färbung, Loeffler-Platte) sowie um die Lösung hygienischer Probleme (Desinfektion, Wasser- und Abwasserhygiene, städtische Kanalisation u. a.). Er initiierte und leitete die vom preußischen Landwirtschaftsministerium 1908 gegründete und später nach ihm benannte Tierseuchen-Forschungsanstalt auf der Insel Riems bei Greifswald. 1913 übernahm Loeffler nach dem Rücktritt von Gaffky die Direktion des Robert-Koch-Instituts für Infektionskrankheiten in Berlin. Diesem Ruf ist er nur zögernd gefolgt. Mit Ausbruch des Ersten Weltkriegs war der fast 60-Jährige anfangs als beratender Armeehygieniker an der Westfront eingesetzt. Eine schwere bösartige Krankheit machte darüber hinaus seine Wirksamkeit als Institutsdirektor bald gänzlich unmöglich. Nach nur zweijähriger Amtszeit starb er 62-jährig in Berlin. [PS]

Werk(e):

Untersuchungen über die Bedeutung der Mikroorganismen für die Entstehung der Diphtherie, in: Mittheilungen aus dem Kaiserlichen Gesundheitsamt, 2 (1884) 421–499; Filtrierbare Virusarten, in: Lehrbuch der Mikrobiologie hrsg. von Friedberger, E. und Pfeiffer, R., Bd. 2 (1919) 1091–1155; Vorlesungen über die geschichtliche Entwicklung der Lehre von den Bacterien (1887).

Sekundär-Literatur:

Mochmann, H. und Köhler, W.: Die Entdeckung des Diphtherieerregers durch Friedrich Loeffler, in: Meilensteine der Bakteriologie (1984) 202–222.

Loewi, Otto,

deutscher Physiologe und Pharmakologe,
* 3. 6. 1873 Frankfurt a. M.,
† 25. 12. 1961 New York.

Loewi trug zur Begründung der modernen experimentellen Pharmakologie und zur Aufklärung der Biochemie im menschlichen Körper, vor allem der Informationsvermittlung durch Stoffwechselprozesse im Nervensystem, bei.

Loewi studierte von 1891 bis 1896 Medizin in Straßburg und München. Zwischen 1896 und 1898 bildete er sich auf dem Gebiet der analytischen anorganischen Chemie weiter und arbeitete ferner klinisch. 1898 trat er in das Pharmakologische Institut der Universität Marburg ein, wo er 1900 Privatdozent wurde. Loewi arbeitete hier unter einem der seinerzeit führenden deutschen Pharmakologen, Hans Horst Meyer. Er hatte ferner Forschungsaufenthalte in England (London und Cambridge) sowie an der Zoologischen Station in Neapel. 1905 folgte er seinem Lehrer Meyer nach Wien. 1909 ging er als ordentlicher Professor an die Universität Graz. Er erhielt in seinem Leben viele Ehrungen und Preise, insbesondere 1936 zusammen mit dem englischen Physiologen und Pharmakologen H. H. ↗ Dale den Nobelpreis für Medizin oder Physiologie. Loewi wirkte bis 1938 in Graz. Als Jude wurde er nach dem »Anschluss« Österreichs an das Deutsche Reich inhaftiert und emigrierte noch in demselben Jahr nach London. 1940 wurde er Professor in New York, dann 1946 auch Staatsbürger der USA.

Loewis wissenschaftliche Tätigkeit umfasste verschiedene Bereiche, vor allem aber zwei große sich überschneidende Gebiete, nämlich Stoffwechselforschungen und Studien des vegetativen oder autonomen Nervensystems, das im Menschen unbewusste Prozesse wie Blutdruck und Atmung steuert. Loewis frühe Arbeiten zum Stoffwechselgeschehen betrafen unter anderem Tierversuche zur Proteinsynthese und Experimente zur Nierenfunktion und deren Beeinflussung durch entsprechende Medika-

O. Loewi (Radierung von Oskar Stössel, ca. 1935)

mente. Spätere Arbeiten waren vor allem der Rolle des Insulins im Stoffwechsel gewidmet. Sein Austausch mit dem Physiologen Thomas Renton Elliott, der 1904 die chemische Übertragung von Nervenimpulsen postulierte, inspirierte Loewi zu Forschungen über die Wirkung von körpereigenen und körperfremden Substanzen am Nervengewebe. Zwischen 1913 und 1921 arbeitete er über den Einfluss von Calcium und Digitalis am Froschherzen. Allerdings gelang weder ihm oder einem seiner Kollegen in dieser Zeit der definitive experimentelle Nachweis über die chemische Übertragung von Nervenimpulsen. Ein nächtlicher Einfall im Jahre 1921 brachte Loewi dann auf die Idee eines einfachen, aber effektiven Experimentes: Der Vagusnerv eines isolierten Froschherzens wurde gereizt, um anschließend Flüssigkeit aus dem solchermaßen erregten Herzen in ein zweites isoliertes Froschherz zu geben, bei dem der Vagusnerv entfernt worden war. Je nach Reizung der hemmenden oder fördernden Teile des Nerves am ersten Herzen zeigten sich am zweiten nervlosen Herzen dieselben Effekte. Damit war der Beweis erbracht, dass eine Substanz (»Vagusstoff«, 1926 zusammen mit einem Mitarbeiter als »Acetylcholin« identifiziert) in der Flüssigkeit als Botenstoff für die Nervenfunktion diente und diese mithin chemisch übertragen wurde. Dafür erhielt Loewi den Nobelpreis.

Loewis Forschungen revolutionierten das Verständnis der Nervenfunktion im Organismus. Er selbst, der nach seiner Emigration die Forschungen auf diesem Gebiet vor allem indirekt als Kommentator und Kritiker förderte, baute seine Arbeiten in ein teleologisch-biologisches Weltbild ein, das den Körper als einen sich adaptierenden und gut koordinierten Organismus verstand. [CRP]

Werk(e):
Über Eiweisssynthese im Thierkörper, in: Archiv für experimentelle Pathologie und Pharmakologie 48 (1902) 303–330; Über humorale Übertragbarkeit der Herznervenwirkung. I. Mitteilung, in: Pflügers Archiv 189 (1921) 239–242; The chemical Transmission of Nerve Action, Nobel Lecture (1936), in: Nobel Lectures including presentation speeches and Laureates' Biographies. Physiology or Medicine 1922–1941 (1965) 416–429.

Sekundär-Literatur:
Lembeck, F., Giere, W.: Otto Loewi. Ein Lebensbild in Dokumenten (1968).

Lohmann, Karl,
deutscher Biochemiker,
* 10. 4. 1898 Bielefeld,
† 22. 4. 1978 Berlin.

Mit der Entdeckung des Adenosintriphosphats (ATP) fand Lohmann ein entscheidendes Bindeglied von Stoffwechsel und Energiehaushalt der lebenden Zelle.

Karl Lohmann studierte in Münster und Göttingen Chemie und promovierte 1924 in Göttingen mit einer Arbeit über die Zusammensetzung des Montanwachses. Seine Forscherlaufbahn begann er als Mitarbeiter von O. ↗ Meyerhof, zunächst in der Abteilung für Allgemeine Physiologie des KWI für Biologie in Berlin und ab 1930 im Institut für Physiologie des neugegründeten KWI für Medizinische Forschung in Heidelberg. Dort absolvierte er ein Studium der Medizin, das er 1935 mit der Promotion abschloss. Von 1937 bis 1952 hatte er den Lehrstuhl für Physiologische Chemie an der Universität Berlin inne. Zugleich baute er in dem nach Kriegsende in sowjetischem Auftrag eingerichteten und 1947 an die DAW übergebenen Medizinisch-biologischen Institut in Berlin-Buch eine biochemische Abteilung auf, aus der 1961 ein Akademieinstitut für Biochemie hervorging.

Bei Untersuchungen über die chemischen Prozesse im Muskelgewebe entdeckte Lohmann 1929 das ATP, wies den hohen Energieinhalt der für diese Substanz charakteristischen Pyrophosphatbindung nach und klärte die Sequenz der Energie liefernden Vorgänge bei der Muskelkontraktion auf, die heute als »Lohmannsche Reaktion« bezeichnet wird. Er entwickelte ein Verfahren zur Isolierung von ATP und eine Methode zur Bestimmung des ATP-Gehalts von Geweben. Lohmann beschäftigte sich mit der Rolle von Phosphorverbindungen in tierischen, mikrobiellen und pflanzlichen Zellen, förderte wesentlich die Einsicht in die Einheit der biochemischen Grundmechanismen aller Lebewesen und gehörte zu den Pionieren der vergleichenden Biochemie der Tiere und der Pflanzen. Seine Untersuchungen trugen auch zur Aufklärung der biochemischen Funktion des Vitamins B_1 bei. In den sechziger Jahren forschte er über den Einfluss der Temperatur auf den Stoffwechsel von Tumorzellen. [HL]

Werk(e):
Zuckerphosphorsäureester und ihre Bedeutung für den Stoffwechsel der Hefe und des Muskels (1930); Anleitung zum physiologisch-chemischen Praktikum (1948).

Lomonossow, Michail Wassiljewitsch,
russischer Universalgelehrter,
* 19. 11. 1711 Mishaninskaja/Archangelsk,
† 15. 4. 1765 St. Petersburg.

Die Universalität von Lomonossows wissenschaftlichem Schaffen und die Fülle herausragender wissenschaftlicher Leistungen hinterließen auf fast allen Gebieten von Naturwissenschaft und Technik, aber auch in der Literatur, Linguistik, in Geschichtswissenschaften und Philosophie sowie nicht zuletzt in der Wissenschaftsorganisation ein Lebenswerk, das ihn als Begründer und bedeutendsten Repräsentanten der russischen Wissenschaft ausweist.

Michail W. Lomonossows Kindheit war zwar nicht durch bedrückende Armut und Leibeigenschaft gekennzeichnet, dennoch war an eine qualifizierte Ausbildung des talentierten und wissbegierigen Jungen nicht zu denken. Der Zwanzigjährige macht aber das Unmögliche wahr, verließ gegen den Willen des Vaters, eines Kleinbauern und Fischer, seine Heimat und schlug sich bis nach Moskau durch, wo er in der Spasski-Schule in den folgenden Jahren Unterricht erhielt. 1736 wurde er als bester Schüler zur weiteren Ausbildung nach Petersburg geschickt. Schon im folgenden Jahr ging er als Student nach Deutschland und Holland, wo er insbesondere in Marburg und Freiberg eine solide naturwissenschaftliche Ausbildung erhielt, die auch technische und montanwissenschaftliche Gebiete einschloss. Daneben machte er sich unter dem Einfluss von Chr. ↗ Wolff mit den Ideen der europäischen Aufklärung vertraut, die zum dominierenden Leitprinzip seines wissenschaftlichen wie gesellschaftlichen Wirkens wurden. 1741 kehrte er nach Russland zurück und durchlief an der Petersburger Akademie eine steile Karriere: 1742 wurde er Adjunkt, 1745 Professor, d. h. ordentliches Mitglied der Akademie, und 1752 Leiter der wichtigen Geographischen Abteilung; ein Jahr vor seinem Tode ernannte man ihn zum Kaiserlichen Staatsrat.

Lomonossows naturwissenschaftliche Hauptleistungen liegen in der Chemie. Diese versuchte er nach dem Vorbild der Mechanik auf physikalischer und mathematischer Grundlage wissenschaftlich zu begründen. Auf der Basis eines konsequenten Atomismus entwickelte er Vorstellungen über die Natur der Wärme als eine Bewegung kleinster Teilchen, die ihn zum Wegbereiter der kinetischen Gastheorie machten. Auch auf anderen Gebieten lehnte er Theorien bzw. Erklärungen ab, die sich so genannter »Imponderabilien« bedienten – das Licht interpretierte er so als Schwingungen eines materiellen Äthers; auch postulierte er schon einen absoluten Nullpunkt der Temperatur. Eine Pionierrolle kommt ihm ebenfalls bei der Anwendung der Waage als Hilfsmittel zur quantitativen Untersuchung chemischer Vorgänge zu, wobei er durch die entsprechende Analyse des Verbrennungsvorgangs nicht nur einen wichtigen Beitrag zur Überwindung der Phlogistontheorie, sondern auch zur Formulierung des Erhaltungsprinzips von Masse und Bewegung leistete. Für Lomonossow besaßen theoretische Überlegungen häufig einen starken Praxisbezug, so hatte für ihn »das Studium der Chemie zwei Ziele: einmal die Naturwissenschaft zu vervollkommnen und zum anderen die Güter des Lebens zu mehren«. Das von ihm bereits 1748 an der Petersburger Akademie begründete erste Chemielabor war deshalb nicht nur für chemische Experimente, sondern auch für umfangreiche Untersuchungen heimischer Erze und Mineralien gedacht.

In diesem Sinne setzte er sich aktiv für eine möglichst umfassende Erforschung der Naturreichtümer Russlands ein, rüstete er geologische wie geographische Expeditionen aus und betrieb bzw. förderte entsprechende geographische, ozeanographische und meteorologische Studien, die ihn ebenfalls zum Begründer der wissenschaftlichen Metallurgie, Mineralogie, Geologie und Meteorologie in Russland machten. Hat Lomonossow mit seinem wissenschaftlichen Wirken entscheidend zur Herausbildung einer eigenständigen und international anerkannten russischen Wissenschaft beigetragen, so war er in gleicher Weise auch als Wissenschaftsorganisator um die Herausbildung einer russischen Intelligenz und die Entwicklung eines funktionierenden Wissenschaftssystems bemüht – insbesondere sein Engagement bei der Gründung der Moskauer Universität (1755) zeugt von seinem auch hier in die Zukunft weisenden Wirken. Trotz solcher Verdienste wurde Lomonossow aber von seinen Zeitgenossen vor allem als Historiker, Philologe und auch Dichter geschätzt. [DH]

Werk(e):
Gesammelte Werke in 10 Bden. (1950/57, Russ.); Ausgewählte Schriften in zwei Bden., hrsg. v. W. Hoepp (1961); Physikalisch-Chemische Abhandlungen, 1741–1752, Ostwalds Klassiker Nr. 178 (1910).

Sekundär-Literatur:
Menshutkin, B. N.: Russia's Lomonossow (1954); Schütz, W.: W. M. Lomonossow (1970).

London, Fritz Wolfgang,
deutscher Physikochemiker,
* 7. 3. 1900 Breslau,
† 30. 3. 1954 Durham (North Carolina).

London war Mitbegründer der Quantenchemie. Mit W. ↗ Heitler gelang ihm am Beispiel der Wasserstoffbrückenbindung erstmals die quantenmechanische Näherungsberechnung einer Atombindung.

Als Sohn eines Mathematikdozenten studierte London zuerst an den Universitäten Bonn, Frankfurt a. M. und München Philosophie. 1921 promovierte er in München zum Dr. phil. und arbeitete danach als Lehrer. Ab 1925 studierte London wieder an der Universität München, nun bei A. ↗ Sommerfeld theoretische Physik, war anschließend Assistent in Stuttgart, 1927 Stipendiat an der Universität Zürich und 1928 Assistent von E. ↗ Schrödinger in Berlin. 1933 emigrierte London aus Hitler-Deutschland und arbeitete 1933–1936 an der Universität Oxford sowie 1936–1939 in Paris. 1939 ging London in die USA und wurde Professor für theoretische Chemie (später für physikalische Chemie) an der Duke University in Durham (North Carolina). Dort wirkte er bis zu seinem Tode.

Sommerfeld lenkte schon sehr früh Londons Interesse auf die quantenmechanische Betrachtung chemischer Eigenschaften und Vorgänge. 1925–1934 untersuchte er Bandenspektren und versuchte sie mit den Mitteln der Quantenmechanik theoretisch zu deuten. 1927 entwickelte er dabei mit Heitler in Zürich grundlegende Ansichten zur homöopolaren Bindung. Mit der ersten wellenmechanischen Näherungsberechnung einer Atombindung am Beispiel des Wasserstoffmoleküls eröffneten sie den Zugang zum tieferen Verständnis der chemischen Bindung. Die Atomeigenfunktionen werden danach bei der Annäherung der beiden Atome symmetrisch verknüpft und die Austauschwechselwirkung zwischen den Valenzorbitalen führt schließlich zur kovalenten Bindung. Diese Erkenntnis war Grundlage für ein Verfahren zur Näherungsberechnung von Bindungsenergien: Valence-Bond-Methode (VB-Methode).

1928 arbeitete London mit Schrödinger an der quantenmechanischen Deutung von chemischen Reaktionsmechanismen und Van-der-Waals-Kräften. In diesem Zusammenhang stellte er 1930 die quantenmechanische Theorie der Zerstreuungskräfte auf. Die intermolekulare Dipolabhängigkeit (Dispersionskraft) wurde deshalb London-Kraft benannt.

In Oxford begann sich London im Kältelaboratorium mit der Supraleitfähigkeit zu beschäftigen, für die er eine neue Elektrodynamik ableitete. 1938 kam er auf die Idee, dass merkwürdige Effekte, die man an flüssigem Helium beobachtet hatte, vielleicht als Folge einer Bose-Einstein-Kondensation der Heliumkerne interpretiert werden könnten. A. ↗ Einstein hatte einen Phasenübergang vorausgesagt, bei dem es bei Abkühlung unter eine kritische Temperatur zu einer makroskopischen Besetzung des Grundzustands kommen sollte. Dieser Phasenübergang zu einem Bose-Einstein-Kondensat (BEC) gilt als Erklärung für die Suprafluidität von flüssigem Helium unterhalb von 2,17 K und wurde später durch L. ↗ Landau detailliert abgeleitet.

[WG2]

Werk(e):
Une conception nouvelle de la supraconductibilité (1937); Suprafluids (2 Bde., 1950-1954).

Sekundär-Literatur:
Gavroglu, K.: Fritz London (1995).

López Seoane, Víctor Ramón,
spanischer Mediziner, Naturforscher und Zoologe,
* 28. 9. 1832 Ferrol (Galicia, Spanien),
† 14. 7. 1900 La Coruña.

Als Naturforscher war López Seoane über die Grenzen seines Landes hinaus bekannt und pflegte Kontakte u. a. zu Ch. ↗ Darwin und E. ↗ Haeckel.

Ab 1851 studierte López Seoane Medizin an den Universitäten in Madrid, Granada und Santiago, wo er 1861 das Staatsexamen ablegte. Gleichzeitig beschäftigte er sich intensiv mit Naturwissenschaften, die er 1866 in Santiago abschloss. Bereits in seinen ersten Studienjahren in Santiago legte er ein Herbarium an und übernahm 1853 einen Lehrstuhl für Botanik am Museo Popular in Madrid. Durch persönliche Kontakte zu C. L. ↗ Brehm und A. E. ↗ Brehm vertiefte er frühe Vogelbeobachtungen und -sammlungen, unternahm an seinen Studienorten ornithologische Exkursionen und erarbeitete seinen ersten Vogelkatalog (1861). 1862–64 war Seoane Professor für Physik, Chemie und Naturgeschichte am neu gegründeten Instituto de Bachillerato in La Coruña. Hier gründete er auch ein naturgeschichtliches Kabinett, das er durch eigene Sammlungen bereicherte, und begann mit meteorologischen Beobachtungen. Diese führte er in Ferrol weiter, wo er ab 1866 als Marine-Arzt praktizierte. Nach seiner Heirat 1870 gab Seoane seine Arztpraxis auf, ließ sich als Landwirt in La Coruña nieder und beschäftigte sich mit Verwaltungsaufgaben auf Provinzebene. Dafür begann er noch 1874 in Santiago ein Jurastudium, das er in Oviedo als Lizenziat abschloss, und unternahm mehrere Reisen, so 1878 durch Europa. Er war Mitglied des Rates für

Landwirtschaft, Industrie und Handel und noch in den letzten Lebensjahren dessen Präsident.

Seoane war ein früher Vertreter des Darwinismus in Spanien, und sein Ziel war eine moderne Naturgeschichte Galiciens, die er aber nicht mehr vollenden konnte. Mitglied mehrerer Organisationen und Akademien, erfuhr er die höchste Anerkennung seines wissenschaftlichen Werkes während des ersten internationalen Zoologen-Kongresses 1889 in Paris, wo er zusammen mit I. ↗ Bolívar y Urrutia und Mariano de la Paz Graells Agüera in das internationale »Comité de Patronage« gewählt wurde. [IS2]

Werk(e):
Catálogo de las Aves observadas en Andalucía, in: Rev. Progr. Ciencias (1861); Catálogo de las colecciones ornitológicas de España (1866); Examen crítico de las Perdices de Europa, particularmente de las de Espana y descripción de dos nuevas formas de Galicia (1891); Bosquejo histórico de la Botánica española, in: B. Merino, Contribución a la Flora de Galicia... (1897).

Sekundär-Literatur:
Fraga, V., Xosé, A.: Victor Lopez Seoane (1992).

Lorentz, Hendrik Antoon,
holländischer Physiker,
* 18. 7. 1853 in Arnheim,
† 4. 2. 1928 Haarlem.

Lorentz war nicht nur einer der ersten, sondern auch einer der bedeutendsten theoretischen Physiker der Moderne. Seine Elektronentheorie, die eine Vielzahl offener Probleme der Physik des ausgehenden 19. Jahrhunderts löste, war gleichermaßen ein krönender Abschluss der klassischen Physik, wie sie wichtige Grundlagen für die Entwicklung der modernen Physik, namentlich von Relativitäts- und Quantentheorie schuf.

Lorentz gehörte zu den Musterschülern des Gymnasiums seiner Vaterstadt, das er 1870 mit dem Abitur abschloss. Anschließend begann er Mathematik und Physik an der Universität Leiden zu studieren. Nach knapp zwei Jahren und nachdem er die ersten Prüfungen erfolgreich absolviert hatte, zog er sich nach Arnheim zurück, um sich im Selbststudium auf den Studienabschluss vorzubereiten und seine Dissertation zu schreiben. Die Prüfungen bestand er 1873 mit summa cum laude und 1875 erwarb er den Doktorgrad mit einer theoretischen Arbeit zur Fresnelschen Optik. Obwohl Lorentz auch einige experimentelle Untersuchungen betrieben hatte, waren seine Forschungen doch fast gänzlich der theoretischen Physik gewidmet. Allerdings war diese damals noch nicht als akademisches Fachgebiet etabliert, so dass er lange Zeit schwankte, ob er sich für eine Karriere in der Mathematik oder Physik entscheiden sollte. Die Entscheidung wurde ihm schließlich dadurch abgenommen, dass man im Jahre 1877 einen Lehrstuhl für theoretische Physik an der Universität Leiden einrichtete und diesen – nachdem J. D. ↗ van der Waals abgelehnt hatte – dem nicht einmal 25-jährigen Lorentz antrug. Die Professur war die erste ihrer Art in den Niederlanden und auch im europäischen Maßstab kommt ihr eine Pionierrolle zu. Der Leidener Universität blieb Lorentz als akademischer Lehrer über seine Emeritierung im Jahre 1912 hinaus verbunden, und nicht zuletzt seinem Wirken ist es zu verdanken, dass sich Leiden in den Jahrzehnten um die Jahrhundertwende zu einem Weltzentrum physikalischer Forschung profilierte. Lorentz machte Leiden aber nicht nur zu einem international anerkannten Physikzentrum, zugleich profilierte er sich auch selbst zu einer weltweit anerkannten Autorität. Über seine Rolle als Nestor der theoretischen Physik in den Niederlanden hinaus nahm er Einfluss auf die Wissenschafts- und Berufungspolitik seines Heimatlandes sowie auf die Entwicklung des niederländischen Universitäts- und Bildungswesens. Als Kosmopolit und Polyglott war er zudem ein gefragter Präsident und Eröffnungsredner internationaler Physikerkongresse und spielte seit der Jahrhundertwende in den internationalen Wissenschaftsbeziehungen eine zentrale Rolle – so zählte er zu den Initiatoren und Mitorganisatoren der Brüsseler Solvay-Konferenzen, übernahm er nach Gründung des Völkerbundes den Vorsitz der Kommission für geistige Zusammenarbeit und bemühte sich als solcher – und als »Privatmann« schon in den Jahren des Ersten Weltkriegs – intensiv darum, zwischen den Gelehrten der verfeindeten Nationen zu vermitteln. Als einer der herausragenden Physiker seiner Zeit und ehrlicher Makler internationaler Wissenschaftsbeziehungen allseits akzeptiert und verehrt, gestaltete sich sein Begräbnis im Februar 1928 in Leiden zu einem Gipfeltreffen der europäischen Physikerschaft und einer Manifestation für die Internationalität der Wissenschaft.

H.A. Lorentz

Als sich Lorentz im Rahmen seiner Dissertation mit Fragen der theoretischen Optik beschäftigte, hatte sich die elektromagnetische Lichttheorie von J. C. ↗ Maxwell noch nicht gegen die etablierten Äthertheorien der Wellenoptik durchgesetzt. In seiner Dissertation wandte Lorentz die Maxwellsche Theorie konsequent auf die optische Brechung und Reflexion an und konnte zeigen, dass sich die Amplitudenverhältnisse der bis dahin gültigen Fresnelschen Wellentheorie des Lichts auch auf diesem Wege ergaben. Dies war eine wichtige Bestätigung der Maxwellschen Theorie und trug dazu bei, dass sich das Konzept elektromagnetischer Felder von M. ↗ Faraday und Maxwell gegenüber den zumeist auf dem europäischen Kontinent vertretenen Fernwirkungstheorien von A. M. ↗ Ampère, W. ↗ Weber und F. ↗ Neumann durchzusetzen begann. Allerdings erkannte Lorentz auch Mängel der Maxwellschen Theorie und bemühte sich in den folgenden Jahren darum, diese zu beseitigen und insbesondere die beiden Grundannahmen – das Feldkonzept und die Idee wechselwirkender elektrischer Atome – zu einer verbesserten elektromagnetischen Theorie zusammenzuführen. Dabei ließ er sich von der Idee leiten, dass alle Ätherphänomene durch elektromagnetische Wechselwirkungen zwischen elektrischen Partikeln – Ionen oder später Elektronen – und dem intermediären (elektromagnetischen) Feld zu erklären sind. Die elektrische Leitung stellte sich als ein Fluss von Ionen dar; die magnetische Polarisation ist dementsprechend eine mikroskopische Rotation dieser Ionen und die dielektrische Polarisation eine Störung des mikroskopischen Gleichgewichtszustandes der Ionen. Diese Herangehensweise unterschied sich gravierend vom Maxwellschen Ansatz, der jede Anwendung der elektrischen Konzepte im atomaren Bereich ablehnte und Materie und Äther als ein einzigartiges Kontinuum mit variablen makroskopischen Eigenschaften betrachtete.

Lorentz' Ansatz war außerordentlich erfolgreich: Im Jahre 1878 konnte er die optische Dispersion als Schwingungen elastisch gebundener Ionen in einem lichtdurchlässigen Medium erklären und 1892 gelang ihm sogar die Erklärung eines der größten Paradoxa der Maxwellschen Theorie, der von A. ↗ Fresnel beobachteten teilweisen Mitführung von Lichtwellen in einem sich bewegenden transparenten Medium: Nach Lorentz ist dies ein Translationseffekt der schwingenden Ionen im stationären Äther. Im gleichen Jahr erkannte er auch, dass ein sich im Äther bewegender fester Körper longitudinale Kontraktionen aufweisen sollte, wenn die Kräfte, die den Körper zusammenhalten, sich wie elektromagnetische Kräfte verhalten. Dieser Effekt erklärte auch, warum ein Michelson-Interferometer sich durch den Äther bewegen konnte, ohne dass eine Veränderung der Interferenzen nachweisbar war.

Eine andere wichtige Konsequenz der Lorentzschen Elektronentheorie war die Voraussage, dass sich Spektrallinien in mehrere Nebenlinien aufspalten sollten, wenn man das schwingende bzw. strahlende Ion (später Elektron) in ein hinreichend starkes Magnetfeld bringt – dies ist eine Folge der magnetischen Präzession des schwingenden Ions/Elektrons. Die experimentelle Bestätigung dieser Annahme durch seinen Landsmann P. ↗ Zeeman im Jahre 1896 wurde zum spektakulärsten Triumph der Lorentzschen Elektronentheorie und trug beiden den Nobelpreis für Physik des Jahres 1902 ein.

Eine weitere Konsequenz der Lorentzschen Elektronentheorie ist die erstmalige Erklärung für mehrere negativ ausgegangene Ätherdrift-Experimente. Durch geschickte Feld- und Koordinaten-Transformationen gelang es Lorentz, die Feldgleichungen eines sich durch den Äther bewegenden Systems in eine solche Form zu bringen, wie sie für ein ruhendes System gültig sind. Implizit enthalten diese Transformationen das, was später durch H. ↗ Poincaré als Lorentz-Transformation bezeichnet wurde. Lorentz' Ansatz ist wenige Jahre später durch A. ↗ Einstein in der Speziellen Relativitätstheorie für die gesamte Physik verallgemeinert worden. Obwohl Lorentz Zeit seines Lebens am Ätherkonzept der klassischen Physik festhielt, erkannte er die Erfolge der Relativitätstheorie an und schätzte insbesondere deren Schöpfer Einstein. [OD, DH]

Werk(e):
Collected Papers, 9 Bde., hrsg. v. P. Zeeman und A. Fokker (1934–39); Lehrbuch der Differential- und Integralrechnung (1900); Theorie des Elektrons (1909); Vorlesungen über theoretische Physik, 5 Bde. (1927/31); Inventaris van het archief van Hendrik Antoon Lorentz, 1866–1930, ed. van J. M. Muller (1982), mit Schriftenverzeichnis.

Sekundär-Literatur:
Planck, M.: Hendrik Antoon Lorentz, Die Naturwissenschaften 16 (1928) 549–555; Richardson, O. W.: Hendrik Antoon Lorentz, Proceedings of the Royal Society, Series A 121 (1928); Haas-Lorentz, G. L. de (Hrsg.): : Impressions of His Life and Work (1957); McCormmach, R.: Hendrik Antoon Lorentz and the electromagnetic View of Nature ISIS 61 (1970) 459–497. Klaus, E. M. u. a.: Hendrik Antoon Lorentz (1974, russ.);

Lorenz, Konrad,
österreichischer und deutscher Verhaltensforscher,
* 3. 11. 1903 Wien,
† 27. 2. 1989 Wien.

Lorenz war der Begründer dreier miteinander verbundener wissenschaftlicher Disziplinen, der vergleichenden Verhaltensforschung, der Humanethologie und der evolutionären Erkenntnistheorie.

K. Lorenz

Lorenz kam zur Welt als zweitgeborener Sohn des international anerkannten Wiener Orthopäden Adolf Lorenz und dessen Ehefrau Emma, geb. Lecher. Das in Altenberg an der Donau gelegene schlossähnliche Elternhaus, in dem er aufwuchs, war von einem weiträumigen Park umgeben. Von früh an zeichnete, beobachtete und pflegte der Junge Tiere, insbesondere Entenvögel, Feuersalamander und Fische. Auf Wunsch seines Vaters studierte er Medizin und erwarb nach der Promotion (1928) als Assistent eingehende Kenntnisse der funktionellen und vergleichenden Anatomie. Zusätzlich promovierte er, ebenfalls in Wien, 1933 im Fach Zoologie und habilitierte sich ebendort 1937 für *Vergleichende Anatomie und Vergleichende Tierpsychologie*. Im gleichen Jahr wurde er zum Mitbegründer der *Zeitschrift für Tierpsychologie*, die heute unter dem Titel *Ethology* weitergeführt wird. 1940 erhielt der 37-Jährige unerwartet den Ruf auf den Lehrstuhl für Vergleichende Psychologie der Universität Königsberg. Doch schon vier Monate nach der Übersiedlung dorthin wurde Lorenz zum Kriegsdienst (hauptsächlich als »Heerespsychiater«) eingezogen, geriet zwei Jahre später in russische Kriegsgefangenschaft und kehrte erst 1948 nach Altenberg zurück. In Wien begründete und leitete er eine »Station für vergleichende Verhaltensforschung«, bis er 1950 durch Vermittlung von E. v. ↗ Holst Mitglied der Max-Planck-Gesellschaft wurde, zunächst als Leiter einer Abteilung in Buldern (Westfalen), ab 1956 dann in Seewiesen bei München (Max-Planck-Institut für Verhaltensphysiologie). Nach seiner Emeritierung kehrte er 1973 nach Altenberg zurück. In diesem Jahr wurde ihm der Nobelpreis für Physiologie und Medizin verliehen.

Aus einer Fülle von Verhaltensbeobachtungen und teils eigenen, teils von O. ↗ Heinroth, Wallace Craig, Charles O. Whitmann und J. v. ↗ Uexküll übernommenen, wissenschaftlichen Konzepten synthetisierte Lorenz eine umfassende Theorie der vergleichenden Verhaltensforschung und erhob dadurch diese Fachrichtung in den Rang einer eigenen naturwissenschaftlichen Disziplin. Einige grundlegende Aussagen dieses Begriffssystems lauten (zum Teil in der ursprünglichen Ausdrucksweise der ersten Jahre): Instinktbewegungen verdanken ihre Entstehung keinen Lernprozessen. Sie sind den Tieren mitgegeben, d. h. angeboren bzw. genetisch bedingt (also durch genbedingte Entwicklung ihrer physiologischen Grundlagen entstanden). Viele sind von Tierart zu Tierart verschieden und lassen sich darum wie morphologische Merkmale als Kennzeichen für die Artzugehörigkeit verwenden. Sie werden durch »Schlüsselreize« oder Schlüsselreiz-Muster ausgelöst; letztere werden im Organismus durch »angeborene auslösende Mechanismen« (AAM bzw. englisch IRM) ausgewertet, ohne dass die Tiere Einsicht in die Funktion (den biologischen Endzweck) des Verhaltens haben.

Die Intensität eines Verhaltens hängt ab sowohl von der Stärke des Reizes als auch vom Aktivierungsgrad der reaktionsspezifischen Erregung (»doppelte Quantifizierung«). Zur Veranschaulichung dieses Zusammenhangs erdachte Lorenz sein allgemein bekannt gewordenes mechanisches »Triebmodell«. Allerhöchste Erregung kann zum »Verhalten im Leerlauf« führen. Weltweit bekannt wurde die zunächst am Gänseküken »Martina« entdeckte »Prägung«, ein auf eine sensible Zeit-Phase beschränktes Lernvermögen, ferner die zunächst an Wölfen beobachtete »Demutshaltung« des im Rangstufenkampf unterlegenen Gruppengenossen; sie hemmt den Sieger, ihn nach ver-

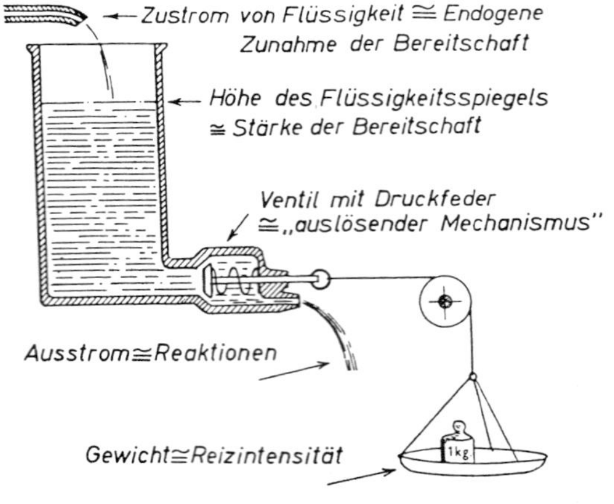

K. Lorenz: Triebmodell; gedankliche Konstruktion zum Nachweis dafür, dass die Vorstellung einer endogenen Erregungszunahme, die im Höchstfall zur Leerlauf-Aktion führt (Flüssigkeitsdruck größer werdend als Federdruck) und sonst die Reaktionsstärke mitbestimmt, mit dem Prinzip der Kausalität nicht im Widerspruch steht.

lorenem Kräftemessen zu verletzen oder zu töten (»Tötungshemmung«).

Zwei von Lorenz am Menschen beobachtete Verhaltens-Phänomene gaben Anstöße zur Entwicklung der Humanethologie: Das »Kindchen-Schema« als Auslöser von Pflege-Bereitschaft und die »Gruppen-Aggression« als Grundlage kämpferischer Begeisterung. Daran schlossen sich Hypothesen über angeborene Aspekte der menschlichen Ansprechbarkeit auf körperliche Schönheit oder Hässlichkeit, letzteres auch im Sinne der Abwehr gegen Domestikationserscheinungen, die mit der Reduzierung der natürlichen Auslese durch die Zivilisation einhergehen können (eine in den ersten Jahrzehnten des 20. Jahrhunderts vielfach sehr ernst genommene Zukunftsproblematik der Menschheitsentwicklung).

Zum Begründer der »Evolutionären Erkenntnistheorie« wurde Lorenz durch die Weiterentwicklung folgenden Grundgedankens: Auch Strukturelemente unseres Geistes wie die Raum-, Zeit- und Kausalitätsauffassung sind als Anpassungen an biologische Lebensnotwendigkeiten zu verstehen; sie sind in diesem Sinne also nicht als »a priori«, sondern als »a posteriori« aufzufassen. Zur weltweiten Bekanntheit von Lorenz trug bei, dass seine theoretischen Aussagen von ganz verschiedenen Seiten her heftig angegriffen wurden, insbesondere von Vertretern des (Neo-)Behaviorismus, die jede Verhaltensentwicklung auf Lernprozesse zurückzuführen suchten.

Mit sechs ausführlichen Büchern wendete sich Lorenz nicht nur an die Fachwelt, sondern auch an die breite Öffentlichkeit, teils mit geistreich formulierten Titeln: *Er redete mit dem Vieh, den Vögeln und den Fischen*, *Die acht Todsünden der zivilisierten Menschheit*, *Das sogenannte Böse*, *Die Rückseite des Spiegels*, *Der Abbau des Menschlichen*, *Hier bin ich, wo bist du? Ethologie der Graugans*. Sogar die aus zwei Bänden bestehende Ausgabe der *Gesammelten Abhandlungen* mit dem Titel *Über tierisches und menschliches Verhalten* wurde für eine Reihe von Jahren zum Bestseller. [BH]

Werk(e):

Über tierisches und menschliches Verhalten. Aus dem Werdegang der Verhaltenslehre. Gesammelte Abhandlungen (1967); Vergleichende Verhaltensforschung: Grundlagen der Ethologie (1978).

Sekundär-Literatur:

Stamm, R. A., Zeiger, H. (Hrsg.): Lorenz und die Folgen. Band VI aus dem Handbuch: Die Psychologie des 20. Jahrhunderts (1978); Festetic, A.: Konrad Lorenz. Aus der Welt des großen Naturforschers (1983); Festetic, A. (Hrsg.): Zum Sehen geboren. Das Jahrhundertwerk des Konrad Lorenz (2000); Burkhardt, R. W.: Konrad Zacharias Lorenz (1903–1989), in: Darwin & Co., hrsg. von Jahn, I. und Schmidt, M. (2001).

Loschmidt, Johann Joseph,
österreichischer Chemiker und Physiker,
* 15. 3. 1821 Putschirn bei Karlsbad (heute Tschechische Republik),
† 8. 7. 1895 Wien.

Loschmidt wurde berühmt durch die nach ihm benannte Zahl und eine Publikation über Konstitutionsformeln organischer Verbindungen.

Als ältestes von vier Kindern eines Tagelöhners besuchte Joseph Loschmidt ab 1833 eine Klosterschule und ab 1837 in Prag ein humanistisches Gymnasium. 1841 nahm er dort das Studium der Philosophie und Mathematik an der deutschen Universität auf. Schon zuvor, als Vorleser bei dem Philosophen Franz Exner (Vater des gleichnamigen Physikers), war von diesem Loschmidts Talent erkannt und gefördert worden. Ab 1842 führte er das Studium der Naturwissenschaften in Wien fort und gab zugleich Privatunterricht. 1843 wurde er zum Dr. phil. promoviert. Er nahm am ersten Chemiepraktikum 1845/46 in Anton Schrötters Labor teil. Anschließende Versuche zur industriellen Verwertung eines Verfahrens der Konversion von Chilein Kalisalpeter verliefen unbefriedigend, ebenso wie weitere Anstellungen als Industriechemiker. Er legte daher 1856 die Lehramtsprüfung ab und wurde an einer Wiener Realschule Lehrer für naturwissenschaftliche Fächer.

1861 publizierte Loschmidt eine erst von der Nachwelt beachtete Schrift, in der er relativ modern anmutende graphische Molekülformeln benutzte. Er formulierte Doppel- und Dreifachbindungen mit Valenzstrichen und ordnete den Elementen diskrete Werte einer »Kapazität« zu, die dem Wertigkeitsbegriff entspricht. Die sechs Kohlenstoffatome des Benzols beschrieb er durch einen Kreis, was mehr als 100 Jahre später heftige Polemiken über die Priorität von A. ↗ Kekulés Aromatenring-Konzept auslöste.

1865 berechnete er den Durchmesser von Luftmolekülen und zwei Jahre später die Zahl der Moleküle in einem gegebenen Volumen. Die darauf basierende Zahl der Gasmoleküle in einem Molvolumen bezeichnete sein Schüler L. ↗ Boltzmann als Loschmidtsche Zahl; in anderen Ländern nennt man sie Avogadrosche Zahl.

Loschmidt habilitierte sich 1866, wurde 1869 außerordentlicher und 1872 ordentlicher Professor der Physik an der Universität Wien; 1891 erfolgte seine Emeritierung. 1868 wurde er Ehrendoktor der Wiener Universität, 1867 korrespondierendes und 1870 wirkliches Mitglied der Wiener Akademie der Wissenschaften. [HT]

Werk(e):
Konstitutionsformeln der organischen Chemie in graphischer Darstellung (1861), hrsg. von Anschütz, R.: Ostwalds Klassiker der exakten Wissenschaften Nr. 190 (1913).

Lowell, Percival,
amerikanischer Astronom,
* 13. 3. 1855 Boston (Massachusetts),
† 12. 11. 1916 Flagstaff (Arizona).

Lowell begründete das nach ihm benannte Lowell-Observatorium in Flagstaff. Er widmete sich vor allem der Planetenbeobachtung, besonders intensive Studien galten der Marsoberfläche.

Lowell entstammte einer angesehenen Familie. Seine Eltern ermöglichten ihm eine hervorragende Schulausbildung, die in mehreren Privatinstituten erfolgte. Lowells besondere Talente lagen auf dem Gebiet der Fremdsprachen und der Mathematik. Unmittelbar nach seinem Abschluss in Harvard im Jahre 1876 bot man ihm an, als Lehrkraft für Mathematik an der Universität zu bleiben. Lowell lehnte jedoch ab, statt dessen begab er sich auf eine Europareise.

Ab 1877 arbeitete Lowell in den Firmen seines Großvaters, hauptsächlich kam er dabei mit der Baumwollindustrie in Berührung. 1883 begab sich Lowell auf einen ausgedehnten Studienbesuch nach Japan. Dort bot man ihm an, bei der Etablierung von Handelsbeziehungen zwischen Korea und den USA mitzuwirken. Lowell hielt sich daraufhin längere Zeit in Korea auf. Seine exzellenten Kenntnisse des fernen Ostens fasste er in mehreren Büchern zusammen.

Im Jahre 1893 kehrte Lowell endgültig in die USA zurück und begann mit Vorbereitungen zur Beobachtung der Marsopposition von 1894. Die von dem italienischen Astronomen G. ↗ Schiaparelli auf dem Mars vermeintlich gesehenen »Kanäle« hatten damals unter den Planetenbeobachtern für großes Aufsehen gesorgt. Eine gegenüber älteren Untersuchungen deutliche Verbesserung bei der Wahrnehmung der Marsoberfläche war jedoch nur zu erwarten, wenn man Beobachtungen unter sehr guten Sichtverhältnissen durchführte. So baute sich Lowell nach gründlicher Auswahl eines Beobachtungsplatzes mit optimalen Sichtverhältnissen eine große Privatsternwarte (jetzt Lowell-Observatorium) bei Flagstaff in Arizona. Fachliche Hilfe bekam er von W. ↗ Pickering, einem Astronomen des Harvard-Observatoriums.

Lowell zeichnete detaillierte Karten der von ihm wahrgenommenen Kanäle, deren Existenz er der Bautätigkeit intelligenter Wesen zuschrieb, und analysierte jahreszeitliche Veränderungen auf dem Mars. So sah er in der schwankenden Verteilung von hellen und dunklen Regionen auf dem Mars, wie übrigens auch andere zeitgenössische Astronomen, einen Beleg für eine durch Temperaturschwankungen bedingten Vegetationsabfolge. Wie wir heute wissen, existieren die Marskanäle nicht, ganz zu schweigen von intelligentem Leben auf unserem Nachbarplaneten. Wohl kann man auf dem Mars aber jahreszeitliche Effekte, wie das Abschmelzen der Polkappen oder, als Folge von Staubstürmen, Helligkeitsveränderungen auf der Oberfläche feststellen.

Bei der Beobachtung des Planeten Uranus bestimmten er und V. M. ↗ Slipher im Jahre 1911 die Rotationsperiode von Uranus erstmals annähernd korrekt. Lowell widmete sich kosmogonischen Studien zur Entwicklung der Planeten. Seine diesbezüglichen Überlegungen haben sich als nicht tragfähig erwiesen, sie führten ihn allerdings zur Vorhersage eines transneptunischen Sonnenbegleiters. Der Suche nach diesem unbekannten Himmelskörper widmete Lowell die letzten Jahre seines Lebens. Hierzu analysierte er Effekte in der Uranusbahn, die nicht auf Störungen durch Neptun zurückführbar waren. Die fotografische und visuelle Suche nach diesen Planeten verlief jedoch zunächst ergebnislos. Pluto wurde erst im Jahre 1930 durch C. W. ↗ Tombaugh gefunden.

Nicht ganz einfach ist die Einschätzung der wissenschaftlichen Leistungen Lowells. Einerseits gehören viele der von ihm geäußerten Ansichten über den roten Planeten in das Reich der Phantasie. Andererseits hat Lowell bei der Gründung seines Institutes als Höhensternwarte und der von ihm initiierten Suche nach Pluto Geschick und fachlichen Spürsinn entwickelt. Außer Frage steht der große Einfluss, den er mit seinen Marspublikationen auf die Öffentlichkeit ausgeübt hat. [OS]

Werk(e):
Mars (1895); Mars and it Canals (1906); Mars as the Abode of Life (1910); Memoir on a Trans-Neptunian Planet, Memoirs of the Lowell Observatory, 1 (1915).

Sekundär-Literatur:
Lowell, A. L.: Biography of Percival Lowell (1935); Sheehan, W.: The Planet Mars (1996).

Lowitz, Johann Tobias,
deutsch-russischer Apotheker und Chemiker,
* 25. 4. 1757 Göttingen,
† 26. 11. 1804 St. Petersburg.

Lowitz gehörte zu den bedeutendsten Chemikern der 2. Hälfte des 18. Jahrhunderts.

Lowitz kam mit seinem Vater, dem Mathematiker und Astronomen Georg Moritz Lowitz, 1768 nach

St. Petersburg und begleitete diesen von 1769–1774 auf einer astronomischen und geographischen Expedition ins südliche Russland. Nach dem Tod des Vaters besuchte er auf Kosten der Krone das akademische Gymnasium in St. Petersburg, absolvierte eine Lehre als Apothekergehilfe in der dortigen Oberapotheke und hörte zwischen 1780 und 1784 an der Göttinger Universität Vorlesungen in Medizin und Chemie. Danach war er erneut in der Petersburger Oberapotheke tätig, wo er bereits 1785 mit der Adsorption von Stoffen aus Lösungen durch Aktivkohle seine erste wichtige Entdeckung machte, deren praktische Bedeutung für die Gewinnung reiner Stoffe er in systematischen Untersuchungen zeigen konnte. 1787 erfolgte seine Ernennung zum Provisor und Apotheker. Gefördert insbesondere durch Johann Albrecht Euler und Johann Gottlieb Georgi, wurde er 1790 zum Adjunkten und 1793 zum Professor für Chemie sowie Mitglied der St. Petersburger Akademie berufen. Seine intensive Forschungstätigkeit bereicherte viele Gebiete der Chemie, er stellte erstmals Eisessig, Chloressigsäure, absoluten Ethylalkohol und Ether her, in der Analytik von Mineralen, Meteoriten und Wasserproben führte er neue Aufschluss- und Trennverfahren ein und synthetisierte zahlreiche Verbindungen der damals neu entdeckten Elemente Strontium, Titan, Chrom und Beryllium. Die Beschäftigung mit Kältemischungen und dem Phänomen der Kristallbildung in Lösungen führte ihn zur Entdeckung der Übersättigungserscheinungen, was er zur Gewinnung reiner Kristalle, aber auch zur Trennung und Identifikation von Stoffen nutzte.

Die Verdienste von Lowitz um Wissenschaft und technischen Fortschritt im Russischen Reich wurden durch seine Berufung zum Ehrenmitglied der St. Petersburger Freien Ökonomischen Gesellschaft und des Medizinischen Kollegiums, des höchsten medizinischen Verwaltungsorgans Russlands, anerkannt. Auch deutsche wissenschaftliche Gesellschaften beriefen ihn zu ihrem Mitglied. [RP]

Werk(e):
Ausgewählte Arbeiten der Chemie und chemischen Technologie (russ., 1955).

Sekundär-Literatur:
Figurovskij, N. A., Uschakowa, N. N.: Towii (Tovij) Egorowitsch (Egorovič) Lowiz (Lovic) (1757–1804), 1988. Pfrepper, R.: Der St. Petersburger Chemiker und Pharmazeut Johann Tobias Lowitz (1757–1804), in: Kästner, I. und Pfrepper, R. (Hg.): Medizin und Pharmazie im 18. und 19. Jahrhundert (2000).

Ludwig, Carl Friedrich Wilhelm,
deutscher Physiologe,
* 29. 12. 1816 Witzenhausen,
† 27. 4. 1894 Leipzig.

Ludwig war einer der prominentesten Vertreter der experimentellen Physiologie in der zweiten Hälfte des 19. Jahrhunderts. Seine 1869 in Leipzig eröffnete »Physiologische Anstalt« war das berühmteste physiologische Institut seiner Zeit.

Nach dem Studium der Medizin in Marburg und Erlangen, das er 1840 mit der Promotion zum Dr. med. abschloss, erhielt Ludwig eine Anstellung als Prosektor am Marburger Anatomischen Institut, die er für experimentelle Arbeiten zur Blutdrucklehre nutzte. Das von Ludwig zur graphischen Aufzeichnung von Blutdruckschwankungen entwickelte Kymographion (Wellenschreiber) wurde nach seiner Veröffentlichung (1847) zu einer der Schlüsseltechnologien der experimentellen Kreislaufphysiologie. Im Jahre 1849 wechselte Ludwig als Professor für Anatomie und Physiologie an die Universität Zürich, wo er seine Untersuchungen zur Kreislaufphysiologie fortsetzte und den ersten Band zu seinem *Lehrbuch der Physiologie des Menschen* fertigstellte. Ludwigs *Lehrbuch* wurde zu einem Standardwerk der naturwissenschaftlich fundierten Physiologie. 1855 wurde Ludwig als Professor für Physiologie und Zoologie an die militärärztliche Akademie nach Wien berufen. In Wien befasste sich Ludwig unter anderem mit dem Transport von Atemgasen im Blutkreislauf und mit der nervösen Regulation des Blutdrucks. 1856 erschien der zweite Band des Lehrbuches.

Im Jahre 1865 erhielt Ludwig einen Ruf als Professor für Physiologie an die Universität Leipzig. Die in Leipzig nach Ludwigs Plänen erbaute und 1869

C.F.W. Ludwig

eröffnete »Physiologische Anstalt« wurde zu einem Anziehungspunkt für Studenten aus dem In- und Ausland. Insbesondere die technische Ausstattung des Institutes machte Furore. Ludwigs Institutsmechaniker Gerhard Baltzar war einer der erfindungsreichsten seiner Zeit. Eine Vielzahl neuartiger Instrumente und Verfahren sind aus der gemeinsamen Arbeit von Ludwig und Baltzar entstanden. Ludwig und seine Schüler veröffentlichten eine Vielzahl teils bahnbrechender Untersuchungen insbesondere zur Physiologie des Herzens, zur Hämodynamik und nervösen Kreislaufregulierung, zur Reflexlehre, zum Atemgastransport und zur Verdauungsphysiologie. Das Leipziger Institut leitete Ludwig bis an sein Lebensende. [SD]

Werk(e):
Lehrbuch der Physiologie des Menschen, 2 Bde. (1852–1856).

Sekundär-Literatur:
Schröer, H.: Carl Ludwig – Begründer der messenden Experimentalphysiologie (1967).

Lukrez (Lucretius Carus),
* 1. Hälfte des 1. Jhs. v. Chr.,
† 55 v. Chr.

Lukrez erlangte durch seine eindrucksvolle Darlegung des atomistischen Ansatzes Einfluss auf die spätere Entwicklung der Naturwissenschaften.

Die Lebensumstände des römischen Dichter-Philosophen sind nahezu unbekannt. Erhalten sind die sechs Bücher seines Lehrgedichtes *De rerum natura*. In der damaligen didaktischen Poesie der Griechen dominierte fast gänzlich die artistische Spielerei, mit der versucht wurde, den spröden prosaischen Stoff einer Fachwissenschaft in das Korsett einer metrischen Form zu zwingen. Die oft misslungene Verbindung von Form und Inhalt bestimmte wohl ↗ Aristoteles ebenso wie später J. W. v. ↗ Goethe, das Lehrgedicht als »uneigentliche Dichtung« zu verwerfen. Dagegen gelang es Lukrez, die wissenschaftlich-philosophische, d. h. eher objektbezogene Botschaft mit der künstlerisch-poetischen, d. h. eher subjektbezogenen Aussage zur widersprüchlichen Einheit zusammenzufügen. Schon Cicero rühmte das poetische Ingenium ebenso wie die artistische Formgebung des Dichters.

Gegenstand des Werkes ist die »obskure Sache« der atomistischen Physik ↗ Demokrits in der Adaption Epikurs, der in dieser rational-mechanistischen und aufgeklärten Naturphilosophie die geeignete Grundlage für seine von religiösen und sozialen Vorurteilen weitgehend freie Lebenskunst und Heilslehre fand. Das Gedicht des Lukrez lebt von der enthusiastischen Begeisterung über die Botschaft seines Meisters, dessen Erkenntnisse er in poetischen Bekenntnissen von »musischer Anmut« aufbereitete, um seine Adressaten so eher für den Stoff zu gewinnen. Dass der Dichter, der mit Epikur eine materielle und naturgesetzliche Einheit des Universums annahm, Vorsehung und Unsterblichkeit der Seele leugnete, ja schon vor Hobbes Religion und Aberglaube gleichsetzte und auf die im Namen der Religion begangenen Verbrechen hinwies, später vor allem von christlichen Autoren für wahnsinnig erklärt wurde, mag kaum verwundern.

Durch den weitgehenden Verlust der Werke Demokrits und Epikurs gewann das Gedicht des Lukrez für die Geschichte der Wissenschaft und vor allem des Atomismus noch zusätzliche Bedeutung, wie sich an der intensiven Nachwirkung zeigt. Nach der Wiederentdeckung der Lukrez-Handschriften zu Anfang des 15. Jahrhunderts begann eine fruchtbare Rezeption bei G. ↗ Bruno, G. ↗ Galilei, P. ↗ Gassendi u. a. [FJ]

Werk(e):
Vom Wesen des Weltalls, übers. v. D. Ebener. Nachwort v. F. Jürß (1989); Von der Natur, Lateinisch/Deutsch, hrsg. und übers. v. H. Diels. Mit einer Einführung von E. G. Schmidt (1993).

Sekundär-Literatur:
Erler, M.: Lukrez, in: Überweg-Flashar, Die Philosophie der Antike 4,1 (1994).

Lullus, Raimundus (Ramon Lull, Ramon Llull),
katalanischer Dichter, Philosoph, Theologe und Missionar,
* 1232/33 Palma de Mallorca,
† 1315/16 auf der Überfahrt von Tunis nach Mallorca.

Die von Lullus ausgearbeitete Kombinatorik, die er als allgemeine Methode zur Strukturierung des Wissens verstand, hat entscheidend den Aufbau der modernen Wissenschaften beeinflusst.

Nach Christusvisionen wandte sich Lullus im Jahre 1263 vom weltlichen Leben ab. Er legte sein Amt als Seneschall am Hof Jakobs II. nieder und widmete sich fortan der Mission, der Abfassung apologetischer Schriften und der Gründung von Klöstern, um Missionare zu unterrichten. Von 1265–74 vertiefte er sich in das Studium der Theologie, der Artes und der Naturwissenschaften. Daneben lernte er Latein und Arabisch. Gegen Ende seiner Studienzeit setzte mit dem Werk *Libre de contemplació en Déu* (1273) seine fieberhafte Schriftstellertätigkeit ein. Seine neue Methode ging von den neun Grundwürden Gottes aus, die den Elementen der aristotelischen Kategorien und scholastischen Definitionen zugeordnet wurden. Lullus glaubte, damit die welt-

R. Lullus

liche Ordnung auf eine logische Struktur zurückführen zu können. Kennzeichnend für die Lullsche »Ars« ist vor allem die Kombination elementarer Begriffe in triadischen Figuren, die sich mechanisch gegeneinander verschieben lassen.

Um seine »Ars« zu verbreiten und Unterstützung für seine Missionspläne zu erbitten, reiste Lullus quer durch Europa und sprach unermüdlich bei Päpsten, weltlichen Herrschern und Orden vor. Daneben verfolgte er weiter Privatstudien und lehrte zwischen 1283 und 1313 mit Unterbrechungen an den Universitäten zu Paris und Montpellier. In diese Zeit (1297–99) fallen auch seine Versuche, die traditionellen Artes liberales in produktive Künste zu überführen. Aufgrund seines Missionseifers wurde er mehrmals verhaftet und während seines letzten Aufenthaltes in Tunis angeblich gesteinigt.

Sein umfangreiches Werk ist in über 240 authentischen und 77 pseudepigraphischen Schriften erhalten. Inhaltlich werden theologische, philosophische, naturwissenschaftliche, pädagogische, medizinische, juristische und militärische Themen behandelt. Neben Prosatraktaten verfasste Lullus Erzählungen, Gedichte und den Erziehungsroman *Blanquerna* (1283–86). Mit der Verwendung des Katalanischen in seinen Werken hat Lullus noch vor Alighieri Dante und Meister Eckhart zur Verschriftlichung einer Volkssprache beigetragen.

Bis ins 18. Jahrhundert ist von Anhängern des sog. Lullismus der Versuch unternommen worden, eine Wissenschaft alles Wissbaren zu begründen. Nachhaltig hat Lullus auf Denker wie N. v. ↗ Kues, G. ↗ Bruno, ↗ Agrippa von Nettesheim, R. ↗ Descartes und G. W. ↗ Leibniz gewirkt. Letzterer rekurrierte v. a. in seiner *Dissertatio de arte combinatoria* (1666) auf den Mallorquiner und entdeckte in dessen Grundidee den Vorläufer seines Logikkalküls. [TMB]

Werk(e):
Raimundi Lulli Opera omnia, ed. Ivo Salzinger, I-VI und IX-X, Moguntiae (1721–1742, 1965); Lullus, Raimundus: Die neue Logik – Logica nova, lat.-dt,. hrsg. von Ch. Lohr (1985); Lullus, Raimundus: Ars brevis, lat.-dt., hrsg. von A. Fidora (1999).

Sekundär-Literatur:
Brummer, R.: Bibliographia Lulliana. Ramon-Llull-Schrifttum 1870–1973 (1976); Hillgarth, J. N.: Ramon Lull and Lullism in Fourteenth-Century France (1971); Lohr, Ch.: Ramon Llull: cristianus arabicus, in: Randa 19 (1986) 7–34; Platzeck, E.-W.: Raimund Lull. Sein Leben – seine Werke. Die Grundlagen seines Denkens, 2 Bde., L. Schwann (1962 und 1964).

Lumière, Auguste Marie Louis Nicolas,
Bruder von Louis Jean Lumière,
französischer Chemiker und Fototechniker,
* 19. 10. 1862 Besançon,
† 10. 4. 1954 Lyon.

Die Gebrüder Lumière entwickelten die Farbfotografie und waren Pioniere der Filmtechnik.

Die beiden Brüder waren begnadete Erfinder, wobei man heute davon ausgeht, dass Louis der mehr technisch begabte war, während Auguste für den geschäftlichen Erfolg sorgte. Mit 18 Jahren hatte Louis die Entwicklung und den Gebrauch von Fotoplatten wesentlich verbessert. Dies war die Grundlage für den Erfolg der im Jahre 1882 von ihrem Vater gegründeten Fabrik für Fotoplatten. Im Zuge ihrer Arbeit auf diesem Gebiet gelang ihnen im Jahre 1907 die Vorstellung der ersten brauchbaren Farbfotoplatte mit Hilfe verschiedenfarbiger Kartoffelstärkekörnchen.

Ihren noch heute hohen Bekanntheitsgrad verdanken sie jedoch der Erfindung eines Filmaufnahme- und –vorführgerätes, des Cinématographen. Die Vorführung des Kinetoscopes, das William Kennedy Laurie Dickson, ein in Frankreich geborener Mitarbeiter von T. A. ↗ Edison, entwickelt hatte, regte sie 1894 sofort zu entscheidenden Verbesserungen an. Dickson hatte den 70 Millimeter breiten Film von George Eastman auf 35 Millimeter halbiert und zum besseren Transport mit einer Perforation versehen. Das übernahmen die Franzosen. Beim amerikanischen Gerät konnte immer nur eine Person die bewegten Bilder betrachten – eine Illusion, die dem menschlichen Auge aufgrund seiner Trägheit durch Projektion von 20 Fotos und mehr in der Sekunde vorgegaukelt werden kann.

Die Gebrüder Lumière entwickelten nun einen Kasten, in dem 16 Bilder pro Sekunde auf den Film belichtet werden konnten. Dasselbe Gerät konnte sowohl zur Kopie wie auch zur Vorführung der Filme genutzt werden. Nach mehreren geschlossenen Veranstaltungen zeigten sie am 28. Dezember 1895 in Paris ihre Erfindung erstmals in der Öffentlichkeit. Auch wenn die Gebrüder Emil und Max

Skladanowsky ihnen in Berlin um wenige Wochen zuvorgekommen waren, so war es doch das ausgereifte Konzept der Franzosen, dem die Filmindustrie ihre Entstehung verdankt. Denn sie begannen sofort die ersten kurzen Filme zu drehen, anfangs vor allem Dokumentarfilme, aber sie führten auch die ersten Slapstick-Komödien vor. [RS]

Sekundär-Literatur:

Gööck, R.: Die großen Erfindungen. Schall, Bild, Optik (1985).

Lumière, Louis Jean,
Bruder von Auguste Marie Louis Nicolas Lumière,
* 5. 10. 1864 Besançon,
† 6. 6. 1948 Bandol.

Lummer, Otto,
deutscher Physiker,
* 17. 7. 1860 Gera,
† 5. 7. 1925 Breslau.

Mit einer Vielzahl von Entdeckungen und Geräteentwicklungen –darunter der so genannte Schwarze Körper – gehört Lummer zu den herausragenden Experimentalphysiker an der Wende vom 19. zum 20. Jahrhundert.

Lummer wurde als Sohn eines Bäckers im thüringischen Gera geboren, wo er an der dortigen Realschule auch im Jahre 1880 sein Abitur ablegte. Lange Zeit zwischen Malerei und Naturwissenschaften schwankend, studierte er schließlich Physik und Mathematik in Tübingen und Berlin. Dort promovierte er 1884 mit einer optischen Arbeit bei H. v. ↗ Helmholtz, dessen Assistent er danach auch am Berliner Physikalischen Institut wurde und dem er drei Jahre später an die neu gegründete Physikalisch-Technische Reichsanstalt (PTR) folgte. An dieser damals bedeutendsten und bestausgestatteten Einrichtung physikalischer Forschung blieb er bis zum Jahre 1904. Nachdem er sich im Jahre 1901 an der Berliner Universität habilitiert hatte, nahm er 1904 einen Ruf an die Breslauer Universität an, wo er bis zu seinem frühen Tod als Direktor des Physikalischen Instituts wirkte.

Lummers Hauptarbeitsgebiet war von Beginn an die Optik. Schon als junger Doktorand hatte er mit der Entdeckung von Interferenzringen an planparallelen Platten, den so genannten Haidingerschen oder Lummerschen Streifen, auf sich aufmerksam gemacht. An der PTR wandte er sich der lichttechnischen Forschung zu und entwickelte eine ganze Reihe photometrischer Apparate höchster Präzision, die die Herausbildung einer wissenschaftlich begründeten Lichtmesstechnik nachhaltig beförderten. Dabei offenbarte sich ein charakteristischer Zug seiner Arbeitsweise, bei der es ihm nicht nur darum ging, vorhandene Instrumente bis an ihre Messgrenzen auszureizen und so Neues zu entdecken; vielmehr suchte er häufig die Lösung gestellter Aufgaben durch die Entwicklung neuartiger Messgeräte und -methoden zu bewältigen. Ein Beispiel ist das von ihm gemeinsam mit Eugen Brodhun 1889 entwickelte Fotometer – der so genannte Lummer-Brodhun-Würfel –, das für Jahrzehnte zu den leistungsfähigsten und meist benutzten Apparaten in der Lichtmesstechnik gehörte. Noch bedeutsamer wurden die von ihm in der zweiten Hälfte der neunziger Jahre betriebenen experimentellen Untersuchungen zur Strahlung erhitzter Körper. Diese führten zunächst (1897/98) zur erstmaligen Realisierung eines so genannten »Schwarzen Körpers« (gemeinsam mit E. ↗ Pringsheim) und anschließend zum experimentellen Nachweis gravierender Abweichungen zum bestehenden Strahlungsgesetz, die in der Aufstellung eines neuen Strahlungsgesetzes durch M. ↗ Planck und der Quantenhypothese mündeten. An dieser Revolution im physikalischen Denken hat Lummer keinen unmittelbaren Anteil genommen, doch konnte er in Weiterführung seiner Messungen die Plancksche Strahlungsformel sehr genau bestätigen. Ein weiterer Markstein in der optischen Messtechnik wurde das zusammen mit Ernst Gehrcke im Jahre 1902 erfundene hochauflösende Interferometer (Lummer-Gehrcke-Platte), das in der spektroskopischen Messtechnik weite Anwendung fand. Lummers Breslauer Zeit war vor allem von den Pflichten des Universitätslehrers sowie der Überarbeitung seiner zahlreichen Lehrbuch- und Handbuchartikel geprägt; darüber hinaus beschäftigte er sich mit Fragen der Kohlebogenphysik, der Kohleverflüssigung sowie der drahtlosen Telegrafie – allerdings ohne nachhaltigen wissenschaftlichen Erfolg. [DH]

Werk(e):

Ziele der Leuchttechnik (1903); Die Lehre von der strahlenden Energie. Müller-Pouillets Lehrbuch der Physik, Bd. 2 (1909); Verflüssigung der Kohle und Herstellung der Sonnentemperatur (1914); Ziele und Grenzen der Leuchttechnik (1918); gemeinsam mit W. Wien: Die Verwirklichung des Schwarzen Körpers, Ostwalds Klassiker Nr. 228 (1928).

Sekundär-Literatur:

Gehrcke, E.: Otto Lummer. Zeitschrift für technische Physik 6 (1925) 482–488 (mit Bibliographie der Schriften); Hoffmann, D., Nündel, S.: Otto Lummer – ein Experimentalphysiker von Format. Metrologische Abhandlungen 5 (1985) 283–293; Hoffmann, D.: On the Experimental Context of Planck's Foundation of Quantum theory. Centaurus 43 (2001) 240–259. Torge, R.: Der Bau des physikalischen Instituts der Universität Breslau und seine Entwicklung unter Lummer. NTM 6 (1998) 104–121.

Luria, Salvador (Salvatore) **Edward,**
amerikanischer Mikrobiologe,
* 13. 8. 1912 Torino (Italien),
† 6. 2. 1991 Lexington (Massachusetts, USA).

Luria machte in den 1940er- und 50er-Jahren Bakteriophagen zu den wichtigsten Modellorganismen der Molekularbiologie.

Luria stammt aus einer alten italienisch-jüdischen Familie von Intellektuellen. Schon während seines Medizinstudiums an der Universität in Torino interessierten ihn die Anwendungsmöglichkeiten von Physik für die Lösung biologischer Probleme. Nach Abschluss und Militärdienst ging er daher 1937 an das Physikalische Institut der Universität in Rom, um hier mit dem bekannten Physiker E. ↗ Fermi zusammenzuarbeiten. Wegen des erstarkenden Faschismus zog er 1938 nach Paris, wo ihn Fernand Holweck und Eugène und Elisabeth Wollmann am Institut Pasteur in die Forschung an Bakteriophagen einführten. Nach der deutschen Invasion in Frankreich flüchtete Luria in die USA, wo ihm die Rockefeller Foundation und andere Stiftungen ermöglichten, im Laboratorium des Physikers Frank Exner am Columbia University College of Physicians and Surgeons in New York bis 1942 zu arbeiten. In den Jahren 1943–50 wirkte er an der Indiana University in Bloomington, zunächst als Assistent am Institut für Botanik und Bakteriologie. 1947 erhielt Luria die amerikanische Bürgerschaft und wurde in demselben Jahr zum Dozenten an dem neu gegründeten Institut für Bakteriologie, wo James Watson sein erster Doktorand war. 1950 nahm Luria das Angebot einer Professur für Mikrobiologie an der University of Illinois an, von wo aus er 1959 nach Cambridge wechselte und die Stelle des Professors für Mikrobiologie am Massachusetts Institute of Technology (MIT) antrat. An diesem Prestigeinstitut baute er die Abteilung für Biologie auf und gründete 1972 das Zentrum für Krebsforschung, das er bis 1985 leitete.

Lurias Untersuchungen an Bakteriophagen (kurz: Phagen) beeinflussten die moderne Biologie in mehreren Richtungen. Schon 1940 veröffentlichte er gemeinsam mit Wollmann und Holweck eine Arbeit über Inaktivierung von Phagen durch Röntgenstrahlen, jedoch erst die gemeinsame Forschung mit M. ↗ Delbrück seit 1941 und Alfred Hershey seit 1943 machte den Phagen zu einem der wichtigsten biologischen Forschungsmodelle in der zweiten Hälfte des 20. Jahrhunderts. Luria und Delbrück versammelten in den Jahren 1941–44 eine Gemeinschaft von Phagenforschern und Genetikern um sich (oft als Phagengruppe bezeichnet), die Physik, Chemie, Biochemie und Zellphysiologie erfolgreich integrierten. Im Sommer 1945 experimentierten Luria und Delbrück gemeinsam am Cold-Spring-Harbor-Laboratorium und hielten ihre Sommerschulen ab, die in den folgenden 25 Jahren Forscher aus der ganzen Welt anzogen. Nach Meinung mancher Historiker war Luria bei der Vorbereitung und Realisierung der Experimente maßgeblich, während Delbrücks Part in der theoretischen Interpretation und der statistischen Auswertung bestand.

Luria hatte bereits 1939 unabhängig von Delbrück die Poissonverteilung für die Phageninfektion vorgeschlagen und vorausgesagt, dass die Lyse der Bakterienzelle durch einen einzelnen Phagen verursacht werden könne, was er auch1943 gemeinsam mit Thomas Fox Anderson und Delbrück experimentell bestätigte. 1942 beschrieben Luria und Anderson als Erste mit Hilfe des Elektronenmikroskops die typische morphologische Phagenstruktur. Weitere mit Delbrück durchgeführten Studien im Jahr 1943 zeigten, dass Phagen sich im Innern der Wirtszellen vermehren. Das Auftreten von Phagenresistenz klärten Luria und Delbrück 1943 mit Hilfe der sog. statistischen Fluktuationsanalyse auf; inspiriert wurde Luria zu dieser Methode beim Beobachten des Gewinn-/Verlustverhältnisses an Spielautomaten. Es zeigte sich, dass die Bakterienkulturen einen konstanten Anteil an Zellen enthalten, die gegen Phageninfektion resistent sind; diese entstehen durch spontane Mutationen, sie überleben die Phageninfektion und können sich danach weiter vermehren, während die Mehrheit der Zellen durch den Phagen lysiert wird. Die Fluktuationsanalyse wurde zu einer der Basismethoden der Bakteriengenetik, denn sie ermöglicht eine mathematische Auswertung der Mutationsrate von Bakterienkulturen. Diese und weitere Entdeckungen, wie zum Beispiel die erfolgreiche Isolierung von Phagenmutanten durch Luria 1945 und Hershey 1946, eröffneten eine Ära der Phagen-und Bakteriengenetik, die den Grundstock für das heutige Verständnis der Genfunktion legte.

Eine bedeutende Rolle spielte Luria in den 50er-Jahren außerdem bei der Entstehung der allgemeinen Virologie als einer unabhängigen Disziplin, insbesonders als Mitglied der Redaktion der Zeitschrift *Virology* und Autor der Monographie *General Virology* (1953), des ersten ausführlichen Handbuchs in diesem Fach. Seit Ende 50er-Jahre befasste sich Luria mit den Beziehungen zwischen Viren und der Entstehung von Krebs auf Zellebene. 1969 wurde ihm gemeinsam mit Delbrück und Hershey der Nobelpreis für Physiologie oder Medizin verliehen.

Luria wurde in den 50er-Jahren wegen seines gesellschaftlichen Engagements auf der »schwarzen Liste« der McCarthy-Kommission geführt. Seit Ende des Zweiten Weltkriegs warnte er immer wieder vor der Gefahr eines bakteriellen Krieges, er beteiligte sich an der kritischen Kampagne der Genetiker gegen »Lyssenkoismus«, appellierte an Wissenschaftler, sie sollten die Verantwortung für ihre Forschungsergebnisse übernehmen, und setzte sich gegen den Krieg in Vietnam ein. Außerdem machte er öffentlich auf die ethischen Probleme der Gentechnologie und des Human-Genom-Projekts aufmerksam. Lurias wissenschaftliche wie menschliche Autorität und die Mitgliedschaft in der National Academy of Science verhalfen seinen Aktivitäten zu großem Ansehen – nicht nur unter den Wissenschaftlern, sondern in der gesamten amerikanischen Gesellschaft. [SS]

Werk(e):
gemeinsam mit M. Delbrück: Mutations of bacteria from virus sensitivity to virus resistance, Genetics 28 (1943) 491–511; Bacteriophage, an essay on virus reproduction, Science 111 (1950) 507–511; General Virology (1953).

Sekundär-Literatur:
Luria, S. E.: A slot machine, a broken test tube: An autobiography (1984); Selya, R.: Salvador Luria's unfinished experiment: The public life of a biologist in a cold war democracy. Ph. D. Dissertation, Harvard University 2002.

Lusin (Luzin), **Nikolaj Nikolaevič**,
russischer Mathematiker,
* 9. 12. 1883 Tomsk,
† 28. 2. 1950 Moskau.

Lusin ist der Begründer der Moskauer Schule der deskriptiven Funktionentheorie (seit 1915) und Lehrer bedeutender russischer Mathematiker.

Lusin studierte seit 1901 nach Übersiedelung seiner Familie unter anderem bei Nikolaj V. Bugaev und Dmitrij F. Egorov in Moskau. Letzterem gelang es, seinem Schüler ein Stipendium in Paris im Sommersemester 1906 zu verschaffen, wo Lusin u. a. bei E. ↗ Borel Vorlesungen über komplexe Funktionentheorie hörte. Weitere ausgedehnte Auslandsaufenthalte in Göttingen und Paris (1910–1914) bereiteten Lusins Dissertation *Integral und trigonometrische Reihe* von 1915 vor. Angeregt von Borel und H. ↗ Lebesgue untersuchte Lusin Funktionen reeller Variabler mit mengentheoretischen Methoden. In diesem Zusammenhang und im Anschluss an Borel studierten er und sein Schüler Michael J. Suslin so genannte analytische Mengen (1916), die sich ohne weit reichende mengentheoretische Prinzipien (wie das Auswahlaxiom und transfinite Zahlen) definieren lassen und dennoch so kompliziert sind, dass sie nicht der Klasse der nach Borel messbaren Mengen angehören. In der von Lusin begründeten deskriptiven Funktionentheorie wurden analytische und »projektive« Mengen zentrale Begriffe. Lusins Schülerkreis in Moskau seit etwa 1915, der scherzhaft »Lusitania« genannt wurde, umfasste die Pioniere moderner Wahrscheinlichkeitsrechnung, Aleksandr J. Khinchin und A. N. ↗ Kolmogorow, der mengentheoretischen Topologie (P. S. ↗ Aleksandrow) und der mathematischen Logik (Pjetr S. Novikov). Mathematisch wurden die so genannten »Goldenen Jahre der Moskauer Mathematik« eingeleitet. 1930 erhielt Lusin zusätzlich zu seinem Lehrstuhl an der Universität eine Professur am Steklov-Institut der Akademie der Wissenschaften, das 1934 nach Moskau übersiedelte und an dem er bis zu seinem Tode wirkte.

1936 wurde Lusin das Ziel einer stalinistischen Kampagne, in der seine Freundschaft und weltanschauliche Übereinstimmung mit dem Mathematiker, Philosophen und orthodoxen Priester Pavel A. Florenskij gegen ihn ausgespielt wurden. Dies führte nicht nur zu seiner vorübergehenden Entfernung von seiner Professur an der Moskauer Universität (nicht jedoch der Akademie), sondern auch zu einer Entfremdung von einem großen Teil seiner politisch dem Sowjetsystem offener gegenüberstehenden Schüler. [RSS]

N.N. Lusin

Werk(e):
Integral i trigonometričeskij rjad (Integral und trigonometrische Reihe), kommentierter Wiederabdruck des Originals von 1915, mit Fotos und Bibliographie (1951); Leçons sur les ensembles analytiques et leurs applications (1930).

Sekundär-Literatur:
Golubev, V. V. und Bari, N. K.: Biographie von N. N. Lusin (russisch); in: N. N. Lusin: Integral i trigonometričeskij rjad (1951); Zdravkovska, S. und Duren, P. L. (Hrsg.): Golden Years of Moscow Mathematics, Providence: American Mathematical Society (1993); Paul, S.: Die Moskauer mathematische Schule um N. N. Lusin (1997).

Lwoff, André Michel,
französischer Mikrobiologe,
* 8. 5. 1902 Ainay-le-Chateau (Allier),
† 30. 9. 1994 Paris.

Lwoffs Untersuchungen an Bakteriophagen, die die genetische Konstitution ihres mikrobiellen Wirtes ändern, machten ihn zu einem der Begründer der molekularen Biologie.

In den Jahren 1919–1921, noch während seiner medizinischen Studien, war Lwoff Mitarbeiter des Protozoologen Edouard Chatton an der Station Biologique in Roscoff. 1921 wechselte Lwoff zu Félix Mesnil an das Institut Pasteur, wo er bis zu seinem Lebensende wirkte. 1927 promovierte Lwoff, erhielt 1932 den Docteur ès sciences und wurde 1938 zum Leiter der Abteilung für Physiologie der Mikroorganismen ernannt, wo unter seiner Leitung später auch J. ↗ Monod, Elie Wollman, Pierre Schaeffer und François Jacob arbeiteten. 1959–1968 hatte er den Lehrstuhl für Mikrobiologie an der Sorbonne inne, war Forschungsdirektor des CNRS und Direktor des Institut de Recherche Scientifique sur le Cancer.

Vor dem Zweiten Weltkrieg interessierte sich Lwoff vor allem für die Bedingungen des Wachstums und der Vermehrung von Mikroben. Während eines Studienaufenthaltes an O. ↗ Meyerhofs Laboratorium an der Universität Heidelberg von 1932 bis 1933 bewies Lwoff, dass Hämatin ein Wachstumsfaktor für Flagellaten ist. Im Rahmen eines Besuchs im David Keilins Laboratorium in Cambridge entdeckte er 1936 bei der Bakterie *Haemophilus influenzae* einen weiteren Wachstumsfaktor, der später als »Cozymase« (Nicotinsäureamid-Adenin-Dinucleotid, NAD) identifiziert wurde und bei Redoxreaktionen in allen Zelltypen zur Wirkung kommt.

Seit 1945 befasste sich Lwoff namentlich mit Bakteriophagen, d. h. mit Viren, die Mikrobenzellen befallen. Sein Interesse galt dem Vorgang der Lysogenie, bei dem sich bestimmte Mikrobenstämme als resistent gegen die destruktive Wirkung der Bakteriophagen erweisen. Lwoff wies gemeinsam mit Antoinette Gutmann 1950 nach, dass in den lysogenisierten Bakterien der Bakteriophage in einer inaktiven Form als sog. Prophage vorliegt. Die Bakterien, die Prophagen enthalten, sind gegen eine Phageninfektion immun, können jedoch durch äußere Einflüsse, z. B. Bestrahlung mit ultraviolettem Licht, einer Phagenvermehrung unter gleichzeitiger Zerstörung der Wirtszellen wieder anheim fallen. Damit leistete Lwoff einen Beitrag u. a. zum Verständnis der Regulation der Proteinsynthese auf Genomebene, die in den 50er- und 60er-Jahren von Jacob, Monod und anderen Forschern aufgeklärt wurde. Lwoff, Jacob und Monod erhielten 1965 gemeinsam den Nobelpreis für Physiologie oder Medizin. [SS]

Werk(e):
Gemeinsam mit Gutmann, A.: Recherches sur un Bacillus megatherium lysogène, Annales de l'Institut Pasteur 78 (1950); Lysogeny, Bacteriological Reviews 17 (1953); Lwoff, A.: From protozoa to bacteria and viruses. Fifty years with microbes. Annual Review of Microbiology 25 (1971).

Sekundär-Literatur:
Galperin, C.: De la prohistologie à la biochemie de la nutrition: Edouard Chatton et André Lwoff, in: Les Sciences biologique et medicales en France (1920–1950), hrsg. v. C. Debru (1994); Jacob, F., Girard, M.: A. G. L., Biographical Memory of Fellows of the Royal Society 44 (1998) 255–263.

Lyell, Sir Charles,
schottischer Geologe,
* 14. 11. 1797 Kinnordy (Kirriemuir, Angus),
† 22. 2. 1875 London.

Lyell war die unbestrittene Leitfigur der Geologie des 19. Jahrhunderts. Zahlreiche Reisen führten ihn in alle Teile Europas und nach Übersee. Mit seiner konsequenten Orientierung an den heute wirkenden geologischen Kräften schuf er die methodischen Grundlagen der modernen Geologie. Seine *Principles of Geology* wurden das einflussreichste geologische Werk aller Zeiten. Sein Freund Ch. ↗ Darwin hob mehrmals die Bedeutung des Werkes für die Entwicklung seiner Theorie der Entstehung der Arten hervor.

Bereits in seiner Jugendzeit beschäftigte sich Lyell, angeleitet durch seinen Vater, der als Botaniker bekannt war, mit Naturkunde. 1816 schrieb er sich am Exeter College in Oxford ein, wo er zunächst die klassischen Autoren studierte, insbesondere ↗ Aristoteles. Bald aber weckten die Vorlesungen von W. ↗ Buckland sein Interesse für Mineralogie und Geologie. Erste Exkursionen führten ihn auf die Insel Staffa mit den berühmten Basaltsäulen der Fingals Höhle. Es folgte die erste größere Reise, zusammen mit seinen Eltern und Geschwistern, durch Frankreich und die Schweiz nach Norditalien. Die Überquerung der Alpen gab ihm Gelegenheit zum Studium von Gletschern und der zerstörerischen Wirkung von Bergstürzen.

Nach dem Abschluss seines Studiums in Oxford (1819) wurde Lyell zum Mitglied der Geological Society sowie der Linnean Society in London gewählt. Im gleichen Jahr begann er ein rechtswissenschaftliches Studium, das er allerdings auf Grund einer Augenerkrankung längere Zeit unterbrechen musste. Nach dem Erhalt der Anwaltszulassung wirkte Lyell von 1825–1827 als praktizierender

Rechtsanwalt. Zu dieser Zeit hatten ihn bereits ausgedehnte Reisen in weite Teile Europas geführt, die seine geologischen Anschauungen heranreifen ließen und ihn mit führenden Naturforschern seiner Zeit bekannt machten.

1820 bereiste Lyell in Begleitung seines Vaters den Kontinent. Von Belgien führte ihr Weg das Rheintal aufwärts nach Italien, nach Ravenna und Rom. An der adriatischen Küste beobachtete Lyell die großen Küstenebenen, die von den aus den Appenninen kommenden Flüssen aufgeschüttet worden waren, sowie Städte, die zur Römerzeit Häfen waren, heute jedoch mehrere Kilometer im Landesinneren liegen. In den beiden folgenden Jahren studierte er ausgiebig die Geologie des südöstlichen Englands. Er befreundete sich mit Gideon Mantell, einem Arzt aus Sussex, der eine umfangreiche Fossiliensammlung aufgebaut hatte und der 1822 ein Fossil entdeckte, welches 1825 als erster bekannter Landsaurier (»Iguanodon«) identifiziert werden konnte. 1823 hielt Lyell sich in Paris auf, wo er A. ↗ Brongniart, G. ↗ Cuvier und Constant Prévost kennen lernte sowie den berühmten deutschen Forschungsreisenden A. v. ↗ Humboldt. Mit Prévost untersuchte er die Schichten des Pariser Beckens und kam zu dem Schluss, dass der zu beobachtende auffällig rasche Wechsel von Süßwasser- und Meeresablagerungen allein durch natürliche Ursachen erklärbar war, und man nicht seine Zuflucht zu Katastrophen nehmen müsse, wie dies Cuvier getan hatte. Süßwasserbildungen, die er nach seiner Rückkehr in seiner Heimatregion Forfarshire in Schottland untersuchte, waren auch der Gegenstand einer ersten Veröffentlichung, die er 1824 vor der Geological Society in London vortrug (*On a recent formation of freshwater limestone in Forfarshire*). Im gleichen Jahr unternahm Lyell geologische Exkursionen mit Prévost im südwestlichen England und mit Buckland in Schottland. 1826 wurde er zum Mitglied der Royal Society gewählt. 1827 hängte er seinen Beruf als Anwalt an den Nagel.

C. Lyell (Foto: Deutsches Museum München, Bildstelle)

Angeregt durch die Arbeiten von George Poulett Scrope über die französischen Vulkangebiete bereiste Lyell – zum Teil in Begleitung von R. I. ↗ Murchison – von Mai 1828 bis Februar 1829 die Auvergne und die italienischen Vulkangebiete. Hier sammelte er die meisten der Beobachtungen, die zur Grundlage seines Hauptwerkes *The Principles of Geology* wurden. Neben Beobachtungen an fossilen und rezenten Vulkanen waren dies insbesondere Beobachtungen über die tertiären Ablagerungen. Im Februar 1829 besprach er in Paris mit Jules Desnoyers die Möglichkeit, die Tertiärschichten nach dem in ihnen enthaltenen Anteil rezenter Arten zeitlich zu ordnen.

Am 24. 2. 1829 kehrte Lyell nach England zurück und begann mit der Ausarbeitung der *Principles*. Im Untertitel formulierte er die Aufgabe, die ihn Zeit seines Lebens beschäftigen sollte: *An attempt to explain the former changes of the Earth's surface by reference to causes now in operation*, also die Vorgänge der Erdgeschichte auf der Grundlage der heute wirkenden geologischen Kräfte zu erklären. Der erste Band des Werkes erschien im Juni 1830, der zweite 1832. Das Werk erregte sofort Aufmerksamkeit, und es wurde zum bedeutendsten und einflussreichsten geowissenschaftlichen Werk des 19. Jahrhunderts. Als 1833 der dritte Band der *Principles* erschien, lagen die ersten beiden Bände bereits in zweiter Auflage vor. Bis 1872 erlebte es elf Auflagen, wobei Lyell sein Werk stets überarbeitete und ergänzte. Eine vollständige deutsche Übersetzung erschien bereits 1833/1834.

Der erste Band der *Principles* war wesentlich eine Kritik an den vorherrschenden geologischen Theorien seiner Zeit. Er wandte sich gegen die Vermengung von Erdgeschichte und biblischer Schöpfungsgeschichte. Und er stellte der Annahme plötzlicher, katastrophaler Ereignisse in der Erdgeschichte, wie sie zur Erklärung der in den Erdschichten enthaltenen Fossilien notwendig schien, das Postulat einer erheblich größeren Zeitdauer der Geschichte der Erde entgegen sowie die Annahme eines einheitlichen Verlaufs der Natur zu allen Zeiten. Der erste Band der *Principles* enthält so vor allem eine umfassende Schilderung der gegenwärtig auf der Erdoberfläche zu beobachtenden geologischen Prozesse wie Erosion und Sedimentation durch fließendes Wasser und die Ozeane. Insbesondere aber betonte Lyell nachdrücklich, dass auch die scheinbar gewaltsamem Wirkungen von Erdbeben und Vulkanen in der langen Geschichte der Erde »normale Wirkungen« sind. Selbst die größten Vulkane (Ätna, Vesuv) seien das Ergebnis einer langen Reihe von Ausbrüchen über große Zeitperioden, das heißt, auch die vulkanischen Prozesse wirken gleichermaßen aufbauend und zerstörend und (ebenso wie beim Wasser) es stellt sich ein Gleichgewicht ein zwischen Aufbau und Zerstörung. Gerade damit unterschied Lyell sich wesentlich von früheren Versuchen, die heute wirkenden geologischen Kräfte zur methodischen Grundlage der Geologie zu machen, wie etwa 1761 bei Georg Christian Füchsel oder 1822 bei K. E. A. v. ↗ Hoff.

Von 1831 bis 1833 hielt Lyell eine Reihe von Vorlesungen über Geologie am Londoner King's College. Dies sollte seine einzige Tätigkeit an einer Universität bleiben. Lyell war ein Vertreter des britischen Landadels, und er pflegte dessen Lebensstil, der nicht zuletzt durch ausgedehnte Reisen während der Sommermonate gekennzeichnet war. So war es also nicht nur eine methodische Forderung, wenn Lyell das Reisen zur Grundlage aller geologischen Forschung erklärte. 1832 heiratete er Mary Horner, die ihn von da ab auf fast allen seinen Reisen begleitete und zu seiner wichtigsten Mitarbeiterin wurde.

Im zweiten Band der *Principles* behandelte er in erster Linie die Veränderungen der Lebenswelt im Verlauf der Erdgeschichte. Dabei betonte er noch die Unveränderlichkeit der Arten und führte deshalb ihr Aussterben auf Veränderungen ihrer physischen Umwelt zurück. J. B. de ↗ Lamarck, der die Anpassung der Arten an Veränderungen der physischen Umwelt postulierte, hielt er entgegen, dass das Aussterben von Arten nicht natürlich erklärbar sei, wenn diese sich jeder Veränderung ihrer Umwelt anpassen könnten. Der dritte Band der *Principles* brachte noch einmal eine ausführliche Diskussion seiner geologische Methode, die inzwischen von William Whewell den Namen »Uniformitarianismus« erhalten hatte. Hauptsächlich aber waren dort Lyells stratigraphische Arbeiten enthalten.

Ähnlich wie Lyell 1829, hatte auch Gérard Deshayes die Idee gehabt, die tertiären Schichten nach dem Verhältnis der rezenten Arten zur Gesamtzahl der darin enthaltenen Fossilien einzuteilen. 1831 unterschied er so für das Tertiär drei Perioden, wobei er die Veränderung jenes Verhältnisses wesentlich auf klimatische Veränderungen zurückführte. Mit Bezug auf Deshayes schuf Lyell 1833 seine stratigraphische Gliederung in Eozän (erstes Auftreten rezenter Arten), Miozän (Überwiegen der fossilen Arten) und älteres und jüngeres Pliozän (Überwiegen der rezenten Arten); die Begriffe selbst stammten wieder von Whewell.

Neben diesen Hauptthemen enthielten die verschiedenen Auflagen der *Principles* auch immer wieder einzelne Ideen, die die geologische Diskussion vielfach über Jahrzehnte bestimmten, so etwa die »Drifttheorie«, wonach die erratischen Blöcke während Meeresüberflutungen zur Diluvialzeit durch schwimmende Eisberge abgelagert wurden, oder – im Anschluss an Ami Boués – eine ausgearbeitete Theorie der Gesteinsmetamorphose.

1834 bereiste Lyell Dänemark und Schweden und konstatierte, dass die Belege für eine – 1806/1807 auch von L. v. ↗ Buch postulierte – allmähliche Hebung eindeutig und unwiderlegbar sind. 1835 wurde er zum Präsidenten der Geological Society gewählt. 1838 erschienen Lyells *Elements of geology*, die aus seinen Vorlesungen am Londoner King's College entstanden waren und zum ersten modernen Lehrbuch der Geologie wurden.

In den 40er-Jahren folgten Reisen auf den nordamerikanischen Kontinent. Lyell versuchte unter anderem, den Betrag des Rückschreitens der Niagarafälle durch Erosion zu bestimmen oder die jährlichen Ablagerungen im Delta des Mississippi. Reisen nach Madeira und Teneriffa sowie noch einmal nach Italien und Sizilien in den 50er-Jahren brachten eine vertiefte – jetzt vor allem mit Blick auf Buchs Theorie der »Erhebungskrater« formulierte – Diskussion vulkanischer Ablagerungen beziehungsweise der Bildung von Vulkankegeln.

Lyells letztes großes Werk, *The antiquity of man*, erschien 1863 und erlebte drei Auflagen allein in einem Jahr. Darin gab er einen allgemeinen Überblick der Belege (wie etwa der Funde von Feuersteinwerkzeugen in postpliozänen Ablagerungen), die ein weit höheres Alter des Menschengeschlechts anzeigten, als es bis dahin weithin angenommen wurde. Vor allem aber korrigierte er jetzt seine frühere Ablehnung der Veränderlichkeit der Arten und bekannte sich zu Darwins Theorie.

Der bedeutendste Geologe des 19. Jahrhunderts erfuhr zahlreiche Ehrungen. Er wurde 1848 geadelt und 1864 zum Baronet erhoben, und er war korrespondierendes Mitglied unter anderen der Preußischen Akademie der Wissenschaften. Ein bleibendes Denkmal setzte ihm auch Darwin. Lyells *Principles*, die ihn schon auf seiner fünfjährigen Weltreise an Bord der »Beagle« begleiteten, hätten die Kraft, die gesamte Richtung des Denkens zu ändern, so dass man selbst dann, wenn man ein Phänomen studiere, welches Lyell selbst nie gesehen habe, dieses nicht anders als mit seinen Augen sehen könnte. [BF2]

Werk(e):

Principles of geology, being an attempt to explain the former changes of the earth's surface by reference to causes now in operation, 3 Bde. (1830–833; dt. Übers. 1833–1834); Elements of Geology (1838); The geological evidences of the antiquity of man with remarks on theories of the origin of species by variation (1863).

Sekundär-Literatur:
Rudwick, M. J. S.: The strategy of Lyell's Principles of Geology, Isis 61 (1970) 4–33; Wilson, L. G.: Charles Lyell. The years to 1841: The revolution in geology (1972); Lyell: the past is the key to the present, hrsg. v. D. J. Blundell und A. C. Scott (1998).

Lyman, Theodore
amerikanischer Physiker,
* 23. 11. 1874 Boston,
† 11. 10. 1954 Brookline (Mass.).

Lyman zählt zu den bedeutendsten Spektroskopikern seiner Zeit.

Der Abkömmling einer alteingesessenen und wohlhabenden Bostoner Familie studierte Physik an der Harvard University, wo Lyman 1897 seinen B. A. und 1900 seinen Ph. D. erhielt.

Nach einem einjährigen Forschungsaufenthalt am Cavendish Laboratory in Cambridge und in Göttingen kehrte er als »Instructor in physics« an die Heimatuniversität zurück. Von 1910 bis 1947 war er Direktor des Jefferson Physical Laboratory, seit 1921 bis zu seinem vorzeitigen Rücktritt von der Lehrtätigkeit aus Gesundheitsgründen auf dem Hollis Professorship, der ältesten Stiftungsprofessur der Vereinigten Staaten.

In seiner Doktorarbeit behandelte Lyman das Problem der Identifikation und Ausschaltung von Liniengeistern in Gitterspektren, die durch periodische Fehler der Gitterteilung entstehen.

1906 legte er die ersten zuverlässigen Messungen von Wellenlängen der Spektrallinien des Wasserstoffs des extremen Ultravioletts unterhalb von 2000 Å vor, um 1911 erweiterte er diese Untersuchungen auf die Funken-Spektren von Alkali- und Erdalkali-Metallen und 1917 kam er schließlich mit seinen Vakuumspektrographen und Spezial-Fotoplatten bis auf 500 Å herunter, weshalb dieser ganze Spektralbereich auch Lyman-Region genannt wird. Im Zuge dieser spektrographischen Arbeiten entdeckte er in jenem Bereich 1914 auch die so genannte Fundamentalserie des Wasserstoffs, die durch das Bohrsche Atommodell ausgezeichnet erklärt werden konnte und gelegentlich auch Lyman-Serie genannt wird, und 1924 die analoge Serie im Helium-Spektrum. Für diese experimentell äußerst schwierige Exploration des extremen Ultravioletts erhielt Lyman u. a. die Rumford Medaille der American Academy of Arts and Sciences, deren Präsident er 1924–27 war, die Cresson Medaille der American Philosophical Society und die Ives Medaille der Optical Society of America, die ihn auch zum Ehrenmitglied ernannte. [KH]

Werk(e):
The spectrum of hydrogen in the region of extremely short wave-length, Memoirs of the American Academy of the Arts and Sciences 13, Nr. 3 (1906) 25–46 und 6 T.; An extension of the line spectra to the extreme-violet, Physical Review, 2. Serie, Bd. 3 (1914); Spectroscopy of the Extreme Ultra-Violet, Monographs on Physics 4 (1914, bzw. 2. erweiterte Auflage 1928); The spectrum of Helium in the extreme ultraviolet, Astrophysical Journal, Bd. 60, S. 1–14 und Tafel I; The Physical Laboratories of Harvard University, Harvard Univ. Press (1932).

Sekundär-Literatur:
Bridgman, P. W.: Theodore Lyman, Biographical Memoirs of the National Academy of Sciences, Bd. 30 (1957, mit vollständiger Bibliographie seiner Aufsätze); Sweetnam, G. K.: The Command of Light: Rowland's School of Physics and the Spectrum (2000), Kap. 5.

Lyot, Bernard Ferdinand,
französischer Astronom,
* 27. 2. 1897 Paris,
† 2. 4. 1952 Kairo.

Bernard Lyot war ein führender Sonnenphysiker, seine Hauptleistung besteht in der Entwicklung des Lyot-Filters 1933 und des Koronographen 1930.

In seiner Doktorarbeit in Paris untersuchte Lyot 1929 – in Diskussion mit H. A. ↗ Deslandres – mit einem von ihm konstruierten sehr empfindlichen Polariskop die Polarisation des von Mond- und Planetenoberflächen reflektierten Sonnenlichtes, um etwas über die Zusammensetzung der Oberfläche zu erfahren.

Das Ziel, das Polariskop vom Streulicht zu befreien und damit die Polarisation der Sonnenkorona außerhalb der Sonnenfinsternisse untersuchen zu können, führte 1930 zur Erfindung des Koronographen. Für diese schwierigen Beobachtungen waren

B.F. Lyot

Bergobservatorien mit nur geringem Streulicht besonders geeignet, was Lyot zum Observatorium Pic du Midi führte. Im Juli 1931 gelang Lyot die erste Fotografie der Korona außerhalb einer Finsternis. Der Koronograph erlaubte das spektroskopische Studium der schwachen Linien der Korona; dabei fand er auch neue Linien.

Der nächste Schritt war die Einführung eines schmalbandigen, monochromatischen Filters (Lyot-Filter) 1933, der sowohl zum Studium der Protuberanzen und der Chromosphäre dienen konnte als auch mit dem Koronographen kombiniert wurde zur Aufnahme von Filmen. Lyot erhielt somit 1939 den ersten kinematographischen Film von Protuberanzen. Mit dem Lyot-Filter (Durchlässigkeit: nur ein Ångström) kann man polarisiertes Licht von nur 1/10 000 der Gesamt-Intensität beobachten und damit die Strahlen und Feinstrukturen der Korona erkennen, ohne ein Bergobservatorium zu benötigen.

1939 wurde Lyot in die Académie des Sciences gewählt. [GW3]

Werk(e):
Recherches sur la polarisation de la lumière des planètes et de quelques substances terrestres, Annales de l'Observatoire, Section de Meudon 8 (1929), 1–161; Études de la couronne solaire en dehors des éclipses, Zeitschrift für Astrophysik 5 (1932) 73–95; Le filtre monochromatique polarisant et ses applications en physique solaire, Comptes rendus hebdomadaires des séances de l'Académie des Sciences Paris 197 (1933) 1593–1595; A Study of the Solar Corona and Prominences Without Eclipses, Monthly Notices of the Royal Astronomical Society 99 (1939) 587–596.

Sekundär-Literatur:
Dollfus, A.: Bernard Lyot, l'Invention du Coronographe et l'Étude de la Couronne: Un Cinquantenaire, l'Astronomie 97 (1983) 107–128, 315–329; Wolfschmidt, G.: Instruments for Observing the Corona, in: Instruments of Science – An Historical Encyclopedia, hrsg. von R. Bud and D. J. Warner (1998) 147–149.

Lyssenko (Lysenko), **Trofim Denissowitsch,**
sowjetischer Agrarbiologe,
* 17. 9. (29. 9.) 1898 Karlowka (Kreis Poltawa, Ukraine),
† 20. 11. 1976 Leninskije Gorki (Region Moskau).

Lyssenko, der unter Stalin Karriere machte und die klassische Genetik in der Sowjetunion bis 1965 unterdrückte, dient immer wieder als Beispiel für die Gefahren der Verbindung von Wissenschaft und Ideologie.

Der Bauernsohn Lyssenko besuchte Gartenbauschulen in Poltawa (1913) und Uman (1917–1920), absolvierte Kurse an verschiedenen landwirtschaftlichen Forschungsstationen der Ukraine und studierte in Kiew am Landwirtschaftlichen Institut (1921–1925). 1925 begann er an der Experimentellen Selektionsstation von Gandscha (Kirowabad) in Aserbeidschan zu arbeiten. 1929 präsentierte Lyssenko auf einem großen Kongress in Leningrad Ergebnisse, die zeigten, dass die Keimphase von Wintergetreide durch Kältebehandlung beschleunigt wird. Er nannte dieses Phänomen »Jarowisation« und demonstrierte auf dem Hof seines Vaters, dass keimender, im Frühjahr im Schnee vergrabener und dann ausgesäter Winterweizen höhere Ernteerträge erbrachte als normal im Herbst gesäter.

T.D. Lyssenko während seines Vortrages auf der berüchtigten »Augusttagung« der sowjetischen Akademie der Landwirtschaftswissenschaften (1948)

In der von Missernten heimgesuchten Sowjetunion wurde Lyssenkos Versuch als Durchbruch einer praxisorientierten Agrarbiologie gefeiert. Lyssenko wurde Leiter eines Forschungsprogramms am All-unions-Institut für Genetik und Pflanzenzucht in Odessa. Er interpretierte seine Experimente als gezielte Beeinflussung des Erbguts der Pflanzen durch Umwelteinwirkungen und nannte seine darauf aufbauende Wissenschaft »Mitschurinbiologie«, nach dem russischen Obstbaupraktiker Iwan Mitschurin. In der Auseinandersetzung mit den Genetikern um die ideologisch fortschrittlichere Vererbungslehre und durch Versprechen schnellerer Erfolge in der Landwirtschaft gewann Lyssenko die Gunst Stalins. Von 1938–1956 war er Präsident der Akademie der Landwirtschaftswissenschaften und 1940–1965 Direktor des Instituts für Genetik der Akademie der Wissenschaften. In diesen Positionen diffamierte er zur Zeit der politischen Säuberungen sowjetische Genetiker wie N. ↗ Wawilow.

Nach dem Zweiten Weltkrieg formierte sich unter den sowjetischen Wissenschaftlern Widerstand. Um die Kontrolle über die sowjetische Biologie zu gewinnen, organisierte Lyssenko zusammen mit dem ZK der Partei 1948 die sog. »Augusttagung« der Akademie der Landwirtschaftswissenschaften. Sein Redemanuskript war von Stalin redigiert worden und beschuldigte Vertreter der klassischen Genetik als Anhänger einer schädlichen westlichen

»Lügenwissenschaft«. Sie waren in den kommenden Jahren Repressionen ausgesetzt und Lyssenkos Anhänger besetzten alle wichtigen Posten. Nach Stalins Tod geriet Lyssenko unter Druck und musste 1956 als Präsident der Akademie der Landwirtschaftswissenschaften zurücktreten. Obwohl seine »Neue Sowjetische Biologie« keine Erfolge vorweisen konnte, gelang es ihm, Chruschtschows Gunst zu erringen und seine Position wieder zu festigen. Nach dem Ende der Ära Chruschtschow unterzog die Akademie der Wissenschaften Lyssenkos Forschungsstation bei Moskau 1965 einer Untersuchung und veröffentlichte festgestellte Missstände. Lyssenko verlor seine mächtigen Posten, blieb aber Akademiemitglied und Leiter der Forschungsstation. Lyssenkoisten besetzten weiterhin hohe wissenschaftliche und politische Positionen. [TR]

Werk(e):
Agrobiologie (1951), gesammelte Arbeiten, im russ. Original 1943 in Moskau erschienen.

Sekundär-Literatur:
Soyfer, V. N.: Lysenko and the Tragedy of Soviet Science (1994); Regelmann, J. P.: Die Geschichte des Lyssenkoismus (1980); Roll-Hansen, N.: A New Perspective on Lysenko? Annals of Science 42 (1985); Rossianov, K. O.: Editing Nature: Joseph Stalin and the »New« Soviet Biology, Isis 82 (1993).

Ernst Mach

Dieter Hoffmann, Hubert Laitko

Mach, Ernst,
österreichischer Physiker, Sinnesphysiologe und Philosoph,
* 18. 2. 1838 Chirlitz (Chrlice, heute Teil von Brno/Tschechien),
† 19. 2. 1916 Vaterstetten bei München.

»Mach war seiner geistigen Entwicklung nach nicht ein Philosoph, der sich die Naturwissenschaften als Objekt seiner Spekulationen wählte, sondern ein vielseitig interessierter, emsiger Naturforscher, dem die Erforschung auch abseits vom Brennpunkte des allgemeinen Interesses gelegener Detailfragen sichtlich Vergnügen machte«, schrieb A. ↗ Einstein 1916 in einem sehr persönlich gehaltenen und von tiefer Sympathie getragenen Nachruf auf Ernst Mach. Sein wissenschaftliches Schaffen war ungemein breit gefächert und reicht von der experimentellen und theoretischen Physik über Sinnesphysiologie und Psychologie bis hin zu Wissenschaftsgeschichte und Philosophie; selbst Problemen der Bildungspolitik und Fragen der Methodik und Didaktik des naturwissenschaftlichen Unterrichts schenkte er u. a. als Autor von Schulbüchern Beachtung. Seine Aufmerksamkeit für die Analyse des wissenschaftlichen Forschungsprozesses in seinem historischen Wandel macht ihn zudem zu einem Wegbereiter der Wissenschaftsforschung. Damit gehört Ernst Mach unzweifelhaft zu den herausragenden Gelehrtenpersönlichkeiten des ausgehenden 19. und frühen 20. Jahrhunderts.

Lebenswege

Geboren wurde Mach in dem Dörfchen Chirlitz in Mähren. Die Familie, väterlicherseits vor allem aus Webern und Kleinbauern, mütterlicherseits aus Offizieren, Advokaten und Ärzten bestehend, gehörte zur deutschsprachigen Minderheit, die in Böhmen und Mähren lebte. Machs Vater war zunächst Hauslehrer und wechselte später in die Landwirtschaft. Das ländliche Milieu hat die Entwicklung des jungen Mach genauso geprägt wie die freidenkerische, liberal-bürgerlichen Idealen folgende Erziehung des Elternhauses. Bis zu seinem fünfzehnten Lebensjahr wurde Mach fast ausschließlich im Elternhaus unterrichtet, wobei der Vater polytechnischen Unterricht im durchaus modernen Sinne des Wortes praktizierte und dem Heranwachsenden nicht nur das übliche Schulwissen beibrachte, sondern ihn zugleich mit praktischen Tätigkeiten vertraut machte. Im Jahre 1853 wechselte er in das Piaristen-Gymnasium von Kremsier (Kroměříž), an dem er zwei Jahre später auch das Abitur ablegte.

Machs ausgeprägte naturwissenschaftliche Interessen ließen ihn im Herbst 1855 an der Wiener Universität ein Studium der Mathematik und Naturwissenschaften aufnehmen. 1860 promovierte er mit einer Arbeit *Über elektrische Ladung und Induktion*. Schon im folgenden Jahr habilitierte er sich und wirkte danach als unbesoldeter Privatdozent für Physik. Nachdem sich an der Wiener Universität keine beruflichen Perspektiven boten, ging er im

E. Mach (um 1865)

Jahre 1864 als Mathematikprofessor nach Graz. Dort wirkte er – ab 1866 als Ordinarius für Physik – bis zum Sommer 1867. Zum Wintersemester 1867/68 nahm er einen Ruf auf die »physikalische Lehrkanzel« der Universität Prag an, wo er bis zum Jahre 1895 blieb.

Die fast drei Jahrzehnte seines Prager Wirkens waren wissenschaftlich ungemein ertragreich und markieren den Höhepunkt im Schaffen des Gelehrten. Hier vollbrachte er seine bedeutendsten Leistungen als Physiker, schloss er seine Arbeiten zur Sinnesphysiologie im Wesentlichen ab und begann sich intensiv mit physikhistorischen Fragen sowie einer tiefgründigen Analyse der Grundlagen der Newtonschen Physik zu beschäftigen; nicht zuletzt erfuhr auch seine philosophisch-erkenntnistheoretische Position, die ihn zu einem Mitbegründer des Empiriokritizismus machte, ihre Ausformung. Prag brachte für Ernst Mach aber nicht nur den endgültigen Durchbruch zu einem Gelehrten von internationalem Ruf und Rang, zugleich war die Prager Schaffensperiode auch von gesellschaftlichen Spannungen und Konflikten erfüllt. Durch die Wahrnehmung universitärer Leitungsfunktionen – so bekleidete er in den Jahren 1879/80 und 1883/84 das Amt des Universitätsrektors – wurde Mach auch in politische Auseinandersetzungen verwickelt, zumal seine Amtsperiode vom Konflikt um die Teilung der Prager Universität in eine tschechische und eine deutsche Hochschule (1882) geprägt war. In diesen Nationalitätenstreit um die Erringung der kulturellen, wissenschaftlichen wie politischen Gleichberechtigung des tschechischen Volkes innerhalb des Habsburger Vielvölkerstaates gehörte er zwar zur »Einheitsfront« der Deutschen und vertrat damit die historisch illegitimen Positionen der herrschenden deutschen Minderheit, die sich ihre Privilegien an der Universität – wie im gesellschaftlichen Leben überhaupt – zu wahren suchte, doch war er keineswegs einer jener bedingungslos antitschechischen Deutsch-Nationalen oder gar militanten Chauvinisten wie mancher seiner Prager Kollegen und Mitbürger. Als eine durch Humanismus und Toleranz geprägte Persönlichkeit repräsentierte er eher den liberalen, gemäßigten Flügel der deutschen Professorenschaft, der sich nur allzu gern – wenn es nur möglich gewesen wäre – aus diesen heiklen politischen Auseinandersetzungen herausgehalten hätte und für den jeglicher Nationalismus borniert und verwerflich war. Der in Mähren geborene Mach neigte damit – ähnlich B. ↗ Bolzano ein halbes Jahrhundert zuvor – einem territorial ausgerichteten Landespatriotismus zu, der die ethnischen Unterschiede zwar respektierte und auch die nationale Herkunft nicht verleugnete, doch vor dem Hintergrund der Herausbildung des bürgerlichen Nationalbewusstseins und unter den realen

E. Mach

gesellschaftlichen Bedingungen des österreichischen Vielvölkerstaates bereits einen historischen Anachronismus darstellte, dessen Widersprüche die Prager Wirkungszeit Machs nachhaltig prägten.

In relativ einfachen Verhältnissen aufgewachsen und auch als Universitätsprofessor kaum mehr als einen bescheidenen Wohlstand erreichend, war Mach ein Mensch mit festen humanistischen Idealen und einem ausgeprägten sozialen Empfinden, der als einer der wenigen Universitätsprofessoren seiner Zeit offen mit der Sozialdemokratie sympathisierte – so gehörte er zum Freundeskreis des Führers der österreichischen Sozialdemokratie, Viktor Adler, dessen Sohn Friedrich wiederum einer der engagiertesten Propagandisten und Verteidiger Machscher Ideen in der Sozialdemokratie wurde. Machs progressive Anschauungen sowie eine antiklerikale und zum Atheismus tendierende Haltung haben dazu beigetragen, dass die österreichische Ministerialbürokratie lange Zeit Bemühungen ignorierte, Machs Prager Professur gegen einen Lehrstuhl an der Wiener Universität zu tauschen. Erst im Sommer 1895 gelang es Mach und seinen politischen wie wissenschaftlichen Freunden in Wien, eine Berufung an die hauptstädtische Universität durchzusetzen – allerdings erhielt er keinen Ruf als Physiker, sondern übernahm die neugeschaffene Professur für »Philosophie, insbesondere Geschichte und Theorie der induktiven Wissenschaften«. Damit wurde auch nach außen hin jener Änderung im Interessenprofil Machs Rechnung getragen, die den Gelehrten in den letzten Prager Jahren zunehmend auf erkenntnistheoretische, philosophische und wissenschaftshistorische Probleme orientiert hatte. Auch wenn sein Wirken als Universitätslehrer durch einen 1898 erlittenen Schlaganfall schon bald ein jähes Ende fand, erlangte Mach in seinen beiden letzten Lebensjahrzehnten eine Öffentlichkeit, die ihn nicht nur als Physiker bei Fachkollegen, sondern in breiten Intellektuellenkreisen populär werden ließ. Man sah in Mach einen Mann, der – gestützt auf die damals unangefochtene Autorität der Naturwissenschaften – wie kein zweiter imstande war, mit seinen philosophischen und wissenschaftstheoretischen Auffassungen der Fîn-de-Siècle-Stimmung der Wiener Intelligenz einen integrativen, für alle ihre Schichten von der literarischen Bohéme bis zu den Ingenieuren und Technikern verständlichen Ausdruck zu verleihen. Auch nachdem er im Jahre 1901 offiziell von seiner Professur zurückgetreten war, fand seine wissenschaftliche und publizistische Tätigkeit eine fast ungebrochene Fortsetzung. Kurz vor Ausbruch des Ersten Weltkriegs zog sich Mach zu seinem Sohn Ludwig zurück, in dessen Haus in Vaterstetten bei München er starb.

Überblickt man Machs wissenschaftliches Lebenswerk, so gliedert es sich in drei große Komplexe – Physik, Sinnesphysiologie/Psychologie und Philosophie, Methodologie und Wissenschaftsgeschichte. Alle drei Forschungsgegenstände stehen nicht beziehungslos nebeneinander, sondern sind eng miteinander verknüpft und haben sich vielfach wechselseitig angeregt; sie sind überdies in allen Schaffensperioden in irgendeiner Form nachweisbar. Ausgangspunkt und Grundlage für sein Schaffen war und blieb jedoch die Physik, wo er auch seine bedeutendsten und unumstrittensten Leistungen vollbracht hat.

Untersuchungen an schnell fliegenden Projektilen

Machs Experimentaluntersuchungen über Erscheinungen an schnell fliegenden Projektilen, die er seit den frühen achtziger Jahren in seinem Prager Physikinstitut durchführte, waren wissenschaftliche Pionierleistungen. Angeregt durch einen Vortrag des belgischen Ballistikers Louis Mesens, der behauptet hatte, dass »Projektile von hoher Geschwindigkeit Massen von verdichteter Luft vor sich herführen«, versuchte er diese Luftverdichtungen sichtbar zu machen. Hierzu entwickelte er eine Versuchsanordnung, die die Möglichkeiten der Toeplerschen Schlierenmethode und der Momentfotografie miteinander kombinierte. Dabei knüpfte er methodisch an seine vorangegangenen optisch-akustischen Versuche, die u. a. zur Weiterentwicklung der stroboskopischen Methode (stroboskopische Selbstregulierung) geführt hatten, sowie an Untersuchungen über die so genannten Antolikschen Staubfiguren an. Nach anfänglichen Misserfolgen gelangen ihm im Sommer 1886 die ersten fotografischen Momentaufnahmen von Überschallgeschossen und dem von ihnen mitgeführten Verdichtungskegel in der Luft – diese werden heute als ‚Machsche Kegel' bezeichnet. Weiterführende Versuche unternahm Mach dann nicht nur in seinem Prager Labor, sondern auch auf dem Schießplatz der Firma Krupp in Meppen sowie in der k. u. k. Marineakademie von Fiume (Rijeka/Kroatien).

Bei seinen Experimenten wurde Mach frühzeitig von seinem Sohn Ludwig assistiert, der sein engster Mitarbeiter wurde. Zu den Ergebnissen dieser Zusammenarbeit gehört u. a. das so genannte Mach-Zehender-Interferometer (1892), das die unvollkommene Schlieren-Methode ersetzte und in Physik und Technik bis heute Anwendung findet. Mit dieser neuen Messmethodik konnte nicht nur die Versuchstechnik sehr viel zuverlässiger gestaltet werden, sondern es ließen sich auch aus den Interferenz-Diagrammen bedeutend mehr und präzisere Informationen über die Strömungsfelder schnell fliegender Projektile und andere Überschallphänomene gewinnen; beispielsweise konnte Mach mit relativ großer Genauigkeit die Verdichtung der Luft in der Umgebung des fliegenden Geschosses bestimmen. Es zeigte sich, dass die Luft an der Front einer Stoßwelle um den Faktor 50 verdichtet wird. Darüber hinaus konnte Mach zeigen, dass der Luftwiderstand eines Überschallobjektes speziellen Abhängigkeiten – so von der Ausprägung der Kopf- und Schwanzwelle – unterliegt.

Dies waren Pionierleistungen auf dem Gebiet der Gasdynamik, lagen doch bisher kaum gesicherte und experimentell verifizierte Erkenntnisse über das Strömungsverhalten von Geschossen und anderen schnell fliegenden Objekten vor. Erwähnung verdient ebenfalls, dass Mach und seine Mitarbeiter auch schon das Grundprinzip ihrer ballistischen Experimente umgekehrt haben und 1889/90 in zahlreichen Versuchen Luft mit Überschallgeschwindigkeit aus einem Druckbehälter entweichen und gegen verschiedene Probekörper strömen ließen. Obwohl diese Experimente keine genaue Umkehr der Projektilversuche darstellten, zeigten sich auch hier typische Überschallphänomene – beispielsweise wurden die Luftstrahlen von charakteristischen Linien durchzogen, die man zunächst als stationäre Wellen deutete. Mach erkannte jedoch sehr schnell, dass dies ebenfalls Verdichtungswellen waren, ähnlich den Kopfwellen bei Überschallgeschossen. Diese Machschen Versuche nahmen nicht nur – zumindest implizit – das Prinzip des Überschall-Windkanals vorweg, sie schlagen auch eine Brücke zu den Arbeiten von L. ↗ Prandtl, dem Klassiker der modernen Gas- und Aerodynamik.

Mach hat aber auch schon unter seinen unmittelbaren Zeitgenossen mit seinen ballistischen und gasdynamischen Forschungen wegweisend gewirkt. Für C. ↗ Cranz, Begründer der modernen Ballistik, wurden die Machschen Arbeiten zum Ausgangspunkt und Vorbild der eigenen Forschungen auf diesem Gebiet. Nach einem Besuch bei Mach in Wien schrieb er diesem enthusiastisch: »Längst sehe ich eine meiner hauptsächlichsten Lebensaufgaben darin, Ihre schönen Methoden für die Praxis zu verwenden ... eine größere Verehrung und Anerkennung findet der Name Mach wohl nirgendwo als in den Militärkreisen, wo Ihre elektrische Momentfotografie jetzt recht viel zu Geschoß- und Waffen-Untersuchungen praktisch verwendet wird.« Höhepunkt der Cranzschen Arbeiten war die Weiterentwicklung der Machschen ballistischen Funkenfotografie zur Funkenkinematografie, als deren Krönung die so genannte Cranz-Schardinsche Zeitlupe anzusehen ist.

Hatte Mach seine ballistischen Untersuchungen im reifen Alter, als angesehener Physikprofessor der Prager Universität, durchgeführt, so datieren seine ersten bedeutenden wissenschaftlichen Leistungen als Physiker schon Jahrzehnte früher. Bereits kurz nach Abschluss seines Studiums hatte er klärend in die zeitgenössische Diskussion um die Gültigkeit des Doppler-Effekts eingegriffen und in einer brillanten Analyse auf die existierenden Missverständnisse und Unklarheiten hingewiesen. Gleichzeitig hatte er zur experimentellen Prüfung des Effekts einen speziellen Apparat konstruiert, womit sich erstmals im Laborversuch die Richtigkeit der Doppler-Formel für die akustische Tonhöhenänderung nachweisen ließ. Bei seinen Untersuchungen kam er auch auf die Idee, den Doppler-Effekt zur spektroskopischen Bestimmung der Relativgeschwindigkeit von Fixsternen zu nutzen; auch wenn diese Idee bei Machs Zeitgenossen keine Resonanz fand, gehört Mach dennoch zu den Wegbereitern der modernen Spektralastronomie, da sein Vorschlag Jahrzehnte später durch die Arbeiten von E. Ch. ↗ Pickering und H. C. ↗ Vogel in der Astrophysik breite Anwendung fand.

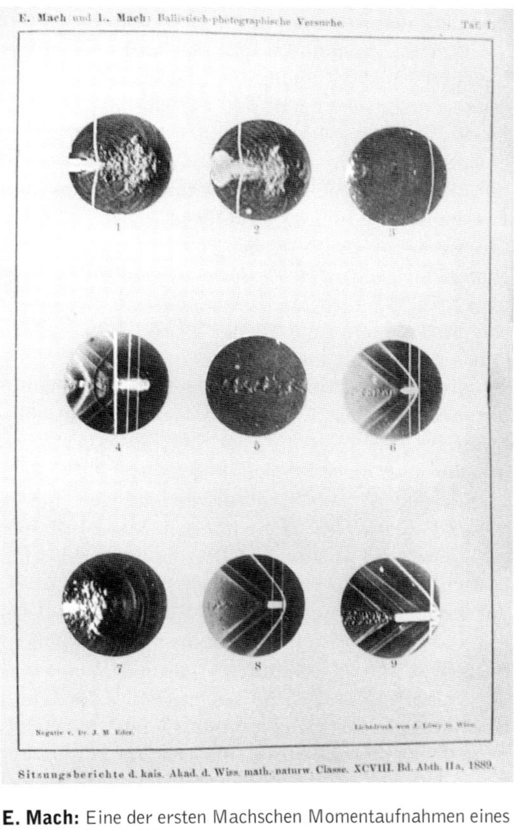

E. Mach: Eine der ersten Machschen Momentaufnahmen eines fliegenden Projektils.

Sinnesphysiologie

Als ein begabter und ideenreicher Experimentator zeigte sich Mach auch bei seinen sinnesphysiologischen Studien, die seine wissenschaftliche Jugendliebe und den Schwerpunkt seiner Forschungen bis weit in die siebziger Jahre hinein bildeten. Begonnen hatte er damit als junger Privatdozent in Wien (1863/64), wobei ihn einerseits das Programm der »Psychophysik« von G. ↗ Fechner, die Sinneswahrnehmungen messend zu analysieren, andererseits das Vorbild der bedeutenden Wiener Physiologen E. v. ↗ Brücke und C. ↗ Ludwig angeregt hatten; nicht zuletzt zwangen ihn auch seine beschränkten finanziellen Mittel zu solchen Forschungen, denn in der Sinnesphysiologie konnte man damals noch an vorderster Forschungsfront mit relativ bescheidenen materiellen und apparativen Hilfsmitteln auskommen.

Seine bedeutendste Leistung auf diesem Gebiet vollbrachte er mit der Entdeckung der so genannten Mach-Bänder. Ihm war aufgefallen, dass an rotierenden weißen Scheiben, auf denen schwarze Keile mit Knickstellen aufgezeichnet waren, die sich von außen zum Zentrum hin verjüngten, Erscheinungen auftraten, die er spontan als »ein allgemeines Gesetz der physiologischen Optik« erkannte: »Überall, wo die Lichtintensitätskurve einer beleuchteten Fläche ... eine gegen die Abscissenaxe concaven oder convexen Knick hat, erscheint die betreffende Stelle heller, beziehungsweise dunkler als die Umgebung«. Entlang der Hell-Dunkel-Grenze erscheint also der helle Teil etwas heller und der dunkle etwas dunkler als die jeweilige Umgebung. Dies bedeutet, ein graues Feld erscheint auf einem

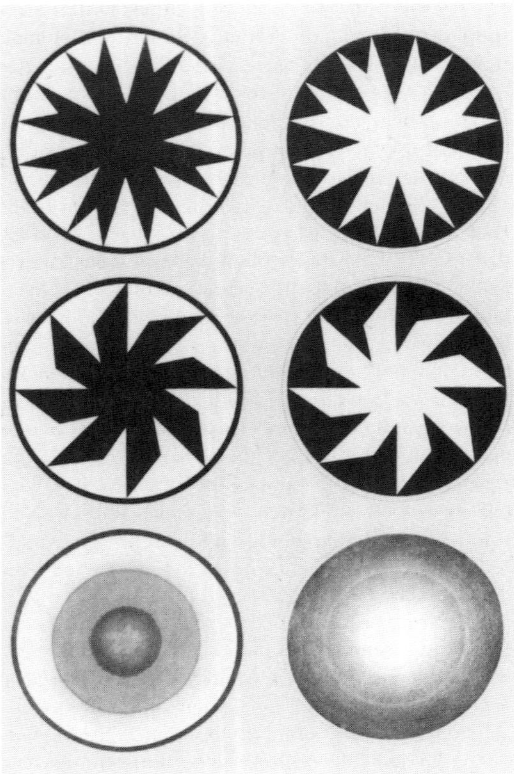

E. Mach: Machsche Bänder

weißen Hintergrund dunkler als auf schwarzem Grund. Dieses Phänomen der Kontrastverschärfung bzw. die Hemmung oder Verstärkung der Wahrnehmung von Lokalreizen durch Umgebungsreize spielt heute in den verschiedensten Bereichen der Sinneswahrnehmung eine wichtige Rolle und wird u. a. in der Computergrafik genutzt.

Ein anderer wichtiger Gegenstand seiner sinnesphysiologischen Forschungen waren die insbesondere in Prag ausgeführten Studien zu den Bewegungsempfindungen und speziell über den Gleichgewichtssinn. Systematische Drehversuche mit Menschen auf einem speziell für diese Zwecke konstruierten Drehstuhl, der eine große Ähnlichkeit mit den modernen Trainingsgeräten für Kosmonauten hat, führten ihn zu der wichtigen Entdeckung, dass der Mensch nur für die beschleunigte, nicht aber für die gleichförmige Drehbewegung ein Sinnesorgan besitzt. Dieses Sinnesorgan konnte Mach in den Bogengängen des Innenohrs lokalisieren, wobei wenig später und unabhängig von ihm auch Josef Breuer in Wien und A. C. ↗ Brown in Edinburgh dieselbe Entdeckung gelang.

Mach hat seine sinnesphysiologischen Forschungen zu einer allgemeinen Sinneslehre zusammenzufassen gesucht, in die er neben den Ergebnissen seiner fachwissenschaftlichen Forschungen eine Fülle erkenntnistheoretischer und philosophischer Überlegungen einbrachte. Die 1886 erschienene, aber bereits Ende der 60er-Jahre in wichtigen Teilen abgeschlossene Monographie *Beiträge zur Analyse der Empfindungen* markiert so nicht nur einen gewissen Abschluss seiner physiologischen Studien, sondern ist gleichzeitig ein Schlüsseldokument für seine beginnende philosophische und erkenntnistheoretische Profilierung. Im Übrigen findet man dort auch Beobachtungen und Überlegungen, die Mach als einen Vorläufer der evolutionären Erkenntnistheorie und psychologischen Gestalttheorie ausweisen – so prägte er mit Blick auf Invarianzen bei Wahrnehmungs- und Erkennungsvorgängen den Gestalt-Begriff.

Kritik der Newtonschen Mechanik

Machs grundsätzliches Interesse am Verhältnis von Physischem und Psychischem bildete auch ein wichtiges Motiv für seine kritisch-historischen Analysen der Entwicklung des physikalischen Denkens, die er in den drei Monographien *Die Mechanik in ihrer Entwicklung* (1883), *Die Principien der Wärmelehre* (1896) und *Die Principien der physikalischen Optik* (1921) niederlegte – allein schon die Themenauswahl weist auf sinnesphysiologische Bezüge hin und darf als programmatisch gewertet werden.

Unter den genannten drei Büchern kommt der Mechanik unzweifelhaft das größte Gewicht zu. Dies weniger deswegen, weil es wohl Machs populärstes Werk ist – allein zu seinen Lebzeiten erfuhr es sieben Auflagen –, sondern vor allem, weil es u. a. für die intellektuelle Entwicklung Einsteins und dessen Begründung der Allgemeinen Relativitätstheorie von großer Bedeutung war. »Was nun Machs Einfluß auf meine Entwicklung anlangt, so ist er sicher groß gewesen«, bekannte Einstein gegenüber seinem Studienfreund Michel Besso.

In seiner Mechanik lieferte Mach sowohl eine instruktive Darstellung der Entwicklungsgeschichte der mechanischen Theorie von der archimedischen Statik bis zur Vollendung der Newtonschen Mechanik durch J.-B. le Rond d'↗ Alembert, J. L. ↗ Lagrange und W. R. ↗ Hamilton als auch eine fundamentale Kritik des Newtonschen Masse-, Raum- und Bewegungskonzeptes. Bei dieser Kritik ging es ihm insbesondere darum, all jene Begriffe aus der Mechanik, ja der gesamten Physik zu eliminieren, die über die sinnliche Erfahrung hinausgehen. Sie sollten durch Größen der Erfahrung ersetzt werden. So verwarf er u. a. die Newtonsche Massedefinition (Produkt aus Volumen und Dichte) als Zirkelschluss, da die Dichte ja nur als Verhältnis von Masse und Volumen definiert werden könne. Durch eine neue, erfahrungsnahe Definition – »Körper von gleicher Masse nennen wir solche, welche aufeinander wirkend sich gleiche entgegengesetzte Beschleunigungen erteilen« – versuchte er nicht nur, dieses Problem zu lösen, sondern er meinte, damit zugleich das zweite und dritte Newtonsche Axiom ersetzt zu haben und die gesamte Mechanik konsequent mit Hilfe beobachtbarer und durch Experimente prüfbarer Begriffe neu begründen zu können. Das erste Newtonsche Axiom, das Trägheitsgesetz, war für ihn eine von G. ↗ Galilei »erschaute« Tatsache, die lediglich noch exakt zu formulieren sei (»Machsches Prinzip«).

Zentraler Punkt der Machschen Kritik war die Auseinandersetzung mit den Newtonschen Vorstellungen vom absoluten Raum und der absoluten Zeit sowie mit dem sich daraus ergebenden Begriff der absoluten Bewegung. Nach Mach kann »über die absolute(n) Bewegung(en) ... niemand etwas aussagen, sie sind bloße Gedankendinge, die in der Erfahrung nicht aufgezeigt werden können. Alle unsere Grundsätze der Mechanik ... sind Erfahrungen über relative Lagen und Bewegungen der Körper ... Niemand ist berechtigt, diese Grundsätze über die Grenzen der Erfahrung hinaus auszudehnen« (*Analyse*, S. 252). Von diesem konsequent phänomenologischen Standpunkt ausgehend, kritisierte Mach dann auch den berühmten Eimerversuch, mit dem Newton zwei Jahrhunderte zuvor den Nachweis zu führen glaubte, dass die Erklärung von Trägheitskräften – z. B. der im Eimer auftretenden Zentrifugalkraft – eben die Existenz eines absoluten Raumes voraussetze. Im Gegensatz dazu meinte Mach, der Eimerversuch zeige lediglich, »daß die Relativdrehung des Wassers gegen die Gefäßwände keine merklichen Zentrifugalkräfte weckt, daß dieselben aber durch die Relativdrehung gegen die Masse der Erde und die übrigen Himmelskörper geweckt werden. Niemand kann sagen, wie der Versuch quantitativ und qualitativ verlaufen würde, wenn die Gefäßwände immer dicker und massiger, zuletzt mehrere Meilen dick würden« (*Analyse*, S. 256). Nach Mach sind beschleunigte Bewegungen also keine Absolut-, sondern Relativbewegungen, und das Trägheitsverhalten eines Körpers wird nicht nur durch dessen Masse und Bewegungszustand bestimmt, sondern es ist zudem noch von der Masse und Bewegung aller übrigen Körper des Universums abhängig, so dass ein sich in einem leeren Universum befindlicher Körper keine Trägheit aufweisen würde.

Einstein hat dann diesen Gedanken von der Relativität der Trägheit drei Jahrzehnte später bei der Ausarbeitung seiner Allgemeinen Relativitätstheorie aufgegriffen und zum so genannten »Machschen Prinzip« weitergeführt. Allerdings spielte das Machsche Prinzip in der Entwicklung der Allgemeinen Relativitätstheorie wie auch im Einsteinschen Selbstverständnis nur kurzzeitig eine Rolle. Schon 1921 hatte Einstein es wieder aufgegeben; gleichwohl war es in der Entstehungsphase der Allgemeinen Relativitätstheorie als leitender heuristischer Gedanke von zentraler Bedeutung, wie überhaupt Machs Kritik an den Grundlagen der Mechanik bei Einstein so etwas wie ein »Forschungsprogramm Allgemeine Relativitätstheorie« initiiert hatte.

Trotz solcher Meriten war die Haltung Machs zur Relativitätstheorie höchst zwiespältig: Nahm er diese Theorie noch im Jahre 1909 mit Vergnügen zur Kenntnis, so wies er in dem posthum erschienenen Vorwort zur *Optik* seine »Rolle als Wegbereiter der Relativitätstheorie« als ein Missverständnis zurück, da letztere ihm unerlaubt spekulativ erschien. Der Konstanzer Philosoph und Wissenschaftstheoretiker Gereon Wolters hat sogar auf der Grundlage detaillierter Quellenstudien gefolgert, dass dieses Vorwort von Machs ältestem Sohn Ludwig in Gemeinschaft mit H. ↗ Dingler in wesentlichen Punkten gefälscht worden sei.

Der Philosoph

Neben Machs Rolle in der Geschichte der Relativitätstheorie sind auch andere Teile seines vielseitigen Schaffens bis in die Gegenwart hinein ungewöhnlich kontrovers diskutiert worden. Das Spektrum entsprechender Stellungnahmen reicht von bewundernder Zustimmung bis zum polemischen Verriss. Gegenstand der Kontroversen waren und sind insbesondere Machs philosophische und erkenntnistheoretische Ansichten, die sowohl bei Fachphilosophen und philosophierenden Naturwissenschaftlern als auch bei Literaten und Künstlern, ja selbst bei zeitgenössischen Politikern ungewöhnlich große Aufmerksamkeit erregten. So feierte die Avantgarde des literarischen Impressionismus Machs Weltanschauung als die »Philosophie des Impressionismus« (Hermann Bahr), wählte Robert Musil die Auseinandersetzung mit Machs Philosophie zum Gegenstand seiner Dissertation (Berlin 1908), und auch andere zeitgenössische Schriftsteller – von Peter Altenberg bis Arthur Schnitzler – wurden von Mach unmittelbar beeinflusst, sahen vor allem in den Subjekt-Objekt-Überlegungen des Empiriokritizismus eine Bestätigung der eigenen literarischen Ambitionen.

Unmittelbar nach Machs Tod griff der logische Empirismus in Gestalt des »Wiener Kreises« wichtige Motive des Machschen Denkens auf – so den empiristischen Grundzug, die Orientierung auf das »Gegebene«, die Offensive gegen die »Metaphysik« – und gab seinem institutionellen Rahmen den programmatischen Namen »Verein Ernst Mach«. Neben Einstein sind auch viele andere Naturwissenschaftler durch Machs historisch-erkenntnistheoretische Werke geprägt worden – zu ihnen zählen z. B. W. ↗ Heisenberg und W. ↗ Pauli, dessen Taufpate

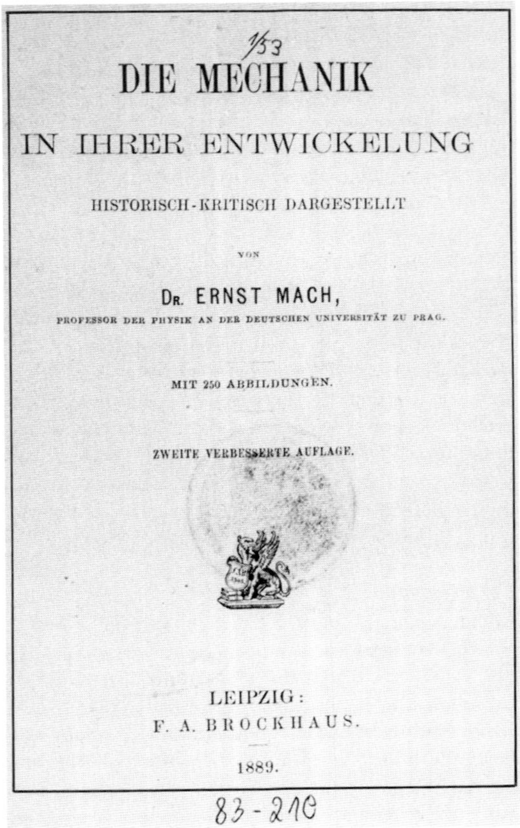
1/53

DIE MECHANIK

IN IHRER ENTWICKELUNG

HISTORISCH-KRITISCH DARGESTELLT

VON

DR. ERNST MACH,

PROFESSOR DER PHYSIK AN DER DEUTSCHEN UNIVERSITÄT ZU PRAG.

MIT 250 ABBILDUNGEN.

ZWEITE VERBESSERTE AUFLAGE.

LEIPZIG:
F. A. BROCKHAUS.

1889.

83-210

E. Mach: Titelfaksimile von Machs bekanntester und 1883 in erster Auflage erschienener Schrift *Mechanik*

zudem Mach war. Machs erkenntnistheoretischer Grundsatz, dass nur Aussagen über grundsätzlich beobachtbare Vorgänge sinnvoll seien, war zumindest eine heuristische Leitidee für Heisenbergs Forderung nach Verwendung beobachtbarer Größen in der Quantenmechanik. Auf der anderen Seite stehen die konsequenten Mach-Gegner, die vom Begründer der Quantentheorie, M. ↗ Planck, bis zum politischen Führer der russischen Oktoberrevolution und führenden zeitgenössischen Theoretiker des Marxismus, Wladimir Iljitsch Lenin, reichen.

Obgleich Mach kein philosophisches System entwickeln wollte, beließ er es – anders als viele seiner bedeutenden naturwissenschaftlichen Zeitgenossen – nicht bei gelegentlichen philosophischen Reflexionen, sondern er verfasste mehrere Werke, die vorzugsweise philosophische Themen behandelten. Neben seiner *Analyse der Empfindungen* ist hier vor allem *Erkenntnis und Irrtum* (1905) zu nennen. Darüber hinaus verfasste er philosophisch-methodologisch orientierte Vorträge und Abhandlungen für einen breiten Interessentenkreis. Seine schon erwähnten historisch-kritischen Schriften zur Geschichte der Mechanik, Wärmelehre und Optik enthalten Kapitel explizit philosophischen Charakters. Entscheidend ist jedoch nicht die Quantität seines Philosophierens, sondern die Tatsache, dass er über ein philosophisches System verfügte, das eine in sich geschlossene Antwort auf philosophische Grundfragen gab und weit eher als eine Philosophie bezeichnet werden kann als etwa der »Energetismus« seines Zeitgenossen W. ↗ Ostwald. Obwohl Mach die Bezeichnung »Positivismus« ablehnte, kann sein Standort philosophiehistorisch in die Entwicklungslinie des Positivismus eingeordnet werden.

Bei der Bewertung der Machschen Philosophie verdient ebenfalls Erwähnung, dass sein biologisch-bedürfnisbezogenes Bild der menschlichen Tätigkeit in eine an J.-B. ↗ Lamarck und Ch. ↗ Darwin orientierte evolutionstheoretische Konzeption eingebettet ist. In diesem in seinem Spätwerk *Kultur und Mechanik* kulminierenden Konzept, an das de facto auch die heutige evolutionäre Erkenntnistheorie anknüpft, wird in beträchtlicher Breite der Gedanke entwickelt, dass die Wissenschaft selbst mit Notwendigkeit in der geschichtlichen Praxis wurzelt und aus ihr hervorgegangen ist. Das ist eine – von seinem Kritiker Lenin übrigens weitgehend übersehene – Linie im Machschen Denken, die dem marxistischen Ansatz verwandt ist.

Werk(e):

Optisch-Akustische Versuche (1872); Grundlinien der Lehre von den Bewegungsempfindungen (1875); Die Mechanik in ihrer Entwicklung historisch-kritisch dargestellt (1883;1988); Die Analyse der Empfindungen (1886; 1985); Grundriß der Naturlehre für die unteren/oberen Classen der Mittelschule (1887/1891); Principien der Wärmelehre (1896; 1981); Populär-Wissenschaftliche Vorlesungen (1896; 1987); Erkenntnis und Irrtum (1905); Kultur und Mechanik (1915); Die Principien der physikalischen Optik (1921); Arbeiten über Erscheinungen an fliegenden Projektilen (hrsg. von J. Thiele, 1966); J. Thiele (Hrsg.): Wissenschaftliche Kommunikation. Die Korrespondenz E. Machs (1974); Blackmore, J. und Hentschel, K. (Hrsg.): E. Mach als Außenseiter. Machs Briefwechsel über Philosophie und Relativitätstheorie mit Persönlichkeiten seiner Zeit (1985).

Sekundär-Literatur:

Henning, H.: E. Mach als Philosoph, Physiker und Psychologe (1915); Symposium aus Anlaß des 50. Todestages von E. Mach, hrsg. vom E.-M.-Institut (1966). Blackmore, J.: E. Mach. His work, life and influence (1972); Diersch, M.: Empiriokritizismus und Impressionismus (1977); Sommer, M.: Evidenz im Augenblick. Eine Phänomenologie der reinen Empfindungen (1987); Haller, R. und Stadler, F. (Hrsg.): E. Mach. Werk und Wirkung (1988); Hoffmann, D. und Laitko, H. (Hrsg.): E. Mach. Studien und Dokumente zu Leben und Werk (1991); Blackmore, J. (Hrsg.): E. Mach. A Deeper Look (1992); Hoffmann, Chr. und Berz, P. (Hrsg.): Über Schall. Ernst Machs und Peter Salchers Geschoßfotografien (2001);

Maclaurin, Colin,
schottischer Mathematiker,
* Febr. 1698 Kilmodan,
† 14. 6. 1746 Edinburgh.

Maclaurin war einer der führenden Mathematiker des 18. Jahrhunderts und Verbreiter der Newtonschen Infinitesimalrechnung.

Nach dem Studium an der Universität Glasgow lebte Maclaurin drei Jahre zurückgezogen als Privatgelehrter, bis er im August 1717 Professor für Mathematik am berühmten Marischal College der Universität von Aberdeen wurde. Seine wissenschaftlichen Veröffentlichungen in den Philosophical Transactions machten ihn schnell bekannt, sodass er schon 1719 in die Royal Society gewählt wurde. 1722 nahm er den Auftrag von Lord Polwarth wahr und begleitete dessen Sohn auf einer ausgedehnten Studienreise nach Frankreich. Dort lernte er französische Mathematiker kennen und veröffentlichte eine Schrift über Stöße bei Körpern, wofür er den Preis der französischen Akademie der Wissenschaften erhielt.

Nach Schottland zurückgekehrt, wurde er auf I. ↗ Newtons Empfehlung 1725 Professor an der Universität von Edingburgh. 1733 heiratete er Anne Stewart. Aus dieser Ehe gingen 7 Kinder hervor. In die Kämpfe 1745 in Schottland um den Kronprätendenten Karl Eduard aus dem Hause Stuart, der dem englischen König Georg II aus dem Hause Hannover die Krone streitig machte, verwickelt, musste er nach York fliehen, wo er sich unter den Schutz des Erzbischofs stellte. 1746, kurz nach seiner Rückkehr nach Edinburgh, starb er.

Maclaurins erste wichtige Veröffentlichung war sein Buch *Geometria Organica* (1720), welches er als Neunzehnjähriger schrieb. Dieses Werk behandelt die Theorie ebener algebraischer Kurven. Das wichtigste Einzelergebnis ist der Satz, dass die Anzahl von Doppelpunkten einer irreduziblen Kurve von n-ter Ordnung höchstens $^1/_2\ (n-1)(n-2)$ beträgt. In diesem Buch wird auch die für die Kurventheorie wichtige Maclaurinsche Trisektrix, eine Kurve dritter Ordnung mit einem Doppelpunkt, behandelt.

Maclaurins Hauptwerk ist jedoch das zweibändige *Treatise of Fluxions* (1742), wohl das tiefste und umfangreichste Werk über Differential- und Integralrechnung zu dieser Zeit. L. ↗ Eulers Integralrechnung erschien erst 26 Jahre später. Im 1. Band werden die Grundlagen der Newtonschen Fluxionenrechnung nach der alten geometrisch-synthetischen Methode behandelt. Er wollte damit dem Einwand von Kritikern, vor allem des Bischofs Berkeley, begegnen und die gesamte Fluxionenrechnung auf eine sichere Grundlage stellen, was aber die Ausführungen sehr schwerfällig und umständlich macht.

Im wichtigeren 2. Band steht die berühmte Maclaurinsche Reihe

$$f(x) = f(0) + \frac{1}{1!}x\,f'(0) + \frac{1}{2!}x^2 f''(0) + \dots$$

einer unendlich oft differenzierbaren Funktion $f(x)$. Sie ist scheinbar nur der Spezialfall der Taylorreihe an der Stelle Null, aber in Wirklichkeit zur Taylorreihe äquivalent. Mit Hilfe dieser Reihen leitete er seine berühmte Summenformel her, die allerdings kurz vorher schon Euler veröffentlicht hatte. Weiterhin gewann er mit Hilfe seiner Reihe hinreichende Kriterien für Maxima und Minima von Funktionen, die weiterreichen als die bisher bekannten. Zu fast allen bekannten elementaren transzendenten Funktionen wird die zugehörige Maclaurin-Reihe angegeben, so etwa für

$$\log(1-x) = -x - \frac{x^2}{2} - \frac{x^3}{3} - \dots \qquad \text{oder}$$

$$\arctan x = x - \frac{x^3}{3} + \frac{x^5}{5} - + \dots$$

Viele weitere bekannte und neue Ergebnisse werden gebracht. So wird u. a. ein vollständiger Bericht des Brachystochronen-Problems gegeben. Der letzte Teil des 2. Bandes enthält die Integralrechnung. Maclaurin berechnete Volumen und Oberflächen von Drehkörpern und benutzte dabei schon eine elementare Form der Mehrfachintegration.

Das dritte und letzte wichtige Werk *A treatise of algebra* erschien posthum 1748 und erlebte viele Auflagen (6. Aufl. 1796). [MR2]

Sekundär-Literatur:

Tweedie, G.: A Study of the Life and Writings of Colin Maclaurin, Mathematical Gazette 8 (1915, 1916); Turnbull, H. W.: Bicentenary of the Death of Colin Maclaurin (1951).

Macquer, Pierre Joseph,
französischer Chemiker,
* 9. 10. 1718 Paris,
† 15. 2. 1784 Paris.

Macquer hat durch seine wissenschaftlichen Publikationen und chemisch-gewerblichen Forschungen maßgeblich an der Entwicklung der Chemie zur klassischen Naturwissenschaft mitgewirkt.

Als Sohn adliger schottischer Eltern studierte Macquer an der Universität in Paris Medizin und arbeitete danach ab 1742 als Arzt. Nebenher besuchte er die populären Chemievorlesungen von Guillaume Rouelle am Jardin du Roi. 1752 war er für ein Jahr Professor der Pharmazie an der medizinischen Fakultät der Sorbonne und hielt ab 1757, später gemeinsam mit A. ↗ Baumé, Kurse in einer von beiden gegründeten privaten chemisch-pharmazeutischen Lehranstalt ab. 1751 wurden Macquer als wissenschaftlicher und der 33 Jahre ältere Jean Hellot als technischer Berater an die Porzellanmanufaktur von Sèvres berufen, deren Direktor Macquer 1766 wurde. Im selben Jahr übertrug man ihm auch die Verantwortung als Gouvernementsinspektor für die Färbereiindustrie. 1771 wurde er als Professor für Chemie am Pariser Jardin du Roi berufen. Macquer war mit 27 Jahren eines der jüngsten Mitglieder der französischen Akademie.

Macquer war Anhänger der Phlogistontheorie. Er teilte die Säuren in mineralische, vegetabilische und animalische ein, korrigierte und erweiterte 1749 die von Etienne François Geoffroy 1718–1720 entwickelte Affinitätstabelle und führte 1756 erstmals den Begriff chemische Verbindung für gemischte Körper ein. Macquer ist Autor eines der bedeutendsten französischen Chemielehrbücher des 18. Jahrhunderts. Sein »Dictionnaire de chymie ...« erschien in mehreren Auflagen, wurde in mehrere Sprachen übersetzt und hatte großen Einfluss auf die Entwicklung der Chemie als experimentelle Naturwissenschaft. Macquers Forschungen waren immer auch auf die gewerbliche Anwendung orientiert. Durch seine Untersuchungen wurde 1765 in Frankreich erstmalig Kaolin bei der Porzellanherstellung eingesetzt und ab 1769 die Produktion des echten französischen Porzellans begonnen. Auf dem Gebiet der Färberei gelang es ihm, die herrschende physikalische Theorie von Hellot durch eine chemische zu ersetzen und neue Farbstoffe für textile Stoffe einzuführen. [WG2]

Werk(e):
Elémens de chymie théorique (1749); Elémens de chymie pratique, contenant la description des opèrations fondamentales de la Chymie (1751); Art de la teinture en soie (1763); Dictionnaire de chymie, contenant la théorie et la pratique de cette science (1766).

Sekundär-Literatur:
Coleby, J. M.: Chemical Studies of P. J. Macquer, G. Allen (1938); Ahlers, W. C.: Un chimiste du XVIIIe siècle: Pierre Joseph Macquer, 1718–1784 (1969).

Mädler, Johann Heinrich,
deutscher Astronom
* 29. 5. 1794 Berlin,
† 14. 3. 1874 Hannover.

Mädler zählte zu den bekanntesten und vielseitigsten Astronomen des 19. Jahrhunderts. Seine Forschungsthemen umfassen zahlreiche Probleme der klassischen Astronomie. Seine populärwissenschaftliche Bücher gehören zu den einflussreichsten Darstellungen astronomischer Forschungsergebnisse seiner Zeit.

Mädler, der seine beiden Eltern bereits im Alter von 19 Jahren verlor, begann seine Laufbahn nach dem Besuch des Küsterschen Seminars in Berlin als Lehrer und gründete 1919 eine Privatschule. Nach der Gründung des »Königlichen Seminars für Stadtschullehrer« unter dem Direktorat von Friedrich Adolph Wilhelm Diesterweg wurde Mädler als »erster Schreiblehrer« Mitglied des Lehrerkollegiums dieser bedeutenden Bildungsstätte.

Sein schon früh erwachtes Interesse für Astronomie entwickelte sich erst in der Zusammenarbeit mit dem Berliner Bankier W. ↗ Beer, der im Jahre 1828 in Berlin eine Privatsternwarte errichtete. Hier begann Mädler gemeinsam mit Beer um 1830 mit umfangreichen Beobachtungsserien des Mondes, die von Anbeginn eine große Mondkarte zum Ziel hatten. In etwa 600 Beobachtungsnächten entstanden insgesamt 104 Zeichnungen des Formats 28 cm x 20,5 cm, die zu je 26 Blättern für die vier Sektionen des sichtbaren Teils der Mondoberfläche zusammengefasst wurden und als *Mappa Selenographica* 1834/36 publiziert wurden. Sie stellte eine Spitzenleistung der Topographie des Mondes ihrer Zeit dar. In Weiterführung dieser Arbeit entstand 1837 das Standardwerk *Der Mond nach seinen kosmischen und individuellen Verhältnissen*. Mit seinen Arbeiten zur Mondtopographie, aber auch mit sorgfältigen Beobachtungen der Planeten Mars, Merkur, Venus und anderer Objekte des Sonnensystems errang Mädler rasch den Ruf eines ausgezeichneten Astronomen, obwohl er auf diesem Gebiet niemals eine akademische Ausbildung absolviert hatte. Eines seiner späteren Hauptarbeitsgebiete, die Doppelsterne, rückte ebenfalls bereits während der Berliner Jahre in das Zentrum seiner Aufmerksamkeit. Nach dem Neubau der Berliner Sternwarte unter dem Direktorat von J. F. ↗ Encke zählte Mädler zu den Mitarbeitern dieser Institution. Damals entstand auch seine später in immer neuen Auflagen erschienene populäre Darstellung *Der Wunderbau des Weltalls*.

Im Jahre 1840 wurde Mädler zum Professor der Astronomie an der Universität Dorpat (heute Tartu, Estland) berufen und übernahm gleichzeitig die Leitung der dortigen Universitätssternwarte. Hier setzte er seine umfangreichen Beobachtungen der Planeten Mars, Venus, Uranus und anderer Objekte des Sonnensystems fort und widmete sich besonders intensiv und erfolgreich der Vermessung von Doppelsternen. Aus seinen stellarastronomischen Untersuchungen schloss Mädler, dass es keinen massiven Zentralkörper des Milchstraßensystems gäbe. Zu den weiteren Themenfeldern seiner Untersuchungen gehörten die Eigenbewegungen der Fixsterne, die Bewegung der Sonne im Milchstraßensystem sowie auch die Frage der Existenz von supermassiven Körpern, deren Masse möglicherweise die Aussendung von Lichtwellen verhindern könnte. Viele von Mädlers Resultaten lösten einen fruchtbaren Meinungssteit unter seinen Kollegen aus. Mädler setzte sich auch lebhaft für die Verbreitung astronomischer Kenntnisse in der Bevölkerung sowie für die Einführung eines speziellen Unterrichtsfaches Astronomie an den Schulen ein.

Im Jahre 1865 beendete er seine Tätigkeit in Estland und ging nach Deutschland zurück, wo er sich vor allem mit der historischen Entwicklung der Astronomie beschäftigte. 1873 brachte er seine *Geschichte der Himmelskunde* heraus. [DBH]

Werk(e):
Mappa Selenographica (1834-1836); Der Mond nach seinen kosmischen und individuellen Verhältnissen (1837); Geschichte der Himmelskunde (1873).

Sekundär-Literatur:
Eelsalu, H. und Herrmann, D. B. (unter Mitwirkung von J. Hamel): Johann Heinrich Mädler (1794–1874). Eine dokumentarische Biographie (1985). Dort Bibliographie der wissenschaftlichen Publikationen Mädlers sowie ausführlicher Nachweis von Sekundärliteratur und Archivalien.

Magendie, François,
französischer Mediziner und Physiologe,
* 6. 10. 1783 Bordeaux,
† 7. 10. 1855 Sannois (Seine-et-Oise/Frankreich).

Magendie wird als einer der Gründerväter der experimentellen Physiologie im 19. Jahrhundert gesehen. Er führte das in systematischer Form angewandte vivisektorische Tierexperiment als Erkenntnisquelle in die Physiologie ein und leistete bahnbrechende Arbeiten auf den Gebieten der Herz-/Kreislauf-, der Neuro- sowie der Stoffwechselphysiologie.

Magendie wurde als Sohn des Chirurgen Antoine Magendie und dessen Frau Marie Nicole de Perey in Bordeaux geboren. Sein Vater erzog ihn nach den Bildungsidealen Jean-Jacques Rousseaus. Ab 1798 studierte Magendie Medizin in Paris und konnte bereits vor seiner Promotion 1808 die Aufmerksamkeit seiner Lehrer, Alexis Boyer und François Chaussier, auf sich ziehen. Unter der Leitung Guillaume Dupuytrens widmete er sich der Herstellung anatomischer Unterrichtspräparate. Der Experimentalphysiologie, die später neben der experimentellen Pathologie und der Arzneimittellehre sein Hauptarbeitsgebiet ausmachte, widmete er sich zunächst in Privatkursen am Seminar von St. Nicolas de Chardonnet.

Schon 1803 absolvierte Magendie die Prüfungen für das Internat des hôpitaux und trat ins Hôpital Saint-Louis ein. 1811 berief man ihn in die Stellung eines Prosektors der Faculté de Médecine, eine Position, die er bis 1813 innehatte. Noch bis 1826 war er auf die Unterstützung seines Freunds Henri-Marie Husson angewiesen, um am Hôtel-Dieu Patienten sehen und behandeln zu können. Erst 1826 konnte er jedoch eine leitende Stellung als Arzt an der Salpétrière erlangen. 1831 folgte er Joseph Claude Anthelme Récamier auf den Lehrstuhl für experimentelle Medizin am Collège de France nach und war nun auf dem Höhepunkt seines wissenschaftlichen Erfolgs angelangt. Im Jahr 1836 wurde er schließlich zum Vizepräsidenten der Académie des Sciences ernannt.

Magendie wurde nicht müde, die Bedeutung der empirischen Beobachtung und die Anerkennung eigener Naturgesetze für die Physiologie einzufordern. Er berief sich dabei auf den Sensualismus Pierre Jean Georges Cabanis' sowie die axiomatische Darstellung der Physik durch I. ↗ Newton. Magendies Tierversuche galten nahezu der gesamten Physiologie: Bereits früh hatte er sich mit der Ernährungs- und Neurophysiologie auseinandergesetzt und die Wirkung einiger Gifte und Arzneimittel aufgeklärt. Er wies die unterschiedlichen Funktionen der Spinalnervenwurzeln nach und untersuchte die physiologische Bedeutung der Hirnnerven. Zusammen mit dem Physiker Jean-Léon Poiseuille widmete er sich ferner der Blutdruckmessung. Nicht nur durch seine Mitgliedschaft in der Académie des Sciences, sondern auch durch seine Schüler, wie C. ↗ Bernard, der ihn ab 1852 am Collège de France vertrat, oder H. ↗ Milne-Edwards, übte Magendie entscheidenden Einfluss auf die medizinische Grundlagenwissenschaft seiner Zeit aus. [FS]

Werk(e):
Quelques idées générales sur les phénomènes particuliers aux corps vivants (1809); Grundriss der Physiologie [1816-17, deutsche Übersetzung, hrsg. von K. Heusinger (1820)]; Vorschriften zur Bereitung und Anwendung einiger neuen Arzneymittel [1821, deutsche Übersetzung, hrsg. von G. Kunze (1826)]; Vorlesungen über das Nervensystem und seine Krankheiten [1840-41, deutsche Übersetzung, hrsg. von G. Krupp (1840-41)].

Sekundär-Literatur:
Olmsted, J. M. D.: François Magendie. Pioneer in Experimental Physiology and Scientific Medicine in XIX Century France (1944); Stahnisch, F.: Ideas in Action – Der Funktionsbegriff und seine methodologische Rolle im Forschungsprogramm des Experimentalphysiologen François Magendie, 1783–1855 (2003).

Magnus, Gustav Heinrich,
deutscher Chemiker und Physiker,
* 2. 5. 1802 Berlin,
† 4. 4. 1870 Berlin.

Der als Chemiker ausgebildete Magnus wurde ab etwa 1845 zur bestimmenden Persönlichkeit der Berliner Physik. Angesichts der in der Lehre noch unscharfen Abgrenzungen zwischen den naturwissenschaftlichen

Disziplinen verschob sich bei Magnus nicht zuletzt auch durch den Unterricht der Schwerpunkt der eigenen Aktivitäten von der Chemie zur Physik. In seinem Privatlaboratorium bot er Studenten die damals erst an wenigen Universitäten vorhandene Möglichkeit zum selbstständigen Experimentieren.

Nach dem einjährigen Militärdienst begann Magnus 1822 mit dem Studium an der Berliner Universität. Er besuchte chemische, physikalische und mathematische Veranstaltungen. Magnus hatte bereits fünf chemische Untersuchungen publiziert, als er 1827 mit einer Dissertation über das Element Tellur promovierte. Anschließend arbeitete er ein Jahr bei J. ↗ Berzelius in Stockholm. Anfang 1831 habilitierte sich Magnus an der Berliner Universität für Chemie und Technologie und begann außerdem an der Vereinigten Artillerie- und Ingenieurschule Physik zu unterrichten. Die Physik gehörte ab 1833 auch an der Universität zu seinem Lehrangebot. Im Jahr 1834 erhielt er ein Extraordinariat für Technologie.

Bei Aufnahme in die Berliner Akademie der Wissenschaften 1840 wurde er wissenschaftlich noch ausschließlich als Chemiker wahrgenommen. Im gleichen Jahr erwarb Magnus in der Nähe der Universität ein Haus, wo er sich einen eigenen Hörsaal sowie ein chemisches Laboratorium einrichtete. Ab 1842 bot er dort Studenten die Möglichkeit, wissenschaftliche Untersuchungen durchzuführen. Im April 1843 etablierte er mit einem physikalischen Kolloquium eine in Berlin neuartige Lehrveranstaltung, bei der aktuelle Publikationen diskutiert wurden. Hier fand sich auch der Kreis junger Wissenschaftler zusammen, die 1845 – unabhängig von Magnus – die Berliner Physikalische Gesellschaft gründeten.

Magnus war es gelungen, ab 1833 eine regelmäßige finanzielle Unterstützung des Staates für den Ankauf physikalischer Geräte zu erhalten. Daraus entwickelte sich ein physikalisches Kabinett, zu dessen Vorstand er 1842 ernannt wurde. Im Jahr 1845 erhielt Magnus ein Ordinariat für Technologie an der Berliner Universität, wobei die fachliche Zuordnung rein formal erscheint, da Magnus die Physik in Berlin bereits dominierte. Ab 1863 konnte er mit der Einrichtung eines physikalischen Laboratoriums und Anstellung eines Assistenten einen regelrechten Praktikums- und Forschungsbetrieb in seinem Haus anbieten. Den Studenten war es hier möglich, individuellen Interessen nachzugehen, da Magnus kein eigenes Forschungsprogramm vorgab, in das sie eingebunden wurden.

In der Arbeit von 1852 *Über die Abweichung der Geschosse* klärte er den später nach ihm benannten Effekt. Seine weitere physikalische Forschung widmete Magnus dann vor allem der Wärmelehre. So konnte er 1861 zeigen, dass Wärme in Gasen nicht nur durch Strömung, sondern auch durch Leitungsvorgänge transportiert wird. Die letzten Untersuchungen von Magnus galten der Wärmestrahlung.

Magnus war ein überzeugter Empiriker und lehnte spekulative Ansätze wie diejenigen der romantischen Naturphilosophie entschieden ab. Das bedeutete für ihn jedoch keine Geringschätzung theoretischer Ansätze, sofern sie nur eine empirische Verankerung besaßen. [SW]

Werk(e):

Ueber die Abweichung der Geschosse, Annalen der Physik 88 (1853), sowie als separate Broschüre: 1. Auflage (1852), 2. Auflage (1860); Ueber die Verbreitung der Wärme in Gasen, Annalen der Physik 112 (1861).

Sekundär-Literatur:

Hoffmann, D. (Hrsg.): Gustav Magnus und sein Haus (1995).

Maillet, Benoit de (Pseudonym: Telliamed, d. i. die Umkehrung von de Maillet), französischer Diplomat und Reisender, * 12. 4. 1656 Saint-Mihiel (Frankreich), † 30. 1. 1738 Marseille.

Maillet schrieb 1716 eine anti-biblische, neptunistische Abhandlung über die Entwicklung der Erde und beschrieb ausführlich Ägypten.

Maillet entstammte einem lothringischen Adelsgeschlecht und erhielt eine gute Ausbildung, ohne jedoch eine Universität besucht zu haben. Bis zu seinem 35. Lebensjahr liegt seine Biographie im Dunkeln. Ab 1692 stand er über dreißig Jahre im diplomatischen Dienst der französischen Könige. Maillet war von 1692 bis 1708 Generalkonsul Frankreichs in Ägypten, das er auf ausgedehnten Reisen erforschte und ausführlich Land, Leute und Sehenswürdigkeiten (z. B. die Pyramiden) beschrieb. Von 1712 bis 1717 war er Konsul in Leghorn und Livorno, 1717 bis 1720 Inspekteur französischer Besitzungen in der Levante. 1720 kehrte er hochgeehrt nach Marseille zurück, wo er sich zur Ruhe setzte.

Maillet kritisierte die biblische Schöpfungsgeschichte und war früher Autor einer materialistischen Entwicklungslehre der Erde und des Lebens. 1716 schrieb er das Buch *Telliamed, ou entretiens d'une philosophe indien avec un missionaire françois sur la diminution de la mer, la formation de la terre, l'origine de l'homme*, das ab 1720 in den Salons diskutiert, aber erst nach seinem Tode 1748 in Amsterdam gedruckt wurde. Es hatte seinerzeit großen Einfluss auf die Ideen der Erdentstehung und -entwicklung. Danach geht das Planetensystem zyklisch vom Zustand der glühenden Zentralsonne in den kalten Planetenzustand über. Die zunächst völlig von Wasser bedeckte Erde ließ an den Rändern des Urgebirges Sedimentgesteine entstehen. Aus überall im Kosmos vorhandenen Samen (Panspermie-Lehre) entstand im Meer das irdische Leben; durch Austrocknung der Meere wanderten die ursprünglichen Wasserlebewesen aufs Land, auch die Menschen. Organisches Material führte zu Erdbränden und Vulkanismus, was wiederum zum Übergang in den sonnenähnlichen Zustand des nächsten Zyklus führte. [PK]

Werk(e):
Telliamed, ou entretiens d'une philosophe indien avec un missionaire françois sur la diminution de la mer, la formation de la terre, l'origine de l'homme, hrsg. von J. A. Guer, 2 Bde. (1748); Zus. mit Mascrier, J. B. Le: Description de l'Egypte.

Sekundär-Literatur:
Neubert, F.: Einleitung in eine kritische Ausgabe von B. de Maillets Telliamed. Ein Beitrag zur Geschichte der französischen Aufklärungsliteratur (1920).

Maimonides, Moses (arab. Abu Imram Musa ibn Maimun, hebr. Moshe ben Maimon), jüdischer Philosoph, Arzt und Rabbiner, * 30. 3. 1135 Cordoba, † 13. 12. 1204 wahrscheinlich in Ägypten.

Maimonides ist der bedeutendste jüdische Denker des Mittelalters. Dies gilt sowohl für seine halachischen wie für seine philosophischen und medizinischen Arbeiten.

Maimonides stammte aus einer Gelehrtenfamilie, die nach der Einnahme von Cordoba durch die Almohaden (1148) zur Flucht genötigt wurde. Über Marokko kam die Familie nach Ägypten, wo sie sich in Fostat, Alt-Kairo, niederließ. Nach dem Tod des Vaters wandte Maimonides sich der Medizin zu. 1174 wurde er Hof-Arzt des Wiziers Al Fadil, der Ägypten regierte, während Sultan Saladin gegen die Kreuzritter in Palästina kämpfte. Nach dem Tode Saladins (1193) wurde er Leibarzt von dessen Sohn, Al Afdal Nur ad Din. Maimonides war daneben geistiges Oberhaupt der jüdischen Gemeinde in Ägypten. Im Alter von 38 Jahren verfasste er seine erste große Arbeit, einen Kommentar zur Mishnah; zehn Jahre später dann sein halachisches magnum opus, die *Mishneh Torah*. 1190 schließlich vollendete Maimonides sein philosophisches Hauptwerk, den *Führer der Unschlüssigen* (arab. Dalalat al-Ha'-rin, hebr. Moreh Nevukhim). Naturphilosophisch steht Maimonides in der aristotelischen Tradition der muslimischen Denker Ibn Bajja (↗ Avempace) und Al Farabi (↗ Alfarabius). Darüberhinaus schrieb Maimonides zehn medizinische Abhandlungen und ein Buch über die Logik.

Für Maimonides war es ein großes Problem, dass das Ptolemäische System nicht mit der Aristotelischen Physik kompatibel war. Die Epizyklen und exzentrischen Spähren, die von Astronomen angewendet wurden, verletzten nämlich einerseits das physikalische Prinzip von der gleichmäßigen und kreisförmigen Bewegung der Himmelskörper. Andererseits gaben die Astronomen unzweifelhaft mathematisch präzise Erklärungen für astronomische Beobachtungen. Maimonides selbst hielt sich mit einem eigenen Urteil zurück, da er das menschliche Erkenntnisvermögen für unzulänglich und begrenzt hielt. Aus dem gleichen Grund wendete er sich auch gegen die aristotelische Lehre der Ewigkeit der Welt. Trotz dieser Skepsis glaubte Maimonides an wissenschaftlichen Fortschritt, besonders auf mathematischem Gebiet. Spätere Philosophiehistoriker (Shlomo Pines) wollten in dieser skeptischen Haltung des Maimonides eine Vorwegnahme der kritischen Position I. ↗ Kants erkennen. Maimonides medizinische Arbeiten sind sehr mannigfaltig – zum Teil Auszüge aus griechischen Texten (↗ Galen), Arbeiten über die Gesundheit im Allgemeinen sowie Spezialuntersuchungen, etwa zum Asthma.

Maimonides hatte einen gewaltigen Einfluss auf die nachfolgende Philosophie- und Wissenschaftsgeschichte. Im Islam wurden vor allem seine medizinischen Werke rezipiert. Im lateinischen Mittelalter beeinflusste er besonders die Naturphilosophie des Alexander von Hales, ↗ Albertus Magnus und ↗ Thomas von Aquin. Im jüdischen Kontext setzten sich mit Maimonides alle nachfolgenden Denker auseinander: Hasdai Crescas, der große Kritiker der aristotelischen Physik, studierte ihn genau, später dann B. de ↗ Spinoza, und im 18. Jahrhundert schrieb Salomon Maimon einen Kommentar zur *Mishneh Torah*, worin er Maimonides' Positionen mit den kantianischen Thesen konfrontierte. [MR4]

Werk(e):
The Guide of the Perplexed, translated with an Introduction and Notes by Shlomo Pines. With an Introductory Essay by Leo Strauss (1963).

Sekundär-Literatur:
Rosner, F. und Kottek, S. (Hrsg.): Moses Maimonides, Physician, Scientist, and Philosopher (1993); Langermann, T.: The Jews and the Sciences in the Middle Ages (1999); Cohen, R. S. und Levine, H. (Hrsg.): Maimonides and the Sciences (2000).

Malpighi, Marcello,
italienischer Mikroskopiker,
* 10. 3. 1628 Crevalcore bei Bologna,
† 19. 11. 1694 Rom.

Malpighi gilt als Begründer der mikroskopischen Anatomie und der mikroskopischen Embryologie.

Malpighi entstammte einer gutsituierten, wenn auch nicht reichen Familie von Grundbesitzern aus der Provinz Bologna. Im Alter von 17 Jahren starben beide Eltern und er musste als Ältester für seine fünf Brüder und drei Schwestern sorgen. Sein Vormund Francesco Natali ermöglichte, dass er sein Medizinstudium weiterführen konnte. Die Bologneser Medizinische Fakultät war in diesen Jahren Schauplatz gewalttätiger Auseinandersetzungen zwischen Anhängern verschiedener Ausrichtungen. Malpighi schloss sich der Anti-Galenischen Fraktion von Andrea Mariani und Bartolomeo Massari an und besuchte die Vivisektionen und Autopsien des Coro Anatomico. 1653 promovierte er und heiratete im folgenden Jahr die Schwester seines Lehrers Massari. Die Ehe blieb kinderlos. 1656 wurde ihm der Lehrstuhl für Logik angeboten, doch folgte Malpighi einem Ruf nach Pisa, wo er in Kontakt mit den Mitgliedern der neu gegründeten Accademia del Cimento trat. Diese Jahre waren äußerst fruchtbar für seine weitere Entwicklung. G. A. ↗ Borelli unterwies ihn in der mechanizistischen Naturlehre und Claude Aubery in der feinanatomischen Präpariertechnik. 1659 kehrte Malpighi unerwartet nach Bologna zurück und publizierte seine ersten Arbeiten. 1662 ging er mit einer Empfehlung Borellis nach Messina, doch auch von hier zog es ihn in seine Heimat zurück, wo er von nun an praktische Medizin lehrte und ein anerkannter Arzt war. 1667, ein Jahr vor seinem endgültigen Bruch mit Borelli, begann Malpighi seinen Briefwechsel mit der Royal Society, die von nun an seine Werke herausgab. 1683 zerstörte ein Feuer in Malpighis Stadtwohnung seine sämtlichen Manuskripte, Aufzeichnungen und Instrumente. In diesen Jahren kam es erneut zu handgreiflichen Auseinandersetzungen mit seinem größten Widersacher, Giovanni Sbaraglia. Nachdem Malpighi 1688 die erste Einladung nach Rom noch hatte ausschlagen können, wurde er 1691 Leibarzt von Papst Innocenz XII, der drei Jahre später an den Folgen eines Epilepsieanfalls starb. 1697 erschienen seine *Opera posthuma*. Zu Malpighis Schülern gehören Ippolito Albertini und Antonio Valsava. Über Valsava, Giovanni Morgagni und Antonio Scarpa wurde die Malpighische Tradition in Italien bis ins 19. Jahrhundert weitergeführt.

M. Malpighi

Malpighi vereinte in einer Person drei aufstrebende wissenschaftliche Bewegungen seiner Zeit: Mechanizismus, anatomische Seziertechnik und Mikroskopie. Zeit seines Lebens verteidigte er die Nützlichkeit der Mikroskopie für die Medizin. Im Gegensatz zu den anderen großen Mikroskopikern seiner Zeit wie A. v. ↗ Leeuwenhoek, R. ↗ Hooke, Nehemia Grew oder J. ↗ Swammerdam baute Malpighi seine Instrumente nicht selbst, sondern kaufte sie bei berühmten Instrumentenbauern wie Eustachio Divini. Außerdem beschrieb er seine Objekte nicht nur, sondern präparierte sie sorgfältig, um dann mit seinem Mikroskop in sie eindringen und die latenten Strukturen aufzeigen zu können. Diese Intention machte sich bereits in seinem ersten Werk, *De pulmonibus*, bemerkbar. Die Lunge eines Frosches wurde herauspräpariert, insuffliert, mittels Perfusion vom Blut befreit und die Luft schließlich mit Hilfe von Korrosion entfernt. So konnte Malpighi nachweisen, daß es sich bei der Lunge nicht, wie die Galeniker annahmen, um ein fleischiges Gebilde, sondern um ein fein strukturiertes Aggregat kleinster Bläschen handelte, die die Verbindung zwischen Arterien und Venen herstellten. Es ist somit Malpighis Verdienst, W. ↗ Harveys Blutkreislauf-Modell geschlossen zu haben. In den folgenden Veröffentlichungen, *De lingua* und *De externo tactus organo*, konnte er nachweisen, dass der Geschmackssinn der Zunge und der Tastsinn der Haut auf Mechanorezeption beruhen. In *De viscerum structura* entwickelte er ein neues, mechanistisches Modell der Drüsensekretion, das er anschließend auch auf die Nieren, die Milz, die Leber und das Gehirn anwandte. Der Embryologie näherte sich Malpighi mit der ausdrücklichen Absicht, wie ein Feinmechaniker, der sein Gerät aus Einzelteilen zusammenbaut, die einzelnen Teile zu untersuchen, die anschließend zusammengesetzt den Gesamtorganismus ergeben. In *De bombyce* deckte er die drei Entwicklungsstadien der Seidenraupe und deren mikroskopischen Aufbau auf,

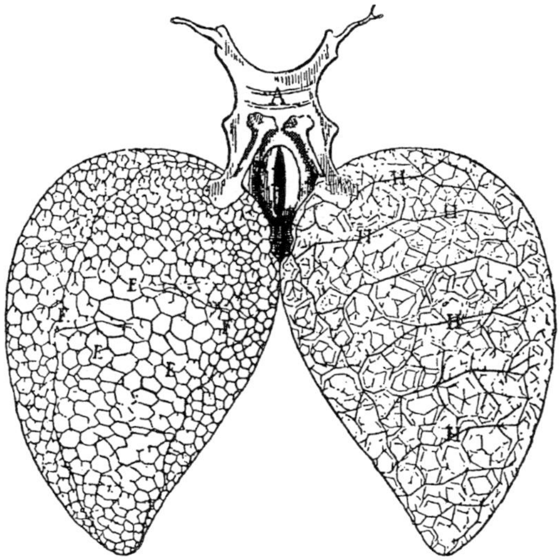

M. Malpighi: Lungengewebe eines Frosches (aus *Da pulmonibus*)

in *De formatione pulli in ovo* verfolgte er schrittweise die »Evolution« des Hühnerembryos. Hierbei zeigte er, dass die Entwicklung der verschiedenen Organe auf Anlagen zurückgeht, die bereits vor der Inkubation angelegt bzw. präformiert waren. Mit *Anatome plantarum* versuchte sich Malpighi erfolgreich auch in der mikroskopischen Pflanzenanatomie und beschrieb unter anderem die zelluläre Struktur der Gefäße, die Entstehung von Gallen und von Wurzelknöllchen. Daneben machte Malpighi pathologische Studien und wies die Nützlichkeit der Erforschung homologer, aber einfacher organisierter Strukturen nach. Sein Name ist mit einer Reihe weiterer Entdeckungen, z. B. den roten Blutkörperchen, den Malpighi-Körperchen der Wirbeltierniere, dem Malpighischen Epitheliom oder den Malpighischen Gefäßen der Gliederfüßer verbunden. Sein Wissensdurst umspannte die gesamte Breite biologischer Erscheinungen und kapitulierte nur vor der Mineralogie. [AD]

Werk(e):
Opere scelte, a cura di L. Belloni (1967); De pulmonibus observationes anatomicae (1661); De viscerum structura exercitatio anatomica (1666); Dissertatio epistolica de formatione pulli in ovo, London (1673); Anatomes plantarum (1675 und 1679); Opera omnia (1686).

Sekundär-Literatur:
Adelmann, H. B.: Marcello Malpighi and the Evolution of Embryology (1966); Bertoloni Meli, D.: Marcello Malpighi, anatomist and physician (1997); Chimenti, S.: Marcello Malpighi: scienziato ed istopatologo (1994); Minelli, G.: All'origine della biologia moderna. La vita di un testimone e protagonista: Marcello Malpighi nell'Università di Bologna (1987); Pallotti, C., Bernabeo, R. A.: Marcello Malpighi, scienziato universale (1995).

Malus, Etienne Louis,
französischer Physiker und Ingenieur,
* 23. 7. 1775 Paris,
† 24. 2. 1812 Paris.

Malus arbeitete zur Optik und entdeckte die Polarisation des Lichtes.

Aus wohlhabendem Hause stammend, wurde Malus privat unterrichtet und studierte ab 1794 an der neu gegründeten École Polytechnique. Er nahm an Napoleons Expedition nach Ägypten teil, entrann der Pest und blieb danach als Ingenieur im Militärdienst in Lille, Anvers und Strasbourg, ab 1808 in Paris. Parallel dazu verfolgte er seine Forschungsinteressen. In Lille gründete er eine naturforschende Gesellschaft, ab 1805 unterrichtete er an der École Polytechnique. In seiner Pariser Zeit gehörte er zu P. S. ↗ Laplaces »Société d'Arcueil«, 1810 wurde er Mitglied der Pariser Akademie.

Schon in Ägypten – wohl um die Greuel des Krieges zu vergessen – wandte sich Malus naturwissenschaftlichen Fragen zu und stellte Überlegungen zur Zusammensetzung des Lichtes aus Wärmestoff und Sauerstoff an. 1807 machte er durch erste optische Abhandlungen, auf sich aufmerksam, 1808 gewann er einen Preis der Pariser Akademie zur Frage der Doppelbrechung. Bei seinen experimentellen und mathematischen Untersuchungen stieß er auf unerklärliche Effekte bei mehrfachen Reflexionen, die er nach eingehenden Studien einer neuen Eigenschaft des Lichtes zuschrieb: der »Polarisation«. Er interpretierte die Effekte im Sinne der (Newtonschen) Emissionstheorie des Lichtes: bei der Reflexion fand demnach eine »Selektion« bestimmter Typen von Lichtstrahlen statt. Schon 20 Jahre später allerdings sollte seine Theorie völlig vergessen sein und die Effekte gar als wesentliche Bestätigung der Fresnelschen, von Malus abgelehnten Wellentheorie dienen. Aufgrund seiner Entdeckung verlieh ihm die Royal Society of London 1811 die Rumford-Medaille.

Malus war mit Wilhelmine Koch, der Tochter des Gießener Universitätskanzlers, verheiratet. Er starb 36-jährig an Tuberkulose. [FST]

Werk(e):
Théorie de la double réfraction de la lumière dans les substances cristallines, Institut de France: Mémoires des savants etrangères II (1811); Mémoire sur de nouveaux phénomènes d'optique, Nouveau Bulletin des Sciences par la Societé Philomatique de Paris 2: (1811).

Sekundär-Literatur:
Crosland, M.: The Society of Arcueil. A view of French science at the time of Napoleon I. (1967); Buchwald, J. Z.: The rise of the wave theory of light : optical theory and experiment in the early nineteenth century (1989).

Mandelstam (Mandelschtam, Mandelshtam, Mandel'štam), **Leonid Isaakowitsch** (Isaakovič), russisch-sowjetischer Physiker,
* 22. 4. (5. 5.) 1879 Mogilew (Russland),
† 27. 11. 1944 Moskau.

Mandelstam gehört zu den Begründern der Theorie der nichtlinearen Schwingungen.

Mandelstam kam aus einer gebildeten jüdischen Familie – der Vater war Arzt, die Mutter Pianistin. Bald nach der Geburt zog die Familie nach Odessa, wo Mandelstam 1897 das Gymnasium mit Auszeichnung beendete. Anschließend begann er in Odessa ein Physikstudium; zwei Jahre später wurde er infolge von Studentenunruhen relegiert und setzte sein Studium in Straßburg fort. 1902 promovierte er dort bei F. ↗ Braun mit einer Arbeit, die dem Gebiet der Entwicklung von Messmethoden für die Hochfrequenztechnik zuzurechnen ist.

1903 wurde Mandelstam Assistent bei Braun und arbeitete in der Folge eng mit Nikolai D. Papaleksi zusammen, ebenfalls ein russischer Schüler Brauns; 1913 erhielt er in Straßburg eine Physikprofessur. Bei Ausbruch des Ersten Weltkrieges kehrte er nach Russland zurück, wurde 1915 Konsultant an der Petrograder Telegrafenfabrik und 1917 Professor am Polytechnischen Institut in Tiflis. Zwischen 1918 und 1925 wirkte er am Polytechnischen Institut in Odessa und gleichzeitig als Konsultant der Telegrafenindustrie. 1925 wurde er Professor für theoretische Physik an der Moskauer Universität und wirkte ab 1934 zugleich am Physikalischen Institut der Akademie der Wissenschaften (seit 1928 KM und seit 1929 OM). – Mandelstam war verheiratet mit Lidia S. Isakowitsch, der ersten russischen Frau, die 1906 in Paris ein Architekturdiplom erworben hatte; sie hatten einen Sohn, der ebenfalls Physiker wurde.

L.I. Mandelstam

Mit Papaleksi schuf Mandelstam die Theorie der nichtlinearen Schwingungen. Die Entdeckung der sog. n-Resonanz führte zu einer Erweiterung der Resonanztheorie. Darauf aufbauend konstruierten sie 1931 den ersten paramagnetischen Wechselstrom-Generator mit periodisch wechselnder Induktivität. 1938 wurde das Differenz-Ortungsverfahren mit Radiowellen entwickelt.

In einer Arbeit von 1907 hatte Mandelstam gezeigt, dass die Lichtstreuung in einem homogenen Medium durch Irregularitäten infolge Dichteschwankungen durch Wärmebewegung am Rande verursacht wird. 1918 fand er, dass die bei der Rayleigh-Streuung beobachteten Linien eine Feinstruktur haben müssten (erst 1926 publiziert). Gemeinsam mit Grigorij S. Landsberg konnte er diesen Effekt 1930 nachweisen (heute als Raman-Effekt bekannt; in Russland allgemein als Kombinationsstreuung bezeichnet).

Mandelstam griff auch frühzeitig die neuen Erkenntnisse der Relativitätstheorie und Quantenmechanik auf. So erarbeitete er 1928 mit Michail A. Leontowitsch die Grundlagen der Theorie des Tunneleffektes. Aus seiner Schule gingen bedeutende sowjetische Physiker hervor. [HK]

Werk(e):
Polnoe sobranie trudov L. I. Mandeljschtama, 5 Bde. (1948–1955).

Sekundär-Literatur:
Fabelinskij, I. L.: Otkrytie kombinacionnogo rassejanija sweta, Usp. Fiz. Nauk 126 (1978) 124–152; Akademik L. I. Mandeljschtam k 100-letiju so dnja roždenija (1979); Pechenkin, A. A.: The importance of the Strasbourg period in L. I. Mandelstam's life for his further work in science, NTM N.S. 7 (1999) 93–104.

Mansūr ibn 'Alī ibn 'Irāq al-Jīlānī, Abū Nasr, muslimischer Mathematiker und Astronom,
* um 1000,
† um 1036 wahrscheinlich in Ghazna (heute Ghazni, Afghanistan).

Abū Nasr Mansūr war als Mathematiker und Astronom in Zentralasien aktiv und hatte u. a. ↗ al-Bīrūnī zum Schüler.

Abū Nasr Mansūr war Mitglied der bis 995 im zentralasiatischen Reich von Khwārizm herrschenden Familie der Iraqiden und trug selbst den Titel eines Fürsten (amīr). Sein Lehrer in den mathematischen Wissenschaften war der berühmte Mathematiker und Astronom aus Bagdad Abū al-Wafā al-Būz jānī. Er genoss hohes Ansehen und unterhielt einen Briefwechsel mit vielen anderen Gelehrten. Bis zum Zusammenbruch der Dynastie der Khwarizmschahs im Jahr 1016 war Abū Nasr am fürstlichen Hof in Kāth (unweit des heutigen Khiwa in

Uzbekistan) und später in Gurgan (weiter nördlich am Westufer des Amu-darya) tätig. Später wurde er zusammen mit al-Bīrūnī – offenbar als »politischer Gefangener« des Sultans Mahmūd – nach Ghazna, der Hauptstadt des rasch expandierenden ghaznawidischen Reiches, verschleppt. Dort hielt er sich bis zu seinem Tode auf.

Sein Hauptwerk *al-Ma jistī al-šāhī* ist ein – leider verloren gegangenes – astronomisches Handbuch mit Tabellen gewesen. Erhalten sind dagegen seine Bearbeitung der »Sphärik« von Menelaos sowie über fünfzehn meist kurze Abhandlungen über verschiedene mathematische und astronomische Probleme. Er lieferte außerdem einen bedeutsamen Beitrag zur Entwicklung der sphärischen Trigonometrie, vor allem durch seine Entdeckung des Sinussatzes. Abū Nasr verdankt seinen Ruhm unter anderem dem Umstand, dass er al-Bīrūnī, den genialsten Wissenschaftler des gesamten islamischen Mittelalters, als Schüler hatte, mit dem er einen intensiven und dauerhaften wissenschaftlichen Austausch pflegte. [FC]

Sekundär-Literatur:
Krause, M.: Die Sphärik des Menelaos aus Alexandrien in der Verbesserung von Abū Nasr Mansūr ibn Alī ibn 'Irāq (1936); Samsó, J.: Estudios sobre Abū Nasr Mansūr b. 'Alī b. 'Irāq (1969); Jensen, C.: Abū Nasr Mansūr's Approach to Spherical Astronomy as Developed in His Treatise The Table of Minutes, Centaurus 16 (1972); Kunitzsch, P. und Lorch, R.: Abū Nasr and Habash on matāli' al-samt, Zeitschrift für Geschichte der arabisch-islamischen Wissenschaften 9 (1994).

Marconi, Guglielmo,

italienischer Physiker und Nachrichtentechniker,
* 25. 4. 1874 Bologna,
† 20. 7. 1937 Rom.

Marconi gehört zu den bedeutenden Nachrichtentechnikern und Rundfunkpionieren des beginnenden 20. Jahrhunderts. Er entwickelte Sende- und Empfangsanlagen und erwarb sich Verdienste bei deren kommerzieller Nutzung.

Seine Kindheit verbrachte Marconi, zweiter Sohn eines italienischen Gutsbesitzers und einer irischen Mutter, in England. Dort erhielt er auch eine zweijährige Schulbildung in einer Privatschule in Bedford. Nach der Rückkehr nach Italien besuchte er das Cavallero-Institut in Florenz und kurze Zeit das Technische Institut von Livorno. Hier nahm er auch privat an Physikvorlesungen bei Rosa teil. Das Realgymnasium in Bologna verließ er 1894 ohne bestandene Reifeprüfung.

Großes Interesse zeigte er an Experimenten mit elektromagnetischen Wellen. Zunächst betrieb er diese Forschungen auf dem Familiensitz, der Villa

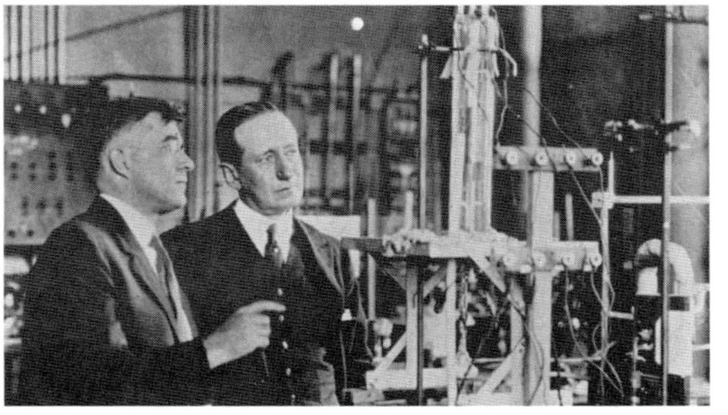

G. Marconi mit I. Langmuir

Griffone, bei Bologna. Schon bald kam er auf die Idee, mit den elektromagnetischen Wellen Morsezeichen zu übertragen. 1895 gelang es ihm, drahtlos Signale über eine Strecke von etwa einer Meile zu senden. Wegen der Aussicht auf bessere finanzielle Unterstützung seiner Experimente ging er 1896 nach England.

Seine Bemühungen waren auf die ständige Verbesserung der Sende- und Empfangsgeräte gerichtet. Er beantragte und erhielt 1896 das erste Patent in der Geschichte des Rundfunks. Als Sender verwendete er einen Funkeninduktor, der an einer geerdeten Antenne angeschlossen war. Der Empfänger bestand aus einer Antenne, aus einem mit Feilspänen von Nickel und Silber gefüllten Glasröhrchen (Kohärer) zur Gleichrichtung der Signale und aus einem mit diesem in Reihe geschalteten batteriebetriebenen Läutewerk. Bei späteren Versuchen verwendete er Antennen, die durch Ballons auf möglichst große Höhen gebracht werden sollten. Damit gelang ihm am 12. Dezember 1901 erstmals die Überbrückung des Atlantiks zwischen Poldhu in Cornwall und Saint-Johns in Neufundland mittels Funkwellen im Langwellenbereich. Bereits 1897 hatte er den Bristolkanal und 1899 den Ärmelkanal überbrückt. In den folgenden Jahrzehnten arbeitete er permanent an der weiteren Verbesserung der Funktechnik, so wandte er sich um 1930 der Kurzwellentechnik zu, erprobte 1932 Mikrowellen für die Anwendung in der Funktechnik und wies 1935 auf die prinzipiellen Möglichkeiten der Radartechnik hin.

1909 erhielt er gemeinsam mit F. ↗ Braun für seine Leistungen bei der Entwicklung der Funktechnik den Nobelpreis für Physik.

Marconi war nicht nur ein genialer Erfinder, sondern auch ein tüchtiger und umtriebiger Geschäftsmann. Schon bald versuchte er, aus seinen Erfindungen wirtschaftlichen Nutzen zu ziehen. 1896 gründete er die »Wireless Telegraph and Signal C. Ltd«, die 1900 in »Marconi Wireless Co. Ltd« umbenannt wurde. Durch mit dem »System Marconi« ausgestattete und kostenlos errichtete Funkstationen, die nur von Mitarbeitern der Marconi-Gesellschaft

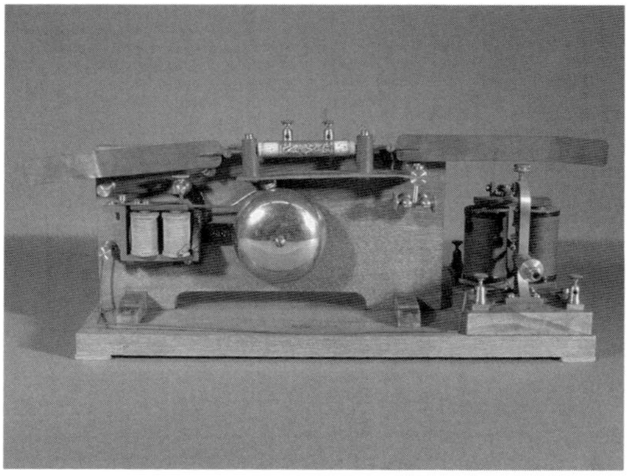

G. Marconi: Marconi-Empfänger 1897 (Foto: Universität Innsbruck)

bedient werden sollten, wollte er das Weltmonopol des Funkverkehrs erringen. Dies gelang ihm allerdings nicht, da die nach dem »System Braun« entwickelten Sendeanlagen zeitweise wesentlich leistungsfähiger waren und in der deutschen »Gesellschaft für drahtlose Telegraphie m.b.H., System Telefunken« ein Konkurrent existierte. [AK2]

Sekundär-Literatur:

Solari, L.: Marconi im Privatleben und bei der Arbeit (1942); Marconi, D.: My father, Marconi (1962); Baker, W. J.: A history of the Marconi Company (1970).

Marggraf, Andreas Sigismund,
deutscher Apotheker,
* 3. 3. 1709 Berlin,
† 7. 8. 1782 Berlin.

Marggraf zählt zu den Begründern der analytischen Chemie und entdeckte mehrere chemische Elemente sowie den Rübenzucker.

Als Sohn des Apothekers Henning Christian Marggraf begann Andreas Sigismund Marggraf seine pharmazeutische Ausbildung in der väterlichen Apotheke »Zum Bären«. Anschließend studierte er am Collegium medico-chirurgicum bei C. ↗ Neumann. 1731 in der Roßlerschen Apotheke in Frankfurt a. M. tätig, wechselte er ein Jahr später nach Straßburg, wo er in der Hirsch-Apotheke arbeitete. An der Universität Halle hörte er 1733 Vorlesungen bei Friedrich Hoffmann und Johann Juncker und setzte ein Jahr später seine Studien zur Mineralogie und Metallurgie in Freiberg bei Johann Friedrich Henckel fort. 1735 nach Berlin zurückgekehrt, übernahm er die Verwaltung der väterlichen Apotheke, die er bis 1753 leitete. 1736 wurde er ordentliches Mitglied der Brandenburgische Sozietät (ab 1744 Akademie) der Wissenschaften, die für ihn 1745 ein chemisches Laboratorium in der Dorotheenstraße einrichtete. 1760 übernahm Marggraf die Direktion der Physikalisch-Mathematischen Klasse der Akademie. Obwohl er 1774 nach einem Schlaganfall halbseitig gelähmt war, arbeitete er bis zu seinem Tode unermüdlich weiter.

Als Anhänger der Phlogiston-Theorie untersuchte Marggraf das Verhalten verschiedener Alkalien und beschrieb den Aufschluss der Alkalicarbonate. Er nutzte die Flammenfärbung für analytische Zwecke und Kaliumhexacyanoferrat (II) (gelbes Blutlaugensalz) als Reagenz auf Eisen. Marggraf entwickelte ferner eine Methode zur Phosphorgewinnung aus Harn, Bleioxichlorid, Sand und Kohle. Durch Reduktion von Galmei mit Kohlepulver unter Luftabschluss erhielt er 1746 Zink.

Marggraf, der das Mikroskop im chemischen Laboratorium einsetzte, um Zuckerkristalle zu beobachten, isolierte 1747 Rohzucker aus der Runkelrübe. Die technologische Realisierung dieser Entdeckung übernahm sein Schüler F. C. ↗ Achard. Nur wenige Veröffentlichungen Marggrafs erschienen in deutscher, die meisten in lateinischer oder französischer Sprache, insbesondere in den *Mémoires de l'Académie des Sciences de Berlin* und in den *Miscellanea Berolinensia.* [CF]

Werk(e):

Chymische Schriften, 2 Teile (1761 und 1767).

Sekundär-Literatur:

Urdang, G.: Berühmte Berliner Apotheker, in: Pharm. Ztg. 77 (1932) 1238–1241; Dann, G. E.: 200 Jahre Rübenzukker, in: Pharmazeutische Zeitung 83 (1947) 368–370; Engel, B.: Das Berliner Akademielaboratorium zur Zeit Marggrafs und Achards, in: Gesellschaft Deutscher Chemiker (GDCh), Fachgruppe Geschichte der Chemie, Mitteilungen (Frankfurt am Main) 13 (1997) 3–12.

Mariotte, Edme Seigneur de Chazeuil,
französischer Physiker,
* um 1620,
† 12. 5. 1684 Paris.

Mariotte gilt als Begründer der experimentellen Physik in Frankreich und entdeckte wie auch R. ↗ Boyle das nach beiden benannte Gesetz über das Verhalten von Gasen bei konstanter Temperatur.

Über Edme Mariottes frühe Jahre ist fast nichts bekannt. Sein Geburtsjahr ist ebenso ungewiss wie sein Geburtsort, den man jedoch in Dijon vermutet. Wahrscheinlich war er in der Nähe dieser Stadt Prior eines Klosters, bevor er mit einem Brief an Chr. ↗ Huygens, in dem er die Entdeckung des blinden Fleckes im Auge bekannt gab, die Aufmerksamkeit der Wissenschaft auf sich zog.

Nachdem er seine Theorie, dass der Saft in Pflanzen genauso zirkuliert wie das Blut bei Menschen und Tieren, vor der 1666 gegründeten Académie des Sciences vorgetragen hatte, wurde er im Jahre 1667 zum Mitglied gewählt. Wenige Jahre später übersiedelte er in die Landeshauptstadt, wo er in engster Verbindung mit der Akademie bis zu seinem Lebensende blieb.

Im *Traité de la Percussion ou Choc des Corps* (1673) setzte Mariotte G. ↗ Galileis Untersuchungen fort und fasste die Kenntnisse über den elastischen und inelastischen Stoß zusammen. Huygens wird hierin mit keinem Wort erwähnt, weshalb Mariotte posthum des Plagiats beschuldigt wurde.

Mariotte widmete sich auch der Untersuchung der Luft. Seine und vor allem die Erkenntnisse von Boyle, wiederum ohne seinen Namen zu nennen, veröffentlichte er im Jahre 1679 im *Discours de la Nature de l'Air*. Mit Hilfe eines Quecksilberbarometers hatte er festgestellt, dass je höher der Druck ist, der auf einem Gas lastet, desto kleiner das Volumen wird. Hieraus errechnete Mariotte den Verlauf der Druckabnahme bei zunehmender Höhe und legte so die Grundlagen für die Höhenmessung mittels Barometer. Im Jahre 1681 veröffentlichte Mariotte die Ergebnisse seiner Forschung über die Farben und das Licht, worin er die Entstehung der Höfe um den Mond und die Sonne richtig mit der Brechung durch Eiskristalle in großen Höhen erklärte. Schließlich wurde 1686 posthum sein Werk über das Wasser und andere Flüssigkeiten veröffentlicht, in dem er nachwies, dass Quellen und Flüsse ihr Wasser allein durch Regen erhalten. Die Regentropfen sah er aus den Wolken des aufsteigenden Dunstes entstehen. [RS]

Werk(e):
Oeuvres de Mariotte, 2 Bde. (1717).

Markow (Markov), **Andrej Andreevich,**
russischer Mathematiker,
* 14. 6. 1856 Rjasan,
† 20. 7. 1922 Petrograd (St. Petersburg).

Markow gehörte zu den bedeutendsten russischen Mathematikern und leistete wesentliche Beiträge zur Zahlentheorie, zur Theorie der Differentialgleichungen und zur Wahrscheinlichkeitstheorie.

Markow zeigte schon als Schüler seine mathematische Begabung und studierte von 1874 bis 1878 an der Universität St. Petersburg vor allem bei P. L. Chebyshev, J. I. Zolotarev und A. N. Korkin. Für seine Abschlussarbeit über die Integration von Differentialgleichungen erhielt er eine Goldmedaille. Markow blieb als Assistent an der Petersburger Universität, promovierte hier und wurde 1886 Professor, 1905 schied er als Ehrenprofessor aus der Universität aus, seit 1896 war er Mitglied der Russischen Akademie. Sein Sohn A. A. Markow (Markow der jüngere) wurde ein bekannter sowjetischer Mathematiker.

A.A. Markow

In den ersten Arbeiten untersuchte Markow Probleme aus der Zahlentheorie, so 1880 in seiner Magisterarbeit über quadratische Formen, und aus der Funktionenthorie. Danach wandte er sich der Wahrscheinlichkeitsrechnung zu und leistete fundamentale Beiträge zur Entwicklung der Theorie stochastischer Prozesse. Er konnte im Anschluss an Chebyshev allgemeinste Bedingungen für die Gültigkeit des Gesetzes der großen Zahl angeben und bewies den zentralen Grenzwertsatz der Wahrscheinlichkeitsrechnung. Später legte A. M. ↗ Ljapunow einen neuen Beweis vor, ehe Markow erneut ein noch eleganterer Beweis gelang. Markow untersuchte Folgen unabhängiger Zufallsgrößen und definierte die nach ihm benannten Markowschen Ketten. In den Arbeiten zwischen 1906 und 1912 studierte er die Wahrscheinlichkeit des Übergangs eines Systems aus einem Zustand in einen anderen und definierte den nach ihm benannten Markowschen Prozess. Damit leistete er einen wichtigen Beitrag zur Theorie der Zufallsprozesse, der praktische Bedeutung z. B. bei der Gas-Diffusion, in chemischen Reaktionen oder bei Lawinen zukommt. Er erkannte, dass die für unabhängige Zufallsfolgen geltenden Sätze auch für Markowsche Ketten gelten. 1913 feierte er demonstrativ nicht den 300. Jahrestag des Zarenhauses Romanov, sondern den 200. Jahrestag der Erstveröffentlichung der *Ars conjectandi* (Kunst des Vermutens) von Jakob ↗ Bernoulli, dem Begründer der Wahrscheinlichkeitstheorie, dessen Werk posthum sein Neffe Nikolaus Bernoulli herausgab.

Markow gehörte zu den wichtigsten Vertretern der von Chebyshev begründeten Petersburger Mathematiker-Schule. Als die russische Regierung die Ernennung des Schriftstellers Maxim Gorki zum Ehrenmitglied der Petersburger Akademie untersagte, protestierte Markow dagegen. [AV2]

Werk(e):
Izbrannye trudy (Ausgewählte Werke, 1951); Uspechi Matematicheskich Nauk 3 (1948) 5, S.3-5;

Markownikow (Markovnikov, Markownikoff), **Vladimir** (Wladimir) **Vasil'evič** (Wassiljewitsch), russischer Chemiker,
* 22. 12. 1838, Dorf Knjaginino bei Nižnij Novgorod (Russland),
† 10. 2. 1904 Moskau.

Markownikow, ein Schüler von A. M. ↗ Butlerow, leistete einen wichtigen Beitrag zur Theorie der organischen Chemie, besonders der Theorie des chemischen Baus der organischen Verbindungen, der organischen Synthese und zur Erdölchemie (hauptsächlich Chemie der Naphthene).

Nach dem Studium der Chemie bei Butlerow an der Universität Kazan'(1865), ging Vladimir Markownikow zur Fortbildung nach Deutschland: 1865–1867 arbeitete er in den Laboratorien von A. ↗ Baeyer (Berlin), R. ↗ Erlenmeyer (München), H. ↗ Kolbe (Leipzig). Als Chemieprofessor an den Universitäten in Kazan' (1870–1871), Odessa (1871–1873) und Moskau (1873–1893) verbesserte er den chemischen Unterricht: Er leitete in Moskau ein modernes Laboratorium (1887), wo viele anerkannte russische Chemiker studiert und gearbeitet haben: A. E. ↗ Tschitschibabin, Michail Ivanovič Konowalow, Ivan Alexeevič Kablukov, Dmitrij Nikolaevič Prjanišnikov, Nikolaj Matveevič Kizner.

Seine Forschungsresultate wurden in den Theorien der Isomerie organischer Verbindungen und des gegenseitigen Einflusses der Atome in Molekülen verallgemeinert (Doktorarbeit *Materialien über einen gegenseitigen Einfluss der Atome in den chemischen Verbindungen*, Kazan' 1869). Er formulierte die Markownikow-Regeln der Addition der Halogenwasserstoffe an Alkene: 1. Bei den Reaktionen mit asymmetrischen Alkenen wird ein Halogenatom an das wasserstoffärmere und ein Wasserstoffatom an das wasserstoffreichere Kohlenstoffatom gebunden; 2. Bei einer Addition an Chloralkene geht ein Halogenatom an das bereits halogenierte Kohlenstoffatom. Diese Regeln erklärte Markownikow als erster nicht nur bei der Analyse der reagierenden Atome, sondern auch bei der Betrachtung des Einflusses der anderen Atome im Molekül. In den 1930er-Jahren wurde gezeigt, dass diese Markownikow-Regeln nur für elektrophile Additionen galten. Markownikow entdeckte und untersuchte die Eigenschaften vieler neuer organischer Verbindungen (Cycloalkane, Cycloparaffine) und die Substitutions-, Additions- und Abbau-Reaktionen. [VAK]

V.V. Markownikow

Werk(e):
Izbrannye trudy, hrsg. von A. F. Plate, G. V. Bykov, (1955); Ueber die Abhängigkeit der verschiedenen Vertretbarkeit des Radikalwasserstoffs in den isomeren Buttersäuren, Ann. Chem. Pharm. 153 (1870).

Sekundär-Literatur:
Decker, H.: Wladimir Wasil'evitsch Markovnikov, Ber. Dtsch. Chem. Gesellschaft 38 (1906); Plate, A. F., Bykov, G. V.: Vladimir Vasil'evič Markovnikov. Očerk žizni i dejatel'nosti. (1962).

Martius, Carl Alexander von,
deutscher Chemiker,
* 19. 1. 1838 München,
† 26. 2. 1920 Stauffenhof bei Bad Reichenhall.

Martius, einer der Pioniere und Organisatoren der deutschen Farbenindustrie, ist Mitbegründer der Agfa. Seine Verdienste als Chemiker liegen vor allem auf dem Gebiet der Farbstoffsynthese: Er führte das Natriumnitrit als Diazotierungsmittel zur Herstellung von Azofarbstoffen ein und entwickelte mit dem Martiusgelb (2,4-Dinitro-1-Naphthol) den ersten technisch angewandten Nitronaphthalinfarbstoff.

Carl Martius wurde in München im Labor des mit seinem Vater befreundeten J. v. ↗ Liebig ausgebildet. Nach der Promotion 1860 (*Über die Cyanverbindungen der Platinmetalle*) ging er auf Liebigs Empfehlung zu A. W. v. ↗ Hofmann als Assistent an das Royal College of Chemistry in London. Seit 1862 arbeitete er in einer Farbenfabrik. In dieser Zeit gelangen ihm die Synthesen von Martiusgelb (1864) und des Azofarbstoffes Bismarckbraun (1863). 1865 folgte Martius als Assistent Hofmann an das neu gegründete Chemische Institut in Berlin. Gemeinsam mit Hermann Wichelhaus und A. ↗ Baeyer gehörte Martius 1867 zu den Initiatoren der Deutschen Chemischen Gesellschaft, deren Vorstandsmitglied er lange Zeit war. Mit seinem Freund Paul Mendelssohn Bartholdy gründete er 1867 in Berlin-Rummelsburg die Gesellschaft für Anilin-Fabrikation GmbH, die 1873 mit der Farbenfabrik Dr. Jordan in Berlin-Treptow zur Actien-Gesellschaft für Anilin-Fabrikation fusionierte und in deren Vorstand Martius bis 1898 tätig war. (Aus dem Firmennamen wurde das 1897 beim kaiserlichen Patentamt eingetragene Warenzeichen Agfa abgeleitet.) 1874 gründete Martius gemeinsam mit W. v. ↗ Siemens und Hofmann den Deutschen Patentschutzverein, der wichtige Vorarbeiten für das Reichspatentgesetz von 1877 leistete.

Martius war Mitbegründer des Vereins zur Wahrung der Interessen der chemischen Industrie Deutschlands (1877, angeregt durch das schlechte Abschneiden der deutschen chemischen Industrie auf der Weltausstellung in Philadelphia 1876). Er war Gründungsmitglied der Kaiser-Wilhelm-Gesellschaft zur Förderung der Wissenschaften und vertrat auch als Mitglied des preußischen Herrenhauses die Interessen der chemischen Industrie. [KK]

Sekundär-Literatur:

Grossmann, H.: Chemiker-Zeitung 50 (1920); Wichelhaus, H.: Ber. Chem. Ges. 53 (1920) A.

Maskelyne, Nevil,
englischer Astronom,
* 6. 10. 1732 London,
† 9. 2. 1811 Greenwich.

Maskelyne war von 1765 bis 1811 fünfter Astronomer Royal am Observatorium von Greenwich.

Nachdem Maskelyne 1749 die Schule verlassen hatte, ging er nach Cambridge, um zunächst am Pembroke College und dann am Trinity College zu studieren. 1754 erreichte er den Abschluss Bachelor of Arts mit besonders guten Leistungen in Mathematik. Drei Jahre später wurde er Magister. 1759 nahm ihn die Royal Society als Mitglied auf. Von 1765 an wirkte er als Direktor der Königlichen Sternwarte in Greenwich.

Auf Empfehlung von J. ↗ Bradley wurde Maskelyne 1761 von der britischen Regierung zur Insel St. Helena entsandt, wo er den seltenen Venusdurchgang beobachtete. Während der Seefahrt prüfte er die Mondtabellen von J. T. ↗ Mayer und zeigte, dass durch Anwendung der Methode der Monddistanzen der Fehler bei der Bestimmung des Längengrades von 10 auf rund 1 Grad reduziert werden konnte. Bei einer zweiten Schiffsreise (1764) zur Insel Barbados prüfte Maskelyne das Chronometer von John Harrison. Maskelyne richtete danach seine Anstrengung auf die Herausgabe des *Nautical Almanac*.

1774 unternahm Maskelyne einen Versuch, durch Kombination von astronomischen Messungen und Triangulation über die Abweichung eines Bleilots von der Senkrechten in der Nähe des Berges Schiehallion in Schottland die mittlere Dichte der Erde zu ermitteln. Damit verbunden war die erste überzeugende Demonstration der Universalität der Gravitation in dem Sinn, dass diese nicht nur zwischen den Körpern des Sonnensystems wirkt, sondern auch zwischen Teilen des Stoffes, aus dem ein Körper zusammengesetzt ist.

Die Aktivitäten am Observatorium waren geprägt von Beobachtungen des Mondes und Positionsmessungen einiger Sterne. Die von Maskelyne ausgewählten 31 Sterne, die er zur Kontrolle von Uhren vermaß, stellten die Basis des später in der Astrometrie etablierten Systems der 36 Fundamentalsterne dar. Neben zahlreichen astronomischen Publikationen veröffentlichte Maskelyne auch zu Problemen des Instrumentenbaus. Bei der Einführung der Kreisinstrumente Ende des 18. Jahrhunderts, die für astrometrische Präzisionsmessungen erforderlich wurden, war Maskelyne nicht mit dem Engagement tätig, das man bei einem Astronomer Royal erwarten sollte. Erst 1812 wurde am Greenwicher Observatorium ein großer Mauerkreis errichtet. [KDH]

Werk(e):

The British Mariner's Guide (1763); The Nautical Almanac and Astronomical Ephemeris for the year 1767 (1766); Astronomical Observations made at the Royal Observatory at Greenwich from the year 1765 to the year 1811. 4 Bde. (1776, 1787, 1799, 1811).

Sekundär-Literatur:

Howse, E.: Nevil Maskelyne: the seaman's astronomer (1989);

Mästlin, Michael,
deutscher Astronom,
* 30. 9. 1550 Göppingen,
† 20. 10. 1631 Tübingen.

Mästlin war der Lehrer von J. ↗ Kepler und setzte sich für die Verbreitung des Copernicanischen Weltbildes ein.

Ursprünglich sollte Mästlin, der in einem streng lutherischen Elternhaus in Göppingen aufwuchs, Theologe werden. Doch seine eigentliche Begabung lag auf dem Gebiet der Mathematik. So lernte er neben seinem Theologiestudium an der Universität Tübingen bei Philipp Apian die Anfangsgründe von Astronomie und Mathematik.

Noch vor Abschluss seines Studiums hatte Mästlin 1571 die astronomischen Tafeln von Erasmus

M. Mästlin (Gemälde aus dem Jahre 1619)

Reinhold herausgegeben und im Jahre 1572 einen plötzlich hell aufleuchtenden Stern, nach heutigem Sprachgebrauch eine Supernova, beobachtet. Ebenso wie der Däne T. ↗ Brahe ordnete Mästlin die Position des neuen Sterns richtig der Fixsternsphäre zu. Damit geriet erstmals das antike Dogma von der Unveränderlichkeit der Himmelssphären ins Wanken.

Im Jahre 1576 trat Mästlin ein Pfarramt in Backnang an. Dort beobachtete er im folgenden Jahr einen Kometen und erkannte, dass dessen Bahn oberhalb des Mondes lag und eine Kreisbahn um die Sonne beschrieb, was nach der herrschenden Ptolemäischen Meinung unmöglich, mit dem Weltbild des N. ↗ Copernicus aber leicht zu erklären war. Er war damit einer der wenigen Astronomen, die sich zu dieser Zeit (1578) öffentlich zu Copernicus bekannten.

Er gab seine Überzeugung auch an seine Studenten weiter, u. a. an Kepler, der das Copernicanische System später in die moderne Form bringen sollte.

Im April 1577 hatte Mästlin Margaret Grüninger geheiratet, mit der er sechs Kinder hatte. Als sie 1588 starb, verehelichte er sich im folgenden Jahr mit Margaret Burckhardt, der Tochter eines Kollegen, die ihm neun Kinder gebar.

1580 wurde er an die Universität Heidelberg berufen. Hier verfasste er im Auftrag des Pfalzgrafen ein Gutachten über die 1582 von Papst Gregor XIII. veranlasste Kalenderreform. Seine aus religiösen Gründen vorgetragene Ablehnung trug möglicherweise mit dazu bei, dass seine Schriften noch vor denen des Copernicus auf den römischen Index gesetzt wurden (1590) und dass andererseits der moderne Kalender in den protestantischen deutschen Ländern erst im Jahre 1700 eingeführt wurde.

1584 wurde Mästlin Nachfolger seines Lehrers Apian in Tübingen, der die Universität aus religiösen Gründen hatte verlassen müssen. Während seiner langen Lehrtätigkeit wurde er achtmal zum Dekan gewählt und zog viele Schüler heran, die berühmtesten sind Kepler und W. ↗ Schickard, der nach Mästlins Tode sein Nachfolger in Tübingen wurde. [RS]

Sekundär-Literatur:
Westman, R. S.: Three Responses to the Copernican Theory: Johannes Praetorius, Tycho Brahe, and Michael Maestlin, in: ders. (Hrsg.): The Copernican Achievement (1975); Jarrell, R. A.: Astronomy at the University of Tübingen: The Work of Michael Mästlin, in: Seck, F. (Hrsg.): Wissenschaftsgeschichte um Wilhelm Schickard (1981).

Matteucci, Carlo,
italienischer Physiker, Physiologe und Politiker,
* 2. 6. 1811 Forlí,
† 24. 6. 1868 Ardenza (Livorno, Italien).

Matteucci war Vorreiter der modernen Elektrophysiologie und trug mit seinen Experimenten vor allem zur Physiologie der Muskeln bei.

Matteucci studierte Physik in Bologna und ging anschließend für ein Jahr an die Pariser Sorbonne. Er unterhielt engen Kontakt mit vielen europäischen Wissenschaftlern, unter anderem M. ↗ Faraday und J. ↗ Müller. 1836 bis 1840 arbeitete er als Direktor einer pharmazeutischen Fabrik in Ravenna, bis er, aufgrund einer Empfehlung A. v. ↗ Humboldts, Professor für Physik in Pisa wurde. Hier gründete er 1848 ein modernes physikalisches Institut. Matteucci war politisch sehr aktiv. 1848 wurde er von der toskanischen Regierung ins Frankfurter Parlament entsandt. Nach der Vereinigung Italiens, wurde er mit dem Aufbau des Telegraphenwesens beauftragt. 1862 war er Bildungsminister, engagierte sich, den Rückstand der italienischen Wissenschaft aufzuholen, und entwickelte ein Konzept zur Universitätsreform, das jedoch nur teilweise umgesetzt wurde. Seine letzten drei Lebensjahre dozierte Matteucci in Florenz.

Obwohl wie A. ↗ Volta Physiker, war Matteucci der Erste, der in Italien die diskreditierten elektrophysiologischen Theorien L. ↗ Galvanis wiederbelebte. Seine erste Veröffentlichung auf diesem Gebiet erschien bereits 1830. Anfangs beschäftigte ihn das elektrische Organ der Zitterrochen. 1837 wies er in einer Sitzung der Académie des Sciences die Bedeutung des vierten (»elektrischen«) Gehirnlappens für die nervöse Kontrolle des elektrischen Organs nach. Anschließend wandte er sich der Muskelphysiologie zu. 1838 beobachtete er, was später von E. ↗ Du Bois-Reymond die »negative Schwankung« genannt wurde. 1842 beschrieb Matteucci als Erster den Ruhe- oder Verletzungsstrom, der von der verletzten zur unverletzten Seite einer durchschnittenen gestreiften Muskelfaser fließt, ein Phänomen, das jedoch erst von Du Bois-Reymond richtig interpretiert wurde. Im selben Jahr führte Matteucci anhand einer induzierten Muskelkontraktion die erste galvanometrische Messung des Aktionsstroms durch. Nach 1842 publizierte er, wohl auch durch eine Polemik mit Du Bois-Reymond verunsichert, keine wichtigen Forschungsarbeiten mehr. [AD]

Werk(e):
Essai sur les phénomènes électriques des animaux (1840); Traité des phénomènes électro-physiologiques des animaux (1844); Lezioni di elettrofisiologia (1856).

Sekundär-Literatur:
Bianchi, N.: Carlo Matteucci e l'Italia del suo tempo (1864); Moruzzi, G.: The electrophysiological work of Carlo Matteucci. Brain Research Bulletin 40 (1996).

Mattioli, Pietro Andrea Gregorio,
italienischer Pharmakologe und Botaniker,
* 12. 3. 1501 Siena,
† Febr. 1577 Trient.

Mattioli gehört zu den Begründern der frühneuzeitlichen Botanik. Sein großer Einfluss geht vor allem auf seine Übersetzungen der Materia medica des Dioskurides zurück.

In Siena geboren, zog Mattioli als Kind mit seiner Familie nach Venedig und promovierte 1523 in Medizin in Padua. Anschließend lebte er kurz in Siena, floh vor den politischen Unruhen, bildete sich in Perugia bei dem Chirurgen Gregorio Caravita weiter und kam 1520 nach Rom, wo er am Ospedale Santo Spirito arbeitete, Leichen sezierte und Pflanzenstudien betrieb. Nach der Plünderung Roms durch die Landsknechte des deutschen Kaisers Karl V. zog er 1527 nach Trient und 1539 nach Gorizia. 1554 wurde Mattioli als Leibarzt nach Prag an den Hof Ferdinands I. und dann Maximilians II. gerufen. 1570 kehrte Mattioli nach Tirol zurück, wo er wenige Jahre später der Pestepidemie erlag.

Mattioli vereinte höchste literarische und naturkundliche Kenntnisse. Vom Trientiner Bischof, Kardinal Bernardo Clesio, protegiert, schrieb der noch unbekannte Mattioli ein Werk über die Syphilis und übersetzte als einer der Ersten ein antikes Werk in die italienische Sprache: die Geographie des ↗ Ptolemäus. 1544 veröffentlichte er *Di Pedacio Dioscuride anazarbeo libri cinque*, eine Übersetzung der *Materia medica* des Dioskurides ins Italienische, die mehrfach wiederaufgelegt wurde und seinen internationalen Ruhm begründete. 1554 folgte die lateinische Übersetzung, die *Commentarii*, die bis ins 18. Jahrhundert rege Nutzung fanden. Dieses Werk war nicht nur eine kommentierte und illustrierte Übersetzung, sondern umfasste eine kritische Überprüfung der beschriebenen Pflanzenarten und ein botanisches Wörterbuch und war, ganz im Gegensatz zu den Übersetzungen anderer zeitgenössischer Autoren, auf die praktische medizinische Nutzbarkeit ausgerichtet. Mattioli fügte zahlreiche originale Daten bei. Dabei flossen sowohl seine eigenen systematischen Erforschungen der Pflanzenwelt bestimmter Regionen (Tirol, Toskana) und bestimmter Habitate (Sumpf) als auch persönliche Nachrichten vieler bekannter Naturforscher seiner Zeit, wie Luca Ghini, U. ↗ Aldrovandi oder Francesco Calzolari, mit ein. Daneben führte Mattioli mineralogische, zoologische, malakologische und kartographische Studien durch. [AD]

Werk(e):
Di Pedacio Dioscuride Anazarbeo libri cinque (1544); Pedacii Dioscoridis de Materia medica Libri VI ... cum Commentariis, (1554); Epistolarum Medicinalium libri cinque (1561).

Sekundär-Literatur:
Ferri, S. (Hrsg.): Pietro Andrea Mattioli (Siena 1501 – Trento 1578). La vita e le opere, con l'identificazione delle piante (1997); Cresciani, C.: Scienziati a Siena (1999).

Maupertuis, Pierre Louis Moreau de,
französischer Mathematiker, Physiker und Biologe,
* 28. 9. 1698 Saint-Malo,
† 27. 7. 1759 Basel.

Maupertuis war ein entschiedener Anhänger I. ↗ Newtons und führte das Prinzip der kleinsten Wirkungen in die Physik ein.

Moreau de Maupertuis gelangte schon früh zu akademischen Ehren. 1723 wurde er in die Académie des Sciences aufgenommen. 1728 ging er nach London, nachdem er bereits einige vielversprechende wissenschaftliche Werke vorgelegt hatte. Auf der Insel wurde er zu einem entschiedenen Anhänger von Newton, dessen Vorstellungen er auf dem Festland durchsetzen half.

Eine wichtige Streitfrage zwischen den Anhängern von R. ↗ Descartes und den Newtonianern war die Gestalt der Erde.

Nach Newton war die Erde aufgrund der Drehung an den Polen abgeplattet. Um dies zu prüfen, ließ der französische König die Länge der Meridiane in Frankreich, in Peru und Lappland vermessen. Maupertuis leitete 1736 die Lappland-Expedition, die trotz allerlei widriger Umstände ein Jahr später mit positiven Ergebnissen zurückkam.

1745 nahm Maupertuis eine Einladung Friedrichs II. nach Berlin an und wurde ein Jahr darauf zum Präsidenten der Berliner Akademie ernannt. Zuvor hatte er nachgewiesen, dass Erbanlagen sowohl vom Vater als auch von der Mutter auf das Kind übertragen werden können, womit er sich gegen die verbreitete Präformationstheorie wandte. Hiermit war er seiner Zeit um mindestens ein Jahrhundert voraus, ebenso wie mit seiner wenige Jahre später geäußerten Vermutung, dass sich neue Arten durch die geografische Isolation bestehender Variationen bilden können.

In Berlin stellte er das Prinzip der kleinsten Wirkung auf – sein bedeutendster Beitrag zur Wissenschaft. Danach erfolgen alle Änderungen in der Natur so, dass die Größe der dazu aufgewandten »Aktion« (Summe der Produkte von Weg und Geschwindigkeit der Körper) ein Minimum ist. 1750 versuchte er in seinem *Essai de Cosmologie* hieraus einen Gottesbeweis abzuleiten.

Obwohl es 1760 J.-L. ↗ Lagrange gelang, das Prinzip der kleinsten Wirkung streng mathematisch zu formulieren, spielte es vorerst nur eine untergeordnete Rolle. Seit der Fassung von W. R. ↗ Hamilton ist es als eines der grundlegenden physikalischen Prinzipien, aus dem sich Impuls- und Energieerhaltung ableiten lassen, unumstritten. Selbst in der Quantenmechanik findet es heute Anwendung. [RS]

Sekundär-Literatur:
Oeuvres, 4 Bde. (1756).

Sekundär-Literatur:
Planck, M.: Das Prinzip der kleinsten Wirkung, in: ders.: Vorträge und Erinnerungen (1983) 95–105; Hecht, H. (Hrsg.): Pierre Louis Moreau de Maupertuis. Eine Bilanz nach 300 Jahren (1999).

Maxwell, James Clerk,
schottischer Physiker,
* 13. 6. 1831 Edinburgh,
† 5. 11. 1879 Cambridge.

Maxwell, dessen elektromagnetische Feldtheorie die bis dahin separaten physikalischen Teildisziplinen Optik und Elektromagnetismus miteinander vereinigte und den krönenden Abschluss der klassischen Physik bildete, gehört zu den herausragenden Physikern des 19. Jahrhunderts. Darüber hinaus schuf er die Grundlagen der modernen kinetischen Gastheorie und begründete einen neuen Stil der theoretischen Physik, für den die Klassifizierung physikalischer Größen sowie die Berücksichtigung von Symmetrien, Lagrange-Funktionen und statistischer Methoden von zentraler Bedeutung sind.

Maxwell war der Sohn eines schottischen Advokaten, der es vorzog, auf dem Landgut der Familie im südlichen Schottland zu leben. Dort verlebte Maxwell nicht nur Kindheit und Jugend, sondern auch später zog er sich dorthin gern und häufig zurück. Zwischen 1841 und 1847 besuchte er die Edinburgh Academy, danach die Universität Edinburgh und ab 1850 studierte er in Cambridge Mathematik und Physik, u. a. bei G. ↗ Stokes. 1854 beendete er dort sein Studium, wurde 1855 Fellow des Trinity College, 1856 Professor in Aberdeen und 1860 am King's College in London. 1865 legte er seine Professur aus gesundheitlichen Gründen nieder und zog sich auf den Familiensitz Glenlair zurück, wo er sein wissenschaftliches Hauptwerk *Treatise on Electricity and Magnetism* vollendete. Als im Jahre 1871 in Cambridge das Cavendish-Laboratorium begründete wurde, konnte er sich dem an ihn ergangenen Ruf nicht entziehen und wirkte dort bis zu seinem frühen Tode als Physikprofessor, der zudem den Ruf des Instituts als Zentrum moderner physikalischer Forschung begründen half. Im Jahre 1858 hatte er in Aberdeen Katherine Dewar geheiratet; die Ehe blieb kinderlos.

In den 1850er-Jahren, als sich Maxwell dem Studium des Elektromagnetismus zuwandte, beherrschten Fernwirkungstheorien, wie z. B. die von W. ↗ Weber entwickelte Theorie der Elektrizität. Im Gegensatz dazu hatte Maxwells Landsmann M. ↗ Faraday bereits in der ersten Jahrhunderthälfte einen radikal anderen Ansatz zum Verständnis der elektromagnetischen Phänomene gewählt. Er lehnte die Existenz elektrischer Fluida konsequent ab und führte stattdessen den Begriff der elektrischen und magnetischen Felder zur Erklärung der Elektrisierung, des elektrischen Stromes und des Magnetismus ein. Allerdings fand Faradays Feldkonzept vor allem unter den zeitgenössischen theoreti-

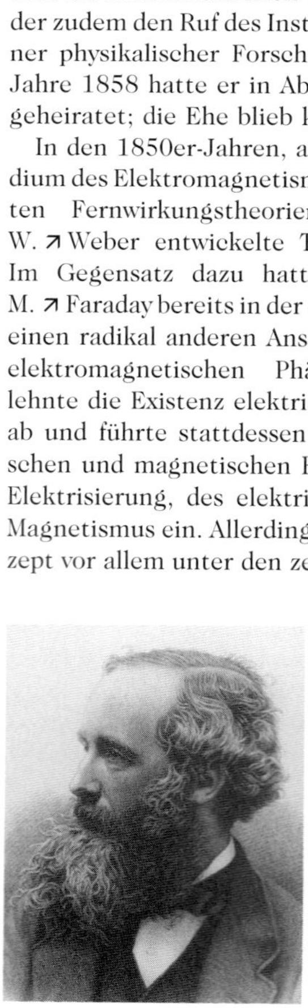

J.C. Maxwell (Foto: Deutsches Museum München, Bildstelle)

schen Physikern keinerlei Beachtung – erst Lord ↗ Kelvin nutzte es Mitte des 19. Jahrhunderts, um eine Analogie zwischen S. D. ↗ Poissons Elektrostatik und J.-B. ↗ Fouriers Wärmeleitungstheorie zu begründen. An Faraday und Kelvin anknüpfend, entwickelte Maxwell dann in der zweiten Hälfte der 1850er-Jahre eine auf den Feldbegriff aufbauende Theorie des Elektromagnetismus. In seiner Arbeit *On Faraday's lines of force* aus dem Jahre 1856 verbesserte Maxwell die Kelvinsche Analogie für die Elektro- und Magnetostatik und leitete daraus sowohl erste Feldgleichungen als auch eine Klassifizierung der Feldgrößen ab. Darüber hinaus hoffte Maxwell, ein mechanisches Modell aufstellen zu können, das die elektrischen und magnetischen Kräfte, aber auch die elektromagnetische Wechselwirkung erklären konnte. Dies gelang ihm dann in der 1862 publizierten Abhandlung *On physical lines of force*. Die Kohärenz seines Modells forderte die Existenz eines Verschiebungsstromes als eine elastische Veränderung des Rollenlagers seines mechanischen Modells; vor allem ließ sich ein exakter mathematischer Ausdruck für den Verschiebungsstrom im Rahmen des Systems von Feldgleichungen angeben. Das Licht wurde von Maxwell als transversale Schwingungen der elastischen Bestandteile des Systems interpretiert. Maxwell stellte in diesem Zusammenhang auch schon Überlegungen über die Fortpflanzungsgeschwindigkeit solcher Transversalwellen an und fand, dass diese gleich der Lichtgeschwindigkeit ist. Damit war für Maxwell klar, dass das Fortpflanzungsmedium für solche (elektromagnetische) Wellen mit dem Lichtäther identisch sein musste. Obwohl Maxwells mechanische Modellvorstellungen uns heute höchst barock und überflüssig oder sogar missverständlich anmuten, waren sie doch in sich konsistent und enthielten praktisch alle wesentlichen Elemente seiner Elektrodynamik, inklusive der so genannten Maxwellschen Gleichungen.

In seinen späteren Arbeiten hat sich Maxwell mehr und mehr von seinen mechanischen Modellen, Bildern und Analogiebetrachtungen gelöst. Im Jahre 1873 gab er schließlich in seinem zweibändigen *A Treatise on Electricity and Magnetism* eine Zusammenfassung seiner Arbeiten. Die vier Maxwellschen Gleichungen, die für die Elektrizitätslehre ein ähnliches Axiomensystem darstellen wie die Newtonschen Gesetze für die Mechanik, findet man dort allerdings in einer komplizierteren Form – erst H. ↗ Hertz und O. ↗ Heaviside haben sie in die uns heute bekannte (symmetrische) Form gebracht. Trotz ihrer inneren Geschlossenheit und mathematischen Konsistenz fanden die Maxwellschen Vorstellungen bei den Physikern des ausgehenden 19. Jahrhunderts nur allmähliche Aufnahme. Für viele war z. B. Faradays und Maxwells Begriff der elektrischen Ladung als eine besondere Feldstruktur zu ungewohnt. H. v. ↗ Helmholtz muss in diesem Zusammenhang als einer der wenigen zeitgenössischen Physiker angesehen werden, der noch zu Lebzeiten Maxwells dessen Ideen aufgriff und sich mit den Mitteln seines großen Berliner Instituts ihrer experimentellen Prüfung widmete. Den endgültigen Durchbruch vollbrachte dann auch nicht zufällig einer seiner Schüler – Hertz, dem es 1887 gelang, elektromagnetische Wellen im Labor zu erzeugen und nachzuweisen. Damit hatte sich die Maxwellsche Elektrodynamik unwiderruflich etabliert, bildete sie den krönenden Abschluss der klassischen Physik.

Im Jahre 1860 publizierte Maxwell seine erste Arbeit zur kinetischen Gastheorie, wobei der Ausgangspunkt seiner Überlegungen die Vorstellungen R. ↗ Clausius' waren. Mit Hilfe statistischer Methoden kam er auf die bekannte Glockenkurve der Geschwindigkeitsverteilung von Molekülen. Durch Anwendung des Clausiusschen Konzepts der freien Weglänge gelang es ihm, den Massentransport, den Impuls und die kinetische Energie der Moleküle zwischen aneinander vorbeigleitenden Schichten zu berechnen und damit solche Grundphänomene der Gastheorie wie die Diffusion, Viskosität oder Wärmeleitung zu erklären. Im Jahre 1867 konnte er eine verbesserte Ableitung für die Geschwindigkeitsverteilung und die Transportkoeffizienten vorlegen, die auf der Zahl der Zusammenstöße bei einer bestimmten Geschwindigkeit basierte. Das überra-

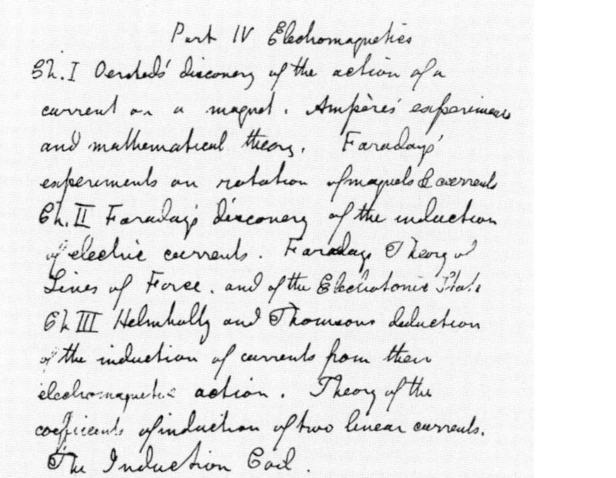
Part IV Electromagnetics
Ch. I Oersted's discovery of the action of a current on a magnet. Ampère's experiments and mathematical theory. Faraday's experiments on rotation of magnets & currents
Ch. II Faraday's discovery of the induction of electric currents. Faraday's theory of Lines of Force, and of the Electrotonic State
Ch. III Helmholtz and Thomson's deduction of the induction of currents from their electromagnetic action. Theory of the coefficients of induction of two linear currents.
The Induction Coil.
V = potential of a plane area in xy bounded by curve s density unity
$\frac{dV}{dx} = \omega$ $\frac{dV}{dy} = F.$ $\frac{dV}{dz} = -G$ $H=0$

J.C. Maxwell: Auszug aus seinen Notizen zur Arbeit *Elektrizität und Magnetismus*, um 1860 (Foto: Deutsches Museum München, Bildstelle)

schendste Ergebnis seiner Berechnungen, das er bereits 1860 vorgelegt hatte, war die Tatsache, dass die Viskosität eines Gases praktisch unabhängig von seiner Dichte sein sollte. 1865 wiesen Maxwell und seine Frau diese Voraussage auch experimentell nach. Als Pionier der kinetischen Gastheorie war Maxwell beinahe zwangsläufig auch ein überzeugter Anhänger der Atomtheorie. Aus der Tatsache, dass die Atome unveränderliche Gegebenheiten darstellen, leitete Maxwell im Übrigen die Forderung ab, die Metrologie auf atomare Eigenschaften und Größen zu gründen.

Neben diesen herausragenden Arbeiten zur Wärme- und Elektrizitätstheorie hat Maxwell auch grundlegende Beiträge zur Physiologie der Farbwahrnehmung geleistet, die bis in seine frühe Edinburgher Schaffensperiode zurückreichen. So hat er die auf Th. ↗ Young zurückgehende Dreifarbenlehre durch quantitative Untersuchungen weiter ausgebaut und auf eine Basis gestellt, die dann im 20. Jahrhundert die Entwicklung von Farbfotografie und Farbfernsehen ermöglichte.

Maxwell hat sich ebenfalls lebhaft für Bildungsfragen interessiert und half die Physikausbildung in Cambridge nachhaltig zu reformieren. Als erster Direktor des Cavendish-Laboratoriums förderte er nicht zuletzt die Durchführung von Präzisionsmessungen und stellte enge Kontakte zur englischen Industrie her. Seine ausgeprägten literarischen und rhetorischen Fähigkeiten haben diese sozialen und institutionellen Bemühungen zusätzlich gefördert. [OD, DH]

Werk(e):
The Scientific Papers, 2 Vols. (1890, 1952); The Scientific Letters and Papers, hrsg.v. F. Harman. (1990ff).

Sekundär-Literatur:
Appleton, E. V. (Hrsg.): Clerk Maxwell and modern science (1963); Everitt, C. W. F.: James Clerk Maxwell. Physicist and Natural Philosopher (1975); Tricker, R. A. R.: Faraday und Maxwell (1974); Siegel, D.: Innovation in Maxwell's Electromagnetic Theory: molecular vortices, displacement current, and light (1991); Darrigol, O.: Electrodynamics from Ampère to Einstein (2001).

Mayer, Christian,

mährischer Astronom,
* 20. 8. 1719 Meseritsch (Mähren),
† 17. 4. 1783 Heidelberg.

Mayer erlangte in der Astronomie vor allem Bedeutung durch die Erforschung von Doppelsternen als besonderer kosmischer Objekte.

Mayer hat vermutlich in Brünn, Wien, Tyrnau, Rom und Würzburg klassische Sprachen, Philosophie, Theologie und Mathematik studiert. Im Jahre 1745 trat er in das Jesuitenkolleg Mannheim ein, lehrte Sprachen und Mathematik an der Jesuitenschule Aschaffenburg, nebenbei astronomische Beobachtungen ausführend. 1752 wurde er Professor für Mathematik und Physik in Heidelberg. Ab 1762 arbeitete er auf der von Kurfürst Karl Theodor in seiner Sommerresidenz in Schwetzingen errichteten Sternwarte, ab 1774 auf der neu gebauten Sternwarte Mannheim, die mit guten Instrumenten englischer Werkstätten (John Bird, J. ↗ Dollond, Edward Troughton, Jesse Ramsden) ausgerüstet war.

In den 1760er-Jahren führte Mayer in der Pfalz eine Landesvermessung aus, beobachtete 1761 und 1769 die Durchgänge der Venus vor der Sonnenscheibe sowie andere Himmelserscheinungen.

Mayers wichtigste Leistung liegt in der Erforschung von Doppelsternen. Er hatte beobachtet, dass es zahlreiche eng benachbarte Sterne am Himmel gibt, was nach seiner Meinung nicht mit einer zufälligen Verteilung der Sterne zu erklären ist, sondern auf deren physische Verbindung hindeutet. D. h., diese Sterne bilden Sternpaare, die sich um einen gemeinsamen Schwerpunkt bewegen. Er untersuchte 80 Sternpaare, für die er die Bezeichnung »Fixsterntrabanten« prägte. Diese Untersuchung wurde sofort von vielen Astronomen in Zweifel gezogen, woran auch die das Wesen der Entdeckung nicht adäquat wiedergebende Bezeichnung einen Anteil hatte. Denn es handelt sich nicht um Fixsternbegleiter, sondern um zwei (oder mehrere) Fixsterne. Er verteidigte seine Untersuchungen 1778 in einer umfangreichen Arbeit.

Mayer hatte nicht zwischen rein perspektivischen Doppelsternen (die in Wirklichkeit weit entfernt im Raum stehen und nur von uns als benachbart gesehen werden, die »visuellen Doppelsterne«) und wirklichen Doppel- und Mehrfach-Systemen unterschieden, was erst auf der Grundlage langfristiger Positionsmessungen und der Beobachtung tatsächlich erfolgter Bewegungen der Sterne umeinander möglich gewesen wäre. Dennoch gebührt ihm das Verdienst, die Doppelsterne als Gruppe kosmischer Objekte erkannt und ihre Erforschung inauguriert zu haben.

Vor Mayer hatte schon John Michell darauf hingewiesen, daß z. B. das enge Zusammenstehen der Sterne der Plejaden kein Produkt des Zufalls sein könne, sondern sie ein Sternsystem bilden müssten. Der Nachweis von Bewegungen in Doppel- und Mehrfachsternsystemen gelang erst F. W. ↗ Herschel ab 1782 mit seinen Doppelsternkatalogen. [JH]

Werk(e):
Gründliche Vertheidigung neuer Beobachtungen von Fixsterntrabanten (1778).

Sekundär-Literatur:
Hoskin, M. A.: William Herschel and the construction of the heavens (1963) 27–42.

Mayer, Johann Tobias,
deutscher Astronom und Kartograph,
* 17. 2. 1723 Marbach (bei Stuttgart),
† 20. 2. 1762 Göttingen.

Mayer war einer der bedeutendsten Astronomen des 18. Jahrhunderts, als Theoretiker und auch als praktischer Beobachter. Die mathematische Untersuchung der Mondbewegung und darauf beruhender Mondtafeln setzten ihn in den Stand, einen wesentlichen Beitrag zur Lösung des Problems der Längenbestimmung auf See zu leisten. Von Mayer stammt eine auf genauen Messungen beruhende Mondkarte.

Tobias Mayer entstammt ärmlichen familiären Verhältnissen. Nach dem Tod seines Vaters kam er in ein Waisenhaus, während seine Mutter bis zu ihrem ebenfalls frühen Tod in einem Hospital Arbeit fand. Mayer bildete sich zunächst autodidaktisch. Seine Mutter machte es möglich, dass er Architekturzeichnungen anfertigte, die seine Begabung offenbarten, und bald bereitete er ein Buch mit Zeichnungen militärischer Verteidigungsanlagen vor sowie einen Plan der Stadt Esslingen. Seine mathematischen und naturwissenschaftlichen Kenntnisse schöpfte er aus C. ↗ Wolffs *Anfangsgründen aller mathematischen Wissenschaften* und verfasste unter diesem Einfluss 1745 einen *Mathematischen Atlas* von 60 Bl. Umfang. Dies bereitete Mayer 1745 den Weg in den berühmten Homannschen Landkartenverlag in Nürnberg, wo er an verschiedenen Karten mitwirkte, jedoch mit einem Fernrohr auch Himmelsbeobachtungen ausführte. Im Zusammenhang mit der Arbeit an Landkarten wurde er mit dem Problem der Bestimmung geographischer Koordinaten bekannt, und durch seine Beobachtungen lernte er Methoden der Bahnberechnung von Himmelskörpern kennen, besonders der komplizierten Bewegung des Mondes, was für sein späteres Wirken wichtig war.

Im Jahre 1751 erhielt er einen Ruf nach Göttingen als Professor für Ökonomie (angewandte Mathematik) und wurde 1754 Direktor der Sternwarte. Hier schuf er neue Tafeln der Sonnen- und Mondbewegung sowie einen Sternkatalog der Äquatorzone (unter Berücksichtigung der Eigenbewegung der Sterne), die sich durch eine erheblich gesteigerte Genauigkeit auszeichneten. Damit hatte er die Voraussetzung, um auf der Grundlage der Stellung des Mondes zu bestimmten Sternen die Bestimmung der geographischen Länge eines Schiffes erheblich zu verbessern. Dies war, angesichts der immer weiter zunehmenden transozeanischen Schifffahrt, ein dringendes praktisches Problem, für dessen Lösung das englische Parlament bereits 1714 einen Preis ausgesetzt hatte. Neben L. ↗ Euler für die Theorie der Mondbewegung und dem Uhrmacher John Harrison erhielt Mayer das ausgesetzte Preisgeld, das jedoch erst seiner Witwe ausgehändigt werden konnte. Erstmals wurden 1757 Längenbestimmungen auf See nach Mayers Mondtafeln und der Beobachtung von Sternen mittels eines Sextanten mit Erfolg ausgeführt. Die Mondörter des *Nautical Almanac* wurden nach Mayers Tafeln berechnet.

Neben anderen Arbeiten tat sich Mayer durch konstruktive Verbesserung astronomischer Beobachtungsinstrumente hervor, arbeitete über den Erdmagnetismus und schuf eine Mondkarte, die mit ihren mittels Mikrometermessungen bestimmten Mondformationen einen Meilenstein in der Mondtopographie darstellte. [JH]

Werk(e):
Theoria Lunae juxta systema Newtonianum (1767); Tabulae motuum Solis et Lunae novae et correctae (1770); Opera inedita, hrsg. von G. Chr. Lichtenberg (1775).

Sekundär-Literatur:
The unpublished writings of Tobias Mayer, 3 Bde., hrsg. von Eric. G. Forbes (1972).

Mayer, Julius Robert,
deutscher Arzt und Naturforscher,
* 25. 11. 1814 Heilbronn,
† 20. 3. 1878 Heilbronn.

Mayer gilt als einer der Begründer des Energieerhaltungsprinzips. Allerdings wurde er als Außenseiter im Wissenschaftsbetrieb nur wenig rezipiert, weshalb er an der Durchsetzung des neuen Konzepts kaum unmittelbaren Anteil hatte. Erst mit dessen Anerkennung begann man auch Mayers Beiträge zu würdigen.

Mayer studierte von 1832 bis 1838 Medizin in Tübingen, wobei er wegen Betätigung in einer Studentenverbindung 1837 für die Dauer eines Jahres ausgeschlossen worden war. Seine Dissertation *Über das Santonin* von 1838 behandelte anhand von Krankengeschichten die Wirkung dieses Medikaments bei der Behandlung von Kindern, die an Spulwürmern litten.

Nach kurzem Aufenthalt in Paris erwarb er 1839 in Den Haag das Patent eines Sanitätsoffiziers. Mit dieser Qualifikation konnte er im Februar 1840 als Arzt auf einem niederländischen Schiff nach Ostindien segeln. Während des Aufenthalts in Batavia erkrankte im Juni ein großer Teil der Mannschaft an Lungenentzündung. Bei den daraufhin vorgenommenen Aderlässen beobachtete Mayer, dass das sonst sauerstoffarme, daher dunkle Venenblut eine auffallend helle Färbung aufwies. Wie er später berichtete, deutete er dieses Phänomen als Konsequenz der Theorie A. ↗ Lavoisiers, wonach die Körperwärme auf die Oxidation der Nahrungsmittel zurückgehe. Mayer folgerte daraus weiter, dass die höhere Außentemperatur der Tropen die Wärmeproduktion des Organismus vermindern und so auch eine geringere Oxidation, also helleres Venenblut bedingen würde. Mayers Deutung war zwar falsch, gab ihm aber offenbar den entscheidenden Anstoß zur Formulierung eines allgemeinen Naturprinzips. Im Februar 1841 kehrte er nach Heilbronn zurück, wo er fortan als Arzt praktizierte.

Schon im Juni 1841 reichte Mayer bei den Annalen der Physik ein Manuskript ein, das vom Herausgeber J. Chr. ↗ Poggendorff jedoch ignoriert wurde. Mayer hatte die Unzerstörbarkeit der Materie in einer chemischen Reaktion auf die begrifflich damals noch nicht klar definierte Energie übertragen wollen. Jene Abhandlung wies dazu noch Fehler auf, etwa wenn er den Impuls als Maß für die Bewegungsenergie ansetzte. Innerhalb eines Jahres erarbeitete Mayer dann eine völlig neue Fassung, die unter dem Titel *Bemerkungen über die Kräfte der unbelebten Natur* 1842 in *Liebigs Annalen der Chemie* erschien. Mayer behandelte die in verschiedenen miteinander verbundenen Phänomenen auftretenden Energien – in der damals üblichen Terminologie von G. W. ↗ Leibniz Kräfte – als Glieder einer Kette von Ursachen und Wirkungen. Mayer meinte folgern zu können, dass sich zwar die Form wandeln könne, die Quantität aber stets erhalten bliebe. Dies erläuterte er exemplarisch am wechselseitigen Übergang von »Bewegung« – kinetischer Energie – in die von ihm als »Fallkraft« bezeichnete potenzielle Energie. Die Wirkung einer Bewegung, die »aufhört« und sich nicht in potenzielle Energie umwandelt, sah Mayer in der gleichzeitig auftretenden Wärme. Dabei wies er auf die bekannten Reibungserscheinungen hin. Dies wiederum führte ihn dazu, ein festes Verhältnis von mechanischer Arbeit und Wärme anzunehmen und auch quantitativ anzugeben. Seinen Weg zur Berechnung dieser neuen Größe, des mechanischen Wärmeäquivalents, die wohl wichtigste Überlegung der ganzen Publikation, deutete er in den letzten Zeilen nur beiläufig an. Die für Luft gut bekannte Differenz der spezifischen Wärmen bei konstantem Druck und derjenigen bei konstantem Volumen ermöglichte die direkte Bestimmung jener Wärmemenge, die gerade der mechanischen Arbeit für die Änderung des Volumens entspricht. Die einzelnen Rechenschritte explizierte Mayer erst in seiner Abhandlung von 1845, die er nach der Ablehnung durch die *Annalen der Chemie* auf eigene Kosten in Heilbronn als Broschüre drucken ließ. Sowohl diese Art der Publikation mit ihrer geringen Verbreitung wie auch der missverständliche Titel *Die organische Bewegung in ihrem Zusammenhange mit dem Stoffwechsel* haben dafür gesorgt, dass jenes Werk zunächst nicht wahrgenommen wurde. Mayer dehnte darin das Konzept von der Erhaltung der Energie auch auf die anderen Bereiche der Physik wie die Elektrizität und den Magnetismus sowie auf Chemie und Physiologie aus. Folgerichtig wandte er sich gegen die Idee von einer speziellen Lebenskraft. Deren Quelle sah er vielmehr in der Sonnenstrahlung, die von den Pflanzen in chemische Energie umgewandelt wird und über die Nahrungsaufnahme den Organismus zu Muskelarbeit befähigt wie auch die Körperwärme aufrechterhält.

Der nächsten sich daraus ergebenden Frage nach der Ursache der Sonnenenergie stellte sich Mayer in seiner Schrift *Dynamik des Himmels in populärer Darstellung* von 1848. Da er Verbrennungsvorgänge als unzureichend ausschließen konnte, war er davon überzeugt, dass die ständig auf die Sonnenoberfläche stürzende kosmische Materie, deren kinetische Energie sich dabei in Wärme umwandelt, hierfür verantwortlich wäre. Außerdem folgerte Mayer aus der Energieerhaltung, dass die Rotationsgeschwindigkeit der Erde aufgrund der Gezeitenreibung abnehmen und die Tageslänge dementsprechend zunehmen müsse.

Mayers weitere Arbeiten wie die *Bemerkungen über das mechanische Aequivalent der Wärme* von 1851 stellten lediglich populäre Zusammenfassungen dar, enthielten aber kaum neue Ideen. Ein bis dahin noch nicht diskutierter Gesichtspunkt taucht noch in *Die Torricellische Leere und über Auslösung* von 1876 auf. Darin behandelte Mayer die Mechanismen, durch die eine Energieumwandlung in Gang gesetzt wird.

Mayer war zeitweise psychisch krank, unternahm einen Suizidversuch und lebte monatelang in Heilanstalten. Er litt auch unter der mangelnden wissenschaftlichen Anerkennung. Mayer blieb ein Außenseiter, der ohne neue empirische Fakten lediglich naturphilosophischen Betrachtungen nachzugehen schien. Es waren vor allem die auch nicht unumstrittene theoretische Arbeit von H. v. ↗ Helmholtz von 1847 und die Messungen des mechani-

J.R. Mayer

schen Wärmeäquivalents durch J. P. ↗ Joule ab 1843, die dem neuen Prinzip allmählich zur Anerkennung verhalfen. Mayer wurde dagegen erst später damit wieder in Verbindung gebracht. So setzte sich beispielsweise John Tyndall in England angesichts der für Joule reklamierten Ansprüche für die Priorität von Mayer ein. So kam es zu einer Wiederentdeckung von Mayers Schriften. Zahlreiche Ehrungen wie Akademiemitgliedschaften oder die Verleihung der Copley-Medaille der Royal Society würdigten schließlich Mayers Verdienste. [SW]

Werk(e):
Die Mechanik der Wärme, Ostwalds Klassiker Nr. 180 (1911).

Sekundär-Literatur:
Caneva, K. L.: Robert Mayer and the Conservation of Energy (1993).

Mayow, John,
englischer Chemiker,
* 21. (nach D. McKie Datum der Taufe) 12. 1641 Bray (Cornwall),
† Sept. 1679 London.

Mayow gehört wie R. ↗ Boyle und R. ↗ Hooke zu den Naturforschern, die die Chemie in England als klassische Naturwissenschaft aus der Iatro- und Alchemie heraus emanzipierten.

Als Kind aus einer wohlhabenden Familie studierte Mayow ab 1658 in Oxford Jura und Medizin und graduierte 1670 zum Bachelor. Danach war er als Arzt und Naturforscher tätig. Nachdem bereits Boyle und Hooke festgestellt hatten, dass Luft kein Element, sondern ein Gemisch ist, das einen für die Atmung und Verbrennung unentbehrlichen Bestandteil enthält, gab Mayow 1669 in seiner Dissertation eine Erklärung für die Atmung und den Verbrennungsprozess. Bei vergleichenden Untersuchungen beider Vorgänge hatte er in einem Experiment festgestellt, dass eine brennende Kerze, die sich in einem im Wasserbad umgestülpten Glasbehälter befindet, nach einiger Zeit erlischt und der Wasserpegel bis zu diesem Zeitpunkt im Glasbehälter ansteigt. Befindet sich eine Maus im Glasbehälter, so stirbt sie nach einiger Zeit und der Wasserpegel steigt bis dahin ebenfalls an. 1672 erkannte er, dass dieser für die Verbrennung unentbehrliche Bestandteil der Luft auch im Salpeter enthalten ist, und nannte ihn »spirit nitro-aereo«. Das Ansteigen des Wasserpegels erklärte er mit der Annahme, dass der verbrauchte Bestandteil der Luft auch für deren elastische Kraft verantwortlich sei und folglich in dessen Abwesenheit die Luft leicht zusammenpressbar und das Volumen dadurch vermindert ist. Die Massezunahme der Metalle beim Verbrennen erklärte Mayow durch das Hinzutreten der salpeterhaltigen Luft und er konnte deren Menge mit einem Viertel der Gesamtluft bestimmen. Den »spirit nitro-aereo« chemisch genauer (als Sauerstoff) zu identifizieren, ist Mayow allerdings nicht gelungen. Das ist auch ein Grund dafür, weshalb sich seine Theorie nicht gegen die von J. ↗ Becher und G. ↗ Stahl nach Mayows Tod begründete Phlogistontheorie durchsetzen konnte, die die gleichen Vorgänge scheinbar schlüssig erklärte.

Mayow war mit Hooke befreundet und seit 1678 Mitglied der Royal Society. [WG2]

Werk(e):
Tractatus dao respiratione et de rachitide (1669); Tractatus Quinque Medico-Physici (1674); Opera omnia medicophysica (1681).

Sekundär-Literatur:
Partington, J. R.: The Life and Work of John Mayow, Isis 4 (1956); Böhm, W.: John Mayow and his contemporaries, Ambix 11 (1963); Fulton, J. F.: Bibliography of two Oxford physiologist; Richard Lower, 1631–1691, John Mayow, 1643–1679 (1935).

Barbara McClintock

Hans-Jörg Rheinberger

McClintock, Barbara,
amerikanische Zytogenetikerin,
* 16. 6. 1902 Hartford (Connecticut),
† 2. 9. 1992 Boston.

Barabara McClintock war wohl die virtuoseste Zytogenetikerin des 20. Jahrhunderts. In den 1950er-Jahren hatte sie bei Studien zur Entwicklungsgenetik der Maispflanze bewegliche genetische Elemente entdeckt, deren Bedeutung erst im Rahmen der späteren gentechnologischen Anwendung der Molekularbiologie voll erkannt wurde. Für ihre Entdeckung erhielt sie 1987 den Nobelpreis für Medizin oder Physiologie.

Im gleichen Jahr 1987 erschien ein Sammelband von McClintocks Arbeiten über transponierbare genetische Elemente in Maispflanzen, die man auch als »springende Gene« bezeichnet hat. Die damals 85-jährige Nobelpreisgrägerin leitete den Band mit den folgenden, sich selbst bescheiden zurücknehmenden Worten ein: »Transponierbare Elemente wurden in Mais entdeckt, lange bevor ihr Vorhandensein in anderen Organismen nachgewiesen wur-

B. McClintock

de. Ihre Entdeckung war die logische Folge einer Reihe von Beobachtungen an Mais-Chromosomen. Jede dieser *Beobachtungen* deckte bedeutsame und *nicht vorwegnehmbare* Aspekte im *Verhalten* der Chromosomen auf«. Diese Sätze enthalten die drei Kernthemen, die das wissenschaftliche Werk der Zytogenetikerin McClintock auszeichnen: erstens die grundlegende Rolle der Beobachtung für die Forschung, zweitens die Bedeutung nicht vorwegnehmbarer Ergebnisse für deren Fortgang, und drittens die Sicht auf die genetischen Elemente der Zelle unter dem Aspekt ihres Verhaltens. Sie kombinierte das experimentelle Vorgehen der klassischen Genetik mit einer außergewöhnlichen Beobachtungsgabe und »sah« Zusammenhänge, die dem Blick ihrer Zeitgenossen entgingen.

Frühe Prägung

Barbara McClintock wurde am 16. Juni 1902 in Hartford, Connecticut, geboren. Früh erwachte ihr Wunsch, der bald zum festen Entschluss wurde, sich dem Studium der Biologie zuzuwenden. Der soeben als Militärarzt aus dem Ersten Weltkrieg zurückgekehrte Vater zerstreute die mütterlichen Bedenken angesichts akademischer Ausbildungswünsche der Tochter, und so konnte sich die Siebzehnjährige 1919 am College of Agriculture der Cornell University in Ithaca einschreiben. Cornell war damals eines der amerikanischen Zentren für die Züchtung und genetische Erforschung von Mais. Der Zytologe Lester Sharp vom Department of Botany wurde McClintocks Doktorvater, Rollins A. Emerson, der Pflanzengenetiker und Leiter des dortigen Department of Plant Breeding, einer ihrer Mentoren beim Studium der Vererbungswissenschaft.

Noch als Studentin entwickelte McClintock eine auf John Bellings Acetokarmin-Färbemethode beruhende Quetschtechnik zur Sichtbarmachung von Mais-Chromosomen. Diese Technik erlaubte es ihr im Laufe der nächsten Jahre, im Gegensatz zum damals gängigen Dünnschnittverfahren, den aus zehn Elementen bestehenden einfachen Satz von Chromosomen des Mais nach Länge, Färbungsmuster und Lage der Centromeren eindeutig darzustellen – eine Voraussetzung für McClintocks später immer detaillierter werdende mikroskopische Beobachtungen. Nachdem sie 1927 ihren Ph. D. in Botanik und Genetik erworben hatte, setzte sie ihre Arbeit als Forschungsassistentin und dann als Instruktorin am Botany Department in Cornell bis 1931 fort. In dieser Zeit bildete sie in engem Kontakt mit ihren damaligen Forschungskollegen am Department of Plant Breeding, Marcus Rhoades, dem späteren Nobelpreisträger G. ↗ Beadle und Charles Burnham jene integrative zytologisch-genetische Forschungsweise aus, der sie ihr Leben lang treu blieb und die sie zu einer Meisterin »intimer Beobachtung« und »impliziten Wissens« werden ließ. Zusammen mit Harriet Creighton, ihrer ersten – und einzigen – engeren Mitarbeiterin, gelang es ihr in dieser Zeit, den formalen, auf Kreuzungsexperimenten beruhenden Nachweis der gekoppelten Weitergabe von Merkmalen als physikalischen Vorgang des Austausches von Chromosomenbruchstücken zu visualisieren. Zum gleichen Befund bei der Fruchtfliege *Drosophila* gelangte Anfang der 1930er-Jahre, unabhängig von den beiden Forscherinnen aus Cornell, C. ↗ Stern in Berlin.

Schwierige Jahre

Trotz ihrer rasch erworbenen internationalen Reputation als Mais-Zytogenetikerin und trotz der Bemühungen von Sharp und Emerson konnte sich die Leitung der Cornell University nicht dazu entschließen, für McClintock eine Assistenzprofessur zu schaffen. Zwischen 1931 und 1933 setzte sie mit einem Stipendium des National Research Council ihre Arbeit an der University of Missouri bei Lewis Stadler, dem California Institute of Technology in Pasadena bei T. H. ↗ Morgan und in Cornell fort, wo sie weiter ihre Maispflanzen zog. Stadler, ein häufiger Gast in Cornell, hatte bereits 1928 über die Auslösung erblicher Veränderungen bei Mais durch Röntgenstrahlen berichtet. Stadlers Material veranlasste McClintock zu einer eingehenden mikroskopischen Analyse der Veränderungen – Translokationen, Inversionen und Deletionen –, die durch Strahlen an den Mais-Chromosomen hervorgerufen wurden. In diese Zeit fällt auch McClintocks erste eingehendere Beschäftigung mit der Erscheinung der Variegation, d. h. der fleckenartigen Ausprägung von zumeist Farbeigenschaften von Pflanzenteilen wie Blättern und Samen. In einer vielbeachteten Studie aus dem Jahre 1932 führte sie diese Erscheinung auf die ungleiche Verteilung kleiner ringförmiger Chromosomenbruchstücke bei der Zellteilung zurück.

Anlässlich des 6. Internationalen Genetik-Kongresses in Ithaca schloss sich 1932 die Gemeinschaft der Maisgenetiker, zu der auch McClintock gehörte, zu einer Maize Genetics Cooperation zusammen, in deren Nachrichtenblatt sich die Mitglieder über ihre neuesten, teils noch unveröffentlichten Ergebnisse informierten. Emerson war die treibende Kraft der Vereinigung, welche der weiteren Entwicklung der Maisgenetik entscheidende Impulse gab. Trotz dieses informellen Zusammenschlusses blieb es aber – insbesondere für Frauen – schwer, sich mit diesem Spezialfach in der akademischen Forschung zu etablieren, zumal in einer Zeit der wirtschaftlichen Depression. McClintock behalf sich weiterhin mit Stipendien. Mit einem Guggenheim Fellowship kam sie 1933 nach Berlin. Dort machte sie am Kaiser Wilhelm-Institut für Biologie mit R. ↗ Goldschmidt Bekanntschaft, dem sie auch später freundschaftlich verbunden blieb. Stern, in dessen Labor sie das Jahr verbringen wollte, hatte sich jedoch entschlossen, von seinem Aufenthalt als Rockefeller-Stipendiat am Caltech nach der Machtergreifung der Nationalsozialisten gar nicht mehr nach Berlin zurückzukehren. Von Berlin zog McClintock deshalb bald weiter zu einem kurzen Aufenthalt bei dem Botaniker Friedrich Oehlkers in Freiburg. Schockiert über die politischen Verhältnisse in Deutschland, die sie ganz unvorbereitet trafen, kehrte sie bereits im April 1934 vorzeitig nach Cornell zurück.

Um diese Zeit beschäftigte sich McClintock mit einem weiteren Projekt, das auf genauester mikroskopischer Beobachtung von Zellkernen beruhte. Es war ihr aufgefallen, dass Teile einzelner Chromosomen am Aufbau eines Bereiches im Zellkern beteiligt sind, der den Zellforschern als Nukleolus bekannt war. Sie bezeichnete diese Kontaktstelle als »nucleolar-organizing element« (McClintock 1934). Die molekulare Interpretation dieser mit bemerkenswerter Genauigkeit festgehaltenen Beobachtung sollte noch dreißig Jahre auf sich warten lassen. Wir wissen heute, dass dieses Element die Gene für die Nukleinsäuren enthält, die am Aufbau der Proteinfabriken der Zelle, der so genannten Ribosomen, beteiligt sind.

Bei aller Anerkennung in Fachkreisen war McClintock 1934, nach Ablauf ihres Guggenheim-Stipendiums, immer noch ohne universitäre Anstellung und damit ohne längerfristige Forschungsperspektive. Die nächsten zwei Jahre konnte sie sich mit Hilfe von Warren Weaver, dem Direktor der Abteilung für Naturwissenschaften der Rockefeller Foundation, über Wasser halten. 1936 gelang es Stadler, für McClintock eine Assistenzprofessur an der University of Missouri in Columbia zu erwirken. Wie Nathaniel Comfort in einer kürzlich erschienenen umfangreichen Biographie dargestellt hat, akzeptierte McClintock schließlich, obwohl die Stellung weder dem wissenschaftlichen Renommé entsprach, das sie sich mittlerweile erworben hatte, noch ihrem ganz auf selbstbestimmte Forschung ausgerichteten Eigensinn. Das hatte zur Folge, dass sie sich mehr und mehr als Außenseiterin fühlte, sich auch als solche zu verhalten begann und von ihren Kollegen als verschrobene Eigenbrötlerin wahrgenommen wurde. In ihrer wissenschaftlichen Arbeit konzentrierte sie sich während dieser Zeit immer mehr auf das Verhalten von Mais-Chromosomen nach Strangbrüchen. Es war die goldene Dekade des Mais als Modellorganismus der Zytogenetik. Ihm begann im Verlaufe der 1930er-Jahre aber – mit der Entdeckung der Speicheldrüsen-Riesenchromosomen – *Drosophila* allmählich den Rang abzulaufen.

Rhoades, McClintocks früherer Kollege in Cornell und enger Vertrauter auch in späterer Zeit, erinnert sich, einmal zu McClintock gesagt zu haben: »Ich habe mich oft gewundert, dass du eine Zelle unter dem Mikroskop betrachten und so viel sehen kannst! Weißt du, antwortete sie, wenn ich eine Zelle anschaue, versenke ich mich in sie und schaue mich in ihr um« (nachzulesen in Evelyn Fox Kellers bekannter und immer noch lesenswerter Studie über McClintock aus dem Jahre 1983). Diese symbiotische Vertrautheit und Virtuosität im Umgang mit ihrem Forschungsgegenstand hatte aber auch ihren Preis: Weniger und weniger fühlte sich McClintock dazu gedrängt, ihr Können anderen mitzuteilen und angehende Forscher in ihre Arbeit einzubeziehen. Dies wiederum hatte zur Folge, dass auch ihre eigenen Methoden keinen Umbau und keine Erweiterung mehr erfuhren. Während ihre Kollegen wie etwa der von Pasadena nach Stanford übersiedelte Beadle sich einfacheren Organismen – dem Schlauchpilz *Neurospora crassa* – und den neuen Instrumenten der Biochemie und Biophysik zuwandten, verharrte sie im klassischen zytogenetischen Dreieck von Kreuzung, Pflanzenbeobachtung und mikroskopischer Untersuchung des Zellkerns. Ihre »intime Kenntnis dieses Experimentalsystems«, wie es die Zellbiologin Elizabeth Blackburn formulierte, war ihre Stärke und zugleich ihr Verhängnis.

Cold Spring Harbor

Auch in Missouri zerschlugen sich die Hoffnungen auf eine feste Anstellung und eine angemessene Forschungsumgebung. McClintock verließ die Universität 1941. In der Zwischenzeit hatte Rhoades eine Stelle an der Columbia University in New York angetreten. Seinen Mais züchtete er im nahegelegenen Cold Spring Harbor, und dorthin kam McClintock im Sommer 1941 auf Einladung von Milislav Demerec, einem ehemaligen Schüler von Emerson. Als Demerec Ende Dezember zum Direktor des Department of Genetics der Carnegie Institution of Washington in Cold Spring Harbor ernannt wurde, bot er McClintock sofort eine Jahresstelle an, die sie nach einigem Zögern auch annahm. Bereits im folgenden Jahr, nach einem Gespräch mit Vannevar Bush, dem Präsidenten der Carnegie Institution, wurde die Anstellung definitiv. Die Cold Spring Harbor Laboratories wurden McClintock schließlich zur lebenslangen wissenschaftlichen Heimat.

Das Verhalten von Chromosomen nach Beschädigung stand nach wie vor im Mittelpunkt von Barbara McClintocks Aufmerksamkeit. Sie konnte zeigen, dass gebrochene Chromosomen-Enden entweder verschmelzen, was zur Ringbildung führt, oder dass beschädigte Enden, die so genannten Telomere, aufgrund unbekannter Vorgänge neu gebildet, »geheilt« werden, wie sie sich auszudrücken pflegte. Diese Untersuchungen lenkten ihr Augenmerk – man darf sich im Zusammenhang mit McClintocks Beobachtungsleistungen auf die ursprüngliche Bedeutung dieses Wortes besinnen – mehr und mehr auf Fragen der Reorganisation des Genoms nach Schockereignissen, also besonderen Formen der Antwort auf gewaltsame äußere Einwirkungen. Auf dem Höhepunkt ihrer Anerkennung als Zytogenetikerin angelangt, wurde sie von Emerson als Mitglied der National Academy of Sciences nominiert und 1944 in die Akademie gewählt. Sie war die dritte Frau in der Geschichte, der diese Auszeichnung zuteil wurde. An Tracy Sonneborn, der ihr zu dieser Ehre gratulierte, schrieb sie mit unverhohlener Reserve: »Ich muss gestehen, ich war verblüfft. Juden, Frauen und Neger sind es gewohnt, diskriminiert zu werden; sie erhoffen sich nicht allzu viel. Ich bin keine Feministin, aber es befriedigt mich immer, wenn unlogische Barrieren fallen – gegenüber Juden, Frauen, Negern etc. Das hilft uns allen«.

Im gleichen Jahr 1944 bot sie Beadle an, für einige Monate nach Stanford zu kommen, um ihm bei der Zytogenetik von *Neurospora crassa* zu helfen. Beadle hatte zusammen mit dem Biochemiker Edward Tatum in den Jahren zuvor den Grundstein zu einer biochemischen Genetik gelegt, in deren Mittelpunkt die »Ein-Gen-ein-Enzym-Hypothese« stand. In Stanford gelang es McClintock innerhalb weniger Wochen, die vergleichsweise winzigen Chromosomen von *Neurospora* erstmals zu identifizieren und durchzunumerieren. »Je mehr ich mit ihnen arbeitete«, erzählte sie später Evelyn Fox Keller, »desto größer wurden sie, und als ich wirklich an sie herankam, war ich nicht mehr außerhalb, ich war selbst da drinnen. Ich war Teil des Systems. Ich war richtig bei ihnen, und alles wurde groß ... sie waren meine Freunde«.

Bewegliche Gene

In Cold Spring Harbor führten die fortgesetzten Experimente und Beobachtungen zum Chromosomenverhalten nach Strangbrüchen McClintock bald in eine ganz unvorhergesehene Richtung. Die Pflanzen aus einigen Selbstbefruchtungs-Versuchen von 1944 zeigten eigenartige Farbmosaikmuster, deren zeitlicher Entwicklungsverlauf jedoch gewissen Regeln zu unterliegen schien. »Nicht dass ich die Antwort gewusst hätte«, erinnerte sich McClintock später gegenüber Fox Keller, »aber es machte mir Spaß, die Sache anzugehen. Wenn dieser Spaß da ist, dann machst du auch die richtigen Experimente. Du lässt dir vom Material sagen, wohin du gehen sollst, und es sagt dir bei jedem Schritt, was du als nächstes zu tun hast, denn du fügst die Dinge mit einem gänzlich neuen Muster im Kopf zusammen«. Es folgten sechs Jahre intensiver Arbeit, die McClintock bisweilen an den Rand der Erschöpfung brachten. Im Verlauf dieser Jahre arbeitete sie die Grundzüge des genetischen Prozesses der »Transposition« heraus. McClintock kam zu dem Schluss, dass bestimmte genetische Elemente, denen sie nachspürte, beweglich waren. »Das Ding bewegt sich hin und her«, erinnert sich Evelyn Witkin an die erstaunte Feststellung McClintocks während eines Gesprächs im Frühjahr 1948. Es kann hier nicht auf die Einzelheiten der in sich stimmigen, aber komplizierten Beweisführung von McClintock eingegangen werden. Zusammenfassend lässt sich sagen, dass beim Vorgang der Transposition chromosomale Elemente von einem Chromosomenort auf einen anderen, ja sogar von einem Chromosom auf ein anderes übertragen werden und dabei die Wirkung bestimmter Gene hemmen oder fördern. McClintock unterschied demnach zwischen Genen, die für die Ausprägung bestimmter Merkmale verantwortlich sind, und »kontrollierenden Elementen«, welche das Ausprägungsmuster dieser Gene bestimmen. Im Ergebnis schlug sie vor, das Genom als ein dynamisches System anzusehen, dessen Elemente nicht nur veränderlich sind, sondern auf bestimmte Signale hin an- und abgeschaltet und sogar neu kombiniert werden können. Der starre Genbegriff der klassischen Genetik wurde ihr suspekt.

Mit ihren experimentell erzeugten Mosaikmustern an Maispflanzen hatte sich die Genetikerin McClintock ein System geschaffen, das es erlaubte, genetisch bedingte Musterausprägungen im Gewebe sich entwickelnder Pflanzen zu beobachten. Sie suchte Genetik und Entwicklungsbiologie in einem einzigen Experimentalsystem zusammenzuführen, und zwar zu einer Zeit, als diese beiden Forschungszweige in Amerika durch die *Drosophila*-Genetiker erfolgreich voneinander getrennt worden waren. Als Resultat dieser Trennung war, auch mangels geeigneter experimenteller Zugänge, die Entwicklungsbiologie gegenüber der »Transmissionsgenetik« im Laufe der 1930er- und 1940er-Jahre völlig in den Hintergrund getreten.

McClintocks Beobachtungen über »springende Gene« fielen zudem in eine Zeit, in der mit der Identifizierung der Desoxyribonukleinsäure (DNA) als genetisches Material, mit Bakterien- und Phagengenetik sowie mit neuen biophysikalischen und biochemischen Analysemethoden der Grundstock zur Molekularbiologie gelegt wurde. Im Rückblick ist es erstaunlich, dass McClintocks entscheidende Experimente über Transposition an ein und demselben Ort, Cold Spring Harbor, stattfanden, an dem seit dem Ende des Zweiten Weltkrieges alljährlich auch der legendäre Phagenkurs M. ↗ Delbrücks stattfand, der einen der Kristallisationspunkte für die im Entstehen begriffene Gemeinschaft der Molekularbiologen darstellte. Sowenig McClintock sich damals durch Bakterien und Viren von Mais als ihrem Experimentalorganismus abbringen ließ, sowenig Gefallen fanden umgekehrt auch Delbrück und die jungen Molekularbiologen an McClintocks altmodisch erscheinender Experimentierpraxis. Die Verfahren der jungen Molekularbiologen waren durch neue physikalische und chemische Forschungstechnologien bestimmt und auf analytisch fassbare, möglichst quantifizierbare Ergebnisse ausgerichtet. McClintocks Zytogenetik beruhte auf komplexen Beobachtungen und der qualitativen Integration vieler Einzelheiten. Es ist bemerkenswert und zugleich ein tröstliches Beispiel für den idiosynkratischen Charakter der Wissenschaft, dass im forschenden Weltdorf Cold Spring Harbor dank Demerecs nicht-sektiererischer Forschungspolitik diese beiden Universen voneinander Notiz nehmen, aber auch jeweils ihrer Wege gehen konnten.

Gegen den Strom

Als Barbara McClintock 1951 auf dem Cold Spring Harbor Symposium über »Genes and Mutations« ihre Vorstellungen über Chromosomenorganisation und Genexpression vortrug, war das Echo gering. Ihre Botschaft, die bewegliche genetische Elemente verkündete, wurde zwar vernommen und von den Maisgenetikern bald auch bestätigt, aber ihre weitergehenden Überlegungen, die in Richtung auf ein hierarchisch integriertes Genom und eine genetisch kontrollierte Entwicklung wiesen, wurden von der Mehrheit der anwesenden Genetiker nicht nachvollzogen. 1953 machte McClintock mit einem Aufsatz in der Fachzeitschrift *Genetics* einen weiteren Versuch, ihre Ergebnisse einem breiteren, genetisch interessierten Publikum bekannt zu machen. Sie erhielt gerade einmal zwei Sonderdruck-Anforderungen. Entmutigt zog sie sich noch mehr auf ihre Arbeit zurück und veröffentlichte fortan nur noch einen kleinen Teil ihrer unvermindert weitergehenden Untersuchungen über Genkontrolle in Mais, und dies fast ausschließlich im Jahrbuch der Carnegie Institution of Washington, der sie regelmäßig über ihre Experimente Rechenschaft abzulegen hatte. Es gibt nur wenige wie der Bakterien- und spätere Pflanzengenetiker Peter Starlinger aus Köln, die von sich sagen können, sich mit McClintocks Arbeiten in dieser Zeit eingehend auseinander gesetzt zu haben.

Als zu Beginn des folgenden Jahrzehnts, auf dem Höhepunkt der sich stürmisch entwickelnden Molekularbiologie, François Jacob und J. ↗ Monod ihre klassisch gewordene Arbeit über die Regulation der Lactose abbauenden Gene des Bakteriums *Escherichia coli* veröffentlichten, brach McClintock ihr lange gewahrtes »gesammeltes Schweigen«. Im *American Naturalist* begrüßte sie noch im gleichen Jahr diesen Durchbruch der Forscher aus dem Institut Pasteur in Paris und zog Parallelen zwischen den Befunden bei *E. coli* und ihren eigenen Ergebnissen mit Mais. Die Anerkennung blieb im Wesentlichen einseitig. Jacob erwähnte zwar McClintocks Arbeit in seiner *Harvey Lecture* über die genetische Kontrolle viraler Funktionen von 1959. In Jacobs und Monods Arbeit über die genetischen Regelmechanismen in der Proteinsynthese von 1961, die den beiden den Nobelpreis eintragen sollte, findet sich jedoch kein Hinweis auf McClintocks langjährige Anstrengung, der Regulation von Maisgenen auf die Spur zu kommen. Auch Jacob und Monod hatten im Laufe der fünfziger Jahre mehr als einmal Cold Spring Harbor besucht. Monod kannte McClintock bereits aus den vierziger Jahren. Sein molekularbiologischer Slogan lautete: Was für *Escherichia coli* gilt, gilt auch für den Elefanten. Offensichtlich nahm er damals die Umkehrung dieses Satzes weniger ernst. Was für Mais galt, galt für – Mais.

1953 veröffentlichten James Watson und Francis Crick ihren berühmt gewordenen Vorschlag zur Doppelhelix-Struktur der DNA. Die Doppelhelix erlaubte es grundsätzlich, einen molekularen Mechanismus der Verdoppelung der Erbinformation ins Auge zu fassen. Es sollte beinahe weitere zehn Jahre dauern, bis Heinrich Matthaei und Marshall Nirenberg 1961 die Aufklärung des genetischen Codes einleiteten. Damit wurde eine Zuordnung von Genen und Genprodukten im Sinne der Umsetzung einer genetischen Bauanleitung in biologische Funktion grundsätzlich möglich. Intensives Experimentieren mit dem Chromosom von Bakterien und dem genetischen Material von Viren, die Bakterien befallen können (Bakteriophagen), führte um 1965 zu ersten Hinweisen, dass das Bakterienchromosom nicht so stabil war wie lange Zeit angenommen. Mit den »Insertions-Elementen« (IS) kamen James Shapiro sowie Heinz Saedler und Starlinger den ersten »springenden Genen« bei Mikroorganismen auf die Spur. Es dauerte aber noch bis zur Mitte der siebziger Jahre, bis die molekularen Werkzeuge der Gentechnologie soweit entwickelt waren, dass einerseits die molekulare Dynamik des Bakteriengenoms experimentell erfassbar wurde und dass andererseits die Manipulation der Gene höherer Organismen mit Aussicht auf Erfolg angegangen werden konnte. Dieser Entwicklung trug ein weiteres Symposium in Cold Spring Harbor Rechnung, das 1976 unter dem Titel »DNA Insertion Elements, Plasmids and Episomes« veranstaltet wurde. Auf dieser Tagung wurden die Begriffe »Transposition« und »transponierbare Elemente« zu Trägern eines historischen Akts der Wiedergutmachung an der lange vernachlässigten Arbeit von McClintock.

Späte Anerkennung

»Transposition« wandelte sich von einem eigenartigen Befund einer noch eigenartigeren Maisgenetikerin zum Zauberwort für die Erkenntnis, dass die genetische Ausstattung von den Bakterien bis zu den Säugetieren dynamisch ist und dass Genregulation sowie somatische Genmutation grundlegende Bedingungen für die organismische Entwicklung darstellen. Plötzlich ziemte es sich, an die vergessene Barbara McClintock zu erinnern. Die Generation der zu Gentechnologen gewordenen Molekularbiologen, deren Interesse zunehmend den höheren Organismen galt, suchte sich ihre eigene, fünfunddreißig Jahre lang verkannte »Äbtissin« in Form der Einsiedlerin von Cold Spring Harbor. Die Geschichte der Genetik kommt ohne den Mendel-Mythos offensichtlich nicht aus. Der Abt G. ↗ Mendel starb 1885, bevor er um 1900 durch seine »Wiederentdecker« wissenschaftlich unsterblich gemacht wurde, und zwar sicher nicht ganz als der, der er gewesen war. Barbara McClintock wurde 1983 die Ehre eines ungeteilten Nobelpreises für Medizin oder Physiologie zuteil. Ihre »Wiederentdeckung« war gleichfalls ein komplexes wissenschaftshistorisches Ereignis. Geehrt wurde sie nicht für ihre entwicklungsgenetischen Visionen, die ihr so besonders am Herzen lagen, sondern für ihre Entdeckung »transponierbarer Elemente«, die sie selbst bezeichnenderweise »kontrollierende Elemente« genannt hatte. Folgt man Comfort, so »hatte McClintock mit der Transposition recht, nicht aber mit der Entwicklung«, zumindest nicht mit dem von ihr ins Auge gefassten Kontrollmechanismus. Barbara McClintock starb 1992, im gleichen Jahr, in dem Nina Fedoroff und David Botstein der Jubilarin eine Festschrift zum 90. Geburtstag widmeten. Ihr Titel lautet: *Das dynamische Genom*.

Dieses Buch versammelt die Molekulargenetikerinnen und Molekulargenetiker, die mit der Maisforscherin aus Cold Spring Harbor im Laufe ihrer langen Karriere etwas vertrauter wurden. Die meisten von ihnen warten mit ein paar mühsam erinnerten Anekdoten auf, um dann erleichtert zu ihren neuesten Experimenten überzugehen. Nur einer unter den 33 Autorinnen und Autoren fragt sich, wo McClintocks Biologie, wo ihr »Gefühl für den Organismus«, der ihre Arbeit unverkennbar machte, unter soviel molekularbiologischem Powerplay geblieben ist. Mit einer gehörigen Portion Ironie wittert Guenter Albrecht-Buehler hinter McClintocks Maispflanzen die »Rache der Mayas« und fragt sich: »Konnten die Schweden denn nicht den Verräter erkennen, als er sich zeigte? Als die Schwedische Akademie McClintock den Nobelpreis verlieh, schmuggelte sie ein trojanisches Pferd in das solide Gebäude des modernen biologischen Denkens«. McClintock war nicht zuletzt eine bleibende Verehrerin des heterodoxen, von den Nationalsozialisten aus seiner Stellung als Direktor des Kaiser Wilhelm-Instituts für Biologie in Dahlem vertriebenen, nach Kalifornien ausgewanderten und schließlich von der internationalen Genetikergemeinschaft marginalisierten Entwicklungsphysiologen und Genetikers Goldschmidt.

McClintock war vor allem interessiert an den Themen der Organisation und der Entwicklung entlang des Pfades vom Samenkorn zur ausgewachsenen Pflanze. Ihre Aufmerksamkeit für das Detail stand im Dienst des Ganzen der Natur. In gewisser Weise war und blieb sie Feldforscherin, glaubte an die narrative Kraft des Besonderen und seine beispielhafte Wirkung. Sie sprach mit den Opfern ihrer Experimente, die sie allerdings nicht nur der sanften Technologie ihres Mikroskops und der heterodoxen Befruchtung, sondern auch den weniger sanften Röntgenstrahlen unterzog. Sie lebte mit ihnen, versuchte den vergeblichsten aller Versuche: mit den Augen ihrer Objekte zu sehen. Ihr Experimentalsystem behandelte sie nicht anders. Sie nistete sich in ihm ein und verließ es niemals wieder. Einen anderen Blick als den durch das Mikroskop suchte sie nicht. Sie gehörte zu denen, die so virtuos mit ihrem Bumerang umgehen, dass sie schließlich nicht mehr imstande sind, ihn wegzuwerfen.

Werk(e):
Gemeinsam mit H. B. Creighton: A correlation of cytological and genetical crossing-over in Zea mays, Proceedings of the National Academy of Sciences of the United States of America 17 (1931); Chromosome morphology in Zea mays, Science 69 (1929); A correlation of ring-shaped chromosomes with variegation in Zea mays, Proceedings of the National Academy of Sciences of the United States of America 18 (1932); The relation of a particular chromosomal element to the development of the nucleoli in Zea mays, Zeitschrift für Zellforschung und mikroskopische Anatomie 21 (1934); Chromosome organization and genic expression, Cold Spring Harbor Symposia on Quantitative Biology 16 (1951); Induction of instability at selected loci in maize, Genetics 38 (1953); The Discovery and Characterization of Transposable Elements. Collected Papers (1987).

Sekundär-Literatur:
Keller, E. F.: A Feeling for the Organism. The Life and Work of Barbara McClintock (1983); Ries, R.: Das Leben ist viel wunderbarer, als uns die Wissenschaft erkennen lässt, in: Kerner, Ch. (Hrsg.): Nicht nur Madame Curie ... Frauen, die den Nobelpreis bekamen (1990); Fedoroff, N. und Botstein, D. (Hrsg.): The Dynamic Genome. Barbara McClintock's Ideas in the Century of Genetics (1992); Keirns, C.: Seeing patterns: Models, visual evidence, and pictorial communication in the work of Barbara McClintock, Journal of the History of Biology 32 (1999); Comfort, N. C.: The Tangled Field. Barbara McClintock's Search for the Patterns of Genetic Control (2001).

McMillan, Edwin Mattison,
amerikanischer Kernphysiker,
* 18. 9. 1907 Redondo Beach (California),
† 7. 9. 1991 El Cerrito (California).

McMillan war ein Pionier der Beschleunigertechnik und der experimentellen Kernphysik.

Als Sohn eines Arztes wuchs McMillan im kalifornischen Pasadena auf. Durch Besuch öffentlicher Vorlesungen im California Institute of Technology wurde schon während der Schulzeit sein Interesse für die Physik geweckt, so dass er an diesem Institut ein Physikstudium aufnahm. Nach dem Magisterexamen (1929) ging McMillan an die Princeton University, wo er mit einer Arbeit zur Bestimmung des magnetischen Moments des Protons mit der Molekülstrahl-Methode promovierte. Im gleichen Jahr begann seine Tätigkeit an der California University in Berkeley, zunächst als Stipendiat, ab 1934 als Mitarbeiter des von E. O. ↗ Lawrence im gleichen Jahr gegründeten Radiation Laboratory. Er arbeitete an der technischen Verbesserung des von Lawrence entwickelten Zyklotrons, beschäftigte sich aber auch mit kernphysikalischen Untersuchungen, insbesondere mit Kernreaktionen.

Nach der Entdeckung der Uranspaltung durch O. ↗ Hahn und Fritz Straßmann begann McMillan mit Experimenten zur Bestrahlung von Uran mit Neutronen, die in einem Be-Target durch Bestrahlung mit 8-MeV-Deuteronen am 37-Inch-Zyklotron erzeugt wurden. Dabei gelang ihm 1940 gemeinsam mit seinem Mitarbeiter Philipp H. Abelson die Entdeckung des ersten Transurans, des Neptuniums.

Nach der Inbetriebnahme des 60-Inch-Zyklotrons (1940), mit dem Deuteronen auf 16 MeV beschleunigt werden konnten, entdeckte McMillan gemeinsam mit Glenn T. Seaborg, Joseph W. Kennedy und Arthur C. Wahl in dem bestrahlten Urantarget ein weiteres Transuran, das Plutonium. Für die Entdeckungen auf dem Gebiet der Chemie der Transurane erhielten McMillan und Seaborg 1951 den Nobelpreis für Chemie.

Während des Zweiten Weltkriegs war McMillan an militärischen Projekten beteiligt, darunter von 1942–1945 an Arbeiten zum Manhattan-Projekt in Los Alamos.

1945 schlug McMillan unabhängig vom sowjetischen Physiker Wladimir Iosifowitsch Weksler das Synchrotronprinzip und die Phasenfokussierung vor, auf deren Grundlage die Beschleunigung von geladenen Teilchen auf relativistische Energien und damit der Bau von Beschleunigern vom Synchrozyklotron-Typ mit Teilchenenergien von mehr als 100 MeV möglich wurde.

1946 kehrte er als Professor an das Radiation Laboratory nach Berkeley zurück, wurde 1958 zum Direktor dieses Instituts berufen und leitete es bis zu seiner Pensionierung im Jahre 1973. [GP]

Werk(e):
McMillan, E. M.; Abelson, Ph. H.: Radioactive Element 93, Phys. Review 57 (1940); The synchrotron – a proposed high energy particle accelerator, Phys. Review 68 (1945).

Meckel, Johann Friedrich, genannt der Jüngere,
deutscher Naturforscher,
* 17. 10. 1781 Halle/Saale,
† 31. 10. 1833 Halle/Saale.

Meckel d. J. gehört zu den Wegbereitern der Rekapitulationstheorie und zu den Begründern der wissenschaftlichen Teratologie. Er hat wesentlich zur Entwicklung der vergleichenden Anatomie als Wissenschaft in Deutschland beigetragen.

Meckel studierte Medizin in Halle (1798–1801) und Göttingen (1801–1802) und promovierte 1802 in Halle. Nach Studienreisen (1802–1804) durch Europa arbeitete er zunächst unter Leitung von G. ↗ Cuvier in Paris (1804–1806). 1806 wurde

J.F. Meckel

Meckel Professor extraordinarius für Anatomie, Chirurgie und Geburtshilfe und 1808 Ordinarius für Anatomie und Physiologie an der Universität zu Halle/Saale, wo er bis zu seinem Tod wirkte.

Meckel wurde vor allem durch seine vielseitige Forschungstätigkeit und seine wissenschaftlichen Sammlungen bekannt. Durch die Übersetzung von Cuviers *Leçons d'Anatomie comparée* (1809–1810), sein *System der vergleichenden Anatomie* (1821–1833) sowie durch das von ihm herausgegebene *Deutsche Archiv für Physiologie* (1815–1832; später *Archiv für Anatomie und Physiologie*) trug er wesentlich zur Begründung der vergleichenden Anatomie als Wissenschaft bei. Er verstand sich als Schüler von Cuvier und als Gegner der Naturphilosophie und brachte den Empirismus Cuviers nach Deutschland. Hinsichtlich der Mannigfaltigkeit der Arten und ihrer Evolution übernahm er J.-B. ↗ Lamarcks Transformismus. Meckel befasste sich bereits mit entwicklungsbiologischen Problemstellungen, als diese noch Forschungsgegenstand von nur wenigen Naturforschern waren. Durch die Übersetzung (1812) der Arbeit *De formatione intestinorum* von C. F. ↗ Wolff verhalf er der Theorie von der Epigenesis zum Durchbruch. Er setzte sich mit Entwicklungskriterien und morphologischen Prinzipien wie der »Analogie« (heute Homologie) auseinander und bemühte sich, die »Allgemeinheit eines Bildungstypus« empirisch nachzuweisen. Meckel interessierte sich für die »evolutionären Auswirkungen der Entwicklung«, formulierte das Meckel-Serres-Gesetz (Parallelismus zwischen Embryonalstadien, Tierreihe und Missbildungen) und prägte den Begriff Hemmungsbildungen; so bereitete er den Weg zur Rekapitulationstheorie. Durch Meckels Schriften zu Fehl- und Missbildungen (1805–1826) entwickelte sich eine neue Denkordnung in der Analyse von Missgeburten, welche unter dem Begriff »regelwidrige Mannigfaltigkeit« Bestandteil der medizinischen und naturwissenschaftlichen Forschung geworden sind. Damit legte er die Basis für eine wissenschaftlich begründete Teratologie. [LG]

Werk(e):
Handbuch der menschlichen Anatomie (1815–1820); Handbuch der pathologischen Anatomie (1812–1818); System der Vergleichenden Anatomie (1821–1833).

Sekundär-Literatur:
Beneke, R.: Johann Friedrich Meckel der Jüngere, (1934).

Meißner, Alexander,
deutscher Hochfrequenztechniker,
* 14. 9. 1883 Wien,
† 3. 1. 1958 Berlin.

Meißner war durch seine Tätigkeit als Schaltungsentwickler maßgeblich an der Entwicklung der Funktechnik in der ersten Hälfte des 20. Jahrhunderts beteiligt.

Nach dem Besuch des Gymnasiums in Wien studierte Meißner Maschinenbau und Elektrotechnik an der TH Wien, an deren physikalischem Institut er anschließend für kurze Zeit als wissenschaftlicher Assistent arbeitete. Im Jahre 1907 begann er seine Tätigkeit bei Telefunken, die bis 1930 andauerte. Anschließend wechselte er in das Forschungsinstitut der AEG.

Von Anfang an war der Schwerpunkt seiner Bemühungen darauf gerichtet, eine Brücke zwischen den seinerzeit meist als Maschinenbauer ausgebildeten Ingenieuren und den Physikern, die sich mit den Grundlagen und den Erscheinungen der Elektrizität beschäftigten, zu schlagen.

Angeregt durch die Erfindung der Lieben-Röhre widmete er sich dem Bau von Verstärkern mit Elektronenröhren. Dabei ging es ihm nicht nur um den von Robert von Lieben vorgeschlagenen Telefonieverstärker, sondern er dachte an einen Telegrafieempfänger mit Elektronenröhren und ebenso an Röhrensender.

Seine bekannteste Entwicklung ist die von ihm 1913 entworfene Oszillatorschaltung, auch als Meißner-Oszillator bezeichnet. Es handelt sich hierbei um die erste Rückkopplungsschaltung. Der Grundgedanke besteht darin, einen Teil der Energie des Ausgangskreises induktiv und phasengerecht auf den Eingangskreis zurück zu führen und somit die Anordnung zum Schwingen zu bringen. Damit wurde es möglich, hochfrequente Schwingungen zunächst noch mit kleiner Leistung zu erzeugen. Weitere Oszillatorschaltungen und vor allem die folgende Entwicklung leistungsstarker Endröhren ermöglichten es später, Hochfrequenzsignale mit Elektronenröhren zu erzeugen und auszusenden.

Weitere Arbeiten Meißners beinhalteten die Entwicklung von Audionschaltungen und von Schaltungen für Überlagerungsempfänger. Doch nicht nur auf dem Gebiet der Schwingungserzeugung hat er sich große Verdienste erworben. Erfolgreich befasste er sich mit der Entwicklung von Antennen, der Untersuchung der Phänomene der Piezoelektrizität und ab den 1930er-Jahren mit dem Bau elektrischer Maschinen. Über 200 Patente und zahlreiche Ehrungen charakterisieren seine erfolgreiche Forscher- und Entwicklertätigkeit. [AK2]

Werk(e):
Die Entwicklung der Telefunken-Röhrentechnik, in: Telefunkenzeitschrift (1922) Nr. 5.

Sekundär-Literatur:
Möbus, W.: Wegbereiter der Funktechnik (1951) 55–57; Hahn, R.: Meißner, Alexander, in: Weiher, S.: Männer der Funktechnik (1983).

Meißner, Walther,
deutscher Physiker,
* 16. 12. 1882 Berlin,
† 15. 11. 1974 München.

Meißner gehört zu den Pionieren der Tieftemperaturphysik und der so genannte Meißner-Ochsenfeld-Effekt ist ein Meilenstein in der Geschichte der Supraleitfähigkeit.

Meißner absolvierte in seiner Heimatstadt das Realgymnasium und studierte anschließend an der TH Berlin-Charlottenburg sowie an der Berliner Universität Maschinenbau und Physik. 1907 promovierte er bei M. ↗ Planck mit einer theoretischen Arbeit und fand anschließend eine Anstellung an der Physikalisch-Technischen Reichsanstalt. Dort baute er nach dem Ersten Weltkrieg das Tieftemperatur-Laboratorium auf, das sich unter seiner Leitung zu einem der führenden Labors des Gebiets profilierte – u. a. gelang dort 1925 als dritter Forschungsstätte, nach Leiden und Toronto, die Verflüssigung von Helium und in den folgenden Jahren die Entdekkung zahlreicher neuer Supraleiter mit immer höheren Sprungtemperaturen (bis zu 14 K). Neben solcher Anwendungsforschung beschäftigte Meißner stets die Frage nach dem Wesen der Supraleitung. In diesem Zusammenhang konnte er gemeinsam mit seinem Mitarbeiter Robert Ochsenfeld zeigen, dass beim Unterschreiten der kritischen Temperatur des Supraleiters das magnetische Feld aus diesem herausgedrängt wird und das Innere eines Supraleiters somit feldfrei ist. Dieser Effekt stellt nicht nur das »experimentum crucis« für die Supraleitfähigkeit dar, sondern seine Entdeckung war zudem für F. ↗ London Anlass, eine erste phänomenologische Theorie der Supraleitung auszuarbeiten.

Kurz nach Entdeckung des Effektes verließ Meißner nach Auseinandersetzungen mit J. ↗ Stark die Reichsanstalt und nahm eine Berufung als Professor für technische Physik an die TH München an. Nach dem Krieg trug er entscheidend zum Wiederaufbau der Physik in Deutschland bei und übernahm auch wissenschaftsleitende Funktionen – so war er von 1945 bis 1950 Präsident der Bayerischen Akademie der Wissenschaften und Vorsitzender der Bayerischen Physikalischen Gesellschaft; nach seiner Emeritierung (1952) baute er zudem das Institut für Tieftemperaturphysik der Akademie auf, das er bis zu seinem Tode leitete und in dem seinen Mitarbeitern R. Doll und M. Näbauer 1961 der Nachweis der Quantisierung des magnetischen Flusses in Supraleitern gelang. [DH]

Werk(e):
gemeinsam mit R. Ochsenfeld: Ein neuer Effekt bei Eintritt der Supraleitfähigkeiut, Die Naturwissenschaften 21 (1933) 787–788.

Sekundär-Literatur:
Schubert, G. U.: Zum 70. Geburtstag von W. Meißner, Allgemeine Wärmetechnik 3 (1952) 252–254 (mit Bibliographie der Schriften Meißners.); Buckel, W.: Walther Meißner, in: W. Treue und G. Hildebrandt (Hrsg.): Berlinische Lebensbilde. Naturwissenschaftler (1987) S. 277– 285.

Meitner, Lise,
österreichische Physikerin,
* 7. 11. 1878 Wien,
† 27. 10. 1968 Cambridge.

Meitner war eine der führenden Forscherinnen auf dem Gebiet der Radioaktivität, vor allem der α- und β-Strahlung, und sie leistete einen wesentlichen Beitrag zur Entdeckung der Kernspaltung.

Als drittes von acht Kindern eines angesehenen Wiener Advokaten wuchs Meitner in einer politisch und künstlerisch aufgeschlossenen und anregenden Familienatmosphäre auf; als freidenkend erzogene, assimilierte Jüdin konvertierte sie mit 30 Jahren zum evangelischen Glauben. Ihrem für ein Mädchen damals außergewöhnlichen Studienwunsch Physik wurde seitens der Familie nach einigen Anfangsschwierigkeiten stattgegeben, und nachdem sie sich extern auf die Matura vorbereitet hatte (da es noch keine anerkannten Mädchengymnasien gab), konnte sie 1901 – ein Jahr nach der offiziellen Zulassung von Frauen an österreichischen Universitäten – ihr naturwissenschaftliches Studium an der Wiener Universität beginnen. Ihr wichtigster akademischer Lehrer war L. ↗ Boltzmann; unter Franz Exner und Hans Benndorf schrieb sie ihre Dissertation über *Wärmeleitung in inhomogenen Körpern* (1906). Danach wurde sie Assistentin am II. Physikalischen Institut und durch Egon von Schweidler und St. ↗ Meyer mit der Radioaktivität bekannt gemacht. Zugleich absolvierte sie die Lehramtsprüfung, um eine gesicherte Berufsgrundlage zu haben.

1907 ging Meitner nach Berlin, um bei M. ↗ Planck Vorlesungen zu hören; 1912–1915 konnte sie als seine Assistentin ihr erstes geringes Gehalt beziehen. Im Umfeld der jungen Berliner Physiker lernte sie im Herbst 1907 auch den Radiochemiker O. ↗ Hahn kennen, in dessen separatem Labor (einer ehemaligen Holzwerkstatt) im Chemischen Institut von E. ↗ Fischer sie die Möglichkeit zur experimentellen Arbeit erhielt. Aus dem ursprünglich geplanten kurzen Abstecher nach Berlin wurde eine 30-jährige enge Zusammenarbeit mit Hahn auf dem Gebiet der Radioaktivität.

Als Hahn 1912 Leiter der kleinen Abteilung Radioaktivität im neu gegründeten Kaiser-Wilhelm-Institut (KWI) für Chemie in Berlin-Dahlem wurde, durfte Meitner auch dort als unbezahlter Gast arbeiten. 1914 wurde sie zum wissenschaftlichen Mitglied der KWG ernannt. 1917 wurde sie Leiterin einer eigenen radiophysikalischen Unterabteilung, und ab 1924 bestand die radioaktive Abteilung am KWI für Chemie ganz offiziell aus einer radiochemischen Abteilung (Leitung Hahn) und einer radiophysikalischen Abteilung (Leitung Meitner). 1919 wurde Meitner der Professorentitel verliehen. Das neue Hochschulrecht der Weimarer Republik ließ auch Frauen zum Hochschullehreramt zu, und so konnte sie sich 1922 an der Berliner Universität mit einer Arbeit *Über das Entstehen der β-Strahl-Spektren radioaktiver Substanzen* habilitieren; 1926 wurde sie zum außerordentlichen Professor ernannt.

L. Meitner mit Otto Hahn, Dahlem, 1919 (Foto: Deutsches Museum München, Bildstelle)

Erster Erfolg der gemeinsamen Arbeit von Hahn und Meitner war 1909 die Entdeckung des radioaktiven Rückstoßes bei der α-Umwandlung; unter Anwendung dieses Rückstoßes fanden sie kurz darauf das Radioelement Thorium D (bzw. Thorium C'' = $^{207}_{81}$Tl). Gemeinsam mit J. ↗ Franck untersuchte Meitner 1911 die Beweglichkeit der Rückstoßatome. – Nachdem Meitner Ende 1916 von ihrem Kriegseinsatz als Röntgenschwester an das KWI zurückgekehrt war, fand sie 1917 – Hahn nahm an diesen Arbeiten aufgrund seines Kriegseinsatzes nur sehr sporadisch teil – das Protactinium (Element 91).

Die Erforschung der β-Spektren wurde in den 1920er-Jahren das Hauptarbeitsgebiet von Meitner. Die Natur der β-Strahlen war damals noch keineswegs eindeutig erkannt, und sie leistete wichtige Beiträge zu ihrer Aufklärung. Sie fand die – zunächst bestrittene – Eigenschaft der β-Elektronen, ein kontinuierliches Energiespektrum zu besitzen. Sie erbrachte den Nachweis, dass γ-Strahlen erst nach erfolgtem Atomzerfall emittiert werden, und konnte die Reihenfolge von β-Zerfall und γ-Emission bestimmen. Um 1924 entwickelte sie ein klares Verständnis für die Vorstellung von Anregungszuständen und Grundzuständen der Kerne.

In den 1930er-Jahren wurde die Zusammenarbeit zwischen Hahn und Meitner wieder enger, zum einen bedingt durch die politischen Verhältnisse in Deutschland (infolge der nationalsozialistischen Machtübernahme wurde Meitner u. a. die venia legendi entzogen, im KWI konnte sie jedoch als Österreicherin weiterarbeiten), zum anderen stimuliert durch neue Entdeckungen in der Atomphysik. E. ↗ Fermi hatte 1934 eine Theorie des β-Zerfalls aufgestellt und gezeigt, dass durch Neutronenbombardement Kernumwandlungen erreicht werden konnten. Fermi gelang dabei vermeintlich die Erzeugung von Transuranen, und das von Meitner und Hahn entdeckte Protactinium spielte in diesem Zusammenhang eine Rolle, weshalb sie sich besonders herausgefordert fühlten. Zwischen 1934 und 1938 entstanden nun 15 Publikationen über Fragen der künstlichen Umwandlung des Urans durch Neutronen, an denen auch Hahns Assistent Fritz Straßmann beteiligt war. – Nach der Annexion Österreichs musste Meitner Mitte Juli 1938 emigrieren. Im Stockholmer Nobel-Institut für Physik fand sie unter M. ↗ Siegbahn eine neue Anstellung, doch waren die Arbeitsbedingungen für sie dort nicht sehr erfreulich. Im Dezember 1938 entdeckten Hahn und Straßmann bei der Fortsetzung der früheren Experimente auf chemischem Wege die

Urankernspaltung; aufgrund der unmittelbaren Mitteilung der Ergebnisse – noch vor der Publikation – an Meitner konnte diese gemeinsam mit ihrem Neffen O. R. ↗ Frisch zur Jahreswende 1938/39 die physikalische Erklärung für diesen Vorgang auf der Grundlage des Bohrschen Tröpfchenmodells liefern. Den Nobelpreis für die Entdeckung der Uranspaltung erhielt 1945 jedoch Hahn allein zugesprochen.

Meitner blieb bis 1960 in Stockholm, nahm 1948 die schwedische (neben der österreichischen) Staatsbürgerschaft an. Seit 1947 bekleidete sie eine Forschungsprofessur an der Königlich Technischen Hochschule in Stockholm und wirkte seit 1953 am Institut der Königlichen Akademie für Ingenieurwissenschaften. Ihre letzten Lebensjahre verbrachte sie bei ihrem Neffen in Cambridge. – Von zahlreichen Ehrungen seien erwähnt: Mitgliedschaften in den Wissenschaftsakademien von Berlin (1949), Halle (1926), London (1955), Stockholm (1945) und Wien (1948); Ehrendoktorate u. a. der Rochester University New York (1946) und der FU Berlin (1956); Mitglied der Friedensklasse des Ordens Pour le Mérite für Wissenschaft und Künste (1957); Leibniz-Medaille der Berliner Akademie (1924), Max-Planck-Medaille der Deutschen Physikalischen Gesellschaft (1949, gemeinsam mit Hahn), Otto-Hahn-Preis (1954), Enrico-Fermi-Preis (1966, gemeinsam mit Hahn und Straßmann). [HK]

Werk(e):

mit O. Hahn: Die Muttersubstanz des Actiniums, ein neues radioaktives Element von langer Lebensdauer. Physikalische Zeitschrift 19 (1918) 208–218; Der Zusammenhang zwischen β- und γ-Strahlen, in: Ergebnisse der exakten Naturwissenschaften 3 (1924) 160–181; Kernstruktur, in: Handbuch der Physik, hrsg. von H. Geiger und K. Scheel, Bd. XXII (1926) 124–145; mit M. Delbrück: Der Aufbau der Atomkerne (1935); mit O. R. Frisch: Disintegration of Uranium by Neutrons — a New Type of Nuclear Reaction, Nature 143 (1939) 239–240; Ernst, S. (Hrsg.): Lise Meitner an Otto Hahn: Briefe aus den Jahren 1912–1924 (1992); Lise Meitner – Max von Laue: Briefwechsel 1938/48, hrsg. v. J. Lemmerich (1998).

Sekundär-Literatur:

Rife, P.: Lise Meitner and the Dawn of the Nuclear Age (1999); Sime, R. L.: Lise Meitner – Ein Leben für die Physik (2001); Sexl, L. und Hardy, A.: Lise Meitner (2002).